Arzneimittelbilder der Gemüts- und Traumsymptome

extrahiert aus Synthesis 6

herausgegeben von

Dr. Frederik Schroyens

Ins Deutsche übertragen von Peter Vint

Hahnemann Institut für homöopathische Dokumentation

Die Deutsche Bibliothek - Nationales ISBN-Zentrum

Arzneimittelbilder der Gemüts und Traumsymptome

Frederik Schroyens (Hrsg.) Aus dem Englischen übertragen von Peter Vint.
Greifenberg: Hahnemann Institut für homöopathische Dokumentation, 1995

ISBN 3-929271-04-4

Satz und Gestaltung: Reinhard Rosé und Peter Vint
Druck und Herstellung: EOS Verlag, Erzabtei St. Ottilien

Verlags-Nr.: 929271 - ISBN 3-929271-04-4

Meinen Kindern
Myriam und Manuel gewidmet,
dafür, daß sie so ein strahlender und funkelnder Teil
im Traum ihrer Eltern sind.

Wenn etwas Träumen gefährlich ist,
so ist die Kur dagegen nicht weniger zu träumen,
sondern mehr zu träumen,
die ganze Zeit zu träumen (1)

---

1. Zitiert aus Marcel Proust „Auf der Suche nach der verlorenen Zeit“, Band 4, Teil 2.

Vorwort des Herausgebers

„Arzneimittelbilder der Gemüts- und Traumsymptome“ enthält - wie der Name schon sagt - alle Symptome der Kapitel Gemüt und Träume für jedes einzelne Arzneimittel im Repertorium Synthesis.

Ein Ziel der homöopathischen Verschreibung ist, daß sich der Patient als Ganzes besser fühlt. Wir wollen nicht nur eine Halsentzündung oder eine wiederkehrende Bronchitis heilen, sondern wir wollen den ganzen Patienten in einen neuen Gleichgewichtszustand bringen. Für diese Art der Verschreibung sind die Gemütssymptome oft entscheidend.

Bei konstitutioneller Verschreibung wird uns das Gemütsbild des Arzneimittels einen wertvollen Hinweis zur Bestätigung des wahrscheinlichen Mittels geben. Wenn wir den Patienten und diese Gemütsbilder kennen, wird dies uns dabei helfen, mit großer Sicherheit zwischen mehreren wahrscheinlichen Arzneimitteln zu differenzeiren.

Daher ist dies Buch dazu gedacht, Ihnen dabei zu helfen, die endgültige Entscheidung für das Mittel zu fällen, dem die Heilung erneut gelingen wird. Im wesentlichen ist dieses Buch ein Zwillingsbruder des Repertoriums Synthesis. Anstatt die Arzneimittel bei den entsprechenden Rubriken einzutragen, haben wir hier alle Symptome zu den einzelnen Arzneimitteln aus dem Repertorium herausgefiltert und in eine besonders komprimierter Weise „lesbar“ gemacht. Diese Symptomensammlung erhebt weder den Anspruch, eine Materia medica zu sein, noch ist es eine Sammlung von Keynotes, da alle Symptome aufgelistet werden, ohne thematische Bezüge zu erstellen oder besondere Schwerpunkte zu setzen.

Mit großer Sorgfalt wurde darauf geachtet, alle Informationen so prägnant und bündig wie möglich darzustellen. Nichtsdestotrotz galt unsere Aufmerksamkeit wie schon bei Synthesis in großem Maß der Lesbarkeit und der Präsentation. Dadurch entstand eine völlig neue Form der Präsentation homöopathischer Information und ich möchte all denen danken, die an der Entwicklung dieses neuen Konzepts beteiligt waren.[1]

Dr. Frederik Schroyens

Gent, den 12. Januar 1996

1. Vielen Dank an die Mitarbeiter von Archibel, an Dale Emerson und Philippe Santantonio und seine Programmierer, durch die die Herstellung dieses Buchs zu einem vollautomatischen Job wurde: das machte den ganzen Unterschied aus! Dank an Reinhard Rosé, Peter Vint (Deutschland) und René Otter (Holland) für ihre Hilfe diese neue Idee zu entwickeln.

Erläuterung

Die Schreibweise in diesem Buch ist mit der aus dem Buch „1001 kleine Arzneimittel“ identisch. Sie stimmt mit der Art und Weise überein, wie eine Extraktion im Geist gelesen wird.

Wenn man eine Extraktion tippt, sieht das folgendermaßen aus::

Symptom	Grad
Furcht - morgens	1
Furcht - abends - Dämmerung, in der	2
Furcht - Ansteckung, vor	1
Furcht - Frühstück, nach dem	1
Furcht - grundlos	3

etc.

Im Geiste gelesen wird daraus:

Symptom	Grad
Furcht - morgens	1
- abends - Dämmerung, in der	2
- Ansteckung, vor	1
- Frühstück, nach dem	1
- grundlos	3

etc.

In unserem Format wird dies horizontal geschrieben. Der Grad der Symptome wird durch die Schriftart des Symptom dargestellt[1]

Furcht - morgens | *- abends - Dämmerung, in der* | - Frühstück, nach dem | - Ansteckung, vor | **- grundlos** etc.

Damit die Darstellung so eindeutig wie möglich ist, wird jeder Ebene, bei der es zu Mehrdeutigkeit kommen könnte, der erste Buchstabe der vorangehenden Ebene vorangestellt:

Furcht - morgens | *F~ abends - Dämmerung, in der* | F~ - Frühstück, nach dem | F~ Ansteckung, vor | **F~ grundlos**

Die einzige Regel, die Sie sich merken müssen, ist, daß das Arzneimittel in demjenigen Symptom vorhanden ist, das bis zum nächsten „|“ reicht.

Dementsprechend ist das Arzneimittel im obigen Beispiel nicht in der Rubrik „Furcht - abends“ vorhanden. Es ist nur in der Rubrik „Furcht - abends - Dämmerung, in der“ enthalten. Wäre das Arzneimittel *auch* in der Rubrik „Furcht - abends“ vorhanden, bekämen Sie: „Furcht - morgens | F~ abends | *a~ Dämmerung, in der*“

Manchmal werden Symptome in Absätze unterteilt, da sie zwei oder mehr gemeinsame Teile haben. Zusammen mit der Einrückung der Absätze erlaubt es Ihnen das Symptom, nach dem Sie suchen, schneller zu finden.

In dieser Ausgabe werden die Quellenangaben für die Autoren nicht genannt, Sie finden sie in Synthesis.

Zahlen hinter Symptomen stehen für die Rubrikgröße. „Liebevoll(33)“ bedeutet, daß die Rubrik insgesamt 33 Arzneimittel enthält. Wenn ein Arzneimittel das einzige in einem Symptom ist, wird die Zahl 1 (für die Rubrikgröße) nicht angegeben. Das bedeutet, daß Einzelsymptome dadurch zu erkennen sind, daß keine Zahl für die Rubrikgröße folgt. Z.B. *„Liebevoll - erwidert Zuneigung“* bedeutet, daß nur ein Arzneimittel vorhanden ist.

Die Arzneimittel werden alphabetisch nach ihrem "offiziellen Namen" sortiert. Im Arzneimittelverzeichnis wurden Synonyme aufgenommen und diese verweisen auf den offiziellen Namen.

F.S.

1. Erster Grad: normale Schrift; zweiter Grad: *kursiv*; dritter Grad: **fett**; vierter Grad: **FETT und GROSSBUCHSTABEN**

Anmerkungen des Verlages

An dieser Stelle möchten wir noch auf ein paar Besonderheiten dieses Buches aufmerksam machen: Die deutsche Fassung beruht auf der neuesten Auflage des Repertoriums Synthesis, basierend auf Computerversion Synthesis 6.0.

Bei sehr großen Rubriken, besonders den Wahnideen, werden Sie feststellen, daß diese in mehrere Abschnitte aufgeteilt sind - was die Lesbarkeit erhöht und auch Verwirrung bei sehr vielen wiederholten Ebenen vermeidet.

Wir freuen uns, Ihnen hiermit ein weiteres wertvolles Werkzeug für Ihre homöopathische Arbeit überreichen zu können.

Hahnemann Institut

für homöopathische Dokumentation

Greifenberg, den 9. Februar 1996

– *Abelmoschus* –
abel.

Gemüt
Angst - nachts - Kindern, bei(15)
Furcht - Apoplexie, vor(36) | F~ Fliegen, Stubenfliegen; vor | F~ Insekten, vor(10) | F~ Schlangen, vor(8) | F~ Skorpionen, vor | F~ Spinnen, vor(7) | F~ Tieren, vor(11) | T~ nachts vor giftigen
Gleichgültigkeit, Apathie - Umgebung, gegen die(16)
Wahnideen(191) | W~ angegriffen werden; er werde(3) | W~ Insekten, sieht(14) | W~ Schlangen - in ihr und um sie herum(19)

– *Abies canadensis* –
abies-c.

Gemüt
Bulimie(16)
Erschöpfung; geistige(217)
Mürrisch(290)
Reizbarkeit(408)
Ruhelosigkeit(420) | R~ nachts(249)
Stilles Wesen(49)
Stumpfheit - Schmerzen, mit - Magen, am
Unbesonnen(82)
Verwirrung, geistige(321)

– *Abies nigra* –
abies-n.

Gemüt
Geistige Anstrengung - agg. - unmöglich(130)
Hypochondrie(116)
Ruhelosigkeit(420) | R~ nachts(249)
Stumpfheit(332) | S~ tagsüber(4) | t~ munter, nachts
Traurigkeit(477)

Träume
Ängstlich(239)
Unangenehm(87)

– *Abrotanum* –
abrot.

Gemüt
Angst(362) | A~ Diarrhoe; durch unterdrückte
Auffahren, Zusammenfahren - Schlaf - durch(124)
Boshaft(99)
Eigensinnig, starrköpfig, dickköpfig(107) | E~ Kinder(18)
Erregung(287)
Erschöpfung; geistige(217)
Erschreckt leicht(125) | E~ Erwachen, beim - Traum, aus einem(14)
Faulheit(269)
Froh(182) | F~ abwechselnd mit - Traurigkeit(57)
Furcht(242) | F~ Erwachen, beim - Traum, aus einem(13) | F~ Gehirnerweichung; Furcht vor(3) | F~ zittrig(36)
Gedächtnis - Gedächtnisschwäche(284)
Geistige Anstrengung - agg.(141) | a~ ermüdet(20) | a~ unmöglich(130)
Gemütssymptome - abwechselnd mit - körperliche Symptome(18)
Grausamkeit, Unmenschlichkeit(30) | G~ möchte gerne etwas Grausames tun
Heftig, vehement(100)
Hysterie(194)
Moralischem Empfinden; Mangel an(48)
Mürrisch(290)
Redseligkeit; Geschwätzigkeit(136)
Reizbarkeit(408) | R~ Kindern, bei(29)
Ruhelosigkeit(420) | R~ nachts(249)
Schweigsam(209)
Stimmung, Laune - angenehm(9)
Stöhnen(119)
Stumpfheit(332) | S~ Kindern; bei(21)
Traurigkeit(477) | T~ Kindern, bei(9)
Vergeßlich(187)
Wahnideen - Gehirn - Gehirnerweichung; er habe(3) | W~ Stimmen - hört(37) | h~ hören auf, wenn er im Bett angestrengt lauscht
Widerspenstig(66)

Gemüt ...
Wille - Willensschwäche(58)
Zorn(243)

Träume
Ängstlich(239)
Hunde(20) | H~ tollwütiger Hund(2)
Schrecklich(237)
Viele(260)

– *Absinthium* –

absin.

Gemüt
Abneigung - Menschen; gegen - alle, gegen(8)
Albernes Benehmen(65)
Alkoholismus(135)
Betäubung(237)
Bewußtlosigkeit(280) | B~ plötzlich(12)
Brutalität(7)
Delirium(233) | D~ Konvulsionen - nach(5)
Erregung(287)
Furcht(242) | F~ ermordet zu werden(10) | F~ töten, davor zu(12)
Gedächtnis - Gedächtnisschwäche(284) | G~ geschehen ist; für das, was(17) | G~ getan hat; für das, was er eben(34)
Gedächtnis - Gedächtnisverlust - epileptischen Anfällen, nach(4)
Geisteskrankheit, Wahnsinn(153) | G~ brutal
Geschäftig - fruchtlos, ergebnislos(14)
Gleichgültigkeit, Apathie(251) | G~ Leben; gegen das(12)
Grausamkeit, Unmenschlichkeit(30)
Heftig, vehement(100) | H~ abwechselnd mit - Betäubung | a~ Bewußtlosigkeit | a~ Stupor
Hysterie(194) | H~ Anfällen, in(2)
Idiotie(45)
Imbezillität(140)
Kleptomanie(27)
Kriecht, krabbelt - Boden, auf dem(5)
Manie(149)
Phantasien - übertrieben(114)
Reizbarkeit(408)
Ruhelosigkeit(420) | R~ Kindern, bei(22)

Gemüt ...
Schreien(133)
Sprache - unzusammenhängend(65) | S~ zögernd(22)
Springen - Bett; aus dem(41)
Stumpfheit(332)
Stupor(138)
Tod - wünscht sich den Tod, möchte sterben - Rekonvaleszenz, während der(4)
Traum; wie in einem(69) | T~ schön
Unternimmt - niemandem etwas unternehmen; will mit
Vergeßlich - Epilepsie - geschehen ist; für das was davor
Verwirrung, geistige(321)
Wahnideen(191) | W~ ermordet - er würde ermordet - werden; er würde ermordet werden(21) | W~ Hören - Einbildung; etwas zu hören(44) | W~ Katzen - sieht(11) | W~ lebhaft(26) | W~ Ratten, sieht - Farben, in allen | W~ Tiere(42) | T~ groteske
Wahnideen - verfolgt - Feinden, von(30) | v~ Soldaten, von(5)
Wahnideen - verfolgt; er würde(23) | W~ Visionen, hat(76) | V~ schrecklich(27)
Weinen - Konvulsionen - während(27) | w~ epileptisch(4)

– *Acalypha indica* –

acal.

Gemüt
Traurigkeit(477)

– *Acetanilidum* –

acetan.

Gemüt
Moralischem Empfinden; Mangel an(48)
Wille - Willensschwäche(58)

– Aceticum acidum –

acet-ac.

Gemüt

Angst(362) | A~ Familie, um seine(10) | A~ Geschäfte, über(10) | A~ Gesundheit; um die - eigene Gesundheit; um seine(57) | A~ Kinder - um seine(3)
Beschwerden durch - Erregung - Gefühle, der(87)
Betäubung(237) | B~ morgens(13)
Bewußtlosigkeit(280)
Delirium(233) | D~ abwechselnd mit - Betäubung | a~ Schlaf - tiefem Schlaf; mit(5)
Delirium - Auftreibung von Abdomen und Verstopfung; mit
Erkennt - nicht; erkennt - Kinder; ihre eigenen | n~ Verwandten nicht; erkennt seine eigenen(28)
Erregung(287)
Erschöpfung; geistige(217) | *E~ Verletzungen, durch*(5)
Fehler; macht - Arbeit, bei der(9) | F~ Sprechen, beim(81)
Furcht(242) | F~ allem; ständige Furcht vor(9) | F~ geschehen; etwas werde(82) | F~ Menschen, vor(81) | F~ Näherkommen, Annäherung von; vor - anderen, von(28) | F~ Wasser, vor(33)
Gedächtnis - Gedächtnisschwäche(284) | G~ auszudrücken, sich(41) | G~ Ereignisse des Tages; für die(8) | G~ geschehen ist; für das, was(17) | G~ Personen, für(23)
Geistige Anstrengung - Abneigung gegen(150)
Getragen - Verlangen getragen zu werden(31)
Gleichgültigkeit, Apathie(251) | G~ allem; gegenüber(71)
Hysterie(194)
Ideen, Einfälle - Mangel an(102)
Jammern(93)
Klagen(64)
Kriecht, krabbelt - Boden, auf dem(5) | K~ rollt auf dem Boden herum(6)

Gemüt ...

Kummer(76)
Mürrisch(290)
Qualvolle Angst(121)
Reizbarkeit(408) | *R~ Kopfschmerzen, bei*(61)
Rollt, wälzt sich - Boden herum; auf dem(9)
Sorgen, voller(50) | S~ Geschäfte, um seine(8)
Stumpfheit(332)
Stupor(138)
Tollwut, Hydrophobie(46)
Traurigkeit(477)
Vergeßlich(187)
Verwirrung, geistige(321)
Wahnideen(191) | W~ betrunken - sei betrunken, er - Kopf - schweren, mit einem | W~ Magen - Geschwür angefressen; der Magen sei durch ein(3)
Weinen(244)
Zorn(243)

– Achyranthes calea –

achy.

Gemüt

Angst - Gewissensangst(75)
Antworten - einsilbig(15)
Bewußtlosigkeit - erwacht oft, aber nur für kurze Zeit(2)
Dunkelheit - Verlangen nach(2)
Empfindlich - Geräusche, gegen(149)
Furcht - Leiden, vor(12)
Geistige Anstrengung - agg.(141) | a~ ermüdet(20)
Gesellschaft - Abneigung gegen(156) | G~ Verlangen nach - angesprochen zu werden; jedoch Abneigung
Licht - Abneigung gegen(3)
Moralischem Empfinden; Mangel an(48)
Religiös - Voreingenommenheit, Befangenheit; religiöse
Reue(63)
Stupor - erwacht oft, aber nur für kurze Zeit(2)

Gemüt ...
Traurigkeit(477)

Träume
Alpträume, Alpdrücken(144) | A~ Kindern, bei(3)

– Aconitinum –
aconin.

Gemüt
Stumpfheit(332)
Tollwut, Hydrophobie(46)

Träume
Viele(260)

– Aconitum cammarum –
acon-c.

Gemüt
Angst(362)
Gedächtnis - Gedächtnisschwäche(284)
Konzentration - schwierig(261)
Raserei, Tobsucht, Wut(95)
Ruhelosigkeit(420) | R~ nachts(249)

– Aconitum ferox –
acon-f.

Gemüt
Angst(362)
Gedächtnis - gut, aktiv(91)
Geistige Anstrengung - Verlangen nach(65)
Lachen(102)
Ruhelosigkeit - schmerzhaft
Traurigkeit(477)
Verwirrung, geistige(321)

– Aconitum lycoctonum –
acon-l.

Gemüt
Faulheit(269)
Geistesabwesend(71)
Geschäft - Abneigung gegen(45)
Konzentration - schwierig(261)
Lachen(102)

Gemüt ...
Manie(149)
Ruhelosigkeit - Hitze - während(66)
Stimmung, Laune - veränderlich(158)
Unbeständigkeit(45)
Wildheit(29)

– Aconitum napellus –
acon.

Gemüt
Abneigung - Gefühl für irgendjemand - Schwangerschaft keinerlei; hat während der(2)
Abscheu - allgemeiner(42)
Aktivität; Verlangen nach(38) | A~ geistige Aktivität - morgens
Albernes Benehmen(65) | A~ Fieber, im
Alkoholismus(135)
Angst(362) | A~ vormittags(15) | A~ abends(87) | *A~ nachts*(119) | n~ Mitternacht - nach(22)
Angst - andere, um(24) | A~ Ärger - nach(6) | A~ Atmen, tiefes(2) | A~ Bewegung - agg.(16) | B~ amel.(12)
Angst - Druck; durch - Brust; auf der(14) | A~ Erwachen, beim(86) | A~ Fahren oder Reiten, beim - fährt; wenn er selbst(7) | **A~ Fieber - während**(91) | A~ Freien, im(13) | **A~ Frost - während**(31) | **A~ Furcht, mit**(110) | A~ Gehen - agg.(21) | A~ geistige Anstrengung; durch(20) | *A~ Gesellschaft, wenn in*(8) | *A~ Gesicht - Hitze des Gesichtes, mit*(7) | *G~ rotem Gesicht, mit*(4)
Angst - Gesundheit; um die - eigene Gesundheit; um seine(57) | *A~ hypochondrisch*(52) | A~ kalt - Getränke amel.(3) | *A~ Kinder - bei Kindern - Kleinkinder*(2) | A~ Kopf - Blutandrang zum; mit(7) | *A~ Kopfschmerzen, mit*(18) | A~ Menopause, in der(8) | *A~ Menschenmenge, in einer*(12) | A~ Menses - vor(22) | M~ während(33) | w~ Zorn und Angst; mit(9)
Angst - Schlaf - während(42) | S~ Einschlafen, beim(13)

GEMÜT …

Angst - Schmerzen, durch die(10) | A~ Schreck - nach(12) | A~ Schwangerschaft, in der(6) | A~ Schweiß - kaltem, mit(12) | A~ Stuhlgang - vor(24) | S~ während(20) | S~ nach(17)

Angst - Trinken - kaltes Wasser amel.(2) | A~ Urinieren - während(2) | A~ Zukunft(108)

Antworten - langsam(35)

Argwöhnisch(105)

Auffahren, Zusammenfahren(117) | A~ Geräusche, durch(60) | A~ Schlaf - während(163) | *S~ durch*(124)

Auffahren, Zusammenfahren - Schreck oder wie durch Schreck; durch(68) | A~ Träumen, in - aus einem Traum(35)

Außer sich; ist(51) | *A~ Angst; vor*(14) | **A~ Schmerzen; vor**(13)

Beharrlichkeit(16)

Beißen(35) | B~ Finger; beißt(6) | *B~ Nägel*(33) | B~ sich selbst; beißt(8)

Beleidigt, leicht(79)

Berührt zu werden; Abneigung(46)

Beschimpfen, beleidigen, schmähen(67)

Beschwerden durch - Entrüstung(8) | *B~ Erregung - Gefühle, der*(87) | B~ Erwartungsspannung(68) | *B~ Freude, übermäßige*(13) | *B~ Furcht*(27) | *B~ Hast, Eile*(10) | *B~ Kränkung, Demütigung*(39) | B~ moralische Erregung(6) | B~ Schock; seelischen(23) | **B~ Schreck**(72) | S~ Menses, während(10) | **S~ UNFALLS; DURCH ANBLICK EINES**(3)

Beschwerden durch - Verachtung; verachtet zu werden(23) | **B~ Zorn**(94) | **Z~ Angst, mit**(30) | **Z~ Schreck; mit**(22) | *Z~ stillem Kummer; mit*(27)

Betäubung(237) | B~ Rauchen, durch | B~ Schwindel - während(37)

Bett - Abneigung gegen das Bett, meidet es(18)

Bewußtlosigkeit(280) | B~ abends(15) | *B~ Apoplexie, bei*(15) | B~ Erbrechen - amel.(3) | *B~ Fieber, im*(50) | *B~ Gemütsbewegungen, nach*(13)

GEMÜT …

Bewußtlosigkeit - Menses - Unterdrükkung von(8) | B~ Schwindel, bei(46) | *B~ warmen Zimmer, im*(6)

Boshaft(99)

Chaotisch(44)

Delirium(233) | **D~ nachts**(67) | D~ abwechselnd mit - Bewußtsein(2) | D~ albern, töricht(11) | *D~ ängstlich*(24) | **D~ Bett - flieht und springt plötzlich aus dem Bett auf**(36) | *D~ Blick auf einen Punkt fixiert*(10) | *D~ Enzephalitis, mit*(3) | D~ Fieber; im(54) | *D~ heftig*(26) | D~ heiter, fröhlich(14) | D~ Konvulsionen - während(12) | D~ Kopfschmerz - während(16) | D~ Lachen(20) | D~ manisch(47) | D~ Menses - während(10) | D~ Pupillen, mit erweiterten(3) | *D~ rasend*(84) | D~ ruhelos(12) | D~ Schlaf - während(26) | w~ komatös(8)

Delirium - Schlaflosigkeit - mit(45) | D~ Schläfrigkeit, bei(14) | D~ Schmerzen - während den(8) | *D~ schrecklich*(26) | *D~ Schreien, mit*(18) | D~ sorgenvoll(5) | D~ Springen, mit(4) | *D~ Tod, spricht vom* | D~ traurig(3) | D~ Zittern, mit(23) | D~ Zuckungen, mit

Delirium tremens(84)

Demenz - Epileptikern, von(12) | *D~ paralytica, Dementia*(18)

Dunkelheit - agg.(27)

Ehrgeiz(15)

Eigensinnig, starrköpfig, dickköpfig(107) | E~ Fieber, im | *E~ Umherwerfen, mit ungeduldigem*

Ekstase(59)

Empfindlich(192) | *E~ Berührung, gegen*(13) | **E~ Geräusche, gegen**(149) | G~ geringste Geräusch; gegen das(29)

Empfindlich - Kinder(13) | *E~ Licht, gegen*(15) | *E~ Musik, gegen*(46) | *E~ Pubertät, in der*(12) | E~ SCHMERZ, GEGEN(31)

Entbindung - nach der Entbindung; Gemütssymptome(9)

Entmutigt(135) | *E~ Angst, mit*(7)

GEMÜT ...

Entrüstung(22)

Erregung(287) | *E ~ agg.*(41) | E ~ Ausscheidungen; durch Unterdrückung von(3) | **E ~ Frost - während**(22) | **E ~ nervös**(23) | *E ~ Schwangerschaft, in der*(7) | *E ~ Schweiß, beim*(11)

Erschöpfung; geistige(217)

Erschreckt leicht(125)

Faulheit(269) | F ~ Schläfrigkeit, bei(29)

Fehler; macht - Zeit; in bezug auf die(34)

Feigheit(89)

Fleißig, arbeitsam, Arbeitswut(101)

Fliehen, versucht zu(61) | F ~ springt plötzlich aus dem Bett(17)

Freude(5)

Froh(182) | F ~ abwechselnd mit - Traurigkeit(57) | a ~ Weinen(19)

Froh - Fieberhitze, in der(4) | F ~ Menses - vor(4)

Furcht(242) | F ~ nachts(58) | *F ~ berührt zu werden*(38) | *F ~ Bett - vor dem*(20) | *F ~ chronisch*(4) | F ~ Diarrhoe - Furcht, mit(4) | *F ~ Dunkelheit, vor der*(40) | F ~ eingebildeten - Dingen, vor(15) | F ~ engen Räumen; in(33) | **F ~ Ersticken, vor dem**(24) | F ~ fallen, zu stürzen; zu(28) | F ~ Fieber - während des Fiebers(6) | *F ~ Gehen - vor dem Gehen - Straße; über eine belebte*(3) | F ~ Geisteskrankheit(74) | F ~ Geräusche, durch(40) | *F ~ geschehen; etwas werde*(82) | *F ~ Gespenstern, vor*(32) | *G ~ nachts*(10)

Furcht - Herz - Herzerkrankung(23) | *F ~ Herzklopfen, mit*(11) | F ~ Hitze - während(5) | F ~ Krankheit, vor drohender(66) | K ~ unheilbar zu sein(42)

Furcht - Männern, vor(30) | *F ~ Menschen, vor*(81) | **F ~ Menschenmenge; in einer**(58) | *F ~ Menses - vor*(12) | M ~ während(9) | M ~ unterdrückte Menses; durch Furcht(5)

Furcht - Musik, durch(10) | F ~ Näherkommen, Annäherung von; vor - anderen, von - berührt zu werden; aus Furcht(3)

GEMÜT ...

Furcht - offenen Plätzen; Furcht vor(17) | F ~ Panik, panische Angst(4) | F ~ Ruhelosigkeit aus Furcht(8) | F ~ Schlaf - vor(10) | F ~ Schreck, vor(2) | *F ~ Schwangerschaft, in der*(8) | **F ~ TOD; VOR DEM**(143) | T ~ drohendem Tod, vor(17) | **T ~ Entbindung, bei der**(3) | **T ~ Herzsymptomen, bei**(12) | T ~ Menses - vor(6) | M ~ während(3)

Furcht - Tod; vor dem - sagt den Zeitpunkt des Todes voraus(2) | **T ~ Schwangerschaft, in der**

Furcht - Tunnels; vor(4) | *F ~ Überqueren - Straße*(3) | F ~ überwältigend(19) | F ~ Unfällen, vor(11) | F ~ Unglück, vor(93) | F ~ Unheil; Furcht vor(115) | F ~ voller Furcht(12) | F ~ Wehen - während(5) | F ~ zittrig(36)

Gedächtnis - gut, aktiv(91) | g ~ abwechselnd mit - Gedächtnisschwäche(3)

Gedächtnis - Gedächtnisschwäche(284) | G ~ gedacht hat; für das, was er gerade(18) | G ~ geistige Anstrengungen; für(26) | *G ~ getan hat; für das, was er eben*(34) | G ~ Termine, für das Datum; für(12)

Gedanken - drängen auf ihn ein und schwirren durcheinander(16) | G ~ Gedankenandrang, einstürmende Gedanken, Gedankenfluß(78) | G ~ hartnäckig(83) | h ~ Erwachen, beim(6)

Gedanken - Magen; als kämen die Gedanken aus dem | G ~ quälend(31) | G ~ schnell(36) | G ~ überlegt(54) | *G ~ wandernd*(72)

Gedanken versunken, in(90)

Geisteskrankheit, Wahnsinn(153) | *G ~ Frauen; bei*(9) | G ~ Menses - während(7) | **G ~ Schmerz, durch unerträglichen**(4)

Geistige Anstrengung - agg. - ermüdet(20) | a ~ unmöglich(130)

Geistige Anstrengung - Verlangen nach(65) | V ~ abwechselnd mit - Stumpfheit, Schwerfälligkeit

Geistige Anstrengung - Abneigung gegen(150)

Gemüt ...

Gemütssymptome(26)
Geräusche - Neigung Krach, Lärm zu machen(7)
Geschäftig(45)
Gesellschaft - Abneigung gegen(156) | A~ Anblick von Menschen; vermeidet den(15)
Gesellschaft - Verlangen nach(83) | V~ abwechselnd mit - Abneigung gegen Gesellschaft
Gespräche - agg.(45)
Gesten, Gebärden; macht - Hände; unwillkürliche Bewegungen der - wild(2) | H~ zupft - Bettwäsche; an der(36)
Gesten, Gebärden; macht - konvulsivisch(24) | G~ stampft mit den Füßen(17) | G~ unsicher(4) | *G~ verworren*(2)
Getragen - Verlangen getragen zu werden(31) | V~ schnell(6) | V~ und liebkost zu werden(3)
Gleichgültigkeit, Apathie(251) | *G~ allem; gegenüber*(71) | *G~ Angst, nach*(2) | *G~ geliebte Personen, gegen*(17) | G~ Schläfrigkeit, bei(25) | G~ Verwandte, gegen(17)
Haß(28)
Hast, Eile(112) | H~ Beschäftigung, bei(15) | H~ Bewegungen im(23) | H~ Gehen, beim(15)
Heftig, vehement(100)
Heimweh(52)
Hellsehen(28)
Herausfordernd(22)
Heulen(30)
Hochgefühl(97)
Hochmütig, arrogant(53)
Hoffnung, voller(13) | H~ abwechselnd mit - Traurigkeit(3) | a~ Verzweiflung(3)
Hypochondrie(116)
Hysterie(194) | H~ Menses - während(27) | *H~ Ohnmacht, hysterische*(22) | *H~ plethorischen Personen, bei*(2)
Ideen, Einfälle - Mangel an(102) | I~ Reichtum an, Klarheit des Geistes(125)

Gemüt ...

Imbezillität(140)
Indiskretion, Taktlosigkeit(30)
Jammern(93)
Katalepsie(20)
Kindisches Benehmen(52)
Klagen(64)
Konzentration - schwierig(261) | s~ Schreiben, beim(5) | s~ Studieren(52)
Kummer(76)
Lachen(102) | *L~ abwechselnd mit - Weinen*(43) | L~ spasmodisch(49)
Läuft umher(24)
Langsamkeit - Essen; beim
Lästig, geht auf die Nerven(79)
Lasziv, lüstern(77)
Launenhaftigkeit, launisch(108)
Lesen - Abneigung gegen Lesen(25)
Licht - Verlangen nach(19)
Liebevoll, voller Zuneigung, herzlich(37)
Lustig, fröhlich(123) | L~ albern(8) | L~ Hitze; während der(2)
Magnetisiert - amel.(20)
Manie(149)
Meditieren, Nachdenken(47)
Menopause agg.(18)
Menschenfeindlichkeit, Misanthropie(45)
Menses - während; Gemütssymptome(28) | w~ Beginn der Menses; zu(5)
Milde(80)
Mitgefühl, Mitleid(34)
Mitteilsam, gesprächig(8)
Monomanie(16)
Mürrisch(290) | M~ abwechselnd mit - Fröhlichkeit, Frohsinn(23) | *M~ Fieber - während*(12)
Musik - agg.(40) | **M~ Abneigung gegen**(13) | M~ Kopfschmerzen, durch(9)
Mutig(26)
Nachdenken, Überlegen - Unfähigkeit nachzudenken(6)
Offenherzig(3)
Phantasien - lebhaft(31) | *P~ übertrieben*(114) | P~ übertrieben - launisch(2)

Gemüt ...

Prophezeit(7) | **P~ Zeitpunkt des Todes voraus; sagt den**(4)

Quält - sich(8)

QUALVOLLE ANGST(121) | **Q~ Herumwerfen, mit**(4) | *Q~ Herzerkrankung, bei*(8) | Q~ Stuhlgang - vor(4) | **Q~ treibt von einer Stelle zur anderen - Ruhelosigkeit, mit**(4)

Raserei, Tobsucht, Wut(95) | R~ abends(16) | R~ nachts(15) | R~ abwechselnd mit - Bewußtsein, Rückkchr des Bewußtseins; klarem(2) | a~ Fröhlichkeit, Frohsinn(6) | a~ Lachen(2) | a~ Weinen(2)

Raserei, Tobsucht, Wut - anfallsweise(11) | R~ Menses - während(3) | M~ Beginn der; zu

Raserei, Tobsucht, Wut - Schmerzen, durch(5)

Redseligkeit; Geschwätzigkeit(136) | R~ hastig(2)

Reizbarkeit(408) | R~ abwechselnd mit - Freude(5) | R~ Fieberfrost, im(57) | R~ Hitze - während(31) | R~ Kopfschmerzen, bei(61)

Ruhelosigkeit(420) | R~ vormittags(11) | R~ abends(51) | R~ nachts(249) | *R~ abwechselnd mit - Bewußtlosigkeit*(2) | *a~ Stupor*(2)

RUHELOSIGKEIT - ÄNGSTLICH(111) | **R~ Bett - Herumwerfen im**(123) | *R~ Entbindung, während der*(3) | R~ Frost - während(23) | R~ Gehen, beim(7) | R~ geschäftig(20) | *R~ Hitze - während*(66) | *R~ innerlich*(37) | i~ nachmittags, beim Gehen

Ruhelosigkeit - Menses - vor(16) | *M~ während*(40)

Ruhelosigkeit - Metrorrhagie, bei(5) | *R~ Schlaf - vor*(3) | **R~ Schmerzen, durch**(19) | R~ Schwangerschaft, in der(5) | R~ treibt umher(41)

Schaukeln - amel.(13)

Schlafwandeln(56)

Gemüt ...

Schreien(133) | *S~ Berührung, bei*(9) | S~ Kindern, bei(38) | S~ Genitalien; mit Greifen an die | S~ Konvulsionen - während(31) | **S~ SCHMERZEN, BEI DEN**(25) | S~ Urinieren - vor dem(7)

Schüchternheit, Zaghaftigkeit(113) | S~ abends - Bett - Zubettgehen; beim(11) | S~ schamhaft(58) | *S~ Schreck, nach*

Schwangerschaft; Gemütsbeschwerden während der(17)

Schweigsam(209)

Selbstbetrachtung(58)

Sentimental, schwärmerisch, rührselig(64)

Seufzen(98) | S~ Fieberhitze, in der(17) | S~ Schweiß, beim(16)

Singen(59) | *S~ abwechselnd mit - Weinen*(4) | S~ Trällern(11)

Sinne - abgestumpft, stumpf(107) | *S~ scharf*(52)

Sitzen - Neigung zu sitzen(110)

Spaßen - Abneigung gegen(22) | *S~ Spaß; verträgt keinen*(12)

Spontan, impulsiv(33)

Spotten(18) | S~ Lächerliche ziehen; will alles ins(6)

Sprache - hastig(44) | S~ kindisch(4) | S~ Schwatzen(17) | S~ unklar, unverständlich(20) | S~ unsinnig(29)

Sprechen - agg. die Beschwerden(34) | S~ anderer agg.; das Sprechen(46) | S~ Schlaf, im(93) | S~ schweift von einem Thema zum anderen(47)

Springen - Bett; aus dem(41)

Stimmung, Laune - abweisend, zurückweisend(40) | *S~ veränderlich*(158) | *S~ wechselnd, wechselhaft*(80)

Stöhnen(119) | **S~ ängstlich**(4) | S~ Hitze; während der(16) | S~ Schweiß, beim(10)

Streitsüchtig(136)

Stumpfheit(332) | S~ Gemütsbewegungen, durch(4) | S~ Lesen(35) | S~ Rauchen, durch | S~ Schreiben, beim(10) | S~ warmes Zimmer; beim Eintritt in ein(2) | S~ Wein, nach(5)

GEMÜT ...

Stupor(138) | S~ abends(3)
Suizidneigung; Neigung zum Selbstmord - Rasiermesser, mit einem(3)
Tadelsüchtig, krittelig(80)
Tadelt - andere(32) | T~ sich selbst(36)
Tanzen(33)
Tod - Agonie vor dem Tod(15) | T~ Gedanken an den Tod(54) | T~ sterben; Gefühl als würde er(6) | **T~ Vorahnung des Todes(62) | V~ SAGT DEN ZEITPUNKT DES TODES VORAUS(8)**
Traum; wie in einem(69)
Traurigkeit(477) | *T~ ängstlich(32)* | **T~ Fieberhitze, in der(55) | T~ Frost - während(37)** | T~ Gehen - während und danach(5) | T~ Gesundheit, über seine(3) | T~ Menses - vor(34)
Traurigkeit - Musik - durch(17) | T~ Schweiß, beim(29)
Unbeständigkeit(45)
Ungeduld(131) | U~ Herumwerfen
Ungehorsam(30)
Ungestüm(31) | *U~ Schweiß, mit(12)*
Unternimmt - Vieles, hält aber bei nichts durch, bleibt nicht dabei(28)
Untröstlich(30)
Unzufrieden(168)
Vergeßlich(187) | V~ Gemütsbewegungen, durch(4)
Verwegenheit(26)
Verwirrung, geistige(321) | V~ morgens(115) | m~ Erwachen, beim(50)
Verwirrung, geistige - berauscht - wie(47) | b~ wie nach einem Rausch(35)
Verwirrung, geistige - Bewegung, durch(16) | V~ Erwachen, beim(71) | V~ Fieberfrost, im(20) | V~ Freien, im - amel.(30) | V~ Gehen - Freien, im(14) | *V~ Schmerzanfällen, bei(6)* | V~ warmen Zimmer, im(11)
Verzweiflung(137) | V~ Fieberfrost, im(20) | V~ Fieberhitze, in der(21) | V~ Genesung, in bezug auf die(44) | V~ Schmerzen; bei den(21)
Vorsichtig(17)

GEMÜT ...

Wahnideen(191) | W~ nachts(36) | W~ ängstlich(10) | W~ Ansammlungen von Dingen, Schwärmen, Menschenmengen etc.(17) | W~ beschäftigt - Tätigkeit; mit einer(12) | W~ betrunken - sei betrunken, er - Übelkeit, mit | W~ Bilder, Phantome; sieht(76) | B~ nachts(40)

Wahnideen - Gehirn - Magen; er habe das Gehirn im | *W~ geisteskrank - werden; er würde geisteskrank(43)* | W~ geschwollen, er sei(11) | W~ Gesichter, sieht - größer, werden(2) | W~ Gespenster, Geister, Gestalten - sieht(55) | W~ Gestalten - sieht(33) | W~ groß - Teile des Körpers scheinen zu groß(10) | W~ Hause, zu - weg von zu Hause; er sei(23) | W~ Hören - Einbildung; etwas zu hören(44) | W~ klein - Körper sei kleiner; der(14) | W~ Körper - verunstaltet; irgendein Teil sei(2) | W~ Kopf - groß - zu groß; scheint(3) | W~ Krankheit - unheilbare Krankheit; er habe eine(18) | W~ lebhaft(26) | W~ Magen - Geistestätigkeit findet im Magen statt | *W~ Phantasiegebilde, Illusionen(115)* | W~ rempelt jeden an; den sie trifft | W~ Schafe - treibt | W~ schlafen; er würde - wach ist; besteht darauf, daß er schläft, obwohl er(2) | W~ schweben - Luft, in der(45) | **W~ sterben - gleich sterben; glaubt, er würde(57)** | W~ Stimmen - hört(37) | W~ stirbt - er(15) | W~ treibt - Schafe | W~ verdammt; er sei(23) | W~ vergrößert(42) | v~ Entfernungen seien(17) | v~ Gegenstände seien(12) | v~ Körper sei - Körperteile(10) | v~ Kopf sei(15)

Wahnideen - Weinen, mit(5)

Weinen(244) | W~ abends(29) | W~ Angst, nach(23) | W~ Delirium - während | W~ Fieberfrost - im(25) | **W~ Fieberhitze, in der(25)** | W~ grundlos(30) | W~ Konvulsionen - während(27) | W~ Musik; durch(14) | W~ Schluchzen; Weinen mit(34)

GEMÜT ...
Weinen - Schmerzen - während den Schmerzen(23) | W ~ Schweiß, beim(25)
Widerspenstig(66)
Widersprüchlich - Worten; die Absichten stehen im Widerspruch zu den(9)
Widerspruch - verträgt keinen Widerspruch(73)
Wildheit(29)
Wille - widersprüchlich(6)
Wirft mit Gegenständen um sich(20)
Zerstreut(166) | **Z ~ verträumt**(17)
Zorn(243) | **Z ~ heftig**(72) | Z ~ Husten - Zorn, durch(10) | *Z ~ Kindern, bei*(5) | *Z ~ Kleinigkeiten, über*(58) | Z ~ plötzlich - abwechselnd mit - Fröhlichkeit(9)
Zweifelt - Genesung; an der(31)

TRÄUME
Alpträume, Alpdrücken(144)
Angenehm(136)
Ängstlich(239)
Anstrengung - geistige(51)
Aufschluß über unerklärliche Angelegenheit; gibt ihm
Beeindruckend(11)
Beschämend(13)
Dinge - fixiert, Träume sind auf denselben Inhalt(6)
Ereignisse - vergangene, längst(16) | E ~ vergessene; längst(15) | **E ~ zukünftige**(11) | *E ~ zurückliegende, kurz*(55) | z ~ *Vortag, vom*(41)
Erotisch(196)
Fallen, zu stürzen; zu(60) | F ~ Höhe herab, von einer(29)
Fortsetzung - Träumen, von - Erwachen, nach dem(22)
Geschäft - Tage, vom(39)
Hartnäckig(29)
Hellsichtig(12)
Hervorragende geistige Arbeit zu leisten(15)
Historisch(18)
Hochgelegene Orte - Herunterfallen, Hinabstürzen von(29)

TRÄUME ...
Klar - Aufschluß über unerklärliche Angelegenheit; gibt ihm
Lange Zeit(13)
Lebhaft(193)
Merkwürdig, wunderlich(10)
Nachdenken, mit(15)
Phantastisch(55)
Prophetisch(11)
Schlafen; in der Luft zu
Schrecklich(237)
Verdrießlich(122)
Verworren(122)
Viele(260)
Wecken den Patienten(118) | W ~ tagsüber im Sitzen | W ~ nachts - Hinlegen, nach dem
Zusammenhängend(13)

– *Actaea spicata* –

act-sp.

GEMÜT
Abscheu - Leben, vor dem(84)
Angst(362) | A ~ Bewegung - amel.(12) | A ~ Ruhe, in der(4)
Beschwerden durch - Schreck(72)
Betäubung(237)
Bewußtlosigkeit(280)
Delirium(233) | D ~ Fieber; im(54) | *D ~ rasend*(84)
Denken - Abneigung gegen(46)
Eigensinnig, starrköpfig, dickköpfig(107)
Furcht(242) | F ~ allein zu sein(54) | F ~ Menses - unterdrückte Menses; durch Furcht(5) | F ~ Tod; vor dem(143) | T ~ nachts(8)
Gedächtnis - Gedächtnisschwäche(284)
Gesellschaft - Verlangen nach(83)
Ichbezogenheit, Egotismus, Selbstüberschätzung(24)
Jammern(93)
Launenhaftigkeit, launisch(108)
Lebensüberdruß - Verzweiflung über Kleinigkeiten; mit
Reizbarkeit(408)

Gemüt ...
Ruhelosigkeit(420)
Selbstbetrug, Selbsttäuschung(2)
Seufzen(98)
Traurigkeit(477)
Unbeständigkeit(45)
Unentschlossenheit(146)
Ungeduld(131)
Verwirrung, geistige(321)
Wahnideen - fehlschlagen, versagen; alles werde(6)
Zerstreut(166)
Zorn(243)
Zügellosigkeit, sexuelle Ausschweifung(32)

– Adelheid aqua –
adel.

Gemüt
Bewußtlosigkeit(280)
Ruhelosigkeit - nachts(249)

– Adlumia fungosa –
adlu.

Gemüt
Fehler; macht - Schreiben, beim(83)
Reizbarkeit(408)
Traurigkeit(477)
Zerstreut(166)

Träume
Ängstlich(239) | Ä~ nachmittags

– Adonis vernalis –
adon.

Gemüt
Alkoholismus(135)
Betäubung(237)
Furcht - Magen - aufsteigend vom(15)
Mürrisch(290)
Ruhelosigkeit(420) | R~ ängstlich(111)
Traurigkeit(477)

Träume
Schrecklich(237)

– Adrenalinum –
adren.

Gemüt
Kummer - still(23)

– Aesculus glabra –
aesc-g.

Gemüt
Betäubung(237)
Bewußtlosigkeit(280)
Demenz - paralytica, Dementia(18)
Sprache - langsam(59) | *S~ undeutlich*(24)
Stumpfheit(332)
Verwirrung, geistige(321)

– Aesculus hippocastanum –
aesc.

Gemüt
Auffahren, Zusammenfahren - Schlaf - durch(124)
Begreifen, Auffassungsvermögen - leicht(38)
Beschäftigung - amel.(48)
Beschwerden durch - Erwartungsspannung(68)
Betäubung(237)
Bewußtlosigkeit(280) | B~ Erwachen - beim(10) | B~ Sitzen, im(9) | B~ Traum, wie ein einem - weiß nicht, wo er ist - Erwachen, beim(3)
Delirium(233)
Empfindlich(192)
Erkennt - nicht; erkennt - niemanden; erkennt(4) | n~ Umgebung nicht; erkennt die - Erwachen; beim | n~ Verwandten nicht; erkennt seine eigenen - Erwachen; beim
Exzentrizität, Überspanntheit(54)
Faulheit(269)
Fehler; macht - Orte; in bezug auf(32)
Fliehen, versucht zu(61) | *F~ Fenster, aus dem*(6)
Froh(182)

GEMÜT ...
Furcht - nachts - Erwachen, nach dem(8) | F~ geschehen; etwas werde(82)
Gedächtnis - Gedächtnisschwäche(284)
Gedanken - schnell(36)
Geistige Anstrengung - Abneigung gegen(150)
Heftig, vehement(100)
Ideen, Einfälle - Reichtum an, Klarheit des Geistes(125)
Konzentration - schwierig(261) | s~ Unmöglichkeit, sich zu konzentrieren(8)
Mürrisch(290)
Reizbarkeit(408) | R~ abends(60)
Ruhe - Verlangen nach(21)
Seelenruhe, Gelassenheit(85)
Stumpfheit(332) | S~ morgens(54) | *m~ Erwachen, beim*(26)
Stumpfheit - nachts - Erwachen, beim(9)
Stupor(138)
Tod - Gefühl von(25)
Traurigkeit(477) | T~ Fieberhitze, in der(55)
Verwirrung, geistige(321) | *V~ morgens - Erwachen, beim*(50) | *V~ Erwachen, beim*(71) | V~ weiß nicht, wo er ist - Erwachen, beim(3) | *w~ Gegenstände um sie herum nicht auseinanderhalten; kann die*(3)
Verzweiflung(137)
Wahnideen - Kopf - balancieren; er müsse den Kopf - Schwindel; bei
Zerstreut(166)
Zorn(243) | Z~ leicht(37) | Z~ Widerspruch, durch(37)

TRÄUME
Ängstlich(239)
Erotisch(196)
Gespenster(38)
Kämpfe(54)

– *Aether* –
aether

GEMÜT
Albernes Benehmen(65)
Angst(362)
Betäubung(237)

GEMÜT ...
Bewußtlosigkeit(280)
Delirium(233) | D~ nachts(67) | D~ rasend(84)
Delirium tremens(84)
Ekstase(59)
Erregung(287)
Erschreckt leicht(125)
Froh(182)
Furcht(242) | F~ Ersticken, vor dem - abends | F~ Gefahr, vor drohender(10) | G~ nachts
Furcht - Krankheit, vor drohender(66)
Geisteskrankheit, Wahnsinn(153)
Gesten, Gebärden; macht - konvulsivisch(24)
Hilflosigkeit, Gefühl der(13)
Hochgefühl(97)
Hysterie(194) | H~ abends(3)
Ideen, Einfälle - Reichtum an, Klarheit des Geistes(125)
Lachen(102) | L~ abends(6) | L~ albern(16) | *L~ bellender Hund; wie ein* | L~ spasmodisch(49)
Manie(149)
Murmeln(55)
Redseligkeit; Geschwätzigkeit(136)
Ruhelosigkeit - abends(51)
Schweigsam(209)
Seelenruhe, Gelassenheit(85)
Seufzen(98)
Spaßen(52)
Sprache - fremdartig, sonderbar, merkwürdig(3) | S~ fröhlich(3) | S~ leidenschaftlich | S~ übertrieben, extravagant(6) | S~ unsinnig(29) | S~ unzusammenhängend(65)
Stöhnen(119)
Stumpfheit(332)
Stupor(138)
Tanzen(33)
Tod - Gefühl von(25) | G~ abends
Traurigkeit(477)
Vergnügen(7)
Verwirrung, geistige(321)

Gemüt ...

Wahnideen - Engel, sieht(3) | W ~ Ewigkeit - gelebt; er habe eine Ewigkeit | W ~ Gefährten - Jugend zusammen; er sei mit den Gefährten seiner | W ~ Glocken läuten, hört - Totenglocke, seine | W ~ Gott - sieht Gott | W ~ lebhaft(26) | W ~ Musik - hört Musik - überirdische(2) | W ~ mystische Halluzinationen | W ~ Reisen, von - Welten, durch

Träume

Alpträume, Alpdrücken(144)

Angenehm(136)

Beerdigungen - eigene Beerdigung, seine - Totenglocke; hört das Läuten seiner eigenen

Erotisch(196)

Ertrinken(19)

Geschäft(40)

Gewissensbisse(11)

Pferde - Diebstahl von Pferden(2)

Schrecklich(237)

Stehlen - Pferd, ein - jemand stiehlt sein

Unfälle - Ertrinken(19)

– *Aethusa cynapium* –

aeth.

Gemüt

Angst(362) | A ~ nachmittags(32) | A ~ Dunkelheit; in der(12) | A ~ Gesicht - blassem Gesicht, mit(3) | A ~ Kopfschmerzen, mit(18) | A ~ Zukunft(108)

Auffahren, Zusammenfahren - Schlaf - während(163) | S ~ Einschlafen, beim(72)

Beschwerden durch - Erwartungsspannung(68)

Betäubung(237) | B ~ Erbrechen; nach - Kindern; bei | B ~ Schwindel - während(37)

Bewußtlosigkeit(280) | B ~ Augen - starren, stieren; mit(8) | B ~ Fieber, im(50) | *B ~ Liegen, beim - ausgestreckt* | B ~ Schwindel, bei(46)

Gemüt ...

Delirium(233) | *D ~ nachts*(67) | D ~ albern, töricht(11) | D ~ Fieber; im(54) | *D ~ Fieberfrost, im*(14) | *D ~ Konvulsionen - während*(12) | *D ~ manisch*(47) | *D ~ rasend*(84) | D ~ Schweiß - amel. | D ~ Wahnideen, mit(18)

Demenz(33)

Dunkelheit - agg.(27)

Empfindlich(192)

Ernst(77) | E ~ mittags amel.

Erregung(287) | E ~ morgens(19) | E ~ vormittags(3) | E ~ abwechselnd mit - Idiotie

Erschöpfung; geistige(217)

Erwartungsspannung - Prüfungen, vor(10)

Fleißig, arbeitsam, Arbeitswut(101)

Froh(182) | F ~ vormittags(12) | F ~ Redseligkeit; mit

Furcht(242) | F ~ nachmittags(15) | F ~ Diarrhoe - Furcht, mit(4) | F ~ Dunkelheit, vor der(40) | F ~ hochgelegenen Orten; vor(24) | F ~ Schlaf - schließen, aus Furcht, er würde nie wieder erwachen; Furcht, die Augen zu(3) | F ~ Schließen der Augen; beim(5) | F ~ Tod; vor dem - sterben, falls er einschläft; Furcht er werde Alptraum; nach einem(3) | *F ~ Versagen, Mißerfolg; vor dem - Prüfungen, bei*(7)

Gedächtnis - Gedächtnisschwäche(284)

Gedanken - hartnäckig(83) | h ~ Kleid, das sie am Vortag gemacht hat; an ein

Geisteskrankheit, Wahnsinn(153)

Geistige Anstrengung - agg. - unmöglich(130)

Gesellschaft - Verlangen nach(83) | V ~ allein; agg. wenn(48)

Gespräche - amel.(3)

Gesten, Gebärden; macht - konvulsivisch - Schlaf; im

Idiotie(45)

Imbezillität(140)

Kindisches Benehmen(52)

Konzentration - schwierig(261) | *s ~ Kindern, bei*(8) | **s ~ Studieren**(52)

Gemüt …
Kretinismus(8)
Lästig, geht auf die Nerven(79) | L~ Freien, im(2)
Lesen - unfähig zu lesen(9)
Lustig, fröhlich(123)
Manie(149)
Mürrisch(290) | M~ nachmittags(30) | *M~ Freien, im*(8) | M~ Hitze im Kopf; mit
Qualvolle Angst(121) | *Q~ Erbrechen, mit*(3)
Raserei, Tobsucht, Wut(95)
Redseligkeit; Geschwätzigkeit(136)
Reizbarkeit(408) | R~ vormittags(25) | R~ mittags - amel. | R~ nachmittags(37) | R~ Essen - nach(26) | R~ Freien, im(12) | R~ Kopfschmerzen, bei(61) | R~ Menses - während(42) | R~ Sitzen, im(4)
Ruhelosigkeit(420) | *R~ ängstlich*(111) | R~ Frost - während(23)
Schreien(133) | S~ Kindern, bei(38)
Schüchternheit, Zaghaftigkeit - Öffentlichkeit; beim Auftreten in der(7)
Schweigsam(209) | S~ vormittags(3)
Seelenruhe, Gelassenheit - vormittags
Spaßen(52)
Sprache - langsam(59) | S~ verlegen(8)
Sprechen - schweift von einem Thema zum anderen(47)
Springen - Bett; aus dem(41)
Spucken(32)
Stumpfheit(332) | S~ Lesen(35) | S~ Schwindel; während(22) | S~ Studieren und Lernen; beim(3)
Stupor(138)
Suizidneigung; Neigung zum Selbstmord - stürzt sich - Fenster, aus dem(21)
Tiere - liebt Tiere, Tierliebe(9)
Traurigkeit(477) | T~ nachmittags(37) | T~ abends(76) | T~ allein - wenn(24) | T~ Freien, im(12)
Ungeduld(131)
Ungeschicklichkeit(41) | U~ fallen, läßt Dinge(26)
Unzufrieden(168)
Vergeßlich(187)
Verwirrung, geistige(321)

Gemüt …
Wahnideen(191) | W~ Tag und Nacht(3) | W~ nachts(36) | W~ Gesichter, sieht - Schließen der Augen; beim(15) | W~ getrennt - Sinneseindrücke seien von den Gegenständen getrennt; die | W~ hochgestellte Persönlichkeit; er sei eine(13) | *W~ Hunde - sieht*(18) | *W~ Katzen - sieht*(11) | W~ Kleidung - wunderschön; die Kleider seien(2) | *W~ Mäuse - sieht*(12) | *s~ Stuhl hervor; laufen unter einem*(4)
Wahnideen - Phantasiegebilde, Illusionen(115) | *W~ Ratten, sieht*(10) | *R~ laufen - Zimmer; quer durch das*(5)
Wahnideen - Tiere(42) | *T~ Personen seien Tiere - Ratten, Mäuse, Insekten etc.*(6)
Wahnideen - Zunge - lang, zu
Weinen(244) | W~ Geräusch, bei(4) | W~ Gesundheit; um die - fortschreitender Krankheit; bei progressiv(2) | *W~ Stuhlgang - während*(8)
Witzig, geistreich(14)
Zorn(243)
Zurückhaltend, reserviert(64)

Träume
Ängstlich(239)
Ereignisse - zurückliegende, kurz(55) | z~ Vortag, vom(41)
Erschöpfend(45)
Kleid, das am Vortag angefertigt wurde
Schrecklich(237)
Verdrießlich(122)

– *Agaricus campestris* –

agar-cps.

Gemüt
Delirium(233)

– *Agaricus citrinus* –

agar-cit.

Gemüt
Bewußtlosigkeit(280)
Faulheit(269)

– Agaricus emeticus –

agar-em.

Gemüt

Angst - kalt - Getränke amel.(3)

– Agaricus muscarius –

agar.

Gemüt

Aktivität; Verlangen nach(38)

Albernes Benehmen(65)

Alkoholismus(135)

Angesehen zu werden; erträgt es nicht - blickt nach unten

Angesprochen zu werden - Abneigung(63)

Angst(362) | A~ abends(87) | A~ nachts(119) | A~ Atmen, tiefes - amel.(3) | A~ Erwachen, beim(86) | E~ agg.(2)

Angst - Geräusche, durch(13) | A~ Gesundheit; um die - eigene Gesundheit; um seine(57) | A~ hypochondrisch(52) | *A~ Menses - nach*(4) | n~ Schlaf verhindert; was den

Angst - Schlaf - während(42) | S~ Menses - nach(6)

Angst - Schweiß - amel.(2) | A~ Zukunft(108)

Antworten - Abneigung zu antworten(67) | A~ singt und redet, beantwortet jedoch keine Fragen

Antworten - weigert sich zu antworten(32)

Auffahren, Zusammenfahren(117) | *A~ abends - Rucken oder Zucken, hört beim Einschlafen auf*(2) | A~ elektrisch - wie(4) | A~ Schlaf - Einschlafen, beim(72)

Bedauert sich(8)

Beleidigt, leicht(79)

Berührt zu werden; Abneigung(46)

Beschäftigung - amel.(48)

Beschwerden durch - Alkoholismus(8) | B~ Erregung - Gefühle, der(87) | B~ geistige Anstrengung(59) | B~ Schreck(72) | B~ sexuell - Exzesse(59)

Gemüt ...

Beschwerden durch - Tadel(13) | B~ Zorn(94) | Z~ unterdrückten Zorn; durch(11)

Betäubung(237) | B~ morgens(13) | *m~ amel.*

Betäubung - Erwachen, beim(9) | B~ Freien, im - amel.(4) | B~ Schwindel - während(37)

Bewußtlosigkeit(280) | B~ morgens(45) | B~ abwechselnd mit - Konvulsionen(2) | *B~ Fieber, im*(50) | B~ Gliederzucken, mit(6) | *B~ Koitus, nach*(3) | B~ Schmerzen, durch(9) | B~ Schwindel, bei(46)

Boshaft(99)

Chaotisch(44)

Delirium(233) | D~ abwechselnd mit - Erregung | D~ albern, töricht(11) | *D~ berauscht, wie*(6) | *D~ Bett - flieht und springt plötzlich aus dem Bett auf*(36) | D~ brummt(44) | D~ erkennt niemanden(11) | D~ erkennt seine Verwandten nicht, wirft mit dem Wein und der Arznei nach der Schwester | D~ Erschöpfung, mit(7) | D~ Fieber; im(54) | D~ heftig(26) | D~ heftig, grimmig(5) | D~ heiter, fröhlich(14) | h~ abwechselnd mit - Traurigkeit

Delirium - Herumtollen mit Kindern | D~ Kopfschmerz - während(16) | D~ lärmend(6) | D~ manisch(47) | **D~ rasend**(84) | D~ redselig(33) | D~ religiös(5) | D~ Schreien, mit(18) | D~ Singen, mit(4) | *D~ Steigerung der Kräfte; mit*(6) | D~ still(2)

Delirium tremens(84)

Demenz(33) | D~ paralytica, Dementia(18)

Denken - Abneigung gegen(46) | D~ Beschwerden - agg.; Denken an seine Beschwerden(71)

Destruktivität, Zerstörungswut(41)

Droht(8)

Eigensinnig, starrköpfig, dickköpfig(107)

Ekstase(59)

Empfindlich - Geräusche, gegen - sprechen, zu(9)

Gemüt ...

Entfernungen - falsche Einschätzung von(10)

Enthüllt Geheimnisse(3)

Entmutigt(135)

Entwicklungsstillstand bei Kindern(9)

Erkennt - nicht; erkennt - Verwandten nicht; erkennt seine eigenen(28)

Erotisch(39)

Erregung(287) | E~ agg.(41) | E~ abends(32)

Erschöpfung; geistige(217)

Exzentrizität, Überspanntheit - Phantasien, in(8)

Faulheit(269) | F~ abends(20) | F~ Essen, nach dem(25) | F~ Mittagessen, nach dem(8)

Fehler; macht - Schreiben, beim(83) | *F~ Sprechen, beim*(81) | S~ Anstrengung agg. | S~ Buchstabieren, beim(23) | S~ Schlaflosigkeit, nach | S~ Worte - falsche Worte; benutzt(53)

Feigheit(89)

Fleißig, arbeitsam, Arbeitswut(101)

Fliehen, versucht zu(61) | *F~ springt plötzlich aus dem Bett*(17)

Frivol(14)

Froh(182) | F~ abends(42) | F~ abwechselnd mit - Traurigkeit(57)

Furcht(242) | F~ abends - Bett, im(8) | F~ Anfall zu bekommen; einen(13) | F~ Ersticken, vor dem - nachts(14) | F~ Geisteskrankheit(74) | F~ geschehen; etwas werde - Unangenehmes, etwas(6) | F~ gestört zu werden | F~ Krankheit, vor drohender(66) | F~ Krebs(13) | F~ Unglück, vor(93) | F~ Unheil; Furcht vor(115) | F~ Wasser, vor(33)

Gedächtnis - gut, aktiv(91) | g~ abends(2)

Gedächtnis - Gedächtnisschwäche(284) | G~ auszudrücken, sich(41) | G~ gedacht hat; für das, was er gerade(18) | G~ gehört hat; für das, was er(15) | G~ getan hat; für das, was er eben(34) | G~ Kindern, bei | G~ Personen, für(23) | G~ Worte, für(61)

Gemüt ...

Gedanken - Gedankenandrang, einstürmende Gedanken, Gedankenfluß(78) | G~ abends - Bett, im(17) | G~ nachts(31) | G~ Schlaflosigkeit, durch(23)

Gedichte, macht(14)

Geisteskrankheit, Wahnsinn(153) | G~ boshaft, bösartig(7) | G~ Kraft, mit vermehrter körperlicher(8) | G~ scheu

Geistige Anstrengung - agg.(141) | a~ unmöglich(130) | u~ morgens(2) | u~ kontinuierliche aktive Arbeit ist(2)

Geistige Anstrengung - Abneigung gegen(150)

Geschäft - Abneigung gegen(45)

Geselligkeit(7)

Gesellschaft - Abneigung gegen(156) | G~ Verlangen nach(83) | V~ allein; agg. wenn(48)

Gesten, Gebärden; macht - Hände; unwillkürliche Bewegungen der - aufwickeln; als würde er ein Wollknäuel(2) | H~ Greifen(41)

Gesten, Gebärden; macht - heftig(9) | G~ sonderbare Posen und Haltungen(20) | s~ Kopfes, des(2)

Gleichgültigkeit, Apathie(251) | G~ allem; gegenüber(71) | G~ Arbeit; mit Abneigung gegen(9) | G~ geschäftliche Angelegenheiten; gegen(18)

Grimassen(15)

Größen, Ausmaße - falsche Einschätzung von(2)

Haß(28) | H~ Rachsucht; Haß und(32)

Heftig, vehement(100) | H~ Gewalttaten führt; Raserei, die zu(34)

Hinterhältig, hinterlistig, falsch, verschlagen(32)

Hochgefühl(97)

Hochmütig, arrogant(53)

Hysterie(194) | H~ sexuell - Exzessen, nach(7)

Ichbezogenheit, Egotismus, Selbstüberschätzung - tragen ihre Großtaten vor

Ideen, Einfälle - Reichtum an, Klarheit des Geistes(125) | R~ abends - Bett, im(14)

Gemüt ...

Idiotie(45)
Imbezillität(140)
Kauzig, eigen - Gesten, in - Kopfes, des(2)
Kindisches Benehmen(52)
Konzentration - schwierig(261) | s~ Studieren(52)
Küßt - Hände seiner Gefährten, die(2)
Kummer(76)
Lachen(102) | L~ Bett, im | L~ Druck auf das Rückgrat; durch | L~ Fieberfrost, im(2) | L~ Gähnen, nach | L~ laut(8) | L~ unwillkürlich(23)
Läuft umher(24) | L~ gefährlichsten Orten; an den
Laszív, lüstern(77)
Launenhaftigkeit, launisch(108)
Liebevoll, voller Zuneigung, herzlich(37)
Lustig, fröhlich(123) | L~ albern(8)
Manie(149) | M~ Raserei, mit(27)
Morphiumsucht(31)
Murmeln(55)
Mürrisch(290) | M~ morgens - Erwachen, beim(10)
Mutig(26)
Mutwillig, boshaft(24)
Nachtschwärmerei, Schwelgerei(11)
Neugierig(12)
Nymphomanie(67)
Pfeifen(16)
Phantasien - übertrieben(114) | ü~ abends - Bett, im(28)
Phantasien - übertrieben - nachts(40) | ü~ Schlaflosigkeit, mit(41)
Pläne - macht, schmiedet viele Pläne - kühne Pläne | m~ rachsüchtige Pläne, plant Racheakte
Prophezeit(7)
Quält - andere - Beschwerden; jeden mit seinen(3)
Raserei, Tobsucht, Wut(95) | R~ abwechselnd mit - religiöse Erregung | *R~ anhaltend*(2) | R~ Betrunkenheit; bei | R~ heftig(12) | *R~ Körperkraft erhöht*(3) | R~ mutwillig, boshaft

Gemüt ...

Redseligkeit; Geschwätzigkeit(136) | *R~ beantwortet keine Fragen, aber* | R~ wechselt schnell von einem Thema zum anderen(20)
Reizbarkeit(408) | R~ morgens - Erwachen, beim(43) | R~ abwechselnd mit - Singen(2) | R~ Erwachen, beim(56) | R~ Koitus - nach(26)
Resignation(15)
Ruhelosigkeit(420) | R~ abends(51) | R~ innerlich(37) | i~ nachts beim Erwachen, mit Kopfschmerzen - im Traum
Schlafwandeln(56)
Schmollen(41)
Schreien(133) | *S~ Schlaf, im*(80)
Schweigsam(209)
Selbstsucht, Egoismus(32)
Selbstverleugnung(2)
Seufzen(98)
Singen(59) | S~ heiter, freudig(5)
Sinne - abgestumpft, stumpf(107)
Sitzen - Neigung zu sitzen(110)
Spaßen - treibt mit allem sein Spiel(3)
Sprache - fröhlich(3) | S~ langsam(59) | S~ respektvoll, ehrfürchtig | *S~ Rucke, durch*(5) | S~ undeutlich(24) | *S~ unzusammenhängend*(65) | S~ zögernd(22)
Sprechen - anderer agg.; das Sprechen(46) | S~ Krieg, vom(3) | S~ langsam; lernt(15) | S~ schweift von einem Thema zum anderen(47)
Springen(15)
Stimmung, Laune - veränderlich(158)
Streitsüchtig(136)
Studieren, Lernen - schwierig, fällt schwer(18)
Stumpfheit(332) | S~ morgens(54) | S~ abends - amel.(6) | *S~ nachts - amel.* | S~ Fieberfrost, im(16) | S~ geistige Anstrengung, durch(27) | *S~ Kindern; bei*(21)
Stupor(138) | S~ abwechselnd mit - Konvulsionen
Tanzen(33) | T~ grotesk(2)
Tollkühnheit, Verwegenheit(4)
Tollwut, Hydrophobie(46)

Gemüt ...

Töten, Verlangen zu(32)

Traum; wie in einem(69)

Traurigkeit(477) | T~ morgens(71) | T~ nachmittags - amel.(2) | T~ abends(76) | T~ Anstrengung, nach(5) | T~ Kleinigkeiten, um(8) | *T~ Koitus, nach*(8) | T~ Kopfschmerzen, bei(30) | T~ Masturbation, durch(16)

Traurigkeit - Pollutionen, durch(23) | T~ sexuelle Exzesse; durch(2)

Übertreiben(5)

Umarmt - Gefährten, seine(2) | G~ Hände seiner Gefährten; die(2)

Unbehagen(44) | U~ vormittags(3)

Unbesonnen(82)

Unbeständigkeit(45)

Unentschlossenheit(146)

Ungeschicklichkeit(41) | U~ abends | U~ fallen, läßt Dinge(26)

Unglücklich, bedauernswert; fühlt sich(29)

Unternimmt - Neues unternehmen; kann nichts

Unzufrieden(168)

Vergeßlich(187) | V~ Worte beim Sprechen; vergißt(52)

Verletzen, sich zu - Raserei treibt ihn dazu, sich zu verletzen(2)

Verschwenderisch(13)

Verstümmelt seinen Körper(6)

Verwegenheit(26)

Verwirrung, geistige(321) | V~ morgens(115) | m~ Erwachen, beim(50)

Verwirrung, geistige - nachmittags(33) | V~ berauscht - wie(47) | b~ wie nach einem Rausch(35)

Verwirrung, geistige - Erwachen, beim(71) | V~ Essen - amel.(8) | E~ nach(52)

Verwirrung, geistige - Freien, im(12) | V~ Gehen(37) | G~ amel.(3) | G~ Freien, im(14)

Verwirrung, geistige - Identität; in bezug auf seine - Dualität; Gefühl der(37) | V~ Kopfschmerzen, mit(11)

Gemüt ...

Verwirrung, geistige - Lesen, beim(15) | V~ Tragen schwerer Lasten; beim

Verzweiflung(137) | *V~ Raserei, grenzt an*

Wahnideen(191) | W~ Arme - gehören; würden nicht zu ihr(3) | *W~ Beine - gehören ihr nicht*(4) | W~ berauscht - sei, er(59) | W~ betrunken - sei betrunken, er(23) | W~ Bewußtsein - verlieren; er würde das Bewußtsein - Hinlegen, beim | W~ drehen - sie - würde sich drehen(2) | W~ geht - auf und ab; im Zimmer - Träumen, in seinen | W~ geisteskrank - werden; er würde geisteskrank(43) | W~ gelähmt, er sei(5) | W~ Gespenster, Geister, Gestalten - sieht(55) | W~ Gestalten - sieht(33) | *W~ hochgestellte Persönlichkeit; er sei eine*(13) | W~ Hölle - bekennen; er müsse seine Sünden an der Pforte der Hölle | W~ Hören - Einbildung; etwas zu hören(44) | W~ klein - Dinge - werden kleiner; Dinge(8) | k~ Körper sei kleiner; der(14)

Wahnideen - Körper - verkleinert; sei | W~ laufen - nie zuvor; sie könne laufen wie | W~ lebhaft(26) | W~ leicht - sei leicht, er(26) | W~ Loch - Abgrund; ein kleines Loch erscheint wie ein schrecklicher | W~ Menschen - unterhält sich mit abwesenden(13) | W~ Offizier; er sei ein(5) | W~ Phantasiegebilde, Illusionen(115) | W~ Pilz würde ihm den Befehl geben - bekennen und sich den Bauch aufzuschlitzen; auf die Knie zu fallen, seine Sünden zu | W~ rachsüchtig | W~ Schlaf - gestört; der Schlaf würde | W~ Stimmen - hört(37) | W~ Tanzen - er würde tanzen(2) | W~ tot - Leiche - Schwester, Leiche der | t~ Personen, sieht tote(59)

Wahnideen - übermenschlich, er sei - Kontrolle; er sei unter übermenschlicher(8) | W~ vergrößert(42) | v~ Entfernungen seien(17) | v~ Gegenstände seien(12)

Gemüt ...

Wahnideen - Visionen, hat(76) | W ~ Wasser - Löffel voll Wasser scheint wie ein See; ein
Wirft mit Gegenständen um sich(20) | W ~ Personen; nach(5)
Zerreißt - Dinge im allgemeinen(21)
Zerstreut(166) | Z ~ verträumt(17)
Zorn(243)
Zügellosigkeit, sexuelle Ausschweifung(32)

Träume

Angenehm(136)
Ängstlich(239)
Erfolglose Anstrengungen - öffnen; den Mund zu
Gehen(10)
Körperteile - Mund - Öffnen des Mundes ist unmöglich
Krankheit - Schmerz - Kiefergelenk
Lebhaft(193)
Schmerz - Kiefergelenk
Schrecklich(237)
Unangenehm(87)
Unerinnerlich, bleiben nicht im Gedächtnis(93)
Unzusammenhängend, zusammenhanglos(24)
Verdrießlich(122)
Verworren(122)
Viele(260)
Wecken den Patienten(118)

– *Agaricus pantherinus* –

agar-pa.

Gemüt

Antworten - einsilbig(15)
Bewußtlosigkeit(280)
Delirium(233) | D ~ rasend(84)
Stupor(138)

– *Agaricus phalloides* –

agar-ph.

Gemüt

Angst(362)

Gemüt ...

Antworten - langsam(35)
Bewußtlosigkeit(280)
Delirium(233)
Gesten, Gebärden; macht - sonderbare Posen und Haltungen(20)
Ruhelosigkeit(420) | R ~ Bett - Herumwerfen im(123)
Sprache - langsam(59)
Stupor(138)
Ungeduld(131)

Träume

Verworren(122)

– *Agaricus procerus* –

agar-pr.

Gemüt

Bewußtlosigkeit(280)
Delirium - Schreien, mit(18)
Delirium tremens(84)
Weigert sich - Medizin einzunehmen; die - Delirium; im(2)

– *Agaricus semiglobatus* –

agar-se.

Gemüt

Bewußtlosigkeit(280)
Stupor(138)

– *Agaricus stercorarius* –

agar-st.

Gemüt

Bewußtlosigkeit(280)
Erregung(287) | E ~ Konvulsionen - nach
Fliehen, versucht zu(61)
Pessimist(17)
Ruhelosigkeit(420)
Stupor(138)
Wildheit - Konvulsionen, vor

– Agave americana –

agav-a.

Gemüt

Furcht - Wasser, vor(33)
Tollwut, Hydrophobie(46)

– Agave tequilana –

agav-t.

Gemüt

Alkoholismus(135)
Bewußtlosigkeit(280)
Erregung(287) | E~ Amnesie; gefolgt von vorübergehender
Heftig, vehement(100)
Schreien(133)
Spaßen(52)
Stupor(138)
Traurigkeit(477)
Verlangen, Wunsch nach - voller Verlangen(11)

Träume

Ereignisse - zurückliegende, kurz - Vortag, vom(41)
Hartnäckig(29)

– Agnus castus –

agn.

Gemüt

Abscheu - Leben, vor dem(84)
Angst(362) | A~ Gesundheit; um die - eigene Gesundheit; um seine(57) | A~ hypochondrisch(52)
Auffahren, Zusammenfahren - Schlaf - während(163) | *S~ durch*(124)
Beschwerden durch - Erwartungsspannung(68) | B~ sexuell - Exzesse(59)
Bewußtlosigkeit(280)
Delirium(233)
Demenz - Masturbation, mit(11) | D~ senilis, Dementia(25)
Ekstase(59)
Entmutigt(135)
Erotisch(39)
Erregung(287)

Gemüt ...

Erschöpfung; geistige(217) | *E~ lüsternen, geilen Männern; bei*
Exzentrizität, Überspanntheit(54) | E~ abwechselnd mit - Verachtung - sich selbst; gegenüber
Feigheit(89)
Furcht(242) | *F~ Erwachen, beim*(54) | F~ geschehen; etwas werde(82) | F~ Krankheit, vor drohender - unheilbar zu sein(42) | *F~ Tod; vor dem*(143) | *T~ bald sterben werde; daß er*(3) | T~ drohendem Tod, vor(17)
Gedächtnis - Gedächtnisschwäche(284) | G~ Geschäfte, für(13) | G~ sexuelle Exzesse, durch(9) | G~ tun wollte; für das, was er gerade(33)
Geistesabwesend(71)
Geisteskrankheit, Wahnsinn - Wochenbett, im(35)
Geistige Anstrengung - agg.(141) | a~ unmöglich(130)
Geistige Anstrengung - Abneigung gegen(150)
Geschäft - unfähig zu(8)
Gleichgültigkeit, Apathie(251) | G~ abwechselnd mit - Fröhlichkeit, Frohsinn(4) | G~ äußere - Dinge; gegen(26)
Hochgefühl(97) | H~ abwechselnd mit - Traurigkeit(8)
Hochmütig, arrogant - abwechselnd mit - Entmutigung (siehe 2Entmutigt - abwechselnd - Hochmut)
Hypochondrie(116)
Hysterie(194) | H~ lasziv(4)
Ideen, Einfälle - Mangel an(102)
Imbezillität(140)
Konzentration - schwierig(261) | *s~ Studieren*(52)
Lebensüberdruß(82)
Lesen - schwer, fällt(3)
Manie - Wochenbett ; im(9)
Mürrisch(290)
Phantasien - übertrieben(114)
Prophezeit - Zeitpunkt des Todes voraus; sagt den(4)

GEMÜT ...

Raserei, Tobsucht, Wut(95) | R~ verliebt, morgens beim Aufstehen

Redseligkeit; Geschwätzigkeit(136)

Resignation(15)

Reue(63)

Selbstvertrauen - Mangel an Selbstvertrauen(86)

Sentimental, schwärmerisch, rührselig(64)

Sinne - abgestumpft, stumpf(107)

Sinnlichkeit(24)

Sprache - zögernd(22)

Still sein, seine Ruhe haben; möchte(21)

Stimmung, Laune - veränderlich(158) | S~ wechselnd, wechselhaft(80)

Studieren, Lernen - schwierig, fällt schwer(18)

Stumpfheit(332) | S~ Lesen(35)

Suizidneigung; Neigung zum Selbstmord - Gedanken an Selbstmord(33)

Tod - Gedanken an den Tod(54) | *T~ Gefühl von*(25) | *T~ Vorahnung des Todes*(62) | *V~ bald sterben und ihr könne nicht geholfen werden; glaubt, sie werde*

Tod - wünscht sich den Tod, möchte sterben(72)

Traurigkeit(477) | T~ tagsüber(16) | *T~ Kopfschmerzen, bei*(30)

Traurigkeit - Milch; nach Versiegen der | T~ sexuelle Erregung - mit sexueller Erregung(10) | T~ Wochenbett; im(10)

Unanständig, unzüchtig(21)

Unbesonnen(82)

Ungehorsam(30)

Unzüchtig, obszön(34)

Unzufrieden(168) | *U~ sich selbst, mit*(36)

Verächtlich - sich selbst gegenüber(5)

Vergeßlich(187) | V~ Einkauf liegen; geht weg und läßt den(10)

Verwirrung, geistige(321) | V~ Lesen, beim(15)

Verzweiflung(137) | V~ Genesung, in bezug auf die(44)

Wahnideen - Alarm, von - Erwachen, beim | W~ Atmosphäre, Luft - bedrückend und dick; die Luft im Zimmer sei

GEMÜT ...

Wahnideen - drehen - alles dreht sich - Kreis, im(8) | W~ erwacht - Schreck oder Alarm; erwacht mit(2) | W~ Existenz - Umgebung würde nicht existieren(3) | E~ Zweifel, ob irgendetwas existiert

Wahnideen - Geruchssinns, des(17) | W~ Kopf - fallen; der Kopf würde - vorne, nach(2) | W~ niemand; er sei | W~ Reichtum, von(12) | W~ tot - er selbst sei(18)

Zerstreut(166) | Z~ Lesen, beim(6)

Zorn(243)

Zweifelt - Genesung; an der(31)

TRÄUME

Angenehm(136)

Ängstlich(239)

Erotisch(196)

Schrecklich(237)

Unerinnerlich, bleiben nicht im Gedächtnis(93)

Viele(260)

– *Agraphis nutans* –

agra.

GEMÜT

Hochgefühl(97)

– *Agremone ochroleuca* –

agre.

GEMÜT

Angst(362) | A~ nachts - Kindern, bei(15)

Furcht - erblinden, zu(3) | F~ vergiftet - werden; Furcht, vergiftet zu(23)

Gedächtnis - Gedächtnisschwäche(284)

Manie - Besessenheitswahn(10)

– *Agrostema githago* –

agro.

GEMÜT

Bewußtlosigkeit(280)

– *Ailanthus glandulosa* –

ail.

Gemüt

Angst(362) | *A ~ morgens*(42) | A ~ Fieber - während(91)

Antworten - falsch, unrichtig(13) | A ~ unzusammenhängend(13)

Betäubung(237)

Bewußtlosigkeit(280) | B ~ Diphtherie, bei(3) | B ~ Erbrechen - mit(3) | B ~ Fieber, im(50) | *B ~ Scharlach, bei*(8)

Delirium(233) | D ~ Augen; mit glänzenden | *D ~ brummt*(44) | **D ~ erkennt niemanden**(11) | D ~ Erschöpfung, mit(7) | D ~ Fieber; im(54) | *D ~ Gesicht - rot*(7) | D ~ Kopfschmerz - während(16) | D ~ manisch(47) | D ~ rasend(84) | D ~ ruhelos(12) | D ~ Schlaflosigkeit - mit(45)

Denken - Abneigung gegen(46)

Erschöpfung; geistige(217)

Erschreckt leicht(125)

Faulheit(269)

Fehler; macht - Rechnen, beim(14)

Gedächtnis - Gedächtnisschwäche(284) | G ~ gehört hat; für das, was er(15) | G ~ gesagt hat; für das, was er(29) | G ~ geschehen ist; für das, was(17) | G ~ Personen, für(23) | G ~ Tatsachen, Fakten; für - zurückliegende Tatsachen, für lange(10)

Geisteskrankheit, Wahnsinn(153)

Gleichgültigkeit, Apathie(251) | G ~ allem; gegenüber(71) | G ~ Fieber, im(16) | G ~ stoisch gegenüber dem, was geschieht | G ~ Typhus, bei(9)

Konzentration - schwierig(261) | s ~ Rechnen, beim(7)

Kummer(76) | K ~ still(23)

Manie(149)

Mathematik - Unfähigkeit zur - Geometrie(6)

Murmeln(55)

Phantasien - verworren(10)

Qualvolle Angst - Übelkeit, mit(3)

Reizbarkeit(408) | R ~ Hitze - während(31)

Gemüt ...

Ruhelosigkeit(420) | R ~ morgens(22) | R ~ Hitze - während(66)

Schreien - Kindern, bei(38)

Seufzen(98)

Sinne - abgestumpft, stumpf(107)

Sprechen - Schlaf, im(93)

Stöhnen - Schlaf, im(62)

Stumpfheit(332)

Stupor(138) | S ~ Diphtherie, bei(3) | S ~ Erbrechen, mit(3) | S ~ Fieber, im(21) | *S ~ Scharlach, bei*(8)

Traum; wie in einem(69)

Traurigkeit(477) | T ~ Fieberhitze, in der(55)

Unbesonnen(82)

Unsicherheit; geistige(10)

Unwirklich - alles scheint(14)

Vergeßlich(187)

Verwirrung, geistige(321) | V ~ Traum; wie in einem(27)

Wahnideen - geisteskrank - werden; er würde geisteskrank(43) | W ~ Ratten, sieht - laufen - Bein hinauf, das(2) | l ~ Zimmer; quer durch das(5)

Wahnideen - Schlangen - hinaufkriecht; spürt eine Schlange, die das Bein | S ~ in ihr und um sie herum(19)

Wahnideen - Tiere - kriechende - auf ihm | W ~ unwirklich - alles erscheint unwirklich(19)

Weinen(244) | W ~ Verlangen zu weinen - immer; die ganze Zeit(16)

– *Alcoholus* –

alco.

Gemüt

Angst(362) | A ~ allein, wenn(17) | A ~ Bett - im Bett(49) | A ~ verbirgt, versteckt; die er vergeblich

Auffahren, Zusammenfahren - Schlaf - durch(124)

Beschimpfen, beleidigen, schmähen(67)

Bewußtlosigkeit(280)

Boshaft(99)

Brutalität(7)

Gemüt ...

Delirium(233) | D~ Bett - flieht und springt plötzlich aus dem Bett auf(36) | D~ rasend(84) | D~ religiös(5)
Delirium tremens(84)
Demenz(33)
Eigensinnig, starrköpfig, dickköpfig(107)
Empfindlich(192)
Enthüllt Geheimnisse(3)
Erschöpfung; geistige(217)
Exzentrizität, Überspanntheit(54)
Faulheit(269) | F~ körperlich(23)
Fehler; macht - Personen, in(2)
Feigheit(89)
Feuer - anzünden; möchte Dinge(8)
Fliehen, versucht zu(61)
Fluchen(44)
Freundschaftsbekundungen; ergießt sich in
Froh(182)
Furcht - unerklärlich, unbestimmt(3) | F~ Unglück, vor(93)
Gedächtnis - Gedächtnisschwäche(284)
Gedanken - Gedankenandrang, einstürmende Gedanken, Gedankenfluß(78) | G~ schnell(36) | G~ überlegt(54) | G~ wandernd(72)
Gefühllos, hartherzig(21)
Geisteskrankheit, Wahnsinn(153) | G~ Kopfverletzungen, durch(2)
Geselligkeit(7)
Gesten, Gebärden; macht - Hände; unwillkürliche Bewegungen der - Greifen - Ruhe; in der | G~ konvulsivisch(24) | G~ lebhaft(2)
Hartherzig, unerbittlich(20)
Heftig, vehement(100)
Hochgefühl(97)
Imbezillität(140)
Kindisches Benehmen(52)
Klagen(64)
Konzentration - schwierig(261)
Lächeln(8)
Lachen(102)
Leidenschaftlich(49)

Gemüt ...

Lügner(22) | L~ lügt, sagt nie die Wahrheit, weiß nicht, was sie sagt(8)
Manie(149)
Mitgefühl, Mitleid(34)
Mürrisch(290)
Mutig(26)
Phantasien - absurd(3) | P~ lebhaft(31)
Prahler, Aufschneider(13)
Raserei, Tobsucht, Wut(95)
Redseligkeit; Geschwätzigkeit(136)
Reizbarkeit(408)
Ruhelosigkeit(420) | R~ Bett - Herumwerfen im(123) | R~ verbergen; versucht vergeblich, sie zu
Schamlos(29)
Schreien(133)
Schweigsam(209)
Seelenruhe, Gelassenheit(85)
Sentimental, schwärmerisch, rührselig(64)
Singen - ungestüm
Sinne - abgestumpft, stumpf(107) | S~ scharf(52)
Spaßen - zügellos
Spotten - Freunde, über seine
Sprache - hastig(44) | S~ unüberlegt, unbedacht(3) | S~ unzusammenhängend(65) | S~ verworren(25)
Springen - Bett; aus dem(41)
Stimmung, Laune - veränderlich(158)
Streitsüchtig(136)
Stumpfheit(332)
Suizidneigung; Neigung zum Selbstmord(98)
Töten, Verlangen zu(32)
Traurigkeit(477) | T~ Alkoholikern; bei(6)
Umgänglich, freundlich - Feind; gegenüber einem
Unaufrichtig(6)
Unbesonnen(82)
Ungeduld(131) | U~ Widerspruch, beim geringsten(2)
Unzüchtig, obszön - Lieder(7)
Verdrießlich(10)
Verlangen, Wunsch nach - voller Verlangen - unkontrollierbar

GEMÜT …

Verwirrung, geistige(321)

Wahnideen(191) | W ~ Abgrund - hinunter zu fallen; Furcht, einen Abgrund | W ~ beschimpft worden; er sei(16) | W ~ Feind - Lauer vor einem Feind; liegt auf der | W ~ Hydrothorax; er habe einen(2) | W ~ Reichtum, von(12) | W ~ Schiffe - Sturm; sie seien an Bord eines Schiffes in einem | W ~ schlafen; er würde - wach ist; besteht darauf, daß er schläft, obwohl er(2) | W ~ verfolgt - Mördern, Räubern; von | v ~ Polizei, von der(10)

Witzig, geistreich(14)

Würdelos

Zurückhaltend, reserviert(64)

TRÄUME

Lebhaft(193)

Schrecklich(237)

Viele(260)

– *Aletris farinosa* –

alet.

GEMÜT

Bewußtlosigkeit(280)

Konzentration - schwierig(261)

Stupor(138)

Unzufrieden(168)

TRÄUME

Ekelhaft(32)

Schrecklich(237)

– *Alfalfa* –

alf.

GEMÜT

Erschöpfung; geistige(217)

Hypochondrie(116)

Mürrisch(290)

Reizbarkeit(408)

Traurigkeit(477)

– *Allium cepa* –

all-c.

GEMÜT

Albernes Benehmen(65)

Angst(362)

Faulheit - morgens(51)

Fehler; macht - Arbeit, bei der(9) | F ~ Sprechen, beim - Buchstabieren, beim(23) | S ~ Worte - stellt Worte an die falsche Stelle(46)

Furcht(242) | F ~ Schmerz - vor dem Schmerz - unerträglich würde; daß der Schmerz | v ~ verrückt würde; daß sie vor Schmerzen

Geisteskrankheit, Wahnsinn(153)

Gleichgültigkeit, Apathie - morgens(5) | m ~ Erwachen, beim(8)

Konzentration - schwierig(261)

Menschenfeindlichkeit, Misanthropie(45)

Ruhelosigkeit(420)

Sinne - abgestumpft, stumpf(107)

Stumpfheit - nachmittags(29) | S ~ Wein, nach(5)

Traurigkeit(477)

Unzufrieden(168)

Verwirrung, geistige(321) | V ~ Kaffee - nach(4) | V ~ Wein, nach(11)

Verzweiflung(137)

Zerstreut - nachmittags - Kaffee oder Wein; nach

Zorn(243)

TRÄUME

Abgrund(2)

Angenehm(136)

Ängstlich(239)

Brunnen(2)

Hochgelegene Orte(8)

Kämpfe(54)

Meer(4)

Schlachten(13)

Schrecklich(237)

Stürme - See, auf(2)

Viele(260)

Wasser(49)

Zorn(58)

– Allium sativum –

all-s.

Gemüt

Angst(362)
Bulimie(16)
Empfindlich(192) | E~ moralische Eindrücke, gegen(10)
Fliehen, versucht zu(61)
Furcht - allein zu sein(54) | F~ genesen; er werde nicht(3) | F~ Medikamente - einzunehmen; Furcht zu viel(2) | M~ vertragen zu können; keinerlei Medizin
Furcht - Tod; vor dem(143) | F~ vergiftet - werden; Furcht, vergiftet zu(23)
Gedächtnis - Gedächtnisschwäche(284)
Gedanken - wandernd(72)
Gesellschaft - Verlangen nach(83)
Ideen, Einfälle - Mangel an(102)
Impulse, Triebe; krankhafte - laufen; zu(12)
Ruhelosigkeit(420) | R~ allein, wenn(3)
Traurigkeit(477) | T~ allein - wenn(24)
Ungeduld(131)
Weinen - Schlaf, im(88)

Träume

Ängstlich(239) | Ä~ nachts - Mitternacht
Fortsetzung - Träumen, von - Erwachen, nach dem(22)
Intellektuell(23)
Lebhaft(193)
Orte - öffentliche - verändern sich häufig(3)
Reisen(48)
Schrecklich(237) | S~ nachts - Mitternacht
Stürme(5)
Wasser(49)

– Alloxanum –

allox.

Gemüt

Angst(362) | A~ Zukunft(108)
Diktatorisch, herrschsüchtig, dogmatisch, despotisch(25)
Empfindlich - Geräusche, gegen(149)

Gemüt ...

Fehler; macht - Schreiben, beim(83) | F~ Sprechen, beim - Buchstabieren, beim(23)
Fleißig, arbeitsam, Arbeitswut(101)
Gedächtnis - Gedächtnisschwäche(284) | G~ Eigennamen; für(44) | G~ gehört hat; für das, was er - eben gehört hat(2) | G~ gelesen hat; für das, was er(41) | G~ geschehen ist; für das, was - eben geschehen ist(2) | G~ getan hat; für das, was er eben(34) | G~ Orte, für(11) | G~ sagen will; für das, was er gerade(38) | G~ Tatsachen, Fakten; für - kurz zurückliegende Tatsachen, für(15) | G~ tun wollte; für das, was er gerade(33) | G~ Worte, für(61)
Gesellschaft - Abneigung gegen(156) | A~ allein, wenn - amel.(33)
Gleichgültigkeit, Apathie(251) | G~ Arbeit; mit Abneigung gegen(9) | G~ geliebte Personen, gegen(17) | G~ Umgebung, gegen die(16)
Hochgefühl(97)
Konzentration - schwierig(261)
Reizbarkeit(408) | R~ Geräusche, durch(21)
Traurigkeit(477) | T~ allein - wenn(24) | w~ amel.
Ungeduld(131)
Verlassen zu sein; Gefühl(56)
Wahnideen - Kopf - abgetrennt; der Kopf sei vom Rumpf(6)
Weinen(244) | W~ allein, wenn - amel.
Zorn(243)

Träume

Auferstehung
Beerdigungen(13) | B~ Leiche wird nach der Beerdigung wieder lebendig
Erstechen - Freund, seinen
Fallen, zu stürzen; zu(60)
Fliegen - Flugzeug
Frosch im Bett
Gefangener - gefangengenommen zu werden(2)
Kämpfe(54)
Krankheit - Diarrhoe(2) | K~ Verletzungen(12)

Träume …

Kröte im Bett

Leichen - lebendig; werden nach der Beerdigung

Pferde - verfolgen ihn(2)

Predigen(3)

Ratten(2)

Räuber(36)

Tod(64) | T~ Freundes, eines(9)

Töten - Freund, einen

Unfälle(29)

Verfolgt zu werden(17) | V~ Pferden, von(2) | V~ Tieren, von(13) | T~ wilde(14)

Verlegenheit(7)

Verletzungen(13)

– *Aloe socotrina* –

aloe

Gemüt

Abscheu - allgemeiner - Schmerz - während

Aktivität; Verlangen nach - abwechselnd mit - Mattigkeit(4) | *a~ Schwäche*(2)

Aktivität; Verlangen nach - geistige Aktivität - abwechselnd mit - Gleichgültigkeit(3)

Angst(362) | A~ anfallsweise(13) | A~ Bewegung - agg.(16) | A~ Erfolg; Angst durch Zweifel am(3) | A~ Essen - nach(39) | A~ Gehen - agg.(21) | A~ körperliche Arbeit - während(4) | A~ Stehen, im(7)

Auffahren, Zusammenfahren - ängstlich(8) | A~ Geräusche, durch(60)

Betäubung(237)

Bewußtlosigkeit - Stuhlgang - während(3)

Boshaft(99)

Eigensinnig, starrköpfig, dickköpfig(107)

Empfindlich(192) | E~ Geräusche, gegen(149) | G~ geringste Geräusch; gegen das(29)

Empfindlich - Musik, gegen(46)

Entmutigt(135)

Gemüt …

Erregung - nachmittags(8) | E~ Gesicht - Hitze des; mit | E~ Kindern, bei(4) | E~ Schmerzen; bei den(4) | E~ Urinieren, beim(2)

Erschreckt leicht - Pollutionen, nach

Faulheit(269) | F~ morgens(51) | F~ mittags(2) | F~ nachmittags(18) | F~ abends - amel.(4) | *F~ Erwachen, beim*(2)

Fleißig, arbeitsam, Arbeitswut(101)

Fluchen(44)

Froh(182) | F~ morgens - Erwachen, beim(6) | *F~ abends*(42)

Furcht(242) | F~ Geräusche, durch(40) | F~ Männern, vor(30) | F~ Menschen, vor(81) | F~ Menschenmenge; in einer(58) | F~ Pollutionen, nach(3) | F~ Tod; vor dem(143) | F~ Versagen, Mißerfolg; vor dem(13)

Gedächtnis - gut, aktiv(91) | *g~ abwechselnd mit - Mattigkeit*

Gedächtnis - Gedächtnisschwäche - geistige Anstrengungen; für(26)

Gedanken - drängen auf ihn ein und schwirren durcheinander - sexuell(10) | G~ Gedankenandrang, einstürmende Gedanken, Gedankenfluß - nachts(31) | G~ überlegt(54) | G~ überlegt - Essen, nach dem | G~ überlegt - Wetter, bei naßkaltem | *G~ wandernd*(72)

Gedanken versunken, in(90) | G~ Essen - nach

Geistige Anstrengung - agg.(141) | G~ Verlangen nach(65) | *V~ abwechselnd mit - Faulheit* | *a~ Schwäche*

Geistige Anstrengung - Abneigung gegen(150)

Gesellschaft - Abneigung gegen(156)

Gleichgültigkeit, Apathie(251) | G~ abends(5) | G~ Essen - nach(2)

Haß(28) | H~ Rachsucht; Haß und(32)

Hast, Eile(112) | H~ Arbeit, bei der - nachmittags

Hypochondrie(116)

Hysterie(194)

Gemüt ...

Ideen, Einfälle - Reichtum an, Klarheit des Geistes - nachts(26)
Imbezillität(140)
Kindisches Benehmen(52)
Klagen(64)
Konzentration - schwierig(261)
Lachen(102) | L~ Kindern, bei(2)
Lasziv, lüstern(77)
Lebensüberdruß(82)
Lebhaft, munter(50)
Lustig, fröhlich(123) | L~ abends(29)
Männer - Scheu vor(19)
Mürrisch(290) | M~ abends(31) | M~ grundlos(5) | M~ Wetter - bewölktes, durch(2)
Musik - agg.(40)
Mutwillig, boshaft(24)
Qualvolle Angst(121)
Raserei, Tobsucht, Wut - abwechselnd mit - Bewußtlosigkeit | R~ Leiden, durch
Redseligkeit; Geschwätzigkeit(136)
Reizbarkeit(408) | R~ nachmittags(37) | R~ abends(60) | a~ amel.(10)
Reizbarkeit - Schmerzen; bei den(10) | R~ Stuhlgang - vor(5) | R~ Wetter; bei regnerischem oder bewölktem(2)
Ruhelosigkeit(420)
Schreien - ruft jemanden
Schüchternheit, Zaghaftigkeit(113) | S~ schamhaft(58)
Schweigsam(209) | S~ Essen; nach dem(5)
Seelenruhe, Gelassenheit(85) | S~ ergeben, fügt sich in sein Schicksal(2)
Selbstbetrachtung - Essen, nach dem(2)
Spaßen(52)
Sprache - Schwatzen(17)
Stilles Wesen(49)
Stimmung, Laune - abweisend, zurückweisend - weist jeden zurück | S~ veränderlich(158) | v~ Mittagessen, nach dem
Stöhnen - Schlaf, im(62)
Streitsüchtig(136)
Stumpfheit(332)

Gemüt ...

Tod - Gedanken an den Tod(54) | T~ Vorahnung des Todes(62) | *V~ sagt den Zeitpunkt des Todes voraus*(8)
Traurigkeit(477) | T~ morgens(71) | T~ abends - amel.(15)
Unsicherheit; geistige(10)
Unzufrieden(168) | U~ abends - amel.(2) | U~ sich selbst, mit(36) | U~ Wetter, bei regnerischem
Verächtlich(35)
Verbrüdert sich mit der ganzen Welt
Verspielt(13)
Verwirrung, geistige(321) | V~ morgens(115) | V~ abends(78) | V~ Fieberfrost, im(20)
Verzweiflung(137) | V~ Schmerzen; bei den(21)
Wahnideen - drehen - Dinge - mit ihr drehen; Dinge würden sich(5) | W~ herumwirbeln - Umgebung - mit ihr(2) | W~ schreiten - Person würde laut schreiten, hart auftreten; eine | W~ Sitzen - hoch sitzen; er würde zu
Wetter - bewölktes Wetter agg.(6)
Widerspruch - verträgt keinen Widerspruch(73) | v~ zurückhalten, um nicht gewalttätig zu werden; muß sich(2)
Widerwillen(39)
Zeit - langsam, scheint länger; vergeht zu(29)
Zorn(243) | Z~ sich selbst; auf(10) | Z~ Widerspruch, durch(37)
Zufrieden(31)

Träume

Alpträume, Alpdrücken(144)
Beschmiert sich(4)
Ekelhaft(32) | E~ beschmiert sich selbst mit Exkrementen(4)
Erotisch - morgens(8)
Exkremente(6) | E~ beschmiert sich selbst mit Exkrementen(4) | E~ Stuhl(5)
Gefahr(40)
Krankheit - wahnsinnig zu werden(2)
Stuhl(5)
Tiere(25)

Träume ...
Unerinnerlich, bleiben nicht im Gedächtnis(93)
Ungeheuer(2)
Verrückt zu sein(2)
Verworren(122)
Visionär(45)
Wahnsinnig - werden, zu(2)
Wild (Emotion)(9)

– Alumen –

alumn.

Gemüt
Abneigung - allem, gegenüber(39)
Abscheu - allgemeiner - abends(5)
Angst(362) | A~ vormittags(15) | *A~ nachts*(119)
Beschwerden durch - schlechte Nachrichten(34)
Betäubung - Gehen, beim(5)
Bett - bleiben; möchte im Bett(12)
Denken - Beschwerden - agg.; Denken an seine Beschwerden(71)
Eigensinnig, starrköpfig, dickköpfig(107)
Erregung(287)
Erschreckt leicht(125)
Faulheit - vormittags(8)
Furcht(242) | F~ Bett - vor dem(20) | F~ Bewußtlosigkeit, vor | F~ fallen, zu stürzen; zu(28) | *F~ Geisteskrankheit*(74) | F~ töten, davor zu(12) | F~ Unglück, vor(93)
Gedächtnis - Gedächtnisschwäche(284)
Geistige Anstrengung - Abneigung gegen(150)
Gesellschaft - Abneigung gegen(156)
Gesten, Gebärden; macht - Hände; unwillkürliche Bewegungen der(23)
Gleichgültigkeit, Apathie(251)
Lachen - abwechselnd mit - Weinen(43) | L~ spasmodisch(49)
Langeweile(53)
Milde(80)
Mürrisch(290)
Quält - andere(3)

Gemüt ...
Raserei, Tobsucht, Wut(95)
Ruhelosigkeit(420) | R~ Bett - Herumwerfen im(123)
Schüchternheit, Zaghaftigkeit(113)
Traurigkeit(477) | T~ morgens(71) | T~ vormittags - 9 - 12 h
Unentschlossenheit(146)
Verwirrung, geistige - nachmittags(33) | V~ angesprochen, wenn(3) | V~ Identität; in bezug auf seine(21)
Wahnideen - Blut - rauschen wie das Getöse von vielen Gewässern; das Blut würde durch die Adern(2) | W~ Fallen - Stuhl fallen; er werde vom(2) | W~ Neuigkeiten - erregt; durch unangenehme Nachrichten
Weinen - morgens(22)
Zweifelt - Genesung; an der - Arznei sei nutzlos; die(2)

Träume
Alpträume, Alpdrücken(144)
Ekelhaft(32)
Leichen(42)
Schrecklich(237)
Tod(64) | T~ Vaters, seines(2) | T~ Verwandten, von(14)
Vater(6)

– Alumina –

alum.

Gemüt
Abscheu - allgemeiner(42) | a~ abends(5)
Abscheu - Leben, vor dem(84)
Albernes Benehmen(65)
Alkoholismus(135)
Angst(362) | *A~ morgens*(42) | *m~ Erwachen, beim*(30)
Angst - vormittags(15) | *A~ abends*(87) | *A~ nachts*(119) | n~ Mitternacht - nach(22) | n~ 4 h | 4~ 4 - 5 h
Angst - nachts - Erwachen, beim(24) | A~ Anfälle - mit Anfällen(10) | A~ Denken daran; durch(9) | A~ Eile, mit(2) | *A~ Erwachen, beim*(86) | *A~ Fieber - während*(91) | A~ Freien, im - amel.(23)

GEMÜT ...

Angst - Furcht, mit(110) | A~ Gehen - agg.(21) | A~ Geräusche, durch(13) | A~ Gespräche, durch(5) | A~ Gesundheit; um die - eigene Gesundheit; um seine(57) | **A~ Gewissensangst**(75) | A~ Haus, im(15) | H~ Eintreten, beim(2)

Angst - hypochondrisch(52) | A~ Konvulsionen - drohen; als würde ein Anfall | A~ Pflicht nicht erfüllt hätte; als ob er seine(2) | A~ Schlaf - vor(7) | A~ Sprechen, beim(7) | A~ Urinieren - vor(4) | A~ Zeit festgesetzt ist; wenn eine(5) | A~ Zimmer; beim Eintreten in ein | A~ Zukunft(108)

Antworten - Abneigung zu antworten(67)

Auffahren, Zusammenfahren(117) | A~ nachts(19) | n~ Mitternacht im Schlaf; um - vor(6)

Auffahren, Zusammenfahren - fallen hört; wenn er etwas | A~ Geräusche, durch(60) | A~ Schlaf - vor | *S~ während*(163) | *S~ durch*(124) | *S~ Einschlafen, beim*(72)

Auffahren, Zusammenfahren - Schreck oder wie durch Schreck; durch(68) | A~ Urinierens; zu Beginn des

Beharrlichkeit(16)

Beleidigt, leicht(79)

Bellen - Knurren wie ein Hund(8)

Beschäftigung - amel.(48)

Beschwerden durch - Enttäuschung(17) | B~ Erwartungsspannung(68) | B~ Hast, Eile(10) | B~ Kränkung, Demütigung(39) | B~ Kummer(65) | B~ schlechte Nachrichten(34) | B~ sexuell - Exzesse(59) | B~ Verachtung; verachtet zu werden(23) | B~ Zorn(94) | Z~ Angst, mit(30) | Z~ stillem Kummer; mit(27)

Betäubung(237)

Beten(21) | B~ inbrünstig(2)

Bett - bleiben; möchte im Bett(12)

Bewußtlosigkeit(280) | B~ Traum, wie ein einem - weiß nicht, wo er ist - Erwachen, beim(3)

GEMÜT ...

Blut sehen; kann kein

Brütet, grübelt(41)

Delirium(233) | D~ heftig(26) | D~ Schlaflosigkeit - mit(45)

Denken - Beschwerden - agg.; Denken an seine Beschwerden(71)

Ehrgeiz(15) | E~ Ruhm, nach(6)

Eigensinnig, starrköpfig, dickköpfig(107) | E~ widersetzt sich den Wünschen anderer(2)

Empfindlich(192) | E~ Geräusche, gegen(149)

Engstirnig, beschränkt, borniert(4)

Entmutigt(135)

Ernst(77)

Erregung(287) | E~ Gehen - Freien, im(4) | E~ Herzklopfen, mit heftigem(17) | E~ Hitze - während der Hitze; Erregung(23)

Erschöpfung; geistige(217) | **E~ Menses - nach**

Erschreckt leicht(125) | *E~ Blut, beim Anblick von*(2) | E~ Urinieren, vor dem

Farben - rot - Abneigung gegen(6)

Faulheit(269) | F~ morgens(51) | *F~ vormittags*(8)

Fehler; macht - Schreiben, beim(83) | *F~ Sprechen, beim*(81) | S~ beabsichtigt hat; sagt, was er nicht(3) | *S~ Worte - falsche Worte; benutzt*(53) | W~ stellt Worte an die falsche Stelle(46)

Fehler; macht - Zeit; in bezug auf die(34)

Feigheit(89)

Fliehen, versucht zu - wegzulaufen, um(16)

Froh - abends(42) | F~ nachts(17) | F~ abwechselnd mit - Weinen(19) | a~ Zerstreutheit(2)

Froh - Gehen im Freien und danach; beim(7)

Furcht(242) | F~ morgens(27) | F~ abends(51) | F~ Anfall zu bekommen; einen(13) | *F~ Apoplexie, vor*(36) | F~ Bettnässen ; Furcht vor dem | F~ Epilepsie, vor(3) | E~ morgens

Gemüt ...

Furcht - Erwachen, beim(54) | E~ Traum, aus einem(13)

Furcht - fallen, zu stürzen; zu(28) | f~ vorne; nach

Furcht - Geisteskrankheit(74) | F~ Geräusche, durch(40) | F~ geschehen; etwas werde(82) | F~ geschlagen zu werden - hinter ihm Gehenden geschlagen zu werden; von den | F~ Herzklopfen, mit(11) | F~ Impulsen, Affekten; vor seinen(2) | *F~ Krankheit, vor drohender*(66) | K~ unheilbar zu sein(42)

Furcht - Menschen, vor(81) | M~ hinter ihm könnten ihn schlagen; Furcht, Menschen

Furcht - Messern, vor(6) | F~ Nadeln, vor(10) | F~ Räubern, vor(25) | F~ Rotem, vor allem | F~ Schurken, vor(5) | *F~ Selbstmord, vor*(10) | S~ Messers; beim Anblick eines

Furcht - Tod; vor dem(143) | T~ morgens(3) | T~ Erwachen, beim(3) | T~ Traum, aus einem(2)

Furcht - Unfällen, vor - tödlichen Unfall bedroht; wie von einem | F~ Unglück, vor(93) | F~ Unheil; Furcht vor(115) | **U~ abends**(3)

Furcht - unternehmen - irgendetwas zu unternehmen(9) | F~ Wasser, vor(33) | F~ Zimmer, beim Eintritt in ein(5)

Gedächtnis - gut, aktiv(91) | *G~ Gedächtnisschwäche*(284) | G~ Eigennamen; für(44) | G~ gedacht hat; für das, was er gerade(18) | G~ Namen; für - eigenen Namen; für den(6) | G~ Worte, für(61)

Gedanken - Gedankenandrang, einstürmende Gedanken, Gedankenfluß(78) | G~ hartnäckig(83) | G~ Krankheit, über seine(11) | G~ quälend(31) | *G~ schrecklich - Anblick von Blut oder eines Messers; beim* | G~ überlegt(54) | G~ unangenehm(21) | G~ zusammenhangslos(30)

Gedanken versunken, in(90)

Geistesabwesend(71)

Geisteskrankheit, Wahnsinn(153)

Gemüt ...

Geistige Anstrengung - agg. - unmöglich(130) | G~ Abneigung gegen(150)

Geiz(34)

Gemütssymptome - abwechselnd mit - körperliche Symptome(18)

Gesellschaft - Abneigung gegen(156) | A~ morgens | A~ vormittags

Gespräche - agg.(45)

Gesten, Gebärden; macht - Hände; unwillkürliche Bewegungen der - reibt - Gesicht; sich das | H~ wegwischen; als würde er sich übers Gesicht wischen oder etwas(2)

Geziertheit, Affektiertheit(13)

Gleichgültigkeit, Apathie(251) | G~ vormittags(3) | G~ Langeweile, mit(11) | G~ Vergnügen, gegen(46)

Hast, Eile(112) | H~ langsamer Durchführung der Taten; mit | H~ ungeschickt aus Hast(7)

Heftig, vehement(100)

Heikel, pingelig(34)

Herausfordernd(22)

Heulen(30)

Hochgefühl(97)

Hochmütig, arrogant(53)

Hoffnung, voller - abwechselnd mit - Entmutigung(5)

Hypochondrie(116) | H~ morgens(3) | H~ nachts(5) | *H~ Erwachen, beim*(2) | H~ Selbstmord; treibt zum(12)

Hysterie(194)

Ideen, Einfälle - Mangel an(102) | I~ Reichtum an, Klarheit des Geistes(125)

Idiotie(45)

Imbezillität(140)

Impulse, Triebe; krankhafte(10)

Indiskretion, Taktlosigkeit(30)

Intelligent - faul; aber(5)

Jammern(93) | J~ Schlaf, im(12) | *J~ unwillkürlich*

Kindisches Benehmen(52)

Klagen(64)

Konzentration - gut, aktiv(26) | *K~ schwierig*(261) | s~ Studieren(52)

GEMÜT ...

Kummer(76) | K~ morgens(4) | K~ Erwachen; beim(4)
Lächeln - niemals(4)
Lachen(102) | L~ nachts(12) | L~ abwechselnd mit - Konvulsionen | a~ Weinen(43)
Lachen - Abneigung gegen(3) | *L~ Konvulsionen - vor, während oder nach*(11) | K~ zwischen den Konvulsionen(2)
Lachen - Schlaf - während(15) | *L~ spasmodisch*(49) | L~ Traum, im(4) | L~ verächtlich
Langeweile(53) | L~ vormittags(2) | L~ Heimweh, mit(3)
Lästig, geht auf die Nerven(79)
Launenhaftigkeit, launisch(108)
Lebensüberdruß(82) | L~ Anblick von Blut oder eines Messers; beim | L~ Schweiß, beim(6)
Lebhaftigkeit - abwechselnd mit - Zerstreutheit
Lebhaft, munter(50) | L~ abwechselnd mit - Zerstreutheit
Leidenschaftlich(49)
Lesen - Abneigung gegen Lesen(25) | L~ unfähig zu lesen - Kindern, bei(2)
Liebevoll, voller Zuneigung, herzlich(37)
Lustig, fröhlich(123) | L~ abends(29) | a~ Bett; im
Lustig, fröhlich - nachts(14) | L~ Schlaf; im(10)
Manie(149)
Mathematik - Unfähigkeit zur - Algebra(4) | *U~ Geometrie*(6) | U~ rechnen; kann nicht(16)
Menses - nach; Gemütssymptome(4)
Messer ansehen; kann kein
Milde(80)
Mitteilsam, gesprächig(8)
Murmeln(55) | M~ Schlaf, im(18)
Murren(3)
Mürrisch(290) | M~ nachmittags(30) | *M~ Ohrläppchen, mit heißen*
Musik - Abneigung gegen(13)
Mutig(26) | *M~ abwechselnd mit - Furcht*

GEMÜT ...

Nachgiebigkeit(21)
Offenherzig(3)
Pflicht - kein Pflichtgefühl(12)
Phantasien - übertrieben(114) | ü~ abends - Bett, im(28)
Phantasien - übertrieben - Schlaflosigkeit, mit(41)
Qualvolle Angst(121) | *Q~ morgens*(6) | Q~ nachts - Mitternacht - nach - 4 h(2) | 4~ 4 - 5 h
Reizbarkeit(408) | R~ nachmittags(37) | R~ Fieberfrost, im(57) | R~ Sprechen, beim(10)
Religiös - Gemütsstörungen, religiöse(63)
Resignation(15)
Reue(63)
Ruhe - Verlangen nach(21)
Ruhelosigkeit(420) | *R~ abends*(51) | R~ nachts(249) | n~ Mitternacht - vor(12)
Ruhelosigkeit - ängstlich(111) | R~ Bett - Herumwerfen im(123) | R~ Liegen, beim(8) | R~ Sitzen, im(21)
Sachlich, vernünftig(9)
Schlafwandeln(56)
Schlagen(42) | S~ Verlangen - schlagen, zu(15)
Schreien(133) | S~ Erwachen - beim(27) | S~ Schlaf, im(80) | S~ Schmerzen, bei den - Lendengegend(2)
Schüchternheit, Zaghaftigkeit(113) | S~ schamhaft(58)
Schweigsam(209)
Selbstbetrachtung(58)
Selbstvertrauen - Mangel an Selbstvertrauen(86)
Seufzen(98)
Sinne - abgestumpft, stumpf(107) | S~ Vergehen, Schwinden der(51)
Sitzen - Neigung zu sitzen(110) | N~ unbeweglich, still(42)
Sorgen, voller - morgens - Bett, im | S~ Erwachen, beim
Spaßen - treibt mit allem sein Spiel(3)
Spontan, impulsiv(33)
Spotten(18)
Sprache - ängstlich im Schlaf(4)

GEMÜT ...

Sprechen - agg. die Beschwerden(34) | S~ anderer agg.; das Sprechen(46) | S~ Schlaf, im(93) | S~ ängstlich(3) | S~ erregt(5)

Stilles Wesen(49)

Stimmung, Laune - abweisend, zurückweisend(40) | *S~ veränderlich*(158) | **S~ wechselnd, wechselhaft**(80)

Stöhnen(119) | S~ ängstlich(4) | *S~ Ohrläppchen, mit heißen* | *S~ Schlaf, im*(62) | *S~ unwillkürlich*(3)

Streitsüchtig(136) | S~ nachmittags(2) | S~ Schlaf, im(9)

Stumpfheit(332) | S~ Erwachen, beim(41) | S~ Lesen(35) | S~ Schwindel; während(22)

Stupor(138)

Suizidneigung; Neigung zum Selbstmord(98) | *S~ Anblick von; beim - Blut hat sie schreckliche Selbstmordgedanken, obwohl sie die Idee verabscheut* | *A~ Messer hat sie schreckliche Gedanken, sich umzubringen, obwohl sie den Gedanken verabscheut*

Suizidneigung; Neigung zum Selbstmord - Erschießen, durch(17) | S~ Furcht - Todesfurcht, mit(7) | S~ Gedanken an Selbstmord(33) | S~ Hypochondrie, aus(12) | S~ Messer - mit einem Messer(8) | S~ Mut; aber es fehlt ihm der(9) | S~ Rasiermesser, mit einem(3) | S~ Schweiß, beim(9) | S~ Traurigkeit, durch(23) | S~ überfahren lassen; will sich(5)

Tadelsüchtig, krittelig(80)

Tadelt - andere(32)

Tod - Agonie vor dem Tod(15) | T~ Vorahnung des Todes(62) | V~ sagt den Zeitpunkt des Todes voraus(8)

Tod - wünscht sich den Tod, möchte sterben(72)

Töten, Verlangen zu(32) | *T~ Messer - Anblick eines Messers; beim*(4) | *A~ Gewehrs, oder eines*

Töten, Verlangen zu - Messer - mit einem Messer(12)

GEMÜT ...

Traum; wie in einem(69)

Traurigkeit(477) | *T~ morgens*(71) | **m~ Erwachen - beim**(21)

Traurigkeit - vormittags(12) | T~ nachmittags(37) | T~ abends(76) | T~ nachts(21) | *T~ Erwachen, beim*(24) | T~ Essen - nach(25) | T~ Gesellschaft - Abneigung gegen Gesellschaft, Verlangen nach Einsamkeit(11) | T~ Krankheit; über seine(5)

Traurigkeit - Menses - nach(7) | T~ Suizidneigung, mit(25)

Unaufmerksam(23)

Unbesonnen(82)

Unbeständigkeit(45) | U~ Gedanken, der(6)

Unentschlossenheit(146)

Ungeschicklichkeit - Hast, aus(6)

Unternimmt - Vieles, hält aber bei nichts durch, bleibt nicht dabei(28)

Unterscheidungsvermögen; Mangel an(4)

Unvorsichtig(3)

Unwirklich - alles scheint(14)

Unzüchtig, obszön(34)

Unzufrieden(168) | U~ allem; mit(66)

Urteilsvermögen; Mangel an(3)

Verächtlich(35)

Vergeßlich(187) | *V~ Hitze - während*(5) | V~ Worte beim Sprechen; vergißt(52)

Verlassen zu sein; Gefühl(56) | V~ freudlos, fühlt sich

Verletzen, sich zu - fürchtet sich davor alleingelassen zu werden, aus Furcht, sich zu verletzen(7)

Vernachlässigt - Wichtiges(2)

Verschwenderisch(13)

Verwegenheit(26)

Verwirrung, geistige(321) | V~ morgens(115) | m~ Aufstehen - nach, amel.(5) | m~ Erwachen, beim(50)

Verwirrung, geistige - alkoholische Getränke, durch(8) | V~ angesprochen, wenn(3) | *V~ Aufstehen - nach*(12) | V~ Fieberhitze, in der(26)

Gemüt ...

Verwirrung, geistige - Identität; in bezug auf seine(21) | *I~ Dualität; Gefühl der*(37)

Verwirrung, geistige - Lesen, beim(15) | V~ Rauchen (von Tabak) - nach(6) | *V~ Wein, nach*(11) | V~ weiß nicht, wo er ist - Erwachen, beim(3)

Verzweiflung(137) | **V~ Genesung, in bezug auf die**(44)

Wahnideen(191) | W~ abends - Bett, im(16) | W~ betrunken - sei betrunken, er - Benebelung, Benommenheit; mit | W~ Bewußtsein - außerhalb seines Körpers befinden; sein Bewußtsein würde sich | B~ gehören; würde einem anderen

Wahnideen - Bilder, Phantome; sieht(76) | B~ Schlaf - verhindert(6)

Wahnideen - Diebe - sieht(21) | W~ doppelt - sein, doppelt zu(30) | W~ drehen - alles dreht sich(4) | d~ sie - würde sich drehen - Kreis, im(10) | s~ würde sich vielleicht (bald) drehen

Wahnideen - empfindungslos; er sei | W~ Epilepsie - würde einen epileptischen Anfall bekommen(3) | W~ Feuer - Visionen von(34) | W~ geisteskrank - werden; er würde geisteskrank(43) | W~ Geld - zählt Geld, er(5) | W~ Gespenster, Geister, Gestalten - sieht(55) | W~ glatt zu sein | W~ groß - Teile des Körpers scheinen zu groß(10) | W~ herumwirbeln - Umgebung(2) | W~ hochgestellte Persönlichkeit; er sei eine(13) | W~ Hochzeit, von einer(4) | W~ Identität - Fehleinschätzung in bezug auf die eigene(18) | I~ jemand anderer; sie sei(10)

Wahnideen - Körper - außerhalb des Körpers - jemand anderer würde (für ihn) außerhalb des Körpers sehen und sprechen | W~ Kopf - gehören; würde einem anderen(5) | W~ Krankheit - unheilbare Krankheit; er habe eine(18) | W~ Melancholie(6) | W~ Phantasiegebilde, Illusionen(115)

Gemüt ...

Wahnideen - sagt, scheint es, als ob jemand anderes es sagen würde; wenn er etwas | W~ Schmerzen - Schlaf; er habe Schmerzen im | W~ sehen - könne nicht sehen; er - versetzen, verwandeln und nur dann könne er sehen; er könne sich in einen anderen | W~ Selbstmord genötigt; zum - Messers; beim Anblick eines | W~ sieht, wenn er etwas - Anderen sehen; scheint es, als würde er es durch die Augen eines | W~ Sprechen - anderer spricht, wenn er spricht; ein(2) | W~ Tiere(42) | W~ tot - Personen, sieht tote(59) | W~ unangenehm(4) | W~ Unfälle - drohen; ihm würde ein Unfall - tödlicher Unfall, ein | W~ Ungeziefer - sieht Ungeziefer herumkriechen(13) | W~ Unrecht - begangen; er habe Unrecht(26) | *W~ unwirklich - alles erscheint unwirklich*(19) | W~ Verbrechen - begangen; er habe ein Verbrechen(29) | W~ Verbrechern, von(24) | W~ vergrößert(42) | v~ Körper sei - Körperteile(10)

Wahnideen - versinken, er würde(21) | W~ Visionen, hat(76) | W~ Wasser - von(19) | W~ Würmer - kriechenden Würmern, von(10) | *W~ Zeit - länger; die Zeit erscheint*(14)

Wahrheit; sagt (vorbehaltlos, rücksichtslos) die reine(5)

Weinen(244) | W~ tagsüber(7) | W~ morgens(22) | m~ Erwachen, beim(2)

Weinen - abends(29) | W~ nachts(81) | n~ Schlaf, im(12)

Weinen - Erwachen, beim(36) | *W~ Konvulsionen - während*(27) | W~ Krämpfen, nach(2) | W~ krampfhaft, spasmodisch(16) | W~ leicht(16) | W~ Menses - nach(5) | *W~ Schlaf, im*(88) | W~ Schluchzen; Weinen mit(34) | W~ traurig - Gedanken, bei traurigen(7) | *W~ unwillkürlich*(35) | W~ Wimmern, Winseln - Schlaf, im(28)

Wetter - bewölktes Wetter agg.(6)

GEMÜT ...

Widerspenstig(66)
Widersprüchlich - Worten; die Absichten stehen im Widerspruch zu den(9)
Widerspruch - Neigung zu widersprechen(38) | W~ verträgt keinen Widerspruch(73)
Wille - Willensschwäche(58)
Zeit - langsam, scheint länger; vergeht zu(29)
Zerstreut(166) | *Z~ Unachtsamkeit*(6)
Zorn(243)
Zudringlich, aufdringlich(6)
Zügellosigkeit, sexuelle Ausschweifung(32)
Zufrieden(31)
Zurückhaltend, reserviert(64)
Zuversichtlich - abwechselnd mit - Entmutigung | *a~ Schüchternheit*
Zweifelt(13) | *Z~ Genesung; an der*(31)

TRÄUME

Alpträume, Alpdrücken(144) | A~ nachts - Mitternacht - nach - 4 h(2)
Angenehm(136)
Ängstlich(239) | Ä~ morgens(7) | Ä~ Menses - während(9)
Anstrengung - geistige(51)
Beerdigungen(13)
Beschämend(13)
Boot sinkt(3)
Diebstahl - begangen zu haben; einen Diebstahl(2)
Erniedrigung(12)
Erotisch(196) | *E~ Pollutionen, mit*(96)
Erschöpfend(45)
Ertrinken(19) | E~ Boot, auf einem untergehenden(3)
Essen - Hundefleisch
Fallen, zu stürzen; zu(60) | F~ Gefahr zu(3) | F~ Höhe herab, von einer(29)
Feuer(65)
Fleisch in den Mund gesteckt; bekommt
Furcht - gefolgt von(14)
Gefahr - fallen, zu(3) | f~ Höhe herab, von einer
Geld(8)
Geschäft - Tage, vom(39)

TRÄUME ...

Gespenster(38)
Hochgelegene Orte - Herunterfallen, Hinabstürzen von(29)
Hochzeit(7)
Pferde(18) | P~ verfolgen ihn(2)
Räuber(36)
Reisen - Schiff, mit dem(5)
Schiff fahren, mit dem(8)
Schlangen(21)
Schrecklich(237)
Schwierigkeiten(18)
Sorgen, voller(21)
Sternschnuppen
Streitigkeiten(69)
Tod(64)
Traurig(46)
Unangenehm(87)
Unfälle - Boot geht unter(3) | U~ Ertrinken(19)
Ungeziefer(14)
Unglück(64)
Untergehendes Boot(3)
Unwichtig(46)
Verdrießlich(122)
Verfolgt zu werden - Pferden, von(2) | V~ Tieren, von(13) | T~ wilde(14)
Verlegenheit(7)
Verstorbenen, von(84)
Verworren(122)
Viele(260)
Wasser(49)
Waten - Wasser, in - Schlangen, mit
Wecken den Patienten - häufig(7)
Zorn(58)

– *Alumina phosphorica* –

alum-p.

GEMÜT

Abscheu - Leben, vor dem(84)
Angst - morgens - Erwachen, beim(30) | A~ abends(87) | A~ nachts(119) | A~ Furcht, mit(110) | A~ Gesundheit; um die - eigene Gesundheit; um seine(57) | A~ Gewissensangst(75) | A~ Zukunft(108)

GEMÜT ...

Antworten - Abneigung zu antworten(67)
Auffahren, Zusammenfahren - Schlaf - Einschlafen, beim(72)
Beschwerden durch - geistige Anstrengung(59) | B ~ Kummer(65) | *B ~ sexuell - Exzesse*(59)
Betäubung(237)
Bewußtlosigkeit(280) | B ~ periodisch(6)
Denken - Beschwerden - agg.; Denken an seine Beschwerden(71)
Eigensinnig, starrköpfig, dickköpfig(107)
Empfindlich - Geräusche, gegen(149)
Entmutigt(135)
Ernst(77)
Erregung(287) | E ~ abwechselnd mit - Gleichgültigkeit(4) | a ~ Stumpfheit(3)
Erschöpfung; geistige(217)
Faulheit(269)
Froh(182)
Furcht - abends(51) | F ~ Erwachen, beim(54) | F ~ Geisteskrankheit(74) | F ~ geschehen; etwas werde(82) | F ~ Krankheit, vor drohender(66) | F ~ Menschen, vor(81) | F ~ Tod; vor dem(143) | F ~ Unglück, vor(93)
Geisteskrankheit, Wahnsinn(153)
Geistige Anstrengung - agg.(141) | G ~ Abneigung gegen(150)
Gesellschaft - Abneigung gegen(156)
Gleichgültigkeit, Apathie(251)
Hast, Eile(112)
Hochgefühl(97)
Ideen, Einfälle - Mangel an(102) | I ~ Reichtum an, Klarheit des Geistes(125) | R ~ abwechselnd mit - Stumpfheit(2)
Imbezillität(140)
Jammern(93) | J ~ eingebildetes Unglück; über sein
Konzentration - schwierig(261)
Lachen - abwechselnd mit - Weinen(43) | L ~ spasmodisch(49)
Manie(149)
Reizbarkeit(408)
Schüchternheit, Zaghaftigkeit(113)

GEMÜT ...

Schweigsam(209)
Sinne - abgestumpft, stumpf(107)
Sitzen - Neigung zu sitzen(110) | N ~ unbeweglich, still(42)
Sprechen - Schlaf, im(93)
Stimmung, Laune - veränderlich(158) | S ~ wechselnd, wechselhaft(80)
Stumpfheit(332)
Suizidneigung; Neigung zum Selbstmord(98) | S ~ Gedanken an Selbstmord(33)
Tod - Gewißheit des (eigenen) Todes(11) | T ~ Vorahnung des Todes(62)
Traurigkeit - morgens - Erwachen - beim(21) | T ~ nachmittags(37)
Unbesonnen(82)
Unentschlossenheit(146)
Unzufrieden(168)
Vergeßlich(187)
Verwirrung, geistige - morgens(115) | m ~ Erwachen, beim(50)
Weinen - morgens(22) | m ~ Erwachen, beim(2)
Weinen - nachts(81) | W ~ Erwachen, beim(36) | W ~ Schlaf, im(88) | W ~ unwillkürlich(35)
Widerspenstig(66)
Zerstreut(166)
Zurückhaltend, reserviert(64)

TRÄUME

Ängstlich(239)
Fallen, zu stürzen; zu(60)
Räuber(36)
Tod(64)
Verdrießlich(122)

– *Alumina silicata* –

alum-sil.

GEMÜT

Abscheu - Leben, vor dem(84)
Angst(362) | A ~ abends(87) | *A ~ nachts*(119) | A ~ Erwachen, beim(86) | A ~ Gesundheit; um die - eigene Gesundheit; um seine(57) | A ~ Gewissensangst(75)

Gemüt ...

Auffahren, Zusammenfahren - Schlaf - Einschlafen, beim(72)
Beschwerden durch - geistige Anstrengung(59) | B~ Zorn(94)
Eigensinnig, starrköpfig, dickköpfig(107)
Empfindlich - Geräusche, gegen(149) | G~ geringste Geräusch; gegen das(29)
Entmutigt(135)
Erregung(287) | E~ Menses - vor(11)
Erschöpfung; geistige(217)
Erschreckt leicht(125)
Faulheit(269)
Fehler; macht - Schreiben, beim(83) | F~ Sprechen, beim(81) | S~ Worte - falsche Worte; benutzt(53)
Feigheit(89)
Furcht(242) | F~ morgens - Erwachen, beim(3) | F~ Erwachen, beim(54) | F~ Geisteskrankheit(74)
Gedächtnis - Gedächtnisschwäche(284)
Geisteskrankheit, Wahnsinn(153)
Geistige Anstrengung - agg.(141) | G~ Abneigung gegen(150)
Gesellschaft - Abneigung gegen(156) | A~ Furcht vor dem Alleinsein; jedoch(12)
Gesellschaft - Verlangen nach - amel. in Gesellschaft - allein; agg. wenn
Gleichgültigkeit, Apathie(251)
Hysterie(194)
Ideen, Einfälle - Mangel an(102)
Imbezillität(140)
Konzentration - schwierig(261)
Lachen(102) | L~ hysterisch(7)
Launenhaftigkeit, launisch(108)
Mürrisch(290)
Phantasien - übertrieben(114)
Religiös - Gemütsstörungen, religiöse(63)
Reue(63)
Ruhelosigkeit - nachts(249) | R~ ängstlich(111)
Schlafwandeln(56)
Schüchternheit, Zaghaftigkeit(113)
Schweigsam(209)
Sinne - abgestumpft, stumpf(107)

Gemüt ...

Sitzen - Neigung zu sitzen - unbeweglich, still(42)
Sprechen - Schlaf, im(93)
Stimmung, Laune - veränderlich(158)
Stumpfheit(332) | S~ Erwachen, beim(41) | S~ Schlaf - tiefem, nach(3)
Suizidneigung; Neigung zum Selbstmord(98) | S~ Gedanken an Selbstmord(33)
Tadelsüchtig, krittelig(80)
Tod - wünscht sich den Tod, möchte sterben(72)
Traurigkeit(477) | T~ erzählt hat amel.; nachdem er es jemandem
Unentschlossenheit(146)
Unzufrieden(168) | U~ allem; mit(66)
Vergeßlich(187)
Verwirrung, geistige(321) | V~ morgens(115) | m~ Erwachen, beim(50)
Verwirrung, geistige - Erwachen, beim(71)
Verzweiflung(137)
Wahnideen - Fallen - er würde(29) | F~ stehen würde; er werde fallen, wenn er(2) | F~ vorne, nach - würde nach vorne fallen; sie(15)
Wahnideen - klein - Körper sei kleiner; der(14) | W~ Phantasiegebilde, Illusionen(115) | W~ Visionen, hat(76)
Weinen - Schlaf, im(88)
Widerspenstig(66)
Widerspruch - verträgt keinen Widerspruch(73)
Wille - Willensschwäche(58)
Zerstreut(166)
Zorn - agg.(5)

Träume

Alpträume, Alpdrücken(144)
Angenehm(136)
Ängstlich(239)
Erotisch(196)
Streitigkeiten(69)
Tod(64)
Verdrießlich(122)
Verworren(122)

– *Ambra grisea* –

ambr.

Gemüt

Abscheu - Leben, vor dem(84)

Angesehen zu werden; erträgt es nicht(23)

Angst(362) | A ~ tagsüber(21) | *A ~ abends*(87) | **a ~ Bett, im**(54) | a ~ Dämmerung, in der(13)

Angst - nachts(119) | n ~ Mitternacht - vor(36)

Angst - Bett - im Bett(49) | A ~ Denken daran; durch(9) | *A ~ Essen - nach*(39) | **A ~ Fieber - während**(91) | A ~ Fremden; in Gegenwart von(4) | *A ~ Gesellschaft, wenn in*(8) | *A ~ Gespräche, durch*(5) | A ~ Hitzewallungen, bei(14) | *A ~ Menschenmenge, in einer*(12) | A ~ Mittagessen - nach(11) | A ~ Schlaf - vor(7) | *A ~ Sprechen, beim*(7) | A ~ Stuhlgang - vor(24) | **S ~ vergeblichen Stuhldrang; durch**(2)

Antworten - Abneigung zu antworten(67) | A ~ weigert sich zu antworten(32) | A ~ wiederholt erst die Frage(7)

Argwöhnisch(105) | A ~ Furcht vor Gesellschaft(3)

Auffahren, Zusammenfahren(117) | A ~ abends - Einschlafen, beim(19) | A ~ Schlaf - während(163) | S ~ Einschlafen, beim(72)

Auffahren, Zusammenfahren - Schreck oder wie durch Schreck; durch(68)

Begreifen, Auffassungsvermögen - leicht(38)

Beißen - Nägel(33)

Beschwerden durch - Erregung - Gefühle, der(87) | B ~ geistige Anstrengung(59) | *B ~ geschäftlichen Mißerfolg; durch*(13) | *B ~ Kummer*(65) | B ~ Schicksalsschläge, durch(6) | B ~ schlechte Nachrichten(34) | B ~ Schock; seelischen(23) | B ~ Sorgen, Kummer(14) | *B ~ Tod von geliebten Personen*(2) | B ~ Verlegenheit(13)

Betäubung(237)

Gemüt ...

Bewußtlosigkeit(280) | B ~ Traum, wie ein einem(11) | B ~ überfüllten Zimmer; in einem mit Menschen(12)

Boshaft(99)

Chaotisch(44)

Delirium - morgens(8) | m ~ Erwachen, beim(5)

Denken - Abneigung gegen - morgens(2) | D ~ Beschwerden - agg.; Denken an seine Beschwerden(71)

Ehrgeiz - Verlust von(15)

Empfindlich(192) | E ~ Geräusche, gegen(149) | *E ~ Musik, gegen*(46)

Entmutigt(135)

Entrüstung(22)

Ernst(77)

Erregung(287) | E ~ agg.(41) | E ~ nachts(40) | E ~ abwechselnd mit - Gleichgültigkeit(4) | a ~ Traurigkeit(13)

Erregung - geistige Anstrengung; durch(5) | E ~ Gesellschaft, in(4) | E ~ Herzklopfen, mit heftigem(17) | E ~ Kindern, bei(4) | *E ~ nervös*(23) | E ~ Schwangerschaft, in der(7) | E ~ Sprechen, beim(7) | E ~ Wein - nach(4)

Erschöpfung; geistige(217)

Erschreckt leicht - Erwachen, beim(41)

Erwartungsspannung - Lampenfieber(14)

Exzentrizität, Überspanntheit(54)

Faulheit(269) | F ~ morgens(51)

Feigheit(89)

Fragen; spricht ständig in(2)

Fremde - Anwesenheit von Fremden - agg.(16) | a ~ hustet beim Anblick von Fremden; Kind(4)

Furcht(242) | F ~ Armut, vor(20) | F ~ engen Räumen; in(33) | F ~ Fieber - während des Fiebers(6) | F ~ Fremden; vor(10) | F ~ Geisteskrankheit(74) | F ~ Männern, vor(30) | F ~ Menschen, vor(81) | F ~ Menschenmenge; in einer(58) | *F ~ Musik, durch*(10) | *F ~ Näherkommen, Annäherung von; vor - anderen, von*(28) | F ~ Unheil; Furcht vor(115) | F ~ zittrig(36)

GEMÜT ...

Gedächtnis - Gedächtnisschwäche(284) | G~ Formen, für(5) | G~ gelesen hat; für das, was er(41) | G~ Personen, für(23)

Gedanken - Gedankenandrang, einstürmende Gedanken, Gedankenfluß(78) | G~ Tag und Nacht(2)

Gedanken - hartnäckig(83) | *h~ unangenehmen Themen verfolgt; von*(9)

Gedanken - sexuell(21) | *G~ unangenehm*(21) | *G~ Vergehen, Schwinden der Gedanken*(76) | V~ Gesellschaft, in

Gedanken - wandernd(72) | G~ zusammenhangslos(30)

Gedanken versunken, in(90)

Gefahr - Mangel an Reaktion auf Gefahr, in gefährlichen Situationen(4)

Geisteskrankheit, Wahnsinn(153) | G~ erotisch(31)

Geistige Anstrengung - agg.(141) | *a~ unmöglich*(130) | *u~ alten Menschen; bei*

Gesellschaft - agg. Gemütssymptome | *G~ Abneigung gegen*(156) | A~ allein, wenn - amel.(33) | **A~ Fremden; Abneigung gegen die Anwesenheit von**(16) | **F~ Stuhlgang, beim**

Gesellschaft - Abneigung gegen - lachende Gesichter; Abneigung gegen | G~ Verlangen nach - allein; agg. wenn(48)

Gesellschaftliche Ereignisse - amel. - Mädchen; bei modernen, jungen

Gespräche - agg.(45) | *G~ Abneigung gegen*(21)

Gleichgültigkeit, Apathie(251) | G~ allem; gegenüber(71) | G~ Angenehmes, gegen(10) | G~ Erregung, nach | G~ Freude, gegen(4) | F~ und Leid(7)

Gleichgültigkeit, Apathie - Reizendes, Unangenehmes; gegen(8)

Grobheit(37)

Hast, Eile(112) | H~ geistiger Anstrengung; bei(8) | H~ ungeschickt aus Hast(7)

Heftig, vehement(100) | H~ abwechselnd mit - Traurigkeit

Hypochondrie(116)

Hysterie(194)

GEMÜT ...

Ideen, Einfälle - Mangel an(102) | I~ Reichtum an, Klarheit des Geistes(125)

Imbezillität(140)

Jammern(93)

Kindisches Benehmen(52)

Klagen(64)

Konzentration - schwierig(261) | s~ Studieren(52)

Kummer(76)

Kunst - Talent zur(8)

Lächeln - niemals(4)

Lachen(102) | L~ nachts(12) | *L~ Abneigung gegen*(3)

Langsamkeit(68)

Lasziv, lüstern(77)

Lebensüberdruß(82)

Lesen - versteht das Gelesene nicht(3)

Licht - Abneigung gegen - meidet(8)

Mathematik - Unfähigkeit zur - Geometrie(6)

Menschenfeindlichkeit, Misanthropie(45)

Milde(80)

Mürrisch(290)

Musik - agg.(40) | *M~ Herzklopfen beim Hören von*(4) | M~ Kopfschmerzen, durch(9) | M~ Ohrenschmerzen durch(5)

Nachdenken, Überlegen - Unfähigkeit nachzudenken - alten Menschen; bei

Nachtschwärmerei, Schwelgerei(11)

Nymphomanie(67)

Pflicht - kein Pflichtgefühl(12)

Phantasien - lasziv(46) | l~ Träumen, selbst beim

Phantasien - übertrieben(114) | ü~ Tag und Nacht(2)

Phantasien - übertrieben - abends - Bett, im(28) | ü~ Schlaflosigkeit, mit(41)

Qualvolle Angst(121) | Q~ abends(12) | Q~ nachts(9) | Q~ Schweiß - nachts | S~ während(3)

Redseligkeit; Geschwätzigkeit(136) | R~ Frage nach der anderen; stellt eine(2) | R~ Schlaf, im(4) | R~ wechselt schnell von einem Thema zum anderen(20)

GEMÜT ...

Reizbarkeit(408) | R~ abwechselnd mit - Traurigkeit(4) | R~ Essen - nach(26) | *R~ Gespräche, durch*(2) | R~ Sprechen, beim(10)

Ruhelosigkeit(420) | R~ tagsüber(9) | R~ nachts(249) | R~ ängstlich(111) | R~ Erwachen, beim(30) | R~ Gehen, beim(7) | *R~ Gespräche, durch* | R~ Kindern, bei(22) | R~ Schwangerschaft, in der(5) | R~ Sprechen, nach(2)

Schüchternheit, Zaghaftigkeit(113) | *S~ Gesellschaft, in*(6) | **S~ Öffentlichkeit; beim Auftreten in der**(7) | *S~ schamhaft*(58) | s~ ungeschickt, und(9)

Schweigsam(209)

Selbstvertrauen - Mangel an Selbstvertrauen(86)

Sentimental, schwärmerisch, rührselig(64)

Sinne - abgestumpft, stumpf(107) | S~ scharf(52)

Sitzen - Neigung zu sitzen - versunken und nichts wahrnehmend; wie in tiefen, traurigen Gedanken(11) | *N~ weinend dazusitzen*(2)

Sorgen, voller(50) | S~ täglichen Sorgen angegriffen; von den(4)

Sprache - hastig(44)

Sprechen - agg. die Beschwerden(34) | S~ anderer agg.; das Sprechen(46) | S~ Schlaf, im(93) | *S~ Kindern; bei*(2)

Sprechen - schweift von einem Thema zum anderen(47)

Springen - Bett; aus dem(41)

Stimmung, Laune - abweisend, zurückweisend(40) | S~ veränderlich(158)

Stöhnen(119)

Streitsüchtig(136) | S~ Antworten zu warten; ohne auf(2)

Stumpfheit(332) | *S~ morgens*(54) | **S~ alten Menschen, bei**(6) | S~ Erwachen, beim(41) | S~ Lesen(35) | S~ versteht Fragen nur nachdem sie wiederholt werden(9)

Suizidneigung; Neigung zum Selbstmord(98) | S~ Verzweiflung, aus(4)

GEMÜT ...

Tod - wünscht sich den Tod, möchte sterben(72)

Traum; wie in einem(69)

Traurigkeit(477) | T~ Erregung - nach(3)

Traurigkeit - Musik - durch(17)

Unaufmerksam(23) | U~ angesprochen, wenn(4)

Unbesonnen(82)

Unbeständigkeit(45)

Ungeduld(131)

Ungeschicklichkeit(41) | *U~ fallen, läßt Dinge*(26) | U~ Hast, aus(6)

Untröstlich(30)

Verbittert, verärgert(9)

Vergeßlich(187) | *V~ alten Menschen, bei*(12)

Verweilt - vergangenen unangenehmen Ereignissen; bei(46) | v~ nachts(13)

Verwirrung, geistige(321) | V~ morgens(115) | V~ Bett, im(4) | V~ Bewegung, durch(16) | V~ Erwachen, beim(71) | V~ Essen - nach(52) | V~ konzentrieren; beim Versuch sich zu(13) | V~ Lesen, beim(15) | V~ Schlaf; nach(14) | V~ Traum; wie in einem(27)

Verzweiflung(137)

Wahnideen(191) | W~ morgens - Bett, im(5) | W~ abends - Bett, im(16) | W~ absurd, lächerlich - Gestalten seien anwesend(8) | W~ Ansammlungen von Dingen, Schwärmen, Menschenmengen etc.(17) | W~ bedrückend(2) | *W~ Bilder, Phantome; sieht*(76) | B~ nachts(40) | B~ Schlaf - verhindert(6) | *B~ schreckliche*(60)

Wahnideen - Fratzen, sieht(6) | W~ geisteskrank - werden; er würde geisteskrank(43) | *W~ Gesichter, sieht*(26) | *G~ häßliche*(17) | *G~ teuflische Gesichter bedrängen ihn*(4) | t~ loswerden; kann sie nicht

Wahnideen - Gesichter, sieht - verzerrte - Hinlegen am Tage; beim(4) | W~ Gespenster, Geister, Gestalten - sieht(55) | W~ klar; alles ist zu | W~ lasziv(6)

Gemüt ...

Wahnideen - lebhaft(26) | W~ Licht - zu viel Licht im Zimmer beim Einschlafen | *W~ Phantasiegebilde, Illusionen*(115) | W~ schweben - Luft, in der(45) | W~ Teufel - sieht(19) | W~ Visionen, hat(76) | V~ schrecklich(27)

Wahnideen - Zeit - länger; die Zeit erscheint(14)

Weinen(244) | W~ Ärger, durch(23) | *W~ Musik; durch*(14) | *W~ Verlangen zu weinen - immer; die ganze Zeit*(16) | W~ Zorn - nach(19)

Widerspenstig(66)

Widerwillen - Lachen anderer; vor dem

Wildes Gefühl im Kopf(5)

Wille - Willensschwäche(58)

Zeit - langsam, scheint länger; vergeht zu(29)

Zerstreut(166) | Z~ Alter, im(5) | Z~ angesprochen, wenn(5) | Z~ verträumt(17)

Zorn(243) | Z~ abwechselnd mit - Traurigkeit(4) | Z~ heftig(72)

Träume

Alpträume, Alpdrücken(144)

Angenehm(136)

Ängstlich(239) | *Ä~ Kindern, bei*

Anstrengung - geistige(51)

Arbeit(4)

Beschäftigt zu sein; sehr(29)

Beschimpft zu werden; er ist zu schwach, um sich zu wehren

Erotisch(196) | E~ Pollutionen, mit(96)

Laufen - auf und ab zu laufen

Lebhaft(193)

Mißhandlung(2)

Phantastisch(55)

Ruhelos(53)

Schrecklich(237)

Schwäche

Verdrießlich(122) | *V~ Kindern, bei*

Viele(260)

Visionär(45)

Zorn(58)

– *Ambrosia artemisiaefolia* –

ambro.

Gemüt

Wahnideen - Fallen - er würde(29)

– *Ammoniacum gummi* –

ammc.

Gemüt

Erregung(287) | E~ nachts(40) | E~ Sprechen, beim(7)

Faulheit(269) | F~ morgens(51) | F~ Schläfrigkeit, bei(29)

Geistige Anstrengung - agg. - unmöglich(130)

Gleichgültigkeit, Apathie - Schläfrigkeit, bei(25)

Langsamkeit(68)

Mürrisch(290)

Ruhelosigkeit(420) | R~ nachts(249)

Stumpfheit(332) | S~ morgens - Aufstehen, beim(6)

Torpor(26)

Traurigkeit(477) | T~ nachts(21)

Unbehagen(44)

Unzufrieden(168) | U~ allem; mit(66)

Träume

Alpträume, Alpdrücken(144)

Ängstlich(239)

Erinnerlich, bleiben im Gedächtnis(33)

Schrecklich(237)

Verworren(122)

Viele(260)

Zusammenhängend(13)

– *Ammonium bromatum* –

am-br.

Gemüt

Beißen - Nägel(33)

Entmutigt(135)

Fehler; macht - Schreiben, beim(83) | F~ Sprechen, beim(81) | S~ Worte - falsche Worte; benutzt(53)

Gemüt …

Furcht(242) | F~ Ruhelosigkeit aus Furcht(8)

Traurigkeit(477)

Vergeßlich - Worte beim Sprechen; vergißt(52)

Verwirrung, geistige(321)

Träume

Urinieren(10)

– Ammonium carbonicum –

am-c.

Gemüt

Abneigung - Frauen; gegen(12) | F~ Männern; bei(5)

Abneigung - Männer; gegen - Frauen; bei(6) | A~ Wasser, gegen(2)

Abscheu - Leben, vor dem(84)

Angesprochen zu werden - Abneigung(63)

Angst(362) | A~ morgens(42) | A~ vormittags(15) | A~ nachmittags(32) | n~ 17 - 18 h

Angst - abends(87) | a~ amel.(6) | a~ 19 h(4) | 1~ 19 - 20 h(2)

Angst - abends - Bett, im(54) | A~ nachts(119) | n~ Mitternacht - vor(36)

Angst - Bett - im Bett(49) | A~ Erwachen, beim(86) | A~ Fieber - während(91) | A~ Furcht, mit(110) | A~ Gesundheit; um die - eigene Gesundheit; um seine(57) | *A~ Gewissensangst*(75) | *G~ nachmittags*

Angst - hypochondrisch(52) | A~ Menses - vor(22) | A~ Schweiß - kaltem, mit(12)

Antworten - Abneigung zu antworten(67)

Auffahren, Zusammenfahren - nachts(19) | A~ leicht(52) | *A~ Schlaf - während*(163) | *S~ durch*(124) | S~ Einschlafen, beim(72)

Auffahren, Zusammenfahren - Schreck oder wie durch Schreck; durch(68)

Gemüt …

Außer sich; ist - Wetter; durch schlechtes

Auszugehen, Abneigung(7)

Beeindruckbar, leicht zu beeinflussen(3)

Beschimpfen, beleidigen, schmähen(67) | B~ abends

Beschwerden durch - Erwartungsspannung(68) | B~ Hast, Eile(10) | B~ Zorn(94)

Betäubung(237) | B~ morgens - Erwachen, beim(5) | B~ Erwachen, beim(9)

Bewußtlosigkeit(280) | B~ Gemütsbewegungen, nach(13) | *B~ Scharlach, bei*(8)

Boshaft(99)

Chaotisch(44)

Delirium(233) | D~ berauscht, wie(6) | D~ Erschöpfung, mit(7)

Denken - Beschwerden - agg.; Denken an seine Beschwerden(71)

Eigensinnig, starrköpfig, dickköpfig(107) | E~ Kinder(18)

Ekstase(59)

Eleganz, Anmut - keine Eleganz(12)

Empfindlich(192) | E~ geistige Eindrücke; gegen(20) | E~ Geräusche, gegen(149) | G~ schmerzhafte Empfindlichkeit gegen(10) | G~ sprechen, zu(9)

Empfindlich - Menses - während(5) | *E~ Sinneseindrücke, gegen*(23)

Engstirnig, beschränkt, borniert(4)

Entfremdet - Familie, von seiner(18)

Enthüllt Geheimnisse - Schlaf, im(2)

Entmutigt - Gehen, beim(2)

Ernst(77)

Erregung(287) | E~ abends(32) | a~ Gedanken an Dinge, die andere getan haben, um ihr Mißfallen zu erregen; beim

Erregung - nachts(40) | E~ Sprechen, beim(7)

Erschöpfung; geistige(217)

Erschreckt leicht(125) | E~ Kleinigkeiten, über(27)

Extravaganz(16)

Exzentrizität, Überspanntheit(54)

Faulheit(269) | F~ morgens(51)

GEMÜT ...

Fehler; macht - Rechnen, beim(14) | *F~ Schreiben, beim*(83) | S~ alten Menschen; bei(2) | S~ falsch - Buchstaben, Zahlen(3)

Fehler; macht - Sprechen, beim(81) | S~ alten Menschen; bei | S~ Buchstabieren, beim(23) | *S~ Worte - falsche Worte; benutzt*(53) | f~ Namen; nennt Dinge beim falschen(8) | f~ sieht, anstatt des Namens des Gewünschten; benutzt den Namen des Gegenstandes, den er(6)

Fehler; macht - Sprechen, beim - Worte - stellt Worte an die falsche Stelle(46)

Feigheit(89)

Fliehen, versucht zu - Familie und den Kindern zu fliehen; versucht von ihrer(7)

Fluchen(44)

Furcht(242) | F~ vormittags(3) | F~ nachmittags(15) | *F~ abends*(51) | F~ nachts(58) | F~ Erwachen, beim(54) | F~ geschehen; etwas werde(82) | F~ Krankheit, vor drohender(66) | F~ lebenslang(10) | F~ Tod; vor dem(143) | T~ nachts(8)

Furcht - Unglück, vor(93) | U~ morgens(2) | U~ vormittags

Furcht - Unheil; Furcht vor(115) | F~ unternehmen - irgendetwas zu unternehmen(9)

Gedächtnis - Gedächtnisschwäche(284) | G~ Ärger, Verdruß agg. | G~ auszudrücken, sich(41) | G~ sagen will; für das, was er gerade(38) | G~ Schmerz; durch(10) | G~ Schreck; durch(10)

Gedächtnis - Gedächtnisverlust - Furcht, durch(10) | G~ Verletzungen, nach(2) | V~ Kopfes, des(7)

Gedanken - hartnäckig(83) | G~ quälend(31) | q~ vergangene unangenehme Ereignisse; über(3)

Gedanken - Vergehen, Schwinden der Gedanken(76) | G~ wandernd(72) | G~ zusammenhangslos(30)

Gedanken versunken, in(90)

Gedichte, macht(14)

GEMÜT ...

Geistesabwesend(71)

Geisteskrankheit, Wahnsinn(153)

Geistige Anstrengung - agg.(141) | a~ unmöglich(130)

Gelingt nichts, es(9)

Geschäft - Abneigung gegen(45)

Gespräche - agg.(45)

Gleichgültigkeit, Apathie(251) | G~ äußere - Dinge; gegen(26) | G~ mürrisch(4)

Haß(28) | H~ Rachsucht; Haß und(32)

Hast, Eile(112)

Heftig, vehement(100)

Herausfordernd(22)

Hochgefühl(97)

Hypochondrie - Weinen, mit(8)

Hysterie(194) | H~ Ohnmacht, hysterische(22)

Ideen, Einfälle - Mangel an(102) | I~ Reichtum an, Klarheit des Geistes(125)

Imbezillität(140)

Intelligent - faul; aber(5)

Jammern(93)

Konzentration - schwierig(261) | s~ Kindern, bei(8)

Kummer(76)

Lachen(102) | L~ Kleinigkeiten, über(13) | L~ niemals(4) | L~ spasmodisch(49) | *L~ unmäßig*(28)

Lästig, geht auf die Nerven - morgens

Launenhaftigkeit, launisch(108)

Lebensüberdruß(82)

Lustig, fröhlich(123) | L~ abends(29)

Menses - vor; Gemütssymptome(18) | M~ während; Gemütssymptome(28)

Mitgefühl, Mitleid(34)

Moralischem Empfinden; Mangel an(48)

Mürrisch(290) | M~ morgens(42) | M~ vormittags(19) | M~ abends(31) | M~ Essen, nach dem(21) | M~ Fieber - nach(3) | M~ Gewitter, durch | M~ Menses - während(10) | M~ Sturm, bei | M~ Wetter - bewölktes, durch(2) | W~ regnerisches, durch | W~ schlechtes, durch

Neid(22) | N~ Haß, und(7)

Gemüt ...

Phantasien - lasziv(46) | l~ abends(2)

Phantasien - übertrieben(114) | ü~ abends(9)

Qualvolle Angst(121) | Q~ nachmittags(7)

Reisen - Verlangen nach(28)

Reizbarkeit(408) | R~ tagsüber(32) | R~ morgens(69) | R~ vormittags(25) | R~ abends(60) | a~ amel.(10)

Reizbarkeit - Essen - nach(26) | n~ amel.(5)

Reizbarkeit - Freien, im(12) | R~ Gehen, beim(7) | R~ Hitze - nach(3) | *R ~ Kopfschmerzen, bei*(61) | R~ Menses - während(42) | R~ Mittagessen - nach(8) | R~ schweigsam(5) | R~ Wetter; bei regnerischem oder bewölktem(2)

Religiös - Gemütsstörungen, religiöse(63)

Reue(63) | R~ nachmittags(2)

Rollt, wälzt sich - Seite auf die andere; von einer(4)

Rückgrat, ohne(3)

Ruhelosigkeit(420) | *R ~ abends*(51) | a~ 19 h | a~ Bett, im(11)

Ruhelosigkeit - ängstlich(111) | R~ Erwachen, beim(30) | R~ Hitze - während(66) | R~ Menses - während(40) | *R ~ treibt umher*(41)

Schmutzig(17) | S~ beschmutzt alles; macht alles schmutzig(3) | S~ Haut, mit schmutziger(6)

Schreien - Schlaf, im(80)

Schüchternheit, Zaghaftigkeit(113)

Schweigsam(209) | *S ~ Menses; während*(5)

Selbstvertrauen - Mangel an Selbstvertrauen(86)

Sentimental, schwärmerisch, rührselig(64)

Seufzen(98)

Sinne - abgestumpft, stumpf(107)

Sitzen - Neigung zu sitzen(110)

Spaßen - Abneigung gegen(22)

Sprechen - agg. die Beschwerden(34) | S~ anderer agg.; das Sprechen(46) | S~ Schlaf, im(93) | S~ dachte, als er wach war; was er | S~ enthüllt Geheimnisse(2)

Stilles Wesen(49) | S~ Menses, während(2)

Gemüt ...

Stimmung, Laune - veränderlich(158) | v~ Abendessen, nach dem(2)

Stöhnen(119) | S~ Erwachen, beim(2) | S~ Schlaf, im(62)

Streitsüchtig(136) | S~ abends(8) | S~ Menses - während

Stumpfheit(332) | S~ morgens(54) | S~ Sprechen, beim(4)

Stupor - Scharlach, bei(8)

Suizidneigung; Neigung zum Selbstmord(98)

Tadelsüchtig, krittelig(80)

Tod - Gedanken an den Tod(54)

Traurigkeit(477) | T~ morgens(71) | T~ vormittags(12) | T~ abends(76) | a~ amel.(15)

Traurigkeit - nachts(21) | n~ amel.(2)

Traurigkeit - Abendessen, nach dem - amel.(3) | T~ Essen - nach - amel.(6) | T~ Frost - während(37) | T~ Menses - vor(34)

Traurigkeit - Menses - während(35) | T~ Wetter - bewölktem Wetter, bei

Unaufmerksam(23) | U~ angesprochen, wenn(4)

Unbesonnen(82)

Unbeständigkeit(45) | U~ Gedanken, der(6)

Unduldsamkeit - Geräuschen, gegenüber(5)

Unentschlossenheit(146)

Unfreundliche Stimmung(5)

Ungehorsam(30)

Ungeschicklichkeit - Schneidern, Sticken; beim(9)

Unordentlich(7)

Unzufrieden(168) | U~ allem; mit(66)

Vergeßlich(187) | V~ alten Menschen, bei(12)

Verleumden, Neigung zu(21)

Vernachlässigt - alles(4)

Verweilt - denkt an alles, was ihr andere angetan haben - liegt wach und denkt daran - vergessen; morgens hat sie alles wieder | V~ erinnert sich - unangenehme Erinnerungen, an(10)

Gemüt ...

Verweilt - vergangenen unangenehmen Ereignissen; bei(46)

Verwirrung, geistige(321) | V~ abends(78) | V~ Menses - während(6) | V~ Sitzen, im(33)

Verzogene, mißratene Kinder(6)

Verzweiflung(137)

Vorsichtig - ängstlich(7)

Wahnideen - drehen - Umgebung würde gedreht - mit ihm im Kreis | W~ Gespenster, Geister, Gestalten - sieht(55) | W~ Hören - Einbildung; etwas zu hören(44) | W~ Schwierigkeiten, Probleme - drohen; Schwierigkeiten würden | W~ sterben - gleich sterben; glaubt, er würde(57) | W~ Tiere(42) | W~ tot - Personen, sieht tote(59) | W~ Ungeziefer - sieht Ungeziefer herumkriechen(13) | W~ Verbrechen - begangen; er habe ein Verbrechen(29) | W~ Verbrechern, von(24) | W~ Würmer - kriechenden Würmern, von(10)

Waschen - Abneigung gegen Waschen und Baden(16)

Weinen(244) | W~ morgens(22) | W~ abends(29) | a~ amel.(3)

Weinen - nachts(81) | W~ ängstlich(5) | W~ Angst, nach(23) | W~ Aufstehen, nach dem | W~ Erwachen, beim(36)

Wetter - bewölktes Wetter agg.(6)

Widersprüchlich - Worten; die Absichten stehen im Widerspruch zu den(9)

Widerspruch - verträgt keinen Widerspruch(73)

Wille - Verlust der Willenskraft(34) | W~ Willensschwäche(58)

Zerstreut(166) | Z~ Alter, im(5) | Z~ angesprochen, wenn(5) | Z~ Unachtsamkeit(6)

Zorn(243) | *Z~ abends*(20) | Z~ Gesicht - rot - Flecken im Gesicht; mit roten | Z~ Menses - während(7) | Z~ Widerspruch, durch(37)

Zurückhaltend, reserviert - Menses, während(2)

Träume

Alpträume, Alpdrücken(144) | A~ Einschlafen, beim(8)

Angenehm(136)

Ängstlich(239) | Ä~ morgens - Erwachen, beim - amel.; Angst ist(15)

Beschämend(13)

Dinge - verändernde, sich(18)

Ekelhaft(32)

Ereignisse - vergangene, längst(16) | E~ vergessene; längst(15) | E~ zurückliegende, kurz(55)

Erniedrigung(12)

Erotisch(196)

Fenster - einzuwerfen, ein Fenster

Feuer(65)

Gefahr(40)

Gespenster(38)

Historisch(18)

Hunde(20)

Krankheit(43) | K~ Ausschlag(4)

Läuse(7)

Lebhaft(193)

Leichen(42)

Mangel an

Pferde(18)

Phantastisch(55)

Reisen(48)

Romantisch

Schrecklich(237)

Streitigkeiten(69)

Tiere(25)

Tod(64) | T~ Sterben - er stirbt(14)

Ungeziefer(14)

Verdrießlich(122)

Verstorbenen, von(84)

Verworren(122)

Viele(260)

Visionär(45)

Wecken den Patienten(118)

Würmer - kriechende(5)

Zorn(58)

Zusammenhängend(13)

– *Ammonium causticum* –

am-caust.

Gemüt

Bewußtlosigkeit(280)
Erschreckt leicht(125)
Qualvolle Angst(121)
Reizbarkeit(408)
Ruhelosigkeit - nachts(249)
Schüchternheit, Zaghaftigkeit(113)

– *Ammonium muriaticum* –

am-m.

Gemüt

Abneigung - allem, gegenüber(39) | A ~ Familienmitglieder; gegen(19) | *A ~ Menschen; gegen - bestimmte; gegen*(14)
Alkoholismus(135)
Angst(362) | A ~ nachts(119) | A ~ Erwachen, beim(86) | *A ~ Furcht, mit*(110) | A ~ gelähmt, wie(2) | A ~ Schlaf - Auffahren aus dem; beim(4)
Antworten - Abneigung zu antworten(67)
Aphasie(53)
Auffahren, Zusammenfahren - abends - Einschlafen, beim(19) | A ~ leicht(52) | A ~ Schlaf - während(163) | S ~ durch(124) | S ~ Einschlafen, beim(72)
Auffahren, Zusammenfahren - Träumen, in - aus einem Traum(35)
Beißen - Nägel(33)
Beschimpfen, beleidigen, schmähen(67) | B ~ Kinder - Eltern; Kinder beschimpfen ihre(9)
Beschwerden durch - Kränkung, Demütigung(39) | B ~ Kummer(65) | B ~ Zorn - stillem Kummer; mit(27)
Betäubung(237)
Bewußtlosigkeit(280)
Blasphemie, Gotteslästerung - Fluchen, und(12)
Boshaft(99)
Dunkelheit - agg.(27)
Ehrgeiz - Verlust von(15)

Gemüt ...

Eleganz, Anmut - keine Eleganz(12)
Empfindlich - bestimmte Personen, gegen(7)
Ernst(77)
Erregung - Sprechen, beim(7)
Erschöpfung; geistige - abends(8)
Erschreckt leicht(125) | *E ~ Erwachen, beim*(41) | E ~ Kleinigkeiten, über(27)
Faulheit(269) | F ~ morgens(51) | F ~ Schläfrigkeit, bei(29)
Fehler; macht - Sprechen, beim(81)
Furcht(242) | F ~ abends - Dämmerung(8) | F ~ Dunkelheit, vor der(40) | F ~ Kummer, wie durch(2) | F ~ lebenslang(10) | F ~ Menschen, vor(81) | F ~ Menschenmenge; in einer(58) | F ~ töten, davor zu(12)
Gedächtnis - Gedächtnisschwäche(284)
Gedanken - quälend - vergangene unangenehme Ereignisse; über(3) | G ~ überlegt(54)
Gedanken versunken, in(90) | G ~ abends(2)
Gleichgültigkeit, Apathie(251) | G ~ äußere - Dinge; gegen(26) | G ~ Ruhm; gegenüber(3) | G ~ Schläfrigkeit, bei(25)
Haß(28) | H ~ Rachsucht; Haß und(32)
Konzentration - schwierig(261) | s ~ abends(3)
Kummer(76)
Lachen - niemals(4)
Langsamkeit(68)
Lästig, geht auf die Nerven(79)
Licht - Verlangen nach(19)
Meditieren, Nachdenken(47)
Menschenfeindlichkeit, Misanthropie(45)
Mürrisch(290) | M ~ morgens(42) | M ~ vormittags(19) | M ~ nachmittags - Dämmerung, in der(2)
Musik - amel.(15)
Neid - Haß, und(7)
Reisen - Verlangen nach(28)
Reizbarkeit(408) | R ~ morgens(69) | R ~ vormittags(25) | R ~ mittags(9) | R ~ abends(60) | R ~ Essen - nach(26) | n ~ amel.(5)

Gemüt ...

Reizbarkeit - Kopfschmerzen, bei(61)
Ruhelosigkeit - vormittags(11) | R~ nachts(249) | R~ Erwachen, beim(30) | R~ Essen - nach(14) | R~ Mittagessen - nach(4)
Schüchternheit, Zaghaftigkeit(113)
Schweigsam(209) | S~ abends(5)
Selbstbetrachtung(58)
Selbstvertrauen - Mangel an Selbstvertrauen(86)
Sentimental, schwärmerisch, rührselig(64)
Sitzen - Neigung zu sitzen(110)
Stumpfheit(332) | S~ Erwachen, beim(41)
Traurigkeit(477) | T~ abends - Dämmerung, in der(5) | T~ Dunkelheit, in der(9) | T~ Essen - nach - amel.(6) | T~ Kummer, nach(6)
Unaufmerksam - angesprochen, wenn(4)
Unbesonnen(82)
Ungehorsam(30)
Ungeschicklichkeit - Schneidern, Stikken; beim(9)
Unzufrieden(168)
Verwirrung, geistige(321) | V~ morgens(115) | V~ berauscht - wie nach einem Rausch(35) | V~ Freien, im - amel.(30)
Verzweiflung(137)
Wahnideen - Bett - jemand - unter dem Bett; jemand sei(6) | W~ ermordet - er würde ermordet - werden; er würde ermordet werden(21) | W~ Fallen - Seite hin; auf eine(3) | W~ Feind - unter dem Bett; sei | W~ Feuer - Kopf scheint umgeben von | F~ Visionen von(34)
Wahnideen - Kummer - lasten würde; daß ein Kummer auf ihm(2) | W~ Schwert würde über dem Kopf hängen; ein | W~ Tiere(42) | W~ Wasser - von(19)
Weinen(244) | W~ abends(29) | W~ Angst, nach(23) | W~ Erwachen, beim(36) | W~ kann nicht weinen, obwohl er traurig ist(13) | W~ Verlangen zu weinen(5)

Gemüt ...

Wille - Verlust der Willenskraft(34) | W~ Willensschwäche(58)
Zerstreut(166) | Z~ angesprochen, wenn(5)
Zorn(243) | Z~ morgens(12) | Z~ mittags(2) | Z~ Essen - nach - amel. | Z~ Schweigsamkeit; mit(8)
Zurückhaltend, reserviert - abends

Träume

Alpträume, Alpdrücken(144)
Angenehm(136)
Ängstlich(239)
Erfolglose Anstrengungen(20) | E~ schreien; zu(6)
Ermordet - werden, zu(17)
Erotisch(196)
Fallen, zu stürzen; zu(60) | F~ Fluten, in die | F~ Gefahr zu(3) | F~ Höhe herab, von einer(29) | *F~ Wasser, ins*(11)
Fehler, Irrtümer
Furcht - gefolgt von(14)
Gebissen zu werden - Arme, in die(3) | G~ Pferd, von einem | G~ Tieren, von(14)
Gefahr - fallen, zu(3) | f~ Fluten, in die
Gehalten - Hand gehalten zu werden; fest an der
Gehenkt zu werden
Hochgelegene Orte - Herunterfallen, Hinabstürzen von(29)
Kinder(8)
Koitus(9)
Körperteile - Brust - gedrückt, wird
Krankheit(43) | K~ Ausschlag(4) | K~ Exanthem, flüchtiges | K~ Verletzungen(12)
Messer(4)
Mord(53)
Pferde(18) | P~ beißen ihn in den Arm
Reisen(48) | R~ Schwierigkeiten, unter(6)
Schießen, vom(6)
Schrecklich(237)
Schreien; unfähig zu(6)
Schuß - Soldat wird erschossen, ein
Schwierigkeiten(18) | S~ Reisen, auf(6)
Soldat - erschossen, wird
Sorgen, voller(21)

Träume ...

Streitigkeiten(69)

Tiere(25)

Unfälle(29)

Unglück(64)

Vater(6)

Verdrießlich(122)

Verirrt zu haben; sich - Wald, in einem(6)

Verlegenheit(7)

Verletzungen(13)

Versagen, Fehlschlägen; von(5)

Viele(260)

Wahr - erscheinen beim Erwachen wahr(9)

Wasser(49)

Wecken den Patienten(118)

– *Ammonium valerianicum* –

am-val.

Gemüt

Hysterie(194)

– *Amnii liquor* –

amn-l.

Gemüt

Aktivität; Verlangen nach(38)

Reizbarkeit(408)

Ruhelosigkeit(420) | R~ Bett - im(15) | R~ Menses - vor(16)

– *Amorphophallus riviere* –

amor-r.

Gemüt

Angst - Furcht, mit(110)

Bewußtlosigkeit - partiell, teilweise bei Bewußtsein(13)

Gleichgültigkeit, Apathie(251)

Stumpfheit(332)

– *Amphisbaena vermicularis* –

amph.

Gemüt

Langeweile(53)

Milde(80)

Traurigkeit(477) | T~ morgens(71)

Ungeduld(131)

– *Amygdalus communis* –

amyg.

Gemüt

Angst(362)

Betäubung(237)

Bewußtlosigkeit(280) | B~ Erregung, nach(3) | B~ Schnarchen, unwillkürlichem Abgang von Urin und Stuhl; mit(2)

Delirium(233) | *D~ brummt*(44) | D~ Konvulsionen - während(12)

Erregung - Champagner - wie nach - gefolgt von plötzlicher Bewußtlosigkeit

Furcht - Ersticken, vor dem(24)

Sprache - berauscht, wie(11) | S~ unklar, unverständlich(20) | S~ unzusammenhängend(65) | S~ zögernd(22)

Stumpfheit(332)

Stupor(138)

Verwirrung, geistige(321) | V~ berauscht - wie(47)

Weinen(244)

– *Amygdalus persica* –

amgd-p.

Gemüt

Verwirrung, geistige(321) | V~ Wein, nach(11)

– *Amylenum nitrosum* –

aml-ns.

Gemüt

Angst(362) | A~ Freien, im - amel.(23) | *A~ Menopause, in der*(8)

Gemüt ...

Auffahren, Zusammenfahren - Schlaf - während(163)

Beschwerden durch - Erregung - Gefühle, der(87)

Betäubung(237)

Bewußtlosigkeit(280)

Erregung(287)

Furcht(242) | F~ geschehen; etwas werde(82) | g~ Grauenhaftes, Furchtbares werde geschehen; etwas(9) | g~ stillsitzen, kann nicht

Furcht - Ruhelosigkeit aus Furcht(8) | F~ Unglück, vor(93)

Geistesabwesend(71)

Geistige Anstrengung - agg.(141)

Hysterie(194)

Ideen, Einfälle - Reichtum an, Klarheit des Geistes(125)

Menopause agg.(18)

Ruhelosigkeit(420)

Schreien - Cri encéphalique(29) | *S~ Konvulsionen - vor*(32) | *K~ während*(31)

Seufzen(98)

Stupor(138)

Traum; wie in einem(69)

Traurigkeit(477)

Unsicherheit; geistige(10)

Verwirrung, geistige(321)

Wahnideen - Schwindel - habe; er(8) | W~ unwirklich - alles erscheint unwirklich(19) | W~ wanken - alles würde wanken und zittern | W~ zittern - alles würde zittern - wanken, und

Träume

Ängstlich(239)

Viele(260)

– *Anacardium occidentale* –

anac-oc.

Gemüt

Aphasie - Imbezillität, bei

Gedächtnis - Gedächtnisschwäche(284)

Gleichgültigkeit, Apathie(251)

Gemüt ...

Imbezillität(140) | *I~ Aphasie, mit Murmeln - unklar*(6)

Verwirrung, geistige(321)

– *Anacardium orientale* –

anac.

Gemüt

Abscheu - Arbeit, vor der(21) | A~ Sprechen, vor dem(2)

Albernes Benehmen(65)

Alkoholismus(135)

Angst(362) | A~ morgens(42) | m~ Erwachen, beim(30) | E~ Bett treibend, aus dem

Angst - abends(87) | a~ Bett, im(54)

Angst - Bett - im Bett(49) | B~ treibt aus dem Bett(15)

Angst - Erwachen, beim(86) | A~ Fieber - während(91) | A~ Freien, im(13) | **A~ Furcht, mit**(110) | *A~ Gehen - agg.*(21) | *G~ Freien, im*(12)

Angst - Geschäfte, über(10) | A~ Gewissensangst(75) | A~ hypochondrisch(52) | A~ Kleinigkeiten, um(23) | A~ körperliche Arbeit - während(4) | A~ Stehen, im(7) | *A~ verfolgt würde, als ob er - Gehen, beim* | *A~ Zukunft*(108)

Antworten - Abneigung zu antworten(67) | *A~ denkt lange nach*(10) | *A~ langsam*(35) | *A~ unbefriedigend*(3)

Argwöhnisch(105) | *A~ Gehen, beim*

Auffahren, Zusammenfahren - abends - Einschlafen, beim(19) | A~ Bett, im - wachliegt, während er(3) | A~ Erwachen, beim(11) | A~ Schlaf - während(163) | S~ durch(124)

Auffahren, Zusammenfahren - Schreck oder wie durch Schreck; durch(68)

Außer sich; ist(51)

Begreifen, Auffassungsvermögen - leicht(38)

Beleidigt, leicht(79)

Beschimpfen, beleidigen, schmähen(67) | *B~ Ehemann - beschimpft; Ehemann - Ehefrau vor den Kindern und umgekehrt*(5)

GEMÜT ...

Beschwerden durch - Erregung - Gefühle, der(87) | *B ~ Erwartungsspannung*(68) | *B ~ geistige Anstrengung*(59) | B ~ Kränkung, Demütigung(39) | B ~ Kummer(65) | B ~ Schreck(72) | B ~ Widerspruch(7) | B ~ Zorn(94)

Betäubung(237) | B ~ Angst, mit

Bewußtlosigkeit(280) | B ~ morgens(45) | B ~ Bewegungen, automatische(26) | B ~ Schmerzen, durch(9) | B ~ Traum, wie ein einem(11)

Blasphemie, Gotteslästerung - Fluchen, und(12)

BOSHAFT(99) | B ~ Zorn, mit(12)

Brutalität(7)

Chaotisch(44)

Delirium(233) | D ~ ängstlich(24) | D ~ besinnungslos, mit offenen Augen(13) | D ~ Essen - amel.(2) | D ~ rasend(84) | D ~ schrecklich(26) | D ~ Wahnideen, mit(18)

Delirium tremens(84)

Demenz(33) | D ~ senilis, Dementia(25)

Denken - Abneigung gegen(46)

Destruktivität, Zerstörungswut - Gemütsbewegungen; Zerstörungswut durch unterdrückte(5)

Ehre - Ehrgefühl, kein(5)

Eifersucht(34)

Eigensinnig, starrköpfig, dickköpfig(107)

Empfindlich(192) | E ~ Geräusche, gegen(149) | E ~ Musik, gegen(46) | M ~ Klaviermusik, gegen(4)

Entfernungen - falsche Einschätzung von(10) | E ~ vergrößert; scheinen(8)

Entfremdet - Familie, von seiner(18) | E ~ Gesellschaft; von der(3)

Entmutigt(135)

Erkennt - nicht; erkennt - Verwandten nicht; erkennt seine eigenen(28)

Ernst(77) | E ~ Absurdem, gegenüber | E ~ Lächerlichem, beim Anblick von

Erregung(287) | E ~ agg.(41) | E ~ abends(32) | E ~ abwechselnd mit - Stumpfheit(3)

GEMÜT ...

Erschöpfung; geistige(217) | E ~ nachmittags(4) | E ~ Essen, nach dem(3) | *E ~ Fieber - während*(4)

Erschreckt leicht(125)

Erwartungsspannung - Lampenfieber(14) | E ~ Prüfungen, vor(10)

Essen - weigert sich zu(26)

Faulheit(269) | F ~ morgens(51) | F ~ vormittags(8) | F ~ nachmittags(18) | F ~ Essen, nach dem(25) | F ~ Mittagsschlaf, nach dem(2)

Fehler; macht - Zeit; in bezug auf die(34) | Z ~ verwechselt - Gegenwart mit der Vergangenheit(6) | v ~ Gegenwart mit der Zukunft; die | v ~ Zukunft mit der Vergangenheit; die(4)

Feigheit(89)

Fluchen(44) | F ~ Raserei - in(3) | F ~ zurückhalten, um nicht zu fluchen; muß sich(4)

Froh(182) | F ~ tagsüber(7) | F ~ nachmittags(14) | F ~ albern, und(5) | F ~ Essen - beim(4)

Furcht(242) | F ~ morgens(27) | F ~ abends(51) | F ~ Auftreten in der Öffentlichkeit; vor dem(5) | F ~ Feinden, vor(2) | F ~ Geisteskrankheit(74) | F ~ geschehen; etwas werde(82) | F ~ hinter ihm; jemand sei(6) | F ~ Krankheit, vor drohender - unheilbar zu sein(42) | *F ~ Lähmung, vor*(7) | F ~ Luft - Freien im(4) | F ~ Männern, vor(30) | *F ~ Menschen, vor*(81) | F ~ Näherkommen, Annäherung von; vor - anderen, von(28) | F ~ Räubern, vor(25) | F ~ Teufel geholt zu werden; vom(2) | F ~ Tod; vor dem(143) | *F ~ Unglück, vor*(93) | F ~ Unheil; Furcht vor(115) | F ~ vergiftet - werden; Furcht, vergiftet zu(23) | F ~ Versagen, Mißerfolg; vor dem - Prüfungen, bei(7)

Gedächtnis - gut, aktiv(91) | g ~ nachmittags(2)

Gedächtnis - Gedächtnisschwäche(284) | *G ~ Eigennamen; für*(44) | G ~ gedacht hat; für das, was er gerade(18)

GEMÜT ...

Gedächtnis - Gedächtnisschwäche - gelesen hat; für das, was er(41) | *G ~ gesehen hat; für alles, was er* | G ~ Personen, für(23) | G ~ Schmerz; durch(10) | G ~ Schreck; durch(10) | G ~ sexuelle Exzesse, durch(9) | *G ~ Worte, für*(61)

Gedächtnis - Gedächtnisverlust - Apoplexie, nach(2) | G ~ Furcht, durch(10) | *G ~ Imbezillität, bei* | *G ~ Sonnenstich, nach*(3)

Gedächtnis - verwirrt, Gedächtnisverwirrung(8)

Gedanken - Gedankenandrang, einstürmende Gedanken, Gedankenfluß(78) | G ~ nachmittags(2) | G ~ abends(5)

Gedanken - hartnäckig(83) | h ~ getrennt - Geist und Körper seien(3)

Gedanken - schnell(36) | *G ~ Vergehen, Schwinden der Gedanken*(76) | G ~ wandernd(72) | G ~ zwei Gedankengänge (gleichzeitig)(4)

Gefühllos, hartherzig(21)

Gehen - Freien, im - agg. Gemütssymptome(19)

Geisteskraft - Verlust der(3)

Geisteskrankheit, Wahnsinn(153) | G ~ Größenwahn(14) | G ~ religiös(19)

Geistige Anstrengung - agg.(141) | *a ~ unmöglich*(130)

Geistige Anstrengung - Abneigung gegen(150)

Geschäft - Abneigung gegen(45)

Geschäftig(45)

Gesellschaft - Abneigung gegen(156)

Gesten, Gebärden; macht - Ausdauer, mit großer | G ~ automatisch(15) | G ~ kindisch(2) | G ~ stampft mit den Füßen(17)

Gleichgültigkeit, Apathie(251) | G ~ tagsüber(6) | G ~ allem; gegenüber(71) | G ~ Angenehmes, gegen(10) | G ~ Freude, gegen - und Leid(7) | G ~ Reizendes, Unangenehmes; gegen(8) | G ~ Religion, gegen seine(2) | G ~ Vergnügen, gegen(46)

GEMÜT ...

GRAUSAMKEIT, UNMENSCHLICHKEIT(30)

Grobheit(37)

Hämorrhoiden; Gemütssymptome nach unterdrückten(18)

Hartherzig, unerbittlich(20)

Haß(28) | *H ~ Rachsucht; Haß und*(32)

Hast, Eile - Essen - beim(23) | H ~ Trinken, beim(11)

Hautausschlägen; Gemütssymptome nach unterdrückten(18)

Heftig, vehement(100) | H ~ Gewalttaten führt; Raserei, die zu(34)

Heikel, pingelig(34)

Hellsehen(28)

Herausfordernd(22)

Hilflosigkeit, Gefühl der(13)

Hinterhältig, hinterlistig, falsch, verschlagen(32)

Hochgefühl - abends(7)

Hochmütig, arrogant(53)

Hypochondrie(116) | H ~ morgens(3) | H ~ Essen, nach dem(5) | H ~ Pollutionen, nach(4)

Hysterie(194) | H ~ Pollutionen, nach(3) | H ~ sexuell - Exzessen, nach(7)

Ichbezogenheit, Egotismus, Selbstüberschätzung(24)

Ideen, Einfälle - Mangel an(102) | I ~ Reichtum an, Klarheit des Geistes(125) | R ~ abends(17)

Idiotie(45)

Imbezillität(140) | I ~ Raserei, stampft mit den Füßen(5)

Impulse, Triebe; krankhafte(10)

Jammern(93)

Kindisches Benehmen(52)

Klagen(64) | K ~ Schlaf, im - komatös(2)

Konzentration - gut, aktiv(26) | **K ~ schwierig**(261) | *s ~ morgens*(7)

Kretinismus(8)

Küßt - Hände seiner Gefährten, die(2)

Kummer(76)

Kurz angebunden, barsch - schroff(13)

Lachen(102) | *L ~ Ernstes, über*(15) | L ~ spasmodisch(49) | L ~ unmäßig(28)

GEMÜT ...

Langsamkeit(68) | *L ~ Bewegung, bei der*(9)
Lästig, geht auf die Nerven(79)
Laszive, lüstern(77)
Leidenschaftlich(49)
Liebevoll, voller Zuneigung, herzlich(37)
Liebkost - Ehemann und Kinder und stößt sie dann weg; liebkost
Lustig, fröhlich(123) | L ~ abends(29)
Manie(149) | *M ~ Besessenheitswahn*(10) | *M ~ Schicksalsschläge, durch*(7)
Menschenfeindlichkeit, Misanthropie(45)
Milde(80)
Monomanie(16)
Moralischem Empfinden; Mangel an(48)
Murmeln(55)
Murren(3)
Mürrisch(290) | M ~ nachmittags(30) | M ~ nachts(16) | M ~ Erwachen, beim(32) | M ~ Fieberfrost, im(13) | M ~ Schlaf, im(3) | *M ~ Vergeßlichkeit, aus*
Musik - agg.(40) | a ~ Klavierspiel, durch(8)
Musik - Müdigkeit - Klavierspiel, durch
Mutwillig, boshaft(24)
Niederträchtig(11)
Pflicht - kein Pflichtgefühl(12)
Phantasien - lasziv(46) | l ~ abends(2)
Phantasien - übertrieben(114) | ü ~ nachmittags(3)
Phantasien - übertrieben - abends(9)
Philosophie - Fähigkeit zu(6)
Pläne - macht, schmiedet viele Pläne(15)
Qualvolle Angst(121)
Raserei, Tobsucht, Wut(95) | R ~ abends(16) | R ~ Fluchen, mit(3) | R ~ heftig(12)
Redseligkeit; Geschwätzigkeit(136)
Reizbarkeit(408) | R ~ tagsüber(32) | R ~ nachmittags(37) | R ~ nachts(12) | R ~ Erwachen, beim(56) | R ~ Fieberfrost, im(57) | R ~ Freien, im - amel.(7) | R ~ Hitze - während(31) | R ~ Jucken, durch | *R ~ Kopfschmerzen, bei*(61) | R ~ Musik - während(10) | M ~ Klaviermusik(3)
Reizbarkeit - warmen Zimmer, im(4)

GEMÜT ...

Religiös - Gemütsstörungen, religiöse(63) | *R ~ Mangel an religiösem Empfinden*(12)
Respekt, Ehrfurcht vor seiner Umgebung - Mangel an(3)
Reue(63)
Ruhe - kann nicht ruhen, wenn Dinge nicht am richtigen Platz sind(2) | *R ~ Verlangen nach*(21)
Ruhelosigkeit(420) | R ~ vormittags(11) | R ~ nachmittags(25) | R ~ nachts(249) | R ~ ängstlich(111) | R ~ fiebrig(5) | R ~ Frost - während(23) | R ~ Hitze - während(66) | R ~ Kopfschmerzen, bei(31) | R ~ periodisch - dritten Tag, jeden
Satyriasis(26)
Schamlos(29)
Schlafwandeln(56)
Schmollen(41)
Schreien(133) | S ~ Kindern, bei(38) | *S ~ muß; hat das Gefühl, als ob sie schreien*(20) | *S ~ Raserei; während der*(11) | S ~ Schlaf, im(80)
Schüchternheit, Zaghaftigkeit(113) | S ~ schamhaft(58)
Schweigsam(209) | S ~ Erwachen; beim(2) | *S ~ Kopfschmerzen; bei*(6)
Selbstvertrauen - Mangel an Selbstvertrauen(86)
Seufzen(98) | S ~ Schlaf, im(10)
Sinne - abgestumpft, stumpf(107) | S ~ scharf(52) | S ~ Vergehen, Schwinden der(51)
Sitzen - Neigung zu sitzen(110)
Sonderbar, fremd, merkwürdig - alles erscheint(16)
Sorgen, voller(50)
Spontan, impulsiv(33)
Sprache - bestimmter, fester als vormittags; nachmittags | S ~ flüsternd - wie ein Flüstern ins Ohr | S ~ hastig(44) | S ~ langsam(59) | *S ~ Schwatzen*(17) | S ~ undeutlich(24) | *S ~ unsinnig*(29) | *S ~ unzusammenhängend*(65)

Gemüt ...

Sprechen - agg. die Beschwerden(34) | *S~ schweift von einem Thema zum anderen*(47)

Stilles Wesen - Schlaf, nach

Stimmung, Laune - veränderlich(158) | S~ wechselnd, wechselhaft(80)

Stöhnen - Schlaf, im(62)

Streitsüchtig(136)

Studieren, Lernen - schwierig, fällt schwer(18)

Stumpfheit(332) | **S~ morgens**(54) | m~ Erwachen, beim(26)

Stumpfheit - vormittags(17) | S~ nachmittags(29) | n~ amel.

Stumpfheit - abends(29) | S~ denkt - lange zu denken; unfähig(12) | S~ Erregung, Aufregung; durch | S~ Erwachen, beim(41) | *S~ geistige Anstrengung, durch*(27) | S~ Schwindel; während(22)

Stupor(138) | S~ morgens(36)

Suizidneigung; Neigung zum Selbstmord(98) | S~ Erschießen, durch(17) | S~ stürzt sich - Tiefe, in die(24)

Tadelt - sich selbst(36)

Tod - Vorahnung des Todes(62)

Töten, Verlangen zu(32)

Traum; wie in einem(69)

Traurigkeit(477) | T~ morgens(71) | m~ Erwachen - nach(9)

Traurigkeit - Amenorrhoe, bei(6) | T~ Entbindung - nach | *T~ Essen - nach*(25) | *T~ Flecktyphus, nach*(2) | T~ Menopause, in der(25)

Traurigkeit - Schicksalsschläge, durch(16) | *T~ Streit mit dem Ehemann; nach* | *T~ Wochenbett; im*(10)

Umarmt - Gefährten, seine - Hände seiner Gefährten; die(2)

Unbarmherzig(14)

Unbesonnen(82)

Unentschlossenheit(146)

Ungeduld(131) | U~ Spiel von Kindern; durch das

Ungeschicklichkeit(41) | U~ vormittags | U~ fallen, läßt Dinge(26)

Ungesellig(2)

Gemüt ...

Ungestüm(31)

Unverschämtheit(33)

Unwirklich - alles scheint(14)

Unzüchtig, obszön(34)

Unzufrieden(168) | U~ allem; mit(66)

Verderbtheit(3)

Vergeßlich(187) | **V~ morgens**(9) | V~ nachmittags(4) | *n~ amel.*

Vergeßlich - alten Menschen, bei(12) | V~ Einkauf liegen; geht weg und läßt den(10) | V~ geistige Anstrengung, durch(10) | V~ Worte beim Sprechen; vergißt(52)

Verlassen zu sein; Gefühl - Isolation, Gefühl der(16)

Verleumden, Neigung zu(21)

Verwirrung, geistige(321) | *V~ morgens*(115) | m~ Aufstehen - und nach dem Aufstehen(37) | *m~ Erwachen, beim*(50)

Verwirrung, geistige - nachts(19) | V~ berauscht - wie nach einem Rausch(35) | V~ Erwachen, beim(71) | *V~ Identität; in bezug auf seine - Dualität; Gefühl der*(37) | V~ Schlaf; nach(14)

Verzweiflung(137) | V~ Arbeit, über seine

Wahnideen(191) | *W~ ängstlich*(10) | W~ Ansammlungen von Dingen, Schwärmen, Menschenmengen etc.(17) | W~ Bahre liegen; er würde auf einer(2) | W~ berührt; er würde(6) | *W~ besessen, er sei*(14) | W~ Bett - jemand - im Bett; als sei jemand - mit ihm(13) | W~ bewegen - alles bewegt sich - Richtungen, in alle(2) | W~ Bilder, Phantome; sieht - schreckliche(60) | *W~ doppelt - sein, doppelt zu*(30) | s~ kleiner, die außen stehende Person ist nur leicht übergestreift; die innere Person ist etwas - aufzustehen; die innere Person drängt die äußere

Wahnideen - drehen - Dinge - mit ihr drehen; Dinge würden sich(5) | d~ sie - würde sich drehen - Kreis, im(10) | w~ links, nach

GEMÜT ...

Wahnideen - drei Personen; er sei(6) | *W~ Ehemann; er sei nicht ihr* | W~ Einfluß; er stehe unter einem mächtigen(9) | W~ Entfernungen; in bezug auf - Gegenstände seien zu weit entfernt | *W~ Feind - umgeben von Feinden*(5) | W~ Feuer - Visionen von(34) | W~ Fluchen, mit(3) | W~ Fremde - sieht, er(8) | W~ Gegenstände; über - weit weg, zu(2) | W~ geht - hinter ihm gehen; jemand würde(7) | W~ gelingt ihm nichts, er macht alles falsch; es(6) | *W~ Geruchssinns, des*(17) | *W~ Gestalten - fremde Gestalten begleiten ihn, die eine zu seiner Rechten, die andere zu seiner Linken* | G~ sieht(33)

Wahnideen - geteilt - zwei Teile; in(10) | W~ getrennt - Gedanken seien von ihm abgetrennt; fremde(2) | g~ Körper - Geist seien getrennt; Körper und(3) | K~ Geist habe sich vom Körper getrennt | *K~ Seele getrennt; der Körper sei von der*(7)

Wahnideen - getrennt - Welt, von der - er sei getrennt(8) | W~ Grab; er sei in seinem(4) | *W~ Hören - Einbildung; etwas zu hören*(44) | W~ Kind - nicht ihres; das Kind sei | W~ Kirchhof - besucht einen(4) | W~ Kopf - abgetrennt; der Kopf sei vom Rumpf(6) | W~ Luft - gehen und sich beschäftigen; er müsse ins Freie | W~ Menschen - hinter ihm; jemand sei(19) | M~ neben ihm, seien(13) | n~ Fremder, ein

Wahnideen - Menschen - sieht(29) | *W~ nachgestellt - ihm würde nachgestellt*(28) | W~ Person - Zimmer; eine andere Person sei im(6) | W~ Phantasiegebilde, Illusionen(115) | *W~ religiös*(17) | W~ richtig - machen; er würde nichts richtig(4) | W~ ruft - ihn, jemand - beim Namen; die abwesende Mutter oder Schwester ruft ihn | r~ jemand(9)

GEMÜT ...

Wahnideen - Schwierigkeiten, Probleme - drohen; Schwierigkeiten würden - Kleinigkeit würde zu großen Schwierigkeiten führen; jede | W~ Sehen und Hören; in bezug auf(3) | W~ sonderbar, merkwürdig - alles sei(16) | W~ Spiegel - Gesicht im Spiegel, außer dem eigenen; sieht jedermanns | W~ Stimmen - hört(37) | h~ entfernte Stimmen(5) | h~ folgen, er müsse(4) | h~ rufen - seinen Namen | h~ Toten, von(6)

Wahnideen - taumeln - Umgebung würde taumeln | U~ oder er selbst würde taumeln

Wahnideen - Teufel - anwesend, sei(5) | T~ er sei ein Teufel(6) | *T~ flüstert gotteslästerliche Worte* | *T~ sieht*(19) | *T~ sitzen; ein Teufel würde ihm im Nacken* | s~ auffordern; und zu anstößigen Dingen

Wahnideen - Teufel - spricht in das eine Ohr, fordert zum Morden auf - Engel spricht in das andere und fordert zu Taten der Güte auf; und ein | W~ tot - er selbst sei(18) | t~ Leiche - Bahre, auf einer(2) | *t~ Personen, sieht tote*(59)

Wahnideen - übermenschlich, er sei - Kontrolle; er sei unter übermenschlicher(8) | W~ Unfälle - sieht Unfälle(2) | *W~ unwirklich - alles erscheint unwirklich*(19) | W~ Verbrechen - begangen; er habe ein Verbrechen(29) | W~ verfolgt - Feinden, von(30) | v~ Schrecklichem, von etwas

Wahnideen - verfolgt; er würde(23) | W~ Visionen, hat(76) | W~ Willen besessen; von zwei - befiehlt, was der andere verbietet; der eine | W~ zuflüstern; jemand würde ihm etwas - Blasphemie, Gotteslästerung

Weinen amel.(21) | W~ nachts(81) | *W~ Fieberhitze, in der*(25) | W~ Schlaf, im(88) | W~ Wimmern, Winseln - Schlaf, im(28) | S~ komatös(2)

Widerspenstig(66)

GEMÜT ...

Widerspruch - Neigung zu widersprechen(38) | *W~ verträgt keinen Widerspruch*(73)

Widerstreit mit sich selbst(6)

Wille - Verlust des Willens - Apoplexie, nach | **W~ widersprüchlich**(6) | *W~ Willensschwäche*(58) | **W~ zwei Willen; Gefühl, er habe**(4)

Zerstreut(166) | Z~ verträumt(17)

Zorn(243) | Z~ erstechen könnte; so wütend, daß er jeden(8) | **Z~ heftig**(72) | Z~ Kleinigkeiten, über(58) | Z~ sich selbst; auf(10) | *Z~ Widerspruch, durch*(37)

Zurückhaltend, reserviert - nachmittags(2) | Z~ Schlaf, nach

TRÄUME

Abhänge

Ängstlich(239)

Anhaltend(7)

Anstrengung - geistige(51)

Beschäftigt zu sein; sehr(29)

Drohungen, Androhungen(3)

Ekelhaft(32)

Ereignisse - vergangene, längst(16) | E~ vergessene; längst(15) | E~ zurückliegende, kurz(55)

Feuer(65)

Fortsetzung - Träumen, von - Erwachen, nach dem(22)

Gefahr(40)

Geschäft(40) | G~ Tage, vom(39)

Gräber(6)

Hartnäckig(29)

Hervorragende geistige Arbeit zu leisten(15)

Hochgelegene Orte(8)

Intellektuell(23)

Körperteile - Gesicht - Pusteln, bedeckt mit

Krankheit(43) | K~ Ausschlag(4) | K~ ekelerregende Krankheit | K~ Pocken | K~ Pusteln, Gesicht

Lebhaft(193)

Leichen(42)

Nachdenken, mit(15)

TRÄUME ...

Predigen(3)

Projekte; Pläne(4)

Riecht Schwefel, Zunder

Ruhelos(53)

Schrecklich(237)

Schwierigkeiten(18)

Unglück(64)

Unwichtig(46)

Verdrießlich(122)

Verstorbenen, von(84)

Viele(260)

Wahr - erscheinen beim Erwachen wahr(9)

– *Anagallis arvensis* –

anag.

GEMÜT

Delirium(233) | D~ Fieber; im(54)

Erregung(287)

Furcht - Wasser, vor(33)

Geisteskraft - erhöht(18)

Geisteskrankheit, Wahnsinn(153) | G~ Syphilis, bei(2)

Hochgefühl(97)

Hypochondrie(116)

Hysterie(194)

Ideen, Einfälle - Reichtum an, Klarheit des Geistes(125)

Lustig, fröhlich(123)

Manie(149)

Tollwut, Hydrophobie(46)

Wahnideen - schweben - Dinge schweben - Schreiben hin und her; Gegenstände schweben beim

TRÄUME

Ängstlich(239)

Erotisch(196)

Verworren(122)

– *Anantherum muricatum* –

anan.

GEMÜT

Albernes Benehmen(65)

Gemüt ...
Angst - andere, um(24)
Argwöhnisch(105)
Beschwerden durch - Ausschweifungen(10) | B~ Zorn(94)
Betäubung(237)
Delirium(233)
Destruktivität, Zerstörungswut(41)
Eifersucht(34)
Erotisch(39)
Erregung(287)
Furcht - Tod; vor dem(143)
Gedächtnis - Gedächtnisschwäche(284)
Geisteskrankheit, Wahnsinn(153) | G~ Masturbation, durch(8) | G~ sexuelle Exzesse, durch(6)
Gesellschaft - Abneigung gegen(156)
Hast, Eile(112)
Hypochondrie(116)
Ichbezogenheit, Egotismus, Selbstüberschätzung(24)
Idiotie(45)
Lachen(102)
Lustig, fröhlich(123)
Manie(149)
Mitgefühl, Mitleid(34)
Monomanie(16) | M~ grotesker Weise in der Öffentlichkeit aufzutreten; in
Reisen - Verlangen nach(28)
Reizbarkeit(408)
Ruhelosigkeit(420)
Selbstvertrauen - Mangel an Selbstvertrauen(86)
Singen(59)
Streitsüchtig(136)
Stumpfheit(332)
Suizidneigung; Neigung zum Selbstmord(98)
Tollwut, Hydrophobie(46)
Traurigkeit(477)
Verwirrung, geistige - berauscht - wie(47)
Wahnideen(191)
Weinen(244)
Widerspenstig(66)

Träume
Ängstlich(239)

Träume ...
Fallen, zu stürzen; zu - Höhe herab, von einer(29)
Hochgelegene Orte - Herunterfallen, Hinabstürzen von(29)
Krankheit(43) | K~ Tollwut
Reisen(48)
Schwelgerei, Festmahl(9)
Streitigkeiten(69)

– *Androctonus amurreuxi hebraeus* –

androc.

Gemüt
Albernes Benehmen(65)
Angst(362) | A~ abends - Dämmerung, in der(13) | A~ nachts - Mitternacht - vor - 22 h - 22 - 0 h | A~ andere, um(24) | *A~ Furcht, mit*(110) | F~ Menopause, in der
Angst - Gehen - amel.(6) | A~ Gespräche, durch(5) | A~ Gesundheit; um die - eigene Gesundheit; um seine(57) | A~ Gewissensangst(75) | A~ Hitzewallungen, bei(14) | A~ Liegen(11) | A~ Welt, um die
Antworten - schwierig, Antworten ist(11)
Argwöhnisch(105) | A~ Freunden gegenüber; seinen besten(2)
Bedauert sich(8)
Beschäftigung - amel.(48)
Beschimpfen, beleidigen, schmähen(67)
Beschwerden durch - Erwartungsspannung(68) | B~ Schreck(72)
Bestimmtheit(11)
Betäubung(237)
Boshaft(99) | B~ verletzen; Verlangen, jemanden zu(3)
Brütet, grübelt(41)
Chaotisch(44)
Destruktivität, Zerstörungswut(41)
Diktatorisch, herrschsüchtig, dogmatisch, despotisch(25)
Distanziert(6) | D~ Kopfschmerzen und Übelkeit; mit

Gemüt ...
Drogen - Verlangen nach - Aufputschmitteln
Eigensinnig, starrköpfig, dickköpfig(107)
Ekstase(59)
Empfindlich - Geräusche, gegen(149) | E~ Licht, gegen(15) | E~ Musik, gegen(46)
Entrüstung(22)
Erotisch(39)
Erregung(287)
Euphorie(13)
Faulheit(269)
Fehler; macht - Arbeit, bei der(9) | F~ Schreiben, beim(83) | F~ Sprechen, beim(81) | S~ Buchstabieren, beim(23)
Felsen - Verlangen Felsen anzufühlen und hinter sie zu kriechen
Fliehen, versucht zu(61)
Froh(182) | F~ morgens(21) | F~ abwechselnd mit - Traurigkeit(57)
Furcht(242) | F~ extrem(3) | F~ Fahren - vor dem | F~ Freunden; vor seinen(2) | F~ Gedanken; vor seinen eigenen(2) | F~ geschehen; etwas werde(82) | F~ Hunden, vor(22) | F~ Impulsen, Affekten; vor seinen(2) | F~ Liegen im Bett(3) | F~ überwältigend(19) | F~ Unfällen, vor(11) | F~ Verletzung - andere zu verletzen(2)
Gedächtnis - Gedächtnisschwäche(284) | G~ Geschäfte, für(13) | G~ geschehen ist; für das, was - eben geschehen ist(2) | G~ getan hat; für das, was er eben(34)
Gedanken - drängen auf ihn ein und schwirren durcheinander(16) | G~ Gedankenandrang, einstürmende Gedanken, Gedankenfluß(78) | G~ nachts(31)
Gedanken - hartnäckig - Böses, an(2) | h~ ein Gedanke schließt alle anderen aus
Gedanken - schnell(36) | G~ sexuell(21) | G~ tiefschürfend(8) | G~ Vergangenheit, an die - Drogenerlebnissen, von früheren | G~ Vergehen, Schwinden der Gedanken(76)
Gedanken versunken, in(90)

Gemüt ...
Gefühllos, hartherzig(21)
Gehen - amel.
Geistige Anstrengung - agg. - unmöglich(130)
Geschäft - Abneigung gegen(45)
Geschäftig(45)
Gesellschaft - Abneigung gegen(156) | G~ Verlangen nach(83)
Gesten, Gebärden; macht - lächerlich oder albern(19)
Gesund - sagt, er sei gesund - krank ist; wenn er sehr(17)
Gleichgültigkeit, Apathie(251) | G~ abwechselnd mit - Fröhlichkeit, Frohsinn(4) | G~ allem; gegenüber(71) | G~ Arbeit; mit Abneigung gegen(9) | G~ Fenster; blickt stundenlang aus dem(2) | G~ Gesellschaft - in(9) | G~ intellektuelle Tätigkeit; gegen die gewohnte | G~ Leiden, gegen(4) | G~ Meinung anderer; gegen die | G~ Pflichten, gegenüber - häusliche Pflichten(6) | G~ Umgebung, gegen die(16) | G~ Vergnügen, gegen(46) | V~ Dinge, die er gewöhnlich genießt
Gleichgültigkeit, Apathie - Wohlergehen anderer; gegen das(11)
Glückseliges Gefühl(3)
Grobheit(37)
Haß(28)
Hast, Eile(112) | H~ Essen - beim(23)
Heftig, vehement(100) | H~ Kleinigkeiten, über(4)
Hellsehen(28)
Herausfordernd(22)
Hinterhältig, hinterlistig, falsch, verschlagen(32)
Hochgefühl - abwechselnd mit - Traurigkeit(8)
Hoffnung, voller(13)
Hysterie - abends(3) | a~ 18 h
Ichbezogenheit, Egotismus, Selbstüberschätzung(24)
Impulse, Triebe; krankhafte - laufen; zu(12)
Kämpfen, möchte(10)

Gemüt ...

Kichern(3)
Kleinigkeiten scheinen wichtig, bedeutend(19)
Konzentration - gut, aktiv(26) | g~ morgens
Konzentration - schwierig(261) | *s~ Studieren*(52) | s~ Versuch sich zu konzentrieren; beim - Leere; hat ein Gefühl der(11)
Lachen(102) | L~ abwechselnd mit - Traurigkeit(8) | L~ Kleinigkeiten, über(13)
Land - Verlangen, nach Landleben; auf dem Land zu sein(4)
Langeweile(53)
Langsamkeit(68)
Lasziv, lüstern(77)
Lebhaft, munter(50) | L~ abends(3)
Leidenschaftlich(49)
Licht - Abneigung gegen - meidet(8)
Lügner(22)
Mitgefühl, Mitleid(34) | M~ Verlangen nach(2)
Moralischem Empfinden; Mangel an(48)
Musik - amel.(15)
Nymphomanie(67)
Optimistisch(17)
Phantasien - lasziv(46) | P~ lebhaft(31) | P~ übertrieben(114) | P~ übertrieben - nachts(40)
Qualvolle Angst(121)
Raserei, Tobsucht, Wut(95)
Reizbarkeit(408) | R~ nachmittags(37) | R~ abends(60) | R~ gefragt wird; wenn er(12) | R~ Geräusche, durch(21)
Reue(63)
Ruhelosigkeit(420) | R~ nachts(249) | R~ ängstlich - Gehen; zwingt zu schnellem(6) | R~ Gesellschaft, in(4) | R~ Hitze - während(66) | R~ Schmerzen, durch(19)
Satyriasis(26)
Schlagen(42) | S~ Verlangen - schlagen, zu(15)
Schnell im Handeln(4)

Gemüt ...

Schreien(133) | S~ muß; hat das Gefühl, als ob sie schreien(20)
Schweigsam(209)
Seelenruhe, Gelassenheit(85) | S~ morgens beim Erwachen(3)
Selbstkontrolle - Verlust der Selbstkontrolle(9)
Selbstsucht, Egoismus(32)
Seufzen(98)
Sitzen - Neigung zu sitzen(110)
Spaßen(52) | S~ lächerlich oder albern(8)
Sprache - berauscht, wie(11) | S~ hastig(44) | S~ unsinnig(29)
Sprechen - anderer agg.; das Sprechen(46)
Starren, gedankenloses(14)
Stimmung, Laune - veränderlich(158) | *S~ wechselnd, wechselhaft*(80)
Streitsüchtig(136)
Stumpfheit(332)
Tadelsüchtig, krittelig(80)
Tanzen - wild(4)
Theoretisieren(20)
Torpor(26)
Töten, Verlangen zu - Kind, das eigene(4)
Traum; wie in einem(69)
Traurigkeit(477) | T~ abends(76) | T~ grundlos(11)
Traurigkeit - Seufzen, mit(4)
Unanständig, unzüchtig(21)
Unbarmherzig(14)
Unentschlossenheit(146)
Ungeduld(131) | U~ langsam; alles geht zu(2)
Ungeschicklichkeit(41)
Unternimmt - fehlt die Willenskraft, etwas zu unternehmen; es(4) | U~ Vieles, hält aber bei nichts durch, bleibt nicht dabei(28)
Unzufrieden(168)
Verächtlich(35)
Vergeßlich(187)
Vergnügen - Abneigung gegen(8)
Verkehrt, alles erscheint(6)

GEMÜT ...

Verlassen zu sein; Gefühl(56) | V~ abends(3) | *V~ Isolation, Gefühl der*(16)

Verschiebt alles auf den nächsten Tag(7)

Verwirrung, geistige(321) | V~ abends(78) | V~ berauscht - wie(47) | V~ konzentrieren; beim Versuch sich zu(13) | V~ Traum; wie in einem(27)

Verzweiflung(137)

Wahnideen - allein zu sein - Welt; allein auf der(7) | W~ angegriffen werden; er werde(3) | W~ Bilder, Phantome; sieht - schreckliche(60) | W~ Fremde - umgeben von(4) | W~ Gegenstände; über - gefärbt, leuchtend(5) | W~ Geheimnis; alles um ihn herum scheint ein schreckliches(2) | W~ geisteskrank - jeder sei | *W~ getrennt - Welt, von der - er sei getrennt*(8) | W~ Jugendlicher; er sei wieder ein | W~ kräftig, er sei(3) | W~ Loch - blickt durch ein Loch auf die ganze Welt | W~ Menschen - lehnen ihre Gesellschaft ab | W~ nachgestellt - ihm würde nachgestellt(28) | W~ Person - andere Person; sie sei eine(8) | W~ Regenschirm sei ein Messer; der | W~ unwirklich - alles erscheint unwirklich(19)

Weinen(244) | W~ amel.(24)

Widerspruch - Neigung zu widersprechen(38)

Wirft mit Gegenständen um sich(20)

Zeit - langsam, scheint länger; vergeht zu(29)

Zerbricht Dinge(13)

Zerstreut(166)

Zorn(243) | Z~ nachmittags(5) | Z~ abends(20) | Z~ heftig(72) | Z~ leicht(37) | Z~ Schmerzen - über(6) | Z~ Unterbrechung, durch(9) | Z~ wirft mit Gegenständen(12)

Zufrieden(31)

– *Angelica atropurpurea* –

ange.

GEMÜT

Alkoholismus(135)

– *Angelicae sinensis* –

ange-s.

GEMÜT

Entmutigt(135)
Konzentration - schwierig(261)
Ruhelosigkeit(420)

TRÄUME

Alpträume, Alpdrücken(144)
Beerdigungen(13)
Fallen, zu stürzen; zu(60)
Ruhelos(53)
Verstorbenen, von(84)

– *Angustura vera* –

ang.

GEMÜT

Abscheu - allgemeiner(42)
Angst(362) | A~ nachts(119) | A~ plötzlich(11) | A~ Schlaf - während(42)
Argwöhnisch(105)
Auffahren, Zusammenfahren(117) | A~ Schlaf - während(163) | A~ Schläfrigkeit, bei(13)
Begreifen, Auffassungsvermögen - leicht(38)
Beleidigt, leicht(79)
Betäubung(237)
Bewußtlosigkeit(280) | B~ morgens(45)
Ekstase(59)
Empfindlich(192) | *E~ Geräusche, gegen*(149)
Entmutigt(135)
Ernst(77)
Erregung(287) | E~ nachmittags(8) | *E~ abends - Bett, im*(31)
Erschöpfung; geistige(217)
Erschreckt leicht(125) | E~ Kleinigkeiten, über(27)
Exzentrizität, Überspanntheit(54)
Faulheit - morgens(51)

GEMÜT ...

Feigheit(89)
Fleißig, arbeitsam, Arbeitswut(101)
Froh(182) | F~ nachmittags(14) | *F~ abends - Bett, im*(29) | F~ Freien, im(7) | F~ Gehen im Freien und danach; beim(7) | F~ körperlicher Arbeit, bei
Furcht(242) | F~ berührt zu werden(38) | F~ Schlaf - schließen, aus Furcht, er würde nie wieder erwachen; Furcht, die Augen zu(3) | *F~ Tod; vor dem - Herzsymptomen, bei*(12)
Gedächtnis - gut, aktiv(91) | g~ nachmittags(2)
Gedanken - Gedankenandrang, einstürmende Gedanken, Gedankenfluß(78) | G~ nachmittags(2) | G~ Arbeit, bei der(3)
Gedanken - hartnäckig(83) | G~ schnell(36) | G~ wandernd(72) | w~ nachmittags(2)
Geistesabwesend(71)
Geistige Anstrengung - agg.(141) | G~ Verlangen nach(65)
Gewissenhaft, peinlich genau in bezug auf Kleinigkeiten(58)
Haß - Verbitterung, bittere Gefühle wegen geringer Beleidigungen
Heftig, vehement(100)
Hochgefühl(97)
Ideen, Einfälle - Mangel an(102) | I~ Reichtum an, Klarheit des Geistes(125)
Konzentration - schwierig(261) | s~ nachmittags(5) | s~ Studieren(52)
Lebhaft, munter(50)
Lesen - agg. Gemütssymptome(14)
Lustig, fröhlich(123) | L~ nachmittags(9)
Mürrisch(290) | M~ Koitus, nach(7)
Nachtschwärmerei, Schwelgerei(11)
Phantasien - übertrieben(114) | ü~ nachmittags(3)
Phantasien - übertrieben - Arbeit, bei der(3)
Pläne - macht, schmiedet viele Pläne(15)
Reizbarkeit(408) | R~ Kleinigkeiten, durch(34) | R~ Schweiß, beim(14)

GEMÜT ...

Ruhelosigkeit(420) | R~ nachmittags(25) | R~ nachts(249) | R~ innerlich(37) | R~ Menses - vor(16)
Schüchternheit, Zaghaftigkeit(113)
Selbstvertrauen - Mangel an Selbstvertrauen(86)
Seufzen(98)
Sinnlichkeit(24)
Spaßen - Abneigung gegen(22) | S~ Spaß; verträgt keinen(12)
Stimmung, Laune - veränderlich(158)
Stöhnen(119)
Streitsüchtig(136)
Stumpfheit(332) | S~ nachmittags(29)
Stupor(138) | S~ morgens(36)
Theoretisieren(20)
Traum; wie in einem(69)
Traurigkeit(477)
Unbehagen - morgens(3)
Unentschlossenheit(146)
Unzufrieden(168) | U~ Umgebung, mit der(8)
Verbittert, verärgert(9) | V~ Beleidigungen, durch geringe
Vergnügen(7)
Verwirrung, geistige(321) | V~ berauscht - wie nach einem Rausch(35) | V~ Gehen(37) | V~ geistige Anstrengung - durch(50) | V~ Lesen, beim(15)
Wahnideen - berauscht - sei, er(59) | W~ drehen - sie - würde sich drehen - hinten und rund herum; nach | W~ Ohnmacht fallen; er werde(19) | W~ Phantasiegebilde, Illusionen(115) | W~ wach - nie wieder wachwerden; sie werde
Weinen(244) | W~ Schlaf, im(88)
Zerstreut(166) | Z~ nachmittags | Z~ Lesen, beim(6) | L~ Einschlafen, beim
Zerstreut - verträumt(17)
Zorn(243)
Zuversichtlich(2)

TRÄUME

Ängstlich(239)
Erotisch(196) | E~ Pollutionen, mit(96)
Lebhaft(193) | L~ nachmittags(2)

Träume ...

Schrecklich(237)

Unangenehm(87)

Verdrießlich(122)

Verworren(122)

Viele(260)

Wecken den Patienten(118)

Weinen(14)

– *Anhalonium lewinii* –

anh.

Gemüt

Angesprochen zu werden - Abneigung(63)

Angst(362) | A~ Frost - während(31)

Anpassungsfähigkeit; Verlust der

Argwöhnisch(105)

Auflösung der Formen | A~ Raumes, des

Ausdrücken; sich - Verlangen, sich auszudrücken

Außer sich; ist(51)

Begreifen, Auffassungsvermögen - leicht(38)

Betäubung(237)

Bewußtlosigkeit - Bewegungen, automatische(26)

Bewußtsein erhöht - Körper; für den eigenen(2)

Brütet, grübelt(41)

Delirium(233)

Dissoziation von der Umwelt(3)

Ekstase(59)

Empfindlich(192) | E~ Geräusche, gegen(149) | G~ Musik amel.(15)

Entsagung in bezug auf die Außenwelt

Entstellung aller Gegenstände

Erregung(287)

Erschöpfung; geistige(217)

Euphorie(13)

Exzentrizität, Überspanntheit(54)

Fehler; macht - Orte; in bezug auf(32) | F~ Raum; in bezug auf den(10) | R~ Zeit; und die(10)

Fehler; macht - Zeit; in bezug auf die(34) | Z~ Gegenwart geht in der Ewigkeit auf

Gemüt ...

Furcht - Menschen, vor(81) | F~ Tod; vor dem(143)

Gedächtnis - gut, aktiv(91) | g~ vergangene Ereignisse, für(5)

Gedächtnis - Gedächtnisschwäche(284) | G~ Worte, für(61)

Gedanken - Einförmigkeit, Monotonie der(2) | G~ hartnäckig - getrennt - Willen getrennt; Gedanken seien vom | G~ schnell(36) | G~ Vergehen, Schwinden der Gedanken(76)

Gedanken versunken, in(90)

Geistige Anstrengung - agg. - unmöglich(130)

Gesellschaft - Abneigung gegen(156)

Gesten, Gebärden; macht - automatisch(15)

Gewissenhaft, peinlich genau in bezug auf Kleinigkeiten(58)

Gleichgültigkeit, Apathie(251)

Hellsehen(28)

Homosexualität(13)

Hysterie(194)

Ideen, Einfälle - Mangel an(102) | I~ Reichtum an, Klarheit des Geistes(125)

Initiative, Unternehmungsgeist; Mangel an(7)

Ironie

Konzentration - gut, aktiv(26) | *K~ schwierig*(261)

Lebhaft, munter(50)

Licht - Übermaß an Licht; sieht ein

Manie(149)

Mathematik - Unfähigkeit zur - Addieren fällt schwer(2)

Musik - amel.(15) | M~ getragen zu werden; Gefühl von | M~ Trommeln führen zu Euphorie

Nymphomanie(67)

Optimistisch(17)

Orientierungssinn in bezug auf die Umgebung erhöht

Persönlichkeitsverlust

Phantasien - übertrieben - Schlaflosigkeit, mit(41)

Gemüt ...

Prophezeit(7)
Qualvolle Angst(121)
Redseligkeit; Geschwätzigkeit(136) | R~ offenherzig(2)
Reizbarkeit(408)
Resignation(15)
Rückzug aus der Wirklichkeit
Ruhelosigkeit(420) | *R~ nachts*(249)
Schizophrenie(10) | S~ Hebephrenie(8)
Schweigsam(209)
Selbstbetrachtung(58)
Selbstkontrolle - Verlust der Selbstkontrolle(9)
Selbstlosigkeit(4)
Selbstsucht, Egoismus - auszudrücken; Verlangen sich
Selbstvertrauen - Mangel an Selbstvertrauen(86)
Spotten(18)
Sprache - hastig(44) | S~ langsam(59) | S~ undeutlich(24) | S~ unzusammenhängend(65)
Stimmung, Laune - wechselnd, wechselhaft(80)
Streitsüchtig(136)
Stumpfheit(332)
Suizidneigung; Neigung zum Selbst mord(98)
Tatkraft als Folge überwältigender visueller Sinneseindrücke verloren
Tod - wünscht sich den Tod, möchte sterben(72)
Traum; wie in einem - flieht in eine Welt der Träume, in eine Traumwelt
Traurigkeit(477)
Unbeständigkeit(45)
Unentschlossenheit(146)
Unsicherheit; geistige(10)
Unwirklich - alles scheint(14)
Unzuverlässig
Vergeßlich(187) | V~ Worte beim Sprechen; vergißt(52)
Verlassen zu sein; Gefühl - Isolation, Gefühl der(16)
Verschmelzen mit der Umgebung

Gemüt ...

Verwirrung, geistige(321) | *V~ Identität; in bezug auf seine*(21) | I~ Dualität; Gefühl der(37)
Verwirrung, geistige - Situationen; in bezug auf | V~ Zeit; in bezug auf die - Raum und Zeit; in bezug auf(5)
Wahnideen(191) | W~ antwortet jeder Wahngestalt(2) | W~ Bilder, Phantome; sieht - Schließen der Augen; beim(16) | *W~ doppelt - Gegenstände seien*(2) | d~ sein, doppelt zu(30)
Wahnideen - durchsichtig - alles sei | d~ er sei(3)
Wahnideen - Gegenstände; über - Bewegung in(7) | G~ gefärbt, leuchtend(5) | G~ helle Gegenstände; Wahnideen durch(2)
Wahnideen - Geräusche - hören; Geräusche zu(13) | W~ Gesichter, sieht - intrigierende | G~ maskenhafte(2) | G~ Schließen der Augen; beim(15)
Wahnideen - Gestalten - sieht(33) | *W~ getrennt - Welt, von der - er sei getrennt*(8) | W~ Hören - Einbildung; etwas zu hören(44) | W~ klein - Bewegung; kleine Gegenstände scheinen in | W~ Körper - immateriell, sei | W~ Musik - glaubt Musik zu hören(13) | W~ Phantasiegebilde, Illusionen(115) | W~ Schlangen - in ihr und um sie herum(19) | W~ schön(6) | W~ schweben - Luft, in der(45) | *W~ sonderbar, merkwürdig - alles sei*(16) | W~ Stehen - sich selbst stehen; er würde neben | W~ Stimmen - hört(37) | W~ tot - er selbst sei(18) | W~ Unsterblichkeit, von | W~ unwirklich - alles erscheint unwirklich(19) | *W~ vergrößert - Gegenstände seien*(12) | *G~ verkleinert, und* | *v~ Buchstaben seien*
Wahnideen - Visionen, hat(76) | V~ bunt | V~ Schließen der Augen; beim(29)
Wahnideen - Zeit - länger; die Zeit erscheint(14)
Weinen(244)

Gemüt ...
Wille - Verlust der Willenskraft(34) | W ~ Verlust des Willens - Einsicht, Selbsterkenntnis; mit vermehrter | *W ~ Willensschwäche*(58) | W ~ zwei Willen; Gefühl, er habe(4)
Wirklichkeit - Flucht vor der
Zeit - langsam, scheint länger; vergeht zu(29) | *Z ~ schnell, scheint kürzer; vergeht zu*(14)
Zerrissenheit der Person; Persönlichkeitsspaltung(2)
Zweifelt(13)

Träume
Visionär(45)

– Anilinum –

anil.

Gemüt
Bewußtlosigkeit(280)
Imbezillität(140)
Ruhelosigkeit - nachts(249)

– Anisum stellatum –

anis.

Gemüt
Alkoholismus(135)

– Anthemis nobilis –

anth.

Gemüt
Auszugehen, Abneigung(7)
Faulheit(269)
Froh(182)
Furcht - geschehen; etwas werde(82) | F ~ Haus zu verlassen; das | F ~ Näherkommen, Annäherung von; vor - Fahrzeugen, vor(4) | F ~ überfahren zu werden - Gehen ins Freie; beim(4)
Gedanken - wandernd(72)
Geistige Anstrengung - Verlangen nach(65) | G ~ Abneigung gegen(150)
Lesen - Verlangen - vorgelesen zu bekommen(3)

Gemüt ...
Ruhelosigkeit - nachts(249)

– Anthracinum –

anthraci.

Gemüt
Beißen(35)
Bewußtlosigkeit(280)
Delirium(233) | *D ~ Fieber; im*(54)
Erregung(287)
Reizbarkeit - nachts(12)
Ruhelosigkeit(420) | R ~ nachts(249)
Tod - Vorahnung des Todes(62)
Verwirrung, geistige(321)

– Anthracokali –

anthraco.

Gemüt
Erregung - Hitze - während der Hitze; Erregung(23)
Mürrisch(290)
Ruhelosigkeit(420)
Traurigkeit(477) | T ~ Frost - während(37)

– Antimonium arsenicosum –

ant-ar.

Gemüt
Angst(362)
Qualvolle Angst(121)
Ruhelosigkeit(420) | R ~ ängstlich(111)

– Antimonium crudum –

ant-c.

Gemüt
Abneigung - allem, gegenüber(39)
Abscheu - allgemeiner - Pubertät, in der | **A ~ Leben, vor dem**(84)
Albernes Benehmen(65)
Alkoholismus(135)
Angesehen zu werden; erträgt es nicht(23)
Angesprochen zu werden - Abneigung(63)

Gemüt ...

Angst(362) | A~ tagsüber(21) | A~ abends - Bett, im(54) | A~ nachts(119) | n~ Mitternacht - nach(22) | n~ 3 h - 3 - 5 h

Angst - berührt zu werden; Angst(4) | A~ Bett - im Bett(49) | A~ Erbrechen, beim(2) | *A~ Fieber - Wechselfieber, bei*(4) | A~ Freien, im(13) | A~ Furcht, mit(110) | A~ Gehen - agg.(21) | A~ Müdigkeit, mit(16) | A~ Stuhlgang - vor(24) | A~ Zukunft(108)

Antworten - bissig, schnippisch(3)

Argwöhnisch(105)

Auffahren, Zusammenfahren(117) | A~ Geräusche, durch(60) | A~ leicht(52) | A~ Schlaf - während(163) | *S~ durch*(124)

Auffahren, Zusammenfahren - Träumen, in(4)

Beeindrucken, empfänglich für Eindrücke; leicht zu(5)

Berührt zu werden; Abneigung(46)

Beschwerden durch - Kummer(65) | B~ Liebe; enttäuschte(31)

Betäubung(237)

Bett - bleiben; möchte im Bett(12)

Bewußtlosigkeit(280)

Bittet - nichts; um(16)

Bulimie(16)

Delirium(233) | D~ komisch(4) | D~ manisch(47) | D~ rasend(84) | D~ Schlaf - während(26) | w~ komatös(8)

Delirium - Schläfrigkeit, bei(14)

Delirium tremens(84)

Demenz(33) | D~ senilis, Dementia(25)

Eigensinnig, starrköpfig, dickköpfig(107) | *E~ Kinder*(18)

Ekstase(59) | **E~ nachts - Gehen im Mondschein; beim**

Empfindlich(192) | E~ Geräusche, gegen(149) | G~ geringste Geräusch; gegen das(29) | G~ Uhr, das Klingeln von Glocken; gegen das Schlagen der(5)

Empfindlich - Kinder(13) | E~ Streitigkeiten; gegen(4)

Entmutigt(135)

Ernst(77)

Erotisch(39)

Gemüt ...

Erregung(287) | E~ abends - Bett, im(31) | E~ Gehen - Freien, im(4)

Erschöpfung; geistige(217)

Erschreckt leicht(125) | E~ Erwachen, beim(41)

Essen - weigert sich zu - bittet; ißt nur, wenn man ihn

Faulheit(269) | F~ Essen, nach dem(25) | F~ Mittagessen, nach dem(8)

Froh(182) | F~ abends - Bett, im(29)

Furcht(242) | *F~ berührt zu werden*(38) | F~ engen Räumen; in(33) | *F~ Geräusche, durch*(40) | F~ Näherkommen, Annäherung von; vor - anderen, von(28) | a~ Kinder können es nicht ertragen, daß ihnen jemand nahe kommt(3)

Furcht - Tod; vor dem(143) | F~ Unglück, vor(93) | F~ Unheil; Furcht vor(115) | F~ Wasser, vor(33) | F~ zittrig(36)

Gedächtnis - gut, aktiv(91)

Gedanken - Gedankenandrang, einstürmende Gedanken, Gedankenfluß - Gehen im Freien, beim(2) | G~ hartnäckig - nachts(8) | G~ quälend(31) | q~ nachts(5)

Gedanken versunken, in(90)

Gedichte, macht(14)

Gehen - Freien, im - agg. Gemütssymptome(19)

Geisteskrankheit, Wahnsinn(153) | G~ stampft mit den Füßen(3)

Geschäftig - vergißt zu urinieren, zu defäkieren oder zu essen

Gesellschaft - Abneigung gegen(156)

Gesten, Gebärden; macht - Hände; unwillkürliche Bewegungen der - zupft - Bettwäsche; an der(36) | G~ stampft mit den Füßen(17)

Getragen - Verlangen getragen zu werden(31)

Grobheit - Kinder; ungezogene(7)

Hämorrhoiden; Gemütssymptome nach unterdrückten(18)

Hautausschlägen; Gemütssymptome nach unterdrückten(18)

Hochgefühl(97)

GEMÜT ...

Hysterie(194) | H~ Pubertät, in der(3)

Ideen, Einfälle - Reichtum an, Klarheit des Geistes(125)

Idiotie(45) | I~ idiotische Handlungen | I~ zupft Federn aus dem Bett

Imbezillität(140)

Konzentration - schwierig(261)

Kummer(76)

Lästig, geht auf die Nerven(79)

Lasziv, lüstern(77)

Launenhaftigkeit, launisch(108)

Lebensüberdruß(82) | L~ nachts(2)

Liebe - liebeskrank(3) | L~ überschwengliche Liebe

Liebevoll, voller Zuneigung, herzlich(37)

Liebkost - Abneigung liebkost zu werden - Kindern, bei(2)

Manie(149)

Meditieren, Nachdenken(47)

Menschenfeindlichkeit, Misanthropie(45)

Mondschein; Gemütssymptome vom(4)

Mürrisch(290) | M~ nachmittags(30) | M~ abends(31) | *M~ Kindern, bei*(14) | **K~ weinen bei Berührung**

Nachtschwärmerei, Schwelgerei(11)

Nymphomanie(67) | N~ Menses - unterdrückten, nach(13)

Phantasien - übertrieben(114) | ü~ Gehen im Freien(2)

Pubertät; Gemütsbeschwerden in der(4)

Reizbarkeit(408) | R~ tagsüber(32) | R~ morgens(69) | R~ vormittags(25) | R~ abends(60) | *R~ angeblickt, wenn - angesprochen oder berührt; wenn - Kindern; bei*(9) | *R~ Berührung, durch*(5) | R~ Kindern, bei(29) | R~ Kleinigkeiten, durch(34) | R~ Kopfschmerzen, bei(61) | R~ Traurigkeit, mit(20)

Ruhelosigkeit(420)

Schlafwandeln(56)

Schmollen(41)

Schreien(133) | S~ Berührung, bei(9) | S~ Schlaf, im(80)

Schweigsam(209)

GEMÜT ...

SENTIMENTAL, SCHWÄRMERISCH, RÜHRSELIG(64) | S~ abends - Dämmerung; in der | *S~ Diarrhoe, bei* | S~ jungen Menschen; bei(2) | *S~ Menses - vor* | **S~ Mondschein, im**

Seufzen(98) | S~ nachmittags

Sinnlichkeit(24)

Sitzen - Neigung zu sitzen(110)

Spontan, impulsiv(33)

Sprache - langsam(59)

Stimmung, Laune - abweisend, zurückweisend(40) | S~ veränderlich(158)

Stöhnen - Kindern, bei(12)

Störungen; Abneigung gegen(13)

Streitsüchtig - abends(8)

Stumpfheit(332)

Stupor(138)

Suizidneigung; Neigung zum Selbstmord(98) | S~ nachts(5) | n~ Bett, im

Suizidneigung; Neigung zum Selbstmord - Erschießen, durch(17) | S~ Ertränken, durch(19) | *S~ Gedanken an Selbstmord*(33) | *G~ treiben ihn aus dem Bett*

Suizidneigung; Neigung zum Selbstmord - Verzweiflung, aus(4)

Tod - wünscht sich den Tod, möchte sterben(72)

Tollwut, Hydrophobie(46)

Traum; wie in einem(69)

Traurigkeit(477) | T~ tagsüber(16) | T~ morgens(71) | m~ Erwachen - nach(9)

Traurigkeit - vormittags(12) | *T~ abends*(76) | T~ Atmung, mit erschwerter(6) | T~ Essen - nach(25) | *T~ Fieberhitze, in der*(55) | *T~ Frost - vor* | T~ Gehen - Freien, im(14) | T~ Geräusche, durch(3)

Traurigkeit - Pubertät, in der(13)

Ungeduld(131)

Unternimmt - Vieles, hält aber bei nichts durch, bleibt nicht dabei(28)

Untröstlich(30)

Unzufrieden(168)

Verlangen, Wunsch nach - voller Verlangen - Frau; nach der idealen

Gemüt ...
Verwirrung, geistige(321) | V~ berauscht - wie(47) | V~ Identität; in bezug auf seine(21)
Verzweiflung - Schmerzen; bei den - Magen, im(3)
Wahnideen(191) | W~ betrunken - sei betrunken, er(23) | s~ Schwindel, mit(2)
Wahnideen - Geräusche - Klopfen - Tür, an der | W~ Identität - Fehleinschätzung in bezug auf die eigene(18) | W~ Phantasiegebilde, Illusionen(115) | W~ ruft - Erwachen; jemand ruft beim(5) | r~ jemand(9)
Wahnideen - tot - Leiche - verstümmelte Leiche(7) | W~ verstümmelte Körper; sieht(8)
Waschen - Abneigung gegen Waschen und Baden(16)
Weinen(244) | W~ anblickt; wenn man ihn(5) | W~ Berührung, bei(5) | *W~ Fieberhitze, in der*(25) | W~ Glockenläuten, beim(2) | W~ Kleinigkeiten, über(23) | W~ Musik; durch - Glockenläuten(2) | W~ Waschen in kaltem Wasser; beim
Widerspenstig(66)
Widerspruch - verträgt keinen Widerspruch(73)
Wille - Willensschwäche(58)
Zerstreut - verträumt(17)
Zorn(243) | Z~ Aufmerksamkeit; bei jeder kleinen | *Z~ Berührung, bei*(5)
Zügellosigkeit, sexuelle Ausschweifung(32)

Träume
Angenehm(136)
Ängstlich(239)
Erotisch(196) | *E~ Pollutionen, mit*(96)
Erschöpfend(45)
Familie, die eigene
Feierlichkeiten
Freunde(4) | F~ alten Freunden, von(3)
Heimatland(3)
Krankheit - Verletzungen(12) | K~ Wunden(3)
Land - Vaterland(3)

Träume ...
Rufen - jemand ruft(3)
Schrecklich(237)
Schwelgerei, Festmahl(9)
Streitigkeiten(69)
Traurig(46)
Unfälle(29)
Unglück(64)
Verdrießlich(122)
Verletzungen(13)
Verstorbenen, von(84)
Verstümmelung(9)
Verwundet zu werden(4)
Viele(260)
Wecken den Patienten(118)
Wiedersehen eines alten Schulfreunds(2)
Zorn(58)

– *Antimonium muriaticum* –

ant-m.

Gemüt
Aphasie(53)
Bewußtlosigkeit(280)

– *Antimonium oxydatum* –

ant-o.

Gemüt
Auffahren, Zusammenfahren - Schlaf - während(163)
Empfindlich(192)
Reizbarkeit(408)
Ruhelosigkeit - nachts(249)

Träume
Ängstlich(239)
Erschöpfend(45)

– *Antimonium sulphuratum auratum* –

ant-s-aur.

Gemüt
Delirium - rasend(84)

Gemüt ...

Empfindlich - Kinder(13) | E ~ Pubertät, in der(12)

Erregung - nachts(40)

Furcht(242)

Ruhelosigkeit(420) | R ~ Erwachen, beim(30)

Träume

Ängstlich(239)

Viele(260)

– *Antimonium tartaricum* –

ant-t.

Gemüt

Abscheu - allgemeiner(42) | A ~ Leben, vor dem(84)

Alkoholismus(135)

Angesehen zu werden; erträgt es nicht(23)

Angesprochen zu werden - Abneigung(63) | A ~ allein gelassen werden; möchte(10)

Angst(362) | A ~ tagsüber(21) | A ~ abends(87) | A ~ abwechselnd mit - Fröhlichkeit(4) | a ~ Gleichgültigkeit(2)

Angst - Fieber - Wechselfieber, bei(4) | A ~ Furcht, mit(110) | *A ~ Schwangerschaft, in der*(6) | A ~ Sitzen(15) | A ~ Zukunft(108)

Antworten - Stupor kehrt schnell nach dem Antworten wieder(17)

Aphasie(53)

Auffahren, Zusammenfahren(117) | A ~ nachts - Mitternacht im Schlaf; um - vor(6) | A ~ leicht(52) | *A ~ Schlaf - während*(163) | S ~ durch(124) | *d ~ komatösem Schlaf, aus*(3)

Auffahren, Zusammenfahren - Schläfrigkeit, bei(13)

Außer sich; ist(51)

Beißen(35) | B ~ Nägel(33)

Berührt zu werden; Abneigung(46)

Beschwerden durch - Zorn(94)

Betäubung(237)

Gemüt ...

Bewußtlosigkeit(280) | B ~ morgens(45) | **B ~ Asphyxie, mit** | *B ~ Husten - zwischen den Anfällen von*(2) | *B ~ Meningitis, bei*(10) | B ~ Stehen, im(8)

Chaotisch(44)

Delirium(233) | *D ~ brummt*(44) | b ~ Schlaf, im(5)

Delirium - Fieber; im(54) | D ~ heiter, fröhlich(14) | *D ~ rasend*(84)

Delirium tremens(84)

Eigensinnig, starrköpfig, dickköpfig(107)

Empfindlich(192) | E ~ Geräusche, gegen(149) | E ~ Kinder(13) | E ~ Pubertät, in der(12)

Entmutigt(135) | E ~ abends(6)

Erregung(287) | E ~ fiebrig(11)

Erschreckt leicht(125) | E ~ Kleinigkeiten, über(27)

Faulheit(269) | F ~ morgens(51) | F ~ Schläfrigkeit, bei(29)

Feigheit(89)

Feuer - anzünden; möchte Dinge(8)

Furcht(242) | F ~ nachmittags(15) | F ~ abends(51) | F ~ allein zu sein(54) | F ~ berührt zu werden(38) | *F ~ Ersticken, vor dem - nachts*(14) | F ~ Erwachen, beim(54) | F ~ genesen; er werde nicht(3) | F ~ Krankheit, vor drohender(66) | F ~ Menses - während - Dysmenorrhoe, bei der | F ~ Tod; vor dem(143) | F ~ Übelkeit, nach(2)

Gedächtnis - Gedächtnisschwäche(284)

Gedanken - Vergehen, Schwinden der Gedanken(76)

Geisteskrankheit, Wahnsinn(153)

Gesellschaft - Abneigung gegen(156) | G ~ Verlangen nach(83) | V ~ allein; agg. wenn(48)

Gesten, Gebärden; macht - konvulsivisch(24) | G ~ stampft mit den Füßen(17)

Getragen - Verlangen getragen zu werden(31) | V ~ aufrecht sitzend

Gleichgültigkeit, Apathie(251) | G ~ Schläfrigkeit, bei(25)

Gemüt ...

Halten - Pfleger; hält den

Heftig, vehement(100) | H~ Schmerzen, durch(5)

Hypochondrie(116)

Imbezillität(140)

Jammern - Erwachen, beim(5)

Klagen - Krankheit, über seine(4)

Lachen - spasmodisch(49)

Launenhaftigkeit, launisch(108)

Lebensüberdruß(82)

Lustig, fröhlich(123) | L~ tagsüber | *L~ nachmittags*(9)

Manie(149) | M~ Raserei, mit(27)

Mürrisch(290) | M~ morgens(42) | M~ vormittags(19) | M~ nachts(16) | M~ abwechselnd mit - Fröhlichkeit, Frohsinn(23) | a~ Hochgefühl

Mürrisch - Erwachen, beim(32) | M~ Husten - vor Anfällen von(3) | *M~ Kindern, bei*(14)

Mutig(26)

Phantasien - übertrieben - Schlaflosigkeit, mit(41)

Qualvolle Angst(121)

Raserei, Tobsucht, Wut(95) | R~ Suizidneigung, mit(3)

Redseligkeit; Geschwätzigkeit(136)

Reizbarkeit(408) | R~ morgens(69) | m~ Erwachen, beim(43)

Reizbarkeit - vormittags(25) | R~ nachmittags(37) | R~ abends(60) | R~ nachts - abwechselnd mit - Fröhlichkeit - tagsüber(6) | R~ abwechselnd mit - Fröhlichkeit, Frohsinn(23) | R~ angeblickt, wenn - angesprochen oder berührt; wenn - Kindern; bei(9) | R~ Erwachen, beim(56) | R~ Geräusche, durch(21) | R~ gestört wird; wenn er(5) | R~ Kindern, bei(29) | **K~ schreien bei Berührung**

Ruhelosigkeit(420) | R~ nachts(249) | R~ abwechselnd mit - Gleichgültigkeit(2) | R~ ängstlich(111) | R~ Bett - Herumwerfen im(123) | R~ Erwachen, beim(30) | R~ Hitze - während(66)

Gemüt ...

Reizbarkeit - Kindern, bei(22) | K~ Herumtragen der Kinder amel.(5)

Ruhelosigkeit - Menses - während(40)

Schreien(133) | S~ nachts(8) | S~ Berührung, bei(9) | S~ Kindern, bei - Berührung, bei | S~ Konvulsionen - während(31) | *S~ Schlaf, im*(80) | S~ Augen; mit Zittern und starren

Schüchternheit, Zaghaftigkeit(113)

Schweigsam(209)

Sinne - abgestumpft, stumpf(107) | S~ Vergehen, Schwinden der(51)

Sitzen - Neigung zu sitzen(110)

Sprechen - anderer agg.; das Sprechen(46) | S~ Schlaf, im(93) | *S~ sich selbst ; mit*(31)

Springen - Bett; aus dem(41)

Stimmung, Laune - angenehm(9) | S~ veränderlich(158) | S~ wechselnd, wechselhaft(80)

Stöhnen(119) | S~ Berührung, bei | S~ Kindern, bei(12) | S~ Schlaf, im(62) | S~ zweimal; jeweils - Babies; bei

Störungen; Abneigung gegen(13)

Streitsüchtig(136)

Stumpfheit(332)

Stupor(138) | S~ morgens(36) | *S~ Meningitis, bei*(7)

Suizidneigung; Neigung zum Selbstmord(98)

Tod - Agonie vor dem Tod(15)

Traurigkeit - nachmittags(37) | T~ abends(76)

Unbehagen - morgens - Gehen, beim(2)

Unzufrieden(168)

Verwegenheit(26)

Verwirrung, geistige(321) | V~ morgens(115) | m~ Aufstehen - nach, amel.(5) | m~ Erwachen, beim(50)

Verwirrung, geistige - Erwachen, beim(71) | V~ Freien, im - amel.(30) | V~ geistige Anstrengung - durch(50)

Verzweiflung(137) | *V~ Erwachen, bei wiederholtem* | V~ Fieberfrost, im(20) | V~ Fieberhitze, in der(21)

Gemüt ...

Wahnideen(191) | W ~ Feuer - Visionen von(34) | W ~ Gespenster, Geister, Gestalten - sieht(55) | W ~ Phantasiegebilde, Illusionen(115) | W ~ Schlaf - müsse schlafen, er | W ~ schlafen; er würde - betäubtem Schlaf; er befinde sich in | W ~ sterben - gleich sterben; glaubt, er würde(57) | W ~ Wasser - von(19) | W ~ watet im, er

Weinen(244) | W ~ agg.(18) | W ~ nachts(81) | W ~ Berührung, bei(5) | W ~ Erwachen, beim(36) | W ~ Husten - vor(6) | H ~ während(21) | *w ~ Keuchhusten*(3)

Weinen - Konvulsionen - während(27) | W ~ Schlaf, im(88) | W ~ Zorn - bei(4)

Widerspenstig(66)

Wildheit(29)

Wille - widersprüchlich(6)

Zorn(243) | Z ~ abends(20) | Z ~ abwechselnd mit - Fröhlichkeit, Frohsinn(15) | a ~ Hochgefühl(5)

Zorn - Husten - Zorn, durch(10) | Z ~ Schmerzen - agg.(2)

Träume

Alpträume, Alpdrücken(144)

Angenehm(136)

Ängstlich(239)

Ereignisse - gelesene - früher gehört, gelesen, gesprochen oder nachgedacht hat; über die man(15) | *E ~ zurückliegende, kurz*(55)

Erschöpfend(45)

Feuer(65) | F ~ Feuergefahr(4)

Fortsetzung - Gedanken, vorheriger(5)

Gefahr - Feuer, Feuersbrunst; durch(4)

Hartnäckig(29)

Historisch(18)

Lebhaft(193)

Lustig(14)

Merkwürdig, wunderlich(10)

Phantastisch(55)

Predigen(3)

Schrecklich(237)

Schwierigkeiten(18)

Unangenehm(87)

Verdrießlich(122)

Verworren(122)

Träume ...

Viele(260)

Visionär(45)

Waten - Wasser, in(2)

Wecken den Patienten(118) | W ~ vormittags, im Sitzen

– *Antipyrinum* –

antip.

Gemüt

Furcht - Geisteskrankheit(74)

Wahnideen(191) | W ~ geisteskrank - werden; er würde geisteskrank - Kopf; durch Schnappen im | *W ~ Hören - Einbildung; etwas zu hören*(44) | W ~ Visionen, hat(76)

– *Aphis chenopodii glauci* –

aphis

Träume

Erotisch(196) | E ~ Pollutionen, mit(96)

– *Apis mellifica* –

apis

Gemüt

Aktivität; Verlangen nach(38)

Albernes Benehmen(65)

Angst(362) | A ~ Schlaf - Auffahren aus dem; beim(4)

Aphasie - Fieber; mit typhusartigem(4)

Argwöhnisch(105) | A ~ idiotischer Argwohn

Auffahren, Zusammenfahren(117) | A ~ ängstlich(8) | A ~ Geräusche, durch(60) | *A ~ Schlaf - während*(163) | *S ~ durch*(124)

Auffahren, Zusammenfahren - Schreck oder wie durch Schreck; durch(68)

Außer sich; ist(51)

Beleidigt, leicht(79)

Beschäftigung - amel.(48)

Beschwerden durch - Eifersucht(8) | B ~ Erregung - Gefühle, der(87) | B ~ Erwartungsspannung(68) | *B ~ Kummer*(65) | *B ~ Raserei, Wut*(2) | *B ~ schlechte Nachrichten*(34)

Gemüt ...

Beschwerden durch - Schock; seelischen(23) | *B ~ Schreck*(72) | **B ~ sexuell - Exzesse**(59) | *B ~ Zorn*(94)

Betäubung(237) | *B ~ Fieberhitze, in der*(10)

Bewußtlosigkeit(280) | **B ~ Fieber, im**(50) | **B ~ Hydrozephalus, bei**(7) | *B ~ Meningitis, bei*(10) | B ~ Menses - während(13) | *B ~ Scharlach, bei*(8) | *B ~ Schreien, unterbrochen durch*(4)

Delirium(233) | *D ~ nachts*(67) | n ~ Mitternacht - nach

Delirium - ängstlich(24) | *D ~ Blutandrang, mit*(5) | *D ~ brummt*(44) | *D ~ Fieber; im*(54) | D ~ gesund; erklärt, sie sei(4) | *D ~ heftig*(26) | D ~ Lachen(20) | D ~ manisch(47) | *D ~ Meningitis cerebrospinalis*(8) | D ~ Menses - während(10) | w ~ Menstruationsbeschwerden, mit

Delirium - mild(10) | D ~ rasend(84) | D ~ redselig - undeutlich(4) | **D ~ Schlaf - während**(26) | D ~ Schreien, mit(18) | D ~ Zittern, mit(23)

Destruktivität, Zerstörungswut(41)

Diktatorisch, herrschsüchtig, dogmatisch, despotisch(25)

Eifersucht(34) | *E ~ Frauen - bei*

Eigensinnig, starrköpfig, dickköpfig(107) | E ~ nichts; erklärt, es fehle ihm(2)

Ekstase(59)

Empfindlich(192) | E ~ Eisenspitzen; gegen auf sie gerichtete(4) | E ~ Geräusche, gegen(149)

Entmutigt(135)

Erotisch(39)

Erregung(287) | *E ~ nachts*(40) | *E ~ Hitze - während der Hitze; Erregung*(23) | *E ~ Hydrozephalus, bei*(2) | *E ~ schlechten Nachrichten, nach*(18)

Erschöpfung; geistige(217)

Essen - weigert sich zu - trinken; und zu

Faulheit(269)

Fleißig, arbeitsam, Arbeitswut(101)

Frivol(14)

Froh(182) | F ~ Schweiß, beim(4)

Gemüt ...

Furcht(242) | *F ~ allein zu sein*(54) | F ~ Apoplexie, vor(36) | F ~ berührt zu werden(38) | F ~ Ersticken, vor dem(24) | F ~ geschehen; etwas werde(82) | *F ~ Herz - Herzerkrankung; vor*(2) | F ~ Krankheit, vor drohender - unheilbar zu sein(42) | F ~ Nadeln, vor(10) | *F ~ Tod; vor dem*(143) | F ~ vergiftet - werden; Furcht, vergiftet zu(23) | F ~ Vögel(7)

Gedächtnis - Gedächtnisschwäche(284)

Gedanken - hartnäckig(83) | G ~ Vergehen, Schwinden der Gedanken(76)

Geisteskrankheit, Wahnsinn(153) | **G ~ erotisch**(31) | G ~ Frauen; bei(9) | **G ~ geschäftig**(5) | G ~ Menses - unterdrückten, mit(3) | G ~ sexuelle Exzesse, durch(6)

Geschäftig(45) | *G ~ fruchtlos, ergebnislos*(14)

Gesellschaft - Verlangen nach(83) | *V ~ allein; agg. wenn*(48)

Gesten, Gebärden; macht - konvulsivisch(24)

Gesund - sagt, er sei gesund - krank ist; wenn er sehr(17)

Gewissenhaft, peinlich genau in bezug auf Kleinigkeiten(58)

Gleichgültigkeit, Apathie(251) | G ~ Angenehmes, gegen(10) | *G ~ Fieber, im*(16) | G ~ freudlos(11) | *G ~ Typhus, bei*(9)

Hast, Eile(112) | H ~ ungeschickt aus Hast(7)

Heftig, vehement(100)

Heikel, pingelig(34)

Hysterie(194)

Idiotie(45)

Imbezillität(140)

Kindisches Benehmen(52) | K ~ Entbindung; nach der

Konzentration - schwierig(261)

Lachen(102) | L ~ albern(16) | L ~ Ernstes, über(15) | L ~ spasmodisch(49) | L ~ stumpfsinnigem Gesichtsausdruck; mit(4) | L ~ Unglück, über

Lasziv, lüstern(77)

Lebensüberdruß(82) | L ~ vormittags

GEMÜT ...

Lustig, fröhlich(123) | L~ elend fühlt; täuscht Lustigkeit vor, während er sich

Manie(149) | M~ Raserei, mit(27) | **M~ sexuelle Manie - Frauen, bei**(4) | s~ Männern, bei(4)

Murmeln(55) | *M~ Schlaf, im*(18)

Mürrisch(290)

Nachgiebigkeit(21)

Nymphomanie(67)

Possen, spielt(15)

Qualvolle Angst(121)

Raserei, Tobsucht, Wut - nachts(15)

Redseligkeit; Geschwätzigkeit(136) | *R~ geisteskrank*(8)

Reizbarkeit(408) | R~ gefragt wird; wenn er(12) | *R~ Hämorrhoiden, mit*(2) | *R~ schickt - Arzt nach Hause und sagt, er sei nicht krank; schickt den*(3)

Ruhelosigkeit(420) | R~ nachmittags(25) | *R~ nachts*(249) | R~ abwechselnd mit - Traurigkeit | R~ Bett - Herumwerfen im(123) | *R~ bewegen - muß sich ständig*(18) | *R~ Hitze - während*(66) | R~ Menses - während(40) | *R~ Metrorrhagie, bei*(5) | R~ Schlaf - Auffahren aus dem; beim

Schlagen - sich; schlägt - schlägt seinen Kopf gegen die Wand und gegen Gegenstände(11)

Schreien(133) | **S~ Cri encéphalique**(29) | S~ Erwachen - beim(27) | **S~ Hydrozephalus, bei**(7) | *S~ Kindern, bei*(38) | **K~ Schlaf, im**(13)

Schreien - Konvulsionen - vor(32) | *K~ während*(31)

Schreien - muß; hat das Gefühl, als ob sie schreien(20) | *S~ Schlaf, im*(80) | S~ Schmerzen, bei den(25) | *S~ Zahnung, bei der*(4)

Seelenruhe, Gelassenheit(85)

Singen(59)

Spaßen - Abneigung gegen(22)

Sprache - unzusammenhängend(65)

Sprechen - Schlaf, im(93) | S~ sich selbst ; mit(31)

GEMÜT ...

Stimmung, Laune - veränderlich(158)

Stöhnen(119) | S~ Schlaf, im(62)

Stumpfheit(332) | S~ Kindern; bei - Pubertät; in der - Mädchen; bei

Stupor(138) | *S~ Fieber, im*(21) | **S~ Hydrozephalus, bei**(7) | *S~ Meningitis, bei*(7) | *S~ Scharlach, bei*(8) | *S~ Schreien, unterbrochen durch*(4)

Tadelsüchtig, krittelig(80)

Tanzen(33)

Theoretisieren(20)

Tod - Gedanken an den Tod(54) | G~ Furcht, ohne(4)

Tod - Gefühl von(25) | **T~ Vorahnung des Todes**(62) | T~ wünscht sich den Tod, möchte sterben(72) | w~ vormittags

Torpor(26)

Traum; wie in einem(69)

Traurigkeit(477) | T~ morgens(71) | T~ vormittags(12) | *T~ Diarrhoe, bei*(7) | T~ Fieberhitze, in der(55) | *T~ Frost - während*(37)

Traurigkeit - Schweiß, beim(29) | T~ Zorn - nach(10)

Umgänglich, freundlich(2)

Unanständig, unzüchtig(21)

Unbesonnen(82)

Unbeständigkeit(45)

Unentschlossenheit(146)

Ungeduld(131)

Ungeschicklichkeit(41) | **U~ fallen, läßt Dinge**(26) | U~ Hast, aus(6)

Unternimmt - Vieles, hält aber bei nichts durch, bleibt nicht dabei(28)

Unzüchtig, obszön(34)

Unzufrieden(168) | U~ allem; mit(66)

Vergeßlich(187) | V~ Kopfschmerzen, bei(7)

Verschiebt alles auf den nächsten Tag(7)

Verwirrung, geistige(321) | V~ Essen - amel.(8) | E~ nach(52)

Verwirrung, geistige - geistige Anstrengung - durch(50) | *V~ Lesen, beim*(15)

Gemüt ...

Wahnideen(191) | W~ Bett - jemand - im Bett; als sei jemand - mit ihm(13) | m~ fremder Knabe; ein

Wahnideen - Bilder, Phantome; sieht(76) | W~ Fallen - er würde(29) | W~ geht - kann nicht gehen; er - rennen oder hüpfen; muß(2) | W~ Gesichter, sieht(26) | W~ Gespenster, Geister, Gestalten - Schließen der Augen; beim(16) | *W~ gesund, er sei(12)* | W~ Menschen - neben ihm, seien(13) | W~ Phantasiegebilde, Illusionen(115) | W~ Schreck - wie erschreckt - Erwachen, beim(9) | W~ schwanger, sie sei(14) | W~ stirbt - er(15) | W~ tot - er selbst sei(18) | W~ Visionen, hat - Schließen der Augen; beim(29) | W~ Zunge - Holz, aus

Weinen(244) | W~ Tag und Nacht | W~ alles; über | W~ Fieberhitze, in der(25) | **W~ grundlos**(30) | W~ kann nicht weinen, obwohl er traurig ist(13) | W~ Schwangerschaft, in der(8)

Widerspruch - Neigung zu widersprechen(38)

Wille - Kontrolle über seinen Willen, weiß nicht, was er tun soll; hat keine - Kopf; mit Dumpfheit, Benommenheit im

Zerbricht Dinge(13)

Zerstreut(166)

Zorn(243) | *Z~ heftig(72)*

Träume

Absurd(13)

Ängstlich(239)

Anstrengung - körperliche(20)

Beschäftigt zu sein; sehr(29)

Erfinderisch; einfallsreich(4)

Fliegen(11)

Gehen - Boden, auf einem heißem | G~ Straßen, auf schmutzigen

Geschäft(40)

Körperteile - Abdomen - schmerzhaft

Krankheit(43) | K~ Diarrhoe(2) | K~ Schmerz - Abdomen

Mädchen zu sein; ein

Träume ...

Menschen(14) | M~ Versammlung von(2)

Ofen, heißer

Reisen(48) | R~ Zug, mit dem(2)

Schmerz - Abdomen

Schmutzig - Straßen

Schrecklich(237)

Springen - Sprünge, große | S~ Luft; wie ein Vogel durch die

Streitigkeiten(69)

Teufel(8)

Unangenehm(87)

Unzusammenhängend, zusammenhanglos(24)

Verdrießlich(122)

Verrückt zu sein - Mann, ein

Verworren(122)

Viele(260)

Wahnsinnig - Mann wird wahnsinnig

Wild (Emotion)(9)

Zorn(58)

– *Apisinum* –

apisin.

Gemüt

Demenz(33)

– *Apium graveolens* –

ap-g.

Gemüt

Gedanken - hartnäckig(83)

Reizbarkeit(408)

– *Apocynum androsaemifolium* –

apoc-a.

Träume

Gewalttätigkeit(8)

– Apocynum cannabinum –

apoc.

GEMÜT

Alkoholismus(135)
Betäubung(237)
Bewußtlosigkeit(280) | B ~ Hydrozephalus, bei(7) | B ~ Meningitis, bei(10)
Ehrgeiz - Verlust von(15)
Erregung(287)
Exzentrizität, Überspanntheit - Phantasien, in(8)
Faulheit(269)
Froh(182)
Gedanken - Vergehen, Schwinden der Gedanken(76) | G ~ wandernd(72)
Geistige Anstrengung - agg. - unmöglich(130)
Gesten, Gebärden; macht - einem Arm, einem Bein oder dem Kopf; mit(7)
Phantasien - übertrieben(114)
Ruhelosigkeit(420) | R ~ nachts(249) | R ~ Bett - im(15)
Schweigsam(209)
Seufzen(98)
Stupor(138) | *S ~ Hydrozephalus, bei*(7) | S ~ Meningitis, bei(7)
Traurigkeit(477)
Verwirrung, geistige(321) | V ~ Schmerzanfällen, bei(6)
Wahnideen - weinen; er könnte - nichts als weinen; er könnte
Weinen(244)

– Apomorphinum hydrochloricum –

apom.

GEMÜT

Alkoholismus(135)
Antworten - Abneigung zu antworten(67)
Bewußtlosigkeit(280)
Morphiumsucht(31)
Ruhelosigkeit(420)
Stumpfheit(332)

– Aqua marina –

aq-mar.

GEMÜT

Angst - nachmittags - 14 - 16 h(2) | A ~ eiskalte Getränke | A ~ Erwachen, beim - agg.(2) | A ~ Gesellschaft, wenn in - agg. | A ~ Schweiß - agg. | A ~ Seelenheil, um das(35) | A ~ Sprechen, beim(7)
Bewußtlosigkeit(280)
Empfindlich(192)
Furcht - Geisteskrankheit(74)
Gedanken - quälend - sexuell(5)
Gleichgültigkeit, Apathie(251)
Konzentration - schwierig(261)
Langsamkeit(68)
Ruhelosigkeit(420) | R ~ ängstlich(111)
Stupor(138)
Wahnideen - beobachtet, sie würde(7)
Zerstreut(166)

– Aquilegia vulgaris –

aqui.

GEMÜT

Hysterie(194)

– Aragallus lamberti –

arag.

GEMÜT

Faulheit(269)
Fehler; macht - Schreiben, beim(83)
Gedächtnis - Gedächtnisschwäche - Worte, für(61)
Geistige Anstrengung - agg. - unmöglich(130)
Gesellschaft - Abneigung gegen(156)
Gleichgültigkeit, Apathie(251)
Hause, zu - verlassen; Verlangen das Zuhause zu(7)
Konzentration - schwierig(261)
Reizbarkeit(408)
Ruhelosigkeit(420) | R ~ treibt umher(41)
Traurigkeit(477) | T ~ morgens(71) | T ~ abends(76)
Umherstreifen, Streunen - ziellos(2)
Verwirrung, geistige(321)

Gemüt ...

Wandern - Verlangen zu wandern(15)
Zerstreut(166)

– Aralia racemosa –

aral.

Gemüt

Furcht(242) | F~ Lungenerkrankung
Ungeduld(131)

– Aranea diadema –

aran.

Gemüt

Angst(362)
Froh - abwechselnd mit - Traurigkeit(57)
Furcht - engen Räumen; in(33) | F~ Menschenmenge; in einer(58) | F~ Tod; vor dem(143)
Gleichgültigkeit, Apathie - Fieber, im(16)
Mürrisch(290) | *M~ Fieber - während*(12)
Qualvolle Angst(121)
Reizbarkeit(408) | R~ Hitze - während(31) | R~ Menses - während(42)
Ruhelosigkeit(420)
Tod - wünscht sich den Tod, möchte sterben(72)
Traurigkeit(477) | T~ Bett nicht verlassen; möchte das | T~ Fieberhitze, in der(55)
Unwirklich - alles scheint(14)
Verwirrung, geistige(321) | V~ abends(78) | V~ Essen - nach(52) | V~ geistige Anstrengung - durch(50)
Wahnideen(191) | W~ Fallen - er würde(29) | *W~ geschwollen, er sei*(11) | W~ groß - Teile des Körpers scheinen zu groß(10) | W~ Hören - Sprechen scheint weit entfernt; das | W~ unwirklich - alles erscheint unwirklich(19) | *W~ vergrößert*(42) | v~ Unterarm sei

Träume

Schrecklich(237)

– Aranea ixobola –

aran-ix.

Gemüt

Bissig, schnippisch(7)
Empfindlich(192) | E~ Geräusche, gegen(149) | E~ Gerüche, gegen(30)
Euphorie(13)
Geistige Anstrengung - agg.(141)
Grobheit(37)
Hast, Eile(112)
Konzentration - schwierig(261)
Lebensüberdruß(82)
Necken(6)
Qualvolle Angst(121)
Redseligkeit; Geschwätzigkeit(136)
Reizbarkeit(408)
Ruhelosigkeit(420) | R~ Freien, im - amel.(9)
Traurigkeit(477)
Traurigkeit - Redseligkeit, Geschwätzigkeit; nach
Unentschlossenheit(146)
Verwirrung, geistige(321)
Wahnideen(191) | W~ Geruchssinns, des(17)
Witzig, geistreich(14)
Zerstreut(166)

Träume

Gewalttätigkeit(8)
Lebhaft(193)
Schrecklich(237)
Streitigkeiten(69)
Tod - Verwandten, von(14)
Unangenehm(87)
Verstorbenen, von - Ehefrau

– Aranea scinencia –

aran-sc.

Gemüt

Angst(362)
Erschöpfung; geistige(217)
Sprache - schwer
Wahnideen - Trinken - habe getrunken, er

– *Argentum metallicum* –

arg-met.

Gemüt

Abscheu - allgemeiner(42)
Alkoholismus(135)
Angst(362) | A~ nachts(119) | n~ Kindern, bei(15)
Angst - Erwachen, beim(86) | A~ Fieber - während(91) | A~ Freien, im(13) | A~ Gehen - agg.(21) | G~ Freien, im(12)
Angst - Gesundheit; um die - eigene Gesundheit; um seine(57) | A~ Kleidung - hinausgeht; als wäre die Kleidung zu eng, wenn er ins Freie
Antworten - Abneigung zu antworten(67)
Auffahren, Zusammenfahren(117) | *A~ elektrisch - Schläge durch den Körper, während er hellwach ist - Schlaf, im*(4) | *S~ wecken sie auf*(4)
Auffahren, Zusammenfahren - Schlaf - während(163)
Beschwerden durch - Furcht(27) | B~ Schreck(72) | B~ Zorn(94)
Betäubung(237)
Bewußtlosigkeit(280)
Delirium(233) | *D~ Epilepsie - nach*(2) | D~ rasend(84) | r~ Schmerzen, durch
Delirium - Schmerzen - während den(8)
Demenz - senilis, Dementia(25)
Denken - Beschwerden - agg.; Denken an seine Beschwerden(71)
Empfindlich(192) | E~ äußerliche Eindrücke; gegen alle(21)
Entmutigt(135)
Ernst(77)
Erregung(287) | E~ agg.(41) | E~ Schmerzen; bei den(4)
Erschöpfung; geistige(217) | E~ morgens(8)
Faulheit(269)
Friedens; Gefühl himmlischen
Froh(182) | F~ tagsüber(7) | F~ nachmittags(14) | F~ abwechselnd mit - Traurigkeit(57) | a~ Weinen(19)

Gemüt ...

Furcht(242) | *F~ Apoplexie, vor*(36) | A~ Herzklopfen, mit
Furcht - sprechen, zu(2)
Gedächtnis - Gedächtnisschwäche(284) | G~ gesagt hat; für das, was er(29) | G~ sagen will; für das, was er gerade(38)
Gedanken - Kontrolle über die Gedanken ist verloren - Sitzen und Nachdenken; beim
Geisteskraft - Verlust der(3)
Geisteskrankheit, Wahnsinn(153)
Geistige Anstrengung - agg.(141) | *a~ unmöglich*(130)
Hast, Eile(112)
Hinterhältig, hinterlistig, falsch, verschlagen(32)
Hochgefühl(97)
Hypochondrie(116)
Hysterie(194)
Ideen, Einfälle - Mangel an(102) | I~ Reichtum an, Klarheit des Geistes(125)
Imbezillität(140)
Konzentration - schwierig(261)
Lachen(102)
Lebhaft, munter(50)
Lustig, fröhlich(123) | L~ nachmittags(9) | L~ abwechselnd mit - Weinen(8)
Manie(149) | M~ abwechselnd mit - Niedergeschlagenheit(9)
Mürrisch(290)
Qualvolle Angst(121) | Q~ Gehen im Freien(7) | Q~ Kleidung beim Gehen im Freien zu eng; als sei die
Raserei, Tobsucht, Wut(95) | *R~ Epilepsie - nach Epilepsie; Raserei*(2) | R~ Schmerzen, durch(5)
Redseligkeit; Geschwätzigkeit(136) | R~ tagsüber | R~ abwechselnd mit - Traurigkeit | R~ schnell | R~ Unsinn; redet | R~ wechselt schnell von einem Thema zum anderen(20)
Reizbarkeit(408) | R~ vormittags(25) | R~ Kleinigkeiten, durch(34)
Ruhelosigkeit(420) | *R~ nachts*(249) | R~ Bett - treibt aus dem(39)

Gemüt ...
Schlafwandeln(56)
Schlagen(42)
Schreien(133) | *S~ Schlaf, im*(80)
Schweigsam(209) | S~ Gesellschaft; in(2)
Seelenruhe, Gelassenheit(85)
Selbstkontrolle - Verlust der Selbstkontrolle(9)
Singen - agg. Beschwerden(4)
Sitzen - Neigung zu sitzen(110)
Spaßen(52)
Sprache - unsinnig(29)
Sprechen - agg. die Beschwerden(34) | S~ Unsinn | *S~ Verlangen mit jemandem zu*(11)
Springen(15) | S~ Konvulsionen - nach
Stimmung, Laune - veränderlich(158)
Stumpfheit(332) | S~ alten Menschen, bei(6)
Suizidneigung; Neigung zum Selbstmord - stürzt sich - Fenster, aus dem(21)
Traurigkeit(477) | T~ morgens(71) | T~ vormittags(12) | T~ Menopause, in der(25)
Unaufrichtig(6)
Unbarmherzig - Freunden; gegenüber
Unbehagen - Gehen, nach dem(2)
Vergeßlich(187)
Verwirrung, geistige(321) | V~ Alter, im(4) | V~ berauscht - wie(47) | b~ wie nach einem Rausch(35)
Verwirrung, geistige - Fieberhitze, in der(26)
Wahnideen(191) | W~ absurd, lächerlich - Gestalten seien anwesend(8) | W~ betrunken - sei betrunken, er - immer; die ganze Zeit | W~ Bett - fallen - aus dem Bett zu fallen - Kopf würde aus dem Bett fallen; der | W~ Kopf - fallen; der Kopf würde - Bett; aus dem | W~ laufen - gegen etwas; sie läuft | W~ schweben - Luft, in der(45) | W~ vergrößert(42) | W~ zerbrechen - sie würde zerbrechen - unten, nach
Weinen(244) | W~ Kleinigkeiten, über(23) | W~ leicht(16)
Zerstreut(166)
Zorn(243) | Z~ Husten - Zorn, durch(10)

Träume
Angeln, Fischen(5)
Ängstlich(239) | Ä~ morgens - Erwachen, beim - amel.; Angst ist(15)
Ekelhaft(32)
Ereignisse - zurückliegende, kurz(55) | z~ Vortag, vom(41)
Feinde(3)
Fortsetzung - Träumen, von - Erwachen, nach dem(22)
Geschäft - Tage, vom(39)
Krankheit - Übelkeit
Lebhaft(193)
Schrecklich(237)
Teufel(8)
Unangenehm(87)
Unerinnerlich, bleiben nicht im Gedächtnis(93)
Unwichtig(46)
Verfolgt zu werden(17)
Viele(260)
Wahr - erscheinen beim Erwachen wahr(9)
Wecken den Patienten(118)

– Argentum muriaticum –

arg-mur.

Gemüt
Schweigsam(209)

– Argentum nitricum –

arg-n.

Gemüt
Abergläubisch(13)
Abscheu - allgemeiner(42) | A~ Arbeit, vor der(21)
Albernes Benehmen(65)
Alkoholismus(135)
Anarchist(4)
Angst(362) | A~ morgens - Aufstehen - beim - nach dem Aufstehen; und(4) | A~ nach(4)
Angst - vormittags - 11 h | A~ nachmittags(32) | A~ nachts(119) | n~ Erwachen, beim(24)

GEMÜT ...

Angst - andere, um(24) | A~ Aufstehen - nach(5) | A~ Eisenbahn, jedoch amel. im Zug; bei einer bevorstehenden Reise mit der(2) | A~ Erwachen, beim(86) | **A~ Erwartungsspannung, durch - Verabredung, vor einer**(12) | *A~ Essen - nach*(39) | *A~ Fahren oder Reiten, beim*(6) | F~ fährt; wenn er selbst(7)

Angst - Gehen - agg.(21) | *G~ Freien, im*(12) | **G~ schnell - wodurch er schneller geht**(3)

Angst - Gesicht - Hitze des Gesichtes, mit(7) | A~ Gesundheit; um die - eigene Gesundheit; um seine(57) | *A~ hypochondrisch*(52) | A~ Menschenmenge, in einer(12) | *A~ Ohnmacht - mit Ohnmacht; Angst*(9) | A~ Tunnel - Zug in einem Tunnel ist; wenn der(3) | *A~ Zeit festgesetzt ist; wenn eine*(5) | A~ Zukunft(108)

Aphasie(53)

Auffahren, Zusammenfahren - Schlaf - durch(124) | A~ Schmerz - agg.(2)

Beschwerden durch - Ausschweifungen(10) | *B~ Erregung - Gefühle, der*(87) | **B~ Erwartungsspannung**(68) | B~ Furcht(27) | B~ geistige Anstrengung(59) | *B~ Kränkung, Demütigung*(39) | *B~ Schreck*(72) | B~ sexuell - Exzesse(59) | B~ Zorn(94)

Betäubung(237) | B~ nachts(6) | B~ Schreiben, beim

Bett - bleiben; möchte im Bett(12)

Bewußtlosigkeit(280) | B~ nachts(5) | B~ Schwindel, bei(46)

Delirium - rasend(84) | D~ Schmerzen - während den(8)

Denken - Beschwerden - agg.; Denken an seine Beschwerden(71)

Diskutieren - Symptome mit jedem; diskutiert ihre(3)

Ehrgeiz - Verlust von(15)

GEMÜT ...

EIGENSINNIG, STARRKÖPFIG, DICKKÖPFIG(107) | **E~ unsinnigsten Einwände; hat gegen alle Vorschläge die**

Empfindlich(192) | *E~ Geräusche, gegen*(149) | G~ geringste Geräusch; gegen das(29)

Entfernungen - falsche Einschätzung von(10)

Erkennt - nicht; erkennt - Straßen nicht; erkennt bekannte(7)

Erregung(287) | E~ agg.(41) | E~ nachts(40) | *E~ Erwartung von Ereignissen; in*(4) | E~ Menopause, in der(10) | E~ nervös(23)

Erschöpfung; geistige(217) | E~ Zittern, mit(4)

Erschreckt leicht(125)

Erwartungsspannung - Lampenfieber(14) | E~ Prüfungen, vor(10)

Exzentrizität, Überspanntheit(54) | E~ Phantasien, in(8)

Faulheit(269) | *F~ Arbeit würde ihm schaden; er glaubt, die - Hypochondrie; bei*

Fehler; macht - Orte; in bezug auf(32) | F~ Sprechen, beim(81) | *S~ Worte - falsche Worte; benutzt*(53)

Fehler; macht - Wahrnehmung, bei der

Feigheit(89)

Frivol - abwechselnd mit - Gedanken versunken; in

Furcht(242) | F~ morgens(27) | m~ Aufstehen, beim

Furcht - allein zu sein(54) | *a~ aus Furcht - sterben; zu*(6)

Furcht - Anfall zu bekommen; einen(13) | F~ Apoplexie, vor(36) | *F~ Arbeit; vor der*(32) | *F~ Arbeit; Scheu vor der - nachmittags* | F~ Auftreten in der Öffentlichkeit; vor dem(5) | F~ Diarrhoe - durch(6) | F~ Dunkelheit, vor der(40) | *F~ Ecken vorbei zu gehen; Furcht, an bestimmten*(2) | *F~ engen Räumen; in*(33) | F~ Epilepsie, vor(3) | F~ Fahren im Wagen; beim(14) | F~ fallen, zu stürzen; zu(28)

GEMÜT ...

Furcht - Fliegen, vor dem - Flugzeug, in einem(3) | F~ Geisteskrankheit(74) | F~ geschäftlichem Mißerfolg, Bankrott; vor(4) | *F~ geschehen; etwas werde*(82) | *F~ hochgelegenen Orten; vor*(24) | **F~ Kirche oder Oper zu gehen; wenn fertig, um zur**(2) | F~ Krankenhaus zu gehen(2) | *F~ Krankheit, vor drohender*(66) | K~ unheilbar zu sein(42)

Furcht - Menschenmenge; in einer(58) | *F~ offenen Plätzen; Furcht vor*(17) | *F~ Ohnmacht zu fallen; davor in*(6) | *F~ Prüfungen durch das Schicksal; vor*(6) | *F~ Räubern, vor*(25) | F~ Schlaf - vor(10) | *F~ Selbstkontrolle zu verlieren; die*(5) | F~ Selbstmord, vor(10) | *F~ stürzen; Furcht hohe Mauern und Gebäude würden auf ihn*(4) | *F~ Tod; vor dem*(143) | *T~ allein, wenn*(7) | *T~ sagt den Zeitpunkt des Todes voraus*(2)

Furcht - Tunnels; vor(4) | F~ Überqueren - Brücke oder eines Platzes; einer(5) | *F~ Unheil; Furcht vor*(115) | *F~ unternehmen - irgendetwas zu unternehmen*(9) | u~ Neues, etwas(4)

Furcht - Versagen, Mißerfolg; vor dem(13) | V~ Prüfungen, bei(7)

Gedächtnis - Gedächtnisschwäche(284) | G~ auszudrücken, sich(41) | *G~ sagen will; für das, was er gerade*(38) | G~ Schmerz; durch(10) | G~ Schreck; durch(10) | G~ sexuelle Exzesse, durch(9) | *G~ Worte, für*(61)

Gedächtnis - Gedächtnisverlust - Furcht, durch(10)

Gedanken - hartnäckig(83) | G~ quälend(31) | q~ nachts(5)

Gedanken - sonderbar, merkwürdig(8) | G~ zusammenhangslos(30)

Gehen - schnell

Geisteskrankheit, Wahnsinn(153)

Geistige Anstrengung - agg.(141) | a~ unmöglich(130)

Geistige Anstrengung - Abneigung gegen(150)

Geschäftig - fruchtlos, ergebnislos(14)

GEMÜT ...

Gesellschaft - Abneigung gegen(156) | **G~ Verlangen nach**(83)

Gesten, Gebärden; macht - lächerlich oder albern(19) | G~ scheu

Gleichgültigkeit, Apathie(251) | *G~ geschäftliche Angelegenheiten; gegen*(18) | **G~ Gesellschaft - in**(9) | G~ liegt mit geschlossenen Augen(3) | *G~ Vergnügen, gegen*(46)

Hast, Eile(112) | H~ Bewegungen im(23) | H~ Essen - beim(23) | **H~ Gehen, beim**(15) | H~ jeder - muß sich beeilen(6) | **H~ Zeit anzukommen; hastet, um zur verabredeten**(2)

Hilflosigkeit, Gefühl der(13)

Hinterhältig, hinterlistig, falsch, verschlagen(32)

Hochgefühl - nachmittags

Hochgelegene Orte - agg.(7)

Hypochondrie(116)

Hysterie(194)

Ideen, Einfälle - Mangel an(102) | I~ Reichtum an, Klarheit des Geistes(125) | R~ abends(17)

Imbezillität(140)

Impulse, Triebe; krankhafte - eigentümlich

Irrational - verborgenen, irrationalen Motiven; Handlungen mit

Jammern(93) | J~ Krankheit, über seine(4)

Kindisches Benehmen(52)

Konzentration - schwierig(261) | s~ Versuch sich zu konzentrieren; beim - dunkel vor den Augen; wird es

Lachen - Ernstes, über(15)

Lästig, geht auf die Nerven(79)

Lügner(22) | L~ lügt, sagt nie die Wahrheit, weiß nicht, was sie sagt(8)

Manie - periodisch(4)

Menopause agg.(18)

Mitgefühl, Mitleid(34)

Murmeln - nachts(2)

Mürrisch(290)

Phantasien - Schlaf - Einschlafen, beim(8) | *S~ verhindert*(5)

Gemüt …

Phantasien - übertrieben(114) | *ü ~ Schlaflosigkeit, mit*(41)

Pläne - macht, schmiedet viele Pläne(15)

Prophezeit - Zeitpunkt des Todes voraus; sagt den(4)

Qualvolle Angst(121) | Q~ Gehen im Freien(7)

Raserei, Tobsucht, Wut(95)

Redseligkeit; Geschwätzigkeit - wechselt schnell von einem Thema zum anderen(20)

Reizbarkeit(408) | R~ morgens - Aufstehen, nach dem(13) | m~ Erwachen, beim(43)

Reizbarkeit - erregt, wenn(2) | R~ Erwachen, beim(56)

Religiös - Gemütsstörungen, religiöse(63)

Ruhelosigkeit(420) | *R ~ nachts*(249) | R~ ängstlich(111) | *R ~ ängstlich - epileptischen Anfällen; zwischen den* | *R ~ ängstlich - Gehen; zwingt zu schnellem*(6) | *R ~ Bett - Herumwerfen im*(123) | **R~ Freien, im - amel.**(9) | **R~ Konvulsionen - vor**(3) | R~ Kopfschmerzen, bei(31)

Schüchternheit, Zaghaftigkeit(113) | S~ schamhaft(58)

Schweigsam(209) | S~ Essen; nach dem(5) | **S~ Traurigkeit; bei**(12)

Selbstkontrolle - Verlust der Selbstkontrolle(9)

Selbstvertrauen - Mangel an Selbstvertrauen(86)

Seufzen(98) | S~ Mittagessen, nach dem

Simuliert - krank zu sein(8)

Sinne - abgestumpft, stumpf(107) | S~ pervertiert(2) | S~ verwirrt, durcheinander(5)

Sitzen - Neigung zu sitzen(110)

Sonderbar, fremd, merkwürdig - Dinge zu tun; Impuls sonderbare(3)

Spontan, impulsiv(33)

Sprache - affektiert, manieriert, unnatürlich(22) | *S ~ kindisch*(4) | *S ~ langsam*(59) | *S~ unzusammenhängend*(65) | S~ zögernd(22)

Gemüt …

Sprechen - agg. die Beschwerden(34) | S~ Beschwerden; von ihren(5) | *S~ einem Thema; von nichts anderem als*(7) | S~ Schlaf, im(93) | *S~ Verlangen mit jemandem zu*(11) | *S~ Zustand; ängstlich über seinen - weckt die Ehefrau und das Kind - Hypochondrie; bei*(2)

Springen - Bett; aus dem(41)

Stimmung, Laune - veränderlich(158) | S~ wechselnd, wechselhaft(80)

Stumpfheit(332) | S~ morgens - Erwachen, beim(26) | S~ nachmittags(29) | S~ alten Menschen, bei(6) | *S~ Hitze - während*(14) | **S~ Kindern; bei**(21) | S~ Mittagessen - nach(4) | S~ Schreiben, beim(10) | S~ Schwindel; während(22)

Stupor(138)

Suizidneigung; Neigung zum Selbstmord(98) | *S~ Ertränken, durch*(19) | S~ Furcht - Fenster oder einem Messer; mit Furcht vor einem offenen(4) | *S~ Gedanken an Selbstmord*(33) | S~ stürzt sich - Fenster, aus dem(21) | s~ Fluß, in einen(3) | *s ~ Tiefe, in die*(24)

Theoretisieren(20)

Tod - Gedanken an den Tod(54) | *T~ Vorahnung des Todes*(62) | *V~ sagt den Zeitpunkt des Todes voraus*(8)

Tollwut, Hydrophobie(46)

Traum; wie in einem(69)

Traurigkeit(477) | T~ morgens(71) | T~ Augen; mit geschlossenen | *T~ Essen - nach*(25) | T~ Fieberhitze, in der(55) | T~ Freien, im - amel.(10) | *T~ Geringschätzung; durch unverdiente* | T~ Menopause, in der(25)

Traurigkeit - schweigsam(12)

Trost - agg.(39)

Überprüfen - zweimal oder öfter kontrollieren; muß alles(5)

Unaufrichtig(6)

Unentschlossenheit(146)

Ungeduld(131)

Ungehorsam(30)

Unternimmt - nichts, auf Furcht, es könne fehlschlagen(3)

GEMÜT ...

Vergeßlich(187) | *V~ Worte beim Sprechen; vergißt*(52)

Verlassen zu sein; Gefühl(56) | *V~ Erwachen, beim*(2) | *V~ Isolation, Gefühl der*(16)

Verletzen, sich zu - fürchtet sich davor alleingelassen zu werden, aus Furcht, sich zu verletzen(7)

Verweilt - vergangenen unangenehmen Ereignissen; bei(46)

Verwirrung, geistige(321) | V~ morgens(115) | m~ Aufstehen - und nach dem Aufstehen(37) | m~ Erwachen, beim(50)

Verwirrung, geistige - nachts(19) | V~ Alter, im(4) | V~ Bewegung, durch - amel.(3) | V~ Erwachen, beim(71) | V~ Essen - nach(52) | V~ Gehen(37) | V~ Identität; in bezug auf seine - Dualität; Gefühl der(37) | V~ Kaffee - nach(4) | V~ kaltes Bad - amel.(4) | V~ Mittagessen - nach(9) | V~ Schreiben, beim(10)

Verzweiflung(137) | *V~ andere, um - sich selbst und*(2) | *V~ Hypochondrie, bei* | *V~ religiöse Verzweiflung am Seelenheil*(30)

Wahnideen(191) | *W~ Anfall bekommen und geht darum schneller; sie werde einen* | *W~ Arbeit - schaden; werde ihm* | W~ betrunken - sei betrunken, er(23) | W~ Bett - fallen - aus dem Bett zu fallen(4) | *W~ Bilder, Phantome; sieht*(76) | B~ nachts(10) | B~ Schlaf - Einschlafen, beim(5) | S~ verhindert(6)

Wahnideen - Bilder, Phantome; sieht - Schließen der Augen; beim(16) | B~ schreckliche(60)

Wahnideen - Boden - nachgeben; würde unter seinen Füßen(7) | W~ doppelt - sein, doppelt zu(30) | W~ drehen - sie - würde sich drehen - Kreis, im(10) | *W~ Ecken - stehen weit hervor; Häuserecken - Gehen auf der Straße gegen die Häuserecken laufen; daß er befürchtet, er werde beim* | W~ erdrückt - Häusern, von den | W~ Fallen - Wände(4)

GEMÜT ...

Wahnideen - fehlschlagen, versagen; alles werde(6) | f~ sein Verstand

Wahnideen - Flasche Sodawasser; er sei eine | *W~ Gehirn - Gehirnerweichung; er habe*(3) | *W~ gelingt ihm nichts, er macht alles falsch; es*(6) | *W~ geschwollen, er sei*(11) | W~ Gesichter, sieht(26) | *G~ Schließen der Augen; beim*(15) | G~ verzerrte - Hinlegen am Tage; beim(4)

Wahnideen - Gespenster, Geister, Gestalten - Schließen der Augen; beim(16) | W~ Haus - zerquetschen; die Häuser auf beiden Seiten würden näherkommen und ihn | W~ Hause, zu - verändert; alles habe sich zu Hause | *W~ Herz - aufhören zu schlagen; würde im Sitzen*(2) | W~ krank - sein; krank zu(27) | *W~ Krankheit - unheilbare Krankheit; er habe eine*(18) | *W~ Orte, Plätze - kann nicht an einen bestimmten Ort vorbei; er*(2) | *W~ Phantasiegebilde, Illusionen*(115) | W~ richtig - machen; er würde nichts richtig(4) | W~ Schlangen - in ihr und um sie herum(19) | W~ schweben - Luft, in der(45) | W~ sonderbar, merkwürdig - Vertrautes scheint fremd(38) | *W~ sterben - gleich sterben; glaubt, er würde*(57) | *g~ Anfall bekommen, weshalb er schneller geht; denkt, er werde einen*

Wahnideen - tot - Personen, sieht tote(59) | **W~ verachtet, er würde**(5) | *W~ verändert, alles sei*(6) | v~ Hause, zu

Wahnideen - vergrößert(42) | *v~ Entfernungen seien*(17) | *v~ Gegenstände seien*(12) | v~ Körper sei(8)

Wahnideen - verlassen ; er sei(21) | *W~ vernachlässigt - er würde vernachlässigt*(6) | W~ verstoßen; er sei - Verwandten; von den(2) | W~ Visionen, hat(76) | *V~ Schließen der Augen; beim*(29)

Gemüt ...

Wahnideen - vorbeigehen - nicht ohne zu stürzen an einem bestimmten Punkt vorbei; er könne(2) | W~ Wände - einstürzen; die Wände würden(3) | e~ innen, nach(2)

Wahnideen - Wände - zerdrücken; die Wände würden ihn | *W~ Welt - verloren; er sei jenseits aller Hoffnung für die Welt* | W~ Wolken - schwarze Wolke würde sie einhüllen; eine schwere(4) | *W~ Zeit - länger; die Zeit erscheint*(14)

Weinen(244) | W~ Essen - nach(5) | W~ Verzweiflung, aus(5)

Widerspenstig(66)

Widerspruch - Neigung zu widersprechen(38)

Wille - Verlust des Willens - Melancholie, durch

Zeit - langsam, scheint länger; vergeht zu(29)

Zorn(243) | *Z~ vormittags - 11 h*(2) | Z~ Husten - Zorn, durch(10) | Z~ leicht(37)

Zurückhaltend, reserviert(64)

Träume

Alpträume, Alpdrücken(144)

Ängstlich(239)

Erotisch(196)

Fische(3)

Freunde - toten Freunden, von(6)

Geschehen, passieren; ihm werde alles

Gespenster(38)

Gewalttätigkeit(8)

Hunger(4)

Insekten(4)

Lebhaft(193)

Monströse

Phantastisch(55)

Ruhelos(53)

Schlangen(21)

Schrecklich(237)

Unangenehm(87)

Verstorbenen, von(84) | V~ Freunde - längst verstorbene(6)

Verworren(122)

Viele(260)

Träume ...

Wasser(49) | W~ fauliges

Wecken den Patienten(118)

– Aristolochia clematitis –

arist-cl.

Gemüt

Angst - Zukunft(108)

Fleißig, arbeitsam, Arbeitswut(101)

Furcht(242) | *F~ allein zu sein*(54) | *F~ Menschen, vor*(81)

Gesellschaft - Abneigung gegen(156)

Ruhelosigkeit(420) | R~ Bett - im(15) | R~ Menses - vor(16)

Traurigkeit(477) | T~ Freien, im - amel.(10) | T~ Menopause, in der(25)

Traurigkeit - Menses - während - amel.(6)

Verlassen zu sein; Gefühl - Isolation, Gefühl der(16)

Weinen(244)

– Aristolochia milhomens –

arist-m.

Träume

Ekelhaft(32)

Erotisch(196) | E~ Pollutionen, mit(96)

Geschäft(40)

Trinken - unmöglich

Viele(260)

– Arnica montana –

arn.

Gemüt

Abscheu - allgemeiner(42) | A~ Arbeit, vor der(21)

Albernes Benehmen(65)

Alkoholismus(135)

Angesprochen zu werden - Abneigung(63)

Angst(362) | A~ nachts(119) | A~ berührt zu werden; Angst(4) | *A~ Erwachen, beim*(86) | A~ Fieber - während(91) | A~ Frost - während(31)

GEMÜT ...

Angst - Gesundheit; um die - eigene Gesundheit; um seine(57) | A~ Gewissensangst(75) | A~ Hitzewallungen, bei(14) | *A~ hypochondrisch*(52) | A~ periodisch(12) | A~ Schlaf - während(42) | A~ Zukunft(108)

Anmaßend(5)

Antworten - Abneigung zu antworten(67) | A~ langsam(35) | **A~ Stupor kehrt schnell nach dem Antworten wieder**(17) | *A~ weigert sich zu antworten*(32)

Argwöhnisch(105)

Auffahren, Zusammenfahren(117) | A~ abends - Einschlafen, beim(19) | *A~ Kleinigkeiten, über*(21) | A~ Schlaf - während(163) | S~ durch(124) | S~ Einschlafen, beim(72)

Auffahren, Zusammenfahren - Schreck oder wie durch Schreck; durch(68)

Außer sich; ist(51)

Beißen - Nägel(33)

Beleidigt, leicht(79)

Berührt zu werden; Abneigung(46)

Beschwerden durch - Erregung - Gefühle, der(87) | B~ Erschöpfung, geistige | B~ geistige Anstrengung(59) | *B~ Geldverlust; durch*(9) | *B~ Hast, Eile*(10) | *B~ Kummer*(65) | *B~ Raserei, Wut*(2) | B~ Reue(3) | *B~ schlechte Nachrichten*(34) | *B~ Schock; seelischen*(23) | B~ Schreck(72) | B~ sexuell - Exzesse(59) | B~ Zorn(94)

Betäubung(237) | B~ Fieberhitze, in der(10) | B~ Kopfverletzung, nach(6) | B~ Schwindel - während(37)

Beten(21) | B~ still(2)

Bewußtlosigkeit(280) | *B~ Aufstehen, beim*(6) | **B~ Fieber, im**(50) | **B~ Gehirnerschütterung, durch**(3) | B~ liegt wie tot(2) | B~ Schwindel, bei(46) | *B~ Verletzungsschock, bei*(2)

Boshaft(99)

Brütet, grübelt(41)

Delirium(233) | D~ nachts(67) | D~ antwortet - langsam(8) | D~ Blutung - nach(14)

GEMÜT ...

Delirium - brummt(44) | *D~ Fieberfrost, im*(14) | D~ flüstert(10) | *D~ gesund; erklärt, sie sei*(4) | D~ Schlaf - während - komatös(8) | D~ Schläfrigkeit, bei(14)

Delirium tremens(84)

Denken - Abneigung gegen - nachmittags - Gehen im Freien, nach | D~ Beschwerden - agg.; Denken an seine Beschwerden(71)

Diktatorisch, herrschsüchtig, dogmatisch, despotisch(25) | D~ spricht in Befehlston(4)

Eigensinnig, starrköpfig, dickköpfig(107) | **E~ nichts; erklärt, es fehle ihm**(2)

Ekstase(59)

Empfindlich(192) | E~ äußerliche Eindrücke; gegen alle(21) | *E~ Geräusche, gegen*(149) | G~ schmerzhafte Empfindlichkeit gegen(10)

Empfindlich - Schmerz, gegen(31)

Entmutigt(135)

Erregung(287) | E~ abends - Bett, im(31)

Erschöpfung; geistige(217)

Erschreckt leicht(125) | E~ Kleinigkeiten, über(27)

Faulheit(269) | F~ Freien, im | F~ Gehen - beim(6)

Fehler; macht - Sprechen, beim(81) | *S~ Worte - falsche Worte; benutzt*(53) | *W~ stellt Worte an die falsche Stelle*(46)

Fleißig, arbeitsam, Arbeitswut(101)

Fluchen(44) | *F~ Raserei - nach*

Frivol(14)

Froh - abends - Bett, im(29) | F~ gedankenlos

Furcht(242) | F~ morgens - Erwachen, beim(3) | F~ nachts(58) | F~ Apoplexie, vor(36) | A~ Erwachen, beim(3)

Furcht - Ärzten, vor(9) | *F~ berührt zu werden*(38) | F~ Ersticken, vor dem - nachts(14) | F~ Erwachen, beim(54) | F~ geschehen; etwas werde(82) | *g~ nachts*(2)

GEMÜT ...

Furcht - geschlagen zu werden - Herankommenden geschlagen zu werden; von den | F~ Herz - Herzerkrankung(23) | F~ Koitus - Gedanken an Koitus bei einer Frau; beim(2) | *F~ Krankheit, vor drohender*(66) | K~ unheilbar zu sein(42)

Furcht - Lähmung, vor(7) | F~ Menschenmenge; in einer(58) | **F~ NÄHERKOMMEN, ANNÄHERUNG VON; VOR - ANDEREN, VON**(28) | **A~ BERÜHRT ZU WERDEN; AUS FURCHT**(3)

Furcht - offenen Plätzen; Furcht vor(17) | F~ Prüfungen durch das Schicksal; vor(6) | *F~ stürzen; Furcht hohe Mauern und Gebäude würden auf ihn*(4) | *F~ Tod; vor dem*(143) | *T~ nachts*(8) | *T~ allein, wenn*(7) | *T~ Herzsymptomen, bei*(12) | *T~ plötzlichem Tod; vor*(4)

Furcht - Unglück, vor(93) | F~ Unheil; Furcht vor(115) | *F~ verletzt zu werden*(6) | F~ Versagen, Mißerfolg; vor dem(13) | F~ wiederkehrend(11)

Gedächtnis - gut, aktiv(91) | *G~ Gedächtnisschwäche*(284) | G~ gelesen hat; für das, was er(41) | **g~ eben gelesen hat**(3)

Gedächtnis - Gedächtnisschwäche - gesagt hat; für das, was er(29) | *G~ sagen will; für das, was er gerade*(38) | *G~ Worte, für*(61)

Gedächtnis - Gedächtnisverlust - Verletzungen, nach - Kopfes, des(7)

Gedanken - überlegt(54) | *G~ wandernd*(72)

Gedanken versunken, in(90)

Geistesabwesend(71)

Geisteskrankheit, Wahnsinn(153)

Geistige Anstrengung - agg.(141) | a~ unmöglich(130) | u~ kontinuierliche aktive Arbeit ist(2)

Geistige Anstrengung - Verlangen nach(65) | G~ Abneigung gegen(150)

Gemütssymptome - abwechselnd mit - körperliche Symptome(18)

Geschäft - Abneigung gegen(45)

Geschäftig(45)

GEMÜT ...

Gesellschaft - Abneigung gegen(156) | A~ Verlangen nach Einsamkeit(2)

Gespräche - agg.(45)

Gesten, Gebärden; macht - Hände; unwillkürliche Bewegungen der - Greifen(41) | *H~ zupft - Bettwäsche; an der*(36)

GESUND - SAGT, ER SEI GESUND - KRANK IST; WENN ER SEHR(17)

Gleichgültigkeit, Apathie(251) | G~ allem; gegenüber(71) | G~ Fieberfrost, im(10) | *G~ Fieber, im*(16) | **G~ Gehirnerschütterung, nach**(2) | G~ geschäftliche Angelegenheiten; gegen(18) | G~ Schmerz - gegenüber Schmerz(5) | *G~ Typhus, bei*(9)

Grobheit(37)

Hämorrhoiden; Gemütssymptome nach unterdrückten(18)

Hautausschlägen; Gemütssymptome nach unterdrückten(18)

Heftig, vehement(100)

Hellsehen(28)

Herausfordernd(22)

Heulen(30) | H~ Zorn; vor

Hochmütig, arrogant(53)

Hypochondrie(116)

Hysterie(194) | H~ Ohnmacht, hysterische(22)

Ichbezogenheit, Egotismus, Selbstüberschätzung(24)

Ideen, Einfälle - Mangel an(102)

Indiskretion, Taktlosigkeit(30)

Jammern(93) | J~ Husten; Jammern verursacht | J~ Schlaf, im(12)

Klagen(64)

Konzentration - schwierig(261)

Kratzt mit den Händen(5) | K~ Kalk von den Wänden; den(2)

Kummer(76) | K~ Geldverlust; durch(2)

Lachen(102) | L~ grundlos(5) | L~ spasmodisch(49)

Lästig, geht auf die Nerven(79)

Launenhaftigkeit, launisch(108) | L~ weist Dinge zurück, die er haben wollte, sobald er sie bekommt(13)

GEMÜT ...

Lustig, fröhlich(123)
Manie(149)
Milde(80)
Mitgefühl, Mitleid - Abneigung gegen
Murmeln(55) | *M~ Apoplexie, bei*(3)
Mürrisch(290) | M~ Essen, nach dem(21)
Mutwillig, boshaft(24)
Näherkommen, auf ihn Zukommen von Personen - Abneigung gegen(12)
Necken(6)
Nützlich zu sein; Verlangen(2)
Phantasien - übertrieben(114) | P~ versunken in(9)
Prahler, Aufschneider(13)
Qualvolle Angst(121) | Q~ nachts(9) | *Q~ Fieberfrost, im* | **Q~ Herzerkrankung, bei**(8) | *Q~ Hitze - während der Hitze; qualvolle Angst*(3) | *Q~ Schweiß - während*(3)
Raserei, Tobsucht, Wut(95)
Redseligkeit; Geschwätzigkeit(136) | R~ Reden, hält(4)
Reizbarkeit(408) | R~ Abendessen, nach dem(2) | R~ Berührung, durch(5) | R~ Essen - nach(26) | R~ Fieberfrost, im(57) | R~ Freien, im(12) | *R~ gefragt wird; wenn er*(12) | **R~ schickt - Arzt nach Hause und sagt, er sei nicht krank; schickt den**(3)
Ruhe - Verlangen nach(21)
Ruhelosigkeit(420) | R~ ängstlich(111) | R~ Bett - Herumwerfen im(123) | *R~ Hitze - während*(66) | R~ zittrig(5)
Schmeichlerisch(10)
Schmollen(41)
Schreien(133) | **S~ Berührung, bei**(9) | S~ Cri encéphalique(29) | S~ Erwachen - beim(27) | *S~ Husten agg.*(5) | *S~ Kindern, bei - Schlaf, im*(13) | S~ Schlaf, im(80)
Schüchternheit, Zaghaftigkeit(113)
Schweigsam(209) | S~ Gehen im Freien; nach
Seelenruhe, Gelassenheit(85)
Selbstbetrachtung(58)
Seufzen - Fieberhitze, in der(17)

GEMÜT ...

Sinne - abgestumpft, stumpf(107) | *S~ scharf*(52)
Sitzen - Neigung zu sitzen(110) | N~ unbeweglich, still(42)
Sorgen, voller(50)
Sprache - hastig(44) | S~ laut(11) | *l~ Schlaf, im*(5)
Sprache - unklar, unverständlich - Schlaf, im(5)
Sprechen - agg. die Beschwerden(34) | *S~ Schlaf, im*(93) | *S~ laut*(7)
Sprechen - schweift von einem Thema zum anderen(47)
Still sein, seine Ruhe haben; möchte - Ruhe und Stille; verlangt nach - Gehen im Freien, beim(5)
Stimmung, Laune - abweisend, zurückweisend(40) | S~ veränderlich(158) | S~ wechselnd, wechselhaft(80)
Stöhnen(119) | S~ Fieberfrost, im(6) | *S~ Hitze; während der*(16) | S~ Schlaf, im(62)
Streitsüchtig(136)
Stumpfheit(332) | S~ morgens(54) | m~ Erwachen, beim(26)
Stumpfheit - Erwachen, beim(41) | S~ Kopfverletzungen, nach(5) | S~ sagt nichts(5) | S~ Schläfrigkeit, bei(30) | S~ Träumen, nach(6)
Stupor(138) | **S~ Fieber, im**(21) | **S~ Gehirnerschütterung, durch**
Tadelsüchtig, krittelig(80)
Tod - Gedanken an den Tod(54) | T~ Vorahnung des Todes(62)
Tollkühnheit, Verwegenheit(4)
Traum; wie in einem(69)
Traurigkeit(477) | T~ nachts(21)
Traurigkeit - Verletzungen - Kopfes, des(7)
Trost - agg.(39)
Unbesonnen(82)
Unbeständigkeit(45)
Unentschlossenheit(146)
Ungehorsam(30)
Unzufrieden(168) | U~ allem; mit(66)
Verächtlich(35)

Gemüt ...

Vergeßlich(187) | *V~ Hitze - während*(5) | **V~ Worte beim Sprechen; vergißt**(52)

Verwegenheit(26)

Verwirrung, geistige(321) | V~ morgens(115) | V~ Traum; wie in einem(27)

Verzweiflung(137)

Wahnideen(191) | W~ nachts(36) | W~ Bett - Klumpen, Brocken im Bett(2) | W~ Bilder, Phantome; sieht(76) | B~ nachts(40) | B~ schreckliche(60) | B~ schwarz(9) | B~ verweilt bei, denkt dauernd an(3)

Wahnideen - Diebe - sieht(21) | W~ drehen - Dinge - mit ihr drehen; Dinge würden sich(5) | W~ eingesperrt werden; er solle(10) | W~ Gespenster, Geister, Gestalten - schwarze Gestalten wenn er träumt(3) | **W~ gesund, er sei**(12) | W~ Herz - Herzerkrankung - werde eine Herzerkrankung bekommen und sterben; er(4) | W~ Hunde - sieht(18) | W~ Katzen - sieht(11) | W~ Kirchhof - besucht einen(4) | W~ Krankheit - unheilbare Krankheit; er habe eine(18) | W~ Phantasiegebilde, Illusionen(115) | W~ Ratsversammlung abhalten; er würde eine(2) | W~ sterben - gleich sterben; glaubt, er würde(57) | W~ Tiere(42) | W~ tot - Leiche - verstümmelte Leiche(7) | t~ Personen, sieht tote(59)

Wahnideen - verstümmelte Körper; sieht(8) | W~ Visionen, hat(76) | V~ phantastisch(8)

Weigert sich - Medizin einzunehmen; die(8)

Weinen(244) | *W~ agg.*(18) | W~ nachts(81) | W~ Abendessen, nach dem | W~ Ärger, durch(23) | W~ Erwachen, beim(36) | W~ Essen - nach(5) | *W~ Husten - vor*(6) | v~ Keuchhusten

Weinen - Husten - während(21) | *w~ Keuchhusten*(3)

Weinen - Husten - nach(6) | *W~ Schlaf, im*(88) | W~ Schweiß, beim(25)

Gemüt ...

Weinen - Wimmern, Winseln - Schlaf, im(28) | W~ Zorn - nach(19)

Widerspenstig(66)

Widerspruch - Neigung zu widersprechen(38) | W~ verträgt keinen Widerspruch(73)

Widerwillen(39) | W~ allem, vor(22)

Zerstreut(166) | Z~ verträumt(17)

Zorn(243) | Z~ abwechselnd mit - Jammern, Klagen | *Z~ antworten muß; wenn er*(7) | *Z~ Husten - Zorn, durch*(10)

Zurückhaltend, reserviert(64) | Z~ Gehen - nach(2)

Zweifelt - Genesung; an der(31)

Träume

Alpträume, Alpdrücken(144)

Angenehm(136)

Ängstlich(239)

Anstrengung - geistige(51) | A~ körperliche(20)

Beeindruckend(11)

Begraben zu werden, lebendig(3)

Beschämend(13)

Blitz(4) | *B~ getroffen zu werden; vom Blitz getroffen zu werden; vom*

Erniedrigung(12)

Erotisch(196) | E~ Pollutionen, mit(96)

Erschöpfend(45)

Ersticken(4)

Fortsetzung - Träumen, von - Erwachen, nach dem(22)

Geschunden zu werden

Gestalten - schwarze(3)

Gewissensbisse(11)

Gewitter(6)

Gräber(6)

Hartnäckig(29)

Hervorragende geistige Arbeit zu leisten(15)

Hunde(20) | *H~ schwarze*(2)

Katzen(12) | K~ schwarze(2)

Krankheit - Ersticken(3)

Lächerlich - Liegen, im - Rücken, auf dem

Lebhaft(193)

Mord(53)

Nachdenken, mit(15)

Träume ...

Räuber(36)

Rede zu halten; eine lange(2)

Schrecklich(237)

Streitigkeiten(69)

Tiere(25) | T~ schwarze(2)

Tod(64) | T~ Sterben - er stirbt(14)

Unerinnerlich, bleiben nicht im Gedächtnis(93)

Unfälle(29) | *U~ Blitz getroffen zu werden; vom*

Unglück(64)

Unzusammenhängend, zusammenhanglos(24)

Verdrießlich(122)

Verstorbenen, von(84) | V~ Schlafen auf dem Rücken, beim

Verstümmelung(9)

Viele(260)

Visionär(45)

Wahr - erscheinen beim Erwachen wahr(9)

Wasser(49)

Wecken den Patienten(118)

Wiederholende, sich(6)

Zorn(58)

– *Arsenicum album* –

ars.

Gemüt

Abneigung - allem, gegenüber(39) | A~ Ehefrau; gegen seine(6) | A~ Umstehenden; gegen die

Abscheu - allgemeiner - Schmerz - durch(2) | **A~ Leben, vor dem**(84)

Aktivität; Verlangen nach(38)

Albernes Benehmen(65)

Alkoholismus(135) | A~ aufstehen, um zu trinken; muß nachts(3) | A~ Charakterschwäche; aus(3)

Angesehen zu werden; erträgt es nicht(23)

Angesprochen zu werden - Abneigung(63) | A~ morgens(2)

Gemüt ...

Angst(362) | **A~ morgens**(42) | *A~ nachmittags*(32) | **A~ abends**(87) | **a~ Bett, im**(54) | *a~ Dämmerung, in der*(13)

Angst - nachts(119) | n~ Mitternacht - vor(36) | **M~ nach**(22) | n~ 1 h - 1 - 2 h | **n~ 3 h**(2) | *3~ nach*(3)

Angst - nachts - Erwachen, beim(24) | **n~ Kindern, bei**(15)

Angst - allein, wenn(17) | *A~ andere, um*(24) | A~ Anfälle - mit Anfällen(10) | A~ anfallsweise(13) | **A~ Bett - im Bett**(49) | i~ Herumwerfen, mit(7)

Angst - Bett - treibt aus dem Bett(15) | *A~ Bewegung - amel.*(12) | A~ Eisenbahn, jedoch amel. im Zug; bei einer bevorstehenden Reise mit der(2) | **A~ Erwachen, beim**(86) | *A~ erwartet wird; wenn etwas von ihm* | A~ Erwartungsspannung, durch - Verabredung, vor einer(12) | A~ Familie, um seine(10) | **A~ Fieber - während**(91) | F~ Prodromalstadium des Fiebers; im(2)

Angst - Frost - vor(3) | **F~ während**(31) | *F~ nach*(3)

Angst - Furcht, mit(110) | A~ geistige Anstrengung; durch(20) | A~ Gesicht - Schwitzen des Gesichtes, mit(4) | S~ kalt(3)

Angst - Gesundheit; um die - eigene Gesundheit; um seine(57) | G~ Verwandten; von(6)

Angst - Gewissensangst(75) | A~ Haus, im(15) | A~ Husten - vor(4) | *A~ hypochondrisch*(52) | *A~ Kleinigkeiten, um*(23) | A~ Kopf - Schweiß auf der Stirn; mit(5) | *A~ Kopfschmerzen, mit*(18) | A~ Liegen(11) | A~ Menopause, in der(8) | A~ Ohnmacht - mit Ohnmacht; Angst(9) | *A~ periodisch*(12) | A~ Pflicht nicht erfüllt hätte; als ob er seine(2) | A~ Schaudern, mit(11) | **A~ Schlaf - während**(42) | *A~ Schmerzen, durch die*(10) | A~ Schweiß - kaltem, mit(12) | **A~ Seelenheil, um das**(35) | S~ Bedenken, Gewissensbisse; übermäßige religiöse(7)

GEMÜT ...

Angst - sitzende Lebensweise, durch(2) | *A ~ Stuhlgang - vor*(24) | S ~ während(20)

Angst - Therapie gegen die Angst; möchte eine(2) | *A ~ Träume; beim Erwachen aus schrecklichen*(17) | A ~ treibt von einer Stelle zur anderen(6) | A ~ Zukunft(108)

Anorexia nervosa(13)

Antworten - Abneigung zu antworten(67) | A ~ albern(2) | A ~ hastig, überstürzt(11) | A ~ kurz angebunden(19) | A ~ langsam(35) | A ~ unfähig zu antworten(2) | A ~ weigert sich zu antworten(32)

Aphasie(53) | *A ~ Apoplexie - nach*(9) | A ~ Fieber; mit typhusartigem(4)

Argwöhnisch(105) | A ~ Anschlag auf sein Leben; Menschen sind im Haus und planen einen

Auffahren, Zusammenfahren(117) | **A ~ abends - Einschlafen, beim**(19) | A ~ anfallsweise(2) | *A ~ elektrisch - Schläge durch den Körper, während er hellwach ist - Schlaf, im*(4) | *S ~ wecken sie auf*(4)

Auffahren, Zusammenfahren - Geräusche, durch(60) | A ~ konvulsivisch(4) | *A ~ Schlaf - während*(163) | *S ~ durch*(124) | **S ~ Einschlafen, beim**(72)

Auffahren, Zusammenfahren - Schreck oder wie durch Schreck; durch(68)

Außer sich; ist(51)

Beißen - Glas; beißt in sein | B ~ Löffel; beißt in den(9) | *B ~ Nägel*(33)

Beleidigt, leicht(79)

Beruhigt werden, kann nicht - getragen wird; nur wenn er(2) | g ~ schnell

Berührt zu werden; Abneigung(46)

Beschäftigung - amel.(48)

Beschimpfen, beleidigen, schmähen(67) | B ~ Ehemann - beschimpft; Ehemann - Ehefrau vor den Kindern und umgekehrt(5)

Beschwerden durch - Alkoholismus(8) | B ~ Erregung - Gefühle, der(87) | **B ~ Erwartungsspannung**(68) | B ~ Furcht(27) | B ~ geistige Anstrengung(59)

GEMÜT ...

Beschwerden durch - Geldverlust; durch(9) | B ~ Kränkung, Demütigung(39) | B ~ Kummer(65) | B ~ Schreck(72) | B ~ sexuell - Exzesse(59) | B ~ Sorgen, Kummer(14) | B ~ Uneinigkeit zwischen - Eltern, Freunden(11) | *B ~ Zorn*(94) | **Z ~ Angst, mit**(30) | Z ~ Entrüstung; mit(11) | Z ~ stillem Kummer; mit(27)

Bestechlich, käuflich, korrupt(5)

Bestimmtheit(11)

Betäubung(237) | B ~ vormittags - 11 - 18 h | **B ~ Gehen, beim**(5) | G ~ Freien, im(3)

Beten(21) | *B ~ Knien, im*(4) | B ~ still(2)

Bett - Abneigung gegen das Bett, meidet es(18)

Bewußtlosigkeit(280) | B ~ abends(15) | B ~ abwechselnd mit - Ruhelosigkeit - Fieber, im | *B ~ Anstrengung, nach*(9) | B ~ Augen - starren, stieren; mit(8) | **B ~ Bewegung; bei der geringsten**(2) | B ~ Diarrhoe, nach | D ~ Erbrechen, und

Bewußtlosigkeit - epileptischem Anfall, nach(5) | *B ~ erwacht oft, aber nur für kurze Zeit*(2) | *B ~ Fieber, im*(50) | *B ~ Frost - vor*(2) | *F ~ während*(15)

Bewußtlosigkeit - häufige Anfälle von Bewußtlosigkeit, Absencen(7) | *B ~ Schwindel, bei*(46) | *B ~ Stuhlgang - vor*(2) | B ~ überfüllten Zimmer; in einem mit Menschen(12) | B ~ unvollständig(15)

Bitten(7)

Bittet - nichts; um(16)

Boshaft(99)

Bulimie(16)

Chaotisch(44)

Delirium(233) | **D ~ nachts**(67) | *D ~ ängstlich*(24) | D ~ besinnungslos, mit offenen Augen(13) | *D ~ Bett - flieht und springt plötzlich aus dem Bett auf*(36) | D ~ Blutung - nach(14) | D ~ brummt(44) | b ~ Schlaf, im(5)

Delirium - Fieber; im(54) | D ~ Fieberfrost, im(14) | *D ~ gesund; erklärt, sie sei*(4)

GEMÜT ...

Delirium - heftig(26) | D~ Konvulsionen - während(12) | D~ Kopfschmerz - während(16) | D~ manisch(47) | D~ Menses - vor(5) | D~ rasend(84) | D~ Schlaf - während(26) | D~ Verfolgungswahn im Delirium(9) | *D~ Wahnideen, mit*(18) | D~ Zittern, mit(23)

Delirium tremens(84)

Demenz(33) | D~ paralytica, Dementia(18)

Denken - Beschwerden - agg.; Denken an seine Beschwerden(71)

Diktatorisch, herrschsüchtig, dogmatisch, despotisch(25)

Dunkelheit - agg.(27)

Ehre - Ehrgefühl, kein(5)

Ehrgeiz - Geld zu verdienen(5) | E~ Verlust von(15)

Eifersucht(34) | E~ Frauen - zwischen(4) | E~ Kindern, zwischen(6) | E~ Männern, zwischen(4)

Eigensinnig, starrköpfig, dickköpfig(107) | E~ Kinder(18)

Eitelkeit(10)

Eleganz, Anmut - keine Eleganz(12)

Empfindlich(192) | E~ äußerliche Eindrücke; gegen alle(21) | E~ geistige Eindrücke; gegen(20) | *E~ Geräusche, gegen*(149) | *G~ Stimmen, gegen*(15)

Empfindlich - Gerüche, gegen(30) | *E~ Licht, gegen*(15) | *E~ Schmerz, gegen*(31) | E~ Sinneseindrücke, gegen(23)

Entfremdet - Ehefrau, von seiner(4) | E~ Familie, von seiner(18)

Enthüllt Geheimnisse - Schlaf, im(2)

Entmutigt(135)

Entrüstung(22) | E~ morgens

Ernst(77)

Erregung(287) | E~ morgens(19) | E~ Frost - während(22) | E~ Herzklopfen, mit heftigem(17)

Erschöpfung; geistige(217)

Erschreckt leicht(125) | **E~ nachts - Erwachen, beim - 3 h**(3) | *E~ Erwachen, beim*(41)

Erwartungsspannung - Lampenfieber(14)

GEMÜT ...

Essen - weigert sich zu(26)

Exzentrizität, Überspanntheit - politisch(3)

Farben - dunkle Farben - Abneigung gegen(6)

Faulheit(269) | F~ Schläfrigkeit, bei(29)

Finanzen - Fähigkeit zum Umgang mit(3) | F~ Unfähigkeit zum Umgang mit(4)

Fleißig, arbeitsam, Arbeitswut(101) | F~ Menses, vor den(26)

Fliehen, versucht zu(61) | F~ besuchen; möchte ihre Tochter | *F~ springt plötzlich aus dem Bett*(17) | **s~ wechseln; um die Betten**(2)

Fluchen(44) | F~ Konvulsionen, bei den

Fremde - Anwesenheit von Fremden - agg. - hustet beim Anblick von Fremden; Kind(4)

Freude - Unglück anderer ; über das

Froh(182) | F~ Schweiß, beim(4)

Furcht(242) | F~ Tag und Nacht | F~ morgens(27) | *F~ abends*(51) | *a~ Bett, im*(8)

Furcht - nachts(58) | **n~ Mitternacht - 3 h**(2)

Furcht - allein zu sein(54) | **a~ aus Furcht - sterben; zu**(6) | a~ verletzen; sich zu(3)

Furcht - Ärger, nach(2) | F~ Armut, vor(20) | *F~ Bett - vor dem*(20) | F~ Cholera, vor(7) | F~ Dunkelheit, vor der(40) | F~ eingebildeten - Dingen, vor(15) | *F~ Einsamkeit, vor*(15) | F~ engen Räumen; in(33) | *e~ Gewölben, Kirchen und Kellern; Furcht vor*(10)

Furcht - Ersticken, vor dem(24) | E~ nachts(14)

Furcht - fallen, zu stürzen; zu(28) | F~ Fieber - während des Fiebers(6) | F~ Geisteskrankheit(74) | G~ ausruhen will, er muß immer in Bewegung bleiben; falls er sich(2)

Furcht - geschehen; etwas werde(82) | *F~ Gespenstern, vor*(32) | G~ nachts(10)

Gemüt ...

Furcht - Hitze - während(5) | F~ hochgelegenen Orten; vor(24) | F~ Insekten, vor(10) | *F~ Kleinigkeiten, vor(10)* | F~ Krankheit, vor drohender(66) | K~ unheilbar zu sein(42)

Furcht - Krebs(13) | F~ Menschen, vor(81) | F~ Menschenmenge; in einer(58) | F~ Messern, vor(6) | F~ Nadeln, vor(10) | F~ Nase - abgeschnitten zu bekommen; davor die Nase | **F~ RÄUBERN, VOR(25)** | F~ Ruhelosigkeit aus Furcht(8) | F~ Schurken, vor(5) | *F~ Selbstmord, vor(10)* | *F~ springt - aus dem Bett; springt(3)* | s~ Fenster, aus dem Fenster

FURCHT - TOD; VOR DEM(143) | T~ nachts(8) | n~ Mitternacht - nach - 1 - 2 h | n~ 1 - 3 h

Furcht - Tod; vor dem - allein, wenn(7) | *a~ abends im Bett(4)*

Furcht - Tod; vor dem - Ärger, nach | *T~ drohendem Tod, vor(17)* | *T~ Erbrechen(2)* | *T~ Erwachen, beim(3)* | *T~ plötzlichem Tod; vor(4)*

Furcht - töten, davor zu(12) | t~ Messer, mit einem(3)

Furcht - überwältigend(19) | *F~ unerklärlich, unbestimmt(3)* | F~ Unfall zugestoßen sei; daß einem Freund ein | F~ Unglück, vor(93) | *F~ Unheil; Furcht vor(115)* | *F~ unternehmen - irgendetwas zu unternehmen(9)* | u~ Neues, etwas(4)

Furcht - Verhungern; vor dem(5) | F~ Verletzung - selbst verletzt zu werden(9) | F~ voller Furcht(12) | F~ Wehen - während(5) | F~ wiederkehrend(11) | F~ zittrig(36)

Gedächtnis - gut, aktiv(91) | **G~ Gedächtnisschwäche(284)**

Gedanken - drängen auf ihn ein und schwirren durcheinander(16) | *d~ zu schwach, um sie fernzuhalten oder an einem einzelnen Gedanken festzuhalten*

Gedanken - Gedankenandrang, einstürmende Gedanken, Gedankenfluß(78) | G~ allein, wenn

Gemüt ...

Gedanken - hartnäckig(83) | h~ allein, wenn(3)

Gedanken - Kontrolle über die Gedanken ist verloren - Frösteln, beim | *G~ Krankheit, über seine(11)* | *G~ quälend(31)*

Gefahr - Mangel an Reaktion auf Gefahr, in gefährlichen Situationen(4)

Gefühllos, hartherzig(21)

Gehalten - Verlangen, gehalten zu werden(9) | G~ amel.; gehalten zu werden(22)

Gehen - mehr als ihr gut tut

Geisteskraft - erhöht(18)

Geisteskrankheit, Wahnsinn(153) | **G~ Alkoholikern; bei(22)** | G~ Angst, mit(7) | *G~ Fieberhitze, mit(8)* | G~ fliehen, Verlangen zu(8) | *G~ Gebet - hebt die Hände und kniet wie zum Gebet* | **G~ Kummer, durch(4)** | G~ Lähmung, mit(4) | G~ Melancholie(17) | G~ Puls, mit beschleunigtem(4) | *G~ religiös(19)* | *G~ Ruhelosigkeit, mit(14)* | **G~ Schreck, durch(4)** | G~ schreibt unverständliche Zeichen | G~ Suizidneigung, mit(4) | **G~ Verfolgungswahn(6)**

Geistige Anstrengung - agg.(141) | a~ unmöglich(130)

GEIZ(34)

Gemütssymptome(26)

Geschäft - Abneigung gegen(45) | G~ Verlangen nach(6)

Geschäftig(45) | G~ fruchtlos, ergebnislos(14)

Gesellschaft - Abneigung gegen(156) | A~ Anblick von Menschen; vermeidet den(15) | A~ Furcht vor dem Alleinsein; jedoch(12) | A~ Schweiß, beim(6) | A~ treffen, die er beleidigt zu haben glaubt; dagegen Freunde zu

Gesellschaft - Verlangen nach(83) | **V~ allein; agg. wenn(48)** | a~ Furcht vor Menschen, Menschenscheu; jedoch(5)

GEMÜT ...

Gesellschaft - Verlangen nach - amel. in Gesellschaft(18)

Gespräche - Abneigung gegen(21) | G~ Verlangen nach(3)

Gesten, Gebärden; macht(22) | G~ Finger - zupft an den Fingern(8) | G~ gewöhnlichen Beschäftigung; seiner(4) | G~ Hände; unwillkürliche Bewegungen der(23) | H~ Greifen(41) | H~ Hochheben der Hände | *H~ Kopf, zum - Schlaf, im* | H~ ringt die Hände(14) | H~ wirft die Hände umher - Kopf; über den(5) | *H~ zupft - Bettwäsche; an der*(36)

Gesten, Gebärden; macht - konvulsivisch(24)

Gesund - sagt, er sei gesund - krank ist; wenn er sehr(17)

Getötet zu werden; Verlangen(5) | *G~ Stich ins Herz; durch einen - Mitternacht; nach*

Getragen - Verlangen getragen zu werden(31) | **V~ schnell**(6)

GEWISSENHAFT, PEINLICH GENAU IN BEZUG AUF KLEINIGKEITEN(58)

Gier, Habsucht(19)

Gleichgültigkeit, Apathie(251) | *G~ allem; gegenüber*(71) | G~ geliebte Personen, gegen(17) | G~ Genesung, gegenüber seiner(3) | *G~ Leben; gegen das*(12) | G~ periodisch(2) | G~ Pflichten, gegenüber(12) | G~ Ruhm; gegenüber(3) | G~ Schläfrigkeit, bei(25) | *G~ Schweiß, beim*(4) | *G~ Vergnügen, gegen*(46) | G~ Wohlergehen anderer; gegen das(11)

Grausamkeit, Unmenschlichkeit(30) | G~ liebt es, Menschen und Tieren Leid zuzufügen(2)

Grimassen - sonderbare Gesichter; schneidet(6)

Hämorrhoiden; Gemütssymptome nach unterdrückten(18)

Hartherzig, unerbittlich(20)

Haß - Rachsucht; Haß und(32)

Hast, Eile(112) | H~ Bewegungen im(23) | *H~ Trinken, beim*(11)

GEMÜT ...

Hautausschlägen; Gemütssymptome nach unterdrückten(18)

Heftig, vehement(100) | H~ Gewalttaten führt; Raserei, die zu(34)

Heikel, pingelig(34)

Heulen(30)

Hinterhältig, hinterlistig, falsch, verschlagen(32)

Hypochondrie(116) | H~ allein, wenn

Hysterie(194) | H~ Ohnmacht, hysterische(22)

Ideen, Einfälle - Reichtum an, Klarheit des Geistes(125)

Idiotie(45)

Imbezillität(140)

Impulse, Triebe; krankhafte(10)

Intrigant(5)

Jammern(93) | J~ Angst im Epigastrium; über | J~ Konvulsionen, bei den | *J~ laut, durchdringend* | J~ Menses, während(2)

Kindisches Benehmen(52)

Klagen(64) | K~ mitleiderregend

Klammert sich an - hält sich nach anderen fest(4)

Klatschsüchtig(8)

Kleinigkeiten scheinen wichtig, bedeutend(19)

Kleptomanie(27)

Konzentration - schwierig(261)

Kriecht, krabbelt - rollt auf dem Boden herum(6)

Kummer(76) | K~ Kleinigkeiten, über(3)

Kurz angebunden, barsch - schroff(13)

Lächeln(8) | **L~ niemals**(4)

Lachen(102) | L~ Kleinigkeiten, über(13) | L~ leicht(4) | **L~ niemals**(4) | L~ spasmodisch(49)

Läuft umher(24)

Langeweile(53)

Langsamkeit(68)

Lästig, geht auf die Nerven(79)

Launenhaftigkeit, launisch(108)

Lebensüberdruß(82) | *L~ Alkoholikern; bei* | L~ Alter, im(3)

Lebhaft, munter(50)

GEMÜT ...

Leidenschaftlich(49)

Liebevoll, voller Zuneigung, herzlich(37)

Lustig, fröhlich(123)

Manie(149) | **M~ gehalten werden, möchte** | M~ gewalttätig(6) | M~ qualvoller Angst, bei | M~ Raserei, mit(27)

Menopause agg.(18)

Menschenfeindlichkeit, Misanthropie(45)

Menses - während; Gemütssymptome(28)

Milde(80)

Moralischem Empfinden; Mangel an(48) | M~ Verbrecher zu werden, ohne Reue; Neigung zum(5)

Morphiumsucht(31)

Murmeln(55) | M~ Schlaf, im(18) | *M~ unklar*(6)

Mürrisch(290) | *M~ morgens*(42) | *m~ Bett, im*(16)

Mürrisch - abwechselnd mit - Fröhlichkeit, Frohsinn(23) | *M~ Erwachen, beim*(32) | M~ Fieberfrost, im(13) | M~ Kindern, bei(14) | M~ sich selbst; gegenüber(2)

Mutwillig, boshaft(24)

Neid(22) | N~ Eigenschaften anderer; auf(6) | *N~ Habgier, und*(12)

Niederträchtig(11)

Perfide(9)

Pessimist(17)

Pflicht - kein Pflichtgefühl(12)

Phantasien - periodisch wiederkehrend | *P~ übertrieben*(114) | P~ übertrieben - nachts(40) | P~ übertrieben - allein, wenn

Prahler, Aufschneider(13)

Protestiert, erhebt Einspruch(5)

Prozesse; geht gerne vor Gericht, führt gerne(6)

Quält - sich(8)

QUALVOLLE ANGST(121) | Q~ abends(12) | Q~ nachts(9) | n~ Mitternacht - nach

Qualvolle Angst - Atmen verhindernd, das | Q~ Erbrechen, mit(3)

GEMÜT ...

Qualvolle Angst - Herumwerfen, mit(4) | *Q~ Herzerkrankung, bei*(8) | **Q~ Herzklopfen, mit**(6) | *Q~ Ruhelosigkeit; mit* | **Q~ treibt von einer Stelle zur anderen**(2) | **t~ Ruhelosigkeit, mit**(4)

Qualvolle Angst - Übelkeit, mit(3) | *Q~ zusammengeschnürt; als würde alles*

Raserei, Tobsucht, Wut(95) | R~ abends(16) | R~ nachts(15) | R~ abwechselnd mit - Schlaf | R~ gefesselt werden, muß(6) | R~ Konvulsionen; Raserei mit(5) | *R~ Kopfschmerzen, mit*(10) | R~ Schmerzen, durch(5)

Redseligkeit; Geschwätzigkeit(136) | R~ Schweiß, beim(8)

Reizbarkeit(408) | R~ morgens - Erwachen, beim(43) | R~ abwechselnd mit - Fröhlichkeit, Frohsinn(23) | R~ angesprochen, wenn(26) | *R~ Erwachen, beim*(56) | R~ Essen - nach(26) | *R~ Fieberfrost, im*(57) | R~ Geräusche, durch(21) | *R~ Hitze - während*(31) | R~ Kindern, bei(29) | *R~ Kopfschmerzen, bei*(61) | R~ Schmerzen; bei den(10) | R~ schweigsam(5)

Religiös - Gemütsstörungen, religiöse(63) | *G~ Kindern, bei*(5) | *G~ Pubertät, in der*(4)

Religiös - Melancholie(21)

Reue(63)

Rollt, wälzt sich - Boden herum; auf dem(9) | R~ Seite auf die andere; von einer(4)

Ruhe - kann nicht ruhen, wenn Dinge nicht am richtigen Platz sind(2)

Ruhelosigkeit(420) | *R~ abends*(51) | **R~ nachts**(249) | **n~ Mitternacht - nach**(13) | n~ 3 h - nach

Ruhelosigkeit - abwechselnd mit - Bewußtlosigkeit(2) | *a~ Schläfrigkeit - Fieber; beim* | **a~ Stupor**(2)

Ruhelosigkeit - ängstlich(111) | **ä~ Gehen; zwingt zu schnellem**(6)

Ruhelosigkeit - Bett - aus einem Bett zum anderen gehen; will(15)

Gemüt ...

Ruhelosigkeit - Bett - Herumwerfen im(123) | **B~ treibt aus dem**(39)

Ruhelosigkeit - bewegen - muß sich ständig(18) | *R~ Erwachen, beim*(30) | **R~ Frost - während**(23) | **R~ Hitze - während**(66) | R~ hypochondrisch(4) | **R~ innerlich**(37) | R~ Kindern, bei(22) | K~ Herumtragen der Kinder amel.(5)

Ruhelosigkeit - Kopfschmerzen, bei(31) | *R~ Menses - während*(40) | M~ unterdrückten, bei(9)

Ruhelosigkeit - periodisch | R~ Schläfrigkeit, bei(12) | R~ Schmerzen, durch(19) | R~ Sitzen, im(21) | S~ Arbeit, bei der(2)

Ruhelosigkeit - treibt ihn von einem Ort zum anderen(6) | *R~ treibt umher*(41)

Schaukeln - agg.(5)

Schlagen - sich; schlägt(8) | s~ Kopf - seinen Kopf(3) | s~ schlägt seinen Kopf gegen die Wand und gegen Gegenstände(11)

Schmollen(41)

Schmutzig - Haut, mit schmutziger(6)

Schreckliches und traurige Geschichten greifen sie stark an(32)

Schreiben - Unfähigkeit zu(6)

Schreien(133) | S~ Cri encéphalique(29) | S~ Erwachen - beim(27) | S~ muß; hat das Gefühl, als ob sie schreien(20) | *S~ Schmerzen, bei den*(25) | S~ Wahnideen - durch(5)

Schüchternheit, Zaghaftigkeit(113) | S~ abends - Bett - Zubettgehen; beim(11)

Schweigsam(209) | S~ Fieberhitze; in der(11) | S~ Schweiß; beim(7) | *S~ Traurigkeit; bei*(12)

Seelenruhe, Gelassenheit(85)

Selbstsucht, Egoismus(32)

Selbstvertrauen - Mangel an Selbstvertrauen(86)

Sentimental, schwärmerisch, rührselig(64)

Seufzen(98) | S~ Fieberhitze, in der(17) | S~ Menses - während(6) | S~ Schlaf, im(10) | S~ komatös

Gemüt ...

Seufzen - Schweiß, beim(16)

Sinne - abgestumpft, stumpf(107) | **S~ scharf**(52) | S~ Vergehen, Schwinden der(51)

Sitzen - Neigung zu sitzen(110)

Sorgen, voller(50) | S~ abends - Bett, im(2) | S~ andere, um(14) | *S~ Kleinigkeiten, um*(4) | S~ Verwandte, um(7)

Sorgsamkeit, Sorgfalt(12)

Spaßen(52) | S~ Abneigung gegen(22) | S~ boshaft, bösartig(3)

Spielen - Spielleidenschaft(10)

Spontan, impulsiv(33)

Spotten(18) | *S~ Sarkasmus, beißender Spott*(14) | S~ Satire, Lust an(2)

Sprache - barsch(6) | S~ einsilbig(7) | S~ hastig(44) | S~ langsam(59) | S~ laut(11) | S~ unklar, unverständlich(20) | S~ unzusammenhängend(65) | u~ epileptischem Anfall; nach(2)

Sprache - wild(7)

Sprechen - agg. die Beschwerden(34) | **S~ anderer agg.; das Sprechen**(46) | S~ beenden; kann den Satz nicht(6) | S~ Geschäft, vom(13) | S~ Schlaf, im(93) | *S~ enthüllt Geheimnisse*(2)

Sprechen - schweift von einem Thema zum anderen(47)

Springen - Bett; aus dem(41)

Spucken - Gesicht; Menschen ins(14)

Still sein, seine Ruhe haben; möchte(21) | S~ Fieberfrost, im(3)

Stilles Wesen(49)

Stimmung, Laune - abweisend, zurückweisend(40) | *S~ veränderlich*(158) | S~ wechselnd, wechselhaft(80)

Stöhnen(119) | S~ abends(2) | a~ Schlaf, im

Stöhnen - nachts(10) | *S~ Menses - während*(4) | *S~ Schlaf, im*(62)

Streitsüchtig(136) | S~ Schlaf, im(9)

Studieren, Lernen - schwierig, fällt schwer(18)

Stumpfheit(332) | S~ vormittags(17) | S~ mittags(4) | S~ nachmittags(29) | S~ Schnupfen, beim | S~ Schweiß, beim(8)

Gemüt ...

Stupor(138) | *S~ abends*(3) | S~ Diarrhoe und Erbrechen; nach | *S~ erwacht oft, aber nur für kurze Zeit*(2) | *S~ Fieber, im*(21) | *S~ Konvulsionen, nach den - epileptisch*(2)

Sucht etwas - Dieben; nachts nach

Suizidneigung; Neigung zum Selbstmord(98) | *S~ nachts*(5) | *n~ Mitternacht, nach*(2)

Suizidneigung; Neigung zum Selbstmord - Auto zu werfen; sich vor ein(3) | S~ Betrunkenheit; bei(3) | **S~ Erhängen, durch**(7) | S~ Erstechen, durch(4) | S~ Fieberhitze, in der(6) | S~ Gas vergiften; will sich mit(2) | S~ Gift, durch(6) | *S~ Messer - mit einem Messer*(8) | *S~ Schreck, nach* | *S~ Schweiß, beim*(9) | *S~ stürzt sich - Fenster, aus dem*(21) | F~ Furcht, aus

Suizidneigung; Neigung zum Selbstmord - stürzt sich - Tiefe, in die(24) | S~ überfahren lassen; will sich(5) | S~ Wahnideen durch(3) | *S~ Wechselfieber, bei*(6)

Tadelsüchtig, krittelig(80)

Tadelt - andere(32) | *T~ sich selbst*(36)

Theoretisieren(20)

Tod - Agonie vor dem Tod(15) | *T~ Gedanken an den Tod*(54) | *T~ Gefühl von*(25) | *T~ Vorahnung des Todes*(62) | T~ wünscht sich den Tod, möchte sterben(72)

Tollwut, Hydrophobie(46)

Töten, Verlangen zu(32) | *T~ Alkoholikern; bei* | *T~ Friseur will seinen Kunden töten; der*(2) | T~ geliebte Menschen(6) | T~ Messer - mit einem Messer(12) | *T~ plötzlicher Impuls zu töten*(10) | T~ vergiften; Impuls jemanden zu(3)

Traum; wie in einem(69) | T~ tagsüber(2)

Traurigkeit(477) | T~ morgens - Erwachen - beim(21) | *T~ abends*(76) | *a~ Bett, im*(8) | *a~ Dämmerung, in der*(5)

Traurigkeit - nachts(21) | *n~ Bett, im*(8)

Gemüt ...

TRAURIGKEIT - ALLEIN - WENN(24) | *T~ Anstrengung, nach*(5) | T~ Dunkelheit, in der(9) | *T~ Essen - nach*(25) | **T~ Fieberhitze, in der**(55) | **T~ Frost - während**(37) | *T~ geistiger Anstrengung, nach*(3) | T~ Geld - Geldverlust; nach | T~ getröstet werden; kann nicht | *T~ Kindern, bei*(9) | T~ Kopfschmerzen, bei(30) | *T~ Mädchen; bei - Pubertät; vor der*(4)

Traurigkeit - Menses - unterdrückt(20) | *T~ Mittagessen, nach dem*(6) | *T~ periodisch*(10) | *T~ Pubertät, in der*(13) | T~ ringt die Hände(3) | T~ Schlaflosigkeit - mit(6) | *T~ schweigsam*(12) | T~ Schweiß, beim(29) | T~ still(7) | T~ Zorn - nach(10)

Trinkt mehr als sie sollte

Trost - agg.(39) | a~ Mitleid, Mitgefühl agg.(15)

Unbarmherzig(14)

Unbehagen(44) | U~ Fieberfrost, im

Unbeständigkeit(45)

Undankbar(10)

Unduldsamkeit(7)

Unehrlich(7)

Unentschlossenheit(146) | U~ Kleinigkeiten, um(5) | U~ Projekten, bei(8)

Ungeduld(131) | U~ Fieberhitze, mit(10)

Ungestüm - Schweiß, mit(12)

Untröstlich(30)

Unverschämtheit(33)

Unzufrieden(168) | U~ tagsüber(2) | U~ allem; mit(66) | *U~ sich selbst, mit*(36)

Verächtlich(35)

Vergeßlich(187)

Verlangen, Wunsch nach - nichts; nach(7) | *V~ voller Verlangen - mehr als sie braucht*(5)

Verlassen zu sein; Gefühl - geliebt zu werden; hat das Gefühl, von den Eltern, der Ehefrau und Freunden nicht(7)

Verletzen, sich zu - fürchtet sich davor alleingelassen zu werden, aus Furcht, sich zu verletzen(7)

Gemüt ...

Verleumden, Neigung zu(21) | V~ denunzieren, Neigung zum(4) | V~ petzen, Neigung zu(3)

Verstecken - sich(18) | *s~ Furcht, aufgrund von*(3)

Verstümmelt seinen Körper(6)

Verwirrung, geistige(321) | V~ morgens(115) | m~ Erwachen, beim(50)

Verwirrung, geistige - abends(78) | V~ Bett, im - herausspringen, läßt ihn(4) | V~ Erwachen, beim(71) | V~ Freien, im - amel.(30) | V~ Schlaf; nach(14) | *V~ Waschen des Gesichtes - amel.*(8) | V~ Zimmer, im(2)

Verzweiflung(137) | **V~ Fieberfrost, im**(20) | *V~ Fieberhitze, in der*(21) | **V~ Genesung, in bezug auf die**(44) | *V~ Leben, am*(3) | *V~ periodisch*(3) | **V~ religiöse Verzweiflung am Seelenheil**(30) | *V~ Schmerzen; bei den*(21) | **V~ Schweiß, beim**(9)

Vorsichtig(17)

Vorurteile, voreingenommen, parteiisch(2)

Wahnideen(191) | W~ Tag und Nacht(3) | W~ nachts(36) | n~ gegen Morgen zu - abwechseln mit - Schlaf; mit verworrenem, unruhigem

Wahnideen - Ansammlungen von Dingen, Schwärmen, Menschenmengen etc.(17) | *W~ aufhängen, möchte sich* | **W~ beleidigt; er habe Menschen**(3) | **W~ beobachtet, sie würde**(7) | W~ beschäftigt - Tätigkeit; mit einer(12) | T~ normalen Tätigkeit (seinem Beruf)(5)

Wahnideen - Bett - fallen - aus dem Bett zu fallen(4) | B~ jemand - unter dem Bett; jemand sei(6) | B~ weggezogen; würde unter ihr - gelandet; und sie sei auf dem Boden

Wahnideen - Bilder, Phantome; sieht(76) | B~ schreckliche(60) | B~ schwarz(9)

Wahnideen - Diebe - Haus, im(9) | *H~ Bett sei voller Diebe; und der Raum unter dem*

Gemüt ...

Wahnideen - Diebe - sieht(21) | *s~ nachts* | s~ lauscht unter das Bett

Wahnideen - eingesperrt werden; er solle(10) | W~ ermorden; er würde - jemanden ermorden; er müsse(4) | W~ ermordet - er würde ermordet - verschwören sich, um ihn zu ermorden; andere(3) | e~ jemanden ermordet; er habe(2)

Wahnideen - Fallen - leeren Raum fallen; er werde in | F~ stürzen; er werde(2)

Wahnideen - Feuer - Visionen von(34) | W~ Freund - beleidigt; er habe seinen | F~ Unfall gehabt; sein Freund habe einen

Wahnideen - Gegenstände; über - fassen; versucht, Gegenstände zu(5) | W~ Gehirn - wabbeln; das Gehirn scheint zu | W~ geisteskrank - werden; er würde geisteskrank(43) | w~ nachdenkt; wenn er lang über etwas

Wahnideen - Geräusche - knirschen; hört wilde Biester um sein Bett herum mit den Zähnen | W~ Geruchssinns, des(17) | W~ Geschäft - normalen Geschäften nachgehen; sie würden(5) | W~ Gesichter, sieht(26) | G~ Schließen der Augen; beim(15)

Wahnideen - Gespenster, Geister, Gestalten - Tag und Nacht | G~ schwarze Gestalten wenn er träumt(3) | *G~ sieht*(55)

Wahnideen - gesund, er sei(12) | W~ Glocken läuten, hört(5) | W~ glücklich werden; er werde in seinem eigenen Haus niemals | W~ hängen - sieht Personen | W~ Haus - Menschen; das Haus sei voller(10) | W~ Hören - Einbildung; etwas zu hören(44) | **W~ Insekten, sieht**(14) | W~ Käfer, Würmer etc.(6) | W~ Körper - dreifachen; er habe einen(2) | *K~ verfaulen, werde*(2)

Wahnideen - krank - sein; krank zu(27)

Gemüt ...

Wahnideen - Mann - aufgehängt hat; sieht einen Mann, der sich | M~ macht genau dasselbe wie er; ein Mann

Wahnideen - Menschen - neben ihm, seien(13) | *n~ machen dasselbe wie er*

Wahnideen - Menschen - sieht(29) | s~ Schließen der Augen; beim(5)

Wahnideen - nachgestellt - ihm würde nachgestellt(28) | *W~ Phantasiegebilde, Illusionen*(115) | W~ Polizist - kommen; er sieht einen Polizisten ins Haus(3) | *W~ Ratten, sieht*(10) | R~ laufen - Zimmer; quer durch das(5)

Wahnideen - religiös(17) | W~ ruft - Erwachen; jemand ruft beim(5) | W~ schlafen; er würde - nicht genug geschlafen; er habe(17) | W~ Selbstmord genötigt; zum(5) | W~ sterben - gleich sterben; glaubt, er würde(57) | s~ Zeit zum sterben sei gekommen(6)

Wahnideen - Teufel - sieht(19) | *W~ Tiere*(42) | T~ Bett - auf dem(5)

Wahnideen - tot - er selbst sei(18) | t~ Leiche - Bekannten auf dem Sofa und hat Furcht; Leiche eines abwesenden | *t~ Personen, sieht tote*(59)

Wahnideen - Unfälle - sieht Unfälle(2) | W~ Ungeziefer - Bett sei mit Ungeziefer bedeckt; sein | *U~ sieht Ungeziefer herumkriechen*(13)

Wahnideen - Unrecht - begangen; er habe Unrecht(26) | W~ Verbrechen - begangen; er habe ein Verbrechen(29) | *W~ Verbrechern, von*(24) | W~ verdammt; er sei(23) | W~ verfolgt - Feinden, von(30) | v~ Polizei, von der(10)

Wahnideen - verfolgt; er würde(23) | W~ verhungern - Familie werde, die(4) | W~ Verletzung - werden; würde gleich verletzt(13) | W~ verloren, sie sei - Seelenheil verloren; sie habe das(5) | W~ Verschwörungen - gegen ihn im Gange; es seien(3) | W~ verspielt; er habe durch eigenes Verschulden seine Gnadenfrist(9)

Gemüt ...

Wahnideen - verunreinigen, was sie berührt; sie würde alles | W~ Visionen, hat(76) | V~ phantastisch(8) | V~ Schließen der Augen; beim(29)

Wahnideen - Wasser - von(19) | W~ Würmer - Bett, seien im | W~ kriechenden Würmern, von(10)

Waschen - Verlangen zu waschen - Hände; wäscht sich ständig die(11) | V~ Sauberkeitswahn, Reinlichkeitswahn(3)

Weigert sich - Behandlung, gegen jede - krank ist; obwohl er sehr(3)

Weinen(244) | W~ nachts(81) | n~ Mitternacht - vor(3) | M~ nach(2)

Weinen - Fieberfrost - im(25) | W~ grundlos(30) | W~ Husten - während(21) | W~ hysterisch(9) | W~ Kindern; bei(22) | W~ Kind, wie ein(2) | *W~ Menses - während*(27) | W~ Schlaf, im(88) | W~ Schmerzen - während den Schmerzen(23) | W~ unwillkürlich - Schwäche, aus(3) | *W~ Wimmern, Winseln*(27) | W~ nachts(2) | *W~ Schlaf, im*(28)

Weinen - Zorn - bei(4)

Widerspenstig(66)

Widerspruch - Neigung zu widersprechen(38) | W~ verträgt keinen Widerspruch(73)

Widerwillen(39)

Wille - Willensschwäche(58)

Wirft mit Gegenständen um sich(20) | W~ Ungeziefer mit vollen Händen

Zerstreut(166)

Ziehen - Haaren; an den - Verlangen zu ziehen - ihrem eigenen Haar; an(9) | V~ jemanden an den Haaren(11)

Zorn(243) | Z~ morgens - Erwachen, beim(13) | Z~ antworten muß; wenn er(7) | Z~ Essen - muß; wenn er essen | Z~ Fehler, über seine(7) | Z~ Gesicht - blassem, lividem Gesicht; mit(8) | Z~ getröstet, wenn(10) | Z~ heftig(72) | *Z~ Kleinigkeiten, über*(58) | Z~ leicht(37) | Z~ Schmerzen - über(6) | Z~ sich selbst; auf(10) | Z~ Widerspruch, durch(37)

Gemüt ...
Zurückhaltend, reserviert(64)
Zweifelt - Genesung; an der(31) | G~ Arznei sei nutzlos; die(2)
Zweifelt - Seelenheil, am(18)

Träume
Alpträume, Alpdrücken(144)
Angenehm(136)
Ängstlich(239) | Ä~ Einschlafen, beim(11)
Anstrengung - geistige(51) | *A~ körperliche*(20)
Drohungen, Androhungen(3)
Dunkelheit(2)
Erfolglose Anstrengungen - schreien; zu(6)
Erotisch(196) | E~ Pollutionen, mit(96)
Erschöpfend(45)
Feuer(65)
Fortsetzung - Träumen, von - Einschlafen fortgesetzt; der vorherige Traum wird beim(8)
Gefahr(40) | G~ Wasser, Überschwemmungen; durch(10)
Gespenster - schwarze(2)
Gestalten - schwarze(3)
Gewissensbisse(11)
Gewitter(6)
Intellektuell(23)
Katzen(12)
Lebhaft(193)
Lustig(14)
Phantastisch(55)
Reue
Ruhelos(53)
Schrecklich(237)
Schreien; unfähig zu(6)
Schwierigkeiten(18)
Sorgen, voller(21)
Streitigkeiten(69)
Stürme(5)
Tod(64)
Traurig(46)
Trinken(5)
Unangenehm(87)
Unerinnerlich, bleiben nicht im Gedächtnis(93)
Unfälle(29)

Träume ...
Unglück(64)
Unwichtig(46)
Verdrießlich(122)
Verlegenheit(7)
Verstorbenen, von(84)
Viele(260)
Visionär(45)
Wasser(49) | *W~ schwarzes*
Wecken den Patienten(118)
Zusammenhängend(13)

– *Arsenicum hydrogenisatum* –

ars-h.

Gemüt
Abscheu - Geschäften, vor seinen
Angst(362) | A~ Erwachen, beim(86) | A~ Frost - vor(3) | F~ während(31)
Angst - Gesundheit; um die - eigene Gesundheit; um seine(57)
Antworten - kurz angebunden(19) | A~ langsam(35)
Auffahren, Zusammenfahren(117) | *A~ Schlaf - während*(163) | S~ Einschlafen, beim(72)
Bewußtlosigkeit(280) | B~ Erbrechen - mit(3)
Entmutigt(135)
Erregung(287) | E~ Hitze - während der Hitze; Erregung(23)
Exzentrizität, Überspanntheit(54)
Faulheit(269)
Furcht(242) | *F~ allein zu sein - aus Furcht - sterben; zu*(6) | F~ Tod; vor dem - allein, wenn(7)
Gedächtnis - Gedächtnisschwäche(284)
Geschäft - Abneigung gegen(45)
Gesellschaft - Verlangen nach(83)
Gleichgültigkeit, Apathie(251) | G~ wichtige - Neuigkeiten; gegen
Hochgefühl(97)
Klagen - Schmerzen, über(3)
Redseligkeit; Geschwätzigkeit(136)
Ruhelosigkeit(420)
Stimmung, Laune - veränderlich(158)

Gemüt ...

Stöhnen - Schlaf, im(62)
Stupor(138) | S~ Erbrechen, mit(3)
Tod - Gedanken an den Tod(54) | T~ Gewißheit des (eigenen) Todes(11)
Ungeduld(131)
Verzweiflung(137) | V~ Erbrechen, beim
Wahnideen - Kopf - Schwimmen
Zorn(243)
Zweifelt - Genesung; an der(31)

Träume

Angenehm(136)
Beten(2)
Menschen(14) | M~ Menschenmenge(2)
Phantastisch(55)
Poetisch(5)

– Arsenicum iodatum –

ars-i.

Gemüt

Angesprochen zu werden - Abneigung(63)
Angst(362) | A~ Bett - im Bett - Herumwerfen, mit(7) | i~ Wärme; durch
Antworten - Abneigung zu antworten(67)
Auffahren, Zusammenfahren(117) | A~ Schlaf - während(163)
Beschwerden durch - geistige Anstrengung(59)
Betäubung(237)
Delirium - nachts(67)
Empfindlich(192) | *E~ Geräusche, gegen*(149) | E~ Sinneseindrücke, gegen(23)
Entmutigt(135)
Erregung(287)
Erschöpfung; geistige(217)
Farben - dunkle Farben - Abneigung gegen(6) | F~ gelb - Verlangen nach - zitronengelb(3) | F~ rot - Abneigung gegen(6) | F~ schwarz - Abneigung(11) | *F~ weiß - Verlangen nach*(15)
Faulheit(269)
Furcht(242) | F~ Geisteskrankheit(74) | F~ Menschen, vor(81) | F~ Unglück, vor(93) | F~ Unheil; Furcht vor(115)

Gemüt ...

Gedanken - hartnäckig(83) | G~ quälend(31) | G~ wandernd(72)
Geisteskrankheit, Wahnsinn(153)
Geistige Anstrengung - agg.(141)
Gleichgültigkeit, Apathie(251) | G~ geliebte Personen, gegen(17) | G~ Glück; gegen | G~ Umgebung, gegen die(16) | G~ Vergnügen, gegen(46)
Hast, Eile(112)
Heikel, pingelig(34) | H~ Eigentum; in bezug auf sein
Konzentration - schwierig(261)
Lustig, fröhlich(123)
Milde(80)
Qualvolle Angst - treibt von einer Stelle zur anderen - Ruhelosigkeit, mit(4)
Redseligkeit; Geschwätzigkeit(136)
Reizbarkeit(408)
Ruhelosigkeit(420) | *R~ nachts*(249) | *R~ ängstlich*(111) | *R~ Bett - treibt aus dem*(39) | *R~ warm - Bett*(7)
Schüchternheit, Zaghaftigkeit(113)
Sinne - abgestumpft, stumpf(107)
Sitzen - Neigung zu sitzen(110)
Stimmung, Laune - veränderlich(158) | S~ wechselnd, wechselhaft(80)
Stumpfheit(332)
Töten, Verlangen zu(32) | *T~ plötzlicher Impuls zu töten*(10)
Traurigkeit(477)
Unentschlossenheit(146)
Ungeduld(131)
Unzufrieden(168)
Verwirrung, geistige(321) | V~ morgens(115) | V~ abends(78)
Verzweiflung(137)
Wahnideen(191) | W~ Phantasiegebilde, Illusionen(115) | W~ tot - Personen, sieht tote(59)
Weinen(244)
Zorn(243)

Träume

Alpträume, Alpdrücken(144)
Ängstlich(239)
Erotisch(196)
Lebhaft(193)

Träume ...

Schrecklich(237)
Verstorbenen, von(84)

– Arsenicum metallicum –

ars-met.

Gemüt

Beschwerden durch - geistige Anstrengung(59)
Bewußtlosigkeit - morgens(45)
Faulheit(269)
Fliehen, versucht zu(61)
Furcht - vergiftet - werden; Furcht, vergiftet zu(23) | w~ nachts
Gedächtnis - Gedächtnisschwäche - gelesen hat; für das, was er(41)
Gesellschaft - Abneigung gegen(156)
Stumpfheit(332)
Stupor - morgens(36)
Tod - wünscht sich den Tod, möchte sterben(72)
Traurigkeit(477)
Traurigkeit - schlafen und nie wieder aufwachen; möchte
Wahnideen(191) | W~ Boden - berühren; sie würde kaum den Boden(3) | W~ Gespenster, Geister, Gestalten - sieht(55) | W~ laufen - weglaufen, sie müsse | W~ Menschen - bedrohen, und sie schreit schrecklich; die sie | W~ Whisky - Whiskydämpfe seien ihm in den Kopf gestiegen

Träume

Gefahr(40) | G~ Wasser, Überschwemmungen; durch(10)

– Arsenicum sulphuratum flavum –

ars-s-f.

Gemüt

Abscheu - Leben, vor dem(84)
Alkoholismus(135)
Angesprochen zu werden - Abneigung(63)

Gemüt ...

Angst(362) | *A~ morgens*(42) | **A~ abends**(87) | **a~ Bett, im**(54)
Angst - nachts(119) | A~ Erwachen, beim(86) | A~ Fieber - während(91) | A~ folternd(4) | A~ Furcht, mit(110) | *A~ Gewissensangst*(75) | A~ Ohnmacht - nach Ohnmacht; Angst | A~ Ohnmacht; nach | A~ Seelenheil, um das(35) | A~ Stuhlgang - während(20)
Antworten - Abneigung zu antworten(67) | A~ langsam(35)
Argwöhnisch(105)
Auffahren, Zusammenfahren(117) | A~ abends - Einschlafen, beim(19) | A~ leicht(52) | A~ Schlaf - während(163) | S~ Einschlafen, beim(72)
Beleidigt, leicht(79)
Beschwerden durch - Zorn(94)
Betäubung(237)
Boshaft(99) | B~ abwechselnd mit - Redseligkeit
Delirium(233) | D~ nachts(67) | D~ rasend(84)
Delirium tremens(84)
Eigensinnig, starrköpfig, dickköpfig(107)
Empfindlich(192)
Ernst(77)
Erregung(287) | E~ nachts(40)
Erschöpfung; geistige(217)
Erschreckt leicht(125)
Faulheit(269)
Froh(182)
Furcht(242) | *F~ nachts*(58) | *F~ allein zu sein*(54) | F~ Einsamkeit, vor(15) | F~ Folterung; vor | F~ Gespenstern, vor(32) | F~ Menschen, vor(81) | F~ Menschenmenge; in einer(58) | F~ Ohnmacht zu fallen; davor in(6) | *F~ Tod; vor dem*(143) | F~ Unheil; Furcht vor(115)
Gedächtnis - gut, aktiv(91) | g~ abwechselnd mit - Gedächtnisschwäche(3)

Gemüt ...

Gedanken - Gedankenandrang, einstürmende Gedanken, Gedankenfluß(78) | G~ Vergehen, Schwinden der Gedanken(76)

Geisteskrankheit, Wahnsinn(153) | G~ Alkoholikern; bei(22) | G~ Raserei

Geistige Anstrengung - agg. - unmöglich - Essen; nach dem

Gespräche - Abneigung gegen(21)

Gesten, Gebärden; macht - Hände; unwillkürliche Bewegungen der - zupft - Bettwäsche; an der(36)

Gewissenhaft, peinlich genau in bezug auf Kleinigkeiten(58)

Gleichgültigkeit, Apathie(251)

Hast, Eile(112) | H~ Bewegungen im(23) | H~ immer in Eile(6)

Hysterie(194)

Ideen, Einfälle - Reichtum an, Klarheit des Geistes(125)

Imbezillität(140)

Jammern(93)

Lachen(102) | L~ abwechselnd mit - Jammern | a~ Stöhnen(6)

Launenhaftigkeit, launisch(108)

Lebhaft, munter(50) | L~ abwechselnd mit - Murmeln

Manie(149)

Murmeln(55)

Raserei, Tobsucht, Wut(95)

Redseligkeit; Geschwätzigkeit(136)

Reizbarkeit(408) | R~ morgens - Erwachen, beim(43) | R~ Fieberfrost, im(57)

Religiös - Gemütsstörungen, religiöse(63)

Reue(63)

Ruhelosigkeit - abends(51) | *R ~ nachts*(249) | R~ Bett - Herumwerfen im(123) | R~ Hitze - während(66) | R~ Menses - während(40)

Schüchternheit, Zaghaftigkeit(113) | S~ schamhaft(58)

Schweigsam(209)

Sprache - unzusammenhängend(65)

Sprechen - schweift von einem Thema zum anderen(47)

Gemüt ...

Streitsüchtig(136)

Tadelsüchtig, krittelig(80) | T~ besten Freunden gegenüber; den(4)

Tod - wünscht sich den Tod, möchte sterben(72)

Traurigkeit - abends(76) | T~ Fieberhitze, in der(55)

Traurigkeit - Schweiß, beim(29)

Ungeduld(131)

Unvernünftig(2)

Unzufrieden(168)

Vergeßlich(187)

Verlangen, Wunsch nach - voller Verlangen - mehr als sie braucht(5)

Verwirrung, geistige - morgens - Erwachen, beim(50)

Verzweiflung(137)

Wahnideen(191) | W~ Bett - fallen - aus dem Bett zu fallen(4) | W~ Fliegen - müsse er fliegen; als(3) | W~ Tanzen - er würde tanzen - Gehen auf und ab; er tanzt beim

Weinen - nachts(81) | W~ Schlaf, im(88)

Zerstreut(166)

Träume

Alpträume, Alpdrücken(144)

Ängstlich(239)

Erotisch(196) | E~ Pollutionen, mit(96)

Lebhaft(193)

Schrecklich(237)

Tod(64)

Unglück(64)

Verdrießlich(122)

Verstorbenen, von(84)

– *Arsenicum sulphuratum rubrum* –

ars-s-r.

Gemüt

Ideen, Einfälle - Reichtum an, Klarheit des Geistes(125)

Mürrisch(290)

Schweigsam(209)

Traurigkeit(477)

Gemüt ...

Ungeschicklichkeit - fallen, läßt Dinge(26)

Träume

Lebhaft(193)

– *Artemisia vulgaris* –

art-v.

Gemüt

Beschwerden durch - Kummer(65) | B ~ schlechte Nachrichten(34) | *B ~ Schreck*(72)

Bewußtlosigkeit(280) | *B ~ Konvulsionen - nach*(12)

Delirium - Blick auf einen Punkt fixiert(10)

Erregung(287) | *E ~ epileptischem Anfall, vor*(3)

Erschöpfung; geistige - Epilepsie, bei

Furcht(242)

Gedächtnis - Gedächtnisschwäche(284)

Gesten, Gebärden; macht - Hände; unwillkürliche Bewegungen der - zupft - Bettwäsche; an der(36)

Hysterie(194)

Imbezillität(140)

Katalepsie(20)

Kleptomanie(27)

Mürrisch(290)

Reizbarkeit(408) | *R ~ Epilepsie - vor*(2) | R ~ Konvulsionen - vor(3)

Ruhelosigkeit(420)

Schlafwandeln(56)

Schreien - Cri encéphalique(29) | S ~ Konvulsionen - vor(32) | *K ~ während*(31)

Stupor - Konvulsionen, nach den(4)

Traurigkeit - epileptischem Anfall; vor - Tag und Nacht

Wahnideen(191)

Zorn - Katalepsie, durch

Träume

Menschen(14)

Schnee(4)

– *Arum dracontium* –

arum-d.

Gemüt

Traurigkeit(477)

– *Arum italicum* –

arum-i.

Gemüt

Ruhelosigkeit(420)

Zerstreut(166)

– *Arum maculatum* –

arum-m.

Gemüt

Angst(362)

Aphasie(53)

Furcht(242)

Hypochondrie(116)

Schweigsam(209)

Traurigkeit(477)

Weinen(244)

– *Arum triphyllum* –

arum-t.

Gemüt

Auffahren, Zusammenfahren - Schlaf - während(163) | S ~ Einschlafen, beim(72)

Beißen - Finger; beißt(6) | **B ~ Nägel**(33) | B ~ sich selbst; beißt(8)

Betäubung(237)

Bewußtlosigkeit(280)

Delirium(233) | D ~ brummt(44) | *D ~ Fieber; im*(54) | D ~ geschäftig(10) | *D ~ Zupfen an Nase oder Lippen; mit*

Eigensinnig, starrköpfig, dickköpfig(107) | E ~ Kinder(18)

Erregung(287)

Fliehen, versucht zu(61)

Gedächtnis - Gedächtnisschwäche(284)

Geisteskrankheit, Wahnsinn(153)

Gesten, Gebärden; macht - Finger - zupft an den Fingern(8) | z ~ Fingerspitzen; an den(2)

Gemüt ...
Gesten, Gebärden; macht - Hände; unwillkürliche Bewegungen der - Greifen(41) | *G ~ Nase; an die - Lippen; oder die*(2)
Gesten, Gebärden; macht - Hände; unwillkürliche Bewegungen der - zupft - Bettwäsche; an der(36) | z ~ Stelle; an einer | S ~ wund ist oder blutet; bis sie
Gleichgültigkeit, Apathie(251)
Manie(149)
Murmeln(55)
Mürrisch(290)
Reizbarkeit(408)
Ruhelosigkeit(420) | *R ~ Bett - Herumwerfen im*(123)
Schreien(133)
Singen - agg. Beschwerden(4)
Sprechen - agg. die Beschwerden(34)
Traurigkeit(477)
Vergeßlich(187)
Verwirrung, geistige - morgens(115)
Wahnideen - ersticken; als würde er - Einschlafen; beim
Widerspenstig(66)
Zerstreut(166)
Zorn(243)

Träume
Alpträume, Alpdrücken(144)

– *Arundo mauritanica* –
arund.

Gemüt
Angst(362) | A ~ Freien, im - amel.(23) | A ~ Husten - durch(4) | A ~ Schleim - Bronchien; durch Ansammlung von Schleim in den
Froh - albern, und(5)
Gedanken - drängen auf ihn ein und schwirren durcheinander - sexuell(10) | G ~ sexuell(21)
Gleichgültigkeit, Apathie - Schmerz - gegenüber Schmerz(5)
Hysterie(194)
Ideen, Einfälle - Mangel an(102)
Lachen(102) | L ~ leicht(4)

Gemüt ...
Lasziv, lüstern(77)
Lustig, fröhlich(123)
Phantasien - lasziv(46)
Schweigsam(209)
Stumpfheit(332)
Weinen - Kindern; bei - nachts(5)

– *Arurantii cortex* –
auran.

Gemüt
Auffahren, Zusammenfahren - Schlaf - während(163)

– *Asa foetida* –
asaf.

Gemüt
Alkoholismus(135)
Angst(362) | A ~ abwechselnd mit - Gelenken; Schmerz in den gichtigen | A ~ Erregung, durch(7) | A ~ Essen - nach(39) | *A ~ Fieber - während*(91) | A ~ hypochondrisch(52) | *A ~ hysterisch*(3)
Auffahren, Zusammenfahren - nachts(19) | *A ~ Schlaf - während*(163)
Berührt zu werden; Abneigung(46)
Beschwerden durch - Erregung - Gefühle, der(87) | B ~ sexuell - Exzesse(59)
Betäubung(237)
Bewußtlosigkeit - Koitus, nach(3) | B ~ Lesen, durch(4) | B ~ Sitzen, im(9) | B ~ vorübergehend(24)
Chaotisch(44)
Empfindlich(192) | E ~ Schmerz, gegen(31)
Erregung(287) | E ~ Ausscheidungen; durch Unterdrückung von(3) | E ~ Fluor, nach unterdrücktem | *E ~ Herzklopfen, mit heftigem*(17)
Erschöpfung; geistige(217)
Faulheit(269)
Freude - Ausbrüche von Freude mit Gelächter(2)
Froh(182)
Furcht(242) | F ~ Abdomen, kommt vom | F ~ allein zu sein(54) | F ~ Einsamkeit, vor(15)

Gemüt ...

Furcht - Essen - nach dem Essen; Furcht(14) | F~ Gehirnerweichung; Furcht vor(3) | F~ Lähmung, vor(7) | F~ Magen - aufsteigend vom(15) | F~ Menschenmenge; in einer(58) | F~ Tod; vor dem(143) | T~ Herzsymptomen, bei(12)

Furcht - Unheil; Furcht vor(115)

Gedächtnis - gut, aktiv(91) | G~ Gedächtnisschwäche(284)

Gehen - hin und her, geht

Geistige Anstrengung - agg.(141)

Gesellschaft - Verlangen nach(83) | V~ allein; agg. wenn(48)

Gleichgültigkeit, Apathie(251) | G~ allem; gegenüber(71)

Hypochondrie(116)

Hysterie(194) | **H~ Absonderungen; nach Unterdrückung von**(2) | H~ Ohnmacht, hysterische(22) | H~ tiefgreifender skrofulöser Konstitution, Psora oder Syphilis; bei

Ideen, Einfälle - Mangel an(102) | I~ Reichtum an, Klarheit des Geistes(125)

Jammern(93)

Klagen(64)

Konzentration - schwierig(261)

Kummer - Anfälle von Kummer

Lachen(102) | *L~ abwechselnd mit - Weinen*(43) | L~ Freude, bei übermäßiger(2) | L~ spasmodisch(49)

Launenhaftigkeit, launisch(108)

Lesen - agg. Gemütssymptome(14)

Lustig, fröhlich(123)

Mürrisch(290) | M~ morgens(42) | M~ Husten - vor Anfällen von(3)

Nymphomanie(67)

Phantasien - übertrieben(114)

Qualvolle Angst(121) | *Q~ Essen - nach*(3)

Reizbarkeit(408) | R~ abwechselnd mit - Gleichgültigkeit(8) | R~ Menses - während(42)

Ruhelosigkeit(420) | R~ nachts(249) | R~ ängstlich(111) | R~ Bett - Herumwerfen im(123) | R~ Frost - während(23)

Gemüt ...

Ruhelosigkeit - Hautausschläge - unterdrückte; durch | *R~ hypochondrisch*(4) | *R~ hysterisch*

Schreiben - agg. Gemütssymptome(6)

Schreien - abwechselnd mit - Lachen(6)

Selbstsucht, Egoismus(32)

Sinne - abgestumpft, stumpf(107) | S~ scharf(52)

Sprechen - Beschwerden; von ihren(5)

Stimmung, Laune - veränderlich(158) | S~ wechselnd, wechselhaft(80)

Streitsüchtig(136)

Stumpfheit(332)

Suizidneigung; Neigung zum Selbstmord(98)

Traurigkeit(477) | T~ ängstlich(32) | T~ Druck im Bereich der Brust; durch(3) | T~ Essen - nach(25)

Trost - amel.(12)

Übertreiben - Symptome; übertreibt ihre(3)

Unbesonnen(82)

Unbeständigkeit(45)

Unentschlossenheit(146) | U~ Freien; im - amel. | U~ Projekten, bei(8) | U~ wankelmütig(12)

Ungeschicklichkeit(41)

Unternimmt - Vieles, hält aber bei nichts durch, bleibt nicht dabei(28)

Unzufrieden(168) | U~ sich selbst, mit(36)

Verwirrung, geistige(321) | V~ morgens(115) | V~ nachmittags(33) | V~ Sitzen, im(33)

Wahnideen(191) | W~ geschwollen, er sei(11) | W~ sterben - gleich sterben; glaubt, er würde(57) | W~ vergrößert(42)

Weinen - Schmerzen - während den Schmerzen(23)

Widerspruch - verträgt keinen Widerspruch(73)

Wille - Willensschwäche(58)

Zerstreut(166)

Zorn(243)

Träume

Angenehm(136)

TRÄUME ...

Ereignisse - gelesene - früher gehört, gelesen, gesprochen oder nachgedacht hat; über die man(15) | E~ zukünftige(11) | E~ zurückliegende, kurz(55)

Fortsetzung - Gedanken, vorheriger(5)

Geschäft(40)

Hartnäckig(29)

Hellsichtig(12)

Lebhaft(193)

Prophetisch(11)

Schwelgerei, Festmahl(9)

Viele(260)

– *Asarum europaeum* –

asar.

GEMÜT

Abneigung - allem, gegenüber(39)

Abscheu - allgemeiner(42)

Alkoholismus(135)

Angst(362) | A~ Geräusche, durch(13) | A~ hypochondrisch(52)

Auffahren, Zusammenfahren(117) | A~ Geräusche, durch(60)

Berührt zu werden; Abneigung(46)

Betäubung(237)

Bewußtlosigkeit(280)

Chaotisch(44)

Ehrgeiz(15)

Empfindlich(192) | **E~ Geräusche, gegen**(149) | **G~ GERINGSTE GERÄUSCH; GEGEN DAS**(29) | *G~ Kratzen über Leinen, Seide oder Saiten; gegen das* | *G~ Rascheln von Papier; gegen*(6) | **G~ UHR, DAS KLINGELN VON GLOCKEN; GEGEN DAS SCHLAGEN DER**(5) | G~ schrille Töne, gegen(16)

Erregung(287) | *E~ nervös*(23) | E~ Schwangerschaft, in der(7)

Erschöpfung; geistige(217)

Euphorie(13) | E~ abwechselnd mit - Stille; Verlangen nach | a~ Traurigkeit(7)

Euphorie - Anästhesie mit Ethylchlorid; mit Gefühl von Leichtigkeit wie nach

GEMÜT ...

Exzentrizität, Überspanntheit(54)

Faulheit(269) | F~ Essen, nach dem(25)

Freien; Gemütssymptome amel. im(3)

Froh(182) | F~ abwechselnd mit - Schweigsamkeit | a~ Traurigkeit(57)

Furcht - berührt zu werden(38) | *F~ Geräusche, durch*(40)

Gedächtnis - gut, aktiv - Eigennamen, für | G~ Gedächtnisschwäche - geistige Anstrengungen; für(26)

Gedanken - hartnäckig - unangenehmen Themen verfolgt; von(9) | *G~ Vergehen, Schwinden der Gedanken*(76) | *V~ Arbeit, bei der*(2) | *V~ geistige Anstrengung; durch*(13)

Gedanken versunken, in(90)

Gehen - Freien, im - amel. Gemütssymptome(10)

Geistige Anstrengung - agg.(141) | a~ unmöglich(130)

Geistige Anstrengung - Abneigung gegen(150)

Gelingt nichts, es(9)

Geschäft - Abneigung gegen(45)

Gesten, Gebärden; macht - Finger - spielt mit den Fingern(12) | G~ Hände; unwillkürliche Bewegungen der - Knöpfen an seiner Kleidung; spielt mit den(2)

Gleichgültigkeit, Apathie(251)

Hochgefühl(97)

Hysterie(194)

Ideen, Einfälle - Mangel an(102) | M~ Erbrechen amel.

Ideen, Einfälle - Reichtum an, Klarheit des Geistes(125)

Imbezillität(140)

Konzentration - schwierig(261) | s~ Studieren(52) | *s~ Versuch sich zu konzentrieren; beim - Leere; hat ein Gefühl der*(11)

Langsamkeit(68)

Lästig, geht auf die Nerven(79)

Licht - Verlangen nach(19)

Lustig, fröhlich(123) | L~ abwechselnd mit - Schweigsamkeit

Milde(80)

Gemüt …

Mürrisch(290) | M~ Fieber - während(12) | M~ Freien, im - amel.(4)

Qualvolle Angst(121) | Q~ Erbrechen, mit(3)

Reizbarkeit(408) | R~ abwechselnd mit - Traurigkeit(4) | *R~ Geräusche, durch - Rascheln der Zeitung; selbst durch das*(4) | R~ Traurigkeit, mit(20)

Ruhelosigkeit(420)

Sinne - abgestumpft, stumpf(107) | *S~ scharf*(52) | S~ Vergehen, Schwinden der(51)

Sitzen - Neigung zu sitzen(110)

Springen(15)

Stilles Wesen(49)

Stimmung, Laune - veränderlich(158) | S~ wechselnd, wechselhaft(80)

Streitsüchtig(136)

Stumpfheit(332) | S~ Erbrechen amel. | S~ Schwindel; während(22)

Traurigkeit(477) | T~ ängstlich(32) | T~ geistiger Anstrengung, nach(3)

Traurigkeit - periodisch(10) | T~ ringt die Hände(3)

Unaufmerksam(23)

Untröstlich(30)

Unzufrieden(168)

Verweilt - vergangenen unangenehmen Ereignissen; bei(46)

Verwirrung, geistige(321) | V~ morgens(115) | m~ Aufstehen - und nach dem Aufstehen(37)

Verwirrung, geistige - berauscht wie(47) | V~ Gehen(37) | V~ Geräusche - agg.(3) | V~ konzentrieren; beim Versuch sich zu(13) | V~ Sitzen, im(33)

Wahnideen(191) | W~ Bett - berühren; als würde sie im Liegen das Bett nicht(13) | W~ Fliegen(13) | W~ geht - Luft - auf Luft; geht(15) | W~ Körper - leichter als Luft; der Körper sei(8) | W~ kratzen; jemand würde auf Leinen oder Ähnlichem | *W~ leicht - sei leicht, er*(26) | W~ Schlaf - einschlafen, er würde(4) | W~ schweben - Luft, in der(45) | L~ Gehen, beim | L~ Geist; wie ein(4)

Gemüt …

Wahnideen - Stehen - sicher stehen; er würde nicht(2) | W~ sterben - gleich sterben; glaubt, er würde(57) | g~ hinsinken und sterben; er würde | g~ Schwäche; er würde vor(3)

Wahnideen - versinken, er würde - sterben, und

Weinen(244) | W~ Angst, nach(23)

Widerspruch - agg.(11) | W~ verträgt keinen Widerspruch(73)

Zerstreut(166)

Zorn(243) | Z~ Husten - vor(3)

Zurückhaltend, reserviert(64)

Träume

Alpträume, Alpdrücken(144)

Ängstlich(239)

Beleidigungen(3)

Beschämend(13)

Erniedrigung(12)

Körperteile - Fuß, Stechen im

Krankheit(43) | K~ Schmerz(7) | K~ Stiche - Fuß

Kränkung, Kummer etc.(5)

Schmerz(7)

Schrecklich(237)

Schuld

Traurig(46)

Unangenehm(87)

Verdrießlich(122)

Viele(260)

Zorn(58)

– *Asclepias cornuti* –

asc-c.

Gemüt

Betäubung(237)

Hysterie(194)

Stumpfheit(332) | S~ Kopfschmerzen, mit(5)

– *Asclepias tuberosa* –

asc-t.

Gemüt

Angst - Gehen - nach(2)

Gemüt ...
Erschöpfung; geistige(217)
Exzentrizität, Überspanntheit(54) | E~ abends(2)
Faulheit(269)
Froh(182) | F~ abends - 21 h
Gedächtnis - Gedächtnisschwäche(284)
Gesten, Gebärden; macht(22)
Hysterie(194)
Lustig, fröhlich(123)
Mürrisch(290)
Reizbarkeit(408)
Ruhelosigkeit(420) | R~ nachts(249)
Stumpfheit(332)
Traurigkeit(477)
Wahnideen - betrunken - sei betrunken, er(23)

Träume
Ängstlich(239)
Duelle
Erschöpfend(45)
Fliegen(11)
Geschäft - Tage, vom(39)
Gespenster(38)
Kirchen(4)
Komplizierter, verwickelter Traum, der seine Erklärung enthält
Land
Pferde(18)
Politisch
Prahlerei
Schrecklich(237)
Singen politischer Lieder
Traurig(46)
Verdrießlich(122)
Verworren(122)
Viele(260)
Wecken den Patienten(118)

– *Asimina triloba* –

asim.

Gemüt
Gedanken - hartnäckig - Ereignisse des Tages; nachts an die
Gespräche - Abneigung gegen(21)

– *Asparagus officinalis* –

aspar.

Gemüt
Angst(362)
Erregung - nachmittags(8) | E~ fiebrig(11)
Froh(182)
Furcht(242)
Getragen - Verlangen getragen zu werden(31)
Mürrisch(290) | M~ Kleinigkeiten, um(13)
Reizbarkeit(408) | R~ Kleinigkeiten, durch(34)
Ruhelosigkeit - ängstlich(111)
Tollwut, Hydrophobie(46)
Verwirrung, geistige(321)

– *Astacus fluviatilis* –

astac.

Gemüt
Bewußtlosigkeit(280)
Delirium(233) | D~ Fieberfrost, im(14)
Furcht(242)
Stupor(138)
Traurigkeit(477)

Träume
Ängstlich(239)
Erotisch(196)
Viele(260)

– *Asterias rubens* –

aster.

Gemüt
Angst(362) | A~ mittags - 12 - 15 h | *A~ nachts*(119) | A~ Erwachen, beim(86) | A~ Haus, im(15) | A~ Schlaf - während(42) | S~ Menses - nach(6)
Angst - Weinen amel.(5) | A~ Zukunft(108)
Beißen(35)
Beschwerden durch - Erregung - Gefühle, der(87) | B~ Schreck(72)
Bewußtlosigkeit(280) | B~ Erwachen - beim(10)
Denken - Abneigung gegen(46)

Gemüt ...

Erregung(287) | *E ~ nachts*(40) | E ~ abwechselnd mit - Traurigkeit(13)

Erschöpfung; geistige(217)

Euphorie - abwechselnd mit - Traurigkeit(7)

Faulheit(269)

Froh - nachmittags(14) | F ~ abends(42)

Furcht - mittags - 12 - 15 h | *F ~ Apoplexie, vor*(36) | *A ~ nachts - Gefühl, als würde nachts der Kopf platzen; mit*

Furcht - Erwachen, beim(54) | F ~ Ohnmacht zu fallen; davor in(6) | F ~ schlechten Nachrichten; vor dem Hören von(7) | F ~ Unglück, vor(93) | F ~ Unheil; Furcht vor(115) | *F ~ Weinen amel.*(5)

Gedächtnis - Gedächtnisschwäche(284) | G ~ getan hat; für das, was er eben(34)

Gedanken - sexuell(21)

Geisteskrankheit, Wahnsinn - Menopause, in der(11)

Gleichgültigkeit, Apathie(251)

Hysterie(194)

Ideen, Einfälle - Mangel an(102) | I ~ Reichtum an, Klarheit des Geistes - Kopfschmerzen, nach

Laszіv, lüstern(77)

Lustig, fröhlich - abends(29)

Moralischem Empfinden; Mangel an(48)

Mürrisch(290)

Nymphomanie(67)

Reizbarkeit(408) | R ~ mittags(9) | *R ~ Konvulsionen - vor*(3)

Ruhelosigkeit(420) | R ~ nachts(249)

Schweigsam(209)

Streitsüchtig(136) | S ~ mittags - 12 - 14 h

Stumpfheit(332)

Traurigkeit(477)

Ungeduld(131) | U ~ Haus, im

Verwirrung, geistige(321)

Verzweiflung(137) | V ~ sexuelles Verlangen; durch heftiges

Gemüt ...

Wahnideen - antwortet jeder Wahngestalt(2) | W ~ Fremde - Kontrolle von Fremden; unter der(2) | F ~ umgeben von(4)

Wahnideen - Hause, zu - weg von zu Hause; er sei(23) | W ~ Neuigkeiten - erwartet Nachrichten - schlechte Nachrichten | W ~ Stimmen - hört(37) | W ~ weinen; er würde(2)

Weinen(244) | *W ~ amel.*(24) | W ~ Gemütsbewegungen; nach geringen(9) | W ~ leicht(16) | *W ~ sexueller Erregung; mit*(2) | W ~ Verlangen zu weinen(5)

Widerspruch - verträgt keinen Widerspruch(73)

Zorn(243) | Z ~ nachmittags - 12 - 14 h(2)

Träume

Ereignisse(3) | E ~ zurückliegende, kurz(55)

Erotisch(196)

Lebhaft(193)

Menschen(14)

Zorn(58)

– *Astragalus excapus* –

astra-e.

Gemüt

Ekstase(59)

Erschöpfung; geistige - abends(8)

Gedanken - quälend(31)

Geistige Anstrengung - agg. - unmöglich(130)

Gemütssymptome - abwechselnd mit - körperliche Symptome(18)

Stimmung, Laune - veränderlich(158)

Traurigkeit(477)

Verwirrung, geistige(321) | V ~ morgens(115)

– *Athamanta oreoselinum* –

atha.

Gemüt

Erregung - abends(32)

Reizbarkeit - Hitze - während(31)

– *Atropinum-pur. & -s.* –

atro. (alte Abk.)

Gemüt

Angst(362) | A~ Gewissensangst(75)

Antworten - Abneigung zu antworten(67) | A~ eingebildete Fragen(6) | A~ irrelevant, nicht zur Sache Gehörendes(12) | A~ unbefriedigend(3) | *A~ weigert sich zu antworten*(32)

Auffahren, Zusammenfahren(117) | A~ Schlaf - während(163) | A~ Schreck oder wie durch Schreck; durch(68)

Beschimpfen, beleidigen, schmähen(67)

Bewußtlosigkeit(280) | B~ Delirium, nach(4) | B~ Konvulsionen - nach(12) | B~ Traum, wie ein einem - weiß nicht, wo er ist(9)

Delirium(233) | D~ nachts(67) | *D~ abwechselnd mit - Bewußtlosigkeit*(3) | *a~ Stupor*

Delirium - Bett - flieht und springt plötzlich aus dem Bett auf(36) | D~ Büchern zu greifen; versucht nach | D~ heftig(26) | D~ Kopfschmerz - durch Kopfschmerzen, Delirium(3) | D~ rasend(84) | D~ ruhelos(12) | *D~ schrecklich*(26) | D~ Schreien, mit(18) | D~ Umherstreifen(9) | D~ wild(21)

Delirium tremens(84)

Empfindlich(192)

Erregung(287)

Faulheit(269)

Fehler; macht - Orte; in bezug auf(32) | F~ Zeit; in bezug auf die(34)

Froh(182)

Furcht(242) | F~ bemerken; man würde ihren Zustand(6) | F~ Unglück, vor(93) | U~ Fieberhitze, in der(2)

Gedächtnis - Gedächtnisschwäche(284) | G~ sagen will; für das, was er gerade(38)

Gedanken - wandernd(72) | w~ nachmittags(2)

Geisteskrankheit, Wahnsinn(153)

Geistige Anstrengung - Abneigung gegen(150)

Gesellschaft - Abneigung gegen(156)

Gemüt ...

Gespräche - Abneigung gegen(21)

Gesten, Gebärden; macht - Hände; unwillkürliche Bewegungen der - Greifen(41) | G~ nachts(2)

Gesten, Gebärden; macht - Hände; unwillkürliche Bewegungen der - wirft die Hände umher(10) | H~ zupft - Bettwäsche; an der(36)

Gesund - sagt, er sei gesund - krank ist; wenn er sehr(17)

Gleichgültigkeit, Apathie(251)

Hast, Eile - Bewegungen im(23)

Ideen, Einfälle - Mangel an(102)

Konzentration - schwierig(261)

Lächeln(8)

Lachen - idiotisch(2) | L~ stumpfsinnigem Gesichtsausdruck; mit(4) | L~ wild(2)

Manie(149)

Murmeln(55) | M~ nachts(2) | n~ Erwachen, beim(2)

Mürrisch(290)

Raserei, Tobsucht, Wut(95)

Reizbarkeit(408)

Ruhelosigkeit(420) | R~ nachts(249) | R~ ängstlich(111) | R~ Aufstehen, beim(3) | R~ Bett - Herumwerfen im(123) | R~ Hitze - während(66) | R~ innerlich(37)

Schlagen(42)

Schreien(133)

Schweigsam(209)

Seufzen(98)

Sinne - scharf(52)

Sprache - hastig(44) | S~ irrelevant, ohne Bezug zum Thema | S~ langsam(59) | S~ laut(11) | S~ Schwatzen(17) | S~ unklar, unverständlich - Schlaf, im(5) | S~ unsinnig(29) | *S~ unzusammenhängend*(65) | S~ verlegen(8) | S~ verworren - morgens beim Erwachen | S~ wild(7)

Sprechen - schweift von einem Thema zum anderen(47)

Springen - Bett; aus dem(41)

Streiten - Abneigung gegen(5)

Streitsüchtig(136)

Stumpfheit(332) | S~ nachmittags(29)

Stupor - Delirium, nach(2)

Gemüt ...

Traum; wie in einem(69)

Traurigkeit(477)

Verwirrung, geistige(321) | V~ Schließen der Augen; beim | V~ weiß nicht, wo er ist(7)

Wahnideen(191) | W~ angenehme Wahnideen(6) | W~ beschäftigt - Tätigkeit; mit einer(12) | T~ normalen Tätigkeit (seinem Beruf)(5)

Wahnideen - Bilder, Phantome; sieht - schreckliche(60) | *W~ Blut - zirkulieren; das Blut würde nicht richtig* | W~ Einkaufen mit ihrer Schwester; von | W~ Eisenbahn - wegfahren; sie müsse mit der Eisenbahn | W~ Epilepsie - habe Epilepsie, er | W~ Gegenstände; über - fassen; versucht, Gegenstände zu(5) | G~ Freien; im

Wahnideen - Geschäft - normalen Geschäften nachgehen; sie würden(5) | W~ Gespenster, Geister, Gestalten - Bett, im | G~ sieht(55) | s~ nachts(2)

Wahnideen - Gestalten - gigantisch | G~ sieht(33)

Wahnideen - Hören - Einbildung; etwas zu hören(44) | W~ Menschen - neben ihm, seien(13) | M~ sieht(29)

Wahnideen - näht, sie | W~ Regen - draußen im Regen gewesen, weil er ein nasses Tuch auf dem Kopf hat; glaubt, er sei | W~ sonderbar, merkwürdig - Vertrautes scheint fremd(38) | W~ Spielzeug - spielt mit | W~ Sprechen - eingebildeten Personen; spricht laut und zusammenhanglos zu(3) | W~ stillen; sie würde ihr Kind | W~ vergangenen Ereignisse; von lange(3) | W~ vergrößert(42) | v~ Entfernungen seien(17) | v~ Gegenstände seien(12)

Wahnideen - Visionen, hat(76) | V~ schrecklich(27)

Wahnideen - Zeitungen; er sieht | W~ Zimmer - Menschen, sieht - Bett, am(2)

Gemüt ...

Zeit - schnell, scheint kürzer; vergeht zu(14)

Zerstreut(166)

Zorn(243) | Z~ Kleinigkeiten, über(58)

Zudringlich, aufdringlich(6)

Träume

Amputation - Beines, des

Angenehm(136)

Anstrengung - körperliche(20)

Basketball

Basketball zu spielen

Erschöpfend(45)

Fliegen(11)

Geräusch(4)

Gespenster(38)

Pferde(18) | P~ rennende, laufende(3)

Ruhig

Schrecklich(237)

Verfolgt zu werden(17)

Viele(260)

Wecken den Patienten(118)

– *Aurum arsenicum* –

aur-ar.

Gemüt

Abscheu - Leben, vor dem(84)

Aktivität; Verlangen nach(38)

Angesprochen zu werden - Abneigung(63)

Angst - tagsüber(21) | A~ nachts(119) | A~ Furcht, mit(110) | A~ Gewissensangst(75) | A~ Seelenheil, um das(35)

Beleidigt, leicht(79)

Beschwerden durch - Kummer(65) | B~ sexuell - Exzesse(59) | B~ Widerspruch(7) | B~ Zorn(94) | Z~ stillem Kummer; mit(27)

Boshaft(99)

Delirium - nachts(67)

Denken - Beschwerden - agg.; Denken an seine Beschwerden(71)

Eigensinnig, starrköpfig, dickköpfig(107)

Empfindlich(192) | E~ Geräusche, gegen(149) | G~ Stimmen, gegen(15)

Gemüt …

Erregung(287) | E~ Frost - während(22)
Erschöpfung; geistige(217)
Erschreckt leicht(125)
Fanatismus(9)
Faulheit(269)
Fleißig, arbeitsam, Arbeitswut(101)
Furcht(242) | F~ abends(51) | F~ nachts(58) | F~ allein zu sein(54) | F~ Menschen, vor(81) | F~ Menschenmenge; in einer(58) | F~ Tod; vor dem(143) | F~ Unheil; Furcht vor(115)
Gedächtnis - gut, aktiv(91) | G~ Gedächtnisschwäche(284)
Geisteskrankheit, Wahnsinn(153) | G~ Alkoholikern; bei(22) | G~ Fanatikern, von | G~ religiös(19)
Geistige Anstrengung - agg.(141) | G~ Abneigung gegen(150)
Gewissenhaft, peinlich genau in bezug auf Kleinigkeiten(58)
Gleichgültigkeit, Apathie - Kinder, gegen ihre(7) | G~ Pflichten, gegenüber - häusliche Pflichten(6)
Hast, Eile(112)
Heftig, vehement(100) | H~ abwechselnd mit - Schweigsamkeit | a~ Seelenruhe, Gelassenheit
Hysterie(194)
Ideen, Einfälle - Reichtum an, Klarheit des Geistes(125)
Imbezillität(140)
Jammern(93)
Kummer(76)
Lachen(102)
Lebensüberdruß(82)
Manie(149)
Phantasien - übertrieben(114) | P~ versunken in(9)
Qualvolle Angst(121)
Redseligkeit; Geschwätzigkeit(136)
Reizbarkeit(408) | R~ abwechselnd mit - Fröhlichkeit, Frohsinn(23) | R~ angesprochen, wenn(26) | R~ Fieberfrost, im(57)
Religiös - Fanatismus, religiöser(6)
Reue(63)

Gemüt …

Ruhelosigkeit(420) | R~ nachts(249) | R~ ängstlich(111) | R~ Liegen, beim(8)
Schreien(133)
Schüchternheit, Zaghaftigkeit(113)
Schweigsam(209)
Seelenruhe, Gelassenheit(85)
Sprechen - schweift von einem Thema zum anderen(47)
Streitsüchtig(136)
Suizidneigung; Neigung zum Selbstmord(98) | S~ Schweiß, beim(9) | S~ stürzt sich - Fenster, aus dem(21)
Tadelsüchtig, krittelig(80)
Tadelt - andere(32) | T~ sich selbst(36)
Tod - wünscht sich den Tod, möchte sterben(72)
Traurigkeit - abends(76)
Traurigkeit - Menses - unterdrückt(20) | T~ Schweiß, beim(29)
Unentschlossenheit(146)
Ungeduld(131)
Unordentlich(7)
Unzufrieden(168)
Vergeßlich(187)
Vernachlässigt - Haushalt, den(2) | V~ Kinder, ihre(2)
Verwirrung, geistige - morgens(115)
Verzweiflung(137) | V~ Fieberfrost, im(20) | V~ Genesung, in bezug auf die(44) | V~ periodisch(3) | V~ religiöse Verzweiflung am Seelenheil(30) | V~ Schmerzen; bei den(21)
Wahnideen(191) | W~ beschimpft worden; er sei(16) | W~ Phantasiegebilde, Illusionen(115) | W~ Tiere(42) | W~ Unrecht - begangen; er habe Unrecht(26)
Weinen(244) | W~ Fieberfrost - im(25) | W~ hysterisch(9) | W~ Schlaf, im(88)
Widerspenstig(66)
Zerstreut(166)
Zorn(243) | Z~ leicht(37) | Z~ Widerspruch, durch(37)
Zurückhaltend, reserviert(64)

Träume

Ängstlich(239)
Erotisch(196)

TRÄUME ...
Lebhaft(193)
Schrecklich(237)
Tod(64)
Verstorbenen, von(84)

– *Aurum bromatum* –

aur-br.

TRÄUME
Alpträume, Alpdrücken(144)

– *Aurum iodatum* –

aur-i.

GEMÜT
Aktivität; Verlangen nach(38)
Angst - tagsüber(21) | A~ nachts(119) | A~ Dunkelheit; in der(12)
Demenz - senilis, Dementia(25) | D~ Syphilitikern, von(5)
Empfindlich - Geräusche, gegen(149)
Erregung(287)
Erschöpfung; geistige(217)
Faulheit(269)
Froh(182) | F~ anfallsweise | F~ grundlos
Furcht - Arbeit; vor der(32) | F~ Menschen, vor(81) | F~ Menschenmenge; in einer(58) | F~ Unheil; Furcht vor(115)
Geisteskrankheit, Wahnsinn(153) | G~ Gesicht - rotem, mit(4) | G~ Herzerweiterung, mit
Geistige Anstrengung - agg.(141) | G~ Abneigung gegen(150)
Gesellschaft - Abneigung gegen(156)
Gewissenhaft, peinlich genau in bezug auf Kleinigkeiten(58)
Hast, Eile(112)
Hysterie(194)
Manie(149)
Reizbarkeit(408)
Ruhelosigkeit(420)
Schüchternheit, Zaghaftigkeit(113)
Selbstvertrauen - Mangel an Selbstvertrauen(86)
Stimmung, Laune - veränderlich(158) | S~ wechselnd, wechselhaft(80)
Traurigkeit(477)

GEMÜT ...
Unentschlossenheit(146)
Ungeduld(131)
Verwirrung, geistige - morgens(115)
Verzweiflung - Genesung, in bezug auf die(44) | V~ religiöse Verzweiflung am Seelenheil(30)
Weinen(244)

TRÄUME
Ängstlich(239)
Erotisch(196)
Lebhaft(193)
Schrecklich(237)

– *Aurum metallicum* –

aur.

GEMÜT
Abneigung - Familienmitglieder; gegen(19) | *A~ Menschen; gegen - bestimmte; gegen*(14)
Abscheu - allgemeiner - alten Menschen, bei(2) | **A~ Leben, vor dem**(84) | **L~ abends**(6)
Aktivität; Verlangen nach - abwechselnd mit - Mattigkeit(4) | A~ geistige Aktivität - abwechselnd mit - Gleichgültigkeit(3)
Albernes Benehmen - morgens beim Erwachen
Alkoholismus(135)
Angesprochen zu werden - Abneigung(63) | A~ allein gelassen werden; möchte(10)
Angst(362) | A~ Druck; durch - Brust; auf der(14) | A~ Essen - amel.(4) | *A~ Fahren oder Reiten, beim*(6) | *A~ Furcht, mit*(110) | *A~ Geräusche, durch*(13) | **A~ GEWISSENSANGST**(75) | A~ Kleinigkeiten, um(23) | **A~ KOPF - BLUTANDRANG ZUM; MIT**(7) | A~ Menschenmenge, in einer(12) | *A~ Müdigkeit, mit*(16) | A~ Nachtwachen, durch(6) | *A~ Seelenheil, um das*(35) | *A~ Suizidneigung, mit*(10) | A~ treibt von einer Stelle zur anderen(6) | A~ Zukunft(108)

Gemüt ...

Antworten - Abneigung zu antworten(67) | *A ~ Fragen, in*

Argwöhnisch(105)

Auffahren, Zusammenfahren - Geräusche, durch(60) | *A ~ Schlaf - während*(163) | S ~ durch(124)

Auffahren, Zusammenfahren - Träumen, in - aus einem Traum(35)

Außer sich; ist - Schmerzen; vor(13)

Begreifen, Auffassungsvermögen - leicht(38)

Beleidigt, leicht(79)

Beschäftigung - amel.(48)

Beschimpfen, beleidigen, schmähen(67)

Beschwerden durch - Angst(9) | **B ~ Enttäuschung**(17) | *B ~ Erregung - Gefühle, der*(87) | B ~ Geldverlust; durch(9) | *B ~ Heftigkeit*(3) | *B ~ Kränkung, Demütigung*(39) | **B ~ Kummer**(65) | **B ~ Liebe; enttäuschte**(31) | *B ~ Reue*(3) | B ~ Scham(5) | *B ~ Schreck*(72) | B ~ sexuell - Exzesse(59) | *B ~ Verachtung; verachtet zu werden*(23) | *B ~ Widerspruch*(7) | *B ~ Zorn*(94) | Z ~ Angst, mit(30) | *Z ~ Entrüstung; mit*(11) | *Z ~ Schreck; mit*(22) | Z ~ stillem Kummer; mit(27) | Z ~ unterdrückten Zorn; durch(11)

Betäubung(237) | *B ~ abwechselnd mit - Konvulsionen* | *B ~ Konvulsionen, zwischen den*(11) | *B ~ Schwindel - während*(37)

Beten(21)

Bewußtlosigkeit - abwechselnd mit - Konvulsionen(2) | B ~ Stehen, im(8)

Bitten(7)

Boshaft(99)

Brütet, grübelt(41) | B ~ Ecke; sitzt stumpfsinnig oder brütend in einer(11)

Brutalität(7)

Delirium(233) | D ~ nachts(67) | D ~ Erwachen, beim(20) | D ~ heftig(26) | D ~ heiter, fröhlich(14) | *D ~ Kopfschmerz - durch Kopfschmerzen, Delirium*(3) | D ~ redselig(33) | D ~ religiös(5)

Gemüt ...

Delirium - Schlaflosigkeit - mit(45) | *D ~ Steigerung der Kräfte; mit*(6)

Delirium tremens(84) | D ~ Beten, mit(2)

Demenz - senilis, Dementia(25)

Denken - Beschwerden - agg.; Denken an seine Beschwerden(71)

Diktatorisch, herrschsüchtig, dogmatisch, despotisch(25)

Dunkelheit - hinlegen und nicht angesprochen werden; möchte sich im Dunklen(4)

Eigensinnig, starrköpfig, dickköpfig(107) | E ~ Kinder(18) | K ~ Masturbation bei Knaben; nach

Empfindlich(192) | E ~ bestimmte Personen, gegen(7) | E ~ geistige Eindrücke; gegen(20) | *E ~ Geräusche, gegen*(149) | **G ~ Musik amel.**(15) | G ~ Stimmen, gegen(15)

Empfindlich - Gerüche, gegen(30) | E ~ Licht, gegen(15) | E ~ Musik, gegen - Kirchenmusik, gegen(3) | E ~ Pubertät, in der(12) | *E ~ Schmerz, gegen*(31) | *E ~ Sinneseindrücke, gegen*(23)

Entmutigt(135)

Entrüstung(22) | E ~ abwechselnd mit - Lustigkeit(4)

Ernst(77)

Erregung(287) | E ~ amel.(7) | E ~ agg.(41) | *E ~ abends - Bett, im*(31) | E ~ abwesende Personen, über | E ~ Frost - während(22) | *E ~ Hoffnung, wie in freudiger*(2) | E ~ Musik, durch(6) | *E ~ religiös*(2) | *E ~ Schmerzen; bei den*(4) | E ~ Zittern, mit(10)

Erschöpfung; geistige(217) | E ~ Lesen, durch(2)

Erschreckt leicht(125) | *E ~ Einschlafen, beim*(4)

Essen - beim - amel. der Gemütssymptome(6)

Farben - rot - Verlangen nach(4)

Faulheit(269)

Feigheit(89)

Fleißig, arbeitsam, Arbeitswut(101)

Fragen; spricht ständig in(2)

GEMÜT ...

Froh - tagsüber(7) | F~ abends - Bett, im(29) | F~ abwechselnd mit - stillem Wesen; mit(2) | *a ~ Traurigkeit*(57)

Froh - Tod; beim Denken an den

Furcht(242) | F~ Fahren im Wagen; beim(14) | *F~ Geräusche, durch*(40) | *G~ Tür, an der*(3)

Furcht - Herz - aufsteigend vom(5) | *H~ Herzerkrankung*(23) | *H~ Herzerkrankung; vor*(2)

Furcht - hochgelegenen Orten; vor(24) | F~ Krankheit, vor drohender - unheilbar zu sein(42) | *F~ Männern, vor*(30) | *F~ Magen - aufsteigend vom*(15) | *F~ Menschen, vor*(81) | *F~ Menschenmenge; in einer*(58) | F~ Pflichten zu vernachlässigen; seine | F~ Räubern, vor(25) | F~ Ruhelosigkeit aus Furcht(8) | F~ Tod; vor dem(143) | *T~ Verlangen zu sterben; Furcht mit*

Furcht - überwältigend(19) | F~ Unheil; Furcht vor(115) | F~ voller Furcht(12) | *F~ zittrig*(36)

Gedächtnis - gut, aktiv(91) | *G~ Gedächtnisschwäche*(284) | G~ sexuelle Exzesse, durch(9)

Gedächtnis - Gedächtnisverlust - Geisteskrankheit, bei(3)

Gedanken - hartnäckig(83)

Geheimnistuerisch, verschlossen(15)

Geisteskrankheit, Wahnsinn(153) | *G~ Melancholie*(17) | G~ religiös(19) | *G~ Wochenbett, im*(35)

Geistige Anstrengung - agg.(141) | **a~ ermüdet**(20) | a~ unmöglich(130)

Geistige Anstrengung - Verlangen nach(65) | *G~ Abneigung gegen*(150)

Gelingt nichts, es(9)

Gemütssymptome(26) | G~ abwechselnd mit - körperliche Symptome(18)

Gesellschaft - Abneigung gegen(156)

Gespräche - agg.(45)

Gesten, Gebärden; macht - Hände; unwillkürliche Bewegungen der - ringt die Hände(14) | G~ konvulsivisch - Gedanken an Bewegung; beim

GEMÜT ...

Gewissenhaft, peinlich genau in bezug auf Kleinigkeiten(58)

Gleichgültigkeit, Apathie - allem; gegenüber(71) | G~ freudlos(11)

Grausamkeit, Unmenschlichkeit(30)

Grobheit(37)

Haß(28) | *H~ Menschen, auf - beleidigt haben; die ihn*(11) | H~ Rachsucht; Haß und(32)

Hast, Eile(112) | H~ Beschäftigung, bei(15) | B~ Verlangen mehreres gleichzeitig zu tun(3)

Hast, Eile - Bewegungen im - schnell genug tun; kann nichts(2) | H~ Essen - beim(23) | H~ geistiger Anstrengung; bei(8)

Heftig, vehement(100) | H~ abwechselnd mit - Fröhlichkeit(3) | H~ Gewalttaten führt; Raserei, die zu(34) | **H~ Schmerzen, durch**(5)

Heimweh(52)

Heulen(30)

Hochgelegene Orte - agg.(7)

Hochmütig, arrogant(53)

Hoffnung, voller - Krankheit; bei langer

Hypochondrie(116) | H~ Selbstmord; treibt zum(12)

Hysterie(194)

Ichbezogenheit, Egotismus, Selbstüberschätzung(24)

Ideen, Einfälle - Mangel an(102) | I~ Reichtum an, Klarheit des Geistes(125)

Imbezillität(140)

Initiative, Unternehmungsgeist; Mangel an(7)

Jammern(93)

Klagen(64)

Konzentration - schwierig(261)

Kummer(76) | K~ Geldverlust; durch(2) | K~ still(23)

Lächeln - unwillkürlich(3) | u~ Sprechen, beim

Lachen(102) | *L ~ abwechselnd mit - Abscheu vor dem Leben* | a~ Tod; wünscht sich den | *a~ Weinen*(43)

GEMÜT ...

Lachen - spasmodisch(49) | L~ Sprechen, beim(2) | L~ unwillkürlich(23) | L~ Weinen - gleichzeitig Lachen und Weinen(4)

Langeweile(53) | L~ Unterhaltung amel.(3)

Lasziv, lüstern(77)

Launenhaftigkeit, launisch - abends(9)

Lebensüberdruß(82) | **L~ abends**(7) | L~ Alter, im(3) | *L~ Schweiß, beim*(6)

Leidenschaftlich(49)

Lustig, fröhlich(123)

Manie(149)

Männer - Scheu vor(19)

Meditieren, Nachdenken(47)

Menschenfeindlichkeit, Misanthropie(45)

Menses - nach; Gemütssymptome(4)

Milde(80)

Monomanie(16)

Morphiumsucht(31)

Mürrisch(290) | *M~ abwechselnd mit - Fröhlichkeit, Frohsinn*(23) | M~ sich selbst; gegenüber(2)

Musik - amel.(15)

Nachdenken, Überlegen - Unfähigkeit nachzudenken(6)

Näherkommen, auf ihn Zukommen von Personen - Abneigung gegen(12)

Neugierig(12)

Pessimist(17)

Phantasien - lasziv(46) | l~ nachts

Phantasien - übertrieben(114) | ü~ nachts(40)

Qualvolle Angst(121) | Q~ Herzerkrankung, bei(8) | Q~ Herzklopfen, mit(6)

Redseligkeit; Geschwätzigkeit(136) | *R~ nachts*(4) | R~ Frage nach der anderen; stellt eine(2)

Reisen - Verlangen nach(28)

Reizbarkeit(408) | *R~ abwechselnd mit - Fröhlichkeit, Frohsinn*(23) | a~ Weinen(3)

Reizbarkeit - abwesenden Personen, mit(4) | R~ angesprochen, wenn(26) | R~ Fieberfrost, im(57) | R~ Traurigkeit, mit(20)

GEMÜT ...

Religiös - Gemütsstörungen, religiöse(63) | *R~ Melancholie*(21) | M~ Reue, aus(2)

Reue(63)

Ruhelosigkeit(420) | R~ nachmittags(25) | n~ Liegen, beim

Ruhelosigkeit - nachts(249) | *R~ ängstlich*(111) | *R~ geschäftig*(20) | R~ Liegen, beim(8) | R~ treibt umher(41) | R~ zittrig(5)

Schizophrenie(10)

Schmollen(41)

Schreckliches und traurige Geschichten greifen sie stark an(32)

Schreien(133) | S~ Menses - nach | S~ muß; hat das Gefühl, als ob sie schreien(20) | *S~ Schlaf, im*(80)

Schüchternheit, Zaghaftigkeit(113) | S~ schamhaft(58)

Schweigsam(209)

Seelenruhe, Gelassenheit(85)

Selbstbetrachtung(58)

Selbstvertrauen - Mangel an Selbstvertrauen(86) | *M~ andere würden kein Vertrauen in sie haben, was sie traurig macht; und sie glaubt*

Sentimental, schwärmerisch, rührselig(64)

Seufzen - Schlaf, im(10)

Singen - abwechselnd mit - stillem Wesen; mit(2)

Sinne - abgestumpft, stumpf(107) | *S~ scharf*(52)

Sitzen - Neigung zu sitzen(110) | N~ unbeweglich, still(42) | N~ versunken und nichts wahrnehmend; wie in tiefen, traurigen Gedanken(11)

Sorgen, voller(50) | S~ Kleinigkeiten, um(4)

Spontan, impulsiv(33)

Sprache - albern(16) | S~ hastig(44) | S~ laut(11) | S~ unsinnig(29)

Sprechen - anderer agg.; das Sprechen(46) | S~ Schlaf, im(93) | S~ schweift von einem Thema zum anderen(47) | s~ nachts(9)

Sprechen - sich selbst ; mit(31)

Springen(15)

GEMÜT ...

Stilles Wesen(49)

Stimmung, Laune - abweisend, zurückweisend(40) | *S ~ veränderlich*(158) | v ~ abends(2) | *v ~ Schweiß, beim*(5)

Stimmung, Laune - wechselnd, wechselhaft(80)

Stöhnen - Schlaf, im(62)

Streitsüchtig(136)

Stumpfheit(332) | S ~ geistige Anstrengung, durch(27)

Suizidneigung; Neigung zum Selbstmord(98) | S ~ abends(7) | S ~ Angst, aus(3) | S ~ Erhängen, durch(7) | S ~ Erschießen, durch(17) | *S ~ Ertränken, durch*(19) | **S ~ Gedanken an Selbstmord**(33) | S ~ Hypochondrie, aus(12) | *S ~ Liebe; aus enttäuschter*(2) | **S ~ Schmerzen, durch**(6) | S ~ Schwangerschaft, in der | *S ~ Schweiß, beim*(9) | **S ~ stürzt sich - Fenster, aus dem**(21) | *F ~ Schmerzen, vor*

Suizidneigung; Neigung zum Selbstmord - stürzt sich - Tiefe, in die(24) | **S ~ Traurigkeit, durch**(23) | S ~ überfahren lassen; will sich(5)

Tadelsüchtig, krittelig(80) | T ~ sich selbst; gegenüber

Tadelt - andere(32) | *T ~ sich selbst*(36)

Theoretisieren(20)

Tod - Gedanken an den Tod(54) | **T ~ wünscht sich den Tod, möchte sterben**(72) | **w ~ abends**(2) | *w ~ Rekonvaleszenz, während der*(4)

Traurigkeit(477) | *T ~ morgens*(71) | **T ~ abends**(76) | T ~ nachts(21) | *T ~ abwechselnd mit - Energie; körperlicher*(2) | *T ~ abgelenkt zu werden; Verlangen, von Gedanken an sich selbst*(2) | T ~ allein - wenn(24) | *T ~ Alter, im*(2) | T ~ Amenorrhoe, bei(6) | *T ~ Brüten, Grübeln; mit* | T ~ Farben - weiß - agg.(2) | w ~ Abneigung gegen(2)

Traurigkeit - Freunde verloren; als habe er die Zuneigung seiner | T ~ Gesellschaft - Abneigung gegen Gesellschaft, Verlangen nach Einsamkeit(11)

GEMÜT ...

Traurigkeit - Impotenz, mit(5) | *T ~ Kopfschmerzen, bei*(30) | *T ~ Kummer, nach*(6) | *T ~ Liebe; durch enttäuschte*(7) | *T ~ Masturbation, durch*(16) | *T ~ Menopause, in der*(25) | *T ~ Menses - vor*(34)

Traurigkeit - Menses - während(35) | M ~ unterdrückt(20)

Traurigkeit - periodisch(10) | T ~ Pollutionen, durch(23) | T ~ Pubertät, in der(13) | **T ~ Quecksilbermißbrauch, nach**(5) | *T ~ Schweiß, beim*(29) | T ~ sexuelle Erregung - mit sexueller Erregung(10) | **T ~ Suizidneigung, mit**(25) | T ~ Wochenbett; im(10) | T ~ Zorn - durch Zorn(7)

Trost - agg.(39)

Übereilt, vorschnell, unüberlegt(6)

Unanständig, unzüchtig - Sprache, anstößige(12)

Unbehagen(44)

Unentschlossenheit(146)

Ungeduld(131) | U ~ Schweiß, beim(4)

Unzüchtig, obszön - Sprechen(14)

Unzufrieden(168) | U ~ sich selbst, mit(36) | U ~ zurückhaltende Unmut, Mißvergnügen(5)

Verachtlich - sich selbst gegenüber(5)

Verantwortung - agg.

Vergeßlich(187) | *V ~ geistige Anstrengung, durch*(10)

Verlassen zu sein; Gefühl(56)

Verstecken - sich - Kinder

Verwirrung, geistige(321) | V ~ morgens(115) | m ~ Aufstehen - und nach dem Aufstehen(37)

Verwirrung, geistige - Aufstehen - nach(12) | *V ~ geistige Anstrengung - durch*(50) | V ~ Identität; in bezug auf seine(21)

Verzweiflung(137) | *V ~ andere, um* | a ~ sich selbst und(2)

Verzweiflung - Fieberfrost, im(20) | V ~ Herzerkrankung; bei | *V ~ periodisch*(3) | **V ~ religiöse Verzweiflung am Seelenheil**(30)

Gemüt ...

Verzweiflung - Schmerzen; bei den(21) | V~ verloren; glaubt, alles sei(2)

Wahnideen(191) | W~ nachts(36) | W~ betrunken - sei betrunken, er(23) | W~ Diebe - sieht(21) | W~ drehen - sie - würde sich drehen - Kreis, im(10) | W~ Erwachen, beim(8) | W~ Fallen - Seite hin; auf eine - links, nach(6) | *W~ fehlschlagen, versagen; alles werde*(6) | *W~ Freund - Zuneigung des Freundes verloren; er habe die*(4) | *W~ gelingt ihm nichts, er macht alles falsch; es*(6) | W~ Gesichter, sieht(26) | G~ größer, werden(2) | G~ wohin er auch die Augen wendet, oder blicken aus den Ecken(3)

Wahnideen - Gespenster, Geister, Gestalten - schweben in der Luft(2) | G~ sieht(55)

Wahnideen - Herz - drehen; würde sich | W~ hohl - Körper sei hohl; der ganze(3) | W~ Hunde - sieht(18) | W~ klein - Dinge - erscheinen klein; Dinge(10) | W~ Kopf - monströsen Kopf im Zimmer an der gegenüberliegenden Wand(2) | *W~ Kränkung, Demütigung - nach*(4) | *W~ Melancholie*(6) | W~ Menschen - unterhält sich mit abwesenden(13) | *W~ Phantasiegebilde, Illusionen*(115) | W~ religiös(17) | *W~ richtig - machen; er würde nichts richtig*(4) | *W~ Tadel verdienten; er habe seine Pflichten vernachlässigt und würde* | W~ Tiere(42) | *W~ unfähig, ungeeignet - Welt; er sei ungeeignet für die*(2) | *W~ Unrecht - begangen; er habe Unrecht*(26) | W~ verdammt; er sei(23) | W~ verfolgt - Feinden, von(30) | W~ verfolgt; er würde(23) | *W~ verlassen ; er sei*(21) | *W~ verloren, sie sei - Seelenheil verloren; sie habe das*(5) | **W~ vernachlässigt - Pflichten vernachlässigt; er habe seine**(10) | W~ verspielt; er habe durch eigenes Verschulden seine Gnadenfrist(9) | W~ Vertrauen in ihn verloren; seine Freunde hätten alles(2)

Gemüt ...

Wahnideen - wachsen - größer und länger werden; er würde(3) | *W~ Zuneigung der Freunde verloren; er habe die*(3)

Weinen(244) | W~ nachts(81) | *W~ Fieberfrost - im*(25) | W~ Gemütsbewegungen; nach geringen(9) | W~ krampfhaft, spasmodisch(16) | *W~ Schlaf, im*(88) | W~ Schluchzen; Weinen mit - Schlaf, im(3) | W~ Schweiß, beim(25) | *W~ Treffen von Menschen; beim* | *W~ unwillkürlich*(35) | *W~ Wimmern, Winseln*(27) | W~ Schlaf, im(28)

Widerspenstig(66)

Widerspruch - agg.(11) | *W~ Neigung zu widersprechen*(38) | **W~ verträgt keinen Widerspruch**(73)

Widerstreit mit sich selbst(6)

Widerwillen(39) | W~ allem, vor(22)

Wildheit(29)

Zerrissenheit der Person; Persönlichkeitsspaltung(2)

Zerstreut(166)

Zorn(243) | Z~ abwechselnd mit - Fröhlichkeit, Frohsinn(15) | *Z~ abwesende Personen; beim Denken an*(4) | **Z~ heftig**(72) | Z~ Kleinigkeiten, über(58) | *Z~ plötzlich - abwechselnd mit - Fröhlichkeit*(9) | **Z~ Widerspruch, durch**(37)

Zufrieden(31)

Zurückhaltend, reserviert(64)

Zweifelt - Genesung; an der(31) | **Z~ Seelenheil, am**(18)

Träume

Angenehm(136)

Ängstlich(239)

Anstrengung - geistige(51)

Dunkelheit(2)

Erotisch(196) | E~ Erektionen, mit(27) | E~ Pollutionen, mit(96)

Erschöpfend(45)

Fallen, zu stürzen; zu(60) | F~ Höhe herab, von einer(29)

Gewalttätigkeit(8)

Träume ...

Hochgelegene Orte - Herunterfallen, Hinabstürzen von(29)

Lebhaft(193)

Leichen(42)

Räuber(36)

Schrecklich(237)

Streitigkeiten(69)

Tod(64)

Traurig(46)

Unerinnerlich, bleiben nicht im Gedächtnis(93)

Verdrießlich(122)

Vernünftig

Verstorbenen, von(84)

Viele(260)

Wecken den Patienten(118)

Zorn(58)

– Aurum muriaticum –

aur-m.

Gemüt

Abneigung - allem, gegenüber(39) | A~ Freunde, gegen(6)

Abscheu - Leben, vor dem(84)

Aktivität; Verlangen nach(38)

Angst - Erregung, durch(7) | A~ geistige Anstrengung; durch(20) | A~ Gesundheit; um die - eigene Gesundheit; um seine(57)

Auffahren, Zusammenfahren(117) | A~ angesprochen, wenn(4) | A~ Erwachen, beim - ersticken; als würde er(3) | A~ Schlaf - während(163) | S~ durch(124)

Beschwerden durch - Kränkung, Demütigung(39) | B~ Kummer(65) | B~ Schreck(72) | *B~ Zorn*(94)

Bittet - nichts; um(16)

Delirium(233) | D~ Blutandrang, mit(5) | D~ Kopfschmerz - durch Kopfschmerzen, Delirium(3)

Denken - Beschwerden - agg.; Denken an seine Beschwerden(71)

Gemüt ...

Dunkelheit - hinlegen und nicht angesprochen werden; möchte sich im Dunklen(4)

Empfindlich - Geräusche, gegen(149) | *G~ Musik amel.*(15)

Erregung(287)

Faulheit(269)

Froh(182) | F~ nachmittags(14)

Furcht - Ersticken, vor dem - nachts(14) | F~ Herzklopfen, mit(11) | F~ Unglück, vor(93) | *F~ Unheil; Furcht vor*(115)

Gedächtnis - Gedächtnisschwäche(284)

Geistige Anstrengung - agg.(141) | G~ Abneigung gegen(150)

Geschäft - Abneigung gegen(45)

Gesellschaft - Verlangen nach(83)

Gleichgültigkeit, Apathie - allem; gegenüber(71)

Hypochondrie(116)

Kummer - still(23)

Kurz angebunden, barsch - herzlich; rauh aber(4)

Launenhaftigkeit, launisch(108)

Lebensüberdruß(82)

Leidenschaftlich(49)

Mürrisch - Denken an seine Beschwerden wenn allein; beim

Musik - amel.(15)

Reizbarkeit(408)

Religiös - Melancholie(21)

Ruhelosigkeit(420) | *R~ Angina pectoris, bei* | *R~ Freien, im - amel.*(9) | R~ Gehen, beim - Freien, im - amel.(5)

Schreckliches und traurige Geschichten greifen sie stark an(32)

Schreien(133)

Stimmung, Laune - veränderlich(158)

Suizidneigung; Neigung zum Selbstmord(98)

Tod - Gedanken an den Tod(54) | T~ wünscht sich den Tod, möchte sterben(72)

Traurigkeit(477) | T~ Kummer, nach(6) | T~ Liebe; durch enttäuschte(7) | *T~ Menopause, in der*(25)

Gemüt ...

Traurigkeit - Quecksilbermißbrauch, nach(5) | T~ Suizidneigung, mit(25)
Unbesonnen(82)
Unzufrieden(168)
Vernachlässigt - Kinder, ihre(2)
Verweilt - Gesundheit; bei seiner eigenen, zerstörten
Verwirrung, geistige(321) | V~ Freien, im - amel.(30)
Wahnideen(191) | W~ drehen - sie - würde sich drehen - Kreis, im - Bücken, beim | W~ geht - Luft - in der Luft; geht(2) | *W~ Krankheit - jede Krankheit; er habe*(2)
Weinen(244)
Widerspruch - Neigung zu widersprechen(38)
Zerstreut - fährt auf, wenn angesprochen(5)
Zorn - Denken an seine Beschwerden; beim

Träume

Alpträume, Alpdrücken(144)
Ängstlich(239)
Schrecklich(237)
Traurig(46)
Unglück(64)
Verdrießlich(122)

– *Aurum muriaticum natronatum* –

aur-m-n.

Gemüt

Angst(362)
Beschwerden durch - Zorn(94)
Gleichgültigkeit, Apathie - Genesung, gegenüber seiner(3)
Ungeduld(131)

– *Aurum sulphuratum* –

aur-s.

Gemüt

Abscheu - Leben, vor dem(84)

Gemüt ...

Angesprochen zu werden - Abneigung(63)
Angst(362) | A~ Furcht, mit(110) | A~ Gewissensangst(75) | A~ Seelenheil, um das(35)
Argwöhnisch(105)
Beleidigt, leicht(79)
Beschwerden durch - Kummer(65)
Brütet, grübelt(41) | B~ Ecke; sitzt stumpfsinnig oder brütend in einer(11)
Eigensinnig, starrköpfig, dickköpfig(107)
Empfindlich(192)
Erregung(287)
Erschöpfung; geistige(217)
Erschreckt leicht(125)
Faulheit(269) | F~ gefolgt von - Arbeitswut
Feigheit(89)
Froh(182) | F~ krankhaft
Furcht - Menschen, vor(81) | F~ Menschenmenge; in einer(58) | F~ Räubern, vor(25) | F~ Tod; vor dem(143) | F~ Unheil; Furcht vor(115)
Gedächtnis - Gedächtnisschwäche(284)
Geisteskrankheit, Wahnsinn(153)
Geistige Anstrengung - agg.(141) | G~ Verlangen nach(65) | G~ Abneigung gegen(150)
Gesellschaft - Abneigung gegen(156)
Grobheit(37)
Hast, Eile(112)
Heftig, vehement(100)
Hysterie(194)
Ideen, Einfälle - Reichtum an, Klarheit des Geistes(125)
Imbezillität(140)
Jammern(93)
Lachen - abwechselnd mit - Weinen(43)
Manie(149)
Mürrisch(290)
Phantasien - übertrieben(114)
Redseligkeit; Geschwätzigkeit(136)
Reizbarkeit(408)
Ruhelosigkeit(420) | R~ nachts(249)
Schüchternheit, Zaghaftigkeit(113)
Schweigsam(209)

Gemüt ...
Selbstvertrauen - Mangel an Selbstvertrauen(86)
Sitzen - Neigung zu sitzen(110) | N ~ unbeweglich, still(42)
Stimmung, Laune - veränderlich(158)
Stöhnen(119)
Streitsüchtig(136)
Stumpfheit(332)
Suizidneigung; Neigung zum Selbstmord(98) | **S ~ Gedanken an Selbstmord**(33)
Tadelsüchtig, krittelig(80) | T ~ besten Freunden gegenüber; den(4)
Tod - wünscht sich den Tod, möchte sterben(72)
Traurigkeit(477) | T ~ morgens(71) | **T ~ abends**(76)
Traurigkeit - Schweiß, beim(29)
Unentschlossenheit(146)
Unzufrieden(168)
Vergeßlich(187)
Verwirrung, geistige - morgens(115) | V ~ geistige Anstrengung - durch(50)
Verzweiflung - Genesung, in bezug auf die(44) | V ~ religiöse Verzweiflung am Seelenheil(30)
Wahnideen - Phantasiegebilde, Illusionen(115) | W ~ Tiere(42)
Weinen(244) | W ~ nachts(81)
Zerstreut(166)
Zorn(243) | Z ~ heftig(72)

Träume
Alpträume, Alpdrücken(144)
Angenehm(136)
Ängstlich(239)
Erotisch(196)
Lebhaft(193)
Mord(53)
Räuber(36)
Schrecklich(237)
Tod(64)
Verdrießlich(122)
Verstorbenen, von(84)

– *Avena sativa* –

aven.

Gemüt
Alkoholismus(135)
Beschwerden durch - geistige Anstrengung(59)
Delirium tremens(84)
Erschöpfung; geistige(217) | *E ~ Schlaflosigkeit, mit*(7)
Geistige Anstrengung - agg.(141)
Hypochondrie(116)
Konzentration - schwierig(261) | s ~ Masturbation, durch
Morphiumsucht(31)

– *Azadirachta indica* –

aza.

Gemüt
Demenz - senilis, Dementia(25)
Fehler; macht - Schreiben, beim(83) | F ~ Sprechen, beim - Buchstabieren, beim(23)
Gedächtnis - Gedächtnisschwäche(284) | G ~ Eigennamen; für(44) | G ~ Tatsachen, Fakten; für - kurz zurückliegende Tatsachen, für(15)
Hypochondrie(116)
Traurigkeit(477)
Vergeßlich(187)

Träume
Kämpfe(54)
Streitigkeiten(69)

– Bacillinum Burnett –
bac.

Gemüt
Furcht - Hunden, vor(22) | F~ Katzen, vor(6)
Geisteskrankheit, Wahnsinn(153)
Idiotie(45)
Imbezillität(140)
Ruhelosigkeit - nachts(249)
Schreien - Schlaf, im(80)

– Bacillus Gaertner (Bach) –
gaert.

Gemüt
Beißen - Nägel(33)
Erregung(287)
Furcht - Hunden, vor(22)
Intelligent(2)

– Bacillus Morgan pure (Paterson) –
morg-p.

Gemüt
Angst(362)
Erschöpfung; geistige(217)
Essen - weigert sich zu(26)
Geschäftig(45)

– Bacillus Proteus (Bach) –
prot.

Gemüt
Gesellschaft - Abneigung gegen(156)
Kriecht, krabbelt - rollt auf dem Boden herum(6)
Reizbarkeit(408)
Rollt, wälzt sich - Boden herum; auf dem(9)
Stößt, tritt(11)
Suizidneigung; Neigung zum Selbstmord - Gedanken an Selbstmord(33)
Traurigkeit(477)
Wirft mit Gegenständen um sich(20)

Gemüt ...
Zorn - Widerspruch, durch(37)

– Bacillus Sycoccus (Paterson) –
syc.

Gemüt
Furcht - Hunden, vor(22)

– Bacillus dysenteriae (Bach) –
dys.

Gemüt
Beschwerden durch - Verlegenheit(13)
Erregung - Sprache, mit stammelnder
Erschöpfung; geistige(217)
Furcht - Gewitter, vor(25)

– Badiaga –
bad.

Gemüt
Beschwerden durch - Erregung - Gefühle, der(87) | *B~ Freude, übermäßige*(13)
Demenz - paralytica, Dementia(18)
Denken - Beschwerden - agg.; Denken an seine Beschwerden(71)
Empfindlich - Geräusche, gegen - geringste Geräusch; gegen das(29)
Erregung(287)
Fehler; macht - Zeit; in bezug auf die(34)
Froh(182)
Gedächtnis - gut, aktiv(91)
Geistige Anstrengung - Verlangen nach(65)
Ruhelosigkeit(420) | R~ nachts(249)
Schreien(133)
Stumpfheit(332)
Verzweiflung(137)
Weinen - Husten - während(21)

Träume
Schrecklich(237)
Wecken den Patienten(118)

– *Balsamum peruvianum* –

bals-p.

TRÄUME

Ereignisse - zurückliegende, kurz - Vortag, vom(41)
Viele(260)

– *Baptisia tinctoria* –

bapt.

GEMÜT

Abneigung - Frauen; gegen(12)
Angst - Erwachen, beim(86)
Antworten - langsam(35) | *A ~ Stupor kehrt schnell nach dem Antworten wieder*(17)
Argwöhnisch(105)
Auffahren, Zusammenfahren - Schlaf - Einschlafen, beim(72)
Betäubung(237) | *B ~ Ruhelosigkeit, mit*(3) | B ~ Schläfrigkeit, bei(11)
Bett - Abneigung gegen das Bett, meidet es(18) | *B ~ heraus; möchte aus dem Bett*(4)
Bewußtlosigkeit(280) | *B ~ Fieber, im*(50) | *B ~ häufige Anfälle von Bewußtlosigkeit, Absencen*(7)
Delirium(233) | **D ~ nachts**(67) | D ~ anhaltend(4) | D ~ antwortet - langsam(8) | D ~ besinnungslos, mit offenen Augen(13) | *D ~ brummt*(44) | D ~ Erschöpfung, mit(7) | D ~ geschäftig(10) | *D ~ Gesicht - rot*(7) | *D ~ heftig, grimmig*(5) | **D ~ mild**(10) | D ~ redselig(33) | *D ~ Schlaflosigkeit - mit*(45) | D ~ Schließen der Augen; beim(9) | *D ~ Sepsis, durch*(13)
Demenz - senilis, Dementia(25)
Denken - Abneigung gegen(46) | *D ~ Beschwerden - agg.; Denken an seine Beschwerden*(71)
Dunkelheit - agg.(27)
Empfindlich - Geräusche, gegen(149)
Erregung(287)
Erschöpfung; geistige(217) | *E ~ Fieber - während*(4)
Faulheit(269)

GEMÜT ...

Fliehen, versucht zu(61)
Furcht(242) | F ~ Bett - vor dem(20) | F ~ Dunkelheit, vor der(40) | F ~ Ersticken, vor dem - Schlaf, im | F ~ Herz - Herzerkrankung(23) | F ~ Lähmung, vor(7) | F ~ Schlaf - einzuschlafen; Furcht(18) | F ~ Tod; vor dem(143) | F ~ vergiftet - werden; Furcht, vergiftet zu(23)
Gedächtnis - gut, aktiv(91) | G ~ Gedächtnisschwäche(284)
Gedanken - Vergehen, Schwinden der Gedanken(76) | *G ~ wandernd*(72)
Geistige Anstrengung - agg. - unmöglich(130) | **G ~ Abneigung gegen**(150)
Gesten, Gebärden; macht - Hände; unwillkürliche Bewegungen der - reibt - aneinander; reibt die Hände(2) | H ~ ringt die Hände(14)
Gleichgültigkeit, Apathie(251) | G ~ allem; gegenüber(71)
Hysterie(194)
Imbezillität(140)
Konzentration - schwierig(261)
Manie(149)
Murmeln(55)
Phantasien - verworren(10)
Redseligkeit; Geschwätzigkeit(136)
Ruhelosigkeit(420) | *R ~ nachts*(249) | n ~ Mitternacht - nach(13)
Ruhelosigkeit - Bett - Herumwerfen im(123) | *R ~ bewegen - schwach um sich zu bewegen; aber zu* | R ~ Hitze - während(66)
Schüchternheit, Zaghaftigkeit - abends - Bett - Zubettgehen; beim(11)
Schweigsam(209) | **S ~ Krankheiten oder Verletzungen; spricht ungern über**
Sinne - abgestumpft, stumpf(107)
Sprache - unzusammenhängend(65)
Stöhnen - Schlaf, im(62)
Stumpfheit(332) | S ~ nachts | n ~ Erwachen, beim(9)
Stumpfheit - Frühstück, nach dem | *S ~ Hitze - während*(14)
Stupor(138) | **S ~ Fieber, im**(21)

Gemüt ...

Tod - Gewißheit des (eigenen) Todes(11) | T ~ Vorahnung des Todes(62)
Traurigkeit(477)
Verwirrung, geistige(321) | **V ~ berauscht - wie**(47) | *V ~ Fieberhitze, in der*(26) | V ~ Identität; in bezug auf seine(21) | **I ~ Dualität; Gefühl der**(37)
Verzweiflung - Genesung, in bezug auf die(44)
Wahnideen(191) | W ~ Arme - abgeschnitten, seien | A ~ gehören; würden nicht zu ihr(3)
Wahnideen - Beine - abgeschnitten, seien(6) | *B ~ gehören ihr nicht*(4) | B ~ unterhalten sich | *u ~ Zehe unterhält sich mit dem Daumen; die*
Wahnideen - berührt; er würde - Seiten berühren; jemand würde ihn an beiden | *W ~ Bett - jemand - im Bett; als sei jemand - mit ihm*(13) | B ~ sinken - Bett würde sinken; das(13)
Wahnideen - doppelt - sein, doppelt zu(30) | W ~ drei Personen; er sei(6) | W ~ geduldig zu sein - außerhalb von ihm sei geduldig; ein zweites Selbst | W ~ gelingt ihm nichts, er macht alles falsch; es(6) | W ~ geschwollen, er sei(11) | *W ~ geteilt - zwei Teile; in*(10) | W ~ Glieder - abgetrennt; seien(2) | W ~ Identität - Fehleinschätzung in bezug auf die eigene(18) | *W ~ Körper - Teile - entfernt worden; Körperteile seien*(2) | *K ~ verstreut; der Körper sei*(5) | v ~ Bett, im | *v ~ wirft sich umher, um die Teile zusammenzubekommen; er*(6)
Wahnideen - Likör - getrunken; sie habe(3) | W ~ schlafen; er würde - nicht genug geschlafen; er habe(17) | W ~ Schreck - nach(5) | W ~ Sprechen - Glieder unterhalten sich; die | S ~ Teil des Körpers spricht mit einem anderen; ein
Wahnideen - vergrößert(42) | *v ~ Kopf sei*(15)
Wahnideen - versinken, er würde(21)
Weinen(244)
Wildes Gefühl im Kopf(5)

Gemüt ...

Wildheit(29) | W ~ Kopfschmerzen, bei

Träume

Alpträume, Alpdrücken(144)
Ängstlich(239)
Anstrengung - körperliche(20)
Arbeiten im Schnee
Geschäft - Tage, vom(39)
Kämpfe(54) | K ~ siegt immer
Lebhaft(193)
Mund - Kette quer über den Mund gebunden; mit einer
Schnee(4) | S ~ Arbeiten im Schnee
Schrecklich(237)
Streitigkeiten(69)
Triumph
Unerinnerlich, bleiben nicht im Gedächtnis(93)
Verdrießlich(122)
Viele(260)

– Bartfelder aqua –

bart.

Gemüt

Angst - Kaffee - nach(5)
Ernst(77)
Gedanken - überlegt(54)
Verwirrung, geistige(321)

Träume

Ängstlich(239)
Beerdigungen(13)
Reisen(48)
Verworren(122)
Viele(260)

– Baryta acetica –

bar-act.

Gemüt

Angst(362) | A ~ Kleinigkeiten, um(23)
Aphasie(53)
Argwöhnisch(105)
Auffahren, Zusammenfahren - Geräusche, durch(60)

GEMÜT ...

Beschwerden durch - geistige Anstrengung(59)
Demenz - senilis, Dementia(25)
Eigensinnig, starrköpfig, dickköpfig(107)
Faulheit(269)
Furcht - Menschen, vor(81)
Gedächtnis - Gedächtnisschwäche(284) | G~ Eigennamen; für(44)
Geistige Anstrengung - agg.(141)
Murmeln - Schlaf, im(18)
Mürrisch(290)
Reizbarkeit(408)
Selbstvertrauen - Mangel an Selbstvertrauen(86)
Sitzen - Neigung zu sitzen(110)
Spucken(32) | S~ Übelkeit; mit
Stimmung, Laune - veränderlich(158)
Traurigkeit(477) | T~ Kleinigkeiten, um(8)
Unbehagen - Essen, nach dem(6)
Unentschlossenheit(146)
Wille - Willensschwäche(58)
Zorn - plötzlich(7)

TRÄUME

Lebhaft(193)
Merkwürdig, wunderlich(10)
Verstorbenen, von(84)
Verworren(122)

– *Baryta carbonica* –

bar-c.

GEMÜT

Aktivität; Verlangen nach(38)
Albernes Benehmen(65)
Alkoholismus(135)
Angst(362) | A~ morgens(42) | A~ vormittags(15) | A~ mittags(5) | A~ abends(87) | *a~ Bett, im*(54) | *B~ Unruhe und qualvoller Angst abdecken; muß sich aus*(4)
Angst - nachts(119) | n~ Mitternacht - vor(36)
Angst - andere, um(24) | *A~ Bett - im Bett*(49) | **A~ Fieber - während**(91) | A~ Freien, im(13) | A~ Fremden; in Gegenwart von(4)

GEMÜT ...

Angst~ Freunde zu Hause; um(4) | *A~ Furcht, mit*(110) | A~ Gehen - agg.(21) | A~ Geräusche, durch(13) | A~ Geschäfte, über(10) | A~ Gesundheit; um die - Verwandten; von(6) | A~ häusliche Angelegenheiten, um - Schwangerschaft, in der(2) | A~ Kleinigkeiten, um(23) | A~ Liegen - Seite, auf der(4) | S~ links(3)
Angst - plötzlich(11) | A~ Schwangerschaft, in der(6) | A~ Stuhlgang - vor(24) | *A~ Zukunft*(108)
Aphasie(53) | *A~ Apoplexie - nach*(9)
Argwöhnisch(105) | A~ Furcht vor Gesellschaft(3) | *A~ reden; Menschen würden über sie*(5)
Auffahren, Zusammenfahren(117) | A~ abends - Einschlafen, beim(19) | *A~ Geräusche, durch*(60) | A~ leicht(52) | A~ Schlaf - während(163) | *S~ durch*(124) | S~ Einschlafen, beim(72)
Auffahren, Zusammenfahren - Schreck oder wie durch Schreck; durch(68) | A~ Träumen, in - aus einem Traum(35) | A~ zittrig(3)
Außer sich; ist(51)
Beeindruckbar, leicht zu beeinflussen(3)
Begreifen, Auffassungsvermögen - leicht(38)
Beißen - Nägel(33)
Beschäftigung - amel.(48)
Beschwerden durch - Erwartungsspannung(68) | B~ Verlegenheit(13) | B~ Zorn(94)
Betäubung(237) | B~ morgens(13) | B~ nachts(6) | B~ Schwindel - während(37)
Bewußtlosigkeit(280) | *B~ Alter, im* | *B~ Apoplexie, bei*(15) | B~ überfüllten Zimmer; in einem mit Menschen(12)
Boshaft(99) | B~ Zorn, mit(12)
Brütet, grübelt - Ecke; sitzt stumpfsinnig oder brütend in einer(11)
Delirium(233) | D~ Fieber; im(54) | D~ redselig(33) | *D~ Schlaf - während*(26) | D~ schrecklich(26)

Gemüt …

Demenz - senilis, Dementia(25) | s~ Gerede, mit albernem(4)

Denken - Beschwerden - agg.; Denken an seine Beschwerden(71)

Ehrgeiz - Verlust von(15)

Eigensinnig, starrköpfig, dickköpfig(107)

Empfindlich(192) | E~ geistige Eindrücke; gegen(20) | *E~ Geräusche, gegen*(149) | G~ geringste Geräusch; gegen das(29) | G~ schrille Töne, gegen(16) | G~ Stimmen, gegen - Männerstimmen(2)

Empfindlich - Schweiß, beim(3) | E~ Sinneseindrücke, gegen(23)

Engstirnig, beschränkt, borniert(4)

Entmutigt(135) | E~ Angst, mit(7) | E~ Weinen, mit(6)

Entwicklungsstillstand bei Kindern(9)

Ernst(77)

Erschöpfung; geistige(217) | **E~ Alter, im**

Erschreckt leicht(125) | E~ Kleinigkeiten, über(27)

Essen - weigert sich zu - Schwäche; aus(2)

Faulheit(269) | F~ Essen, nach dem(25) | F~ Kindern, bei(2) | F~ körperlich(23) | F~ Mittagessen, nach dem(8)

Feigheit(89) | F~ Zornesausbruch, mit plötzlichem

Fleißig, arbeitsam, Arbeitswut(101) | *F~ Menses, vor den*(26)

Fliehen, versucht zu(61) | *F~ Schwangerschaft, in der* | F~ wegzulaufen, um(16)

Fremde - Anwesenheit von Fremden - agg.(16) | a~ hustet beim Anblick von Fremden; Kind(4)

Frivol(14)

Furcht(242) | F~ abends(51) | F~ Auffahren, mit(10) | F~ Eisenbahn zu fahren; mit der(3) | F~ Fieber - während des Fiebers(6) | *F~ Fremden; vor*(10) | F~ Geräusche, durch(40) | G~ nachts(3) | G~ Straße, auf der(2)

Gemüt …

Furcht - geschehen; etwas werde(82) | **F~ Kindern, bei**(5) | *F~ Männern, vor*(30) | *F~ Menschen, vor*(81) | **M~ Kindern; bei**(2)

Furcht - Menschenmenge; in einer(58) | F~ Näherkommen, Annäherung von; vor - anderen, von(28) | F~ offenen Plätzen; Furcht vor(17) | F~ Tod; vor dem(143) | F~ Überqueren - Brücke oder eines Platzes; einer(5) | F~ Unglück, vor(93) | F~ Unheil; Furcht vor(115) | F~ unternehmen - irgendetwas zu unternehmen(9)

Gedächtnis - gut, aktiv(91) | **G~ Gedächtnisschwäche**(284) | G~ geistige Anstrengungen; für(26) | *g~ Kinder können nicht zu geistiger Arbeit angeleitet, unterrichtet werden*

Gedächtnis - Gedächtnisschwäche - gesagt hat; für das, was er(29) | *G~ getan hat; für das, was er eben*(34) | **G~ sagen will; für das, was er gerade**(38) | *G~ tun wollte; für das, was er gerade*(33) | **G~ Worte, für**(61)

Gedanken - überlegt(54) | G~ unangenehm(21)

Gedanken versunken, in(90)

Geheimnistuerisch, verschlossen(15)

Geisteskrankheit, Wahnsinn(153) | G~ Wochenbett, im(35)

Geistige Anstrengung - agg.(141) | a~ unmöglich(130)

Geistige Anstrengung - Abneigung gegen(150)

Geschäftig(45)

Gesellschaft - Abneigung gegen(156) | *A~ allein, wenn - amel.*(33) | *A~ Fremden; Abneigung gegen die Anwesenheit von*(16)

Gesten, Gebärden; macht - Hände; unwillkürliche Bewegungen der - bedekken - Gesicht mit den Händen, blicken jedoch durch die Finger; bedecken - Kindern; bei

Gewissenhaft, peinlich genau in bezug auf Kleinigkeiten(58)

Gemüt …

Gleichgültigkeit, Apathie(251) | G~ Pubertät, in der(3)
Grobheit(37)
Haß - Männer, auf(6)
Hast, Eile(112)
Heftig, vehement(100) | H~ Gewalttaten führt; Raserei, die zu(34)
Heuchelei(11)
Hysterie(194)
Ideen, Einfälle - Mangel an(102)
Idiotie(45)
Imbezillität(140)
Indiskretion, Taktlosigkeit(30)
Kindisches Benehmen(52) | **K~ alten Menschen; bei**(2)
Klammert sich an - Personen oder Möbel; an(6)
Knabbern, Verlangen zu(3)
Konzentration - schwierig(261) | *s~ Kindern, bei*(8) | *s~ Studieren*(52)
Kretinismus(8)
Kummer(76) | K~ Kleinigkeiten, über(3)
Lachen(102) | L~ Abneigung gegen(3) | L~ grundlos(5) | L~ kindisch(3) | L~ unmäßig(28)
Langeweile(53)
Langsamkeit(68)
Launenhaftigkeit, launisch(108)
Leichtgläubig(4)
Leidenschaftlich(49)
Lesen - Abneigung gegen Lesen(25)
Liebevoll, voller Zuneigung, herzlich(37)
Lustig, fröhlich(123)
Magnetisiert - amel.(20)
Manie(149)
Männer - Scheu vor(19)
Menschenfeindlichkeit, Misanthropie(45)
Mitgefühl, Mitleid(34)
Mitteilsam, gesprächig(8)
Murmeln - alten Menschen; bei | M~ Schlaf, im(18)
Mürrisch(290) | M~ abends(31)
Mutwillig, boshaft(24)
Offenherzig(3)

Gemüt …

Pessimist(17)
Phantasien - übertrieben(114) | *ü~ nachts*(40)
Raserei, Tobsucht, Wut(95) | *R~ nachts*(15) | R~ heftig(12) | R~ Kleinigkeiten, über(2)
Redseligkeit; Geschwätzigkeit(136) | *R~ Menses, während*(3) | *R~ Schwangerschaft, in der* | R~ wechselt schnell von einem Thema zum anderen - Kopfschmerzen - während(3)
Reisen - Verlangen nach(28)
Reizbarkeit(408) | R~ abends(60)
Religiös - Gemütsstörungen, religiöse(63)
Rückgrat, ohne(3)
Ruhelosigkeit(420) | R~ Essen - nach(14) | *R~ Hitze - während*(66)
Schüchternheit, Zaghaftigkeit(113) | *S~ schamhaft*(58)
Schweigsam(209) | S~ Traurigkeit; bei(12)
SELBSTVERTRAUEN - MANGEL AN SELBSTVERTRAUEN(86)
Sinne - scharf(52)
Sitzen - Neigung zu sitzen(110) | N~ unbeweglich, still(42)
Sorgen, voller(50) | S~ häusliche Angelegenheiten, um(3)
Sorgsamkeit, Sorgfalt(12)
Spaßen(52)
Spielen - Abneigung gegen Spielen - Kindern; bei(9) | K~ sitzen in der Ecke; und sie(2)
Sprache - kindisch(4) | S~ langsam(59) | S~ undeutlich(24)
Sprechen - langsam; lernt(15) | S~ Schlaf, im(93) | S~ alten Männern; bei
Stimmung, Laune - veränderlich(158) | *S~ wechselnd, wechselhaft*(80)
Stöhnen(119) | *S~ Alter, im* | S~ Kleinigkeit, über jede(2) | S~ Schweiß, beim(10)
Streitsüchtig(136)
Studieren, Lernen - schwierig, fällt schwer(18)

GEMÜT ...

Stumpfheit(332) | S~ morgens(54) | m~ Erwachen, beim(26)

Stumpfheit - alten Menschen, bei(6) | S~ denkt - lange zu denken; unfähig(12) | S~ Erwachen, beim(41) | S~ geistige Anstrengung, durch(27) | S~ Hautausschläge, durch unterdrückte | **S~ Kindern; bei**(21) | S~ Mittagsschlaf, nach dem(5)

Stupor(138) | *S~ Alter; im*

Tadelsüchtig, krittelig(80)

Traurigkeit(477) | T~ morgens(71) | m~ Erwachen - beim(21)

Traurigkeit - abends(76) | T~ Essen - nach(25) | T~ Kleinigkeiten, um(8)

Traurigkeit - schweigsam(12)

Unaufmerksam(23) | U~ angesprochen, wenn(4)

Unbesonnen(82)

Unduldsamkeit(7)

UNENTSCHLOSSENHEIT(146) | **U~ Handlungen, in**(8) | **U~ Kleinigkeiten, um**(5) | **U~ Projekten, bei**(8)

Ungeduld(131)

Ungeschicklichkeit(41) | U~ fallen, läßt Dinge(26) | U~ Verlegenheit, aus(7)

Unzufrieden(168)

Vergeßlich(187) | *V~ alten Menschen, bei*(12) | V~ Einkauf liegen; geht weg und läßt den(10) | *V~ Worte beim Sprechen; vergißt*(52)

Vergnügen - Abneigung gegen(8)

Verlassen zu sein; Gefühl(56) | V~ abends(3)

Vernachlässigt - alles(4)

Verstecken - sich - Kinder - Besucher würden über sie lachen und sie verstecken sich hinter den Möbeln; sie glauben | K~ Fremden, vor

Verwirrung, geistige(321) | *V~ morgens*(115) | *m~ Erwachen, beim*(50)

Verwirrung, geistige - abends(78) | *V~ Alter, im*(4) | V~ Erwachen, beim(71) | V~ Freien, im - amel.(30) | V~ Sitzen, im(33)

Verzogene, mißratene Kinder(6)

GEMÜT ...

Verzweiflung(137) | V~ Genesung, in bezug auf die(44)

Vorsichtig - ängstlich(7)

Wahnideen(191) | W~ Aufstehen - Hinfallen, dann(2) | W~ Beine - abgeschnitten, seien(6) | *W~ beobachtet, sie würde*(7) | W~ beraubt werden; er würde(4) | W~ Bilder, Phantome; sieht(76) | B~ schreckliche(60)

Wahnideen - Feuer - Geräusch ist ein Feueralarm und sie zittert; jedes | W~ geht - Knien, er geht auf den(3) | W~ gelingt ihm nichts, er macht alles falsch; es(6) | W~ klein - Körper sei kleiner; der(14) | *W~ Knien, er geht auf den*(3) | W~ Körper - häßlich aussehen; der Körper würde(2) | W~ krank - Freund sei krank und liege im Sterben; ein lieber | k~ sein; krank zu(27)

Wahnideen - kritisiert; sie würde(12) | *W~ lachen und spotten; man würde über ihn*(6) | l~ Straße geht; wann immer sie auf die

Wahnideen - Menschen - sieht - blicken ihn an(2) | W~ Phantasiegebilde, Illusionen(115) | W~ Soldaten - sieht(5) | *W~ Sprechen - Freunde sprechen über sie*(7) | W~ sterben - gleich sterben; glaubt, er würde(57) | W~ stirbt - Freund; ein lieber | W~ tot - Personen, sieht tote(59) | W~ vergeßlich; er ist | W~ verlassen ; er sei(21)

Weinen(244) | W~ nachts(81) | W~ geht alleine weg und weint, als habe sie keine Freunde | W~ Schlaf, im(88) | *W~ Wimmern, Winseln - Schlaf, im*(28)

Widerspenstig(66)

Widerspruch - Neigung zu widersprechen(38)

Widerstreit mit sich selbst(6)

Widerwillen - sich selbst; vor - Lebensmut, möchte nicht mit sich leben; hat keinen(2)

Wille - Verlust der Willenskraft(34) | *W~ Willensschwäche*(58)

Gemüt ...
Zeit - langsam, scheint länger; vergeht zu(29)
Zerstreut(166) | Z~ Alter, im(5) | Z~ angesprochen, wenn(5)
Ziehen - Haaren; an den - Verlangen zu ziehen - jemanden an den Haaren(11)
Zorn(243) | Z~ heftig(72)
Zweifelt(13)

Träume
Angenehm(136)
Ängstlich(239)
Anhaltend(7)
Erotisch(196) | E~ Pollutionen, mit(96)
Feuer(65)
Hartnäckig(29)
Körperteile - Hals - Halsentzündung(3)
Krankheit(43) | K~ Halsentzündung(3)
Lebhaft(193)
Leichen(42)
Phantastisch(55)
Schrecklich(237)
Streitigkeiten(69)
Unglück(64)
Unternehmungslustig(3)
Verstorbenen, von(84)
Verworren(122)
Viele(260)
Visionär(45)
Wecken den Patienten(118)

– *Baryta iodata* –
bar-i.

Gemüt
Angst(362)
Brütet, grübelt(41)
Empfindlich - Geräusche, gegen(149)
Erschöpfung; geistige(217)
Faulheit(269)
Feigheit(89)
Furcht - Menschen, vor(81) | F~ Unheil; Furcht vor(115)
Gedächtnis - Gedächtnisschwäche(284)
Gesellschaft - Abneigung gegen(156)
Gleichgültigkeit, Apathie(251)

Gemüt ...
Hast, Eile(112)
Hysterie(194)
Konzentration - schwierig(261)
Phantasien - versunken in(9)
Redseligkeit; Geschwätzigkeit(136)
Reizbarkeit(408)
Ruhelosigkeit(420)
Schüchternheit, Zaghaftigkeit(113)
Sitzen - Neigung zu sitzen(110) | N~ unbeweglich, still(42)
Stimmung, Laune - wechselnd, wechselhaft(80)
Stumpfheit(332)
Traurigkeit(477)
Unentschlossenheit(146)
Ungeduld(131)
Vergeßlich(187)
Verwirrung, geistige(321)
Wahnideen(191) | W~ Phantasiegebilde, Illusionen(115) | W~ tot - Personen, sieht tote(59)
Weinen(244)
Zorn(243)

Träume
Ängstlich(239)
Erotisch(196)
Lebhaft(193)

– *Baryta muriatica* –
bar-m.

Gemüt
Albernes Benehmen(65)
Angst(362) | *A ~ abends*(87) | A~ Bücken - amel. | *A ~ Zukunft*(108)
Antworten - verworren, als würde er an etwas anderes denken(3)
Argwöhnisch(105)
Auffahren, Zusammenfahren(117) | A~ leicht(52)
Bewußtlosigkeit(280)
Denken - Beschwerden - agg.; Denken an seine Beschwerden(71)
Erschöpfung; geistige(217)
Feigheit(89)

Gemüt ...

Furcht(242) | F~ Männern, vor(30) | F~ Unheil; Furcht vor(115)
Geisteskrankheit, Wahnsinn(153) | **G~ erotisch**(31)
Gesellschaft - Abneigung gegen(156)
Gleichgültigkeit, Apathie(251)
Idiotie(45)
Imbezillität(140)
Kindisches Benehmen(52)
Konzentration - schwierig(261) | s~ Studieren(52)
Manie(149)
Männer - Scheu vor(19)
Nymphomanie(67)
Reizbarkeit(408) | R~ abends(60)
Schüchternheit, Zaghaftigkeit(113)
Schweigsam(209)
Sitzen - Neigung zu sitzen(110) | N~ unbeweglich, still(42)
Sonderbar, fremd, merkwürdig - alles erscheint(16)
Spielen - Abneigung gegen Spielen - Kindern; bei(9) | K~ sitzen in der Ecke; und sie(2)
Sprechen - Schlaf, im(93)
Stumpfheit(332) | *S~ Kindern; bei*(21)
Tod - Vorahnung des Todes(62)
Traurigkeit(477) | T~ morgens(71)
Unentschlossenheit(146)
Verwirrung, geistige(321)
Wahnideen - geht - Knien, er geht auf den(3) | W~ Knien, er geht auf den(3) | W~ sonderbar, merkwürdig - alles sei(16) | s~ Vertrautes scheint fremd(38)
Wahnideen - sterben - gleich sterben; glaubt, er würde(57) | W~ verändert, alles sei(6)
Zorn(243) | Z~ leicht(37)

Träume

Angenehm(136)
Ängstlich(239)
Erotisch(196)
Lebhaft(193)
Schrecklich(237)
Unglück(64)

– *Baryta sulphurica* –

bar-s.

Gemüt

Angesprochen zu werden - Abneigung(63)
Angst - abends - Bett, im(54) | A~ nachts(119) | n~ Mitternacht - vor(36)
Angst - Fieber - während(91) | A~ Furcht, mit(110) | A~ Zukunft(108)
Argwöhnisch(105)
Beschwerden durch - Kummer(65)
Bewußtlosigkeit(280) | *B~ periodisch*(6)
Erschreckt leicht(125) | E~ mittags - Schlummer, nach einem(4)
Faulheit(269)
Feigheit(89)
Freien; Gemütssymptome amel. im(3)
Furcht - abends(51) | F~ Gesprächen, vor | F~ Menschen, vor(81) | F~ Menschenmenge; in einer(58) | F~ Tod; vor dem(143) | F~ Unheil; Furcht vor(115)
Gedächtnis - Gedächtnisschwäche(284)
Geistige Anstrengung - Abneigung gegen(150)
Gesellschaft - Abneigung gegen(156)
Gleichgültigkeit, Apathie(251)
Hast, Eile(112)
Hysterie(194) | H~ Kummer, durch(3)
Imbezillität(140)
Jammern(93)
Konzentration - schwierig(261)
Launenhaftigkeit, launisch(108)
Redseligkeit; Geschwätzigkeit(136)
Reizbarkeit(408) | R~ abends(60)
Schüchternheit, Zaghaftigkeit - schamhaft(58)
Sprechen - Schlaf, im(93)
Stöhnen(119)
Tadelsüchtig, krittelig(80)
Ungeduld(131)
Vergeßlich(187) | V~ Worte beim Sprechen; vergißt(52)
Verlangen, Wunsch nach - voller Verlangen - mehr als sie braucht(5)
Verwirrung, geistige - morgens(115) | V~ abends(78) | V~ Freien, im - amel.(30)

Gemüt ...

Weinen(244) | W ~ nachts(81)

Wille - Verlust der Willenskraft(34)

Träume

Ängstlich(239)

Lebhaft(193)

Schrecklich(237)

Unglück(64)

– *Belladonna* –

bell.

Gemüt

Abergläubisch(13)

Abneigung - Männer; gegen(8)

Abscheu - allgemeiner(42) | A ~ Leben, vor dem(84)

Albernes Benehmen(65)

Alkoholismus(135)

Angst(362) | *A ~ tagsüber*(21) | A ~ nachmittags(32) | A ~ abends(87) | *A ~ nachts*(119) | A ~ Anfälle - mit Anfällen(10) | A ~ Bücken(2) | A ~ Druck; durch - Brust; auf der(14) | A ~ Erwachen, beim(86) | A ~ Essen - nach(39) | A ~ Fieber - während(91) | A ~ Freien, im(13) | A ~ Furcht, mit(110) | A ~ Gehen - agg.(21) | G ~ Freien, im(12)

Angst - Gesellschaft, wenn in(8) | A ~ Gesicht - Hitze des Gesichtes, mit(7) | *A ~ hypochondrisch*(52) | A ~ Kopfschmerzen, mit(18) | A ~ Menschenmenge, in einer(12) | *A ~ Menses - während*(33) | w ~ Zorn und Angst; mit(9)

Angst - Müdigkeit, mit(16) | A ~ Schaudern, mit(11) | *A ~ Schlaf - während*(42)

Anstrengung - körperliche Anstrengung - Verlangen nach(9)

Antworten - Abneigung zu antworten(67) | A ~ albern(2) | A ~ einsilbig(15) | *A ~ falsch, unrichtig*(13) | A ~ hastig, überstürzt(11) | A ~ irrelevant, nicht zur Sache Gehörendes(12) | A ~ unzusammenhängend(13) | A ~ weigert sich zu antworten(32)

Aphasie(53)

Argwöhnisch(105)

Gemüt ...

Auffahren, Zusammenfahren(117) | *A ~ abends - Einschlafen, beim*(19) | *A ~ Berührung, bei*(10) | *A ~ Erwachen, beim*(11) | A ~ fallen würde; als ob er(5) | *A ~ Schlaf - während*(163) | **S ~ durch**(124) | **S ~ Einschlafen, beim**(72)

Auffahren, Zusammenfahren - Schreck oder wie durch Schreck; durch(68)

Außer sich; ist(51)

Begreifen, Auffassungsvermögen - leicht(38)

Beißen(35) | B ~ nachts | **B ~ Delirium, im**(6) | B ~ Gegenstände; beißt(5) | **B ~ KINDERN; BEI** | *B ~ Löffel; beißt in den*(9) | B ~ Menschen; beißt(2) | B ~ Umstehenden, beißt die

Beleidigt, leicht(79)

Bellen(11) | B ~ brüllend(4) | *B ~ Delirium, im*(2) | *B ~ Knurren wie ein Hund*(8)

Berühren; muß alles(6)

Berührt zu werden; Abneigung(46)

Beschimpfen, beleidigen, schmähen(67)

Beschwerden durch - Ehrgeiz - enttäuscht(6) | *B ~ Erregung - Gefühle, der*(87) | *B ~ Furcht*(27) | B ~ geistige Anstrengung(59) | B ~ Kränkung, Demütigung(39) | *B ~ Kummer*(65) | *B ~ Liebe; enttäuschte*(31) | *L ~ Erregung, mit allgemeiner*

Beschwerden durch - moralische Erregung(6) | *B ~ Schreck*(72) | S ~ Menses, während(10)

Beschwerden durch - Verachtung; verachtet zu werden(23) | B ~ Verletzungen, Unfälle; Gemütssymptome durch(10) | *B ~ Zorn*(94) | *Z ~ Angst, mit*(30) | *Z ~ Schreck; mit*(22) | Z ~ stillem Kummer; mit(27)

Betäubung(237) | B ~ Freien, im - amel.(4) | B ~ Kopf; durch Blutandrang zum | B ~ Schläfrigkeit, bei(11) | B ~ Schwindel - während(37)

Beten(21)

GEMÜT ...

Bewußtlosigkeit(280) | *B ~ morgens*(45) | B ~ nachts(5) | *B ~ Fieber, im*(50) | *B ~ Frost - während*(15) | *B ~ Gliederzucken, mit*(6) | *B ~ Konvulsionen - nach*(12) | B ~ Schreien, unterbrochen durch(4) | B ~ Schwindel, bei(46) | B ~ Sitzen, im(9) | *B ~ Sonnenstich, bei*(7) | B ~ unterbrochen von Schreien

Bitten(7)

Boshaft(99)

Brütet, grübelt(41) | B ~ Ecke; sitzt stumpfsinnig oder brütend in einer(11)

Chaotisch(44)

Delirium(233) | D ~ mittags(2) | *D ~ abends*(10) | *D ~ nachts*(67) | D ~ abwechselnd mit - Jammern | D ~ albern, töricht(11) | *D ~ anfallsweise*(6) | *D ~ ängstlich*(24) | D ~ anhaltend(4) | D ~ Arme - fuchtelt mit den Armen herum | **D ~ Beißen, Verlangen zu**(6) | *D ~ Bett - flieht und springt plötzlich aus dem Bett auf*(36) | B ~ kriecht herum im(2)

Delirium - Blutandrang, mit(5) | D ~ Blutung - nach(14) | *D ~ brummt*(44) | b ~ sich selbst, zu(5)

Delirium - erkennt niemanden(11) | D ~ Erwachen, beim(20) | D ~ Essen - amel.(2) | *D ~ Fieber; im*(54) | *D ~ Fieberfrost, im*(14) | D ~ Furcht vor Menschen; mit(2) | D ~ geschäftig(10) | *D ~ Gesicht - livid* | *G ~ rot*(7)

Delirium - Grimassen, mit | D ~ Hause gehen, möchte nach(2) | **D ~ heftig**(26) | D ~ heftig, grimmig(5) | *D ~ heißem Kopf, mit*(2) | *D ~ heiter, fröhlich*(14) | D ~ Hunden, spricht von | D ~ hysterisch, fast(5) | *D ~ Karotiden, mit pulsierenden* | *D ~ Konvulsionen - während*(12) | K ~ nach(5)

Delirium - Kopfverletzungen, nach(5) | *D ~ Lachen*(20) | *D ~ lärmend*(6) | D ~ lebhaft(2) | D ~ Lippen, als würde er sprechen; bewegt die | **D ~ manisch**(47) | D ~ Menses - vor(5) | M ~ während(10)

GEMÜT ...

Delirium - nackt sein; möchte im Delirium(7) | *D ~ periodisch*(2) | *D ~ phantastisch*(13) | *D ~ Pupillen, mit erweiterten*(3) | D ~ rasend(3) | **D ~ rasend**(84) | *D ~ redselig*(33) | r ~ undeutlich(4)

Delirium - Rennen, mit(2) | D ~ sammeln; versucht Gegenstände von der Wand zu(2) | **D ~ Schlaf - während**(26) | S ~ nach - amel.(2) | *S ~ Einschlafen, beim*(17)

Delirium - Schlaflosigkeit - mit(45) | *D ~ Schläfrigkeit, bei*(14) | *D ~ Schließen der Augen; beim*(9) | D ~ Schrecken; mit einem Ausdruck von | **D ~ schrecklich**(26) | D ~ Schreien, mit(18) | D ~ sorgenvoll(5) | D ~ Springen, mit(4) | D ~ Stöhnen, mit(2) | D ~ Tollwut, bei(4) | D ~ traurig(3) | D ~ übertriebener, überzogener Sprache; mit | *D ~ Umherstreifen*(9) | D ~ Urinieren - Topf vorbei; uriniert am | *D ~ Wahnideen, mit*(18) | D ~ Wasser, springt ins(2) | D ~ wiegt sich hin und her(2) | **D ~ wild**(21) | **D ~ Zähneknirschen, mit** | D ~ Zittern, mit(23)

Delirium tremens(84) | *D ~ fliehen, versucht zu*(2) | *D ~ Gesicht; mit rotem, gedunsenem*(3) | *D ~ Wahnideen, mit*(7)

Demenz(33) | *D ~ Epileptikern, von*(12) | D ~ paralytica, Dementia(18) | D ~ senilis, Dementia(25)

Destruktivität, Zerstörungswut(41) | D ~ Betrunkenheit; bei(2) | D ~ Gemütsbewegungen; Zerstörungswut durch unterdrückte(5) | *D ~ Kleidern, von*(10)

Dunkelheit - agg.(27)

Eifersucht - sagt und tut; was er sonst nicht sagen und tun würde(3)

Eigensinnig, starrköpfig, dickköpfig(107) | E ~ Kinder(18)

Eitelkeit(10)

Ekstase(59)

Empfindlich(192) | E ~ abwechselnd mit - Gleichgültigkeit | E ~ äußerliche Eindrücke; gegen alle(21)

GEMÜT ...

Erregung - Fieberhitze, in der(8) | **E~ Geräusche, gegen**(149) | G~ Entbindung, bei der(5) | G~ Fieberfrost, im(4) | *G~ geringste Geräusch; gegen das*(29)

Empfindlich - Gerüche, gegen(30) | *E~ Kinder*(13) | **E~ LICHT, GEGEN**(15) | E~ Mangel an Empfindlichkeit(20) | *E~ Pubertät, in der*(12) | *E~ Schmerz, gegen*(31) | E~ Schweiß, beim(3)

Entbindung - nach der Entbindung; Gemütssymptome(9)

Entfremdet - Freunde und Verwandte - ignoriert seine(4)

Entmutigt(135)

Erkennt - nicht; erkennt - Verwandten nicht; erkennt seine eigenen(28)

Ermahnungen - agg.(7) | a~ freundliche; selbst(6)

Ernst(77)

Erotisch(39)

Erregung(287) | E~ Erwachen, beim(5) | E~ Essen - amel. | E~ Hitze - während der Hitze; Erregung(23) | *E~ Schweiß, beim*(11)

Erschöpfung; geistige(217)

Erschreckt leicht(125) | *E~ Erwachen, beim*(41)

Essen - Loffel essen; kann nicht mit dem | E~ weigert sich zu(26)

Extravaganz(16)

Exzentrizität, Überspanntheit(54)

Faulheit(269)

Fehler; macht - Arbeit, bei der(9) | F~ Orte; in bezug auf(32) | *F~ Sprechen, beim*(81)

Feigheit(89)

FEUER - ANZÜNDEN; MÖCHTE DINGE(8)

Fleißig, arbeitsam, Arbeitswut(101) | F~ Menses, vor den(26)

FLIEHEN, VERSUCHT ZU(61) | *F~ Fenster, aus dem*(6) | F~ springt plötzlich aus dem Bett(17) | *F~ Straße, auf die - gestikuliert und tanzt im Nachthemd; sie* | *F~ wegzulaufen, um*(16)

Fluchen(44)

GEMÜT ...

Frivol(14)

Froh(182) | F~ abends(42) | F~ nachts(17) | F~ abwechselnd mit - stillem Wesen; mit(2) | a~ Stöhnen(3) | a~ Traurigkeit(57) | a~ Weinen(19)

Froh - Essen - beim(4) | F~ gefolgt von - Schläfrigkeit(2) | F~ Schweiß, beim(4) | *F~ streitsüchtig, und*(2) | *F~ Tanzen, Lachen, Singen; mit*(6)

Furcht(242) | *F~ nachts*(58) | *F~ abwechselnd mit - Manie* | F~ allein zu sein(54) | a~ aus Furcht - sterben; zu(6)

Furcht - allem; ständige Furcht vor(9) | F~ Apoplexie, vor(36) | F~ Auffahren, mit(10) | *F~ berührt zu werden*(38) | F~ Blitz, vor(7) | F~ Dunkelheit, vor der(40) | **F~ eingebildeten - Dingen, vor**(15) | **e~ Tieren, vor**

Furcht - Einsamkeit, vor(15) | *F~ Erwachen, beim*(54) | E~ unter dem Bett; vor etwas

Furcht - fliehen; mit Verlangen zu(9) | *F~ Galgen, vor* | *F~ Geräusche, durch*(40) | F~ Gespenstern, vor(32) | F~ hochgelegenen Orten; vor(24) | F~ Hunden, von - schwarze Hunde | **F~ HUNDEN, VOR**(22) | F~ Lähmung, vor(7) | F~ Männern, vor(30) | F~ Menschen, vor(81) | F~ Menschenmenge; in einer(58) | *F~ Näherkommen, Annäherung von; vor - anderen, von*(28) | F~ Ratten(2) | F~ Räubern, vor(25) | **F~ springt - aus dem Bett; springt**(3) | s~ Berührung, bei

Furcht - Tieren, vor(11) | T~ schwarz

Furcht - Tod; vor dem(143) | T~ allein, wenn(7) | **T~ drohendem Tod, vor**(17)

Furcht - Trinken; vor dem | F~ überwältigend(19) | F~ Umstehenden, vor den | F~ Unheil; Furcht vor(115) | *F~ vergiftet - werden; Furcht, vergiftet zu*(23) | F~ verwesen; sein Körper werde | F~ voller Furcht(12) | *F~ Wasser, vor*(33) | F~ Wölfen, vor | F~ zittrig(36)

Gedächtnis - gut, aktiv(91) | g~ vergangene Ereignisse, für(5)

GEMÜT ...

Gedächtnis - Gedächtnisschwäche(284) | G~ auszudrücken, sich(41) | G~ Eigennamen; für(44) | G~ gedacht hat; für das, was er gerade(18) | G~ gelesen hat; für das, was er(41) | G~ Kopfschmerzen, bei(2) | G~ Personen, für(23) | G~ Schmerz; durch(10) | G~ Schreck; durch(10) | G~ Tatsachen, Fakten; für(4) | T~ kurz zurückliegende Tatsachen, für(15) | T~ zurückliegende Tatsachen, für lange(10)

Gedächtnis - Gedächtnisschwäche - tun wollte; für das, was er gerade(33) | **G~ Gedächtnisverlust**(4) | G~ Furcht, durch(10)

Gedanken - Gedankenandrang, einstürmende Gedanken, Gedankenfluß(78) | G~ Geschäft; nachts im Bett an das(3) | *G~ hartnäckig*(83) | G~ schnell(36) | G~ sexuell(21) | G~ tiefschürfend(8) | G~ überlegt(54) | G~ Vergehen, Schwinden der Gedanken(76) | V~ Fieberfrost, im(4) | V~ Kopfschmerzen, bei

Gedanken - wandernd(72) | w~ nachts

Gedanken versunken, in(90)

Gefallsüchtig, kokett - nicht genug(5) | G~ sehr, zu(6)

Gehen - Kreis, geht im(3)

Geistesabwesend(71)

Geisteskrankheit, Wahnsinn(153) | *G~ albern, lächerlich*(6) | *G~ Alkoholikern; bei*(22) | *G~ anfallsweise*(10) | G~ Angst, mit(7) | G~ boshaft, bösartig(7) | G~ erotisch(31) | G~ essen - weigert sich zu essen(2) | G~ Fieberhitze, mit(8) | *G~ fliehen, Verlangen zu*(8) | *G~ Frauen; bei*(9) | G~ froh, lustig(8) | G~ geschäftig(5) | G~ Hautausschlägen; nach unterdrückten(6) | G~ Herausstrecken der Zunge, Schnalzen, Verzerren des Gesichtes; mit | G~ Jammern, Stöhnen; nur(3) | G~ Kränkung - durch(6) | *G~ Kraft, mit vermehrter körperlicher*(8) | **G~ Kummer, durch**(4) | G~ Melancholie(17)

GEMÜT ...

Geisteskrankheit, Wahnsinn - Menses - während(7) | G~ Mutwilligkeit, Ausgelassenheit; mit(7) | G~ redselig(7) | G~ reisen; mit Verlangen zu(9) | G~ religiös(19) | G~ Ruhelosigkeit, mit(14) | *G~ Schlaflosigkeit, mit*(7) | **G~ Schreck, durch**(4) | *G~ Schwangerschaft, in der*(4) | *G~ starrende Augen*(4) | G~ Tanzen, mit(4) | *T~ Ausziehen der Kleidung; und*

Geisteskrankheit, Wahnsinn - Vermögen - Gewinn eines Vermögens; nach(5) | *G~ Wochenbett, im*(35) | G~ zerbricht Nadeln; sie sitzt da und(2) | G~ Zorn, durch(7)

Geistige Anstrengung - agg.(141) | **G~ Verlangen nach**(65) | G~ Abneigung gegen(150)

Gemütssymptome(26) | G~ abwechselnd mit - körperliche Symptome(18)

Geräusche - Neigung Krach, Lärm zu machen(7)

Gesellschaft - Abneigung gegen(156) | A~ Abscheu vor Gesellschaft(6) | A~ Freunden, von engsten(10) | *A~ Schweiß, beim*(6)

Gesellschaft - Verlangen nach(83) | V~ allein; agg. wenn(48)

Gespräche - Abneigung gegen(21)

Gesten, Gebärden; macht(22) | G~ automatisch(15) | G~ Finger - spielt mit den Fingern(12) | G~ gewöhnlichen Beschäftigung; seiner(4) | G~ Hände; unwillkürliche Bewegungen der(23) | H~ gießen; als würde er etwas von einer Hand in die andere | *H~ Greifen*(41) | G~ Umstehenden; nach(2)

Gesten, Gebärden; macht - Hände; unwillkürliche Bewegungen der - hastig | *H~ klatscht*(4) | H~ trinken; als würde er | H~ wirft die Hände umher(10) | w~ Kopf; über den(5)

Gesten, Gebärden; macht - Hände; unwillkürliche Bewegungen der - zerbricht - Nadeln(2) | *z~ Stöckchen*(2)

Gemüt ...

Gesten, Gebärden; macht - Hände; unwillkürliche Bewegungen der - zupft - Bettwäsche; an der(36) | *G~ heftig*(9) | G~ konvulsivisch(24) | k~ Getränken; beim Anblick von

Gesten, Gebärden; macht - lächerlich oder albern(19) | G~ stampft mit den Füßen - Schlaf; im(4) | G~ wild(2) | G~ zieht die Umstehenden an den Haaren

Gesund - sagt, er sei gesund - krank ist; wenn er sehr(17)

Getötet zu werden; Verlangen(5)

Getragen - Verlangen getragen zu werden(31) | V~ schnell(6)

Glänzende Gegenstände - agg.(13)

Gleichgültigkeit, Apathie(251) | G~ allem; gegenüber(71) | G~ freudlos(11) | G~ Schweiß, beim(4)

Grausamkeit, Unmenschlichkeit(30) | G~ liebt es, Menschen und Tieren Leid zuzufügen(2)

Grimassen(15)

Grobheit(37)

Grunzen(5)

Hämorrhoiden; Gemütssymptome nach unterdrückten(18)

Hast, Eile(112) | *H~ Bewegungen im*(23) | H~ Essen - beim(23) | *H~ Trinken, beim*(11)

Hause, zu - spricht von daheim(2) | H~ Verlangen, nach Hause zu gehen(18)

Hautausschlägen; Gemütssymptome nach unterdrückten(18)

Heftig, vehement(100) | *H~ Gewalttaten führt; Raserei, die zu*(34) | H~ krank, wenn

Heimweh(52)

Heirat - besessen vom Gedanken an die Heirat; Mädchen sind sexuell erregt und(4)

Herausfordernd(22)

Heulen(30)

Hinterhältig, hinterlistig, falsch, verschlagen(32) | H~ betrügerisch(3)

Hochgefühl(97)

Gemüt ...

Hochmütig, arrogant(53) | H~ dumm und hochmütig(6)

Hypochondrie(116)

Hysterie(194)

Ideen, Einfälle - Mangel an(102) | *I~ Reichtum an, Klarheit des Geistes*(125)

Idiotie(45) | **I~ beißen; Verlangen zu**(2)

Imbezillität(140) | *I~ sexueller Erregung, mit*(6)

Impulse, Triebe; krankhafte - Absurdes zu tun(7) | I~ Exanthem; flüchtiges(6) | I~ laufen; zu(12)

Intrigant(5)

Jammern(93)

Kämpfen, möchte(10)

Kauzig, eigen(7)

Kindisches Benehmen(52)

Klagen(64) | K~ Schlaf, im(6)

Kleptomanie(27)

Klettern, Verlangen zu(3)

Konzentration - schwierig(261) | s~ Studieren(52)

Kostet, schmeckt alles

Krächzt - Schlaf, im

Kratzt mit den Händen(5)

Kriecht, krabbelt - Boden, auf dem(5)

Kummer - still(23)

Kunst - Talent zur - gestaltende Künste(3) | K~ Unfähigkeit zur(10)

Lächeln(8) | L~ albern(4) | L~ sardonisch | L~ unwillkürlich(3)

Lachen(102) | L~ abwechselnd mit - Redseligkeit(2) | a~ Stöhnen(6) | a~ Weinen(43)

Lachen - albern(16) | L~ anfallsweise(2) | L~ Grinsen | *L~ Konvulsionen - vor, während oder nach*(11) | L~ lästig | **L~ laut**(8) | **L~ sardonisch**(26) | L~ Schlaf - während(15) | *L~ spasmodisch*(49) | L~ Sprechen, beim(2) | L~ unmäßig(28) | L~ unwillkürlich(23)

Läuft umher(24) | L~ Gegenstände; läuft gegen | L~ Hemd, im

Langsamkeit(68)

Lästig, geht auf die Nerven(79)

Gemüt ...

Lasziv, lüstern(77)

Launenhaftigkeit, launisch(108)

Lebensüberdruß(82) | L~ Fieberhitze, in der(5) | L~ Freien, im(2) | L~ Gehen im Freien

Leichtgläubig(4)

Leidenschaftlich(49)

Licht - Abneigung gegen - meidet(8) | **L~ Verlangen nach**(19)

Lustig, fröhlich(123) | L~ abends(29) | L~ nachts(14) | L~ albern(8) | L~ Schlaf; im(10)

Magnetisiert - amel.(20)

Manie(149) | M~ abwechselnd mit - Fröhlichkeit(3) | a~ Lustigkeit(3)

Manie - spuckt auf die Umstehenden und beißt sie | M~ Besessenheitswahn(10) | *M~ gewalttätig*(6) | M~ kratzen sich | *M~ Raserei, mit*(27) | M~ reißt - Haaren; an den eigenen(5) | *M~ Schicksalsschläge, durch*(7) | *M~ Schreien bei der*(4) | M~ Singen, mit(6) | M~ springt über Stühle und Tische | M~ Wochenbett ; im(9)

Mathematik - Unfähigkeit zur(5) | U~ rechnen; kann nicht(16)

Menschenfeindlichkeit, Misanthropie(45)

Menses - während; Gemütssymptome(28)

Milde(80)

Mitgefühl, Mitleid(34)

Mondschein; Gemütssymptome vom(4)

Moralischem Empfinden; Mangel an(48) | M~ Verbrecher zu werden, ohne Reue; Neigung zum(5)

Morphiumsucht(31)

Murmeln(55) | M~ abends(4)

Murren(3)

Mürrisch(290) | M~ morgens - Bett, im(16) | m~ Erwachen, beim(10)

Mürrisch - abwechselnd mit - Weinen | M~ Erwachen, beim(32) | M~ Husten - vor Anfällen von(3) | *M~ Kleinigkeiten, um*(13)

Nachahmung, Imitation(8)

Gemüt ...

Nackt sein, möchte(13) | *N~ Delirium, im*(7)

Naiv(4)

Niederträchtig(11)

Nymphomanie(67) | N~ Wochenbett, im(6)

Pfeifen(16)

Phantasien - lasziv(46) | P~ lebhaft(31) | P~ Schlaf - Einschlafen, beim(8) | **P~ übertrieben**(114) | P~ übertrieben - Geschäft, vom | *P~ übertrieben - Schlaflosigkeit, mit*(41) | P~ übertrieben - Schließen der Augen im Bett; beim(8)

Possen, spielt(15) | P~ Betrunkenheit; bei(2) | P~ Delirium, im(8)

Prahler, Aufschneider(13)

Quält - sich(8)

Qualvolle Angst(121) | Q~ mittags | Q~ abends(12) | Q~ Gehen im Freien(7) | Q~ Herzerkrankung, bei(8) | *Q~ Menses - während*(10) | Q~ Weinen, mit

Raserei, Tobsucht, Wut(95) | **R~ abends**(16) | *R~ nachts*(15) | R~ abwechselnd mit - Angst | a~ Fröhlichkeit, Frohsinn(6) | a~ Furcht | a~ Tod - wünscht sich den Tod, möchte sterben

Raserei, Tobsucht, Wut - Beißen, mit(8) | *R~ Berührung, erneuert durch*(4) | *R~ boshaft, bösartig*(9) | *R~ Entbindung, während der* | R~ Epilepsie - mit Epilepsie; Raserei(6) | *R~ erkennt seine Verwandten nicht* | R~ gefesselt werden, muß(6) | R~ glänzende Gegenstände, durch(4) | **R~ heftig**(12) | *R~ Konvulsionen; Raserei mit*(5) | **R~ Kopfschmerzen, mit**(10) | **R~ Körperkraft erhöht**(3) | *R~ Medikamentes; durch gewaltsame Verabreichung des* | R~ Menses - während(3) | R~ Spucken; mit(3) | R~ starrem Blick, mit | R~ Trinken, beim(2) | *R~ Wasser, beim Anblick von*(7) | *R~ zieht die Umstehenden an den Haaren*

GEMÜT ...

Redseligkeit; Geschwätzigkeit(136) | R~ abwechselnd mit - Schweigsamkeit(5) | R~ geisteskrank(8) | R~ Schweiß, beim(8)

Reisen - Verlangen nach(28)

Reizbarkeit(408) | *R ~ morgens - Erwachen, beim*(43) | R~ abwechselnd mit - Gleichgültigkeit(8) | a~ Weinen(3)

Reizbarkeit - Erwachen, beim(56) | R~ Fieberfrost, im(57) | R~ Geräusche, durch(21) | *R ~ Kleinigkeiten, durch*(34) | R~ Kopfschmerzen, bei(61) | R~ Menses - während(42) | R~ Schlaflosigkeit, mit(9) | *R ~ Trost - agg.*(21)

Religiös - Gemütsstörungen, religiöse(63)

Reue(63)

Ruhe - Verlangen nach(21)

Ruhelosigkeit(420) | R~ morgens(22) | R~ mittags(3) | *R ~ nachts*(249) | *R ~ ängstlich*(111) | *R ~ Bett - aus einem Bett zum anderen gehen; will*(15) | *B ~ Herumwerfen im*(123) | *B ~ treibt aus dem*(39)

Ruhelosigkeit - bewegen - muß sich ständig(18) | R~ Erwachen, beim(30) | R~ Frost - während(23) | R~ geschäftig(20) | R~ Getränken; beim Anblick von | *R ~ Hitze - während*(66) | R~ Kindern, bei - rastlos, wandernd(3) | *R ~ Kopfschmerzen, bei*(31) | R~ Menses - während(40) | R~ Schmerzen, durch(19) | R~ Stuhlgang - während(2) | R~ treibt ihn von einem Ort zum anderen(6) | *R ~ treibt umher*(41)

Sachlich, vernünftig(9)

Schamlos(29)

Schaukeln - amel. - hin und her(2)

Schlafwandeln(56)

Schlagen(42) | *S ~ eingebildete Objekte ein; schlägt um sich auf*(14) | S~ sich; schlägt(8) | s~ Abdomen, sein | s~ Gesicht, sein | **s ~ schlägt seinen Kopf gegen die Wand und gegen Gegenstände**(11)

Schlagen - Umstehende, schlägt(5) | S~ Verlangen - schlagen, zu(15)

GEMÜT ...

Schreien(133) | S~ Cri encéphalique(29) | S~ heiser(2) | S~ Husten agg.(5) | S~ Kindern, bei(38) | K~ Schlaf, im(13) | K~ Trost - agg.

Schreien - Konvulsionen - vor(32) | K~ während(31) | K~ zwischen(2)

Schreien - Raserei; während der(11) | S~ Schlaf, im(80) | **S ~ Schmerzen, bei den**(25)

Schüchternheit, Zaghaftigkeit(113) | S~ schamhaft(58)

Schwangerschaft; Gemütsbeschwerden während der(17)

Schweigsam(209)

Seelenruhe, Gelassenheit(85)

Selbstbetrachtung(58)

Selbstsucht, Egoismus(32)

Selbstvertrauen - Mangel an Selbstvertrauen(86)

Seufzen(98) | S~ Fieberhitze, in der(17) | S~ Schlaf, im(10)

Simuliert - krank zu sein(8)

Singen(59) | S~ nachts(5) | S~ abwechselnd mit - stillem Wesen; mit(2) | *a ~ Stöhnen* | a~ Weinen(4)

Singen - Fieber, im(4) | S~ Schlaf, im(8) | *S ~ Trällern*(11)

Sinne - abgestumpft, stumpf(107) | **S ~ scharf**(52) | S~ Vergehen, Schwinden der(51) | S~ verwirrt, durcheinander(5)

Sitzen - Neigung zu sitzen(110) | **N ~ zerbrechen; und Nadeln zu**(2)

Sonderbar, fremd, merkwürdig - Sonderling(11)

Spaßen(52) | S~ erotisch(4) | S~ lächerlich oder albern(8)

Spielen - Spielleidenschaft(10) | S~ Geld zu verdienen; um(10)

Spielen - Verlangen zu spielen - Verstekken zu spielen, Versteckspiel

Sprache - affektiert, manieriert, unnatürlich(22) | *S ~ albern*(16) | *S ~ delirös*(12) | **d ~ Schlaf - im**

Sprache - hastig(44) | S~ heftig(3) | S~ langsam(59) | *S ~ laut*(11) | *l ~ Schlaf, im*(5)

Gemüt ...

Sprache - leise, sanfte Stimme(8) | S ~ Schwatzen(17) | **S ~ unklar, unverständlich**(20) | *S ~ unsinnig*(29) | *S ~ unzusammenhängend*(65) | u ~ abends

Sprache - verworren(25)

Sprechen - Geschäft, vom(13) | S ~ Krieg, vom(3) | *S ~ langsam; lernt*(15) | S ~ Schlachten, über(2) | **S ~ Schlaf, im**(93) | S ~ beichtet laut(3) | *S ~ laut*(7)

Sprechen - schweift von einem Thema zum anderen(47) | s ~ nachts(9)

Sprechen - sich selbst ; mit(31) | S ~ Toten, mit(7)

Springen(15) | S ~ abwechselnd mit - Seufzen | **S ~ Bett; aus dem**(41) | B ~ kehrt ständig ins Bett zurück; und

Springen - Kindern, bei - Stühle, Tische und Ofen; auf

Spucken(32) | **S ~ Gesicht; Menschen ins**(14)

Still sein, seine Ruhe haben; möchte(21) | S ~ Ruhe und Stille; verlangt nach(4)

Stilles Wesen(49)

Stimmung, Laune - abweisend, zurückweisend(40) | *S ~ veränderlich*(158) | v ~ Meinungen, in seinen(6)

Stimmung, Laune - wechselnd, wechselhaft(80)

Stöhnen(119) | S ~ Atemzug; bei jedem | S ~ Hitze; während der(16) | S ~ Husten, beim(3) | *S ~ Schlaf, im*(62)

Stößt, tritt(11) | **S ~ Schlaf, im**(6)

Streitsüchtig(136) | S ~ Raufereien aufgelegt, zu(3) | *S ~ Schlaf, im*(9) | S ~ Zorn, ohne(4)

Stumpfheit(332) | S ~ abwechselnd mit - Trübsichtigkeit | *S ~ betrunken, wie*(2) | S ~ Erwachen, beim(41) | S ~ Fieberfrost, im(16) | S ~ Träumen, nach(6)

Stupor(138) | *S ~ morgens*(36) | *S ~ Gliederzucken, mit*(5) | *S ~ Konvulsionen, nach den*(4) | S ~ Schreien, unterbrochen durch(4)

Suizidneigung; Neigung zum Selbstmord(98) | S ~ Betrunkenheit; bei(3) | S ~ enttäuschte Liebe; durch(3)

Gemüt ...

Suizidneigung; Neigung zum Selbstmord - Erhängen, durch(7) | S ~ Erstechen, durch(4) | *S ~ Ertränken, durch*(19) | S ~ Fieberhitze, in der(6) | S ~ Gehen im Freien; beim | *S ~ Gift, durch*(6) | S ~ Messer - mit einem Messer(8) | S ~ Schmerzen, durch(6) | S ~ stürzt sich - Fenster, aus dem(21) | **s ~ Tiefe, in die**(24)

Tadelsüchtig, krittelig(80)

Tanzen(33) | T ~ abwechselnd mit - Fröhlichkeit | a ~ Seufzen | a ~ Stöhnen | a ~ Weinen

Tanzen - wild(4)

Tod - Gewißheit des (eigenen) Todes(11) | **T ~ Vorahnung des Todes**(62) | T ~ wünscht sich den Tod, möchte sterben(72) | w ~ Angst; vor(2) | w ~ Gehen im Freien; beim | w ~ qualvoller Angst, aus | w ~ Raserei; zwischen den Anfällen von

Tollwut, Hydrophobie(46) | *T ~ Berührung erneuert den Anfall* | *T ~ Prophylaxe gegen*(4)

Töten, Verlangen zu(32) | T ~ Betrunkenheit; bei(5)

Traum; wie in einem(69)

Traurigkeit(477) | T ~ nachts(21) | T ~ Enthaltsamkeit, durch(4) | T ~ Erwachen, beim(24) | *T ~ Fieberhitze, in der*(55) | T ~ Liebe; durch enttäuschte(7) | T ~ Menses - vor(34)

Traurigkeit - Schweiß, beim(29) | T ~ sexuelle Erregung - mit sexueller Erregung(10) | T ~ Wochenbett; im(10) | T ~ Zorn - nach(10)

Trinken, Beschwerden nach(5)

Trost - agg.(39) | *a ~ Mitleid, Mitgefühl agg.*(15)

Umherstreifen, Streunen - besinnungslos, geisteskrank(11)

Unabhängig(3)

Unanständig, unzüchtig(21) | *U ~ Sprache, anstößige*(12)

Unaufmerksam(23)

Unbesonnen(82)

Gemüt ...

Unduldsamkeit - Geräuschen, gegenüber(5)

Ungeduld(131) | U~ Fieberhitze, mit(10)

Unverschämtheit(33)

Unzüchtig, obszön(34) | *U~ Sprechen*(14)

Unzufrieden(168) | U~ allem; mit(66) | U~ sich selbst, mit(36)

Unzuverlässig - Versprechungen, bei seinen(8)

Vergeßlich(187) | V~ Einkauf liegen; geht weg und läßt den(10) | V~ Fieberfrost, im(5) | V~ Kopfschmerzen, bei(7)

Vergnügen - lasziven Gedanken; nur an

Verleumden, Neigung zu(21)

Verschwenderisch(13)

Verstecken - Gegenstände(2) | **V~ sich**(18) | *s~ Furcht, aufgrund von*(3)

Verstümmelt seinen Körper(6)

Verwegenheit(26)

Verwirrung, geistige(321) | V~ morgens(115) | m~ Aufstehen - und nach dem Aufstehen(37)

Verwirrung, geistige - abends(78) | V~ alkoholische Getränke, durch(8) | V~ Aufstehen - nach(12) | V~ berauscht - wie(47) | b~ wie nach einem Rausch(35)

Verwirrung, geistige - Bewegung, durch(16) | V~ Bier, durch(8) | V~ Essen - nach(52) | V~ Freien, im - amel.(30) | V~ Gehen(37) | V~ Rauchen (von Tabak) - nach(6) | V~ Sitzen, im(33) | V~ Traum; wie in einem(27) | V~ Trinken - nach(5) | V~ warmen Zimmer, im(11)

Verzweiflung(137) | V~ Fieberfrost, im(20) | V~ Fieberhitze, in der(21)

Wahnideen(191) | W~ abends - Einschlafen, beim(4) | *W~ nachts*(36) | W~ Ächzen - mit(2) | *W~ Aktivität, mit*(3) | W~ angenehme Wahnideen - morgens - Schlaf; nach dem | W~ Ansammlungen von Dingen, Schwärmen, Menschenmengen etc.(17) | W~ Arbeit - hart; arbeitet(6) | W~ Ärger - nach(2) | W~ arm, er sei(10)

Gemüt ...

Wahnideen - Bäume scheinen Menschen in phantastischen Kostümen zu sein - nachmittags beim Fahren, Reiten | W~ berühren - alles berühren; er würde | W~ beschäftigt - Tätigkeit; mit einer(12) | T~ normalen Tätigkeit (seinem Beruf)(5)

Wahnideen - beschimpft worden; er sei(16) | W~ besessen, er sei(14) | W~ betrunken - sei betrunken, er(23) | W~ Bett - fallen - durch das Bett zu fallen(7) | B~ Geräusch machen; als würde etwas unter dem Bett ein | B~ jemand - unter dem Bett; jemand sei(6) | **u~ klopfen, und würde**(4)

Wahnideen - Bett - jemand - wegzunehmen; jemand würde versuchen, ihm die Bettdecken | *B~ sinken - Bett würde sinken; das*(13) | s~ sie würde sinken - durch das Bett(5)

Wahnideen - Bett - stoßen; jemand würde ihr Bett auf und ab(2) | **W~ Bilder, Phantome; sieht**(76) | B~ nachts(40) | B~ angenehm(4) | *B~ Dunkelheit, in der*(6) | B~ Schließen der Augen; beim(16) | S~ Bett, im(5)

Wahnideen - Bilder, Phantome; sieht - schreckliche(60) | *B~ schwarz*(9)

Wahnideen - blind, er sei(3) | W~ Boden - hochkommen würde, um sich mit ihm zu treffen; daß der Boden(4) | W~ Diebe - sieht(21) | W~ drehen - alles dreht sich - Kreis, im(8) | W~ durchsichtig - er sei(3) | d~ Kopf und Nase seien

Wahnideen - eingesperrt werden; er solle(10) | W~ Empfindungen falsch dar; stellt seine | *W~ ermordet - er würde ermordet - werden; er würde ermordet werden*(21) | *W~ erstochen - Vorübergehenden erstochen; er habe auf der Straße einen* | W~ erwacht - Schreck oder Alarm; erwacht mit(2) | W~ fahren; als würde er - Ochsen, auf einem | W~ Fallen - er würde(29) | F~ hinfallen; er werde - tief

Gemüt ...

Wahnideen - Feuer - Haus brennt(3) | *F~ Visionen von*(34) | F~ Zuhause brennt; sein weit entferntes

Wahnideen - feuerrot | W~ Fische, Fliegen etc.; sieht(2) | W~ Fledermäusen, von | W~ Fliegen(13) | F~ müsse er fliegen; als(3)

Wahnideen - Fremde - Zimmer zu sein; scheinen im - greifen; die nach ihr | W~ Freund - umgeben; von Freunden - sei, er(2) | *W~ Galgen mit Furcht; Visionen von* | W~ gefangengenommen werden; er würde | W~ Gegenstände; über - fassen; versucht, Gegenstände zu(5) | G~ gefärbt, leuchtend(5) | G~ glänzende | G~ schwanken(4)

Wahnideen - Geld - zählt Geld, er(5) | W~ Geräusche - hören; Geräusche zu(13) | W~ Geruchssinns, des(17) | W~ Geschäft - machen; er würde Geschäfte(7) | G~ normalen Geschäften nachgehen; sie würden(5)

Wahnideen - geschaukelt; er würde(3) | **W~ Gesichter, sieht**(26) | *G~ häßliche*(17) | **G~ Schließen der Augen; beim**(15)

Wahnideen - Gespenster, Geister, Gestalten - Flammen, in | G~ Schließen der Augen; beim(16) | **G~ sieht**(55)

Wahnideen - Gespräch führen; als würde er ein(3) | *W~ Gestalten - sieht*(33) | W~ gesund, er sei(12) | W~ geteilt - zwei Teile; in(10) | z~ zerschnitten; oder in zwei Teile(3)

Wahnideen - Gewehr; benutzt einen Stock als | *W~ Gurken auf dem Bett; sieht* | W~ Hause, zu - weg von zu Hause; er sei(23) | *W~ heftig*(4) | W~ hochgestellte Persönlichkeit; er sei eine(13) | W~ Hören - Einbildung; etwas zu hören(44) | W~ Hunde - er sei ein Hund, er knurrt und bellt(2) | *H~ schwarze*(2) | **H~ sieht**(18) | H~ umschwärmen; würden ihn(3)

Wahnideen - Insekten, sieht(14) | I~ glänzend

Gemüt ...

Wahnideen - Jongleur; er sei ein | W~ Käfer, Würmer etc.(6) | *W~ Katzen - sieht*(11) | s~ schwarze(2)

Wahnideen - Kirchhof - besucht einen(4) | W~ Körper - braungefleckt, sei | *K~ durchgeschnitten; er sei - zwei Teile; in*(3) | K~ verfaulen, werde(2) | K~ zusammensinken; der Körper werde zwischen den Oberschenkeln

Wahnideen - Kopf - durchsichtig und braun gefleckt | K~ Freundes aus einer Flasche ragen; sieht den Kopf seines | K~ schüttelt den(2)

Wahnideen - krank - sein; krank zu(27) | W~ Kränkung, Demütigung - nach(4) | W~ Kräuter, sammelt(2) | W~ Krieg zu befinden; sich im(7) | W~ Küchenschaben würden im Zimmer herumschwärmen | W~ Kummer - Zorn; Wahnideen durch Kummer und(2) | *W~ lächerlich - Possen, spielt*(2) | W~ lasziv(6) | W~ lebhaft(26) | W~ leblose Gegenstände seien Personen(4) | W~ Magier, Zauberer; er sei ein | W~ Masken - sieht(3) | *s~ lachende Masken - nachts im Bett*

Wahnideen - Mäuse - sieht(12) | W~ Menschen - hinter ihm; jemand sei(19) | M~ neben ihm, seien(13) | *M~ sieht*(29) | *s~ Schließen der Augen; beim*(5)

Wahnideen - Menschen - unterhält sich mit abwesenden(13) | W~ nachgestellt - ihm würde nachgestellt(28) | *W~ närrisch*(4) | W~ Nase - durchsichtige Nase; er habe eine | W~ Offizier; er sei ein(5) | W~ Pendel - Schwindel sei wie das Schwingen eines Pendels | W~ Pfeifen, mit(2) | W~ Pferde - sieht(3) | *W~ Phantasiegebilde, Illusionen*(115) | W~ Polizist - Arzt sei ein Polizist; der | W~ Ratten, sieht(10) | *W~ Redseligkeit, mit*(7) | W~ Reichtum, von(12) | W~ Reise; er befinde sich auf einer(12) | *W~ Reisen, von*(2) | W~ religiös(17) | W~ Riesen, Giganten; sieht

GEMÜT ...

Wahnideen - ruft - Erwachen; jemand ruft beim(5) | r~ jemand(9)

Wahnideen - sammeln; versucht Gegenstände von Bildern und Wänden zu | W~ schießen; er versucht, mit einem Stock zu(2) | W~ Schildkröten im Zimmer; sieht | W~ Schlaf - Einschlafen; Wahnideen beim(12) | W~ schlafen; er würde - nicht genug geschlafen; er habe(17) | n~ morgens(2)

Wahnideen - Schlangen - in ihr und um sie herum(19) | W~ Schlange würde sich um seinen Hals legen; eine scharlachrote | W~ Schmetterlingen, von(2) | W~ schön(6) | s~ Dinge sehen schön aus(5)

Wahnideen - Schreck - nach(5) | S~ wie erschreckt - Erwachen, beim(9)

Wahnideen - schwarz - Gegenstände und Menschen; sieht(4) | W~ schweben - Bett - schwimmen; im Bett zu(2) | B~ schwimmen, zu schweben; im Bett zu(2)

Wahnideen - schweben - Boot zu schwimmen; in einem | s~ Luft, in der(45) | L~ abends

Wahnideen - Schwindel - habe; er(8) | W~ Sehen und Hören; in bezug auf(3) | *W~ Soldaten - sieht*(5) | W~ sonderbar, merkwürdig - Vertrautes scheint fremd(38) | W~ Sprechen - eingebildeten Personen; spricht laut und zusammenhanglos zu(3) | S~ Geistern; mit(5) | S~ Toten, mit(8) | T~ Schwester, mit seiner(2) | S~ Kirchhof, auf dem

Wahnideen - sterben - gleich sterben; glaubt, er würde(57) | s~ Zeit zum sterben sei gekommen(6)

Wahnideen - Stieren, von | W~ Stimmen - hört(37) | h~ entfernte Stimmen(5) | h~ Fremden, von(2) | *h~ Toten, von*(6)

Wahnideen - Teufel - geholt werden; er werde vom Teufel(3) | *T~ sieht*(19)

GEMÜT ...

Wahnideen - Tiere(42) | T~ dunkel gefärbt | T~ Feuer, im | T~ Personen seien Tiere(3) | P~ Ratten, Mäuse, Insekten etc.(6) | P~ unreine Tiere

Wahnideen - Tiere - schreckliche(6) | T~ schwarze Tiere an den Wänden und auf den Möbeln; sieht(2)

Wahnideen - tot - Leiche - große gelbe Leiche würde versuchen, das Bett mit ihm zu teilen - hinausgeworfen; und er würde sogleich | *t~ Personen, sieht tote*(59)

Wahnideen - Trinken - würde trinken, er | W~ unangenehm(4) | u~ getrennt von umgebenden Gegenständen(2)

Wahnideen - Verbrechern, von(24) | W~ verdammt; er sei(23) | *W~ verfolgt - Feinden, von*(30) | v~ Polizei, von der(10) | v~ Soldaten, von(5)

Wahnideen - verfolgt; er würde(23) | W~ vergrößert(42) | v~ Augen seien(3) | v~ Körper sei(8)

Wahnideen - Verletzung - werden; würde gleich verletzt(13) | *W~ Visionen, hat*(76) | V~ tagsüber(5) | *V~ Schließen der Augen; beim*(29) | V~ schön(8) | **V~ schrecklich**(27) | *s~ Dunkelheit, in der*(6)

Wahnideen - Visionen, hat - Ungeheuern, von(9) | W~ Vogel - sieht(3) | W~ Wände - Schreckliches an den Wänden; sieht(4) | W~ Waschen, von(2) | W~ Wölfen, von(2) | W~ Zimmer - Menschen, sieht - eintreten und herausgehen und sie mitnehmen wollen; das Zimmer sei voller fremder Männer, die | W~ Zunge - herausreißen; jemand würde seine Zunge

Wandern - Verlangen zu wandern - ruhelos umher; wandert(6)

Weigert sich - Behandlung; gegen jede(4)

Weinen(244) | *W~ agg.*(18) | W~ morgens(22) | W~ nachmittags(9) | W~ nachts(81) | W~ Ärger, durch(23) | W~ Angst, nach(23) | W~ Ermahnung, durch(11)

GEMÜT ...

Wahnideen - Erwachen, beim(36) | W~ Essen - beim - Kindern, bei(2) | **W~ Fieberfrost - im**(25) | **W~ Fieberhitze, in der**(25) | W~ Gehen im Freien, beim(4) | W~ grundlos(30) | **W~ Husten - vor**(6) | *H~ während*(21) | H~ nach(6)

Weinen - Kindern; bei(22) | K~ Säuglingen; bei(9)

Weinen - Konvulsionen - während(27) | K~ durch

Weinen - krampfhaft, spasmodisch(16) | *W~ leicht*(16) | W~ Schlaf, im(88) | W~ Schmerzen - während den Schmerzen(23) | **W~ Schweiß, beim**(25) | W~ Trost - agg.(22) | *W~ unwillkürlich*(35) | W~ verweigert wird; wenn etwas(5) | W~ Vorhaltungen gemacht werden; wenn ihm(8) | W~ Wimmern, Winseln(27) | W~ Zorn - nach(19)

Wichtigtuerisch, pompös(7)

Widerspenstig(66)

Widerspruch - verträgt keinen Widerspruch(73)

Wildheit(29)

Wirft mit Gegenständen um sich - Personen; nach(5)

Wohlwollen, Güte(7)

Zerbricht Dinge(13)

Zerreißt - Dinge im allgemeinen(21) | *D~ Kleidung - Nachthemd und Bettzeug*(2)

Zerstreut(166)

Ziehen - Haaren; an den(9) | *H~ Verlangen zu ziehen - ihrem eigenen Haar; an*(9) | **V~ jemanden an den Haaren**(11)

Ziehen - Zähnen; an den - sich

Zorn(243) | Z~ abwechselnd mit - Weinen(3) | Z~ Erwachen, beim(16) | Z~ Fehler, über seine(7) | **Z~ GESICHT - ROT - GESICHT; MIT ROTEM**(10) | Z~ heftig(72) | Z~ Husten - vor(3) | *H~ Zorn, durch*(10)

GEMÜT ...

Zorn - Kleinigkeiten, über(58) | Z~ leicht(37) | Z~ plötzlich(7) | Z~ sich selbst; auf(10)

Zügellosigkeit, sexuelle Ausschweifung(32)

Zurückhaltend, reserviert(64)

Zweifelt - Seelenheil, am(18)

TRÄUME

Alpträume, Alpdrücken(144)

Angenehm(136)

Ängstlich(239)

Anstrengung - geistige(51)

Beschäftigt zu sein; sehr(29)

Erinnerlich, bleiben im Gedächtnis(33)

Erotisch(196) | E~ Pollutionen, mit(96)

Erschöpfend(45)

Erschütternd(3)

Fahren - Wagen, im(3)

Fallen, zu stürzen; zu(60)

Feuer(65) | F~ Feuergefahr(4)

Fliegen(11)

Gefahr(40) | G~ Feuer, Feuersbrunst; durch(4) | G~ Todesgefahr(7)

Gehen(10)

Geschäft(40) | G~ Tage, vom(39)

Gespenster(38)

Gewalttätigkeit(8)

Gymnastik

Haushalt(2)

Kämpfe(54)

Lächerlich(15)

Laufen

Lebhaft(193)

Menschen(14)

Mord(53)

Räuber(36)

Riesen(2) | R~ verfolgt zu werden; von Riesen

Schlachten(13)

Schrecklich(237) | S~ wecken ihn(8)

Schuß - verwundet zu werden; von einem Schuß(5)

Schwierigkeiten(18)

Schwimmen(9)

Streitigkeiten(69)

Tiere(25)

TRÄUME ...
Unangenehm(87)
Unerinnerlich, bleiben nicht im Gedächtnis(93)
Unfälle(29)
Ungeziefer(14)
Unglück(64)
Unwichtig(46)
Urinieren(10)
Verfolgt zu werden(17) | V~ Riesen, von
Viele(260)
Visionär(45) | V~ schrecklich
Wasser(49)
Wecken den Patienten(118)

– *Bellis perennis* –

bell-p.

GEMÜT
Erregung(287)
Froh - donnert und blitzt; wenn es(4)
Heikel, pingelig(34)
Idiotie(45)
Langsamkeit(68)
Reizbarkeit(408)
Ruhelosigkeit(420)
Stumpfheit(332)
Verwirrung, geistige(321) | V~ Umgebung; in bezug auf die

TRÄUME
Aufregend(14)
Verdrießlich(122)
Zorn(58)

– *Benzinum* –

ben.

GEMÜT
Tadelsüchtig, krittelig(80)
Verzweiflung(137)
Wahnideen - Bett - sinken - Bett würde sinken; das(13) | W~ Hand - Vision einer weißen, ausgespreizten Hand, die sich in der Dunkelheit dem Gesicht nähert | W~ versinken, er würde - Boden, durch den(3)
Weinen(244)

– *Benzinum nitricum* –

ben-n.

GEMÜT
Bewußtlosigkeit(280)
Erregung(287)
Gedanken - unangenehm - nachts
Redseligkeit; Geschwätzigkeit(136)
Reizbarkeit(408)
Ruhelosigkeit - Bett - Herumwerfen im(123)
Seufzen(98)
Sprache - verworren(25)
Stupor(138)
Verweilt - vergangenen unangenehmen Ereignissen; bei - nachts(13)

– *Benzoicum acidum* –

benz-ac.

GEMÜT
Abscheu - allgemeiner(42)
Aktivität; Verlangen nach - Arbeit, bei der
Angst(362) | A~ geistige Anstrengung; durch(20) | A~ Schweiß - während(2) | A~ Sitzen(15)
Auffahren, Zusammenfahren(117) | A~ Schlaf - während(163) | S~ durch(124)
Bewußtlosigkeit(280) | B~ Schweiß - während(2)
Erregung(287)
Erschreckt leicht(125)
Fehler; macht - Schreiben, beim(83) | S~ läßt etwas aus - Worte(11)
Furcht - Eile gefolgt von Furcht
Gedanken - unangenehm(21)
Getragen - Verlangen getragen zu werden(31) | V~ hingelegt zu werden; erlaubt es nicht
Hast, Eile(112) | H~ agg.(2)
Hypochondrie(116)
Hysterie(194)
Kummer(76)
Mürrisch - Kindern, bei - getragen zu werden; Verlangen(2)
Reizbarkeit - Kindern, bei(29)

Gemüt …
Schreckliches und traurige Geschichten greifen sie stark an(32)
Schreien - Kindern, bei(38)
Traurigkeit(477)
Vergeßlich - Worte beim Sprechen; vergißt(52)
Verweilt - vergangenen unangenehmen Ereignissen; bei(46) | v~ nachts(13)
Verwirrung, geistige(321)
Wahnideen - Stimmen - hört(37) | h~ verworren - Schlucken oder Gehen im Freien agg.(3)

Träume
Viele(260)

– *Benzolum* –

benzol.

Gemüt
Wahnideen - versinken, er würde(21)

– *Berberis vulgaris* –

berb.

Gemüt
Abscheu - Leben, vor dem(84)
Angst(362) | A~ abends(87) | a~ Bett, im(54)
Angst - Aufstehen - Sitzen, vom(2) | A~ Bett - im Bett(49) | A~ Bewegung - agg.(16) | A~ Fieber - während(91) | A~ Furcht, mit(110) | A~ Schlaf - vor(7) | v~ abends
Angst - Stehen, im(7) | A~ Stuhlgang - vor(24)
Auffahren, Zusammenfahren(117)
Beschwerden durch - Streit, Streitigkeiten(9)
Bewußtlosigkeit - Fahren oder Reiten, beim(4)
Boshaft(99)
Dämmerung agg. Gemütssymptome(9)
Denken - Abneigung gegen(46)
Dunkelheit - agg.(27)
Ekstase(59)
Erregung - nachts(40) | n~ Erwachen, beim(4)

Gemüt …
Erschöpfung; geistige(217) | E~ morgens(8)
Erschreckt leicht(125)
Faulheit(269) | F~ Traurigkeit, durch(8)
Furcht(242) | F~ nachmittags(15) | F~ abends(51) | a~ Dämmerung(8)
Gedächtnis - Gedächtnisschwäche(284)
Gedanken - Vergehen, Schwinden der Gedanken(76) | V~ unterbrochen wird; wenn er(2)
Gedanken - zusammenhangslos(30)
Geistesabwesend(71)
Geisteskrankheit, Wahnsinn(153)
Geistige Anstrengung - agg.(141) | a~ unmöglich(130) | u~ Unterbrechung; durch die geringste
Geistige Anstrengung - Abneigung gegen(150)
Gleichgültigkeit, Apathie(251) | G~ allem; gegenüber(71) | G~ äußere - Dinge; gegen(26)
Hast, Eile - Essen - beim(23)
Konzentration - schwierig(261) | s~ unterbrochen wird; wenn er(2)
Langeweile - Menses, während
Lebensüberdruß(82) | L~ Menses - vor | M~ während
Meditieren, Nachdenken(47)
Menses - während; Gemütssymptome(28)
Mürrisch(290)
Mutig(26)
Nachdenken, Überlegen(8)
Reizbarkeit(408) | R~ Erwachen, beim(56) | R~ Gehen, beim(7) | R~ Menses - vor(17) | M~ während(42) | M~ nach(5)
Ruhelosigkeit(420)
Schweigsam(209)
Sentimental, schwärmerisch, rührselig(64)
Stumpfheit(332) | S~ morgens(54) | m~ Erwachen, beim(26)
Stumpfheit - Erwachen, beim(41) | S~ Schlaf - tiefem, nach(3)
Tod - wünscht sich den Tod, möchte sterben(72) | w~ Menses, während
Torpor(26)

Gemüt ...

Traurigkeit(477) | T~ arbeitsscheuen Personen; bei(9) | T~ Menses - vor(34)
Traurigkeit - Menses - während(35)
Unzufrieden(168)
Vergeßlich(187) | V~ morgens(9)
Verwirrung, geistige(321) | V~ Erwachen, beim(71) | V~ Unterbrechung, durch(2)
Wahnideen(191) | W~ Bilder, Phantome; sieht(76) | B~ nachts(40) | B~ Dämmerung
Wahnideen - Fallen - vorne, nach - Bükken, beim(2) | W~ Gespenster, Geister, Gestalten - Dämmerung, in der | W~ groß gewachsen - Dinge würden größer werden(6) | D~ Pulses; mit dem Klopfen des - verkleinern sich; und
Wahnideen - länger; Dinge scheinen(7) | W~ Phantasiegebilde, Illusionen(115) | W~ vergrößert(42) | v~ Kopf sei(15)
Weinen(244)
Zerstreut(166)
Zorn(243)

Träume

Alpträume, Alpdrücken(144)
Ängstlich(239)
Anstrengung - geistige(51)
Viele(260)

– *Bismuthum-sn. (+ -o.)* –

bism. (alte Abk.)

Gemüt

Abneigung - allem, gegenüber(39)
Alkoholismus(135)
Angst(362) | A~ Erwachen, beim(86)
Auffahren, Zusammenfahren(117) | A~ nachts - Mitternacht im Schlaf; um - vor(6) | A~ fallen würde; als ob er(5) | A~ leicht(52) | A~ Schlaf - während(163) | *S~ durch*(124) | S~ Einschlafen, beim(72)
Betäubung(237)
Bewußtlosigkeit(280)
Delirium(233)
Delirium tremens(84)

Gemüt ...

Erschreckt leicht(125) | E~ Erwachen, beim(41)
Faulheit - abends - amel.(4)
Froh - abends(42)
Furcht(242) | F~ allein zu sein(54) | F~ Einsamkeit, vor(15) | F~ Erwachen, beim(54)
Gefühllos, hartherzig(21)
Gesellschaft - Verlangen nach(83) | V~ allein; agg. wenn(48) | V~ amel. in Gesellschaft(18)
Gleichgültigkeit, Apathie(251) | G~ allem; gegenüber(71)
Halten - Hand der Mutter; Kind hält ständig die
Hartherzig, unerbittlich(20)
Hypochondrie(116)
Jammern(93)
Klagen(64)
Klammert sich an - halten; will immer die Hand der Mutter | K~ Personen oder Möbel; an(6)
Lästig, geht auf die Nerven(79)
Moralischem Empfinden; Mangel an(48)
Mürrisch(290)
Qualvolle Angst(121) | **Q~ treibt von einer Stelle zur anderen - Ruhelosigkeit, mit**(4)
Reizbarkeit(408) | R~ tagsüber(32) | R~ abends - amel.(10)
Ruhelosigkeit(420) | R~ nachts(249) | R~ ängstlich(111) | **R~ Bett - treibt aus dem**(39) | R~ treibt umher(41)
Schweigsam(209) | S~ abends - amel.(2)
Selbstbetrachtung(58)
Stilles Wesen(49)
Stimmung, Laune - veränderlich(158) | S~ wechselnd, wechselhaft(80)
Stumpfheit(332) | S~ vormittags(17) | S~ Lesen(35)
Stupor(138)
Traurigkeit - abends - amel.(15)
Unbeständigkeit(45)
Unentschlossenheit(146) | U~ wankelmütig(12)

Gemüt ...
Unternimmt - Vieles, hält aber bei nichts durch, bleibt nicht dabei(28)
Unzufrieden(168) | U ~ allem; mit(66)
Verwirrung, geistige(321) | V ~ morgens(115) | V ~ berauscht - wie(47)
Wahnideen(191) | W ~ Fallen - er würde(29) | W ~ Phantasiegebilde, Illusionen(115)
Wille - Willensschwäche(58)
Zurückhaltend, reserviert(64)

Träume
Angenehm(136)
Ängstlich(239)
Erotisch(196) | E ~ Pollutionen, mit(96)
Fallen, zu stürzen; zu(60)
Lebhaft(193)
Schrecklich(237)
Verworren(122)
Viele(260)

– *Blatta americana* –
blatta-a.

Gemüt
Faulheit(269)

– *Boldo fragrans* –
bold.

Gemüt
Aphasie(53)
Wahnideen - Hören - Einbildung; etwas zu hören(44)

– *Boletus laricis* –
bol-la.

Gemüt
Gedächtnis - Gedächtnisschwäche(284)
Mürrisch(290)
Reizbarkeit(408)
Ruhelosigkeit(420) | *R ~ nachts*(249)
Stumpfheit(332)
Traurigkeit(477) | *T ~ Fieberhitze, in der*(55)
Veränderungen - Abneigung gegen
Zerstreut(166)

Träume
Schrecklich(237)
Viele(260)
Wasser(49)

– *Boletus luridus* –
bol-lu.

Gemüt
Delirium(233)

– *Boletus satanas* –
bol-s.

Gemüt
Ruhelosigkeit(420)
Unbehagen(44)

– *Bombyx processionea* –
bomb-pr.

Gemüt
Delirium(233)

Träume
Körperteile - Arm - Verätzen des Armes; vom | K ~ Muskeln von Pfeilen durchbohrt

– *Bondonneau aqua* –
bond.

Gemüt
Angst(362)
Erregung - nervös(23)
Mürrisch(290)
Reizbarkeit(408)
Zorn(243)

Träume
Viele(260)

– *Borax veneta* –
borx.

Gemüt
Alkoholismus(135)
Angst(362) | *A ~ abends*(87) | *a ~ 23 h, bis*

GEMÜT …

Angst - nachts(119) | n~ Mitternacht - vor(36) | v~ 23 h(2)

Angst - nachts - Kindern, bei(15) | A~ Bewegung - agg.(16) | **a~ Abwärtsbewegung, nach unten**(4) | a~ Aufwärtsbewegung, nach oben | **a~ Aufzugs; des** | **a~ Flugzeugs; des** | **a~ Seilbahn; der**

Angst - Erwachen, beim(86) | *A~ Fahren oder Reiten, beim*(6) | **F~ abwärts**(2) | F~ fährt; wenn er selbst(7)

Angst - Kinder - bei Kindern(7) | b~ gehoben; wenn aus der Wiege(3) | **b~ Schaukeln, beim**

Angst - Kleinigkeiten, um(23) | **A~ Schaukeln, beim** | *A~ Stuhlgang - vor*(24) | *S~ nach*(17)

Argwöhnisch(105)

Auffahren, Zusammenfahren(117) | *A~ ängstlich - Abwärtsbewegung, durch* | A~ Erregung | **A~ Geräusche, durch**(60) | *A~ Kleinigkeiten, über*(21) | **A~ leicht**(52) | *A~ Menses - während*(3) | **A~ niesen, wenn andere** | **A~ räuspern; wenn sich andere** | *A~ Schlaf - während*(163) | **S~ durch**(124)

Auffahren, Zusammenfahren - Schreck oder wie durch Schreck; durch(68) | A~ unerwartete Nachrichten

Begreifen, Auffassungsvermögen - leicht(38)

Beleidigt, leicht(79)

Beschimpfen, beleidigen, schmähen(67)

Betäubung - Fieberfrost, im(5) | B~ Gespräch; nach lebhaftem

Bewußtlosigkeit - Fieber, im(50) | B~ Schwindel, bei(46)

Boshaft(99)

Denken - Beschwerden - agg.; Denken an seine Beschwerden(71)

Empfindlich(192) | **E~ Geräusche, gegen**(149) | G~ Entbindung, bei der(5) | *G~ geringste Geräusch; gegen das*(29) | g~ aber nicht gegen lautes Geräusch, Lärm

GEMÜT …

Empfindlich - Geräusche, gegen - plötzlich(6) | p~ Knall, Schuß

Empfindlich - Kinder(13) | E~ Umgebung(4)

Ernst(77)

Erregung(287) | E~ agg.(41) | E~ abends - Bett, im(31)

Erschreckt leicht(125) | E~ Erwachen, beim(41) | E~ Kleinigkeiten, über(27) | *E~ Niesen, beim*

Essen - weigert sich zu(26)

Faulheit(269) | *F~ nachmittags*(18) | F~ Mittagsschlaf, nach dem(2) | F~ Schlaf, nach(4) | *F~ Stuhlgang - vor*

Fehler; macht - Raum; in bezug auf den(10) | R~ Zeit; und die(10)

Fehler; macht - Zeit; in bezug auf die(34)

Fluchen(44)

Froh(182) | F~ morgens(21) | F~ vormittags(12) | F~ abends - Bett, im(29) | F~ abwechselnd mit - Lebensüberdruß | a~ Weinen(19)

Froh - Stuhlgang - nach(5)

Furcht(242) | **F~ Abwärtsbewegung, vor**(10) | F~ Ansteckung - Krankheit; vor ansteckender(6) | F~ Armut, vor(20) | F~ Aufzügen, vor(2) | *F~ Erwachen, beim*(54) | *F~ Fahren im Wagen; beim*(14) | *F~ fallen, zu stürzen; zu*(28) | *F~ Geräusche, durch*(40) | *G~ plötzlichen Geräuschen, vor*(3)

Furcht - getragen zu werden; Furcht davor(3) | *F~ Gewitter, vor*(25) | *F~ hochgehoben zu werden*(3) | *F~ Infektion, vor*(6) | F~ Kanonendonner; vor | *F~ Kindern, bei - nachts*(3) | F~ Kleinigkeiten, vor(10) | *F~ Krankheit, vor drohender*(66) | F~ Menses - vor(12) | F~ Wehen - vor den

Gedächtnis - Gedächtnisschwäche(284) | G~ getan hat; für das, was er eben(34)

Gedanken - Gedankenandrang, einstürmende Gedanken, Gedankenfluß(78) | G~ nachts(31) | G~ Erwachen, beim(6) | G~ Schlaflosigkeit, durch(23)

Gemüt ...

Gedanken - überlegt(54) | G~ Vergehen, Schwinden der Gedanken(76)

Geisteskrankheit, Wahnsinn(153)

Geistige Anstrengung - agg.(141) | a~ unmöglich(130)

Geistige Anstrengung - Abneigung gegen(150)

Geschäftig - fruchtlos, ergebnislos(14)

Gespräche - agg.(45)

Gesten, Gebärden; macht - Hände; unwillkürliche Bewegungen der - Greifen(41) | **G~ Mutter im Schlaf; nach der**

Getragen - Verlangen getragen zu werden(31)

Gleichgültigkeit, Apathie(251) | G~ Reizendes, Unangenehmes; gegen(8)

Heftig, vehement(100)

Hochgefühl - Koitus, nach

Hysterie(194)

Ideen, Einfälle - Reichtum an, Klarheit des Geistes(125) | R~ nachts(26)

Idiotie - schrillem Schreien, mit(3)

Klammert sich an - Kind - erwacht mit Entsetzen, erkennt niemanden, brüllt und klammert sich an die Umstehenden(2) | K~ hält sich, wenn man es trägt, an der Krankenschwester fest(2)

Klammert sich an - Personen oder Möbel; an(6)

Lachen(102) | L~ abwechselnd mit - Weinen(43) | *L~ unwillkürlich*(23)

Langeweile(53)

Laszív, lüstern(77)

Liebevoll, voller Zuneigung, herzlich(37)

Lustig, fröhlich - Stuhlgang; nach(2)

Milde(80)

Mürrisch(290) | M~ nachmittags(30) | M~ nachts(16) | M~ abwechselnd mit - Fröhlichkeit, Frohsinn(23) | a~ Lachen(2)

Gemüt ...

Mürrisch - Erwachen, beim(32) | *M~ Essen, nach dem*(21) | M~ Fieber - während(12) | M~ Freien, im(8) | M~ Kindern, bei(14) | *M~ Stuhlgang - vor*(2)

Nasenbluten amel. Gemütssymptome

Phantasien - übertrieben - nachts(40) | ü~ Schlaflosigkeit, mit(41)

Rebelliert gegen Umschläge(17)

Redseligkeit; Geschwätzigkeit(136)

Reizbarkeit(408) | *R~ nachmittags*(37) | n~ 16 h

Reizbarkeit - nachts(12) | R~ abwechselnd mit - Fröhlichkeit, Frohsinn(23) | *R~ Essen - nach*(26) | R~ Fieberfrost, im(57) | R~ Freien, im(12) | *R~ Gehen, beim*(7) | R~ Geschäft - in bezug auf das(3) | *G~ wichtigen, bei einem*

Reizbarkeit - Kindern, bei(29) | *R~ Stuhlgang - vor*(5)

Ruhelosigkeit(420) | R~ nachmittags(25) | *R~ nachts*(249) | R~ Bett - Herumwerfen im(123) | R~ Essen(2) | R~ Frost - während(23) | R~ geistige Anstrengung - während(6) | R~ Kindern, bei(22) | R~ Menses - während(40) | R~ Sprechen, nach(2) | R~ Strecken nach hinten amel.

Schaukeln - agg.(5)

Schreien(133) | **S~ Kindern, bei**(38) | K~ Erwachen, beim(2) | K~ gestillt werden; wenn sie | K~ Schlaf, im(13) | K~ Stuhlgang - vor(2)

Schreien - Schlaf, im(80) | S~ Stuhlgang - vor | **S~ Urinieren - vor dem**(7)

Schüchternheit, Zaghaftigkeit(113)

Schweigsam(209) | S~ Fieberhitze; in der(11)

Seelenruhe, Gelassenheit - Stuhlgang, nach

Sinne - scharf(52) | S~ Vergehen, Schwinden der(51)

Sitzen - Neigung zu sitzen(110)

Spaßen - Abneigung gegen(22)

Sprechen - agg. die Beschwerden(34) | S~ langsam; lernt(15)

GEMÜT ...

Still sein, seine Ruhe haben; möchte - Ruhe und Stille; verlangt nach - Gehen im Freien, beim(5)

Stimmung, Laune - veränderlich(158) | v~ Nasenbluten amel.

Stimmung, Laune - wechselnd, wechselhaft(80)

Stöhnen(119) | *S~ morgens* | S~ Kindern, bei(12)

Streitsüchtig(136)

Stumpfheit(332) | S~ morgens(54) | S~ Gehen - Freien, im - amel.(5)

Tadelsüchtig, krittelig(80)

Tadelt - andere(32) | a~ nachmittags - 16 h

Tanzen - agg. die Gemütssymptome - Kind, das von jemandem getragen wird, der gerade tanzt; bei einem

Traurigkeit(477)

Unbeständigkeit(45)

Unternimmt - Vieles, hält aber bei nichts durch, bleibt nicht dabei(28)

Unzufrieden(168) | *U~ nachmittags - Stuhlgang - vor* | *U~ Stuhlgang - vor*

Vergeßlich(187)

Verleumden, Neigung zu(21)

Verwirrung, geistige(321) | V~ abends(78) | V~ Bewegung, durch - unten, nach - agg. | V~ Gehen(37) | V~ geistige Anstrengung - durch(50) | V~ Schaukeln agg. | *V~ Stuhlgang amel.*(3)

Wahnideen - beraubt werden; er würde(4) | W~ Schreck - wie erschreckt(10) | w~ Traum, durch einen

Wahnideen - Teufel - besessen, vom Teufel - er sei(5)

Waschen - Abneigung gegen Waschen und Baden(16)

Weinen(244) | W~ agg.(18) | W~ morgens(22) | *W~ nachts*(81) | W~ Erwachen, beim(36) | W~ Husten - vor(6) | *W~ Kindern; bei*(22) | *K~ nachts*(5) | K~ Säuglingen; bei(9)

Weinen - Schlaf, im(88) | *W~ Stuhlgang - während*(8) | *W~ Urinieren - vor*(3)

Wetter - Gewitter - während einem Gewitter; Gemütssymptome(12)

GEMÜT ...

Zeit - vergeudet seine Zeit(11)

Zorn(243) | Z~ heftig(72)

Zufrieden(31) | *Z~ nachmittags - Stuhlgang, nach*

Zurückhaltend, reserviert - Gehen - Freien, im(3)

TRÄUME

Alpträume, Alpdrücken(144) | A~ Kindern, bei(3)

Angenehm(136)

Ängstlich(239)

Ekelhaft(32)

Erotisch(196) | E~ Pollutionen, mit(96)

Koitus(9)

Körperteile - Hals - Halsentzündung(3)

Krankheit(43) | K~ Halsentzündung(3)

Schrecklich(237)

Verdrießlich(122)

Viele(260)

– *Bothrops lanceolatus* –

both.

GEMÜT

Aphasie(53)

Bewußtlosigkeit(280)

Fehler; macht - Sprechen, beim - Worte - falsche Worte; benutzt(53)

Ruhelosigkeit(420)

Sprache - langsam(59) | *S~ undeutlich*(24)

Vergeßlich - Worte beim Sprechen; vergißt(52)

Verwirrung, geistige(321)

– *Bovista lycoperdon* –

bov.

GEMÜT

Abneigung - allem, gegenüber(39)

Abscheu - Leben, vor dem(84)

Alkoholismus(135)

Angst(362) | A~ nachmittags(32) | A~ abends(87) | A~ nachts(119) | A~ Fieber - während(91) | A~ Gesundheit; um die - eigene Gesundheit; um seine(57)

GEMÜT ...

Angst - Kopfschmerzen, mit(18) | *A~ Stuhlgang - vor*(24) | A~ Untätigkeit, mit(4)

Auffahren, Zusammenfahren - Schlaf - während(163) | S~ durch(124)

Auffahren, Zusammenfahren - Träumen, in - aus einem Traum(35)

Beleidigt, leicht(79)

Beschwerden durch - sexuell - Exzesse(59)

Betäubung(237) | *B~ morgens - Aufstehen, nach dem*(5) | B~ abends(6) | B~ Schwindel - während(37)

Bewußtlosigkeit(280) | B~ morgens(45) | B~ Augen - starren, stieren; mit(8) | B~ Schwindel, bei(46) | B~ Stehen, im(8) | B~ Traum, wie ein einem - weiß nicht, wo er ist - nachts | B~ vorübergehend(24)

Chaotisch(44)

Delirium - Blick auf einen Punkt fixiert(10) | D~ Schmerzen - während den(8)

Empfindlich(192)

Ernst(77)

Erschöpfung; geistige(217)

Faulheit(269) | F~ Essen, nach dem(25) | F~ Traurigkeit, durch(8)

Fehler; macht - Orte; in bezug auf(32) | F~ Raum; in bezug auf den(10) | R~ Zeit; und die(10)

Fehler; macht - Schreiben, beim(83) | S~ falsch - Worte(16) | S~ läßt etwas aus - Silben(7)

Fehler; macht - Sprechen, beim(81) | S~ Worte - falsche Worte; benutzt(53) | W~ stellt Worte an die falsche Stelle(46)

Fehler; macht - Zeit; in bezug auf die(34)

Fluchen(44)

Froh(182) | F~ morgens(21) | F~ Gesellschaft, in

Furcht - Ansteckung(4) | A~ Krankheit; vor ansteckender(6)

GEMÜT ...

Furcht - Erwachen, beim - Traum, aus einem(13) | F~ Geisteskrankheit(74) | F~ Infektion, vor(6) | F~ Krankheit, vor drohender(66) | F~ Nadeln, vor(10)

Gedächtnis - gut, aktiv(91) | *G~ Gedächtnisschwäche*(284) | G~ getan hat; für das, was er eben(34)

Gedanken versunken, in(90)

Geheimnistuerisch, verschlossen(15)

Geistesabwesend(71)

Geisteskrankheit, Wahnsinn(153)

Gesellschaft - Abneigung gegen(156) | A~ allein, wenn - amel.(33)

Gesellschaft - Verlangen nach(83) | V~ allein; agg. wenn(48) | V~ amel. in Gesellschaft(18)

Gesellschaftliche Ereignisse - amel.

Gleichgültigkeit, Apathie(251) | G~ allem; gegenüber(71) | G~ äußere - Dinge; gegen(26) | G~ Gesellschaft - amel. | G~ in(9)

Gleichgültigkeit, Apathie - Leben; gegen das(12) | G~ mürrisch(4)

Hast, Eile(112)

Hochgefühl - morgens(3)

Hoffnung, voller - abwechselnd mit - Verzweiflung(3)

Ideen, Einfälle - Mangel an(102)

Imbezillität(140)

Indiskretion, Taktlosigkeit(30)

Kämpfen, möchte(10)

Konzentration - schwierig(261) | s~ Unmöglichkeit, sich zu konzentrieren(8)

Kummer(76)

Lachen - abwechselnd mit - Weinen(43) | L~ Asthma; mit

Lästig, geht auf die Nerven(79)

Lasziv, lüstern(77)

Launenhaftigkeit, launisch(108) | L~ morgens(3) | L~ abends(9)

Lebensüberdruß(82)

Milde(80)

Mürrisch(290) | M~ morgens(42) | M~ nachmittags(30) | M~ abends(31) | M~ abwechselnd mit - Fröhlichkeit, Frohsinn(23) | M~ Essen, nach dem(21)

Gemüt …

Mutig(26)

Naiv(4)

Qualvolle Angst(121)

Redseligkeit; Geschwätzigkeit(136) | R~ offenherzig(2)

Reizbarkeit(408) | R~ morgens(69) | m~ Erwachen, beim(43)

Reizbarkeit - nachmittags(37) | R~ abends(60) | R~ Erwachen, beim(56) | R~ Koitus - nach(26) | R~ Kopfschmerzen, bei(61) | R~ nimmt alles übel, sieht alles von der schlechten Seite(7) | R~ Traurigkeit, mit(20)

Ruhelosigkeit(420) | R~ abends(51) | R~ nachts(249) | R~ ängstlich(111)

Schlagen(42)

Schmollen(41)

Schweigsam(209)

Selbstbetrachtung(58)

Sinne - abgestumpft, stumpf(107) | S~ Vergehen, Schwinden der(51)

Spaßen - Abneigung gegen(22)

Sprache - langsam(59) | S~ Rucke, durch(5) | *S~ undeutlich*(24)

Stimmung, Laune - veränderlich(158) | **S~ wechselnd, wechselhaft**(80)

Streitsüchtig(136)

Stumpfheit(332) | S~ Erwachen, beim(41) | S~ Stehen - agg.(3)

Traurigkeit(477) | T~ abends(76) | T~ allein - wenn(24) | T~ arbeitsscheuen Personen; bei(9) | T~ Gesellschaft - amel.

Unbesonnen(82)

Ungeschicklichkeit(41) | U~ fallen, läßt Dinge(26)

Unzufrieden(168) | U~ Essen, nach dem(2)

Vergeßlich(187)

Verwegenheit(26)

Verwirrung, geistige(321) | V~ morgens(115) | V~ abends(78) | V~ alkoholische Getränke, durch(8) | V~ Aufstehen - nach(12) | V~ Bücken, beim(13) | V~ Erwachen, beim(71) | V~ Frühstück - nach - amel.(2) | V~ Koitus - nach(10) | V~ Stehen, im(11) | V~ Wein, nach(11) | V~ weiß nicht, wo er ist - nachts

Gemüt …

Verzweiflung(137)

Wahnideen - geschwollen, er sei(11) | W~ Gespenster, Geister, Gestalten - sieht(55) | W~ groß - Teile des Körpers scheinen zu groß(10) | W~ Herz - groß, zu(2) | W~ sonderbar, merkwürdig - Vertrautes scheint fremd(38) | W~ Ungeziefer - sieht Ungeziefer herumkriechen(13) | *W~ vergrößert*(42) | v~ Entfernungen seien(17) | v~ Gegenstände seien(12) | *v~ Kopf sei*(15)

Wahnideen - Wasser - von(19) | W~ Würmer - kriechenden Würmern, von(10)

Wahrheit; sagt (vorbehaltlos, rücksichtslos) die reine(5)

Weinen - krampfhaft, spasmodisch - Asthma; bei

Zerstreut(166)

Zorn(243) | Z~ morgens(12) | Z~ nachmittags(5) | Z~ abends(20) | Z~ abwechselnd mit - Hochgefühl(5) | Z~ Arbeit - Abneigung gegen(2)

Träume

Angenehm(136)

Ängstlich(239) | Ä~ morgens - Erwachen, beim - amel.; Angst ist(15)

Ereignisse - gelesene - früher gehört, gelesen, gesprochen oder nachgedacht hat; über die man(15) | E~ vergangene, längst(16) | E~ vergessene; längst(15) | E~ zukünftige(11) | E~ zurückliegende, kurz(55)

Erotisch(196) | E~ Pollutionen, mit(96)

Erschöpfend(45)

Ertrinken(19) | E~ Gefahr zu

Gebissen zu werden - Schlangen, von(2) | G~ Tieren, von(14)

Gefahr - Ertrinken, von

Gespenster(38)

Haft(2)

Hellsichtig(12)

Keller eingeschlossen und die Wände stürzen ein; ist im

Prophetisch(11)

Schlangen(21) | S~ beißen ihn(2)

Schrecklich(237)

TRÄUME ...
Tiere(25)
Tod - Sterben - er stirbt(14)
Unerinnerlich, bleiben nicht im Gedächtnis(93)
Unfälle - Ertrinken(19)
Verdrießlich(122)
Viele(260)
Wasser(49)
Wecken den Patienten(118)

– Brachyglottis repens –
brach.

GEMÜT
Reizbarkeit(408)
Ruhelosigkeit - nachts(249)
Sprechen - Schlaf, im(93)

TRÄUME
Verworren(122)
Viele(260)

– Bromium –
brom.

GEMÜT
Aktivität; Verlangen nach - Geschäften, bei seinen(2)
Angst(362) | A~ Gesundheit; um die - eigene Gesundheit; um seine(57)
Antworten - Stupor kehrt schnell nach dem Antworten wieder(17)
Auffahren, Zusammenfahren(117) | A~ Schlaf - während(163)
Begreifen, Auffassungsvermögen - leicht(38)
Beißen - Nägel(33)
Bellen(11)
Bewußtlosigkeit(280)
Delirium(233) | *D~ ängstlich*(24) | D~ Blutandrang, mit(5)
Empfindlich - Geräusche, gegen - Wasser; gegen das Geräusch von plätscherndem(4)
Entmutigt(135)
Erregung(287)
Fassung gebracht, verwirrt; außer(2)

GEMÜT ...
Faulheit(269)
Fleißig, arbeitsam, Arbeitswut(101)
Froh(182)
Furcht(242) | F~ abends(51) | F~ allein zu sein(54) | a~ abends(6)
Furcht - Apoplexie, vor(36) | F~ Dunkelheit, vor der(40) | F~ eingebildeten - Dingen, vor(15) | F~ Gespenstern, vor(32) | G~ abends(4)
Furcht - hinter ihm; jemand sei(6)
Gedächtnis - gut, aktiv(91) | G~ Gedächtnisschwäche(284)
Gedanken - überlegt(54)
Geisteskrankheit, Wahnsinn(153)
Geistige Anstrengung - agg. - unmöglich(130) | *G~ Verlangen nach*(65) | G~ Abneigung gegen(150)
Geschäft - Abneigung gegen(45)
Gesellschaft - Abneigung gegen - sitzt in ihrem Zimmer und tut nichts | G~ Verlangen nach(83) | V~ abends(8) | V~ allein; agg. wenn(48)
Getragen - Verlangen getragen zu werden(31) | V~ Krupp, bei | V~ schnell(6)
Gleichgültigkeit, Apathie(251) | G~ häusliche Angelegenheiten(2) | G~ Pflichten, gegenüber - häusliche Pflichten(6)
Heulen(30)
Hypochondrie(116)
Hysterie(194) | H~ sexuell - Erregung; durch Unterdrückung der sexuellen(2)
Imbezillität(140)
Jammern(93) | J~ heiser
Konzentration - schwierig(261)
Launenhaftigkeit, launisch(108)
Lesen - Abneigung gegen Lesen(25)
Lustig, fröhlich(123)
Manie(149)
Mürrisch(290) | M~ nachmittags - Mittagsschlaf, nach dem(3)
Reizbarkeit(408) | R~ Erwachen, beim(56)
Ruhe - Verlangen nach(21)
Schweigsam(209)
Sitzen - Neigung zu sitzen(110) | N~ unbeweglich, still(42)

Gemüt ...

Starren, gedankenloses(14)
Streitsüchtig(136)
Tadelsüchtig, krittelig(80)
Traurigkeit(477) | T ~ Menses - vor(34)
Traurigkeit - Menses - während(35)
Untröstlich(30)
Unzufrieden(168)
Vergeßlich(187)
Verwirrung, geistige(321) | V ~ nachts - Hinlegen, beim(3) | V ~ Liegen; beim(10) | V ~ Schreiben, beim(10)
Verzweiflung(137)
Wahnideen - Bewußtsein - verlieren; er würde das Bewußtsein(9) | W ~ Bilder, Phantome; sieht(76) | W ~ Blicken - jemand sieht - Schulter, über ihre | W ~ Erscheinung sehen; er werde eine | W ~ Fremde - blicken über die Schulter | W ~ geisteskrank - werden; er würde geisteskrank(43) | W ~ Gespenster, Geister, Gestalten - abends erscheinen; ein Gespenst würde | G ~ sieht(55)
Wahnideen - Menschen - hinter ihm; jemand sei(19) | M ~ sieht(29)
Wahnideen - nüchtern, wenn(3) | W ~ Person - Zimmer; eine andere Person sei im(6) | W ~ Reise; er befinde sich auf einer(12) | W ~ Schulter blicken; Menschen würden über seine | W ~ Schwindel - werden; es werde ihm schwindelig(2) | W ~ sehen - würde etwas sehen; er - herumdrehen würde; wenn er sich | W ~ springen - Dinge springen vor ihr vom Boden auf; alle möglichen(2) | W ~ tot - Personen, sieht tote(59) | W ~ Visionen, hat - abends(9)
Weinen(244)

Träume

Anstrengung - körperliche(20)
Beerdigungen(13)
Erinnerlich, bleiben im Gedächtnis(33)
Historisch(18)
Hochgelegene Orte(8)
Kämpfe(54)

Träume ...

Klettern(4)
Lebhaft(193)
Reisen(48)
Ruhelos(53)
Särge(5)
Steigen, zu(4)
Streitigkeiten(69)
Tod(64) | T ~ Sterben - er stirbt(14)
Viele(260)
Zorn(58)

– *Brucea antidysenterica* –

bruc.

Gemüt

Betäubung(237)
Erregung(287) | *E ~ abends*(32) | E ~ Zittern, mit(10)
Gedanken versunken, in(90)
Mürrisch - morgens(42)
Stilles Wesen(49)
Traurigkeit - morgens(71)

Träume

Ängstlich(239)
Lebhaft(193)
Schrecklich(237)
Verworren(122)

– *Brucella melitensis* –

brucel.

Gemüt

Schreien(133)

– *Bryonia alba* –

bry.

Gemüt

Aktivität; Verlangen nach(38)
Alkoholismus(135)
Angesprochen zu werden - Abneigung(63)
Angst(362) | A ~ abends(87) | *a ~ Bett, im*(54)
Angst - nachts(119) | *n ~ Mitternacht - vor*(36)

Gemüt ...

Angst - Bett - im Bett(49) | B ~ treibt aus dem Bett(15)

Angst - Denken daran; durch(9) | A ~ Erwachen, beim(86) | *A ~ Fieber - während*(91) | *A ~ Freien, im - amel.*(23) | A ~ Furcht, mit(110) | A ~ Geldangelegenheiten, um(4) | A ~ Geschäfte, über(10) | A ~ Gesundheit; um die - eigene Gesundheit; um seine(57) | A ~ Gewissensangst(75) | **A ~ grundlos**(7) | *A ~ Haus, im*(15) | A ~ hypochondrisch(52) | A ~ Schmerzen, durch die(10) | A ~ treibt von einer Stelle zur anderen(6) | *A ~ tun; zwingt ihn, etwas zu* | **A ~ Zukunft**(108)

Antworten - Abneigung zu antworten(67) | A ~ hastig, überstürzt(11)

Argwöhnisch(105)

Auffahren, Zusammenfahren(117) | A ~ abends - Einschlafen, beim(19) | A ~ Bett, im - wachliegt, während er(3) | *A ~ Erwachen, beim*(11) | A ~ Schlaf - während(163) | S ~ durch(124)

Auffahren, Zusammenfahren - Schreck oder wie durch Schreck; durch(68)

Beharrlichkeit(16)

Berührt zu werden; Abneigung(46)

Beschwerden durch - Erregung - Gefühle, der(87) | B ~ Erwartungsspannung(68) | *B ~ Hast, Eile*(10) | *B ~ Heftigkeit*(3) | *B ~ Kränkung, Demütigung*(39) | *B ~ Kummer*(65) | B ~ Schreck(72) | **B ~ Verachtung; verachtet zu werden**(23) | *B ~ Zorn*(94) | Z ~ Angst, mit(30) | *Z ~ stillem Kummer; mit*(27)

Betäubung(237) | B ~ morgens - Aufstehen, nach dem(5)

Bett - heraus; möchte aus dem Bett(4)

Bewußtlosigkeit(280) | **B ~ morgens**(45) | **m ~ Aufstehen, beim**

Bewußtlosigkeit - abends(15) | **B ~ Aufstehen, beim**(6) | B ~ Delirium, nach(4) | B ~ Fieber, im(50)

Bittet - nichts; um(16)

Boshaft(99)

Gemüt ...

Bulimie(16)

Chaotisch(44)

Delirium(233) | D ~ morgens(8) | **m ~ Sonnenaufgang, bei**(2)

Delirium - mittags(2) | D ~ abends(10) | *D ~ nachts*(67) | *D ~ Bett - flieht und springt plötzlich aus dem Bett auf*(36) | **D ~ brummt**(44) | b ~ Schlaf, im(5)

Delirium - Erwachen, beim(20) | *D ~ Fieber; im*(54) | D ~ Freien, amel. im | **D ~ Geschäften, spricht von**(7) | *D ~ geschäftig*(10) | D ~ Hitze - agg.(3) | D ~ manisch(47) | D ~ rasend(3) | D ~ rasend(84) | D ~ redselig(33) | D ~ ruhelos(12) | **D ~ ruhig**(23) | D ~ Schlaf - während(26) | w ~ komatös(8)

Delirium - Schlaf - Einschlafen, beim(17) | D ~ Schlaflosigkeit - mit(45) | *D ~ Schläfrigkeit, bei*(14) | *D ~ Schließen der Augen; beim*(9) | D ~ warmes Zimmer agg. | *D ~ wild*(21) | D ~ Zittern, mit(23)

Demenz - senilis, Dementia(25)

Demütig, Bescheiden

Demut(2)

Denken - Abneigung gegen(46) | D ~ Beschwerden - agg.; Denken an seine Beschwerden(71)

Dunkelheit - hinlegen und nicht angesprochen werden; möchte sich im Dunklen(4)

Eigensinnig, starrköpfig, dickköpfig(107)

Ekstase(59)

Empfindlich(192) | E ~ Fieberfrost, im(9) | *E ~ Geräusche, gegen*(149) | E ~ Musik, gegen(46)

Entmutigt(135)

Entrüstung(22)

Ernst(77)

Erregung(287) | E ~ mittags(3)

Erschöpfung; geistige(217)

Erschreckt leicht(125)

Faulheit(269)

Fehler; macht - Orte; in bezug auf(32)

Feigheit(89)

Feilschen(4)

GEMÜT ...

Fleißig, arbeitsam, Arbeitswut(101) | F~ Menses, vor den(26)

Fliehen, versucht zu(61) | F~ Fenster, aus dem(6) | *F~ springt plötzlich aus dem Bett*(17) | F~ wegzulaufen, um(16)

Fremde - Anwesenheit von Fremden - agg.(16)

Froh(182)

Furcht(242) | F~ allein zu sein(54) | **F~ Armut, vor**(20) | *F~ Bewegung, vor*(5) | F~ engen Räumen; in(33) | e~ Gewölben, Kirchen und Kellern; Furcht vor(10)

Furcht - Ersticken, vor dem(24) | *F~ Erwachen, beim*(54) | F~ Fahren im Wagen; beim(14) | *F~ fliehen; mit Verlangen zu*(9) | F~ Geisteskrankheit(74) | F~ getragen zu werden; Furcht davor(3) | *F~ Gewitter, vor*(25) | F~ hochgehoben zu werden(3) | F~ Krankheit, vor drohender(66) | F~ Leiden, vor(12) | F~ Luft - Freien im - amel.(4) | F~ Magen - aufsteigend vom(15) | *F~ Tod; vor dem*(143) | T~ drohendem Tod, vor(17)

Furcht - Unglück, vor(93) | F~ Unheil; Furcht vor(115) | F~ vergiftet - werden; Furcht, vergiftet zu(23) | *F~ Verhungern; vor dem*(5)

Gedächtnis - Gedächtnisschwäche(284)

Gedanken - Gedankenandrang, einstürmende Gedanken, Gedankenfluß(78) | *G~ abends - Bett, im*(17) | *G~ nachts*(31) | G~ Schlaflosigkeit, durch(23)

Gedanken - hartnäckig(83) | h~ Erwachen, beim(6) | h~ Wünsche, an(3)

Gedanken - Vergehen, Schwinden der Gedanken(76) | V~ Fieberfrost, im(4) | V~ Lesen, beim(5)

Gehalten - amel.; gehalten zu werden(22)

Geisteskrankheit, Wahnsinn - redselig(7) | G~ reisen; mit Verlangen zu(9) | G~ Ruhelosigkeit, mit(14) | G~ Wochenbett, im(35)

Geistige Anstrengung - Abneigung gegen(150)

Geiz(34) | G~ Angst um die Zukunft; Geiz aus(6)

GEMÜT ...

Gemütssymptome(26)

Geschäftig(45)

Gesellschaft - Abneigung gegen(156) | *A~ Fremden; Abneigung gegen die Anwesenheit von*(16)

Gesellschaft - Verlangen nach(83)

Gesten, Gebärden; macht - einem Arm, einem Bein oder dem Kopf; mit(7) | G~ Hände; unwillkürliche Bewegungen der - fährt mit den Händen durch die Luft(3) | H~ wirft die Hände umher(10)

Gewissenhaft, peinlich genau in bezug auf Kleinigkeiten(58)

Gleichgültigkeit, Apathie(251)

Grausamkeit, Unmenschlichkeit(30)

Hast, Eile(112) | H~ Trinken, beim(11)

Hause, zu - spricht von daheim(2) | **H~ Verlangen, nach Hause zu gehen**(18) | *H~ verlassen; Verlangen das Zuhause zu*(7)

Heftig, vehement(100) | H~ Gewalttaten führt; Raserei, die zu(34)

Heimweh(52)

Hypochondrie(116)

Hysterie(194) | H~ Menses - während(27)

Ideen, Einfälle - Mangel an(102) | *I~ Reichtum an, Klarheit des Geistes*(125) | R~ abends - Bett, im(14)

Indiskretion, Taktlosigkeit(30)

Jammern(93) | J~ Schlaf, im(12)

Klagen(64)

Kleptomanie(27)

Konzentration - schwierig(261)

Langsamkeit(68)

Lästig, geht auf die Nerven(79)

Launenhaftigkeit, launisch(108) | L~ weist Dinge zurück, die er haben wollte, sobald er sie bekommt(13)

Leidenschaftlich(49)

Liebevoll, voller Zuneigung, herzlich(37)

Manie(149)

Murmeln(55)

Mürrisch(290) | M~ morgens(42) | m~ Bett, im(16)

GEMÜT ...

Mürrisch - Erwachen, beim(32) | M~ Essen, nach dem(21) | *M~ Keuchhusten, bei (siehe 3Husten)*(2)

Musik - agg.(40)

Näherkommen, auf ihn Zukommen von Personen - agg.(6) | N~ Abneigung gegen(12)

Neid(22)

Phantasien - übertrieben(114) | *ü~ abends - Bett, im*(28)

Phantasien - übertrieben - nachts(40) | ü~ Schlaflosigkeit, mit(41)

Raserei, Tobsucht, Wut(95)

Rebelliert gegen Umschläge(17)

Redseligkeit; Geschwätzigkeit - Geschäfte; über die(2) | R~ wechselt schnell von einem Thema zum anderen(20)

Reizbarkeit(408) | R~ morgens(69) | m~ Aufstehen, nach dem(13) | m~ Erwachen, beim(43)

Reizbarkeit - allein - möchte allein sein(3) | R~ angesprochen, wenn(26) | R~ Erwachen, beim(56) | E~ Keuchhusten, durch

Reizbarkeit - Essen - nach(26) | R~ Fieberfrost, im(57) | R~ gefragt wird; wenn er(12) | *R~ Hitze - während*(31) | *R~ Husten, durch - Keuchhusten, bei*(2) | R~ Kopfschmerzen, bei(61) | *R~ Leberstörungen, bei*(4) | R~ Menses - während(42) | R~ Schweiß, beim(14)

Resignation(15)

Ruhe - Verlangen nach(21)

Ruhelosigkeit(420) | R~ nachts(249) | n~ Mitternacht - nach(13)

Ruhelosigkeit - ängstlich(111) | *R~ Bett - Herumwerfen im*(123) | B~ treibt aus dem(39)

Ruhelosigkeit - Bewegung - agg. | R~ geschäftig(20) | R~ Kindern, bei - rastlos, wandernd(3) | R~ Kopfschmerzen, bei(31) | R~ Schmerzen, durch(19) | R~ Schweiß - während(4)

Schlafwandeln(56) | S~ Tagesarbeit zu machen; um die(5)

GEMÜT ...

Schmutzig - beschmutzt alles; macht alles schmutzig(3)

Schreien(133) | *S~ Erwachen - beim*(27) | **S~ Husten agg.**(5) | *S~ Schlaf, im*(80) | S~ Schmerzen, bei den(25)

Schüchternheit, Zaghaftigkeit(113)

Schweigsam(209) | S~ Schweiß; beim(7)

Selbstvertrauen - Mangel an Selbstvertrauen(86)

Seufzen(98) | S~ nachts | S~ Fieberhitze, in der(17) | **S~ Schweiß, beim**(16)

Sinne - abgestumpft, stumpf(107) | S~ Vergehen, Schwinden der(51)

Sitzen - Neigung zu sitzen(110)

Sorgsamkeit, Sorgfalt(12)

Spaßen(52)

Spotten - Sarkasmus, beißender Spott(14)

Sprache - albern(16) | S~ delirös - Erwachen, beim | **d~ Geschäft, vom**

Sprache - hastig(44) | **S~ Schwatzen**(17) | **S~ morgens**

Sprache - unzusammenhängend(65) | S~ verworren(25)

Sprechen - Geschäft, vom(13) | S~ Schlaf, im(93) | *S~ schweift von einem Thema zum anderen*(47) | s~ nachts(9)

Springen - Bett; aus dem(41)

Still sein, seine Ruhe haben; möchte(21) | **S~ Fieberfrost, im**(3)

Stilles Wesen - Fieberhitze, in der(2)

Stimmung, Laune - veränderlich(158)

Stöhnen(119) | S~ Schlaf, im(62) | S~ Schweiß, beim(10)

Störungen; Abneigung gegen(13)

Streitsüchtig(136)

Stumpfheit(332) | S~ morgens(54) | m~ Erwachen, beim(26)

Stumpfheit - angesprochen, wenn(2) | S~ Bewegung - agg.(2) | S~ Fieberfrost, im(16) | S~ Hitze - während(14) | S~ Kopfschmerzen, mit(5) | S~ Liegen, beim | S~ Schlaf - nach | S~ Stehen - agg.(3)

Stupor(138) | S~ morgens(36)

Tod - Vorahnung des Todes(62)

GEMÜT ...

Traum; wie in einem(69)

Traurigkeit(477) | T ~ Fieberhitze, in der(55)

Traurigkeit - Schweiß, beim(29)

Umherstreifen, Streunen - besinnungslos, geisteskrank(11)

Unbehagen(44) | U ~ Essen, nach dem(6)

Undankbar - Geiz, aus(4)

Unehrlich(7)

Unentschlossenheit(146)

Ungeduld(131)

Ungeschicklichkeit - fallen, läßt Dinge(26)

Ungestüm(31) | *U ~ Schweiß, mit*(12)

Unglücklich, bedauernswert; fühlt sich(29)

Unsicherheit; geistige(10)

Unzufrieden(168) | U ~ sich selbst, mit(36)

Verächtlich(35)

Veränderungen - Verlangen nach(5)

Vergeßlich(187)

Verlangen, Wunsch nach - voller Verlangen(11) | v ~ mehr als sie braucht(5) | v ~ Unerreichbarem, nach(2) | v ~ Vorhandenem; nach nicht(4)

Verwirrung, geistige(321) | *V ~ morgens*(115) | m ~ Aufstehen - und nach dem Aufstehen(37) | *m ~ Erwachen, beim*(50)

Verwirrung, geistige - nachmittags(33) | V ~ Aufstehen - nach(12) | V ~ Aufstoßen amel.(3) | V ~ berauscht - wie(47) | *b ~ wie nach einem Rausch*(35)

Verwirrung, geistige - Bewegung, durch(16) | V ~ Erwachen, beim(71) | V ~ Fahren oder Reiten, beim(2) | V ~ Fieberhitze, in der(26) | V ~ Freien, im - amel.(30) | V ~ Gähnen - amel. | *V ~ Gehen*(37) | G ~ Freien, im - amel.(11)

Verwirrung, geistige - Kopfschmerzen, mit(11) | V ~ Liegen; beim(10) | V ~ Schlaf; nach(14) | V ~ Stehen, im(11) | V ~ Trinken - nach(5)

Verzweiflung(137) | V ~ Fieberfrost, im(20) | *V ~ Genesung, in bezug auf die*(44)

GEMÜT ...

Wahnideen(191) | W ~ morgens(2) | W ~ abends(4) | *W ~ nachts*(36) | W ~ Arbeit - fertigstellen; sie kann ihre Arbeit nicht | A ~ hart; arbeitet(6)

Wahnideen - Aufstehen - könne nicht aufstehen; er - bücken würde; er könne sich nicht wieder aufrichten, wenn er sich(3) | *W ~ beschäftigt mit Geschäften*(2) | W ~ betrunken - gewesen; er sei betrunken - Nacht, vor der | W ~ Bett - sinken - Bett würde sinken; das(13) | s ~ sie würde sinken - tief nach unten im Bett(2)

Wahnideen - Bilder, Phantome; sieht - überall(3) | W ~ delirös - werden; er werde - nachts | W ~ drehen - sie - würde sich drehen(2) | W ~ Fremde - Freunde erscheinen als(2) | F ~ Kontrolle von Fremden; unter der(2) | F ~ Zimmer zu sein; scheinen im(3)

Wahnideen - Gegenstände; über - schwanken(4) | W ~ Gehirn - herumdrehen; das Gehirn würde sich | *W ~ Geschäft - machen; er würde Geschäfte*(7) | W ~ geschlagen, er würde(2) | *W ~ Gesichter, sieht - Schließen der Augen; beim*(15) | *W ~ Gespenster, Geister, Gestalten - Schließen der Augen; beim*(16) | W ~ Gestalten - sieht(33) | W ~ glücklos, er sei(11) | **W ~ Hause, zu - weg von zu Hause; er sei**(23) | *w ~ müsse dahin gelangen; er*(5)

Wahnideen - herumwirbeln - Umgebung - Stehen, beim | W ~ Kopf - Kreis herum drehen; der Kopf würde sich im(2) | K ~ schwer; sein Kopf scheint zu(3)

Wahnideen - Menschen - sieht(29) | s ~ Schließen der Augen; beim(5)

Wahnideen - Ohnmacht fallen; er werde(19) | W ~ Phantasiegebilde, Illusionen(115) | W ~ Schlaf - Einschlafen; Wahnideen beim(12) | W ~ schweben - Luft, in der(45) | W ~ Soldaten - sieht(5) | S ~ stechen ihn nieder - Abkühlung amel.

Gemüt ...

Wahnideen - sonderbar, merkwürdig - Land; als sei er in einem fremden(4) | W ~ tot - Personen, sieht tote(59) | W ~ verfolgt - Soldaten, von(5) | W ~ verfolgt; er würde(23) | W ~ Verletzung - worden; er sei verletzt(10) | *W ~ versinken, er würde*(21) | *W ~ Visionen, hat - Schließen der Augen; beim*(29)

Wandern - Verlangen zu wandern(15)

Weinen(244) | W ~ tagsüber(7) | W ~ nachts(81) | n ~ Mitternacht - nach(2)

Weinen - Fieberhitze, in der(25) | **W ~ Husten - vor**(6) | W ~ nervös - den ganzen Tag(5) | W ~ Schlaf, im(88) | W ~ Schweiß, beim(25) | *W ~ Wimmern, Winseln - Schlaf, im*(28)

Wetter - Gewitter - vor einem Gewitter; Gemütssymptome(7) | G ~ während einem Gewitter; Gemütssymptome(12)

Widerspenstig(66)

Widerspruch - agg.(11) | *W ~ verträgt keinen Widerspruch*(73)

Wille - Willensschwäche(58)

Wirft mit Gegenständen um sich(20)

Zorn(243) | *Z ~ abends*(20) | *Z ~ Gesicht - rot - Gesicht; mit rotem*(10) | *Z ~ heftig*(72) | Z ~ Kleinigkeiten, über(58) | *Z ~ Widerspruch, durch*(37)

Zweifelt - Genesung; an der(31)

Träume

Alpträume, Alpdrücken(144)

Angenehm(136)

Ängstlich(239)

Anstrengung - geistige(51) | *A ~ körperliche*(20)

Aufruhr(12)

Beeinflußt das Gemüt(14)

Beschäftigt zu sein; sehr(29)

Ereignisse - gelesene(3) | g ~ früher gehört, gelesen, gesprochen oder nachgedacht hat; über die man(15)

Ereignisse - zurückliegende, kurz(55) | **z ~ Vortag, vom**(41)

Erinnerlich, bleiben im Gedächtnis(33)

Erschöpfend(45)

Träume ...

Fenster - stoßen; jemanden aus dem Fenster zu

Fortsetzung - Träumen, von - Erwachen, nach dem(22)

Geschäft(40) | *G ~ Tage, vom*(39)

Gestalten(3)

Hartnäckig(29)

Haushalt(2)

Hervorragende geistige Arbeit zu leisten(15)

Hunger(4)

Kämpfe(54)

Krankheit - Schmerz(7)

Lange Zeit(13)

Lebhaft(193)

Leichen(42)

Nachdenken, mit(15)

Ruhelos(53)

Schlachten(13)

Schmerz(7)

Schrecklich(237)

Soldat(3)

Streitigkeiten(69)

Unangenehm(87)

Unerinnerlich, bleiben nicht im Gedächtnis(93)

Unwichtig(46)

Verdrießlich(122)

Verstorbenen, von(84)

Verworren(122)

Viele(260)

Wecken den Patienten(118)

Zorn(58)

– *Bufo rana* –

bufo

Gemüt

Abneigung - Nacht; gegen die

Abscheu - allgemeiner(42)

Albernes Benehmen(65)

Alkoholismus(135)

Angst(362) | A ~ Erwachen, beim(86) | A ~ Gesundheit; um die - eigene Gesundheit; um seine(57) | A ~ Musik, durch(3) | A ~ Zukunft(108)

Gemüt …

Antwerten - Abneigung zu antworten(67) | A~ hastig, überstürzt(11) | A~ weigert sich zu antworten(32)

Argwöhnisch(105)

Auffahren, Zusammenfahren(117) | A~ Geräusche, durch(60) | *A~ leicht*(52) | A~ Schlaf - während(163) | S~ durch(124)

Auffahren, Zusammenfahren - Schreck oder wie durch Schreck; durch(68)

Beißen(35) | B~ Gegenstände; beißt(5)

Beleidigt, leicht(79)

Berührt zu werden; Abneigung(46)

Beschimpfen, beleidigen, schmähen(67)

Beschwerden durch - Liebe; enttäuschte(31) | *B~ Schreck*(72)

Betäubung(237) | *B~ Konvulsionen, zwischen den*(11) | B~ Mittagessen, nach dem(5) | B~ Schwindel - nach

Bewußtlosigkeit(280) | B~ Bewegungen, automatische(26) | **B~ epileptischem Anfall, nach**(5) | **B~ Konvulsionen - nach**(12) | B~ plötzlich(12) | B~ vorübergehend(24)

Boshaft(99)

Delirium(233) | D~ Fieber; im(54) | D~ heißem Kopf, mit(2)

Delirium tremens(84)

Destruktivität, Zerstörungswut(41)

Eifersucht(34)

Eigensinnig, starrköpfig, dickköpfig(107)

Empfindlich(192) | E~ Geräusche, gegen(149) | G~ geringste Geräusch; gegen das(29) | G~ Musik amel.(15)

Empfindlich - Musik, gegen(46)

Erregung(287)

Erschöpfung; geistige(217) | E~ abends(8)

Erschreckt leicht(125) | E~ Kleinigkeiten, über(27)

Faulheit(269) | F~ nachmittags(18)

Fehler; macht - Sprechen, beim(81) | S~ Worte - falsche Worte; benutzt(53) | W~ stellt Worte an die falsche Stelle(46)

Fleißig, arbeitsam, Arbeitswut(101)

Fluchen(44)

Gemüt …

Fremde - Anwesenheit von Fremden - agg.(16)

Froh - abends(42)

Furcht(242) | F~ allein zu sein(54) | F~ Erwachen, beim(54) | F~ geschehen; etwas werde(82) | F~ Hunden, vor(22) | F~ Infektion, vor(6) | F~ Krankheit, vor drohender(66) | F~ Menschenmenge; in einer(58) | F~ Musik, durch(10) | F~ Spiegeln im Zimmer; vor(7) | F~ Tieren, vor(11) | F~ Tod; vor dem(143) | F~ Unglück, vor(93)

Gedächtnis - gut, aktiv(91) | **G~ Gedächtnisschwäche**(284) | G~ getan hat; für das, was er eben(34)

Gedanken versunken, in(90)

Geistesabwesend(71)

Geisteskrankheit, Wahnsinn(153) | G~ erotisch(31) | G~ Masturbation, durch(8)

Gesellschaft - Abneigung gegen(156) | A~ Fremden; Abneigung gegen die Anwesenheit von(16) | A~ Furcht vor dem Alleinsein; jedoch(12) | *A~ Verlangen nach Einsamkeit - masturbieren, um zu*(2)

Gesellschaft - Verlangen nach(83) | V~ allein; agg. wenn(48) | a~ Furcht vor Menschen, Menschenscheu; jedoch(5)

Gesten, Gebärden; macht(22) | G~ Hände; unwillkürliche Bewegungen der - ringt die Hände(14)

Glänzende Gegenstände - agg.(13) | G~ Abneigung gegen

Gleichgültigkeit, Apathie(251)

Grobheit(37)

Haß - Rachsucht; Haß und(32)

Herausfordernd(22)

Heulen(30)

Hinterhältig, hinterlistig, falsch, verschlagen(32)

Hysterie(194)

Ideen, Einfälle - Reichtum an, Klarheit des Geistes(125)

Idiotie(45) | I~ Masturbation, mit(3)

GEMÜT ...

Imbezillität(140)

Impertinenz, Unverschämtheit(14)

Indiskretion, Taktlosigkeit(30)

Jammern(93)

Kichern(3)

Kindisches Benehmen(52) | K~ Körper wächst; und nur der

Klagen(64)

Konzentration - schwierig(261)

Kretinismus(8)

Lachen(102) | L~ abwechselnd mit - Weinen(43) | L~ albern(16) | *L~ epileptische Konvulsionen - vor*(2) | *e~ während*(2) | *e~ nach*(2)

Lachen - Ernstes, über(15) | L~ grundlos(5) | L~ kindisch(3) | L~ Kleinigkeiten, über(13)

Läuft umher(24)

Lasziv, lüstern(77)

Manie(149)

Moralischem Empfinden; Mangel an(48)

Mürrisch(290) | M~ Menses - nach(2)

Musik - agg.(40) | M~ Abneigung gegen(13)

Mutwillig, boshaft(24)

Nackt sein, möchte(13)

Phantasien - übertrieben(114)

Qualvolle Angst(121)

Raserei, Tobsucht, Wut(95) | R~ allein, wenn

Redseligkeit; Geschwätzigkeit(136)

Reizbarkeit(408) | R~ morgens - Erwachen, beim(43) | R~ nachts - Zubettgehen, nach dem(3) | R~ angesprochen, wenn(26) | R~ aufgeweckt, wenn(5) | R~ Erwachen, beim(56) | R~ gefragt wird; wenn er(12) | R~ Menses - nach(5)

Ruhelosigkeit(420) | R~ Kindern, bei(22) | R~ Konvulsionen - vor(3) | R~ Schläfrigkeit, bei(12)

Schamlos(29)

Schlagen - Verlangen - schlagen, zu(15)

Schreien(133) | S~ abwechselnd mit - Klagen | S~ Bewußtlosigkeit, bis zur | *S~ Konvulsionen - vor*(32) | *K~ epileptisch*(21)

GEMÜT ...

Schreien - läuft schreiend durch das Haus(2) | S~ Schlaf, im(80)

Schweigsam(209)

Seufzen - epileptischem Anfall; vor(3)

Sinne - Vergehen, Schwinden der(51)

Sprache - albern(16) | S~ hastig(44) | S~ langsam(59) | S~ undeutlich(24) | S~ unklar, unverständlich(20) | u~ Konvulsionen; vor epileptischen

Sprache - unsinnig(29)

Sprechen - Schlaf, im(93)

Spucken - Gesicht; Menschen ins(14)

Stilles Wesen(49)

Stimmung, Laune - veränderlich(158)

Stöhnen - Schlaf, im(62)

Streitsüchtig(136)

Stumpfheit(332) | S~ abends - amel.(6) | S~ Kindern; bei(21)

Stupor(138) | S~ sprechen; Unfähigkeit zu(2)

Tiere - liebt Tiere, Tierliebe(9)

Traurigkeit(477) | T~ Erwachen, beim(24)

Unanständig, unzüchtig - Sprache, anstößige(12)

Unentschlossenheit(146)

Ungeduld(131)

Ungehorsam(30)

Unverschämtheit(33)

Unzüchtig, obszön(34) | U~ Sprechen(14)

Verderbtheit(3)

Verspielt(13)

Verwirrung, geistige(321) | V~ morgens(115) | V~ berauscht - wie(47) | V~ Essen - nach(52)

Verzweiflung(137)

Wahnideen - berauscht - sei, er(59) | W~ betrunken - sei betrunken, er(23) | W~ Haus - umgedreht; das Haus sei | W~ Ohnmacht fallen; er werde - Leeregefühl im Magen; mit | W~ Phantasiegebilde, Illusionen(115) | W~ Schwindel - habe; er(8)

Weinen(244) | W~ abwechselnd mit - Jammern | W~ Erwachen, beim(36) | W~ Kleinigkeiten, über(23) | W~ Schlaf, im(88)

Gemüt ...

Zerstreut(166)

Zorn(243) | Z~ heftig(72) | *Z~ mißverstanden, falsch verstanden; wenn*(3)

Träume

Alpträume, Alpdrücken(144)

Ängstlich(239)

Geschäft(40)

Größe

Phantastisch(55)

Projekte; Pläne(4)

Reisen(48)

Schrecklich(237)

Visionär(45)

– *Bufo sahytiensis* –

bufo-s.

Gemüt

Entmutigt(135)

Faulheit(269) | F~ nachmittags(18)

Furcht - Menschen, vor(81)

Gedächtnis - Gedächtnisschwäche(284) | G~ geschehen ist; für das, was(17)

Geistige Anstrengung - Abneigung gegen(150)

Gesellschaft - Abneigung gegen(156)

Imbezillität(140)

Lebhaft, munter(50) | L~ abends(3)

Lustig, fröhlich - abends(29)

Phantasien - übertrieben(114)

Schweigsam(209)

Traurigkeit(477)

Unbesonnen(82)

Unentschlossenheit(146) | U~ Projekten, bei(8)

Vergeßlich - morgens(9) | V~ abends(9)

Träume

Intellektuell(23)

Poetisch(5)

Unerinnerlich, bleiben nicht im Gedächtnis(93)

Viele(260)

– *Bungurus fasciatus* –

bung.

Gemüt

Farben - schwarz - Verlangen nach - weiß; und

– *Bunias orientalis* –

buni-o.

Gemüt

Angst(362)

Erschöpfung; geistige(217)

Qualvolle Angst(121)

Suizidneigung; Neigung zum Selbstmord(98)

Traurigkeit(477)

– *Buthus australis* –

buth-a.

Gemüt

Angst(362) | A~ abends - 19 h(4) | A~ Zukunft(108) | A~ Zukunft; in bezug auf die - abends - 19 h

Begreifen, Auffassungsvermögen - leicht(38)

Empfindlich(192) | E~ Geräusche, gegen(149) | E~ Licht, gegen(15)

Erschöpfung; geistige(217)

Geisteskrankheit, Wahnsinn - redselig(7)

Geistige Anstrengung - agg. - unmöglich(130) | G~ Abneigung gegen(150)

Gleichgültigkeit, Apathie(251) | G~ allem; gegenüber(71) | G~ äußere - Dinge; gegen(26)

Konzentration - schwierig(261)

Lebensüberdruß(82)

Qualvolle Angst(121) | Q~ abends - 19 h

Redseligkeit; Geschwätzigkeit(136) | R~ abwechselnd mit - Schweigsamkeit(5)

Reizbarkeit(408)

Ruhelosigkeit(420)

Schweigsam(209)

Selbstvertrauen - Mangel an Selbstvertrauen(86)

Sprache - unzusammenhängend(65)

Gemüt ...

Stimmung, Laune - veränderlich(158) | S~ wechselnd, wechselhaft(80)
Traum; wie in einem(69)
Traurigkeit - Menopause, in der(25)
Unentschlossenheit(146)
Weinen(244)
Wille - Willensschwäche(58)
Zorn(243)

– *Butyricum acidum* –

but-ac.

Gemüt

Angst(362)
Furcht(242) | F~ Kleinigkeiten, über - Kopf; während Schmerzen im
Gewissenhaft, peinlich genau in bezug auf Kleinigkeiten(58)
Gleichgültigkeit, Apathie(251)
Reizbarkeit(408)
Ruhelosigkeit(420)
Suizidneigung; Neigung zum Selbstmord - Gedanken an Selbstmord(33)
Traurigkeit(477)

Träume

Ernsthafter Natur, von

– *Cactus grandiflorus* –

cact.

Gemüt

Albernes Benehmen - groteskes Benehmen(2)

Angst(362) | A~ nachmittags(32) | A~ abends(87) | A~ nachts(119) | *A~ Erwachen, beim*(86) | A~ Gewissensangst(75)

Antworten - Abneigung zu antworten(67)

Argwöhnisch(105)

Auffahren, Zusammenfahren - Schlaf - durch(124) | *A~ Schreck oder wie durch Schreck; durch*(68)

Beschwerden durch - Liebe; enttäuschte(31)

Betäubung(237)

Bewußtlosigkeit(280) | *B~ Fieber, im*(50) | B~ Sonnenstich, bei(7)

Delirium(233) | *D~ nachts*(67) | *n~ Erwachen, beim*

Delirium - Erwachen, beim(20) | D~ heiter, fröhlich(14) | *D~ Schlaf - während*(26) | *S~ nach - amel.*(2) | S~ Einschlafen, beim(17)

Delirium - Schlaflosigkeit - mit(45)

Empfindlich - Geräusche, gegen(149) | G~ sprechen, zu(9)

Empfindlich - Musik, gegen(46)

Ernst(77)

Erregung - Herzklopfen, mit heftigem(17)

Erschreckt leicht(125) | *E~ Erwachen, beim*(41)

Froh(182) | F~ Herzerkrankung; mit

Furcht(242) | F~ Ersticken, vor dem - nachts(14) | *F~ Erwachen, beim*(54) | F~ Geisteskrankheit(74) | F~ geschehen; etwas werde(82) | F~ Herz - Herzerkrankung(23) | F~ Krankheit, vor drohender - unheilbar zu sein(42) | *F~ Tod; vor dem*(143) | T~ Herzsymptomen, bei(12) | T~ Schmerzen, durch(2)

Furcht - Unglück, vor(93)

Gedächtnis - Gedächtnisschwäche - Worte, für(61)

Gemüt ...

Geisteskrankheit, Wahnsinn(153) | G~ Fieberhitze, mit(8)

Gesellschaft - Abneigung gegen(156)

Hast, Eile(112)

Hypochondrie(116)

Hysterie(194)

Impulse, Triebe; krankhafte - Sonderbares zu tun

Konzentration - schwierig(261)

Langsamkeit(68) | L~ alten Menschen, bei(6) | L~ Arbeit, bei der(3) | *L~ spät, immer zu*

Lebhaft, munter(50)

Manie(149) | M~ Fieber, im | M~ Hitze - während

Medikamente einzunehmen; Verlangen große Mengen

Milde(80)

Mürrisch(290)

Musik - agg.(40) | M~ Kopfschmerzen, durch(9)

Reizbarkeit(408) | *R~ Trost - agg.*(21)

Reue(63)

Ruhelosigkeit(420) | R~ nachts(249) | R~ Sitzen, im(21)

Schreiben - Schwierigkeiten, die Gedanken im Schreiben auszudrücken(12)

Schreien(133) | **S~ Schmerzen, bei den**(25)

Schweigsam(209) | *S~ Traurigkeit; bei*(12)

Sentimental, schwärmerisch, rührselig(64)

Sonderbar, fremd, merkwürdig - Dinge zu tun; Impuls sonderbare(3)

Spaßen - Witziges zu tun; Verlangen, etwas

Sprache - unzusammenhängend(65) | u~ Erwachen, beim(3)

Sprechen - anderer agg.; das Sprechen(46) | *S~ Schlaf, im*(93)

Stumpfheit(332) | S~ Schläfrigkeit, bei(30)

Stupor(138)

Tod - Vorahnung des Todes(62)

Traurigkeit(477) | T~ Herzerkrankungen, durch

Traurigkeit - Menses - während(35) | *T~ schweigsam*(12)

Gemüt ...
Trost - agg.(39) | a~ Mitleid, Mitgefühl agg.(15)
Unentschlossenheit(146) | U~ Projekten, bei(8)
Vergeßlich - Worte beim Sprechen; vergißt(52)
Verzweiflung(137) | V~ Genesung, in bezug auf die(44)
Vorsichtig(17)
Wahnideen - Drähten gefangen; er sei in(2) | W~ klein - Dinge - werden kleiner; Dinge(8) | k~ Körper sei kleiner; der(14)
Wahnideen - Körper - eingehüllt | W~ Krankheit - unheilbare Krankheit; er habe eine(18) | W~ sterben - gleich sterben; glaubt, er würde(57) | *g~ Herzbeschwerden, bei - Rheumatismus, bei*
Wahnideen - stirbt - er(15) | W~ Verletzung - worden; er sei verletzt(10)
Weinen(244) | W~ grundlos(30) | g~ ohne zu wissen warum(6)
Weinen - hysterisch(9) | *W~ Menses - vor*(9) | M~ während(27)
Weinen - Trost - agg.(22) | *W~ Verlangen zu weinen*(5)
Widerspruch - verträgt keinen Widerspruch(73)
Zorn(243) | Z~ Widerspruch, durch(37)
Zurückhaltend, reserviert(64)

Träume
Aufregend(14)
Erotisch(196) | E~ Erektionen, mit(27)
Fallen, zu stürzen; zu(60)
Gewalttätigkeit(8)
Schrecklich(237)
Unerinnerlich, bleiben nicht im Gedächtnis(93)
Viele(260)

– *Cadmium metallicum* –

cadm-met.

Gemüt
Argwöhnisch(105)
Empfindlich(192)

Gemüt ...
Faulheit(269)
Gedächtnis - Gedächtnisschwäche(284) | G~ Einzelheiten, Details; für
Geistige Anstrengung - agg.(141) | a~ unmöglich(130)
Gesellschaft - Abneigung gegen(156)
Gleichgültigkeit, Apathie(251) | G~ allem; gegenüber(71)
Konzentration - schwierig(261)
Reizbarkeit(408)
Ruhelosigkeit(420)
Traurigkeit(477)
Verwirrung, geistige(321)
Zorn - Tadel, durch - andere getadelt werden; wenn er hört, daß(4)

Träume
Laufen - jemandem her, hinter

– *Cadmium muriaticum* –

cadm-m.

Gemüt
Gleichgültigkeit, Apathie - Influenza - nach

Träume
Erfolglose Anstrengungen(20)

– *Cadmium sulphuratum* –

cadm-s.

Gemüt
Alkoholismus(135)
Angst(362) | A~ allein, wenn(17) | A~ Gesellschaft, wenn in(8) | A~ Stuhlgang - vor(24)
Beschwerden durch - Zorn(94)
Bewußtlosigkeit(280) | B~ Husten - während | H~ zwischen den Anfällen von(2)
Erregung - Husten - während
Faulheit(269)
Furcht - allein zu sein(54) | F~ Arbeit; vor der(32) | F~ Einsamkeit, vor(15)

Gemüt ...

Furcht - Näherkommen, Annäherung von; vor - anderen, von(28) | F~ Schlaf - einzuschlafen; Furcht(18)

Geistige Anstrengung - Abneigung gegen(150)

Gesellschaft - Verlangen nach(83) | V~ allein; agg. wenn(48)

Lächeln - Schlaf, im(4)

Reizbarkeit(408)

Ruhelosigkeit(420) | R~ Hitze - während(66) | R~ Kopfschmerzen, bei(31) | R~ Licht - Sonnenlicht - agg.

Sprechen - anderer agg.; das Sprechen(46)

Spucken(32)

Still sein, seine Ruhe haben; möchte(21)

Stöhnen - Schlaf, im(62)

Stumpfheit - nachmittags(29)

Träume

Alpträume, Alpdrücken(144)

Unzusammenhängend, zusammenhanglos(24)

Verworren(122)

– *Caela zacatechichi* –

cael.

Gemüt

Beschwerden durch - Kummer(65) | B~ Widerspruch(7)

Gedächtnis - Gedächtnisschwäche - Tatsachen, Fakten; für - kurz zurückliegende Tatsachen, für(15)

Kummer(76)

Streitsüchtig(136)

Widerspruch - Neigung zu widersprechen(38)

Zorn - Kleinigkeiten, über(58)

– *Cainca* –

cain.

Gemüt

Angst(362)

Geistige Anstrengung - Abneigung gegen(150)

Gemüt ...

Langeweile(53)

Reizbarkeit - abends(60)

Ruhelosigkeit - nachts(249) | R~ Urinieren, vor dem(2)

Vergeßlich(187)

Wahnideen - Äther in den Kopf bekommen; er habe

Weinen - Husten - während(21)

Zorn - abends(20) | Z~ heftig(72)

Träume

Erotisch(196) | E~ Pollutionen, mit(96)

Fallen, zu stürzen; zu(60)

Krankheit - Schmerz(7)

Schmerz(7)

Wecken den Patienten(118)

– *Cajuputum* –

caj.

Gemüt

Angesprochen zu werden - Abneigung(63) | A~ allein gelassen werden; möchte(10)

Betäubung - nachmittags(7)

Faulheit(269)

Gedanken - Gedankenandrang, einstürmende Gedanken, Gedankenfluß(78) | G~ schnell(36)

Gehen - langsam und würdevoll; geht

Gesellschaft - Abneigung gegen - gehen, will allein

Hysterie(194)

Ideen, Einfälle - Mangel an(102) | I~ Reichtum an, Klarheit des Geistes(125)

Näherkommen, auf ihn Zukommen von Personen - Abneigung gegen(12)

Sprache - langsam(59)

Stumpfheit(332) | S~ nachmittags(29) | S~ abends - Zubettgehen, nach dem

Traurigkeit(477)

Wahnideen - Kleidung - nah ist; kann nicht an seine Kleidung kommen, obwohl er ihnen | W~ stolpern, er würde - Beine; über die eigenen | W~ vergiftet - er - worden; er sei(16)

Gemüt ...

Wahnidee - vergrößert - Körper sei(8) | W~ weinen; er könnte | W~ zusammen - sich (seine Teile) nicht zusammenbringen; kann | s~ Freien; im - amel.

Träume

Erotisch(196)

Rowdy aufzuführen; aufgelegt zu sein, sich wie ein

Schwören, Hang zum

Viele(260)

– Caladium seguinum –

calad.

Gemüt

Angst(362) | A~ abends(87) | a~ Bett, im(54)

Angst - Bett - im Bett(49) | A~ Furcht, mit(110) | *A~ Gesundheit; um die - eigene Gesundheit; um seine*(57) | A~ hypochondrisch(52) | A~ Rasieren, beim | A~ Schlaf - vor(7) | A~ Zukunft(108)

Auffahren, Zusammenfahren(117) | A~ Geräusche, durch(60) | A~ Rascheln von Papier; durch | A~ Schlaf - während(163) | *S~ durch*(124)

Auffahren, Zusammenfahren - Tür - zuschlägt; wenn eine Tür(2)

Beschwerden durch - Ausschweifungen(10) | B~ sexuell - Exzesse(59)

Betäubung(237) | B~ Fieberhitze, in der(10)

Bewußtlosigkeit(280) | *B~ Fieber, im*(50) | B~ vorübergehend(24)

Delirium(233) | D~ brummt(44) | D~ erkennt niemanden(11) | D~ flüstert(10)

Eifersucht - Impotenz, mit(2)

Empfindlich - Geräusche, gegen(149) | *G~ Einschlafen; beim*(2) | G~ plötzlich(6)

Entmutigt(135)

Erkennt - nicht; erkennt - Verwandten nicht; erkennt seine eigenen(28)

Erregung(287) | E~ nervös(23)

Erschöpfung; geistige(217)

Erschreckt leicht(125) | E~ Schatten; vor seinem eigenen

Frivol(14)

Gemüt ...

Furcht(242) | F~ abends(51) | F~ Anstrengung - vor Anstrengung; Furcht(10) | F~ Bewegung, vor(5) | F~ Dunkelheit, vor der(40) | F~ Geräusche, durch(40) | F~ Infektion, vor(6) | F~ Krankheit, vor drohender(66) | F~ Schatten - seinem eigenen Schatten; vor(4) | F~ Schlaf - vor(10) | S~ einzuschlafen; Furcht(18)

Furcht - schneiden; sich beim Rasieren zu | F~ Tod; vor dem(143) | F~ Unglück, vor(93) | F~ Unheil; Furcht vor(115) | F~ Verletzung - selbst verletzt zu werden(9)

Gedächtnis - Gedächtnisschwäche(284) | G~ Ereignisse des Tages; für die(8) | G~ geschehen ist; für das, was(17) | G~ geschrieben hat; für das, was er(3) | G~ getan hat; für das, was er eben(34)

Gedanken - Gedankenandrang, einstürmende Gedanken, Gedankenfluß(78)

Geisteskrankheit, Wahnsinn(153)

Geistige Anstrengung - agg.(141) | a~ unmöglich(130)

Geschäftig(45)

Gleichgültigkeit, Apathie(251)

Hast, Eile(112) | H~ Essen - beim(23)

Heulen(30)

Hilflosigkeit, Gefühl der(13)

Hysterie(194)

Imbezillität(140)

Indiskretion, Taktlosigkeit(30)

Jammern(93)

Kindisches Benehmen(52)

Konzentration - schwierig(261) | s~ Denken agg.

Lasziv, lüstern(77) | L~ blickt Frauen auf der Straße hinterher(2) | L~ Impotenz, mit(4)

Manie(149)

Milde(80)

Murmeln(55)

Mürrisch - morgens(42) | M~ Essen, nach dem(21)

Gemüt …

Mutig(26) | M~ idiotische Dreistigkeit, Verwegenheit
Nymphomanie(67)
Phantasien - lasziv(46) | l~ Impotenz, mit(5)
Qualvolle Angst(121)
Redseligkeit; Geschwätzigkeit(136) | *R~ Schweiß, beim*(8)
Reizbarkeit(408) | R~ morgens(69) | m~ 7 h(2)
Reizbarkeit - Erwachen, beim(56) | R~ Koitus - nach(26) | R~ Schlaf durch Geräusche geweckt wird; wenn er im(2)
Ruhelosigkeit(420) | R~ vormittags(11) | R~ Kopfschmerzen, bei(31) | R~ Rauchen, nach
Schreien(133)
Sprache - Schwatzen(17) | S~ unüberlegt, unbedacht(3) | S~ unzusammenhängend(65)
Stöhnen(119) | S~ ängstlich(4) | S~ Schlaf, im(62) | S~ lautes Stöhnen
Stumpfheit(332) | S~ Schläfrigkeit, bei(30)
Stupor(138) | S~ Fieber, im(21)
Traurigkeit(477) | T~ morgens(71) | *T~ Impotenz, mit*(5) | T~ Masturbation, durch(16)
Traurigkeit - Pollutionen, durch(23)
Unbehagen(44) | U~ gepökeltem Fisch, nach
Unbesonnen(82)
Vergessen - Schlaf wieder an Vergessenes; erinnert sich im(2)
Vergeßlich(187) | *V~ Nikotinvergiftung, durch* | V~ Schlaf erinnert er sich an alles Vergessene; im(2) | V~ sexuellen Exzessen, nach(6)
Verwegenheit(26)
Verwirrung, geistige(321) | V~ Erwachen, beim(71) | V~ Frühstück - nach(2) | V~ konzentrieren; beim Versuch sich zu(13)
Wahnideen - geschaukelt; er würde(3) | g~ Hinlegen und Schließen der Augen; beim(2)

Gemüt …

Wahnideen - Kopf - fallen; der Kopf würde - vorne, nach - Gehen, beim(2)
Weinen - nachts(81) | W~ Ärger, durch(23) | W~ Gesundheit; um die - fortschreitender Krankheit; bei progressiv(2) | W~ Kind, wie ein - Krankheit mit sinnlosem Geplapper; über die | W~ Krankheit, bei | W~ Schlaf, im(88)
Widerspenstig(66)
Zerstreut(166)
Zorn(243) | Z~ Geräusch, bei - Schlaf, im | Z~ leicht(37)

Träume

Ängstlich(239)
Ereignisse - vergangene, längst(16) | v~ setzt den gleichen Traum fort; nach dem Erwachen schläft er wieder ein und(2)
Ereignisse - vergessene; längst(15) | E~ zurückliegende, kurz(55)
Erotisch - Pollutionen, mit(96)
Fortsetzung - Träumen, von - Einschlafen fortgesetzt; der vorherige Traum wird beim(8)
Kämpfe(54)
Lebhaft(193)
Menschen - gesehen hat; Menschen, die er seit Jahren nicht(2)
Mord(53)
Ruhelos(53)
Verstorbenen, von(84)
Verworren(122)
Viele(260)

– *Calcarea acetica* –

calc-act.

Gemüt

Angst(362) | A~ abends - Bett, im(54) | A~ Flatus - Abgang von, amel.(2) | A~ Gegenwart, um die(2) | A~ Zukunft(108)
Fleißig, arbeitsam, Arbeitswut(101)
Furcht - Dunkelheit, vor der(40) | F~ Unheil; Furcht vor(115)
Geistige Anstrengung - agg. - unmöglich(130)

Gemüt ...

Mürrisch(290) | M~ morgens(42)
Redseligkeit; Geschwätzigkeit(136) | R~ abends(10)
Traurigkeit(477)
Wahnideen - Stehen - sicher stehen; er würde nicht(2)
Weinen - Schlaf, im(88)
Wille - Verlust der Willenskraft(34) | W~ Willensschwäche(58)

Träume

Erotisch - Pollutionen, mit(96)
Geschäft(40)
Krankheit(43)
Lebhaft(193)
Schaudern
Schrecklich(237)
Streitigkeiten(69)
Verworren(122)

– *Calcarea arsenicosa* –

calc-ar.

Gemüt

Abscheu - Leben, vor dem(84)
Alkoholismus(135)
Angst(362) | **A~ abends**(87) | *a~ Bett, im*(54)
Angst - nachts(119) | A~ Bett - im Bett(49) | A~ Erwachen, beim(86) | *A~ Fieber - während*(91) | **A~ Frost - während**(31) | A~ Furcht, mit(110) | A~ Gesundheit; um die - eigene Gesundheit; um seine(57) | *A~ Seelenheil, um das*(35) | S~ nachts
Angst - Zukunft(108)
Auffahren, Zusammenfahren(117) | A~ leicht(52) | A~ Schlaf - während(163)
Beleidigt, leicht(79)
Beschwerden durch - Erregung - Gefühle, der(87) | B~ Zorn(94)
Betäubung(237)
Bewußtlosigkeit - Anstrengung, nach(9)
Delirium - abends - Dunkelheit, in der(2)
Eigensinnig, starrköpfig, dickköpfig(107)
Empfindlich(192)

Gemüt ...

Erregung(287) | E~ Herzklopfen, mit heftigem(17)
Erschöpfung; geistige(217)
Faulheit(269)
Furcht - abends(51) | F~ nachts(58) | F~ allein zu sein(54) | *F~ Geisteskrankheit*(74) | F~ Insekten, vor(10) | *F~ Krankheit, vor drohender*(66) | *F~ Tod; vor dem*(143) | T~ nachts(8)
Furcht - Vögel(7)
Gedächtnis - Gedächtnisschwäche(284)
Gedanken - tiefschürfend(8)
Geisteskrankheit, Wahnsinn(153)
Geistige Anstrengung - agg.(141) | a~ unmöglich(130)
Gesellschaft - Verlangen nach(83)
Gleichgültigkeit, Apathie(251) | G~ Vergnügen, gegen(46)
Jammern(93)
Konzentration - schwierig(261)
Lebensüberdruß(82)
Mutwillig, boshaft(24)
Qualvolle Angst(121)
Reizbarkeit(408)
Ruhelosigkeit(420) | R~ nachts(249) | n~ Mitternacht - nach - 3 h(8)
Ruhelosigkeit - Bett - Herumwerfen im(123) | R~ Hitze - während(66) | R~ Menses - während(40)
Schüchternheit, Zaghaftigkeit(113)
Stumpfheit(332)
Tadelsüchtig, krittelig(80)
Traurigkeit(477) | T~ abends(76) | T~ Fieberhitze, in der(55)
Traurigkeit - Schweiß, beim(29)
Unentschlossenheit(146)
Unzufrieden(168)
Verwirrung, geistige - morgens(115) | V~ abends(78) | V~ Erwachen, beim(71)
Verzweiflung - Genesung, in bezug auf die(44) | V~ religiöse Verzweiflung am Seelenheil(30)
Wahnideen(191) | W~ nachts(36) | W~ Bilder, Phantome; sieht(76) | B~ nachts(40) | B~ Schließen der Augen; beim(16)

GEMÜT ...

Wahnideen - Boden - berühren; sie würde kaum den Boden(3) | b ~ Gehen, beim(5)

Wahnideen - Feuer - Visionen von(34) | W ~ Fliegen(13) | W ~ Himmel, er sei im(5) | W ~ Hunde - sieht(18) | W ~ Menschen - sieht - unangenehme Menschen(2) | W ~ Phantasiegebilde, Illusionen(115) | W ~ schweben - Luft, in der(45) | W ~ schwimmen, er würde - Luft, in der(5) | W ~ tot - Personen, sieht tote(59) | W ~ Visionen, hat(76)

Weinen(244) | W ~ nachts(81)

Zorn(243) | *Z ~ Koitus - nach*(2)

TRÄUME

Erotisch(196)

Menschen(14) | M ~ gesehen hat; Menschen, die er seit Jahren nicht(2)

Schrecklich(237)

Unerinnerlich, bleiben nicht im Gedächtnis(93)

Verstorbenen, von(84)

– Calcarea bromata –

calc-br.

GEMÜT

Angst(362)

Mürrisch(290)

Reizbarkeit(408) | R ~ Kindern, bei(29)

Ruhelosigkeit - Kindern, bei(22)

– Calcarea carbonica –

calc.

GEMÜT

Abneigung - allem, gegenüber(39) | *A ~ Familienmitglieder; gegen*(19) | A ~ Menschen; gegen - alle, gegen(8) | **M ~ bestimmte; gegen**(14)

Abscheu - allgemeiner(42) | a ~ alten Menschen, bei(2)

Abscheu - Arbeit, vor der(21) | *A ~ Leben, vor dem*(84) | L ~ alten Menschen, bei

Albernes Benehmen(65)

Alkoholismus(135)

GEMÜT ...

Angesehen zu werden; erträgt es nicht(23)

Angst(362) | A ~ vormittags(15) | A ~ nachmittags(32) | **A ~ abends**(87) | *a ~ Bett, im*(54) | *a ~ Dämmerung, in der*(13)

Angst - nachts(119) | n ~ Mitternacht - nach(22) | n ~ Erwachen, beim(4)

Angst - nachts - Kindern, bei(15) | *A ~ abwechselnd mit - Hitzewallungen*(3) | A ~ andere, um(24) | A ~ Anfälle - mit Anfällen(10) | A ~ Arbeit - Neigung zur Arbeit; Angst mit | *A ~ Bett - im Bett*(49) | *A ~ Denken daran; durch*(9) | A ~ Dunkelheit; in der(12) | A ~ Erwachen, beim(86) | A ~ Familie, um seine(10) | *A ~ Fieber - während*(91) | A ~ Flatus - Abgang von, amel.(2) | A ~ Freien, im - amel.(23) | **A ~ Frost - während**(31) | *A ~ Furcht, mit*(110) | A ~ Gedanken, durch | A ~ geistige Anstrengung; durch(20) | A ~ Geschäfte, über(10) | *A ~ Gesundheit; um die - eigene Gesundheit; um seine*(57) | A ~ Gewissensangst(75) | *A ~ Grausamkeiten; nach dem Hören von* | A ~ Hitzewallungen, bei(14) | *A ~ hypochondrisch*(52) | **h ~ lesen; Manie medizinische Bücher zu**(5)

Angst - Kinder - bei Kindern(7) | b ~ gehoben; wenn aus der Wiege(3)

Angst - Kleinigkeiten, um(23) | A ~ Kopfschmerzen, mit(18) | A ~ Krampf - während - Rektum, im | A ~ Menses - vor(22) | M ~ während(33)

Angst - Pulsieren im Abdomen; mit(2) | A ~ Schaudern, mit(11) | *A ~ Schlaf - Einschlafen, beim*(13) | S ~ Schlafmangel(3)

Angst - Schließen der Augen; beim(5) | A ~ Schmerzen, durch die - Abdomen(4) | A ~ Schweiß - amel.(2) | *A ~ Seelenheil, um das*(35) | A ~ Stehen, im - amel.(3) | A ~ Stuhlgang - vor(24) | *S ~ nach*(17)

Angst - Träume; beim Erwachen aus schrecklichen(17) | **A ~ Zukunft**(108)

Anmaßend(5)

Gemüt ...

Anstrengung - körperliche Anstrengung - amel.(3)

Aphasie(53)

Argwöhnisch(105)

Auffahren, Zusammenfahren(117) | A~ abends - Schlaf, im(3) | *A~ Geräusche, durch*(60) | A~ Kleinigkeiten, über(21) | A~ leicht(52) | A~ Menses - vor | *A~ Schlaf - während*(163) | *S~ durch*(124) | *S~ Einschlafen, beim*(72)

Auffahren, Zusammenfahren - Stich mit einer Nadel; beim | A~ Träumen, in - aus einem Traum(35)

Außer sich; ist(51) | A~ Angst; vor(14) | A~ Schmerzen; vor(13)

Bedauert sich(8)

Beeindruckbar, leicht zu beeinflussen(3)

Begreifen, Auffassungsvermögen - leicht - Betrunkenheit; bei(2)

Beißen(35) | B~ Nägel(33) | *B~ spuckt, bellt und beißt*

Beleidigt, leicht(79) | B~ Beleidigungen, durch frühere(5)

Bellen(11)

Berührt zu werden; Abneigung(46)

Beschäftigung - amel.(48)

Beschwerden durch - Alkoholismus(8) | B~ Angst(9) | *B~ Erregung - Gefühle, der*(87) | **B~ Erwartungsspannung**(68) | B~ Furcht(27) | B~ geistige Anstrengung(59) | *B~ Geldverlust; durch*(9) | B~ geschäftlichen Mißerfolg; durch(13) | *B~ Grobheit anderer*(13) | *B~ Ichbezogenheit, Selbstüberhebung*(9) | B~ Kränkung, Demütigung(39) | *B~ Kummer*(65) | B~ Liebe; enttäuschte - lesbisch(2) | B~ Mißerfolg - literarischer, wissenschaftlicher Mißerfolg(6) | **B~ schlechte Nachrichten**(34) | B~ Schreck(72) | S~ Unfalls; durch Anblick eines(3)

Beschwerden durch - sexuell - Exzesse(59) | *B~ Sorgen, Kummer*(14) | B~ Tod von geliebten Personen - Eltern oder Freunde, der(7) | T~ Kindes, eines(11)

Gemüt ...

Beschwerden durch - Zorn(94) | Z~ Angst, mit(30) | Z~ Schreck; mit(22)

Betäubung(237) | B~ nachmittags(7) | B~ nachts(6) | B~ Bücken, beim(3) | B~ Gehen, beim(5) | *B~ Schwindel - während*(37)

Bett - Abneigung gegen das Bett, meidet es(18)

Bewußtlosigkeit(280) | *B~ morgens*(45) | B~ abends(15) | B~ Anstrengung, nach(9) | B~ Bücken, beim(3) | B~ Drehen im Kreis; beim | B~ Fieber, im(50) | B~ Gehen, beim(4) | B~ Kopf - Bewegung, bei(4) | B~ Stuhlgang - nach(5) | B~ vorübergehend(24)

Blasphemie, Gotteslästerung(7)

Blicken - um sich; blickt(2)

Borgt, leiht sich von jedem(3)

Boshaft(99) | *B~ nachts*(2)

Brütet, grübelt(41)

Bulimie(16)

Dämmerung agg. Gemütssymptome(9)

Delirium(233) | D~ nachts(67) | D~ ängstlich(24) | *D~ Dunkelheit, in der*(4) | *D~ Feuer, spricht von*(2) | **D~ Fieber; im**(54) | D~ rasend(84) | D~ rollt auf dem Boden herum(2) | *D~ Schlaf - während*(26) | S~ Einschlafen, beim(17)

Delirium - Schlaflosigkeit - mit(45) | D~ Schließen der Augen; beim(9) | D~ schrecklich(26) | D~ Verfolgungswahn im Delirium(9) | D~ wirft sich aus dem Fenster(2) | D~ Zittern, mit(23)

Delirium tremens(84) | D~ Wahnideen, mit(7)

Demenz(33)

Denken - Beschwerden - agg.; Denken an seine Beschwerden(71)

Destruktivität, Zerstörungswut(41)

Dunkelheit - agg.(27)

Ehebrecherisch(9)

Ehrgeiz - Geld zu verdienen(5)

Eifersucht - brutal aus Eifersucht; zärtlicher Ehemann wird(4) | E~ schlagen; treibt dazu, die Ehefrau zu(4) | E~ sexueller Erregung, mit(6)

GEMÜT ...

Eigensinnig, starrköpfig, dickköpfig(107) | E~ **Kinder - Dickwerden; mit Neigung zum**

Eleganz, Anmut - keine Eleganz - Frauen; bei(5)

Empfindlich(192) | E~ morgens(5) | *E~ abends*(6) | E~ bestimmte Personen, gegen(7) | E~ geistige Eindrücke; gegen(20) | *E~ Geräusche, gegen*(149) | *G~ abends* | *G~ Einschlafen; beim*(2) | *G~ schrille Töne, gegen*(16)

Empfindlich - Grausamkeiten; beim Hören von(3) | *E~ Grobheiten, gegen*(9) | E~ Kinder(13) | *E~ Musik, gegen*(46) | E~ Pubertät, in der(12) | E~ Sinneseindrücke, gegen(23)

Entmutigt(135) | E~ abends(6) | E~ Geschäft; Abneigung gegen das(2) | *E~ Ungeduld, mit*

Entwicklungsstillstand bei Kindern(9)

Ermahnungen - agg.(7)

Ernst(77)

Erregung(287) | E~ agg.(41) | E~ morgens(19) | *E~ abends*(32) | *a~ Bett, im*(31)

Erregung - nachts(40) | E~ Frost - während(22) | E~ Herzklopfen, mit heftigem(17) | *E~ Hören von Schrecklichem; nach*(11) | *E~ Koitus, nach* | **E~ Menses - Wiederkehr der Menses; Erregung führt zur** | *E~ schlechten Nachrichten, nach*(18)

Erschöpfung; geistige(217) | E~ Angst, nach | E~ Erregung, nach | *E~ Koitus, nach*(3) | E~ Sprechen - durch(3)

Erschreckt leicht(125) | E~ Blut, beim Anblick von(2) | *E~ Erwachen, beim*(41) | *E~ geweckt wird; wenn er*(2) | E~ Kleinigkeiten, über(27) | K~ Menses, vor den

Erschreckt leicht - Menses - vor

Erwachen; Gemütssymptome agg. beim(5)

Erwartungsspannung - Zahnarzt, Arzt; vor dem Gang zum(5)

Erzählen der Symptome - agg.(6)

GEMÜT ...

Fäuste - ballt die Fäuste wie in rasender Wut

Faulheit(269) | F~ Freien, im - amel.(2) | F~ Geschäft - Erfolg hört auf; sein | F~ körperlich(23) | F~ plötzlich

Fehler; macht - Rechnen, beim(14) | F~ Schreiben, beim(83) | *S~ falsch - Worte*(16)

Fehler; macht - Sprechen, beim(81) | S~ Worte - dreht Worte um(9) | *W~ falsche Worte; benutzt*(53) | f~ Namen; nennt Dinge beim falschen(8) | f~ sieht, anstatt des Namens des Gewünschten; benutzt den Namen des Gegenstandes, den er(6)

Fehler; macht - Sprechen, beim - Worte - stellt Worte an die falsche Stelle(46) | F~ Unterscheiden von Gegenständen; beim(5)

Feigheit(89)

Feuer - denkt und spricht von

Fleißig, arbeitsam, Arbeitswut(101) | *F~ Menses, vor den*(26)

Fluchen(44)

Froh - nachmittags(14) | F~ abends(42) | F~ gefolgt von - Schläfrigkeit(2) | F~ Stuhlgang - nach(5) | *F~ Verstopfung, bei*(2)

Frühreif(7)

Furcht(242) | **F~ abends**(51) | a~ Bett, im(8) | *a~ Dämmerung*(8)

Furcht - nachts(58) | F~ allein zu sein(54) | *F~ allem; ständige Furcht vor*(9) | F~ Ansteckung(4) | *A~ Krankheit; vor ansteckender*(6)

Furcht - Arbeit; vor der(32) | *F~ Armut, vor*(20) | **F~ bemerken; man würde ihren Zustand**(6) | F~ Beruf zu verlieren; seinen lukrativen(8) | F~ Bett - vor dem(20) | *F~ Dunkelheit, vor der*(40) | F~ engen Räumen; in(33) | *e~ Gewölben, Kirchen und Kellern; Furcht vor*(10)

Furcht - Erwachen, beim(54) | F~ fallen, zu stürzen; zu(28) | F~ Fieberfrost, im(2) | F~ Fieber - vor dem Fieber - friert; während er(2)

Gemüt ...

Furcht - Fliegen, vor dem - Flugzeug, in einem(3) | F~ **GEISTESKRANKHEIT**(74) | G~ nachts(3)

Furcht - geschehen; etwas werde(82) | F~ Gespenstern, vor(32) | F~ Gewitter, vor(25) | F~ Grausamkeiten; durch Schilderung von | *F~ Herz - Herzerkrankung*(23) | F~ hochgelegenen Orten; vor(24) | F~ Hunden, vor(22) | **F~ Infektion, vor**(6) | F~ Insekten, vor(10) | F~ Kindern, bei(5) | F~ Kleinigkeiten, vor(10) | F~ Krankenhaus zu gehen(2) | *F~ Krankheit, vor drohender*(66) | **K~ ansteckenden, epidemischen Krankheiten; vor**(5) | K~ unheilbar zu sein(42)

Furcht - Krebs(13) | F~ lebenslang(10) | F~ Leiden, vor(12) | *F~ Magen - aufsteigend vom*(15) | F~ Menschen, vor(81) | F~ Menschenmenge; in einer(58) | F~ Menses - vor(12) | *M~ unterdrückte Menses; durch Furcht*(5)

Furcht - offenen Plätzen; Furcht vor(17) | F~ Operation, vor jeder | F~ Regen, vor(3) | F~ Schatten | S~ Kerzenlicht geworfenem Schatten; vor dem vom | *S~ seinem eigenen Schatten; vor*(4)

Furcht - Schlaf - vor(10) | S~ einzuschlafen; Furcht(18)

Furcht - schlechten Nachrichten; vor dem Hören von(7) | F~ Schmerz - vor dem Schmerz(4) | *F~ Schwindsucht, vor*(6) | F~ sehen; Wunden zu | F~ Spinnen, vor(7) | F~ Stuhlgang - nach(4) | F~ Tieren, vor(11) | **F~ Tod; vor dem**(143) | *T~ abends*(2) | T~ Fieberhitze, in der(6)

Furcht - Tuberkulose; vor | *F~ Unglück, vor*(93) | **F~ Unheil; Furcht vor**(115) | F~ Verhungern; vor dem(5) | *F~ Verwirrung bemerken würden; daß Menschen ihre*(3) | F~ Wanzen; vor | F~ Zahnarzt zu gehen; zum | *F~ zittrig*(36) | F~ zornig zu werden, in Wut zu geraten(4)

Gedächtnis - gut, aktiv(91) | g~ kurz, aber(4)

Gemüt ...

Gedächtnis - Gedächtnisschwäche(284) | G~ gehört hat; für das, was er(15) | G~ geistige Anstrengungen; für - Ermüdung, durch(11) | G~ gesagt hat; für das, was er(29) | G~ Orte, für(11) | **G~ Tatsachen, Fakten; für**(4) | T~ kurz zurückliegende Tatsachen, für(15) | T~ zurückliegende Tatsachen, für lange(10)

Gedächtnis - Gedächtnisschwäche - Worte, für(61) | G~ Gedächtnisverlust - epileptischen Anfällen, nach(4)

Gedanken - Gedankenandrang, einstürmende Gedanken, Gedankenfluß(78) | *G~ abends - Bett, im*(17) | *G~ nachts*(31) | G~ Schlaflosigkeit, durch(23)

Gedanken - hartnäckig(83) | h~ nachts(8) | h~ Mord, an(5) | *h~ Mord, Feuer und Ratten; an nichts anderes als*

Gedanken - schrecklich(11) | G~ sexuell(21) | G~ sonderbar, merkwürdig(8) | G~ überlegt(54) | G~ unangenehm(21) | *G~ Vergehen, Schwinden der Gedanken*(76) | G~ wandernd - Menses, während

Gedanken versunken, in(90)

Geisteskrankheit, Wahnsinn(153) | G~ Alkoholikern; bei(22) | G~ düstere Geisteskrankheit mit Verzweiflung und Lebensüberdruß - Furcht vor Kränkung oder Verlust der Stellung; durch(7) | G~ Frösteln, mit(2) | G~ Gesicht - rotem, mit(4) | G~ Kränkung - Furcht vor Kränkung; aus(7) | G~ Lebensüberdruß; mit(7) | G~ Melancholie(17) | G~ Stellung zu verlieren; aus Furcht die(7) | G~ Unglück, nach(4) | G~ Verfolgungswahn(6) | G~ Vermögen - Verlieren eines Vermögens; nach(4) | G~ Verzweiflung; mit(7) | G~ zerbricht Nadeln; sie sitzt da und(2)

Geistige Anstrengung - agg.(141) | *a~ unmöglich*(130)

Geistige Anstrengung - amel.(15) | *G~ Abneigung gegen*(150)

Geiz(34) | G~ verschwenderisch; jedoch für sich selbst(5)

Gemüt ...

Gemütssymptome(26)

Geschäft - Abneigung gegen(45)

Geschäftig(45) | G~ fruchtlos, ergebnislos(14)

Geschmacklosigkeit bei der Wahl der Kleidung(11)

Gesellschaft - Abneigung gegen(156) | A~ Anblick von Menschen; vermeidet den(15) | A~ Land; möchte von Menschen weg aufs(5)

Gesellschaft - Verlangen nach(83) | V~ allein; agg. wenn(48)

Gespräche - agg.(45) | G~ Abneigung gegen(21)

Gesten, Gebärden; macht - automatisch(15) | *G~ Finger - Mund; Kinder stecken die Finger in den*(8) | F~ spielt mit den Fingern(12)

Gesten, Gebärden; macht - Hände; unwillkürliche Bewegungen der - Greifen - Mund - alles in den Mund; steckt(3) | H~ spielt mit den Händen | H~ zählen; als würde er Geld(4) | H~ zerbricht - Nadeln(2) | z~ Stöckchen(2)

Gewissenhaft, peinlich genau in bezug auf Kleinigkeiten(58)

Gier, Habsucht(19)

Gleichgültigkeit, Apathie(251) | *G~ Genesung, gegenüber seiner*(3) | G~ geschäftliche Angelegenheiten; gegen(18) | *G~ Koitus - nach* | **G~ Pflichten, gegenüber**(12) | G~ schweigsam(5) | *G~ Schweiß, beim*(4) | G~ wichtige Dinge; gegen(2)

Grausamkeit, Unmenschlichkeit - Anblick oder Hören von Grausamkeiten ist unerträglich

Haß(28) | H~ Menschen, auf - beleidigt haben; die ihn(11) | H~ Rachsucht; Haß und(32)

Hast, Eile(112)

Hause, zu - Verlangen, nach Hause zu gehen(18)

Heftig, vehement(100) | H~ morgens(9) | H~ Gewalttaten führt; Raserei, die zu(34) | H~ Stuhlgang, vor

Gemüt ...

Hellsehen(28)

Hinterhältig, hinterlistig, falsch, verschlagen(32) | H~ betrügerisch(3)

Hochmütig, arrogant(53) | H~ dumm und hochmütig(6)

Hoffnung, voller(13)

Homosexualität(13)

Hypochondrie(116) | H~ nachts(5) | H~ eingebildete Krankheit(4) | H~ Selbstmord; treibt zum(12) | H~ Weinen, mit(8)

Hysterie(194) | H~ Menses - während(27)

Ichbezogenheit, Egotismus, Selbstüberschätzung(24)

Ideen, Einfälle - Mangel an(102) | *I~ Reichtum an, Klarheit des Geistes*(125) | *R~ abends - Bett, im*(14) | *R~ nachts*(26)

Imbezillität(140)

Indiskretion, Taktlosigkeit(30)

Intelligent - Betrunkenheit; intelligenter bei(2)

Jammern(93)

Kauzig, eigen(7) | K~ Handlungen, Gedanken, Meinungen; in seinen(3)

Kindisches Benehmen(52)

Klagen(64) | K~ Beleidigungen; über längst vergangene

Klatschsüchtig(8)

Kleinigkeiten scheinen wichtig, bedeutend(19)

Kleptomanie(27) | K~ Geld, stiehlt

Konzentration - gut, aktiv(26) | g~ Menses - vor

Konzentration - schwierig(261) | s~ Abneigung gegen(6) | s~ Menses, nach den

Kratzt mit den Händen - Kopf; beim Erwachen kratzt sich das Kind am

Kriecht, krabbelt - rollt auf dem Boden herum(6)

Kummer(76) | K~ Beleidigungen; durch lange vergangene(5)

Kunst - Unfähigkeit zur(10) | U~ gestaltende Künste(2)

Kurz angebunden, barsch(14)

Gemüt ...

Lachen(102) | *L~ abwechselnd mit - Weinen*(43) | L~ Fieberfrost, im(2) | L~ hysterisch(7) | L~ Konvulsionen - vor, während oder nach(11) | *L~ spasmodisch*(49) | L~ wild(2)
Läuft umher(24)
Langeweile(53)
Langsamkeit(68) | L~ alten Menschen, bei(6) | *L~ Bewegung, bei der*(9) | L~ Rechnen; beim
Lästig, geht auf die Nerven(79)
Lasziv, lüstern(77) | L~ abends
Launenhaftigkeit, launisch(108)
Lebensüberdruß(82) | L~ Alter, im(3) | **L~ Schweiß, beim**(6)
Leidenschaftlich(49)
Lesen - agg. Gemütssymptome(14) | *L~ Verlangen - medizinische Bücher zu lesen*(5)
Licht - Verlangen nach(19) | V~ Delirium; mit
Lügner(22)
Lustig, fröhlich(123) | L~ abends(29) | L~ albern(8)
Magnetisiert - amel.(20) | **M~ Verlangen magnetisiert zu werden**(5)
Manie(149)
Mathematik - Unfähigkeit zur(5) | U~ Geometrie(6) | U~ Horror vor(6) | U~ rechnen; kann nicht(16)
Menschenfeindlichkeit, Misanthropie(45)
Menses - vor; Gemütssymptome(18) | M~ während; Gemütssymptome(28)
Milde(80)
Morphiumsucht(31)
Murmeln(55)
Mürrisch(290) | M~ morgens(42) | M~ abends(31) | M~ Erwachen, beim(32) | M~ Frauen, bei(5) | M~ Freien, im(8) | F~ amel.(4)
Mürrisch - Haus agg.; im - Gehen im Freien amel.(3) | M~ Kindern, bei(14) | M~ Koitus, nach(7) | M~ Schläfrigkeit, bei(9) | M~ Stuhlgang - vor(2)
Musik - agg.(40) | a~ Geigenspiel(3) | a~ Klavierspiel, durch(8)
Müßiggang, Untätigkeit(7)

Gemüt ...

Mutwillig, boshaft(24)
Neid(22) | N~ Eigenschaften anderer; auf(6) | N~ Haß, und(7)
Niederträchtig(11)
Nymphomanie(67) | N~ Menses - vor(6) | M~ während(7)
Optimistisch(17)
Pessimist(17)
Pfeifen(16)
Pflicht - kein Pflichtgefühl(12)
Phantasien - Erwachen, beim(9) | *P~ lasziv*(46) | *P~ Schlaf - Einschlafen, beim*(8) | P~ übertrieben(114) | *P~ übertrieben - abends - Bett, im*(28) | **P~ übertrieben - nachts**(40) | P~ übertrieben - Schlaflosigkeit, mit(41) | *P~ übertrieben - Schließen der Augen im Bett; beim*(8) | **P~ übertrieben - schrecklich**(9)
Prahler, Aufschneider - verschwenderisch aus Prahlerei(4)
Quält - andere(3) | **a~ Tag und Nacht**
Qualvolle Angst(121) | Q~ morgens(6) | Q~ abends(12) | *Q~ Herzklopfen, mit*(6) | *Q~ Hitze - während der Hitze; qualvolle Angst*(3) | Q~ Menses - während(10) | Q~ Schrecklichem; nach dem Hören von
Raserei, Tobsucht, Wut(95)
Rebelliert gegen Umschläge(17)
Redseligkeit; Geschwätzigkeit(136) | R~ abends(10)
Reisen - Verlangen nach(28)
Reizbarkeit(408) | R~ tagsüber(32) | *R~ morgens*(69) | m~ Aufstehen, nach dem(13) | m~ Stuhlgang - vor
Reizbarkeit - abends(60) | a~ amel.(10)
Reizbarkeit - Erkältung, nach einer | **R~ Fieberfrost, im**(57) | R~ Freien, im(12) | F~ amel.(7)
Reizbarkeit - Kleinigkeiten, durch(34) | **R~ Koitus - nach**(26) | R~ Kopfschmerzen, bei(61) | R~ Menses - vor(17) | M~ während(42)
Reizbarkeit - Musik - während(10) | R~ Schlaflosigkeit, mit(9) | *R~ Schweiß, beim*(14) | R~ Sitzen, im(4)

GEMÜT …

Reizbarkeit - Stuhlgang - vor(5) | R~ Trost - agg.(21) | R~ Untätigkeit, Müßiggang; bei | R~ warmen Zimmer, im(4) | R~ Zahnung, bei der(6)

Religiös - Gemütsstörungen, religiöse(63) | *G~ Bibel lesen; möchte den ganzen Tag in der*(2) | *G~ Kindern, bei*(5) | *G~ Pubertät, in der*(4)

Religiös - Mangel an religiösem Empfinden(12)

Reue(63)

Rollt, wälzt sich - Boden herum; auf dem(9)

Rückgrat, ohne(3)

Ruhelosigkeit(420) | *R~ abends*(51) | a~ 20 h(2)

Ruhelosigkeit - nachts(249) | *R~ ängstlich*(111) | *R~ Bett - aus einem Bett zum anderen gehen; will*(15) | *B~ Herumwerfen im*(123)

Ruhelosigkeit - Hitze - während(66) | **R~ Koitus - nach**(7) | *R~ Menses - während*(40) | R~ Ohnmacht, gefolgt von

Schamlos(29)

Scharlatan(5)

Schaukeln - amel.(13)

Schlafwandeln(56)

Schlemmer(8)

Schmollen(41)

SCHRECKLICHES UND TRAURIGE GESCHICHTEN GREIFEN SIE STARK AN(32)

Schreiben - Schwierigkeiten, die Gedanken im Schreiben auszudrücken(12)

Schreien(133) | S~ nachts(8) | S~ Angst, aus(9) | S~ Kindern, bei(38) | K~ Tag und Nacht(2)

Schreien - Konvulsionen - vor(32) | K~ während(31)

Schreien - läuft schreiend durch das Haus(2) | *S~ muß; hat das Gefühl, als ob sie schreien*(20) | S~ Schlaf, im(80)

Schüchternheit, Zaghaftigkeit(113) | *S~ schamhaft*(58) | s~ ungeschickt, und(9)

Schweigsam(209) | S~ Schweiß; beim(7)

Selbstsucht, Egoismus(32)

GEMÜT …

Selbstvertrauen - Mangel an Selbstvertrauen(86)

Sentimental, schwärmerisch, rührselig(64)

Sinne - abgestumpft, stumpf(107) | S~ Vergehen, Schwinden der(51)

Sinnlichkeit(24)

Sitzen - Neigung zu sitzen(110) | N~ unbeweglich, still(42) | N~ zerbrechen; und Nadeln zu(2)

Sonderbar, fremd, merkwürdig - Sonderling(11) | S~ Meinungen und Handlungen, in seinen(3)

Sorgen, voller(50) | S~ täglichen Sorgen angegriffen; von den(4)

Sorgsamkeit, Sorgfalt(12)

Spaßen(52) | *S~ erotisch*(4)

Spät - zu spät; ist immer(4)

Spielen - Spielleidenschaft(10) | S~ Geld zu verdienen; um(10)

Sprache - albern(16) | S~ verworren(25) | v~ nachts - Schlaf, im

Sprechen - agg. die Beschwerden(34) | S~ langsam; lernt(15) | *S~ Mord, Feuer und Ratten; von nichts anderem als*(2) | *S~ Schlaf, im*(93) | S~ schweift von einem Thema zum anderen(47) | S~ sich selbst ; mit(31) | *S~ unangenehmen Dingen agg.; von*(5)

Springen - Bett; aus dem(41)

Spucken(32) | *S~ Gesicht; Menschen ins*(14) | *S~ Zorn; aus*

Stimmung, Laune - unerträglich | *S~ veränderlich*(158) | S~ wechselnd, wechselhaft(80)

Stöhnen(119) | S~ Schlaf, im(62)

Streitsüchtig(136)

Studieren, Lernen - schwierig, fällt schwer(18)

Stumpfheit(332) | S~ Erwachen, beim(41) | *S~ feuchte Luft - durch*(10) | S~ geistige Anstrengung, durch(27) | *S~ Kindern; bei*(21) | S~ Menses, während(3)

Stupor(138) | *S~ morgens*(36)

Gemüt ...

Suizidneigung; Neigung zum Selbstmord(98) | S~ Erschießen, durch(17) | *S~ Erstechen, durch*(4) | S~ Hypochondrie, aus(12) | *S~ Messer - mit einem Messer*(8) | **S~ Schweiß, beim**(9) | S~ Traurigkeit, durch(23)

Tadelsüchtig, krittelig(80)

Tadelt - andere(32)

Testament aufzusetzen; weigert sich, ein(3)

Tod - Vorahnung des Todes(62) | T~ wünscht sich den Tod, möchte sterben(72)

Tollwut, Hydrophobie(46)

Töten, Verlangen zu(32)

Traum; wie in einem(69)

Traurigkeit(477) | T~ morgens(71) | *T~ abends*(76) | a~ amel.(15) | *a~ Bett, im*(8)

Traurigkeit - nachts(21) | *T~ allein - wenn*(24) | T~ ängstlich(32) | T~ Anstrengung, nach(5) | T~ Dunkelheit, in der(9) | *T~ Fieberhitze, in der*(55) | T~ Frost - während(37) | T~ Gehen - Freien, im(14) | *T~ Kindern, bei*(9) | T~ Koitus, nach(8) | *T~ Menses - vor*(34)

Traurigkeit - Menses - während(35) | M~ unterdrückt(20)

Traurigkeit - Pubertät, in der(13) | *T~ Schicksalsschläge, durch*(16) | T~ Schläfrigkeit, bei(8) | *T~ Schweiß, beim*(29) | T~ Schweregefühl - Unterschenkeln, in | T~ Suizidneigung, mit(25) | *T~ Unglück; wie durch ein*(10) | T~ Untätigkeit, Müßiggang; bei | T~ warmen Zimmer, im(6)

Trost - agg.(39) | *a~ Mitleid, Mitgefühl agg.*(15)

Übertreiben(5)

Unbehagen - abends(4)

Undankbar(10)

Unehrlich(7)

Unentschlossenheit(146) | U~ abends(4)

Ungeduld(131)

Ungehorsam(30)

Gemüt ...

Ungeschicklichkeit(41) | U~ fallen, läßt Dinge(26) | **U~ Schwangerschaft, in der** | U~ Verlegenheit, aus(7)

Unverschämtheit(33)

Unzüchtig, obszön(34) | *U~ Sprechen*(14)

Unzufrieden(168) | U~ abends(8) | *U~ Koitus, nach*(2)

Unzuverlässig - Versprechungen, bei seinen(8)

Vergessen - etwas vergessen; hat ständig das Gefühl, als habe er(5)

Vergeßlich(187) | *V~ Alkoholikern; Vergeßlichkeit bei*(7) | V~ geistige Anstrengung, durch(10) | V~ Kopfschmerzen, bei(7) | V~ Worte beim Sprechen; vergißt(52)

Verlassen zu sein; Gefühl(56) | V~ geliebt zu werden; hat das Gefühl, von den Eltern, der Ehefrau und Freunden nicht(7)

Verschlossen, zu(3)

Verschwenderisch(13) | V~ abwechselnd mit - Geiz(4) | V~ Prahlerei, aus(4)

Verwechseln - Gedanken und Dinge(7)

Verweilt - erinnert sich - unangenehme Erinnerungen, an(10) | V~ Kummer durch vergangene Beleidigungen(2) | V~ vergangenen unangenehmen Ereignissen; bei(46)

Verwirrung, geistige(321) | *V~ morgens*(115) | m~ Aufstehen - und nach dem Aufstehen(37) | m~ Erwachen, beim(50)

Verwirrung, geistige - nachmittags(33) | V~ abends(78) | V~ nachts(19) | V~ Bett, im(4) | V~ Bier, durch(8) | V~ Bücken, beim(13) | V~ durcheinander, vermischt beides; bringt Subjektives und Objektives(5) | V~ Erwachen, beim(71) | *V~ Essen - nach*(52) | V~ Frühstück - vor(2) | V~ Gehen(37) | *V~ geistige Anstrengung - durch*(50) | V~ Koitus - nach(10) | V~ Kratzen - Ohr, hinter dem | *V~ Lesen, beim*(15) | V~ Schlaf; nach(14) | S~ Mittagsschlaf; nach dem(5)

GEMÜT ...

Verwirrung, geistige - Sitzen, im(33) | V~ Traum; wie in einem(27)

Verzweiflung(137) | *V~ Fieberfrost, im*(20) | **V~ Genesung, in bezug auf die**(44) | V~ gesellschaftliche Stellung; in bezug auf die(8) | V~ Gesundheit, in bezug auf die(2) | V~ Leben, am(3) | *V~ religiöse Verzweiflung am Seelenheil*(30) | V~ Schmerzen; bei den(21) | V~ Schweiß, beim(9) | **V~ Tod - Furcht vor dem Tode; mit**(2)

Vorsichtig(17)

Vorurteile, voreingenommen, parteiisch - traditionelle Vorurteile(6)

Wahnideen(191) | *W~ abends - Bett, im*(16) | a~ Einschlafen, beim(4)

Wahnideen - Abgrund - hinunter zu fallen; Furcht, einen Abgrund - andere würden einen Abgrund hinunterfallen, da sie so nahe am Rand stehen(2) | W~ ängstlich(10) | *W~ beobachtet, sie würde*(7) | W~ betrunken - sei betrunken, er - Kopf - in | W~ Bett - jemand - über dem Bett; jemand sei | j~ unter dem Bett; jemand sei(6) | u~ klopfen, und würde(4)

Wahnideen - Bewußtsein - verlieren; er würde das Bewußtsein(9) | W~ Bilder, Phantome; sieht(76) | B~ abends(4) | B~ nachts(40) | **B~ Schließen der Augen; beim**(16) | S~ Bett, im(5)

Wahnideen - Bilder, Phantome; sieht - schreckliche(60) | W~ Boden - hochkommen würde, um sich mit ihm zu treffen; daß der Boden(4) | W~ drehen - Dinge - mit ihr drehen; Dinge würden sich(5) | W~ erhoben, hochgehoben - Luft erhoben; in die - gedrückt; und nach vorne | *W~ ermordet - er würde ermordet - werden; er würde ermordet werden*(21) | e~ jemand ermordet wird; sieht, wie

Wahnideen - Fallen - er würde(29) | F~ Gehen, beim - wenn sie geht(2)

GEMÜT ...

Wahideen - Fallen - hinten, nach - Seite fallen; er werde nach hinten oder auf eine(2) | F~ Seite hin; auf eine(3) | S~ links, nach(6)

Wahnideen - Feuer - Visionen von(34) | W~ Fieber - während | W~ Gehirn - auflösen und sie werde verrückt werden; das Gehirn würde sich | W~ geht - neben ihm gehen; jemand würde(4) | **W~ geisteskrank - Menschen würden sie oder ihn für verrückt halten**(2) | *g~ werden; er würde geisteskrank*(43)

Wahnideen - Geld - spricht vom(2) | W~ Geräusche - hören; Geräusche zu(13) | G~ Klappern über dem Bett; ein - Einschlafen; beim

Wahnideen - Geruchssinns, des(17) | W~ geschehen; etwas sei(4) | *W~ Gesichter, sieht*(26) | **G~ häßliche**(17) | **G~ Schließen der Augen; beim**(15)

Wahnideen - Gespenster, Geister, Gestalten - Schließen der Augen; beim(16) | G~ sieht(55)

Wahnideen - Gestalten - sieht(33) | W~ Hause, zu - weg von zu Hause; er sei(23) | W~ Herz - Herzerkrankung - habe eine; er(5) | W~ Hören - Einbildung; etwas zu hören(44) | *W~ Hunde - sieht*(18) | *H~ umschwärmen; würden ihn*(3)

Wahnideen - Katzen - sieht(11) | W~ klein - Körper sei kleiner; der(14) | W~ Körper - zertrümmert, zerschmettert; er sei | **W~ krank - sein; krank zu**(27) | s~ arbeitet darum nicht; und(4)

Wahnideen - Krankheit - unheilbare Krankheit; er habe eine(18) | W~ lächerlich(5) | W~ lasziv(6) | W~ laufen - auf und ab laufen und schreien; sie würde gerne | *W~ lebhaft*(26) | W~ leblose Gegenstände seien Personen(4) | *W~ Mäuse - sieht*(12) | s~ Stuhl hervor; laufen unter einem(4)

Wahnideen - Menschen - hinter ihm; jemand sei(19) | h~ Gehen, beim(2)

Gemüt ...

Wahnideen - Menschen - neben ihm, seien(13) | n~ gehen neben ihr

Wahnideen - Menschen - sieht(29) | M~ unterhält sich mit abwesenden(13)

Wahnideen - nachgestellt - ihm würde nachgestellt(28) | W~ Ohnmacht fallen; er werde(19) | W~ Person - etwas, das über dem Stuhl hängt sei eine Person, die dort sitzt | W~ Phantasiegebilde, Illusionen(115) | P~ abends im Bett(2) | P~ Schließen der Augen; beim(3)

Wahnideen - Ratten, sieht(10) | *R~ laufen - Bein hinauf, das*(2)

Wahnideen - Regen - hört Regen; er(6) | W~ Reichtum, von(12) | W~ ruiniert - sei ruiniert, er(3) | *W~ Schlaf - Einschlafen; Wahnideen beim*(12) | W~ schlafen; er würde - nicht genug geschlafen; er habe(17) | W~ Schlangen - in ihr und um sie herum(19) | W~ sonderbar, merkwürdig - Vertrautes scheint fremd(38) | W~ sterben - gleich sterben; glaubt, er würde(57) | W~ Stuhl - etwas, was über einem Stuhl hängt, sei ein Mensch | W~ stürzen - er würde stürzen | *W~ Tiere*(42) | T~ Personen seien Tiere - Ratten, Mäuse, Insekten etc.(6)

Wahnideen - tot - Personen, sieht tote(59) | W~ Ungeziefer - sieht Ungeziefer herumkriechen(13) | W~ Vernichtung anheimfallen; würde der(3) | *W~ Verwirrung bemerken; andere würden ihre* | W~ Visionen, hat(76) | **V~ SCHLIEßEN DER AUGEN; BEIM**(29) | **V~ SCHRECKLICH**(27) | s~ abends(2)

Wahnideen - Visionen, hat - wundervolle(5) | W~ Zimmer - Haus; das Zimmer sei ein

Wandern - Verlangen zu wandern - nachts(2)

Waschen - Abneigung gegen Waschen und Baden(16)

Weibisch(5)

Gemüt ...

Weinen(244) | *W~ abends*(29) | W~ nachts(81) | W~ Angst, nach(23) | *W~ Ermahnung, durch*(11) | **W~ Fieberfrost - im**(25) | W~ Fieberhitze, in der(25) | W~ Gehen im Freien, beim(4) | W~ Gemütsbewegungen; nach geringen(9) | W~ Kindern; bei - Säuglingen; bei(9) | W~ Kleinigkeiten, über(23) | *W~ leicht*(16) | W~ Menses - während(27) | W~ reizbar(3) | W~ Schlaf, im(88) | *W~ Schweiß, beim*(25) | W~ Tadel, durch(2) | W~ Trost - agg.(22) | *W~ Vorhaltungen gemacht werden; wenn ihm*(8) | W~ Wimmern, Winseln(27) | W~ Schlaf, im(28)

Wichtigtuerisch, pompös(7)

Widerspenstig(66)

Wille - Verlust der Willenskraft(34) | **W~ Willensschwäche**(58)

Zerstreut(166) | Z~ Menses, während

Zorn(243) | *Z~ morgens*(12) | *Z~ abends*(20) | *Z~ Ärger, über früheren*(6) | Z~ Gesicht - rot - Gesicht; mit rotem(10) | *Z~ heftig*(72) | Z~ Kaffee - agg.(3) | Z~ kalt - Erkältung, nach | Z~ Kleinigkeiten, über(58) | *Z~ Koitus - nach*(2) | Z~ leicht(37) | Z~ Stuhlgang - vor | Z~ vergangene Ereignisse; über(5)

Zügellosigkeit, sexuelle Ausschweifung(32)

Zurückhaltend, reserviert(64) | Z~ Gehen - nach(2)

Zweifelt(13) | Z~ Genesung; an der(31) | Z~ Seelenheil, am(18)

Träume

Alpträume, Alpdrücken(144)

Angenehm(136)

Ängstlich(239) | Ä~ morgens(7) | m~ Erwachen, beim - amel.; Angst ist(15)

Ängstlich - Menses - während(9)

Ereignisse - vergangene, längst(16) | E~ zurückliegende, kurz(55)

Erfolglose Anstrengungen(20)

Erotisch(196) | *E~ Menses - vor*(2) | M~ während(2)

Erotisch - Pollutionen, mit(96)

Träume ...
Fallen, zu stürzen; zu(60)
Feuer(65)
Fortsetzung - Träumen, von - Erwachen, nach dem(22)
Gebissen zu werden - Hunden, von(5) | G~ Tieren, von(14)
Geschäft(40)
Gestalten(3)
Hartnäckig(29)
Hunde(20) | H~ gebissen zu werden; von Hunden(5)
Hunger(4)
Körperteile - Augen, Stiche in den
Kranken, von(10)
Krankheit(43) | *K~ Stiche - Augen*
Lange Zeit(13)
Lebhaft(193)
Leichen(42) | L~ Leichengeruch(2)
Mord(53)
Phantastisch(55)
Ruhelos(53)
Schrecklich(237)
Streitigkeiten(69)
Tod(64) | T~ morgens
Unangenehm(87)
Unerinnerlich, bleiben nicht im Gedächtnis(93)
Verdrießlich(122)
Verstorbenen, von(84)
Verworren(122)
Viele(260)
Visionär(45)
Wecken den Patienten(118)
Zorn(58)
Zusammenhängend(13)

– Calcarea caustica –

calc-caust.

Gemüt
Geistige Anstrengung - agg.(141)
Ruhelosigkeit - nachts(249)
Stumpfheit(332)
Wahnideen - Zimmer - drehen; würde sich(6)

Träume
Ängstlich(239)
Ruhelos(53)
Unangenehm(87)
Unerinnerlich, bleiben nicht im Gedächtnis(93)
Viele(260)

– Calcarea fluorica –

calc-f.

Gemüt
Angst(362) | A~ Geldangelegenheiten, um(4) | A~ Zukunft(108)
Begreifen, Auffassungsvermögen - leicht(38)
Beißen - Nägel(33)
Empfindlich - Geräusche, gegen(149) | E~ Gerüche, gegen(30)
Erschöpfung; geistige(217)
Essen - nach - amel. der Gemütssymptome(9)
Faulheit(269)
Fleißig, arbeitsam, Arbeitswut(101)
Furcht(242) | F~ Arbeit; Scheu vor der - täglichen Arbeit; vor der(2) | *F~ Armut, vor*(20) | F~ grundlos(6) | F~ Unglück, vor(93)
Geistige Anstrengung agg.(141)
Geiz(34)
Gleichgültigkeit, Apathie(251)
Hast, Eile(112) | H~ Arbeit, bei der(6)
Hochgefühl(97)
Ideen, Einfälle - Reichtum an, Klarheit des Geistes(125)
Konzentration - gut, aktiv(26) | *K~ schwierig*(261) | *s~ Essen amel.* | s~ Studieren(52)
Qualvolle Angst(121)
Reizbarkeit(408)
Ruhelosigkeit(420) | R~ Rücken; bei müdem Drücken im
Springen - Bett; aus dem - Traum; durch einen schrecklichen, fürchterlichen(2)
Traurigkeit(477)
Unentschlossenheit(146)

Gemüt ...

Ungeduld(131)
Ungeschicklichkeit - fallen, läßt Dinge - Menses, vor den
Wahnideen - arm, er sei(10) | W ~ Not - geraten; er werde in(3)
Weinen - Träumen, beim(6)

Träume

Ereignisse - gelesene(3) | E ~ zurückliegende, kurz - Vortag, vom(41)
Erfolglose Anstrengungen(20)
Gefahr(40)
Geschäft - Tage, vom(39)
Lebhaft(193)
Neue Schauplätze, Orte etc.
Orte - öffentliche - neu
Reisen(48)
Schauplätze, neue
Schneiden(7) | S ~ Frau wird zum Pökeln zerschnitten
Schrecklich(237)
Tod(64) | *T ~ Verwandten, von*(14)
Unangenehm(87)
Verstorbenen, von(84)
Verworren(122)
Viele(260)
Wecken den Patienten(118)

– Calcarea hypophosphorosa –

calc-hp.

Gemüt

Schreien(133) | S ~ Cri encéphalique(29) | *S ~ Schlaf, im*(80)
Sprache - hastig(44)

– Calcarea iodata –

calc-i.

Gemüt

Angst(362) | A ~ anfallsweise(13) | A ~ Kleinigkeiten, um(23) | *A ~ periodisch*(12)
Auffahren, Zusammenfahren - Schlaf - während(163)
Entmutigt(135)
Erschöpfung; geistige(217)

Gemüt ...

Faulheit(269)
Froh(182)
Furcht - Geisteskrankheit(74) | F ~ Menschen, vor(81) | F ~ Unglück, vor(93)
Geisteskrankheit, Wahnsinn(153)
Geistige Anstrengung - agg.(141)
Gesellschaft - Abneigung gegen(156)
Gleichgültigkeit, Apathie(251)
Manie(149)
Reizbarkeit(408) | R ~ Kopfschmerzen, bei(61)
Ruhelosigkeit(420) | R ~ ängstlich(111)
Sinne - abgestumpft, stumpf(107)
Stumpfheit(332)
Traurigkeit(477)
Unentschlossenheit(146)
Ungeduld(131)
Unzufrieden(168)
Verwirrung, geistige(321)
Verzweiflung(137)
Wahnideen(191) | W ~ tot - Personen, sieht tote(59)
Weinen(244)
Zorn - Kleinigkeiten, über(58)

Träume

Alpträume, Alpdrücken(144)
Ängstlich(239)
Erotisch(196)
Lebhaft(193)
Phantastisch(55)
Verstorbenen, von(84)

– Calcarea muriatica –

calc-m.

Gemüt

Bewußtlosigkeit(280)

– Calcarea phosphorica –

calc-p.

Gemüt

Angst(362) | A ~ andere, um(24) | A ~ Gesundheit; um die - eigene Gesundheit; um seine(57)

Gemüt ...

Angst - Kinder - bei Kindern(7) | *b ~ gehoben; wenn aus der Wiege*(3)

Argwöhnisch(105)

Auffahren, Zusammenfahren - konvulsivisch(4) | A ~ Liegen, beim - Rücken, auf dem(3) | A ~ Schlaf - während(163) | S ~ durch(124)

Auffahren, Zusammenfahren - Schreck oder wie durch Schreck; durch(68)

Beschäftigung - amel.(48)

Beschwerden durch - Angst(9) | B ~ Erregung - Gefühle, der(87) | *B ~ geistige Anstrengung*(59) | *B ~ Kummer*(65) | *B ~ Liebe; enttäuschte*(31) | B ~ schlechte Nachrichten(34) | B ~ sexuell - Exzesse(59) | *B ~ Zorn*(94)

Betäubung(237)

Bissig, schnippisch(7)

Delirium - Schläfrigkeit, bei(14)

Demenz(33) | D ~ Masturbation, mit(11) | D ~ senilis, Dementia(25)

Denken - Beschwerden - agg.; Denken an seine Beschwerden(71)

Eifersucht(34)

Empfindlich(192)

Entrüstung(22) | E ~ Träume, über unangenehme

Entwicklungsstillstand bei Kindern(9)

Erregung(287) | E ~ schlechten Nachrichten, nach(18)

Erschöpfung; geistige(217) | *E ~ Sprechen - durch*(3)

Erschreckt leicht(125)

Farben - rosa - amel.(4)

Faulheit(269) | F ~ abends(20)

Fehler; macht - Schreiben, beim(83) | S ~ falsch - Worte(16) | *S ~ wiederholt Worte*(6)

Fehler; macht - Sprechen, beim(81) | *S ~ Worte - falsche Worte; benutzt*(53)

Fleißig, arbeitsam, Arbeitswut(101) | F ~ Koitus, nach | *F ~ Menses, vor den*(26)

Froh(182)

Furcht(242) | F ~ Auffahren, mit(10) | F ~ Dunkelheit, vor der(40)

Gemüt ...

Furcht - geistige Anstrengung - vor geistiger Anstrengung(6) | F ~ Gewitter, vor(25) | F ~ Herz - Herzerkrankung(23) | F ~ hochgelegenen Orten; vor(24) | F ~ Hühnern | F ~ Krebs(13) | *F ~ schlechten Nachrichten; vor dem Hören von*(7) | F ~ Unheil; Furcht vor(115)

Gedächtnis - gut, aktiv(91) | *G ~ Gedächtnisschwäche*(284) | *G ~ getan hat; für das, was er eben*(34) | G ~ tun wollte; für das, was er gerade(33) | G ~ Worte, für(61)

Gehalten - amel.; gehalten zu werden(22)

Geisteskrankheit, Wahnsinn - erotisch(31)

Geistige Anstrengung - agg.(141) | a ~ Pubertät; agg. durch geistige Anstrengung in der(2)

Geistige Anstrengung - amel.(15) | G ~ Abneigung gegen(150)

Gesellschaft - Abneigung gegen(156) | A ~ Land; möchte von Menschen weg aufs(5)

Gesellschaft - Verlangen nach(83)

Gesten, Gebärden; macht - Hände; unwillkürliche Bewegungen der - Greifen(41)

Gleichgültigkeit, Apathie(251)

Hause, zu - Verlangen, nach Hause zu gehen(18) | **V ~ auszugehen; und wenn er daheim ist**(2)

Heftig, vehement(100) | H ~ getadelt wird; wenn er hört, wie ein anderer

Heikel, pingelig(34)

Heimweh(52)

Homosexualität(13)

Ideen, Einfälle - Mangel an(102) | I ~ Reichtum an, Klarheit des Geistes(125)

Idiotie(45)

Imbezillität(140)

Kretinismus(8)

Kummer(76) | K ~ still(23)

Laszi v, lüstern(77)

Lügner(22)

Mitgefühl, Mitleid(34)

Gemüt …

Mürrisch(290) | M~ abwechselnd mit - Fröhlichkeit, Frohsinn(23) | M~ Kaffee, nach

Nymphomanie(67) | N~ Menses - vor(6)

Pflicht - Abneigung gegen Pflichten

Reisen - Verlangen nach(28)

Reizbarkeit(408) | R~ Kaffee, nach | *R~ Kindern, bei*(29) | R~ Kopfschmerzen, bei(61) | R~ Schweiß, beim(14) | *R~ Trost - agg.*(21) | R~ Zahnung, bei der(6)

Reue(63)

Ruhelosigkeit(420) | R~ ängstlich(111) | R~ Liegen, beim - Rücken agg. und auf der Seite amel.; auf dem | R~ treibt ihn von einem Ort zum anderen(6) | *R~ treibt umher*(41)

Schreien(133) | *S~ Kindern, bei*(38) | *K~ Schlaf, im*(13)

Schreien - muß; hat das Gefühl, als ob sie schreien(20) | *S~ Schlaf, im*(80) | S~ Schmerzen, bei den(25)

Schule - Abneigung gegen die(2)

Schweigsam(209)

Sentimental, schwärmerisch, rührselig(64)

Seufzen(98) | S~ unwillkürlich(4)

Sorgen, voller(50)

Sprechen - amel. die Beschwerden | S~ langsam; lernt(15) | S~ Verlangen mit jemandem zu - Konflikte zu beheben; um

Still sein, seine Ruhe haben; möchte(21) | S~ Ruhe und Stille; verlangt nach - Gehen im Freien, beim(5)

Stimmung, Laune - veränderlich(158)

Stöhnen(119) | S~ Kindern, bei(12)

Studieren, Lernen - schwierig, fällt schwer(18)

Stumpfheit(332) | *S~ geistige Anstrengung, durch*(27) | **S~ Kindern; bei**(21) | S~ schlechte Nachrichten; durch | *S~ Waschen; amel. durch kaltes*

Tadelsüchtig, krittelig(80)

Tadelt - andere(32) | T~ sich selbst(36)

Tiere - liebt Tiere, Tierliebe(9)

Gemüt …

Traurigkeit(477) | T~ Ärger, nach(4) | T~ Erwachen, beim(24) | T~ Mädchen; bei - Pubertät; vor der(4)

Traurigkeit - Schläfrigkeit, bei(8) | T~ schlechten Nachrichten, nach(2) | T~ Zorn - durch Zorn(7)

Trost - amel.(12) | *T~ agg.*(39)

Unbehagen(44)

Unentschlossenheit(146)

Ungerechtigkeit; erträgt keine(8)

Unzufrieden(168) | U~ sich selbst, mit(36)

Vergeßlich(187)

Verwirrung, geistige(321) | V~ morgens - Erwachen, beim(50) | V~ Bewegung, durch(16) | V~ Erwachen, beim(71) | *V~ geistige Anstrengung - durch*(50) | V~ Hutes agg.; Aufsetzen eines(2) | V~ Identität; in bezug auf seine - Dualität; Gefühl der(37) | V~ Kaffee - nach(4) | V~ kaltes Bad - amel.(4) | V~ Waschen des Gesichtes - amel.(8)

Wahnideen - Bett - sinken - Bett würde sinken; das(13) | W~ Feuer - Visionen von(34) | W~ Hause, zu - weg von zu Hause; er sei(23) | w~ müsse dahin gelangen; er(5)

Wahnideen - Phantasiegebilde, Illusionen(115) | W~ Schreck - nach(5) | S~ wie erschreckt(10)

Wandern - Verlangen zu wandern(15)

Weinen(244) | *W~ Trost - agg.*(22)

Widerspruch - verträgt keinen Widerspruch(73)

Wildheit(29) | W~ unangenehmen Nachrichten, wegen

Zerstreut(166)

Zorn(243) | Z~ Arbeit - kann nicht | Z~ gelähmt; fühlt sich wie(2) | Z~ Kaffee - agg.(3) | Z~ schlechte Nachrichten, über | Z~ Tadel, durch - andere getadelt werden; wenn er hört, daß(4) | Z~ Widerspruch, durch(37)

Träume

Ängstlich(239)

Anstrengung - geistige(51)

Träume ...

Ereignisse - gelesene(3) | g~ früher gehört, gelesen, gesprochen oder nachgedacht hat; über die man(15)
Ereignisse - zurückliegende, kurz(55) | z~ Vortag, vom(41)
Erotisch(196) | E~ Pollutionen, mit(96)
Feuer(65)
Freunde - Treffen von Freunden
Gefahr(40)
Katzen(12)
Lebhaft(193)
Räuber(36)
Reisen(48) | R~ Schwierigkeiten, unter(6)
Schrecklich(237)
Schwierigkeiten - Reisen, auf(6)
Viele(260)

– *Calcarea silicata* –

calc-sil.

Gemüt

Abscheu - Leben, vor dem(84)
Aktivität; Verlangen nach - abwechselnd mit - Mattigkeit(4)
Angesprochen zu werden - Abneigung(63)
Angst - morgens - Erwachen, beim(30) | A~ abends - Bett, im(54) | A~ nachts(119) | A~ Familie, um seine(10) | A~ Geldangelegenheiten, um(4) | A~ Gesundheit; um die - eigene Gesundheit; um seine(57) | A~ Menses - während(33)
Anstrengung - körperliche Anstrengung - Abneigung gegen
Antworten - Abneigung zu antworten(67) | A~ weigert sich zu antworten(32)
Auffahren, Zusammenfahren(117) | A~ leicht(52) | A~ Schlaf - während(163)
Beschäftigung - amel.(48)
Beschwerden durch - Furcht(27) | B~ geistige Anstrengung(59) | B~ Schreck(72) | B~ sexuell - Exzesse(59) | B~ Tadel(13) | B~ Zorn(94)
Betäubung(237)

Gemüt ...

Bewußtlosigkeit(280) | B~ Bewegungen, automatische(26)
Delirium - albern, töricht(11) | D~ brummt(44) | D~ ruhig(23)
Ehrgeiz - Verlust von(15)
Empfindlich - Geräusche, gegen(149) | E~ Tadel | E~ Vorwürfe, gegen(6)
Entmutigt(135)
Erkennt - nicht; erkennt - Verwandten nicht; erkennt seine eigenen(28)
Erregung(287)
Erschöpfung; geistige(217)
Erschreckt leicht(125) | *E~ mittags - Schlummer, nach einem*(4)
Faulheit(269)
Fehler; macht - Sprechen, beim(81) | S~ Buchstabieren, beim(23) | S~ Worte - stellt Worte an die falsche Stelle(46)
Feigheit(89)
Fliehen, versucht zu - Fenster, aus dem(6)
Furcht(242) | F~ nachts(58) | F~ Anstrengung - vor Anstrengung; Furcht(10) | F~ Arbeit; vor der(32) | F~ Armut, vor(20) | F~ berührt zu werden(38) | F~ eingebildeten - Dingen, vor(15) | F~ Familie - Familienangelegenheiten; in bezug auf | F~ Gehirnerweichung; Furcht vor(3) | F~ geistige Anstrengung - nach geistiger Anstrengung | F~ Krankheit, vor drohender(66) | K~ unheilbar zu sein(42)
Gedächtnis - Gedächtnisschwäche(284) | G~ gesagt hat; für das, was er(29) | g~ eben gesagt hat
Geisteskrankheit, Wahnsinn(153)
Geistige Anstrengung - agg.(141) | G~ Abneigung gegen(150)
Gesellschaft - Verlangen nach - allein; agg. wenn(48)
Hast, Eile(112)
Hysterie(194)
Ideen, Einfälle - Mangel an(102) | M~ tagsüber
Ideen, Einfälle - Reichtum an, Klarheit des Geistes - nachts(26)

Gemüt …

Imbezillität(140)
Jammern(93)
Konzentration - schwierig(261) | *s ~ Gespräches, während eines*(7) | s ~ Studieren(52)
Lachen(102) | L ~ Weinen - jeder Gelegenheit; Lachen oder Weinen bei(5)
Lasziv, lüstern(77)
Launenhaftigkeit, launisch(108)
Lebensüberdruß(82)
Milde(80)
Murmeln(55) | M ~ abends - Einschlafen, beim
Mürrisch(290)
Nachgiebigkeit(21)
Phantasien - übertrieben(114)
Reizbarkeit(408) | R ~ morgens(69) | R ~ abends(60) | R ~ geistige Anstrengung; durch(3) | R ~ Kleinigkeiten, durch(34) | R ~ Koitus - nach(26) | R ~ Kopfschmerzen, bei(61) | R ~ Trost - agg.(21)
Ruhelosigkeit(420) | R ~ nachts(249) | R ~ ängstlich(111)
Schreien - Schlaf, im(80)
Schüchternheit, Zaghaftigkeit(113) | S ~ schamhaft(58)
Schweigsam(209)
Selbstvertrauen - Mangel an Selbstvertrauen(86)
Sinne - abgestumpft, stumpf(107)
Sitzen - Neigung zu sitzen - unbeweglich, still(42) | N ~ weinend dazusitzen(2)
Sorgen, voller(50)
Sprache - albern(16) | S ~ unsinnig(29)
Sprechen - Mord, Feuer und Ratten; von nichts anderem als(2) | **S ~ Toten, mit**(7)
Stimmung, Laune - veränderlich(158)
Stöhnen(119)
Stumpfheit(332)
Suizidneigung; Neigung zum Selbstmord(98) | S ~ stürzt sich - Fenster, aus dem(21)
Tadelsüchtig, krittelig(80)

Gemüt …

Traurigkeit(477) | T ~ tagsüber(16) | T ~ morgens(71) | T ~ Dunkelheit, in der(9) | T ~ Fieberhitze, in der(55) | *T ~ grundlos*(11)
Trost - agg.(39)
Unentschlossenheit(146)
Ungeduld(131)
Unzufrieden(168) | U ~ allem; mit(66)
Vergeßlich(187)
Verlangen, Wunsch nach - voller Verlangen - Vorhandenem; nach nicht(4)
Verwirrung, geistige(321) | V ~ morgens - Erwachen, beim(50) | V ~ abends(78) | V ~ Essen - nach(52) | *V ~ geistige Anstrengung - durch*(50) | V ~ Sitzen, im(33)
Verzweiflung(137)
Wahnideen - Bilder, Phantome; sieht(76) | B ~ nachts(40)
Wahnideen - Frauen - alten und runzeligen Frauen; von(2) | W ~ Gesichter, sieht(26) | G ~ häßliche(17)
Wahnideen - Hunde - sieht(18) | W ~ Krankheit - unheilbare Krankheit; er habe eine(18) | W ~ Menschen - sieht - unangenehme Menschen(2) | W ~ Phantasiegebilde, Illusionen(115) | **W ~ Sprechen - Toten, mit**(8) | W ~ Stimmen - hört(37) | h ~ antwortet, und | h ~ Toten, von(6)
Wahnideen - tot - Leiche - Bruders und des Kindes; Leiche des(3) | L ~ Ehemannes, Leiche des(2)
Wahnideen - tot - Personen, sieht tote(59) | W ~ verhungern - Familie werde, die(4) | W ~ Visionen, hat - schrecklich(27)
Weinen(244) | W ~ nachts(81) | W ~ Schlaf, im(88) | W ~ unwillkürlich(35)
Widerspenstig(66)
Wille - Verlust der Willenskraft(34)
Zerstreut(166)
Zorn(243) | Z ~ agg.(5) | Z ~ geistige Anstrengung - nach | Z ~ leicht(37)
Zweifelt - Genesung; an der(31)

Träume

Alpträume, Alpdrücken(144)
Ängstlich(239)

Träume ...
Erotisch(196)
Feuer(65)
Geschäft(40)
Kranken, von(10)
Krankheit(43) | K~ Kranken, von
Lebhaft(193)
Leichen(42)
Mord(53)
Phantastisch(55)
Schrecklich(237)
Tod(64)
Verdrießlich(122)
Verstorbenen, von(84)
Verworren(122)
Visionär(45)
Zorn(58)

– *Calcarea sulphurica* –

calc-s.

Gemüt
Abscheu - Leben, vor dem(84)
Angst(362) | A~ morgens(42) | m~ Erwachen, beim(30)
Angst - abends(87) | *a~ Bett, im*(54)
Angst - nachts(119) | A~ Erwachen, beim(86) | A~ Fieber - während(91) | A~ Freien, im - amel.(23) | A~ Furcht, mit(110) | A~ Gesundheit; um die - eigene Gesundheit; um seine(57) | A~ Liegen(11) | A~ Seelenheil, um das(35) | A~ Zukunft(108)
Antworten - Abneigung zu antworten(67)
Argwöhnisch(105)
Auffahren, Zusammenfahren(117) | A~ leicht(52)
Beleidigt, leicht(79)
Beschwerden durch - Zorn(94)
Betäubung(237)
Bewußtlosigkeit(280)
Boshaft(99)
Brütet, grübelt(41) | B~ Probleme - eingebildete Probleme nach; über(5)
Delirium tremens(84)
Eifersucht(34)

Gemüt ...
Eigensinnig, starrköpfig, dickköpfig(107)
Empfindlich(192)
Erregung(287)
Erschöpfung; geistige(217)
Faulheit(269)
Fehler; macht - Sprechen, beim(81) | S~ Worte - stellt Worte an die falsche Stelle(46)
Feigheit(89)
Froh - morgens(21) | m~ abwechselnd mit - Traurigkeit - abends(2)
Froh - nachmittags(14) | F~ abends - 18 h | F~ abwechselnd mit - Kummer(3) | a~ Traurigkeit(57)
Furcht(242) | *F~ nachts*(58) | F~ Dunkelheit, vor der(40) | F~ Geisteskrankheit(74) | F~ Herz - Herzerkrankung(23) | F~ Tod; vor dem(143) | F~ Unglück, vor(93) | F~ Unheil; Furcht vor(115) | F~ Vögel(7)
Gedächtnis - Gedächtnisschwäche(284) | G~ plötzlich und periodisch(6) | G~ tun wollte; für das, was er gerade(33)
Gedanken - hartnäckig(83) | G~ quälend(31) | G~ Vergehen, Schwinden der Gedanken(76)
Gedanken versunken, in - Unglück vor; stellt sich ein
Gehen - Verlangen zu gehen - vergangen, sobald sie sich zu einem Spaziergang aufmacht; aber das Verlangen ist
Geisteskrankheit, Wahnsinn(153)
Geistige Anstrengung - Abneigung gegen(150)
Gesellschaft - Abneigung gegen(156)
Gleichgültigkeit, Apathie(251) | G~ Umgebung, gegen die(16)
Haß - Menschen, auf - übereinstimmen; die nicht mit ihm
Hast, Eile(112)
Hysterie(194)
Imbezillität(140)
Jammern(93) | J~ anerkannt, geschätzt wird; weil er nicht
Lästig, geht auf die Nerven(79)
Laszív, lüstern(77)

Gemüt ...

Launenhaftigkeit, launisch(108) | L~ abends(9)
Lebhaft, munter - nachmittags(2)
Lustig, fröhlich(123) | L~ abends(29) | a~ abwechselnd mit - Traurigkeit - morgens
Mürrisch(290)
Reizbarkeit(408) | R~ nachmittags(37) | *R~ abends*(60) | R~ Koitus - nach(26)
Ruhelosigkeit(420) | R~ nachmittags(25) | R~ abends(51)
Schüchternheit, Zaghaftigkeit(113) | S~ schamhaft(58)
Schweigsam(209)
Sinne - abgestumpft, stumpf(107)
Sitzen - Neigung zu sitzen - nachzudenken; und
Stimmung, Laune - veränderlich(158)
Streitsüchtig(136) | S~ Eifersucht; aus(5)
Stumpfheit(332) | S~ abends(29) | S~ Essen, nach dem(7)
Traurigkeit(477) | T~ morgens(71) | m~ Erwachen - beim(21)
Traurigkeit - nachmittags(37) | *T~ abends*(76) | T~ bitter, verbittert
Traurigkeit - Schweiß, beim(29)
Unentschlossenheit(146)
Ungeduld(131)
Unzufrieden(168) | U~ allem; mit(66)
Verdrießlich(10)
Vergeßlich(187) | V~ Essen, nach dem(5)
Verwirrung, geistige(321) | *V~ morgens*(115) | m~ Erwachen, beim(50)
Verwirrung, geistige - abends(78) | V~ Freien, im - amel.(30) | *V~ geistige Anstrengung - durch*(50)
Verzweiflung(137) | V~ Fieberhitze, in der(21) | V~ Genesung, in bezug auf die(44) | G~ Fieberhitze, in der
Wahnideen(191) | W~ Bilder, Phantome; sieht(76) | B~ Schlaf - Einschlafen, beim(5) | B~ schreckliche(60) | s~ nachts, beim Versuch zu schlafen
Wahnideen - Unglück(4) | *W~ Visionen, hat*(76)
Weinen(244) | W~ Schweiß, beim(25)

Gemüt ...

Widerspenstig(66)
Zerstreut(166)
Zorn(243) | Z~ leicht(37)

Träume

Ängstlich(239)
Körperteile - Finger steif
Krankheit - Konvulsionen | K~ Steifheit der Finger
Schrecklich(237)

– *Calendula officinalis* –

calen.

Gemüt

Angst(362) | A~ Frost - während(31) | A~ Stuhlgang - vor(24) | S~ während(20)
Auffahren, Zusammenfahren - Schreck oder wie durch Schreck; durch(68)
Bewußtlosigkeit - Verbrennungen, bei
Delirium(233) | D~ wild(21)
Empfindlich(192)
Erschreckt leicht(125) | E~ Kleinigkeiten, über(27)
Furcht - geschehen; etwas werde(82)
Mürrisch(290) | M~ Fieberfrost, im(13) | M~ Schläfrigkeit, bei(9)
Reizbarkeit(408) | R~ Fieberfrost, im(57)
Ruhelosigkeit(420) | R~ nachts(249)
Sprache - unklar, unverständlich(20)
Wahnideen - Fallen - Höhe herab, von einer(2) | W~ Ohnmacht fallen; er werde(19)

– *Calliandra houstoni* –

calli.

Gemüt

Furcht - Katastrophe ; vor einer(8)

– *Calotropis gigantea* –

calo.

Gemüt

Ruhelosigkeit(420) | R~ nachts(249)

– *Caltha palustris* –

calth.

Gemüt

Angst(362)
Ruhelosigkeit(420)

– *Camphora bromata* –

camph-br.

Gemüt

Erregung(287)
Fehler; macht - Orte; in bezug auf(32)
Hysterie(194)
Katalepsie(20)
Reizbarkeit(408)
Traurigkeit(477)
Wahnideen - Ausmaße von Dingen sind verdreht, verkehrt | W~ umgekehrt; die Dimensionen von Gegenständen sind

– *Camphora officinalis* –

camph.

Gemüt

Abneigung - allem, gegenüber(39)
Albernes Benehmen(65)
Alkoholismus(135)
Angesprochen zu werden - Abneigung(63)
Angst(362) | A~ nachts(119) | *A~ Bett - im Bett*(49) | i~ Herumwerfen, mit(7)
Angst - Erscheinung wenn wach; qualvolle Angst durch eine schreckliche(2) | **A~ Frost - während**(31) | A~ geistige Anstrengung; durch(20) | A~ Schlaf - während(42) | *A~ Seelenheil, um das*(35) | A~ Stuhlgang - während(20)
Antworten - weigert sich zu antworten(32)
Auffahren, Zusammenfahren(117) | A~ Geräusche, durch(60) | *A~ leicht*(52) | A~ Schlaf - während(163)
Begreifen, Auffassungsvermögen - leicht(38)
Beißen(35)
Beleidigt, leicht(79)

Gemüt ...

Berührt zu werden; Abneigung(46)
Beschäftigung - amel.(48)
Beschimpfen, beleidigen, schmähen(67)
Beschwerden durch - Erwartungsspannung(68) | B~ Schock; seelischen(23) | B~ Schreck(72) | B~ Zorn(94)
Bestimmtheit(11)
Betäubung(237) | *B~ Fieberhitze, in der*(10)
Bett - Abneigung gegen das Bett, meidet es(18) | *B~ heraus; möchte aus dem Bett*(4)
Bewußtlosigkeit(280) | B~ Augen - starren, stieren; mit(8) | B~ Bewegungen, automatische(26) | *B~ Fieber, im*(50) | B~ Frost - während(15) | B~ Gemütsbewegungen, nach(13) | B~ Schreien, mit heulendem | B~ Sonnenstich, bei(7)
Brütet, grübelt - Ecke; sitzt stumpfsinnig oder brütend in einer(11)
Delirium(233) | D~ nachts(67) | D~ ängstlich(24) | D~ Blick auf einen Punkt fixiert(10) | D~ Durst, mit(2) | D~ erotisch(12) | *D~ Fieber; im*(54) | D~ geschäftig(10) | D~ heftig(26) | *D~ Konvulsionen - während*(12) | *D~ lärmend*(6) | *D~ manisch*(47) | *D~ rasend*(84) | D~ redselig(33) | D~ ruhig(23) | D~ Schlaf - während - komatös(8) | S~ Einschlafen, beim(17)
Delirium - Schläfrigkeit, bei(14) | D~ Schreien, mit - Hilfe, um(5) | D~ wiederholt den selben Satz | D~ wild(21)
Denken - Beschwerden - amel.(7)
Destruktivität, Zerstörungswut(41) | *D~ Kleidern, von*(10)
Diktatorisch, herrschsüchtig, dogmatisch, despotisch(25)
Dunkelheit - agg.(27)
Eifersucht(34)
Eigensinnig, starrköpfig, dickköpfig(107)
Ekstase(59)
Empfindlich(192) | E~ Geräusche, gegen(149)
Entmutigt(135)
Erregung(287) | E~ Wein - wie durch(8)

Gemüt ...

Erschöpfung; geistige(217) | E~ Verletzungen, durch(5)

Fäzes - schluckt seinen(5)

Faulheit(269) | F~ Fieberfrost, im

Fehler; macht - Zeit; in bezug auf die(34)

Feigheit(89)

Fliehen, versucht zu(61)

Furcht(242) | **F~ nachts**(58) | *F~ allein zu sein*(54) | *a~ nachts*(6)

Furcht - Bett - vor dem(20) | *F~ Dunkelheit, vor der*(40) | F~ Gedanken; vor seinen eigenen(2) | F~ Gefahr, vor drohender(10) | F~ hochgezogen zu werden | F~ Menschen, vor(81) | F~ Schlaf - einzuschlafen; Furcht(18) | F~ Spiegeln im Zimmer; vor(7) | F~ Tod; vor dem(143) | F~ Unheil; Furcht vor(115)

Gedächtnis - gut, aktiv(91) | G~ Gedächtnisschwäche(284) | G~ getan hat; für das, was er eben(34) | G~ Tatsachen, Fakten; für - zurückliegende Tatsachen, für lange(10)

Gedächtnis - Gedächtnisverlust - Katalepsie, nach

Gedanken - drängen auf ihn ein und schwirren durcheinander(16) | G~ Gedankenandrang, einstürmende Gedanken, Gedankenfluß(78) | G~ roh | G~ sich - abgelenkt zu werden; Verlangen, von Gedanken an sich selbst | *G~ Vergehen, Schwinden der Gedanken*(76)

Gefahr - Mangel an Reaktion auf Gefahr, in gefährlichen Situationen(4)

Gehen - Furcht; aus - Schweiß amel.; bis

Geistesabwesend(71)

Geisteskraft - erhöht(18)

Geisteskrankheit, Wahnsinn(153) | G~ erotisch(31) | G~ Gesicht - blassem, mit(5) | *G~ starrende Augen*(4) | *G~ Wochenbett, im*(35)

Geistige Anstrengung - agg. - unmöglich(130) | *G~ amel.*(15)

Gemüt ...

Gesellschaft - Abneigung gegen(156) | *G~ Verlangen nach*(83) | *V~ nachts*(3) | *V~ allein; agg. wenn*(48)

Gesten, Gebärden; macht(22) | G~ Hände; unwillkürliche Bewegungen der - wild(2) | *G~ heftig*(9) | G~ konvulsivisch(24) | G~ sonderbare Posen und Haltungen(20) | G~ wild(2)

Glänzende Gegenstände - agg.(13)

Gleichgültigkeit, Apathie(251) | G~ Arbeit; mit Abneigung gegen(9)

Hast, Eile(112) | H~ Beschäftigung, bei(15) | H~ Bewegungen im(23)

Heftig, vehement(100)

Heulen(30)

Hochgefühl(97)

Hysterie(194)

Ideen, Einfälle - Mangel an(102) | I~ Reichtum an, Klarheit des Geistes(125)

Imbezillität(140)

Indiskretion, Taktlosigkeit(30)

Jammern(93)

Klammert sich an - hält sich nach anderen fest(4)

Konzentration - schwierig(261)

Kriecht, krabbelt - Kindern; bei - heult und weint; Kind krabbelt in eine Ecke und

Lachen - Kindern, bei - geisteskranken Kindern; bei | *L~ Konvulsionen - vor, während oder nach*(11) | L~ sardonisch(26)

Langeweile(53)

Liegen; möchte auf dem nackten Boden

Lustig, fröhlich(123)

Manie(149) | *M~ beschimpft jeden*(2) | M~ kaltem Schweiß, mit(2) | M~ Raserei, mit(27)

Monomanie(16)

Murmeln - Schlaf, im(18)

Mürrisch(290) | M~ nachts(16)

Nackt sein, möchte(13) | *N~ entblößt ihre Brust bei Puerperalmanie*

Nymphomanie(67)

GEMÜT …

Phantasien - lasziv(46) | P~ Schlaf - Einschlafen, beim(8) | P~ übertrieben(114) | P~ übertrieben - abends - Bett, im(28) | P~ übertrieben - Schließen der Augen im Bett; beim(8) | P~ verworren(10)

Prophezeit(7)

Qualvolle Angst(121)

Raserei, Tobsucht, Wut(95) | R~ anfallsweise(11) | *R~ Beißen, mit*(8) | *R~ Schaum vor dem Mund; mit* | R~ Schuld zu geben; Verlangen, anderen die | *R~ Spucken; mit*(3) | *R~ zerreißt die Kleidung*

Redseligkeit; Geschwätzigkeit(136)

Reizbarkeit(408) | R~ morgens - Erwachen, beim(43) | R~ nachts(12) | n~ Visionen, mit schrecklichen

Reizbarkeit - Erwachen, beim(56) | R~ Fieberfrost, im(57)

Religiös - Gemütsstörungen, religiöse(63) | G~ gequält; nachts von religiösen Gedanken(2)

Rollt, wälzt sich - Schmutz, Kot; wälzt sich im eigenen

Ruhelosigkeit(420) | R~ nachts(249) | R~ ängstlich(111) | *R~ Bett - Herumwerfen im*(123) | *R~ Entbindung, während der*(3)

Satyriasis(26)

Schamlos(29)

Schlagen(42) | S~ sich; schlägt(8) | s~ Brust, seine(2)

Schreien(133) | *S~ Hilfe, um*(6) | S~ Kindern, bei(38) | S~ Konvulsionen - vor(32) | *K~ während*(31)

Schüchternheit, Zaghaftigkeit - abends - Bett - Zubettgehen; beim(11)

Schweigsam(209)

Selbstbetrachtung - nachts

Seufzen(98) | S~ Schlaf, im(10)

Sinne - abgestumpft, stumpf(107) | *S~ Vergehen, Schwinden der*(51)

Sitzen - Neigung zu sitzen(110)

Spontan, impulsiv(33)

GEMÜT …

Sprache - delirös(12) | S~ fremder Sprache; in(4) | *S~ hastig*(44) | S~ unsinnig(29) | *S~ unzusammenhängend*(65) | S~ wild(7)

Sprechen - Schlaf, im(93) | *S~ sanfter Stimme; die ganze Nacht mit*

Sprechen - schweift von einem Thema zum anderen(47)

Springen - Bett; aus dem(41)

Stimmung, Laune - abweisend, zurückweisend(40)

Stöhnen(119) | S~ Schweiß, beim(10)

Streitsüchtig(136)

Studieren, Lernen - einfach, fällt leicht(5)

Stumpfheit(332)

Stupor(138) | *S~ Fieber, im*(21)

Suizidneigung; Neigung zum Selbstmord - Furcht - Fenster oder einem Messer; mit Furcht vor einem offenen(4) | S~ stürzt sich - Fenster, aus dem(21) | s~ Tiefe, in die(24)

Tadelt - andere(32)

Tanzen - wild(4)

Tod - Gedanken an den Tod(54) | T~ Gefühl von(25)

Töten, Verlangen zu(32) | T~ Gehen im Freien und auf der Straße; beim(?) | T~ jemanden töten; denkt, er müsse(2)

Trance(6) | *T~ spielt mit geschlossenen Augen Klavier, schreibt Briefe in einer erlernten Sprache*

Traurigkeit(477) | T~ nachts(21) | T~ abgelenkt zu werden; Verlangen, von Gedanken an sich selbst(2) | T~ Dunkelheit, in der(9)

Trost - amel.(12)

Unanständig, unzüchtig(21) | U~ Sprache, anstößige(12)

Unbehagen(44)

Unbesonnen(82)

Unentschlossenheit(146)

Ungeschicklichkeit(41)

Unzüchtig, obszön(34) | U~ Sprechen(14)

Vergeßlich(187)

GEMÜT ...

Verlassen zu sein; Gefühl(56) | V~ Isolation, Gefühl der(16)

Verstecken - sich(18)

Verwirrung, geistige(321) | V~ berauscht - wie nach einem Rausch(35) | V~ Fieberhitze, in der(26) | V~ Gehen(37) | V~ Identität; in bezug auf seine(21)

Verzweiflung(137) | *V~ religiöse Verzweiflung am Seelenheil*(30)

Wahnideen(191) | W~ abends - Bett, im(16) | W~ nachts(36) | W~ absurd, lächerlich - Gestalten seien anwesend(8) | W~ allein zu sein - Welt; allein auf der(7) | W~ Bewußtsein - verlieren; er würde das Bewußtsein(9) | W~ Bilder, Phantome; sieht(76) | *B~ nachts*(40) | B~ schreckliche(60)

Wahnideen - Boden - berühren; sie würde kaum den Boden - Gehen, beim(5) | b~ leichter; er sei

Wahnideen - durcheinander; Gegenstände seien | W~ ermorden; er würde - jemanden ermorden; er müsse - Straße; auf der | W~ Existenz - begonnen; er habe gerade in diesem Augenblick sein Dasein | W~ Fallen - Seite hin; auf eine - rechts, nach(3) | W~ Fliegen(13) | F~ könne er fliegen; als(3)

Wahnideen - Gefahr, Empfindung von(6) | W~ Gegenstände; über - dick, manchmal dünn; Gegenstände seien manchmal - Schließen der Augen im Schlummer; beim | G~ gefärbt, leuchtend(5)

Wahnideen - Gehirn - balancieren und könne jeden Augenblick herunterkippen; das Gehirn würde auf einer feinen Spitze | *W~ Gespenster, Geister, Gestalten - sieht*(55) | W~ glänzen - Gegenstände würden glänzen und wären zu hell | W~ groß gewachsen - Dinge würden größer werden(6) | D~ Pulses; mit dem Klopfen des

Wahnideen - hoch - er sei hoch - Häuser; höher als die | W~ Hölle - sei in(6)

GEMÜT ...

Wahnideen - klein - Dinge - werden kleiner; Dinge(8) | W~ länger; Dinge scheinen(7) | W~ leicht - schweben; er sei so leicht, er könne(3) | l~ sei leicht, er(26)

Wahnideen - Menschen - neben ihm, seien(13) | W~ Phantasiegebilde, Illusionen(115) | W~ schaukeln; er würde - Bett, im(2) | W~ Schlaf - Einschlafen; Wahnideen beim(12) | S~ einschlafen, er würde - Tiefschlaf fallen; in

Wahnideen - Teufel - er sei ein Teufel(6) | W~ tot - er selbst sei(18) | W~ vergrößert - Entfernungen seien(17) | W~ verlassen ; er sei(21) | W~ Visionen, hat(76) | V~ nachts(6) | V~ Schließen der Augen; beim(29) | V~ schrecklich(27) | s~ nachts(4)

Wahnideen - Visionen, hat - Ungeheuern, von(9) | V~ wundervolle(5)

Wahnideen - Welt - neuen Welt bewegen; er würde sich in einer

Weinen(244) | W~ nachts(81) | W~ Angst, nach(23) | W~ grundlos(30) | W~ Kindern; bei(22) | **W~ Konvulsionen - während**(27) | W~ Schlaf, im(88) | *W~ Schweiß, beim*(25) | W~ unwillkürlich(35) | *W~ Verlangen zu weinen - Augen sind trocken; aber die | V~ immer; die ganze Zeit*(16)

Widerspenstig(66)

Widerspruch - Neigung zu widersprechen(38)

Widerwillen(39)

Wildheit(29)

Wille - Verlust der Willenskraft(34)

Wirft mit Gegenständen um sich(20)

Zeit - langsam, scheint länger; vergeht zu(29)

Zerreißt - Dinge im allgemeinen(21)

Zorn(243) | Z~ wirft mit Gegenständen(12)

TRÄUME

Alpträume, Alpdrücken(144)

Ängstlich(239)

Anstrengung - geistige(51)

Beeindruckend(11)

Träume ...
Beschäftigt zu sein; sehr(29)
Ereignisse - zurückliegende, kurz - Morgen, vom
Erotisch(196) | E ~ Erektionen, mit(27) | *E ~ Priapismus, mit*(2)
Erotisch - Pollutionen, mit(96)
Geschäft(40)
Gespenster(38)
Hervorragende geistige Arbeit zu leisten(15)
Nachdenken, mit(15)
Projekte; Pläne(4)
Schrecklich(237)
Tod(64) | T ~ Sterben - er stirbt(14)
Verworren(122)
Viele(260)
Visionär(45)
Wecken den Patienten(118)

– *Canna angustifolia* –

canna

Träume
Arzt(2)
Behandlung, ärztliche

– *Cannabis indica* –

cann-i.

Gemüt
Albernes Benehmen(65)
Alkoholismus(135)
Angst(362) | **A ~ Freien, im - amel.**(23) | A ~ Gehen - Freien, im - amel.(7) | A ~ Masturbation, durch(2) | A ~ Seelenheil, um das(35)
Anstrengung - körperliche Anstrengung - Verlangen nach(9)
Antworten - unzusammenhängend(13)
Aphasie - Amnesie, mit(3)
Argwöhnisch(105)
Auffahren, Zusammenfahren - Schlaf - während(163)
Begreifen, Auffassungsvermögen - leicht(38)
Beißen(35)
Betäubung(237)

Gemüt ...
Bewußtlosigkeit(280) | B ~ nachts(5) | B ~ Bewegungen, automatische(26) | B ~ Kerzenlicht, durch | B ~ Klaviermusik; beim Hören von | B ~ Musik, durch(2) | B ~ plötzlich(12) | B ~ Schwangerschaft, in der(4) | B ~ Traum, wie ein einem(11) | B ~ vorübergehend(24)
Delirium(233) | D ~ nachts(67) | D ~ erotisch(12) | D ~ fremd - Ländern, spricht von fremden | D ~ manisch(47) | D ~ rasend(84) | D ~ redselig(33) | D ~ Schlaflosigkeit - mit(45) | *D ~ Wahnideen, mit*(18)
Delirium tremens(84) | D ~ Wahnideen, mit(7)
Demenz(33) | D ~ paralytica, Dementia(18)
Ekstase(59)
Empfindlich - Geräusche, gegen(149) | E ~ Mangel an Empfindlichkeit(20)
Entfernungen - falsche Einschätzung von(10) | *E ~ vergrößert; scheinen*(8)
Erkennt - nicht; erkennt - Straßen nicht; erkennt bekannte(7)
Erotisch(39)
Erregung(287) | E ~ nachmittags(8) | E ~ Kopfschmerz - vor | *E ~ Traurigkeit, nach*(2)
Erschöpfung; geistige(217) | E ~ Zittern, mit(4)
Erschreckt leicht(125)
Exzentrizität, Überspanntheit(54) | *E ~ epileptischem Anfall, vor*
Faulheit - Essen, nach dem(25)
Fehler; macht - Orte; in bezug auf(32) | *F ~ Raum; in bezug auf den*(10) | *R ~ Zeit; und die*(10)
Fehler; macht - Schreiben, beim(83) | S ~ falsch - Worte(16)
Fehler; macht - Zeit; in bezug auf die(34)
Fluchen(44)
Freien; Gemütssymptome amel. im(3)
Froh(182)
Furcht(242) | F ~ Anfall zu bekommen; einen(13) | F ~ Dingen; vor wirklichen und unwirklichen

GEMÜT ...

Furcht - Dunkelheit, vor der(40) | F~ Ertrinken, vor dem | **F~ Geisteskrankheit**(74) | F~ Gespenstern, vor(32) | F~ glänzenden Gegenständen oder sie sind unerträglich; Furcht vor(5) | F~ Kohleneimer, vor | F~ Kontrolle zu verlieren; die(2) | F~ Krankheit, vor drohender - unheilbar zu sein(42) | F~ Luft - Freien im - amel.(4) | F~ Näherkommen, Annäherung von; vor - anderen, von(28) | F~ Selbstkontrolle zu verlieren; die(5) | F~ Spiegeln im Zimmer; vor(7) | F~ Stimme zu gebrauchen; die | *F~ Tod; vor dem*(143) | F~ Verletzung - selbst verletzt zu werden(9) | F~ Wasser, vor(33)

Gedächtnis - gut, aktiv(91) | *G~ Gedächtnisschwäche*(284) | G~ auszudrücken, sich(41) | G~ Eigennamen; für(44) | *G~ gedacht hat; für das, was er gerade*(18) | G~ gehört hat; für das, was er(15) | G~ gelesen hat; für das, was er(41) | *G~ gesagt hat; für das, was er*(29) | G~ geschrieben hat; für das, was er(3) | *G~ sagen will; für das, was er gerade*(38) | **G~ schreiben will; für das, was er gerade**(11) | G~ Straßen; für bekannte(4) | G~ Worte, für(61)

Gedächtnis - Gedächtnisverlust - Aphasie, bei(2)

Gedanken - drängen auf ihn ein und schwirren durcheinander(16) | G~ Gedankenandrang, einstürmende Gedanken, Gedankenfluß(78) | **G~ hartnäckig**(83) | G~ Kreis, drehen sich im(2) | G~ lächerlich(5) | G~ schnell(36) | G~ Vergangenheit, an die(4) | *G~ Vergehen, Schwinden der Gedanken*(76) | *V~ Lesen, beim*(5) | *V~ Schreiben, beim*(5) | *V~ Sprechen, beim*(9)

Gedanken - wandernd(72) | G~ zusammenhangslos(30)

Gedanken versunken, in(90)

Gedichte, macht(14)

Gehen - Freien, im - amel. Gemütssymptome(10)

GEMÜT ...

Geistesabwesend(71)

Geisteskraft - erhöht(18)

Geisteskrankheit, Wahnsinn(153) | G~ Alkoholikern; bei(22) | *G~ erotisch*(31) | *G~ Wochenbett, im*(35)

Geistige Anstrengung - agg. - unmöglich(130) | G~ Abneigung gegen(150)

Gesellschaft - Abneigung gegen(156)

Gesten, Gebärden; macht(22) | G~ automatisch(15) | G~ Hände; unwillkürliche Bewegungen der(23) | H~ reibt - aneinander; reibt die Hände(2)

Gesten, Gebärden; macht - stampft mit den Füßen(17) | G~ zornig, wütend(3)

Glänzende Gegenstände - agg.(13)

Gleichgültigkeit, Apathie(251) | G~ äußere - Dinge; gegen(26) | G~ Gewissens; gegen die Stimme des(5)

Hast, Eile(112) | H~ Bewegungen im(23) | H~ jeder - muß sich beeilen(6)

Hellsehen(28) | H~ Mitternacht

Hochgefühl(97)

Hochmütig, arrogant(53)

Hysterie(194)

Ideen, Einfälle - Reichtum an, Klarheit des Geistes(125) | R~ Urinieren, nach dem

Impulse, Triebe; krankhafte - Absurdes zu tun(7) | I~ laufen; zu(12)

Jauchzend, frohlockend

Katalepsie(20)

Kichern(3)

Konzentration - schwierig(261) | s~ ein Thema; auf

Kriecht, krabbelt - Boden, auf dem(5)

Lachen(102) | L~ abwechselnd mit - Weinen(43) | **L~ anhaltend**(5) | L~ Ernstes, über(15) | *L~ Kleinigkeiten, über*(13) | L~ sardonisch(26) | L~ spasmodisch(49) | **L~ unmäßig**(28) | *L~ unwillkürlich*(23) | L~ Weinen - gleichzeitig Lachen und Weinen(4) | **L~ Wort, bei jedem** | L~ Zyanose, mit

Läuft umher - Menschen, beim Gehen; läuft gegen

Lasziv, lüstern(77)

GEMÜT ...

Launenhaftigkeit, launisch(108)
Leidenschaftlich(49)
Lesen - unfähig zu lesen(9)
Licht - Verlangen nach(19)
Liebkost - möchte liebkost werden, verlangt nach Zärtlichkeiten(3)
Lustig, fröhlich(123) | L~ abwechselnd mit - Traurigkeit(14)
Manie(149) | *M~ abwechselnd mit - Lustigkeit*(3) | M~ Raserei, mit(27)
Meditieren, Nachdenken(47)
Milde(80)
Morphiumsucht(31)
Musik - angenehm, ist(3) | M~ Ohnmacht beim Hören von(2)
Mutwillig, boshaft(24)
Nymphomanie(67)
Pfeifen(16)
Phantasien - angenehm(7) | *P~ lebhaft*(31) | **P~ übertrieben**(114)
Qualvolle Angst(121) | *Q~ Beklemmung, mit*(3) | **Q~ Freien, im - amel.**(2)
Raserei, Tobsucht, Wut(95) | R~ Weinen, mit(2)
Redseligkeit; Geschwätzigkeit(136) | R~ Kopfschmerz - vor
Reizbarkeit(408) | R~ nachmittags(37)
Ruhelosigkeit(420)
Satyriasis(26)
Schlafwandeln(56)
Schreien(133)
Schüchternheit, Zaghaftigkeit - abends - Bett - Zubettgehen; beim(11)
Schweigsam(209)
Selbstbetrachtung(58)
Singen(59)
Sinne - scharf(52)
Sonderbar, fremd, merkwürdig - alles erscheint(16)
Sorgen, voller(50)
Spaßen(52) | S~ Wortspiele, macht(2)
Spotten - Sarkasmus, beißender Spott(14)
Sprache - enthusiastisch | S~ hastig(44) | S~ langsam(59) | S~ lebhaft(3)

GEMÜT ...

Sprache - schrille Stimme(3) | *S~ übertrieben, extravagant*(6) | S~ undeutlich(24) | *S~ unsinnig*(29) | **S~ unzusammenhängend**(65)
Sprechen - beenden; kann den Satz nicht(6) | S~ einem Thema; von nichts anderem als(7) | *S~ Schlaf, im*(93)
Spucken - Gesicht; Menschen ins(14)
Still sein, seine Ruhe haben; möchte(21)
Stimmung, Laune - veränderlich(158)
Stöhnen(119)
Stumpfheit(332)
Stupor(138)
Tanzen(33)
Theoretisieren(20)
Tod - Gedanken an den Tod(54) | T~ Gefühl von(25) | G~ Fieberfrost, im
Tod - Vorahnung des Todes(62)
Tollwut, Hydrophobie(46)
Traum; wie in einem(69)
Traurigkeit(477) | T~ morgens(71) | T~ Freien, im - amel.(10) | T~ Gehen - Freien, im - amel.(4)
Unentschlossenheit(146)
Ungeschicklichkeit(41)
Unwirklich - alles scheint(14)
Vergeßlich(187) | V~ Gedanken | V~ Straßen, vergißt bekannte(7) | **V~ Worte beim Sprechen; vergißt**(52)
Vergnügen(7)
Verlassen zu sein; Gefühl(56) | V~ Isolation, Gefühl der(16)
Verwirrung, geistige(321) | V~ ekstatisch | *V~ Traum; wie in einem*(27) | *V~ Zeit; in bezug auf die - Raum und Zeit; in bezug auf*(5)
Verzweiflung(137) | V~ Genesung, in bezug auf die(44)
Wahnideen(191) | W~ nachts(36) | W~ absurd, lächerlich | a~ Gestalten seien anwesend(8)
Wahnideen - angenehme Wahnideen(6) | W~ Armee würde an ihm vorbeiziehen; eine schweigende - Gehen; beim | W~ ausdehnen - Vorübergehende würden sich ausdehnen

GEMÜT …

Wahnideen - Bahre liegen; er würde auf einer(2) | W ~ Befehlshaber zu sein; ein(2) | W ~ Beine - Blechbüchse, gefüllt mit Treppenschienen; das Bein sei eine | B ~ lang, zu

Wahnideen - Berggrat, Kamm; er sei auf einem | W ~ beschäftigt - Tätigkeit; mit einer(12) | W ~ Beweis, führt einen beredten | W ~ Bierkrug, der mit Drachenbildern verziert ist; er sieht einen riesigen | W ~ Bilder, Phantome; sieht - angenehm(4) | W ~ Blumen, von gigantischen | W ~ Blut - rauschen wie das Getöse von vielen Gewässern; das Blut würde durch die Adern(2) | W ~ Chormusik hört; er sei in der Kathedrale, wenn er | W ~ Christus; er sei(2) | W ~ delirös - sei delirös, er(2) | W ~ Diebe - Haus, im(9) | W ~ doppelt - Empfindungen präsentieren sich in doppelter Gestalt | d ~ Existenz zu haben; eine doppelte | d ~ sein, doppelt zu(30)

Wahnideen - drei Personen; er sei(6) | W ~ durchsichtig - er sei(3) | W ~ Engel, sieht(3) | *W ~ Entfernungen; in bezug auf*(4) | W ~ ermordet - er würde ermordet - bestochen worden, um ihn zu ermorden; Personen seien | W ~ erstickt zu werden - er würde gleich erstickt - nachts beim Erwachen(3) | W ~ Ewigkeit - er sei in der | W ~ Existenz - eigene Existenz; bezweifelt seine | E ~ gestaltlose Existenz im unermeßlichen Raum | E ~ zwei Existenzen; er habe

Wahnideen - fahren; als würde er - reiten(2) | W ~ Fallen - Wände(4) | W ~ Feiglinge; Menschen, die ihn verlassen seien | W ~ Fingernägel scheinen so groß wie Teller - Schläfrigkeit; während | W ~ Flasche Sodawasser; er sei eine - läuft; die hin und her | *W ~ Fliegen*(13) | F ~ Abgrund; er fliege von einem Felsen in einen dunklen - Zubettgehen; beim

GEMÜT …

Wahnideen - Fliegen - könne er fliegen; als - abgehoben; und vom Boden

Wahnideen - Fluidum; umgeben von undurchdringlichem, ätherischem | W ~ Frauen - alten und runzeligen Frauen; von(2) | W ~ Fremde - sieht, er(8) | W ~ Freund - umgeben; von Freunden - sei, er(2) | W ~ Gefährten - sind halb Menschen, halb Pflanzen | W ~ Geheimnis; alles um ihn herum scheint ein schreckliches(2) | W ~ Gehirn - Gehirnerweichung; er habe(3) | W ~ Geist; er sei ein | W ~ geisteskrank - werden; er würde geisteskrank(43) | W ~ Gemüse - Existenz als Gemüse zu führen; glaubt, eine | *W ~ Geräusche - Wagen; hört den Lärm von* | *W ~ geschwollen, er sei*(11) | W ~ Gesichter, sieht(26) | G ~ häßliche(17) | h ~ angenehm, scheinen

Wahnideen - Gesichter, sieht - lächerliche | G ~ vornehmen Menschen, von

Wahnideen - geteilt - zwei Teile; in(10) | W ~ getrennt - Körper - Seele getrennt; der Körper sei von der(7) | W ~ Gewicht, er habe kein(3) | W ~ Giraffe; er sei eine | W ~ Glocken läuten, hört(5) | G ~ unzählige, lieblich tönende

Wahnideen - Glühwürmchen, von | W ~ göttlich; er sei(3) | W ~ grotesk(3) | W ~ Halle; Illusion einer riesigen | W ~ Haus - beweglich; das Haus scheint | H ~ Menschen; das Haus sei voller(10)

Wahnideen - Hause, zu - nicht zu Hause ist; er glaubt es zu sein, wenn er(2) | W ~ Himmel, er sei im(5) | W ~ Himmelskörper zu sein; ein | W ~ Hitze, die vom Epigastrium ausstrahlt; er habe eine gewaltige | W ~ hochgehoben; sie würde - fliegen, und könne | *W ~ hochgestellte Persönlichkeit; er sei eine*(13) | W ~ Hölle - Schatten der Hölle; im - Mitternacht beim Erwachen; um | H ~ sei in(6)

Gemüt ...

Wahnideen - Hören - Einbildung; etwas zu hören(44) | W ~ Ichthyosaurier, sieht einen | W ~ Identität - Fehleinschätzung in bezug auf die eigene(18) | I ~ jemand anderer; sie sei(10)

Wahnideen - Jäger; er sei ein(2) | W ~ Kaiser - sei ein | W ~ Kathedrale; er sei in einer - Chören; beim Hören von | *W ~ Kleidung - Lumpen gehüllt; er sei in* | K ~ wegfliegen und Wandelsterne (Planeten) werden; die Kleider würden - Entkleiden; beim

Wahnideen - Königin; sie sei eine | W ~ Körper - bedeckt - Erde bedecken; würde die ganze | K ~ geteilt, sei(6) | *K ~ Größe des Körpers; in bezug auf die*(5)

Wahnideen - Kopf - Ecke des Zimmers passen; ein Teil des Kopfes würde in jede | K ~ gehören; würde einem anderen(5) | K ~ monströsen Kopf im Zimmer an der gegenüberliegenden Wand(2) | K ~ Pendel; der Kopf scheint ein umgedrehtes, schwingendes

Wahnideen - Kummer; jeder den er trifft habe einen heimlichen | W ~ lächerlich(5) | W ~ Leben - rasen; er wurde von einem Leben zum anderen | L ~ Symbole des Lebens; alle vergangenen Ereignisse drehen sich auf Rädern als

Wahnideen - Lebenstätigkeit; lebhaftes Bewußtsein gewöhnlich unbemerkter Vorgänge und Tätigkeiten der | W ~ lebhaft(26) | W ~ leicht - sei leicht, er(26) | W ~ Lokomotive - er sei eine Lokomotive | W ~ Mandarin; hielt den Freund für einen | W ~ Mann - verhüllter Mann kommt aus der Mauer - Gehen auf der Straße; beim | W ~ Maria; die Jungfrau - sie sei die(2) | W ~ Marmorstatue; Gefühl, er sei eine | W ~ müde - spricht; als sei er | **W ~ Musik - glaubt Musik zu hören**(13) | M ~ hört Musik - lieblichste und erhabenste Melodie; die(2)

Gemüt ...

Wahnideen - Nilpferd; er sei ein | W ~ Not - sie seien in Not geraten | W ~ Offizier; er sei ein(5) | W ~ Opiat - Einfluß eines Opiats; er stünde unter dem | W ~ Orte, Plätze - verschiedenen Orten gleichzeitig; er sei an(4) | W ~ Person - Zimmer; eine andere Person sei im(6) | W ~ Pferde - sitzen; er würde auf Pferd sitzen | **W ~ Phantasiegebilde, Illusionen**(115) | W ~ Platz, der von Häusern umgeben ist, die hundert Stockwerke hoch sind; sieht einen ungeheuer großen | W ~ Pumpenschwengel; er sei ein | W ~ Raum - Ausdehnung des(2) | R ~ getragen; er würde in den Weltraum - Liegen; beim(3) | g ~ Umlaufbahn zu beschreiben; und genötigt, eine enorme - Liegen; beim

Wahnideen - Reichtum, von(12) | W ~ Reise; er befinde sich auf einer(12) | W ~ Reisen, von(2) | W ~ rufen; laut zu | *W ~ ruft - ihn, jemand*(4) | r ~ jemand(9)

Wahnideen - Rußwolke sei auf ihn herabgefallen | W ~ Säge, die auf und niederschnellt; er sei eine riesige | W ~ Satyren; Visionen von tanzenden | W ~ Schmetterlingen, von(2) | *W ~ schön*(6) | W ~ schöpferische Kräfte; er habe(2) | W ~ schweben - Luft, in der(45) | W ~ schwimmen, er würde(2) | W ~ seziert werden; er werde | W ~ singen, er würde | W ~ Soldaten - marschieren - schweigend vorbei | W ~ sonderbar, merkwürdig - alles sei(16) | *s ~ Stimme scheint fremd; ihre eigene* | *s ~ Vertrautes scheint fremd*(38) | V ~ lächerlich, sind(3)

Wahnideen - Sonne - schwanken; die Sonne würde | W ~ Statue - Marmorstatue; er sei eine | W ~ sterben - gleich sterben; glaubt, er würde(57) | *g ~ seziert werden; und werde bald*

GEMÜT ...

Wahnideen - Sterne in seinem Teller; sieht | W~ Stimmen - eigene Stimme klingt fremd und scheint wie Donner zu hallen; die | S~ hört(37)

Wahnideen - stirbt - er(15) | W~ Strudel, Wirbel hinunter getragen; er würde einen seelischen | W~ Tanzen - Satyren und nickende Mandarine, tanzende | W~ Tartaren; von einer Horde von | W~ Teufel - anwesend, sei(5) | T~ besessen, vom Teufel - er sei(5) | T~ er sei ein Teufel(6) | T~ sieht(19)

Wahnideen - Tintenfaß - sei ein Tintenfaß; er | W~ tot - er selbst sei(18) | t~ Leiche - Bahre, auf einer(2) | t~ Personen, sieht tote - Mitternacht beim Erwachen; um

Wahnideen - Überirdischem, von etwas | W~ übermenschlich, er sei | W~ unwirklich - alles erscheint unwirklich(19) | **W~ vergrößert**(42) | v~ Bein sei länger; ein | **v~ Entfernungen seien**(17) | **v~ Gegenstände seien**(12) | v~ Körper sei - Körperteile(10) | v~ Kopf sei(15) | v~ Personen seien(2) | v~ Wimpern seien

Wahnideen - verhext, er sei | W~ verkleinert - alles sei(6) | W~ verlassen ; er sei(21) | W~ Verletzung - werden; würde gleich verletzt(13) | W~ Vernichtung anheimfallen; würde der(3) | W~ versetzt - Welt; in eine andere | **W~ Visionen, hat**(76) | V~ Erhabenheit, von großartiger(3) | V~ Macht, von eingebildeter(2) | *V~ schön*(8) | V~ symmetrisch(2) | V~ Ungeheuern, von(9) | V~ wundervolle(5)

Wahnideen - Wände - einstürzen; die Wände würden(3) | W~ rutschen; scheinen zusammen zu | W~ Schreckliches an den Wänden; sieht(4) | W~ umgeben von hohen Wänden; er sei

GEMÜT ...

Wahnideen - Wasser - blauem Wasser, von | W~ Nektar; Wasser sei wunderbarer - trinkt; wenn er | W~ Überschwemmungen u.ä.

Wahnideen - wechseln plötzlich(2) | W~ Wimpern verlängert | W~ Wind, der im Kamin heult, klingt wie das Sausen eines gewaltigen Rades - Widerhall eines Donnerschlages auf einer großen Orgel; und wie der | W~ Wirbelsäule sei ein Barometer | W~ Wissen; er habe grenzenloses, unendliches(2) | W~ Wolken - fremdartige Wolken lassen sich auf den Patienten nieder oder tanzen um die Sonne herum | W~ wunderlich, grillig | W~ Würmer - Erbrochene sei ein Haufen Würmer; das | **W~ Zeit - länger; die Zeit erscheint**(14) | W~ Zimmer - zerfallen; das Zimmer würde | W~ Zwerg; er sei ein | W~ Zylinder, er sei ein

Weinen(244) | W~ unwillkürlich(35)

Widerspruch - verträgt keinen Widerspruch(73)

Witzig, geistreich(14)

Zeit - langsam, scheint länger; vergeht zu(29) | l~ Ewigkeit zu sein; wenige Sekunden scheinen eine

Zerstreut(166)

TRÄUME

Alpträume, Alpdrücken(144) | *A~ Einschlafen, beim*(8)

Angenehm(136)

Ängstlich(239)

Dinge - verändernde, sich(18)

Ereignisse - zukünftige(11)

Erotisch(196) | E~ Erektionen, mit(27) | E~ Pollutionen, mit(96)

Feuer(65)

Gefahr(40)

Hellsichtig(12)

Lebhaft(193)

Leichen(42)

Prophetisch(11)

Schrecklich(237)

Träume...

Traurig(46)
Unangenehm(87)
Verdrießlich(122)
Verstorbenen, von(84)
Viele(260)
Wild (Emotion)(9)

– Cannabis sativa –

cann-s.

Gemüt

Angst(362) | A~ nachts(119) | A~ Stimme; beim Erheben der
Auffahren, Zusammenfahren(117) | A~ elektrisch - wie(4) | A~ Geräusche, durch(60)
Beleidigt, leicht(79)
Betäubung(237)
Bett - Abneigung gegen das Bett, meidet es(18)
Bewußtlosigkeit(280) | *B~ Traum, wie ein einem - weiß nicht, wo er ist - Erwachen, beim - Traum, aus einem schrecklichen*
Boshaft(99)
Delirium(233) | D~ heiter, fröhlich(14) | D~ rasend(84)
Empfindlich(192) | E~ Essen - nach(3) | E~ Geräusche, gegen(149)
Erkennt - nicht; erkennt - Umgebung nicht; erkennt die(4)
Ernst(77)
Erschreckt leicht(125)
Faulheit(269) | F~ abends(20)
Fehler; macht - Schreiben, beim(83) | *S~ läßt etwas aus - Worte*(14) | *S~ wiederholt Worte*(6)
Fehler; macht - Sprechen, beim(81) | S~ Antworten; beim - falsche Antworten; gibt(4) | S~ Worte - falsche Worte; benutzt(53) | W~ stellt Worte an die falsche Stelle(46)
Froh(182) | F~ abwechselnd mit - Ernst(4) | a~ Traurigkeit(57) | a~ Weinen(19)
Froh - Fieberfrost, im(6)

Gemüt ...

Furcht(242) | F~ Bett - vor dem(20) | F~ Geräusche, durch(40) | *F~ Magen - aufsteigend vom*(15)
Gedächtnis - gut, aktiv(91) | G~ Gedächtnisschwäche(284) | G~ auszudrücken, sich(41) | G~ sagen will; für das, was er gerade(38) | G~ tun wollte; für das, was er gerade(33) | *G~ Worte, für*(61)
Gedanken - Gedankenandrang, einstürmende Gedanken, Gedankenfluß(78) | *G~ Stillstand der Gedanken*(10) | G~ überlegt(54) | *G~ Vergehen, Schwinden der Gedanken*(76) | G~ wandernd(72)
Gedanken versunken, in(90)
Geisteskrankheit, Wahnsinn(153) | G~ boshaft, bösartig(7) | G~ froh, lustig(8) | G~ Weinen, mit(3)
Gespräche - agg.(45)
Gesten, Gebärden; macht - dreht sich schnell auf dem Fuß herum | G~ konvulsivisch(24)
Gleichgültigkeit, Apathie(251) | G~ allem; gegenüber(71) | G~ freudlos(11)
Hast, Eile(112) | H~ Fieberfrost, im
Hysterie(194)
Ideen, Einfälle - Mangel an(102) | I~ Reichtum an, Klarheit des Geistes(125)
Imbezillität(140)
Konzentration - schwierig(261)
Lachen(102) | L~ abwechselnd mit - Weinen(43) | L~ laut(8)
Lächerlich, Dinge erscheinen(6)
Lästig, geht auf die Nerven(79)
Laszív, lüstern(77)
Launenhaftigkeit, launisch(108) | L~ vormittags | L~ nachmittags(2)
Lebhaft, munter(50) | L~ Rausch, wie durch einen
Licht - Verlangen nach(19)
Lustig, fröhlich(123) | L~ nachmittags(9)
Manie(149) | M~ abwechselnd mit - Fröhlichkeit(3) | M~ Raserei, mit(27)
Meditieren, Nachdenken(47)
Murmeln(55) | M~ unklar(6)

GEMÜT ...

Mürrisch(290) | M~ nachmittags(30)
Nachgiebigkeit(21)
Nymphomanie(67)
Pfeifen(16)
Phantasien - lebhaft(31) | P~ übertrieben(114)
Raserei, Tobsucht, Wut(95) | R~ abwechselnd mit - Fröhlichkeit, Frohsinn(6) | a~ Weinen(2)
Raserei, Tobsucht, Wut - boshaft, bösartig(9) | R~ Fieberfrost, im(2) | R~ Kleinigkeiten, über(2) | R~ Spucken; mit(3) | R~ Weinen, mit(2)
Reizbarkeit(408) | R~ nachmittags(37)
Ruhelosigkeit(420) | R~ Frost - während(23)
Schreiben - Schwierigkeiten, die Gedanken im Schreiben auszudrücken(12)
Schweigsam(209)
Singen(59)
Sinne - Vergehen, Schwinden der(51)
Sitzen - Neigung zu sitzen(110)
Sonderbar, fremd, merkwürdig - alles erscheint(16) | **S~ Stimmen erscheinen**(2)
Sprache - hastig(44) | *S~ langsam*(59) | *S~ undeutlich*(24) | *S~ verworren*(25)
Spucken(32) | S~ Gesicht; Menschen ins(14)
Stimmung, Laune - veränderlich(158) | S~ wechselnd, wechselhaft(80)
Stumpfheit(332) | S~ nachmittags(29) | S~ abends(29) | *S~ Erwachen, beim*(41) | S~ Lesen(35) | S~ Schläfrigkeit, bei(30) | S~ Schreiben, beim(10)
Tanzen - amel. die Gemütssymptome(8)
Traum; wie in einem(69)
Traurigkeit(477) | *T~ vormittags*(12) | *T~ nachmittags - amel.*(2) | T~ abends - amel.(15) | T~ Frost - während(37)
Unbesonnen(82)
Unbeständigkeit(45)
Unentschlossenheit(146) | U~ wankelmütig(12)
Unwirklich - alles scheint(14)
Unzufrieden(168) | U~ allem; mit(66)
Vergeßlich(187)
Verlassen zu sein; Gefühl - Isolation, Gefühl der(16)

GEMÜT ...

Verwechseln - Gedanken und Dinge(7)
Verwirrung, geistige(321) | V~ morgens - Erwachen, beim(50) | V~ nachmittags(33) | V~ abends(78) | V~ Identität; in bezug auf seine(21) | V~ Traum; wie in einem(27) | *V~ weiß nicht, wo er ist - Erwachen, beim - Traum, aus einem*
Wahnideen(191) | W~ Entfernungen; in bezug auf(4) | W~ Gegenstände; über - sonderbar; Gegenstände seien | W~ geisteskrank - werden; er würde geisteskrank(43) | W~ Harz scheint aus allen Poren auszutreten | W~ Hören - Einbildung; etwas zu hören(44) | W~ Identität - Fehleinschätzung in bezug auf die eigene(18) | I~ jemand anderer; sie sei(10)
Wahnideen - jemand anderes - sie sei jemand anderer(2) | j~ sprechen; jemand anderer würde
Wahnideen - Kopf - fallen; der Kopf würde - Richtungen, in alle | W~ Macht - böse Macht habe Kontrolle über sein ganzes Wesen - Willenskraft, außer seiner | W~ Müdigkeit - verbannt; Müdigkeit sei für immer | W~ Musik - hört Musik - überirdische(2) | W~ Person - andere Person; sie sei eine(8) | W~ Phantasiegebilde, Illusionen(115) | W~ sonderbar, merkwürdig - alles sei(16) | *s~ Vertrautes scheint fremd*(38)
Wahnideen - Sprechen - anderer spricht, wenn er spricht; ein(2) | *W~ Stimmen - hört*(37) | W~ unwirklich - alles erscheint unwirklich(19) | W~ vergehen - Sinne; scheint als würden seine(2) | W~ vergrößert - Entfernungen seien(17) | W~ Zeit - länger; die Zeit erscheint(14) | W~ Zimmer - drehen; würde sich(6)
Weinen(244) | W~ Fieberfrost - im(25)
Wille - Willensschwäche(58)
Zeit - langsam, scheint länger; vergeht zu(29)
Zerstreut(166)

Gemüt ...
Zorn(243) | Z~ abwechselnd mit - Fröhlichkeit, Frohsinn(15) | a~ Weinen(3)
Zorn - heftig(72) | Z~ Kleinigkeiten, über(58) | Z~ plötzlich - abwechselnd mit - Fröhlichkeit(9)

Träume
Angenehm(136)
Ängstlich(239) | Ä~ morgens - Erwachen, beim - amel.; Angst ist(15)
Enttäuschungen(4)
Erfolglose Anstrengungen(20)
Erinnerlich, bleiben im Gedächtnis(33)
Erotisch(196) | E~ nachts - Mitternacht - nach(3) | E~ Pollutionen, mit(96)
Feuer(65)
Lebhaft(193)
Leichen(42)
Schrecklich(237)
Schwierigkeiten(18)
Unangenehm(87)
Unglück(64)
Verdrießlich(122)
Verworren(122)
Wecken den Patienten(118)

– *Cantharis vesicatoria* –

canth.

Gemüt
Abneigung - allem, gegenüber(39)
Abscheu - allgemeiner(42)
Albernes Benehmen(65)
Angst(362) | A~ morgens(42) | A~ vormittags(15) | A~ nachts(119) | A~ Bett - im Bett - Herumwerfen, mit(7) | A~ Erwartungsspannung, durch(7) | A~ Essen - nach(39) | A~ Fieber - während(91) | *A~ Furcht, mit*(110) | A~ Gewissensangst(75) | A~ hypochondrisch(52) | A~ Menses - während(33) | A~ Mittagessen - nach(11) | A~ Stuhlgang - vor(24) | S~ während(20)
Argwöhnisch(105)
Auffahren, Zusammenfahren - Schlaf - während(163) | S~ durch(124)
Beißen(35) | *B~ Delirium, im*(6)

Gemüt ...
Bellen(11) | *B~ brüllend*(4) | *B~ Delirium, im*(2)
Beschimpfen, beleidigen, schmähen(67)
Beschwerden durch - Erwartungsspannung(68)
Betäubung(237)
Bett - Abneigung gegen das Bett, meidet es(18)
Bewußtlosigkeit(280) | B~ nachts - Erwachen, beim(7) | B~ Augen - starren, stieren; mit(8) | B~ Gehen, beim - Freien, im(4) | *B~ Gesicht; mit rotem*(3) | *B~ Gliederzucken, mit*(6) | *B~ kalt - Haut, mit kalter* | B~ Konvulsionen - nach(12) | *B~ Liegen, beim - Arme; Schreien und Umherwerfen mit ausgestreckten* | *B~ plötzlich*(12) | B~ Schwindel, bei(46) | B~ urämisches Koma(4) | B~ vorübergehend(24)
Blasphemie, Gotteslästerung(7) | B~ Fluchen, und(12)
Boshaft(99) | B~ Zorn, mit(12)
Brütet, grübelt(41)
Chaotisch(44)
Delirium(233) | D~ abends(10) | *D~ nachts*(67) | *D~ ängstlich*(24) | *D~ Beißen, Verlangen zu*(6) | *D~ besinnungslos, mit offenen Augen*(13) | D~ Blick auf einen Punkt fixiert(10) | *D~ erotisch*(12) | *D~ Fieber; im*(54) | D~ Geschäften, spricht von(7) | D~ heftig(26) | *D~ manisch*(47) | **D~ rasend**(84) | D~ schrecklich(26) | *D~ Schreien, mit*(18) | *S~ Hilfe, um*(5)
Delirium - Tollwut, bei(4) | D~ wild(21)
Demenz - Masturbation, mit(11)
Destruktivität, Zerstörungswut(41)
Ehebrecherisch(9)
Eigensinnig, starrköpfig, dickköpfig(107)
Ekstase(59)
Empfindlich(192)
Entmutigt(135) | E~ Angst, mit(7)
Erotisch(39)
Erregung(287) | E~ morgens(19) | E~ Frost - während(22) | E~ konvulsivisch(2)

Gemüt ...

Erschöpfung; geistige(217) | E~ morgens(8)
Erschreckt leicht(125)
Faulheit(269) | F~ morgens(51)
Fehler; macht - Sprechen, beim(81) | S~ Worte - falsche Worte; benutzt(53)
Feigheit(89)
Fluchen(44)
Froh(182) | F~ abwechselnd mit - Traurigkeit(57)
Furcht(242) | F~ Bett - vor dem(20) | F~ Essen - nach dem Essen; Furcht(14) | F~ glänzenden Gegenständen oder sie sind unerträglich; Furcht vor(5) | F~ Magen - aufsteigend vom(15) | *F~ Spiegeln im Zimmer; vor*(7) | F~ Tod; vor dem(143) | F~ Wasser, vor(33)
Gedanken - drängen auf ihn ein und schwirren durcheinander(16) | G~ Gedankenandrang, einstürmende Gedanken, Gedankenfluß(78) | G~ morgens(3)
Gedanken - hartnäckig(83) | G~ quälend - sexuell(5) | G~ sonderbar, merkwürdig(8) | G~ überlegt(54) | G~ Vergehen, Schwinden der Gedanken(76) | V~ geistige Anstrengung; durch(13)
Gedanken - wandernd(72)
Gedanken versunken, in(90)
Geisteskrankheit, Wahnsinn(153) | *G~ erotisch*(31) | G~ Kraft, mit vermehrter körperlicher(8) | G~ Ruhelosigkeit, mit(14) | G~ Wochenbett, im(35)
Geistige Anstrengung - agg. - unmöglich(130)
Gelingt nichts, es(9)
Geschäftig - fruchtlos, ergebnislos(14)
Gespräche - agg.(45)
Gesten, Gebärden; macht - Hände; unwillkürliche Bewegungen der - wirft die Hände umher(10) | G~ konvulsivisch(24)
Glänzende Gegenstände - agg.(13)
Gleichgültigkeit, Apathie - allem; gegenüber(71)
Grausamkeit, Unmenschlichkeit(30)
Grobheit(37)

Gemüt ...

Hast, Eile(112) | H~ Gehen, beim(15)
Heftig, vehement(100)
Herausfordernd(22)
Hochgefühl(97)
Hypochondrie(116)
Hysterie(194)
Ideen, Einfälle - Mangel an(102) | I~ Reichtum an, Klarheit des Geistes(125)
Impertinenz, Unverschämtheit(14)
Jammern(93)
Klagen(64)
Konzentration - schwierig(261) | s~ morgens(7)
Kratzt mit den Händen - Kalk von den Wänden; den(2)
Lachen - abwechselnd mit - Traurigkeit(8)
Läuft umher(24)
Lasziv, lüstern(77)
Launenhaftigkeit, launisch(108)
Leidenschaftlich(49)
Manie(149) | *M~ lasziv*(5) | *M~ Raserei, mit*(27) | M~ reißt - Haaren; an den eigenen(5) | M~ zerreißt - sich mit den Fingernägeln; zerfleischt(3)
Meditieren, Nachdenken(47)
Mürrisch(290) | M~ morgens(42) | M~ nachmittags(30)
Nymphomanie(67) | N~ Menses - unterdrückten, nach(13)
Phantasien - lasziv(46) | *P~ übertrieben*(114) | P~ übertrieben - morgens(3) | P~ übertrieben - nachts(40)
Qualvolle Angst - Gehen im Freien(7)
Raserei, Tobsucht, Wut(95) | R~ anfallsweise(11) | R~ Beißen, mit(8) | R~ glänzende Gegenstände, durch(4) | R~ heftig(12) | *R~ Konvulsionen; Raserei mit*(5) | R~ trinken oder den Kehlkopf zu berühren; beim Versuch zu | *R~ Wasser, beim Anblick von*(7)
Redseligkeit; Geschwätzigkeit(136)
Reizbarkeit(408) | R~ morgens(69) | m~ Aufstehen, nach dem(13)

GEMÜT ...

Reizbarkeit - abends(60) | R~ Beleidigungen, durch | R~ Schmerzen; bei den(10)

Ruhelosigkeit(420) | R~ Tag und Nacht(4) | R~ nachts(249) | R~ ängstlich(111) | R~ Bett - Herumwerfen im(123) | R~ bewegen - muß sich ständig(18) | R~ Erwachen, beim(30) | R~ Kopfschmerzen, bei(31) | R~ Raserei; endet in | R~ treibt umher(41)

Satyriasis(26)

Schamlos(29)

Schlagen(42) | S~ eingebildete Objekte ein; schlägt um sich auf(14) | S~ Wand, gegen die

Schmollen(41)

Schreien(133) | S~ Konvulsionen - vor(32) | K~ während(31)

Schreien - Raserei; während der(11) | S~ Wahnideen - mit(4)

Schüchternheit, Zaghaftigkeit(113)

Schweigsam(209)

Selbstbetrachtung(58)

Selbstvertrauen - Mangel an Selbstvertrauen(86)

Sentimental, schwärmerisch, rührselig(64)

Sinne - abgestumpft, stumpf(107) | S~ Vergehen, Schwinden der(51)

Sinnlichkeit(24)

Sitzen - Neigung zu sitzen(110)

Sprache - delirös(12) | S~ unsinnig(29) | S~ zögernd(22)

Sprechen - Geschäft, vom(13) | S~ schweift von einem Thema zum anderen(47) | S~ Toten, mit(7)

Stimmung, Laune - veränderlich(158)

Stöhnen(119)

Streitsüchtig(136)

Stumpfheit(332) | S~ morgens(54)

Stupor - Gliederzucken, mit(5) | *S~ kalter Haut, mit* | S~ plötzlich

Tod - Gewißheit des (eigenen) Todes(11) | T~ Vorahnung des Todes(62)

Tollwut, Hydrophobie(46)

GEMÜT ...

Traurigkeit(477) | T~ morgens(71) | T~ mittags(5) | T~ Essen - nach(25)

Traurigkeit - Mittagessen, nach dem(6)

Umherstreifen, Streunen - besinnungslos, geisteskrank(11)

Unanständig, unzüchtig(21) | U~ Lieder(5)

Unbesonnen(82)

Unbeständigkeit(45)

Unentschlossenheit(146)

Ungehorsam(30)

Unverschämtheit(33) | *U~ nachmittags*

Unzüchtig, obszön(34) | U~ Lieder(7)

Unzufrieden(168) | U~ allem; mit(66)

Verächtlich(35)

Vergeßlich(187)

Verwirrung, geistige(321) | V~ morgens(115) | V~ geistige Anstrengung - durch(50) | V~ Lesen, beim(15)

Verzweiflung(137)

Wahnideen(191) | W~ nachts(36) | W~ Arbeit - hart; arbeitet(6) | W~ berührt; er würde(6) | W~ besessen, er sei(14) | W~ Bett - hochgehoben; würde | B~ jemand - unter dem Bett; jemand sei(6) | u~ klopfen, und würde(4)

Wahnideen - Bett - stoßen; jemand würde ihr Bett auf und ab(2) | W~ bewegen - hört Dinge, die sich außer Sicht in der Höhe in seiner Nähe bewegen(4) | W~ Bilder, Phantome; sieht(76) | B~ nachts(40)

Wahnideen - erhoben, hochgehoben - Bett sei hochgehoben | W~ erstickt zu werden - eiskalten Händen, von | W~ gepackt, wie(3) | W~ Geschäft - machen; er würde Geschäfte(7) | W~ glänzenden Gegenständen, von | W~ Hals packen; jemand würde ihn mit eiskalten Händen am | W~ Hand - ergreifen; mitternächtliche Vision, etwas würde ihre Hand | W~ Hören - Einbildung; etwas zu hören(44) | W~ Phantasiegebilde, Illusionen(115) | W~ schreien - mit Schreien(4) | W~ Schritte, hört(4) | W~ schweben - Luft, in der(45)

GEMÜT ...

Wahnideen - Sprechen - Toten, mit(8) | W ~ tot - Personen, sieht tote(59) | W ~ Verletzung - worden; er sei verletzt(10) | W ~ Visionen, hat(76) | V ~ nachts(6)

Wandern - Verlangen zu wandern - ruhelos umher; wandert(6)

Waschen - Abneigung gegen Waschen und Baden(16)

Weinen(244) | W ~ agg.(18) | W ~ morgens(22) | W ~ Angst, nach(23) | *W ~ Konvulsionen - während*(27) | W ~ Schmerzen - während den Schmerzen(23) | W ~ Wimmern, Winseln(27)

Widerspenstig(66) | *W ~ nachmittags*

Widerspruch - Neigung zu widersprechen(38) | *N ~ nachmittags*

Widerspruch - verträgt keinen Widerspruch(73)

Wildheit(29)

Zerreißt - Dinge im allgemeinen(21)

Zerstreut(166)

Ziehen - Haaren; an den(9)

Zorn(243) | Z ~ morgens - Erwachen, beim(13) | Z ~ nachmittags(5) | Z ~ abends(20) | Z ~ Schmerzen - über(6)

Zügellosigkeit, sexuelle Ausschweifung(32)

TRÄUME

Alpträume, Alpdrücken(144) | A ~ Einschlafen, beim(8)

Angenehm(136)

Ängstlich(239) | Ä ~ Menses - vor(3)

Beschäftigt zu sein; sehr(29)

Erotisch(196) | E ~ Pollutionen, mit(96)

Fallen, zu stürzen; zu(60)

Gehen(10) | G ~ Wald, im

Geschäft(40)

Hirsche

Kochen

Lebhaft(193)

Menschen - Firmen(2)

Menschenmengen(2)

Schrecklich(237)

Streitigkeiten(69)

Unerinnerlich, bleiben nicht im Gedächtnis(93)

TRÄUME...

Unwichtig(46)

Verworren(122)

Viele(260)

Wald(4)

Zorn(58)

– *Capsicum annuum* –

caps.

GEMÜT

Abneigung - allem, gegenüber(39)

Alkoholismus(135) | A ~ aufstehen, um zu trinken; muß nachts(3)

Angst(362) | A ~ Atmen, tiefes - muß tief atmen | A ~ Frost - während(31) | A ~ Geräusche, durch(13) | A ~ Stuhlgang - vor(24) | A ~ Zorn, bei(3)

Argwöhnisch(105)

Auffahren, Zusammenfahren(117) | A ~ Fieberhitze, in der(6) | A ~ Schlaf - während(163) | S ~ durch(124)

Auffahren, Zusammenfahren - Träumen, in - aus einem Traum(35)

Beharrlichkeit(16)

Beleidigt, leicht(79)

Beschwerden durch - Erregung - Gefühle, der(87) | *B ~ Heimweh*(8) | B ~ Kummer(65)

Betäubung(237)

Bewußtlosigkeit(280) | *B ~ Fieber, im*(50) | B ~ Frost - während(15)

Boshaft(99) | *B ~ Zorn, mit*(12)

Brütet, grübelt(41)

Delirium(233) | D ~ Fieberfrost, im(14)

Delirium tremens(84)

Denken - Abneigung gegen(46)

Eigensinnig, starrköpfig, dickköpfig(107) | *E ~ Kinder - frostig, widerspenstig und ungeschickt*

Eleganz, Anmut - keine Eleganz(12)

Empfindlich(192) | E ~ äußerliche Eindrücke; gegen alle(21) | *E ~ Fieberfrost, im*(9) | E ~ Geräusche, gegen(149) | **G ~ Fieberfrost, im**(4)

Entrüstung(22) | E ~ abwechselnd mit - Lustigkeit(4)

GEMÜT ...

Erregung(287) | E~ Frost - während(22) | **E~ Hitze - durch Erregung; Hitze**

Erschöpfung; geistige(217)

Erschreckt leicht(125) | *E~ Erwachen, beim*(41)

Faulheit(269)

Fleißig, arbeitsam, Arbeitswut(101)

Froh(182)

Furcht(242) | *F~ Erwachen, beim*(54) | F~ Luft - frischer Luft, vor(2) | F~ Tadel; vor(2) | F~ Tod; vor dem(143) | F~ Unheil; Furcht vor(115) | F~ voller Furcht - Erwachen, beim

Gedächtnis - gut, aktiv(91) | G~ Gedächtnisschwäche(284) | G~ Worte, für(61)

Gedanken - hartnäckig(83) | G~ quälend(31) | G~ zusammenhangslos(30)

Gedanken versunken, in(90)

Geistesabwesend(71)

Geistige Anstrengung - agg. - unmöglich(130)

Geschäftig(45)

Gesellschaft - Abneigung gegen(156)

Gesten, Gebärden; macht - ungeschickt in bezug auf(7)

Gleichgültigkeit, Apathie(251) | G~ allem; gegenüber(71)

Hartnäckigkeit, Beharrlichkeit(3)

Hast, Eile(112)

HEIMWEH(52) | **H~ Hitze im Hals; mit** | *H~ roten Wangen, mit*

Heulen(30)

Hypochondrie(116)

Idiotie(45)

Imbezillität(140)

Indiskretion, Taktlosigkeit(30)

Jammern(93)

Konzentration - schwierig(261)

Küßt - jeden(9)

Kummer(76)

Lachen(102) | L~ abwechselnd mit - Weinen(43)

Langeweile - Heimweh, mit(3)

Lästig, geht auf die Nerven(79)

GEMÜT ...

Launenhaftigkeit, launisch(108) | L~ weist Dinge zurück, die er haben wollte, sobald er sie bekommt(13)

Lustig, fröhlich(123)

Milde(80)

Mürrisch(290) | M~ Fieberfrost, im(13) | M~ Schlaf, im - amel.

Pfeifen(16) | P~ Fieber, im

Reizbarkeit(408) | R~ Erwachen, beim - amel. | **R~ Fieberfrost, im**(57)

Ruhelosigkeit(420) | R~ ängstlich(111) | R~ Frost - während(23) | R~ geschäftig(20) | R~ Hitze - während(66)

Schmutzig(17)

Schreien - Erwachen - beim(27) | *S~ Schlaf, im*(80)

Schweigsam(209)

Seelenruhe, Gelassenheit(85)

Selbstbetrachtung(58)

Singen(59)

Sinne - abgestumpft, stumpf(107) | S~ scharf(52)

Sitzen - Neigung zu sitzen(110)

Spaßen(52) | S~ Abneigung gegen(22) | S~ Spaß; verträgt keinen(12)

Stilles Wesen(49)

Stimmung, Laune - abweisend, zurückweisend(40) | S~ veränderlich(158) | S~ wechselnd, wechselhaft(80)

Stöhnen(119) | S~ Gegenstände, über

Streitsüchtig(136)

Stumpfheit(332) | S~ morgens(54) | m~ Erwachen, beim(26)

Stumpfheit - Erwachen, beim(41) | *S~ Fieberfrost, im*(16) | S~ Hitze - während(14) | S~ Schweiß, beim(8) | S~ Träumen, nach(6)

Stupor(138)

Suizidneigung; Neigung zum Selbstmord(98) | *S~ Gedanken an Selbstmord*(33) | S~ Heimweh, aus

Tadelsüchtig, krittelig(80)

Tadelt - andere(32)

Tod - wünscht sich den Tod, möchte sterben(72)

Gemüt ...

Traurigkeit(477) | T~ Hämorrhoiden, nach unterdrückten
Übereilt, vorschnell, unüberlegt(6)
Umarmt - jeden(9)
Ungehorsam(30)
Ungeschicklichkeit(41) | **U~ fallen, läßt Dinge**(26) | U~ Gesten, in(6) | *U~ Kindern, bei*
Unordentlich(7)
Unzufrieden(168) | U~ leblose Gegenstände
Vergeßlich(187) | V~ Kopfschmerzen, bei(7)
Verwirrung, geistige(321) | V~ morgens(115) | V~ Erwachen, beim(71) | *V~ Fieberfrost, im*(20)
Wahnideen - anerkannt, geschätzt; sie würde nicht(5) | W~ sterben - gleich sterben; glaubt, er würde(57)
Weinen(244) | W~ nachts(81) | *W~ Fieberhitze, in der*(25) | W~ Husten - nach(6) | W~ Schlaf, im(88)
Widerspenstig(66)
Widersprüchlich - Worten; die Absichten stehen im Widerspruch zu den(9)
Widerspruch - Neigung zu widersprechen(38) | *W~ verträgt keinen Widerspruch*(73)
Widerwillen(39)
Wille - widersprüchlich(6)
Witzig, geistreich(14)
Zerstreut(166)
Zorn(243) | Z~ abwechselnd mit - Fröhlichkeit, Frohsinn(15) | a~ Hochgefühl(5) | a~ Spaßen(3) | a~ Zufriedenheit
Zorn - Frost - während | *Z~ Husten - Zorn, durch*(10) | *Z~ leicht*(37) | Z~ plötzlich - abwechselnd mit - Fröhlichkeit(9)
Zufrieden(31)
Zurückhaltend, reserviert(64)

Träume

Ängstlich(239)
Ereignisse - zurückliegende, kurz(55)
Fallen, zu stürzen; zu(60)

Träume...

Lebhaft(193)
Schrecklich(237)
Schwierigkeiten(18)
Sorgen, voller(21)
Traurig(46)
Viele(260)

– Carbo animalis –

carb-an.

Gemüt

Abscheu - Leben, vor dem(84)
Albernes Benehmen(65)
Alkoholismus(135)
Angst(362) | A~ morgens(42) | m~ Aufstehen - beim - nach dem Aufstehen; und(4) | A~ nach(4) | n~ amel.(6)
Angst - morgens - Erwachen, beim(30) | A~ nachmittags(32) | A~ abends(87) | a~ Bett, im(54)
Angst - nachts(119) | n~ Mitternacht - nach - 0 - 2 h
Angst - Aufstehen - nach(5) | A~ Sitzen, vom - amel.(2)
Angst - Bett - im Bett(49) | A~ Dunkelheit; in der(12) | A~ Erwachen, beim(86) | A~ Essen - nach(39) | A~ Fieber - während(91) | A~ Gewissensangst(75) | A~ Menses - vor(22) | A~ Pollutionen, nach(3) | A~ Schaudern, mit(11) | A~ Schließen der Augen; beim(5) | A~ Sitzen(15)
Auffahren, Zusammenfahren(117) | A~ Schlaf - während(163) | *S~ Einschlafen, beim*(72)
Außer sich; ist(51)
Beleidigt, leicht(79)
Beschwerden durch - sexuell - Exzesse(59)
Betäubung(237) | B~ Gehen, beim(5) | B~ Sitzen bei Tisch; beim
Bewußtlosigkeit(280) | B~ morgens(45) | B~ Gehen, beim(4) | B~ Kopf - Bewegung, bei(4) | B~ Schwindel, bei(46) | B~ Sitzen, im(9) | B~ Traum, wie ein einem(11) | B~ vorübergehend(24)

Gemüt ...

Boshaft(99) | B~ Zorn, mit(12)

Brütet, grübelt(41)

Delirium - berauscht, wie(6)

Dunkelheit - agg.(27)

Eigensinnig, starrköpfig, dickköpfig(107)

Empfindlich(192) | E~ Geräusche, gegen(149) | E~ Musik, gegen(46)

Entmutigt(135) | E~ tagsüber und nachts

Erregung - abends - Bett, im(31) | E~ nachts(40)

Erschöpfung; geistige(217) | E~ Pollutionen, nach(7)

Erschreckt leicht(125) | E~ abends(5)

Faulheit(269) | F~ morgens(51) | F~ Schläfrigkeit, bei(29)

Fehler; macht - Schreiben, beim(83)

Feigheit(89)

Froh(182) | F~ abends - Bett, im(29) | F~ abwechselnd mit - Traurigkeit(57) | a~ Weinen(19)

Froh - albern, und(5)

Furcht(242) | F~ morgens(27) | F~ nachmittags(15) | F~ abends(51) | F~ nachts(58) | F~ Anfall zu bekommen; einen(13) | *F~ Dunkelheit, vor der*(40) | D~ Schließen der Augen; beim

Furcht - engen Räumen; in(33) | e~ Gewölben, Kirchen und Kellern; Furcht vor(10)

Furcht - Ersticken, vor dem(24) | E~ Liegen, beim(2) | E~ Schleim im Hals; durch | E~ Schließen der Augen; beim

Furcht - Erwachen, beim(54) | F~ Fieberfrost, im(2) | F~ Geisteskrankheit(74) | F~ Krankheit, vor drohender(66) | F~ Menschen, vor(81) | F~ Menschenmenge; in einer(58) | F~ Ohnmacht zu fallen; davor in(6) | F~ Pollutionen, nach(3) | *F~ Schließen der Augen; beim*(5) | F~ Tod; vor dem(143) | F~ Unheil; Furcht vor(115) | F~ voller Furcht(12)

Gemüt ...

Gedächtnis - Gedächtnisschwäche(284) | G~ auszudrücken, sich(41) | G~ gesagt hat; für das, was er(29) | G~ sagen will; für das, was er gerade(38) | G~ tun wollte; für das, was er gerade(33)

Gedanken - überlegt(54) | G~ Vergehen, Schwinden der Gedanken(76)

Gedanken versunken, in(90)

Gehalten - amel.; gehalten zu werden(22)

Geisteskrankheit, Wahnsinn(153)

Geistige Anstrengung - Abneigung gegen(150)

Geiz(34)

Gesellschaft - Abneigung gegen(156) | A~ allein, wenn - amel.(33)

Gespräche - Abneigung gegen(21)

Gesten, Gebärden; macht - Hände; unwillkürliche Bewegungen der - wirft die Hände umher(10)

Gleichgültigkeit, Apathie(251) | G~ Schläfrigkeit, bei(25)

Hast, Eile(112) | H~ Gehen, beim(15)

Heftig, vehement - morgens(9)

Heimweh(52) | H~ morgens

Imbezillität(140)

Kindisches Benehmen(52)

Konzentration - schwierig(261)

Kummer(76)

Lachen - spasmodisch(49)

Lästig, geht auf die Nerven(79)

Launenhaftigkeit, launisch(108)

Licht - Verlangen nach(19)

Liebevoll, voller Zuneigung, herzlich(37)

Lustig, fröhlich(123) | L~ abwechselnd mit - Weinen(8)

Meditieren, Nachdenken(47)

Milde(80)

Mürrisch(290) | M~ morgens - Erwachen, beim(10) | M~ Schläfrigkeit, bei(9)

Musik - agg.(40)

Nachdenken, Überlegen(8)

Pfeifen(16) | P~ lustig | P~ unwillkürlich(2)

Gemüt ...

Phantasien - lebhaft(31) | P~ übertrieben(114) | ü~ abends - Bett, im(28) | ü~ nachts(40)

Possen, spielt - abwechselnd mit - Weinen(2)

Reizbarkeit(408) | R~ morgens(69) | m~ Erwachen, beim(43)

Reizbarkeit - vormittags(25) | R~ abwechselnd mit - Gleichgültigkeit(8) | R~ Erwachen, beim(56)

Reue(63)

Ruhelosigkeit(420) | R~ nachts(249) | R~ ängstlich(111) | R~ Bett - Herumwerfen im(123) | B~ treibt aus dem(39)

Ruhelosigkeit - Erwachen, beim(30) | R~ innerlich(37)

Schaukeln - amel.(13)

Schmollen(41)

Schreiben - Schwierigkeiten, die Gedanken im Schreiben auszudrücken(12)

Schreien(133) | S~ Schlaf, im(80)

Schüchternheit, Zaghaftigkeit(113) | S~ tagsüber(4) | S~ nachmittags(4) | *S~ schamhaft*(58)

Schweigsam(209)

Selbstbetrachtung(58)

Selbstvertrauen - Mangel an Selbstvertrauen(86)

Sentimental, schwärmerisch, rührselig(64)

Sinne - Vergehen, Schwinden der(51)

Spaßen - Abneigung gegen(22)

Sprache - berauscht, wie(11) | S~ langsam(59) | *S~ leise, sanfte Stimme*(8)

Sprechen - anderer agg.; das Sprechen(46) | *S~ Schlaf, im*(93)

Stimmung, Laune - veränderlich(158) | *S~ wechselnd, wechselhaft*(80)

Stöhnen(119) | *S~ Schlaf, im*(62)

Stumpfheit(332) | S~ morgens(54) | m~ Erwachen, beim(26)

Stumpfheit - vormittags(17) | S~ Mittagessen - nach(4) | S~ Schläfrigkeit, bei(30)

Stupor(138)

Tod - Gedanken an den Tod(54)

Traum; wie in einem(69)

Gemüt ...

Traurigkeit(477) | *T~ morgens*(71) | m~ amel.(2) | m~ Erwachen - beim(21)

Traurigkeit - nachmittags(37) | T~ abends(76) | T~ nachts(21) | T~ ängstlich(32) | T~ Erwachen, beim(24)

Traurigkeit - Schlaflosigkeit - mit(6)

Unzufrieden(168) | U~ allem; mit(66)

Vergeßlich(187) | V~ Worte beim Sprechen; vergißt(52)

Verlassen zu sein; Gefühl(56) | V~ morgens(3)

Verwirrung, geistige(321) | *V~ morgens*(115) | m~ Erwachen, beim(50)

Verwirrung, geistige - abends(78) | V~ Bewegung, durch - Kopfes, des(2) | V~ Gehen(37) | V~ Nasenbluten amel.(2) | V~ Sitzen, im(33) | V~ Traum; wie in einem(27)

Verzweiflung(137)

Wahnideen(191) | W~ abends - Bett, im(16) | W~ Bilder, Phantome; sieht(76) | B~ abends(4) | B~ nachts(40) | B~ Schlaf - vor(4) | S~ Einschlafen, beim(5)

Wahnideen - Bilder, Phantome; sieht - schreckliche(60) | W~ Gesichter, sieht(26) | G~ häßliche(17) | G~ teuflische Gesichter bedrängen ihn(4)

Wahnideen - Phantasiegebilde, Illusionen(115) | W~ sonderbar, merkwürdig - alles sei(16) | s~ Vertrautes scheint fremd(38)

Wahnideen - Stadt; er sei in einer verlassenen | W~ verändert, alles sei(6) | W~ verlassen ; er sei(21) | W~ Visionen, hat(76) | V~ abends(9) | V~ schrecklich(27)

Weinen(244) | W~ morgens(22) | W~ abends(29) | W~ nachts(81) | n~ Schlaf, im(12)

Weinen - Erwachen, beim(36) | W~ Essen - beim | W~ Schlaf, im(88) | W~ Schluchzen; Weinen mit(34) | W~ Trost - will nicht getröstet werden(10)

Widerspenstig(66)

Zorn(243) | Z~ morgens(12) | m~ Erwachen, beim(13)

GEMÜT ...

Zorn - Ärger, über früheren(6) | Z~ Erwachen, beim(16) | Z~ vergangene Ereignisse; über(5)

Zurückhaltend, reserviert(64)

TRÄUME

Angenehm(136)

Ängstlich(239)

Anstrengung - geistige(51)

Beeindruckend(11)

Erotisch(196) | E~ Pollutionen, mit(96)

Hervorragende geistige Arbeit zu leisten(15)

Intellektuell(23)

Lebhaft(193)

Mord(53)

Nachdenken, mit(15)

Phantastisch(55)

Schrecklich(237)

Traurig(46)

Unerinnerlich, bleiben nicht im Gedächtnis(93)

Unglück(64)

Verworren(122)

Viele(260)

Visionär(45)

Wissenschaftlich(5)

– *Carbo vegetabilis* –

carb-v.

GEMÜT

Abscheu - Leben, vor dem(84)

Albernes Benehmen(65)

Alkoholismus(135)

Angst(362) | *A~ morgens*(42) | *m~ Erwachen, beim*(30)

Angst - nachmittags(32) | n~ 16 - 18 h

Angst - abends(87) | **a~ Bett, im**(54) | *a~ Dämmerung, in der*(13)

Angst - nachts(119) | *n~ Mitternacht - vor*(36) | n~ Erwachen, beim(24)

Angst - anfallsweise(13) | *A~ Bett - im Bett*(49) | i~ aufsetzen; muß sich(2)

Angst - Bett - treibt aus dem Bett(15) | **A~ Druck; durch - Brust; auf der**(14)

GEMÜT ...

Angst - Dunkelheit; in der(12) | *A~ Erwachen, beim*(86) | A~ Erwartungsspannung, durch - Verabredung, vor einer(12) | *A~ Essen - beim*(7) | *E~ nach*(39)

Angst - Fieber - während(91) | F~ wie durch

Angst - Fremden; in Gegenwart von(4) | A~ Frost - während(31) | *A~ Furcht, mit*(110) | **A~ Gesicht - Hitze des Gesichtes, mit**(7) | *A~ Gewissensangst*(75) | A~ Kopf - Blutandrang zum; mit(7) | K~ Hitze des Kopfes; mit(6) | K~ Schweiß auf der Stirn; mit(5)

Angst - Kopfschmerzen, mit(18) | A~ Liegen(11) | A~ Menses - vor(22) | A~ Schaudern, mit(11) | A~ Schlaf - Einschlafen, beim(13) | **A~ Schließen der Augen; beim**(5) | A~ Schmerzen, durch die(10) | A~ Stuhlgang - nach(17)

Antworten - falsch, unrichtig(13) | A~ irrelevant, nicht zur Sache Gehörendes(12) | *A~ langsam*(35)

Argwöhnisch(105)

Auffahren, Zusammenfahren(117) | A~ nachts(19) | A~ Geräusche, durch(60) | A~ leicht(52) | *A~ Schlaf - während*(163) | S~ durch(124) | S~ Einschlafen, beim(72)

Auffahren, Zusammenfahren - Schreck oder wie durch Schreck; durch(68) | A~ Träumen, in - aus einem Traum(35)

Außer sich; ist(51)

Beißen(35) | *B~ Wurmleiden; bei*

Beleidigt, leicht(79)

Beschwerden durch - Ausschweifungen(10) | *B~ Erwartungsspannung*(68) | B~ Schock; seelischen(23) | *B~ sexuell - Exzesse*(59)

Betäubung(237)

Bewußtlosigkeit(280) | B~ morgens(45) | *B~ Aufstehen, beim*(6) | *B~ Liegen, beim*(4) | *B~ liegt wie tot*(2) | *B~ partiell, teilweise bei Bewußtsein*(13)

Bulimie(16)

Gemüt ...

Delirium(233) | D~ nachts(67) | *D~ Dunkelheit, in der*(4) | D~ Erwachen, beim(20) | *D~ ruhig*(23)

Delirium tremens(84)

Denken - Abneigung gegen(46)

Dunkelheit - agg.(27)

Eigensinnig, starrköpfig, dickköpfig(107)

Ekstase - Schweiß, beim(4)

Empfindlich(192) | E~ tagsüber | E~ Fieberhitze, in der(8) | *E~ Geräusche, gegen*(149)

Entmutigt(135) | E~ Reizbarkeit, mit(2) | *E~ Weinen, mit*(6)

Erregung(287) | E~ abends(32) | a~ Bett, im(31)

Erregung - Frost - während(22) | E~ gehetzt, wie(2)

Erschöpfung; geistige(217) | E~ morgens(8) | E~ mittags(2)

Erschreckt leicht(125)

Extravaganz(16)

Faulheit(269) | *F~ morgens*(51) | F~ abends(20) | F~ Schläfrigkeit, bei(29)

Feigheit(89)

Fremde - Anwesenheit von Fremden - agg.(16)

Froh(182) | F~ abends - Bett, im(29) | F~ Essen - nach(2)

Furcht(242) | F~ morgens(27) | F~ nachmittags(15) | *F~ abends*(51) | *F~ nachts*(58) | n~ Erwachen, nach dem(8)

Furcht - allein zu sein - nachts(6) | F~ Anfall zu bekommen; einen(13) | F~ Apoplexie, vor(36) | A~ Erwachen, beim(3)

Furcht - Dunkelheit, vor der(40) | F~ Erstikken, vor dem(24) | F~ Essen - nach dem Essen; Furcht(14) | *F~ Fremden; vor*(10) | *F~ geschehen; etwas werde*(82) | *F~ Gespenstern, vor*(32) | *G~ nachts*(10)

Furcht - hochgelegenen Orten; vor(24) | *F~ Menschen, vor*(81) | F~ Schlaf - vor(10) | *F~ Schließen der Augen; beim*(5) | F~ Tod; vor dem(143) | T~ Herzsymptomen, bei(12)

Gemüt ...

Furcht - überwältigend(19) | *F~ Unfällen, vor*(11) | *F~ Unheil; Furcht vor*(115) | F~ zittrig(36)

Gedächtnis - gut, aktiv(91) | *G~ Gedächtnisschwäche*(284) | G~ gehört hat; für das, was er(15) | *G~ gesagt hat; für das, was er*(29) | G~ periodisch(4) | *G~ plötzlich und periodisch*(6) | G~ Tatsachen, Fakten; für - kurz zurückliegende Tatsachen, für(15)

Gedanken - hartnäckig(83)

Gedichte, macht(14)

Geisteskrankheit, Wahnsinn - Alkoholikern; bei(22) | G~ Blutung, nach(8)

Geistige Anstrengung - agg.(141) | *a~ unmöglich*(130)

Geistige Anstrengung - Abneigung gegen(150)

Geiz(34) | G~ Großzügigkeit gegenüber Fremden, Geiz in bezug auf seine Familie(4)

Gesellschaft - Abneigung gegen(156) | *A~ Fremden; Abneigung gegen die Anwesenheit von*(16)

Gesellschaft - Verlangen nach(83)

Getragen - Verlangen getragen zu werden(31)

Geziertheit, Affektiertheit(13)

Gleichgültigkeit, Apathie(251) | **G~ allem; gegenüber**(71) | G~ Familie; gegen seine(4) | G~ Freude, gegen - und Leid(7) | G~ geliebte Personen, gegen(17) | *G~ Musik, die er liebt; gegen*(3) | G~ Pflichten, gegenüber(12) | G~ Schläfrigkeit, bei(25)

Großzügig, zu - Fremden gegenüber(4)

Hast, Eile(112) | H~ Beschäftigung, bei(15)

Heftig, vehement(100) | H~ morgens(9) | H~ vormittags

Ideen, Einfälle - Mangel an(102) | I~ Reichtum an, Klarheit des Geistes(125)

Imbezillität(140)

Kindisches Benehmen(52)

Klammert sich an - Ruhelosigkeit, mit

Kleptomanie(27)

Konzentration - schwierig(261)

GEMÜT ...

Lachen(102) | L~ unmäßig(28)
Langsamkeit(68)
Lasziv, lüstern(77)
Lebensüberdruß(82)
Leidenschaftlich(49)
Liebevoll, voller Zuneigung, herzlich(37)
Lügner(22)
Lustig, fröhlich(123) | L~ abends(29) | L~ albern(8)
Maskulin - Mädchen; maskulin aussehende(5)
Monomanie(16)
Mürrisch(290) | M~ abwechselnd mit - Fröhlichkeit, Frohsinn(23) | M~ Essen, nach dem(21) | M~ Kleinigkeiten, um(13) | *M~ Wurmleiden, bei*(3)
Musik - Herzklopfen beim Hören von(4)
Nymphomanie(67)
Phantasien - lasziv(46) | P~ Schweiß, beim(4) | P~ übertrieben(114) | *P~ übertrieben - abends - Bett, im*(28) | P~ übertrieben - nachts(40)
Qualvolle Angst(121) | Q~ abends(12) | *Q~ Herzerkrankung, bei*(8)
Raserei, Tobsucht, Wut - Wurmleiden, bei
Rebelliert gegen Umschläge(17)
Reizbarkeit(408) | R~ tagsüber(32) | R~ morgens(69) | R~ vormittags(25) | R~ Essen - nach(26) | R~ Fieberfrost, im(57) | R~ Hitze - während(31) | R~ Kleinigkeiten, durch(34)
Religiös - Gemütsstörungen, religiöse(63)
Reue(63) | R~ nachmittags(2)
Ruhelosigkeit(420) | *R~ nachmittags*(25) | n~ 16 - 18 h(2)
Ruhelosigkeit - abends(51) | *R~ nachts*(249) | *R~ ängstlich*(111) | *R~ Bett - treibt aus dem*(39) | R~ Frost - während(23) | *R~ Gesellschaft, in*(4) | *R~ Hitze - während*(66) | R~ treibt umher(41)
Schaukeln - agg.(5)
Schlagen(42) | *S~ Wurmleiden, bei*
Schlemmer(8)
Schmeichlerisch(10)

GEMÜT ...

Schreien(133) | S~ Schlaf, im - Menses - vor(5) | S~ Stuhlgang - während
Schüchternheit, Zaghaftigkeit(113) | S~ Gesellschaft, in(6) | *S~ Öffentlichkeit; beim Auftreten in der*(7) | *S~ Öffentlichkeit; beim Auftreten in der - sprechen; in der Öffentlichkeit zu*(6) | S~ schamhaft(58) | s~ ungeschickt, und(9)
Schweigsam(209)
Selbstvertrauen - Mangel an Selbstvertrauen(86)
Seufzen - Fieberhitze, in der(17)
Sinne - abgestumpft, stumpf(107)
Sitzen - Neigung zu sitzen(110)
Spaßen(52)
Spioniert alles aus(5)
Sprechen - Schlaf, im(93)
Stimmung, Laune - veränderlich(158) | v~ nachts | v~ Abendessen, nach dem(2)
Stöhnen(119) | S~ Schlaf, im(62)
Stößt, tritt(11) | *S~ Wurmleiden; bei*
Studieren, Lernen - schwierig, fällt schwer(18)
Stumpfheit(332) | S~ morgens - Erwachen, beim(26) | S~ abends(29) | *S~ feuchte Luft - durch*(10) | S~ Hitze - während(14) | *S~ Lesen*(35) | S~ Schläfrigkeit, bei(30)
Stupor(138) | S~ morgens(36)
Suizidneigung; Neigung zum Selbstmord(98) | S~ Erhängen, durch(7) | S~ Erschießen, durch(17) | S~ Verzweiflung, aus(4) | S~ Zorn treibt zum Selbstmord
Tod - Agonie vor dem Tod(15) | T~ Vorahnung des Todes(62) | T~ wünscht sich den Tod, möchte sterben(72)
Traum; wie in einem(69)
Traurigkeit(477) | *T~ abends*(76) | a~ amel.(15)
Traurigkeit - ängstlich(32)
Traurigkeit - Schmerzen, durch - geringste Schmerzen, durch
Unentschlossenheit - heiraten, zu(10)
Ungeduld(131)
Ungeschicklichkeit - Schneidern, Sticken; beim(9)

Gemüt ...

Ungestüm(31) | U~ Schweiß, mit(12)

Unglücklich, bedauernswert; fühlt sich(29)

Unzüchtig, obszön(34)

Vergeßlich(187) | V~ periodisch(3) | V~ Worte beim Sprechen; vergißt(52)

Verlassen zu sein; Gefühl(56) | V~ morgens(3)

Verwirrung, geistige(321) | *V~ morgens*(115) | *m~ Aufstehen - und nach dem Aufstehen*(37) | *m~ Erwachen, beim*(50)

Verwirrung, geistige - nachmittags(33) | *V~ abends*(78) | **V~ aufrütteln; muß sich**(4) | *V~ berauscht - wie*(47) | *b~ wie nach einem Rausch*(35)

Verwirrung, geistige - Erwachen, beim(71) | *V~ Essen - nach*(52) | V~ Gehen(37) | G~ Freien, im(14)

Verwirrung, geistige - geistige Anstrengung - durch(50) | g~ amel.

Verwirrung, geistige - Liegen; beim(10) | V~ Mittagessen - nach(9) | V~ Schlaf; nach(14) | S~ Mittagsschlaf; nach dem(5)

Verwirrung, geistige - Traum; wie in einem(27)

Verzweiflung(137) | *V~ Fieberhitze, in der*(21) | V~ Schmerzen; bei den(21) | *V~ Schweiß, beim*(9)

Vorurteile, voreingenommen, parteiisch - traditionelle Vorurteile(6)

Wahnideen(191) | *W~ abends - Bett, im*(16) | W~ nachts(36) | W~ ängstlich(10) | W~ belasten; etwas würde ihn | W~ besessen, er sei(14) | W~ Bett - jemand - im Bett; als sei jemand - mit ihm(13) | j~ kommen würde; als ob jemand nahe an sein Bett

Wahnideen - bewegen - hört Dinge, die sich außer Sicht in der Höhe in seiner Nähe bewegen(4) | *W~ Bilder, Phantome; sieht*(76) | B~ nachts(40) | *B~ Dunkelheit, in der*(6) | *B~ schreckliche*(60)

Wahnideen - dunkel - im Dunkeln; Wahnideen | W~ Erwachen, beim(8)

Wahnideen - Fallen - Wände(4) | W~ epileptischen Anfall nach innen zu stürzen; die Wände scheinen vor einem(2)

Wahnideen - Geräusche - hören; Geräusche zu(13) | W~ Gesichter, sieht(26) | G~ Schließen der Augen; beim(15)

Wahnideen - Gespenster, Geister, Gestalten - sieht(55) | W~ Gestalten - sieht(33) | W~ Hand - streichen; würde über den Körper | W~ Hören - Einbildung; etwas zu hören(44) | W~ klein - Dinge - erscheinen klein; Dinge(10) | D~ werden kleiner; Dinge(8)

Wahnideen - klein - Körper sei kleiner; der(14) | K~ epileptischen Konvulsionen; vor

Wahnideen - Kopf - schwanken - Kopf würde schwanken; der - vor und zurück(2) | W~ Menschen - neben ihm, seien(13) | W~ Ohnmacht gefallen; er wäre - Erwachen auch nur etwas hinausgezögert hätte; wenn er das | W~ Phantasiegebilde, Illusionen(115) | P~ Fieberhitze, in der(7)

Wahnideen - Schritte, hört(4) | W~ Verbrechen - begangen; er habe ein Verbrechen(29) | W~ Verbrechern, von(24) | W~ vergrößert - Körper sei - Körperteile(10) | W~ verlassen ; er sei(21) | W~ Visionen, hat(76) | V~ abends(9) | V~ schrecklich(27) | s~ abends(2) | *s~ Dunkelheit, in der*(6)

Wahnideen - Wände - einstürzen; die Wände würden - innen, nach(2) | W~ wecken - jemand würde versuchen ihn zu wecken - Traum, aus einem | W~ weckt - sich - Traum, aus einem | W~ Willenskraft verloren; als habe er seine(4) | W~ zittern - er würde zittern - ohne zu zittern; aber(4)

Weinen(244) | W~ nachmittags(9) | W~ Angst, nach(23) | *W~ Fieberfrost - im*(25) | W~ Freien, im(2) | *W~ Schlaf, im*(88) | W~ traurig - Gedanken, bei traurigen(7)

GEMÜT ...

Zorn(243) | Z~ vormittags(3) | Z~ Gesicht - blassem, lividem Gesicht; mit(8) | *Z~ heftig*(72) | *Z~ Wurmleiden, bei*(2)

Zügellosigkeit, sexuelle Ausschweifung(32)

Zweifelt(13)

TRÄUME

Alpträume, Alpdrücken(144)

Angenehm(136)

Ängstlich(239)

Erinnerlich, bleiben im Gedächtnis(33)

Erotisch(196)

Feuer(65)

Geschäft(40)

Gespenster(38)

Lebhaft(193)

Phantastisch(55)

Räuber(36)

Ruhelos(53)

Schrecklich(237)

Unerinnerlich, bleiben nicht im Gedächtnis(93)

Viele(260)

Visionär(45)

Wasser(49)

Wecken den Patienten(118)

– *Carbolicum acidum* –

carb-ac.

GEMÜT

Alkoholismus(135)

Angst - kalt - Kaltwerden, durch(4)

Auffahren, Zusammenfahren(117) | A~ angesprochen, wenn(4) | *A~ Schlaf - während*(163) | S~ durch(124)

Bewußtlosigkeit(280) | B~ Konvulsionen - nach(12) | B~ unvollständig(15)

Delirium(233)

Empfindlich - Gerüche, gegen(30)

Erregung(287) | *E~ Hydrozephalus, bei*(2)

ERSCHÖPFUNG; GEISTIGE(217)

Faulheit(269) | F~ körperlich(23)

Froh(182) | F~ abends(42) | F~ Essen - beim(4)

GEMÜT ...

Furcht - Krankheit, vor drohender(66) | K~ nachts, im Bett

Gedächtnis - Gedächtnisschwäche(284) | G~ gelesen hat; für das, was er(41) | G~ geschehen ist; für das, was(17) | G~ Tatsachen, Fakten; für - kurz zurückliegende Tatsachen, für(15) | *G~ tun wollte; für das, was er gerade*(33)

Gedanken - schnell(36)

Geistesabwesend(71)

Geistige Anstrengung - agg.(141) | a~ unmöglich(130)

Geistige Anstrengung - Verlangen nach(65) | *G~ Abneigung gegen*(150)

Hochgefühl(97)

Ideen, Einfälle - Reichtum an, Klarheit des Geistes(125)

Konzentration - schwierig(261) | s~ Studieren(52)

Lesen - Abneigung gegen Lesen(25) | L~ agg. Gemütssymptome(14)

Mürrisch(290)

Reizbarkeit(408) | R~ Menses - nach(5)

Ruhelosigkeit - nachts(249)

Schreien(133) | *S~ Cri encéphalique*(29) | S~ Schlaf, im(80)

Schweigsam(209)

Seufzen(98)

Stimmung, Laune - abweisend, zurückweisend(40)

Stöhnen(119)

Stumpfheit(332)

Traum; wie in einem(69)

Traurigkeit(477)

Ungeduld(131)

Unzufrieden(168)

Verdrießlich(10)

Vergeßlich(187)

Vergnügen(7)

Verwirrung, geistige(321)

Wahnideen - berauscht - sei, er(59) | W~ Gegenstände; über - Bewegung in - hinten und vorne; nach | W~ taumeln; als würde er

Zerstreut(166) | Z~ fährt auf, wenn angesprochen(5)

Träume

Ängstlich(239)
Beschäftigt zu sein; sehr(29)
Erotisch(196) | E~ Pollutionen, mit(96)
Feuer(65)
Intellektuell(23)
Körper - einbalsamiert
Leichen(42)
Reisen(48)
Unerinnerlich, bleiben nicht im Gedächtnis(93)
Viele(260)

– Carboneum –

carbn.

Gemüt

Ruhelosigkeit - nachts(249) | R~ Bett - Herumwerfen im(123)

– Carboneum hydrogenisatum –

carbn-h.

Gemüt

Antworten - Abneigung zu antworten(67) | A~ einsilbig(15) | A~ langsam(35)
Betäubung(237)
Bewußtlosigkeit(280) | B~ plötzlich(12)
Ekstase(59)
Erregung - nachts(40)
Verwirrung, geistige(321)
Wahnideen - Vernichtung anheimfallen; würde der(3)
Zufrieden(31)

Träume

Krankheit - Schmerz(7)
Schmerz(7)

– Carboneum oxygenisatum –

carbn-o.

Gemüt

Abscheu - allgemeiner(42)

Gemüt …

Angst(362) | A~ morgens - Erwachen, beim(30) | A~ nachts - Erwachen, beim(24)
Antworten - schwierig, Antworten ist(11)
Betäubung(237)
Bewußtlosigkeit(280) | B~ plötzlich(12)
Empfindlich(192)
Fehler; macht - Schreiben, beim(83)
Froh(182)
Gedächtnis - Gedächtnisschwäche(284)
Gedanken - zusammenhangslos(30)
Geistige Anstrengung - Verlangen nach(65)
Gleichgültigkeit, Apathie(251)
Idiotie(45)
Imbezillität(140)
Konzentration - schwierig(261)
Qualvolle Angst(121)
Ruhelosigkeit(420) | R~ Bett - Herumwerfen im(123)
Schreien(133)
Sinne - Vergehen, Schwinden der(51)
Spotten - Sarkasmus, beißender Spott(14)
Stimmung, Laune - veränderlich(158)
Stöhnen(119)
Stumpfheit(332)
Stupor(138)
Traurigkeit(477)
Verwirrung, geistige(321) | *V~ berauscht - wie*(47)
Wahnideen - Bilder, Phantome; sieht - wechseln dauernd | W~ Hören - Einbildung; etwas zu hören(44)
Weinen - krampfhaft, spasmodisch(16)

– Carboneum sulphuratum –

carbn-s.

Gemüt

Alkoholismus(135)
Angesprochen zu werden - Abneigung(63)
Angst(362) | *A~ morgens*(42) | *A~ abends*(87) | *a~ Bett, im*(54)
Angst - nachts(119) | *n~ Mitternacht - vor*(36)

Gemüt ...

Angst - Erwachen, beim(86) | A~ Furcht, mit(110) | A~ Gewissensangst(75) | A~ Menses - vor(22) | A~ Seelenheil, um das(35) | A~ Zukunft(108)

Antworten - einsilbig(15) | A~ Gesten, Gebärden; mit

Argwöhnisch(105)

Auffahren, Zusammenfahren(117) | A~ Schlaf - während(163) | S~ durch(124)

Auffahren, Zusammenfahren - Schreck oder wie durch Schreck; durch(68)

Beißen(35) | B~ Vater; beißt seinen

Beleidigt, leicht(79)

Beschäftigt sich mit den ihn direkt umgebenden Gegenständen

Beschwerden durch - Schreck(72)

Betäubung(237)

Bewußtlosigkeit(280)

Delirium(233) | *D~ nachts*(67) | D~ manisch(47) | D~ phantastisch(13) | *D~ rasend*(84)

Demenz(33)

Destruktivität, Zerstörungswut(41)

Eigensinnig, starrköpfig, dickköpfig(107)

Empfindlich(192) | *E~ Geräusche, gegen*(149)

Entmutigt(135)

Erregung(287) | E~ nachts(40)

Erschöpfung; geistige(217)

Erschreckt leicht(125)

Faulheit(269) | F~ morgens(51) | F~ Spaß hat; wenn er keinen

Fehler; macht - Schreiben, beim(83) | F~ Sprechen, beim(81) | S~ Worte - stellt Worte an die falsche Stelle(46)

Froh(182) | F~ morgens(21) | m~ Flatus; nach

Froh - Flatus, nach

Furcht(242) | F~ morgens(27) | *F~ nachts*(58) | *F~ Gehen - vor dem Gehen - Dunkelheit; in der* | F~ Geisteskrankheit(74) | F~ Menschen, vor(81) | F~ Tod; vor dem(143) | F~ Unglück, vor(93)

Gedächtnis - Gedächtnisschwäche(284) | G~ auszudrücken, sich(41)

Gemüt ...

Gedächtnis - Gedächtnisschwäche - Tatsachen, Fakten; für - kurz zurückliegende Tatsachen, für(15) | G~ tun wollte; für das, was er gerade(33) | *G~ Worte, für*(61)

Gedanken - hartnäckig(83) | G~ quälend(31) | G~ wandernd(72)

Geisteskrankheit, Wahnsinn(153)

Geistige Anstrengung - Verlangen nach(65) | G~ Abneigung gegen(150)

Gesellschaft - Abneigung gegen(156)

Gewissenhaft, peinlich genau in bezug auf Kleinigkeiten(58)

Gleichgültigkeit, Apathie(251)

Hast, Eile(112)

Heftig, vehement(100)

Hochgefühl(97)

Hysterie(194) | H~ Anfällen, in(2)

Ideen, Einfälle - Reichtum an, Klarheit des Geistes(125)

Idiotie(45)

Imbezillität(140)

Kindisches Benehmen(52)

Konzentration - schwierig(261) | s~ Studieren(52)

Lachen - abwechselnd mit - Redseligkeit(2) | a~ Weinen(43)

Lachen - unwillkürlich(23)

Launenhaftigkeit, launisch(108)

Lebhaft, munter(50)

Leidenschaftlich(49)

Lustig, fröhlich(123)

Manie(149)

Mürrisch(290)

Pfeifen(16)

Phantasien - absurd(3) | *P~ übertrieben*(114)

Raserei, Tobsucht, Wut(95)

Redseligkeit; Geschwätzigkeit(136)

Reizbarkeit(408) | *R~ morgens*(69) | R~ abends(60) | R~ angesprochen, wenn(26)

Religiös - Gemütsstörungen, religiöse(63)

Ruhelosigkeit(420) | R~ nachts(249) | n~ Mitternacht - vor(12)

Schlagen - Umstehende, schlägt(5) | S~ Verlangen - schlagen, zu(15)

Gemüt ...

Schmollen(41)
Schreien(133)
Schüchternheit, Zaghaftigkeit(113)
Schweigsam(209)
Singen(59)
Sitzen - Neigung zu sitzen(110) | N ~ unbeweglich, still(42)
Sprache - unzusammenhängend(65) | S ~ verlegen(8) | S ~ zögernd(22)
Sprechen - Schlaf, im(93)
Spucken(32)
Starren, gedankenloses(14)
Stimmung, Laune - veränderlich(158)
Stöhnen(119)
Stumpfheit(332) | S ~ morgens(54) | S ~ denkt - lange zu denken; unfähig(12) | *S ~ Kindern; bei*(21)
Suizidneigung; Neigung zum Selbstmord - stürzt sich - Fenster, aus dem(21)
Traurigkeit(477) | *T ~ abends*(76) | T ~ Fieberhitze, in der(55) | T ~ Fröhlichkeit, nach | T ~ Frost - während(37)
Traurigkeit - Schweiß, beim(29)
Unentschlossenheit(146)
Ungeschicklichkeit(41)
Unzufrieden(168)
Vergeßlich(187) | V ~ Worte beim Sprechen; vergißt(52)
Verwirrung, geistige(321) | V ~ morgens(115) | m ~ Erwachen, beim(50)
Verwirrung, geistige - berauscht - wie(47) | V ~ Fieberhitze, in der(26) | V ~ geistige Anstrengung - durch(50)
Verzweiflung(137)
Wahnideen - Fallen - Loch in der Nähe zu fallen; sei in Gefahr in ein | W ~ Feind - umgeben von Feinden(5) | W ~ Geld - spricht vom(2) | W ~ geschwollen, er sei(11) | W ~ Hören - Einbildung; etwas zu hören(44) | W ~ Kaiser - spricht von | W ~ Phantasiegebilde, Illusionen(115) | W ~ sonderbar, merkwürdig - Gegenstände scheinen(2) | W ~ Stimmen - hört(37) | W ~ unangenehm(4) | W ~ Verletzung - werden; würde gleich verletzt(13)

Gemüt ...

Wahnideen - Visionen, hat(76) | V ~ Erhabenheit, von großartiger(3)
Weinen(244) | W ~ reizbar(3) | W ~ Schlaf, im(88)
Widerspruch - verträgt keinen Widerspruch(73)
Zerbricht Dinge(13)
Zerstreut(166)
Zorn(243) | Z ~ abwechselnd mit - Gleichgültigkeit(4) | Z ~ heftig(72)

Träume

Ängstlich(239)
Ereignisse - gelesene - früher gehört, gelesen, gesprochen oder nachgedacht hat; über die man(15) | E ~ zurückliegende, kurz(55)
Erotisch(196)
Erschöpfend(45)
Gefahr(40)
Gespenster(38)
Lebhaft(193)
Phantastisch(55)
Ruhelos(53)
Schrecklich(237)
Tod(64)
Traurig(46)
Unangenehm(87)
Verbrechen(8)
Verdrießlich(122)
Verstorbenen, von(84)
Viele(260)

– *Carcinosinum* –

carc.

Gemüt

Abneigung - Menschen; gegen - bestimmte; gegen(14)
Angst(362) | A ~ nachts(119) | A ~ andere, um(24) | A ~ Fahren oder Reiten, beim - schnell, mit dem Auto | A ~ Familie, um seine(10) | A ~ Gesundheit; um die - eigene Gesundheit; um seine(57) | A ~ Zeit festgesetzt ist; wenn eine(5) | A ~ Zukunft(108)
Anorexia nervosa(13)

GEMÜT ...
Anspannung, geistige
Antworten - einsilbig(15)
Auffahren, Zusammenfahren - Geräusche, durch(60) | A~ Schlaf - durch(124)
Begabt, talentiert - sehr
Beißen - Finger; beißt(6) | B~ Nägel(33)
BELEIDIGT, LEICHT(79)
Beschwerden durch - Angst - langanhaltende, durch(2) | B~ Bevormundung - Kindern, bei | K~ elterlicher Bevormundung; bei langer Geschichte übermäßiger
Beschwerden durch - Erwartungsspannung(68) | B~ Furcht(27) | B~ Grobheit anderer(13) | B~ Kummer(65) | B~ Schreck(72) | B~ Tadel(13) | B~ Unglücklichsein | U~ Einfluß anderer; durch den
Beschwerden durch - Zorn(94) | Z~ stillem Kummer; mit(27) | Z~ unterdrückten Zorn; durch(11)
Boshaft(99)
Destruktivität, Zerstörungswut - Kindern, bei
Eifersucht - Kindern, zwischen(6)
Eigensinnig, starrköpfig, dickköpfig(107)
Eitelkeit(10)
Empfindlich(192) | E~ Geräusche, gegen - Musik amel.(15) | E~ Grobheiten, gegen(9) | E~ Musik, gegen(46) | M~ heikel, pingelig(3) | M~ Menses, vor den
Empfindlich - Sinneseindrücke, gegen(23) | E~ Vorwürfe, gegen(6)
Entwicklungsstillstand bei Kindern(9)
Erwartungsspannung - Prüfungen, vor(10)
Fehler; macht - Lesen, beim(9)
Fleißig, arbeitsam, Arbeitswut(101) | F~ Menses, vor den(26)
Froh(182) | *F~ donnert und blitzt; wenn es*(4)
Frühreif(7)
Furcht(242) | F~ allein zu sein(54) | F~ Dunkelheit, vor der(40) | F~ engen Räumen; in(33) | F~ Fahren im Wagen; beim(14) | F~ Fremden; vor(10)

GEMÜT ...
Furcht - Frösche | F~ Gehen - vor dem Gehen - Straße; über eine belebte(3) | F~ Gesundheit - geliebter Menschen; in bezug auf die Gesundheit(3) | F~ Gewitter, vor(25) | *F~ hochgelegenen Orten; vor*(24) | F~ Hunden, vor(22) | F~ Insekten, vor(10) | F~ Kindern, bei(5) | F~ Krankheit, vor drohender(66) | F~ Krebs(13) | F~ Menschenmenge; in einer - Straße; in einer belebten | F~ Spiegeln im Zimmer; vor(7) | F~ Spinnen, vor(7) | F~ Tieren, vor(11) | F~ Versagen, Mißerfolg; vor dem - Prüfungen, bei(7)
Gedächtnis - Gedächtnisschwäche(284) | G~ Alltägliches, für(2) | G~ tun wollte; für das, was er gerade(33)
Gefühle, Gemütsbewegungen - unterdrückt(4)
Geschmackvoll
Geselligkeit(7)
Gesellschaft - Abneigung gegen(156) | G~ Verlangen nach - amel. in Gesellschaft(18)
Gespräche - agg.(45) | G~ Abneigung gegen(21)
Gesten, Gebärden; macht - Hände; unwillkürliche Bewegungen der - tippt sich mit den Fingerspitzen an den Schädel | G~ Ticks; bizarre
Getragen - Verlangen getragen zu werden(31)
Gewissenhaft, peinlich genau in bezug auf Kleinigkeiten(58)
Geziertheit, Affektiertheit(13)
Gleichgültigkeit, Apathie(251) | G~ geliebte Personen, gegen(17)
Grimassen(15)
Harmonie - Verlangen nach(2)
Hast, Eile(112)
Heikel, pingelig(34)
Hellsehen(28)
Höflich - zu höflich, übertrieben höflich
Imbezillität(140)
Intelligent(2)
Kleptomanie(27)

Gemüt ...

Konzentration - schwierig(261) | s~ Kindern, bei(8)
Kummer(76)
Kunst - Talent zur(8)
Lächeln(8)
Lachen - agg.
Läuft umher(24)
Lästig, geht auf die Nerven(79)
Launenhaftigkeit, launisch(108)
Lesen - Verlangen
Liebevoll, voller Zuneigung, herzlich(37)
Liebkost - möchte liebkost werden, verlangt nach Zärtlichkeiten(3)
Milde(80)
Mitgefühl, Mitleid(34) | M~ Tieren, mit(3)
Musik - amel.(15) | *M~ agg.*(40) | M~ Abneigung gegen(13)
Nachgiebigkeit(21)
Natur - liebt(3)
Neugierig(12)
Ordentlich
Pflicht - zu viel Pflichtgefühl(3)
Pläne - macht, schmiedet viele Pläne(15)
Reagiert | R~ Interesse, aber ohne
Redseligkeit; Geschwätzigkeit(136)
Reisen - Verlangen nach(28)
Reißt - sich - Haut um die Nägel aus; die
Reizbarkeit(408) | R~ morgens - Aufstehen, nach dem(13) | R~ Kleinigkeiten, durch(34) | R~ Konzentration, durch schwierige | R~ vergeßlich ist; weil er
Resignation(15)
Reue(63)
Ruhelosigkeit(420) | R~ Kindern, bei(22)
Schaukeln - Verlangen geschaukelt zu werden(2)
Schizophrenie(10)
Schmeicheln - Verlangen, daß man ihm schmeichelt(3)
Schreckliches und traurige Geschichten greifen sie stark an(32)
Schreien - nachts(8) | S~ Schlaf, im(80)
Schüchternheit, Zaghaftigkeit(113) | S~ Kindern; bei

Gemüt ...

Schweigsam(209)
Selbstvertrauen - Mangel an Selbstvertrauen(86) | M~ Meer amel.; Aufenthalt am
Sentimental, schwärmerisch, rührselig(64)
Sorgen, voller - andere, um(14) | S~ Zukunft; in bezug auf die
Spielen - Abneigung gegen Spielen - Kindern; bei(9)
Sprechen - Schlaf, im(93)
Stößt, tritt - Schlaf, im(6)
Streitsüchtig(136)
Stumpfheit(332) | S~ Kindern; bei(21)
Suizidneigung; Neigung zum Selbstmord(98)
Tanzen(33) | T~ amel. die Gemütssymptome(8)
Tiere - liebt Tiere, Tierliebe(9)
Traurigkeit(477) | T~ Kindern, bei(9)
Trost - agg.(39)
Überprüfen - zweimal oder öfter kontrollieren; muß alles(5)
Unentschlossenheit - Auswahl von Dingen; bei der
Ungehorsam(30)
Unglücklich, bedauernswert; fühlt sich(29)
Unzufrieden(168) | U~ Kinder
Verlangen, Wunsch nach - unterdrückt sein Verlangen, seine Wünsche
Verlassen zu sein; Gefühl(56)
Verweilt - glücklichen Augenblicken; verweilt bei vergangenen
Verwirrung, geistige(321)
Vorsichtig(17)
Wahnideen - Arme - gehören; würden nicht zu ihr(3) | W~ Unrecht - erlitten; er habe Unrecht(5) | W~ Visionen, hat(76)
Weinen - Ermahnung, durch(11) | W~ erzählt - Krankheit erzählt; wenn sie von ihrer(10) | W~ kann nicht weinen, obwohl er traurig ist(13) | W~ Kindern; bei(22) | K~ Säuglingen; bei - Geburt - von Geburt an

Gemüt ...

Weinen - Kleinigkeiten, über(23) | W~ Musik; durch(14) | W~ Verlangen zu weinen - immer; die ganze Zeit(16) | W~ Vorhaltungen gemacht werden; wenn ihm(8)
Wetter - Gewitter - liebt | G~ während einem Gewitter; Gemütssymptome - amel.(2)
Widerspruch - verträgt keinen Widerspruch(73)
Widerwillen(39)
Zerstreut(166)
Zorn - Fehler, über seine(7) | Z~ Kindern, bei(5)
Zurückhaltend, reserviert(64)
Zuwendung, Zuneigung; liebt(2)

Träume

Arbeit(4)
Hellsichtig(12)
Mord(53)
Reisen(48)
Suchen, jemanden
Wecken den Patienten(118)

– Carduus benedictus –

card-b.

Gemüt

Auffahren, Zusammenfahren - Geräusche, durch(60)
Mürrisch(290) | M~ Fieber - nach(3)

– Carduus marianus –

card-m.

Gemüt

Alkoholismus(135)
Auffahren, Zusammenfahren(117)
Empfindlich - Geräusche, gegen(149)
Gedächtnis - Gedächtnisschwäche(284) | G~ sagen will; für das, was er gerade(38) | *G~ tun wollte; für das, was er gerade*(33)
Kummer(76)
Reizbarkeit(408)
Ruhelosigkeit - nachts(249)

Gemüt ...

Streiten - Abneigung gegen(5)
Traurigkeit(477)
Vergeßlich(187)
Weinen(244)
Zorn(243)

Träume

Alpträume, Alpdrücken(144) | A~ Liegen auf dem Rücken, beim(4)
Viele(260)

– Carlsbad aqua –

carl.

Gemüt

Albernes Benehmen(65)
Angst(362) | A~ Freien, im - amel.(23) | A~ Haus, im(15)
Auffahren, Zusammenfahren - Schlaf - während(163)
Außer sich; ist - Zorn; vor - Kleinigkeiten; über
Delirium(233)
Empfindlich - Streitigkeiten; gegen(4)
Entmutigt(135) | E~ Menses - vor
Erregung(287) | E~ Kleinigkeiten, über(12)
Erschöpfung; geistige(217)
Faulheit(269)
Froh(182)
Gedächtnis - Gedächtnisschwäche(284) | G~ Eigennamen; für(44) | G~ sagen will; für das, was er gerade(38)
Gedanken versunken, in(90)
Geistige Anstrengung - Abneigung gegen(150)
Heimweh(52)
Lasziv, lüstern(77)
Lesen - Abneigung gegen Lesen(25)
Milde(80)
Mitgefühl, Mitleid(34)
Mürrisch(290)
Redseligkeit; Geschwätzigkeit(136)
Reizbarkeit(408) | *R~ morgens - Aufstehen, nach dem*(13)
Ruhelosigkeit(420) | *R~ Bett - Herumwerfen im*(123) | R~ innerlich(37)
Schmollen(41)

GEMÜT ...

Schreckliches und traurige Geschichten greifen sie stark an(32)
Schüchternheit, Zaghaftigkeit(113) | S~ 9 h
Schweigsam(209)
Selbstbetrachtung(58)
Selbstzufrieden(2)
Sprache - verworren(25)
Stimmung, Laune - veränderlich(158)
Stumpfheit(332)
Tadelsüchtig, krittelig(80)
Traurigkeit(477) | T~ nachmittags(37) | T~ Freien, im - amel.(10) | T~ Menses - vor(34)
Unbesonnen(82) | U~ Sprechen und Schreiben; beim
Verwirrung, geistige(321) | *V~ Gehen - Freien, im - amel.*(11)
Wahnideen(191) | W~ nachts(36) | W~ außer sich, ist - Kleinigkeiten, über | W~ drehen - sie - würde sich drehen - Kreis, im(10)
Weinen(244) | W~ Mitleid mit anderen, Mitgefühl für andere; durch(2)
Zerstreut(166)
Zorn(243)
Zufrieden(31) | Z~ sich selbst; mit(6)

TRÄUME

Alpträume, Alpdrücken(144)
Ängstlich(239)
Beschäftigt zu sein; sehr(29)
Dinge - verändernde, sich(18)
Erfolglose Anstrengungen(20)
Erinnerlich, bleiben im Gedächtnis(33)
Erotisch(196)
Fortsetzung - Träumen, von - Einschlafen fortgesetzt; der vorherige Traum wird beim(8) | T~ Erwachen, nach dem(22)
Geschäft(40)
Lebhaft(193)
Ruhelos(53)
Schrecklich(237)
Sorgen, voller(21)
Streitigkeiten(69)

TRÄUME...

Unerinnerlich, bleiben nicht im Gedächtnis(93)
Verworren(122)
Viele(260)
Zorn(58)
Zusammenhängend(13)

– Cascarilla –

casc.

GEMÜT

Angst(362) | A~ Fieber - während(91)
Denken - Abneigung gegen(46)
Erschreckt leicht - Erwachen, beim - Traum, aus einem(14)
Ruhelosigkeit(420)
Wahnideen - Menschen - hinter ihm; jemand sei(19)

TRÄUME

Erinnerlich, bleiben im Gedächtnis(33)
Schrecklich(237) | S~ wecken ihn(8)
Viele(260)
Wecken den Patienten(118)

– Cassada –

cass.

GEMÜT

Moralischem Empfinden; Mangel an(48)
Mürrisch - Erwachen, beim(32)
Traurigkeit(477)
Weinen(244)

TRÄUME

Feuer(65)
Kinder(8)

– Castanea vesca –

castn-v.

GEMÜT

Ruhelosigkeit - nachts(249)

TRÄUME

Beschmiert sich(4)

Träume...
Ekelhaft(32) | E~ beschmiert sich selbst mit Exkrementen(4)
Exkremente(6) | E~ beschmiert sich selbst mit Exkrementen(4) | E~ Stuhl(5)
Stuhl(5)

– Castella texana –

caste.

Gemüt
Angst - nachts - Kindern, bei(15)
Furcht - Kindern, bei - nachts(3)
Heftig, vehement(100)
Launenhaftigkeit, launisch(108)
Reizbarkeit(408)
Schlafwandeln(56)
Schreien - Kindern, bei(38) | K~ Schlaf, im(13)
Sprechen - Schlaf, im(93)
Streitsüchtig(136)
Studieren, Lernen - schwierig, fällt schwer(18)
Weinen - Kindern; bei(22)

Träume
Ruhelos(53)

– Castor equi –

castor-eq.

Gemüt
Lachen(102) | L~ Ernstes, über(15)

Träume
Kranken, von(10)
Krankheit(43)
Obst(3)
Viele(260)

– Castoreum canadense –

castm.

Gemüt
Angst(362) | A~ morgens - Aufstehen - nach - amel.(6) | A~ nachts(119) | n~ Mitternacht - nach(22)

Gemüt ...
Angst - abwechselnd mit - Fröhlichkeit(4) | A~ Erwachen, beim(86) | A~ Schlaf - während(42)
Auffahren, Zusammenfahren - nachts - Mitternacht im Schlaf; um - nach(2) | A~ Schlaf - während(163) | S~ durch(124)
Beschwerden durch - Erregung - Gefühle, der(87)
Bewußtlosigkeit - Mittagessen, nach dem(2)
Ekstase(59)
Empfindlich(192) | E~ Sinneseindrücke, gegen(23)
Erregung(287)
Erschöpfung; geistige(217) | E~ Schlaflosigkeit, mit(7)
Erschreckt leicht - nachts(11)
Froh(182) | F~ abends(42) | F~ abwechselnd mit - Traurigkeit(57)
Furcht(242) | F~ nachmittags(15) | F~ Unglück, vor(93) | U~ nachmittags(3)
Furcht - Unheil; Furcht vor(115)
Hochgefühl(97)
Hysterie(194)
Launenhaftigkeit, launisch - tagsüber(2) | L~ abends(9)
Lustig, fröhlich - abends(29)
Milde(80)
Mürrisch(290) | M~ morgens(42) | m~ Bett, im(16)
Mürrisch - abends(31) | M~ Menses - während(10)
Reizbarkeit(408) | R~ morgens(69) | R~ nachmittags(37) | R~ abends(60) | R~ Erwachen, beim(56) | R~ Fieberfrost, im(57) | R~ Menses - während(42)
Ruhelosigkeit(420) | R~ nachts(249) | *R~ ängstlich*(111) | *R~ Bett - Herumwerfen im*(123) | R~ Frauen, bei(7)
Schreien(133) | *S~ Schlaf, im*(80) | S~ Zorn, bei(7)
Schweigsam(209) | S~ Menses; während(5)
Sentimental, schwärmerisch, rührselig(64)
Sinne - scharf(52)

Gemüt ...

Sprache - unklar, unverständlich - Schlaf, im(5) | S~ zornig - Schlaf, im

Sprechen - Schlaf, im(93) | S~ erregt(5) | S~ zornigem Ausrufen, mit

Traurigkeit(477) | T~ morgens(71) | T~ nachmittags(37) | T~ abends(76)

Unzufrieden - Menses, während(2)

Verlangen, Wunsch nach - voller Verlangen - ängstlichen Verlangens, voll

Weinen(244) | W~ nachmittags(9) | W~ abends - amel.(3) | *W~ nachts*(81) | W~ Angst, nach(23) | *W~ Schlaf, im*(88)

Zorn(243) | Z~ morgens - Erwachen, beim(13) | Z~ Erwachen, beim(16) | Z~ Menses - während(7)

Träume

Alpträume, Alpdrücken(144)

Erfolglose Anstrengungen - schreien; zu(6)

Ermorden - Vater, ihren

Erotisch(196)

Körperteile - Arm - Blasen; bedeckt mit

Krankheit - Ausschlag(4) | K~ Blasen auf den Armen | K~ brennen - Blasen

Mord(53)

Räuber(36)

Schrecklich(237)

Schreien; unfähig zu(6)

Sorgen, voller(21)

Streitigkeiten(69)

Tod(64) | T~ Verwandten, von(14)

Töten - Vater, ihren

Traurig(46)

Vater(6)

Zorn(58)

– *Caulophyllum thalictroides* –

caul.

Gemüt

Angst(362) | A~ Menses - während(33)

Delirium(233)

Erregung(287) | E~ Menses - während(14)

Erschöpfung; geistige - Abort, nach

Gemüt ...

Essen - weigert sich zu(26)

Furcht(242) | *F~ Schwangerschaft, in der*(8)

Hysterie(194) | H~ Menses - während(27) | M~ nach - reichlich(4)

Mürrisch(290)

Reizbarkeit(408) | *R~ Abort - in* | R~ Wehen, während der

Ruhelosigkeit(420) | R~ nachmittags(25) | n~ 15 h(2)

Ruhelosigkeit - abends(51) | *R~ nachts*(249)

Wahnideen - schwanger, sie sei(14)

Zorn - Menses - während(7)

– *Causticum* –

caust.

Gemüt

Abneigung - Männer; gegen(8) | A~ Menschen; gegen - bestimmte; gegen(14)

Abscheu - Leben, vor dem(84)

Albernes Benehmen - Epilepsie - vor

Alkoholismus(135)

Anarchist(4)

Angst(362) | A~ tagsüber(21) | *A~ morgens*(42) | *m~ Erwachen, beim*(30)

Angst - abends(87) | *a~ Bett, im*(54) | *a~ Dämmerung, in der*(13)

Angst - nachts(119) | n~ Mitternacht - vor(36) | v~ Erwachen, beim

Angst - Abendessen - nach(3) | A~ allein, wenn(17) | A~ andere, um(24) | A~ Anfälle - mit Anfällen(10) | *A~ Bett - im Bett*(49) | B~ treibt aus dem Bett(15)

Angst - Denken daran; durch(9) | A~ Erwachen, beim(86) | *A~ Essen - nach*(39) | **A~ Furcht, mit**(110) | *A~ Geräusche, durch*(13) | *A~ Gewissensangst*(75) | A~ hypochondrisch(52) | A~ Kleinigkeiten, um(23) | A~ Kopfschmerzen, mit(18) | A~ Müdigkeit, mit(16) | A~ Nachtwachen, durch(6) | *A~ Schlaf - Einschlafen, beim*(13) | A~ Schmerzen, durch die(10) | *A~ Sitzen*(15) | A~ Stuhlgang - vor(24) | S~ während(20) | *S~ nach*(17) | *S~ Drücken zum, beim* | **S~ vergeblichen Stuhldrang; durch**(2)

Gemüt …

Angst - Suizidneigung, mit(10) | *A ~ Zukunft*(108) | A ~ Zukunft; in bezug auf die - abends - Dämmerung

Antworten - Abneigung zu antworten(67) | A ~ weigert sich zu antworten(32) | *A ~ wiederholt erst die Frage*(7)

Aphasie(53)

Argwöhnisch(105)

Arzneimittel, homöopathische - Abneigung gegen(6)

Auffahren, Zusammenfahren(117) | *A ~ Geräusche, durch*(60) | *A ~ Schlaf - während*(163) | **S ~ durch**(124) | *S ~ Einschlafen, beim*(72)

Auffahren, Zusammenfahren - Schreck oder wie durch Schreck; durch(68) | A ~ Schweiß, beim(5)

Außer sich; ist(51)

Begreifen, Auffassungsvermögen - leicht(38)

Beißen - Nägel(33)

Beleidigt, leicht(79)

Beschimpfen, beleidigen, schmähen(67)

Beschwerden durch - Erregung - Gefühle, der(87) | *B ~ Erwartungsspannung*(68) | B ~ Freude, übermäßige(13) | *B ~ Furcht*(27) | B ~ Kränkung, Demütigung(39) | **B ~ Kummer**(65) | B ~ Liebe; enttäuschte(31) | *B ~ Schreck*(72) | *B ~ Sorgen, Kummer*(14) | **B ~ Tod von geliebten Personen - Eltern oder Freunde, der**(7) | T ~ Kindes, eines(11)

Beschwerden durch - Zorn(94)

Bestimmtheit(11)

Betäubung(237) | B ~ Pollutionen, nach(2)

Bett - Abneigung gegen das Bett, meidet es(18)

Bewußtlosigkeit(280) | B ~ morgens(45) | B ~ abends(15) | *B ~ Anstrengung, nach*(9) | *B ~ Augen - starren, stieren; mit*(8) | B ~ Bewegungen, automatische(26) | B ~ Essen, nach dem(4) | B ~ Gehen, beim - Freien, im(4) | *B ~ Gemütsbewegungen, nach*(13) | *B ~ Sitzen, im*(9)

Boshaft(99)

Brütet, grübelt(41)

Gemüt …

Bulimie(16)

Charakter, Mangel an(3)

Dämmerung agg. Gemütssymptome(9)

Delirium - Schlaf - Einschlafen, beim(17) | *D ~ Schreien, mit*(18)

Demenz - Masturbation, mit(11)

Denken - Beschwerden - agg.; Denken an seine Beschwerden(71)

Diktatorisch, herrschsüchtig, dogmatisch, despotisch(25)

Diskutieren - politischen Streitgesprächen, geneigt zu

Dunkelheit - agg.(27)

Ehebrecherisch(9)

Ehrgeiz(15) | E ~ Verlust von(15)

Eifersucht - sexueller Erregung, mit(6) | E ~ Tiere oder leblose Objekte; auf(4) | E ~ Weinen, mit(3)

Eigensinnig, starrköpfig, dickköpfig(107)

Eleganz, Anmut - keine Eleganz(12)

Empfindlich(192) | E ~ Berührung, gegen(13) | *E ~ Geräusche, gegen*(149) | *E ~ Gerüche, gegen*(30) | E ~ Grausamkeiten; beim Hören von(3) | E ~ Musik, gegen(46) | E ~ Weinen von Kindern; gegen das(2)

Entmutigt(135) | E ~ Abscheu, mit

Ernst(77)

Erotisch(39)

Erregung(287) | *E ~ agg.*(41) | *E ~ Debatte; während einer*(2) | E ~ Freude, durch(3) | E ~ Frost - während(22) | E ~ Gehen - nach(3) | G ~ Freien, im - nach

Erregung - Schwäche, mit(5) | E ~ Sprechen, beim(7)

Erschöpfung; geistige(217) | E ~ Schlaflosigkeit, mit(7)

Erschreckt leicht(125) | E ~ Kleinigkeiten, über(27)

Essen - nach - amel. der Gemütssymptome(9) | E ~ weigert sich zu(26)

Extravaganz(16)

Exzentrizität, Überspanntheit(54) | E ~ politisch(3)

Fanatismus(9)

Gemüt ...

Faulheit(269) | F~ Gehen - beim(6) | G~ nach

Fehler; macht - Raum; in bezug auf den(10) | R~ Zeit; und die(10)

Fehler; macht - Schreiben, beim - stellt etwas um - Buchstaben(8) | F~ Sprechen, beim(81) | S~ Laute um, schafft Schüttelreime; stellt(2) | S~ Silben - falsche Silben; gebraucht(4) | S~ Worte - dreht Worte um(9) | W~ falsche Worte; benutzt(53) | *W~ spricht Worte falsch aus* | W~ stellt Worte an die falsche Stelle(46)

Feigheit(89)

Fleißig, arbeitsam, Arbeitswut(101)

Fliehen, versucht zu(61)

Fluchen(44)

Fremde - Anwesenheit von Fremden - agg.(16)

Freude(5)

Froh(182) | F~ tagsüber(7) | F~ morgens(21) | F~ vormittags(12) | *F~ nachts*(17) | *F~ abwechselnd mit - Traurigkeit*(57)

Furcht(242) | F~ morgens(27) | **F~ abends**(51) | *a~ Dämmerung*(8)

Furcht - nachts(58) | F~ Abendessen, nach dem | *F~ allein zu sein - nachts*(6) | F~ Bett - Kind fürchtet sich, allein ins Bett zu gehen | *B~ vor dem*(20)

Furcht - Dunkelheit, vor der(40) | F~ engen Räumen; in - Gewölben, Kirchen und Kellern; Furcht vor(10) | F~ Essen - nach dem Essen; Furcht(14) | E~ vor dem(6)

Furcht - Fremden; vor(10) | F~ Gefahr, vor drohender(10) | *F~ Geräusche, durch*(40) | *G~ nachts*(3) | *G~ Straße, auf der*(2)

Furcht - geschehen; etwas werde(82) | *g~ Bettwärme amel.*(2) | g~ Unangenehmes, etwas(6)

Furcht - Gespenstern, vor(32) | F~ Gewitter, vor(25) | F~ hochgelegenen Orten; vor(24) | *F~ Hunden, vor*(22) | F~ Kindern, bei(5) | F~ kletternde Knaben sich verletzen könnten; daß

Gemüt ...

Furcht - Menschen, vor(81) | F~ Menschenmenge; in einer(58) | F~ Näherkommen, Annäherung von; vor - anderen, von(28) | F~ Schaden zugefügt werden könnte; daß Personen | *F~ Schließen der Augen; beim*(5) | F~ Stuhlgang - nach(4) | F~ Tieren, vor(11) | *F~ Tod; vor dem*(143) | *T~ allein, wenn - abends im Bett*(4)

Furcht - überwältigend(19) | *F~ Unglück, vor*(93) | *F~ Unheil; Furcht vor*(115) | F~ zittrig(36)

Gedächtnis - Gedächtnisschwäche(284) | G~ Eigennamen; für(44)

Gedanken - Gedankenandrang, einstürmende Gedanken, Gedankenfluß(78) | G~ Tag und Nacht(2) | G~ abends - Bett, im(17) | G~ Schlaflosigkeit, durch(23)

Gedanken - hartnäckig(83) | h~ abends(5) | h~ Liegen, beim(4) | h~ unangenehmen Themen verfolgt; von(9)

Gedanken - quälend(31) | *q~ abends*(3)

Gedanken - schnell(36) | *G~ schrecklich*(11) | *s~ abends*

Gedanken - Vergehen, Schwinden der Gedanken - geistige Anstrengung; durch(13) | G~ wandernd(72) | w~ abends

Gedanken versunken, in(90)

Gefühle, Gemütsbewegungen - unterdrückt(4)

Geheimnistuerisch, verschlossen(15)

Geistesabwesend(71)

Geisteskrankheit, Wahnsinn(153) | *G~ Hautausschlägen; nach unterdrückten*(6) | G~ Melancholie(17) | G~ Verfolgungswahn(6) | *G~ Vermögen - Gewinn eines Vermögens; nach*(5)

Geistige Anstrengung - agg.(141) | a~ unmöglich(130)

Geistige Anstrengung - Abneigung gegen(150)

Geiz(34)

Geschäft - unfähig zu(8)

Gemüt ...

Geschmacklosigkeit bei der Wahl der Kleidung(11)
Gesellschaft - Verlangen nach(83)
Gesten, Gebärden; macht - Hände; unwillkürliche Bewegungen der(23) | G~ Koitus; Bewegungen wie beim(2) | G~ sonderbare Posen und Haltungen(20)
Geziertheit, Affektiertheit(13)
Gleichgültigkeit, Apathie(251) | G~ Gewissens; gegen die Stimme des(5) | G~ Musik, die er liebt; gegen(3) | G~ Weinen, mit(3) | G~ Wohlergehen anderer; gegen das(11)
Hämorrhoiden; Gemütssymptome nach unterdrückten(18)
Halten - alles
Hast, Eile(112) | **H~ Essen - beim**(23) | H~ Kurzatmigkeit; mit
Hautausschlägen; Gemütssymptome nach unterdrückten(18)
Heftig, vehement(100) | H~ abends - Mittagsschlaf, nach dem | H~ Kleinigkeiten, über(4)
Heimweh(52)
Heirat - besessen vom Gedanken an die Heirat; Mädchen sind sexuell erregt und(4)
Herausfordernd(22)
Heuchelei(11)
Hochgefühl(97) | H~ Politik; in bezug auf(2)
Hochmütig, arrogant(53)
Hypochondrie(116) | H~ Selbstmord; treibt zum(12)
Hysterie(194) | H~ Menses - während(27)
Ideen, Einfälle - Mangel an(102) | I~ Reichtum an, Klarheit des Geistes(125) | R~ abends - Bett, im(14)
Idiotie - idiotische Handlungen - epileptischem Anfall, vor
Imbezillität(140) | *I~ epileptischem Anfall, vor*
Impulse, Triebe; krankhafte(10)
Indiskretion, Taktlosigkeit(30)
Jammern(93)
Klagen(64)

Gemüt ...

Klatschsüchtig(8)
Kleinigkeiten scheinen wichtig, bedeutend(19)
Kleptomanie(27)
Konzentration - gut, aktiv(26) | **K~ schwierig**(261) | s~ Studieren(52)
Kummer(76) | K~ Tag und Nacht | K~ Klagen, mit
Kurz angebunden, barsch - schroff(13)
Lachen(102) | L~ nachts(12) | L~ abwechselnd mit - Traurigkeit(8) | L~ Chorea; bei | L~ epileptische Konvulsionen - vor(2) | e~ während(2) | e~ nach(2)
Lachen - Konvulsionen - vor, während oder nach(11) | *L~ sardonisch*(26) | L~ Schlaf - während(15) | *L~ spasmodisch*(49) | L~ Traum, im(4) | *L~ Weinen - jeder Gelegenheit; Lachen oder Weinen bei*(5)
Langsamkeit(68)
Lästig, geht auf die Nerven(79)
Lasziv, lüstern(77)
Launenhaftigkeit, launisch(108)
Lebensüberdruß(82)
Lebhaft, munter - abwechselnd mit - Traurigkeit(3)
Leidenschaftlich(49)
Liebe - Analkoitus mit einer Frau(3)
Liebevoll, voller Zuneigung, herzlich(37)
Lügner(22)
Lustig, fröhlich(123) | L~ nachts(14) | L~ abwechselnd mit - Traurigkeit(14) | L~ Schlaf; im(10)
Magnetisiert - leicht zu magnetisieren(4)
Manie(149) | *M~ Hautausschlägen; nach unterdrückten*(3)
Mathematik - Unfähigkeit zur - Algebra(4) | U~ Geometrie(6) | U~ rechnen; kann nicht(16)
Menses - vor; Gemütssymptome(18) | M~ während; Gemütssymptome(28)
Milde(80)
Mitgefühl, Mitleid(34)
Murmeln(55)

GEMÜT ...

Mürrisch(290) | M~ vormittags(19) | M~ Betrunkenheit; bei(4) | M~ Erwachen, beim(32) | M~ Fieberfrost, im(13) | M~ Menses - während(10)

Musik - agg.(40) | M~ Abneigung gegen(13)

Necken(6)

Pessimist(17)

Phantasien - übertrieben(114) | ü~ Tag und Nacht(2)

Phantasien - übertrieben - abends(9) | ü~ - abends - Bett, im(28)

Phantasien - übertrieben - abends - Dämmerung, in der | ü~ nachts(40)

Phantasien - übertrieben - Schlaflosigkeit, mit(41) | *ü~ schrecklich*(9)

Protestiert, erhebt Einspruch(5)

Prozesse; geht gerne vor Gericht, führt gerne(6)

Qualvolle Angst(121)

Redseligkeit; Geschwätzigkeit(136) | R~ vormittags | R~ Betrunkenheit; bei(6)

Reisen - Verlangen nach(28)

Reizbarkeit(408) | R~ tagsüber(32) | R~ vormittags(25) | R~ abwechselnd mit - Fröhlichkeit, Frohsinn(23) | a~ Lustigkeit(6)

Reizbarkeit - Erwachen, beim(56) | *R~ Fieberfrost, im*(57) | R~ Geräusche, durch(21) | R~ Hitze - während(31) | *R~ Kleinigkeiten, durch*(34) | *R~ Menses - vor*(17) | M~ während(42)

Reizbarkeit - Musik - während(10) | R~ nimmt alles übel, sieht alles von der schlechten Seite(7)

Religiös - Gemütsstörungen, religiöse(63)

Reue(63)

Ruhelosigkeit(420) | R~ nachmittags - Dämmerung, bei | **R~ abends**(51) | **R~ nachts**(249) | n~ Erwachen, beim

Ruhelosigkeit - ängstlich(111) | R~ Aufstehen, beim - Sitzen, vom | *R~ Bett - Herumwerfen im*(123) | B~ treibt aus dem(39)

Ruhelosigkeit - bewegen - muß sich ständig(18) | R~ Gehen, beim(7)

GEMÜT ...

Ruhelosigkeit - Konvulsionen - vor(3) | R~ Menses - vor(16) | R~ Schmerzen, durch(19) | *R~ Sitzen, im*(21)

Schmollen(41)

Schreckliches und traurige Geschichten greifen sie stark an(32)

Schreiben - Unfähigkeit zu(6) | U~ lernen; Kinder können nicht Schreiben(2)

Schreien(133) | S~ Betrunkenheit; bei(4) | *S~ Konvulsionen - während*(31) | S~ Schlaf, im(80)

Schüchternheit, Zaghaftigkeit(113) | *S~ abends - Bett - Zubettgehen; beim*(11) | *S~ nachts*(3)

Schwacher Charakter(3)

Schweigsam(209)

Seelenruhe, Gelassenheit(85)

Selbstbetrachtung(58)

Selbstkontrolle - Verlust der Selbstkontrolle(9)

Selbstvertrauen - Mangel an Selbstvertrauen(86)

Sentimental, schwärmerisch, rührselig(64) | *S~ Betrunkenheit; bei*(2)

Sinne - abgestumpft, stumpf(107) | S~ scharf(52)

Sinnlichkeit(24) | S~ Fehlen der Sinnlichkeit - Frauen, bei(3)

Sitzen - Neigung zu sitzen(110)

Sorgen, voller(50) | S~ Tag und Nacht | *S~ andere, um*(14) | S~ Geschäfte, um seine(8) | *S~ Verwandte, um*(7)

Spielen - Spielleidenschaft(10)

Spotten - Sarkasmus, beißender Spott(14)

Sprache - affektiert, manieriert, unnatürlich(22) | S~ albern(16) | S~ hastig(44) | *S~ langsam*(59) | S~ Rucke, durch(5) | *S~ undeutlich*(24) | *S~ verworren*(25)

Sprechen - langsam; lernt(15) | S~ Schlaf, im(93) | S~ Verlangen mit jemandem zu(11) | V~ vormittags

Stilles Wesen(49)

Gemüt ...

Stimmung, Laune - abweisend, zurückweisend(40) | S~ veränderlich(158) | S~ wechselnd, wechselhaft(80)

Stöhnen(119) | S~ Kindern, bei(12) | S~ Kleinigkeit, über jede(2) | S~ Schlaf, im(62)

Streitsüchtig(136) | S~ Schlaf, im(9) | S~ Zorn, ohne(4)

Studieren, Lernen - schwierig, fällt schwer(18)

Stumpfheit(332) | *S~ Epilepsie - vor* | *S~ Gasvergiftung, durch*(2) | S~ Pollutionen - nach(7) | S~ Schläfrigkeit, bei(30) | S~ Schwindel; während(22) | *S~ versteht Fragen nur nachdem sie wiederholt werden*(9)

Stupor - morgens(36)

Suizidneigung; Neigung zum Selbstmord(98) | S~ enttäuschte Liebe; durch(3) | S~ Hypochondrie, aus(12) | S~ Traurigkeit, durch(23)

Tadelsüchtig, krittelig(80)

Tanzen(33) | T~ amel. die Gemütssymptome(8)

Tod - Gedanken an den Tod(54) | *T~ wünscht sich den Tod, möchte sterben*(72) | w~ Angst; vor(2)

Traurigkeit(477) | *T~ Tag und Nacht*(3) | *T~ Weinen, mit*

Traurigkeit - morgens(71) | T~ mittags(5) | T~ abends(76) | *T~ nachts*(21) | *T~ Amenorrhoe, bei*(6) | T~ ängstlich(32) | T~ Essen - nach(25) | T~ Kindern, bei(9) | T~ Kopfschmerzen, bei(30) | *T~ Menses - vor*(34)

Traurigkeit - Menses - während(35) | T~ Pubertät, in der(13) | T~ Schicksalsschläge, durch(16) | T~ Suizidneigung, mit(25)

Trost - amel.(12)

Überprüfen - zweimal oder öfter kontrollieren; muß alles(5)

Unaufmerksam(23)

Unbehagen - Gehen, nach dem(2)

Unbesonnen(82)

Undankbar(10)

Gemüt ...

Unduldsamkeit(7)

Unentschlossenheit(146)

Ungehorsam(30)

Ungerechtigkeit; erträgt keine(8)

Ungeschicklichkeit - fallen, läßt Dinge(26)

Ungestüm(31) | U~ nachmittags

Unglücklich, bedauernswert; fühlt sich(29)

Untröstlich(30)

Unvorsichtig(3)

Unzüchtig, obszön(34) | U~ Mann sucht nach kleinen Mädchen(4)

Unzufrieden(168) | U~ sich selbst, mit(36)

Vergessen - etwas vergessen; hat ständig das Gefühl, als habe er(5)

Vergeßlich(187) | V~ Einkauf liegen; geht weg und läßt den(10) | *V~ Epilepsie - vor*

Verleumden, Neigung zu(21)

Vernachlässigt - alles(4)

Verschwenderisch(13)

Verweilt - vergangenen unangenehmen Ereignissen; bei(46) | v~ nachts(13)

Verwirrung, geistige(321) | V~ morgens(115) | V~ Bücken, beim(13) | V~ Essen - amel.(8) | E~ nach(52)

Verwirrung, geistige - Freien, im(12) | V~ Gehen - nach - amel. | G~ Freien, im(14)

Verwirrung, geistige - geistige Anstrengung - durch(50) | V~ Koitus - nach(10) | V~ Sitzen, im(33)

Verzweiflung(137) | V~ Genesung, in bezug auf die(44) | V~ Liebe, durch enttäuschte(2)

Vorsichtig(17) | V~ ängstlich(7)

Wahnideen(191) | W~ absurd, lächerlich - Gestalten seien anwesend(8) | W~ beraubt werden; er würde(4) | W~ Bilder, Phantome; sieht(76) | *B~ Schließen der Augen; beim*(16) | *B~ schreckliche*(60) | s~ abends

Wahnideen - Bilder, Phantome; sieht - schwarz(9) | W~ Fallen - er würde(29)

Gemüt ...

Wahnideen - Fratzen, sieht(6) | W~ Gesichter, sieht(26) | G~ häßliche(17) | G~ Schließen der Augen; beim(15) | G~ teuflische Gesichter bedrängen ihn(4) | G~ verzerrte(2)

Wahnideen - glücklos, er sei(11) | W~ groß - Menschen scheinen zu groß - Schwindel; beim(3) | W~ Insekten, sieht(14) | W~ krank - sein; krank zu(27) | s~ arbeitet darum nicht; und(4)

Wahnideen - Phantasiegebilde, Illusionen(115) | W~ Raum - zwischen Gehirn und Schädel; es sei leerer Raum | W~ sterben - gleich sterben; glaubt, er würde(57) | W~ tot - Personen, sieht tote(59) | W~ Verbrechern, von(24) | W~ vergrößert - Personen seien(2) | W~ Visionen, hat(76) | V~ Schließen der Augen; beim(29) | *V~ schrecklich*(27)

Weigert sich - Behandlung; gegen jede(4) | W~ Behandlung, gegen jede - krank ist; obwohl er sehr(3)

Weinen(244) | W~ tagsüber(7) | W~ nachts(81) | n~ Schlaf, im(12)

Weinen - ängstlich(5) | W~ Ärger, durch(23) | W~ Ärger, durch - alten Ärger, durch(4) | W~ alten Menschen; grundlos bei | W~ Beleidigung - frühere Beleidigung, über(4) | *W~ Betrunkenheit; bei*(2) | W~ Chorea; bei | *W~ Husten - während - Keuchhusten*(3) | W~ Kindern; bei(22) | **W~ Kleinigkeiten, über**(23) | *K~ Kinder bei der geringsten Sorge*(5) | *K~ lacht oder weint bei jeder Gelegenheit*(4)

Weinen - Konvulsionen - während(27) | K~ nach(2)

Weinen - Krämpfen, nach(2) | *W~ krampfhaft, spasmodisch*(16) | W~ Lähmung; bei | **W~ leicht**(16) | W~ Menses - während(27) | W~ Mitleid mit anderen, Mitgefühl für andere; durch(2) | W~ nervös - den ganzen Tag(5) | *W~ Schlaf, im*(88) | *W~ Trinken, nach dem*(3) | *W~ unwillkürlich*(35)

Gemüt ...

Weinen - Wimmern, Winseln(27) | *W~ Schlaf, im*(28)

Weinen - Zorn - nach(19)

Wetter - Gewitter - während einem Gewitter; Gemütssymptome(12)

Widerspenstig(66)

Widerspruch - Neigung zu widersprechen(38)

Widerwillen(39) | W~ allem, vor(22)

Wille - Willensschwäche(58)

Zerstreut(166)

Zorn(243) | Z~ abwechselnd mit - Fröhlichkeit, Frohsinn(15) | Z~ Erwachen, beim(16) | *Z~ heftig*(72) | Z~ Kleinigkeiten, über(58)

Zügellosigkeit, sexuelle Ausschweifung(32)

Zufrieden - sich selbst; mit(6)

Zurückhaltend, reserviert(64)

Träume

Angenehm(136)

Ängstlich(239) | Ä~ morgens - Erwachen, beim - amel.; Angst ist(15) | *Ä~ Menses - vor*(3) | M~ während(9)

Erinnerlich, bleiben im Gedächtnis(33)

Erotisch(196) | E~ Pollutionen, mit(96)

Historisch(18)

Krankheit(43)

Lachen(4)

Lustig(14)

Schrecklich(237)

Sorgen, voller(21)

Streitigkeiten(69)

Traurig(46)

Verdrießlich(122)

Verstorbenen, von(84) | V~ Verwandte(8)

Verworren(122)

Viele(260)

Zorn(58)

– *Ceanothus americanus* –

cean.

Gemüt

Erregung - Frost - während(22)

Gemüt ...
Furcht - unfähig, arbeitsunfähig zu werden; zur Arbeit

– Cecropia mexicana –
cecr.

Gemüt
Furcht - Krankheit, vor drohender - unheilbar zu sein(42)
Pessimist(17)
Traurigkeit(477) | T~ Krankheit; über seine(5)
Zweifelt - Genesung; an der(31)

– Cedron –
cedr.

Gemüt
Abneigung - Freunde, gegen(6)
Angst(362)
Bett - Abneigung gegen das Bett, meidet es(18)
Bewußtlosigkeit(280)
Delirium tremens - Zittern, mit(3)
Erregung(287) | E~ Frauen, bei(3) | *E~ Frost - vor*
Furcht - Bett - vor dem(20) | F~ Freunden; vor seinen(2)
Gedächtnis - Gedächtnisschwäche - Personen, für(23)
Gesellschaft - Abneigung gegen(156) | G~ Verlangen nach - allein; agg. wenn(48)
Hysterie(194)
Lasziv, lüstern(77)
Milde(80)
Nymphomanie(67)
Qualvolle Angst(121)
Reizbarkeit(408)
Ruhelosigkeit(420) | R~ nachts(249) | R~ Erwachen, beim(30) | R~ Frauen, bei(7) | R~ treibt ihn von einem Ort zum anderen(6) | *R~ treibt umher(41)*
Schreien(133) | S~ Konvulsionen - vor(32) | K~ während(31) | K~ epileptisch(21)
Seufzen(98)
Sinne - abgestumpft, stumpf(107)
Stumpfheit(332)

Gemüt ...
Tollwut, Hydrophobie(46)
Traurigkeit(477) | T~ Koitus, nach(8)
Traurigkeit - Schweregefühl - Körpers; mit Schwere des(2)
Verwirrung, geistige - abends(78) | V~ nachts(19)
Weinen(244)

Träume
Freunde - toten Freunden, von(6)
Gespräche - Frauen, mit
Verstorbenen, von - Freunde - längst verstorbene(6)
Verworren(122)

– Celtis occidentalis –
celt.

Träume
Viele(260)

– Cenchris contortrix –
cench.

Gemüt
Angst(362) | A~ nachmittags(32) | *A~ abends - Bett, im(54)* | A~ nachts(119) | *n~ Mitternacht - nach(22)*
Angst - Bett - im Bett(19) | *A~ Liegen(11)* | A~ Schlaf - Einschlafen, beim(13)
Argwöhnisch(105) | A~ nachmittags - 15 - 20 h | A~ abends(2)
Beleidigt, leicht(79)
Beschwerden durch - Erwartungsspannung(68)
Betäubung(237)
Bett - Abneigung gegen das Bett, meidet es(18)
Bewußtlosigkeit(280) | B~ Bewegungen, automatische(26)
Eifersucht(34)
Entmutigt(135)
Faulheit(269) | F~ Hausarbeit; Abneigung gegen ihre gewohnte(3) | *F~ verschiebt die Arbeit(2)*
Fehler; macht - Schreiben, beim(83) | S~ falsch - Worte(16)

Gemüt ...

Froh - abwechselnd mit - Traurigkeit(57) | F~ Traurigkeit - nach

Furcht - Apoplexie, vor(36) | F~ Bett - vor dem(20) | F~ Schlaf - einzuschlafen; Furcht(18) | F~ Tod; vor dem - bald sterben werde; daß er(3) | T~ Herzsymptomen, bei(12) | *T~ plötzlichem Tod; vor*(4) | T~ Traum, aus einem(2)

Gedächtnis - Gedächtnisschwäche(284) | G~ gesagt hat; für das, was er(29)

Gefühllos, hartherzig(21)

Geisteskrankheit, Wahnsinn(153)

Gesellschaft - Abneigung gegen(156) | G~ Verlangen nach(83)

Gleichgültigkeit, Apathie - Pflichten, gegenüber(12) | G~ Vergnügen, gegen(46)

Hartherzig, unerbittlich(20)

Hilflosigkeit, Gefühl der - Husten, beim

Konzentration - schwierig(261)

Launenhaftigkeit, launisch(108)

Neid(22)

Pflicht - Abneigung gegen Pflichten - häusliche Pflichten(3)

Reizbarkeit(408)

Ruhelosigkeit(420) | R~ nachts(249) | R~ Bett - Herumwerfen im(123) | B~ treibt aus dem(39)

Ruhelosigkeit - bewegen - muß sich ständig(18) | R~ Gehen, beim - amel.(6) | R~ Stuhlgang - während(2) | S~ nach

Ruhelosigkeit - treibt umher(41)

Schreckliches und traurige Geschichten greifen sie stark an(32)

Schreien(133)

Schüchternheit, Zaghaftigkeit - abends - Bett - Zubettgehen; beim(11)

Selbstsucht, Egoismus(32)

Seufzen(98)

Sitzen - Neigung zu sitzen - versunken und nichts wahrnehmend; wie in tiefen, traurigen Gedanken(11)

Starren, gedankenloses(14)

Stimmung, Laune - wechselnd, wechselhaft(80)

Störungen; Abneigung gegen(13)

Streitsüchtig(136) | *S~ Eifersucht; aus*(5)

Gemüt ...

Stumpfheit(332)

Tadelsüchtig, krittelig(80)

Tod - Gefühl von(25) | G~ Liegen, beim

Tod - Vorahnung des Todes(62) | *V~ plötzlichen Todes, eines* | V~ sagt den Zeitpunkt des Todes voraus(8)

Traum; wie in einem(69)

Traurigkeit(477) | T~ tagsüber(16) | T~ grundlos(11)

Unentschlossenheit(146)

Unzufrieden(168)

Vergeßlich(187) | V~ geht; vergißt, wohin sie(2)

Wahnideen(191) | W~ Anstalt - sie werde in eine Anstalt geschickt | W~ berauscht - sei, er - nachmittags - 16 h und am Abend | W~ Menschen - hinter ihm; jemand sei(19) | M~ neben ihm, seien(13)

Wahnideen - nachgestellt - ihm würde nachgestellt(28) | *W~ Orte, Plätze - zwei Orten gleichzeitig; er sei an*(3) | W~ sterben - gleich sterben; glaubt, er würde(57) | W~ Stimmen - hört(37) | W~ Visionen, hat(76)

Wandern - Verlangen zu wandern(15)

Weinen(244) | W~ unwillkürlich(35)

Zeit - langsam, scheint länger; vergeht zu(29)

Zerstreut(166) | Z~ verträumt(17)

Zorn(243) | Z~ nachmittags(5) | Z~ abends - 18 h | a~ 20.30 h

Zorn - abwechselnd mit - Milde(2) | Z~ Unterbrechung, durch(9)

Träume

Alpträume, Alpdrücken(144)

Angenehm(136)

Anstößiges Verhalten von Männern und Frauen

Autopsien - Sezieren von Leichen(5)

Erotisch(196)

Feuer(65)

Gebissen zu werden - Schlangen, von(2) | G~ Tieren, von(14)

Gehen(10)

Träume...
Körperteile - Zähne - gezogen, werden(2)
Lebhaft(193)
Leichen - Sezieren von Leichen(5)
Männer - folgen ihr, um sie zu vergewaltigen(3) | M~ nackte(3)
Menschen - betrunkene
Nackte Menschen
Nacktheit(4)
Phantastisch(55)
Räuber(36)
Schlangen(21) | S~ beißen ihn(2)
Schrecklich(237)
Sezieren - Leichen, von(5) | S~ Menschen, von
Sumpfschildkröte
Tiere(25) | T~ kopulierende
Verfolgt zu werden - Mann, von einem - vergewaltigen; um sie zu(3) | V~ Tieren, von(13) | T~ wilde(14)
Vergewaltigung(4) | V~ Androhung von Vergewaltigung(2) | *V~ verfolgt zu werden, um vergewaltigt zu werden*(3)
Verletzungen(13)
Verstorbenen, von(84) | V~ Kleinkinder
Verworren(122)
Wandernd(3)
Zähne - gezogen, werden(2)

– *Centaurea tagana* –

cent.

Gemüt
Abneigung - allem, gegenüber(39)
Angst(362)
Froh(182)
Heimweh(52)
Idiotie(45)
Konzentration - schwierig(261)
Stumpfheit(332)
Zerstreut(166)

Träume
Erotisch(196)

– *Cephalanthus occidentalis* –

ceph.

Gemüt
Erregung(287)
Froh(182)
Ruhelosigkeit(420) | R~ Bett - Herumwerfen im(123)

Träume
Kämpfe(54)

– *Cereus bonplandii* –

cere-b.

Gemüt
Abscheu - Leben, vor dem - Menses - vor
Beten(21)
Faulheit(269)
Fehler; macht - Zeit; in bezug auf die(34)
Fleißig, arbeitsam, Arbeitswut(101)
Geisteskrankheit, Wahnsinn(153) | G~ abwechselnd mit - körperliche Symptome(7)
Geschäft - Verlangen nach(6)
Geschäftig(45)
Nützlich zu sein; Verlangen(2)
Reizbarkeit(408)
Ruhelosigkeit(420)
Seelenruhe, Gelassenheit(85)
Seufzen(98)
Spontan, impulsiv(33)
Stumpfheit - morgens(54)
Verwirrung, geistige(321)
Wahnideen - Einfluß; er stehe unter einem mächtigen(9) | W~ Inkubus, Alp niedergedrückt; er würde von einem | W~ Visionen, hat - symmetrisch(2)
Zeit - langsam, scheint länger; vergeht zu(29)

Träume
Ereignisse - vergangene, längst(16) | E~ vergessene; längst(15)
Geräusch(4)
Hunde(20)

Träume...
Menschen - Versammlung von(2)
Wiederholende, sich(6)

– *Cereus serpentinus* –

cere-s.

Gemüt
Beschimpfen, beleidigen, schmähen(67)
Beten - nachts(2)
Empfindlich(192)
Fehler; macht - Schreiben, beim(83) | F~ Sprechen, beim(81)
Fluchen(44)
Geistige Anstrengung - agg. - unmöglich(130)
Langeweile(53)
Lasziv, lüstern(77)
Moralischem Empfinden; Mangel an(48)
Reizbarkeit(408)
Sprache - langsam(59) | S~ undeutlich(24)
Wille - Willensschwäche(58)
Zorn - heftig(72) | Z~ Kleinigkeiten, über(58)

– *Cervus brasilicus* –

cerv.

Gemüt
Ruhelosigkeit(420)
Traurigkeit - tagsüber(16)

Träume
Gespenster - schwarze(2)
Haft(2)
Schüsse(2)

– *Chamomilla* –

cham.

Gemüt
Abscheu - allgemeiner(42)
Alkoholismus(135)
Angesehen zu werden; erträgt es nicht(23)
Angesprochen zu werden - agg.(2) | **A~ Abneigung**(63)

Gemüt ...
Angst(362) | A~ abends - Bett, im(54) | *A~ nachts*(119) | *A~ anfallsweise*(13) | *A~ Bett - im Bett*(49) | *B~ treibt aus dem Bett*(15)
Angst - Essen - nach(39) | A~ Fieber - während(91) | A~ geistige Anstrengung; durch(20) | A~ Gewissensangst(75) | A~ hypochondrisch(52) | A~ Kaffee - nach(5) | *A~ Kinder - bei Kindern - Kleinkinder*(2) | *A~ periodisch*(12) | A~ Schlaf - während(42) | *A~ Stillen - nach*(2) | A~ Stuhlgang - vor(24) | S~ während(20) | S~ als würde Stuhlgang eintreten(2)
Angst - Urinieren - während(2) | U~ Harndrang; mit
Angst - Zukunft(108)
Antworten - Abneigung zu antworten(67) | **A~ bissig, schnippisch**(3) | *A~ falsch, unrichtig*(13) | **A~ höflich sein; kann nicht** | A~ kurz angebunden(19)
Aphasie(53)
Argwöhnisch(105)
Auffahren, Zusammenfahren(117) | A~ Fieberhitze, in der(6) | A~ Kleinigkeiten, über(21) | *A~ Schlaf - während*(163) | *S~ durch*(124)
Auffahren, Zusammenfahren - Schläfrigkeit, bei(13) | A~ Schweiß, beim(5) | A~ Zahnung, bei der | A~ zittrig(3)
Augen - niedergeschlagenen Augen; geht mit
Außer sich; ist(51) | **A~ Schmerzen; vor**(13)
Beißen - Löffel; beißt in den(9)
Beleidigt, leicht(79) | *B~ Beleidigungen, durch frühere*(5)
Beruhigt werden, kann nicht - getragen wird; nur wenn er(2)
Berührt zu werden; Abneigung(46)
Beschimpfen, beleidigen, schmähen(67) | B~ Kinder - Eltern; Kinder beschimpfen ihre(9) | B~ Menses - vor den
Beschwerden durch - Ehre, verletzte(9) | B~ Erregung - Gefühle, der(87)

GEMÜT …

Beschwerden durch - Kränkung, Demütigung(39) | B~ Schreck(72) | **B~ Verachtung; verachtet zu werden**(23) | B~ Widerspruch(7) | **B~ Zorn**(94) | *Z~ Angst, mit*(30) | Z~ stillem Kummer; mit(27) | Z~ unterdrückten Zorn; durch(11)

Betäubung(237) | B~ morgens - Erwachen, beim(5)

Bewußtlosigkeit(280) | *B~ Gemütsbewegungen, nach*(13) | B~ Menses - Unterdrükkung von(8)

Bissig, schnippisch(7)

Boshaft(99)

Brütet, grübelt(41)

Delirium(233) | *D~ nachts*(67) | D~ besinnungslos, mit offenen Augen(13) | *D~ Fieber; im*(54) | D~ Fieberfrost, im(14) | D~ phantastisch(13) | D~ rasend(84) | D~ Schlaf - während(26) | D~ Schmerzen - während den(8) | D~ Wahnideen, mit(18)

Denken - Beschwerden - agg.; Denken an seine Beschwerden(71)

Diktatorisch, herrschsüchtig, dogmatisch, despotisch(25)

Eigensinnig, starrköpfig, dickköpfig(107) | *E~ Kinder*(18) | *E~ Menses - während - Beginn der Menses; beim*

Ekstase(59)

Empfindlich(192) | E~ äußerliche Eindrücke; gegen alle(21) | *E~ Geräusche, gegen*(149) | E~ Gerüche, gegen(30) | **E~ Kaffee, nach** | *E~ Kinder*(13) | *E~ Musik, gegen*(46) | *E~ Pubertät, in der*(12) | **E~ SCHMERZ, GEGEN**(31)

Entmutigt(135) | *E~ Angst, mit*(7) | E~ Stöhnen, mit(3)

Entrüstung(22)

Ernst(77)

Erregung(287) | **E~ agg.**(41) | **E~ Frost - während**(22) | E~ Hitze - während der Hitze; Erregung(23) | *w~ Wochenbett, Fieberhitze im*(3)

Erregung - Schmerzen; bei den(4) | **E~ Schweiß, beim**(11)

GEMÜT …

Erschöpfung; geistige(217) | E~ abends(8)

Erschreckt leicht(125) | E~ nachts - Erwachen, beim - 3 h(3) | *E~ Erwachen, beim*(41)

Faulheit(269) | F~ körperlich(23)

Fehler; macht - Lesen, beim(9) | F~ Orte; in bezug auf(32) | F~ Personen, in(2) | *F~ Schreiben, beim*(83) | *S~ läßt etwas aus - Silben*(7) | *l~ Worte*(14)

Fehler; macht - Sprechen, beim(81) | S~ beabsichtigt hat; sagt, was er nicht(3) | S~ Worte - falsche Worte; benutzt(53) | W~ läßt Worte aus(4) | W~ stellt Worte an die falsche Stelle(46)

Feigheit(89)

Fliehen, versucht zu(61)

Furcht(242) | F~ nachts(58) | F~ Arbeit; vor der(32) | F~ Ärger, nach(2) | *F~ berührt zu werden*(38) | *F~ Erwachen, beim*(54) | *F~ Geräusche, durch*(40) | F~ Hitze - während(5) | F~ Näherkommen, Annäherung von; vor - anderen, von(28) | F~ überwältigend(19) | F~ Unheil; Furcht vor(115) | F~ wiederkehrend(11) | *F~ Wind, vor*(2) | *F~ zittrig*(36)

Gedächtnis - Gedächtnisschwäche(284) | G~ Personen, für(23) | G~ Worte, für(61)

Gedanken - hartnäckig(83) | G~ schnell - Fieber, im(2) | G~ überlegt(54) | G~ Vergehen, Schwinden der Gedanken(76) | V~ geistige Anstrengung; durch(13)

Gedanken versunken, in(90)

Geistesabwesend(71)

Geisteskrankheit, Wahnsinn - unbeweglich wie eine Statue(3)

Geistige Anstrengung - agg.(141) | G~ Abneigung gegen(150)

Gemütssymptome(26)

Geräusche - Neigung Krach, Lärm zu machen(7)

Gesellschaft - Abneigung gegen(156) | A~ Freunden, von engsten(10)

Gesten, Gebärden; macht - Finger - Mund; Kinder stecken die Finger in den(8) | F~ zupft an den Fingern(8)

GEMÜT ...

Gesten, Gebärden; macht - Hände; unwillkürliche Bewegungen der - Greifen(41) | H~ zupft - Bettwäsche; an der(36)

Gesten, Gebärden; macht - stampft mit den Füßen(17)

Gesund - sagt, er sei gesund - krank ist; wenn er sehr(17)

GETRAGEN - VERLANGEN GETRAGEN ZU WERDEN(31)

Gewissenhaft, peinlich genau in bezug auf Kleinigkeiten(58)

Gleichgültigkeit, Apathie(251) | G~ allem; gegenüber(71) | G~ äußere - Dinge; gegen(26) | G~ Leben; gegen das(12) | *G~ Vergnügen, gegen*(46)

Grobheit(37) | *G~ Frauen, bei* | G~ Kinder; ungezogene(7)

Haß - Rachsucht; Haß und(32)

Hast, Eile(112)

Heftig, vehement(100) | **H~ Schmerzen, durch**(5)

Heikel, pingelig(34)

Heulen(30)

Hypochondrie(116)

Hysterie(194) | H~ Menses - während(27) | *H~ Ohnmacht, hysterische*(22)

Ideen, Einfälle - Mangel an(102) | I~ Reichtum an, Klarheit des Geistes(125) | *R~ nachts*(26)

Idiotie(45)

Imbezillität(140)

Jammern(93) | *J~ Schlaf, im*(12) | J~ Schmerzen, über(6)

Katalepsie(20)

Kindisches Benehmen(52)

Klagen(64)

Konzentration - schwierig(261) | s~ nachmittags(5) | s~ Studieren(52)

Kummer - Beleidigungen; durch lange vergangene(5)

Kurz angebunden, barsch(14)

Lästig, geht auf die Nerven(79)

Launenhaftigkeit, launisch(108) | **L~ weist Dinge zurück, die er haben wollte, sobald er sie bekommt**(13)

GEMÜT ...

Liebkost - Abneigung liebkost zu werden - Kindern, bei(2)

Lustig, fröhlich(123)

Manie(149)

Menses - während; Gemütssymptome(28) | w~ Beginn der Menses; zu(5)

Moralischem Empfinden; Mangel an(48)

Morphiumsucht(31)

Murmeln(55)

Mürrisch(290) | *M~ tagsüber*(17) | M~ nachts(16) | M~ Erwachen, beim(32) | M~ Essen, nach dem(21) | **M~ Kindern, bei**(14) | K~ getragen zu werden; Verlangen(2)

Mürrisch - Kleinigkeiten, um(13) | *M~ Menses - vor*(3) | *M~ während*(10)

Mürrisch - Schmerzen, nach(4) | M~ Unterbrechung, durch | **M~ Zahnung, bei der**

Musik - agg.(40) | a~ Klavierspiel, durch(8)

Musik - Abneigung gegen(13) | M~ Ohrenschmerzen durch(5)

Mutwillig, boshaft(24)

Nackt sein, möchte(13)

Phantasien - lebhaft(31) | P~ übertrieben(114) | *P~ übertrieben - nachts*(40) | *P~ übertrieben - Schlaflosigkeit, mit*(41)

Qualvolle Angst(121) | Q~ Bett - nach dem Zubettgehen amel.(2) | **Q~ Herumwerfen, mit**(4)

Raserei, Tobsucht, Wut(95) | R~ Schmerzen, durch(5)

Rebelliert gegen Umschläge(17)

Redseligkeit; Geschwätzigkeit - Reden, hält(4)

Reizbarkeit(408) | *R~ Tag und Nacht*(7) | R~ morgens(69) | m~ Aufstehen, nach dem(13) | m~ Erwachen, beim(43)

Reizbarkeit - nachts(12) | R~ abwechselnd mit - Gleichgültigkeit(8) | *R~ Abort - drohendem, bei* | *R~ angeblickt, wenn - angesprochen oder berührt; wenn - Kindern; bei*(9) | **R~ angesprochen, wenn**(26) | R~ Berührung, durch(5) | **R~ Entbindung, während der**(2)

Gemüt ...

Reizbarkeit - Erwachen, beim(56) | R~ Essen - nach(26) | R~ Fieberfrost, im(57) | *R~ gefragt wird; wenn er*(12) | *R~ Hitze - während*(31) | **R~ Kindern, bei**(29) | *R~ Leberstörungen, bei*(4) | *R~ Menses - vor*(17) | *M~ während*(42)

Reizbarkeit - mißtrauisch(3) | R~ Mittagessen - nach(8) | **R~ schickt - Arzt nach Hause und sagt, er sei nicht krank; schickt den**(3) | **s~ Krankenschwester, schickt die - aus dem Zimmer**

Reizbarkeit - Schmerzen; bei den(10) | *R~ Schwangerschaft, in der* | *R~ Schweiß, beim*(14) | R~ Sprechen, beim(10) | **R~ ZAHNUNG, BEI DER**(6)

Religiös - Gemütsstörungen, religiöse(63)

Reue(63)

Ruhelosigkeit(420) | R~ abends - Bett, im(11) | *R~ nachts*(249) | *R~ ängstlich*(111) | R~ Bett - aus einem Bett zum anderen gehen; will(15) | *B~ Herumwerfen im*(123) | H~ amel.(2)

Ruhelosigkeit - Bett - treibt aus dem(39) | R~ Frost - während(23) | *R~ Hitze - während*(66) | *R~ Kindern, bei*(22) | *K~ Herumtragen der Kinder amel.*(5)

Ruhelosigkeit - Kopfschmerzen, bei(31) | *R~ Menses - während*(40) | R~ Metrorrhagie, bei(5) | R~ Schmerzen, durch(19) | *R~ Zorn; Ruhelosigkeit durch*(7)

Schaukeln - amel.(13) | **S~ VERLANGEN GESCHAUKELT ZU WERDEN**(2)

Schlafwandeln(56)

Schlagen(42) | **S~ Kindern; bei**(5)

Schreien(133) | *S~ Cri encéphalique*(29) | *S~ Erwachen - beim*(27) | *S~ hartnäckig*(2) | *S~ Kindern, bei*(38) | *K~ nachts*(6) | *K~ Kolik mit*(2) | K~ Weinen und(2)

Schreien - Schlaf, im(80) | **S~ SCHMERZEN, BEI DEN**(25) | S~ Zorn, bei(7)

Schwangerschaft; Gemütsbeschwerden während der(17)

Gemüt ...

Schweigsam(209) | S~ Eigensinn, Widerspenstigkeit; aus | S~ Fieberhitze; in der(11)

Seelenruhe, Gelassenheit(85) | S~ ergeben, fügt sich in sein Schicksal(2)

Selbstbetrachtung(58)

Seufzen(98) | *S~ Fieberhitze, in der*(17) | *S~ Schweiß, beim*(16)

Sinne - abgestumpft, stumpf(107) | *S~ scharf*(52) | S~ Vergehen, Schwinden der(51)

Sitzen - Neigung zu sitzen(110) | N~ aufrecht(5) | *N~ steif; ziemlich*(7) | N~ unbeweglich, still(42)

Spontan, impulsiv(33)

Sprache - Ärger, über alten | S~ barsch(6) | S~ delirös - Fieberfrost, im | S~ fremdartig, sonderbar, merkwürdig(3) | S~ laut(11) | S~ scharf, bissig, mit spitzer Zunge(2) | S~ unklar, unverständlich - Schlaf, im(5) | S~ unzusammenhängend(65) | S~ verworren - nachts

Sprechen - Schlaf, im(93) | S~ Hindernisse, die entfernt werden müssen; über

Sprechen - schweift von einem Thema zum anderen(47)

Stilles Wesen(49)

Stimmung, Laune - veränderlich(158) | v~ Menses - vor(2)

Stöhnen(119) | *S~ Beleidigungen; wegen unbedeutender, lange zurückliegender* | S~ Hitze; während der(16) | *S~ Kindern, bei*(12) | **K~ wollen; Mitleid erregendes Wimmern, weil sie nicht bekommen, was sie**

Stöhnen - Ruhelosigkeit, mit(2) | *S~ Schlaf, im*(62) | *S~ Schläfrigkeit, bei* | S~ schlechte Laune, durch | S~ Schmerzen, durch(8) | *S~ unwillkürlich*(3) | **S~ Zahnung, bei der**(3)

Stößt, tritt(11) | *S~ getragen wird; das Kind wird steif und stößt und tritt, wenn es*(2)

Streitsüchtig(136) | **S~ Entbindung, während der** | *S~ Menses - Beginn der; zu*

Gemüt …

Stumpfheit(332) | S~ denkt - lange zu denken; unfähig(12) | *S~ Fieberfrost, im*(16) | *S~ Hitze - während*(14) | S~ Schmerzen, mit

Stupor(138)

Tadelsüchtig, krittelig(80)

Tadelt - andere(32)

Tod - Gedanken an den Tod(54)

Traum; wie in einem(69)

Traurigkeit(477) | T~ Essen - nach(25) | T~ Frost - während(37)

Traurigkeit - Musik - durch(17)

Trost - agg.(39)

Übertreiben - Symptome; übertreibt ihre(3)

Unaufmerksam(23)

Unbarmherzig(14)

Unbesonnen(82)

Unduldsamkeit - angesprochen zu werden(2) | U~ Unterbrechung, gegenüber(3)

Unentschlossenheit(146) | U~ Projekten, bei(8)

Ungeduld(131) | *U~ Fieberhitze, mit*(10) | *U~ langsam; alles geht zu*(2) | *U~ Schmerzen, durch*(3)

Ungestüm(31)

Unsicherheit; geistige(10)

Untröstlich(30)

Unverschämtheit(33)

Unzufrieden(168) | U~ allem; mit(66) | *U~ falsch; alles, was andere tun ist* | U~ sich selbst, mit(36) | *U~ Umgebung, mit der*(8)

Verächtlich(35)

Veränderungen - Verlangen nach(5)

Vergeßlich(187) | V~ Worte beim Sprechen; vergißt(52)

Verweilt - vergangenen unangenehmen Ereignissen; bei(46) | v~ kann nicht aufhören, von alten Ärgernissen zu sprechen

Verwirrung, geistige(321) | V~ morgens(115) | m~ Aufstehen - und nach dem Aufstehen(37)

Gemüt …

Verwirrung, geistige - nachmittags(33) | V~ abends(78) | V~ Erwachen, beim(71) | *V~ Fieberfrost, im*(20) | V~ Fieberhitze, in der(26) | V~ geistige Anstrengung - durch(50) | V~ Liegen; beim(10) | V~ Nasenbluten amel.(2) | *V~ Schmerzanfällen, bei*(6) | V~ Traum; wie in einem(27)

Verzweiflung(137) | *V~ Fieberfrost, im*(20) | V~ Fieberhitze, in der(21) | V~ Genesung, in bezug auf die(44) | *V~ Schmerzen; bei den*(21) | *V~ Schweiß, beim*(9)

Wahnideen(191) | W~ nachts(36) | *W~ Ächzen - mit*(2) | W~ Ärger - und Beleidigungen; von Ärger(3) | W~ beschimpft worden; er sei(16) | W~ Bilder, Phantome; sieht(76) | B~ nachts(40)

Wahnideen - Geräusche - hören; Geräusche zu(13) | W~ Gesichter, sieht(26) | W~ groß - Menschen scheinen zu groß - Schwindel; beim(3) | *W~ Hören - Einbildung; etwas zu hören*(44) | W~ Kopf - durcheinander; der Kopf sei - Gehen | K~ schüttelt den(2) | K~ schwer; sein Kopf scheint zu(3)

Wahnideen - lebhaft(26) | W~ Menschen - unterhält sich mit abwesenden(13) | W~ Phantasiegebilde, Illusionen(115) | W~ Ratsversammlung abhalten; er würde eine(2) | W~ sammeln, zusammenbringen; kann seine Sinne nicht(2) | **W~ Stimmen - hört**(37) | *h~ nachts* | h~ abwesenden Personen, von | h~ entfernte Stimmen(5) | *h~ Fremden, von*(2) | h~ Schlaf, im

Wahnideen - Tiere(42) | T~ Bett - unter dem | T~ schreckliche(6)

Wahnideen - Visionen, hat(76) | V~ nachts(6)

Weinen(244) | W~ agg.(18) | W~ nachts(81) | n~ Schlaf, im(12)

Weinen - Ärger, durch(23) | W~ Beleidigung - eingebildete; über die geringste | W~ Berührung, bei(5) | **W~ Fieberfrost - im**(25) | W~ Fieberhitze, in der(25)

Gemüt ...

Weinen - getragen, wenn - ruhig wenn es getragen wird; das Kind ist nur(2) | W ~ hartnäckig | W ~ Husten - während(21) | **W ~ Kindern; bei**(22) | *K ~ Säuglingen; bei*(9)

Weinen - Konvulsionen - während(27) | W ~ mitleiderregend(2) | **W ~ Schlaf, im**(88) | W ~ Schläfrigkeit, bei | W ~ Schluchzen; Weinen mit(34) | W ~ Schmerzen - während den Schmerzen(23) | *W ~ Schweiß, beim*(25) | *W ~ Stuhlgang - während*(8) | W ~ verweigert wird; wenn etwas(5) | *W ~ Wimmern, Winseln*(27) | *W ~ Schlaf, im*(28)

Weinen - Zorn - nach(19)

Widerspenstig(66)

Widerspruch - verträgt keinen Widerspruch(73)

Wirft mit Gegenständen um sich(20)

Zerstreut(166) | Z ~ Unachtsamkeit(6)

Zorn(243) | *Z ~ agg.*(5) | Z ~ morgens - Erwachen, beim(13) | Z ~ abwechselnd mit - Gleichgültigkeit(4) | *Z ~ angesprochen, wenn*(3) | Z ~ Berührung, bei(5) | *Z ~ Erstickungsanfall, mit* | Z ~ Erwachen, beim(16) | **Z ~ Gesicht - rot - Gesicht; mit rotem**(10) | Z ~ getröstet, wenn(10) | **Z ~ heftig**(72) | *Z ~ Husten - Zorn, durch*(10) | **Z ~ Kindern, bei**(5) | *Z ~ Kleinigkeiten, über*(58) | **Z ~ leicht**(37) | Z ~ Menses - vor(2) | M ~ Unterdrückung der Menses durch Zorn(3)

Zorn - Muttermilch - Unterdrückung der Milch; Zorn führt zu | Z ~ Schmerzen - agg.(2) | *S ~ über*(6)

Zorn - Unterbrechung, durch(9) | Z ~ wirft mit Gegenständen(12)

Zurückhaltend, reserviert(64)

Träume

Alpträume, Alpdrücken(144) | *A ~ Zimmer muß durchsucht werden - beruhigt; bevor er sich*

Angenehm(136)

Ängstlich(239)

Anstrengung - geistige(51)

Träume ...

Erfolglose Anstrengungen(20)

Erinnerlich, bleiben im Gedächtnis(33)

Fallen, zu stürzen; zu - Abgrund, in einen(4)

Gespenster(38)

Historisch(18)

Intellektuell(23)

Lebhaft(193)

Phantastisch(55)

Rede zu halten; eine lange(2)

Ruhelos(53)

Schrecklich(237)

Streitigkeiten(69)

Tiere(25)

Unangenehm(87)

Unfälle(29)

Unglück(64)

Unwichtig(46)

Verdrießlich(122)

Viele(260)

Visionär(45)

Wecken den Patienten(118)

Zorn(58)

– *Chelidonium majus* –

chel.

Gemüt

Abscheu - allgemeiner(42)

Alkoholismus(135)

Angst(362) | A ~ morgens - Erwachen, beim(30) | *A ~ nachmittags*(32) | A ~ abends(87) | a ~ amel.(6) | a ~ 18 h(2)

Angst - nachts - Erwachen, beim(24) | A ~ andere, um(24) | A ~ Aufstehen - nach(5) | A ~ Erwachen, beim(86) | *A ~ Frost - nach*(3) | A ~ Furcht, mit(110) | A ~ Geräusche, durch(13) | **A ~ Gewissensangst**(75) | A ~ Haus, im(15) | A ~ Körperübungen, durch - amel.(2) | A ~ plötzlich(11) | A ~ Seelenheil, um das(35) | A ~ Zukunft(108)

Auffahren, Zusammenfahren(117) | A ~ mittags(10) | A ~ Geräusche, durch(60) | A ~ Schlaf - während(163) | S ~ durch(124)

GEMÜT ...

Auffahren, Zusammenfahren - Schläfrigkeit, bei(13)

Außer sich; ist - Angst; vor(14)

Beleidigt, leicht(79)

Betäubung(237) | B~ morgens - Erwachen, beim(5) | B~ nachts(6) | B~ Erwachen, beim(9)

Bewußtlosigkeit(280) | B~ morgens(45) | m~ Erwachen, beim(2)

Bewußtlosigkeit - nachts(5) | *B~ Delirium, nach*(4) | B~ Erwachen - beim(10) | **B~ Gelbsucht, bei** | *B~ Pneumonie, bei*(2) | B~ Reiben der Fußsohlen amel. | B~ Schwindel, bei(46) | B~ vorübergehend(24)

Brütet, grübelt(41)

Delirium(233) | *D~ nachts*(67) | D~ brummt(44) | D~ Erwachen, beim(20) | D~ Fieber; im(54) | D~ rasend(84) | *D~ ruhig*(23)

Eigensinnig, starrköpfig, dickköpfig(107)

Empfindlich - Geräusche, gegen(149)

Ernst(77)

Erregung(287) | E~ abends(32) | E~ nachts(40)

Faulheit(269) | F~ morgens(51) | F~ nachmittags(18) | n~ 14 h

Faulheit - Essen, nach dem(25) | F~ körperlich(23) | *F~ Mittagessen, nach dem*(8) | F~ Schläfrigkeit, bei(29)

Fliehen, versucht zu(61) | F~ wegzulaufen, um(16)

Furcht(242) | F~ bemerken; man würde ihren Zustand(6) | *F~ Geisteskrankheit*(74) | F~ Geräusche, durch(40) | F~ geschehen; etwas werde(82) | F~ Gesundheit - ruiniert habe; daß sie sich ihre | F~ Pneumonie, vor | F~ Tod; vor dem(143) | T~ nachts(8)

Gedächtnis - Gedächtnisschwäche(284) | G~ Geschäfte, für(13) | G~ getan hat; für das, was er eben(34) | *G~ tun wollte; für das, was er gerade*(33)

Gedanken - hartnäckig(83) | G~ Krankheit, über seine(11) | *G~ Vergehen, Schwinden der Gedanken*(76)

GEMÜT ...

Gedanken versunken, in(90)

Geisteskrankheit, Wahnsinn(153)

Geistige Anstrengung - agg. - unmöglich(130) | **G~ Abneigung gegen**(150)

Gespräche - Abneigung gegen(21)

Getragen - Verlangen getragen zu werden(31)

Gleichgültigkeit, Apathie(251) | G~ Schläfrigkeit, bei(25)

Hochgefühl(97)

Imbezillität(140)

Konzentration - schwierig(261)

Langsamkeit(68)

Lustig, fröhlich - abends(29)

Manie(149)

Milde(80)

Murmeln(55)

Mürrisch(290) | M~ nachmittags(30) | M~ Erwachen, beim(32) | M~ grundlos(5) | M~ Kleinigkeiten, um(13)

Phantasien - übertrieben(114) | ü~ abends(9)

Raserei, Tobsucht, Wut(95)

Redseligkeit; Geschwätzigkeit(136)

Reizbarkeit(408) | R~ nachmittags(37) | R~ Erwachen, beim(56)

Religiös - Gemütsstörungen, religiöse(63)

Reue(63)

Ruhelosigkeit(420) | R~ Tag und Nacht(4) | R~ ängstlich(111) | *R~ Gewissens, des*(4) | R~ innerlich(37)

Schlagen - Kinder; schlägt die eigenen(2) | S~ Kindern; bei(5)

Schmollen(41)

Schmutzig(17)

Schreien - Schlaf, im(80)

Schweigsam(209)

Seelenruhe, Gelassenheit(85) | S~ morgens beim Erwachen(3)

Sinne - abgestumpft, stumpf(107) | *S~ Vergehen, Schwinden der*(51)

Sitzen - Neigung zu sitzen(110)

Sorgen, voller(50)

Sprache - unzusammenhängend(65)

Streitsüchtig(136)

Gemüt ...

Stumpfheit(332) | S~ morgens - Bett, im(2) | S~ Erwachen, beim(41) | S~ Essen, nach dem(7) | S~ Zustand nicht erkennen; kann ihren

Stupor - Delirium, nach(2) | **S~ Gelbsucht, bei** | *S~ Pneumonie, bei*(2)

Suizidneigung; Neigung zum Selbstmord(98)

Tod - Gedanken an den Tod(54) | *T~ Vorahnung des Todes*(62) | T~ wünscht sich den Tod, möchte sterben(72)

Traurigkeit(477)

Unentschlossenheit(146)

Unglücklich, bedauernswert; fühlt sich(29)

Unzufrieden(168) | U~ Umgebung, mit der(8)

Vergeßlich(187) | V~ Rasieren oder Anziehen; vergißt das

Verwirrung, geistige(321) | V~ morgens(115) | m~ Aufstehen - und nach dem Aufstehen(37)

Verwirrung, geistige - nachmittags(33) | *V~ nachts*(19) | *n~ Erwachen, beim*(13)

Verwirrung, geistige - Erwachen, beim(71) | V~ Schlaf; nach - Mittagsschlaf; nach dem(5)

Verzweiflung(137) | V~ Fieberhitze, in der(21) | *V~ religiöse Verzweiflung am Seelenheil*(30)

Wahnideen(191) | *W~ denken - kann nicht denken; sie*(2) | W~ drehen - alles dreht sich - Aufsetzen, beim | a~ Kreis, im(8)

Wahnideen - drehen - sie - würde sich drehen - Kreis, im(10) | W~ Fallen - vorne, nach - würde nach vorne fallen; sie(15) | *W~ geisteskrank - werden; er würde geisteskrank*(43) | W~ Gesundheit ruiniert; er habe sich die | W~ Körper - zerbrechlich; er sei(7) | W~ Kopf - Wirbeln im Kopf(5) | W~ Krankheit - unheilbare Krankheit; er habe eine(18) | W~ Soldaten - sein; ein Soldat zu - nachts | *W~ sterben - gleich sterben; glaubt, er würde*(57)

Gemüt ...

Wahnideen - Sünde begangen; er habe eine unverzeihliche(2) | W~ Verbrechen - begangen; er habe ein Verbrechen(29) | *W~ Verbrechern, von*(24)

Weinen(244) | W~ nachts(81) | W~ getragen, wenn | W~ Verzweiflung, aus(5)

Zerstreut(166)

Zorn(243) | Z~ grundlos(5) | *Z~ heftig*(72) | *Z~ Kleinigkeiten, über*(58)

Zweifelt - Seelenheil, am(18)

Träume

Alpträume, Alpdrücken(144)

Angenehm(136)

Ängstlich(239)

Autopsien - Sezieren von Leichen(5)

Beerdigungen(13)

Begraben zu werden, lebendig(3)

Ekelhaft(32)

Ereignisse - zurückliegende, kurz(55) | z~ Vortag, vom(41)

Ermordet - werden, zu(17)

Erotisch(196)

Fallen, zu stürzen; zu(60)

Geschäft(40) | G~ Tage, vom(39)

Hochzeit(7)

Krankheit - Verletzungen(12) | K~ Wunden(3)

Läuse(7)

Lebhaft(193)

Leichen(42) | L~ Sezieren von Leichen(5)

Mord(53)

Reisen(48)

Schrecklich(237)

Sezieren - Leichen, von(5)

Soldat(3) | S~ sein; ein Soldat zu

Tod(64) | T~ Sterben - er stirbt(14)

Unerinnerlich, bleiben nicht im Gedächtnis(93)

Ungeziefer(14)

Unwichtig(46)

Unzusammenhängend, zusammenhanglos(24)

Verdrießlich(122)

Verletzungen(13)

Verstorbenen, von(84)

Verworren(122)

Träume ...
Verwundet zu werden(4)
Viele(260)
Wecken den Patienten(118)

– Chenopodium anthelminticum –

chen-a.

Gemüt
Aphasie(53)
Bewußtlosigkeit(280)
Empfindlich - Geräusche, gegen - Wagen; gegen in der Straße vorüberfahrende(2)
Fehler; macht - Sprechen, beim - Worte - falsche Worte; benutzt(53)
Furcht - Hitze - durch
Gespräche - Verlangen nach(3)
Gesten, Gebärden; macht - wiederholt dieselben Handlungen
Hysterie(194)
Ruhelosigkeit - Bett - Herumwerfen im(123)
Schlagen - Umstehende, schlägt(5)
Traurigkeit - Menses - unterdrückt(20)
Vergeßlich - Worte beim Sprechen; vergißt(52)
Wahnideen - Fallen - er würde(29)
Weinen(244) | *W~ Menses - Unterdrückung von, bei*(2)

– Chimaphila maculata –

chim-m.

Gemüt
Bewußtlosigkeit - vorübergehend(24)
Milde(80)
Reizbarkeit - Hitze - während(31)

– Chimaphila umbellata –

chim.

Gemüt
Alkoholismus(135)
Hysterie(194)
Ruhelosigkeit(420)

Gemüt ...
Stumpfheit(332)
Traurigkeit(477)
Wahnideen - Fallen - hinfallen; er werde - Kopf, am

– China boliviana –

chin-b.

Gemüt
Blasphemie, Gotteslästerung - Fluchen, und(12)
Empfindlich - Geräusche, gegen(149)
Feigheit(89)
Fluchen(44)
Froh - abends(42)
Gedanken - Zukunft, vor der(6)
Mürrisch - abwechselnd mit - Fröhlichkeit, Frohsinn(23)
Raserei, Tobsucht, Wut - anfallsweise(11)
Resignation(15)
Reue(63)
Seelenruhe, Gelassenheit - abwechselnd mit - Traurigkeit (siehe 2Traurigkeit - abwechselnd - Seelenruhe)
Traurigkeit(477)
Verlassen zu sein; Gefühl(56)
Wahnideen - unbehindert durch einen materiellen Körper; er sei
Weinen - Verlangen zu weinen(5)
Zerstreut - Gespräch teilnimmt; wenn er an einem(2)

Träume
Angeln, Fischen(5)
Baden - Leute baden
Ekelhaft(32)
Erbrechen von Würmern
Fische(3)
Krankheit - Erbrechen von Würmern
Maultier zu treiben; ein
Meer(4)
Menschen - baden
Reisen(48) | R~ Schiff, mit dem(5)
Schauplätze, neue - vulgäre
Schwimmen(9)
Tod(64)

Träume ...

Treiben; ein Maultier zu

Verstorbenen, von(84)

Vulgäre Szenen

Würmer - erbrochen, werden

– *China officinalis* –

chin.

Gemüt

Abneigung - Menschen; gegen - alle, gegen(8)

Abscheu - Arbeit, vor der(21) | **A~ Leben, vor dem**(84)

Albernes Benehmen(65)

Alkoholismus(135)

Angesehen zu werden; erträgt es nicht(23)

Angst(362) | *A~ morgens*(42) | *m~ Erwachen, beim*(30)

Angst - abends(87) | *A~ nachts*(119) | n~ Mitternacht - nach(22) | n~ 2 h(4)

Angst - Bett - treibt aus dem Bett(15) | *A~ Erwachen, beim*(86) | A~ Essen - nach(39) | A~ Fieber - während(91) | F~ Prodromalstadium des Fiebers; im(2)

Angst - folternd(4) | **A~ Frost - vor**(3) | F~ während(31)

Angst - Furcht, mit(110) | A~ Gewissensangst(75) | *A~ Kleinigkeiten, um*(23) | A~ Müdigkeit, mit(16) | A~ Träume; beim Erwachen aus schrecklichen(17) | *A~ Zukunft*(108)

Anorexia nervosa(13)

Antworten - Abneigung zu antworten(67) | *A~ undeutlich*(6) | *A~ weigert sich zu antworten*(32)

Argwöhnisch(105)

Auffahren, Zusammenfahren(117) | *A~ Schlaf - während*(163) | *S~ durch*(124) | S~ Einschlafen, beim(72)

Auffahren, Zusammenfahren - Schreck oder wie durch Schreck; durch(68)

Außer sich; ist(51)

Beleidigt, leicht(79)

Berührt zu werden; Abneigung(46)

Beschäftigung - amel.(48)

Gemüt ...

Beschwerden durch - Erwartungsspannung(68) | B~ geistige Anstrengung(59) | B~ Kummer(65) | B~ schlechte Nachrichten(34) | **B~ sexuell - Exzesse**(59) | B~ Zorn(94) | *Z~ stillem Kummer; mit*(27)

Bestechlich, käuflich, korrupt(5)

Betäubung(237) | B~ morgens(13)

Bett - springt aus dem Bett, möchte sich umbringen, aber es fehlt ihm der Mut dazu

Bewußtlosigkeit(280) | B~ aufrechter Haltung bleibt; wenn er | B~ Erwachen - beim(10) | B~ Menses - nach(4) | M~ Unterdrückung von(8)

Bewußtlosigkeit - Stehen, im(8)

Boshaft(99) | B~ verletzt die Gefühle anderer Menschen | *B~ Zorn, mit*(12)

Bulimie(16)

Chaotisch(44)

Delirium(233) | *D~ Aderlaß, nach* | D~ Bett - flieht und springt plötzlich aus dem Bett auf(36) | D~ Blutung - nach(14) | *D~ Fieber; im*(54) | D~ rasend(84) | D~ ruhig(23) | *D~ Säfteverlust, durch*(2) | *D~ Schlaf - Einschlafen, beim*(17) | D~ Schlaflosigkeit - mit(45) | D~ Zittern, mit(23)

Delirium tremens(84)

Denken - Abneigung gegen(46)

Diktatorisch, herrschsüchtig, dogmatisch, despotisch(25)

Eifersucht - sexueller Erregung, mit(6)

Eigensinnig, starrköpfig, dickköpfig(107) | *E~ Kinder*(18)

Ekstase - Fieberhitze, in der(5)

Empfindlich(192) | E~ Berührung, gegen(13) | E~ Fieberfrost, im(9) | **E~ Geräusche, gegen**(149) | *G~ Entbindung, bei der*(5) | G~ schrille Töne, gegen(16)

Empfindlich - Mangel an Empfindlichkeit(20) | E~ moralische Eindrücke, gegen(10) | E~ Schweiß, beim(3) | *E~ Sinneseindrücke, gegen*(23)

Entmutigt(135)

Entrüstung(22)

Gemüt ...

Ermahnungen - agg. - freundliche; selbst(6)

Ernst(77)

Erregung(287) | E~ agg.(41) | E~ morgens(19) | E~ abends(32) | *E~ Blutung, nach* | **E~ Hören von Schrecklichem; nach**(11) | E~ Kaffee, wie nach(4) | E~ schlechten Nachrichten, nach(18)

Erschöpfung; geistige(217)

Erschreckt leicht - Erwachen, beim - Traum, aus einem(14)

Extravaganz(16)

Faulheit(269) | *F~ Essen, nach dem*(25) | F~ körperlich(23) | *F~ Mittagessen, nach dem*(8) | F~ Schläfrigkeit, bei(29)

Fehler; macht - Schreiben, beim(83) | *S~ stellt etwas um - Buchstaben*(8)

Fehler; macht - Sprechen, beim(81) | S~ Laute um, schafft Schüttelreime; stellt(2) | *S~ Worte - dreht Worte um*(9) | **W~ falsche Worte; benutzt**(53) | **W~ stellt Worte an die falsche Stelle**(46)

Feigheit(89)

Fleißig, arbeitsam, Arbeitswut(101) | F~ Menses, vor den(26)

Fliehen, versucht zu(61) | F~ springt plötzlich aus dem Bett(17)

Froh(182) | F~ abends(42) | *F~ nachts - Mitternacht - nach - 2 h; bis* | *F~ abwechselnd mit - Traurigkeit*(57)

Furcht(242) | F~ morgens(27) | *F~ nachts*(58) | F~ Arbeit; vor der(32) | F~ bemitleidet, bedauert zu werden(2) | *F~ berührt zu werden*(38) | *F~ Ersticken, vor dem - nachts*(14) | F~ Erwachen, beim - Traum, aus einem(13) | F~ fallen, zu stürzen; zu(28) | F~ Geräusche, durch(40) | F~ geschehen; etwas werde(82) | F~ Gespenstern, vor(32) | G~ nachts(10)

Furcht - Hunden, vor(22) | F~ Katzen, vor(6) | F~ Menschen, vor(81) | F~ Messern, vor(6) | F~ Schurken, vor(5) | **F~ Tieren, vor**(11) | F~ Tod; vor dem(143) | *F~ töten, davor zu*(12) | F~ überwältigend(19) | *F~ Unheil; Furcht vor*(115)

Gemüt ...

Furcht - verletzt zu werden(6) | F~ voller Furcht(12) | F~ zornig zu werden, in Wut zu geraten(4)

Geckenhaft(6)

Gedächtnis - gut, aktiv(91) | *G~ Gedächtnisschwäche*(284) | G~ periodisch(4) | G~ plötzlich und periodisch(6) | G~ sexuelle Exzesse, durch(9) | G~ Worte, für(61)

Gedanken - alberne Gedanken, nachts | *G~ Gedankenandrang, einstürmende Gedanken, Gedankenfluß*(78) | G~ morgens - Bett, im | G~ abends(5) | *a~ Bett, im*(17)

Gedanken - Gedankenandrang, einstürmende Gedanken, Gedankenfluß - nachts(31) | G~ Erwachen, beim(6) | *G~ Schlaflosigkeit, durch*(23)

Gedanken - hartnäckig(83) | G~ schnell(36) | G~ sexuell - Tag und Nacht(2) | G~ Stillstand der Gedanken(10) | G~ überlegt(54) | *G~ unangenehm*(21) | G~ Vergehen, Schwinden der Gedanken(76) | V~ periodisch

Gedanken - zusammenhangslos(30)

Gedanken versunken, in(90)

Gedichte, macht(14)

Geisteskrankheit, Wahnsinn - Alkoholikern; bei(22) | *G~ Blutung, nach*(8) | G~ Bulimie; mit(2) | *G~ Fieberhitze, mit*(8) | G~ reisen; mit Verlangen zu(9) | G~ Ruhelosigkeit, mit(14)

Geistige Anstrengung - agg.(141) | a~ unmöglich(130)

Geistige Anstrengung - Verlangen nach(65) | **G~ Abneigung gegen**(150)

Gemütssymptome(26)

Gesellschaft - Abneigung gegen(156)

Gespräche - agg.(45)

Gesten, Gebärden; macht - Hände; unwillkürliche Bewegungen der - Greifen(41) | H~ zupft - Bettwäsche; an der(36)

Gesten, Gebärden; macht - Licht(5)

Gewissenhaft, peinlich genau in bezug auf Kleinigkeiten(58)

GEMÜT ...

Gier, Habsucht(19)

Gleichgültigkeit, Apathie(251) | G~ allem; gegenüber(71) | G~ Essen - gegenüber dem Essen(5) | G~ Fieber, im(16) | G~ Geld zu verdienen(5) | G~ periodisch(2) | G~ Trinken, gegen | G~ Typhus, bei(9)

Grausamkeit, Unmenschlichkeit(30)

Grobheit - Kinder; ungezogene(7)

Haß - Rachsucht; Haß und(32)

Heftig, vehement(100) | H~ Gewalttaten führt; Raserei, die zu(34)

Hochgefühl - abends(7)

Hochmütig, arrogant(53)

Hypochondrie(116) | H~ Essen, nach dem(5) | H~ Selbstmord; treibt zum(12)

Hysterie(194) | H~ Menses - während(27) | M~ nach(3)

Hysterie - Verlust von - Säfteverlust, nach(2)

Ideen, Einfälle - Mangel an(102) | **I~ Reichtum an, Klarheit des Geistes**(125) | **R~ abends**(17) | a~ Bett, im(14)

Ideen, Einfälle - Reichtum an, Klarheit des Geistes - nachts(26)

Imbezillität(140)

Jammern(93)

Klagen(64)

Konzentration - schwierig(261)

Kummer(76)

Kunst - Talent zur(8)

Läuft umher(24)

Lakonisch(3)

Langeweile(53)

Langsamkeit(68)

Lästig, geht auf die Nerven(79)

Lasziv, lüstern(77) | *L~ Impotenz, mit*(4)

Launenhaftigkeit, launisch(108)

Lebensüberdruß(82) | L~ Fieberhitze, in der(5)

Lebhaft, munter(50)

Lesen - Verlangen - vorgelesen zu bekommen(3)

Lustig, fröhlich(123) | L~ morgens - Erwachen; beim | *L~ abends*(29)

GEMÜT ...

Lustig, fröhlich - nachts(14) | *n~ Mitternacht - nach - 2 h; bis*

Magnetisiert - amel.(20)

Manie(149)

Meditieren, Nachdenken(47)

Moralischem Empfinden; Mangel an(48)

Mürrisch(290) | M~ morgens(42) | M~ abends - Bett, im(3) | M~ nachts(16) | *M~ abwechselnd mit - Fröhlichkeit, Frohsinn*(23) | M~ Liebkosung agg. | *M~ schweigsam*(3)

Naiv - intelligent, aber sehr(5)

Neid - Habgier, und(12)

Nymphomanie(67) | N~ Menses - unterdrückten, nach(13) | *N~ Wochenbett, im*(6)

Phantasien - lasziv(46) | *l~ Impotenz, mit*(5)

Phantasien - Schlaf - Einschlafen, beim(8) | *P~ übertrieben*(114) | P~ übertrieben - morgens - Bett, im | P~ übertrieben - abends(9) | *P~ übertrieben - abends - Bett, im*(28) | *P~ übertrieben - nachts*(40) | P~ übertrieben - Fieberhitze, in der(5) | *P~ übertrieben - Schlaflosigkeit, mit*(41) | P~ übertrieben - Zubettgehen, nach dem(4)

Pläne - macht, schmiedet viele Pläne(15) | *m~ abends*(2) | **m~ nachts**

Qualvolle Angst(121)

Raserei, Tobsucht, Wut(95)

Reizbarkeit(408) | R~ morgens(69) | *m~ Erwachen, beim - Kindern, bei*

Reizbarkeit - nachts(12) | R~ abwechselnd mit - Fröhlichkeit, Frohsinn(23) | a~ Gleichgültigkeit(8)

Reizbarkeit - erregt, wenn(2) | R~ Erwachen, beim(56) | R~ Fieberfrost, im(57) | *R~ Kindern, bei*(29) | *R~ Koitus - nach*(26) | *R~ Kopfschmerzen, bei*(61) | **R~ Schwäche - mit**(2) | R~ Trost - agg.(21)

Reizlos, Dinge erscheinen

Ruhelosigkeit(420) | R~ nachts(249) | R~ ängstlich(111) | *R~ Bett - Herumwerfen im*(123) | B~ treibt aus dem(39)

Gemüt ...

Ruhelosigkeit - Erwachen, beim(30) | R~ Essen - nach(14) | R~ Hitze - während(66) | R~ Kopfschmerzen, bei(31)

Schlemmer(8)

Schreiben - Verlangen nach(3)

Schreien(133) | S~ abwechselnd mit - Fröhlichkeit | *S~ fröhlicher Stimmung; grundloses Schreien bei* | S~ plötzlich(5) | S~ Schlaf, im(80) | S~ Schmerzen, bei den - Lendengegend(2)

Schüchternheit, Zaghaftigkeit(113) | S~ Gesellschaft, in(6) | *S~ schamhaft*(58)

Schwangerschaft; Gemütsbeschwerden während der(17)

Schweigsam(209) | S~ Schweiß; beim(7)

Seelenruhe, Gelassenheit(85)

Selbstbetrachtung(58)

Selbstvertrauen - Mangel an Selbstvertrauen(86)

Sentimental, schwärmerisch, rührselig(64)

Seufzen(98) | S~ abends | S~ Schweiß, beim(16)

Singen(59)

Sinne - abgestumpft, stumpf(107) | *S~ scharf*(52)

Sitzen - Neigung zu sitzen(110)

Sonderbar, fremd, merkwürdig - Sonderling(11)

Sorgen, voller(50) | *S~ Kleinigkeiten, um*(4)

Spielen - Spielleidenschaft(10)

Spotten(18)

Sprache - albern(16)

Sprechen - agg. die Beschwerden(34) | S~ anderer agg.; das Sprechen(46) | S~ schweift von einem Thema zum anderen(47)

Springen - Bett; aus dem(41)

Stimmung, Laune - veränderlich(158) | *S~ wechselnd, wechselhaft*(80)

Stöhnen(119) | S~ Schlaf, im(62) | S~ Schweiß, beim(10)

Streitsüchtig(136)

Stumpfheit(332) | **S~ morgens**(54) | **m~ Erwachen, beim**(26)

Gemüt ...

Stumpfheit - Erwachen, beim(41) | S~ periodisch | *S~ Säfteverlust, nach*(3) | S~ Schläfrigkeit, bei(30) | S~ Schweiß, beim(8) | S~ Schwindel; während(22) | S~ Träumen, nach(6)

Stupor(138)

Suizidneigung; Neigung zum Selbstmord(98) | S~ abends(7) | S~ nachts(5) | S~ Erschießen, durch(17) | S~ Furcht - Fenster oder einem Messer; mit Furcht vor einem offenen(4) | *F~ Todesfurcht, mit*(7)

Suizidneigung; Neigung zum Selbstmord - Hypochondrie, aus(12) | **S~ Mut; aber es fehlt ihm der**(9) | S~ stürzt sich - Fenster, aus dem(21) | S~ Traurigkeit, durch(23) | S~ Wechselfieber, bei(6)

Tadelsüchtig, krittelig(80)

Tadelt - andere(32)

Theoretisieren(20) | *T~ abends* | T~ nachts(2)

Tod - wünscht sich den Tod, möchte sterben(72)

Töten, Verlangen zu(32) | T~ geliebte Menschen(6) | T~ Messer - mit einem Messer(12)

Traum; wie in einem(69)

Traurigkeit(477) | *T~ Essen - nach*(25) | T~ Fieberhitze, in der(55) | **T~ Frost - während**(37)

Traurigkeit - Menses - nach(7) | T~ Schwangerschaft, in der(7) | *T~ Schweiß, beim*(29) | T~ Suizidneigung, mit(25)

Trost - agg.(39)

Umherstreifen, Streunen - besinnungslos, geisteskrank(11)

Unbarmherzig(14)

Unduldsamkeit - Geräuschen, gegenüber(5)

Unentschlossenheit(146) | U~ Handlungen, in(8)

Ungeduld(131)

Ungehorsam(30) | *U~ Kindern, bei*

GEMÜT ...
Unglücklich, bedauernswert; fühlt sich(29)
Untröstlich(30) | **U~ Selbstmord; selbst bis zum**
Unverschämtheit(33)
Unzüchtig, obszön(34)
Unzufrieden(168)
Verächtlich(35) | *V~ allem; gegenüber*(4)
Vergeßlich(187) | V~ nachts(3) | V~ Erwachen, beim(8) | V~ periodisch(3) | *V~ Säfteverlust, durch*(3)
Verlangen, Wunsch nach - voller Verlangen - fröhlich sein; möchte | v~ unbestimmt(7)
Verlassen zu sein; Gefühl(56)
Verweilt - vergangenen unangenehmen Ereignissen; bei(46) | v~ nachts(13)
Verwirrung, geistige(321) | *V~ morgens*(115) | V~ nachmittags(33) | V~ nachts - Erwachen, beim(13) | *V~ berauscht - wie nach einem Rausch*(35) | V~ Bier, durch(8) | V~ Erregung amel.(2) | V~ Erwachen, beim(71) | V~ Fieberhitze, in der(26) | *V~ Schweiß, beim*(3) | V~ Traum; wie in einem(27)
Verzweiflung(137) | V~ Schmerzen; bei den(21)
Wahnideen(191) | W~ abends - Bett, im(16) | *W~ Arbeit - gehindert; er würde an der Arbeit* | W~ Ärger - und Beleidigungen; von Ärger(3) | *W~ behindert zu werden - allen; von*(2) | W~ Bett - berühren; als würde sie im Liegen das Bett nicht(13) | W~ Bilder, Phantome; sieht(76) | B~ nachts(40) | B~ Schlaf - Einschlafen, beim(5) | B~ schreckliche(60)
Wahnideen - Fallen - hinten, nach(6) | W~ geht - Luft - auf Luft; geht(15) | *W~ gequält, er würde*(2) | W~ Gesichter, sieht - Dunkelheit, in der(2) | G~ Schließen der Augen; beim(15)
Wahnideen - Gespenster, Geister, Gestalten - Schließen der Augen; beim(16) | *W~ glücklos, er sei*(11) | W~ Menschen - sieht(29) | **s~ Schließen der Augen; beim**(5)

GEMÜT ...
Wahnideen - nachgestellt - ihm würde nachgestellt(28) | W~ Phantasiegebilde, Illusionen(115) | W~ Regen - hört Regen; er(6) | W~ Schlaf - Einschlafen; Wahnideen beim(12) | *W~ verfolgt - Feinden, von*(30) | W~ verlassen ; er sei(21) | W~ Visionen, hat - abends(9) | *V~ Schließen der Augen; beim*(29)
Weinen(244) | *W~ nachts*(81) | W~ Ermahnung, durch(11) | W~ Husten - während(21) | W~ Kindern; bei(22) | W~ leicht(16) | W~ Liebkosungen, durch(2) | W~ Not, über eine eingebildete | W~ Schlaf, im(88) | W~ Schweiß, beim(25) | W~ Trost - agg.(22) | *W~ Wimmern, Winseln*(27) | W~ Schlaf, im(28)
Wertlos, Dinge scheinen
Widerspenstig(66)
Widersprüchlich - Worten; die Absichten stehen im Widerspruch zu den(9)
Widerspruch - verträgt keinen Widerspruch(73)
Wille - Willensschwäche(58)
Zerstreut(166)
Zorn(243) | Z~ abwechselnd mit - Gleichgültigkeit(4) | **Z~ ärgern, schikanieren; möchte andere**(2) | Z~ erstechen könnte, so wütend, daß er jeden(8) | Z~ Kleinigkeiten, über(58) | Z~ Liebkosungen, durch
Zügellosigkeit, sexuelle Ausschweifung(32)
Zurückhaltend, reserviert(64)

TRÄUME
Absurd(13) | *A~ Mitternacht, nach*
Alpträume, Alpdrücken(144)
Angenehm(136)
Ängstlich(239) | *Ä~ morgens - Erwachen, beim - amel.; Angst ist*(15)
Anstrengung - geistige(51)
Beeinflußt das Gemüt(14)
Ekelhaft(32)
Ereignisse - vergangene, längst(16) | E~ vergessene; längst(15) | E~ zurückliegende, kurz(55)

Träume...

Erotisch(196) | E~ Pollutionen, mit(96)

Erstochen zu werden(5)

Fallen, zu stürzen; zu(60) | F~ Höhe herab, von einer(29)

Feuer(65)

Fortsetzung - Träumen, von - Erwachen, nach dem(22)

Furcht - gefolgt von(14)

Gefahr(40)

Geld - Streit um Geld

Hartnäckig(29)

Hochgelegene Orte(8) | H~ Herunterfallen, Hinabstürzen von(29)

Körperteile - Arm - verletzt; Arm der Mutter ist

Krankheit - Verletzungen(12)

Lange Zeit(13)

Lebhaft(193)

Meer(4)

Phantastisch(55)

Reisen(48)

Schiff fahren, mit dem(8)

Schneiden(7)

Schrecklich(237) | S~ abwechselnd mit Kopfschmerzen | S~ Einschlafen, beim | S~ Schließen der Augen; beim

Streitigkeiten(69) | S~ Geld, um

Tod(64) | T~ Verwandten, von(14)

Traurig(46)

Unangenehm(87)

Unfälle(29)

Unglück(64)

Unwichtig(46)

Unzusammenhängend, zusammenhanglos(24)

Verdrießlich(122)

Verletzungen(13)

Verworren(122) | V~ nachts - Mitternacht - nach

Viele(260)

Visionär(45)

Wasser(49)

Wecken den Patienten(118)

– *Chininum arsenicosum* –

chinin-ar.

Gemüt

Abscheu - Leben, vor dem(84)

Angst(362) | A~ tagsüber(21) | *A~ abends*(87) | A~ nachts(119) | A~ Erwachen, beim(86) | A~ Fieber - während(91) | A~ Frost - während(31) | A~ Furcht, mit(110) | *A~ Gesundheit; um die - eigene Gesundheit; um seine*(57) | A~ Sitzen - muß sitzen

Antworten - weigert sich zu antworten(32)

Argwöhnisch(105)

Auffahren, Zusammenfahren(117) | A~ Erwachen, beim(11) | A~ Schlaf - Einschlafen, beim(72)

Beleidigt, leicht(79)

Beschwerden durch - sexuell - Exzesse(59)

Betäubung(237) | B~ Fieberhitze, in der(10)

Delirium(233) | D~ nachts(67) | D~ Blutung - nach(14)

Denken - Beschwerden - agg.; Denken an seine Beschwerden(71)

Empfindlich(192) | E~ Geräusche, gegen(149)

Entmutigt(135)

Erregung(287) | E~ Kleinigkeiten, über(12)

Erschöpfung; geistige(217)

Faulheit(269)

Furcht(242) | F~ nachts(58) | F~ Gespenstern, vor(32) | G~ nachts(10)

Furcht - Krebs(13) | F~ Unheil; Furcht vor(115) | U~ nachts

Gedächtnis - Gedächtnisschwäche(284) | G~ Gedächtnisverlust - Verletzungen, nach(2)

Gedanken - Gedankenandrang, einstürmende Gedanken, Gedankenfluß - nachts(31) | G~ hartnäckig(83)

Geistige Anstrengung - Abneigung gegen(150)

Gewissenhaft, peinlich genau in bezug auf Kleinigkeiten(58)

Gemüt ...

Gleichgültigkeit, Apathie(251) | G~ Vergnügen, gegen(46)

Hochgefühl(97)

Ideen, Einfälle - Reichtum an, Klarheit des Geistes(125) | R~ nachts(26)

Klagen(64)

Launenhaftigkeit, launisch(108)

Lebensüberdruß(82)

Phantasien - übertrieben(114)

Reizbarkeit(408) | R~ Erwachen, beim(56) | R~ Fieberfrost, im(57) | *R~ Kopfschmerzen, bei*(61)

Ruhelosigkeit(420) | *R~ nachmittags*(25) | R~ nachts(249) | *n~ Mitternacht - nach - 3 h*(8)

Ruhelosigkeit - ängstlich(111) | R~ Bett - treibt aus dem(39) | R~ Hitze - während(66) | R~ Schwäche - bei(2)

Schüchternheit, Zaghaftigkeit(113)

Schweigsam(209)

Sentimental, schwärmerisch, rührselig(64)

Sitzen - Neigung zu sitzen(110) | N~ unbeweglich, still(42)

Sprechen - schweift von einem Thema zum anderen(47)

Springen - Bett; aus dem(41) | B~ Fieber, im(3)

Stöhnen(119) | S~ Fieberfrost, im(6) | S~ Hitze; während der(16)

Störungen; Abneigung gegen(13)

Stumpfheit(332)

Suizidneigung; Neigung zum Selbstmord(98)

Tadelsüchtig, krittelig(80) | T~ besten Freunden gegenüber; den(4)

Traurigkeit(477) | T~ Fieberhitze, in der(55) | T~ Frost - während(37)

Traurigkeit - Schweiß, beim(29)

Ungeduld(131) | U~ Fieberhitze, mit(10) | U~ Wechselfieber, bei

Unzufrieden(168) | U~ allem; mit(66)

Vergeßlich(187)

Verwirrung, geistige(321) | V~ morgens(115) | m~ Erwachen, beim(50)

Gemüt ...

Verzweiflung(137) | V~ Fieberfrost, im(20) | V~ Fieberhitze, in der(21) | V~ Schmerzen; bei den(21)

Wahnideen(191) | W~ nachts(36) | W~ Bilder, Phantome; sieht(76) | B~ schreckliche(60)

Wahnideen - Blutung, nach | *W~ Entkräftung nicht ertragen; er könne solch eine völlige*(2) | W~ Phantasiegebilde, Illusionen(115) | W~ Reise; er befinde sich auf einer(12)

Weinen(244)

Wildheit(29)

Zorn(243) | Z~ leicht(37)

Träume

Ängstlich(239)

Lebhaft(193)

Schrecklich(237)

Tod(64)

Unglück(64)

Verdrießlich(122)

– *Chininum muriaticum* –

chinin-m.

Gemüt

Alkoholismus(135)

– *Chininum sulphuricum* –

chinin-s.

Gemüt

Aktivität; Verlangen nach - abends - 21 h - Gehen im Freien; nach

Angst(362) | A~ mittags(5) | A~ nachts(119) | n~ Mitternacht - nach(22)

Angst - Bett - im Bett(49) | B~ treibt aus dem Bett(15)

Angst - Fieber - während(91) | *A~ Furcht, mit*(110) | **A~ Zukunft**(108)

Antworten - Abneigung zu antworten(67)

Auffahren, Zusammenfahren - morgens, aus dem Schlaf(6) | A~ Schlaf - durch(124)

Betäubung(237)

GEMÜT ...

Bewußtlosigkeit(280) | *B ~ morgens*(45) | *B ~ Entbindung, während der*(8) | B ~ partiell, teilweise bei Bewußtsein(13) | B ~ Schwindel, bei(46)

Delirium(233) | D ~ nachts(67) | D ~ berauscht, wie(6) | *D ~ Bett - flieht und springt plötzlich aus dem Bett auf*(36) | *D ~ Fieber; im*(54) | D ~ manisch(47) | D ~ rasend(84) | *D ~ Schreien, mit*(18)

Delirium tremens(84)

Eigensinnig, starrköpfig, dickköpfig(107) | E ~ vormittags

Empfindlich(192)

Entmutigt(135) | E ~ Weinen, mit(6)

Erregung(287) | E ~ morgens(19) | E ~ vormittags(3) | E ~ Hitze - während der Hitze; Erregung(23) | *E ~ Kaffee, wie nach*(4) | E ~ Wein - wie durch(8)

Faulheit(269) | F ~ morgens - Erwachen, beim | F ~ mittags(2) | F ~ Gehen - beim(6) | F ~ Schlaf, nach(4)

Fehler; macht - Arbeit, bei der(9) | F ~ Rechnen, beim(14) | R ~ Addieren, beim

Fehler; macht - Schreiben, beim(83) | S ~ falsch - Worte(16)

Fehler; macht - Sprechen, beim(81) | *S ~ Worte - falsche Worte; benutzt - Seite statt linke und umgekehrt; sagt rechte*(5)

Froh(182) | F ~ abends(42)

Furcht - Dunkelheit, vor der(40) | **F ~ Unglück, vor**(93) | **F ~ Unheil; Furcht vor**(115) | U ~ nachmittags

Gedächtnis - Gedächtnisschwäche - Eigennamen; für(44) | G ~ Namen; für - Gegenständen; von(2)

Gedächtnis - verwirrt, Gedächtnisverwirrung(8)

Gedanken - wandernd(72)

Geisteskrankheit, Wahnsinn(153)

Geistige Anstrengung - agg. - unmöglich(130) | G ~ Abneigung gegen(150)

Geschäft - Abneigung gegen(45) | G ~ unfähig zu(8)

GEMÜT ...

Gesten, Gebärden; macht(22) | G ~ langsam(5)

Gleichgültigkeit, Apathie(251) | *G ~ Fieber, im*(16) | *G ~ Typhus, bei*(9) | *G ~ Vergnügen, gegen*(46)

Hochgefühl(97)

Hysterie(194)

Ideen, Einfälle - Reichtum an, Klarheit des Geistes(125) | *R ~ nachts*(26)

Konzentration - schwierig(261)

Lustig, fröhlich(123)

Manie(149)

Mürrisch(290)

Pläne - macht, schmiedet viele Pläne(15) | *m ~ abends*(2)

Qualvolle Angst - Schweiß - während(3)

Raserei, Tobsucht, Wut(95)

Reizbarkeit(408) | R ~ Erwachen, beim(56) | R ~ Kopfschmerzen, bei(61)

Ruhelosigkeit(420) | R ~ nachmittags - 17 h(2) | R ~ abends(51) | R ~ ängstlich(111) | R ~ Bett - Herumwerfen im(123) | B ~ treibt aus dem(39)

Ruhelosigkeit - Hitze - während(66)

Schreien - Angst, aus(9)

Seelenruhe, Gelassenheit(85)

Seufzen(98)

Sinne - abgestumpft, stumpf(107)

Sprache - langsam(59)

Springen - Bett; aus dem(41)

Stumpfheit(332) | S ~ Hitze - während(14) | S ~ Schreiben, beim(10)

Stupor - morgens(36)

Traurigkeit(477) | *T ~ nachmittags*(37)

Traurigkeit - Unglück; wie durch ein(10)

Unentschlossenheit(146)

Verwirrung, geistige(321) | V ~ morgens(115) | V ~ abends(78) | V ~ berauscht - wie(47)

Verzweiflung(137)

Wahnideen - berauscht - sei, er(59) | W ~ Bett - fallen - durch das Bett zu fallen(7) | B ~ sinken - Bett würde sinken; das(13) | s ~ sie würde sinken - durch das Bett(5)

Gemüt ...

Wahnideen - Kopf - fallen; der Kopf würde - hinten, nach | K~ Wirbeln im Kopf - Mühlrad, wie ein

Wahnideen - Phantasiegebilde, Illusionen(115) | W~ Verbrechen - begangen; er habe ein Verbrechen(29) | W~ versinken, er würde(21) | W~ Willenskraft verloren; als habe er seine(4)

Weinen(244) | W~ nachts(81) | n~ Erwachen, beim(2)

Weinen - Erwachen, beim(36) | W~ Schlaf, im(88)

Wille - Verlust der Willenskraft(34) | W~ Verlust des Willens - Gehen, beim

Zorn - Erwachen, beim(16)

Träume

Lebhaft - morgens(5)

Merkwürdig, wunderlich(10)

Schrecklich(237)

Verworren(122) | V~ morgens

Viele(260)

Wundervolle(4)

– *Chionanthus virginica* –

chion.

Gemüt

Beschwerden durch - Streit, Streitigkeiten(9)

Reizbarkeit(408)

– *Chloralum hydratum* –

chlol.

Gemüt

Angst(362) | *A~ nachts - Kindern, bei*(15)

Antworten - Abneigung zu antworten(67) | A~ schwierig, Antworten ist(11) | A~ unzusammenhängend(13)

Betäubung(237)

Bewußtlosigkeit(280)

Delirium(233) | D~ Umherstreifen(9) | D~ wild(21)

Delirium tremens(84)

Empfindlich - Geräusche, gegen(149)

Gemüt ...

Erregung - nachts(40) | E~ Champagner - wie nach

Erschreckt leicht - Erwachen, beim(41)

Furcht(242)

Gedächtnis - Gedächtnisschwäche(284)

Gedanken - Einförmigkeit, Monotonie der(2) | G~ ohne Gedanken; Gedankenleere(6) | G~ wandernd(72)

Geisteskrankheit, Wahnsinn(153) | *G~ Wochenbett, im*(35)

Hause, zu - Verlangen, nach Hause zu gehen(18)

Heimweh(52)

Hinterhältig, hinterlistig, falsch, verschlagen(32)

Hysterie(194) | *H~ Schwangerschaft und der Entbindung; während der*(2)

Idiotie(45)

Imbezillität(140)

Kindisches Benehmen(52)

Konzentration - schwierig(261)

Lachen(102)

Manie(149)

Mürrisch(290)

Reizbarkeit(408) | R~ morgens(69)

Ruhelosigkeit(420)

Schreien(133) | S~ Chorea, bei(5) | *S~ Kindern, bei - nachts*(6) | S~ Schlaf, im(80)

Schweigsam(209)

Spaßen(52)

Sprache - hastig(44) | S~ unsinnig(29) | S~ unzusammenhängend(65)

Sprechen - abwesenden Personen; mit(3) | S~ sich selbst ; mit(31)

Springen - Bett; aus dem(41)

Tanzen(33)

Tollwut, Hydrophobie(46)

Traurigkeit(477)

Unentschlossenheit(146)

Verstecken - sich(18)

Verwirrung, geistige(321)

Verzweiflung - Genesung, in bezug auf die(44)

Wahnideen(191) | W~ betrunken - sei betrunken, er - teilweise

Gemüt ...

Wahnideen - Bett - jemand - stehen; jemand würde drohend am Fußende | W ~ Gestalten - wirft mit der Flasche nach(2) | W ~ Land; er sei mal im einen, dann wieder in einem anderen | W ~ Sprechen - eingebildeten Personen; spricht laut und zusammenhanglos zu(3) | W ~ Stimmen - hört(37) | W ~ Visionen, hat(76) | *V ~ phantastisch*(8)
Wildheit(29)
Witzig, geistreich(14)

Träume

Alpträume, Alpdrücken(144)
Gespenster(38)
Schrecklich(237)

– *Chloramphenicolum* –

chloram.

Gemüt

Delirium(233)
Euphorie(13)
Gleichgültigkeit, Apathie(251)
Ruhelosigkeit - abends - Bett, im(11)
Traurigkeit(477)
Verwirrung, geistige(321)
Verzweiflung - Aufstehen; beim - amel.
Wahnideen(191)

– *Chloroformium* –

chlf.

Gemüt

Bewußtlosigkeit(280) | B ~ Erregung, nach(3) | B ~ Verletzungsschock, bei(2)
Delirium(233) | D ~ heftig(26) | D ~ ruhig(23)
Delirium tremens(84) | D ~ Erregung, mit(2)
Gedächtnis - Gedächtnisschwäche(284)
Gleichgültigkeit, Apathie(251)
Hysterie(194)
Murmeln(55)
Musik - Verlangen Klavier zu spielen(2)

Gemüt ...

Ruhelosigkeit(420) | R ~ Bett - Herumwerfen im(123) | R ~ Entbindung, während der(3)
Seelenruhe, Gelassenheit(85)
Singen(59)
Sprache - langsam(59) | S ~ unsinnig(29)
Stöhnen(119)
Stumpfheit(332)
Unzüchtig, obszön - Sprechen(14)
Vertraulichkeit
Verwirrung, geistige(321)
Wahnideen - betrunken - sei betrunken, er(23) | W ~ Bewegung - Stuhl und Tisch in verschiedene Richtungen; Bewegung von - Sitzen; beim | W ~ Boden - schwanken; der Boden würde - Schließen der Augen; beim | W ~ Fallen - vorne, nach - würde nach vorne fallen; sie(15) | W ~ Kopf - Wirbeln im Kopf(5) | W ~ schweben - Luft, in der(45) | W ~ stirbt - er(15) | W ~ Stuhl - schwanken würde; als ob der Stuhl
Weinen(244)
Wildheit(29)

– *Chlorpromazinum* –

chlorpr.

Gemüt

Beschwerden durch - Erwartungsspannung(68)
Gedächtnis - Gedächtnisschwäche(284)
Gedanken - automatisch
Gleichgültigkeit, Apathie(251)
Konzentration - schwierig(261)
Qualvolle Angst(121) | Q ~ vormittags - 9 h
Reizbarkeit(408)
Schizophrenie - Hebephrenie(8) | S ~ katatonisch(9)
Traurigkeit(477)
Verwirrung, geistige(321)
Wahnideen(191) | W ~ Visionen, hat(76)

Träume

Tiere(25)

- Chlorum -

chlor.

Gemüt

Angst(362) | *A ~ nachts - Kindern, bei*(15)
Betäubung(237)
Bewußtlosigkeit(280) | *B ~ Fieber, im*(50) | B ~ unvollständig(15)
Delirium - Umherstreifen(9)
Delirium tremens(84)
Erregung(287) | E ~ fiebrig(11)
Erschreckt leicht(125)
Fliehen, versucht zu(61) | *F ~ Fieber, im*(4)
Froh(182)
Furcht(242) | F ~ Armut, vor(20) | F ~ Geisteskrankheit(74) | F ~ Krankheit, vor drohender(66)
Gedächtnis - Gedächtnisschwäche(284) | G ~ Eigennamen; für(44) | G ~ gelesen hat; für das, was er(41) | G ~ Personen, für(23)
Geisteskrankheit, Wahnsinn - lärmend(2)
Geistige Anstrengung - Verlangen nach(65)
Hinterhältig, hinterlistig, falsch, verschlagen(32)
Hysterie(194)
Ideen, Einfälle - Reichtum an, Klarheit des Geistes(125)
Imbezillität(140)
Lustig, fröhlich(123)
Mürrisch(290) | M ~ morgens(42)
Nymphomanie(67)
Raserei, Tobsucht, Wut - Essen, beim - nach; und
Reizbarkeit(408) | R ~ Essen - während(2) | E ~ nach(26)
Reizbarkeit - Trinken von Wein und Kaffee; beim
Ruhelosigkeit(420) | *R ~ abwechselnd mit - Delirium - stillem Delirium; mit*
Seelenruhe, Gelassenheit(85)
Selbstvertrauen - Mangel an Selbstvertrauen(86)
Tollwut, Hydrophobie(46)
Traurigkeit(477)
Verwirrung, geistige(321)

Gemüt ...

Wahnideen(191) | W ~ Atmung konzentrieren; er muß Aufmerksamkeit auf die | W ~ berauscht - sei, er(59) | W ~ geisteskrank - werden; er würde geisteskrank(43) | W ~ Gestalten - wirft mit der Flasche nach(2) | W ~ Not - geraten; er werde in(3)
Zorn(243) | Z ~ Trinken von Kaffee und Wein; beim

- Chocolate -

choc.

Gemüt

Abneigung - Ehemann; gegen ihren(9) | **A ~ Kinder; gegen - eigenen Kinder; gegen ihre**(8)
Aktivität; Verlangen nach(38) | A ~ abwechselnd mit - Mattigkeit(4) | A ~ kreative Aktivität(2)
Angst - Erwartungsspannung, durch(7) | E ~ morgens
Angst - Geldangelegenheiten, um(4) | A ~ Gesundheit; um die - eigene Gesundheit; um seine(57) | A ~ Zukunft(108)
Antworten - langsam(35)
Beißen(35)
Bestimmtheit(11)
Boshaft(99)
Distanziert(6)
Droht(8)
Dunkelheit - Verlangen nach(2)
Empfindlich(192) | E ~ äußerliche Eindrücke; gegen alle(21) | E ~ Farben, gegen(2) | E ~ Musik, gegen(46) | M ~ fröhliche Musik | M ~ Vogelgesang
Entfernungen - weit blicken zu können; Verlangen
Entfremdet - Familie, von seiner(18) | E ~ Gesellschaft; von der(3)
Erkennt - nicht; erkennt - Gesicht; das eigene
Erregung(287) | E ~ morgens(19) | E ~ Dunkelheit; in der | E ~ Gehen - Freien, im(4) | E ~ Haarschnitt; durch Anblick von einem kurzen, bürstenartigen

Gemüt ...

Erregung - Hoffnung, wie in freudiger(2) | E~ nervös(23) | E~ Verwirrung, wie durch(2)
Erschöpfung; geistige(217)
Euphorie(13)
Farben - blau - Abneigung gegen(2) | F~ braun - Verlangen nach - tragen; braun zu | F~ gelb - Verlangen nach - tragen; gelb zu | F~ grün - Abneigung gegen(5) | F~ rot - Abneigung gegen - rötlichbraun, kastanienbraun
Faulheit(269) | F~ morgens(51) | F~ körperlich(23)
Fehler; macht - Schreiben, beim(83) | S~ falsch - Worte(16) | S~ läßt etwas aus - Buchstaben(18) | S~ stellt etwas um - Buchstaben(8) | S~ wiederholt Worte(6)
Fehler; macht - Sprechen, beim - Worte - stellt Worte an die falsche Stelle(46) | F~ Zeit; in bezug auf die(34)
Fleißig, arbeitsam, Arbeitswut(101)
Fliegen - Verlangen zu fliegen
Fliehen, versucht zu(61) | F~ Familie und den Kindern zu fliehen; versucht von ihrer(7)
Froh - morgens(21)
Furcht - bemerken; man würde ihren Zustand(6) | F~ gebissen zu werden(3) | F~ Gefahr, vor drohender(10) | F~ geschehen; etwas werde(82) | F~ Hunden, vor(22) | F~ Männern, vor(30) | F~ stürzen; Furcht hohe Mauern und Gebäude würden auf ihn(4) | F~ Unfällen, vor(11) | F~ Verletzung - selbst verletzt zu werden(9) | F~ Verwirrung bemerken würden; daß Menschen ihre(3)
Futtersuche - Verlangen nach
Gedächtnis - Gedächtnisschwäche - Eigennamen; für(44) | G~ getan hat; für das, was er eben(34) | G~ tun wollte; für das, was er gerade(33)
Gedanken - Igel; an | G~ Kreis, drehen sich im(2) | G~ schnell(36) | G~ Unbestimmtheit der(4) | G~ wandernd - Studieren, Lernen; beim(3)

Gemüt ...

Gedanken - zusammenhangslos - lesen, kann nicht(3)
Geduld(3)
Gefühllos, hartherzig(21)
Geistesabwesend(71)
Geistige Anstrengung - Verlangen nach(65)
Geschäftig(45)
Gesellschaft - Abneigung gegen(156) | A~ allein, wenn - amel.(33)
Gesellschaft - Verlangen nach(83)
Gespräche - Abneigung gegen(21)
Gesten, Gebärden; macht - Haare - Gesicht; streicht sich die Haare aus dem | G~ Mund statt den Händen zu gebrauchen; Verlangen, den
Gleichgültigkeit, Apathie - allem; gegenüber(71) | G~ äußere - Eindrücke, gegen(4) | G~ Kinder, gegen ihre(7) | G~ Langeweile, mit(11)
Grausamkeit, Unmenschlichkeit(30)
Hast, Eile - ungeschickt aus Hast(7)
Ideen, Einfälle - Reichtum an, Klarheit des Geistes(125) | R~ abwechselnd mit - Mattigkeit
Klettern, Verlangen zu - Mauern, Wänden; an
Konzentration - gut, aktiv(26) | g~ abwechselnd mit - Seelenruhe
Konzentration - schwierig(261) | s~ Fahren, Autofahren; beim(2) | s~ Studieren(52) | s~ Versuch sich zu konzentrieren; beim - Leere; hat ein Gefühl der(11)
Kriecht, krabbelt
Kummer(76)
Lachen - leicht(4) | L~ unwillkürlich(23) | L~ Verlangen zu lachen(3)
Land - Verlangen, nach Landleben; auf dem Land zu sein(4)
Langeweile(53)
Langsamkeit(68) | L~ Bewegung, bei der(9)
Licht - Verlangen nach - Sonne aufhalten; möchte sich in der
Liebevoll, voller Zuneigung, herzlich(37) | L~ abends

GEMÜT ...

Meditieren, Nachdenken(47)
Mitteilsam, gesprächig(8)
Moralischem Empfinden; Mangel an(48)
Neugierig(12)
Optimistisch(17)
Politik - Talent zur Politik
Raserei, Tobsucht, Wut - boshaft, bösartig(9)
Redseligkeit; Geschwätzigkeit - wechselt schnell von einem Thema zum anderen(20)
Reisen - Verlangen nach(28)
Reizbarkeit(408) | R~ allein - möchte allein sein(3) | R~ aufgeweckt, wenn(5) | R~ gestört wird; wenn er(5) | *R ~ Kindern; gegenüber - eigenen Kindern; gegenüber den*(2) | R~ Kleinigkeiten, durch(34) | R~ Menses - vor(17)
Ruhelosigkeit - Abdomen - Schmerz im Abdomen; mit | R~ Bett - im(15) | R~ geschäftig(20) | R~ innerlich(37)
Schlagen - Verlangen - schlagen, zu(15)
Schnell im Handeln(4)
Seelenruhe, Gelassenheit(85) | S~ unbegreiflich, unverständlich(3)
Selbstbetrachtung(58)
Selbstsucht, Egoismus(32)
Selbstvertrauen - Mangel an Selbstvertrauen(86)
Singen - heiter, freudig(5)
Sinne - scharf(52)
Sitzen - Neigung zu sitzen unbeweglich, still(42)
Spaßen(52) | S~ boshaft, bösartig(3) | S~ Wortspiele, macht(2)
Spontan, impulsiv(33)
Spotten - Sarkasmus, beißender Spott(14)
Sprache - verworren(25) | S~ zögernd(22)
Starren, gedankenloses(14)
Still sein, seine Ruhe haben; möchte(21)
Stilles Wesen(49) | S~ abends
Stimmung, Laune - veränderlich(158)
Streitsüchtig(136)
Trance(6)

GEMÜT ...

Traurigkeit(477)
Unduldsamkeit(7)
Ungeduld(131)
Unsicherheit; geistige(10)
Untätigkeit(4)
Vergeßlich(187)
Verlassen zu sein; Gefühl(56) | V~ Isolation, Gefühl der(16)
Verstecken - Essen zu verstecken; Verlangen | V~ sich(18)
Verwirrung, geistige - aufrütteln; muß sich(4) | V~ berauscht - wie(47)
Verzweiflung(137)
Wachsam(3)
Wahnideen - allein zu sein - Welt; allein auf der(7) | W~ beobachtet, sie würde(7) | W~ Flügel - Rücken sich öffnen und sich Flügel ausbreiten würden; als ob der | W~ Gesicht; ihr eigenes - ungewohnt, fremd aus; sieht | W~ getrennt - Welt, von der - er sei getrennt(8) | W~ Hand - größer; Hände werden | W~ Igel - sie sei ein Igel | I~ sieht Igel
Wahnideen - Insekten, sieht(14) | W~ Körper - geteilt, sei(6) | W~ Kopf - Hinterkopf sei verlängert; der | W~ Mund - doppelt; sei | W~ Nase - kleiner; sei | N~ länger, scheint(3)
Wahnideen - sonderbar, merkwürdig - Vertrautes scheint fremd(38) | W~ stillen; sie würde - Tiere oder haarige Babies | W~ Tiere(42) | T~ sein; ganz und gar ein Tier zu(2) | T~ sie sei ein Tier
Wahnideen - Tomate sei eine Heuschrecke | W~ tot - er selbst sei(18) | W~ Traum - gehören; die Träume würden einem anderen | W~ verfolgt; er würde(23) | W~ verkleinert - klein, er sei(2) | W~ Visionen, hat - gleichzeitig von oben und unten
Wahrheit; sagt (vorbehaltlos, rücksichtslos) die reine(5)
Wandern - Verlangen zu wandern(15)
Weinen - Menses - vor(9)
Wildheit(29)

Gemüt ...

Zeit - schnell, scheint kürzer; vergeht zu(14)

Zerstreut(166)

Zorn - abends(20)

Zufrieden(31)

Zuversichtlich(2)

– *Chromicum acidum* –

chr-ac.

Gemüt

Betäubung(237)

Delirium(233) | *D~ Meningitis cerebrospinalis*(8) | D~ Schimpfen(5)

Fehler; macht - Schreiben, beim(83)

Gedächtnis - Gedächtnisschwäche - Buchstaben - schreibt; wie man verschiedene Buchstaben | G~ schreiben will; für das, was er gerade(11)

Ruhelosigkeit(420) | R~ nachts(249) | R~ Erwachen, beim(30) | R~ Schmerzen, durch(19)

Stumpfheit(332)

Traurigkeit(477)

Verwirrung, geistige(321)

Träume

Ängstlich(239)

Ekelhaft(32)

Ermordet - werden, zu(17)

Fahren(3)

Krankheit - Harnzwang | K~ Vergiftung(5)

Lebhaft(193)

Pferde - Reiten(3)

Strom (Gewässer) - durchqueren, einen Fluß zu Pferd

Unangenehm(87)

Unerinnerlich, bleiben nicht im Gedächtnis(93)

Urinieren(10)

Vergiftet zu werden(4)

Viele(260)

Wasser(49)

Wecken den Patienten(118)

– *Chromium oxydatum* –

chr-o.

Träume

Lebhaft(193)

– *Cicuta maculata* –

cic-m.

Gemüt

Angst(362)

Bewußtlosigkeit(280)

Delirium(233)

Gesten, Gebärden; macht - heftig(9)

– *Cicuta virosa* –

cic.

Gemüt

Abneigung - Männer; gegen - Verachtung für | M~ Verlust des Vertrauens in

Abneigung - Menschen; gegen - bestimmte; gegen - Anblick bestimmter Menschen; gegen den | M~ meidet die Torheit der

Abscheu - Leben, vor dem(84) | L~ Essen amel., beim

Aktivität; Verlangen nach(38) | A~ geistige Aktivität - abends(8)

Albernes Benehmen(65) | A~ nachts

Alkoholismus(135)

Angst(362) | A~ mittags(5) | A~ Anfälle - vor | A~ Flatus - durch(4) | A~ Furcht, mit(110) | A~ Gesicht - Schwitzen des Gesichtes, mit(4) | A~ Konvulsionen - vor | A~ Ohnmacht - mit Ohnmacht; Angst(9) | **A~ Zukunft**(108)

Antworten - angesprochen, erkennt jedoch niemanden; antwortet wenn | A~ kurz angebunden(19) | A~ Stupor kehrt schnell nach dem Antworten wieder(17)

Argwöhnisch(105) | A~ Einsamkeit; Verlangen nach(2)

Auffahren, Zusammenfahren(117) | A~ Bett, im(4) | *A~ Geräusche, durch*(60) | A~ leicht(52) | *A~ Schlaf - während*(163)

GEMÜT ...

Angst - Schreck oder wie durch Schreck; durch(68)
Beißen(35)
Beleidigt, leicht(79)
Beschäftigung - amel.(48)
Beschimpfen, beleidigen, schmähen(67)
Beschwerden durch - Erwartungsspannung(68) | B~ schlechte Nachrichten(34) | B~ Streit, Streitigkeiten(9) | B~ Verletzungen, Unfälle; Gemütssymptome durch(10)
Betäubung(237) | *B~ Konvulsionen, zwischen den*(11) | B~ Kopfverletzung, nach(6)
Bewunderung, übermäßige
Bewußtlosigkeit(280) | *B~ Augen - offenen, mit* | B~ Bewegungen, automatische(26) | B~ Fieber, im(50) | B~ Frost - während(15) | *B~ Konvulsionen - nach*(12) | *B~ periodisch*(6) | B~ Traum, wie ein einem - weiß nicht, wo er ist(9)
Boshaft(99)
Delirium(233) | D~ albern, töricht(11) | D~ Bett - flieht und springt plötzlich aus dem Bett auf(36) | *D~ brummt*(44) | *D~ manisch*(47) | D~ rasend(84) | D~ schrecklich(26) | D~ Singen, mit(4)
Denken - Beschwerden - amel.(7)
Ekstase(59) | *E~ periodisch* | *p~ zweimal täglich zu sterben; scheint*
Empfindlich(192) | E~ Geräusche, gegen(149) | E~ traurige Geschichten, gegen
Erkennt - nicht; erkennt - Haus nicht; erkennt das eigene(4) | n~ Verwandten nicht; erkennt seine eigenen(28)
Ernst(77)
Erregung(287) | E~ Hören von Schrecklichem; nach(11) | *E~ Konvulsionen - mit*
Erschöpfung; geistige(217)
Erschreckt leicht(125)
Erzählen der Symptome - agg.(6)
Faulheit(269)
Fehler; macht - Orte; in bezug auf(32) | F~ Raum; in bezug auf den(10) | R~ Zeit; und die(10)

GEMÜT ...

Fehler; macht - Zeit; in bezug auf die(34) | *Z~ verwechselt - Gegenwart mit der Vergangenheit*(6) | v~ Zukunft mit der Vergangenheit; die(4)
Fliehen, versucht zu(61)
Froh(182) | F~ albern, und(5) | **F~ Bett - springt aus dem** | F~ klatscht in die Hände(2)
Furcht(242) | *F~ Gefahr, vor drohender*(10) | F~ Geräusche, durch(40) | G~ Tür, an der(3)
Furcht - Gesellschaft, vor(5) | F~ Konvulsionen - vor | F~ Krankheit, vor drohender(66) | **F~ Männern, vor**(30) | M~ meidet die Torheit der | M~ Verachtung für; mit | M~ Vertrauens in; aus Verlust des
Furcht - Menschen, vor(81) | F~ Menschenmenge; in einer(58) | F~ Tür - geöffnet wird; wenn die Tür | T~ Öffnen der Tür; beim(3)
Furcht - Unglück, vor(93)
Gedächtnis - Gedächtnisschwäche(284) | G~ Ereignisse des Tages; für die(8) | G~ gesagt hat; für das, was er(29) | G~ geschehen ist; für das, was(17) | G~ getan hat; für das, was er eben(34) | G~ Namen; für - eigenen Namen; für den(6) | G~ periodisch(4)
Gedächtnis - Gedächtnisverlust(4) | G~ epileptischen Anfällen, nach(4) | G~ Verletzungen, nach - Kopfes, des(7)
Gedanken - überlegt(54) | ü~ Fehler anderer; über die
Gedanken - Vergehen, Schwinden der Gedanken(76) | G~ wandernd(72)
Gedanken versunken, in(90)
Geistesabwesend(71)
Geisteskrankheit, Wahnsinn(153) | G~ albern, lächerlich(6) | G~ anfallsweise(10) | G~ Melancholie(17) | G~ Tanzen, mit(4) | G~ Wochenbett, im(35)
Geistige Anstrengung - amel.(15)
Geräusche - Neigung Krach, Lärm zu machen(7)

Gemüt ...

GESELLSCHAFT - ABNEIGUNG GEGEN(156) | **A~ Anblick von Menschen; vermeidet den**(15) | **A~ Fremden; Abneigung gegen die Anwesenheit von**(16) | A~ Menses, während - Verlangen alleingelassen zu werden(2)

Gesten, Gebärden; macht(22) | G~ Hände; unwillkürliche Bewegungen der(23) | H~ klatscht(4)

Gesten, Gebärden; macht - lächerlich oder albern(19)

Gleichgültigkeit, Apathie(251) | G~ allem; gegenüber(71) | G~ äußere - Dinge; gegen(26) | *G~ Gehirnerschütterung, nach*(2)

HAß(28) | H~ Menschheit; auf die | H~ Rachsucht; Haß und(32)

Hause, zu - Verlangen, nach Hause zu gehen(18)

Heftig, vehement(100)

Heulen(30)

Hochmütig, arrogant(53)

Hysterie(194)

Ichbezogenheit, Egotismus, Selbstüberschätzung(24)

Ideen, Einfälle - Mangel an(102)

Idiotie(45)

Imbezillität(140)

Impulse, Triebe; krankhafte - Absurdes zu tun(7)

Jammern(93)

Katalepsie(20)

Katatonie(3)

Kindisches Benehmen(52)

Klammert sich an - Konvulsionen - vor

Kleptomanie(27)

Konzentration - schwierig(261)

Kummer(76)

Lachen(102) | L~ nachts(12) | L~ albern(16) | L~ spasmodisch(49)

Lustig, fröhlich(123)

Manie(149) | M~ nachts(2) | n~ Tanzen, Lachen und Schlagen; mit

Manie - Schreien bei der(4) | M~ Singen, mit(6)

Gemüt ...

Meditieren, Nachdenken(47)

Menschen - meidet die Torheit der

Menschenfeindlichkeit, Misanthropie(45)

Milde(80)

Mitgefühl, Mitleid(34)

Monomanie(16)

Morphiumsucht(31)

Murmeln(55)

Mürrisch(290) | M~ Fieber - während(12)

Naiv(4)

Pessimist(17)

Phantasien - übertrieben(114)

Possen, spielt(15)

Raserei, Tobsucht, Wut(95)

Reizbarkeit(408) | R~ Blähungen, durch

Rollt, wälzt sich - Boden herum; auf dem(9)

Ruhelosigkeit(420) | R~ nachts(249) | R~ Bett - Herumwerfen im(123)

Schizophrenie - katatonisch(9)

Schlafwandeln(56)

Schreckliches und traurige Geschichten greifen sie stark an(32)

Schreien(133) | S~ Cri encéphalique(29) | **S~ Konvulsionen - vor**(32) | *K~ während*(31) | **K~ epileptisch**(21)

Schreien - muß; hat das Gefühl, als ob sie schreien(20) | *S~ Schlaf, im*(80) | S~ Schluckauf; mit | S~ Schmerzen, bei den(25)

Schüchternheit, Zaghaftigkeit - schamhaft(58)

Schweigsam(209)

Seelenruhe, Gelassenheit(85)

Selbstbetrachtung(58)

Seufzen - epileptischem Anfall; vor(3)

Singen(59)

Sinne - abgestumpft, stumpf(107) | S~ Vergehen, Schwinden der(51)

Sonderbar, fremd, merkwürdig - alles erscheint(16) | S~ Stimmen erscheinen(2)

Spaßen(52) | *S~ lächerlich oder albern*(8)

Spielen - Verlangen zu spielen - Kinderspielzeug; mit

Spontan, impulsiv(33)

Gemüt ...

Sprache - delirös(12) | S ~ langsam(59) | S ~ undeutlich(24) | u ~ Konvulsionen von Kopf und Armen; während

Sprechen - schweift von einem Thema zum anderen(47) | S ~ unangenehmen Dingen agg.; von(5)

Springen(15) | S ~ Bett; aus dem(41)

Starren, gedankenloses(14)

Stilles Wesen(49)

Stimmung, Laune - veränderlich - nachts - agg.

Stöhnen(119) | S ~ Schlaf, im(62)

Stumpfheit(332) | S ~ abends - amel.(6) | S ~ Fieberfrost, im(16) | S ~ Kopfverletzungen, nach(5)

Stupor(138) | S ~ Fieber, im(21)

Suizidneigung; Neigung zum Selbstmord(98)

Tadelsüchtig, krittelig(80)

Tadelt - andere(32)

Tanzen(33) | *T ~ grotesk*(2)

Tod - Gefühl von(25)

Torpor(26)

Traurigkeit(477) | T ~ ängstlich(32) | **T ~ Geschichten, durch traurige**

Traurigkeit - Schicksalsschläge, durch(16) | *T ~ Verletzungen - Kopfes, des*(7)

Übereilt, vorschnell, unüberlegt(6)

Unbesonnen(82)

Unentschlossenheit(146)

Unzufrieden(168)

Verächtlich(35) | V ~ Menschheit; verachtet die

Vergeßlich(187)

Verwechseln - Gegenwart mit der Vergangenheit

Verwirrung, geistige(321) | V ~ morgens(115) | m ~ Aufstehen - und nach dem Aufstehen(37)

Verwirrung, geistige - Bett, im - herausspringen, läßt ihn(4) | V ~ Fieberfrost, im(20) | V ~ Gehen(37) | V ~ Identität; in bezug auf seine(21) | V ~ Sitzen, im(33) | V ~ Stehen, im(11) | V ~ Vergangenheit und Gegenwart

Gemüt ...

Verwirrung, geistige - verläuft sich in bekannten Straßen(12) | V ~ weiß nicht, wo er ist(7) | V ~ Zeit; in bezug auf die - Raum und Zeit; in bezug auf(5)

Wahnideen(191) | W ~ absurd, lächerlich - Gestalten seien anwesend(8) | W ~ Alkoholiker - kommen und sich neben ihr hinlegen; ein sehr großer Alkoholiker würde | W ~ berauscht - sei, er(59) | W ~ bewegen - alles bewegt sich - Seite zur anderen; von einer | W ~ Bilder, Phantome; sieht(76) | W ~ erwacht - er sei gerede eben geweckt worden - Fieber, durch | W ~ fürchterlich, entsetzlich; alles erscheint(3) | W ~ Gegenstände; über - nähern sich | G ~ zurück, ziehen sich

Wahnideen - Geruchssinns, des(17) | W ~ Gestalten - sieht(33) | W ~ Hause, zu - weg von zu Hause; er sei(23) | W ~ Identität - Fehleinschätzung in bezug auf die eigene(18) | *W ~ Kind - er sei ein Kind | e ~ benimmt sich wie ein Kind; und*

Wahnideen - Kirchhof - tanzt im, er(2) | W ~ lächerlich - Possen, spielt(2) | W ~ leben; er würde nicht in normalen Verhältnissen | W ~ Liegen - jemand würde liegen - Nähe, in seiner - betrunkener Mann würde kommen und sich neben ihr hinlegen; ein sehr großer | W ~ näherkommen und zurückweichen; alles würde | W ~ Orte, Plätze - fremden, fremdartigen Ort; als sei er an einem | W ~ Phantasiegebilde, Illusionen(115) | W ~ schrecklich; alles erscheint(2) | W ~ sonderbar, merkwürdig - alles sei(16) | s ~ Umgebung erscheint fremd(5) | s ~ Vertrautes scheint fremd(38)

Wahnideen - Spielzeug - Gegenstände erscheinen anziehend wie | W ~ unwirklich - alles erscheint unwirklich(19) | W ~ verfolgt - Feinden, von(30) | W ~ vergrößert - Körper sei - enorm

Gemüt ...

Wahnideen - Visionen, hat(76) | V~ Ungeheuern, von(9)
Wahnideen - zieht sich zurück; alles nähert sich und
Weinen(244) | *W~ Erwachen, beim*(36) | W~ Konvulsionen - während(27) | W~ Schluchzen; Weinen mit(34) | W~ Wimmern, Winseln(27)
Zerstreut(166)
Zorn(243)
Zufrieden(31) | Z~ sich selbst; mit(6)
Zweifelt(13)

Träume

Angenehm(136)
Ängstlich(239)
Anstrengung - geistige(51)
Ereignisse - zurückliegende, kurz(55) | *z~ Vortag, vom*(41)
Erotisch(196) | *E~ Pollutionen, mit*(96)
Geschäft(40) | G~ Tage, vom(39)
Historisch(18)
Lebhaft(193)
Ruhelos(53)
Unangenehm(87)
Unerinnerlich, bleiben nicht im Gedächtnis(93)
Unwichtig(46)
Verworren(122)
Viele(260)
Wecken den Patienten(118)

– *Cimex lectularius* –

cimx.

Gemüt

Angst(362) | A~ Frost - während(31) | *A~ Trinken - nach*(2)
Destruktivität, Zerstörungswut(41)
Raserei, Tobsucht, Wut - Fieberfrost, im(2)
Reizbarkeit(408) | R~ Fieberfrost, im(57)
Stumpfheit(332) | S~ Fieberfrost, im(16)
Verwirrung, geistige(321)
Wahnideen - hineinkriechen; er könne sich so weit als möglich zusammenkauern und in seinen eigenen Körper

Gemüt ...

Widerwillen(39)
Zerreißt - Dinge im allgemeinen(21)
Zorn - heftig - zerbricht alles

– *Cimicifuga racemosa* –

cimic.

Gemüt

Alkoholismus(135)
Angst(362) | A~ Menopause, in der(8) | A~ Menses - während(33) | A~ Zukunft(108)
Antworten - Abneigung zu antworten(67) | A~ ausweichend | A~ hastig, überstürzt(11) | A~ irrelevant, nicht zur Sache Gehörendes(12) | *A~ weigert sich zu antworten*(32)
Aphasie(53)
Argwöhnisch(105) | *A~ Medikamente einnehmen; will keine* | *A~ Menopause, in der*
Auffahren, Zusammenfahren(117) | A~ Schlaf - durch(124)
Beschwerden durch - Angst(9) | B~ Erregung - Gefühle, der(87) | B~ geschäftlichen Mißerfolg; durch(13) | *B~ Liebe; enttäuschte*(31) | B~ Schreck(72) | B~ Zorn(94)
Bewußtlosigkeit(280) | *B~ Entbindung, während der*(8)
Delirium(233) | D~ antwortet - barsch(4) | D~ Fieber; im(54) | D~ Kopfschmerz - während(16) | *D~ Pupillen, mit erweiterten*(3) | *D~ rasend*(84) | **D~ redselig**(33) | *D~ Schlaflosigkeit - mit*(45)
Delirium tremens(84) | *D~ Schlaflosigkeit, mit*(5)
Demenz - Epileptikern, von(12) | D~ paralytica, Dementia(18)
Empfindlich(192) | E~ Geräusche, gegen(149) | G~ Entbindung, bei der(5)
Erregung(287) | E~ Menopause, in der(10) | E~ Menses - während(14) | E~ Schwangerschaft, in der(7) | E~ Urinieren, beim(2)
Erschreckt leicht(125) | E~ nachts(11)
Fleißig, arbeitsam, Arbeitswut(101)

GEMÜT …

Froh - abwechselnd mit - Traurigkeit(57)

Furcht(242) | *F~ Abort durch Furcht; drohender*(3) | F~ engen Räumen; in(33) | *F~ ermordet zu werden*(10) | F~ Fahren im Wagen; beim(14) | F~ Gefahr, vor drohender(10) | *F~ Geisteskrankheit*(74) | *G~ Menopause, in der*

Furcht - Insekten, vor(10) | F~ Krankheit, vor drohender(66) | K~ unheilbar zu sein(42)

Furcht - Ratten(2) | *F~ Schwangerschaft, in der*(8) | **F~ Tod; vor dem**(143) | T~ drohendem Tod, vor(17)

Furcht - vergiftet - werden; Furcht, vergiftet zu(23)

Gedächtnis - gut, aktiv(91) | G~ Gedächtnisschwäche(284) | G~ auszudrücken, sich(41) | G~ Worte, für(61)

Gedanken - Gedankenandrang, einstürmende Gedanken, Gedankenfluß(78) | G~ schnell(36)

Geisteskrankheit, Wahnsinn(153) | G~ Frauen; bei(9) | *G~ geschäftlichen Mißerfolg; durch*(2) | G~ Menopause, in der(11) | G~ Menses - vor | G~ Neuralgie; mit Verschwinden der(2) | G~ Schwangerschaft, in der(4) | *G~ Wochenbett, im*(35)

Geistige Anstrengung - agg.(141)

Gemütssymptome - abwechselnd mit - körperliche Symptome(18)

Geschäft - Abneigung gegen(45)

Geschäftig(45)

Gesellschaft - Abneigung gegen(156)

Gleichgültigkeit, Apathie(251) | G~ allem; gegenüber(71) | G~ häusliche Angelegenheiten(2) | *G~ Pflichten, gegenüber - häusliche Pflichten*(6) | G~ Traurigkeit; mit(3)

Halten - Kopf; hält den - Stöhnen; und Erbrechen beim

Hast, Eile(112) | H~ Arbeit, bei der(6) | H~ Beschäftigung, bei(15)

Heimweh(52)

Hypochondrie(116)

GEMÜT …

Hysterie(194) | H~ Menopause, in der(7) | H~ Menses - vor(16) | *M~ während*(27) | M~ nach - reichlich(4)

Hysterie - Ohnmacht, hysterische(22)

Ideen, Einfälle - Reichtum an, Klarheit des Geistes(125)

Konzentration - schwierig(261)

Kummer(76) | *K~ still*(23)

Launenhaftigkeit, launisch(108)

Lustig, fröhlich(123)

Manie(149) | M~ Lochien, durch unterdrückte(3) | M~ Wochenbett ; im(9)

Menopause agg.(18)

Menses - während; Gemütssymptome(28)

Morphiumsucht(31)

Qualvolle Angst(121)

Raserei, Tobsucht, Wut(95) | R~ Kopfschmerzen, mit(10)

Redseligkeit; Geschwätzigkeit(136) | R~ abwechselnd mit - antworten; Abneigung zu | a~ Schweigsamkeit(5)

Redseligkeit; Geschwätzigkeit - wechselt schnell von einem Thema zum anderen(20)

Reisen - Verlangen nach(28)

Reizbarkeit(408) | *R~ Kleinigkeiten, durch*(34) | R~ Menses - während(42)

Ruhelosigkeit(420) | R~ vormittags(11) | R~ nachmittags(25) | R~ nachts(249) | n~ Mitternacht - nach - 3 h(8)

Ruhelosigkeit - ängstlich(111) | R~ Anstrengung, nach(2) | R~ bewegen - muß sich ständig(18) | R~ fiebrig(5) | R~ Husten, mit(2) | R~ Menses - unterdrückten, bei(9) | R~ treibt umher(41)

Schreiben - Schwierigkeiten, die Gedanken im Schreiben auszudrücken(12)

Schwangerschaft; Gemütsbeschwerden während der(17)

Schweigsam(209)

Sentimental, schwärmerisch, rührselig(64)

Seufzen(98) | S~ Menses - während(6)

Sinne - scharf(52)

Gemüt …

Sitzen - Neigung zu sitzen(110) | N~ unbeweglich, still(42) | N~ versunken und nichts wahrnehmend; wie in tiefen, traurigen Gedanken(11)

Sorgen, voller(50)

Sprache - hastig(44) | S~ unzusammenhängend(65)

Sprechen - beenden; kann den Satz nicht(6) | S~ Geschäft, vom(13)

Stimmung, Laune - veränderlich(158)

Stöhnen(119)

Stumpfheit(332) | S~ nachmittags(29) | S~ feuchte Luft - durch(10)

Suizidneigung; Neigung zum Selbstmord(98) | S~ Traurigkeit, durch(23)

Tod - Vorahnung des Todes(62)

Traurigkeit(477) | T~ nachmittags(37) | T~ Abkühlung, Kaltwerden; durch(3) | T~ Alkoholikern; bei(6) | T~ Bewegung - durch | T~ Erregung - nach(3) | T~ Furcht, durch | T~ Kopfschmerzen, bei(30) | *T~ Menopause, in der*(25)

Traurigkeit - Menses - während(35) | M~ unterdrückt(20)

Traurigkeit - Schlaflosigkeit - mit(6) | T~ Schwangerschaft, in der(7) | T~ sexuelle Erregung - mit sexueller Erregung(10) | T~ Suizidneigung, mit(25) | T~ Wehen; bei den(9) | *T~ Wochenbett; im*(10)

Unbeständigkeit(45)

Unentschlossenheit(146)

Ungeduld(131)

Vergeßlich(187)

Verletzen, sich zu - fürchtet sich davor alleingelassen zu werden, aus Furcht, sich zu verletzen(7)

Verspielt(13)

Verwirrung, geistige - morgens - Erwachen, beim(50) | V~ Menses - vor(2) | M~ während(6)

Verzweiflung - Genesung, in bezug auf die(44) | V~ Leben, am(3)

Wahnideen(191) | W~ Arme - gebunden; die Arme seien an ihren Körper

Gemüt …

Wahnideen - Bett - sonderbare Dinge, Ratten, Schafe seien im Bett | W~ Bilder, Phantome; sieht(76) | W~ Drähten gefangen; er sei in(2) | W~ dunkel - Gegenstände und Gestalten; sieht dunkle | *W~ eingeschlossen, gefangen; mit Drähten* | **W~ geisteskrank - werden; er würde geisteskrank**(43) | W~ Gestalten - sieht(33) | W~ Hause, zu - weg von zu Hause; er sei(23) | w~ müsse dahin gelangen; er(5)

Wahnideen - Mäuse - sieht(12) | *s~ Stuhl hervor; laufen unter einem*(4)

Wahnideen - Ratten, sieht(10) | R~ laufen - Zimmer; quer durch das(5)

Wahnideen - Schafe - sieht | *W~ Tiere*(42) | *T~ Personen seien Tiere - Ratten, Mäuse, Insekten etc.*(6)

Wahnideen - vergiftet - er - worden; er sei(16) | v~ Medikamenten vergiftet; er würde mit(4)

Wahnideen - Visionen, hat(76) | V~ Ungeheuern, von - sonderbare Gegenstände und Ratten

Wahnideen - Wolken - schwarze Wolke würde sie einhüllen; eine schwere(4)

Wandern - Verlangen zu wandern(15)

Weigert sich - Medizin einzunehmen; die(8)

Weinen(244) | W~ amel.(24) | W~ angesprochen; wenn(9) | W~ gefragt wird; wenn er etwas

Wildes Gefühl im Kopf(5)

Wille - Willensschwäche(58)

Zorn(243) | Z~ Menses - während(7)

Träume

Ängstlich(239)

Fallen, zu stürzen; zu(60) | F~ Höhe herab, von einer(29)

Hochgelegene Orte - Herunterfallen, Hinabstürzen von(29)

Körperteile - Brüche von Gliedmaßen

Krankheit - Fraktur - Glieder, der

Leiden

Schrecklich(237)

TRÄUME ...
Unangenehm(87)
Verdrießlich(122)
Viele(260)

– Cina maritima –
cina

GEMÜT
Angesehen zu werden; erträgt es nicht(23)
Angst(362) | *A ~ abends*(87) | A ~ nachts(119) | *n ~ Erwachen, beim*(24) | *n ~ Kindern, bei*(15)
Angst - berührt zu werden; Angst(4) | A ~ Erwachen, beim(86) | A ~ Freien, im(13) | A ~ Furcht, mit(110) | A ~ Gehen - agg.(21) | G ~ Freien, im(12)
Angst - Gewissensangst(75) | *A ~ Husten - Keuchhusten - nach* | *A ~ Kinder - bei Kindern*(7) | A ~ Menses - während(33) | A ~ Stehen, im(7)
Auffahren, Zusammenfahren(117) | *A ~ Schlaf - während*(163) | *S ~ durch*(124) | *S ~ Einschlafen, beim*(72)
Beißen - Löffel; beißt in den(9) | B ~ Nägel(33)
Beleidigt, leicht(79)
Beruhigt werden, kann nicht
Berühren; muß alles - Kindern; bei
Berührt zu werden; Abneigung(46) | *B ~ liebkost zu werden; Abneigung*(2)
Beschwerden durch - Erregung - Gefühle, der(87) | B ~ Schreck(72) | B ~ Zorn(94)
Betäubung(237) | B ~ Freien, im(2) | B ~ Gehen, beim - Freien, im(3)
Bewußtlosigkeit(280)
Boshaft(99)
Bulimie(16)
Delirium(233) | D ~ Erwachen, beim(20) | D ~ rasend(84) | D ~ Schlaf - während(26) | *D ~ Schreien, mit*(18)
Eigensinnig, starrköpfig, dickköpfig(107) | *E ~ Kinder*(18)
Empfindlich(192) | E ~ Berührung, gegen(13)
Ernst(77)
Erregung(287)

GEMÜT ...
Erschreckt leicht - Erwachen, beim(41)
Fremde - Anwesenheit von Fremden - agg.(16)
Furcht(242) | F ~ berührt zu werden(38) | F ~ Erwachen, beim(54) | E ~ Traum, aus einem(13)
Furcht - Näherkommen, Annäherung von; vor - anderen, von - Kinder können es nicht ertragen, daß ihnen jemand nahe kommt(3) | F ~ Unheil; Furcht vor(115) | U ~ abends - Gehen im Freien; beim
Furcht - zittrig(36)
Gehen - Freien, im - agg. Gemütssymptome(19)
Geistige Anstrengung - agg.(141)
Geiz(34)
Gesellschaft - Abneigung gegen - Fremden; Abneigung gegen die Anwesenheit von(16)
Gesten, Gebärden; macht - Hände; unwillkürliche Bewegungen der - Greifen(41) | *G ~ Nase; an die - Lippen; oder die*(2)
Gesten, Gebärden; macht - Hände; unwillkürliche Bewegungen der - zupft - Bettwäsche; an der(36) | *G ~ sonderbare Posen und Haltungen*(20) | G ~ stampft mit den Füßen(17)
Getragen - Verlangen getragen zu werden(31) | V ~ Schulter, über der(3)
Gleichgültigkeit, Apathie(251) | *G ~ allem; gegenüber*(71) | G ~ Angenehmes, gegen(10) | G ~ Freude, gegen - und Leid(7) | **G ~ Liebkosungen, gegen** | G ~ Reizendes, Unangenehmes; gegen(8)
Grimassen(15)
Grobheit - Kinder; ungezogene(7)
Grunzen(5)
Hast, Eile - Trinken, beim(11)
Herausfordernd(22)
Heulen(30)
Hochmütig, arrogant(53)
Jammern(93) | *J ~ morgens beim Erwachen* | J ~ Erwachen, beim(5) | *J ~ Schlaf, im*(12)
Klagen(64) | K ~ Erwachen, beim

Gemüt ...

Krächzt(2)

Launenhaftigkeit, launisch(108) | *L ~ weist Dinge zurück, die er haben wollte, sobald er sie bekommt*(13)

Liebkost - Abneigung liebkost zu werden(2)

Milde(80)

Mürrisch(290) | *M ~ tagsüber*(17) | *M ~ Erwachen, beim*(32) | *M ~ Kindern, bei*(14) | *M ~ Pubertät, in der*(2) | **M ~ Wurmleiden, bei**(3)

Mutwillig, boshaft(24)

Qualvolle Angst - Gehen im Freien(7)

Raserei, Tobsucht, Wut(95)

Reizbarkeit(408) | *R ~ angeblickt, wenn - angesprochen oder berührt; wenn - Kindern; bei*(9) | *R ~ Erwachen, beim*(56) | R ~ Hitze - während(31) | *H ~ nach*(3)

Reizbarkeit - Husten, durch | **R ~ Kindern, bei**(29) | R ~ Menses - während(42) | R ~ Schaukeln; schnelles - amel. | *R ~ Wurmleiden, bei*(2) | R ~ Zahnung, bei der(6)

Religiös - Gemütsstörungen, religiöse(63)

Reue(63)

Ruhelosigkeit(420) | R ~ morgens - Erwachen, beim(6) | R ~ nachts(249) | R ~ Bett - aus einem Bett zum anderen gehen; will(15) | *B ~ Herumwerfen im*(123)

Ruhelosigkeit - Erwachen, beim(30) | R ~ Hitze - während(66) | R ~ Kindern, bei - Herumtragen der Kinder amel.(5) | R ~ Übelkeit - durch(2)

Schaukeln - amel.(13)

Schlagen(42) | **S ~ Kindern; bei**(5)

Schreien(133) | *S ~ Erwachen - beim*(27) | S ~ Husten agg.(5) | *S ~ Hydrozephalus, bei*(7) | *S ~ Kindern, bei*(38) | **K ~ abends**(3)

Schreien - Konvulsionen - vor(32) | *K ~ während*(31)

Schreien - muß; hat das Gefühl, als ob sie schreien(20) | *S ~ Schlaf, im*(80)

Schweigsam(209)

Sinne - scharf(52)

Gemüt ...

Spaßen - Abneigung gegen(22)

Spielen - Abneigung gegen Spielen - Kindern; bei(9)

Sprache - hastig(44)

Sprechen - Schlaf, im(93) | S ~ schweift von einem Thema zum anderen(47)

Springen - Kindern, bei - abends | S ~ plötzlich, wie vor Schmerz

Stimmung, Laune - veränderlich(158)

Stöhnen(119) | S ~ nachmittags | S ~ Erwachen, beim(2) | S ~ Husten, beim(3) | *S ~ Kindern, bei*(12)

Stößt, tritt - getragen wird; das Kind wird steif und stößt und tritt, wenn es(2) | S ~ Schlaf, im(6)

Traurigkeit(477)

Unbehagen(44)

Unentschlossenheit(146)

Ungeduld(131)

Unzufrieden(168) | U ~ allem; mit(66)

Verächtlich(35) | V ~ allem; gegenüber(4)

Verlangen, Wunsch nach - voller Verlangen(11) | *v ~ vielerlei Verschiedenem; nach*(2)

Verwirrung, geistige(321) | V ~ morgens - Aufstehen - und nach dem Aufstehen(37) | V ~ Husten - vor einem Hustenanfall

Wahnideen(191) | W ~ Bilder, Phantome; sieht - schreckliche(60) | W ~ Epilepsie - würde einen epileptischen Anfall bekommen(3) | W ~ Geruchssinns, des(17) | W ~ Geschmackssinn; in bezug auf den(2) | W ~ Gestalten - sieht(33) | W ~ Hunde - sieht(18) | *W ~ Phantasiegebilde, Illusionen*(115) | W ~ Tiere(42) | W ~ Unrecht - begangen; er habe Unrecht(26) | W ~ Verbrechen - begangen; er habe ein Verbrechen(29) | W ~ Verbrechern, von(24) | *W ~ Visionen, hat*(76) | *V ~ abends*(9)

Weinen(244) | *W ~ nachts*(81) | W ~ Berührung, bei(5) | W ~ Erwachen, beim(36)

Gemüt …

Weinen - getragen, wenn - mitleiderregend wenn es gehalten oder getragen wird; das Kind weint(2) | g~ ruhig wenn es getragen wird; das Kind ist nur(2)
Weinen - grundlos(30) | *W~ Husten - während*(21) | H~ nach(6)
Weinen - Kindern; bei(22) | **K~ Willen nicht bekommen; wenn sie ihren**
Weinen - Kleinigkeiten, über(23) | W~ Konvulsionen - während(27) | K~ nach(2)
Weinen - krampfhaft, spasmodisch(16) | W~ Schlaf, im(88) | W~ Schmerzen - während den Schmerzen(23) | W~ Stuhlgang - während(8) | W~ traurig - Gedanken, bei traurigen(7) | W~ unwillkürlich(35)
Weist zurück - Hilfe
Widerspenstig(66)
Widerspruch - verträgt keinen Widerspruch(73)
Wirft mit Gegenständen um sich(20)
Zorn(243) | Z~ Husten - vor(3) | Z~ Kleinigkeiten, über(58) | Z~ wirft mit Gegenständen(12) | *Z~ Wurmleiden, bei*(2)

Träume

Absurd(13)
Alpträume, Alpdrücken(144)
Ängstlich(239)
Erschöpfend(45)
Geschäft - Tage, vom(39)
Gespenster(38)
Gestalten(3)
Hunde(20)
Mühevoll, müht sich ab(6)
Schrecklich(237) | S~ wahr - Erwachen wahr; erscheinen nach dem(2)
Unangenehm(87)
Unwichtig(46)
Unzusammenhängend, zusammenhanglos(24)
Verdrießlich(122)
Verworren(122)
Viele(260)
Wahr - erscheinen beim Erwachen wahr(9)

Träume …

Wecken den Patienten(13118) | W~ häufig(7)

– *Cinchoninum sulphuricum* –

cinch.

Träume

Alpträume, Alpdrücken(144)
Angeln, Fischen(5)
Ängstlich(239)
Erotisch(196)
Viele(260)

– *Cinnabaris* –

cinnb.

Gemüt

Auffahren, Zusammenfahren - Schlaf - durch(124)
Beleidigt, leicht(79)
Beschwerden durch - schlechte Nachrichten(34)
Ekstase - Gehen im Freien, beim
Empfindlich - Geräusche, gegen(149) | G~ geringste Geräusch; gegen das(29)
Erregung - Kleinigkeiten, über(12) | E~ nervös(23) | E~ schlechten Nachrichten, nach(18)
Erschöpfung; geistige(217) | *E~ Menses - vor*
Faulheit(269) | F~ Schläfrigkeit, bei(29)
Froh(182) | F~ morgens(21) | F~ Gehen im Freien und danach; beim(7)
Gedächtnis - Gedächtnisschwäche - tun wollte; für das, was er gerade(33)
Gedanken - drängen auf ihn ein und schwirren durcheinander(16)
Gehobene Stimmung - morgens - Gehen im Freien; beim
Geistige Anstrengung - Abneigung gegen(150)
Gesellschaft - Abneigung gegen(156)
Gesund - sagt, er sei gesund - krank ist; wenn er sehr(17)
Gleichgültigkeit, Apathie - Schläfrigkeit, bei(25)

GEMÜT ...
Hochgefühl(97) | H~ morgens(3) | H~ Gehen im Freien; beim
Ideen, Einfälle - Reichtum an, Klarheit des Geistes(125)
Konzentration - schwierig(261)
Mürrisch(290) | M~ nachmittags(30)
Reizbarkeit(408) | R~ vormittags(25) | R~ mittags(9) | R~ nachts - Zubettgehen, nach dem(3) | R~ Geräusche, durch(21)
Ruhelosigkeit(420) | R~ nachts(249) | R~ Bett - Herumwerfen im(123) | R~ Essen - nach(14)
Schmollen - nachmittags
Spotten - Sarkasmus, beißender Spott(14)
Sprechen - Schlaf, im(93)
Stumpfheit - tagsüber(4) | S~ denkt - lange zu denken; unfähig(12) | S~ Freien, im - amel.(6)
Traurigkeit(477) | *T~ Essen - nach*(25)
Unzufrieden(168) | U~ sich selbst, mit(36)
Vergeßlich(187)
Verwirrung, geistige(321) | V~ abends(78)
Wahnideen - gesund, er sei(12)
Zorn(243)

TRÄUME
Alpträume, Alpdrücken(144) | A~ nachts - Mitternacht - nach(2)
Angenehm(136)
Ängstlich(239)
Erotisch(196)
Intellektuell(23)
Körperteile - Hals - Klumpen im Hals; hat einen
Krankheit - Klumpen in Hals und Ohr
Lebhaft(193)
Spinnen (Tiere)(4) | S~ Ochse; so groß wie ein
Unerinnerlich, bleiben nicht im Gedächtnis(93)
Unfälle(29)
Unzusammenhängend, zusammenhanglos(24)
Verdrießlich(122)
Viele(260)
Wecken den Patienten(118)

– *Cinnamomum ceylanicum* –

cinnm.

GEMÜT
Angst(362)
Hysterie(194) | *H~ Verlust von - Säfteverlust, nach*(2)
Schreien - Kindern, bei - abends(3)
Unzufrieden(168) | U~ sich selbst, mit(36)
Vergeßlich(187)
Wahnideen - Körper - verkleinert; sei - linke Körperseite sei kleiner(2) | W~ verkleinert - alles sei(6)
Weinen(244)

– *Cisplatina* –

cisplat.

GEMÜT
Beißen - Nägel(33)

– *Cistus canadensis* –

cist.

GEMÜT
Beschwerden durch - Erregung - Gefühle, der(87) | B~ Zorn(94)
Erregung(287) | E~ agg.(41)
Froh - abends(42) | F~ Abendessen, nach dem | F~ Essen - beim(4)
Furcht(242)
Geistige Anstrengung - agg.(141)
Ruhelosigkeit(420) | *R~ nachts*(249) | R~ Bett - Herumwerfen im(123)
Wahnideen - gelähmt, er sei(5)
Zorn - gelähmt; fühlt sich wie(2)

TRÄUME
Ängstlich(239)

– *Citricum acidum* –

cit-ac.

GEMÜT
Erschreckt leicht(125)
Faulheit - Hausarbeit; Abneigung gegen ihre gewohnte(3)

– *Citrus limonum* –

cit-l.

Gemüt

Bewußtlosigkeit(280)
Gleichgültigkeit, Apathie - Pflichten, gegenüber - häusliche Pflichten(6)
Pflicht - Abneigung gegen Pflichten - häusliche Pflichten(3)

– *Citrus vulgaris* –

cit-v.

Gemüt

Auffahren, Zusammenfahren - Schlaf - durch(124)
Betäubung(237)
Erregung(287) | E~ Bewegungen, die mit Feuereifer ausgeführt werden; schnelle, brüske
Fleißig, arbeitsam, Arbeitswut(101)
Ruhelosigkeit(420) | *R~ nachts*(249) | R~ Arbeit, bei der(4) | *R~ Bett - Herumwerfen im*(123) | R~ Liegen, beim(8)
Wahnideen - behindert, zur Arbeit unfähig; sie sei
Weinen(244)

Träume

Unangenehm(87)

– *Clematis erecta* –

clem.

Gemüt

Aktivität; Verlangen nach(38)
Angst(362) | A~ vormittags(15) | A~ nachts(119) | A~ Furcht, mit(110) | A~ Gehen - agg.(21) | A~ Schlaf - Auffahren aus dem; beim(4) | A~ Zukunft(108)
Auffahren, Zusammenfahren - morgens, aus dem Schlaf(6) | A~ Schlaf - durch(124)
Auszugehen, Abneigung(7)
Beschwerden durch - Heimweh(8) | B~ Kummer(65)
Betäubung(237) | B~ Schwindel - während(37)

Gemüt …

Bewußtlosigkeit(280) | B~ morgens(45) | *B~ Fieber, im*(50) | *B~ Hydrozephalus, bei*(7)
Boshaft(99)
Brütet, grübelt(41)
Delirium(233) | D~ rasend(84)
Empfindlich(192) | E~ äußerliche Eindrücke; gegen alle(21) | E~ geistige Eindrücke; gegen(20)
Erregung(287)
Erschöpfung; geistige(217)
Erschreckt leicht(125)
Faulheit(269) | F~ morgens(51) | F~ abends - amel.(4) | F~ Schläfrigkeit, bei(29)
Fleißig, arbeitsam, Arbeitswut(101)
Froh - morgens - Erwachen, beim(6) | F~ vormittags(12) | F~ abends(42) | F~ abwechselnd mit - Traurigkeit(57) | F~ gefolgt von - Entkräftung(2) | g~ Reizbarkeit(7)
Froh - Schweiß, beim(4)
Furcht(242) | *F~ allein zu sein*(54) | a~ Abneigung gegen Gesellschaft; mit
Furcht - Einsamkeit, vor(15) | *F~ Unglück, vor*(93) | F~ Unheil; Furcht vor(115)
Gedächtnis - Gedächtnisschwäche(284)
Gedanken - überlegt(54)
Gedanken versunken, in(90)
Geisteskraft - erhöht(18)
Geistige Anstrengung - Verlangen nach(65) | G~ Abneigung gegen(150)
Gesellschaft - Abneigung gegen(156) | *A~ Furcht vor dem Alleinsein; jedoch*(12)
Gesellschaft - Verlangen nach(83) | V~ allein; agg. wenn(48) | a~ Furcht vor Menschen, Menschenscheu; jedoch(5)
Gesten, Gebärden; macht - Licht(5)
Gleichgültigkeit, Apathie(251)
Hast, Eile - Essen - beim(23)
Heimweh(52)
Hochgefühl(97) | H~ Erschöpfung, gefolgt von
Ideen, Einfälle - Mangel an(102)
Konzentration - schwierig(261)
Läuft umher - Leichtigkeit und Schnelligkeit; mit großer

Gemüt ...

Langeweile - Heimweh, mit(3)
Langsamkeit(68)
Lästig, geht auf die Nerven(79)
Lesen - Abneigung gegen Lesen(25) | L~ Verlangen - vorgelesen zu bekommen(3)
Lustig, fröhlich(123)
Meditieren, Nachdenken(47)
Menschenfeindlichkeit, Misanthropie(45)
Milde(80)
Moralischem Empfinden; Mangel an(48)
Mürrisch(290) | M~ nachmittags - Mittagsschlaf, nach dem(3) | M~ grundlos(5)
Reizbarkeit(408) | R~ Erwachen, beim(56) | R~ Gehen, beim(7) | R~ Schweiß, beim(14)
Reue(63)
Ruhe - Verlangen nach(21)
Ruhelosigkeit(420) | R~ abends(51) | R~ nachts(249) | n~ Mitternacht - nach - 4 h(4)
Ruhelosigkeit - ängstlich(111) | R~ Bett - Herumwerfen im(123) | R~ Hitze - während(66)
Schweigsam(209) | S~ abends - amel.(2)
Seelenruhe, Gelassenheit(85)
Selbstbetrachtung(58)
Seufzen(98) | S~ Fieberhitze, in der(17) | F~ Kopfes, des
Sinne - scharf(52)
Stilles Wesen(49)
Stöhnen - Schlaf, im(62)
Stumpfheit(332) | S~ Erwachen, beim(41) | S~ Schläfrigkeit, bei(30) | S~ Zahnschmerzen, durch
Stupor(138) | S~ morgens(36) | *S~ Fieber, im*(21) | *S~ Hydrozephalus, bei*(7)
Suizidneigung; Neigung zum Selbstmord(98) | S~ Gedanken an Selbstmord(33)
Tod - Gedanken an den Tod(54) | T~ wünscht sich den Tod, möchte sterben(72)

Gemüt ...

Traurigkeit(477) | T~ Abendessen, nach dem - amel.(3) | T~ Essen - nach - amel.(6)
Unbehagen(44) | U~ Essen, nach dem(6)
Unbesonnen(82)
Unentschlossenheit(146)
Unzufrieden(168) | U~ grundlos
Vergeßlich(187)
Verwirrung, geistige(321) | V~ morgens(115) | m~ Aufstehen - und nach dem Aufstehen(37) | m~ Erwachen, beim(50)
Verwirrung, geistige - nachmittags(33) | V~ berauscht - wie nach einem Rausch(35) | V~ Erwachen, beim(71) | V~ Freien, im - amel.(30)
Verzweiflung(137)
Wahnideen - Bett - bewegen; es würde sich(2) | W~ Bewegung - Bett und Boden; Bewegung von - Erwachen; beim | W~ Boden - bewegen; der Boden würde sich | W~ Fallen - er würde - plötzlich | W~ Feuer - Visionen von(34) | W~ groß - Teile des Körpers scheinen zu groß - Hände | W~ Schlag - elektrisch - stürzen; er würde plötzlich durch einen elektrischen Schlag | W~ Tanzen - Nacht getanzt; er habe die ganze(2)
Waschen - Abneigung gegen Waschen und Baden(16)
Weinen(244) | W~ abends(29)
Wille - Verlust der Willenskraft(34)
Zerstreut(166)
Zorn(243) | Z~ Kleinigkeiten, über(58)
Zurückhaltend, reserviert(64)

Träume

Alpträume, Alpdrücken(144)
Angenehm(136)
Ängstlich(239)
Anstrengung - geistige(51)
Beschuldigungen(4) | B~ Verbrechens beschuldigt zu werden; fälschlich eines
Erinnerlich, bleiben im Gedächtnis(33)
Erotisch(196) | E~ Erektionen, mit(27)
Feuer(65) | F~ Feuergefahr(4)
Gefahr - Feuer, Feuersbrunst; durch(4)

TRÄUME ...

Lebhaft(193)
Ruhelos(53)
Schrecklich(237)
Unglück(64)
Unwichtig(46)
Verbrechen - angeklagt zu werden; fälschlich eines Verbrechens(2)
Verhaftung(2)
Verworren(122)
Viele(260)
Wecken den Patienten(118)

– Cobaltum metallicum –

cob.

GEMÜT

Angst - Gewissensangst(75)
Beschwerden durch - Erregung - Gefühle, der(87)
Betäubung(237) | B~ morgens(13)
Erregung(287) | E~ agg.(41)
Erschreckt leicht(125)
Faulheit(269) | F~ körperlich(23)
Froh(182)
Gedächtnis - gut, aktiv(91)
Gedanken - schnell(36)
Geistige Anstrengung - Verlangen nach(65) | G~ Abneigung gegen(150)
Hochgefühl(97)
Hysterie(194)
Ideen, Einfälle - Reichtum an, Klarheit des Geistes(125)
Lebhaft, munter(50)
Lustig, fröhlich(123)
Ruhelosigkeit(420)
Selbstvertrauen - Mangel an Selbstvertrauen(86) | M~ Selbstherabsetzung; Selbstherabwürdigung(3)
Seufzen(98)
Tadelt - sich selbst(36)
Traurigkeit(477)
Unzufrieden(168) | U~ sich selbst, mit(36)
Verwirrung, geistige - morgens(115) | V~ Bewegung, durch(16)

GEMÜT ...

Wahnideen - Unrecht - begangen; er habe Unrecht - blicken, da die anderen dies wissen; und könne niemandem ins Gesicht | W~ Verbrecher; er sei ein(11) | V~ andere wüßten es; und

TRÄUME

Erotisch(196) | *E~ Pollutionen, mit*(96)
Haar - geschnitten zu bekommen - Hinterkopf, am
Lebhaft(193)
Unerinnerlich, bleiben nicht im Gedächtnis(93)
Viele(260)

– Cobaltum nitricum –

cob-n.

GEMÜT

Aktivität; Verlangen nach(38)
Angst(362) | A~ nachts(119) | A~ gelähmt, wie(2)
Erregung(287)
Erschöpfung; geistige(217)
Euphorie(13)
Faulheit(269)
Fleißig, arbeitsam, Arbeitswut(101)
Furcht(242) | F~ hochgelegenen Orten; vor(24) | F~ Schlaf - vor(10) | F~ Versagen, Mißerfolg; vor dem(13)
Gedächtnis - Gedächtnisschwäche(284)
Konzentration - schwierig(261) | s~ Kopfschmerzen, mit(3)
Mürrisch(290)
Qualvolle Angst(121) | Q~ nachts(9) | n~ lähmende Angst, es ist unmöglich zu rufen oder sich zu bewegen, mit Hitze im Kopf
Reizbarkeit(408) | R~ morgens(69)
Ruhelosigkeit(420) | R~ Hitze - während(66)
Stimmung, Laune - wechselnd, wechselhaft(80)
Traurigkeit(477) | T~ Erwachen, beim(24)
Vergeßlich - Erwachen, beim(8)
Verweilt - vergangenen unangenehmen Ereignissen; bei(46)

Gemüt …
Wahnideen - vergrößert - Entfernungen seien(17)

Träume
Aufregend(14)
Erinnerlich, bleiben im Gedächtnis(33)
Erotisch(196)
Fallen, zu stürzen; zu(60)
Lebhaft(193)
Unangenehm(87)

– Coca –
coca

Gemüt
Aktivität; Verlangen nach(38)
Angst(362) | A~ abends(87) | A~ Druck; durch - Brust; auf der(14)
Anstrengung - körperliche Anstrengung - Verlangen nach(9)
Argwöhnisch(105)
Beschwerden durch - geistige Anstrengung(59) | B~ Schock; seelischen(23) | B~ sexuell - Exzesse(59)
Bewußtlosigkeit - partiell, teilweise bei Bewußtsein(13)
Boshaft(99)
Demenz(33)
Denken - Abneigung gegen(46)
Eigensinnig, starrköpfig, dickköpfig(107)
Ekstase(59)
Erschöpfung; geistige(217)
Erwartungsspannung - Lampenfieber(14)
Faulheit(269) | F~ abends(20) | *F~ nervöser Erschöpfung, bei*
Fehler; macht - Sprechen, beim(81)
Fleißig, arbeitsam, Arbeitswut - morgens - 7 - 9 h | F~ nachts
Froh(182) | F~ Menses - vor(4)
Furcht(242) | F~ Abwärtsbewegung, vor(10) | F~ fallen, zu stürzen; zu - Dinge fallen zu lassen | f~ Gehen, beim(4)
Furcht - hochgelegenen Orten; vor(24)
Gedächtnis - gut, aktiv(91) | G~ Gedächtnisschwäche(284) | *G~ auszudrücken, sich*(41) | G~ Worte, für(61)

Gemüt …
Gedanken - Gedankenandrang, einstürmende Gedanken, Gedankenfluß(78) | G~ nachts(31)
Gedanken - hartnäckig(83)
Gehobene Stimmung(4)
Geistige Anstrengung - Verlangen nach(65)
Geschäftsleute - entkräftete, ausgelaugte Geschäftsleute; geeignet für(3)
Gesellschaft - Abneigung gegen(156)
Gesellschaftliche Ereignisse - agg.(2)
Gesten, Gebärden; macht - Hände; unwillkürliche Bewegungen der(23) | G~ ungeduldig
Gleichgültigkeit, Apathie(251) | G~ äußere - Dinge; gegen(26) | G~ Erscheinung, sein Äußeres; gegen die persönliche(2)
Hast, Eile - Bewegungen im(23) | H~ Schreiben, beim(5)
Hinterhältig, hinterlistig, falsch, verschlagen(32)
Hochgefühl(97)
Hochgelegene Orte - agg.(7)
Hysterie(194)
Ideen, Einfälle - Reichtum an, Klarheit des Geistes(125) | R~ nachts(26)
Konzentration - gut, aktiv(26) | K~ schwierig(261)
Lachen - lächerlich, alles erscheint(6)
Lesen - Abneigung gegen Lesen(25) | *L~ schwer, fällt*(3)
Lügner(22) | L~ lügt, sagt nie die Wahrheit, weiß nicht, was sie sagt(8)
Manie(149)
Moralischem Empfinden; Mangel an(48)
Mürrisch - morgens - Erwachen, beim(10)
Phantasien - angenehm(7) | P~ übertrieben(114)
Qualvolle Angst(121)
Reizbarkeit(408) | R~ morgens - Erwachen, beim(43) | R~ Erwachen, beim(56) | R~ Kopfschmerzen, bei(61)
Ruhe - Verlangen nach(21)

Gemüt ...

Ruhelosigkeit(420) | R~ nachts(249) | R~ Bett - Herumwerfen im(123) | R~ Kindern, bei - Zahnung, bei der - nachts

Schüchternheit, Zaghaftigkeit(113) | **S~ schamhaft**(58)

Seelenruhe, Gelassenheit(85)

Sprache - unzusammenhängend(65)

Still sein, seine Ruhe haben; möchte(21)

Stimmung, Laune - veränderlich(158)

Stöhnen(119) | S~ abends(2)

Stumpfheit(332) | S~ abends(29)

Traum; wie in einem(69)

Traurigkeit(477) | T~ abends - amel.(15) | a~ 18 h(2)

Traurigkeit - Anstrengung, nach(5) | T~ Fieberhitze, in der(55)

Unentschlossenheit(146)

Vergeßlich - Worte beim Sprechen; vergißt(52)

Verlangen, Wunsch nach - voller Verlangen - Vornehmheit, Größe; nach(3)

Verlassen zu sein; Gefühl - Isolation, Gefühl der(16)

Verwirrung, geistige(321) | V~ Kaffee - amel.(2) | V~ Schläfrigkeit; beim Ankämpfen gegen die | V~ Waschen des Gesichtes - amel.(8)

Wahnideen(191) | W~ Bilder, Phantome; sieht(76) | B~ schreckliche(60)

Wahnideen - erschöpft, er sei | W~ erwartungsvoll, er ist | W~ Gehirn - verwirrt; das Gehirn sei | W~ Gestalten - sieht(33) | W~ getrennt - Welt, von der - er sei getrennt(8) | W~ hochgestellte Persönlichkeit; er sei eine(13) | W~ Körper - Größe des Körpers; in bezug auf die(5) | W~ laufen - lange Strecke laufen; er könne eine | W~ Raum - getragen; er würde in den Weltraum - Liegen; beim(3) | W~ schön(6) | W~ Stimmen - hört(37) | h~ unangenehme Stimmen um sich herum

Wahnideen - Visionen, hat - schön(8)

Waschen - Verlangen zu waschen - Hände; wäscht sich ständig die(11)

Gemüt ...

Weinen - abends(29)

Wille - Verlust der Willenskraft(34) | W~ Willensschwäche(58)

Wohlbehagen - Geschäften, in

Zeit - schnell, scheint kürzer; vergeht zu(14)

Zufrieden(31)

Träume

Ängstlich(239)

Beschäftigt zu sein; sehr(29)

Eile(2)

Ereignisse - gelesene - früher gehört, gelesen, gesprochen oder nachgedacht hat; über die man(15) | E~ zurückliegende, kurz(55)

Erotisch(196)

Freunde - toten Freunden, von(6)

Käfer(2)

Kämpfe(54) | K~ Lesen angeregt; durch

Körperteile - Zähne - fallen aus(6)

Krankheit - Zähne - Ausfallen(6)

Lachen(4)

Lebhaft(193)

Unangenehm(87)

Unerinnerlich, bleiben nicht im Gedächtnis(93)

Unzusammenhangend, zusammenhanglos(24)

Verdrießlich(122)

Verstorbenen, von(84) | V~ Freunde - längst verstorbene(6)

Viele(260)

Wecken den Patienten(118)

Witz, erzählt einen

– *Cocainum hydrochloricum* –

cocain.

Gemüt

Ehrgeiz(15)

Eifersucht - irrational

Fleißig, arbeitsam, Arbeitswut(101)

Hochgefühl(97)

Moralischem Empfinden; Mangel an(48)

Gemüt ...

Redseligkeit; Geschwätzigkeit(136)
Taten - große Taten vollbringen; Gefühl, als könne er(2)
Verwegenheit(26)
Wahnideen(191) | W ~ Hören - Einbildung; etwas zu hören(44) | W ~ Körper - Teile - fehlen; Körperteile würden(2) | W ~ kritisiert; sie würde(12) | W ~ nachgestellt - ihm würde nachgestellt(28) | W ~ schweben - Luft, in der(45) | *W ~ verfolgt - Feinden, von*(30) | W ~ Visionen, hat(76) | W ~ Würmer - bedeckt von; er sei
Wille - Willensschwäche(58)

– *Coccinella septempunctata* –

cocc-s.

Gemüt

Furcht - Wasser, vor(33)
Glänzende Gegenstände - agg.(13)
Tollwut, Hydrophobie(46)

– *Cocculus indicus* –

cocc.

Gemüt

Abneigung - allem, gegenüber(39)
Albernes Benehmen(65)
Alkoholismus(135)
Angst(362) | A ~ morgens(42) | m ~ Erwachen, beim(30)
Angst - abends(87) | *a ~ Bett, im*(54)
Angst - nachts(119) | *n ~ Mitternacht - vor*(36)
Angst - andere, um(24) | A ~ Anfälle - mit Anfällen(10) | *A ~ Bett - im Bett*(49) | A ~ Bewegung - agg.(16) | *A ~ Erregung, durch*(7) | A ~ Erwachen, beim(86) | A ~ Fieber - während(91) | *F ~ Wechselfieber, bei*(4)
Angst - Frost - während(31) | *A ~ Furcht, mit*(110) | A ~ Gesundheit; um die - anderer | G ~ eigene Gesundheit; um seine(57) | G ~ Verwandten; von(6)

Gemüt ...

Angst - Gewissensangst(75) | A ~ Kleinigkeiten, um(23) | *A ~ Menses - vor*(22) | M ~ während(33)
Angst - Nachtwachen, durch(6) | A ~ periodisch(12) | *A ~ plötzlich*(11) | *A ~ Schlaf - während*(42) | **S ~ Menses - nach**(6) | *S ~ Schlafmangel*(3)
Angst - Stillen - nach(2) | A ~ Zukunft(108)
Antworten - Abneigung zu antworten(67) | *A ~ denkt lange nach*(10) | A ~ hastig, überstürzt(11) | *A ~ langsam*(35) | A ~ schwierig, Antworten ist(11)
Argwöhnisch(105)
Auffahren, Zusammenfahren(117) | *A ~ Berührung, bei*(10) | *A ~ Geräusche, durch*(60) | *A ~ Kleinigkeiten, über*(21) | *A ~ leicht*(52) | *A ~ Schlaf - während*(163) | *S ~ durch*(124)
Beleidigt, leicht(79)
Berührt zu werden; Abneigung(46)
Beschwerden durch - Enttäuschung(17) | *B ~ Erregung - Gefühle, der*(87) | *B ~ Erwartungsspannung*(68) | B ~ Furcht(27) | B ~ geistige Anstrengung(59) | B ~ Geräusche | B ~ Grobheit anderer(13) | **B ~ Kummer**(65) | B ~ Schreck(72) | B ~ sexuell - Exzesse(59) | **B ~ Zorn**(94) | Z ~ Angst, mit(30) | Z ~ Schreck; mit(22) | *Z ~ stillem Kummer; mit*(27)
Betäubung(237) | *B ~ Essen, nach dem - agg.*(3) | B ~ Schläfrigkeit, bei(11)
Bewußtlosigkeit(280) | B ~ morgens(45) | B ~ Anstrengung, nach(9) | B ~ Menses - während(13) | B ~ Murmeln(4) | B ~ partiell, teilweise bei Bewußtsein(13) | *B ~ plötzlich*(12) | B ~ Schwindel, bei(46) | B ~ Stuhlgang - nach(5) | B ~ Wahrnehmung der Umgebung; mit
Bittet - nichts; um(16)
Boshaft(99)
Brütet, grübelt(41) | B ~ Ecke; sitzt stumpfsinnig oder brütend in einer(11)
Delirium - abwechselnd mit - Schlaf - tiefem Schlaf; mit(5)

GEMÜT ...

Delirium - Enzephalitis, mit(3) | D ~ Menses - während(10) | *D ~ zornig*

Denken - Beschwerden - amel.(7) | B ~ agg.; Denken an seine Beschwerden(71)

Ekstase(59)

Empfindlich(192) | *E ~ äußerliche Eindrücke; gegen alle*(21) | *E ~ Geräusche, gegen*(149) | *G ~ geringste Geräusch; gegen das*(29) | G ~ plötzlich(6) | G ~ schrille Töne, gegen(16) | *G ~ sprechen, zu*(9) | *G ~ Stimmen, gegen*(15)

Empfindlich - Grobheiten, gegen(9)

Entmutigt(135)

Entrüstung(22)

Erkennt - alles - bewegen; kann sich aber nicht - Katalepsie; bei(?)

Ernst(77)

Erregung(287) | *E ~ agg.*(41) | *E ~ Herzklopfen, mit heftigem*(17) | E ~ Hören von Schrecklichem; nach(11) | *E ~ Schweiß, beim*(11) | **E ~ Zittern, mit**(10)

Erschöpfung; geistige(217)

Erschreckt leicht(125) | *E ~ Erwachen, beim*(41)

Essen - weigert sich zu(26)

Farben - blau - Verlangen nach - hellblau(9) | F ~ schwarz - Abneigung(11)

Faulheit(269) | *F ~ morgens*(51) | F ~ Schwierigkeiten, angesichts von

Fehler; macht - Sprechen, beim(81) | *S ~ Worte - falsche Worte; benutzt*(53) | W ~ stellt Worte an die falsche Stelle(46)

Fehler; macht - Zeit; in bezug auf die(34)

Feigheit(89)

Fleißig, arbeitsam, Arbeitswut(101) | F ~ Menses, vor den(26)

Fliehen, versucht zu(61)

Froh(182)

Furcht(242) | F ~ nachts(58) | F ~ engen Räumen; in(33) | F ~ Ereignissen, vor plötzlichen | F ~ Erwachen, beim(54) | *F ~ Gefahr, vor drohender*(10) | *F ~ Geräusche, durch*(40) | *G ~ plötzlichen Geräuschen, vor*(3)

GEMÜT ...

Furcht - geschehen; etwas werde(82) | F ~ Gespenstern, vor(32) | G ~ Erwachen, beim(3)

Furcht - Menschen, vor(81) | F ~ Menschenmenge; in einer(58) | F ~ Schlaf - Mangel an Schlaf; aus(2) | *F ~ Tod; vor dem*(143) | T ~ Fieberhitze, in der(6)

Furcht - überwältigend(19) | *F ~ Unheil; Furcht vor*(115) | F ~ wiederkehrend(11)

Gedächtnis - gut, aktiv(91) | **G ~ Gedächtnisschwäche**(284) | G ~ auszudrücken, sich(41) | *G ~ gedacht hat; für das, was er gerade*(18) | G ~ gelesen hat; für das, was er(41) | G ~ geschehen ist; für das, was(17) | *G ~ Worte, für*(61)

Gedanken - Gedankenandrang, einstürmende Gedanken, Gedankenfluß(78) | G ~ abends - Bett, im(17) | G ~ Schlaflosigkeit, durch(23)

Gedanken - Geschäft; nachts im Bett an das(3) | G ~ hartnäckig(83) | *h ~ unangenehmen Themen verfolgt; von*(9)

Gedanken - tiefschürfend(8) | *G ~ überlegt*(54) | *G ~ unangenehm*(21)

Gedanken versunken, in(90)

Geisteskrankheit, Wahnsinn(153) | *G ~ Amenorrhoe, durch* | *G ~ Kummer, durch*(4) | *G ~ Masturbation, durch*(8) | *G ~ Schlaflosigkeit, mit*(7)

Geistige Anstrengung - agg.(141) | a ~ ermüdet(20) | a ~ unmöglich(130)

Geschäftig(45)

Gespräche - agg.(45)

Gesten, Gebärden; macht(22) | G ~ Hände; unwillkürliche Bewegungen der - Greifen(41) | H ~ zupft - Bettwäsche; an der(36)

Gesten, Gebärden; macht - sonderbare Posen und Haltungen(20) | G ~ stößt nachts im Schlaf Dinge weg

Gleichgültigkeit, Apathie(251) | G ~ liegt mit geschlossenen Augen(3) | G ~ Vergnügen, gegen(46)

Hast, Eile(112)

Heftig, vehement(100) | H ~ Gewalttaten führt; Raserei, die zu(34)

Gemüt ...

Heimweh(52)
Hochgefühl(97)
Hypochondrie(116) | H~ nachmittags(3)
Hysterie(194) | H~ Menses - vor(16) | M~ während(27)
Hysterie - Ohnmacht, hysterische(22)
Ideen, Einfälle - Mangel an(102) | I~ Reichtum an, Klarheit des Geistes - abends - Bett, im(14)
Imbezillität(140)
Jammern(93) | *J~ Menses, während*(2)
Klagen(64)
Kleinigkeiten scheinen wichtig, bedeutend(19)
Konzentration - schwierig(261)
Kummer(76)
Lachen - spasmodisch(49)
Langsamkeit(68) | L~ Bewegung, bei der(9)
Lästig, geht auf die Nerven(79)
Launenhaftigkeit, launisch(108)
Lebhaft, munter(50)
Lesen - agg. Gemütssymptome(14)
Lustig, fröhlich(123)
Manie(149) | *M~ Singen, mit*(6)
Mathematik - Begabung zur(4)
Meditieren, Nachdenken(47)
Menses - vor; Gemütssymptome(18)
Milde(80)
Mitgefühl, Mitleid(34)
Moralischem Empfinden; Mangel an(48)
Murmeln(55) | *M~ Apoplexie, bei*(3)
Mürrisch(290)
Nachdenken, Überlegen - Traurigkeit, bei(2)
Nachgiebigkeit(21)
Niederträchtig(11)
Nymphomanie - Menses - unterdrückten, nach(13)
Phantasien - übertrieben(114) | ü~ abends - Bett, im(28)
Phantasien - übertrieben - Schlaflosigkeit, mit(41)
Raserei, Tobsucht, Wut(95) | R~ boshaft, bösartig(9) | R~ heftig(12)

Gemüt ...

Redseligkeit; Geschwätzigkeit(136) | R~ Schweiß, beim(8)
Reizbarkeit(408) | R~ morgens(69) | R~ abwechselnd mit - Fröhlichkeit, Frohsinn(23) | a~ Lustigkeit(6) | a~ Spaßen
Reizbarkeit - Fieberfrost, im(57) | R~ Geräusche, durch(21) | R~ Kleinigkeiten, durch(34)
Respekt, Ehrfurcht vor seiner Umgebung(9)
Reue(63)
Ruhelosigkeit(420) | R~ Bett - Herumwerfen im(123) | H~ amel.(2)
Ruhelosigkeit - Menses - während(40)
Schaukeln - agg.(5)
Schreckliches und traurige Geschichten greifen sie stark an(32)
Schreien(133) | S~ Angst, aus(9) | *S~ Menses - während*(3) | S~ Schlaf, im(80)
Schüchternheit, Zaghaftigkeit(113)
Schweigsam(209) | S~ morgens(6) | m~ Erwachen; beim(2)
Schweigsam - Erwachen; beim(2)
Seelenruhe, Gelassenheit(85)
Selbstbetrachtung(58)
Selbstvertrauen - Mangel an Selbstvertrauen(86)
Sentimental, schwärmerisch, rührselig(64) | S~ Mädchen; bei
Seufzen(98) | S~ Fieberhitze, in der(17) | S~ Menses - während(6) | *S~ Schweiß, beim*(16)
Singen(59) | S~ Trällern(11)
Sitzen - Neigung zu sitzen(110) | *N~ unbeweglich, still*(42) | *N~ versunken und nichts wahrnehmend; wie in tiefen, traurigen Gedanken*(11)
Sorgen, voller - andere, um(14)
Spaßen(52) | S~ Abneigung gegen(22)
Sprache - hastig(44) | S~ langsam(59)
Sprechen - agg. die Beschwerden(34) | *S~ anderer agg.; das Sprechen*(46) | S~ Sorgen; spricht von nichts anderem als ihren eigenen
Stilles Wesen(49)
Stimmung, Laune - veränderlich(158)

GEMÜT ...

Stöhnen(119) | *S~ Menses - während*(4)

Störungen; Abneigung gegen(13)

Stumpfheit(332) | S~ morgens - Bett, im(2) | S~ Erwachen, beim(41) | S~ geistige Anstrengung, durch(27) | S~ Lesen(35) | S~ sexuellen Exzessen, nach(3) | S~ Träumen, nach(6) | S~ versteht Fragen nur nachdem sie wiederholt werden(9)

Stupor(138) | S~ morgens(36) | *S~ murmelt, flüstert*(4)

Tadelsüchtig, krittelig(80)

Tanzen(33)

Tod - Agonie vor dem Tod(15)

Traurigkeit(477) | *T~ nachmittags*(37) | *T~ Beleidigung; wie durch eine* | *T~ Diarrhoe, bei*(7) | T~ Fieberhitze, in der(55) | T~ Frost - während(37) | T~ Kleinigkeiten, um(8) | T~ Masturbation, durch(16)

Trinken, Beschwerden nach(5)

Unduldsamkeit - Unterbrechung, gegenüber(3)

Unentschlossenheit(146)

Ungeschicklichkeit(41)

Unwirklich - alles scheint(14)

Unzufrieden(168) | U~ allem; mit(66) | U~ sich selbst, mit(36)

Verantwortung - ernst; nimmt seine Verantwortung zu(3)

Vergeßlich(187) | V~ Hitze - während(5) | V~ Worte beim Sprechen; vergißt(52)

Verlangen, Wunsch nach - nichts; nach(7)

Verspielt(13)

Verweilt - vergangenen unangenehmen Ereignissen; bei(46)

Verwirrung, geistige(321) | V~ morgens(115) | V~ berauscht - wie nach einem Rausch(35) | **V~ Essen - nach**(52) | V~ geistige Anstrengung - durch(50) | V~ Identität; in bezug auf seine - Dualität; Gefühl der(37) | V~ Lesen, beim(15) | V~ Menses - während(6) | **V~ Schwindel, mit**(5) | **V~ Trinken - nach**(5)

Verzweiflung(137) | *V~ Menorrhagie, bei*

GEMÜT ...

Wahnideen(191) | W~ berauscht - sei, er(59) | W~ beschimpft worden; er sei(16) | W~ Fratzen, sieht(6) | W~ Gespenster, Geister, Gestalten - sieht(55) | W~ Gestalten - sieht(33) | *W~ hohl - Organe seien ausgehöhlt*(2) | W~ Kopf - abgetrennt; der Kopf sei vom Rumpf(6) | K~ kein Kopf vorhanden; es sei(2)

Wahnideen - Lebendiges; etwas - Wänden, Boden und Sessel; auf | W~ Meer - am Meer; er sei | W~ niederträchtige Tat begangen; sie habe eine | W~ Ohnmacht fallen; er werde(19) | *W~ Phantasiegebilde, Illusionen*(115) | W~ rollen - auf ihn rollen; etwas würde | r~ Lebendiges würde auf Wand, Boden und überall rollen; etwas

Wahnideen - schweben - Luft, in der(45) | *W~ sonderbar, merkwürdig - Vertrautes scheint fremd*(38) | W~ tot - Personen, sieht tote(59) | W~ Unrecht - begangen; er habe Unrecht(26) | *W~ unwirklich - alles erscheint unwirklich*(19) | W~ Verbrechen - begangen; er habe ein Verbrechen(29) | *W~ Verbrechern, von*(24) | W~ Visionen, hat - Schließen der Augen; beim(29) | *W~ Zeit - früher; es scheint*(3)

Weinen(244) | *W~ nachts*(81) | W~ Ärger, durch(23) | W~ Kleinigkeiten, über(23) | W~ Konvulsionen - während(27) | *W~ Menses - während*(27) | *W~ Schlaf, im*(88) | *W~ Schluchzen; Weinen mit*(34) | W~ Wimmern, Winseln(27) | *W~ Zorn - nach*(19)

Widerspenstig(66)

Widerspruch - verträgt keinen Widerspruch(73)

Witzig, geistreich(14)

Zeit - schnell, scheint kürzer; vergeht zu(14) | Z~ vergeudet seine Zeit(11)

Zerstreut(166)

Gemüt …

Zorn(243) | Z~ abwechselnd mit - Fröhlichkeit, Frohsinn(15) | a~ Lebhaftigkeit(2) | a~ Spaßen(3)

Zorn - Kleinigkeiten, über(58) | *Z ~ leicht*(37) | Z~ Unterbrechung, durch(9) | Z~ Widerspruch, durch(37)

Zufrieden(31)

Zurückhaltend, reserviert - morgens(3) | m~ Bett, im

Träume

Angenehm(136)

Ängstlich(239)

Ereignisse - unheilvolle(2) | E~ zurückliegende, kurz(55)

Erotisch(196)

Furcht - gefolgt von(14)

Körperteile - Knie - geschwollen | K~ Zähne - fallen aus(6)

Krankheit(43) | K~ Schmerz(7) | K~ Schwellung - Knie | K~ Zähne - Ausfallen(6)

Lebhaft(193)

Schmerz(7)

Schrecklich(237)

Tod(64) | T~ Sterben - er stirbt(14)

Unerinnerlich, bleiben nicht im Gedächtnis(93)

Unglück(64)

Unrecht zu tun

Unwichtig(46)

Verbrechen(8) | V~ begangen zu haben; ein Verbrechen(4)

Verdrießlich(122)

Verstorbenen, von(84)

Viele(260)

Zähne - fallen aus(5)

– Coccus cacti –

coc-c.

Gemüt

Alkoholismus(135)

Angst(362) | A~ nachmittags - 14 - 16 h(2) | A~ nachts - Mitternacht - nach - 2 h - 2 - 4 h | *A~ Essen - nach*(39)

Betäubung(237)

Gemüt …

Empfindlich(192)

Erregung - nachts - Erwachen, beim(4) | E~ Bier, nach | E~ Erwachen, beim(5)

Faulheit(269)

Froh - abwechselnd mit - Traurigkeit(57)

Furcht(242) | F~ abends(51)

Gedächtnis - gut, aktiv(91)

Gleichgültigkeit, Apathie - Reizendes, Unangenehmes; gegen(8)

Ideen, Einfälle - Reichtum an, Klarheit des Geistes(125)

Lasziv, lüstern(77) | L~ morgens

Lustig, fröhlich(123) | L~ abends(29)

Mürrisch(290)

Redseligkeit; Geschwätzigkeit(136)

Reizbarkeit(408) | R~ Mittagessen - nach(8)

Ruhelosigkeit(420) | R~ nachts(249) | n~ Mitternacht - nach - 3 h(8)

Spucken(32)

Stimmung, Laune - veränderlich(158)

Stöhnen(119) | S~ Schlaf, im(62)

Stumpfheit(332)

Traurigkeit(477) | T~ nachmittags(37) | T~ Erwachen, beim(24)

Verwirrung, geistige(321) | V~ morgens - Aufstehen - und nach dem Aufstehen(37) | m~ Erwachen, beim(50)

Verwirrung, geistige - abends(78) | V~ Erwachen, beim(71) | V~ Essen - nach(52) | V~ Fieberhitze, in der(26) | V~ Freien, im - amel.(30) | V~ Frühstück - nach(2) | V~ Gehen(37)

Wahnideen - dicker als normal; alles, was er berührt erscheint | W~ Körper - kleben; würde an einen Wollsack - nachts, während er halb wach ist | W~ vergrößert(42)

Träume

Ängstlich(239)

Erotisch(196)

Kirchen(4)

Lebhaft(193)

Liebevoll

Menschen(14)

Viele(260)

– Cochlearia armoracia –
coch.

Gemüt

Angst(362)

Beschwerden durch - Erregung - Gefühle, der(87) | *B ~ Zorn*(94)

Betäubung(237)

Erregung(287)

Stumpfheit(332)

Traurigkeit(477)

Unentschlossenheit(146)

Verzweiflung - Schmerzen; bei den - Magen, im(3)

Zorn - Muttermilch - erbricht die Muttermilch durch Zorn der Mutter; Kind

– Codeinum –
cod.

Gemüt

Albernes Benehmen(65)

Angst(362)

Beschwerden durch - Erregung - Gefühle, der(87)

Bewußtlosigkeit - Erwachen - beim(10)

Delirium - nachts(67)

Geisteskraft - erhöht(18)

Gleichgültigkeit, Apathie(251)

Hochgefühl(97)

Konzentration - gut, aktiv(26) | K~ schwierig(261)

Laszeiv, lüstern(77)

Lebhaft, munter(50)

Phantasien - angenehm(7) | P~ lasziv(46)

Ruhelosigkeit(420)

Sitzen - Neigung zu sitzen(110)

Stumpfheit(332) | S~ nachmittags(29) | S~ abends(29)

Stupor - Erwachen, beim(2)

Traurigkeit - Kopfschmerzen, bei(30)

Vergnügen(7)

Verwirrung, geistige(321)

Gemüt ...

Wahnideen - Gegenstände; über - drehen sich - rund herum - Schließen der Augen mit ihm herumdrehen; Gegenstände würden sich beim | W~ Zimmer - drehen; würde sich(6)

Träume

Angenehm(136)

Aufregend(14)

Lächerlich(15)

Schrecklich(237)

Verstorbenen, von(84)

Viele(260)

– Coffea cruda –
coff.

Gemüt

Aktivität; Verlangen nach(38) | A~ kreative Aktivität(2) | A~ ruhelos(6)

Alkoholismus(135)

Angst(362) | A~ abends(87) | A~ nachts(119) | A~ Fieber - während(91) | A~ Flatus - durch(4) | *A ~ Furcht, mit*(110) | *A ~ Gewissensangst*(75) | A~ Menses - während(33) | A~ Untätigkeit, mit(4) | A~ Wein, nach

Antworten - Abneigung zu antworten(67) | A~ kurz angebunden(19) | A~ zusammenhangslos(6)

Auffahren, Zusammenfahren - Berührung, bei(10) | *A ~ Schlaf - während*(163) | *S ~ durch*(124) | *S ~ Einschlafen, beim*(72)

Auffahren, Zusammenfahren - Schreck oder wie durch Schreck; durch(68)

Außer sich; ist(51) | *A ~ Schmerzen; vor*(13)

Begreifen, Auffassungsvermögen - leicht(38)

Behendigkeit, Beweglichkeit; geistige(3)

Berührt zu werden; Abneigung(46)

Beschwerden durch - Erregung - Gefühle, der(87) | B~ Erwartungsspannung(68) | *B ~ Freude, übermäßige*(13) | B~ Furcht(27) | B~ Heftigkeit(3) | *B ~ Lachen, übermäßiges* | *B ~ Liebe; enttäuschte*(31) | B~ Schock; seelischen(23)

GEMÜT ...
Beschwerden durch - Schreck(72) | **B ~ Überraschungen - angenehme**(5) | B ~ Verachtung; verachtet zu werden(23) | *B ~ Zorn*(94) | Z ~ Angst, mit(30) | Z ~ Schreck; mit(22)
Betäubung(237)
Bewußtlosigkeit(280) | *B ~ Entbindung, während der*(8) | **B ~ Gemütsbewegungen, nach**(13)
Delirium(233) | D ~ nachts(67) | D ~ Erwachen, beim(20) | D ~ Fieber; im(54) | *D ~ manisch*(47)
Delirium tremens(84)
Ehrfurcht, Bewunderung
Eifersucht(34)
Ekstase(59) | E ~ Fieberhitze, in der(5)
Empfindlich(192) | E ~ Berührung, gegen(13) | **E ~ Geräusche, gegen**(149) | G ~ agg. die Schmerzen(2) | *G ~ Entbindung, bei der*(5) | **G ~ GERINGSTE GERÄUSCH; GEGEN DAS**(29) | **G ~ UHR, DAS KLINGELN VON GLOKKEN; GEGEN DAS SCHLAGEN DER**(5) | *G ~ schmerzhafte Empfindlichkeit gegen*(10) | **G ~ Schritten; gegen das Geräusch von**(6) | *G ~ sprechen, zu*(9)
Empfindlich - Gerüche, gegen(30) | E ~ Musik, gegen(46) | **E ~ SCHMERZ, GEGEN**(31)
Entmutigt(135) | E ~ Freien, im - amel.
Ernst(77)
Erregung(287) | E ~ agg.(41) | *E ~ nachts*(40) | E ~ epileptischem Anfall, vor(3) | **E ~ Freude, durch**(3) | **E ~ Frost - während**(22) | E ~ gehetzt, wie(2) | E ~ Herzklopfen, mit heftigem(17) | E ~ Hitze - während der Hitze; Erregung(23) | w ~ Wochenbett, Fieberhitze im(3)
Erregung - Lesen, beim(3) | E ~ Menopause, in der(10) | E ~ nervös(23) | E ~ Schwäche, mit(5) | **E ~ Schweiß, beim**(11) | E ~ Wein - nach(4)
Erschöpfung; geistige(217) | E ~ Schlaflosigkeit, mit(7)
Erschreckt leicht(125)

GEMÜT ...
Exzentrizität, Überspanntheit(54)
Faulheit(269) | F ~ Gehen - beim(6)
Fleißig, arbeitsam, Arbeitswut(101)
Freude(5)
Froh(182) | F ~ abwechselnd mit - Stöhnen(3) | a ~ Traurigkeit(57)
Froh - Betrunkenheit; bei(3)
Furcht(242) | F ~ abwechselnd mit - Hochgefühl | *F ~ Apoplexie, vor*(36) | F ~ berührt zu werden(38) | F ~ fallen, zu stürzen; zu(28) | f ~ Einschlafen; beim
Furcht - Gefahr, vor drohender - Einschlafen, beim | F ~ Geräusche, durch(40) | *F ~ Luft - frischer Luft, vor*(2) | *F ~ Menses - während*(9) | *F ~ Tod; vor dem*(143) | *T ~ Entbindung, bei der*(3) | **T ~ Schmerzen, durch**(2)
Furcht - Überraschungen, durch angenehme | F ~ überwältigend(19) | *F ~ Unheil; Furcht vor*(115) | F ~ Wehen - während(5) | F ~ zittrig(36)
Gedächtnis - gut, aktiv(91) | **g ~ abends - Mitternacht, bis**
Gedächtnis - Gedächtnisschwäche(284) | G ~ gelesen hat; für das, was er(41) | G ~ Tatsachen, Fakten; für - zurückliegende Tatsachen, für lange - alten Menschen, bei
Gedanken - Gedankenandrang, einstürmende Gedanken, Gedankenfluß(78) | G ~ nachts(31) | G ~ Freien amel.; im | G ~ Lesen, beim(3)
Gedanken - schnell(36) | G ~ Vergehen, Schwinden der Gedanken(76)
Gedichte, macht(14)
Gehen - Freien, im - agg. Gemütssymptome(19)
Geisteskrankheit, Wahnsinn(153) | *G ~ Alkoholikern; bei*(22)
Geistige Anstrengung - agg.(141) | a ~ ermüdet(20) | a ~ unmöglich(130)
Geistige Anstrengung - Verlangen nach(65) | **V ~ nachts - Mitternacht - bis**(2)
Gemütssymptome - akute Gemütssymptome(2)

GEMÜT ...

Gespräche - agg.(45)
Gesten, Gebärden; macht - Licht(5)
Gesund - sagt, er sei gesund - krank ist; wenn er sehr(17)
Getragen - Abneigung getragen zu werden
Gleichgültigkeit, Apathie - Reizendes, Unangenehmes; gegen(8)
Glückseliges Gefühl(3)
Hast, Eile(112) | H~ agg.(2) | H~ Bewegungen im(23) | *H~ Essen - beim*(23) | *H~ Trinken, beim*(11)
Heftig, vehement(100)
Heimweh(52)
Heulen(30)
Hochgefühl(97)
Hypochondrie(116)
Hysterie(194) | H~ Menses - während(27)
Ideen, Einfälle - Mangel an(102) | **I~ Reichtum an, Klarheit des Geistes**(125) | *R~ abends*(17) | *R~ nachts*(26)
Jammern(93) | *J~ Kleinigkeiten, über*
Klagen(64)
Klammert sich an - Personen oder Möbel; an(6)
Konzentration - gut, aktiv(26) | K~ schwierig(261) | s~ Studieren(52)
Kummer(76) | *K~ still*(23)
Lachen(102) | *L~ abwechselnd mit - Weinen*(43) | *L~ Konvulsionen - durch Lachen*(2) | L~ unmäßig(28)
Läuft umher - unsicher | *L~ Zimmer, im*(5)
Launenhaftigkeit, launisch(108)
Lebhaftigkeit - agg.(5)
Lebhaft, munter(50)
Leidenschaftlich(49)
Liebevoll, voller Zuneigung, herzlich(37)
Lustig, fröhlich(123)
Manie(149)
Meditieren, Nachdenken(47)
Menopause agg.(18)
Menses - während; Gemütssymptome(28)
Morphiumsucht(31)
Mürrisch(290) | M~ morgens(42) | M~ Freien, im - amel.(4)

GEMÜT ...

Musik - agg.(40) | **M~ Kopfschmerzen, durch**(9)
Natur - liebt(3)
Nymphomanie(67)
Phantasien - lebhaft(31) | P~ Lesen, beim(3) | *P~ übertrieben*(114) | P~ übertrieben - nachts(40) | P~ übertrieben - Fieberhitze, in der(5) | P~ übertrieben - Schlaflosigkeit, mit(41)
Pläne - macht, schmiedet viele Pläne(15)
Qualvolle Angst(121) | Q~ Herumwerfen, mit(4) | Q~ Menses - während(10)
Redseligkeit; Geschwätzigkeit(136) | R~ Fieber; im(11)
Reizbarkeit(408) | R~ morgens - Aufstehen, nach dem(13) | *R~ abwechselnd mit - Freude*(5) | R~ Fieberfrost, im(57) | R~ Freien, im - amel.(7) | R~ Pollutionen, nach(10) | R~ Samenabgang, nach(8) | *R~ Schlaflosigkeit, mit*(9)
Religiös - Gemütsstörungen, religiöse(63)
Reue(63)
Ruhelosigkeit(420) | R~ nachts(249) | R~ ängstlich(111) | *R~ Bett - Herumwerfen im*(123) | *R~ Menses - während*(40)
Schnell im Handeln(4)
Schreien(133) | S~ Kindern, bei(38) | S~ Schmerzen, bei den(25)
Schüchternheit, Zaghaftigkeit(113) | S~ schamhaft(58)
Schweigsam(209)
Seelenruhe, Gelassenheit(85)
Sentimental, schwärmerisch, rührselig(64)
Seufzen - Fieberhitze, in der(17)
Sinne - scharf(52) | S~ Vergehen, Schwinden der(51)
Sorgen, voller(50)
Spaßen(52)
Sprache - delirös - Fieber, im(2) | S~ unzusammenhängend(65)
Sprechen - Schlaf, im(93)
Stimmung, Laune - veränderlich(158)
Stöhnen(119) | S~ Hitze; während der(16) | S~ Schlaf, im(62) | *S~ Schmerzen, durch*(8)

Gemüt ...

Streitsüchtig(136)

Studieren, Lernen - einfach, fällt leicht(5)

Stumpfheit(332) | S~ Lesen(35) | S~ Schläfrigkeit, bei(30)

Theoretisieren(20) | T~ nachts(2)

Tod - Gedanken an den Tod(54) | *G~ Furcht, ohne*(4)

Tod - Gewißheit des (eigenen) Todes(11)

Traum; wie in einem(69)

Traurigkeit(477) | T~ Freien, im - amel.(10) | T~ Gehen - Freien, im(14)

Trost - agg.(39) | a~ Mitleid, Mitgefühl agg.(15)

Umherstreifen, Streunen - besinnungslos, geisteskrank(11)

Unaufmerksam(23)

Unbesonnen(82)

Unbeständigkeit(45)

Unentschlossenheit(146)

Untröstlich(30) | U~ Freien; amel. im

Unzufrieden(168) | U~ allem; mit(66)

Vergeßlich(187) | V~ alten Menschen, bei(12)

Verlangen, Wunsch nach - voller Verlangen(11)

Verlassen zu sein; Gefühl(56)

Verwirrung, geistige(321) | V~ Fieberfrost, im(20) | V~ Gehen(37) | G~ Freien, im(14)

Verwirrung, geistige - Schmerzanfällen, bei(6)

Verzweiflung(137) | *V~ Entbindung, während der* | *V~ Schmerzen; bei den*(21) | *S~ Magen, im*(3)

Wahnideen(191) | W~ Bett - berühren; als würde sie im Liegen das Bett nicht(13) | W~ erregt, wie | W~ geht - Luft - auf Luft; geht(15) | W~ Geräusche - hören; Geräusche zu(13) | *W~ Hause, zu - weg von zu Hause; er sei*(23) | W~ Hören - Einbildung; etwas zu hören(44) | W~ Kopf - Wirbeln im Kopf - Denken, beim | W~ kräftig, er sei(3) | *W~ leicht - sei leicht, er*(26) | W~ Paradies; er sah das | W~ Phantasiegebilde, Illusionen(115)

Gemüt ...

Wahnideen - schön - Landschaft; von einer schönen(2) | W~ schweben - Luft, in der(45) | W~ Stimmen - hört(37) | W~ Verbrechern, von(24) | W~ Visionen, hat(76) | V~ Erhabenheit, von großartiger(3)

Weinen(244) | W~ Ärger, durch(23) | *W~ Entbindung, während der* | W~ Fieberhitze, in der(25) | W~ Freien, im - amel.(4) | *W~ Freude, durch*(4) | W~ Gehen im Freien, beim(4) | *W~ hysterisch*(9) | *W~ Kindern; bei*(22) | K~ Säuglingen; bei(9)

Weinen - Kleinigkeiten, über(23) | *W~ Kopfschmerzen, mit*(9) | W~ Kränkung, nach(4) | W~ leicht(16) | *W~ Menses - während*(27) | W~ Schluchzen; Weinen mit(34) | *W~ Schmerzen - während den Schmerzen*(23) | W~ unwillkürlich(35) | W~ Vernachlässigung; durch die geringste | *W~ Zorn - nach*(19)

Wille - Willensschwäche(58)

Wirft mit Gegenständen um sich(20)

Witzig, geistreich(14)

Wohlwollen, Güte(7)

Zerstreut(166)

Zorn(243) | Z~ abwechselnd mit - Fröhlichkeit, Frohsinn(15) | a~ Traurigkeit(4)

Zorn - heftig(72) | Z~ wirft mit Gegenständen(12)

Träume

Angenehm(136)

Ängstlich(239)

Anstrengung - geistige(51)

Hartnäckig(29)

Lange Zeit(13)

Lebhaft(193)

Phantastisch(55)

Schrecklich(237)

Tod(64) | T~ Freundes, eines(9)

Unangenehm(87)

Unwichtig(46)

Verworren(122)

Viele(260)

Wecken den Patienten(118)

– *Coffea tosta* –
coff-t.

Gemüt
Angst(362) | A ~ Bewegung - agg. - Abwärtsbewegung, nach unten(4)
Antworten - undeutlich(6) | A ~ unzusammenhängend(13)
Auffahren, Zusammenfahren - Schreck oder wie durch Schreck; durch(68)
Beschwerden durch - Erregung - Gefühle, der(87)
Bewußtlosigkeit(280)
Erregung(287) | E ~ Hitze - während der Hitze; Erregung(23)
Erschöpfung; geistige(217)
Exzentrizität, Überspanntheit(54)
Furcht(242)
Gedächtnis - gut, aktiv(91)
Gedanken - Gedankenandrang, einstürmende Gedanken, Gedankenfluß(78)
Getötet zu werden; Verlangen(5) | *G ~ Entbindung, bei der*
Hysterie(194)
Ideen, Einfälle - Reichtum an, Klarheit des Geistes(125)
Konzentration - gut, aktiv(26)
Phantasien - übertrieben(114)
Ruhelosigkeit(420)
Schlagen - Verlangen - stoßen; Dinge zu
Schweigsam - Kopfschmerzen; bei(6)
Sprache - wiederholt immer dasselbe(6)
Taten - gute Taten zu vollbringen; Verlangen
Verstand geschärft, vermehrt
Verwirrung, geistige(321) | V ~ weiß nicht, wo er ist - Gegenstände um sie herum nicht auseinanderhalten; kann die(3)
Wahnideen - Gegenstände; über - drehen sich - rund herum - Kreis, im | G ~ folgen; Gegenstände würden ihren Platz verlassen und ihr
Wahnideen - Hängematte schaukeln; er würde in einer - Baumspitzen, oberhalb der

Gemüt …
Wahnideen - Schwindel - bewegen; würde sich mal in die eine, dann in die andere Richtung bewegen | W ~ Verzauberung, von
Wohlwollen, Güte(7)

Träume
Regenbogen
Tod - Freundes, eines(9)
Unangenehm(87)
Verworren(122)
Viele(260)

– *Coffeinum* –
coffin.

Gemüt
Erregung - nervös(23)
Ruhelosigkeit(420)
Verwirrung, geistige(321)

– *Colchicum autumnale* –
colch.

Gemüt
Angst(362) | A ~ abends(87) | A ~ nachts - Mitternacht - nach(22)
Antworten - gefragt wird; antwortet nicht, wenn er(2)
Aphasie(53)
Auffahren, Zusammenfahren(117) | *A ~ Schlaf - während*(163) | S ~ durch(124)
Auffahren, Zusammenfahren - Träumen, in - aus einem Traum(35)
Außer sich; ist(51)
Berührt zu werden; Abneigung(46)
Beschwerden durch - Grobheit anderer(13) | B ~ Kummer(65)
Betäubung(237)
Bewußtlosigkeit(280) | *B ~ Fieber, im*(50) | B ~ Liegen, beim(4) | *B ~ Sitzen, im - aufrecht*(2)
Delirium(233) | D ~ nachts(67) | *D ~ brummt*(44) | D ~ Erwachen, beim(20) | D ~ Fieber; im(54) | D ~ Kollaps, mit(2) | *D ~ Kopfschmerz - während*(16) | D ~ Lachen(20) | D ~ manisch(47)

GEMÜT ...

Delirium - rasend(84) | D~ schrecklich(26) | D~ wild(21)

Denken - Beschwerden - agg.; Denken an seine Beschwerden(71)

Empfindlich(192) | *E~ äußerliche Eindrücke; gegen alle*(21) | E~ Fieberfrost, im(9) | E~ Geräusche, gegen(149) | *E~ Gerüche, gegen*(30) | *E~ Grobheiten, gegen*(9) | *E~ Licht, gegen*(15) | E~ Schmerz, gegen(31)

Entmutigt(135) | E~ Raserei, mit(2) | E~ Schmerzen, durch(4)

Entrüstung - Missetaten, Vergehen anderer; über die(2)

Erregung(287) | *E~ agg.*(41) | E~ abwechselnd mit - Traurigkeit(13) | E~ fiebrig(11)

Erschöpfung; geistige(217)

Faulheit(269) | F~ Schläfrigkeit, bei(29) | F~ Stuhlgang - nach

Fehler; macht - Schreiben, beim(83) | S~ läßt etwas aus - Buchstaben(18) | l~ Silben(7)

Froh(182)

Furcht(242) | F~ nachts(58) | F~ Apoplexie, vor(36) | *F~ berührt zu werden*(38) | F~ Geisteskrankheit(74) | F~ Mäuse - Erwachen, beim | F~ Unglück, vor(93) | F~ Unheil; Furcht vor(115)

Gedächtnis - Gedächtnisschwäche(284) | G~ auszudrücken, sich(41) | G~ gedacht hat; für das, was er gerade(18) | G~ geistige Anstrengungen; für - Ermüdung, durch(11) | G~ gelesen hat; für das, was er(41) | G~ gesagt hat; für das, was er(29) | G~ sagen will; für das, was er gerade(38) | G~ schreiben will; für das, was er gerade(11)

Gedanken - Gedankenandrang, einstürmende Gedanken, Gedankenfluß - nachts(31) | G~ schnell(36) | G~ wandernd(72) | G~ zusammenhangslos(30)

Geistesabwesend(71)

Geisteskrankheit, Wahnsinn(153) | *G~ Schmerz, durch unerträglichen*(4)

GEMÜT ...

Geistige Anstrengung - agg.(141) | *G~ Abneigung gegen*(150)

Gesten, Gebärden; macht - Hände; unwillkürliche Bewegungen der - Greifen(41) | *H~ zupft - Bettwäsche; an der*(36)

Gesund - sagt, er sei gesund - krank ist; wenn er sehr(17)

Gleichgültigkeit, Apathie - antworten, Gleichgültigkeit wenn gefragt, sagt nichts; Abneigung zu | G~ klagt nicht - außer wenn er gefragt wird; sagt nichts über seinen Zustand | *G~ Typhus, bei*(9)

Hochgefühl(97)

Ideen, Einfälle - Mangel an - Unterbrechung, durch jede | I~ Reichtum an, Klarheit des Geistes(125) | R~ nachts(26) | R~ abwechselnd mit - Stumpfheit(2)

Konzentration - schwierig(261)

Lachen - sardonisch(26) | L~ spasmodisch(49)

Lästig, geht auf die Nerven(79)

Lesen - agg. Gemütssymptome(14) | *L~ versteht das Gelesene nicht*(3)

Manie(149)

Murmeln(55)

Mürrisch(290) | M~ vormittags(19) | M~ nachmittags(30)

Raserei, Tobsucht, Wut(95)

Reizbarkeit(408) | R~ nachmittags(37) | R~ abwechselnd mit - Gleichgültigkeit(8) | R~ Schmerzen; bei den(10)

Ruhe - Verlangen nach(21)

Ruhelosigkeit(420) | R~ nachts(249) | *R~ Schwangerschaft, in der*(5)

Schreiben - Unfähigkeit zu - zusammenhängend

Schweigsam(209)

Seufzen(98)

Sinne - scharf(52)

Sitzen - Neigung zu sitzen(110)

Sprechen - anderer agg.; das Sprechen(46)

Still sein, seine Ruhe haben; möchte(21)

Stöhnen(119)

GEMÜT ...

Streitsüchtig(136)
Stumpfheit(332) | S~ Lesen(35) | S~ Schläfrigkeit, bei(30) | S~ unterbrochen wird; wenn er
Traurigkeit(477)
Unbehagen(44)
Ungeduld(131)
Ungeschicklichkeit - fallen, läßt Dinge(26)
Unterbrechnung - agg. Gemütssymptome(4)
Unzufrieden(168) | U~ allem; mit(66)
Vergeßlich(187) | V~ Worte beim Sprechen; vergißt(52)
Verwechseln - Gedanken und Dinge(7)
Verwirrung, geistige(321) | V~ morgens(115) | V~ Freien, im(12) | V~ Sitzen, im(33) | V~ Unterbrechung, durch - logisches Denken ist unmöglich
Verzweiflung(137) | V~ Schmerzen; bei den(21)
Wahnideen(191) | W~ Bett - jemand - unter dem Bett; jemand sei(6) | u~ klopfen, und würde(4)
Wahnideen - Erwachen, beim(8) | W~ geisteskrank - werden; er würde geisteskrank(43) | W~ Geräusche - hören; Geräusche zu(13) | W~ Hören Einbildung; etwas zu horen(44) | W~ Mause - Bett; Mäuse in seinem | M~ sieht(12)
Wahnideen - Phantasiegebilde, Illusionen(115) | W~ Ratten, sieht(10) | W~ schlafen; er würde - nicht genug geschlafen; er habe(17) | W~ Tiere(42) | T~ Bett - auf dem(5)
Weinen(244) | W~ amel.(24) | W~ Wimmern, Winseln(27)
Widerspruch - verträgt keinen Widerspruch(73)
Wildheit - helles Licht, starke Gerüche, Berührung; durch
Zerstreut(166)
Zorn(243) | Z~ Gerüche - agg. | Z~ Licht - helles Licht - agg.

TRÄUME

Absurd(13)

TRÄUME...

Alpträume, Alpdrücken(144)
Ängstlich(239)
Erotisch - morgens(8)
Lebhaft(193)
Mäuse(3)
Ruhelos(53)
Schrecklich(237)
Ungeziefer(14)
Viele(260)
Wecken den Patienten(118)

– *Collinsonia canadensis* –

coll.

GEMÜT

Beschwerden durch - Erregung - Gefühle, der(87)
Delirium - besinnungslos, mit offenen Augen(13)
Erregung(287) | E~ agg.(41)
Hochgefühl(97)
Ruhelosigkeit(420)
Sprache - affektiert, manieriert, unnatürlich(22)
Unentschlossenheit(146)

– *Colocynthinum* –

colocin.

GEMÜT

Ruhelosigkeit(420) | R~ nachts(249) | R~ Hitze - während(66)

– *Colocynthis* –

coloc.

GEMÜT

Abneigung - allem, gegenüber(39) | A~ Freunde, gegen(6)
Angst(362) | *A~ Schmerzen, durch die*(10) | A~ Seelenheil, um das - Glaubens; um den Verlust seines(5) | A~ Stuhlgang - nach(17)
Antworten - Abneigung zu antworten(67)
Außer sich; ist(51)
Beleidigt, leicht(79)

GEMÜT ...

Beschwerden durch - Entrüstung(8) | B~ Erregung - Gefühle, der(87) | B~ geschäftlichen Mißerfolg; durch(13) | **B~ KRÄNKUNG, DEMÜTIGUNG**(39) | **K~ ZORN, MIT**

Beschwerden durch - Kummer(65) | B~ Schreck(72) | B~ Tadel(13) | *B~ Verachtung; verachtet zu werden*(23) | B~ Verlegenheit(13) | B~ Vorwürfe(4) | **B~ Zorn**(94) | **Z~ Entrüstung; mit**(11) | *Z~ stillem Kummer; mit*(27)

Betäubung(237) | B~ Mittagessen, nach dem(5)

Bewußtlosigkeit(280) | B~ abends(15)

Boshaft(99)

Delirium(233) | D~ nachts(67) | *D~ abwechselnd mit - Schlaf - tiefem Schlaf; mit*(5) | D~ besinnungslos, mit offenen Augen(13) | *D~ Bett - flieht und springt plötzlich aus dem Bett auf*(36) | *D~ flieht bei Abort; sie* | D~ rasend(84) | D~ Schlaf - während - komatös(8) | *D~ Schlaflosigkeit - mit*(45) | D~ Schläfrigkeit, bei(14) | D~ schrecklich(26)

Eifersucht(34)

Eigensinnig, starrköpfig, dickköpfig(107)

Empfindlich(192) | E~ Vorwürfe, gegen(6)

Entmutigt(135)

Entrüstung(22)

Erregung(287) | E~ agg.(41)

Erschöpfung; geistige(217)

Faulheit - Schläfrigkeit, bei(29)

Feigheit(89)

Fliehen, versucht zu(61) | *F~ abwechselnd mit - Bewußtlosigkeit* | *a~ Stupor*

Fliehen, versucht zu - Fieber, im(4)

Froh(182)

Furcht(242) | F~ Arbeit; vor der(32) | F~ fliehen; mit Verlangen zu(9) | F~ geschehen; etwas werde(82) | *F~ Gewitter, vor*(25) | F~ Glauben zu verlieren; davor seinen religiösen(5)

Gedächtnis - Gedächtnisschwäche(284)

GEMÜT ...

Gedanken - Gedankenandrang, einstürmende Gedanken, Gedankenfluß(78) | G~ Schlaflosigkeit, durch(23)

Gedanken - wandernd(72)

Geisteskrankheit, Wahnsinn(153)

Geistige Anstrengung - Abneigung gegen(150)

Geiz(34)

Gesellschaft - Abneigung gegen(156) | A~ Freunden, von engsten(10)

Gesellschaft - Verlangen nach(83)

Gesten, Gebärden; macht - sonderbare Posen und Haltungen(20)

Getragen - Verlangen getragen zu werden(31)

Gleichgültigkeit, Apathie(251) | G~ Religion, gegen seine(2)

Heftig, vehement(100)

Hochmütig, arrogant(53)

Ideen, Einfälle - Mangel an(102) | I~ Reichtum an, Klarheit des Geistes(125)

Jammern(93) | **J~ Schmerzen, über**(6)

Klagen(64) | *K~ Tag und Nacht*

Konzentration - schwierig(261)

Kummer(76) | *K~ still - Entrüstung, mit*(2)

Lästig, geht auf die Nerven(79)

Launenhaftigkeit, launisch(108)

Moralischem Empfinden; Mangel an(48)

Mürrisch(290)

Pflicht - kein Pflichtgefühl(12)

Phantasien - übertrieben - Schlaflosigkeit, mit(41)

Qualvolle Angst(121)

Raserei, Tobsucht, Wut(95)

Reizbarkeit(408) | R~ nachts(12) | R~ gefragt wird; wenn er(12) | R~ Schmerzen; bei den(10) | R~ schweigsam(5)

Religiös - Mangel an religiösem Empfinden(12)

Respekt, Ehrfurcht vor seiner Umgebung - Mangel an(3)

Ruhelosigkeit(420) | R~ nachmittags(25) | R~ nachts(249) | R~ ängstlich(111) | R~ Bett - Herumwerfen im(123)

Gemüt ...

Reizbarkeit - Jucken, nach | R~ Kopfschmerzen, bei(31) | R~ Menses - vor(16) | R~ Schläfrigkeit, bei(12) | R~ Schmerzen, durch(19) | **R~ Zorn; Ruhelosigkeit durch**(2)

Schreckliches und traurige Geschichten greifen sie stark an - Unglück anderer Menschen

Schreien - Menses - während(3) | *S~ Schmerzen, bei den*(25)

Schweigsam(209)

Spontan, impulsiv(33)

Sprechen - schweift von einem Thema zum anderen(47) | s~ nachts(9)

Stöhnen(119) | *S~ Schmerzen, durch*(8)

Stumpfheit(332) | S~ morgens(54) | S~ Bier, nach

Stupor(138)

Traurigkeit(477)

Unbehagen - abends(4)

Ungeduld(131)

Unzufrieden(168) | *U~ allem; mit*(66)

Vergeßlich(187)

Verkehrt, alles erscheint(6)

Verwirrung, geistige(321) | V~ morgens(115) | V~ nachmittags(33) | V~ abends(78) | V~ berauscht - wie nach einem Rausch(35) | *V~ Bier, durch*(8) | V~ Bükken, beim(13) | V~ Essen - nach(52) | V~ Fieberhitze, in der(26) | V~ Gehen(37) | V~ Wein, nach(11)

Verzweiflung - Genesung, in bezug auf die(44)

Wahnideen(191) | W~ nachts(36) | W~ Fallen - er würde(29) | W~ Kraft, Stärke - verlassen; alle Kraft würde ihn | W~ Phantasiegebilde, Illusionen(115) | W~ versetzt - Zimmer; in ein anderes

Weinen(244) | W~ Kopfschmerzen, mit(9) | W~ Kränkung, nach(4)

Widerspruch - verträgt keinen Widerspruch(73)

Widerwillen(39)

Wille - Willensschwäche(58)

Wirft mit Gegenständen um sich(20)

Zerstreut(166)

Gemüt ...

Zorn(243) | Z~ antworten muß; wenn er(7) | **Z~ Menses - Unterdrückung der Menses durch Zorn**(3) | *Z~ Schmerzen - über*(6) | **Z~ Wahnideen während der Menopause; mit**(3) | *Z~ wirft mit Gegenständen*(12)

Zurückhaltend, reserviert(64)

Träume

Absurd(13)

Angenehm(136)

Ängstlich(239)

Anstrengung - geistige(51)

Aufregend(14)

Dinge - verändernde, sich(18)

Erotisch(196) | E~ abends(3) | E~ nachts - Mitternacht - vor | E~ Erektionen, mit(27) | E~ Liegen, beim - Rücken, auf dem | E~ Pollutionen, mit(96)

Intellektuell(23)

Lebhaft(193) | L~ nachts - Mitternacht - nach(5)

Schrecklich(237)

Verdrießlich(122)

Verworren(122)

Viele(260)

Visionär(45)

Wecken den Patienten(118)

Zusammenhängend(13)

– *Comocladia dentata* –

com.

Gemüt

Beschwerden durch - Liebe; enttäuschte(31)

Boshaft(99)

Froh - vormittags(12)

Gleichgültigkeit, Apathie - Alltägliches, gegen | G~ Schläfrigkeit, bei(25)

Hellsehen - Schlaf, im

Ruhelosigkeit(420) | R~ nachts(249) | n~ Mitternacht - nach - 2 h(8)

Sprechen - Schlaf, im(93) | S~ Geschäft, vom(3)

Stumpfheit - nachts - Erwachen, beim(9)

Verächtlich(35) | V~ Gegnern; gegenüber

Gemüt ...
Verwirrung, geistige(321)
Zufrieden(31)

Träume
Angenehm(136)
Ängstlich(239)
Gärten(3)
Strom (Gewässer)
Viele(260)
Vögel
Wald(4)
Wasser(49)

– Coniinum –

conin.

Gemüt
Gesten, Gebärden; macht - angestrengt | G~ langsam(5)
Konzentration - schwierig(261)
Murmeln(55) | M~ Schlaf, im(18)
Stumpfheit(332)
Verwirrung, geistige(321)
Wahnideen - Ausschweifung, Schwelgerei, wie nach einer(3) | W~ Hören - Einbildung; etwas zu hören(44)

– Coniinum bromatum –

conin-br.

Gemüt
Gleichgültigkeit, Apathie(251)
Untätigkeit(4)

– Conium maculatum –

con.

Gemüt
Abergläubisch(13)
Abneigung - Familienmitglieder; gegen(19) | A~ Frauen; gegen(12) | *A~ Freunde, gegen - Schwangerschaft, in der* | *A~ Kinder; gegen - Traurigkeit, aus* | A~ Männer; gegen(8)
Abscheu - Arbeit, vor der(21)
Albernes Benehmen(65)
Alkoholismus(135)

Gemüt ...
Angesprochen zu werden - Abneigung(63)
Angst(362) | A~ morgens(42) | A~ nachmittags - 15 - 18 h | n~ abends; bis(4)
Angst - nachts(119) | n~ Mitternacht - nach - halb erwacht, wenn | n~ Erwachen, beim(24)
Angst - Denken daran; durch(9) | *A~ Enthaltsamkeit; durch lange* | A~ Erwachen, beim(86) | A~ Essen - nach(39) | A~ Fieber - während(91) | A~ Frühstück - nach(2) | A~ Furcht, mit(110) | *A~ Gegenwart, um die*(2) | *A~ Gewissensangst*(75) | *A~ hypochondrisch*(52) | A~ hysterisch(3) | *A~ Kleinigkeiten, um*(23) | A~ Menses - vor(22) | M~ während(33)
Angst - Schlaf - während(42) | *A~ Zukunft*(108)
Antworten - Abneigung zu antworten(67) | *A~ langsam*(35)
Anziehen - Abneigung gegen - Traurigkeit; bei(2)
Aphasie(53)
Argwöhnisch(105)
Auffahren, Zusammenfahren(117) | *A~ Geräusche, durch*(60) | A~ Schlaf - durch(124) | *A~ Schreck oder wie durch Schreck; durch*(68) | A~ zuckend
Außer sich; ist(51)
Beeindrucken, empfänglich für Eindrücke; leicht zu - unangenehm beeindruckt; von allem
Berührt zu werden; Abneigung(46)
Beschäftigung - amel.(48)
Beschimpfen, beleidigen, schmähen(67) | B~ Menschen auf der Straße; beschimpfen
Beschwerden durch - Erregung - Gefühle, der(87) | B~ geistige Anstrengung(59) | B~ Kränkung, Demütigung(39) | B~ Kummer(65) | *B~ Liebe; enttäuschte*(31) | *B~ Reue*(3) | B~ Schicksalsschläge, durch(6) | *B~ sexuell - Exzesse*(59) | B~ Sorgen, Kummer(14)

GEMÜT ...

Betäubung(237) | B ~ Fieberfrost, im(5) | B ~ Kopfverletzung, nach(6) | *B ~ Schläfrigkeit, bei*(11)

Bett - bleiben; möchte im Bett(12)

Bewußtlosigkeit(280) | **B ~ morgens**(45) | B ~ nachts - Erwachen, beim(7) | B ~ Bewegungen, automatische(26) | B ~ Erwachen - nach(4) | *B ~ Frost - während*(15) | B ~ geistige Empfindungslosigkeit(13) | B ~ Menses - Unterdrückung von(8) | B ~ Schwindel, bei(46) | B ~ Traum, wie ein einem(11) | B ~ überfüllten Zimmer; in einem mit Menschen(12)

Boshaft(99)

Brütet, grübelt - Ecke; sitzt stumpfsinnig oder brütend in einer(11)

Delirium(233) | D ~ morgens(8) | m ~ Sonnenaufgang, bei(2)

Delirium - nachts(67) | D ~ anfallsweise(6) | D ~ anhaltend(4) | D ~ heftig(26) | D ~ heiter, fröhlich(14) | D ~ intermittierend(2) | D ~ Lachen(20) | D ~ manisch(47) | D ~ phantastisch(13) | D ~ Rennen, mit(2)

Demenz(33) | *D ~ senilis, Dementia*(25) | s ~ Gerede, mit albernem(4)

Denken - Abneigung gegen(46) | D ~ Beschwerden - agg.; Denken an seine Beschwerden(71)

Destruktivität, Zerstörungswut(41)

Diktatorisch, herrschsüchtig, dogmatisch, despotisch(25)

Dunkelheit - amel.(5)

Ehrgeiz(15) | E ~ Ruhm, nach(6)

Eifersucht - sexueller Erregung, mit(6)

Empfindlich(192) | **E ~ Geräusche, gegen**(149) | *G ~ schmerzhafte Empfindlichkeit gegen*(10) | G ~ schrille Töne, gegen(16) | *G ~ sprechen, zu*(9) | *G ~ Stimmen, gegen*(15)

Empfindlich - Licht, gegen(15) | E ~ Mangel an Empfindlichkeit(20)

Engstirnig, beschränkt, borniert(4)

Entfremdet - Familie, von seiner(18)

Entmutigt(135) | E ~ nachmittags

Ernst(77)

GEMÜT ...

Erregung(287) | E ~ agg.(41) | E ~ morgens(19) | *E ~ abwechselnd mit - Traurigkeit*(13) | E ~ Frauen, bei(3) | *E ~ Schwäche, mit*(5) | *E ~ Schweiß, beim*(11) | E ~ Wein - nach(4) | *E ~ weint, bis er*(2)

Erschöpfung; geistige(217) | E ~ Wein agg. | E ~ Zittern, mit(4)

Erschreckt leicht(125) | E ~ nachts - Erwachen, beim - 3 h(3) | E ~ Erwachen, beim - Traum, aus einem(14)

Extravaganz(16)

Exzentrizität, Überspanntheit(54)

Faulheit(269)

Fehler; macht - Rechnen, beim(14) | F ~ Schreiben, beim(83) | F ~ Sprechen, beim(81) | S ~ Worte - falsche Worte; benutzt(53) | W ~ stellt Worte an die falsche Stelle(46)

Fehler; macht - Zeit; in bezug auf die(34)

Feigheit(89)

Fremde - Anwesenheit von Fremden - agg.(16)

Frivol(14)

Froh(182) | F ~ morgens(21)

Furcht(242) | F ~ nachts(58) | n ~ Mitternacht(2) | n ~ Erwachen, nach dem(8)

Furcht - allein zu sein(54) | a ~ Verlangen, allein zu sein; aber

Furcht - Arbeit; vor der(32) | *F ~ Arbeit; Scheu vor der - überredet werden; kann nicht zur Arbeit* | F ~ berührt zu werden(38) | F ~ Erwachen, beim(54) | F ~ Fremden; vor - Menses - während | F ~ geistige Anstrengung - vor geistiger Anstrengung(6) | F ~ Gewitter, vor(25) | F ~ hochgelegenen Orten; vor(24) | F ~ Männern, vor(30) | *F ~ Menschen, vor*(81) | M ~ Alleinsein; jedoch Furcht vor dem | M ~ Menses; während

Furcht - Menschenmenge; in einer(58) | F ~ Menses - vor(12) | M ~ während(9)

Furcht - Näherkommen, Annäherung von; vor - anderen, von(28) | *F ~ Räubern, vor*(25)

GEMÜT ...

Furcht - Schwangerschaft, in der(8) | F~ Tod; vor dem(143) | T~ morgens(3) | T~ Erwachen, beim(3)

Furcht - Tür - Öffnen der Tür; beim(3)

Gedächtnis - gut, aktiv(91) | **G~ Gedächtnisschwäche**(284) | *G~ geistige Anstrengungen; für*(26) | G~ Kummer; nach | G~ Rechtschreibung, für die(8) | *G~ Termine, für das Datum; für*(12) | G~ Worte, für(61)

Gedanken - drängen auf ihn ein und schwirren durcheinander - sexuell(10) | G~ Gedankenandrang, einstürmende Gedanken, Gedankenfluß(78) | G~ morgens(3) | G~ nachts(31)

Gedanken - quälend(31) | q~ sexuell(5)

Gedanken - sexuell(21)

Gedanken versunken, in(90)

Gefühllos, hartherzig(21)

Gehen - Freien, im - agg. Gemütssymptome(19)

Geistesabwesend(71)

Geisteskrankheit, Wahnsinn(153) | *G~ abwechselnd mit - Gemütssymptomen; mit anderen*(2) | G~ Einkäufe, macht nutzlose(2) | *G~ periodisch*(5) | G~ zieht seine beste Kleidung an

Geistige Anstrengung - agg.(141) | **a~ ermüdet**(20) | *a~ unmöglich*(130)

Geistige Anstrengung - Abneigung gegen(150) | A~ Witwen; bei

Geiz(34)

Gemütssymptome - abwechselnd mit - körperliche Symptome(18)

Geschäft - Abneigung gegen(45) | G~ Verlangen nach(6)

Geschäftig(45)

Gesellschaft - Abneigung gegen(156) | A~ allein, wenn - amel.(33) | A~ Fieberhitze, in der(3) | *A~ Fremden; Abneigung gegen die Anwesenheit von*(16) | *A~ Furcht vor dem Alleinsein; jedoch*(12) | *A~ Menses, während*(4)

Gesellschaft - Verlangen nach(83) | V~ allein; agg. wenn(48) | a~ Furcht vor Menschen, Menschenscheu; jedoch(5)

GEMÜT ...

Gesellschaft - Verlangen nach - amel. in Gesellschaft(18)

Gesten, Gebärden; macht - Finger - spielt mit den Fingern(12) | F~ zupft an den Fingern(8)

Gesten, Gebärden; macht - Hände; unwillkürliche Bewegungen der - Greifen(41) | H~ zupft - Bettwäsche; an der(36)

Geziertheit, Affektiertheit(13)

Gleichgültigkeit, Apathie(251) | G~ nachmittags(3) | G~ allem; gegenüber(71) | G~ äußere - Eindrücke, gegen(4) | G~ Fieberfrost, im(10) | **G~ Fieber, im**(16) | G~ Freien, im(3) | *G~ Gehen im Freien; beim* | G~ Gewissens; gegen die Stimme des(5) | G~ Langeweile, mit(11) | *G~ mürrisch*(4)

Hartherzig, unerbittlich(20)

Hast, Eile(112) | H~ Bewegungen im(23)

Heftig, vehement(100) | H~ Gespräch anderer; durch das(2) | H~ Gewalttaten führt; Raserei, die zu(34)

Heikel, pingelig(34)

Hochmütig, arrogant(53) | *H~ Kleidung; trägt gerne seine beste*

Hypochondrie(116) | *H~ Freien, im*(2) | *H~ Menses - Unterdrückung von* | H~ mürrisch(9) | H~ Selbstmord; treibt zum(12) | **H~ sexuell - Enthaltsamkeit, durch**(2) | **s~ Exzesse, durch**(3)

Hysterie(194) | H~ Koitus - amel. | H~ Menses - vor(16) | **H~ sexuell - Erregung; durch Unterdrückung der sexuellen**(2) | s~ Exzessen, nach(7)

Ideen, Einfälle - Mangel an(102)

Imbezillität(140)

Indiskretion, Taktlosigkeit(30)

Intelligent - faul; aber(5)

Kindisches Benehmen(52)

Klagen - Schlaf, im(6)

Kleinigkeiten scheinen wichtig, bedeutend(19)

Konzentration - schwierig(261) | s~ Unmöglichkeit, sich zu konzentrieren(8)

Kummer(76)

GEMÜT ...

Lachen(102) | L~ abwechselnd mit - Weinen(43) | L~ Erschöpfung, bei | L~ Konvulsionen - vor, während oder nach(11) | L~ Reizung in Magen und Hypochondrien; durch | L~ sardonisch(26) | L~ Schwäche, bei | *L~ spasmodisch*(49) | L~ unwillkürlich(23)

Läuft umher(24)

Langeweile(53)

Langsamkeit(68) | **L~ alten Menschen, bei**(6) | *L~ Bewegung, bei der*(9)

Lästig, geht auf die Nerven(79)

Lasziv, lüstern(77)

Lebensüberdruß(82)

Leidenschaftlich(49)

Lesen - Abneigung gegen Lesen(25)

Licht - Abneigung gegen - meidet(8)

Lügner(22)

Lustig, fröhlich(123) | L~ morgens(5)

Magnetisiert - amel.(20)

Manie(149) | *M~ abwechselnd mit - Niedergeschlagenheit*(9)

Männer - Scheu vor(19)

Mathematik - Unfähigkeit zur - Geometrie(6)

Meditieren, Nachdenken(47)

Menschenfeindlichkeit, Misanthropie(45)

Menses - vor; Gemütssymptome(18)

Moralischem Empfinden; Mangel an(48)

Murmeln - abends(4) | M~ Schlaf, im(18)

Murren - nachts

Mürrisch(290) | M~ morgens(42) | M~ vormittags(19) | M~ nachmittags(30) | *n~ 17 - 18 h*

Mürrisch - abends(31) | *M~ Freien, im*(8) | M~ Kleinigkeiten, um(13)

Näherkommen, auf ihn Zukommen von Personen - agg.(6)

Phantasien - lasziv(46) | P~ übertrieben(114) | P~ übertrieben - morgens(3) | P~ übertrieben - nachts(40) | P~ verworren(10) | P~ wild

Prophezeit(7)

Raserei, Tobsucht, Wut - nachts(15)

GEMÜT ...

Redseligkeit; Geschwätzigkeit(136)

Reizbarkeit(408) | R~ morgens(69) | m~ Erwachen, beim(43)

Reizbarkeit - nachmittags(37) | *n~ 17 - 18 h*

Reizbarkeit - abends(60) | R~ Essen - nach(26) | **R~ Fieberfrost, im**(57) | *R~ Freien, im*(12) | R~ Frühstück - nach | R~ Gehen, beim(7) | R~ Kopfschmerzen, bei(61) | R~ Menses - während(42)

Religiös - Gemütsstörungen, religiöse(63) | R~ Melancholie(21) | M~ Reue, aus(2)

Reue(63)

Ruhelosigkeit(420) | R~ ängstlich(111) | R~ Bett - Herumwerfen im(123) | B~ treibt aus dem(39)

Ruhelosigkeit - Hitze - während(66) | R~ Menses - vor(16) | *R~ Schläfrigkeit, bei*(12)

Satyriasis(26)

Schlagen(42) | S~ sich; schlägt - schlägt seinen Kopf gegen die Wand und gegen Gegenstände(11)

Schmollen(41)

Schreckliches und traurige Geschichten greifen sie stark an(32)

Schreien - Erwachen - beim(27)

Schüchternheit, Zaghaftigkeit(113) | S~ nachmittags(4) | S~ schamhaft(58)

Schwangerschaft; Gemütsbeschwerden während der(17)

Schweigsam(209) | S~ Kopfschmerzen; bei(6)

Sentimental, schwärmerisch, rührselig(64)

Sinne - abgestumpft, stumpf(107) | S~ scharf(52)

Sinnlichkeit(24) | S~ Fehlen der Sinnlichkeit - Männern, bei(2)

Sitzen - Neigung zu sitzen(110) | N~ Stelle; drei oder vier Tage lang auf derselben - Kopfschmerzen, bei | N~ unbeweglich, still(42)

Sorgen, voller(50) | S~ Gesellschaft; mit Abneigung gegen(2)

Spaßen - treibt mit allem sein Spiel(3)

Gemüt ...

Spielen - Verlangen zu spielen(2)

Sprache - stammelnd(10)

Sprechen - anderer agg.; das Sprechen(46) | S~ Schlaf, im(93)

Stilles Wesen - Geräusche sind unerträglich | S~ Licht ist unerträglich; helles

Stimmung, Laune - abweisend, zurückweisend(40) | S~ veränderlich(158) | S~ wechselnd, wechselhaft(80)

Stöhnen - Schlaf, im(62)

Streitsüchtig(136) | *S~ abwechselnd mit - Schweigsamkeit* | *a~ stillem Kummer* | *a~ Traurigkeit*(2)

Studieren, Lernen - schwierig, fällt schwer(18)

Stumpfheit(332) | S~ mittags(4) | S~ nachmittags(29) | *S~ alten Menschen, bei*(6) | S~ denkt - lange zu denken; unfähig(12) | d~ langsam

Stumpfheit - Erwachen, beim(41) | **S~ Lesen**(35)

Stupor(138) | **S~ morgens**(36)

Suizidneigung; Neigung zum Selbstmord - Hypochondrie, aus(12) | S~ Traurigkeit, durch(23)

Tadelt - sich selbst(36)

Tanzen(33)

Tod - Gedanken an den Tod(54) | G~ morgens(2)

Traum; wie in einem(69)

Traurigkeit(477) | T~ morgens(71) | T~ nachmittags(37) | T~ abends(76) | T~ allein - wenn(24) | **T~ Enthaltsamkeit, durch**(4) | T~ Erregung - nach(3) | T~ Essen - nach(25) | *T~ Fieberhitze, in der*(55) | T~ Freien, im(12) | **T~ Frost - während**(37) | T~ Frühstück, nach dem(2) | T~ Gehen - während und danach(5) | *G~ Freien, im*(14)

Traurigkeit - Gesellschaft - Abneigung gegen Gesellschaft, Verlangen nach Einsamkeit(11) | T~ Koitus, nach(8) | T~ Kopfschmerzen, bei(30) | *T~ Masturbation, durch*(16) | *T~ Menopause, in der*(25) | *T~ Menses - vor*(34)

Gemüt ...

Traurigkeit - Menses - unterdrückt(20) | *T~ periodisch*(10) | *p~ Woche - zwei Wochen; alle*

Traurigkeit - Pollutionen, durch(23) | T~ Schicksalsschläge, durch(16) | **T~ Schweiß, beim**(29) | T~ sexuelle Erregung - mit sexueller Erregung(10) | s~ unterdrückter sexueller Erregung; Traurigkeit nach

Traurigkeit - sexuelle Exzesse; durch(2) | T~ Suizidneigung, mit(25) | T~ Verletzungen - Kopfes, des(7)

Trinken, Beschwerden nach(5)

Unbesonnen(82)

Unduldsamkeit(7)

Unentschlossenheit(146)

Ungeschicklichkeit(41) | U~ Schneidern, Sticken; beim(9)

Unterscheidungsvermögen; Mangel an(4)

Unzüchtig, obszön(34)

Unzufrieden(168) | U~ sich selbst, mit(36)

Unzuverlässig - Versprechungen, bei seinen(8)

Urteilsvermögen; Mangel an(3)

Vergeßlich(187) | *V~ alten Menschen, bei*(12) | V~ Fieberfrost, im(5) | V~ Worte beim Sprechen; vergißt(52)

Vernachlässigt - Wichtiges(2)

Verschwenderisch(13)

Verweilt - vergangenen unangenehmen Ereignissen; bei(46)

Verwirrung, geistige(321) | V~ morgens(115) | *V~ alkoholische Getränke, durch*(8) | *V~ Alter, im*(4) | V~ Bier, durch(8) | V~ Erwachen, beim(71) | V~ Fieberfrost, im(20) | V~ Freien, im(12) | V~ Gehen(37) | V~ Kopfschmerzen, mit(11) | *V~ Schlaf; nach*(14) | **S~ Mittagsschlaf; nach dem**(5)

Verwirrung, geistige - Trinken - nach(5) | V~ Wein, nach(11)

Verzweiflung(137) | V~ Fieberhitze, in der(21)

Wahnideen(191) | W~ morgens(2) | W~ nachts(36)

Gemüt ...

Wahnideen - Ansammlungen von Dingen, Schwärmen, Menschenmengen etc.(17) | W ~ Bett - drehen, würde sich - Kreis herumdrehen, im(2) | B ~ schweben; würde

Wahnideen - Bilder, Phantome; sieht - schreckliche(60) | W ~ Boden - nachgeben; würde unter seinen Füßen(7) | W ~ Diebe - Haus, im(9) | W ~ drehen - sie - würde sich drehen - Kreis, im(10) | W ~ Gans - sei eine Gans; er | G ~ wirft sich ins Wasser, da er sich für eine Gans hält

Wahnideen - gelähmt, er sei - Spaziergang; nach einem kurzen | W ~ Geräusche - hören; Geräusche zu(13) | W ~ Haus - Menschen; das Haus sei voller(10) | W ~ Hören - Einbildung; etwas zu hören(44) | W ~ Kummer - lasten würde; daß ein Kummer auf ihm(2) | W ~ Menschen - kommen nachts ins Haus | M ~ sieht(29) | M ~ vor ihm

Wahnideen - nachgestellt - ihm würde nachgestellt(28) | W ~ Person - eintreten; er hört eine Person in sein Zimmer | P ~ Zimmer; eine andere Person sei im(6)

Wahnideen - Phantasiegebilde, Illusionen(115) | W ~ schlafen; er würde - Halbschlaf; er befinde sich im(2) | s ~ nicht genug geschlafen; er habe(17)

Wahnideen - Schwindel - überwältigender Schwindel würde sie überkommen | W ~ Tiere(42) | T ~ Bett - tanzen auf dem

Wahnideen - tot - Leiche - Bruders und des Kindes; Leiche des(3) | L ~ verstümmelte Leiche(7)

Wahnideen - tot - Personen, sieht tote(59) | W ~ Tür hereinkommen; jemand würde zur - nachts | W ~ Unrecht - begangen; er habe Unrecht(26) | W ~ verfolgt - Feinden, von(30) | W ~ verfolgt; er würde(23)

Gemüt ...

Wahnideen - vergrößert(42) | W ~ Verletzung - werden; würde gleich verletzt(13) | W ~ verstümmelte Körper; sieht(8) | W ~ Visionen, hat(76) | W ~ Zeit - länger; die Zeit erscheint(14) | W ~ Zimmer - Menschen, sieht - Bett, am(2)

Weinen(244) | W ~ nachts(81) | n ~ Schlaf, im(12)

Weinen - allein, wenn(3) | W ~ Fieberfrost - im(25) | W ~ Kleinigkeiten, über(23) | W ~ Menses - vor(9) | M ~ während(27) | M ~ nach(5)

Weinen - periodisch alle vier Wochen | *W ~ Schlaf, im*(88) | W ~ Schluchzen; Weinen mit(34)

Widerspenstig(66)

Widerspruch - verträgt keinen Widerspruch(73)

Widerwillen(39) | W ~ allem, vor(22)

Wille - Verlust der Willenskraft(34) | *W ~ Willensschwäche*(58)

Zeit - langsam, scheint länger; vergeht zu(29)

Zerstreut(166) | *Z ~ Alter, im*(5)

Zorn(243) | *Z ~ Gesicht - blassem, lividem Gesicht; mit*(8) | *Z ~ Kleinigkeiten, über*(58) | Z ~ leicht(37) | Z ~ Sprechen - andere Personen sprechen hört; wenn er(6)

Zudringlich, aufdringlich(6)

Zügellosigkeit, sexuelle Ausschweifung(32)

Träume

Alpträume, Alpdrücken(144)

Angenehm(136)

Ängstlich(239) | Ä ~ Menses - vor(3) | M ~ während(9)

Aufruhr(12)

Beschämend(13)

Ekelhaft(32)

Erinnerlich, bleiben im Gedächtnis(33)

Erniedrigung(12)

Erotisch(196) | E ~ Pollutionen, mit(96)

Feinde(3)

Freunde - toten Freunden, von(6)

Träume...

Furcht - gefolgt von(14)
Gefahr(40)
Kämpfe(54)
Krankheit(43)
Lebhaft(193)
Phantastisch(55)
Schrecklich(237) | *S~ morgens*(2)
Streitigkeiten(69)
Tod(64) | T~ Freundes, eines(9)
Unangenehm(87)
Unerinnerlich, bleiben nicht im Gedächtnis(93)
Unfälle(29)
Unwichtig(46)
Verdrießlich(122)
Verfolgt zu werden - Feinden, von
Verstorbenen, von(84) | V~ Freunde - längst verstorbene(6)
Verstümmelung(9)
Verworren(122)
Viele(260)
Visionär(45)
Wecken den Patienten(118)

– Convallaria majalis –

conv.

Gemüt

Hysterie(194)
Kummer - Kleinigkeiten, über(3) | K~ leicht
Reizbarkeit(408)
Spotten - Lächerliche ziehen; will alles ins(6)
Stumpfheit(332)

– Convolvulus duartinus –

convo-d.

Gemüt

Auffahren, Zusammenfahren - Schlaf - durch(124)
Entmutigt(135)
Erschöpfung; geistige(217)
Moralischem Empfinden; Mangel an(48)
Phantasien - übertrieben(114)

Gemüt ...

Traurigkeit(477)

Träume

Fliegen(11)
Gespenster(38)
Körperteile - Zähne - fallen aus(6)
Krankheit - Zähne - Ausfallen(6)
Verstorbenen, von(84)
Zorn(58)

– Convolvulus stans –

convo-s.

Gemüt

Angst(362) | A~ nachts - Kindern, bei(15)
Beschwerden durch - Erregung - Gefühle, der(87)
Delirium(233) | D~ brummt(44)
Empfindlich(192) | E~ Geräusche, gegen(149)
Erregung(287)
Erschöpfung; geistige(217)
Gedächtnis - Gedächtnisschwäche(284)
Gesellschaft - Abneigung gegen(156) | A~ allein, wenn - amel.(33)
Hysterie(194)
Ruhelosigkeit(420)
Schizophrenie - katatonisch(9)
Traurigkeit(477)
Verwirrung, geistige(321)
Wahnideen(191) | W~ Visionen, hat(76)
Weinen(244)

– Copaiva officinalis –

cop.

Gemüt

Abscheu - allgemeiner - Furcht vor dem Tode; bei | a~ Hautausschlag, vor
Abscheu - Leben, vor dem(84)
Angst - Gesundheit; um die - eigene Gesundheit; um seine(57)
Delirium(233)
Empfindlich - Geräusche, gegen(149) | G~ Musik amel.(15)
Empfindlich - Musik, gegen(46)

Gemüt ...

Erregung - morgens(19) | E~ nachts(40) | E~ Menses - während(14)

Furcht - Tod; vor dem(143)

Gedächtnis - Gedächtnisschwäche(284)

Geistige Anstrengung - agg. - unmöglich(130)

Geschäft - Abneigung gegen(45)

Gesellschaft - Abneigung gegen(156)

Hysterie(194)

Lasziv, lüstern(77) | L~ Gemütsbewegung, mit heftiger

Menschenfeindlichkeit, Misanthropie(45)

Mürrisch(290)

Phantasien - lasziv(46)

Reizbarkeit(408)

Ruhelosigkeit(420) | R~ nachts(249) | R~ Koitus - nach(7)

Stöhnen - Migräne, mit

Streitsüchtig - beschuldigt andere aufgrund von Kleinigkeiten

Stumpfheit(332)

Traurigkeit(477) | T~ morgens(71) | m~ Erwachen - beim(21) | E~ nach(9)

Traurigkeit - nachmittags(37) | T~ abends(76) | T~ Gehen - amel.(2)

Traurigkeit - Menses - während(35) | T~ periodisch(10)

Verächtlich - sich selbst gegenüber(5)

Verweilt - vergangenen unangenehmen Ereignissen; bei(46)

Verwirrung, geistige(321)

Wahnideen - groß gewachsen - er oder sie sei groß gewachsen(7)

Weinen(244) | W~ nachmittags(9) | W~ Glockenläuten, beim(2) | W~ Musik; durch - Glockenläuten(2) | M~ Klaviermusik(3)

Zorn(243)

Träume

Erotisch(196)

Schrecklich(237)

– *Corallium rubrum* –

cor-r.

Gemüt

Auffahren, Zusammenfahren - Schlaf - während(163) | S~ durch(124) | S~ Einschlafen, beim(72)

Auffahren, Zusammenfahren - Träumen, in - aus einem Traum(35)

Beschimpfen, beleidigen, schmähen(67) | B~ Schmerzen; bei den

Betäubung - Wein, nach

Bewußtlosigkeit(280)

Delirium(233) | D~ nachts(67)

Fluchen(44) | F~ amel. | F~ Schmerzen, bei den

Furcht - Leiden, vor(12)

Hysterie(194)

Jammern(93)

Klagen(64)

Lachen(102)

Milde(80)

Mürrisch(290)

Reizbarkeit(408)

Ruhelosigkeit(420) | R~ nachts(249) | R~ Bett - Herumwerfen im(123)

Streitsüchtig(136) | S~ Schmerzen vor

Verleumden, Neigung zu(21)

Verwirrung, geistige - alkoholische Getränke, durch(8) | V~ berauscht - wie nach einem Rausch(35) | V~ Bier, durch(8)

Wahnideen - berauscht - sei, er(59)

Zorn(243)

Träume

Ängstlich(239)

Viele(260)

– *Corallorhiza odontorhiza* –

corh.

Gemüt

Ruhelosigkeit - Hitze - während(66)

– Coriaria myrtifolia –

cori-m.

Gemüt

Gesten, Gebärden; macht - konvulsivisch(24)

– Coriaria ruscifolia –

cori-r.

Gemüt

Albernes Benehmen - groteskes Benehmen(2)

Betäubung(237)

Bewußtlosigkeit(280) | B~ Konvulsionen - nach(12)

Delirium - berauscht, wie(6) | D~ manisch(47) | D~ rasend(84)

Delirium tremens(84)

Erregung(287)

Furcht - Leiden, vor(12) | F~ Schmerz - vor dem Schmerz(4)

Gedächtnis - Gedächtnisschwäche(284) | G~ Gedächtnisverlust - Koma, nach

Geisteskrankheit, Wahnsinn - Kraft, mit vermehrter körperlicher(8)

Klagen(64)

Lachen(102)

Manie(149)

Raserei, Tobsucht, Wut(95)

Reizbarkeit(408)

Staunen versetzt, in(2)

Stupor(138) | S~ Konvulsionen, nach den(4)

Verwirrung, geistige(321)

Wahnideen - geboren; fühlt sich wie von Neuem in die Welt hinein - Staunen überwältigt über das Neue seiner Umgebung; und ist vor

Träume

Ängstlich - Einschlafen, beim(11)

Viele(260)

– Cornus alternifolia –

corn-a.

Gemüt

Ruhelosigkeit(420)

– Cornus circinata –

corn.

Gemüt

Angst(362)

Betäubung(237)

Denken - Abneigung gegen(46)

Erschöpfung; geistige(217)

Faulheit(269)

Gedächtnis - Gedächtnisschwäche(284) | G~ gelesen hat; für das, was er(41)

Gedanken - wandernd(72)

Geistige Anstrengung - Abneigung gegen(150)

Gleichgültigkeit, Apathie(251) | G~ morgens(5) | G~ Angenehmes, gegen(10)

Heftig, vehement(100)

Ideen, Einfälle - Mangel an(102)

Konzentration - schwierig(261) | s~ Studieren(52)

Lesen - Abneigung gegen Lesen(25)

Mürrisch(290)

Reizbarkeit(408)

Ruhelosigkeit(420) | R~ nachts(249)

Seufzen(98)

Stumpfheit(332)

Stupor(138)

Traurigkeit(477)

Traurigkeit - Schläfrigkeit, bei(8)

Verdrießlich(10)

Vergeßlich(187)

Verwirrung, geistige(321) | V~ morgens(115) | m~ Aufstehen - und nach dem Aufstehen(37)

Verwirrung, geistige - abends(78) | V~ nachts(19) | V~ Bücken, beim(13)

Träume

Schrecklich(237) | S~ wecken ihn(8)

Unangenehm(87)

Wecken den Patienten(118)

– Cornus florida –
corn-f.

GEMÜT
Erschöpfung; geistige - Schläfrigkeit, bei Lesen - versteht das Gelesene nicht(3)

– Corticotropinum –
cortico.

GEMÜT
Albernes Benehmen(65)
Angst(362) | A~ allein, wenn(17)
Bewußtlosigkeit(280) | B~ Bücken, beim(3) | B~ Kopf - Beugen nach vorne; beim | B~ Traum, wie ein einem - weiß nicht, wo er ist(9)
Desorientiert in bezug auf alles
Erschöpfung; geistige(217)
Fehler; macht - Sprechen, beim(81) | *S~ Buchstabieren, beim*(23) | S~ Worte - falsche Worte; benutzt(53)
Furcht(242) | F~ Alter, vor dem eigenen
Gedächtnis - Gedächtnisschwäche(284) | G~ Eigennamen; für(44) | G~ tun wollte; für das, was er gerade(33)
Geistesabwesend(71)
Geistige Anstrengung - Verlangen nach - nachts - Mitternacht - nach - 4 h; nach
Gesellschaft - Abneigung gegen(156) | A~ allein, wenn - amel.(33)
Hochgefühl(97)
Katatonie(3)
Konzentration - schwierig(261)
Manie(149)
Reizbarkeit(408) | R~ allein - wenn(2)
Ruhelosigkeit - Arbeit, bei der(4)
Schizophrenie - katatonisch(9)
Schüchternheit, Zaghaftigkeit(113) | S~ Gesellschaft, in(6) | S~ schamhaft(58)
Schweigsam(209)
Sprache - stammelnd(10) | S~ zögernd(22)
Sprechen - Schlaf, im(93)
Stimmung, Laune - veränderlich(158) | S~ wechselnd, wechselhaft(80)
Stumpfheit(332)

GEMÜT ...
Tod - Gedanken an den Tod(54) | T~ wünscht sich den Tod, möchte sterben(72)
Traurigkeit(477)
Unbesonnen(82)
Unentschlossenheit(146)
Unternimmt - Vieles, hält aber bei nichts durch, bleibt nicht dabei(28)
Vergeßlich(187)
Verlassen zu sein; Gefühl(56) | V~ Isolation, Gefühl der(16)
Verwirrung, geistige(321)
Wahnideen(191) | W~ Mäuse - sieht(12) | W~ Visionen, hat(76)
Wille - Verlust der Willenskraft(34)

TRÄUME
Ängstlich(239)
Ereignisse - zukünftige(11)
Hellsichtig(12)
Hochgelegene Orte(8)
Krankheit - Verletzungen(12)
Prophetisch(11)
Reisen(48) | R~ Zug, mit dem(2)
Tod(64) | T~ Freundes, eines(9) | T~ Sterben - er stirbt(14)
Verletzungen(13) | V~ Maschinen, durch
Viele(260)

– Cortisonum –
cortiso.

GEMÜT
Argwöhnisch(105)
Empfindlich - Geräusche, gegen(149)
Erregung - abwechselnd mit - Traurigkeit(13) | a~ Unentschlossenheit
Euphorie(13) | E~ abwechselnd mit - Traurigkeit(7)
Gedächtnis - Gedächtnisschwäche(284)
Geisteskrankheit, Wahnsinn(153)
Geistige Anstrengung - agg.(141)
Hochgefühl(97)
Konzentration - schwierig(261)
Langsamkeit(68) | L~ Bus langsam; Gefühl als sei der

Gemüt ...
Reizbarkeit(408) | R~ Reise zu langsam geht; wenn die
Schweigsam(209)
Stimmung, Laune - wechselnd, wechselhaft(80)
Stumpfheit(332)
Tadelt - sich selbst(36)
Tod - Gedanken an den Tod(54)
Traurigkeit(477)
Vergeßlich(187)
Verwirrung, geistige(321)
Weinen(244) | W~ grundlos(30)
Zorn(243) | Z~ abwechselnd mit - Reue; mit schneller(7)

Träume
Viele(260)

– Cotyledon umbilicus –

cot.

Gemüt
Albernes Benehmen(65)
Angst(362)
Beschwerden durch - Erregung - Gefühle, der(87) | E~ unterdrückte
Bewußtlosigkeit - nachts - Erwachen, beim(7)
Erregung - Verlangen nach
Froh(182)
Gedächtnis - Gedächtnisschwäche(284) | G~ auszudrücken, sich(41) | G~ sagen will; für das, was er gerade(38)
Gesellschaft - Verlangen nach(83)
Hysterie(194)
Manipulierend(3)
Ruhelosigkeit - nachts - Mitternacht - vor(12)
Singen(59)
Sprache - undeutlich - Erwachen; beim
Stumpfheit(332)
Traurigkeit(477)
Unbesonnen - morgens beim Erwachen
Verwirrung, geistige(321) | V~ verläuft sich in bekannten Straßen(12) | V~ Verlorenheit; Gefühl der

Gemüt ...
Wahnideen - berauscht - sei, er(59) | W~ betrunken - sei betrunken, er(23) | W~ Körper - Teile - fehlen; Körperteile würden(2) | W~ Tränenausbruch; er bekommt einen | W~ verloren, sie sei | W~ Verstand - verlieren, verrückt werden; er werde seinen Verstand(5) | v~ Erwachen; beim
Wahnideen - weinen; er würde(2)
Wildheit - nachts beim Erwachen
Zerstreut(166)

Träume
Alpträume, Alpdrücken(144)

– Crataegus oxyacantha –

crat.

Gemüt
Beschwerden durch - Erregung - Gefühle, der(87)
Erregung(287) | E~ Herzsymptomen, mit | E~ Kopfschmerz - mit | E~ Schmerzen; bei den - Rückseite von Kopf und Hals
Erschöpfung; geistige(217) | E~ Herzversagen, mit
Reizbarkeit(408) | R~ Herzsymptomen, mit | R~ Kopfschmerzen, bei(61) | R~ Schmerzen; bei den - Rückseite von Kopf und Hals
Ruhelosigkeit - Herzsymptomen, mit | R~ Kopfschmerzen, bei(31) | K~ Hinterkopf und Hals; Schmerzen in
Still sein, seine Ruhe haben; möchte(21) | S~ Ruhe und Stille; verlangt nach(4) | R~ amel.
Stumpfheit(332)
Verzweiflung(137)

– Crocus sativus –

croc.

Gemüt
Abscheu - Arbeit, vor der(21)
Albernes Benehmen(65)
Alkoholismus(135)

GEMÜT …

Angst(362)

Auffahren, Zusammenfahren - Schlaf - während(163) | A~ Träumen, in - aus einem Traum(35)

Beeindrucken, empfänglich für Eindrücke; leicht zu(5)

Beißen(35) | B~ abends | B~ Konvulsionen; während der(4)

Beleidigt, leicht(79)

Beschäftigung - amel.(48)

Beschimpfen, beleidigen, schmähen(67)

Beschwerden durch - Freude, übermäßige(13) | B~ Zorn(94)

Betäubung(237) | B~ Schwindel - während(37)

Bewußtlosigkeit(280) | B~ morgens(45) | *B~ Aufstehen, beim*(6)

Boshaft(99)

Delirium(233) | D~ abends(10) | D~ ruhig(23)

Demenz(33)

Eigensinnig, starrköpfig, dickköpfig(107)

Ekstase(59)

Empfindlich(192) | E~ geistige Eindrücke; gegen(20) | E~ Geräusche, gegen - Musik amel.(15) | *E~ Musik, gegen*(46)

Entrüstung(22) | E~ abwechselnd mit - Lustigkeit(4)

Erregung(287) | E~ Menses - vor(11) | E~ Schwangerschaft, in der(7)

Erschöpfung; geistige(217)

Essen - weigert sich zu(26)

Extravaganz(16)

Faulheit(269) | F~ Schläfrigkeit, bei(29)

Fehler; macht - Schreiben, beim(83) | F~ Sprechen, beim(81) | F~ Zeit; in bezug auf die(34) | Z~ verwechselt - Gegenwart mit der Vergangenheit(6) | v~ Zukunft mit der Vergangenheit; die(4)

Freude(5)

Froh(182) | F~ nachts(17) | F~ abwechselnd mit - Traurigkeit(57) | *F~ Musik, durch*

Furcht(242) | F~ Tod; vor dem(143) | F~ Unheil; Furcht vor(115) | F~ zittrig(36)

Gedächtnis - gut, aktiv(91) | g~ Musik, für

GEMÜT …

Gedächtnis - Gedächtnisschwäche(284) | G~ Eigennamen; für(44) | G~ gesagt hat; für das, was er(29) | G~ Personen, für(23) | *G~ schreiben will; für das, was er gerade*(11)

Gedanken - Gedankenandrang, einstürmende Gedanken, Gedankenfluß(78) | G~ Vergehen, Schwinden der Gedanken(76)

Gefühllos, hartherzig(21)

Geistesabwesend(71)

Geisteskrankheit, Wahnsinn(153) | *G~ abwechselnd mit - körperliche Symptome*(7) | G~ benimmt sich wie ein Verrückter(8) | G~ froh, lustig(8) | G~ Gesicht - blassem, mit(5) | G~ mild(2) | G~ religiös(19)

Geistige Anstrengung - amel.(15)

Gemütssymptome - abwechselnd mit - körperliche Symptome(18)

Gesten, Gebärden; macht - lächerlich oder albern(19)

Gleichgültigkeit, Apathie(251) | G~ allem; gegenüber(71) | G~ Schläfrigkeit, bei(25) | G~ Vergnügen, gegen(46)

Grausamkeit, Unmenschlichkeit(30)

Hartherzig, unerbittlich(20) | H~ abwechselnd mit - Milde

Heftig, vehement(100) | H~ abwechselnd mit - Fröhlichkeit(3) | a~ Lachen(2) | a~ Milde

Heftig, vehement - Gewalttaten führt; Raserei, die zu(34)

Hochgefühl(97) | H~ abwechselnd mit - Traurigkeit(8)

Hypochondrie(116)

Hysterie(194) | H~ Mann; bei einem(2) | H~ Schlaflosigkeit, mit(5)

Ideen, Einfälle - Mangel an(102)

Imbezillität(140)

Indiskretion, Taktlosigkeit(30)

Kindisches Benehmen(52)

Konzentration - schwierig(261)

Küßt - jeden(9)

Kummer(76)

Lächeln - Schlaf, im(4)

Gemüt ...

Lachen(102) | L~ abwechselnd mit - liebevollem Wesen; mit | *a~ Weinen*(43)

Lachen - albern(16) | a~ Kindern bei jeder Gelegenheit; bei

Lachen - brüllend(2) | L~ kindisch(3) | L~ laut(8) | L~ sardonisch(26) | L~ Schlaf - während(15) | L~ spasmodisch(49) | *L~ unmäßig*(28) | L~ unpassend | L~ unwillkürlich(23)

Lasziv, lüstern(77)

Launenhaftigkeit, launisch(108) | L~ abends(9)

Leidenschaftlich(49)

Liebevoll, voller Zuneigung, herzlich(37)

Lustig, fröhlich(123) | L~ nachts(14) | L~ abwechselnd mit - Traurigkeit(14) | L~ Schlaf; im(10)

Manie(149) | M~ abwechselnd mit - Fröhlichkeit(3) | a~ Lustigkeit(3)

Manie - Raserei, mit(27)

Milde(80) | M~ abends

Mitgefühl, Mitleid(34)

Moralischem Empfinden; Mangel an(48)

Mürrisch(290) | M~ abwechselnd mit - Fröhlichkeit, Frohsinn(23) | a~ Lachen(2) | a~ Singen

Musik - amel.(15) | *M~ agg.*(40)

Nachgiebigkeit(21)

Nymphomanie(67)

Pfeifen(16)

Phantasien - lebhaft(31) | P~ übertrieben(114)

Possen, spielt(15)

Raserei, Tobsucht, Wut(95) | R~ abends(16) | R~ abwechselnd mit - Fröhlichkeit, Frohsinn(6) | a~ liebevollem Wesen; mit

Raserei, Tobsucht, Wut - anfallsweise(11) | R~ Beißen, mit(8) | R~ heftig(12) | R~ Kopfschmerzen, mit(10) | R~ Reue, gefolgt von(2)

Redseligkeit; Geschwätzigkeit(136) | R~ fröhlich, ausgelassen(9) | R~ Spaßen, mit(3) | R~ witzig, geistreich

Gemüt ...

Reizbarkeit(408) | R~ abwechselnd mit - Freude(5) | a~ Fröhlichkeit, Frohsinn(23) | a~ Lachen(3) | a~ Lustigkeit(6) | a~ Singen(2)

Reizbarkeit - nimmt alles übel, sieht alles von der schlechten Seite(7)

Religiös - Gemütsstörungen, religiöse(63) | R~ Mangel an religiösem Empfinden(12) | R~ Melancholie(21)

Reue(63) | R~ schnell; bereut(3)

Ruhelosigkeit(420) | R~ ängstlich(111) | R~ Menses - während(40)

Schlafwandeln(56)

Schreien(133) | S~ abwechselnd mit - Lachen(6) | S~ Schlaf, im(80)

Schüchternheit, Zaghaftigkeit(113)

Seelenruhe, Gelassenheit(85)

Seufzen(98)

Singen(59) | S~ nachts(5) | *S~ Schlaf, im*(8) | *S~ unwillkürlich*(6) | *u~ Hören eines einzelnen gesungenen Tones; beim*

Sinne - Vergehen, Schwinden der(51)

Sitzen - Neigung zu sitzen(110)

Spaßen(52) | S~ lächerlich oder albern(8)

Spontan, impulsiv(33)

Springen(15)

Stimmung, Laune - abweisend, zurückweisend(40) | S~ angenehm(9) | *S~ veränderlich*(158) | v~ abends(2) | v~ Schweiß, beim(5)

Stimmung, Laune - wechselnd, wechselhaft(80)

Streitsüchtig(136) | S~ abwechselnd mit - Fröhlichkeit(4) | a~ Lachen(4) | a~ Singen

Stumpfheit(332) | S~ Schläfrigkeit, bei(30)

Stupor(138) | S~ morgens(36)

Tanzen(33)

Tastet wie im Dunkeln umher(4)

Traurigkeit(477) | *T~ ängstlich*(32)

Traurigkeit - Menses - unterdrückt(20)

Umarmt - jeden(9) | j~ abwechselnd mit mürrischer Stimmung

Unbesonnen(82)

Ungestüm(31)

Vergeßlich(187)

Gemüt ...

Verlangen, Wunsch nach - voller Verlangen - unaussprechlichem Verlangen; voll von(3)

Verspielt(13)

Verwirrung, geistige(321) | V~ berauscht - wie nach einem Rausch(35) | V~ Essen - nach(52) | V~ Freien, im - amel.(30) | V~ Schreiben, beim(10) | V~ Trinken - nach(5)

Wahnideen(191) | W~ berauscht - sei, er(59) | s~ Zimmer, aber nicht im Freien; im

Wahnideen - betrunken - sei betrunken, er(23) | W~ Bilder, Phantome; sieht - schreckliche(60) | W~ Feuer - Visionen von(34) | W~ Gedanken - vergehen - würden; als ob die Gedanken plötzlich vergehen(2) | *W~ Geschäft unfähig zu; er sei* | W~ klein - Körper sei kleiner; der(14) | *W~ leicht - sei leicht, er*(26) | W~ Musik - glaubt Musik zu hören(13) | W~ Phantasiegebilde, Illusionen(115) | W~ religiös(17) | *W~ schwanger, sie sei*(14) | W~ sonderbar, merkwürdig - Vertrautes scheint fremd(38) | *W~ sterben - gleich sterben; glaubt, er würde*(57) | W~ Tiere - Abdomen, sind im(2)

Weinen(211) | *W~ agg.*(18) | W~ nachts(81) | W~ Schlaf, im(88) | W~ unwillkürlich(35)

Widerspenstig(66)

Widerwillen(39)

Wildheit(29) | W~ abends

Wille - Verlust der Willenskraft(34) | *W~ Willensschwäche*(58)

Witzig, geistreich(14)

Zerstreut(166)

Zorn(243) | *Z~ abends*(20) | Z~ abwechselnd mit - Fröhlichkeit, Frohsinn(15) | a~ Lachen(2) | a~ liebevollem Wesen; mit | a~ Reue; mit schneller(7) | *a~ Seelenruhe; Gelassenheit*(2) | a~ Singen

Zorn - heftig(72) | Z~ Kleinigkeiten, über(58) | *Z~ Lachen; Zorn mit* | Z~ plötzlich - abwechselnd mit - Fröhlichkeit(9)

Gemüt ...

Zorn - Tadel, durch - andere getadelt werden; wenn er hört, daß(4)

Zweifelt - Seelenheil, am(18)

Träume

Angenehm(136)

Ängstlich(239)

Ereignisse - zurückliegende, kurz(55) | *z~ Vortag, vom*(41)

Erfolglose Anstrengungen(20) | E~ erreichen; einen entfernten Ort zu(2) | E~ laufen, zu(2)

Erschöpfend(45)

Feuer(65)

Geschäft(40) | G~ Tage, vom(39)

Historisch(18)

Lachen(4)

Laufen - vergebliches(2)

Lebhaft(193)

Mühevoll, müht sich ab(6)

Schrecklich(237)

Schwierigkeiten(18)

Unerinnerlich, bleiben nicht im Gedächtnis(93)

Unglück(64)

Verworren(122)

Viele(260)

– *Crotalus cascavella* –

crot-c.

Gemüt

Angst(362)

Anstrengung - körperliche Anstrengung - Verlangen nach(9)

Antworten - einsilbig - Nein auf alle Fragen(6)

Auffahren, Zusammenfahren - Schlaf - während(163)

Bewußtlosigkeit(280)

Delirium(233)

Erschreckt leicht - nachts(11)

Furcht nachts(58) | **F~ allein zu sein**(51) | F~ hinter ihm; jemand sei(6) | F~ hochgelegenen Orten; vor(24) | *F~ Tod; vor dem*(143) | F~ Überqueren - Brücke oder eines Platzes; einer(5)

GEMÜT ...

Gedächtnis - Gedächtnisschwäche(284) | G ~ Rechtschreibung, für die(8)
Geisteskrankheit, Wahnsinn(153) | G ~ abwechselnd mit - Metrorrhagie
Gesellschaft - Verlangen nach(83)
Gesten, Gebärden; macht - Finger - spielt mit den Fingern(12)
Gleichgültigkeit, Apathie(251)
Hast, Eile(112)
Hellsehen(28)
Katalepsie(20)
Kindisches Benehmen(52)
Lachen - abwechselnd mit - Metrorrhagie | a ~ Stöhnen(6)
Lachen - albern(16)
Manie(149) | M ~ abends | *M ~ abwechselnd mit - Metrorrhagie*
Phantasien - übertrieben(114)
Qualvolle Angst(121)
Redseligkeit; Geschwätzigkeit(136)
Ruhelosigkeit(420) | *R ~ Trinken agg.*
Schreien(133) | S ~ Konvulsionen - vor(32)
Schweigsam(209)
Sprache - affektiert, manieriert, unnatürlich(22) | *S ~ verworren*(25)
Stöhnen(119) | *S ~ Schlaf, im*(62) | S ~ Schlaflosigkeit, mit
Stupor(138)
Suizidneigung; Neigung zum Selbstmord - stürzt sich - Fenster, aus dem(21)
Tod - Gedanken an den Tod(54) | *G ~ allein, wenn*
Traurigkeit(477)
Verwirrung, geistige(321)
Wahnideen(191) | *W ~ Ächzen - hört* | W ~ Augen - fallen aus | W ~ Bett - fallen - aus dem Bett zu fallen(4) | W ~ geht - hinter ihm gehen; jemand würde(7) | W ~ Gespenster, Geister, Gestalten - Tod erscheint als ein gigantisches schwarzes Skelet | W ~ Hören - Einbildung; etwas zu hören(44) | W ~ Menschen - hinter ihm; jemand sei(19) | M ~ unterhält sich mit abwesenden(13)

GEMÜT ...

Wahnideen - Phantasiegebilde, Illusionen(115) | W ~ Schritte, hört(4) | S ~ hinter ihm(2)
Wahnideen - Skelette, sieht(2) | *W ~ Stimmen - hört*(37) | h ~ folgen, er müsse(4)
Wahnideen - Visionen, hat(76)
Weinen(244) | W ~ kann nicht weinen, obwohl er traurig ist(13) | W ~ Schluchzen; Weinen mit(34)

TRÄUME

Beleuchtung
Gespenster(38)
Kämpfe(54)
Leichen(42)
Menschen - Parties(5)
Parties(5)
Pferde(18)
Särge(5)
Schrecklich(237)
Spinnen (Tiere)(4)
Tod(64)
Zorn(58)

– *Crotalus horridus* –

crot-h.

GEMÜT

Abneigung - Familienmitglieder; gegen(19) | A ~ Menschen; gegen - bestimmte; gegen(14)
Alkoholismus(135)
Angst(362) | A ~ Fieber - während(91) | *A ~ Gesicht - blassem Gesicht, mit*(3) | G ~ Schwitzen des Gesichtes, mit - kalt(3)
Angst - Ohnmacht - mit Ohnmacht; Angst(9) | *A ~ Schweiß - kaltem, mit*(12)
Antworten - zusammenhangslos(6)
Aphasie(53) | *A ~ Apoplexie - nach*(9)
Argwöhnisch(105)
Auffahren, Zusammenfahren - Schlaf - während(163)
Beschwerden durch - Erwartungsspannung(68) | B ~ Schreck(72)
Betäubung(237)

GEMÜT ...

Bewußtlosigkeit(280) | *B ~ Apoplexie, bei*(15) | *B ~ Fieber, im*(50) | B ~ Schwindel, bei(46) | B ~ unvollständig(15)

Delirium(233) | *D ~ nachts*(67) | D ~ besinnungslos, mit offenen Augen(13) | *D ~ Bett - flieht und springt plötzlich aus dem Bett auf*(36) | *D ~ brummt*(44) | *D ~ Fieber; im*(54) | D ~ Konvulsionen - während(12) | D ~ Kopfschmerz - während(16) | D ~ manisch(47) | *D ~ redselig*(33) | *D ~ Schläfrigkeit, bei*(14) | D ~ Schreien, mit(18) | D ~ Sepsis, durch(13) | *D ~ Stöhnen, mit*(2)

Delirium tremens(84) | *D ~ Gesicht; mit rotem, gedunsenem*(3)

Demenz(33) | *D ~ senilis, Dementia*(25)

Eigensinnig, starrköpfig, dickköpfig(107)

Ekstase(59) | E ~ morgens beim Erwachen | E ~ erhaben

Empfindlich(192) | E ~ bestimmte Personen, gegen(7) | E ~ Geräusche, gegen(149) | E ~ Lesen, gegen(4)

Erregung(287)

Faulheit(269)

Fehler; macht - Rechnen, beim(14) | F ~ Schreiben, beim(83) | *S ~ alten Menschen; bei*(2)

Fehler; macht - Sprechen, beim(81) | S ~ Buchstabieren, beim(23) | S ~ Worte - falsche Worte; benutzt(53) | W ~ stellt Worte an die falsche Stelle(46)

Fliehen, versucht zu(61) | *F ~ springt plötzlich aus dem Bett*(17)

Froh(182)

Furcht(242) | F ~ ernsten Gedanken, vor(2) | F ~ Medikamente - Auswählen der Arzneimittel, beim | F ~ Menschen, vor(81) | F ~ offenen Plätzen; Furcht vor(17) | *F ~ Traurigkeit, mit*(8) | F ~ Unheil; Furcht vor(115)

Gedächtnis - Gedächtnisschwäche(284) | G ~ auszudrücken, sich(41) | *G ~ Eigennamen; für*(44) | *G ~ Orte, für*(11) | *G ~ Personen, für*(23) | G ~ Termine, für das Datum; für(12) | G ~ Worte, für(61)

Gedanken - wandernd(72)

GEMÜT ...

Gehobene Stimmung - morgens - Erwachen; beim

Geisteskrankheit, Wahnsinn(153) | G ~ Alkoholikern; bei(22) | G ~ Frösteln, mit - Kälte der Haut; und | G ~ Puls, mit beschleunigtem(4) | G ~ Wochenbett, im(35)

Geistige Anstrengung - agg.(141) | a ~ unmöglich(130)

Gesellschaft - Verlangen nach(83)

Gleichgültigkeit, Apathie(251) | *G ~ Epilepsie, bei*(3)

Hysterie(194)

Imbezillität(140)

Klagen(64)

Lachen(102)

Langsamkeit - Bewegung, bei der(9)

Lebhaft, munter(50) | L ~ abwechselnd mit - Stumpfheit

Manie(149)

Mathematik - Unfähigkeit zur - rechnen; kann nicht(16)

Menschenfeindlichkeit, Misanthropie(45)

Murmeln(55) | *M ~ Apoplexie, bei*(3)

Mürrisch(290)

Qualvolle Angst(121)

Raserei, Tobsucht, Wut(95)

Redseligkeit; Geschwätzigkeit(136)

Reizbarkeit(408)

Ruhelosigkeit(420) | R ~ ängstlich(111) | R ~ Schläfrigkeit, bei(12) | R ~ treibt umher(41)

Schlafwandeln(56)

Schmutzig(17)

Schreien(133) | *S ~ Konvulsionen - während*(31) | K ~ epileptisch(21)

Schüchternheit, Zaghaftigkeit(113)

Sentimental, schwärmerisch, rührselig(64)

Sinne - Vergehen, Schwinden der(51)

Sprache - affektiert, manieriert, unnatürlich(22) | *S ~ unzusammenhängend*(65) | S ~ verworren(25) | S ~ wehleidig, klagend, jammernd | S ~ Wortschwall, gehaltloser(4)

Gemüt ...

Sprechen - sich selbst ; mit(31)
Stöhnen(119)
Streitsüchtig(136)
Stumpfheit(332) | S~ Schläfrigkeit, bei(30)
Stupor(138) | *S~ apoplektisch*(7) | S~ Fieber, im(21)
Suizidneigung; Neigung zum Selbstmord(98) | S~ stürzt sich - Tiefe, in die(24)
Tod - Gedanken an den Tod(54)
Tollwut, Hydrophobie(46)
Torpor(26)
Traurigkeit(477) | T~ Diarrhoe, bei(7) | T~ Kopfschmerzen, bei(30)
Unentschlossenheit(146)
Vergeßlich(187) | *V~ alten Menschen, bei*(12) | *V~ Straßen, vergißt bekannte*(7) | V~ Worte beim Sprechen; vergißt(52)
Verwirrung, geistige(321) | V~ morgens(115)
Verzweiflung(137)
Wahnideen(191) | *W~ Bilder, Phantome; sieht*(76) | B~ nachts(40)
Wahnideen - Feind - umgeben von Feinden(5) | W~ Gehirn - berauscht; das Gehirn sei - Blut; durch zersetztes | W~ Körper - lebendig - halb lebendig, nur | W~ Menschen - hinter ihm; jemand sei(19) | W~ Reise; er befinde sich auf einer(12) | W~ Stimmen - hört(37) | *W~ Tiere*(42) | *T~ schreckliche*(6)
Wahnideen - verfolgt - Feinden, von(30)
Weinen(244) | *W~ Lesen, beim*(2)
Zerstreut(166)
Zorn(243) | *Z~ leicht*(37)

Träume

Ängstlich(239)
Friedhof(2)
Leichen(42) | L~ Leichengeruch(2)
Mord(53)
Pferde - ertrinken
Reisen(48)
Schrecklich(237)
Streitigkeiten(69) | S~ Vater, mit seinem
Tod(64)
Vater(6)
Verstorbenen, von(84)

Gemüt ...

Zorn(58)

– *Croton tiglium* –

crot-t.

Gemüt

Angst(362) | A~ nachmittags(32) | *A~ Freien, im - amel.*(23) | A~ Stuhlgang - vor(24) | S~ nach(17)
Antworten - unzusammenhängend(13)
Argwöhnisch - Einsamkeit; Verlangen nach(2)
Betäubung(237)
Faulheit(269) | F~ Traurigkeit, durch(8)
Furcht - Diarrhoe - Furcht, mit(4) | F~ geschehen; etwas werde(82) | F~ Menschen, vor(81) | F~ Unglück, vor(93)
Gedächtnis - Gedächtnisschwäche(284)
Gedanken - sich - kann daneben an nichts anderes denken
Geisteskrankheit, Wahnsinn - starrende Augen(4)
Hysterie(194)
Mürrisch(290) | M~ Schmerzen, nach(4)
Reizbarkeit(408)
Ruhelosigkeit(420) | R~ nachts(249) | R~ Bett - Herumwerfen im(123)
Schweigsam(209)
Selbstsucht, Egoismus(32)
Stumpfheit(332)
Tanzen(33)
Traurigkeit(477) | T~ ängstlich(32) | T~ arbeitsscheuen Personen; bei(9)
Unbehagen - Essen, nach dem - Mittagessen, nach dem(4)
Unzufrieden(168)
Verwirrung, geistige(321) | V~ nachmittags(33) | V~ nachts(19) | V~ Bier, durch(8) | V~ Brot - agg. | V~ Freien, im(12)
Verzweiflung(137)
Wahnideen - denken - kann nicht denken; sie - außerhalb von sich | W~ Wolken - Kopf sei durch eine Wolke benommen
Zeit - vergeudet seine Zeit(11)

Gemüt ...
Zorn(243)

Träume
Alpträume, Alpdrücken(144)
Ängstlich(239)
Ereignisse(3) | E~ zurückliegende, kurz(55)
Sorgen, voller(21)
Traurig(46)
Unzusammenhängend, zusammenhanglos(24)
Viele(260)

– Cryptopinum –
cryp.

Gemüt
Erregung(287)

– Cubeba officinalis –
cub.

Gemüt
Angst(362) | A~ Erwachen, beim(86) | A~ Gesundheit; um die
Auffahren, Zusammenfahren - Geräusche, durch(60)
Beißen(35)
Beschimpfen, beleidigen, schmähen(67)
Erregung(287) | E~ fiebrig(11)
Erschöpfung; geistige(217)
Exzentrizität, Überspanntheit(54)
Gedächtnis - gut, aktiv(91) | G~ Gedächtnisschwäche(284)
Hochgefühl(97)
Neid(22)
Niederträchtig(11)
Reizbarkeit(408)
Ruhelosigkeit(420) | R~ Hitze - während(66)
Schamlos(29)
Schlagen(42)
Sprache - unzusammenhängend(65) | u~ Schlaf - im(5)
Unanständig, unzüchtig(21) | U~ Sprache, anstößige(12)
Unentschlossenheit(146)
Ungeduld(131)

Gemüt ...
Unglücklich, bedauernswert; fühlt sich(29)
Unzüchtig, obszön(34) | U~ Sprechen(14)
Wahnideen - glücklos, er sei(11)

– Culex musca –
culx.

Gemüt
Angst(362)
Faulheit(269)
Furcht - Tod; vor dem(143)
Gedächtnis - Gedächtnisschwäche(284)
Ruhelosigkeit(420) | R~ Gehen, beim - amel.(6)
Streitsüchtig(136)
Ungeduld(131)
Unterbrechnung - agg. Gemütssymptome(4)
Wahnideen - vergiftet - er - worden; er sei(16)

Träume
Kämpfe(54)
Streitigkeiten(69)
Verstorbenen, von(84)
Viele(260)

– Cundurango –
cund.

Gemüt
Traurigkeit(477)
Verwirrung, geistige(321)
Wahnideen - Schlangen - in ihr und um sie herum(19)

Träume
Viele(260)

– Cuprum aceticum –
cupr-act.

Gemüt
Angst(362) | A~ nachts(119) | *A~ anfallsweise*(13) | A~ Bett - im Bett(49) | *i~ Herumwerfen, mit*(7)

Gemüt ...

Angst - geistige Anstrengung; durch(20)
Antworten - langsam(35)
Außer sich; ist(51)
Beißen(35)
Beschimpfen, beleidigen, schmähen(67)
Beschwerden durch - geistige Anstrengung(59)
Betäubung(237)
Bewußtlosigkeit(280) | B~ Apoplexie, bei(15) | *B~ Scharlach, bei*(8)
Delirium(233) | *D~ Hause gehen, möchte nach*(2) | D~ rasend(84) | D~ ruhig(23) | D~ Schlaf - während(26) | *D~ Schreien, mit*(18)
Demenz - Epileptikern, von(12)
Empfindlich - Mangel an Empfindlichkeit(20)
Erregung - agg.(41)
Erschöpfung; geistige(217)
Erschreckt leicht(125)
Exzentrizität, Überspanntheit(54) | *E~ Chorea mit*(3)
Fliehen, versucht zu - Erwachen, beim
Furcht(242) | *F~ fallen, zu stürzen; zu - Kind hält sich an der Mutter fest; das*(2) | *F~ Feuer - Dinge würden Feuer fangen*(3) | F~ Gesellschaft, vor(5) | *F~ Näherkommen, Annäherung von; vor - anderen, von*(28) | F~ Verletzung - selbst verletzt zu werden(9)
Gedächtnis - Gedächtnisschwäche(284)
Gedanken - zusammenhangslos(30)
Geisteskrankheit, Wahnsinn - Puls, mit beschleunigtem(4) | *G~ Wochenbett, im*(35)
Geistige Anstrengung - agg.(141)
Hause, zu - Verlangen, nach Hause zu gehen(18) | *V~ auszugehen; und wenn er daheim ist*(2)
Jammern(93)
Krächzt - Frösche, wie(2)
Manie(149)
Mürrisch(290) | M~ Keuchhusten, bei (siehe 3Husten)(2)
Qualvolle Angst(121)
Reizbarkeit(408) | *R~ Husten, durch - Keuchhusten, bei*(2)

Gemüt ...

Ruhelosigkeit(420)
Schreien(133) | *S~ Chorea, bei*(5) | *S~ Cri encéphalique*(29) | *S~ Schlaf, im*(80)
Sprache - delirös(12) | S~ flüssig, gewandt(6) | *S~ unzusammenhängend - Schweiß, endet in* | S~ verzerrt
Springen - Bett; aus dem(41) | *B~ Manie, bei*(2)
Spucken - Gesicht; Menschen ins(14)
Stöhnen(119) | *S~ Husten, beim - Keuchhusten, bei*
Stupor - Scharlach, bei(8)
Tod - Gewißheit des (eigenen) Todes(11)
Traurigkeit(477)
Verzweiflung(137)
Wahnideen(191) | *W~ Diebe - Haus, im*(9) | D~ sieht(21)
Wahnideen - Gegenstände; über - eingebildete Gegenstände(3) | W~ Gemüse - grünes Gemüse verkaufen; er würde(2) | *W~ Gespenster, Geister, Gestalten - sieht*(55) | W~ Offizier; er sei ein(5) | *W~ Stimmen - hört*(37) | W~ Stuhl - reparieren; er würde alte Stühle(2)
Weinen(244) | *W~ Kind, wie ein*(2) | *W~ Verzweiflung, aus*(5)

Träume

Ängstlich(239)
Verworren(122)
Viele(260)

– Cuprum ammoniae sulphuricum –

cupr-am-s.

Gemüt

Ekstase(59)

– Cuprum arsenicosum –

cupr-ar.

Gemüt

Alkoholismus(135)
Angst(362) | A~ nachts(119)
Betäubung(237)

Gemüt ...

Bewußtlosigkeit - unvollständig(15)
Delirium(233)
Erregung(287) | E ~ nachts(40)
Exzentrizität, Überspanntheit(54)
Furcht(242)
Läuft umher(24)
Reizbarkeit(408)
Ruhelosigkeit(420)
Schreien(133)
Stumpfheit(332)
Traurigkeit(477)
Verwirrung, geistige(321) | *V ~ Schwindel, mit*(5)

– Cuprum metallicum –

cupr.

Gemüt

Abneigung - allem, gegenüber(39)
Albernes Benehmen(65)
Angst(362) | A ~ nachmittags(32) | A ~ Anfälle - mit Anfällen(10) | A ~ anfallsweise(13) | A ~ Entbindung; während der | *A ~ Furcht, mit*(110) | A ~ Gehen - langsam - amel. | A ~ geistige Anstrengung; durch(20) | *A ~ Gesicht - rotem Gesicht, mit*(4) | A ~ Gewissensangst(75) | *A ~ Husten - vor*(4) | *H ~ Keuchhusten vor*
Angst - hypochondrisch(52) | A ~ Konvulsionen - zwischen - epileptischen(2) | *A ~ Kopf - Blutandrang zum; mit*(7) | *K ~ Hitze des Kopfes; mit*(6)
Angst - Lachen und Weinen vor Angst enden in reichlichem Schweiß | A ~ Nachtwachen, durch(6) | A ~ Schmerzen, durch die - Abdomen(4) | *A ~ Schreck - nach*(12) | A ~ Zukunft(108)
Antworten - Abneigung zu antworten(67) | *A ~ denkt lange nach*(10) | A ~ langsam(35) | A ~ unzusammenhängend(13)
Aphasie(53) | A ~ Furcht, nach(2)
Argwöhnisch(105)
Auffahren, Zusammenfahren(117) | A ~ ängstlich(8) | *A ~ Schlaf - während*(163)

Gemüt ...

Außer sich; ist(51)
Beißen(35) | B ~ Delirium, im(6) | *B ~ Konvulsionen; während der*(4) | B ~ Löffel; beißt in den(9)
Bellen - brüllend(4)
Berührt zu werden; Abneigung(46)
Beschäftigung - amel.(48)
Beschwerden durch - Erregung - Gefühle, der(87) | B ~ Furcht(27) | **B ~ geistige Anstrengung**(59) | B ~ schlechte Nachrichten(34) | *B ~ Schreck*(72) | B ~ Zorn(94) | *Z ~ Angst, mit*(30) | Z ~ Schreck; mit(22)
Betäubung(237) | **B ~ Hautausschläge; durch unterdrückte**
Bett - Abneigung gegen das Bett, meidet es(18)
Bewußtlosigkeit(280) | B ~ Apoplexie, bei(15) | B ~ Augen - starren, stieren; mit(8) | *B ~ Gliederzucken, mit*(6) | B ~ Menses - nach(4) | B ~ unvollständig(15)
Boshaft(99) | B ~ Lachen(2)
Brütet, grübelt - Ecke; sitzt stumpfsinnig oder brütend in einer(11)
Delirium(233) | D ~ abends(10) | a ~ Dunkelheit, in der(2)
Delirium - ängstlich(24) | D ~ Beißen, Verlangen zu(6) | *D ~ Bett - flieht und springt plötzlich aus dem Bett auf*(36) | D ~ Blick auf einen Punkt fixiert(10) | D ~ blökt wie ein Kalb | *D ~ Dunkelheit, in der*(4) | D ~ Feuer, spricht von(2) | *D ~ heftig*(26) | D ~ Kollaps, mit(2) | D ~ Konvulsionen - während(12) | D ~ Lachen(20) | *D ~ manisch*(47) | *D ~ rasend*(84) | *D ~ redselig*(33) | D ~ ruhig(23) | D ~ Schlaf - während(26) | D ~ Schreien, mit(18) | D ~ wild(21)
Demenz - Epileptikern, von(12) | D ~ paralytica, Dementia(18)
Demut(2)
Destruktivität, Zerstörungswut(41)
Diktatorisch, herrschsüchtig, dogmatisch, despotisch(25) | D ~ spricht in Befehlston(4)
Dunkelheit - agg.(27)

GEMÜT ...

Eigensinnig, starrköpfig, dickköpfig - abwechselnd mit - Milde

Ekstase(59)

Empfindlich(192) | E~ Mangel an Empfindlichkeit(20) | E~ Musik, gegen(46) | E~ Schmerz, gegen(31)

Entmutigt(135)

Entwicklungsstillstand bei Kindern(9)

Erkennt - nicht; erkennt - Verwandten nicht; erkennt seine eigenen(28)

Ernst(77)

Erregung(287) | E~ schlechten Nachrichten, nach(18)

Erschöpfung; geistige(217) | **E~ Schlaflosigkeit, mit**(7)

Erschreckt leicht(125)

Erwartungsspannung - Prüfungen, vor(10)

Exzentrizität, Überspanntheit(54) | *E~ Chorea mit*(3)

Fäzes - setzt Fäzes auf den Boden ab(3)

Faulheit(269)

Fehler; macht - Sprechen, beim(81) | S~ Worte - falsche Worte; benutzt(53)

Feigheit(89)

Fliehen, versucht zu(61) | F~ springt plötzlich aus dem Bett(17) | *F~ wegzulaufen, um*(16)

Froh(182) | F~ abends(42) | F~ nachts(17) | F~ abwechselnd mit - Traurigkeit(57)

Furcht(242) | *F~ abends*(51) | F~ Abwärtsbewegung, vor(10) | F~ auftreten, sonst würde er sich verletzen; er muß leicht | F~ berührt zu werden(38) | F~ Bett - vor dem(20) | *F~ Dunkelheit, vor der*(40) | F~ Erwachen, beim(54) | *F~ fallen, zu stürzen; zu*(28) | F~ Feuer - Dinge würden Feuer fangen(3) | F~ fliehen; mit Verlangen zu(9) | *F~ Fremden; vor*(10) | F~ Geisteskrankheit(74) | F~ Gesellschaft, vor(5) | F~ hochgelegenen Orten; vor(24) | F~ Menschen, vor(81) | M~ Kindern; bei - Fieber, im

GEMÜT ...

Furcht - Näherkommen, Annäherung von; vor - anderen, von(28) | a~ Delirium, im(3) | *a~ Kinder können es nicht ertragen, daß ihnen jemand nahe kommt*(3)

Furcht - Tod; vor dem(143) | T~ drohendem Tod, vor(17)

Furcht - Unfällen, vor(11) | F~ Unglück, vor(93) | F~ Unheil; Furcht vor(115) | F~ voller Furcht(12) | F~ Wasser, vor(33) | F~ zittrig(36)

Gedächtnis - gut, aktiv(91) | *G~ Gedächtnisschwäche*(284) | G~ Worte, für(61)

Gedächtnis - verwirrt, Gedächtnisverwirrung(8)

Gedanken - hartnäckig(83) | G~ Vergehen, Schwinden der Gedanken(76) | G~ wandernd(72)

Gedanken versunken, in(90)

Geisteskrankheit, Wahnsinn(153) | G~ Angst, mit(7) | *G~ Blutung, nach*(8) | *G~ boshaft, bösartig*(7) | G~ fliehen, Verlangen zu(8) | G~ froh, lustig(8) | G~ Größenwahn(14) | G~ Konvulsionen, mit(5) | G~ Mutwilligkeit, Ausgelassenheit; mit(7) | G~ Puls, mit beschleunigtem(4) | G~ Schweiß - Anfälle von Geisteskrankheit gefolgt von Schweiß | *G~ Wochenbett, im*(35)

Geistige Anstrengung - agg.(141)

Gesellschaft - Abneigung gegen(156) | *A~ Anblick von Menschen; vermeidet den*(15)

Gesten, Gebärden; macht - lächerlich oder albern(19)

Gleichgültigkeit, Apathie(251)

Grimassen(15) | G~ sonderbare Gesichter; schneidet(6)

Hämorrhoiden; Gemütssymptome nach unterdrückten(18)

Haß(28) | H~ Rachsucht; Haß und(32)

Hast, Eile - Essen - beim(23)

Hause, zu - Verlangen, nach Hause zu gehen(18)

Hautausschlägen; Gemütssymptome nach unterdrückten(18)

Gemüt ...

Heftig, vehement(100) | H~ Gewalttaten führt; Raserei, die zu(34)

Heulen(30)

Hinterhältig, hinterlistig, falsch, verschlagen(32)

Hochgefühl(97)

Hochmütig, arrogant(53)

Hypochondrie(116)

Hysterie(194) | H~ Menses - vor(16) | M~ während(27) | M~ nach(3)

Hysterie - Ohnmacht, hysterische(22)

Ideen, Einfälle - Mangel an(102)

Imbezillität(140)

Jammern(93)

Konzentration - schwierig(261)

Krächzt(2) | K~ Frösche, wie(2)

Lachen(102) | L~ abends(6) | *L~ Angst - nach* | *L~ Konvulsionen - durch Lachen*(2) | *L~ Schweiß; endet in reichlichem* | L~ spasmodisch(49) | *L~ Überarbeitung, nach* | L~ unmäßig(28)

Läuft umher(24)

Langeweile(53)

Langsamkeit(68)

Lästig, geht auf die Nerven(79)

Lebhaft, munter(50)

Lustig, fröhlich(123) | L~ abends(29)

Magnetisiert - amel.(20)

Manie(149) | M~ Raserei, mit(27)

Menschenfeindlichkeit, Misanthropie(45)

Menses - vor; Gemütssymptome(18)

Milde(80)

Mürrisch(290)

Mutwillig, boshaft(24)

Nachahmung, Imitation(8)

Pflicht - zu viel Pflichtgefühl(3)

Phantasien - übertrieben(114) | P~ versunken in(9)

Possen, spielt(15) | P~ abwechselnd mit - Weinen(2) | P~ Delirium, im(8)

Qualvolle Angst(121) | Q~ nachmittags(7)

Raserei, Tobsucht, Wut(95) | *R~ anfallsweise*(11) | R~ Beißen, mit(8) | R~ boshaft, bösartig(9)

Gemüt ...

Raserei, Tobsucht, Wut - Epilepsie - mit Epilepsie; Raserei(6) | R~ heftig(12) | R~ Wasser, beim Anblick von(7)

Redseligkeit; Geschwätzigkeit(136) | *R~ erregt*(4) | R~ Schlaf, im(4) | R~ Schweiß, beim(8)

Reizbarkeit(408) | R~ morgens - Erwachen, beim(43) | R~ Erwachen, beim(56) | R~ Kindern, bei(29)

Reue(63)

Ruhelosigkeit(420) | *R~ nachts*(249) | *R~ ängstlich*(111) | **R~ Bett - Herumwerfen im**(123) | *R~ treibt umher*(41)

Schamlos(29)

Schlagen(42) | S~ eingebildete Objekte ein; schlägt um sich auf(14) | S~ Konvulsionen, nach den | S~ Raserei; mit(3)

Schreien(133) | S~ Cri encéphalique(29) | S~ Kindern, bei(38) | **S~ Konvulsionen - vor**(32) | *K~ während*(31) | *K~ epileptisch*(21)

Schreien - Krämpfe, während der | K~ Abdomen; im(5)

Schreien - Menses - während(3) | S~ Raserei; während der(11) | S~ Schmerzen, bei den(25)

Schüchternheit, Zaghaftigkeit(113) | S~ Öffentlichkeit; beim Auftreten in der - sprechen; in der Öffentlichkeit zu(6) | *S~ schamhaft*(58)

Schwangerschaft; Gemütsbeschwerden während der(17)

Schweigsam(209)

Sentimental, schwärmerisch, rührselig(64)

Seufzen(98) | S~ Schweiß, beim(16)

Singen(59)

Sinne - scharf(52) | S~ Vergehen, Schwinden der(51)

Sitzen - Neigung zu sitzen(110)

Spaßen(52)

Spontan, impulsiv(33)

Sprache - langsam(59) | S~ schrille Stimme(3) | S~ Schwatzen(17) | S~ undeutlich(24) | S~ unsinnig(29) | S~ unzusammenhängend(65)

Gemüt ...

Sprechen - Schlaf, im(93) | S ~ schweift von einem Thema zum anderen(47)

Springen - Bett; aus dem(41)

Spucken(32) | *S ~ Gesicht; Menschen ins*(14)

Stimmung, Laune - veränderlich(158) | S ~ wechselnd, wechselhaft(80)

Stöhnen(119) | S ~ nachts(10) | S ~ Fieberfrost, im(6) | S ~ Schlaf, im(62) | S ~ Schweiß, beim(10)

Streitsüchtig(136) | S ~ Schlaf, im(9)

Stumpfheit(332) | *S ~ Schläfrigkeit, bei*(30)

Stupor(138) | *S ~ Gliederzucken, mit*(5)

Tod - Agonie vor dem Tod(15) | T ~ Gedanken an den Tod(54) | T ~ Vorahnung des Todes(62)

Tollwut, Hydrophobie(46)

Torpor(26)

Töten, Verlangen zu(32)

Traum; wie in einem(69)

Traurigkeit(477) | T ~ ängstlich(32) | T ~ Freien, im(12) | T ~ Frost - während(37) | *T ~ Gehen - Freien, im*(14) | G ~ stillstehen oder sich hinsetzen; muß

Traurigkeit - Gesellschaft - Abneigung gegen Gesellschaft, Verlangen nach Einsamkeit(11)

Unbesonnen(82)

Unentschlossenheit(146)

Unverschämtheit(33)

Unzufrieden(168) | U ~ allem; mit(66)

Vergeßlich(187) | *V ~ Schreck, nach*

Verstecken - sich(18) | s ~ Furcht, aufgrund von(3)

Verwirrung, geistige(321) | V ~ berauscht - wie(47) | V ~ Traum; wie in einem(27)

Verzweiflung(137) | V ~ Fieberfrost, im(20) | V ~ Tod - Furcht vor dem Tode; mit(2)

Vorsichtig(17)

Wahnideen(191) | W ~ auftreten - leicht auftreten, um seine Begleiter nicht zu verletzen oder zu stören; er müsse | W ~ Befehlshaber zu sein; ein(2) | W ~ beschäftigt - Tätigkeit; mit einer(12) | W ~ Bilder, Phantome; sieht(76) | B ~ nachts(40) | B ~ Schließen der Augen; beim - Bett, im(5)

Gemüt ...

Wahnideen - Diebe - sieht(21) | W ~ eingesperrt werden; er solle(10) | W ~ Fallen - er würde(29) | F ~ vorne, nach - würde nach vorne fallen; sie - drehen; als würde es sich im Kopf

Wahnideen - geisteskrank - werden; er würde geisteskrank(43) | W ~ Gemüse - grünes Gemüse verkaufen; er würde(2) | W ~ General; er sei ein | W ~ Geschäft - machen; er würde Geschäfte(7) | *W ~ Gesichter, sieht*(26) | G ~ verzerrte - Hinlegen am Tage; beim(4)

Wahnideen - Gespenster, Geister, Gestalten - sieht(55) | W ~ Gestalten - sieht(33) | W ~ hochgestellte Persönlichkeit; er sei eine(13) | W ~ Körper - zerbrechlich; er sei(7) | W ~ Kopf - fallen; der Kopf würde - vorne, nach(2) | W ~ Kräuter, sammelt(2) | *W ~ Offizier; er sei ein*(5) | W ~ Phantasiegebilde, Illusionen(115) | W ~ Rang; er sei eine Person von(3) | W ~ sterben - gleich sterben; glaubt, er würde(57) | W ~ Stuhl - reparieren; er würde alte Stühle(2) | W ~ Teufel - sieht(19) | W ~ Unglück - nähern; als würde sich ein Unglück | W ~ verfolgt - Feinden, von(30) | *v ~ Polizei, von der*(10)

Wahnideen - versinken, er würde(21) | W ~ Visionen, hat - abends(9) | V ~ Schließen der Augen; beim(29)

Weinen(244) | *W ~ agg.*(18) | W ~ Fieberhitze, in der(25) | **W ~ Gemütsbewegungen; nach geringen**(9) | **W ~ KONVULSIONEN - WÄHREND**(27) | **w ~ epileptisch**(4)

Weinen - krampfhaft, spasmodisch(16) | W ~ Reden; beim Halten von | W ~ Schluchzen; Weinen mit(34) | **W ~ Schweiß, beim**(25) | **W ~ unwillkürlich**(35) | **u ~ Gespräches, während eines**

Weinen - Wimmern, Winseln(27)

Wichtigtuerisch, pompös(7)

Widerspruch - Neigung zu widersprechen(38)

Gemüt ...
Wildheit(29)
Zerreißt - Dinge im allgemeinen(21)
Zerstreut(166)
Ziehen - Haaren; an den - Verlangen zu ziehen - ihrem eigenen Haar; an(9) | V~ jemanden an den Haaren(11)

Träume
Ängstlich(239)
Viele(260)
Wecken den Patienten(118)

– Cuprum sulphuricum –

cupr-s.

Gemüt
Angst(362)
Bewußtlosigkeit(280)
Gleichgültigkeit, Apathie(251)
Manie - wild - Blick, mit wildem
Reizbarkeit(408)
Ruhelosigkeit(420) | R~ nachts(249)
Still sein, seine Ruhe haben; möchte(21)

– Curare –

cur.

Gemüt
Angesprochen zu werden - Abneigung(63)
Angst(362)
Auffahren, Zusammenfahren(117) | A~ Schlaf - während(163)
Beißen(35)
Betäubung(237)
Bewußtlosigkeit - Bewegungen, automatische(26) | B~ Coma vigile(5)
Delirium - Coma vigile, mit(6) | D~ Erwachen, beim(20)
Destruktivität, Zerstörungswut(41)
Ekstase(59) | E~ nachts
Furcht - fallen, zu stürzen; zu(28) | F~ Tod; vor dem(143)
Geisteskrankheit, Wahnsinn(153)
Gesellschaft - Abneigung gegen(156) | A~ Anblick von Menschen; vermeidet den(15) | A~ verschließt sich
Grausamkeit, Unmenschlichkeit(30)
Hast, Eile(112)
Hypochondrie - Menses - während
Jagt - Personen; eingebildete
Katalepsie(20)
Kleptomanie(27)
Langeweile(53)
Menschenfeindlichkeit, Misanthropie(45)
Moralischem Empfinden; Mangel an(48)
Neid(22)
Niederträchtig(11)
Reisen - Verlangen nach(28)
Ruhelosigkeit(420) | R~ Bett - Herumwerfen im(123)
Schlafwandeln(56)
Schlagen(42) | S~ Kindern; bei(5) | S~ sich; schlägt(8)
Seufzen(98)
Stumpfheit - Erwachen, beim(41)
Suizidneigung; Neigung zum Selbstmord(98)
Tollwut, Hydrophobie(46)
Töten, Verlangen zu(32)
Traurigkeit(477)
Traurigkeit - Menses - während(35)
Unentschlossenheit(146) | *U~ Schwäche, bei nervöser*
Verlangen, Wunsch nach - voller Verlangen - Vornehmheit, Größe; nach(3)
Verwirrung, geistige(321)
Verzweiflung(137)
Wahnideen - berauscht - sei, er(59) | W~ Bilder, Phantome; sieht - nachts(40) | W~ faulig, alles scheint | W~ schmutzig - alles sei | W~ wecken - jemand würde versuchen ihn zu wekken
Weinen(244) | W~ Schlaf, im(88)
Zorn(243)

Träume
Ereignisse - zurückliegende, kurz - Vortag, vom(41)
Feuer(65)
Geschäft(40) | G~ Tage, vom(39)

– *Cyclamen europaeum* –

cycl.

Gemüt

Aktivität; Verlangen nach - abwechselnd mit - Stumpfheit

Angst(362) | A~ nachts(119) | A~ Fieber - während(91) | A~ Frost - während(31) | A~ Gewissensangst(75) | A~ Kopf - Blutandrang zum; mit(7) | A~ Schlaf - während(42) | A~ Zukunft(108)

Antworten - unzusammenhängend(13)

Auffahren, Zusammenfahren - Schlaf - während(163) | S~ durch(124)

Auszugehen, Abneigung(7)

Beleidigt, leicht(79)

Beschäftigung - amel.(48)

Beschwerden durch - Freude, übermäßige(13) | B~ Kummer(65)

Betäubung(237)

Bewußtlosigkeit(280) | B~ geistige Empfindungslosigkeit(13) | B~ Lesen, durch(4)

Boshaft(99)

Brütet, grübelt(41) | B~ Kummer; über - eingebildeten Kummer; über | B~ Probleme - eingebildete Probleme nach; über(5)

Eigensinnig, starrköpfig, dickköpfig(107)

Empfindlich - Mangel an Empfindlichkeit(20)

Ernst(77)

Erregung(287)

Exzentrizität, Überspanntheit(54)

Faulheit(269) | F~ Amenorrhoe, bei | F~ körperlich(23)

Fehler; macht - Sprechen, beim(81) | S~ Worte - dreht Worte um(9) | W~ stellt Worte an die falsche Stelle(46)

Fleißig, arbeitsam, Arbeitswut(101)

Froh(182) | F~ abends(42) | F~ abwechselnd mit - Ernst(4)

Furcht(242) | F~ Blitz, vor(7) | F~ Luft - Freien im(4) | *F~ Tod; vor dem*(143) | F~ Unglück, vor(93) | U~ Fieberhitze, in der(2) | U~ Frösteln, beim

Furcht - Unheil; Furcht vor(115)

Gemüt ...

Gedächtnis - gut, aktiv(91) | g~ abwechselnd mit - Gedächtnisschwäche(3)

Gedächtnis - Gedächtnisschwäche(284) | G~ geistige Anstrengungen; für(26)

Gedanken - Gedankenandrang, einstürmende Gedanken, Gedankenfluß(78) | G~ tiefschürfend(8) | t~ Zukunft, über seine(2)

Gedanken - überlegt(54) | G~ Zukunft, vor der(6)

Gedanken versunken, in(90)

Geistesabwesend(71)

Geisteskrankheit, Wahnsinn(153) | G~ Menopause, in der(11)

Geistige Anstrengung - agg. - unmöglich(130) | G~ Abneigung gegen(150)

Gesellschaft - Abneigung gegen(156) | A~ allein, wenn - amel.(33) | *A~ Weinen - agg.; Weinen*

Gewissenhaft, peinlich genau in bezug auf Kleinigkeiten(58)

Gleichgültigkeit, Apathie(251) | *G~ Menopause, in der* | G~ Stuhlgang, nach

Hängen; an jemandem - Kinder hängen stark am Vater

Hochgefühl - abends(7)

Hypochondrie(116)

Ideen, Einfälle - Mangel an(102)

Imbezillität(140)

Jammern(93)

Konzentration - schwierig(261)

Kummer(76) | *K~ still*(23)

Lästig, geht auf die Nerven(79)

Lebhaft, munter(50)

Lesen - Abneigung gegen Lesen(25) | L~ unfähig zu lesen(9)

Lustig, fröhlich(123) | L~ abends(29)

Manie(149)

Meditieren, Nachdenken(47)

Menses - während; Gemütssymptome - reichlicher Ausfluß amel.

Milde(80)

Mürrisch(290) | M~ nachmittags - Mittagsschlaf, nach dem(3) | M~ abends(31) | M~ abwechselnd mit - Fröhlichkeit, Frohsinn(23)

Gemüt ...

Mürrisch - Erwachen, beim(32) | M~ grundlos(5) | *M~ Kleinigkeiten, um*(13) | M~ Menses - unterdrückten, bei

Phantasien - angenehm(7) | P~ lebhaft(31) | l~ abends(2)

Phantasien - übertrieben(114) | ü~ abends(9)

Reizbarkeit(408) | R~ tagsüber(32) | R~ morgens(69) | m~ Erwachen, beim(43)

Reizbarkeit - nachmittags(37) | R~ abends(60) | R~ abwechselnd mit - Freude(5) | a~ Fröhlichkeit, Frohsinn(23)

Reizbarkeit - Erwachen, beim(56) | R~ Fieberfrost, im(57) | R~ Kopfschmerzen, bei(61)

Religiös - Gemütsstörungen, religiöse(63)

Reue(63)

Ruhelosigkeit(420) | *R~ nachts*(249) | R~ Kopfschmerzen, bei - Stirn; nachts durch Schmerzen in der | *R~ Menses - während*(40)

Schlafwandeln(56)

Schweigsam(209)

Seelenruhe, Gelassenheit(85)

Selbstbetrachtung(58)

Sentimental, schwärmerisch, rührselig(64)

Sinne - abgestumpft, stumpf(107)

Sitzen - Neigung zu sitzen(110)

Spaßen - Abneigung gegen(22)

Sprache - unzusammenhängend(65)

Stimmung, Laune - veränderlich(158) | S~ wechselnd, wechselhaft(80)

Stumpfheit(332) | S~ morgens(54) | S~ Arbeiten amel. | S~ Stuhlgang, nach

Tadelsüchtig, krittelig(80)

Tadelt - sich selbst(36)

Traurigkeit(477) | T~ abends(76) | *T~ Amenorrhoe, bei*(6) | *T~ Frost - während*(37) | T~ Menses - vor(34)

Traurigkeit - Menses - während - amel.(6) | *w~ agg.*(2)

Traurigkeit - Menses - unterdrückt(20) | T~ Unglück; wie durch ein(10)

Verächtlich(35)

Gemüt ...

Vergeßlich(187)

Verlassen zu sein; Gefühl(56)

Verwirrung, geistige(321) | V~ abends(78) | V~ Erregung amel.(2) | V~ Essen - nach(52) | V~ Identität; in bezug auf seine - Dualität; Gefühl der(37) | V~ Waschen des Gesichtes - amel.(8)

Verzweiflung - religiöse Verzweiflung am Seelenheil(30)

Wahnideen - allein zu sein - Welt; allein auf der(7) | W~ Bett - jemand - im Bett; als sei jemand - zwei Personen im Bett liegen; als würden - überlappen; und der Körper des anderen würde ihren zur Hälfte | B~ zwei Personen seien mit ihr im Bett(2)

Wahnideen - Bewegung - alles sei in Bewegung - schaukelnder Auf und Ab Bewegung; in | W~ Bilder, Phantome; sieht - angenehm(4) | W~ Böses - getan; er habe etwas Böses(2) | W~ doppelt - sein, doppelt zu(30) | W~ drehen - alles dreht sich - Kreis, im(8) | W~ erwacht - eben erwacht; er sei(2) | W~ fahren; als würde er - geschlossenen Augen, mit | W~ Gegenstände; über - drehen sich - rund herum(4) | W~ Gehirn - bewegen; das Gehirn würde sich | G~ wabbeln; das Gehirn scheint zu - hin und her(2)

Wahnideen - geisteskrank - werden; er würde geisteskrank(43) | W~ gelähmt, er sei(5) | W~ Geld - zählt Geld, er(5) | W~ herabsteigen - Berg herabzusteigen; einen | W~ nachgestellt - ihm würde nachgestellt(28) | W~ schwanger, sie sei(14) | W~ Schwierigkeiten, Probleme - große Schwierigkeiten geraten; er sei gerade in | W~ Sinne - beraubt; ist aller Sinne | W~ Tiere - kriechende - in ihr(2) | W~ Unrecht - begangen; er habe Unrecht(26) | W~ Verbrechen - begangen; er habe ein Verbrechen(29) | W~ Verbrecher; er sei ein(11) | W~ verdammt; er sei(23) | W~ verfolgt - Feinden, von(30)

Gemüt ...

Wahnideen - verfolgt; er würde(23) | *W~ verlassen ; er sei*(21) | W~ vernachlässigt - Pflichten vernachlässigt; er habe seine(10) | W~ wanken - Gegenstände wanken(3) | W~ Zimmer - klein; das Zimmer sei zu

Weinen(244) | W~ amel.(24) | *W~ agg.*(18) | W~ Menses - während(27) | w~ aber Weinen tut ihr nicht gut

Weinen - Menses - Unterdrückung von, bei(2) | W~ still | W~ Trost - will nicht getröstet werden(10)

Zerstreut(166)

Zorn(243)

Zufrieden(31)

Zurückhaltend, reserviert(64)

Zweifelt - Seelenheil, am(18)

Träume

Alpträume, Alpdrücken(144) | A~ nachts - Mitternacht - vor(2) | A~ Einschlafen, beim(8)

Angenehm(136)

Ängstlich(239)

Erotisch(196) | E~ Pollutionen, mit(96)

Geld(8) | *G~ Gold, aus*(2)

Lebhaft(193)

Schrecklich(237) | *S~ Dysmenorrhoe, bei*

Verworren(122)

Viele(260)

Wecken den Patienten(118)

– *Cynara scolymos* –

cyna.

Gemüt

Boshaft(99)

Gedanken - sexuell(21)

Gesellschaft - Verlangen nach(83)

Heftig, vehement(100)

Nymphomanie(67)

Reizbarkeit(408)

Satyriasis(26)

Sprache - Schwatzen(17)

Zorn(243)

– *Cynodon dactylon* –

cyn-d.

Gemüt

Angesprochen zu werden - Abneigung(63)

Empfindlich - Geräusche, gegen(149)

Faulheit(269)

Raserei, Tobsucht, Wut(95)

Reizbarkeit(408)

Streitsüchtig(136)

Zorn - grundlos(5)

– *Cypripedium pubescens* –

cypr.

Gemüt

Angst(362)

Auffahren, Zusammenfahren(117)

Beschwerden durch - Erregung - Gefühle, der(87) | B~ Kummer(65)

Delirium tremens(84) | *D~ milde Anfälle*

Ekstase(59) | *E~ nachts - Erwachen, beim*

Erregung(287)

Erschöpfung; geistige(217) | E~ Influenza, nach | *E~ Pollutionen, nach*(7)

Erschreckt leicht(125)

Froh(182) | F~ nachts(17)

Gleichgültigkeit, Apathie(251) | G~ allem; gegenüber(71)

Hysterie(194)

Lachen(102) | L~ nachts - Kinder | L~ brüllend(2) | L~ Kindern, bei(2) | L~ Konvulsionen - vor, während oder nach(11) | L~ Schlaf - während(15)

Launenhaftigkeit, launisch(108)

Ruhelosigkeit(420) | R~ nachts(249) | R~ Kindern, bei(22)

Schreien(133) | S~ nachts(8) | S~ Schlaf, im(80)

Spielen - Verlangen zu spielen - nachts(2) | n~ Kindern; bei

Traurigkeit(477) | *T~ Amenorrhoe, bei*(6)

Traurigkeit - Pollutionen, durch(23)

Zorn(243) | Z~ heftig(72)

Träume

Alpträume, Alpdrücken(144)

– *Cytisus laburnum* –

cyt-l.

Gemüt

Angst(362)
Betäubung(237)
Bewußtlosigkeit(280)
Delirium(233) | D ~ Schlaflosigkeit - mit(45)
Erregung(287)
Furcht(242)
Gleichgültigkeit, Apathie(251)
Manie - abwechselnd mit - Niedergeschlagenheit(9)
Qualvolle Angst(121)
Reizbarkeit(408)
Ruhelosigkeit(420)
Stupor(138)
Traurigkeit(477)
Wahnideen(191)
Zorn(243)

Träume

Ängstlich(239)
Verworren(122)

– Damiana –

dam.

Gemüt

Demenz - Masturbation, mit(11)

– Daphne indica –

daph.

Gemüt

Auffahren, Zusammenfahren - Schlaf - Einschlafen, beim(72)
Empfindlich(192) | E~ Mangel an Empfindlichkeit(20) | E~ Schmerz, gegen(31)
Erregung(287) | E~ abends(32)
Erschreckt leicht(125)
Furcht(242) | F~ Herz - Herzerkrankung(23) | H~ Schmerz am Herzen; durch
Mürrisch(290)
Reizbarkeit(408)
Ruhelosigkeit - Kopfschmerzen, bei(31)
Schüchternheit, Zaghaftigkeit(113)
Traurigkeit(477)
Unbesonnen(82)
Unentschlossenheit(146)
Verwirrung, geistige - Identität; in bezug auf seine - Dualität; Gefühl der(37)
Wahnideen - Feuer - Visionen von(34) | W~ Katzen - sieht(11) | W~ Körper - Teile - entfernt worden; Körperteile seien(2) | K~ verstreut; der Körper sei(5) | v~ wirft sich umher, um die Teile zusammenzubekommen; er(6)
Wahnideen - Kopf - abgetrennt; der Kopf sei vom Rumpf(6) | K~ schwanken - im Kopf; Schwanken im - Gehen, beim
Zerstreut(166)
Zorn(243)

Träume

Alpträume, Alpdrücken(144)
Feuer(65)
Gebissen zu werden - Tieren, von(14)
Katzen(12) | K~ schwarze(2)
Lebhaft(193)
Tiere(25)

– Datura arborea –

dat-a.

Gemüt

Hellsehen(28)
Verwirrung, geistige(321)
Wahnideen(191) | W~ Boden - berühren; sie würde kaum den Boden(3) | W~ Füße - berühren; kaum den Boden | W~ Gedanken - sammeln; muß sie von weit weg | G~ schweben - außerhalb des Gehirnes | s~ Wolken, in den
Wahnideen - leicht - sei leicht, er(26) | W~ schön - Atmosphäre; er befinde sich in schöner | W~ schweben - Luft, in der(45) | W~ Wolken - Gedanken würden in Wolken schweben

– Datura ferox –

dat-f.

Gemüt

Delirium(233) | D~ aufgeweckt wird; wenn er(4) | D~ rasend(84)
Manie(149)

– Datura metel –

dat-m.

Gemüt

Bewußtlosigkeit(280)
Delirium(233) | D~ redselig(33) | D~ Schreien, mit(18)
Gesten, Gebärden; macht - Hände; unwillkürliche Bewegungen der - Greifen(41)
Manie(149)
Schüchternheit, Zaghaftigkeit(113)
Verwirrung, geistige(321)

– Datura sanguinea –

dat-s.

Gemüt

Bewußtlosigkeit(280)
Stupor(138)

– Derris pinnata –

der.

Gemüt

Albernes Benehmen(65)

Angst(362)

Beschimpfen, beleidigen, schmähen(67)

Bewußtlosigkeit(280)

Entmutigt(135)

Furcht - fallen, zu stürzen; zu - Drehen des Kopfes; beim | F~ Leiden, vor(12) | F~ Schmerz - vor dem Schmerz(4) | F~ töten, davor zu(12) | t~ Messer, mit einem(3)

Gedächtnis - Gedächtnisschwäche(284)

Gedanken - Gedankenandrang, einstürmende Gedanken, Gedankenfluß(78)

Gesellschaft - Verlangen nach(83)

Ideen, Einfälle - Reichtum an, Klarheit des Geistes(125)

Manie(149)

Qualvolle Angst(121)

Reizbarkeit(408)

Schlagen(42) | S~ Verlangen - schlagen, zu(15)

Seufzen(98)

Singen(59) | S~ abwechselnd mit - Weinen(4)

Spucken - morgens | S~ Essen, nach dem

Suizidneigung; Neigung zum Selbstmord(98)

Tadelsüchtig, krittelig(80) | T~ besten Freunden gegenüber; den(4)

Tod - wünscht sich den Tod, möchte sterben(72)

Traurigkeit(477)

Verzweiflung(137)

Wahnideen Fallen - dreht, wenn er sich - rechts oder links; nach | W~ schreiten - Daunen gehen, er würde auf | W~ seekrank, er sei(3)

Weinen(244)

– Desoxyribonucleicum acidum –

des-ac.

Gemüt

Empfindlich(192)

Entmutigt(135)

Entwicklungsstillstand bei Kindern(9)

Konzentration - schwierig(261)

Laszіv, lüstern(77)

Mürrisch(290) | M~ vormittags(19)

Qualvolle Angst(121) | Q~ Bewegung amel. | Q~ Erwachen, beim(4)

Reizbarkeit(408)

Ruhelosigkeit(420)

Schlafwandeln(56)

Stumpfheit(332)

Unentschlossenheit - morgens(3)

Verwirrung, geistige - Identität; in bezug auf seine - Dualität; Gefühl der(37)

Wille - Verlust der Willenskraft(34)

Zorn(243)

Träume

Erotisch(196) | E~ nachts - Mitternacht - nach(3)

– Dichapetalum –

dicha.

Gemüt

Erschreckt leicht - Erwachen, beim - Traum, aus einem(14)

Essen - nach - amel. der Gemütssymptome(9)

Faulheit(269)

Fleißig, arbeitsam, Arbeitswut(101) | F~ müde, obwohl

Mürrisch(290)

Träume

Anstrengung - körperliche(20)

Aufregend(14)

Schrecklich - wecken ihn(8)

Wecken den Patienten(118)

– Dictamnus albus –

dict.

Gemüt

Schlafwandeln(56)

Träume

Körper - einbalsamiert - Stücken, Teilen; in

– Digitalinum –

digin.

Gemüt

Angst - abends(87) | A~ Sitzen(15)
Betäubung(237)
Bewußtlosigkeit - nachts - Erwachen, beim(7)
Empfindlich(192)
Erregung(287)
Erschöpfung; geistige(217)
Faulheit - tagsüber(4)
Furcht - Unglück, vor(93)
Mürrisch(290)
Reizbarkeit(408)
Ruhelosigkeit - nachts(249)
Unbehagen(44)
Ungeduld(131)
Wahnideen(191) | W~ Boden - nachgeben; würde unter seinen Füßen(7) | W~ Unrecht - begangen; er habe Unrecht(26)
Zorn - Kleinigkeiten, über(58)

Träume

Alpträume, Alpdrücken - Einschlafen, beim(8)
Schrecklich(237)
Verworren(122)
Viele(260)

– Digitalis purpurea –

dig.

Gemüt

Aktivität; Verlangen nach - geistige Aktivität - nachts(5) | A~ ruhelos(6) | A~ Schlaflosigkeit, mit(4)

Gemüt ...

Alkoholismus(135)

Angst(362) | **A~ abends**(87) | *a~ 18 h*(2) | a~ Dämmerung, in der(13)

Angst - nachts(119) | **A~ Bewegung - agg.**(16) | *A~ Druck; durch - Brust; auf der*(14) | A~ Erwachen, beim(86) | *A~ Furcht, mit*(110) | A~ Gehen - nach(2) | **A~ Gewissensangst**(75) | A~ Musik, durch(3) | *A~ Ohnmacht - mit Ohnmacht; Angst*(9) | A~ Schlaf - während(42) | A~ Sitzen(15) | A~ Urinieren - vor(4) | U~ nach

Angst - Weinen amel.(5) | *A~ Zukunft*(108)

Antworten - vage, unbestimmt

Argwöhnisch(105)

Auffahren, Zusammenfahren - fallen würde; als ob er(5) | A~ Herzklopfen, durch | *A~ Schlaf - während*(163) | *S~ durch*(124)

Auffahren, Zusammenfahren - Schreck oder wie durch Schreck; durch(68) | A~ Träumen, in - aus einem Traum(35)

Beharrlichkeit(16)

Beschwerden durch - Ausschweifungen(10) | B~ Erwartungsspannung(68) | B~ Kummer(65) | B~ Liebe; enttäuschte(31) | B~ Schicksalsschläge, durch(6) | B~ schlechte Nachrichten(34) | B~ sexuell - Exzesse(59)

Betäubung(237)

Bewußtlosigkeit(280) | B~ morgens(45) | *B~ Koitus, nach*(3) | B~ Stuhlgang - vor(2) | B~ vorübergehend(24)

Delirium(233) | D~ nachts(67) | D~ Bett - flieht und springt plötzlich aus dem Bett auf(36) | D~ heftig(26) | *D~ Konvulsionen - während*(12) | D~ manisch(47) | D~ rasend(84) | D~ Schlaflosigkeit - mit(45) | D~ schrecklich(26) | D~ Wahnideen, mit(18)

Delirium tremens(84)

Eigensinnig, starrköpfig, dickköpfig(107) | E~ nachts

Gemüt ...

Empfindlich(192) | E~ geistige Eindrücke; gegen(20) | E~ moralische Eindrücke, gegen(10) | E~ Musik, gegen(46) | E~ Sinneseindrücke, gegen(23)

Entmutigt(135) | E~ Reizbarkeit, mit(2)

Erregung(287) | E~ nachts(40) | E~ Stammelt, wenn er zu Fremden spricht(2)

Erschöpfung; geistige(217)

Erschreckt leicht(125) | E~ Erwachen, beim(41)

Faulheit(269) | F~ morgens - Aufstehen, beim(4) | F~ Essen, nach dem(25) | *F~ Masturbation, nach*(2) | F~ Schläfrigkeit, bei(29)

Feigheit(89)

Fleißig, arbeitsam, Arbeitswut(101)

Fliehen, versucht zu(61) | F~ wegzulaufen, um(16)

Furcht(242) | F~ nachmittags(15) | F~ abends(51) | F~ Blitz, vor(7) | *F~ Erstikken, vor dem*(24) | *E~ nachts*(14) | *E~ Herzerkrankung, bei*(3)

Furcht - fliehen; mit Verlangen zu(9) | *F~ Geisteskrankheit*(74) | F~ geschehen; etwas werde(82) | F~ Krankheit, vor drohender - unheilbar zu sein(42) | *F~ Magen - aufsteigend vom*(15) | F~ Menschen, vor(81) | F~ Musik, durch(10) | F~ Schlaf - einzuschlafen; Furcht(18) | F~ Tadel; vor(2) | *F~ Tod; vor dem*(143) | *T~ Gehen, beim* | **T~ Herzsymptomen, bei**(12)

Furcht - überwältigend(19) | F~ Unglück, vor(93) | F~ Unheil; Furcht vor(115) | F~ Weinen amel.(5)

Gedächtnis - gut, aktiv(91) | *G~ Gedächtnisschwäche*(284)

Gedanken - sexuell - Tag und Nacht(2) | G~ wandernd(72) | G~ zusammenhangslos(30)

Gedanken versunken, in(90)

Geheimnistuerisch, verschlossen(15)

Geisteskraft - erhöht(18)

Gemüt ...

Geisteskrankheit, Wahnsinn(153) | G~ Alkoholikern; bei(22) | *G~ anfallsweise*(10) | *G~ eigensinnig bei; ist*(2) | G~ fliehen, Verlangen zu(8) | G~ verschlossen, geheimnistuerisch

Geistige Anstrengung - agg.(141) | a~ unmöglich(130)

Gesellschaft - Abneigung gegen(156)

Gewissenhaft, peinlich genau in bezug auf Kleinigkeiten(58)

Gleichgültigkeit, Apathie(251) | G~ tagsüber(6) | G~ abends(5) | G~ allem; gegenüber(71) | G~ Schläfrigkeit, bei(25)

Hast, Eile(112)

Hypochondrie(116)

Hysterie - Ohnmacht, hysterische(22)

Ideen, Einfälle - Mangel an(102)

Imbezillität(140)

Jammern(93)

Klagen(64)

Kummer(76) | K~ still(23)

Lästig, geht auf die Nerven(79)

Lasziv, lüstern(77) | L~ Prostata; mit vergrößerter

Launenhaftigkeit, launisch(108)

Lebhaft, munter(50)

Manie(149)

Mürrisch(290) | *M~ Pollutionen, nach*(3) | M~ weinerlich

Musik - agg.(40)

Nymphomanie(67)

Phantasien - lasziv(46) | P~ lebhaft(31) | P~ übertrieben(114)

Qualvolle Angst(121) | Q~ abends(12) | *Q~ Erwachen, beim*(4) | *Q~ Herzerkrankung, bei*(8) | **Q~ Übelkeit, mit**(3)

Raserei, Tobsucht, Wut(95)

Reizbarkeit(408) | R~ Koitus - nach(26) | R~ Pollutionen, nach(10) | R~ Samenabgang, nach(8) | R~ Traurigkeit, mit(20)

Religiös - Gemütsstörungen, religiöse(63)

Reue(63)

Gemüt ...

Ruhelosigkeit(420) | R~ nachts(249) | R~ ängstlich(111) | R~ Bett - Herumwerfen im(123) | R~ geschäftig(20) | R~ Koitus - nach(7)

Schreien - Cri encéphalique(29) | *S~ Hydrozephalus, bei*(7) | S~ Schlaf, im(80)

Schweigsam(209)

Selbstbetrachtung(58)

Sentimental, schwärmerisch, rührselig(64)

Seufzen(98)

Sinne - abgestumpft, stumpf(107)

Sorgen, voller(50) | S~ abends(2)

Sprache - delirös - nachts(3)

Sprechen - abwesenden Personen; mit - nachts | S~ Schlaf, im(93) | S~ schweift von einem Thema zum anderen - nachts(9)

Stimmung, Laune - veränderlich(158)

Stöhnen(119)

Streitsüchtig(136)

Stumpfheit(332) | S~ abends(29) | S~ Erwachen, beim(41) | S~ Schläfrigkeit, bei(30) | S~ schmerzhaft(4)

Stupor(138) | S~ morgens(36)

Tadelt - sich selbst(36)

Tod - Gedanken an den Tod(54) | T~ Vorahnung des Todes(62)

Traurigkeit(477) | T~ nachmittags(37) | T~ abends(76) | a~ 18 h(2)

Traurigkeit - ängstlich(32) | T~ Enttäuschung, durch | *T~ Fieberhitze, in der*(55) | *T~ Kleinigkeiten, um*(8)

Traurigkeit - Musik - durch(17) | T~ Pollutionen, durch(23) | *T~ Seufzen, mit - amel.*(2) | T~ Weinen - amel.(4)

Unanständig, unzüchtig - alten Männern; bei

Unbarmherzig(14)

Unentschlossenheit(146)

Ungehorsam(30)

Untröstlich(30)

Vergeßlich(187) | *V~ Masturbation, nach*(3) | *V~ sofort alles*

Gemüt ...

Verwirrung, geistige(321) | V~ abends(78) | *V~ berauscht - wie*(47) | **b~ wie nach einem Rausch**(35)

Verzweiflung(137)

Wahnideen(191) | W~ nachts(36) | W~ Aufstehen - Zeit zum Aufstehen; es sei | W~ Bewußtsein - verlieren; er würde das Bewußtsein(9) | W~ Gespenster, Geister, Gestalten - sieht(55) | W~ getadelt - erwartet, getadelt zu werden | W~ Insekten, sieht(14) | W~ leicht - sei leicht, er(26) | W~ Menschen - unterhält sich mit abwesenden(13) | W~ Ohnmacht fallen; er werde(19) | O~ Stehen, im

Wahnideen - Phantasiegebilde, Illusionen(115) | W~ schlafen; er würde - nicht genug geschlafen; er habe(17) | W~ Unrecht - begangen; er habe Unrecht(26) | W~ Verbrechen - begangen; er habe ein Verbrechen(29) | W~ Verbrecher; er sei ein(11) | W~ Verbrechern, von(24) | W~ Visionen, hat(76) | W~ Wasser - von(19)

Weinen(244) | *W~ amel.*(24) | W~ nachmittags(9) | W~ Angst, nach(23) | W~ Enttäuschungen, über | W~ Musik; durch(14)

Ziehen - Haaren; an den(9) | H~ Verlangen zu ziehen - ihrem eigenen Haar; an(9)

Zorn(243)

Zweifelt - Seelenheil, am(18)

Träume

Alpträume, Alpdrücken(144)

Angenehm(136)

Ängstlich(239) | Ä~ Einschlafen, beim(11)

Erfolglose Anstrengungen(20)

Erotisch(196) | *E~ Pollutionen, mit*(96)

Fallen, zu stürzen; zu(60) | *F~ Höhe herab, von einer*(29) | *F~ Wasser, ins*(11)

Hochgelegene Orte - Herunterfallen, Hinabstürzen von(29)

Lebhaft(193)

Lustig(14)

Schrecklich(237)

Träume …
Unangenehm(87)
Verdrießlich(122)
Verworren(122)
Viele(260)
Wasser(49)
Wecken den Patienten(118)

– *Digitoxinum* –

digox.

Gemüt
Ruhelosigkeit - nachts(249) | R~ Puls, durch intermittierenden

Träume
Ängstlich(239)
Schrecklich(237)
Verworren(122)
Viele(260)

– *Dioscorea villosa* –

dios.

Gemüt
Abneigung - Frauen; gegen(12)
Abscheu - Sprechen, vor dem(2)
Angst - Erwachen, beim(86)
Ehrgeiz - Verlust von(15)
Faulheit(269) | F~ abends(20) | *F~ Pollutionen, nach*(3)
Fehler; macht - Namen, bei(2) | F~ Schreiben, beim(83) | F~ Sprechen, beim(81) | *S~ Worte - falsche Worte; benutzt*(53) | *f~ Namen; nennt Dinge beim falschen*(8) | f~ Pflaumen, wenn er Birnen meint; sagt(3) | *f~ Seite statt linke und umgekehrt; sagt rechte*(5)
Froh - abwechselnd mit - Traurigkeit - blickt beim Gehen auf der Straße nach unten
Furcht - Männern, vor(30) | F~ Menschen, vor(81) | F~ Menschenmenge; in einer(58)
Gedächtnis - Gedächtnisschwäche - Worte, für(61)
Gesellschaft - Abneigung gegen(156)
Gespräche - agg.(45)

Gemüt …
Imbezillität(140)
Männer - Scheu vor(19)
Mürrisch(290) | M~ abends(31)
Reizbarkeit(408) | R~ abends(60)
Ruhelosigkeit(420) | R~ nachmittags(25) | n~ 16 h
Ruhelosigkeit - abends(51) | R~ nachts(249) | *n~ Mitternacht - nach*(13)
Ruhelosigkeit - Bett - im(15) | R~ Gehen, beim - amel.(6) | R~ Schmerzen, durch(19)
Schweigsam(209)
Still sein, seine Ruhe haben; möchte(21)
Stumpfheit(332) | S~ nachmittags(29) | S~ abends(29)
Traurigkeit(477) | T~ blickt beim Gehen in der Straße nach unten
Traurigkeit - Pollutionen, durch(23)
Verwirrung, geistige(321) | V~ abends(78)
Wahnideen - Bewußtsein - verlieren; er würde das Bewußtsein(9)

Träume
Ängstlich(239)
Erotisch(196) | E~ Pollutionen, mit(96)
Frauen
Lebhaft(193)
Menschen(11)
Schrecklich(237)
Viele(260)

– *Diphtherinum* –

diph.

Gemüt
Antworten - Stupor kehrt schnell nach dem Antworten wieder(17)
Delirium(233) | D~ antwortet - langsam(8)
Gehalten - amel.; gehalten zu werden(22)

– *Dirca palustris* –

dirc.

Gemüt
Angst - Zukunft(108)
Bewußtlosigkeit(280)

Gemüt ...

Faulheit(269)

Fehler; macht - Schreiben, beim(83) | S~ falsch - Worte(16)

Fehler; macht - Sprechen, beim(81) | S~ Worte - falsche Worte; benutzt(53)

Fehler; macht - Zeit; in bezug auf die(34)

Furcht - engen Räumen; in(33) | F~ schlechten Nachrichten; vor dem Hören von(7)

Gedächtnis - Gedächtnisschwäche - schreiben will; für das, was er gerade(11)

Geistige Anstrengung - agg. - unmöglich(130)

Mürrisch(290)

Ruhelosigkeit(420) | R~ nachts(249) | R~ Sitzen, im(21)

Schweigsam(209)

Stumpfheit(332)

Traurigkeit(477)

Verwirrung, geistige(321)

Wahnideen - Fallen - Seite hin; auf eine - links, nach(6)

Zeit - langsam, scheint länger; vergeht zu(29)

Zerstreut(166)

Zorn(243)

Träume

Leichen(42)

Viele(260)

– *Doryphora decemlineata* –

dor.

Gemüt

Angst - Schlaf - während(42)

Bewußtlosigkeit(280) | B~ Erbrechen - mit(3) | B~ Fieber, im(50) | B~ Murmeln(4)

Delirium(233) | D~ Blick auf einen Punkt fixiert(10) | D~ brummt(44) | D~ Erschöpfung, mit(7) | D~ Fieber; im(54) | D~ Geschäften, spricht von(7) | D~ Gesicht - rot(7) | D~ redselig(33) | D~ Sepsis, durch(13)

Gemüt ...

Delirium tremens(84)

Reizbarkeit(408)

Ruhelosigkeit(420) | R~ nachts(249)

Schreien - Kindern, bei(38) | S~ Schlaf, im(80)

Sprechen - Geschäft, vom(13)

Stupor(138) | S~ Erbrechen, mit(3) | S~ Fieber, im(21) | S~ murmelt, flüstert(4)

Wahnideen - Fallen - Gehen, beim - Schritt fallen; er würde bei jedem

Träume

Schrecklich(237) | S~ nachts - Mitternacht - nach(4)

Wild (Emotion)(9)

– *Drosera rotundifolia* –

dros.

Gemüt

Abscheu - Leben, vor dem(84) | L~ abends(6)

Angst(362) | *A~ abends*(87) | a~ 19 h(4) | 1~ 19 - 20 h(2)

Angst - abends - 20 h(3) | *A~ nachts*(119) | *n~ Erwachen, beim*(24)

Angst - abwechselnd mit - Hitzewallungen(3) | *A~ allein, wenn*(17) | *A~ Erwachen, beim*(86) | A~ Fieber - während(91) | A~ Furcht, mit(110) | A~ Hitzewallungen, bei(14) | A~ hypochondrisch(52) | A~ Müdigkeit, mit(16) | *A~ Suizidneigung, mit*(10) | *A~ Zukunft*(108)

Argwöhnisch(105)

Auffahren, Zusammenfahren - Schlaf - während(163) | S~ durch(124) | *S~ Einschlafen, beim*(72)

Außer sich; ist(51)

Beharrlichkeit(16)

Beleidigt, leicht(79)

Bellen(11)

Beschwerden durch - Kummer(65) | B~ schlechte Nachrichten(34)

Denken - Beschwerden - agg.; Denken an seine Beschwerden(71)

GEMÜT ...

Eigensinnig, starrköpfig, dickköpfig(107) | E~ Plänen; bei der Ausführung von

Empfindlich(192) | E~ Geräusche, gegen - Uhr, das Klingeln von Glocken; gegen das Schlagen der(5) | E~ Gerüche, gegen(30)

Entmutigt(135) | *E~ Zukunft, in bezug auf die*(2)

Ernst(77)

Faulheit(269) | F~ Traurigkeit, durch(8)

Feigheit(89)

Froh(182)

Furcht(242) | *F~ abends*(51) | F~ nachts(58) | F~ allein zu sein(54) | a~ abends(6)

Furcht - Gespenstern, vor(32) | F~ schlechten Nachrichten; vor dem Hören von(7) | F~ Tod; vor dem(143) | F~ Unglück, vor(93) | F~ Unheil; Furcht vor(115)

Gehalten - amel.; gehalten zu werden(22)

Geistige Anstrengung - Abneigung gegen(150)

Gesellschaft - Verlangen nach(83) | V~ abends(8) | *V~ allein; agg. wenn*(48) | V~ amel. in Gesellschaft(18)

Gleichgültigkeit, Apathie(251)

Hartnäckigkeit, Beharrlichkeit(3)

Heftig, vehement(100)

Heimweh(52)

Hinterhältig, hinterlistig, falsch, verschlagen(32)

Konzentration - schwierig(261) | *s~ Studieren*(52)

Kummer(76)

Launenhaftigkeit, launisch(108)

Lebensüberdruß(82) | L~ abends(7)

Lesen - Thema wechseln; muß das

Lustig, fröhlich(123)

Manie(149)

Mürrisch(290)

Mutig(26)

Raserei, Tobsucht, Wut(95)

Redseligkeit; Geschwätzigkeit - Husten - nach

Reizbarkeit(408)

GEMÜT ...

Ruhelosigkeit(420) | R~ ängstlich(111) | R~ innerlich(37) | R~ Lesen, beim(3) | R~ treibt umher(41)

Schweigsam(209)

Seelenruhe, Gelassenheit(85)

Selbstbetrachtung(58)

Selbstvertrauen - Mangel an Selbstvertrauen(86)

Singen - agg. Beschwerden(4)

Sinne - abgestumpft, stumpf(107)

Sorgen, voller(50)

Sprechen - agg. die Beschwerden(34)

Stimmung, Laune - veränderlich(158) | *S~ wechselnd, wechselhaft*(80)

Stumpfheit(332) | S~ Fieberfrost, im(16) | S~ Lesen(35)

Suizidneigung; Neigung zum Selbstmord(98) | S~ abends(7) | *S~ Ertränken, durch*(19) | S~ Gedanken an Selbstmord(33)

Traurigkeit(477) | T~ tagsüber(16) | *T~ allein - wenn*(24) | T~ ängstlich(32) | T~ arbeitsscheuen Personen; bei(9)

Unbeständigkeit(45)

Unentschlossenheit(146)

Ungeduld(131)

Verlassen zu sein; Gefühl(56)

Verwirrung, geistige(321) | V~ abends(78) | V~ Fieberfrost, im(20) | V~ Fieberhitze, in der(26) | V~ Gehen(37)

Wahnideen - Ärger - und Beleidigungen; von Ärger(3) | W~ betrogen, getäuscht worden; er sei(2) | W~ Bilder, Phantome; sieht(76) | W~ Feind - Ruhe; der Feind gestattet ihm keine | W~ groß gewachsen - Dinge würden größer werden(6) | W~ Hören - Einbildung; etwas zu hören(44) | W~ länger; Dinge scheinen(7) | **W~ nachgestellt - ihm würde nachgestellt**(28) | W~ Neuigkeiten - erwartet Nachrichten - unangenehme Nachrichten(3) | W~ Phantasiegebilde, Illusionen(115) | W~ ruft - jemand(9) | W~ Selbstmord genötigt; zum - Ertrinken, durch | W~ verfolgt - Feinden, von(30)

Gemüt ...
Wahnideen - verfolgt; er würde(23) | W ~ Visionen, hat(76)
Weinen(244)
Zorn(243) | Z ~ heftig(72) | Z ~ Kleinigkeiten, über(58)
Zurückhaltend, reserviert(64)

Träume
Angenehm(136)
Ängstlich(239)
Durstig zu sein(3)
Erotisch(196)
Krankheit(43)
Lebhaft(193)
Lustig(14)
Mißhandlung(2)
Schrecklich(237)
Trinken(5)
Verdrießlich(122)
Viele(260)
Wecken den Patienten(118)

– *Duboisia myoporoides* –

dubo-m.

Gemüt
Bewußtlosigkeit(280)
Delirium(233)
Erregung(287)
Gesten, Gebärden; macht - Hände; unwillkürliche Bewegungen der - Greifen(41)
Ruhelosigkeit(420)
Springen - Bett; aus dem(41)
Stupor(138)
Wahnideen(191)

– *Duboisinum* –

dub.

Gemüt
Delirium(233)
Wahnideen - Fallen - hinten, nach(6) | W ~ hoch - Gebäude springen; er würde von einem hohen | W ~ Leben - kein Leben in ihm; es sei

Gemüt ...
Wahnideen ~ lebhaft(26) | W ~ schreiten - Luft; auf(2) | W ~ Zimmer - drehen; würde sich(6)

– *Dulcamara* –

dulc.

Gemüt
Albernes Benehmen(65)
Angst(362) | A ~ nachts(119) | n ~ Mitternacht - nach(22)
Angst - andere, um(24) | A ~ Erbrechen, beim(2) | A ~ Furcht, mit(110) | A ~ Schlaf - während(42) | *A ~ Zukunft*(108)
Auffahren, Zusammenfahren - abends - Einschlafen, beim(19) | A ~ Schlaf - während(163) | S ~ durch(124) | *S ~ Einschlafen, beim*(72)
Beschimpfen, beleidigen, schmähen(67) | B ~ zornig zu sein; ohne
Betäubung(237) | B ~ abends(6) | B ~ Schwindel - während(37)
Bewußtlosigkeit(280) | *B ~ Fieber, im*(50)
Delirium(233) | D ~ morgens(8) | m ~ Erwachen, beim(5)
Delirium - nachts(67) | D ~ Erwachen, beim(20) | *D ~ Fieber; im*(54) | D ~ Hitze - agg.(3) | D ~ phantastisch(13) | D ~ rasend(84) | D ~ Schlaflosigkeit - mit(45) | D ~ Schmerzen - während den(8) | D ~ sorgenvoll(5)
Diktatorisch, herrschsüchtig, dogmatisch, despotisch(25)
Erschöpfung; geistige(217)
Faulheit(269) | F ~ Schläfrigkeit, bei(29)
Fehler; macht - Schreiben, beim(83) | *F ~ Sprechen, beim*(81) | *S ~ Worte - falsche Worte; benutzt*(53)
Furcht(242) | F ~ nachts(58) | F ~ engen Räumen; in - Gewölben, Kirchen und Kellern; Furcht vor(10) | F ~ Unheil; Furcht vor(115)
Gedächtnis - Gedächtnisschwäche(284) | G ~ auszudrücken, sich(41) | G ~ sagen will; für das, was er gerade(38) | *G ~ Worte, für*(61)

Gemüt ...

Gedanken - wandernd(72)
Geisteskrankheit, Wahnsinn(153) | G~ erotisch - Menses - vor(2)
Geistige Anstrengung - agg. - unmöglich(130) | G~ Abneigung gegen(150)
Gesten, Gebärden; macht - Hände; unwillkürliche Bewegungen der - Greifen(41) | G~ Kauen und Schlucken; beim(2) | G~ Mund
Gesten, Gebärden; macht - Hände; unwillkürliche Bewegungen der - zupft - Bettwäsche; an der(36) | G~ stampft mit den Füßen(17)
Gleichgültigkeit, Apathie(251) | G~ Schläfrigkeit, bei(25)
Grobheit - Kinder; ungezogene(7)
Hast, Eile(112) | H~ immer in Eile(6)
Heftig, vehement(100)
Hochmütig, arrogant(53)
Imbezillität(140)
Jammern(93)
Klagen(64)
Konzentration - schwierig(261) | s~ Kopfschmerzen, mit(3)
Langsamkeit(68)
Launenhaftigkeit, launisch(108) | *L~ weist Dinge zurück, die er haben wollte, sobald er sie bekommt*(13)
Manie(149)
Mitgefühl, Mitleid(34)
Murmeln(55)
Mürrisch(290)
Nymphomanie(67)
Raserei, Tobsucht, Wut(95)
Redseligkeit; Geschwätzigkeit(136)
Reizbarkeit(408) | R~ tagsüber(32) | R~ Kindern, bei(29) | R~ Kopfschmerzen, bei(61)
Ruhelosigkeit(420) | R~ morgens(22) | m~ Erwachen, beim(6)
Ruhelosigkeit - nachts(249) | R~ Bett - Herumwerfen im(123) | B~ treibt aus dem(39)
Ruhelosigkeit - Erwachen, beim(30) | R~ Kopfschmerzen, bei(31)
Schmollen(41)

Gemüt ...

Schreien(133) | S~ Cri encéphalique(29) | S~ Kindern, bei(38) | S~ Schlaf, im(80)
Sinne - abgestumpft, stumpf(107)
Sitzen - Neigung zu sitzen(110)
Sorgen, voller - nachts - Mitternacht
Sprache - stammelnd(10) | S~ unsinnig(29) | S~ unzusammenhängend(65)
Sprechen - schweift von einem Thema zum anderen(47)
Springen - Bett; aus dem - Traum; durch einen schrecklichen, fürchterlichen(2)
Spucken(32)
Stöhnen(119) | *S~ nachts - Herumwerfen, mit*
Streitsüchtig(136) | S~ nachmittags(2) | *S~ Zorn, ohne*(4)
Stumpfheit(332) | S~ abends(29) | S~ feuchte Luft - durch(10) | S~ Schlaflosigkeit, mit(3)
Tadelsüchtig, krittelig(80) | T~ nachmittags
Traurigkeit(477) | T~ morgens(71) | m~ Bett, im
Traurigkeit - nachts(21) | *T~ Kopfschmerzen, bei*(30)
Unentschlossenheit(146)
Ungeduld(131) | U~ morgens(2)
Unzufrieden(168) | U~ allem; mit(66)
Vergeßlich - Kopfschmerzen, bei(7) | V~ Worte beim Sprechen; vergißt(52)
Verlangen, Wunsch nach - voller Verlangen(11)
Verwirrung, geistige(321) | V~ abends(78) | V~ berauscht - wie nach einem Rausch(35) | V~ Fieberhitze, in der(26) | V~ Freien, im - amel.(30) | V~ Identität; in bezug auf seine - Dualität; Gefühl der(37) | V~ Schmerzanfällen, bei(6)
Wahnideen(191) | W~ morgens - Bett, im(5) | *W~ nachts*(36) | W~ Bett - fallen - durch das Bett zu fallen(7) | B~ sinken - Bett würde sinken; das(13) | s~ sie würde sinken - durch das Bett(5)

GEMÜT ...

Wahnideen - Bilder, Phantome; sieht(76) | W ~ Erwachen, beim(8) | W ~ Gespenster, Geister, Gestalten - morgens - Erwachen, beim(2) | E ~ vergrößert sich ständig, bis es verschwindet; ein Gespenst
Wahnideen - Gespenster, Geister, Gestalten - sieht(55) | W ~ Phantasiegebilde, Illusionen(115) | W ~ ruft - Erwachen; jemand ruft beim(5) | W ~ Teufel - sieht(19) | W ~ versinken, er würde(21) | W ~ Weinen, mit(5)
Weinen(244) | W ~ morgens(22) | W ~ Ungeduld, aus | W ~ Wahnideen, nach
Widerwillen(39)
Wille - Willensschwäche(58)
Wirft mit Gegenständen um sich(20) | W ~ morgens(2)
Zerstreut(166)
Zorn(243) | *Z ~ leicht*(37)
Zurückhaltend, reserviert(64)

TRÄUME

Alpträume, Alpdrücken(144)
Anstrengung - geistige(51)
Fallen, zu stürzen; zu(60)
Schrecklich(237)
Tod - Sterben - er stirbt(14)
Verworren(122)
Viele(260)
Wecken den Patienten(118)

– Eaux Bonnes aqua –

eaux

Gemüt

Geisteskraft - erhöht(18)

Geistige Anstrengung - Verlangen nach(65)

Ruhelosigkeit(420)

– Echinacea angustifolia –

echi.

Gemüt

Betäubung(237)

Denken - Abneigung gegen(46)

Furcht(242)

Geistige Anstrengung - agg.(141) | G~ Abneigung gegen(150)

Langsamkeit(68)

Stumpfheit(332)

Traurigkeit(477) | T~ nachmittags(37)

Verwirrung, geistige(321) | V~ Schläfrigkeit; bei(2)

Widerspruch - verträgt keinen Widerspruch(73)

Träume

Anstrengung - körperliche(20)

Schwierigkeiten(18)

– Elaeis guineensis –

elae.

Gemüt

Beschimpfen, beleidigen, schmähen(67)

Froh(182)

Lachen(102)

Mürrisch(290)

Seufzen(98)

Traurigkeit(477)

Ungehorsam(30)

Zorn(243)

– Elaps corallinus –

elaps

Gemüt

Angesprochen zu werden - Abneigung(63)

Angst(362)

Aphasie(53)

Beißen - Finger; beißt - Schlaf - während | B~ sich selbst; beißt(8)

Beschwerden durch - Erwartungsspannung(68)

Bewußtlosigkeit(280) | B~ Bewegungen, automatische(26)

Erregung(287) | E~ vormittags(3) | E~ abends(32)

Erschöpfung; geistige(217)

Faulheit(269)

Fehler; macht - Zeit; in bezug auf die(34)

Furcht(242) | *F~ allein zu sein*(54) | F~ Apoplexie, vor(36) | F~ Einsamkeit, vor(15) | *F~ geschehen; etwas werde*(82) | g~ Grauenhaftes, Furchtbares werde geschehen; etwas(9)

Furcht - Krankheit, vor drohender(66) | F~ Räubern, vor(25) | F~ Regen, vor(3) | F~ Schlangen, vor(8) | F~ Tod; vor dem(143) | F~ Zähneklappern; mit | F~ zittrig(36)

Gedächtnis - Gedächtnisschwäche(284)

Gedanken versunken, in(90) | G~ tagsüber

Geistesabwesend(71)

Gesellschaft - Abneigung gegen(156) | A~ Furcht vor dem Alleinsein; jedoch(12) | A~ Land; möchte von Menschen weg aufs(5)

Gesellschaft - Verlangen nach(83) | V~ allein; agg. wenn(48) | *V~ geschehen; als sollte etwas Schreckliches*

Gleichgültigkeit, Apathie(251)

Heimweh(52)

Hysterie(194) | H~ Menses - vor(16)

Konzentration - schwierig(261)

Land - Verlangen, nach Landleben; auf dem Land zu sein(4)

Gemüt ...
Langeweile(53)
Mürrisch(290) | M~ nachmittags(30)
Phantasien - übertrieben(114) | ü~ tagsüber
Reisen - Verlangen nach(28)
Reizbarkeit(408) | R~ nachmittags(37) | R~ angesprochen, wenn(26) | *R~ sich selbst; gegenüber*
Ruhelosigkeit(420)
Schlagen(42) | S~ Verlangen - schlagen, zu(15)
Schreien(133) | *S~ muß; hat das Gefühl, als ob sie schreien*(20)
Schweigsam - Menses; während(5)
Sitzen - Neigung zu sitzen - unbeweglich, still(42) | N~ versunken und nichts wahrnehmend; wie in tiefen, traurigen Gedanken(11)
Spielen - Verlangen zu spielen - Gras, im
Sprechen - anderer agg.; das Sprechen(46)
Streitsüchtig(136)
Traum; wie in einem - tagsüber(2)
Traurigkeit(477)
Traurigkeit - Wetter - nassem Wetter, bei(3)
Vergeßlich(187)
Verlangen, Wunsch nach - voller Verlangen - Höhle zu sein; in einer
Verspielt(13)
Verstehen - nicht; versteht - sprechen; kann aber
Wahnideen(191) | W~ Fallen - vorne, nach - würde nach vorne fallen; sie(15) | W~ geschlagen, er würde(2) | W~ Hören - Einbildung; etwas zu hören(44) | W~ Randalierer würden einbrechen, wenn sie allein ist | W~ Sprechen - hört, er | *W~ Stimmen - hört*(37) | W~ Verletzung - worden; er sei verletzt(10)
Zeit - schnell, scheint kürzer; vergeht zu(14)
Zerstreut(166)
Zorn(243) | *Z~ angesprochen, wenn*(3)

Träume
Alpträume, Alpdrücken(144)

Träume ...
Ängstlich(239)
Ereignisse - zurückliegende, kurz(55) | z~ Vortag, vom(41)
Fallen, zu stürzen; zu(60) | F~ Abgrund, in einen(4) | F~ Grube, in eine
Gehen(10)
Geschäft(40)
Gewissensbisse(11)
Kämpfe(54)
Leichen(42)
Reisen(48)
Schrecklich(237)
Verdrießlich(122)
Verstorbenen, von(84)
Weinen(14)

– Elaterium officinarum –

elat.

Gemüt
Auffahren, Zusammenfahren - Schlaf - während(163)
Furcht - Katastrophe ; vor einer(8)
Hause, zu - verlassen; Verlangen das Zuhause zu(7)
Heimweh(52)
Traurigkeit(477) | *T~ Fieberhitze, in der*(55)
Wandern - Verlangen zu wandern(15) | *V~ nachts*(2)

– Eosinum –

eos.

Gemüt
Wahnideen - groß gewachsen - er oder sie sei groß gewachsen(7)

– Epigea repens –

epig.

Gemüt
Beschwerden durch - geistige Anstrengung(59)
Geistige Anstrengung - agg.(141)

– Epilobium palustre –

epil.

Gemüt

Stumpfheit(332)

– Epiphegus virginiana –

epiph.

Gemüt

Beschwerden durch - Erregung - Gefühle, der(87) | B~ geistige Anstrengung(59)

– Equisetum arvense –

equis-a.

Gemüt

Schreien(133)

– Equisetum hyemale –

equis-h.

Gemüt

Erschöpfung; geistige(217)

Finster zu blicken; Neigung

Geistige Anstrengung - agg. - unmöglich(130)

Reizbarkeit(408)

Ruhelosigkeit - abends(51)

Stirnrunzeln, Neigung zum(8)

Wahnideen - Fallen - er würde(29)

Träume

Dinge - verändernde, sich(18)

Erschöpfend(45)

Menschen(14) | **M~ Menschenmenge**(2)

Orte - öffentliche(3)

Unzusammenhängend, zusammenhanglos(24)

Verworren(122)

Viele(260)

– Erechthites hieracifolia –

erech.

Gemüt

Anstrengung - körperliche Anstrengung - Verlangen nach(9)

Träume

Beschämend(13)

Nacktheit(4)

– Ergotinum –

ergot.

Gemüt

Angst(362)

Langsamkeit(68)

Traurigkeit(477)

– Erigeron canadense –

erig.

Gemüt

Ehrgeiz - Verlust von(15)

Erschreckt leicht - Erwachen, beim - Traum, aus einem(14)

Faulheit(269) | F~ nachmittags(18) | F~ abends(20)

Fehler; macht - Schreiben, beim - läßt etwas aus - Buchstaben(18) | l~ Worte(14)

Froh - Urinieren - nach(3)

Konzentration - schwierig(261)

Reizbarkeit - morgens(69)

Ruhelosigkeit(420) | R~ nachts(249)

Traurigkeit(477)

Weinen - Urinieren - während(2)

Träume

Angenehm(136)

Schrecklich(237) | *S~ wecken ihn*(8)

Verworren(122)

Wecken den Patienten(118)

– Eriodyction californicum –

erio.

Gemüt

Gedächtnis - Gedächtnisschwäche(284)

Hochgefühl(97)

Gemüt ...
Stöhnen - Schlaf, im(62)

Träume
Verdrießlich(122)

– Eryngium aquaticum –

ery-a.

Gemüt
Ekstase(59)
Gedanken - wandernd(72)
Konzentration - schwierig(261) | s~ nachmittags(5)
Nüchternheit, Besonnenheit(3)
Ruhelosigkeit(420)
Stumpfheit(332) | S~ nachts - Erwachen, beim(9) | S~ denkt - lange zu denken; unfähig(12)
Traurigkeit(477)
Traurigkeit - Pollutionen, durch(23)
Verwirrung, geistige(321) | V~ nachmittags(33)

Träume
Ängstlich(239)
Erotisch(196)
Verworren(122)

– Eryngium maritimum –

ery-m.

Gemüt
Froh(182) | F~ morgens - Erwachen, beim(6)
Singen - morgens - Erwachen; beim

– Erythrophlaeum judiciale –

eryt-j.

Gemüt
Still sein, seine Ruhe haben; möchte(21)

– Espeletia grandiflora –

esp-g.

Gemüt
Fehler; macht - Sprechen, beim(81) | S~ Worte - falsche Worte; benutzt(53)
Gleichgültigkeit, Apathie(251)
Hast, Eile(112)
Hypochondrie(116)
Konzentration - schwierig(261)
Stumpfheit - mittags(4)
Traurigkeit(477) | T~ Alter, im(2)

Träume
Ruhelos(53)
Würmer - kriechende(5)

– Eucalyptus globulus –

eucal.

Gemüt
Anstrengung - körperliche Anstrengung - Verlangen nach(9)
Erregung(287)
Erschöpfung; geistige(217)
Fleißig, arbeitsam, Arbeitswut(101)
Froh(182)
Geistige Anstrengung - Verlangen nach(65)
Hochgefühl(97)
Spannkraft(3)
Stumpfheit(332)
Verwirrung, geistige(321)
Wahnideen - faul - bewegen; zu faul um sich zu | W~ schlafen; er würde - nicht genug geschlafen; er habe(17)

– Eugenia jambos –

eug.

Gemüt
Faulheit(269)
Froh(182) | F~ Urinieren - nach(3)
Geistige Anstrengung - Verlangen nach(65)
Gesellschaft - Abneigung gegen(156)
Grobheit(37)
Hochgefühl(97)

Gemüt ...
Meditieren, Nachdenken(47)
Mürrisch - abwechselnd mit - Fröhlichkeit, Frohsinn(23)
Nachdenken, Überlegen(8)
Redseligkeit; Geschwätzigkeit(136)
Ruhelosigkeit(420)
Traurigkeit(477)
Traurigkeit - Urinieren - amel.(2)
Unzufrieden(168) | U ~ allem; mit(66)
Verkehrt, alles erscheint(6)
Verstecken - sich(18)
Verwirrung, geistige(321)
Wahnideen - Haus - Kopf gedreht; das Haus würde in der Entfernung auf den | W ~ schön - Urinieren schön; alle Dinge scheinen nach dem

Träume
Angenehm(136)
Verworren(122)

– Euonymus atropurpurea –
euon-a.

Gemüt
Gedächtnis - Gedächtnisschwäche - Eigennamen; für(44)
Wahnideen - hochgezogen - Boden hochgezogen; er wurde vom - schwierig, den Fuß auf den Boden zu setzen; es ist | W ~ Umkippen - Sitzen oder Gehen; beim

– Euonymus europaea –
euon.

Gemüt
Angst(362)
Faulheit(269)
Gedanken - Vergehen, Schwinden der Gedanken(76) | V ~ geistige Anstrengung; durch(13)
Lästig, geht auf die Nerven(79)
Mürrisch(290)
Reizbarkeit(408)
Traurigkeit(477)
Unbesonnen(82)

Gemüt ...
Verwirrung, geistige - geistige Anstrengung - durch(50)
Wahnideen - Fliegen(13) | *W ~ schweben - Luft, in der*(45)

– Eupatorium aromaticum –
eup-a.

Gemüt
Hysterie(194)

– Eupatorium perfoliatum –
eup-per.

Gemüt
Alkoholismus(135)
Angst(362)
Bewußtlosigkeit - Fieber, im(50)
Empfindlich - Gerüche, gegen(30)
Erregung(287)
Furcht - nachts(58) | *F ~ Geisteskrankheit*(74) | F ~ Leiden, vor(12)
Gehalten - amel.; gehalten zu werden(22)
Gespräche - amel.(3)
Heimweh(52)
Reizbarkeit(408)
Ruhelosigkeit(420) | R ~ Bett - Herumwerfen im(123) | R ~ Frost - während(23) | *R ~ Hitze - während*(66) | R ~ Schmerzen, durch(19)
Schreien(133)
Seufzen(98)
Stimmung, Laune - veränderlich(158)
Stöhnen(119) | *S ~ Fieberfrost, im*(6) | S ~ Hitze; während der(16) | S ~ Schlaf, im(62) | *S ~ Schmerzen, durch*(8)
Traurigkeit(477) | *T ~ Fieberhitze, in der*(55)
Traurigkeit - Schläfrigkeit, bei(8)
Verzweiflung(137)
Wahnideen - Entkräftung nicht ertragen; er könne solch eine völlige(2) | W ~ gegangen - sei gegangen; sie - lange Strecke, eine(2) | W ~ herumwirbeln - er - Kohlensieb gelegt worden; und in ein

Gemüt ...
Wahnideen - Verstand - verlieren, verrückt werden; er werde seinen Verstand(5)
Weinen(244)

– Eupatorium purpureum –
eup-pur.

Gemüt
Beschwerden durch - Heimweh(8)
Furcht - Krankheit, vor drohender(66)
Heimweh(52)
Hysterie(194)
Redseligkeit; Geschwätzigkeit(136)
Schreien(133)
Seufzen(98)
Stöhnen(119)
Stumpfheit(332)
Traurigkeit(477)
Verwirrung, geistige(321)
Wahnideen(191) | W ~ Fallen - Seite hin; auf eine - links, nach(6) | W ~ Hören - Einbildung; etwas zu hören(44) | W ~ Kopf - Fliegen - rund herum | W ~ Sehen und Hören; in bezug auf(3)
Weinen(244)

Träume
Schrecklich(237)

– Euphorbia amygdaloides –
euph-a.

Gemüt
Mürrisch(290) | M ~ abends - amel.(2)
Ruhelosigkeit - nachts(249)
Wahnideen(191) | W ~ Geruchssinns, des(17)

– Euphorbia corollata –
euph-c.

Gemüt
Angst(362) | A ~ Schweiß - kaltem, mit(12)
Lebensüberdruß(82)
Tod - wünscht sich den Tod, möchte sterben(72)

– Euphorbia hypericifolia –
euph-hy.

Gemüt
Konzentration - schwierig(261)

– Euphorbia lathyris –
euph-l.

Gemüt
Ruhelosigkeit(420)

Träume
Ängstlich(239)

– Euphorbium officinarum –
euph.

Gemüt
Angst(362) | A ~ Zukunft(108)
Auffahren, Zusammenfahren - nachts(19) | A ~ Bett, im - wachliegt, während er(3) | A ~ elektrisch - Schläge durch den Körper, während er hellwach ist(3) | e ~ wie(4)
Betäubung(237) | B ~ Schläfrigkeit, bei(11)
Beten(21)
Bewußtlosigkeit(280) | *B ~ tagsüber*(2) | B ~ mittags - und nachmittags
Delirium(233)
Ernst(77)
Fleißig, arbeitsam, Arbeitswut(101)
Furcht(242) | F ~ Magen - aufsteigend vom(15) | F ~ Unheil; Furcht vor(115) | F ~ vergiftet - worden zu sein(2)
Gedanken - überlegt(54)
Geisteskrankheit, Wahnsinn(153) | G ~ Gebet - besteht darauf, sein Gebet am Schwanz seines Pferdes zu sprechen
Gesellschaft - Abneigung gegen(156)
Kunst - Talent zur(8)
Meditieren, Nachdenken(47)
Milde(80)
Nachdenken, Überlegen(8)
Ruhelosigkeit - zittrig(5)
Schreien - Schlaf, im(80)
Schweigsam(209)
Seelenruhe, Gelassenheit(85)

Gemüt ...

Selbstbetrachtung(58)
Sprache - unklar, unverständlich(20)
Still sein, seine Ruhe haben; möchte(21)
Stilles Wesen(49)
Stupor(138) | S~ tagsüber(2) | S~ mittags und nachmittags
Traurigkeit(477) | T~ Gesellschaft - agg.(2)
Wahnideen - geht - derselbe, der vor ihm geht, geht auch hinter ihm | W~ Mann - derselbe Mann geht vor und hinter ihm | W~ Menschen - hinter ihm; jemand sei - vor ihm; dieselbe Person ist hinter ihm und | W~ schlafen; er würde - Nacht geschlafen; er habe die ganze(2) | W~ vergiftet - er - worden; er sei(16) | W~ vergrößert(42)
Weinen - nachts(81) | W~ Schlaf, im(88)
Zurückhaltend, reserviert(64)

Träume

Angenehm(136)
Ängstlich(239)
Ereignisse - zurückliegende, kurz(55) | z~ Vortag, vom(41)
Erotisch(196) | E~ Pollutionen, mit(96)
Fortsetzung - Träumen, von - Erwachen, nach dem(22)
Geschäft - Tage, vom(39)
Hartnäckig(29)
Lange Zeit(13)
Lebhaft(193)
Ruhelos(53)
Schrecklich(237)
Unwichtig(46)
Verworren(122)
Viele(260)
Wecken den Patienten(118)

– *Euphrasia officinalis* –

euphr.

Gemüt

Angst - Zukunft(108)
Antworten - Abneigung zu antworten(67)
Auffahren, Zusammenfahren - Schlaf - während(163) | *S~ durch*(124)

Gemüt ...

Auffahren, Zusammenfahren - Schreck oder wie durch Schreck; durch(68)
Betäubung(237)
Bewußtlosigkeit(280) | B~ morgens(45)
Brütet, grübelt(41)
Chaotisch(44)
Dunkelheit - amel.(5)
Empfindlich - Mangel an Empfindlichkeit(20)
Ernst(77)
Erschreckt leicht - nachts - Erwachen, beim(2) | *E~ Erwachen, beim*(41)
Faulheit(269)
Fleißig, arbeitsam, Arbeitswut(101)
Furcht(242)
Gedächtnis - Gedächtnisschwäche(284)
Gedanken - hartnäckig(83) | G~ überlegt(54)
Gedanken versunken, in(90)
Gleichgültigkeit, Apathie(251) | G~ äußere - Dinge; gegen(26)
Hypochondrie(116) | H~ Interesse an der Umgebung; hat kein
Konzentration - schwierig(261)
Milde(80)
Mürrisch(290)
Phantasien - übertrieben(114)
Reizbarkeit(408)
Ruhelosigkeit(420) | R~ nachts(249) | n~ Mitternacht - vor(12)
Schweigsam(209)
Selbstbetrachtung(58)
Sitzen - Neigung zu sitzen(110)
Sprache - zögernd(22)
Stilles Wesen(49)
Stumpfheit(332)
Stupor(138) | S~ morgens(36)
Traurigkeit(477)
Verwirrung, geistige(321) | V~ morgens(115) | m~ Erwachen, beim(50)
Verwirrung, geistige - abends(78) | V~ Erwachen, beim(71) | V~ Essen - nach(52) | V~ kaltes Bad - amel.(4) | V~ Mittagessen - nach(9) | V~ Waschen des Gesichtes - amel.(8)
Wahnideen - Gesichter, sieht - Schließen der Augen; beim(15)

Gemüt ...
Wahnideen - Kopf - groß - Grimassen; große Köpfe schneiden - abends beim Schließen der Augen | W~ nüchtern, wenn(3) | W~ Phantasiegebilde, Illusionen(115)
Weinen - Liegen, beim
Zurückhaltend, reserviert(64)

Träume
Ängstlich(239)
Blitz(4)
Feuer(65) | F~ Blitz, durch
Fiebrig(2)
Gewitter(6)
Schrecklich(237)
Verworren(122)
Viele(260)
Wecken den Patienten - häufig(7)

– *Eupionum* –

eupi.

Gemüt
Erschreckt leicht - Erwachen, beim(41)
Froh(182)
Gedächtnis - Gedächtnisschwäche(284)
Gedanken - Gedankenandrang, einstürmende Gedanken, Gedankenfluß(78)
Ideen, Einfälle - Reichtum an, Klarheit des Geistes(125)
Lustig, fröhlich(123)
Qualvolle Angst - nachmittags(7)
Raserei, Tobsucht, Wut(95)
Reizbarkeit(408) | R~ Menses - während(42) | M~ Aussetzen der; beim
Ruhelosigkeit(420) | R~ nachts(249) | R~ innerlich(37) | i~ abends im Bett
Verwirrung, geistige(321)
Wahnideen(191) | W~ Gelee, Gallerte; der Körper sei aus | W~ Glas - Holz, Glas etc; er sei aus(3) | W~ Körper - Gallerte, Gelee; der Körper sei aus
Zorn(243)

Träume
Ängstlich(239)

Träume ...
Ekelhaft(32)
Fallen, zu stürzen; zu(60) | F~ Abgrund, in einen(4) | F~ Wasser, ins(11) | W~ Kind fällt, ihr
Gespenster(38)
Krankheit(43) | K~ Husten
Männer - nackte(3)
Ochsen - verfolgen ihn(3)
Schrecklich(237)
Unerinnerlich, bleiben nicht im Gedächtnis(93)
Verfolgt zu werden - Ochsen, von einem(3) | V~ Tieren, von(13) | T~ wilde(14)
Verworren(122)
Viele(260)
Wasser(49)
Wiederholende, sich(6)

– *Eysenhardtia polystachia* –

eys.

Gemüt
Konzentration - schwierig(261)

– *Fagopyrum esculentum* –
fago.

Gemüt
Angesprochen zu werden - Abneigung(63)
Froh(182)
Furcht - Tod; vor dem(143)
Geistige Anstrengung - agg. - unmöglich - nachmittags(3) | G~ Verlangen nach - nachts - Mitternacht - nach - 5 h(2) | G~ Abneigung gegen(150) | A~ vormittags - 11 h
Konzentration - schwierig(261) | s~ Studieren(52)
Mürrisch - abends(31)
Reizbarkeit(408) | R~ abends(60)
Ruhelosigkeit - morgens(22) | R~ vormittags(11) | R~ nachmittags(25) | R~ abends(51) | R~ nachts(249) | n~ Mitternacht - nach - 3 h - 3 - 4 h
Ruhelosigkeit - Aufstehen, beim(3) | R~ Bett - im(15) | R~ geistige Anstrengung - während(6) | R~ studieren; beim Versuch zu(2)
Schweigsam(209) | S~ nachmittags(7)
Stumpfheit(332) | S~ Essen, nach dem - amel.(7)
Traurigkeit(477)
Verwirrung, geistige(321) | V~ Essen - amel.(8)

Träume
Angenehm(136)
Krankheit(43) | K~ Blähungskolik
Unangenehm(87)
Versagen, Fehlschlägen; von(5)
Viele(260)

– *Fagus sylvatica* –
fagu.

Gemüt
Betäubung - nachts(6)
Delirium(233)
Furcht - Wasser, vor(33)
Tollwut, Hydrophobie(46)
Traurigkeit(477)
Verwirrung, geistige(321)

Gemüt ...
Wildheit(29)

– *Fel tauri* –
fel

Gemüt
Geschäft - Verlangen nach(6)
Geschäftig(45)
Mürrisch(290)
Reizbarkeit(408)

– *Ferrum aceticum* –
ferr-act.

Gemüt
Furcht - Menschenmenge; in einer(58)
Mürrisch - Essen, nach dem(21)

– *Ferrum arsenicosum* –
ferr-ar.

Gemüt
Angst(362) | A~ nachts(119) | A~ Fieber - während(91) | A~ Furcht, mit(110) | A~ Gewissensangst(75)
Betäubung(237)
Bewußtlosigkeit(280)
Eigensinnig, starrköpfig, dickköpfig(107)
Empfindlich(192) | *E~ Geräusche, gegen*(149) | G~ Stimmen, gegen(15)
Ernst(77)
Erregung(287)
Furcht(242) | F~ Menschen, vor(81) | F~ Menschenmenge; in einer(58) | F~ Tod; vor dem(143) | F~ Unglück, vor(93) | F~ Unheil; Furcht vor(115)
Gewissenhaft, peinlich genau in bezug auf Kleinigkeiten(58)
Gleichgültigkeit, Apathie(251)
Hysterie(194)
Konzentration - schwierig(261)
Lachen(102)
Lustig, fröhlich(123)
Reizbarkeit(408)
Religiös - Gemütsstörungen, religiöse(63)

Gemüt …
Reue(63)
Ruhelosigkeit(420) | R~ nachts(249) | R~ Bett - Herumwerfen im(123) | B~ treibt aus dem(39)
Ruhelosigkeit - Hitze - während(66)
Schweigsam(209)
Seelenruhe, Gelassenheit(85)
Sprechen - anderer agg.; das Sprechen(46)
Stimmung, Laune - veränderlich(158) | S~ wechselnd, wechselhaft(80)
Streitsüchtig(136)
Tod - Gedanken an den Tod(54)
Traurigkeit(477) | T~ abends(76) | *T~ allein - wenn*(24)
Unentschlossenheit(146)
Unzufrieden(168)
Vergeßlich(187)
Verwirrung, geistige(321) | V~ morgens(115) | m~ Erwachen, beim(50)
Verwirrung, geistige - abends(78)
Weinen(244)
Widerspruch - Neigung zu widersprechen(38)
Zerstreut(166)
Zorn(243) | Z~ Widerspruch, durch(37)

Träume
Ängstlich(239)

– *Ferrum bromatum* –
ferr-br.

Gemüt
Traurigkeit - Pollutionen, durch(23)

– *Ferrum carbonicum* –
ferr-c.

Gemüt
Angst - Zukunft(108)

– *Ferrum iodatum* –
ferr-i.

Gemüt
Angst(362) | A~ Zukunft(108)

Gemüt …
Auffahren, Zusammenfahren(117) | A~ Schlaf - während(163) | S~ durch(124)
Betäubung(237)
Demenz - Epileptikern, von(12)
Erregung(287)
Faulheit - abends(20)
Gesellschaft - Abneigung gegen(156)
Gewissenhaft, peinlich genau in bezug auf Kleinigkeiten(58)
Gleichgültigkeit, Apathie(251)
Hysterie(194)
Konzentration - schwierig(261) | s~ Studieren(52)
Lustig, fröhlich(123)
Reizbarkeit(408)
Ruhelosigkeit(420) | R~ nachts(249)
Stimmung, Laune - veränderlich(158) | S~ wechselnd, wechselhaft(80)
Stumpfheit(332) | S~ Lesen(35)
Traurigkeit(477)
Unentschlossenheit(146)
Verwirrung, geistige - abends(78) | V~ Hutes agg.; Aufsetzen eines(2) | V~ Lesen, beim(15) | V~ Rauchen (von Tabak) - nach(6) | V~ Schreiben, beim(10)
Weinen(244)
Zorn(243) | Z~ leicht(37)

Träume
Alpträume, Alpdrücken(144)
Ängstlich(239)
Bett ist zu klein
Dinge - klein, erscheinen
Ereignisse - vergangene, längst(16) | E~ vergessene; längst(15) | E~ zurückliegende, kurz(55)
Groß zu sein, sehr
Kämpfe(54) | K~ Räubern, mit(5)
Lebhaft(193)
Phantastisch(55)
Räuber(36) | R~ kämpfen; mit Räubern zu(5)
Tod(64)
Unangenehm(87)
Unwichtig(46)
Verstorbenen, von(84)
Verworren(122)

Träume ...
Viele(260)

– Ferrum magneticum –

ferr-ma.

Gemüt
Auffahren, Zusammenfahren - Schlaf - während(163) | S~ Einschlafen, beim(72)
Auffahren, Zusammenfahren - Träumen, in - aus einem Traum(35)
Froh(182)
Gehen - selbstzufriedenem Eindruck der Wichtigkeit; geht in einem
Hochmütig, arrogant(53) | H~ Blick, selbstzufriedener(2)
Hoffnung, voller(13)
Langsamkeit(68)
Mürrisch(290)
Schweigsam - Essen; nach dem(5)
Selbstbetrachtung - Essen, nach dem(2)
Stumpfheit(332)
Unentschlossenheit(146)
Zorn(243)

Träume
Absurd(13)
Verworren(122)
Wecken den Patienten(118)

– Ferrum metallicum –

ferr.

Gemüt
Abneigung - Freunde, gegen(6)
Albernes Benehmen(65)
Alkoholismus(135)
Angst(362) | *A~ nachts*(119) | n~ Mitternacht - vor(36)
Angst - andere, um(24) | A~ Anfälle - mit Anfällen(10) | *A~ Bett - im Bett*(49) | *i~ Herumwerfen, mit*(7)
Angst - Bier, nach | A~ Essen - nach(39) | *A~ Fieber - während*(91) | A~ Furcht, mit(110) | *A~ Gewissensangst*(75) | *A~ Kleinigkeiten, um*(23) | A~ Schlaf - während(42) | *A~ Schweiß - kaltem, mit*(12)
Beschäftigung - amel.(48)

Gemüt ...
Beschimpfen, beleidigen, schmähen(67)
Beschwerden durch - Erregung - Gefühle, der(87) | B~ Überraschungen - angenehme(5) | B~ Verachtung; verachtet zu werden(23) | B~ Zorn(94)
Bestimmtheit(11)
Betäubung(237)
Bewußtlosigkeit(280) | B~ nachts - amel. | B~ Freien, im(3) | B~ Schwindel, bei(46)
Chaotisch(44)
Denken - Abneigung gegen(46)
Diktatorisch, herrschsüchtig, dogmatisch, despotisch(25)
Eigensinnig, starrköpfig, dickköpfig(107)
Empfindlich(192) | *E~ Geräusche, gegen*(149) | G~ Abneigung gegen(3) | *G~ geringste Geräusch; gegen das*(29) | G~ Rascheln von Papier; gegen(6) | G~ schrille Töne, gegen(16)
Ernst(77)
Erregung(287) | E~ agg.(41) | E~ abends(32) | *E~ nachts*(40) | *E~ Hitze - während der Hitze; Erregung*(23) | E~ Kleinigkeiten, über(12) | E~ Menses - während(14) | M~ nach
Erregung - Widerspruch; durch den geringsten
Erschöpfung; geistige(217)
Faulheit(269)
Froh(182) | F~ abends(42) | F~ abwechselnd mit - Traurigkeit(57) | T~ periodisch - Tag; jeden zweiten
Furcht(242) | *F~ Apoplexie, vor*(36) | F~ Eisenbahn zu fahren; mit der(3) | F~ Geräusche, durch(40) | F~ Herzklopfen, mit(11) | F~ Menschen, vor(81) | F~ Menschenmenge; in einer(58) | F~ offenen Plätzen; Furcht vor(17) | F~ Tod; vor dem(143) | F~ Überqueren - Brücke oder eines Platzes; einer(5) | F~ Unglück, vor(93) | U~ abends(2)
Furcht - Unheil; Furcht vor(115)
Gedächtnis - Gedächtnisschwäche(284)
Gedanken - wandernd(72)

Gemüt ...

Geisteskraft - erhöht(18)

Geistige Anstrengung - agg. - unmöglich(130) | *G~ amel.*(15) | *G~ Abneigung gegen*(150)

Gemütssymptome - abwechselnd mit - körperliche Symptome(18)

Gesellschaft - Abneigung gegen(156) | A~ allein, wenn - amel.(33) | A~ Anblick von Menschen; vermeidet den(15) | *A~ Freunden, von engsten*(10)

Gespräche - agg.(45) | G~ Abneigung gegen(21)

Gewissenhaft, peinlich genau in bezug auf Kleinigkeiten(58)

Gleichgültigkeit, Apathie(251)

Grobheit(37)

Heftig, vehement(100)

Hochgefühl - abwechselnd mit - Traurigkeit(8)

Hochmütig, arrogant(53) | H~ Blick, selbstzufriedener(2)

Hypochondrie(116)

Hysterie(194)

Kleinigkeiten scheinen wichtig, bedeutend(19)

Konzentration - schwierig(261)

Lachen(102) | L~ Menopause, in der | *L~ unmäßig*(28) | L~ Weinen - gleichzeitig Lachen und Weinen - Menopause; während der

Langeweile(53)

Launenhaftigkeit, launisch(108)

Lebhaft, munter - abends(3)

Lustig, fröhlich(123) | L~ abends(29) | L~ abwechselnd mit - Traurigkeit(14)

Menses - während; Gemütssymptome - Beginn der Menses; zu(5) | *M~ unterdrückten Menses; Gemütssymptome nach*(2)

Mürrisch(290) | *M~ Fieber - während*(12) | M~ Menses - während(10) | M~ nach(2)

Nüchternheit, Besonnenheit(3)

Reizbarkeit(408) | *R~ Geräusche, durch*(21) | *G~ Rascheln der Zeitung; selbst durch das*(4)

Gemüt ...

Reizbarkeit - Hitze - während(31) | R~ Menses - während(42) | M~ nach(5)

Religiös - Gemütsstörungen, religiöse(63)

Reue(63)

Ruhelosigkeit(420) | R~ abends(51) | *R~ nachts*(249) | *n~ Mitternacht - vor*(12) | M~ nach - 2 h(8)

Ruhelosigkeit - ängstlich(111) | *R~ Bett - aus einem Bett zum anderen gehen; will*(15) | **B~ Herumwerfen im**(123) | **B~ treibt aus dem**(39)

Ruhelosigkeit - Hitze - während(66) | *R~ Menses - unterdrückten, bei*(9) | *R~ Sitzen, im*(21) | *R~ warm - Bett*(7)

Schreckliches und traurige Geschichten greifen sie stark an(32)

Schüchternheit, Zaghaftigkeit - schamhaft(58)

Schweigsam(209)

Seelenruhe, Gelassenheit(85)

Sinne - scharf(52)

Sitzen - Neigung zu sitzen(110)

Sprechen - agg. die Beschwerden(34) | S~ anderer agg.; das Sprechen(46)

Spucken - Speisen; von

Stimmung, Laune - veränderlich(158) | **S~ wechselnd, wechselhaft**(80)

Streitsüchtig(136)

Stumpfheit(332) | S~ morgens - Erwachen, beim(26) | S~ nachmittags(29) | S~ Schläfrigkeit, bei(30)

Stupor(138) | S~ nachts - amel.

Tod - Gedanken an den Tod(54) | T~ Gefühl von(25)

Traurigkeit(477) | T~ abends(76) | T~ allein - wenn(24) | T~ Anstrengung, nach - amel. | T~ Diarrhoe, bei(7) | T~ Menses - vor(34)

Traurigkeit - Menses - während(35) | *M~ nach*(7)

Unbehagen(44)

Unentschlossenheit(146)

Ungestüm - Schweiß, mit(12)

Unzufrieden(168)

Vergeßlich(187) | V~ Essen, nach dem(5)

Gemüt ...

Verwirrung, geistige(321) | V~ morgens - Erwachen, beim(50) | V~ nachmittags(33) | V~ abends(78) | V~ Bewegung, durch - amel.(3) | V~ Essen - nach(52) | V~ Gehen(37) | V~ Waschen des Gesichtes - amel.(8)

Wahnideen - Balancieren - Brücke über Wasser; als balanciere er beim Überqueren einer | B~ sich selbst hin und her; als balanciere er

Wahnideen - berauscht - sei, er(59) | s~ Wasser beim Gehen; beim Anblick von fließendem

Wahnideen - betrunken - sei betrunken, er - Schwindel, mit(2) | W~ drehen - Dinge - mit ihr drehen; Dinge würden sich(5) | W~ fahren; als würde er - Hinlegen, beim - Schließen der Augen agg. | W~ groß - Umgebung scheint zu groß | W~ herumgehen; alles würde mit ihr im Kreis | W~ Kopf - geradehalten; kann seinen Kopf nicht - rechten Seite neigen; der Kopf würde sich ständig zur | W~ Krieg zu befinden; sich im(7) | W~ Menschen - hinter ihm; jemand sei - Gehen, beim - Dunkelheit, in der(2) | W~ rund herum - alles geht - Blicken auf Wasser; beim | W~ schiebt sich, er - vorne, nach - Fahren, beim | v~ Hinlegen, beim

Wahnideen - Schwindel - habe; er(8) | W~ Umgebung sei weit ausgedehnt, weitläufig | W~ Unrecht - begangen; er habe Unrecht(26) | *W~ Verbrechern, von*(24) | W~ Wasser - von(19)

Weinen(244) | W~ übermäßig, maßlos | *W~ Verlangen zu weinen - immer; die ganze Zeit*(16)

Widerspruch - agg.(11) | W~ Neigung zu widersprechen(38) | *W~ verträgt keinen Widerspruch*(73)

Zorn(243) | Z~ getröstet, wenn(10) | Z~ heftig(72) | *Z~ leicht*(37) | **Z~ Widerspruch, durch**(37)

Träume

Alpträume, Alpdrücken(144)

Ängstlich(239)

Ereignisse - vergangene, längst(16) | E~ zurückliegende, kurz - Vortag, vom(41)

Erotisch - Pollutionen, mit(96)

Erschöpfend(45)

Fallen, zu stürzen; zu(60) | *F~ Wasser, ins*(11)

Freunde(4) | F~ alten Freunden, von(3) | F~ toten Freunden, von(6)

Intellektuell(23)

Kämpfe(54)

Krieg(6)

Lebhaft(193)

Schlachten(13)

Schrecklich(237)

Unangenehm(87)

Verstorbenen, von(84) | V~ Freunde - längst verstorbene(6) | V~ Verwandte(8)

Verworren(122)

Viele(260)

Wasser(49)

Wiedersehen eines alten Schulfreunds(2)

– Ferrum muriaticum –

ferr-m.

Gemüt

Angst(362) | A~ Essen - nach(39) | A~ Schweiß - kaltem, mit(12)

Bett - bleiben; möchte im Bett - morgens(7)

Bewußtlosigkeit(280)

Optimistisch(17)

Redseligkeit; Geschwätzigkeit(136)

Ruhelosigkeit(420) | R~ Bett - Herumwerfen im(123)

Seufzen - unwillkürlich(4)

Stumpfheit(332)

Traurigkeit(477)

Unentschlossenheit(146)

Zorn(243)

– *Ferrum phosphoricum* –

ferr-p.

Gemüt

Angst(362) | A~ nachts(119) | A~ Essen - nach(39) | A~ Fieber - während(91) | A~ Furcht, mit(110) | A~ Gewissensangst(75) | A~ hypochondrisch(52) | *A~ Zukunft*(108)

Auffahren, Zusammenfahren - Fieberhitze, in der(6) | *A~ Schlaf - während*(163) | S~ durch(124)

Beschwerden durch - Zorn(94)

Betäubung(237)

Bewußtlosigkeit(280)

Delirium(233) | D~ Schreien, mit(18)

Delirium tremens(84)

Denken - Abneigung gegen(46)

Eigensinnig, starrköpfig, dickköpfig(107)

Empfindlich(192) | *E~ Geräusche, gegen*(149) | E~ Schmerz, gegen(31)

Entmutigt - abends(6)

Entrüstung(22)

Entschiedenheit, Entschlossenheit - morgens

Erregung(287) | E~ abends(32) | E~ abwechselnd mit - Traurigkeit(13)

Faulheit(269)

Froh(182)

Furcht(242) | F~ Apoplexie, vor(36) | F~ Menschen, vor(81) | F~ Menschenmenge; in einer(58) | *F~ Tod; vor dem*(143) | F~ Unglück, vor(93) | F~ Unheil; Furcht vor(115)

Gedächtnis - Gedächtnisschwäche(284)

Geisteskrankheit, Wahnsinn - Wochenbett, im(35)

Geistige Anstrengung - Abneigung gegen(150)

Geschäftig(45)

Gesellschaft - Abneigung gegen(156) | A~ allein, wenn - amel.(33)

Gleichgültigkeit, Apathie(251) | G~ aufregende Ereignisse; gegen | G~ Vergnügen, gegen(46)

Hast, Eile - nachmittags(2)

Gemüt ...

Hypochondrie(116)

Hysterie(194)

Ideen, Einfälle - Reichtum an, Klarheit des Geistes(125)

Konzentration - schwierig(261) | s~ Studieren(52)

Lustig, fröhlich(123)

Manie(149)

Mürrisch(290)

Mutig(26)

Redseligkeit; Geschwätzigkeit(136)

Reizbarkeit(408)

Ruhelosigkeit(420) | R~ nachts(249) | R~ Bett - Herumwerfen im(123) | B~ treibt aus dem(39)

Ruhelosigkeit - Hitze - während(66)

Schreien(133)

Schüchternheit, Zaghaftigkeit(113) | S~ nachmittags(4)

Schweigsam(209)

Singen(59)

Spaßen(52)

Stimmung, Laune - wechselnd, wechselhaft(80)

Stumpfheit(332)

Stupor(138)

Traurigkeit(477) | T~ abends(76) | T~ Menses - vor(34)

Unduldsamkeit - nachmittags | U~ Ärger, gegenüber | U~ Hindernissen, gegenüber(2)

Unentschlossenheit - abends(4)

Ungestüm(31) | U~ abends

Unzufrieden(168) | U~ allem; mit(66)

Vergeßlich(187)

Verwirrung, geistige(321) | V~ morgens(115) | V~ abends(78) | V~ Bewegung, durch - amel.(3) | V~ Essen - nach(52) | V~ Gehen - amel.(3) | V~ Waschen des Gesichtes - amel.(8)

Wahnideen - Kopf - gestoßen; der Kopf würde - vorne, nach

Weinen(244)

Zorn(243) | Z~ heftig(72)

Träume

Alpträume, Alpdrücken(144)

TRÄUME ...
Ängstlich(239)
Fallen, zu stürzen; zu(60)
Krankheit - wahnsinnig zu werden(2)
Lebhaft(193)
Streitigkeiten(69)
Verrückt zu sein(2)
Verworren(122)
Viele(260)
Wahnsinnig - werden, zu(2)

– *Ferrum picricum* –

ferr-pic.

GEMÜT
Erschöpfung; geistige(217)
Geistige Anstrengung - agg.(141)

– *Ferrum sulphuricum* –

ferr-s.

GEMÜT
Stöhnen(119)

– *Ferrum tartaricum* –

ferr-t.

GEMÜT
Furcht - Apoplexie, vor(36)

– *Ferula glauca* –

ferul.

GEMÜT
Auffahren, Zusammenfahren - Schlaf - durch(124)
Faulheit(269)
Geisteskrankheit, Wahnsinn - erotisch(31)
Nymphomanie(67)
Ruhelosigkeit - nachts(249)
Traurigkeit(477)
Ungeduld(131)
Weinen(244)
Zorn(243)

– *Ficus religiosa* –

fic-r.

GEMÜT
Ruhelosigkeit(420)
Traurigkeit(477)

– *Filix mas* –

fil.

GEMÜT
Angst(362)
Bewußtlosigkeit(280)
Mürrisch - Wurmleiden, bei(3)
Reizbarkeit - Wurmleiden, bei(2)

– *Flavus* –

flav.

GEMÜT
Traurigkeit(477)

– *Flor de piedra* –

flor-p.

GEMÜT
Geistige Anstrengung - Verlangen nach(65)
Ideen, Einfälle - Reichtum an, Klarheit des Geistes(125)
Langsamkeit(68)
Traurigkeit(477)

– *Fluoricum acidum* –

fl-ac.

GEMÜT
Abneigung - Ehefrau; gegen seine(6) | A ~ Eltern, gegen die | *A ~ Familienmitglieder; gegen*(19) | F ~ anderen Personen; spricht aber freundlich mit
Abneigung - Freunde, gegen(6)
Alkoholismus(135)
Angst(362) | A ~ morgens - Aufstehen - nach - amel.(6) | *A ~ abends*(87) | A ~ andere, um(24) | A ~ Fieber - während(91)

Gemüt ...

Angst - Gehen - schnell - wodurch er schneller geht(3) | A ~ Kopfschmerzen, mit(18) | A ~ Zukunft(108)

Beschwerden durch - Ausschweifungen(10) | B ~ Erwartungsspannung(68) | B ~ geistige Anstrengung(59)

Bewußtlosigkeit(280) | B ~ periodisch(6)

Boshaft(99)

Destruktivität, Zerstörungswut(41)

Ekstase(59)

Empfindlich(192) | *E ~ Geräusche, gegen*(149) | *G ~ morgens*

Erregung(287) | E ~ abends(32) | E ~ Gehen - nach(3)

Erschöpfung; geistige(217)

Fehler; macht - Orte; in bezug auf(32) | F ~ Schreiben, beim(83) | S ~ falsch - Worte(16)

Fehler; macht - Sprechen, beim - Buchstabieren, beim(23) | *S ~ Worte - falsche Worte; benutzt - Seite statt linke und umgekehrt; sagt rechte*(5) | W ~ stellt Worte an die falsche Stelle(46)

Fehler; macht - Zeit; in bezug auf die(34)

Fleißig, arbeitsam, Arbeitswut(101)

Froh(182) | *F ~ morgens*(21) | F ~ abwechselnd mit - Traurigkeit(57) | F ~ Gehen im Freien und danach; beim(7) | F ~ Menses - vor(4) | *M ~ während*(2)

Furcht(242) | F ~ Apoplexie, vor(36) | F ~ Gefahr, vor drohender(10) | F ~ geschehen; etwas werde(82) | F ~ Krebs(13) | F ~ Leiden, vor(12) | F ~ Menschen, vor(81) | *F ~ Tod; vor dem*(143) | F ~ Unglück, vor(93)

Furchtlos - Gefahr, trotz

Gedächtnis - gut, aktiv(91) | g ~ morgens

Gedächtnis - Gedächtnisschwäche(284) | G ~ Eigennamen; für(44) | G ~ gedacht hat; für das, was er gerade(18) | G ~ Geschäfte, für(13) | G ~ getan hat; für das, was er eben(34) | G ~ Termine, für das Datum; für(12) | G ~ tun wollte; für das, was er gerade(33)

Gemüt ...

Gedanken - drängen auf ihn ein und schwirren durcheinander(16) | G ~ Gedankenandrang, einstürmende Gedanken, Gedankenfluß(78)

Geisteskrankheit, Wahnsinn(153) | G ~ unbeweglich wie eine Statue(3)

Geistige Anstrengung - agg.(141)

Geschäft - Abneigung gegen(45)

Gesellschaft - Abneigung gegen(156) | G ~ Verlangen nach(83) | *V ~ allein; agg. wenn*(48) | V ~ amel. in Gesellschaft(18)

Gespräche - agg.(45)

Gesten, Gebärden; macht - entschieden | G ~ Hände; unwillkürliche Bewegungen der(23)

Gleichgültigkeit, Apathie(251) | *G ~ geliebte Personen, gegen*(17) | *g ~ Fremden gegenüber; und angeregtes Verhalten*

Gleichgültigkeit, Apathie - geschäftliche Angelegenheiten; gegen(18) | *G ~ Verwandte, gegen*(12) | G ~ wichtige - Dinge; gegen(2)

Hämorrhoiden; Gemütssymptome nach unterdrückten(18)

Haß - abwesende Personen, amel. wenn er sie sieht; auf | H ~ Rachsucht; Haß und(32)

Hast, Eile - Gehen, beim(15)

Hause, zu - verlassen; Verlangen das Zuhause zu(7)

Hautausschlägen; Gemütssymptome nach unterdrückten(18)

Hinterhältig, hinterlistig, falsch, verschlagen(32)

Hochgefühl(97)

Imbezillität(140)

Konzentration - schwierig(261)

Lasziv, lüstern(77) | L ~ blickt Frauen auf der Straße hinterher(2)

Launenhaftigkeit, launisch(108) | L ~ abends(9)

Lebhaft, munter - morgens

Lesen - agg. Gemütssymptome(14)

Lustig, fröhlich(123) | *L ~ morgens*(5)

Maskulin - Frauen(2)

Mürrisch(290)

Gemüt ...

Nymphomanie(67)
Optimistisch(17)
Phantasien - abstoßend, wenn allein(3) | P~ ängstlich | P~ lasziv - Impotenz, mit(5) | P~ übertrieben(114)
Raserei, Tobsucht, Wut(95)
Reizbarkeit(408) | R~ abwesenden Personen, mit(4) | *R~ schickt - Krankenschwester, schickt die - nach Hause*
Ruhelosigkeit(420) | R~ nachts(249)
Satyriasis(26)
Schreien - Schlaf, im(80)
Schweigsam(209)
Seelenruhe, Gelassenheit(85)
Selbstzufrieden(2)
Sitzen - Neigung zu sitzen - unbeweglich, still(42)
Spannkraft(3)
Streitsüchtig(136)
Traurigkeit(477) | T~ abends(76)
Unanständig, unzüchtig(21)
Unglücklich, bedauernswert; fühlt sich(29)
Unzufrieden(168) | U~ abends(8) | U~ Essen, nach dem(2)
Verantwortung - Unfähigkeit, Verantwortung zu übernehmen
Vergeßlich(187) | V~ morgens - amel. | V~ abends(9) | V~ aufzuziehen; seine Uhr
Verwirrung, geistige(321) | V~ nachts(19) | V~ Frühstück - vor(2)
Wahnideen(191) | *W~ abstoßend, phantastisch* | W~ Bediensteten loswerden; er müsse die | W~ Bilder, Phantome; sieht - allein, wenn(2) | W~ Ehe auflösen, sich scheiden; muß die | W~ Erdbeben; er sei bei einem | W~ Gefahr, Empfindung von(6) | G~ Furcht, aber ohne
Wahnideen - geht - immer weitergehen; sie könne | W~ Kinder aus dem Haus treiben; er muß die | W~ Körper zerbrechlich; er sei(7) | *W~ Phantasiegebilde, Illusionen*(115) | W~ Rauch - heißer Rauch würde durch alle Öffnungen kommen

Gemüt ...

Wahnideen - tot - Personen, sieht tote(59) | W~ Verlobung muß aufgelöst werden
Weinen - Schlaf, im(88)
Zerstreut - periodisch - kurz dauernden Anfällen; in(2)
Zorn(243)
Zügellosigkeit, sexuelle Ausschweifung(32)
Zufrieden(31)
Zurückhaltend, reserviert(64)

Träume

Ängstlich - Einschlafen, beim(11)
Bekannte - entfernte(4)
Ereignisse - gelesene - früher gehört, gelesen, gesprochen oder nachgedacht hat; über die man(15) | E~ zurückliegende, kurz(55) | z~ Vortag, vom(41)
Erinnerlich, bleiben im Gedächtnis(33)
Feuer(65)
Geschäft - Tage, vom(39)
Gewissensbisse(11)
Intellektuell(23)
Klar
Lebhaft(193)
Schrecklich(237)
Tod(64) | T~ Freundes, eines(9) | T~ Sterben - er stirbt(14) | e~ Entfernung der Leiche aus dem Haus an; und ordnet die sofortige
Tod - Verwandten, von(14)
Unangenehm(87)
Unerinnerlich, bleiben nicht im Gedächtnis(93)
Verstorbenen, von - Verwandte(8)
Viele(260)
Wecken den Patienten - nachts - Mitternacht(2)
Weinen(14)

– *Folliculinum* –

foll.

Gemüt

Beschwerden durch - Bevormundung - lange Zeit, für

Gemüt ...
Empfindlich - Berührung, gegen(13) | E ~ Geräusche, gegen(149)
Erregung - abwechselnd mit - Traurigkeit(13)
Qualvolle Angst(121) | Q~ abends(12)

– *Formica rufa* –
form.

Gemüt
Behendigkeit, Beweglichkeit; geistige(3)
Beschwerden durch - Kränkung, Demütigung(39) | B ~ schlechte Nachrichten(34)
Erregung(287) | E ~ schlechten Nachrichten, nach(18)
Exzentrizität, Überspanntheit(54)
Faulheit(269) | F ~ abends(20)
Froh - Schmerzen - nach
Furcht(242) | F ~ abends(51)
Gedächtnis - Gedächtnisschwäche(284)
Geistige Anstrengung - agg. - unmöglich - nachts | G ~ Verlangen nach(65) | *G ~ Abneigung gegen*(150)
Hochgefühl(97)
Hysterie - Menses - während(27)
Lustig, fröhlich(123)
Mürrisch(290) | M ~ abends(31) | M ~ abwechselnd mit - Fröhlichkeit, Frohsinn(23)
Reizbarkeit(408)
Ruhelosigkeit(420) | R ~ nachts(249)
Stimmung, Laune - veränderlich(158)
Stumpfheit(332) | S ~ morgens(54)
Traurigkeit(477)
Unbehagen(44)
Vergeßlich(187) | *V ~ abends*(9)
Verweilt - vergangenen unangenehmen Ereignissen; bei(46)
Verwirrung, geistige(321)
Wahnideen(191) | W ~ bewegen - alles bewegt sich - hin und her
Zorn(243)

Träume
Beerdigungen(13)
Erotisch(196) | E ~ Pollutionen, mit(96)

Träume ...
Lebhaft(193)
Särge(5)
Viele(260)

– *Fragaria vesca* –
frag.

Gemüt
Bewußtlosigkeit(280)

– *Franzensbad aqua* –
franz.

Gemüt
Angst - nachmittags(32)
Faulheit - körperlich(23)
Mürrisch(290)
Ruhelosigkeit - nachts(249)

Träume
Erinnerlich, bleiben im Gedächtnis(33)
Lebhaft(193)
Unerinnerlich, bleiben nicht im Gedächtnis(93)
Viele(260)

– *Fraxinus americana* –
frax.

Gemüt
Furcht - Erwachen, beim - Traum, aus einem(13)
Ruhelosigkeit(420) | R ~ ängstlich(111)
Sprechen - Verlangen mit jemandem zu(11)
Traurigkeit(477)

Träume
Geschnitten zu werden(3)
Männer(3)
Polizei

– *Fucus vesiculosus* –
fuc.

Gemüt
Aktivität; Verlangen nach(38)

Fuligo ligni

– *Fuligo ligni* –

fuli.

Gemüt

Suizidneigung; Neigung zum Selbstmord(98)

– *Gadus morrhua* –

gad.

Gemüt

Gedächtnis - Gedächtnisschwäche - auszudrücken, sich(41)
Stumpfheit(332)
Tod - wünscht sich den Tod, möchte sterben(72)
Traurigkeit(477)
Verzweiflung(137)

– *Galinsoga parviflora* –

galin.

Gemüt

Fehler; macht - Rechnen, beim(14) | F~ Schreiben, beim(83) | S~ falsch - Buchstaben, Zahlen(3)
Optimistisch - Schwäche; trotz der(2)
Verwirrung, geistige(321)

– *Gallicum acidum* –

gal-ac.

Gemüt

Aufpassen - Verlangen, daß andere aufpassen
Beißen(35)
Beschimpfen, beleidigen, schmähen(67)
Delirium(233) | D~ nachts(67) | D~ Bett - flieht und springt plötzlich aus dem Bett auf(36) | D~ wild - nachts(2)
Destruktivität, Zerstörungswut(41)
Eifersucht(34)
Fluchen(44)
Furcht - allein zu sein(54) | F~ Dunkelheit, vor der(40) | F~ Einsamkeit, vor(15)
Gesellschaft - Verlangen nach - beachtet werden; möchte immer
Grobheit(37)
Kleptomanie(27)
Reizbarkeit(408)
Ruhelosigkeit - nachts(249)
Schlagen(42)
Sprache - fremdartig, sonderbar, merkwürdig(3)
Springen - Bett; aus dem(41)

Gemüt ...

Stößt, tritt(11)

Träume

Erotisch(196)
Viele(260)

– *Gambogia* –

gamb.

Gemüt

Angst(362) | A~ nachmittags(32) | A~ Hitze, durch(3)
Faulheit(269)
Fleißig, arbeitsam, Arbeitswut(101)
Froh(182)
Gesten, Gebärden; macht - sonderbare Posen und Haltungen(20)
Heftig, vehement - morgens(9)
Lustig, fröhlich(123)
Mürrisch(290)
Redseligkeit; Geschwätzigkeit(136)
Reizbarkeit(408) | R~ morgens - Erwachen, beim(43) | R~ Erwachen, beim(56)
Ruhelosigkeit - morgens(22)
Traurigkeit(477) | *T~ Diarrhoe, bei*(7)
Verzweiflung(137)
Wahnideen - schwanken - sie würde schwanken - Seite zur anderen; von einer
Wohlbehagen(2)
Zorn(243)

Träume

Ängstlich(239)
Läuse(7)
Tanzen(5)
Ungeziefer(14)
Verdrießlich(122)
Viele(260)

– *Gastein aqua* –

gast.

Gemüt

Erregung - Bad, bei einem
Redseligkeit; Geschwätzigkeit(136)
Ruhelosigkeit(420)

Gemüt …
Seufzen(98)
Wahnideen - lebhaft(26)

Träume
Erotisch(196)
Lebhaft(193)
Verworren(122)
Viele(260)

– *Gaultheria procumbens* –
gaul.

Gemüt
Bewußtlosigkeit(280)

– *Gelsemium sempervirens* –
gels.

Gemüt
Alkoholismus(135)
Angesprochen zu werden - Abneigung(63)
Angst(362) | A~ nachts - Mitternacht - vor(36) | *A~ Bewegung - agg. - Abwärtsbewegung, nach unten*(4) | **A~ Erwartungsspannung, durch - Verabredung, vor einer**(12) | A~ Frost - während(31) | A~ Furcht, mit(110) | *A~ Kinder - bei Kindern*(7) | A~ Kopfschmerzen, mit(18) | A~ Schreck - nach(12) | A~ Wetter, bei stürmischem(6) | A~ Zeit festgesetzt ist; wenn eine(5) | *A~ Zukunft*(108)
Antworten - einsilbig(15) | A~ kurz angebunden(19) | *A~ langsam*(35)
Auffahren, Zusammenfahren(117) | *A~ Schlaf - während*(163)
Berührt zu werden; Abneigung(46)
Beschwerden durch - Erregung - Gefühle, der(87) | **B~ Erwartungsspannung**(68) | *B~ Furcht*(27) | *B~ geistige Anstrengung*(59) | B~ Kränkung, Demütigung(39) | *B~ Kummer*(65) | **B~ SCHLECHTE NACHRICHTEN**(34) | B~ Schock; seelischen(23) | *B~ Schreck*(72) | B~ Tadel(13) | *B~ Tod von geliebten Personen - Kindes, eines*(11) | B~ Überraschungen

Gemüt …
Beschwerden durch - Verlegenheit(13) | *B~ Zorn*(94) | *Z~ Angst, mit*(30) | *Z~ Schreck; mit*(22) | Z~ stillem Kummer; mit(27)
Betäubung(237) | B~ Diarrhoe, mit | B~ Fieberhitze, in der(10) | B~ Schwindel - während(37) | B~ Urinieren amel.; reichliches | B~ Wetter, bei heißem
Bewußtlosigkeit(280) | B~ Alkohol, durch(5) | B~ Augen - öffnen; kann sie nicht | *B~ Entbindung, während der*(8) | *B~ Fieber, im*(50) | *B~ Meningitis, bei*(10) | *B~ Scharlach, bei*(8)
Brütet, grübelt(41)
Delirium(233) | *D~ anfallsweise*(6) | D~ brummt(44) | *b~ Schlaf, im*(5)
Delirium - Gesicht - rot(7) | D~ redselig(33) | *D~ Schlaf - während*(26) | *S~ Einschlafen, beim*(17)
Delirium - Schlaflosigkeit - mit(45) | D~ wild(21)
Delirium tremens(84) | *D~ Schlaflosigkeit, mit*(5)
Denken - Abneigung gegen(46) | *D~ Beschwerden - agg.; Denken an seine Beschwerden*(71)
Dunkelheit - agg.(27)
Empfindlich(192) | E~ Geräusche, gegen(149) | G~ Fieberfrost, im(4)
Erregung(287) | *E~ agg.*(41) | *E~ Erwartung von Ereignissen; in*(4) | E~ Hören von Schrecklichem; nach(11) | **E~ schlechten Nachrichten, nach**(18) | *E~ Schwangerschaft, in der*(7)
Erschöpfung; geistige(217) | *E~ Pollutionen, nach*(7)
Erwartungsspannung - Lampenfieber(14) | **L~ Sängern und Rednern; bei**
Erwartungsspannung - Prüfungen, vor(10) | *E~ Zahnarzt, Arzt; vor dem Gang zum*(5)
Faulheit(269) | F~ nachmittags(18) | *F~ Masturbation, nach*(2)
Feigheit(89)

Gemüt ...

Froh(182) | F~ abwechselnd mit - Traurigkeit(57) | F~ gefolgt von - Melancholie(6)

Furcht(242) | F~ Abwärtsbewegung, vor(10) | *F~ allein zu sein(54)* | **F~ Auftreten in der Öffentlichkeit; vor dem(5)** | F~ Bewegung, vor(5) | **F~ Diarrhoe - durch(6)** | F~ Dunkelheit, vor der(40) | *F~ fallen, zu stürzen; zu(28)* | **f~ Kind hält sich an der Mutter fest; das(2)**

Furcht - Geisteskrankheit(74) | *F~ geschehen; etwas werde(82)* | *F~ Gewitter, vor(25)* | *F~ Herz - aufhören zu schlagen, wenn er nicht ständig in Bewegung bleibt; das Herz werde(2)* | F~ hochgelegenen Orten; vor(24) | *F~ Kirche oder Oper zu gehen; wenn fertig, um zur(2)* | F~ Menschen, vor(81) | F~ Menschenmenge; in einer(58) | **F~ offenen Plätzen; Furcht vor(17)** | *F~ Prüfungen durch das Schicksal; vor(6)* | **F~ Schaudern vor Furcht(3)** | F~ Schlaf - vor(10) | *F~ Selbstkontrolle zu verlieren; die(5)* | **F~ Tod; vor dem(143)** | F~ Verletzung - selbst verletzt zu werden(9) | F~ Versagen, Mißerfolg; vor dem(13) | *V~ Prüfungen, bei(7)*

Furcht - Vögel(7) | F~ Wasser, vor(33)

Furchtlos

Gedächtnis - gut, aktiv(91) | *G~ Gedächtnisschwäche(284)* | *G~ geistige Anstrengungen; für(26)* | g~ Ermüdung, durch(11)

Gedächtnis - Gedächtnisschwäche - Kopfschmerzen, bei(2)

Gedanken - ohne Gedanken; Gedankenleere(6) | *G~ Vergehen, Schwinden der Gedanken(76)* | *V~ geistige Anstrengung; durch(13)*

Gedanken - zusammenhangslos(30)

Gehalten - Verlangen, gehalten zu werden(9) | *G~ amel.; gehalten zu werden(22)*

Geisteskrankheit, Wahnsinn(153) | G~ anfallsweise(10)

Gemüt ...

Geistige Anstrengung - agg.(141) | *a~ unmöglich(130)*

Geistige Anstrengung - amel.(15) | G~ Verlangen nach(65) | V~ abends - Mitternacht - nach - 1 h

Geistige Anstrengung - Abneigung gegen(150)

Gesellschaft - Abneigung gegen(156) | *A~ Anblick von Menschen; vermeidet den(15)*

Gesellschaft - Verlangen nach(83) | V~ allein; agg. wenn(48)

Gespräche - Abneigung gegen(21)

Gleichgültigkeit, Apathie(251)

Grimassen(15)

Hochgefühl(97) | *H~ erinnern; kann sich an längst Vergessenes*

Hochgelegene Orte - agg.(7)

Hypochondrie(116)

Hysterie(194) | *H~ Kummer, durch(3)* | *H~ plethorischen Personen, bei(2)* | **H~ Schwangerschaft und der Entbindung; während der(2)**

Ideen, Einfälle - Reichtum an, Klarheit des Geistes(125) | I~ unzusammenhängend

Jammern - Schmerzen, über(6)

Katalepsie(20)

Klammert sich an - Kind - hält sich, wenn man es trägt, an der Krankenschwester fest(2) | K~ Personen oder Möbel; an(6)

Konzentration - schwierig(261) | s~ abwechselnd mit - Uterus; Schmerzen im | *s~ Versuch sich zu konzentrieren; beim - Leere; hat ein Gefühl der(11)*

Kummer - still(23)

Langsamkeit(68)

Lebhaft, munter(50) | L~ Aufstehen, nach dem | L~ Niedergeschlagenheit, gefolgt von

Licht - Verlangen nach(19)

Lustig, fröhlich(123)

Manie(149)

Mürrisch(290)

Qualvolle Angst(121)

GEMÜT ...

Redseligkeit; Geschwätzigkeit(136) | *R~ Fieber; im*(11)

Reizbarkeit(408) | R~ angeblickt, wenn - angesprochen oder berührt; wenn - Kindern; bei(9) | R~ angesprochen, wenn(26) | R~ Fieberfrost, im(57) | R~ Pollutionen, nach(10)

Ruhelosigkeit(420) | *R~ morgens*(22) | R~ nachts(249) | *R~ Bett - Herumwerfen im*(123) | R~ Erstickung, drohende | *R~ Hitze - während*(66) | R~ Menses - während(40) | *R~ Sturm - vor*(2) | S~ während(5)

Schreckliches und traurige Geschichten greifen sie stark an(32)

Schreien(133) | S~ Erwachen - beim(27) | S~ Gewitter, bei | S~ Schmerzen, bei den(25)

Schüchternheit, Zaghaftigkeit(113) | S~ Öffentlichkeit; beim Auftreten in der(7)

Schweigsam(209) | *S~ Fieberhitze; in der*(11)

Selbstvertrauen - Mangel an Selbstvertrauen(86)

Seufzen(98)

Singen(59) | *S~ abwechselnd mit - Sprechen*

Sinne - abgestumpft, stumpf(107)

Sitzen - Neigung zu sitzen - unbeweglich, still(42)

Sprache - affektiert, manieriert, unnatürlich(22) | *S~ berauscht, wie*(11) | S~ langsam(59) | S~ stammelnd(10) | S~ undeutlich(24) | *S~ unzusammenhängend*(65) | u~ nachts(3) | *u~ Schlaf - im*(5)

Sprache - verworren(25)

Sprechen - Schlaf, im(93)

Spucken - nachmittags

Still sein, seine Ruhe haben; möchte(71)

Stilles Wesen(49) | *S~ Fieberhitze, in der*(2)

Stimmung, Laune - veränderlich(158)

Stöhnen(119) | *S~ Schlaf, im*(62)

Störungen; Abneigung gegen(13)

GEMÜT ...

Stumpfheit(332) | *S~ denkt - lange zu denken; unfähig*(12) | *S~ Masturbation, nach*(4) | *S~ Schläfrigkeit, bei*(30) | *S~ Urin amel.; reichlicher Ausfluß von*(2)

Stupor(138) | S~ betrunken; wie(5) | *S~ Fieber, im*(21) | *S~ Scharlach, bei*(8)

Suizidneigung; Neigung zum Selbstmord(98) | S~ stürzt sich - Fenster, aus dem(21) | s~ Tiefe, in die(24)

Tod - Agonie vor dem Tod(15) | T~ Gefühl von(25)

Torpor(26)

Traurigkeit(477) | *T~ Fieberhitze, in der*(55) | *T~ Impotenz, mit*(5) | T~ Masturbation, durch(16)

Traurigkeit - Schlaflosigkeit - mit(6) | T~ Sommer | T~ Sonnenschein, bei(3)

Trost - amel.(12)

Unbesonnen(82)

Ungeduld(131)

Ungeschicklichkeit(41)

Unterwürfig, servil(5)

Vergeßlich(187)

Verwirrung, geistige(321) | V~ Erwachen, beim(71) | *V~ geistige Anstrengung - durch*(50) | *V~ Identität; in bezug auf seine - Dualität; Gefühl der*(37) | V~ konzentrieren; beim Versuch sich zu(13) | *V~ Masturbation, durch* | V~ Rauchen (von Tabak) - nach(6)

Verzweiflung(137)

Wahnideen - berauscht - sei, er(59) | s~ bewegen; beim Versuch sich zu

Wahnideen - Bilder, Phantome; sieht - schreckliche(60) | W~ delirös - werden; er werde | *W~ doppelt - sein, doppelt zu*(30) | W~ Fallen - er würde - Kindern, bei | F~ vorne, nach - würde nach vorne fallen; sie(15)

Wahnideen - geisteskrank - werden; er würde geisteskrank(43) | *W~ Grab; er sei in seinem*(4) | W~ Herz - aufhören zu schlagen; würde im Sitzen(2) | W~ Identität - jemand anderer; sie sei(10)

Gemüt ...
Wahnideen - Körper - leichter als Luft; der Körper sei - Hysterie; bei | l~ Masturbation; durch
Wahnideen - krank - anderer sei; ein | W~ leicht - sei leicht, er(26) | W~ Schlangen - in ihr und um sie herum(19) | W~ Schwindel - habe; er(8) | W~ Selbstkontrolle verlieren; sie würde alle | W~ sterben - gleich sterben; glaubt, er würde(57) | *W~ vergrößert*(42) | *v~ Entfernungen seien*(17) | *v~ Gegenstände seien*(12) | *v~ Kopf sei*(15)
Weinen(244) | W~ amel.(24) | *W~ kann nicht weinen, obwohl er traurig ist*(13)
Wille - Muskeln gehorchen dem Willen nicht, wenn die Aufmerksamkeit abgelenkt wird(3)
Zerstreut(166)
Zorn(243) | *Z~ leicht*(37)

Träume
Alpträume, Alpdrücken(144) | A~ Einschlafen, beim(8)
Erotisch(196) | *E~ Pollutionen, mit*(96)
Geschäft(40)
Menschen(14)
Unangenehm(87)
Verdrießlich(122)
Viele(260)

– Gentiana cruciata –
gent-c.

Gemüt
Furcht(242)
Ruhelosigkeit(420) | R~ Kopfschmerzen, bei(31)
Schweigsam(209)
Verwirrung, geistige - Aufstoßen amel.(3)
Weinen(244)

– Gentiana lutea –
gent-l.

Gemüt
Betäubung(237)
Mürrisch(290)

Gemüt ...
Ruhelosigkeit - nachts(249)
Stumpfheit(332)
Verwirrung, geistige(321) | V~ Schreiben, beim(10)

– Gettysburg aqua –
get.

Gemüt
Geistige Anstrengung - Abneigung gegen - vormittags
Ruhelosigkeit - nachts(249) | n~ Mitternacht - nach - 1 h(5)
Stumpfheit(332)

– Ginkgo biloba –
gink-b.

Gemüt
Aktivität; Verlangen nach(38)
Angst - Schmerzen, durch die - Brust; in der | S~ Herzen; im
Angst - Träume; beim Erwachen aus schrecklichen(17)
Auszugehen, Abneigung(7)
Bedauert sich(8)
Empfindlich - Gerüche, gegen(30)
Fehler; macht - Schreiben, beim(83) | S~ fügt Buchstaben hinzu(2)
Fehler; macht - Sprechen, beim(81) | S~ Worte - falsche Worte; benutzt(53)
Froh - tagsüber - abwechselnd mit - Traurigkeit - abends | F~ juckender Hautausschlag vorhanden ist; obwohl ein
Furcht - Armut, vor(20) | F~ Tod; vor dem - Herzsymptomen, bei(12)
Gedächtnis - Gedächtnisschwäche(284) | G~ sagen will; für das, was er gerade(38) | G~ schreiben will; für das, was er gerade(11) | G~ Worte, für(61)
Geistesabwesend(71) | G~ Autofahren; beim
Geiz(34)
Gesellschaft - Abneigung gegen(156) | A~ Freunden, von engsten(10) | A~ Stumpfheit
Gespräche - Abneigung gegen(21)

Gemüt …

Gleichgültigkeit, Apathie - allem; gegenüber(71) | G~ geschäftliche Angelegenheiten; gegen(18) | G~ Pflichten, gegenüber(12)

Hast, Eile(112)

Konzentration - schwierig(261) | s~ morgens(7) | s~ abends(3) | s~ Gespräches, während eines(7) | s~ Schreiben, beim(5) | s~ Sprechen, beim(4)

Kummer - Zukunft; in bezug auf die(5)

Langsamkeit(68)

Redseligkeit; Geschwätzigkeit(136)

Reizbarkeit(408) | R~ morgens(69) | R~ abwechselnd mit - Traurigkeit(4) | R~ Kleinigkeiten, durch(34) | R~ Menses - vor(17) | M~ während(42)

Ruhelosigkeit - innerlich(37)

Schweigsam(209) | S~ Traurigkeit; bei(12)

Selbstbetrachtung(58)

Still sein, seine Ruhe haben; möchte(21)

Stimmung, Laune - abweisend, zurückweisend(40) | S~ veränderlich(158)

Störungen; Abneigung gegen(13)

Stumpfheit - Kopfschmerzen, mit(5)

Tadelt - sich selbst(36)

Traurigkeit(477) | T~ abends(76) | T~ abwechselnd mit - Lungen; Entzündung der | T~ arbeitsscheuen Personen; bei(9) | T~ Gesellschaft - Abneigung gegen Gesellschaft, Verlangen nach Einsamkeit(11) | T~ grundlos(11) | T~ Menses - vor(34)

Traurigkeit - Reizbarkeit; mit | T~ schweigsam(12) | T~ Weinen - amel.(4)

Unentschlossenheit - wankelmütig(12)

Ungeduld(131) | U~ Arbeit; bei der(3)

Unwirklich - alles scheint(14)

Vergeßlich(187) | V~ Worte beim Sprechen; vergißt(52)

Verlassen zu sein; Gefühl(56)

Verwirrung, geistige - geistige Anstrengung - durch(50)

Wahnideen - alte Männer - sein; ein alter Mann zu(3) | W~ arm, er sei(10) | W~ schwanger, sie sei(14) | W~ unwirklich - alles erscheint unwirklich(19)

Gemüt …

Weinen(244) | W~ amel.(24) | W~ erzählt - Krankheit erzählt; wenn sie von ihrer(10) | W~ leicht(16) | W~ Menses - vor(9)

Widerwillen - sich selbst; vor(2)

Zerreißt - Dinge im allgemeinen(21)

Zerstreut(166) | Z~ Unachtsamkeit(6)

Zorn(243) | Z~ sich selbst; auf(10) | Z~ Sprechen - andere Personen sprechen hört; wenn er(6) | a~ Patienten zuhört; wenn er einem

Träume

Alpträume, Alpdrücken(144)

Leichen(42)

– *Ginseng quinquefolium* –

gins.

Gemüt

Angst(362) | A~ Mittagessen - nach(11) | A~ Zukunft(108)

Auffahren, Zusammenfahren - Schlaf - durch(124)

Betäubung(237)

Delirium - Schlaf - Einschlafen, beim(17)

Denken - Abneigung gegen(46)

Faulheit(269)

Furcht(242) | F~ Fahren im Wagen; beim(14) | F~ Unfällen, vor(11) | F~ Unglück, vor(93)

Gedächtnis - Gedächtnisschwäche(284)

Geisteskrankheit, Wahnsinn - erotisch(31)

Geistige Anstrengung - agg. - unmöglich(130)

Hast, Eile - Bewegungen im(23)

Mutig(26)

Ruhelosigkeit(420) | R~ innerlich(37)

Seelenruhe, Gelassenheit(85)

Sorgen, voller(50)

Spontan, impulsiv(33)

Stumpfheit(332)

Ungeduld(131)

Verwirrung, geistige(321)

Weinen(244)

Gemüt ...
Zufrieden(31)

Träume
Angenehm(136)
Erinnerlich, bleiben im Gedächtnis(33)
Erotisch(196)
Lebhaft(193)
Viele(260)

– *Glonoinum* –

glon.

Gemüt
Abneigung - Ehemann; gegen ihren(9) | *E ~ Kinder, und*(2)
Abneigung - Kinder; gegen - eigenen Kinder; gegen ihre(8)
Alkoholismus(135)
Angst(362) | A ~ Erwachen, beim(86) | A ~ Gesundheit; um die - eigene Gesundheit; um seine(57) | A ~ Kopfschmerzen, mit(18) | A ~ Menopause, in der(8)
Antworten - Abneigung zu antworten(67)
Aphasie(53)
Beschwerden durch - Erregung - Gefühle, der(87) | B ~ Furcht(27) | *B ~ Schreck*(72) | B ~ Streit, Streitigkeiten(9) | *B ~ Verletzungen, Unfälle; Gemütssymptome durch*(10) | B ~ Zorn - Schreck; mit(22)
Betäubung(237)
Bewußtlosigkeit(280) | B ~ morgens(45) | B ~ nachmittags(2) | *B ~ Alkohol, durch*(5) | *B ~ Gesicht; mit rotem*(3) | B ~ kalt - Wasser - Spritzen von Wasser ins Gesicht amel. | *B ~ Konvulsionen - nach*(12) | B ~ Seufzen, mit | **B ~ Sonnenstich, bei**(7) | *B ~ Traum, wie ein einem - weiß nicht, wo er ist*(9) | B ~ unvollständig(15)
Boshaft(99)
Delirium(233) | D ~ Bett - flieht und springt plötzlich aus dem Bett auf(36) | D ~ Kopfschmerz - während(16) | D ~ manisch(47) | D ~ rasend(84)
Delirium tremens(84)
Empfindlich - Geräusche, gegen(149)

Gemüt ...
Entfernungen - falsche Einschätzung von(10) | E ~ vergrößert; scheinen(8)
Erkennt - nicht; erkennt - niemanden; erkennt(4) | **n ~ Straßen nicht; erkennt bekannte**(7) | n ~ Umgebung nicht; erkennt die(4) | *n ~ Verwandten nicht; erkennt seine eigenen*(28)
Erregung(287) | E ~ Menopause, in der(10)
Erschöpfung; geistige(217)
Erschreckt leicht(125)
Exzentrizität, Überspanntheit(54) | E ~ Phantasien, in(8)
Fehler; macht - Orte; in bezug auf(32) | *F ~ Raum; in bezug auf den*(10) | *R ~ Zeit; und die*(10)
Fehler; macht - Zeit; in bezug auf die(34)
Fliehen, versucht zu(61) | F ~ Fenster, aus dem(6) | F ~ springt plötzlich aus dem Bett(17) | F ~ wegzulaufen, um(16)
Froh(182)
Furcht(242) | F ~ Apoplexie, vor(36) | A ~ Erwachen, beim(3)
Furcht - geschehen; etwas werde - Unangenehmes, etwas(6) | *F ~ Halses; durch Gefühl von Schwellung des*(2) | F ~ offenen Plätzen; Furcht vor(17) | *o ~ Menopause; während der*
Furcht - plötzlich | F ~ Tod; vor dem(143) | T ~ drohendem Tod, vor(17)
Furcht - Unglück, vor(93) | F ~ vergiftet - werden; Furcht, vergiftet zu(23) | v ~ worden zu sein(2)
Gedächtnis - gut, aktiv(91) | **G ~ Gedächtnisschwäche**(284) | G ~ Eigennamen; für(44) | G ~ Straßen; für bekannte(4)
Gedächtnis - Gedächtnisverlust - Sonnenstich, nach(3)
Gedanken - Gedankenandrang, einstürmende Gedanken, Gedankenfluß(78) | G ~ hartnäckig(83) | h ~ beleidigt haben; an Personen, die ihn
Gedanken - wandernd(72)
Gehalten - amel.; gehalten zu werden(22)
Geisteskrankheit, Wahnsinn(153) | G ~ Größenwahn(14)

Gemüt ...

Geistige Anstrengung - agg.(141) | a~ unmöglich(130)

Glänzende Gegenstände - agg.(13)

Gleichgültigkeit, Apathie(251)

Ideen, Einfälle - Mangel an(102) | I~ Reichtum an, Klarheit des Geistes(125)

Impulse, Triebe; krankhafte - laufen; zu(12)

Konzentration - schwierig(261)

Läuft umher(24)

Lebhaft, munter(50)

Manie(149)

Menopause agg.(18)

Müßiggang, Untätigkeit(7)

Phantasien - verworren(10)

Raserei, Tobsucht, Wut(95) | R~ Kopfschmerzen, mit(10) | R~ Schmerzen, durch(5)

Redseligkeit; Geschwätzigkeit(136)

Ruhelosigkeit(420) | R~ nachts(249)

Schlagen(42) | *S~ Konvulsionen, nach den - Eklampsie, nach*

Schreien(133) | *S~ Cri encéphalique*(29) | *S~ Kindern, bei*(38)

Schweigsam(209)

Seufzen(98)

Sinne - Vergehen, Schwinden der(51) | S~ verwirrt, durcheinander(5)

Sitzen - Neigung zu sitzen - Kopf auf den Händen und den Ellbogen auf den Knien; mit dem(2)

Sonderbar, fremd, merkwürdig - alles erscheint(16) | a~ Stehen agg.

Spaßen(52)

Sprache - affektiert, manieriert, unnatürlich(22)

Springen - Bett; aus dem(41)

Spucken(32)

Stumpfheit(332) | **S~ Gasvergiftung, durch**(2) | *S~ geistige Anstrengung, durch*(27) | S~ Kopfschmerzen, mit(5) | *S~ Lesen*(35) | S~ Schreiben, beim(10)

Stupor(138) | *S~ betrunken; wie*(5) | *S~ Konvulsionen, nach den*(4)

Gemüt ...

Suizidneigung; Neigung zum Selbstmord - stürzt sich - Fenster, aus dem(21) | s~ Tiefe, in die(24)

Tod - wünscht sich den Tod, möchte sterben(72)

Traum; wie in einem(69)

Traurigkeit(477)

Unbehagen(44)

Vergeßlich(187) | **V~ Haus befindet; auf welcher Straßenseite sich sein**(4) | V~ Kopfschmerzen, bei(7) | **V~ Straßen, vergißt bekannte**(7) | V~ Worte beim Sprechen; vergißt(52)

Verweilt - Beleidigungen fallen ihm wieder ein; längst vergessene | V~ erinnert sich - alten Kummer, an(3) | V~ vergangenen unangenehmen Ereignissen; bei(46)

Verwirrung, geistige(321) | *V~ nachts - Erwachen, beim*(13) | *V~ berauscht - wie*(47) | *b~ wie nach einem Rausch*(35)

Verwirrung, geistige - Bücken, beim(13) | V~ Erwachen, beim(71) | V~ Freien, im - amel.(30) | *V~ Gehen*(37) | **G~ Freien, im**(14)

Verwirrung, geistige - Sprechen, beim(7) | **V~ verläuft sich in bekannten Straßen**(12) | *V~ weiß nicht, wo er ist*(7) | V~ Willensanstrengung amel.; große | *V~ Zeit; in bezug auf die - Raum und Zeit; in bezug auf*(5)

Wahnideen(191) | W~ berauscht - sei, er(59) | W~ doppelt - sein, doppelt zu(30) | W~ Gegenstände; über - gekrümmt | G~ schwanken(4)

Wahnideen - geisteskrank - werden; er würde geisteskrank(43) | W~ geschwollen, er sei(11) | W~ göttlich; er sei(3) | W~ hängen - unten hängen; er würde mit dem Kopf nach | W~ Haus - Ort stehen; das Haus würde nicht am richtigen - Gehen auf der Straße | W~ Hause, zu - Heimweg sei zu lang; der

Gemüt ...

Wahnideen - Kinn sei zu lang; das | W~ klein - Körper sei kleiner; der(14) | *W~ Nase - länger, scheint*(3) | *W~ sonderbar, merkwürdig - Straßen, die Häuser erscheinen fremd; verläuft sich in den* | s~ Umgebung erscheint fremd - Kopfschmerzen, nach | s~ Vertrautes scheint fremd(38)

Wahnideen - sterben - gleich sterben; glaubt, er würde(57) | W~ Unordnung; Gegenstände scheinen in(2) | W~ Unterlippe sei geschwollen; die | W~ vergrößert(42) | v~ Entfernungen seien(17) | v~ Gegenstände seien(12) | v~ Kinn sei; das(2) | v~ Kopf sei(15)

Wahnideen - versinken, er würde(21) | v~ heißen Zimmer; beim Arbeiten in einem

Weinen(244) | W~ Schlaf, im(88) | W~ Schmerzen - Pausen zwischen den Schmerzen; in den | *S~ während den Schmerzen*(23)

Widerspruch - verträgt keinen Widerspruch(73)

Zeit - langsam, scheint länger; vergeht zu(29)

Träume

Absurd(13)

Ängstlich(239)

Erinnerlich, bleiben im Gedächtnis(33)

Erwachen - Gefühl (noch im Traum), aus einem Traum zu erwachen

Heimweh

Komisch(3)

Köpfe(2)

Körperteile - Kopf(2)

Lächerlich(15)

Menschen - mähende

Unangenehm(87)

Verworren(122)

Viele(260)

Weinen(14)

Wild (Emotion)(9)

– *Glycerinum* –

glyc.

Gemüt

Gedächtnis - Gedächtnisschwäche(284)

Geistige Anstrengung - agg. - unmöglich(130)

Gleichgültigkeit, Apathie(251)

Konzentration - schwierig(261)

– *Gnaphalium polycephalum* –

gnaph.

Gemüt

Ruhelosigkeit - nachts(249)

– *Gossypium herbaceum* –

goss.

Gemüt

Angst(362)

Beschwerden durch - Erregung - Gefühle, der(87)

Brütet, grübelt(41)

Erregung - nervös(23)

Essen - beim - amel. der Gemütssymptome(6) | E~ nach - amel. der Gemütssymptome(9)

Klagen(64)

Konzentration - schwierig(261)

Launenhaftigkeit, launisch(108)

Reisen - Verlangen nach(28)

Ruhelosigkeit(420) | R~ Bett - Herumwerfen im(123)

Traurigkeit(477)

Ungeduld(131)

Unzufrieden(168)

Verweilt - vergangenen unangenehmen Ereignissen; bei(46)

Weinen(244)

Träume

Erotisch(196) | E~ Menses - während(2)

Unerinnerlich, bleiben nicht im Gedächtnis(93)

Verstorbenen, von(84) | V~ Menses, während

– *Granatum* –

gran.

Gemüt

Angst(362)
Betäubung(237) | B ~ Schwindel - während(37)
Empfindlich(192)
Entmutigt(135)
Erregung(287)
Erschöpfung; geistige(217)
Faulheit(269)
Furcht - Arbeit; Scheu vor der - Kopfschmerzen, bei
Gedächtnis - Gedächtnisschwäche - tun wollte; für das, was er gerade(33)
Hochmütig, arrogant(53)
Hypochondrie(116)
Mürrisch(290)
Reizbarkeit(408)
Schreien - Schlaf, im(80)
Seelenruhe, Gelassenheit(85)
Seufzen(98)
Streitsüchtig(136)
Stumpfheit(332)
Tadelsüchtig, krittelig(80)
Tadelt - andere(32)
Traurigkeit(477)
Unbehagen(44)
Verwirrung, geistige(321) | V ~ Nachtschwärmerei; wie durch(3)
Wahnideen(191)
Zorn(243)

Träume

Dinge - verändernde, sich(18)
Tiere(25)
Unerinnerlich, bleiben nicht im Gedächtnis(93)
Viele(260)
Wecken den Patienten(118)

– *Graphites* –

graph.

Gemüt

Abneigung - Männer; gegen(8)

Gemüt ...

Aktivität; Verlangen nach - geistige Aktivität - abends(8)
Alkoholismus(135)
Angesprochen zu werden - Abneigung(63)
Angst(362) | **A ~ morgens**(42) | **m ~ Erwachen, beim**(30)
Angst - abends(87) | *a ~ Bett, im*(54)
Angst - nachts(119) | *n ~ Mitternacht - vor*(36) | M ~ nach(22) | n ~ 2 h(4)
Angst - nachts - Erwachen, beim(24) | *A ~ Arbeit, bei der* | *A ~ Bett - im Bett*(49) | *B ~ treibt aus dem Bett*(15)
Angst - Erwachen, beim(86) | A ~ Fieber - während(91) | A ~ folternd(4) | A ~ Freien, im - amel.(23) | *A ~ Furcht, mit*(110) | A ~ Gesicht - Hitze des Gesichtes, mit(7) | *A ~ Gewissensangst*(75) | *A ~ Hitze, durch - amel.*(2) | A ~ Hitzewallungen, bei(14) | A ~ hypochondrisch(52) | A ~ Kleinigkeiten, um(23) | *A ~ körperliche Arbeit - während*(4) | *A ~ Menses - vor*(22) | *A ~ Schlaf - während*(42) | A ~ Schmerzen, durch die - Magen(2) | *A ~ Seelenheil, um das*(35) | *A ~ Sitzen*(15) | A ~ sitzende Lebensweise, durch(2) | A ~ Träume; beim Erwachen aus schrecklichen(17) | A ~ Weinen amel.(5) | *A ~ Zukunft*(108)
Antworten - zögernd(2)
Argwöhnisch(105)
Auffahren, Zusammenfahren(117) | A ~ Schlaf - während(163) | S ~ durch(124)
Außer sich; ist(51) | *A ~ Angst; vor*(14)
Beleidigt, leicht(79)
Beschwerden durch - Erwartungsspannung(68) | B ~ Furcht(27) | B ~ geistige Anstrengung(59) | B ~ Kränkung, Demütigung(39) | *B ~ Kummer*(65) | *B ~ Schreck*(72) | B ~ Uneinigkeit zwischen - Eltern, Freunden(11) | U ~ Vorgesetzten und Untergebenen(9)
Beschwerden durch - Zorn(94)
Betäubung(237) | B ~ morgens(13) | B ~ Schwindel - während(37)
Bett - Abneigung gegen das Bett, meidet es(18)

Gemüt ...

Bewußtlosigkeit(280) | **B~ morgens**(45)

Delirium(233) | D~ nachts(67) | D~ phantastisch(13) | D~ rasend(84) | D~ Schließen der Augen; beim(9) | D~ Wahnideen, mit(18)

Denken - Beschwerden - agg.; Denken an seine Beschwerden(71)

Dunkelheit - amel.(5) | D~ agg.(27)

Ehrgeiz(15) | E~ Ruhm, nach(6)

Empfindlich(192) | E~ morgens(5) | E~ geistige Eindrücke; gegen(20) | E~ Gerüche, gegen(30) | *E~ Musik, gegen*(46) | E~ Schmerz, gegen(31) | *E~ Sinneseindrücke, gegen*(23)

Entmutigt(135) | E~ nachts | *E~ Angst, mit*(7) | *E~ Erwachen, beim*(2)

Ernst(77)

Erotisch(39)

Erregung(287) | E~ abends(32) | *E~ nachts*(40) | E~ Musik, durch(6) | E~ Sprechen, beim(7)

Erschöpfung; geistige(217)

Erschreckt leicht(125) | *E~ Erwachen, beim*(41) | E~ Traum, aus einem(14)

Faulheit(269) | F~ Freien, im - amel.(2)

Fehler; macht - Schreiben, beim(83) | F~ Sprechen, beim(81) | S~ Worte - falsche Worte; benutzt(53) | W~ stellt Worte an die falsche Stelle(46)

Feigheit(89) | F~ Meinung zu sagen; es fehlt der Mut, die(3)

Froh(182) | F~ morgens(21) | m~ abwechselnd mit - Traurigkeit - abends(2)

Froh - vormittags(12) | F~ abends(42) | F~ abwechselnd mit - Kummer(3) | a~ Traurigkeit(57) | a~ Weinen(19)

Froh - gefolgt von - Melancholie(6)

Furcht(242) | *F~ morgens*(27) | *F~ abends - Bett, im*(8) | F~ nachts(58) | F~ Arbeit; vor der(32) | *F~ Ersticken, vor dem - Essen amel.* | F~ Erwachen, beim - Traum, aus einem(13) | *F~ Geisteskrankheit*(74) | F~ geistige Anstrengung - vor geistiger Anstrengung(6) | *F~ Geschäft; vor dem*(2) | F~ geschehen; etwas werde(82) | *F~ Gewitter, vor*(25)

Gemüt ...

Furcht - Krankheit, vor drohender - unheilbar zu sein(42) | F~ Menschen, vor(81) | F~ Menschenmenge; in einer(58) | *F~ Tod; vor dem*(143) | *F~ Unglück, vor*(93) | F~ Unheil; Furcht vor(115) | U~ abends(3)

Furcht - voller Furcht - morgens | **F~ Weinen amel.**(5) | F~ zittrig(36)

Gedächtnis - Gedächtnisschwäche(284) | G~ geistige Anstrengungen; für(26) | G~ geschehen ist; für das, was(17) | G~ getan hat; für das, was er eben(34) | G~ Tatsachen, Fakten; für - kurz zurückliegende Tatsachen, für(15)

Gedanken - drängen auf ihn ein und schwirren durcheinander - sexuell(10) | *G~ Gedankenandrang, einstürmende Gedanken, Gedankenfluß*(78) | *G~ abends - Bett, im*(17) | *G~ nachts*(31) | *G~ Schlaflosigkeit, durch*(23)

Gedanken - hartnäckig(83) | h~ abends(5) | h~ nachts(8) | n~ Mitternacht - vor

Gedanken - hartnäckig - Gehen im Freien amel. | h~ Liegen, beim(4) | h~ unangenehmen Themen verfolgt; von(9)

Gedanken - quälend(31) | q~ abends(3) | q~ sexuell(5)

Gedanken - wandernd(72)

Gehen - Freien, im - amel. Gemütssymptome(10)

Geistesabwesend(71)

Geisteskrankheit, Wahnsinn - Größenwahn(14)

Geistige Anstrengung - agg.(141) | *a~ ermüdet*(20) | a~ unmöglich(130) | u~ Mittagsschlaf; nach dem

Geistige Anstrengung - Verlangen nach - nachts - Mitternacht - bis(2) | G~ Abneigung gegen(150)

Geiz(34)

Geräusche - amel.

Geschäft - Abneigung gegen(45)

Gesellschaft - Abneigung gegen(156)

Gespräche - agg.(45)

GEMÜT ...

Gewissenhaft, peinlich genau in bezug auf Kleinigkeiten(58)

Geziertheit, Affektiertheit(13)

Gleichgültigkeit, Apathie(251) | G~ Gewissens; gegen die Stimme des(5) | G~ Vergnügen, gegen(46)

Grobheit(37)

Handarbeit, feine Arbeiten; Gemütssymptome durch(2)

Hast, Eile(112)

Heftig, vehement(100) | H~ morgens(9)

Heikel, pingelig(34)

Hochgefühl(97) | H~ abends(7)

Hypochondrie(116) | H~ nachmittags(3) | H~ mürrisch(9) | H~ Selbstmord; treibt zum(12)

Hysterie(194)

Ideen, Einfälle - Mangel an(102) | I~ Reichtum an, Klarheit des Geistes(125) | R~ abends - Bett, im(14) | R~ nachts(26)

Impertinenz, Unverschämtheit(14)

Indiskretion, Taktlosigkeit(30)

Intelligent - faul; aber(5)

Katalepsie(20)

Kleinigkeiten scheinen wichtig, bedeutend(19)

Konzentration - schwierig(261) | s~ Kindern, bei(8)

Kummer(76) | *K~ abends* | K~ nachts - Bett, im(2) | *K~ chronisch*(3)

Lachen(102) | L~ morgens(6) | L~ vormittags(2) | L~ abwechselnd mit - Weinen(43) | L~ Kleinigkeiten, über(13) | L~ Tadel, bei | L~ unmäßig(28) | L~ Vorwürfen, bei

Langsamkeit(68) | L~ Entschlüssen, Entscheidungen; bei

Lästig, geht auf die Nerven(79)

Lasziv, lüstern(77)

Liebevoll, voller Zuneigung, herzlich(37)

Lustig, fröhlich(123) | L~ morgens(5) | L~ vormittags(3)

Magnetisiert - amel.(20)

Maskulin - Frauen(2)

GEMÜT ...

Mathematik - Unfähigkeit zur - Algebra(4) | U~ rechnen; kann nicht(16)

Menses - während; Gemütssymptome(28)

Mitgefühl, Mitleid(34)

Mürrisch(290) | *M~ Essen, nach dem*(21) | M~ Kindern, bei(14)

Musik - agg.(40)

Necken(6)

Nymphomanie(67)

Phantasien - lasziv(46) | *P~ übertrieben*(114) | P~ übertrieben - abends - Bett, im(28) | *P~ übertrieben - nachts*(40) | *P~ übertrieben - Schlaflosigkeit, mit*(41) | *P~ übertrieben - Schließen der Augen im Bett; beim*(8)

Qualvolle Angst(121) | Q~ tagsüber(8) | *Q~ Amenorrhoe; während*(2) | *Q~ Menses - vor*(2)

Raserei, Tobsucht, Wut(95)

Reizbarkeit(408) | R~ morgens(69) | R~ nachmittags(37) | R~ abwechselnd mit - Weinen - Lachen über Kleinigkeiten; und | *R~ angesprochen, wenn*(26) | R~ Essen - nach(26) | R~ gestört wird; wenn er(5) | R~ Kindern, bei(29) | R~ Kleinigkeiten, durch(34) | R~ Koitus - nach(26) | R~ Kopfschmerzen, bei(61) | R~ Stuhlgang - nach(4)

Religiös - Gemütsstörungen, religiöse(63)

Reue(63)

Ruhelosigkeit(420) | *R~ nachts*(249) | n~ Mitternacht - nach - 2 h(8) | M~ an - Erwachen, beim(3)

Ruhelosigkeit - ängstlich(111) | **R~ Arbeit, bei der**(4) | R~ Bett - Herumwerfen im(123) | *B~ treibt aus dem*(39)

Ruhelosigkeit - Erwachen, beim(30) | R~ Freien, im - amel.(9) | R~ Gehen, beim - Freien, im - amel.(5) | R~ geistige Anstrengung - während(6) | R~ Hitze - während(66) | R~ hypochondrisch(4) | R~ lasziven Gedanken, bei | R~ Schweiß - während(4) | **R~ Sitzen, im - Arbeit, bei der**(2) | R~ Träume ausgelöst; durch | R~ treibt umher(41)

GEMÜT ...

Schmutzig(17)
Schreien - Schlaf, im(80)
Schüchternheit, Zaghaftigkeit(113) | S~ schamhaft(58) | S~ Schlaflosigkeit, bei
Schweigsam(209)
Selbstvertrauen - Mangel an Selbstvertrauen(86)
Sentimental, schwärmerisch, rührselig(64)
Seufzen(98) | S~ Menses - während(6)
Sinne - abgestumpft, stumpf(107) | S~ Vergehen, Schwinden der(51)
Sitzen - Neigung zu sitzen(110)
Sonderbar, fremd, merkwürdig - alles erscheint(16)
Sorgen, voller(50) | S~ abends - Bett, im(2)
Sprache - ängstlich im Schlaf(4) | S~ zögernd(22)
Sprechen - Schlaf, im(93) | S~ ängstlich(3) | S~ erregt(5)
Spucken(32)
Stimmung, Laune - veränderlich(158) | v~ Meinungen, in seinen(6)
Stimmung, Laune - wechselnd, wechselhaft(80)
Stöhnen(119) | S~ Schlaf, im(62) | S~ Schwäche, aus | S~ Träumen, beim
Streitsüchtig - Antworten zu warten; ohne auf(2)
Stumpfheit(332) | *S~ morgens*(54) | S~ nachmittags(29) | S~ Essen, nach dem(7) | S~ Freien, im - amel.(6) | S~ Gehen - Freien, im - amel.(5) | S~ geistige Anstrengung, durch(27) | *S~ Mittagsschlaf, nach dem*(5) | S~ Schweiß, beim(8)
Stupor(138) | **S~ morgens**(36)
Suizidneigung; Neigung zum Selbstmord(98) | S~ Hypochondrie, aus(12) | S~ Traurigkeit, durch(23)
Tadelsüchtig, krittelig(80)
Tod - Gedanken an den Tod(54) | *T~ Gefühl von*(25) | *T~ Vorahnung des Todes*(62)
Traurigkeit(477) | T~ morgens(71) | m~ amel.(2)
Traurigkeit - vormittags(12) | v~ amel.(2)

GEMÜT ...

Traurigkeit - nachmittags(37) | *T~ abends*(76) | *a~ Bett, im*(8)
Traurigkeit - nachts(21) | n~ Bett, im(8)
Traurigkeit - ängstlich(32) | T~ Druck im Bereich der Brust; durch(3) | T~ Essen - nach(25) | T~ Fieberhitze, in der(55) | *T~ Frost - während*(37) | *T~ Kleinigkeiten, um*(8)
Traurigkeit - Menses - während(35) | *T~ Musik - durch*(17) | *T~ Pubertät, in der*(13) | T~ Schweiß, beim(29) | T~ Schweregefühl - Füßen, in den | S~ Körpers; mit Schwere des(2)
Traurigkeit - Suizidneigung, mit(25)
Trost - agg.(39)
Unbeständigkeit(45)
Unentschlossenheit(146) | *U~ ängstlich* | U~ Kleinigkeiten, um(5)
Ungeduld(131)
Unglücklich, bedauernswert; fühlt sich(29)
Unternimmt - Vieles, hält aber bei nichts durch, bleibt nicht dabei(28)
Unverschämtheit(33) | U~ lacht über Tadel
Unzufrieden(168) | U~ allem; mit(66)
Vergeßlich(187) | V~ nachmittags(4)
Verweilt - vergangenen unangenehmen Ereignissen; bei - nachts(13)
Verwirrung, geistige(321) | *V~ morgens*(115) | m~ Aufstehen - und nach dem Aufstehen(37) | m~ Erwachen, beim(50)
Verwirrung, geistige - nachmittags(33) | V~ abends(78) | V~ berauscht - wie(47) | V~ Erwachen, beim(71) | V~ Gehen - Freien, im - amel.(11) | V~ Menses - während(6) | M~ nach(2)
Verwirrung, geistige - Schlaf; nach(14)
Verzweiflung(137) | V~ Fieberfrost, im(20) | V~ Fieberhitze, in der(21) | *V~ Kleinigkeiten, über* | *V~ Schweiß, beim*(9)
Vorsichtig(17)
Wahnideen(191) | W~ abends - Bett, im(16) | W~ Ansammlungen von Dingen, Schwärmen, Menschenmengen etc.(17) | W~ betrunken - sei betrunken, er - Aufstehen, beim

Gemüt ...

Wahnideen - Bett - jemand - im Bett; als sei jemand - mit ihm(13) | W ~ Bilder, Phantome; sieht(76) | B ~ nachts(40) | B ~ Schließen der Augen; beim(16) | B ~ schreckliche(60)

Wahnideen - glücklos, er sei(11) | W ~ Herz - Herzerkrankung - habe eine; er(5) | W ~ krank - sein; krank zu(27) | W ~ Phantasiegebilde, Illusionen(115) | *W ~ sonderbar, merkwürdig - alles sei*(16) | *s ~ Vertrautes scheint fremd*(38)

Wahnideen - sterben - gleich sterben; glaubt, er würde(57) | W ~ tot - er selbst sei(18) | t ~ Personen, sieht tote(59)

Wahnideen - Verbrechern, von(24) | W ~ Visionen, hat(76) | V ~ Schließen der Augen; beim(29)

Wahnideen - Wasser - von(19)

Weinen(244) | *W ~ amel.*(24) | *W ~ abends*(29) | W ~ nachts(81) | **W ~ ängstlich**(5) | **W ~ Angst, nach**(23) | W ~ Fieberhitze, in der(25) | *W ~ grundlos*(30) | *W ~ Kindern; bei*(22) | W ~ Menses - während(27) | **W ~ Musik; durch**(14) | **M ~ Orgelmusik; beim Hören von**

Weinen - Schlaf, im(88) | W ~ Schweiß, beim(25)

Wille - Willensschwäche(58)

Zerstreut(166)

Zorn(243) | Z ~ nachts(4) | *Z ~ heftig*(72) | *Z ~ leicht*(37) | Z ~ Unterbrechung, durch(9)

Zweifelt(13)

Träume

Angenehm(136)

Ängstlich(239) | *Ä ~ morgens - Erwachen, beim - amel.; Angst ist*(15)

Anstrengung - geistige(51)

Beeindruckend(11)

Ereignisse - gelesene - früher gehört, gelesen, gesprochen oder nachgedacht hat; über die man(15) | E ~ zurückliegende, kurz(55) | z ~ Vortag, vom(41)

Erinnerlich, bleiben im Gedächtnis(33)

Erotisch(196) | *E ~ Pollutionen, mit*(96)

Erschöpfend(45)

Feuer(65)

Träume ...

Fortsetzung - Träumen, von - Erwachen, nach dem(22)

Gebäude - bewundernswerte

Gefahr(40) | *G ~ Wasser, Überschwemmungen; durch*(10)

Geschäft - Tage, vom(39)

Gespenster(38)

Hartnäckig(29)

Hervorragende geistige Arbeit zu leisten(15)

Historisch(18)

Hunde(20)

Katzen(12)

Krankheit(43) | K ~ Bewußtlosigkeit | K ~ Lethargie(2) | K ~ Ohnmacht

Lebhaft(193)

Mühevoll, müht sich ab(6)

Nachdenken, mit(15)

Phantastisch(55)

Ruhelos(53)

Schläfrigkeit(2)

Schrecklich(237)

Schwierigkeiten(18)

Traurig(46)

Trinkgelage(11)

Unfälle(29)

Unglück(64)

Verdrießlich(122)

Verlegenheit(7)

Verstorbenen, von(84)

Viele(260)

Visionär(45)

Wasser(49)

Wecken den Patienten(118)

– *Gratiola officinalis* –

grat.

Gemüt

Abneigung - allem, gegenüber - nachmittags - 13 h

Abscheu - Leben, vor dem(84)

Angst(362) | A ~ Fieber - während(91) | A ~ Freien, im - amel.(23)

Gemüt …

Angst - Gesundheit; um die - eigene Gesundheit; um seine(57) | *A ~ hypochondrisch*(52) | A ~ Zukunft(108)

Antworten - denkt lange nach(10)

Beschwerden durch - Stolz anderer | B ~ Zorn(94)

Bewußtlosigkeit(280) | B ~ Fahren oder Reiten, beim(4) | B ~ Gehen, beim(4) | B ~ Schwindel, bei(46)

Delirium tremens(84)

Ernst(77)

Erschöpfung; geistige(217)

Essen - weigert sich zu(26)

Faulheit(269) | F ~ Schläfrigkeit, bei(29)

Froh(182)

Furcht(242) | F ~ Anfall zu bekommen; einen(13) | F ~ Essen - vor dem(6) | F ~ hungrig, wenn(2)

Gedächtnis - gut, aktiv(91)

Gedanken - tiefschürfend(8) | G ~ überlegt(54)

Gedanken versunken, in(90)

Geisteskrankheit, Wahnsinn - erotisch(31)

Geistige Anstrengung - agg. - unmöglich(130) | G ~ Abneigung gegen(150)

Gesellschaft - Abneigung gegen(156)

Gleichgültigkeit, Apathie - Schläfrigkeit, bei(25)

Hast, Eile(112)

Heftig, vehement(100)

Hochmütig, arrogant(53)

Hypochondrie(116) | H ~ mürrisch(9)

Hysterie(194)

Konzentration - schwierig(261)

Lästig, geht auf die Nerven(79)

Launenhaftigkeit, launisch(108)

Lebensüberdruß(82)

Manie(149)

Menschenfeindlichkeit, Misanthropie(45)

Mürrisch(290) | M ~ vormittags(19) | M ~ Hypochondrie, bei(3)

Nymphomanie(67)

Redseligkeit; Geschwätzigkeit(136) | R ~ fröhlich, ausgelassen(9)

Gemüt …

Reizbarkeit(408) | R ~ morgens(69) | R ~ vormittags(25)

Satyriasis(26)

Schweigsam(209) | S ~ nachmittags(7)

Springen(15)

Spucken(32)

Streitsüchtig(136)

Stumpfheit - Erwachen, beim(41)

Stupor(138)

Suizidneigung; Neigung zum Selbstmord(98)

Tanzen(33)

Traurigkeit(477) | T ~ nachmittags(37)

Unaufmerksam(23)

Unbehagen(44)

Unentschlossenheit(146)

Unternimmt - Vieles, hält aber bei nichts durch, bleibt nicht dabei(28)

Unzufrieden(168) | U ~ nachmittags(5) | U ~ allem; mit(66)

Verwirrung, geistige(321) | V ~ berauscht - wie(47) | V ~ Erwachen, beim(71) | V ~ Essen - nach(52) | V ~ Freien, im - amel.(30) | V ~ Gehen(37) | *V ~ Liegen; beim*(10) | V ~ Stehen, im(11) | V ~ Traum; wie in einem(27)

Wahnideen - verkleinert - alles sei(6) | v ~ klein, er sei(2)

Wahnideen - wanken - Gegenstände wanken(3) | W ~ Zimmer - drehen; würde sich(6)

Widerspruch - Neigung zu widersprechen(38) | W ~ verträgt keinen Widerspruch(73)

Wille - Verlust der Willenskraft(34) | W ~ Willensschwäche(58)

Zerstreut(166)

Zorn(243) | Z ~ heftig(72) | Z ~ Widerspruch, durch(37)

Zurückhaltend, reserviert(64)

Träume

Angenehm(136)

Erfrieren

Erotisch - morgens(8) | E ~ Pollutionen, mit(96)

Lächerlich(15)

Träume ...
Leichen(42)
Lustig(14)
Schlangen(21)
Schrecklich(237)
Tod(64) | T~ Verwandten, von(14)
Unzusammenhängend, zusammenhanglos(24)
Verdrießlich(122)
Verworren(122)
Viele(260)
Wecken den Patienten(118)

– *Grindelia robusta* –

grin.

Gemüt
Angst(362)
Auffahren, Zusammenfahren - Schlaf - während(163)
Furcht - Dunkelheit, vor der(40) | *F~ Ersticken, vor dem*(24) | F~ Schlaf - einzuschlafen; Furcht(18)
Licht - Verlangen nach(19)
Verlangen; großes - Sonne, Licht und Gesellschaft; nach(2)
Verwirrung, geistige - berauscht - wie(47) | b~ wie nach einem Rausch(35)

– *Guaco* –

gua.

Gemüt
Tollwut, Hydrophobie(46)

– *Guajacum officinale* –

guaj.

Gemüt
Angst - Druck; durch - Epigastrium; im | A~ Zusammenschnürung, durch - Magen, im
Auffahren, Zusammenfahren - Schlaf - während(163) | S~ durch(124)
Bewußtlosigkeit(280)
Boshaft(99)
Delirium - Schlaf - Einschlafen, beim(17)

Gemüt ...
Eigensinnig, starrköpfig, dickköpfig(107)
Erschreckt leicht(125)
Faulheit(269)
Furcht - Anstrengung - vor Anstrengung; Furcht(10)
Gedächtnis - Gedächtnisschwäche(284) | *G~ Eigennamen; für*(44) | G~ gelesen hat; für das, was er(41)
Gedanken - Vergehen, Schwinden der Gedanken(76)
Geistesabwesend(71) | G~ morgens
Gleichgültigkeit, Apathie(251)
Herausfordernd(22)
Hochmütig, arrogant(53)
Ideen, Einfälle - Mangel an(102)
Lästig, geht auf die Nerven(79)
Menschenfeindlichkeit, Misanthropie(45)
Mürrisch(290)
Reizbarkeit(408)
Ruhelosigkeit(420) | R~ morgens - Bett, im(2) | *R~ nachts*(249) | R~ Bett - Herumwerfen im(123) | R~ Erwachen, beim(30)
Schreien - Erwachen - beim(27) | *S~ Schlaf, im*(80)
Schweigsam(209)
Sitzen - Neigung zu sitzen(110)
Spotten(18)
Starren, gedankenloses - morgens
Stumpfheit(332) | S~ morgens(54) | S~ Stehen - agg.(3)
Tadelsüchtig, krittelig(80)
Traurigkeit(477)
Unbesonnen(82)
Ungehorsam(30)
Verächtlich(35)
Vergeßlich(187)
Verwegenheit(26)
Verwirrung, geistige - Traum; wie in einem(27)
Wahnideen - abends - Einschlafen, beim(4) | W~ eng; alles scheint zu(2) | W~ Fallen - er würde - Erwachen; beim(2) | W~ Schlaf - Einschlafen; Wahnideen beim(12)

Gemüt ...
Weinen - nachts(81) | W ~ Alptraum, nach | W ~ Erwachen, beim(36)
Widerspenstig(66)
Zerstreut(166) | Z ~ morgens(5)

Träume
Alpträume, Alpdrücken(144) | A ~ Liegen auf dem Rücken, beim(4)
Ängstlich(239)
Aufruhr(12)
Ermordet - werden, zu(17)
Erstochen zu werden(5)
Fallen, zu stürzen; zu(60) | F ~ Höhe herab, von einer(29)
Geschnitten zu werden(3)
Hochgelegene Orte - Herunterfallen, Hinabstürzen von(29)
Intellektuell(23)
Kämpfe(54)
Lebhaft(193)
Messer(4)
Mord(53)
Schlachten(13)
Schrecklich(237)
Streitigkeiten(69)
Unglück(64)
Viele(260)
Wissenschaftlich(5)

– Guano australis –

guan.

Gemüt
Wahnideen - Gegenstände; über - drehen sich - Kopf gestellt; Gegenstände seien auf den

Träume
Tiere - wilde(8) | w ~ Spielen mit

– Guarana –

guar.

Gemüt
Delirium(233)
Erregung(287)
Extravaganz(16)

Träume ...
Froh(182)
Lebhaft, munter(50)
Ruhelosigkeit(420) | R ~ konvulsivisch
Traurigkeit - Kopfschmerzen, bei(30)

– Guarea trichiloides –

guare.

Gemüt
Angst(362) | A ~ Fieber - während(91)
Beharrlichkeit(16)
Erregung(287)
Fleißig, arbeitsam, Arbeitswut(101)
Gedächtnis - Gedächtnisschwäche(284)
Gleichgültigkeit, Apathie(251)
Redseligkeit; Geschwätzigkeit(136)
Ruhelosigkeit - abends(51)
Stimmung, Laune - veränderlich(158)
Stumpfheit - Erwachen, beim - Traum; aus einem
Unentschlossenheit(146)
Vergeßlich - Hitze - während(5)
Verwirrung, geistige(321)

Träume
Ängstlich(239)
Kämpfe(54)
Streitigkeiten(69)
Traurig(46)
Unzusammenhängend, zusammenhanglos(24)

– Guatteria guameri –

guat.

Gemüt
Gedächtnis - Gedächtnisschwäche(284)
Gedanken - quälend(31)
Reizbarkeit(408)
Traurigkeit(477)
Unentschlossenheit(146)

– *Gymnocladus canadensis* –

gymno.

Gemüt

Gedächtnis - Gedächtnisschwäche(284)
Geistige Anstrengung - agg. - unmöglich(130)
Gleichgültigkeit, Apathie(251)
Stumpfheit(332)
Vergeßlich(187)

– *Haematoxylon campechianum* –

haem.

Gemüt

Angst(362) | *A ~ nachts*(119)
Betäubung(237)
Boshaft(99)
Empfindlich(192)
Fehler; macht - Sprechen, beim(81)
Gedächtnis - Gedächtnisschwäche(284) | G ~ auszudrücken, sich(41)
Geistige Anstrengung - agg. - unmöglich(130)
Ruhe - Verlangen nach(21)
Ruhelosigkeit(420)
Stumpfheit(332)
Traurigkeit(477)
Weinen(244)
Wille - Willensschwäche(58)
Zorn(243)

– *Hall aqua* –

hall

Gemüt

Ruhelosigkeit - nachts(249)

Träume

Unangenehm(87)
Viele(260)

– *Haloperidolum* –

halo.

Gemüt

Fehler; macht - Zeit; in bezug auf die(34)
Gedächtnis - Gedächtnisschwäche - Alltägliches, für(2) | G ~ gelesen hat; für das, was er(41)
Geistige Anstrengung - agg.(141)
Gesellschaft - Abneigung gegen - allein, wenn - amel.(33)
Konzentration - schwierig(261)
Langsamkeit(68)
Pessimist(17)

Gemüt …

Philosophie - Fähigkeit zu - abends - 21 h, nach
Qualvolle Angst(121)
Ruhelosigkeit - ängstlich(111) | R ~ Bett - im(15)
Schizophrenie(10) | S ~ Hebephrenie(8) | S ~ katatonisch(9)
Stumpfheit(332)
Traurigkeit(477) | T ~ abends - amel.(15)
Verwirrung, geistige(321) | V ~ Zeit; in bezug auf die(3)
Wahnideen - Beine - abgeschnitten, seien(6)

Träume

Krankheit - Krebs

– *Hamamelis virginiana* –

ham.

Gemüt

Angesprochen zu werden - Abneigung(63)
Betäubung(237)
Bewußtlosigkeit(280)
Delirium(233)
Denken - Beschwerden - ständig an seine Beschwerden
Empfindlich(192)
Erregung(287)
Erschöpfung; geistige(217)
Faulheit(269) | F ~ morgens(51)
Fehler; macht - Sprechen, beim(81)
Furcht - Geisteskrankheit(74)
Gedächtnis - Gedächtnisschwäche(284) | G ~ gelesen hat; für das, was er(41) | G ~ Worte, für(61)
Gedanken - wandernd - Studieren, Lernen; beim(3)
Gedanken versunken, in(90)
Geistige Anstrengung - agg. - unmöglich(130) | G ~ Verlangen nach(65) | *G ~ Abneigung gegen*(150)
Gesellschaft - Abneigung gegen(156)
Gespräche - Verlangen nach - Erhabenes zu hören

Gemüt ...

Gewissenhaft, peinlich genau in bezug auf Kleinigkeiten(58)

Gleichgültigkeit, Apathie(251) | G~ nachmittags(3) | G~ geschäftliche Angelegenheiten; gegen(18)

Hochmütig, arrogant(53)

Ideen, Einfälle - Reichtum an, Klarheit des Geistes - morgens, nach ruhelosem Schlaf

Konzentration - schwierig(261)

Lesen - unfähig zu lesen(9)

Meditieren, Nachdenken(47)

Meinung - respektiert, akzeptiert wird; erwartet, daß ihre Meinung

Mürrisch(290)

Phantasien - verworren(10)

Reizbarkeit(408)

Respekt, Ehrfurcht vor seiner Umgebung(9)

Respektiert zu werden; Verlangen

Ruhelosigkeit(420)

Schweigsam(209)

Seelenruhe, Gelassenheit(85) | *S~ Hämoptyse, Blutungen; bei*

Sitzen - Neigung zu sitzen - nachzusinnen; und

Stumpfheit(332) | S~ morgens - Aufstehen, beim(6) | m~ Erwachen, beim(26)

Stumpfheit - nachmittags(29) | S~ Erwachen, beim(41) | S~ Gehen(4)

Stupor(138)

Traurigkeit(477) | T~ abends - amel.(15) | T~ Masturbation, durch(16)

Traurigkeit - Pollutionen, durch(23)

Unbekümmert(8)

Unbesonnen(82)

Unordnung, empfindlich gegen

Unzufrieden(168) | U~ allem; mit(66)

Vergeßlich(187) | V~ Worte beim Sprechen; vergißt(52)

Verwirrung, geistige(321)

Wahnideen - geisteskrank - werden; er würde geisteskrank(43) | W~ schlafen; er würde - nicht genug geschlafen; er habe - morgens(2)

Gemüt ...

Wahnideen - Verstand - verlieren, verrückt werden; er werde seinen Verstand(5)

Zerstreut(166)

Zorn(243)

Träume

Erotisch(196) | E~ Pollutionen, mit(96)

Fledermaus fliegt im Zimmer

Lebhaft(193)

Schrecklich(237)

Unangenehm(87)

Viele(260)

– *Harpagophytum procumbens* –

harp.

Gemüt

Gleichgültigkeit, Apathie(251)

– *Hedera helix* –

hed.

Gemüt

Angst(362)

Furcht(242) | F~ extrem(3) | F~ Herz - Herzerkrankung(23)

Qualvolle Angst(121)

Sorgen, voller(50)

– *Helleborus foetidus* –

hell-f.

Gemüt

Angst(362)

– *Helleborus niger* –

hell.

Gemüt

Albernes Benehmen(65)

Alkoholismus(135)

Angesehen zu werden; erträgt es nicht(23)

Gemüt ...

Angesprochen zu werden - Abneigung(63) | A~ allein gelassen werden; möchte(10)

Angst(362) | A~ Atmen, tiefes - amel.(3) | A~ Furcht, mit(110) | A~ Gewissensangst(75) | A~ Schaudern, mit(11) | A~ Sprechen, beim(7)

Antworten - Abneigung zu antworten(67) | **A~ denkt lange nach**(10) | **A~ langsam**(35) | A~ schwierig, Antworten ist(11) | *A~ Stupor kehrt schnell nach dem Antworten wieder*(17) | A~ undeutlich(6) | *A~ verworren, als würde er an etwas anderes denken*(3) | *A~ weigert sich zu antworten*(32) | A~ wiederholt erst die Frage(7)

Anziehen - unanständig; kleidet sich(3)

Argwöhnisch(105)

Auffahren, Zusammenfahren - abends - Rucken oder Zucken, hört beim Einschlafen auf(2) | *A~ Schlaf - während*(163) | S~ durch - komatösem Schlaf, aus(3)

Beißen - Löffel; beißt in den(9)

Bellen - Knurren wie ein Hund(8)

Berührt zu werden; Abneigung(46)

Beschäftigung - amel.(48)

Beschwerden durch - Heimweh(8) | *B~ Liebe; enttäuschte*(31)

Betäubung(237) | B~ Fieberfrost, im(5) | *B~ Konvulsionen, zwischen den*(11) | B~ Kopfverletzung, nach(6) | B~ Schwindel - während(37) | B~ wacht nur schwer auf(5)

Bewußtlosigkeit(280) | B~ Bewegungen, automatische(26) | B~ Bücken, beim(3) | B~ geistige Empfindungslosigkeit(13) | *B~ Hydrozephalus, bei*(7) | B~ Lesen, durch(4) | *B~ Meningitis, bei*(10)

Bittet - nichts; um(16)

Brütet, grübelt(41)

Chaotisch(44)

Delirium(233) | D~ morgens(8) | m~ Erwachen, beim(5)

Gemüt ...

Delirium - antwortet - langsam(8) | D~ Bett - flieht und springt plötzlich aus dem Bett auf(36) | D~ brummt(44) | *D~ Fieber; im*(54) | *D~ manisch*(47) | *D~ Meningitis cerebrospinalis*(8) | *D~ rasend*(84)

Delirium tremens(84)

Demenz(33)

Denken - Beschwerden - amel.(7) | *B~ agg.; Denken an seine Beschwerden*(71)

Eigensinnig, starrköpfig, dickköpfig(107)

Empfindlich(192) | *E~ Geräusche, gegen*(149)

Entmutigt(135)

Erregung(287)

Erschöpfung; geistige(217)

Essen - weigert sich zu(26)

Faulheit(269)

Fliehen, versucht zu(61) | *F~ Fieber, im*(4) | F~ springt plötzlich aus dem Bett(17)

Froh - abwechselnd mit - Traurigkeit(57)

Furcht(242) | *F~ allein zu sein - nachts*(6) | *F~ eingebildeten - Dingen, vor*(15) | *F~ Tod; vor dem*(143) | *F~ Unglück, vor*(93) | F~ Unheil; Furcht vor(115)

Gedächtnis - gut, aktiv(91) | **G~ Gedächtnisschwäche**(284) | **G~ gehört hat; für das, was er**(15) | **G~ gelesen hat; für das, was er**(41) | **G~ gesagt hat; für das, was er**(29) | **G~ sagen will; für das, was er gerade**(38) | *G~ Worte, für*(61)

Gedanken - hartnäckig(83) | G~ überlegt - nachmittags(2) | G~ Vergehen, Schwinden der Gedanken(76) | G~ zusammenhangslos(30)

Gedanken versunken, in(90)

Geistesabwesend(71)

Geisteskrankheit, Wahnsinn(153) | G~ Alkoholikern; bei(22) | G~ Apoplexie - nach | G~ Frauen; bei - Selbstvorwürfe; durch

Geistige Anstrengung - agg.(141) | *a~ unmöglich*(130)

Geistige Anstrengung - amel.(15)

Geschmacklosigkeit bei der Wahl der Kleidung(11)

GEMÜT ...

Gesellschaft - Abneigung gegen(156) | A~ allein, wenn - amel.(33)

Gesten, Gebärden; macht(22) | G~ automatisch(15) | G~ Hände; unwillkürliche Bewegungen der(23) | G~ einem Arm, einem Bein oder dem Kopf; mit(7) | G~ Hände; unwillkürliche Bewegungen der - Greifen(41) | *H~ zupft - Bettwäsche; an der*(36)

Gleichgültigkeit, Apathie(251) | *G~ allem; gegenüber*(71) | *G~ äußere - Dinge; gegen*(26) | *G~ äußere - Eindrücke, gegen*(4) | G~ Familie; gegen seine(4) | G~ Freude, gegen - und Leid(7) | **G~ geliebte Personen, gegen**(17) | *G~ Leiden, gegen*(4) | *G~ schweigsam*(5) | **G~ Vergnügen, gegen**(46) | **G~ Verwandte, gegen**(12) | G~ Wünsche noch irgendwelchen Willen; hat weder(2)

Grimassen(15)

Grobheit(37)

Grunzen(5)

Hast, Eile - Trinken, beim(11) | T~ Bewußtlosigkeit; während der

Heimweh(52)

Hilflosigkeit, Gefühl der(13)

Hochmütig, arrogant(53)

Hypochondrie(116)

Hysterie(194)

Ideen, Einfälle - Mangel an(102) | I~ Reichtum an, Klarheit des Geistes(125)

Idiotie(45)

Imbezillität(140) | I~ Negativismus(2) | *I~ schreit auf, wenn man sich mit ihm beschäftigt*(2)

Jammern(93)

Kindisches Benehmen(52)

Klagen(64)

Konzentration - gut, aktiv(26) | **K~ schwierig**(261) | **s~ Studieren**(52)

Kummer(76)

Lachen(102)

Läuft umher(24)

GEMÜT ...

Langsamkeit(68) | *L~ alten Menschen, bei*(6)

Lustig, fröhlich - abwechselnd mit - Traurigkeit(14)

Manie(149) | *M~ Besessenheitswahn*(10) | *M~ Hände - ringt die Hände; läuft Tag und Nacht umher*

Meditieren, Nachdenken(47)

Milde(80)

Monomanie(16)

Murmeln(55) | *M~ unklar*(6)

Mürrisch(290)

Näherkommen, auf ihn Zukommen von Personen - Abneigung gegen(12)

Neid(22) | N~ glücklich zu sehen; andere

Phantasien - lebhaft(31) | l~ abends(2)

Phantasien - übertrieben(114) | ü~ abends - Bett, im(28)

Phantasien - übertrieben - Zubettgehen, nach dem(4)

Pubertät; Gemütsbeschwerden in der(4)

Raserei, Tobsucht, Wut(95)

Reizbarkeit(408) | R~ Trost - agg.(21)

Ruhelosigkeit(420) | R~ nachts(249) | *R~ ängstlich*(111) | R~ Bett - Herumwerfen im(123)

Schamlos(29)

Schlafwandeln(56)

Schlagen(42)

Schreien(133) | *S~ Cri encéphalique*(29) | *S~ Kindern, bei*(38) | S~ muß; hat das Gefühl, als ob sie schreien(20) | *S~ Schlaf, im*(80)

Schweigsam(209) | S~ nachmittags(7)

Seelenruhe, Gelassenheit(85)

Selbstbetrachtung(58) | S~ nachmittags

Seufzen(98) | S~ unwillkürlich(4)

Sinne - abgestumpft, stumpf(107)

Sitzen - Neigung zu sitzen(110) | N~ unbeweglich, still(42)

Sonderbar, fremd, merkwürdig - Sonderling(11) | S~ Kleidung, in der(3)

Sprache - langsam(59)

Sprechen - anderer agg.; das Sprechen(46) | *S~ Schlaf, im*(93) | S~ Toten, mit(7)

Starren, gedankenloses(14)

GEMÜT ...

Stilles Wesen(49)

Stimmung, Laune - veränderlich(158)

Stirnrunzeln, Neigung zum(8)

Stöhnen(119) | *S~ Schlaf, im*(62) | S~ unwillkürlich(3) | *S~ Weinen, mit*

Stumpfheit(332) | *S~ nachmittags*(29) | *S~ Fieberfrost, im*(16) | S~ Lesen(35) | *S~ sagt nichts*(5) | S~ Schwindel; während(22) | S~ Studieren und Lernen; beim(3) | S~ versteht Fragen nur nachdem sie wiederholt werden(9)

Stupor(138) | *S~ Hydrozephalus, bei*(7) | *S~ Meningitis, bei*(7)

Suizidneigung; Neigung zum Selbstmord(98) | S~ Erhängen, durch(7) | *S~ Ertränken, durch*(19)

Tadelt - sich selbst(36)

Taten - große Taten vollbringen; Gefühl, als könne er(2)

Tod - Vorahnung des Todes(62) | V~ sagt den Zeitpunkt des Todes voraus(8)

Traum; wie in einem(69)

Traurigkeit(477) | T~ Denken an seine Stellung; beim | *T~ Flecktyphus, nach*(2) | T~ glücklich sind; wenn er sieht, daß andere(2) | *T~ Mädchen; bei - Pubertät; vor der*(4) | T~ Menses - vor(34)

Traurigkeit - Menses - während - Menarche | M~ nach(7)

Traurigkeit - Pubertät, in der(13) | *T~ still*(7)

Trost - amel.(12) | *T~ agg.*(39) | a~ Mitleid, Mitgefühl agg.(15)

Unbehagen(44)

Unbesonnen(82)

Unbeständigkeit - Gedanken, der(6)

Unentschlossenheit(146)

Ungeduld(131)

Ungeschicklichkeit(41) | U~ fallen, läßt Dinge(26)

Unglücklich, bedauernswert; fühlt sich(29)

Unzufrieden(168)

Verächtlich(35)

Vergeßlich(187)

Verlassen zu sein; Gefühl(56)

GEMÜT ...

Verstecken - sich(18)

Verwirrung, geistige(321) | V~ nachmittags(33) | V~ Bücken, beim(13) | V~ Denken an, beim - agg.(3) | V~ Erwachen, beim(71) | V~ Fieberfrost, im(20)

Verzweiflung(137) | *V~ Genesung, in bezug auf die*(44) | V~ religiöse Verzweiflung am Seelenheil(30)

Wahnideen(191) | W~ morgens - Bett, im(5) | W~ Ansammlungen von Dingen, Schwärmen, Menschenmengen etc.(17) | W~ Bilder, Phantome; sieht(76) | B~ Dunkelheit, in der(6)

Wahnideen - falsch - machen; er würde etwas falsch | W~ geht - kann nicht gehen; er - rennen oder hüpfen; muß(2) | W~ Gespenster, Geister, Gestalten - sieht(55) | W~ Gestalten - sieht(33) | W~ Körper - Größe des Körpers; in bezug auf die(5) | W~ krank - sein; krank zu(27) | *W~ neu; alles sei*(2) | W~ Phantasiegebilde, Illusionen(115) | P~ abends im Bett(2)

Wahnideen - Sprechen - Toten, mit(8) | W~ sterben - gleich sterben; glaubt, er würde(57) | *W~ Teufel - sieht*(19) | *W~ Unrecht - begangen; er habe Unrecht*(26) | W~ Verbrechen - begangen; er habe ein Verbrechen(29) | W~ verdammt; er sei(23) | W~ verfolgt - Feinden, von(30) | W~ verloren, sie sei - Seelenheil verloren; sie habe das(5) | W~ vernachlässigt - Pflichten vernachlässigt; er habe seine(10) | W~ versinken, er würde(21) | W~ Visionen, hat(76) | V~ Schließen der Augen; beim(29) | V~ schrecklich - Dunkelheit, in der(6)

Weinen(244) | W~ amel.(24) | W~ Trost - agg.(22) | W~ Verzweiflung, aus(5)

Widerspruch - verträgt keinen Widerspruch(73)

Wille - Muskeln gehorchen dem Willen nicht, wenn die Aufmerksamkeit abgelenkt wird(3) | *W~ Verlust der Willenskraft*(34)

Zerstreut(166)

Gemüt ...

Zorn(243) | *Z ~ angesprochen, wenn*(3) | *Z ~ getröstet, wenn*(10) | Z ~ Kleinigkeiten, über(58) | *Z ~ leicht*(37) | *Z ~ Unterbrechung, durch*(9)

Zurückhaltend, reserviert(64)

Träume

Angenehm(136)

Ängstlich(239)

Fallen, zu stürzen; zu(60)

Historisch(18)

Phantastisch(55)

Schrecklich(237)

Schweben, zu

Unerinnerlich, bleiben nicht im Gedächtnis(93)

Verworren(122)

Viele(260)

Visionär(45)

– *Helleborus viridis* –

hell-v.

Gemüt

Ruhelosigkeit - nachts(219)

– *Heloderma-h. & -s.* –

helo. (alte Abk.)

Gemüt

Faulheit(269) | F ~ morgens(51)

Fehler; macht - Sprechen, beim - Buchstabieren, beim(23) | S ~ Worte - läßt Worte aus(4)

Fleißig, arbeitsam, Arbeitswut(101)

Gedächtnis - Gedächtnisschwäche(284) | G ~ Worte, für(61)

Gleichgültigkeit, Apathie(251)

Idiotie(45)

Konzentration - schwierig(261)

Vergeßlich - Worte beim Sprechen; vergißt(52)

– *Helonias dioica* –

helon.

Gemüt

Angesprochen zu werden - Abneigung(63) | A ~ allein gelassen werden; möchte(10)

Auffahren, Zusammenfahren - leicht(52)

Beschäftigung - amel.(48)

Beschwerden durch - Freude, übermäßige(13)

Betäubung(237)

Bewußtlosigkeit(280)

Denken - Beschwerden - agg.; Denken an seine Beschwerden(71)

Faulheit(269)

Fleißig, arbeitsam, Arbeitswut(101)

Gedächtnis - Gedächtnisschwäche(284)

Geistige Anstrengung - amel.(15)

Gesellschaft - Abneigung gegen(156)

Gespräche - agg.(45)

Heikel, pingelig(34)

Hypochondrie(116)

Mürrisch(290)

Näherkommen, auf ihn Zukommen von Personen - Abneigung gegen(12)

Reizbarkeit(408) | *R ~ Diabetes, bei*(2) | R ~ Kopfschmerzen, bei(61)

Ruhelosigkeit(420) | R ~ Frauen, bei(7)

Schweigsam(209)

Sprechen - anderer agg.; das Sprechen(46)

Stumpfheit(332) | *S ~ Diabetes, bei*(3)

Stupor(138)

Tadelsüchtig, krittelig(80)

Traurigkeit(477) | *T ~ Gesellschaft - Abneigung gegen Gesellschaft, Verlangen nach Einsamkeit*(11) | T ~ glücklich sind; wenn er sieht, daß andere(2)

Traurigkeit - Pubertät, in der(13)

Verleumden, Neigung zu(21)

Verzweiflung(137)

Vorschläge, Ratschläge an; nimmt keine

Weinen - Trost - will nicht getröstet werden(10)

Widerspruch - agg.(11) | *W ~ verträgt keinen Widerspruch*(73)

Gemüt …
Zorn - Widerspruch, durch(37)

– *Hepar sulphur* –

hep.

Gemüt

Abneigung - Familienmitglieder; gegen(19) | A~ Menschen; gegen - bestimmte; gegen(14) | A~ Orte; gegen bestimmte

Abscheu - allgemeiner(42) | *a ~ abends*(5)

Abscheu - Leben, vor dem(84) | L~ abends(6)

Alkoholismus(135)

Angst(362) | *A ~ abends*(87) | a~ Bett, im(54)

Angst - nachts(119) | *n ~ Mitternacht - vor*(36) | M~ nach(22) | n~ 1 h - 1 - 3 h

Angst - allein, wenn(17) | A~ andere, um(24) | A~ berührt zu werden; Angst(4) | *A ~ Bett - im Bett*(49) | *B ~ treibt aus dem Bett*(15)

Angst - Erwachen, beim(86) | A~ Familie, um seine(10) | A~ Fieber - während(91) | A~ Freien, im(13) | *A ~ Furcht, mit*(110) | A~ Gehen - agg.(21) | G~ Freien, im(12)

Angst - Gesundheit; um die - Verwandten; von(6) | A~ Liegen(11) | A~ Müdigkeit, mit(16) | A~ Schlaf - während(42) | S~ Einschlafen, beim(13)

Angst - Suizidneigung, mit(10) | A~ Träume; beim Erwachen aus schrecklichen(17) | A~ Zukunft(108)

Antworten - hastig, überstürzt(11) | A~ Stupor kehrt schnell nach dem Antworten wieder(17)

Arzneimittel, homöopathische - Abneigung gegen(6)

Auffahren, Zusammenfahren(117) | A~ mittags(10) | A~ ängstlich(8) | A~ Essen, nach dem | *A ~ Schlaf - während*(163) | *S ~ durch*(124) | **S~ Einschlafen, beim**(72)

Außer sich; ist - Schmerzen; vor(13)

Berührt zu werden; Abneigung(46)

Beschimpfen, beleidigen, schmähen(67) | B~ Betrunkenheit; bei(3)

Gemüt …

Beschwerden durch - Uneinigkeit zwischen - Eltern, Freunden(11) | B~ Zorn - unterdrückten Zorn; durch(11)

Betäubung(237)

Bewußtlosigkeit(280) | B~ morgens(45) | B~ nachts - Erwachen, beim(7) | *B ~ Frost - während*(15) | B~ Gehen, beim - Freien, im(4) | *B ~ Schmerzen, durch*(9) | B~ vorübergehend(24)

Bittet - nichts; um(16)

Boshaft(99) | B~ Zorn, mit(12)

Delirium(233) | D~ morgens(8) | m~ Erwachen, beim(5)

Delirium - nachts(67) | D~ ängstlich(24) | D~ aufgeweckt wird; wenn er(4) | *D ~ brummt*(44) | *D ~ Fieber; im*(54) | D~ rasend(84) | D~ schrecklich(26)

Destruktivität, Zerstörungswut(41)

Droht(8) | *D ~ töten; droht zu*(3) | *t ~ Ehefrau und Kinder*

Eigensinnig, starrköpfig, dickköpfig(107)

Empfindlich(192) | E~ äußerliche Eindrücke; gegen alle(21) | E~ Fieberfrost, im(9) | E~ geistige Eindrücke; gegen(20) | E~ Geräusche, gegen(149) | **E~ SCHMERZ, GEGEN**(31) | E~ Sinneseindrücke, gegen(23)

Entfremdet - Familie, von seiner(18)

Entmutigt(135) | E~ Schmerzen, durch(4)

Erregung(287) | *E ~ Frost - während*(22)

Erschöpfung; geistige(217)

Erschreckt leicht - Erwachen, beim(41)

Faulheit(269) | F~ morgens(51) | F~ neue Ideen, Gedanken; mit Abneigung gegen(5)

Fehler; macht - Schreiben, beim(83) | F~ Sprechen, beim(81) | S~ Worte - falsche Worte; benutzt(53) | W~ stellt Worte an die falsche Stelle(46)

Feigheit(89)

FEUER - ANZÜNDEN; MÖCHTE DINGE(8)

Froh - morgens(21) | *F ~ Bett - in* | F~ niemals(2)

Gemüt …

Furcht(242) | F~ abends(51) | F~ nachts(58) | F~ allein zu sein(54) | *F~ berührt zu werden*(38) | F~ Bienen, vor | F~ entstellt zu werden | F~ Erwachen, beim(54) | F~ genesen; er werde nicht(3) | F~ Gesundheit - geliebter Menschen; in bezug auf die Gesundheit(3) | F~ Gewitter, vor(25) | F~ Krankheit, vor drohender(66) | K~ Gehen im Freien agg.

Furcht - Luft - Freien im(4) | F~ Menschen, vor(81) | F~ Menschenmenge; in einer(58) | F~ Menses - vor(12) | F~ Schlangen, vor(8) | *F~ Tod; vor dem*(143) | F~ Unheil; Furcht vor(115) | F~ verletzt zu werden(6) | F~ Wespen, vor

Gedächtnis - Gedächtnisschwäche(284) | G~ Eigennamen; für(44) | G~ gesagt hat; für das, was er(29) | *G~ Orte, für*(11) | G~ Schmerz; durch(10) | G~ Schreck; durch(10) | *G~ Worte, für*(61)

Gedächtnis - Gedächtnisverlust - Furcht, durch(10)

Gedanken - Gedankenandrang, einstürmende Gedanken, Gedankenfluß(78) | G~ nachts(31) | G~ Schlaflosigkeit, durch(23)

Gedanken - überlegt(54) | *G~ unangenehm*(21) | G~ Vergehen, Schwinden der Gedanken(76) | V~ Arbeit, bei der(2) | V~ geistige Anstrengung; durch(13)

Gefahr - kein Gefühl für Gefahr; hat(4)

Gefühllos, hartherzig(21)

Gehen - Freien, im - agg. Gemütssymptome(19)

Geisteskrankheit, Wahnsinn(153) | G~ Alkoholikern; bei(22) | *G~ Hautausschlägen; nach unterdrückten*(6)

Geistige Anstrengung - agg.(141) | a~ unmöglich(130)

Geistige Anstrengung - Abneigung gegen(150) | G~ Wein zur geistigen Arbeit; braucht

Geiz(34)

Gemüt …

Gesellschaft - Abneigung gegen(156) | A~ Freunden, von engsten(10)

Gesellschaft - Verlangen nach(83) | **V~ allein; agg. wenn**(48) | *V~ amel. in Gesellschaft*(18)

Gesten, Gebärden; macht - Hände; unwillkürliche Bewegungen der - zupft - Bettwäsche; an der(36) | *G~ heftig*(9) | *G~ schrecklich*(2) | *G~ zornig, wütend*(3)

Gewissenhaft, peinlich genau in bezug auf Kleinigkeiten(58)

Gleichgültigkeit, Apathie(251) | G~ morgens - Erwachen, beim(8) | G~ Vergnügen, gegen(46) | G~ Verwandte, gegen(12)

Grausamkeit, Unmenschlichkeit(30)

Hartherzig, unerbittlich(20)

Haß - Rachsucht; Haß und(32)

Hast, Eile(112) | H~ Beschäftigung, bei(15) | **H~ Essen - beim**(23) | *H~ Trinken, beim*(11)

Heftig, vehement(100) | *H~ abends - Kleinigkeiten, über*(2) | **H~ Gewalttaten führt; Raserei, die zu**(34) | *H~ Kleinigkeiten, über*(4) | **H~ Schmerzen, durch**(5)

Hinterhältig, hinterlistig, falsch, verschlagen - meineidig(3)

Hypochondrie(116) | H~ Selbstmord; treibt zum(12)

Ideen, Einfälle - Mangel an(102) | I~ Reichtum an, Klarheit des Geistes(125) | R~ nachts(26)

Imbezillität - sexueller Erregung, mit(6)

Impulse, Triebe; krankhafte(10)

Klagen(64)

Kleinigkeiten scheinen wichtig, bedeutend(19)

Kurz angebunden, barsch(14) | K~ schroff(13)

Lachen - niemals(4)

Langsamkeit(68)

Lästig, geht auf die Nerven(79)

Launenhaftigkeit, launisch(108) | *L~ weist Dinge zurück, die er haben wollte, sobald er sie bekommt*(13)

Gemüt ...

Lebensüberdruß(82) | L~ abends(7) | L~ Schweiß, beim(6)

Lebhaft, munter(50)

Leidenschaftlich(49)

Manie(149) | *M~ Hautausschlägen; nach unterdrückten*(3)

Moralischem Empfinden; Mangel an(48) | M~ Verbrecher zu werden, ohne Reue; Neigung zum(5)

Murmeln(55)

Mürrisch(290) | M~ morgens(42) | M~ abends(31) | M~ Fieberfrost, im(13) | M~ Kindern, bei(14) | M~ Kleinigkeiten, um(13) | M~ Schmerzen, nach(4)

Musik - Abneigung gegen(13)

Neue Ideen, Einfälle - Abneigung gegen(5)

Pelz; hüllt sich im Sommer in(4)

Pflicht - kein Pflichtgefühl(12)

Phantasien - übertrieben(114) | ü~ nachts(40)

Phantasien - übertrieben - Schlaflosigkeit, mit(41)

Philosophie - Fähigkeit zu(6)

Qualvolle Angst(121) | Q~ abends(12) | Q~ nachts(9)

Raserei, Tobsucht, Wut(95) | R~ töten; versucht Menschen zu(4)

Redseligkeit; Geschwätzigkeit(136) | R~ Betrunkenheit; bei(6) | *R~ hört nicht zu*

Reizbarkeit(408) | R~ morgens - Aufstehen, nach dem(13) | R~ Fieberfrost, im(57) | R~ Hitze - während(31) | *R~ Kleinigkeiten, durch*(34) | R~ Schmerzen; bei den(10) | R~ Schweiß, beim(14)

Ruhelosigkeit(420) | R~ abends(51) | a~ Bett, im(11)

Ruhelosigkeit - nachts(249) | *R~ ängstlich*(111) | *R~ Bett - treibt aus dem*(39) | *R~ Schläfrigkeit, bei*(12)

Sachlich, vernünftig(9)

Schlagen - Betrunkenheit; bei(4)

Schreckliches und traurige Geschichten greifen sie stark an(32)

Gemüt ...

Schreien - Hilfe, um - Schlaf; im(3) | H~ springt vom Bett auf(2)

Schreien - Husten agg.(5) | S~ Schlaf, im(80) | S~ springt aus dem Bett und schreit um Hilfe(2)

Schweigsam(209) | S~ morgens(6) | *S~ sitzt unbeweglich da*(2)

Sinne - abgestumpft, stumpf(107) | S~ Vergehen, Schwinden der(51)

Sitzen - Neigung zu sitzen(110) | *N~ unbeweglich, still*(42) | N~ versunken und nichts wahrnehmend; wie in tiefen, traurigen Gedanken - Schwindel; beim

Sorgen, voller - allein, wenn | S~ Gehen im Freien | S~ Verwandte, um(7)

Spielen - Abneigung gegen Spielen - Kindern; bei(9)

Spontan, impulsiv(33)

Sprache - delirös - Fieberfrost, im - aufgeweckt wird, wenn er | **S~ hastig**(44) | S~ undeutlich - überschlägt sich; Worte kommen hervor und die Sprache | S~ unzusammenhängend(65)

Stimmung, Laune - abweisend, zurückweisend(40)

Stöhnen - nachts(10)

Streitsüchtig(136) | S~ Schlaf, im(9)

Stumpfheit(332) | S~ geistige Anstrengung, durch(27) | S~ Husten, beim

Stupor(138) | S~ morgens(36)

Suizidneigung; Neigung zum Selbstmord(98) | S~ abends(7) | S~ anzuzünden, sich | S~ Erschießen, durch(17) | S~ Ertränken, durch(19) | *S~ Gedanken an Selbstmord*(33) | S~ Hypochondrie, aus(12) | *S~ qualvoller Angst; während* | S~ Schweiß, beim(9) | *S~ Traurigkeit, durch*(23)

Testament aufzusetzen; weigert sich, ein(3)

Tod - Vorahnung des Todes(62) | T~ wünscht sich den Tod, möchte sterben(72)

Gemüt ...

Töten, Verlangen zu(32) | *T~ Beleidigung zu töten; plötzlicher Impuls wegen einer geringen*(3) | T~ Betrunkenheit; bei(5) | *T~ Friseur will seinen Kunden töten; der*(2) | T~ geliebte Menschen(6) | *T~ Messer - mit einem Messer*(12) | *T~ plötzlicher Impuls zu töten*(10) | T~ werfen; plötzlicher Impuls, das Kind zu - Feuer, ins(4)

Traum; wie in einem(69)

Traurigkeit(477) | T~ morgens(71) | *T~ abends*(76) | T~ ängstlich(32) | T~ Ausstrecken auf dem Sofa; beim | T~ Freien, im(12) | T~ Frost - während(37) | T~ Gehen - Freien, im(14)

Traurigkeit - Quecksilbermißbrauch, nach(5) | *T~ Suizidneigung, mit*(25)

Unbesonnen(82)

Ungeduld(131)

Ungestüm(31) | *U~ Schweiß, mit*(12)

Unhöflich(4)

Unterscheidungsvermögen; Mangel an(4)

Unzufrieden(168) | **U~ allem; mit**(66) | U~ anderen; mit(2) | **U~ immer**(4) | *U~ sich selbst, mit*(36)

Urteilsvermögen; Mangel an(3)

Veränderungen - Verlangen nach(5)

Vergeßlich(187)

Vergnügen - Abneigung gegen(8)

Verkehrt, alles erscheint(6)

Verlangen, Wunsch nach - nichts; nach(7)

Verschwenderisch(13)

Verwegenheit(26)

Verweilt - erinnert sich - unangenehme Erinnerungen, an(10) | V~ vergangenen unangenehmen Ereignissen; bei(46)

Verwirrung, geistige(321) | V~ Erwachen, beim(71) | V~ geistige Anstrengung - durch(50) | V~ Schlaf; nach(14)

Verzweiflung(137) | V~ Fieberfrost, im(20)

Wahnideen(191) | W~ morgens - Bett, im(5) | W~ arm, er sei(10) | *W~ Bilder, Phantome; sieht*(76) | *B~ schreckliche*(60)

Gemüt ...

Wahnideen - ermorden; er würde - jemanden ermorden; er müsse(4) | W~ ermordet - er würde ermordet - werden; er würde ermordet werden(21) | W~ Feuer - Haus brennt(3) | F~ Nachbarhaus brennt | *F~ Visionen von*(34) | *F~ Welt steht in Flammen; die*(3)

Wahnideen - Gespenster, Geister, Gestalten - sieht(55) | W~ krank - Familienmitglieder seien krank | W~ Phantasiegebilde, Illusionen(115) | *W~ tot - Personen, sieht tote*(59) | P~ morgens beim Erwachen erschreckt durch die Bilder von Toten

Wahnideen - unangenehm(4) | *W~ Visionen, hat*(76) | V~ morgens - Bett, im | V~ schrecklich(27)

Wahnideen - Wolken - sieht(3)

Weinen(244) | W~ agg.(18) | W~ nachts(81) | W~ bitterlich, bitter(2) | W~ Fieberfrost - im(25) | **W~ Husten - vor**(6) | **H~ während**(21) | H~ nach(6)

Weinen - Schlaf, im(88) | *W~ Schluchzen; Weinen mit*(34)

WIDERSPENSTIG(66)

Widerspruch - Neigung zu widersprechen(38) | W~ verträgt keinen Widerspruch(73)

Widerwillen(39)

Zeit - langsam, scheint länger; vergeht zu(29)

Zerstreut(166) | Z~ Schwindel, bei

ZORN(243) | **Z~ erstechen könnte; so wütend, daß er jeden**(8) | Z~ Geräusch, bei(2) | **Z~ heftig**(72) | Z~ Kindern, bei(5) | *Z~ Kleinigkeiten, über*(58)

Zurückhaltend, reserviert - morgens(3)

Träume

Alpträume, Alpdrücken(144)

Ängstlich(239)

Ereignisse - zurückliegende, kurz - Vortag, vom(41)

Fallen, zu stürzen; zu(60) | F~ Abgrund, in einen(4) | F~ Höhe herab, von einer(29)

Fenster - zerbrochene

Feuer(65)

Träume ...
Furcht - gefolgt von(14)
Gefahr(40) | G ~ entkommen; einer Gefahr zu
Geschäft(40)
Hochgelegene Orte - Herunterfallen, Hinabstürzen von(29)
Krankheit(43) | K ~ Auswurf, eitriger | K ~ Blutspucken(3)
Schießen, vom(6)
Schrecklich(237)
Schüsse - hört Schüsse
Streitigkeiten(69)
Unwichtig(46)
Verdrießlich(122)
Viele(260)
Wecken den Patienten(118)

– *Heracleum sphondylium* –

hera.

Gemüt
Faulheit(269)
Furcht - Essen - vor dem(6)
Hypochondrie(116)
Launenhaftigkeit, launisch(108)
Mürrisch(290)
Schweigsam(209)
Traurigkeit(477)

– *Hippomanes* –

hipp.

Gemüt
Angesprochen zu werden - Abneigung(63) | A ~ allein gelassen werden; möchte(10)
Angst - abends(87) | A ~ Zukunft(108)
Auffahren, Zusammenfahren - Geräusche, durch(60)
Betäubung(237)
Delirium(233)
Entmutigt(135) | E ~ morgens(4)
Erregung(287)
Erschöpfung; geistige(217)
Faulheit - morgens(51) | F ~ vormittags(8)
Furcht - abends(51) | F ~ Geräusche, durch(40)

Gemüt ...
Gedächtnis - gut, aktiv(91) | G ~ Gedächtnisschwäche(284) | G ~ gelesen hat; für das, was er(41)
Geisteskrankheit, Wahnsinn - Menopause, in der(11)
Geistige Anstrengung - agg. - unmöglich(130) | G ~ Abneigung gegen(150)
Geschäft - Abneigung gegen(45)
Gesellschaft - Abneigung gegen(156)
Heimweh(52) | H ~ abends
Kämpfen, möchte(10)
Konzentration - schwierig(261) | s ~ Unmöglichkeit, sich zu konzentrieren(8)
Lebensüberdruß(82)
Lebhaft, munter(50)
Mürrisch(290) | M ~ morgens(42) | M ~ vormittags(19) | M ~ Fieber - nach(3)
Näherkommen, auf ihn Zukommen von Personen - Abneigung gegen(12)
Phantasien - lasziv(46) | l ~ vormittags
Phantasien - übertrieben - nachts(40)
Reisen - Verlangen nach(28)
Reizbarkeit(408) | R ~ morgens(69) | R ~ vormittags(25) | R ~ Hitze - nach(3) | R ~ Kopfschmerzen, bei(61)
Ruhelosigkeit(420) | R ~ bewegen - muß sich ständig(18)
Schweigsam(209) | S ~ vormittags(3)
Singen(59)
Sitzen - Neigung zu sitzen(110) | **N ~ unbeweglich, still**(42) | *N ~ versunken und nichts wahrnehmend; wie in tiefen, traurigen Gedanken*(11)
Stöhnen - Pollutionen, nach
Streitsüchtig(136)
Stumpfheit(332) | S ~ abends(29) | S ~ Lesen(35)
Suizidneigung; Neigung zum Selbstmord(98)
Traurigkeit(477) | T ~ morgens - Erwachen - nach(9) | T ~ Fieberhitze, in der(55)
Traurigkeit - sitzt in der Ecke und möchte nichts mit der Welt zu tun haben
Unbehagen(44) | U ~ morgens(3)

Gemüt ...
Unzufrieden(168) | U~ morgens(5) | U~ abends(8) | U~ allem; mit(66)
Vergeßlich(187)
Verwirrung, geistige(321) | V~ abends(78) | V~ Kaffee - amel.(2)
Wahnideen - Kopf - fallen; der Kopf würde - vorne, nach - Gehen, beim(2)
Weinen - nachts(81) | W~ Pollutionen, nach(2)
Zorn - Fieber - während

Träume
Alarme
Ängstlich(239)
Erotisch(196)
Ochsen - verfolgen ihn(3)
Schrecklich(237)
Unerinnerlich, bleiben nicht im Gedächtnis(93)
Verfolgt zu werden - Tieren, von(13) | T~ wilde(14)
Viele(260)

– *Hippozaeninum* –
hippoz.

Gemüt
Delirium(233) | D~ nachts(67)
Ruhelosigkeit - bewegen - muß sich ständig(18)

– *Hippuricum acidum* –
hip-ac.

Gemüt
Angst(362) | A~ Gewissensangst(75)
Reizbarkeit(408)

– *Hirudo medicinalis* –
hir.

Gemüt
Konzentration - schwierig(261)
Reizbarkeit(408)
Streitsüchtig(136)
Stumpfheit(332)

Gemüt ...
Traurigkeit(477) | T~ abwechselnd mit - Energie; körperlicher(2)
Weinen(244)
Zorn(243)

Träume
Alpträume, Alpdrücken(144)
Unzusammenhängend, zusammenhanglos(24)
Verfolgt zu werden(17)

– *Histaminum* –
hist.

Gemüt
Angesprochen zu werden - Abneigung(63)
Angst(362) | A~ Gehen - amel.(6) | A~ Ruhe, in der(4)
Beschimpfen, beleidigen, schmähen(67)
Beschwerden durch - schlechte Nachrichten(34)
Empfindlich(192)
Gedächtnis - Gedächtnisschwäche(284) | G~ Eigennamen; für(44) | G~ Worte, für(61)
Gehen - schnell - amel.
Konzentration - schwierig(261)
Langsamkeit(68)
Reizbarkeit(408) | R~ Kleinigkeiten, durch(34)
Ruhelosigkeit(420) | R~ ängstlich(111) | *R~ treibt umher*(41) | R~ Warten, beim
Schweigsam(209)
Stimmung, Laune - wechselnd, wechselhaft(80)
Streitsüchtig(136)
Stumpfheit(332)
Tod - Gedanken an den Tod(54)
Traurigkeit(477) | T~ Gehen - amel.(2)
Ungeduld(131)
Wandern - amel. Gemütssymptome
Weinen(244)

Träume
Insekten(4)

– Hoitzia coccinea –

hoit.

Gemüt

Erregung(287)
Exzentrizität, Überspanntheit(54)
Furcht(242)
Qualvolle Angst(121)
Stöhnen(119)
Wahnideen(191)

– Homarus –

hom.

Gemüt

Wahnideen - bewegen - er bewegt sich - nicht bewegen; sie kann sich - jedoch amel. durch Bewegung

– Homeria collina –

home.

Gemüt

Bewußtlosigkeit(280)

– Hura brasiliensis –

hura

Gemüt

Aktivität; Verlangen nach(38)
Angst(362) | A~ abends(87) | A~ Frost - während(31) | A~ Seelenheil, um das(35) | A~ Zukunft(108)
Auffahren, Zusammenfahren(117) | A~ morgens, aus dem Schlaf(6) | A~ Bett, im(4) | A~ Geräusche, durch(60) | A~ Kleinigkeiten, über(21) | A~ leicht(52) | A~ Schlaf - während(163) | A~ Tür - geöffnet wird; wenn eine Tür(3)
Beißen(35) | B~ Hände; beißt(2) | B~ Nägel(33) | B~ sich selbst; beißt(8)
Beschwerden durch - Kummer(65)
Denken - Beschwerden - agg.; Denken an seine Beschwerden(71)
Destruktivität, Zerstörungswut(41)
Eigensinnig, starrköpfig, dickköpfig(107)
Empfindlich - Geräusche, gegen(149)

Gemüt ...

Erregung(287) | E~ mittags(3) | E~ nachts(40)
Faulheit(269)
Fehler; macht - Orte; in bezug auf(32) | F~ Zeit; in bezug auf die(34)
Froh(182) | F~ morgens(21) | m~ 8 h
Furcht - fallen, zu stürzen; zu - Gehen, beim(4) | F~ Fieber - vor dem Fieber - Zubettgehen; beim | F~ Geräusche, durch(40) | F~ Unglück, vor(93) | U~ nachmittags(3) | n~ 14 h
Gewissenhaft, peinlich genau in bezug auf Kleinigkeiten(58)
Gleichgültigkeit, Apathie(251) | G~ Vergnügen, gegen(46)
Hysterie(194)
Konzentration - schwierig(261)
Lachen(102) | L~ morgens(6) | m~ 7 - 8 h
Lachen - Frösteln, gefolgt von | L~ Schmerzanfall erregt nervöses Lachen; jeder(2)
Langeweile(53)
Leidenschaftlich(49)
Lesen - schwer, fällt(3)
Liebe - Perversität(5)
Liebevoll, voller Zuneigung, herzlich(37)
Reizbarkeit(408)
Religiös - Gemütsstörungen, religiöse(63)
Ruhelosigkeit - nachts(249) | R~ Bett - im(15)
Schmollen(41)
Seufzen(98)
Stöhnen(119)
Stumpfheit - geistige Anstrengung, durch(27)
Tadelt - sich selbst(36)
Tod - Gedanken an den Tod(54) | T~ wünscht sich den Tod, möchte sterben(72)
Traurigkeit(477) | T~ morgens(71)
Ungeduld(131) | U~ mittags | U~ Schmerzen, durch(3)
Unglücklich, bedauernswert; fühlt sich(29)
Unzufrieden(168) | U~ allem; mit(66)

Gemüt ...

Verlassen zu sein; Gefühl(56) | V~ Isolation, Gefühl der(16)
Verwirrung, geistige(321)
Verzweiflung(137) | V~ Genesung, in bezug auf die(44) | V~ religiöse Verzweiflung am Seelenheil(30)
Wahnideen(191) | W~ allein zu sein - Welt; allein auf der(7) | W~ Freund - verlieren; sie werde bald einen Freund | F~ Zuneigung des Freundes verloren; er habe die(4)
Wahnideen - Gespenster, Geister, Gestalten - sieht(55) | W~ glücklos, er sei(11) | W~ hängen - Meter über dem Boden; einen - Einschlafen; beim | W~ schweben - Luft, in der(45) | W~ tot - Personen, sieht tote(59) | W~ verachtet, er würde(5) | W~ verlassen ; er sei(21) | v~ Sorgen machen; keiner würde sich um sie(2)
Wahnideen - verloren, sie sei - Seelenheil verloren; sie habe das(5) | W~ verstoßen; er sei - Verwandten; von den(2) | W~ Vertrauen in ihn verloren; seine Freunde hätten alles(2) | W~ Zuneigung der Freunde verloren; er habe die(3)
Weinen(244) | W~ vormittags(2) | W~ abends(29) | W~ Freien, im(2) | W~ grundlos(30) | W~ Singen, beim
Widerspruch - verträgt keinen Widerspruch(73)
Zerbricht Dinge(13)
Zerstreut(166) | Z~ Arbeit; bei der
Zorn(243) | Z~ Widerspruch, durch(37)

Träume

Angenehm(136)
Beerdigungen(13)
Einkaufen
Erotisch(196) | E~ Pollutionen, mit(96)
Friedhof(2)
Gebäude(3)
Gefangener - Freilassung von Gefangenen
Gehen - Ruinen, zwischen(2)
Geschäft(40)

Träume...

Gräber(6) | G~ Kerzen auf Gräber zu stellen
Jagd(5)
Kinder(8)
Körperteile - Kopf - abgeschnitten(2)
Leichen(42)
Menschen - Parties(5)
Mord(53)
Ochsen - verfaulte
Parties(5)
Reisen(48)
Revolution(2)
Schiff fahren, mit dem(8)
Schneiden(7)
Schüsse(2)
Schwelgerei, Festmahl(9)
Schwimmen(9)
Tiere(25) | T~ wilde(8)
Tod(64)
Verbrechen(8)
Verstümmelung(9)
Wasser(49) | W~ gelbes

– *Hydrastis canadensis* –

hydr.

Gemüt

Abscheu - Leben, vor dem(84)
Alkoholismus(135)
Aphasie(53)
Auszugehen, Abneigung(7)
Betäubung(237) | B~ Schwindel - während(37)
Boshaft(99)
Brüskieren, vor den Kopf stoßen; möchte Menschen, die nicht mit übereinstimmen
Delirium(233) | D~ nachts(67)
Denken - Beschwerden - agg.; Denken an seine Beschwerden(71)
Entmutigt(135)
Faulheit(269)
Fehler; macht - Schreiben, beim(83)
Fluchen(44) | *F~ Mutter und wirft Essen oder Arzneimittel durchs Zimmer; verflucht seine*

Gemüt ...

Froh(182) | F~ morgens - Aufstehen, beim | m~ Erwachen, beim(6)

Furcht - Krankheit, vor drohender(66) | K~ unheilbar zu sein(42)

Furcht - offenen Plätzen; Furcht vor(17) | F~ Tod; vor dem(143)

Gedächtnis - Gedächtnisschwäche(284) | G~ gelesen hat; für das, was er(41) | G~ geschehen ist; für das, was(17) | G~ Rechtschreibung, für die(8) | G~ sagen will; für das, was er gerade(38) | G~ Tatsachen, Fakten; für - kurz zurückliegende Tatsachen, für(15) | G~ tun wollte; für das, was er gerade(33)

Geistige Anstrengung - agg. - unmöglich(130) | G~ Abneigung gegen(150)

Gesellschaft - Abneigung gegen(156)

Gleichgültigkeit, Apathie - allem; gegenüber(71)

Haß - Rachsucht; Haß und(32)

Hochgefühl(97)

Hoffnung, voller(13)

Konzentration - schwierig(261)

Kühn(7)

Langeweile(53)

Lesen - Abneigung gegen Lesen(25)

Liebevoll, voller Zuneigung, herzlich(37)

Milde(80)

Mürrisch(290) | M~ Betrunkenheit; bei(4)

Phantasien - übertrieben - nachts(40) | ü~ schrecklich(9)

Qualvolle Angst(121)

Reizbarkeit(408) | *R~ Essen - nach*(26) | *R~ Fluor aufhört; sobald der* | *R~ Mittagessen - nach*(8)

Ruhelosigkeit - nachts(249)

Schlagen(42) | S~ Verlangen - schlagen, zu(15) | s~ abends amel.

Schreiben - Abneigung gegen(3)

Schweigsam(209)

Singen(59)

Stöhnen(119) | *S~ Schmerzen, durch*(8)

Stumpfheit(332)

Gemüt ...

Tod - Vorahnung des Todes(62) | T~ wünscht sich den Tod, möchte sterben(72)

Traurigkeit(477)

Vergeßlich(187) | V~ Worte beim Sprechen; vergißt(52)

Verwirrung, geistige(321)

Wahnideen - berauscht - sei, er(59)

Weinen(244)

Zerstreut(166)

Zorn(243) | *Z~ Fluor aufhört; sobald der*

Träume

Ängstlich(239)

Beschäftigt zu sein; sehr(29)

Erotisch(196) | E~ Pollutionen, mit(96)

Reisen(48)

Schrecklich(237)

Streitigkeiten(69)

Tiere(25)

Unerinnerlich, bleiben nicht im Gedächtnis(93)

Ungeheuer(2)

Verdrießlich(122)

Verfolgt zu werden(17) | V~ Tieren, von - wilde(14)

Verworren(122)

Viele(260)

– *Hydrocotyle asiatica* –

hydrc.

Gemüt

Froh(182)

Furcht - Menschen, vor(81)

Gleichgültigkeit, Apathie(251)

Langeweile(53)

Lebhaft, munter(50)

Menschenfeindlichkeit, Misanthropie(45)

Mitteilsam, gesprächig(8)

Optimistisch(17)

Redseligkeit; Geschwätzigkeit(136)

Stöhnen(119)

Traurigkeit(477)

Vertrauensvoll(5)

– *Hydrocyanicum acidum* –

hydr-ac.

Gemüt

Angst(362)
Auffahren, Zusammenfahren(117)
Beißen(35) | B ~ Delirium, im(6)
Betäubung(237) | B ~ Schwindel - während(37)
Bewußtlosigkeit(280) | *B ~ plötzlich*(12)
Delirium - Beißen, Verlangen zu(6) | D ~ wild(21)
Empfindlich - Mangel an Empfindlichkeit(20)
Entmutigt(135)
Erregung(287)
Faulheit(269)
Feigheit(89)
Furcht(242) | F ~ allem; ständige Furcht vor(9) | F ~ Beschwerden, vor eingebildeten | F ~ eingebildeten - Dingen, vor(15) | F ~ Menschenmenge; in einer(58) | F ~ Näherkommen, Annäherung von; vor - Fahrzeugen, vor(4) | F ~ offenen Plätzen; Furcht vor(17) | *F ~ Schlaf - einzuschlafen; Furcht*(18) | F ~ stürzen; Furcht hohe Mauern und Gebäude würden auf ihn(4) | F ~ Tod; vor dem(143) | F ~ überfahren zu werden - Gehen ins Freie; beim(4) | F ~ Überqueren - Straße(3) | F ~ Unglück, vor(93)
Geisteskrankheit, Wahnsinn - Gefühllosigkeit, Schmerzlosigkeit; mit allgemeiner(3)
Geistige Anstrengung - agg. - unmöglich(130)
Gesten, Gebärden; macht - Hände; unwillkürliche Bewegungen der - wirft die Hände umher - Kopf; über den(5) | G ~ konvulsivisch(24)
Gleichgültigkeit, Apathie(251)
Hypochondrie(116)
Hysterie(194) | *H ~ verletzen; Verlangen, sich zu*
Katalepsie(20)
Konzentration - schwierig(261)

Gemüt ...

Lachen - laut(8) | L ~ sardonisch(26)
Manie - Erregung in der Gestik oder Sprache
Menses - während; Gemütssymptome(28)
Mürrisch(290) | M ~ nachmittags(30)
Phantasien - übertrieben - schrecklich(9)
Qualvolle Angst - Urämie, bei
Reizbarkeit(408) | R ~ nachmittags(37)
Ruhelosigkeit(420) | R ~ Bett - Herumwerfen im(123)
Schreien(133) | *S ~ Erwachen - beim*(27) | S ~ Konvulsionen - vor(32) | K ~ epileptisch(21)
Schreien - laut | S ~ unwillkürlich
Schweigsam(209)
Seelenruhe, Gelassenheit(85)
Sentimental, schwärmerisch, rührselig(64)
Seufzen - Hysterie, bei(3)
Sinne - abgestumpft, stumpf(107) | S ~ scharf(52)
Sprache - unzusammenhängend(65)
Spucken(32)
Starren, gedankenloses(14)
Stöhnen(119)
Stumpfheit(332)
Stupor(138)
Suizidneigung; Neigung zum Selbstmord(98)
Tollwut, Hydrophobie(46)
Traurigkeit(477) | T ~ nachmittags(37)
Unbehagen(44)
Vergeßlich(187)
Verwirrung, geistige(321) | V ~ Freien, im amel.(30)
Verzweiflung(137)
Wahnideen(191) | W ~ bewegen - alles bewegt sich - langsam; alles um ihn herum bewegt sich | *W ~ Freund - umgeben; von Freunden - schüttelt ihnen die Hand und ruft sie beim Namen* | W ~ versinken, er würde(21)
Weinen - heftig(3)
Zorn(243)

Träume

Alpträume, Alpdrücken(144)

TRÄUME ...

Ängstlich(239)
Lebhaft(193)
Leichen(42)
Verworren(122)

– *Hydrogenium* –

hydrog.

GEMÜT

Abneigung - allem, gegenüber(39)
Aktivität; Verlangen nach - geistige Aktivität - abends(8) | g~ nachts(5)
Angst(362) | A~ Erwartungsspannung, durch(7) | A~ Furcht, mit(110) | A~ Kleinigkeiten, um(23)
Argwöhnisch(105)
Bedauert sich(8)
Beißen - Finger; beißt(6)
Berührt zu werden; Abneigung(46)
Beschwerden durch - Erwartungsspannung(68) | B~ Streit, Streitigkeiten(9)
Bestimmtheit(11) | B~ Erwachen; beim
Bett - bleiben; möchte im Bett - morgens(7)
Bewußtheit; erhöhte
Delirium - ängstlich(24) | D~ Fieber; im(54)
Distanziert(6)
Eigensinnig, starrköpfig, dickköpfig(107)
Empfindlich(192) | E~ äußerliche Eindrücke; gegen alle(21) | E~ moralische Eindrücke, gegen(10)
Entfremdet - Familie, von seiner(18) | E~ Freunde und Verwandte(3)
Ernst(77)
Erregung - Erwartung von Ereignissen; in(4)
Erwartungsspannung - Prüfungen, vor(10)
Faulheit(269)
Fehler; macht - Raum; in bezug auf den(10) | R~ Zeit; und die(10)
Fehler; macht - Schreiben, beim(83) | S~ falsch - Buchstaben, Zahlen(3) | f~ Worte(16)

GEMÜT ...

Fehler; macht - Schreiben, beim - Gedanken; durch schnelle | S~ Hast, durch(2) | **S~ läßt etwas aus - Buchstaben**(18) | S~ stellt etwas um - Worte
Fehler; macht - Seite; in bezug auf die rechte oder linke | **F~ Sprechen, beim - Buchstabieren, beim**(23) | S~ schnellen Gedankengang, schnelles Denken; durch | S~ Worte - falsche Worte; benutzt - Namen; nennt Dinge beim falschen(8)
Fehler; macht - Zeit; in bezug auf die(34) | Z~ Konzept der Zeit ist verloren, hat keine Vorstellung vom Begriff; das
Fleißig, arbeitsam, Arbeitswut(101)
Fliehen, versucht zu - wegzulaufen, um(16)
Froh(182) | F~ morgens(21) | F~ abends(42) | F~ Erwachen, beim(3)
Furcht - Armut, vor(20) | F~ extrem(3) | F~ Geisteskrankheit(74) | F~ geschehen; etwas werde(82) | F~ Herz - Herzerkrankung(23) | F~ Herzklopfen, mit(11) | F~ Magen - aufsteigend vom(15) | F~ Schaudern vor Furcht(3) | F~ Tod; vor dem(143) | F~ Unfällen, vor(11)
Gedächtnis - Gedächtnisschwäche(284) | G~ auszudrücken, sich(41) | G~ tun wollte; für das, was er gerade(33) | G~ Worte, für(61)
Gedanken - Gedankenandrang, einstürmende Gedanken, Gedankenfluß - Delirium; im | G~ hartnäckig(83) | G~ lächerlich(5) | G~ Leichen | G~ ohne Gedanken; Gedankenleere(6) | G~ Vergehen, Schwinden der Gedanken - Schreiben, beim(5) | V~ Sprechen, beim(9)
Gedanken - zusammenhangslos(30)
Gedanken versunken, in(90)
Gehobene Stimmung(4) | G~ morgens | G~ nachts
Geistesabwesend(71)
Geistige Anstrengung - Abneigung gegen - morgens(2)

GEMÜT ...

Geschäftig - nachts
Gesellschaft - Abneigung gegen(156) | A~ allein, wenn - amel.(33) | A~ Anblick von Menschen; vermeidet den(15)
Gesellschaft - Verlangen nach(83) | V~ allein; agg. wenn(48)
Gesten, Gebärden; macht - Finger - zupft an den Fingern - Fingerspitzen; an den(2)
Gleichgültigkeit, Apathie(251) | G~ Menses - während | G~ tot, leblos; alles erscheint ihm(2) | G~ Verwandte, gegen(12)
Hast, Eile(112) | H~ nachmittags(2)
High; fühlt sich(3)
Hilflosigkeit, Gefühl der(13)
Hochgefühl(97)
Homosexualität(13)
Ichbezogenheit, Egotismus, Selbstüberschätzung(24)
Konflikt - höheren Bewußtheit und der weltlichen Existenz; zwischen der
Konzentration - gut, aktiv(26) | **K~ schwierig**(261) | s~ Arbeit, bei der(2) | s~ Fahren, Autofahren; beim(2) | s~ Freien, im - amel.(2) | s~ Prüfungen; bei | s~ Rechnen, beim(7) | s~ Schreiben, beim(5) | s~ Studieren(52) | s~ Versuch sich zu konzentrieren; beim - Leere; hat ein Gefühl der(11)
Lachen(102) | L~ Ernstes, über(15) | L~ hysterisch(7) | L~ Kleinigkeiten, über(13) | L~ lächerlich, alles erscheint(6) | L~ Luftballons; beim Denken an oder Anblick von | L~ sardonisch(26)
Land - Verlangen, nach Landleben; auf dem Land zu sein(4)
Langeweile(53) | L~ vormittags(2)
Langsamkeit(68) | L~ Arbeit, bei der(3) | L~ Bewegung, bei der(9)
Lasziv, lüstern(77)
Lebensüberdruß - morgens(3)
Liebe - liebeskrank(3) | L~ überschwenglich - Menschheit, alle Menschen; für
Mitgefühl, Mitleid(34)
Mürrisch(290)

GEMÜT ...

Musik - amel.(15)
Optimistisch(17)
Philosophie - Fähigkeit zu(6) | F~ Träumereien; große Neigung zu philosophischen(2)
Pläne - macht, schmiedet viele Pläne(15)
Prahler, Aufschneider(13)
Qualvolle Angst(121)
Redseligkeit; Geschwätzigkeit(136)
Reisen - Verlangen nach(28)
Reizbarkeit(408) | R~ abends - 19.30 h | R~ nachts - Zubettgehen, nach dem(3) | R~ allein - möchte allein sein(3) | R~ Gerüche - Essig; Geruch von | R~ grundlos(2) | R~ Kleinigkeiten, durch(34) | R~ Kopfschmerzen, bei(61) | R~ Müdigkeit - bei | R~ Schmerzen; bei den(10)
Religiös - Gemütsstörungen, religiöse(63)
Resignation(15)
Ruhelosigkeit(420) | R~ Sitzen, im(21)
Schüchternheit, Zaghaftigkeit(113)
Schweigsam(209) | S~ Gesellschaft; in(2) | S~ Kopfschmerzen; bei(6)
Seelenruhe, Gelassenheit(85)
Selbstsucht, Egoismus(32)
Selbstvertrauen - Mangel an Selbstvertrauen(86)
Seufzen(98)
Singen - morgens | S~ heiter, freudig(5)
Sinne - scharf(52)
Sitzen - Neigung zu sitzen(110)
Sprache - leise, sanfte Stimme(8)
Sprechen - anderer agg.; das Sprechen(46) | S~ sich selbst ; mit(31)
Stilles Wesen(49)
Stimmung, Laune - wechselnd, wechselhaft(80)
Streitsüchtig(136)
Stumpfheit(332)
Suizidneigung; Neigung zum Selbstmord - Gedanken an Selbstmord(33) | S~ stürzt sich - Tiefe, in die(24)
Tadelsüchtig, krittelig(80) | T~ still zu sein; Neigung zu kritisieren oder(2)

GEMÜT ...

Tadelt - sich selbst - morgens

Theoretisieren(20)

Tod - Gedanken an den Tod(54) | T~ Gefühl von(25) | T~ wünscht sich den Tod, möchte sterben - morgens - Erwachen; beim(3)

Traum; wie in einem(69)

Traurigkeit(477) | T~ morgens(71)

Traurigkeit - Suizidneigung, mit(25) | T~ Zorn - nach(10)

Unentschlossenheit(146) | U~ Handlungen, in(8)

Ungeduld(131)

Ungeschicklichkeit(41) | U~ stößt gegen Sachen(6)

Unsicherheit; geistige(10) | U~ morgens

Vergeßlich(187) | V~ Straßen, vergißt bekannte(7)

Verlassen zu sein; Gefühl(56) | *V~ Isolation, Gefühl der*(16)

Verschiebt alles auf den nächsten Tag(7)

Verweilt - vergangenen unangenehmen Ereignissen; bei(46)

Verwirrung, geistige(321) | V~ abends(78) | V~ aufrütteln; muß sich(4) | V~ Identität; in bezug auf seine - sexuelle Identität | V~ konzentrieren; beim Versuch sich zu(13) | V~ Schreiben, beim(10) | V~ Zeit; in bezug auf die(3)

Verzweiflung(137)

Wachsam(3)

Wahnideen - alte Männer - sein; ein alter Mann zu(3) | W~ besessen, er sei(14) | W~ Bewußtsein - höheren Bewußtsein; Vereinigung mit einem | W~ Bilder, Phantome; sieht - schwarz(9) | W~ Energie würde sich in der Luft herumbewegen | W~ ermordet - er würde ermordet - verschwören sich, um ihn zu ermorden; andere(3) | W~ erschrecken, ihnen Angst machen; sie würde andere | W~ Freund - Zuneigung des Freundes verloren; er habe die(4)

GEMÜT ...

Wahnideen - geisteskrank - Menschen würden sie oder ihn für verrückt halten(2) | g~ werden; er würde geisteskrank(43)

Wahnideen - getrennt - Körper - Seele getrennt; der Körper sei von der(7) | **g~ Welt, von der - er sei getrennt**(8)

Wahnideen - gezogen - er würde - unten; nach | g~ Verstand würde herabgezogen; der

Wahnideen - Gott - Beisein Gottes; er sei im | W~ Himmel, er sei im(5) | W~ Hölle - sei in(6) | W~ Insekten, sieht - Hinterkopf; am | W~ klein - Körper sei kleiner; der(14) | W~ kräftig, er sei(3) | W~ kritisiert; sie würde(12) | W~ Menschen - Streiche mit ihm spielen; die alle möglichen(2) | W~ nachgestellt - ihm würde nachgestellt(28) | W~ schmutzig - er sei(6) | W~ schön - Dinge sehen schön aus(5) | W~ Schrift erschien ihr unsauber, unordentlich; ihre | W~ schwanger, sie sei(14) | *W~ sonderbar, merkwürdig - alles sei*(16) | s~ Vertrautes scheint fremd(38)

Wahnideen - Trennung, Kluft zwischen sich und anderen(2) | W~ unwirklich - alles erscheint unwirklich(19) | W~ verachtet, er würde(5) | W~ verfolgt; er würde(23) | v~ Schweiß; mit kaltem

Wahnideen - vergiftet - er - worden; er sei(16) | W~ vergrößert(42) | v~ Entfernungen seien(17) | v~ groß, großgewachsen; er sei sehr(5) | v~ Körper sei(8)

Wahnideen - verraten worden; er sei | W~ verstoßen; er sei - Gesellschaft; von der | W~ Zeit - länger; die Zeit erscheint(14)

Weinen(244) | W~ Ärger, durch(23) | W~ Verlangen zu weinen(5)

Wohlwollen, Güte(7)

Zeit - schnell, scheint kürzer; vergeht zu(14)

Zerstreut(166) | Z~ morgens(5) | Z~ abends

Gemüt ...

Zorn(243) | Z~ morgens - Erwachen, beim(13) | Z~ abends - 19.30 h | Z~ grundlos(5) | Z~ heftig(72) | Z~ Schweigsamkeit; mit(8) | Z~ wirft mit Gegenständen(12)
Zufrieden(31) | Z~ morgens
Zurückhaltend, reserviert(64)

Träume

Farbig(4)

– *Hydrophis cyanocinctus* –

hydroph.

Gemüt

Abscheu - Leben, vor dem(84)
Angst(362)
Auffahren, Zusammenfahren - Schlaf - durch(124)
Hellsehen(28)
Konzentration - schwierig(261)
Reizbarkeit(408)
Stumpfheit(332)
Traurigkeit(477) | T~ Menopause, in der(25)
Vergeßlich(187)
Weinen(244)

Träume

Alpträume, Alpdrücken(144)

– *Hyosciaminum-s. & -hbr.* –

hyosin. (alte Abk.)

Gemüt

Auffahren, Zusammenfahren - Schlaf - durch(124)
Delirium(233) | D~ kichernd | D~ Lachen(20) | D~ ruhig(23)
Delirium tremens(84)
Erregung(287) | E~ Kindern, bei(4)
Gesten, Gebärden; macht - Hände; unwillkürliche Bewegungen der - Greifen(41)
Lachen(102)
Manie(149)
Reizbarkeit(408)

Gemüt ...

Ruhelosigkeit(420) | R~ Kindern, bei(22)

Träume

Viele(260)

– *Hyoscyamus niger* –

hyos.

Gemüt

Abneigung - allem, gegenüber(39)
Abscheu - allgemeiner(42) | A~ Arbeit, vor der(21) | A~ Leben, vor dem(84)
Aktivität; Verlangen nach(38)
Albernes Benehmen(65)
Alkoholismus(135)
Angesprochen zu werden - Abneigung(63) | *A~ Fieberfrost, im*
Angst(362) | *A~ nachts*(119) | *A~ Anfälle - mit Anfällen*(10) | *A~ Bewegung - agg.*(16) | A~ Essen - nach(39) | A~ Furcht, mit(110) | *A~ Gewissensangst*(75) | A~ hypochondrisch(52) | A~ Menses - während(33) | A~ Mittagessen - nach(11) | A~ verfolgt würde, als ob er(2)
Antworten - Abneigung zu antworten(67) | *A~ eingebildete Fragen*(6) | A~ einsilbig - Nein auf alle Fragen(6) | *A~ falsch, unrichtig*(13) | *A~ irrelevant, nicht zur Sache Gehörendes*(12) | *A~ kurz angebunden*(19) | A~ langsam(35) | **A~ Stupor kehrt schnell nach dem Antworten wieder**(17) | *A~ undeutlich*(6) | A~ unzusammenhängend(13) | *A~ weigert sich zu antworten*(32)
Anziehen - unanständig; kleidet sich(3)
Anzugreifen; Verlangen, andere(4)
Aphasie(53) | A~ Furcht, nach(2)
Argwöhnisch(105) | A~ reden; Menschen würden über sie(5)
Auffahren, Zusammenfahren(117) | A~ konvulsivisch(4) | **A~ Schlaf - während**(163) | **S~ durch**(124)
Auffahren, Zusammenfahren - Schreck oder wie durch Schreck; durch(68)
Aufzuhetzen, anzustacheln; andere

GEMÜT ...

Außer sich; ist - Schmerzen; vor(13)

Begreifen, Auffassungsvermögen - leicht(38)

Beißen(35) | B ~ Gegenstände; beißt(5) | *B ~ Nägel*(33) | B ~ stört; beißt jeden, der ihn

Beleidigt, leicht(79)

Bellen(11) | B ~ Knurren wie ein Hund(8)

Berühren; muß alles(6)

Beschimpfen, beleidigen, schmähen(67) | B ~ Kinder - Eltern; Kinder beschimpfen ihre(9)

Beschwerden durch - Angst(9) | **B ~ Eifersucht**(8) | B ~ Erregung - Gefühle, der(87) | B ~ Erwartungsspannung(68) | B ~ geistige Anstrengung(59) | B ~ Grobheit anderer(13) | *B ~ Kummer*(65) | **B ~ Liebe; enttäuschte**(31) | B ~ Schock; seelischen(23) | *B ~ Schreck*(72) | B ~ Verachtung; verachtet zu werden(23) | B ~ Verletzungen, Unfälle; Gemütssymptome durch(10) | B ~ Zorn(94) | Z ~ Angst, mit(30) | Z ~ stillem Kummer; mit(27)

Betäubung(237) | B ~ Essen, nach dem - agg.(3) | *B ~ Konvulsionen, zwischen den*(11) | B ~ sitzt bewegungslos wie eine Statue(2)

Beten(21)

Bett - bleiben; möchte im Bett(12) | **B ~ heraus; möchte aus dem Bett**(4) | *h ~ Fieberfrost, im*

Bewußtlosigkeit(280) | B ~ morgens(45) | B ~ Alkohol, durch(5) | *B ~ Apoplexie, bei*(15) | B ~ Bewegungen, automatische(26) | B ~ bleibt starr an einer Stelle - bewegungslos wie eine Statue(2) | *B ~ Coma vigile*(5) | *B ~ Fieber, im*(50) | *B ~ geistige Empfindungslosigkeit*(13) | **B ~ Gliederzucken, mit**(6) | *B ~ häufige Anfälle von Bewußtlosigkeit, Absencen*(7) | *B ~ Hydrozephalus, bei*(7)

Bittet - nichts; um(16)

Boshaft(99) | B ~ beleidigend(2)

Brütet, grübelt - Ecke; sitzt stumpfsinnig oder brütend in einer(11)

GEMÜT ...

Bulimie - abwechselnd mit - weigert sich zu essen - Geisteskrankheit; bei(4)

Delirium(233) | D ~ albern, töricht(11) | *D ~ ängstlich*(24) | D ~ antwortet - langsam(8) | **D ~ Ärger, durch** | *D ~ besinnungslos, mit offenen Augen*(13) | *D ~ Bett - flieht und springt plötzlich aus dem Bett auf*(36) | **D ~ brummt**(44) | b ~ sich selbst, zu(5)

Delirium - Coma vigile, mit(6) | **D ~ Eifersucht, durch**(2) | D ~ erkennt niemanden(11) | *D ~ erotisch*(12) | D ~ Erschöpfung, mit(7) | *D ~ Erwachen, beim*(20) | *D ~ Fieber; im*(54) | *D ~ flüstert*(10) | f ~ sich selbst, zu(3)

Delirium - Geschäften, spricht von(7) | *D ~ geschäftig*(10) | *D ~ Gesicht - blaß* | **G ~ rot**(7)

Delirium - greift Menschen mit einem Messer an | **D ~ heftig**(26) | D ~ heftig, grimmig(5) | D ~ heiter, fröhlich(14) | *D ~ Hochzeit vor; bereitet sich zur* | D ~ hüllt sich im Sommer in Pelz ein | *D ~ hysterisch, fast*(5) | *D ~ komisch*(4) | D ~ Kopfverletzungen, nach(5) | *D ~ Lachen*(20) | *D ~ lärmend*(6) | **D ~ manisch**(47) | D ~ Menses - vor(5) | M ~ während(10)

Delirium - nackt sein; möchte im Delirium(7) | D ~ phantastisch(13) | **D ~ rasend**(84) | *D ~ redselig*(33) | *r ~ undeutlich*(4)

Delirium - ruhelos(12) | **D ~ ruhig**(23) | D ~ sammeln; versucht Gegenstände von der Wand zu(2) | D ~ Schimpfen(5) | D ~ Schlaflosigkeit - mit(45) | D ~ Schläfrigkeit, bei(14) | **D ~ Schmerzen - durch**(2) | *D ~ schrecklich*(26) | D ~ Steigerung der Kräfte; mit(6) | D ~ umarmt den Ofen und möchte wie an einem Baum an ihm hochklettern | D ~ Umherstreifen(9) | D ~ Unrecht, von eingebildetem | D ~ Verfolgungswahn im Delirium(9) | D ~ vorwurfsvoll(2) | *D ~ Wahnideen, mit*(18)

Gemüt ...

Delirium - wiegt sich hin und her(2) | *D~ wild*(21) | D~ Zittern, mit(23)
Delirium tremens(84) | D~ Schlaflosigkeit, mit(5) | *D~ Zittern, mit*(3)
Demenz(33) | D~ paralytica, Dementia(18)
Denken - Abneigung gegen(46)
Destruktivität, Zerstörungswut(41) | D~ Kleidern, von(10)
Ehre - Ehrgefühl, kein(5)
EIFERSUCHT(34) | *E~ Betrunkenheit; bei*(5) | E~ Liebe; aus enttäuschter(3) | **E~ Mord; treibt zum** | E~ rachsüchtig | **E~ Raserei, mit**(2) | E~ Tiere oder leblose Objekte; auf(4) | E~ Verbrechen, bis zum(2)
Eigensinnig, starrköpfig, dickköpfig(107) | E~ Kinder(18)
Ekstase(59)
Empfindlich(192) | E~ morgens(5) | E~ Geräusche, gegen(149) | *G~ Fieberfrost, im*(4)
Empfindlich - Mangel an Empfindlichkeit(20)
Entfernungen - falsche Einschätzung von(10)
Entfremdet - Freunde und Verwandte - ignoriert seine(4)
Enthüllt Geheimnisse(3)
Entmutigt(135)
Erkennt - nicht; erkennt - niemanden; erkennt(4) | **n~ Verwandten nicht; erkennt seine eigenen**(28)
Ernst(77)
Erotisch(39)
Erregung(287) | *E~ agg.*(41) | E~ Menses - während(14)
Erschöpfung; geistige(217)
Erschreckt leicht(125) | *E~ Erwachen, beim*(41)
Essen - weigert sich zu(26)
Exzentrizität, Überspanntheit(54)
Fäzes - leckt Kuhmist, Schlamm und Speichel auf(2) | F~ schluckt seinen(5) | F~ setzt Fäzes auf den Boden ab(3) | F~ urinieren und defäkieren überall; Kinder(4)

Gemüt ...

Faulheit(269) | F~ nachmittags(18)
Fehler; macht - Lesen, beim(9) | F~ Sprechen, beim(81) | *S~ Worte - falsche Worte; benutzt*(53) | W~ stellt Worte an die falsche Stelle(46)
Fehler; macht - Unterscheiden von Gegenständen; beim(5)
Feierlich, getragen(2)
Feuer - anzünden; möchte Dinge(8)
Fleißig, arbeitsam, Arbeitswut(101) | *F~ Menses, vor den*(26)
Fliehen, versucht zu(61) | *F~ springt plötzlich aus dem Bett*(17) | s~ wechseln; um die Betten(2)
Fliehen, versucht zu - Straße, auf die | *F~ umzingelt und gefangengenommen; als sei sie von Männern* | F~ wegzulaufen, um(16)
Fluchen(44)
Froh(182) | F~ nachts(17) | F~ abwechselnd mit - Traurigkeit(57) | F~ gefolgt von - Reizbarkeit(7) | F~ Menses - vor(4) | *F~ Tanzen, Lachen, Singen; mit*(6) | F~ Urinieren - nach(3)
Furcht(242) | **F~ allein zu sein**(54) | *F~ allem; ständige Furcht vor*(9) | F~ Arbeit; vor der(32) | *F~ Auffahren, mit*(10) | F~ chronisch(4) | F~ Erwachen, beim(54) | F~ Essen - nach dem Essen; Furcht(14) | F~ Feinden, vor(2) | *F~ gebissen zu werden*(3) | F~ Geräusche, durch - rauschendem Wasser, von(3) | *F~ Gespenstern, vor*(32) | F~ hochgelegenen Orten; vor(24) | *F~ Hunden, vor*(22) | *F~ Männern, vor*(30) | **F~ Menschen, vor**(81) | F~ Messern, vor(6) | F~ Schurken, vor(5) | *F~ Syphilis; vor*(3) | F~ Tieren, vor(11) | F~ Tod; vor dem(143) | *F~ töten, davor zu*(12) | F~ Unheil; Furcht vor(115) | *F~ vergiftet - werden; Furcht, vergiftet zu*(23) | *F~ verkauft zu werden* | F~ Verletzung - selbst verletzt zu werden(9) | F~ verraten zu werden | **F~ Wasser, vor**(33)
Gedächtnis - gut, aktiv(91) | *g~ vergangene Ereignisse, für*(5)

GEMÜT …

Gedächtnis - Gedächtnisschwäche(284) | *G~ gedacht hat; für das, was er gerade*(18) | **G~ gehört hat; für das, was er**(15) | *G~ gelesen hat; für das, was er*(41) | **G~ gesagt hat; für das, was er**(29) | G~ Geschäfte, für(13) | *G~ getan hat; für das, was er eben*(34) | G~ Personen, für(23) | G~ Tatsachen, Fakten; für - kurz zurückliegende Tatsachen, für(15) | T~ zurückliegende Tatsachen, für lange(10)

Gedächtnis - Gedächtnisverlust(4)

Gedanken - Gedankenandrang, einstürmende Gedanken, Gedankenfluß(78) | G~ nachts(31) | G~ Halbschlaf, im

Gedanken - hartnäckig(83) | *G~ schnell*(36) | G~ Stillstand der Gedanken(10) | G~ überlegt(54) | G~ wandernd(72)

Gedanken versunken, in(90)

Gefühllos, hartherzig(21)

Geistesabwesend(71)

Geisteskrankheit, Wahnsinn(153) | G~ abwechselnd mit - körperliche Symptome(7) | *a~ Stupor*(2)

Geisteskrankheit, Wahnsinn - albern, lächerlich(6) | *G~ Alkoholikern; bei*(22) | G~ benimmt sich wie ein Verrückter(8) | G~ boshaft, bösartig(7) | *G~ erotisch*(31) | G~ Fieberhitze, mit(8) | G~ Gefühllosigkeit, Schmerzlosigkeit; mit allgemeiner(3) | G~ geistige Anstrengung; durch(5) | G~ geschäftig(5) | *G~ Größenwahn*(14) | *G~ hochmütig, arrogant*(5) | G~ Hochzeit vor; bereitet sich für eine | G~ Jammern, Stöhnen; nur(3) | *G~ Konvulsionen, mit*(5) | G~ Kraft, mit vermehrter körperlicher(8) | G~ lasziv | *G~ Masturbation, durch*(8) | G~ Melancholie(17) | *G~ Mutwilligkeit, Ausgelassenheit; mit*(7) | G~ redselig(7) | G~ reisen; mit Verlangen zu(9) | *G~ religiös*(19) | *G~ Ruhelosigkeit, mit*(14) | *G~ Schlaflosigkeit, mit*(7) | G~ Schwangerschaft, in der(4) | G~ streitsüchtig | G~ Suizidneigung, mit(4)

GEMÜT …

Geisteskrankheit, Wahnsinn - Tanzen, mit(4) | G~ unbeweglich wie eine Statue(3) | *G~ Wochenbett, im*(35)

Geistige Anstrengung - agg.(141) | a~ unmöglich(130) | u~ nachmittags(3)

Geistige Anstrengung - Verlangen nach(65) | G~ Abneigung gegen(150) | A~ nachmittags(2)

Geiz(34) | G~ Großzügigkeit gegenüber Fremden, Geiz in bezug auf seine Familie(4) | G~ verschwenderisch; jedoch für sich selbst(5)

Gemütssymptome(26) | G~ abwechselnd mit - körperliche Symptome(18)

Geschäftig(45)

Geschmacklosigkeit bei der Wahl der Kleidung(11)

Gesellschaft - Abneigung gegen(156) | A~ Fieberhitze, in der(3)

Gesellschaft - Verlangen nach(83) | *V~ allein; agg. wenn*(48)

Gesten, Gebärden; macht(22) | G~ automatisch(15) | **G~ berauscht, wie** | G~ erhaben(2) | *G~ Finger - spielt mit den Fingern*(12) | *G~ Hände; unwillkürliche Bewegungen der*(23) | **H~ GREIFEN**(41) | H~ Nüsse öffnen; als würde er | H~ Spinnen und Weben(3) | H~ wegwischen; als würde er sich übers Gesicht wischen oder etwas(2) | H~ zählen; als würde er Geld(4) | **H~ zupft - Bettwäsche; an der**(36)

Gesten, Gebärden; macht - heftig(9) | **G~ lächerlich oder albern**(19) | G~ Schauspieler, wie ein | G~ schrecklich(2) | G~ sonderbare Posen und Haltungen(20) | s~ Arme, der(3)

Gesten, Gebärden; macht - Spinnen; imitiert die Bewegungen beim(2) | G~ stampft mit den Füßen(17)

Gesund - sagt, er sei gesund - krank ist; wenn er sehr(17)

Gewissenhaft, peinlich genau in bezug auf Kleinigkeiten(58)

Geziertheit, Affektiertheit(13) | G~ Gesten und Handlungen; in(3)

GEMÜT ...

Gier, Habsucht(19) | *G ~ greift gierig mit beiden Händen nach allem Angebotenen*

Glänzende Gegenstände - agg.(13)

Gleichgültigkeit, Apathie(251) | G ~ allem; gegenüber(71) | *G ~ Entblößung ihres Körpers; gegen die*(6) | *G ~ klagt nicht*(3) | **G ~ nackt zu bleiben**

Grausamkeit, Unmenschlichkeit(30)

Grimassen(15) | G ~ ungezogene Gesichter; zieht

Grobheit(37)

Großzügig, zu - Fremden gegenüber(4)

Hämorrhoiden; Gemütssymptome nach unterdrückten(18)

Hartherzig, unerbittlich(20)

Hast, Eile(112) | *H ~ Bewegungen im*(23)

Hause, zu - Verlangen, nach Hause zu gehen(18)

Hautausschlägen; Gemütssymptome nach unterdrückten(18)

Heftig, vehement(100) | H ~ Gewalttaten führt; Raserei, die zu(34)

Heimweh(52)

Hellsehen(28)

Hinterhältig, hinterlistig, falsch, verschlagen(32)

Hochgefühl(97)

Hochmütig, arrogant(53)

Hypochondrie(116)

Hysterie(194) | *H ~ Menses - vor*(16) | M ~ während(27)

Ideen, Einfälle - Mangel an(102) | I ~ Reichtum an, Klarheit des Geistes(125)

Idiotie(45)

Imbezillität(140) | I ~ lacht ohne Grund(2) | *I ~ sexueller Erregung, mit*(6)

Impertinenz, Unverschämtheit(14)

Impulse, Triebe; krankhafte - Absurdes zu tun(7) | *I ~ Exanthem; flüchtiges*(6)

Indiskretion, Taktlosigkeit(30)

Intrigant(5)

Jammern(93)

Kämpfen, möchte(10)

Katalepsie(20)

GEMÜT ...

Kauzig, eigen(7) | K ~ Gesten, in - Arme, der(3)

Kindisches Benehmen(52)

Klagen(64) | *K ~ Verletzung; über eine eingebildete*

Klatschsüchtig(8)

Kleptomanie(27)

Klettern, Verlangen zu(3)

Konzentration - gut, aktiv(26) | *K ~ schwierig*(261) | s ~ Unmöglichkeit, sich zu konzentrieren(8)

Kühn(7)

Küßt - jeden(9)

Kummer(76)

Kunst - Unfähigkeit zur(10)

Lächeln(8) | L ~ albern(4) | L ~ Schlaf, im(4)

Lachen(102) | L ~ abwechselnd mit - still zu sein; Verlangen(2) | a ~ Stöhnen(6) | *a ~ Weinen*(43)

Lachen - albern(16) | *L ~ anhaltend*(5) | *L ~ dumm, albern, idiotisch* | L ~ gezwungen | L ~ Imbezillität, bei(2) | L ~ Kleinigkeiten, über(13) | L ~ lächerlich, alles erscheint(6) | *L ~ laut*(8) | *L ~ Liebe; durch enttäuschte* | *L ~ Menses - vor*(2) | *L ~ sardonisch*(26) | *L ~ Schlaf - während*(15) | L ~ spasmodisch(49) | L ~ Traum, im(4) | *L ~ unmäßig*(28) | L ~ unwillkürlich(23)

Läuft umher(24) | L ~ Zimmer, im(5)

Langsamkeit(68)

Lasziv, lüstern(77) | **L ~ entblößt die Genitalien**

Lebensüberdruß(82)

Lebhaftigkeit - agg.(5)

Lebhaft, munter(50)

Leidenschaftlich(49)

Licht - Abneigung gegen - meidet(8)

Lustig, fröhlich(123) | L ~ Schlaf; im(10)

Manie(149) | M ~ Besessenheitswahn(10) | M ~ gewalttätig(6) | *M ~ lasziv*(5) | **M ~ Raserei, mit**(27) | *M ~ Schicksalsschläge, durch*(7) | M ~ Wochenbett ; im(9)

Meditieren, Nachdenken(47)

Menschenfeindlichkeit, Misanthropie(45)

GEMÜT ...

Menses - vor; Gemütssymptome(18) | *M ~ während; Gemütssymptome*(28)

Moralischem Empfinden; Mangel an(48)

Morphiumsucht(31)

Murmeln(55) | *M ~ Schlaf, im*(18) | **M ~ Schlaflosigkeit, mit** | M ~ unklar(6)

Mürrisch(290) | M ~ Schläfrigkeit, bei(9)

Mutwillig, boshaft(24)

Nachahmung, Imitation(8)

NACKT SEIN, MÖCHTE(13) | *N ~ morgens im Bett*(3) | N ~ Betrunkenheit; bei | **N ~ Delirium, im**(7) | *N ~ Hyperästhesie der Haut; bei* | N ~ Schlaf, im(4)

Naiv - intelligent, aber sehr(5)

Neugierig(12)

Nymphomanie(67) | *N ~ Menses - während*(7) | M ~ unterdrückten, nach(13)

Pelz; hüllt sich im Sommer in(4)

Pessimist(17)

Phantasien - lebhaft(31) | **P ~ übertrieben**(114) | *P ~ übertrieben - nachts*(40) | **P ~ verworren**(10)

Possen, spielt(15) | **P ~ Delirium, im**(8)

Qualvolle Angst(121) | Q ~ Essen - nach(3)

Raserei, Tobsucht, Wut(95) | R ~ Tag und Nacht | *R ~ abends*(16) | *R ~ nachts*(15) | R ~ abwechselnd mit - Fröhlichkeit, Frohsinn(6) | a ~ still zu sein; Verlangen

Raserei, Tobsucht, Wut - Epilepsie - mit Epilepsie; Raserei(6) | R ~ gefesselt werden, muß(6) | R ~ glänzende Gegenstände, durch(4) | **R ~ heftig**(12) | *R ~ Konvulsionen; Raserei mit*(5) | R ~ Körperkraft erhöht(3) | *R ~ Liebe; durch enttäuschte* | R ~ Menses - während(3) | **R ~ töten; versucht Menschen zu**(4) | R ~ Wasser, beim Anblick von(7)

Redseligkeit; Geschwätzigkeit(136) | *R ~ geisteskrank*(8) | R ~ Geschäfte; über die(2) | R ~ hastig(2) | *R ~ lebhaft*(3) | R ~ Schweiß, beim(8) | R ~ wechselt schnell von einem Thema zum anderen(20)

GEMÜT ...

Reizbarkeit(408) | R ~ angesprochen, wenn(26) | *R ~ Entbindung, während der*(2) | R ~ Fieberfrost, im(57) | *R ~ Masturbation, nach* | **R ~ Schlaflosigkeit, mit**(9)

Religiös - engstirnig, borniert; in religiösen Fragen(3) | **R ~ Gemütsstörungen, religiöse**(63) | *R ~ spricht über religiöse Themen*

Respekt, Ehrfurcht vor seiner Umgebung(9)

Reue(63)

Ruhelosigkeit(420) | R ~ morgens(22) | R ~ nachmittags(25) | **R ~ nachts**(249) | *R ~ Bett - aus einem Bett zum anderen gehen; will*(15) | B ~ Herumwerfen im(123) | B ~ treibt aus dem(39)

Ruhelosigkeit - geschäftig(20) | R ~ Menses - während(40) | R ~ Metrorrhagie, bei(5) | R ~ treibt umher(41)

Satyriasis(26)

SCHAMLOS(29) | **S ~ entblößt den Körper**(6)

Schaukeln - amel. - hin und her(2)

Schlafwandeln(56)

Schlagen(42) | S ~ Betrunkenheit; bei(4) | *S ~ eingebildete Objekte ein; schlägt um sich auf*(14) | S ~ sich; schlägt - schlägt seinen Kopf gegen die Wand und gegen Gegenstände(11) | *S ~ Umstehende, schlägt*(5) | **S ~ VERLANGEN - SCHLAGEN, ZU**(15)

Schmutzig - spielt mit Schmutz, Dreck | S ~ urinieren und defäkieren überall; Kinder(4)

Schreien(133) | *S ~ Angst, aus*(9) | S ~ Berührung, bei(9) | B ~ wehleidig, jämmerlich im Stupor

Schreien - Betrunkenheit; bei(4) | *S ~ Cri encéphalique*(29) | *S ~ Erwachen - beim*(27) | S ~ Kindern, bei - Schlaf, im - Schluchzen; mit | S ~ Konvulsionen - vor(32) | K ~ während(31) | **K ~ epileptisch**(21) | *K ~ Wochenbett, im*(3)

GEMÜT ...

Schreien - Raserei; während der(11) | *S~ Schlaf, im*(80) | S~ Stupor; im | S~ Wahnideen - mit(4)

Schüchternheit, Zaghaftigkeit(113) | S~ schamhaft(58)

Schweigsam(209)

Seelenruhe, Gelassenheit(85)

Selbstbetrachtung(58)

Selbstvertrauen - Mangel an Selbstvertrauen(86)

Seufzen(98)

Singen(59)

Sinne - abgestumpft, stumpf(107) | S~ Vergehen, Schwinden der(51)

Sinnlichkeit(24)

Sitzen - Neigung zu sitzen(110) | N~ aufrecht(5) | *N~ steif; ziemlich*(7) | N~ unbeweglich, still(42)

Sitzen - plötzlich setzt er sich auf

Sonderbar, fremd, merkwürdig - Sonderling(11)

Spaßen(52) | S~ erotisch(4) | S~ lächerlich oder albern(8)

Spotten(18) | S~ Lächerliche ziehen; will alles ins(6)

Sprache - affektiert, manieriert, unnatürlich(22) | **S~ albern**(16) | **S~ berauscht, wie**(11) | *S~ delirös*(12) | S~ fein | S~ flüssig, gewandt(6) | **S~ hastig**(44) | S~ langsam(59) | *S~ laut*(11) | **S~ lebhaft**(3) | **S~ Schwatzen**(17) | **S~ liegt nackt im Bett und schwatzt**

Sprache - stammelnd(10) | S~ undeutlich(24) | **S~ unklar, unverständlich**(20) | **S~ unsinnig**(29) | **S~ unzusammenhängend**(65) | u~ Liebe; durch enttäuschte(3)

Sprache - verworren(25)

Sprechen - abwesenden Personen; mit(3) | **S~ anderer agg.; das Sprechen**(46) | *S~ Geschäft, vom*(13) | S~ Krieg, vom(3) | K~ Schlaf, im

Sprechen - Schlachten, über(2) | *S~ Schlaf, im*(93) | **S~ beichtet laut**(3)

Sprechen - schweift von einem Thema zum anderen(47)

GEMÜT ...

Sprechen - sich selbst ; mit(31) | *S~ Toten, mit*(7) | S~ Zukunft; über die

Springen(15) | **S~ Bett; aus dem**(41) | *B~ Fieber, im*(3)

Spucken - Gesicht; Menschen ins(14)

Starren, gedankenloses(14)

Stilles Wesen(49)

Stimmung, Laune - veränderlich(158) | S~ wechselnd, wechselhaft(80)

Stöhnen(119) | S~ Schlaf, im(62) | *S~ warum, weiß nicht*

STREITSÜCHTIG(136) | *S~ Eifersucht; aus*(5)

Stumpfheit(332) | S~ nachmittags(29) | S~ Freien, im(3) | *S~ Hitze - während*(14) | *S~ Schläfrigkeit, bei*(30) | S~ Schweiß, beim(8)

Stupor(138) | S~ morgens(36) | S~ betrunken; wie(5) | *S~ apoplektisch*(7) | *S~ beantwortet Fragen richtig, aber der Stupor kehrt sofort wieder* | **S~ Gliederzucken, mit**(5) | *S~ Hydrozephalus, bei*(7) | S~ sexueller Erregung, mit(3)

Suizidneigung; Neigung zum Selbstmord(98) | *S~ Ertränken, durch*(19) | *E~ Liebe, aus enttäuschter*

Suizidneigung; Neigung zum Selbstmord - Liebe; aus enttäuschter(2) | S~ Messer - mit einem Messer(8) | S~ stürzt sich - Tiefe, in die(24) | S~ Verzweiflung, aus(4) | S~ Wahnideen durch(3)

Tadelsüchtig, krittelig(80)

Tadelt - andere(32) | a~ Delirium; voller Tadel im(2)

Tadelt - sich selbst(36)

Tanzen(33)

Tastet wie im Dunkeln umher(4)

Tollwut, Hydrophobie(46) | T~ Prophylaxe gegen(4)

Torpor(26)

Töten, Verlangen zu(32) | *T~ Betrunkenheit; bei*(5) | T~ Gehen im Freien und auf der Straße; beim(2) | T~ jeden, den er sieht | *T~ jemanden töten; denkt, er müsse*(2)

Gemüt ...

Töten; Verlangen zu - Messer - mit einem Messer(12) | T ~ plötzlicher Impuls zu töten(10)

Traum; wie in einem(69)

Traurigkeit(477) | T ~ Blumen; durch den Geruch von | T ~ Enthaltsamkeit, durch(4) | T ~ Essen - nach(25) | *T ~ Liebe; durch enttäuschte*(7)

Traurigkeit - Urinieren - amel.(2)

Überaktiv(6)

Umarmt - jeden(9)

Umherstreifen, Streunen - besinnungslos, geisteskrank(11) | U ~ eingehüllt; im Sommer in Pelz | U ~ nackt

Unanständig, unzüchtig(21) | *U ~ Lieder*(5) | *U ~ Sprache, anstößige*(12)

Unbesonnen(82)

Unentschlossenheit(146) | U ~ nachmittags | U ~ Schläfrigkeit, bei

Ungeduld(131)

Ungeschicklichkeit - stößt gegen Sachen(6)

Ungestüm - Schweiß, mit(12)

Unverschämtheit(33)

Unzüchtig, obszön(34) | *U ~ Lieder*(7) | *U ~ Sprechen*(14)

Verächtlich(35)

Vergeßlich(187) | V ~ Fieberfrost, im(5)

Verleumden, Neigung zu(21)

Verstecken - sich(18)

Verstümmelt seinen Körper(6)

Verwechseln - Gedanken und Dinge(7)

Verweilt - erinnert sich - unangenehme Erinnerungen, an(10) | V ~ vergangenen unangenehmen Ereignissen; bei(46)

Verwirrung, geistige(321) | V ~ morgens(115) | V ~ nachmittags(33) | V ~ berauscht - wie(47) | V ~ durcheinander, vermischt beides; bringt Subjektives und Objektives(5) | V ~ Essen - nach(52) | V ~ Fieberfrost, im(20) | *V ~ Fieberhitze, in der*(26) | V ~ Freien, im(12)

Verzweiflung(137) | *V ~ Liebe, durch enttäuschte*(2)

Vorsichtig(17)

Gemüt ...

Wahnideen(191) | *W ~ Aktivität, mit*(3) | W ~ Ameisen - Buchstaben seien Ameisen | **W ~ beleidigt; er habe Menschen**(3) | *W ~ beobachtet, sie würde*(7) | W ~ berauscht - sei, er(59) | W ~ beschäftigt - Tätigkeit; mit einer(12) | *W ~ besessen, er sei*(14) | *W ~ Bilder, Phantome; sieht*(76) | B ~ schreckliche(60)

Wahnideen - Debatte; er sei bei einer | W ~ Ehefrau - untreu; die Ehefrau sei(2) | W ~ Einfluß; er stehe unter einem mächtigen(9) | W ~ ermorden; er würde - jemanden ermorden; er müsse(4) | *W ~ ermordet - er würde ermordet - werden; er würde ermordet werden*(21) | W ~ Fallen - Dinge werden(2) | W ~ Freund - Zuneigung des Freundes verloren; er habe die(4) | W ~ Gans - sieht | *W ~ gebissen werden; er werde*(2) | W ~ Gegenstände; über - fassen; versucht, Gegenstände zu(5) | G ~ Tiere; Gegenstände seien

Wahnideen - geisteskrank - werden; er würde geisteskrank(43) | *W ~ gepackt, wie*(3) | W ~ Geräusche - hören; Geräusche zu(13) | W ~ Gespenster, Geister, Gestalten - greift nach | *G ~ sieht*(55)

Wahnideen - Gestalten - sieht(33) | W ~ gesund, er sei(12) | W ~ getrennt - Körper - Seele getrennt; der Körper sei von der(7) | W ~ Gewicht, er habe kein(3) | *W ~ greift - eingebildeten Erscheinungen; nach*(2) | *W ~ groß - Teile des Körpers scheinen zu groß*(10) | W ~ grotesk - Menschen erscheinen | W ~ Harlekin, Hanswurst; er sei ein | W ~ Hause, zu - nicht zu Hause ist; er glaubt es zu sein, wenn er(2) | *H ~ weg von zu Hause; er sei*(23) | w ~ müsse dahin gelangen; er(5)

Wahnideen - heftig(4) | *W ~ Hennen, die in Ketten gebunden sind* | W ~ Hochzeit, von einer(4) | W ~ Hören - Einbildung; etwas zu hören(44) | W ~ hören; er könne nicht(3)

GEMÜT ...

Wahnideen - Insekten, sieht(14) | W ~ Käfer, Würmer etc.(6) | W ~ Katzen - sieht(11) | W ~ Klänge; lauscht auf eingebildete | W ~ klein - Dinge - erscheinen klein; Dinge(10) | W ~ klettern | W ~ Krebsen, von | W ~ Krieg zu befinden; sich im(7) | W ~ kritisiert; sie würde(12) | W ~ lächerlich(5) | W ~ lebhaft(26) | W ~ Mäuse - sieht(12) | *W ~ Menschen - sieht*(29) | M ~ unterhält sich mit abwesenden(13)

Wahnideen - nachgestellt - ihm würde nachgestellt(28) | W ~ närrisch(4) | W ~ Nüsse, knackt | W ~ Ofen - hält den Ofen für einen Baum | *h ~ hinaufklettern; und will ihn*

Wahnideen - Orte, Plätze - falschen Ort; er sei am | W ~ Person - anwesend; jemand sei(3) | P ~ Zimmer; eine andere Person sei im(6)

Wahnideen - Pfauen - jagt | P ~ verscheucht

Wahnideen - Phantasiegebilde, Illusionen(115) | P ~ Fieberhitze, in der(7)

Wahnideen - Polizist - kommen; er sieht einen Polizisten ins Haus(3) | W ~ Ratten, sieht(10) | W ~ Redseligkeit, mit(7) | W ~ Reise; er befinde sich auf einer(12) | *W ~ religiös*(17) | W ~ ruft - abwesenden Personen, nach | W ~ sammeln, zusammenbringen; kann seine Sinne nicht(2) | *W ~ Schlangen - in ihr und um sie herum*(19) | W ~ schreien - mit Schreien(4) | W ~ schweben - Luft, in der(45) | W ~ Schweine; Männer seien | W ~ sehen - könne nicht sehen; er(2) | W ~ Selbstmord genötigt; zum(5) | W ~ sonderbar, merkwürdig - Umgebung erscheint fremd(5) | s ~ Vertrautes scheint fremd(38) | V ~ lächerlich, sind(3)

Wahnideen - spinnt (Handwerk); sie(2) | W ~ Sprechen - Freunde sprechen über sie(7) | *S ~ Toten, mit*(8) | *T ~ Schwester, mit seiner*(2)

GEMÜT ...

Wahnideen - Stimmen - hört(37) | W ~ Studieren, nach(2) | W ~ Teufel - besessen, vom Teufel - er sei(5) | T ~ er sei ein Teufel(6) | T ~ hinter ihm her; der Teufel sei(3) | T ~ sieht(19)

Wahnideen - Tiere(42) | *T ~ gefressen; von Tieren - worden* | T ~ Personen seien Tiere(3) | T ~ Tasse; bewegen sich in einer

Wahnideen - tot - Personen, sieht tote(59) | W ~ treibt - Pfauen | W ~ Unrecht - begangen; er habe Unrecht(26) | **U ~ erlitten; er habe Unrecht**(5)

Wahnideen - veränderlich | W ~ Verbrecher; er sei ein(11) | *W ~ Verbrechern, von*(24) | W ~ verdammt; er sei(23) | *W ~ verfolgt - Feinden, von*(30) | *v ~ Polizei, von der*(10)

Wahnideen - verfolgt; er würde(23) | W ~ vergangenen Ereignisse; von lange(3) | *W ~ vergiftet - er - worden; er sei*(16) | *e ~ würde vergiftet werden; er*(6)

Wahnideen - vergiftet - Medikamenten vergiftet; er würde mit(4) | *W ~ vergrößert*(42) | *v ~ Entfernungen seien*(17) | *v ~ Gegenstände seien*(12) | v ~ Körper sei - Körperteile(10)

Wahnideen - verheiratet - werde heiraten; er | W ~ verkauft - worden | W ~ verlassen ; er sei(21) | W ~ Verletzung - werden; würde gleich verletzt(13) | **V ~ worden; er sei verletzt - Umgebung; durch seine**(3)

Wahnideen - vernachlässigt - Pflichten vernachlässigt; er habe seine(10) | W ~ versinken, er würde - Boden, durch den(3) | *W ~ Visionen, hat*(76) | V ~ phantastisch(8) | V ~ verfolgt in Visionen

Wahnideen - Vogel - rupft ihnen die Federn aus; er | W ~ Wände - Schreckliches an den Wänden; sieht(4) | W ~ Zuneigung der Freunde verloren; er habe die(3)

Wahrheit; sagt (vorbehaltlos, rücksichtslos) die reine(5)

Gemüt ...

Wandern - Verlangen zu wandern - ruhelos umher; wandert(6)
Weigert sich - Medizin einzunehmen; die(8) | M ~ Delirium; im(2)
Weinen(244) | W ~ nachts(81) | W ~ Erwachen, beim(36) | *W ~ Kindern; bei*(22) | W ~ Konvulsionen - während(27) | W ~ Menses - während(27) | *W ~ Schlaf, im*(88) | W ~ Schluchzen; Weinen mit(34) | S ~ Schlaf, im - aufzuwachen; ohne
Weinen - Wimmern, Winseln(27) | *W ~ Schlaf, im*(28)
Widerspruch - Neigung zu widersprechen(38) | W ~ verträgt keinen Widerspruch(73)
Wildheit(29)
Zählt ständig(4)
Zerbricht Dinge(13)
Zerreißt - Dinge im allgemeinen(21)
Zerstreut(166)
Zorn(243) | Z ~ Gesicht - rot - Gesicht; mit rotem(10) | *Z ~ heftig*(72) | Z ~ Liebe; aus enttäuschter(3) | Z ~ Menses - während(7) | Z ~ plötzlich - abwechselnd mit - Fröhlichkeit(9)
Zudringlich, aufdringlich(6)
Zügellosigkeit, sexuelle Ausschweifung(32)
Zurückhaltend, reserviert(64)
Zweifelt - Seelenheil, am(18)

Träume

Alpträume, Alpdrücken(144)
Angenehm(136)
Ängstlich(239)
Beschäftigt zu sein; sehr(29)
Erotisch(196)
Erschütternd(3)
Historisch(18)
Hunde(20)
Katzen(12)
Lebhaft(193)
Schlachten(13)
Schrecklich(237)
Tiere(25) | T ~ wilde(8)
Viele(260)

Träume ...

Wahr - erscheinen beim Erwachen wahr(9)

– *Hypericum perforatum* –

hyper.

Gemüt

Angst(362) | A ~ Fieber - während(91)
Auffahren, Zusammenfahren(117) | A ~ leicht(52) | A ~ Schlaf - während(163) | A ~ Schreck oder wie durch Schreck; durch(68)
Beschwerden durch - Schock; seelischen(23) | *B ~ Schreck*(72) | B ~ Verletzungen, Unfälle; Gemütssymptome durch(10)
Bewußtlosigkeit - Anstrengung, nach(9) | B ~ Gehirnerschütterung, durch(3)
Delirium(233) | *D ~ aufgeweckt wird; wenn er - beantworten; kann geweckt werden, um Fragen zu* | D ~ rasend(84) | D ~ Schlaf - während(26)
Empfindlich(192) | *E ~ Schmerz, gegen*(31)
Erregung(287) | E ~ abends(32)
Erschöpfung; geistige(217) | E ~ Verletzungen, durch(5)
Erschreckt leicht(125) | E ~ Kleinigkeiten, über(27)
Faulheit(269)
Fehler; macht - Schreiben, beim(83) | S ~ falsch - Worte(16) | *S ~ läßt etwas aus - Buchstaben*(18) | l ~ Worte(14)
Fehler; macht - Sprechen, beim(81) | S ~ Buchstabieren, beim(23) | S ~ Worte - falsche Worte; benutzt - Seite statt linke und umgekehrt; sagt rechte(5) | W ~ stellt Worte an die falsche Stelle(46)
Fleißig, arbeitsam, Arbeitswut(101)
Furcht(242) | F ~ Abwärtsbewegung, vor(10) | F ~ fallen, zu stürzen; zu(28)
Gedächtnis - Gedächtnisschwäche(284) | G ~ sagen will; für das, was er gerade(38)

Gemüt …

Gedächtnis - Gedächtnisverlust - Aphasie, bei(2) | *G ~ Gehirnerschütterung, nach* | G ~ Verletzungen, nach - Kopfes, des(7)

Gedanken - sexuell(21)

Geisteskraft - erhöht(18)

Geisteskrankheit, Wahnsinn - Schmerz, durch unerträglichen(4)

Geistige Anstrengung - Verlangen nach(65) | G ~ Abneigung gegen(150)

Hysterie(194) | H ~ Verletzung - Steißbeins; des

Ideen, Einfälle - Reichtum an, Klarheit des Geistes(125)

Laszív, lüstern(77)

Nüchternheit, Besonnenheit(3)

Raserei, Tobsucht, Wut(95)

Reizbarkeit(408)

Religiös - Gemütsstörungen, religiöse(63)

Ruhelosigkeit(420) | R ~ morgens(22) | m ~ Erwachen, beim(6)

Ruhelosigkeit - nachts(249) | R ~ Erwachen, beim(30) | R ~ Hitze - während(66)

Schreien(133)

Singen - Schlaf, im(8) | *S ~ Schreien und Weinen; gefolgt von*

Sprache - scharf, bissig, mit spitzer Zunge(2) | S ~ wild - Schlaf, im

Sprechen - Schlaf, im(93)

Stumpfheit - morgens(54) | S ~ Kopfverletzungen, nach(5)

Tollwut, Hydrophobie(46)

Traurigkeit(477) | T ~ morgens(71) | T ~ abends(76)

Traurigkeit - Verletzungen - durch

Verwirrung, geistige(321) | V ~ morgens(115) | m ~ Erwachen, beim(50)

Verwirrung, geistige - Erwachen, beim(71) | V ~ Identität; in bezug auf seine - Dualität; Gefühl der(37)

Verzweiflung - Schmerzen; bei den(21)

Wahnideen - Bett - liegen; er würde nicht auf dem Bett - Erwachen um 4 h; beim | W ~ erregt, wie - Tee erregt; das Gehirn sei nach

Gemüt …

Wahnideen - Gehirn - erregt; das Gehirn sei - Tee, nach | W ~ gehoben; sie würde(3) | W ~ Gespenster, Geister, Gestalten - sieht(55) | W ~ hängen - er würde in der Luft - Bett liegen; und nicht im | W ~ hochgehoben; sie würde - Luft; hoch in die | W ~ leicht - sei leicht, er(26) | W ~ schweben - Luft, in der(45) | W ~ schwer, er sei - Bett; er sei zu schwer fürs | W ~ Stimmen - hört - Toten, von(6)

Weinen - abends(29)

Wetter - Gewitter - vor einem Gewitter; Gemütssymptome(7)

Träume

Ängstlich(239)

Beschäftigt zu sein; sehr(29)

Erotisch(196)

Erschöpfend(45)

Geschäft(40) | G ~ vernachlässigte(4)

Gewissensbisse(11)

Gott, von - verstößt, der ihn

Jagd(5)

Kämpfe(54)

Klettern(4)

Lebhaft(193)

Pferde(18)

Reisen(48)

Schrecklich(237)

Steigen, zu(4)

Unerinnerlich, bleiben nicht im Gedächtnis(93)

Verworren(122)

Wecken den Patienten(118)

– *Hypophyllum sanguineum* –

hypo.

Träume

Viele(260)

– *Hypothalamus* –

hypoth.

Gemüt

Angst(362) | A ~ Dunkelheit; in der(12)
Empfindlich(192)
Entmutigt(135)
Furcht - Schlaf - schließen, aus Furcht, er würde nie wieder erwachen; Furcht, die Augen zu(3)
Geistige Anstrengung - agg. - ermüdet(20)
Homosexualität(13)
Lachen - abwechselnd mit - Weinen(43)
Milde(80)
Traurigkeit(477) | T ~ Anstrengung, nach(5)
Umgänglich, freundlich(2)
Weinen - Kleinigkeiten, über(23)
Wille - Verlust der Willenskraft(34)

– Iberis amara –
iber.

Gemüt
Entmutigt(135)
Erregung(287) | E~ Gesicht - kaltem Schweiß im; mit
Erschreckt leicht(125) | E~ abends(5)
Furcht(242) | F~ Medikamente - einzunehmen; Furcht zu viel(2) | F~ zittrig(36)
Gedächtnis - gut, aktiv(91) | *G~ Gedächtnisschwäche*(284) | G~ gehört hat; für das, was er - eben gehört hat(2)
Geistige Anstrengung - Verlangen nach(65)
Konzentration - schwierig(261)
Kummer(76) | *K~ still*(23)
Mürrisch(290)
Reizbarkeit(408) | *R~ morgens*(69)
Ruhelosigkeit(420) | R~ nachts(249)
Sentimental, schwärmerisch, rührselig(64)
Seufzen(98)
Stumpfheit(332)
Traurigkeit(477)
Verwirrung, geistige(321)
Wahnideen - Kopf - Kreis herum drehen; der Kopf würde sich - Hinterkopf würde sich drehen | W~ Schreck - wie erschreckt(10) | w~ Zittern; und unbeschreibliche Furcht mit
Weinen(244)

Träume
Dinge - verändernde, sich(18)
Lächerlich(15)
Schrecklich(237)
Unangenehm(87)

– Ichthyolum –
ichth.

Gemüt
Alkoholismus(135)
Gedächtnis - Gedächtnisschwäche(284)
Konzentration - schwierig(261)

– Ictodes foetida –
ictod.

Gemüt
Angst(362) | A~ plötzlich(11)
Geistesabwesend(71)
Heftig, vehement(100)
Hysterie(194)
Konzentration - schwierig(261)
Mürrisch(290)
Qualvolle Angst - Stuhlgang - vor(4)
Streitsüchtig(136)
Unaufmerksam(23)
Ungestüm(31)
Widerspruch - Neigung zu widersprechen(38) | W~ verträgt keinen Widerspruch(73)
Zerstreut(166)
Zorn - heftig(72)

– Ignatia amara –
ign.

Gemüt
Abneigung - Frauen; gegen(12) | A~ Kinder; gegen - bekommen; Kinder zu - Welt so schlecht ist; weil(4)
Aktivität; Verlangen nach - ruhelos(6)
Albernes Benehmen(65)
Alkoholismus(135)
Angesprochen zu werden - Abneigung(63)
Angst(362) | A~ morgens(42) | m~ Erwachen, beim(30)
Angst - nachts(119) | n~ Mitternacht - nach - Erwachen, beim(4)
Angst - Anfälle - mit Anfällen(10) | *A~ Bett - im Bett*(49) | A~ Druck; durch - Brust; auf der(14) | A~ Erwachen, beim(86) | A~ Fieber - während(91) | A~ Freien, im(13) | A~ Frost - während(31) | **A~ Furcht, mit**(110) | A~ Gehen - agg.(21) | G~ Freien, im(12)
Angst - Gesundheit; um die - eigene Gesundheit; um seine(57) | *A~ Gewissensangst*(75) | A~ Haus, im - amel. | A~ Hitzewallungen, bei(14) | A~ hypochondrisch(52) | A~ Kaffee - nach(5)

GEMÜT …

Angst - Kopf - Blutandrang zum; mit(7) | *A ~ Menses - vor*(22) | M ~ während(33) | *w ~ Zorn und Angst; mit*(9)

Angst - Ohnmacht - mit Ohnmacht; Angst(9) | *A ~ Schreck - nach*(12) | A ~ Schwangerschaft, in der(6) | A ~ Seelenheil, um das(35) | S ~ Bedenken, Gewissensbisse; übermäßige religiöse(7) | B ~ Ausübung der religiösen Pflichten; in bezug auf die(5)

Anorexia nervosa(13)

Argwöhnisch(105) | A ~ reden; Menschen würden über sie(5)

Auffahren, Zusammenfahren(117) | A ~ Fieberhitze, in der(6) | **A ~ HÄUFIG** | A ~ Menses - während(3) | *A ~ Schlaf - während*(163) | S ~ durch(124) | S ~ Einschlafen, beim(72)

Außer sich; ist(51)

Begreifen, Auffassungsvermögen - leicht(38)

Beißen(35)

Beleidigt, leicht(79) | *B ~ Beleidigungen, durch frühere*(5)

Berührt zu werden; Abneigung(46)

Beschäftigung - amel.(48)

Beschimpfen, beleidigen, schmähen(67)

Beschwerden durch - Bestrafung(2) | B ~ Ehre, verletzte(9) | *B ~ Eifersucht*(8) | B ~ Entrüstung(8) | **B ~ ENTTÄUSCHUNG**(17) | **E ~ NEUE**

Beschwerden durch - Erregung - Gefühle, der(87) | **B ~ Erwartungsspannung**(68) | B ~ Freundschaft, betrogene(7) | *B ~ Furcht*(27) | B ~ geistige Anstrengung(59) | *B ~ Geldverlust; durch*(9) | *B ~ Heimweh*(8) | **B ~ Kränkung, Demütigung**(39) | **B ~ Kummer**(65) | **B ~ LIEBE; ENTTÄUSCHTE**(31) | B ~ Mißerfolg - literarischer, wissenschaftlicher Mißerfolg(6) | B ~ moralische Erregung(6) | B ~ Musik(2) | *B ~ Scham*(5) | *B ~ schlechte Nachrichten*(34) | *B ~ Schock; seelischen*(23) | **B ~ Schreck**(72) | S ~ Menses, während(10)

GEMÜT …

Beschwerden durch - Sorgen, Kummer(14) | *B ~ Stellung, des Jobs; Verlust der*(4) | B ~ Streit, Streitigkeiten(9) | *B ~ Tadel*(13) | **B ~ TOD VON GELIEBTEN PERSONEN - ELTERN ODER FREUNDE, DER**(7) | **T ~ Kindes, eines**(11)

Beschwerden durch - Uneinigkeit zwischen - Eltern, Freunden(11) | *B ~ Verlegenheit*(13) | *B ~ Vorwürfe*(4) | B ~ Widerspruch(7) | **B ~ Zorn**(94) | **Z ~ Angst, mit**(30) | **Z ~ Schreck; mit**(22) | **Z ~ stillem Kummer; mit**(27) | *Z ~ unterdrückten Zorn; durch*(11)

Betäubung(237)

Bewußtlosigkeit(280) | B ~ morgens(45) | **B ~ Gemütsbewegungen, nach**(13) | B ~ häufige Anfälle von Bewußtlosigkeit, Absencen(7) | *B ~ Menses - während*(13) | B ~ partiell, teilweise bei Bewußtsein(13) | B ~ überfüllten Zimmer; in einem mit Menschen(12) | **B ~ vorübergehend**(24)

Blicken - Bett herum, wie um etwas zu finden; schaut ums

Boshaft(99)

Brütet, grübelt(41) | *B ~ Probleme - eingebildete Probleme nach; über*(5)

Chaotisch(44)

Delirium(233) | D ~ ängstlich(24) | *D ~ Blick auf einen Punkt fixiert*(10) | D ~ Blutung - nach(14) | D ~ Fieber; im(54) | D ~ hysterisch, fast(5) | *D ~ Lachen*(20) | D ~ Schlaf - Einschlafen, beim(17) | D ~ Schlaflosigkeit - mit(45) | D ~ Schreien, mit - Hilfe, um(5) | D ~ starrt auf einen fixen Punkt | D ~ Zittern, mit(23)

Delirium tremens(84)

Demenz(33) | D ~ paralytica, Dementia(18) | D ~ senilis, Dementia(25)

Destruktivität, Zerstörungswut - Gemütsbewegungen; Zerstörungswut durch unterdrückte(5) | *D ~ Kleidern, von*(10)

Eifersucht(34)

GEMÜT …

Eigensinnig, starrköpfig, dickköpfig(107) | E~ abends(2)

Ekstase(59)

Empfindlich(192) | *E~ Geräusche, gegen*(149) | *G~ sprechen, zu*(9)

Empfindlich - Gerüche, gegen(30) | E~ moralische Eindrücke, gegen(10) | *E~ Musik, gegen*(46) | E~ Schmerz, gegen(31) | E~ Streitigkeiten; gegen(4) | *E~ Vorwürfe, gegen*(6)

Entmutigt(135)

Entrüstung(22) | E~ abwechselnd mit - Lustigkeit(4)

Ermahnungen - agg. - freundliche; selbst(6)

Ernst(77)

Erotisch(39)

Erregung(287) | **E~ agg.**(41) | E~ Frauen, bei(3) | E~ Hören von Schrecklichem; nach(11) | E~ hysterisch | E~ Menopause, in der(10) | *E~ schlechten Nachrichten, nach*(18)

Erschöpfung; geistige(217) | E~ abends(8) | E~ nachts(4) | **E~ Kummer; durch**(3)

Erschreckt leicht(125) | *E~ nachts*(11) | E~ Erwachen, beim(41) | *E~ Traum, aus einem*(14)

Erwartungsspannung - Lampenfieber(14)

Erzählen der Symptome - agg.(6)

Essen - weigert sich zu(26)

Fäuste - ballt die Fäuste - Schreck; nach

Farben - blau - amel. - hellblau(2) | a~ marineblau

Farben - blau - Verlangen nach - dunkelblau(4) | *V~ hellblau*(9) | h~ Männern; bei(3)

Farben - dunkle Farben - Abneigung gegen(6) | *F~ gelb - Verlangen nach - zitronengelb*(3) | z~ Frauen; bei

Farben - grün - amel. | a~ olivgrün

Farben - grün - Verlangen nach - hellgrün(5) | F~ helle Farben - Verlangen nach(6) | *F~ orange - Abneigung gegen*(4) | F~ rosa - amel.(4) | *r~ Verlangen nach*(10) | V~ Frauen; bei(3)

GEMÜT …

Farben - rot - amel. | a~ tiefrot

Farben - rot - Abneigung gegen(6) | r~ Verlangen nach(4)

Farben - schwarz - amel. | *s~ Abneigung*(11) | s~ Verlangen nach

Farben - weiß - amel.(4) | w~ Abneigung gegen(2) | w~ Verlangen nach(15)

Fassung gebracht, verwirrt; außer(2)

Faulheit(269) | F~ Essen, nach dem(25)

Fehler; macht - Schreiben, beim(83) | *S~ Hast, durch*(2)

Fehler; macht - Sprechen, beim(81) | *S~ Hast; durch*

Feigheit(89) | F~ Meinung zu sagen; es fehlt der Mut, die(3)

Fleißig, arbeitsam, Arbeitswut(101) | *F~ Menses, vor den*(26)

Fliehen, versucht zu(61)

Froh(182) | F~ abwechselnd mit - Traurigkeit(57) | a~ Weinen(19)

Furcht(242) | F~ morgens(27) | F~ nachts(58) | n~ Mitternacht - nach(3)

Furcht - anhaltend | *F~ Anorexie aus Furcht* | F~ Ärzten, vor(9) | F~ Beruf zu verlieren; seinen lukrativen(8) | F~ berührt zu werden(38) | F~ Diarrhoe - durch(6) | F~ engen Räumen; in(33) | F~ entfernt vom Zuhause; wenn | F~ Erwachen, beim(54) | F~ Geisteskrankheit(74) | F~ Geräusche, durch(40) | F~ geschehen; etwas werde(82) | F~ Invalidität | F~ Kleinigkeiten, vor(10) | F~ Krankheit, vor drohender(66) | K~ unheilbar zu sein(42)

Furcht - Krebs(13) | F~ Männern, vor(30) | F~ Magen - Geschwür im; vor(2) | F~ Menschen, vor(81) | *F~ Näherkommen, Annäherung von; vor - anderen, von*(28) | *F~ Räubern, vor*(25) | *R~ nachts - Mitternacht beim Erwachen; um*(2)

Furcht - Ruhelosigkeit aus Furcht(8) | *F~ Schlaf - nie wieder schlafen; er werde* | F~ Spinnen, vor(7) | F~ Tod; vor dem(143) | T~ Erwachen, beim - Nachmittagsschlaf; aus dem

Gemüt ...

Furcht - Unglück, vor(93) | F~ vergiftet - werden; Furcht, vergiftet zu(23) | F~ Vögel(7) | F~ voller Furcht(12)

Gedächtnis - Gedächtnisschwäche(284) | G~ auszudrücken, sich(41) | G~ geistige Anstrengungen; für(26) | G~ Musik; für(4)

Gedanken - Gedankenandrang, einstürmende Gedanken, Gedankenfluß(78) | *G~ hartnäckig*(83) | h~ abends(5) | h~ Erwachen, beim(6) | h~ Musik - abends | h~ Wünsche, an(3)

Gedanken - schnell(36) | *G~ überlegt*(54) | G~ wandernd(72)

Gedanken versunken, in(90)

Geheimnistuerisch, verschlossen(15)

Gehen - Freien, im - agg. Gemütssymptome(19) | F~ amel. Gemütssymptome(10)

Geisteskrankheit, Wahnsinn(153) | G~ düstere Geisteskrankheit mit Verzweiflung und Lebensüberdruß - Furcht vor Kränkung oder Verlust der Stellung; durch(7) | G~ froh, lustig(8) | G~ hysterisch | G~ Kränkung - Furcht vor Kränkung; aus(7) | G~ Lebensüberdruß; mit(7) | *G~ Melancholie*(17) | G~ Menses - reichlichen; mit(2) | M~ unterdrückten, mit(3)

Geisteskrankheit, Wahnsinn - Schreck, durch(4) | G~ Stellung zu verlieren; aus Furcht die(7) | G~ Unglück, nach(4) | G~ Vermögen - Verlieren eines Vermögens; nach(4) | G~ Verzweiflung; mit(7) | *G~ Zorn, durch*(7)

Geistige Anstrengung - agg.(141) | *a~ ermüdet*(20) | a~ unmöglich(130) | *u~ abends*

Gemütssymptome(26) | *G~ abwechselnd mit - körperliche Symptome*(18)

Geschäftig(45)

Gesellschaft - Abneigung gegen(156) | A~ Abscheu vor Gesellschaft(6) | A~ Weinen - muß; wenn er weinen

Gesellschaft - Verlangen nach(83)

Gespräche - agg.(45)

Gemüt ...

Gesten, Gebärden; macht - konvulsivisch(24) | G~ lächerlich oder albern(19) | *G~ stampft mit den Füßen - Schlaf; im*(4) | *S~ Kindern; bei*

Getragen - Verlangen getragen zu werden(31)

Gewissenhaft, peinlich genau in bezug auf Kleinigkeiten(58) | G~ Essen - nach

Gleichgültigkeit, Apathie(251) | G~ allem; gegenüber(71) | G~ Arbeit; mit Abneigung gegen(9) | G~ Fieberfrost, im(10) | G~ Musik, die er liebt; gegen(3) | G~ Weinen, mit(3)

Grimassen(15)

Grobheit(37)

Grunzen(5) | G~ Schlaf, im(2)

Hämorrhoiden; Gemütssymptome nach unterdrückten(18)

Haß - Männer, auf(6)

Hast, Eile(112) | H~ geistiger Anstrengung; bei(8) | H~ Menses; während | H~ Schreiben, beim(5)

Hautausschlägen; Gemütssymptome nach unterdrückten(18)

Heftig, vehement(100) | *H~ Gewalttaten führt; Raserei, die zu*(34)

Heimweh(52)

Herausfordernd(22)

Heulen(30)

Hochgefühl(97)

Hochmütig, arrogant(53)

Hypochondrie(116)

Hysterie(194) | *H~ Kummer, durch*(3) | *H~ Menopause, in der*(7) | H~ Menses - während(27) | **H~ Ohnmacht, hysterische**(22)

Ideen, Einfälle - Mangel an(102) | I~ Reichtum an, Klarheit des Geistes(125)

Imbezillität(140) | I~ Negativismus(2) | *I~ schreit auf, wenn man sich mit ihm beschäftigt*(2)

Indiskretion, Taktlosigkeit(30)

Jammern(93) | J~ Schweiß, beim

Kindisches Benehmen(52)

Gemüt ...

Klagen(64) | K~ Schlaf, im(6)

Kleinigkeiten scheinen wichtig, bedeutend(19)

Konzentration - schwierig(261) | s~ Unmöglichkeit, sich zu konzentrieren(8)

Kummer(76) | *K~ Beleidigungen; durch lange vergangene*(5) | **K~ still**(23) | **s~ Liebe; aus enttäuschter**(4)

Kummer - Verlust von Gegenständen; nach dem

Lachen(102) | *L~ abwechselnd mit - Weinen*(43) | L~ Ernstes, über(15) | *L~ Konvulsionen - vor, während oder nach*(11) | L~ sardonisch(26) | **L~ spasmodisch**(49) | L~ unmäßig(28) | **L~ unwillkürlich**(23)

Langeweile(53)

Langsamkeit(68)

Lästig, geht auf die Nerven(79)

Lasziv, lüstern(77)

Launenhaftigkeit, launisch(108) | L~ abends(9) | L~ weist Dinge zurück, die er haben wollte, sobald er sie bekommt(13)

Leidenschaftlich(49)

Liebevoll, voller Zuneigung, herzlich(37)

Lustig, fröhlich(123)

Magnetisiert - amel.(20)

Manie(149)

Männer - Scheu vor(19)

Meditieren, Nachdenken(47)

Menopause agg.(18)

Milde(80) | *M~ Klage; erträgt Leiden, sogar Gewalttaten ohne*

Mitgefühl, Mitleid(34)

Monomanie(16)

Mürrisch(290) | M~ abends(31) | M~ Erwachen, beim(32) | M~ Fieberfrost, im(13) | M~ Schmerzen, nach(4) | M~ Widerspruch, durch(3)

Musik - agg.(40) | M~ angenehm, ist(3)

Mutig(26)

Nachgiebigkeit(21)

Näherkommen, auf ihn Zukommen von Personen - agg.(6)

Gemüt ...

Nymphomanie(67)

Phantasien - Erregung, nach | P~ Erwachen, beim(9) | P~ lasziv(46) | P~ lebhaft(31) | P~ Schlaf - Einschlafen, beim(8) | P~ übertrieben(114) | P~ übertrieben - abends - Bett, im(28) | P~ übertrieben - nachts(40) | P~ übertrieben - Schlaflosigkeit, mit(41) | P~ übertrieben - Zubettgehen, nach dem(4)

Possen, spielt(15)

Qualvolle Angst - Menses - während(10)

Raserei, Tobsucht, Wut(95)

Redseligkeit; Geschwätzigkeit(136) | R~ abwechselnd mit - Schweigsamkeit(5) | R~ Reden, hält(4) | R~ Schlaf, im(4)

Reisen - amel.

Reizbarkeit(408) | R~ Tag und Nacht(7) | R~ nachmittags(37) | R~ abends(60) | R~ Farben - grün - agg. - dunkelgrün | F~ purpur - agg. - dunkelpurpurn

Reizbarkeit - Fieberfrost, im(57) | R~ Freien, im - amel.(7) | R~ Kleinigkeiten, durch(34) | R~ Schmerzen; bei den(10) | **R~ Trost - agg.**(21) | R~ warmen Zimmer, im(4) | **R~ Widerspruch - geringsten, beim**

Religiös - Gemütsstörungen, religiöse(63)

Reue(63) | *R~ Menses, nach den*

Ruhelosigkeit(420) | *R~ nachts*(249) | R~ Bett - Herumwerfen im(123) | R~ bewegen - muß sich ständig(18) | *R~ geschäftig*(20) | R~ Kopfschmerzen, bei(31) | R~ Menses - während(40)

Schlafwandeln(56)

Schlagen(42)

Schreckliches und traurige Geschichten greifen sie stark an(32)

Schreiben - Unfähigkeit zu(6) | U~ schnell zu schreiben wie sie möchte, mit ängstlichem Verhalten, sie macht Fehler; Unfähigkeit, so

Schreien(133) | S~ abwechselnd mit - Lachen(6) | *S~ anfallsweise*(2) | S~ Betrunkenheit; bei(4) | *S~ Chorea, bei*(5) | S~ Cri encéphalique(29) | S~ Erwachen - beim(27) | *S~ Hilfe, um*(6)

Gemüt ...

Schreien - Kindern, bei(38) | K~ Erwachen, beim - Zittern; mit | *K~ Schlaf, im*(13)

Schreien - Konvulsionen - epileptisch(21) | *S~ nähert; wenn sich jemand dem Bett* | *S~ Schlaf, im*(80)

Schüchternheit, Zaghaftigkeit(113) | *S~ schamhaft*(58)

Schwangerschaft; Gemütsbeschwerden während der(17)

Schweigsam(209) | *S~ Kränkung; nach* | S~ Leiden; spricht ungern über seine | *S~ Schreck; nach* | S~ Traurigkeit; bei(12)

Seelenruhe, Gelassenheit(85)

Selbstbetrachtung(58)

Selbstsucht, Egoismus(32)

Selbstvertrauen - Mangel an Selbstvertrauen(86)

Sentimental, schwärmerisch, rührselig(64) | S~ jungen Menschen; bei(2)

Seufzen(98) | S~ vormittags - 9.30 h | S~ nachts - Mitternacht - nach - 2 h | *S~ Fieberhitze, in der*(17) | **S~ Hysterie, bei**(3) | *S~ Menses - vor*(3) | M~ während(6)

Seufzen - Schweiß, beim(16) | S~ unwillkürlich(4) | *S~ Weinen an; hält lange nach*

Simuliert - krank zu sein(8)

Sinne - abgestumpft, stumpf(107) | *S~ scharf*(52)

Sinnlichkeit(24)

Sitzen - Neigung zu sitzen(110)

Sorgen, voller(50)

Spaßen(52) | *S~ abwechselnd mit - Weinen*

Spontan, impulsiv(33)

Spotten(18) | S~ andere würden ihn verspotten; glaubt(4) | S~ Sarkasmus, beißender Spott(14)

Sprache - hastig(44) | *S~ langsam*(59) | S~ Schwatzen(17) | *S~ undeutlich*(24) | S~ unzusammenhängend - Erwachen, beim(3)

Sprechen - agg. die Beschwerden(34) | S~ Schlaf, im(93) | S~ schweift von einem Thema zum anderen(47)

Gemüt ...

Sprechen - sich selbst ; mit(31) | S~ unangenehmen Dingen agg.; von(5)

Stilles Wesen(49)

Stimmung, Laune - abweisend, zurückweisend(40) | S~ angenehm(9) | **S~ veränderlich**(158) | **S~ wechselnd, wechselhaft**(80)

Stöhnen(119) | S~ Hitze; während der(16) | *S~ Konvulsionen, in*(3) | *S~ Schlaf, im*(62)

Stößt, tritt - Beinen; mit den - Konvulsionen; während den

Streitsüchtig(136)

Stumpfheit(332) | S~ morgens(54) | m~ Erwachen, beim(26)

Stumpfheit - abends(29) | S~ Ärger; nach(2) | S~ geistige Anstrengung, durch(27) | *S~ Hitze - während*(14) | S~ Kränkung, nach(3)

Stupor(138) | S~ morgens(36)

Sucht etwas - Boden, auf dem(3)

Suizidneigung; Neigung zum Selbstmord(98) | S~ Ertränken, durch(19) | *S~ Gedanken an Selbstmord*(33) | S~ Gift, durch(6) | S~ stürzt sich - Tiefe, in die(24) | S~ Traurigkeit, durch(23)

Tadelsüchtig, krittelig(80)

Tadelt - andere(32) | *T~ sich selbst*(36)

Tanzen(33) | *T~ amel. die Gemütssymptome*(8)

Traurigkeit(477) | T~ morgens - Erwachen - beim(21) | T~ nachmittags(37) | T~ abends(76) | a~ Dämmerung, in der(5)

Traurigkeit - Erwachen, beim(24) | T~ Farben - weiß - agg.(2) | w~ Abneigung gegen(2)

Traurigkeit - Fieberhitze, in der(55) | **T~ Frost - während**(37) | *T~ Kränkung, nach*(2) | *T~ Kummer, nach*(6) | **T~ Liebe; durch enttäuschte**(7) | T~ Menopause, in der(25)

Traurigkeit - Menses - während(35) | *T~ Schicksalsschläge, durch*(16) | T~ Schlaflosigkeit - mit(6) | T~ schweigsam(12) | T~ Schweiß, beim(29) | *T~ Seufzen, mit*(4) | T~ still(7)

GEMÜT …

Traurigkeit - Suizidneigung, mit(25) | *T ~ Wehen; bei den*(9) | T ~ Zorn - durch Zorn(7)

Trost - agg.(39) | **a ~ Mitleid, Mitgefühl agg.**(15)

Unbesonnen(82)

Unbeständigkeit(45)

Unduldsamkeit - Geräuschen, gegenüber(5)

Unentschlossenheit(146) | U ~ heiraten, zu(10) | U ~ wankelmütig(12)

Ungeduld(131)

Ungerechtigkeit; erträgt keine(8)

Ungeschicklichkeit(41) | U ~ fallen, läßt Dinge(26)

Unternimmt - fehlt die Willenskraft, etwas zu unternehmen; es(4) | U ~ Vieles, hält aber bei nichts durch, bleibt nicht dabei(28)

Unzufrieden(168) | U ~ abends(8) | U ~ allem; mit(66) | U ~ Kopfschmerzen, bei | U ~ zurückhaltende Unmut, Mißvergnügen(5)

Verächtlich(35)

Verantwortung - ernst; nimmt seine Verantwortung zu(3)

Verbittert, verärgert(9)

Vergeßlich(187) | *V ~ alles - Träume; bis auf die*

Vergnügen - Abneigung gegen(8)

Verlangen, Wunsch nach - voller Verlangen(11)

Verspielt(13)

Verstecken - sich(18)

Verwegenheit(26)

Verweilt - vergangenen unangenehmen Ereignissen; bei(46)

Verwirrung, geistige(321) | V ~ morgens(115) | m ~ Aufstehen - und nach dem Aufstehen(37) | m ~ Erwachen, beim(50)

Verwirrung, geistige - berauscht - wie(47) | V ~ Bewegung, durch(16) | V ~ Bier, durch(8) | V ~ Erwachen, beim(71) | V ~ Fieberhitze, in der(26) | V ~ Traum; wie in einem(27)

GEMÜT …

Verzweiflung(137) | **V ~ Fieberfrost, im**(20) | V ~ Fieberhitze, in der(21) | *V ~ Genesung, in bezug auf die*(44) | V ~ gesellschaftliche Stellung; in bezug auf die(8) | V ~ religiöse Verzweiflung am Seelenheil(30) | V ~ verloren; glaubt, alles sei(2)

Vorsichtig(17)

Wahnideen(191) | W ~ abends - Bett, im(16) | W ~ ängstlich(10) | W ~ beschimpft worden; er sei(16) | W ~ Bilder, Phantome; sieht(76) | B ~ nachts(40) | B ~ schreckliche(60)

Wahnideen - ermordet - er würde ermordet - werden; er würde ermordet werden(21) | *W ~ geht - kann nicht gehen; er*(3) | W ~ Gelübde - brechen; wie würde ihr Gelübde | W ~ Gespenster, Geister, Gestalten - Schließen der Augen; beim(16) | G ~ sieht(55)

Wahnideen - Krankheit - unheilbare Krankheit; er habe eine(18) | W ~ kritisiert; sie würde(12) | W ~ lachen und spotten; man würde über ihn(6) | W ~ Magen - Geschwür angefressen; der Magen sei durch ein(3) | *W ~ nachgestellt - ihm würde nachgestellt*(28) | **W ~ Phantasiegebilde, Illusionen**(115) | **W ~ ruiniert - sei ruiniert, er**(3) | W ~ schaukeln; er würde(3) | s ~ Wiege, in einer

Wahnideen - Schlaf - Einschlafen; Wahnideen beim(12) | W ~ Schlangen - in ihr und um sie herum(19) | W ~ schwanger, sie sei(14) | W ~ Sprechen - Freunde sprechen über sie(7) | W ~ Stimmen - hört(37) | *W ~ Unrecht - begangen; er habe Unrecht*(26) | *W ~ Verbrechen - begangen; er habe ein Verbrechen*(29) | *W ~ Verbrecher; er sei ein*(11) | *W ~ verdammt; er sei*(23) | *v ~ Seele könne nicht gerettet werden, sie schreit und ist rasend; die*

Wahnideen - verheiratet - er sei | W ~ vernachlässigt - Pflichten vernachlässigt; er habe seine(10)

GEMÜT ...

Wahnideen - Visionen, hat - abends(9) | *V~ Schließen der Augen; beim*(29) | V~ schrecklich(27) | V~ Ungeheuern, von - Einschlafen und Erwachen; beim

Wahnideen - Wasser - von(19)

Weinen(244) | W~ amel.(24) | W~ nachts(81) | n~ Schlaf, im(12)

Weinen - Ärger, durch(23) | Ä~ alten Ärger, durch(4)

Weinen - allein, wenn(3) | W~ angesprochen; wenn(9) | W~ Angst, nach(23) | W~ Beleidigung - frühere Beleidigung, über(4) | W~ Ermahnung, durch(11) | W~ Erregung, durch | W~ Erwachen, beim(36) | W~ erzählt - Krankheit erzählt; wenn sie von ihrer(10) | W~ Fieberfrost - im(25) | W~ Fieberhitze, in der(25) | W~ Geräusch, bei(4) | **W~ kann nicht weinen, obwohl er traurig ist**(13) | *W~ Kindern; bei*(22) | W~ Kleinigkeiten, über(23) | *W~ Konvulsionen - während*(27) | *W~ krampfhaft, spasmodisch*(16) | W~ Liebkosungen, durch(2) | *W~ Menses - während*(27) | W~ Musik; durch(14) | W~ Schlaf, im(88) | *W~ Schluchzen; Weinen mit*(34) | W~ Schwangerschaft, in der(8) | W~ Trost - agg.(22) | T~ will nicht getröstet werden(10)

Weinen - unwillkürlich(35) | W~ verweigert wird; wenn etwas(5) | W~ Vorhaltungen gemacht werden; wenn ihm(8) | W~ Widerspruch, durch(4) | W~ Wimmern, Winseln(27) | *W~ Schlaf, im*(28)

Widerspenstig(66)

Widerspruch - agg.(11) | W~ Neigung zu widersprechen(38) | **W~ verträgt keinen Widerspruch**(73)

Widerwillen - Farben - grau - agg. | g~ Abneigung gegen

Wildheit - Kleinigkeiten, über

Wille - Willensschwäche(58)

Wohlwollen, Güte(7)

Zerreißt - Dinge im allgemeinen(21)

Zerstreut(166)

GEMÜT ...

Zorn(243) | Z~ abwechselnd mit - Fröhlichkeit, Frohsinn(15) | a~ Hysterie | a~ Spaßen(3)

Zorn - Farben - braun - agg. - dunkelbraun(2) | b~ Abneigung - dunkelbraun(2)

Zorn - getröstet, wenn(10) | Z~ heftig(72) | Z~ plötzlich - abwechselnd mit - Fröhlichkeit(9) | Z~ sich selbst; auf(10) | *Z~ Schweigsamkeit; mit*(8) | *Z~ Tadel, durch - andere getadelt werden; wenn er hört, daß*(4) | **Z~ Widerspruch, durch**(37)

Zurückhaltend, reserviert(64)

Zweifelt - Genesung; an der(31)

TRÄUME

Alpträume, Alpdrücken(144)

Angenehm(136)

Ängstlich(239)

Anstrengung - geistige(51)

Beeindruckend(11)

Beeinflußt das Gemüt(14)

Begraben zu werden, lebendig(3)

Beschäftigt zu sein; sehr(29)

Dinge - fixiert, Träume sind auf denselben Inhalt(6)

Enttäuschungen(4)

Erfolglose Anstrengungen(20)

Ermordet - werden, zu(17)

Erniedrigung(12)

Erotisch(196)

Ertränkt zu werden

Ertrinken(19)

Fallen, zu stürzen; zu(60) | F~ Wasser, ins(11)

Fortsetzung - Gedanken, vorheriger(5) | F~ Träumen, von - Erwachen, nach dem(22)

Gespenster(38)

Grausamkeit(7)

Hartnäckig(29)

Hervorragende geistige Arbeit zu leisten(15)

Hunger(4)

Intellektuell(23) | I~ morgens

Kranken, von(10)

TRÄUME ...
Kränkung, Kummer etc.(5)
Lange Zeit(13)
Lebhaft(193)
Literatur
Mord(53)
Nachdenken, mit(15)
Phantastisch(55)
Schrecklich(237) | S~ morgens(2) | S~ nachmittags
Sorgen, voller(21)
Traurig(46)
Überlegungen
Unangenehm(87)
Unerinnerlich, bleiben nicht im Gedächtnis(93)
Unfälle - Ertrinken(19)
Unglück(64)
Unwichtig(46)
Verdrießlich(122)
Versagen, Fehlschlägen; von(5)
Verworren(122)
Viele(260)
Wasser(49)
Wecken den Patienten(118)
Wiederholende, sich(6)
Wissenschaftlich(5)
Zusammenhängend(13)

– Indigo tinctoria –

indg.

GEMÜT
Angst(362)
Auffahren, Zusammenfahren - nachts(19) | A~ Schlaf - während(163) | A~ Träumen, in - aus einem Traum(35)
Delirium - manisch(47)
Erregung - epileptischem Anfall, vor(3)
Faulheit(269) | F~ morgens(51) | F~ vormittags(8)
Fleißig, arbeitsam, Arbeitswut(101)
Gedanken versunken, in(90)
Geisteskrankheit, Wahnsinn(153)
Hysterie(194)
Lästig, geht auf die Nerven(79)

GEMÜT ...
Manie(149)
Milde(80) | *M~ epileptischem Anfall; nach*
Murmeln - Schlaf, im(18)
Mürrisch(290) | M~ abends(31)
Reizbarkeit(408) | R~ abends(60)
Ruhelosigkeit - nachts(249)
Selbstbetrachtung(58)
Sinne - abgestumpft, stumpf(107)
Sprechen - Schlaf, im(93)
Stumpfheit(332)
Traurigkeit(477)
Unzufrieden(168)
Verwirrung, geistige(321) | V~ Bewegung, durch(16)
Wahnideen - Kopf - Schwingen im Kopf | W~ Kropf - haben; einen Kropf zu | W~ Phantasiegebilde, Illusionen(115)
Weinen - nachts(81) | *W~ Konvulsionen - während - epileptisch*(4)
Zorn(243) | Z~ epileptischer Anfall - vor
Zurückhaltend, reserviert(64)

TRÄUME
Ängstlich(239)
Aufruhr(12)
Erinnerlich, bleiben im Gedächtnis(33)
Fahren - Wagen, im(3)
Fliegen(11)
Gefahr(40)
Kämpfe(54)
Pferde(18) | P~ rennende, laufende(3)
Reisen(48)
Ruhelos(53)
Schrecklich(237)
Streitigkeiten(69)
Wecken den Patienten(118)

– Indium metallicum –

ind.

GEMÜT
Betäubung(237) | B~ Erwachen, beim(9)
Erregung - geistige Anstrengung; durch(5)
Erschöpfung; geistige(217)
Faulheit(269)

Gemüt ...

Furcht - Arbeit; vor der(32)
Geistige Anstrengung - agg. - unmöglich - Wahnsinn zu treiben; seine geistige Unfähigkeit scheint ihn zum(3) | G~ Abneigung gegen(150)
Gesellschaft - Abneigung gegen - nachts - verbringt die Nacht allein, um seine Schwermut zu verbergen
Gleichgültigkeit, Apathie(251)
Liebe - Perversität(5)
Mürrisch(290) | M~ Menses - während(10)
Reizbarkeit - Kopfschmerzen, bei(61) | R~ Menses - während(42) | R~ Schläfrigkeit, bei
Ruhelosigkeit(420) | R~ nachts(249) | R~ geistige Anstrengung - während(6) | R~ studieren; beim Versuch zu(2)
Sentimental, schwärmerisch, rührselig(64)
Stumpfheit(332) | S~ Erwachen, beim - Samenabgängen; nach | S~ Lesen(35) | S~ Pollutionen - nach(7)
Traurigkeit(477) | T~ allein - verbringt die Nacht allein, um seinen Schwermut zu verbergen
Unaufmerksam(23)
Unbesonnen(82)
Weinen(244) | W~ Menses - während(27)
Zerstreut(166)

Träume

Alpträume, Alpdrücken(144) | A~ Liegen auf dem Rücken, beim(4)
Ausland(3)
Ereignisse - zurückliegende, kurz(55) | z~ Vortag, vom(41)
Erfolglose Anstrengungen - entkommen; einer Gefahr zu | E~ Koitus, beim(2) | E~ laufen, zu(2)
Erotisch(196) | E~ Pollutionen, mit(96)
Gefahr - entkommen; einer Gefahr zu - vergebliche Anstrengungen zu fliehen; macht
Intellektuell(23)
Koitus(9) | K~ erfolgloser, vergeblicher(2)
Land - fremdes(3)
Laufen - vergebliches(2)
Lebhaft(193)

Träume ...

Reisen(48)
Stiere verfolgen ihn(2)
Unfälle(29)
Verfolgt zu werden - Stieren, von(2) | S~ wütenden
Verfolgt zu werden - Tieren, von(13) | T~ wilde(14)
Verirrt zu haben; sich - Gebirge, im | V~ Wald, in einem(6)
Viele(260)

– Indolum –

indol.

Gemüt

Faulheit(269)
Gleichgültigkeit, Apathie(251)
Konzentration - schwierig(261)
Mürrisch(290)
Reizbarkeit(408)
Stumpfheit(332)
Traurigkeit(477)
Unzufrieden(168)

Träume

Lebhaft(193)

– Ingluvin –

ing.

Gemüt

Traurigkeit - Magenbeschwerden, mit

– Inula helenium –

inul.

Gemüt

Angst(362) | A~ Menses - während(33)
Auffahren, Zusammenfahren(117) | A~ Schlaf - während(163)
Froh(182)
Schreien - Kindern, bei - Schlaf, im(13) | S~ Schlaf, im(80)

Träume

Ekelhaft(32) | E~ morgens
Erotisch(196)

– *Iodium* –

iod.

Gemüt

Abneigung - Familienmitglieder; gegen(19)

Angesehen zu werden; erträgt es nicht(23)

ANGESPROCHEN ZU WERDEN - ABNEIGUNG(63) | *A ~ allein gelassen werden; möchte*(10)

Angst(362) | A ~ Bewegung - amel.(12) | *A ~ Essen - amel.*(4) | *A ~ Gehen - Freien, im - amel.*(7) | A ~ geistige Anstrengung; durch(20) | *A ~ hungrig, wenn*(2) | A ~ Husten - vor(4) | *A ~ hypochondrisch*(52) | A ~ körperliche Arbeit - während(4) | k ~ durch

Angst - nüchtern, wenn | A ~ Ruhe, in der(4) | A ~ Sitzen(15) | S ~ amel.

Angst - stillhält, bewegungslos bleibt; wenn er | *A ~ treibt von einer Stelle zur anderen*(6) | *A ~ Zukunft*(108)

Anstrengung - körperliche Anstrengung - amel.(3)

Antworten - Abneigung zu antworten(67) | A ~ schwierig, Antworten ist(11)

Auffahren, Zusammenfahren - Schlaf - während(163)

Beleidigt, leicht(79)

Berührt zu werden; Abneigung(46)

Beschäftigung - amel.(48)

Beschwerden durch - geistige Anstrengung(59) | B ~ Liebe; enttäuschte(31) | B ~ Schock; seelischen(23) | B ~ Schreck(72) | *B ~ sexuell - Exzesse*(59) | B ~ Zorn(94)

Betäubung(237)

Bewußtlosigkeit(280) | B ~ Schwindel, bei(46)

Delirium(233) | D ~ Bett - flieht und springt plötzlich aus dem Bett auf(36) | D ~ Blutandrang, mit(5) | D ~ Fieber; im(54) | D ~ ruhelos(12)

Denken - Beschwerden - agg.; Denken an seine Beschwerden(71)

Destruktivität, Zerstörungswut(41)

Ekstase(59) | E ~ Schweiß, beim(4)

Gemüt ...

Empfindlich(192) | *E ~ äußerliche Eindrücke; gegen alle*(21) | E ~ geistige Eindrücke; gegen(20) | *E ~ Geräusche, gegen*(149) | G ~ schrille Töne, gegen(16)

Empfindlich - Sinneseindrücke, gegen(23)

Entmutigt(135)

Ernst(77)

Erotisch(39)

Erregung(287) | E ~ nachmittags(8) | E ~ nervös(23) | E ~ Wein - nach(4)

Erschöpfung; geistige(217)

Erschreckt leicht(125)

Essen - beim - amel. der Gemütssymptome(6) | E ~ nach - amel. der Gemütssymptome(9)

Extravaganz(16)

Faulheit(269) | F ~ körperlich(23)

Feigheit(89)

Fleißig, arbeitsam, Arbeitswut(101)

Fliehen, versucht zu(61)

Froh(182) | F ~ abwechselnd mit - Traurigkeit(57) | a ~ Weinen(19)

Furcht(242) | F ~ Ärzten, vor(9) | F ~ berührt zu werden(38) | F ~ eingebildeten - Dingen, vor(15) | F ~ Geisteskrankheit(74) | G ~ ausruhen will, er muß immer in Bewegung bleiben; falls er sich(2)

Furcht - geschehen; etwas werde(82) | F ~ hungrig, wenn(2) | F ~ körperlicher Arbeit, nach | *F ~ Menschen, vor*(81) | F ~ Näherkommen, Annäherung von; vor - anderen, von(28) | *F ~ Ruhelosigkeit aus Furcht*(8) | F ~ Sitzen amel. | F ~ Tod; vor dem(143) | F ~ Unfällen, vor(11) | *F ~ Unglück, vor*(93) | *F ~ Unheil; Furcht vor*(115) | F ~ Versagen, Mißerfolg; vor dem(13) | F ~ warmes Zimmer - im | F ~ Wasser, vor(33) | F ~ Wehen - nach

Gedächtnis - Gedächtnisschwäche(284) | G ~ sagen will; für das, was er gerade(38) | G ~ tun wollte; für das, was er gerade(33)

Gedanken - Fehler; über seine eigenen | *G ~ hartnäckig*(83) | h ~ Mord, an(5)

Gemüt ...

Gedanken - schrecklich(11) | G~ Stillstand der Gedanken(10) | G~ Unbestimmtheit der(4) | G~ Vergehen, Schwinden der Gedanken(76) | G~ wandernd(72) | G~ Zukunft, vor der(6)

Gedanken versunken, in(90)

Gehobene Stimmung(4)

Geisteskrankheit, Wahnsinn(153) | *G~ geschäftig*(5)

Geistige Anstrengung - agg.(141)

Geschäftig(45)

Gesellschaft - Abneigung gegen(156) | *A~ Anblick von Menschen; vermeidet den*(15) | *A~ Fremden; Abneigung gegen die Anwesenheit von*(16) | *A~ Freunden, von engsten*(10)

Gespräche - agg.(45)

Gesten, Gebärden; macht - Hände; unwillkürliche Bewegungen der - Greifen(41) | *H~ zupft - Bettwäsche; an der*(36)

Gesten, Gebärden; macht - konvulsivisch(24)

Gesund - sagt, er sei gesund - krank ist; wenn er sehr(17)

Gewissenhaft, peinlich genau in bezug auf Kleinigkeiten(58)

Gleichgültigkeit, Apathie(251) | G~ Schmerz - gegenüber Schmerz(5)

Handarbeit, feine Arbeiten; Gemütssymptome durch(2)

Hast, Eile(112) | H~ Gehen, beim(15)

Heftig, vehement(100) | H~ morgens(9) | *H~ Gewalttaten führt; Raserei, die zu*(34)

Heikel, pingelig(34)

Hochgefühl(97)

Hypochondrie(116)

Hysterie(194)

Ideen, Einfälle - Mangel an(102)

Imbezillität(140)

Impulse, Triebe; krankhafte(10) | I~ Beschäftigung - amel. | *I~ laufen; zu*(12)

Initiative, Unternehmungsgeist; Mangel an(7)

Konzentration - schwierig(261) | s~ Studieren(52) | s~ Zeichnen, beim

Gemüt ...

Läuft umher(24)

Launenhaftigkeit, launisch(108)

Lebhaft, munter(50)

Lustig, fröhlich(123) | L~ abwechselnd mit - Weinen(8)

Magnetisiert - amel.(20)

Manie(149)

Menschenfeindlichkeit, Misanthropie(45)

Milde(80)

Mitgefühl, Mitleid(34)

Mürrisch(290) | M~ Essen, nach dem(21)

Näherkommen, auf ihn Zukommen von Personen - Abneigung gegen(12)

Phantasien - Schweiß, beim(4) | P~ übertrieben(114)

Redseligkeit; Geschwätzigkeit(136) | R~ fröhlich, ausgelassen(9) | *R~ unbesonnen*

Reisen - Verlangen nach(28)

Reizbarkeit(408) | R~ nachmittags(37) | R~ Essen - nach(26) | R~ Geräusche, durch(21) | *R~ Kindern, bei*(29) | R~ Kopfschmerzen, bei(61)

Ruhelosigkeit(420) | R~ Tag und Nacht(4) | R~ morgens(22) | R~ nachts(249) | n~ Mitternacht - nach - 1 h - 1.30 - 4.30 h | n~ 2 h(8)

Ruhelosigkeit - ängstlich(111) | R~ Bett - im(15) | *R~ bewegen - muß sich ständig*(18) | *R~ Sitzen, im*(21) | R~ treibt umher(41) | *R~ warm - Bett*(7) | *R~ Zimmer, im*(3)

Schreckliches und traurige Geschichten greifen sie stark an(32)

Schreien - Konvulsionen - Wochenbett, im(3) | *S~ Zorn, bei*(7)

Schüchternheit, Zaghaftigkeit(113) | S~ schamhaft(58)

Schweigsam(209)

Selbstlosigkeit(4)

Selbstvertrauen - Mangel an Selbstvertrauen(86)

Sinne - abgestumpft, stumpf(107)

GEMÜT ...

Sitzen - Abneigung zu sitzen(2) | *S ~ Neigung zu sitzen*(110) | N ~ Kopf auf den Händen und den Ellbogen auf den Knien; mit dem(2)

Sorgen, voller(50)

Sorgsamkeit, Sorgfalt(12)

Spaßen - Spaß; verträgt keinen(12)

Spontan, impulsiv(33)

Sprechen - agg. die Beschwerden(34)

Stimmung, Laune - veränderlich(158) | **S ~ wechselnd, wechselhaft**(80)

Stumpfheit(332) | *S ~ Essen, nach dem - amel.*(7) | S ~ Kindern; bei(21) | S ~ Lesen(35)

Stupor(138)

Suizidneigung; Neigung zum Selbstmord(98) | *S ~ stürzt sich - Fenster, aus dem*(21) | s ~ Tiefe, in die(24)

Tollwut, Hydrophobie(46)

Torpor(26)

Töten, Verlangen zu(32) | *T ~ Frau zu töten; unwiderstehlicher Impuls, eine* | T ~ plötzlicher Impuls zu töten(10) | T ~ Ruhe, in der | T ~ sich selbst zu töten; plötzlicher Impuls(8)

Traurigkeit(477) | T ~ nachmittags(37) | T ~ ängstlich(32) | T ~ Essen - nach(25) | T ~ Husten, nach dem(2)

Traurigkeit - Verdauung, bei der

Unbehagen - Essen, nach dem - Mittagessen, nach dem(4)

Unentschlossenheit(146)

Ungeduld(131) | *U ~ läuft umher, kann weder sitzen noch nachts schlafen*

Unglücklich, bedauernswert; fühlt sich(29)

Unzufrieden(168) | U ~ allem; mit(66)

Vergessen - etwas vergessen; hat ständig das Gefühl, als habe er(5)

Vergeßlich(187) | V ~ Einkauf liegen; geht weg und läßt den(10)

Verwirrung, geistige(321) | V ~ morgens(115) | V ~ abends(78) | V ~ geistige Anstrengung - durch(50) | *V ~ warmen Zimmer, im*(11)

Verzweiflung(137)

GEMÜT ...

Wahnideen(191) | W ~ Fallen - Gehen, beim - wenn sie geht(2) | W ~ geisteskrank - werden; er würde geisteskrank(43) | *W ~ gesund, er sei*(12) | W ~ Joddämpfe ein; bildet sich | *W ~ krank - sein; krank zu*(27) | W ~ nüchtern, wenn(3) | n ~ nachmittags

Wahnideen - Phantasiegebilde, Illusionen(115) | W ~ tot - Personen, sieht tote(59) | W ~ Wasser - von(19)

Weinen(244) | *W ~ angesprochen; wenn - freundlich - Kindern; bei*(2) | W ~ Essen - nach(5)

Zerreißt - Dinge im allgemeinen(21)

Zorn(243) | Z ~ Berührung, bei(5)

TRÄUME

Alpträume, Alpdrücken(144)

Ängstlich(239)

Anstrengung - geistige(51)

Beschmiert sich(4)

Ekelhaft - beschmiert sich selbst mit Exkrementen(4) | E ~ Waten in Exkrementen (Kot)

Erfolglose Anstrengungen - Koitus, beim(2)

Erotisch(196) | E ~ Pollutionen, mit(96)

Erschöpfend(45)

Essen

Exkremente(6) | E ~ beschmiert sich selbst mit Exkrementen(4) | E ~ Waten in Exkrementen (Kot)

Fallen, zu stürzen; zu - Wasser, ins(11) | W ~ Tochter fällt

Gefahr(40)

Gehen - Kot, in | G ~ Ruinen, zwischen(2)

Koitus(9) | K ~ erfolgloser, vergeblicher(2)

Lebhaft(193)

Leichen(42)

Ruhelos(53)

Schwimmen(9)

Unangenehm(87)

Unerinnerlich, bleiben nicht im Gedächtnis(93)

Unfälle(29)

Unglück(64)

Träume ...
Verstorbenen, von(84)
Verworren(122)
Viele(260)
Wasser(49)
Waten - Exkrementen; in

– *Jodoformium* –

iodof.

Gemüt
Delirium(233)
Demenz - paralytica, Dementia(18)
Exzentrizität, Überspanntheit(54)
Froh(182)
Gesten, Gebärden; macht - einem Arm, einem Bein oder dem Kopf; mit(7)
Heftig, vehement - Gewalttaten führt; Raserei, die zu(34)
Manie(149)
Redseligkeit; Geschwätzigkeit(136)
Schreien(133) | S~ Schlaf, im(80)
Suizidneigung; Neigung zum Selbstmord(98) | *S~ stürzt sich - Fenster, aus dem*(21) | s~ Tiefe, in die(24)
Wahnideen - berauscht - gewesen; er sei(4)

Träume
Unfälle(29)
Verworren(122)

– *Ipecacuanha* –

ip.

Gemüt
Abneigung - allem, gegenüber(39)
Abscheu - allgemeiner(42)
Alkoholismus(135)
Angst(362) | A~ morgens(42) | m~ Erwachen, beim(30)
Angst - Erwachen, beim(86) | **A~ Fieber - während**(91) | A~ Schlaf - während(42)
Aphasie - Apoplexie - nach(9)
Argwöhnisch(105)
Auffahren, Zusammenfahren - Schlaf - während(163) | S~ Einschlafen, beim(72)
Beschimpfen, beleidigen, schmähen(67)

Gemüt ...
Beschwerden durch - Entrüstung(8) | B~ Kummer(65) | B~ Verachtung; verachtet zu werden(23) | **B~ Zorn**(94) | Z~ Entrüstung; mit(11) | **Z~ unterdrückten Zorn; durch**(11)
Betäubung(237) | B~ Gehen, beim(5)
Bewußtlosigkeit(280) | *B~ Fieber, im*(50)
Boshaft(99)
Brütet, grübelt(41)
Bulimie - abwechselnd mit - weigert sich zu essen - Geisteskrankheit; bei(4)
Delirium(233)
Denken - Beschwerden - agg.; Denken an seine Beschwerden(71)
Eifersucht(34) | *E~ wertschätzen; möchte, daß andere nichts*
Eigensinnig, starrköpfig, dickköpfig(107)
Empfindlich(192) | *E~ Geräusche, gegen*(149)
Entmutigt(135)
Entrüstung(22)
Ernst(77)
Erschöpfung; geistige(217)
Faulheit(269) | F~ Schläfrigkeit, bei(29)
Feigheit(89)
Fleißig, arbeitsam, Arbeitswut(101) | F~ Menses, vor den(26)
Fluchen(44)
Furcht(242) | F~ morgens(27) | F~ nachts(58) | F~ Fieber - während des Fiebers(6) | F~ Seufzen, mit(2) | F~ Tod; vor dem(143) | T~ Fieberhitze, in der(6)
Furcht - Unglück, vor(93)
Gedächtnis - Gedächtnisschwäche(284)
Gedanken - überlegt(54) | G~ Vergehen, Schwinden der Gedanken(76)
Gedanken versunken, in(90)
Gehen - Freien, im - agg. Gemütssymptome(19)
Geistige Anstrengung - Abneigung gegen(150) | A~ literarische Arbeit(3)
Gesten, Gebärden; macht - Finger - Mund; Kinder stecken die Finger in den(8) | G~ Hände; unwillkürliche Bewegungen der - bedecken - Mund mit den Händen; den(4)

Gemüt ...

Getragen - Verlangen getragen zu werden(31)
Gier, Habsucht(19)
Gleichgültigkeit, Apathie(251) | G~ freudlos(11) | G~ Schläfrigkeit, bei(25) | G~ Vergnügen, gegen(46)
Hast, Eile(112)
Heulen(30)
Hochmütig, arrogant(53)
Hypochondrie(116)
Hysterie(194) | H~ Menses - während(27)
Ideen, Einfälle - Mangel an(102)
Jammern(93)
Kleinigkeiten scheinen wichtig, bedeutend(19)
Kummer - still(23)
Langsamkeit(68)
Lästig, geht auf die Nerven(79)
Launenhaftigkeit, launisch(108) | *L~ weist Dinge zurück, die er haben wollte, sobald er sie bekommt*(13)
Leidenschaftlich(49)
Lustig, fröhlich(123)
Meditieren, Nachdenken(47)
Morphiumsucht(31)
Mürrisch(290) | M~ tagsüber(17) | M~ Fieber - während(12) | M~ Geschäfte nicht schnell vorangehen; wenn
Nachtschwärmerei, Schwelgerei(11)
Redseligkeit; Geschwätzigkeit(136)
Reizbarkeit(408) | R~ tagsüber(32) | R~ Tag und Nacht(7) | R~ Geräusche, durch(21) | R~ Geschäft - in bezug auf das(3) | R~ Hitze - während(31) | R~ Kindern, bei(29)
Ruhelosigkeit(420) | R~ Bett - Herumwerfen im(123) | R~ geschäftig(20) | *R~ Hitze - während*(66) | R~ Kindern, bei(22) | R~ Menses - während(40) | R~ Rückenmarksleiden, bei
Schlemmer(8)
Schreien(133) | S~ beruhigen; schwierig zu | S~ Kindern, bei(38) | K~ Faust im Mund; mit der
Schreien - Konvulsionen - vor(32) | K~ während(31) | *K~ epileptisch*(21)

Gemüt ...

Schreien - Schlaf, im(80)
Schüchternheit, Zaghaftigkeit(113)
Schweigsam(209)
Seelenruhe, Gelassenheit(85) | S~ Zorn, nach
Selbstbetrachtung(58)
Seufzen(98) | S~ Fieberhitze, in der(17) | *S~ Schweiß, beim*(16)
Sitzen - Neigung zu sitzen(110)
Sonderbar, fremd, merkwürdig - Sonderling(11)
Spaßen(52)
Spontan, impulsiv(33)
Spotten(18)
Stilles Wesen(49)
Stimmung, Laune - abweisend, zurückweisend(40) | S~ veränderlich(158)
Stöhnen(119) | S~ Hitze; während der(16) | *S~ Schlaf, im*(62)
Streitsüchtig(136)
Stumpfheit(332)
Tadelsüchtig, kritteliq(80)
Traurigkeit(477) | *T~ Fieberhitze, in der*(55)
Unentschlossenheit(146)
Ungeduld(131) | *U~ Fieberhitze, mit*(10)
Ungeschicklichkeit(41) | U~ fallen, läßt Dinge(26) | U~ stößt gegen Sachen(6)
Unglücklich, bedauernswert; fühlt sich(29)
Unzufrieden(168) | U~ allem; mit(66) | U~ zurückhaltende Unmut, Mißvergnügen(5)
Verächtlich(35) | V~ allem; gegenüber(4)
Vergeßlich(187)
Verlangen, Wunsch nach - voller Verlangen(11) | *v~ unaussprechlichem Verlangen; voll von*(3) | v~ unbestimmt(7)
Verlassen zu sein; Gefühl(56)
Verleumden, Neigung zu(21)
Verwirrung, geistige(321) | V~ abends(78) | V~ Fieberhitze, in der(26)
Vorsichtig(17)
Wahnideen - glücklos, er sei(11)
Weinen(244) | W~ nachts(81) | W~ Fieberhitze, in der(25) | W~ Husten - während(21)

Gemüt ...

Weinen - Kindern; bei - Säuglingen; bei(9) | W~ Konvulsionen - während(27) | W~ Schlaf, im(88) | *W~ Verlangen zu weinen - immer; die ganze Zeit*(16) | *W~ Wimmern, Winseln*(27) | W~ Schlaf, im(28)

Widerspenstig(66)

Widerwillen(39) | W~ allem, vor(22)

Wille - Willensschwäche(58)

Zorn(243) | Z~ Geräusch, bei(2) | Z~ Geschäfte, über | Z~ Kleinigkeiten, über(58)

Zurückhaltend, reserviert(64)

Träume

Ängstlich(239)

Lebhaft(193)

Schrecklich(237)

Unerinnerlich, bleiben nicht im Gedächtnis(93)

Viele(260)

Wecken den Patienten(118)

– *Iridium metallicum* –

irid-met.

Gemüt

Konzentration - schwierig(261)

– *Iris florentina* –

iris-fl.

Gemüt

Delirium(233)

– *Iris foetidissima* –

iris-foe.

Gemüt

Delirium(233)

Fehler; macht - Schreiben, beim(83) | F~ Sprechen, beim(81) | S~ Worte - falsche Worte; benutzt - Seite statt linke und umgekehrt; sagt rechte(5)

Ruhelosigkeit - morgens(22)

Verwirrung, geistige(321) | V~ Stehen, im - amel.

Gemüt ...

Wahnideen - Gegenstände; über - laufen - ineinander

Träume

Dinge - verändernde, sich(18)

Krankheit - Epilepsie(3)

– *Iris tenax* –

iris-t.

Gemüt

Heimweh(52)

Manie(149)

Wahnideen - geisteskrank - werden; er würde geisteskrank(43)

– *Iris versicolor* –

iris

Gemüt

Aktivität; Verlangen nach(38)

Angst - Erwachen, beim(86)

Auffahren, Zusammenfahren - Schlaf - während(163)

Beschwerden durch - geistige Anstrengung(59)

Bewußtlosigkeit - Fieber, im(50)

Delirium(233) | *D~ brummt*(44)

Entmutigt(135)

Erschreckt leicht(125)

Furcht - Armut, vor(20) | F~ Erwachen, beim(54) | F~ Krankheit, vor drohender(66) | F~ Tod; vor dem(143)

Gedächtnis - Gedächtnisschwäche(284)

Gedanken - wandernd - Schreiben, beim(2)

Geistige Anstrengung - agg.(141)

Gesellschaft - Abneigung gegen - allein, wenn - amel.(33)

Konzentration - schwierig(261)

Lachen - Handlungen; über seine eigenen(2)

Murmeln(55)

Mürrisch(290) | M~ tagsüber(17)

Reizbarkeit(408) | R~ tagsüber(32) | R~ morgens - Erwachen, beim(43) | R~ Erwachen, beim(56)

GEMÜT …

Ruhelosigkeit(420) | *R ~ nachts*(249)
Sinne - abgestumpft, stumpf(107)
Stumpfheit(332)
Stupor - Fieber, im(21)
Suizidneigung; Neigung zum Selbstmord - Gedanken an Selbstmord(33) | S ~ Menses - vor
Tadelsüchtig, krittelig(80)
Traurigkeit(477) | T ~ Kopfschmerzen, bei(30) | T ~ Menses - vor(34)
Zorn(243) | Z ~ leicht(37)

TRÄUME

Alpträume, Alpdrücken(144)
Anfall zu haben; einen(3)
Ängstlich(239)
Autopsien - Sezieren von Leichen(5)
Erotisch(196) | *E ~ Pollutionen, mit*(96)
Ersticken(4)
Fallen, zu stürzen; zu - Grab, in ein
Feuer(65)
Gräber(6) | G ~ fallen; in ein Grab zu
Kämpfe(54)
Krankheit - Ersticken(3)
Leichen(42) | L ~ Sezieren von Leichen(5)
Schlangen(21)
Schrecklich(237)
Sezieren - Leichen, von(5)
Unangenehm(87)
Verdrießlich(122)
Verstorbenen, von(84)

– *Itu* –

itu

GEMÜT

Wahnideen - Fallen - Seite hin; auf eine - rechts, nach(3)

– *Jaborandi* –

jab.

Gemüt

Angst(362)
Delirium - nachts(67)
Erregung(287)
Froh - abwechselnd mit - Stumpfheit
Lustig, fröhlich - abwechselnd mit - Stumpfheit(2)
Ruhelosigkeit(420) | R~ abends(51)
Schweigsam(209)
Verwirrung, geistige(321)
Wahnideen - ermorden; er würde - Familie mit einem Beil umbringen; sie werde ihre(2) | W~ Kopf - leicht; der Kopf sei(2)

Träume

Kämpfe(54)
Unfälle(29)
Viele(260)

– *Jacaranda caroba* –

jac-c.

Gemüt

Auffahren, Zusammenfahren - Schreck oder wie durch Schreck; durch(68)
Sitzen - Neigung zu sitzen(110)
Traurigkeit(477)

Träume

Kämpfe(54) | K~ Räubern, mit(5)
Köpfe(2)
Körperteile - Kopf(2)
Leichen(42)
Obst(3)
Räuber(36) | R~ kämpfen; mit Räubern zu(5)
Schrecklich(237)
Stürme(5)

– *Jacaranda gualandai* –

jac-g.

Gemüt

Ruhelosigkeit - nachts(249)

– *Jalapa* –

jal.

Gemüt

Angst(362) | A~ Stuhlgang - während(20)
Mürrisch - nachts(16)
Reizbarkeit - nachts - abwechselnd mit - Fröhlichkeit - tagsüber(6) | R~ Kindern, bei - brav, die ganze Nacht gereizt; den ganzen Tag über
Ruhelosigkeit(420) | R~ nachts(249) | *R~ ängstlich*(111) | *R~ Kindern, bei*(22)
Schreien(133) | S~ nachts(8) | *S~ Kindern, bei*(38)
Weinen - Kindern; bei(22) | K~ Säuglingen; bei(9)
Weinen - Schlaf, im - Kind ist tagsüber brav und ist die ganze Nacht ruhelos und schreit

Träume

Ängstlich(239)
Viele(260)

– *Jasminum officinale* –

jasm.

Gemüt

Bewußtlosigkeit(280)
Hilflosigkeit, Gefühl der(13)

– *Jatropha curcas* –

jatr-c.

Gemüt

Abscheu - allgemeiner(42)
Angst(362) | A~ nachts(119) | A~ Brennen des Magens mit Kälte des Körpers | A~ Stuhlgang - nach(17)
Antworten - kurz angebunden(19)
Betäubung(237)
Bewußtlosigkeit(280) | B~ Schwindel, bei(46)
Delirium(233) | D~ rasend(84)
Ekstase(59)
Furcht(242) | F~ Cholera, vor(7) | F~ Wasser, vor(33)

Gemüt ...

Gleichgültigkeit, Apathie(251) | G~ Schmerz - gegenüber Schmerz(5)
Mürrisch(290) | M~ Erwachen, beim(32)
Qualvolle Angst(121)
Raserei, Tobsucht, Wut(95)
Reizbarkeit(408) | R~ morgens - Erwachen, beim(43) | R~ Erwachen, beim(56)
Ruhelosigkeit(420) | R~ nachts(249)
Schreien - Krämpfe, während der - Abdomen; im(5)
Schweigsam(209)
Verwirrung, geistige(321)

Träume

Ereignisse - gelesene - früher gehört, gelesen, gesprochen oder nachgedacht hat; über die man(15) | E~ zurückliegende, kurz(55)

– *Jatropha urens* –

jatr-u.

Gemüt

Bewußtlosigkeit(280)

– *Juglans cinerea* –

jug-c.

Gemüt

Gedächtnis - Gedächtnisschwäche(284) | G~ gelesen hat; für das, was er(41) | G~ tun wollte; für das, was er gerade(33)
Gesellschaft - Abneigung gegen(156)
Konzentration - schwierig(261)
Ruhelosigkeit - nachmittags(25) | R~ nachts(249)
Stumpfheit(332)
Traurigkeit(477)
Verwirrung, geistige(321)
Zerstreut(166)

Träume

Ängstlich(239)
Indianern zu sein, unter
Lächerlich(15)
Lebhaft(193)
Schrecklich(237)

Träume ...

Verdrießlich(122)

– *Juglans regia* –

jug-r.

Gemüt

Erregung(287) | E~ abends - Bett, im(31) | E~ Wein - wie durch(8)
Faulheit(269)
Gleichgültigkeit, Apathie(251)
Konzentration - schwierig(261)
Mürrisch(290)
Reizbarkeit - abends(60)
Schweigsam(209)
Unzufrieden(168) | U~ abends(8)
Verwirrung, geistige - morgens(115) | V~ Essen - amel.(8)
Wahnideen - berauscht - sei, er(59) | W~ Fliegen(13) | W~ Kopf - schweben | W~ Schwindel - habe; er(8)
Weinen(244)

Träume

Ruhelos(53)
Schrecklich(237)
Viele(260)

– *Juncus effusus* –

junc-e.

Gemüt

Lachen - Schlaf - während(15)
Wahnideen - drehen - sie - würde sich drehen - Kreis, im - Ruhe, in der

Träume

Jagd(5)
Körperteile - Abdomen - Warzen und Geschwüren; bedeckt mit
Krankheit - Geschwüre, Bauch | K~ Warzen - Abdomen
Traurig(46)
Verdrießlich(122)

– *Juniperus virginiana* –

juni-v.

Gemüt

Angst - Schlaf - Halbschlaf am Morgen; im
Antworten - Abneigung zu antworten(67)
Bewußtlosigkeit(280)
Delirium(233) | D ~ Fieber; im(54) | D ~ rasend(84)
Erschreckt leicht(125)
Gedächtnis - Gedächtnisschwäche(284)
Stöhnen(119)
Stumpfheit(332)
Stupor(138)

– *Justicia adhatoda* –

just.

Gemüt

Betäubung(237)

– *Kalium aceticum* –

kali-act.

Gemüt

Angst(362)
Stumpfheit - Drücken im Hypogastrium; durch
Traurigkeit(477)

– *Kalium arsenicosum* –

kali-ar.

Gemüt

Angst(362) | A~ morgens(42) | m~ Erwachen, beim(30)
Angst - abends(87) | a~ Bett, im(54)
Angst - nachts(119) | n~ Erwachen, beim(24)
Angst - Erwachen, beim(86) | *A~ Furcht, mit*(110) | **A~ Gesundheit; um die - eigene Gesundheit; um seine**(57) | A~ grundlos(7) | A~ hypochondrisch(52) | A~ Menschenmenge, in einer(12) | A~ Stuhlgang - vor(24)
Antworten - Abneigung zu antworten(67) | A~ weigert sich zu antworten(32)
Argwöhnisch(105)
Auffahren, Zusammenfahren(117) | A~ Geräusche, durch(60) | A~ Schlaf - während(163) | S~ Einschlafen, beim(72)
Außer sich; ist(51)
Bett - Abneigung gegen das Bett, meidet es(18)
Delirium(233) | *D~ nachts*(67)
Eifersucht(34) | *E~ Traurigkeit, mit*
Empfindlich(192) | E~ Geräusche, gegen(149) | G~ Stimmen, gegen(15)
Erregung(287)
Erschreckt leicht(125) | E~ Kleinigkeiten, über(27)
Faulheit(269)
Furcht(242) | *F~ abends*(51) | *F~ nachts*(58) | F~ allein zu sein(54) | F~ Bett - vor dem(20) | *F~ geschehen; etwas werde*(82) | F~ Herz - Herzerkrankung(23) | F~ Krebs(13) | *F~ Menschen, vor*(81)

Gemüt ...

Furcht - Menschenmenge; in einer(58) | F~ Tod; vor dem(143) | *F~ Unheil; Furcht vor*(115)
Gedächtnis - Gedächtnisschwäche(284)
Gedanken - hartnäckig(83) | h~ nachts(8)
Gedanken - quälend(31) | q~ nachts(5)
Geisteskrankheit, Wahnsinn(153) | G~ benimmt sich wie ein Verrückter(8)
Geistige Anstrengung - agg.(141)
Geschäft - Abneigung gegen(45)
Gesellschaft - Verlangen nach(83)
Gleichgültigkeit, Apathie(251) | G~ allem; gegenüber(71) | G~ Vergnügen, gegen(46)
Hast, Eile(112)
Heftig, vehement - Freunden; gegenüber seinen | H~ Gewalttaten führt; Raserei, die zu(34)
Hysterie(194)
Jammern(93)
Konzentration - schwierig(261)
Launenhaftigkeit, launisch(108)
Mürrisch(290) | M~ morgens - Erwachen, beim(10)
Phantasien - übertrieben(114)
Qualvolle Angst(121)
Reizbarkeit(408) | R~ morgens(69) | m~ Erwachen, beim(43)
Reizbarkeit - Fieberfrost, im(57) | R~ Kopfschmerzen, bei(61)
Ruhelosigkeit(420) | R~ abends(51) | **R~ nachts**(249) | **R~ ängstlich**(111) | *R~ Bett - Herumwerfen im*(123) | R~ Frost - während(23) | R~ Hitze - während(66) | R~ Menses - während(40)
Schreien(133)
Schüchternheit, Zaghaftigkeit(113)
Schweigsam(209)
Sitzen - Neigung zu sitzen(110) | N~ unbeweglich, still(42)
Sprechen - Schlaf, im(93)
Streitsüchtig(136)
Suizidneigung; Neigung zum Selbstmord(98) | S~ Gedanken an Selbstmord(33)
Tadelsüchtig, krittelig(80)

Gemüt ...

Tod - Gedanken an den Tod(54) | T~ Gewißheit des (eigenen) Todes(11) | T~ Vorahnung des Todes(62)
Töten, Verlangen zu(32) | T~ plötzlicher Impuls zu töten(10)
Traurigkeit(477) | T~ abends(76) | T~ allein - wenn(24) | *T~ Eifersucht mit Traurigkeit* | T~ Fieberhitze, in der(55)
Traurigkeit - periodisch(10) | p~ Tag - dritten Tag; jeden
Unentschlossenheit(146)
Ungeduld(131)
Unzufrieden(168)
Verwirrung, geistige(321) | V~ morgens(115) | V~ abends(78)
Verzweiflung(137) | V~ Genesung, in bezug auf die(44)
Wahnideen - Bilder, Phantome; sieht(76) | B~ schreckliche(60)
Wahnideen - Herz - Herzerkrankung - habe eine; er(5) | W~ Hören - Einbildung; etwas zu hören(44) | W~ Phantasiegebilde, Illusionen(115) | W~ tot - Personen, sieht tote(59) | W~ vergrößert(42) | v~ Kopf sei(15)
Weinen(244) | W~ nachts(81) | W~ grundlos(30) | W~ Schlaf, im(88)
Zorn(243)

Träume

Alpträume, Alpdrücken(144)
Ängstlich(239)
Erotisch(196)
Feuer(65)
Lebhaft(193)
Phantastisch(55)
Schrecklich(237)
Tod(64)
Unglück(64)
Verstorbenen, von(84)

– *Kalium bichromicum* –

kali-bi.

Gemüt

Abscheu - allgemeiner(42) | A~ Leben, vor dem(84)
Alkoholismus(135)
Angst(362) | A~ nachts(119) | A~ Erwachen, beim(86) | *A~ Gewissensangst*(75) | A~ Menses - vor(22)
Argwöhnisch(105)
Auffahren, Zusammenfahren - abends - Einschlafen, beim(19) | A~ Schlaf - während(163) | S~ durch(124) | S~ Einschlafen, beim(72)
Beschäftigung - amel.(48)
Betäubung(237)
Bewußtlosigkeit(280) | *B~ epileptischem Anfall, nach*(5)
Delirium(233) | *D~ manisch*(47) | *D~ Wahnideen, mit*(18)
Delirium tremens - Wahnideen, mit(7)
Eigensinnig, starrköpfig, dickköpfig(107)
Empfindlich(192)
Entmutigt(135)
Erkennt - nicht; erkennt - Verwandten nicht; erkennt seine eigenen(28)
Erregung(287)
Essen - beim - amel. der Gemütssymptome(6)
Farben - blau - Verlangen nach - hellblau(9) | F~ weiß - Verlangen nach(15)
Faulheit(269) | *F~ körperlich*(23)
Froh(182)
Furcht - Dunkelheit, vor der(40) | F~ Geisteskrankheit(74) | F~ Männern, vor(30) | F~ Menschen, vor(81) | F~ Menschenmenge; in einer(58) | F~ Menses - vor(12) | F~ Tod; vor dem - Menses - vor(6) | *F~ vergiftet - werden; Furcht, vergiftet zu*(23)
Gedächtnis - Gedächtnisschwäche(284) | G~ Termine, für das Datum; für(12)
Gedanken - Vergehen, Schwinden der Gedanken(76)
Geisteskrankheit, Wahnsinn(153) | *G~ Wochenbett, im*(35)
Geistige Anstrengung - Abneigung gegen(150)
Geschäft - Abneigung gegen(45) | G~ unfähig zu(8)

Gemüt ...

Gesellschaft - Abneigung gegen(156)
Gesten, Gebärden; macht - Hände; unwillkürliche Bewegungen der - bedekken - Mund mit den Händen; den(4) | G~ konvulsivisch(24)
Gleichgültigkeit, Apathie(251) | *G~ Ärger mit Qual im Magen; nach dem geringsten* | G~ äußere - Dinge; gegen(26) | *G~ geschäftliche Angelegenheiten; gegen*(18) | G~ Schmerz - mit Schmerz im Magen und der Präkordialregion
Heftig, vehement(100)
Heikel, pingelig(34)
Imbezillität(140)
Konzentration - schwierig - Studieren(52)
Kummer(76)
Lachen(102)
Langeweile(53)
Langsamkeit(68)
Lebensüberdruß(82)
Lesen - Abneigung gegen Lesen(25)
Manie(149)
Menschenfeindlichkeit, Misanthropie(45)
Mürrisch(290)
Possen, spielt(15)
Reizbarkeit(108) | R~ Essen - nach - amel.(5)
Ruhe - Verlangen nach(21)
Ruhelosigkeit(420) | R~ nachts(249)
Schmollen(41)
Schreien(133) | S~ Konvulsionen - während(31) | K~ zwischen(2) | *K~ epileptisch*(21)
Schüchternheit, Zaghaftigkeit(113)
Schweigsam(209)
Sprache - unzusammenhängend(65) | u~ nachts(3) | u~ Schlaf - im(5) | S~ Einschlafen, beim
Sprechen - Schlaf, im(93) | *S~ sich selbst ; mit*(31)
Streitsüchtig(136)
Stumpfheit(332)
Tod - wünscht sich den Tod, möchte sterben(72)

Gemüt ...

Torpor(26)
Traurigkeit(477) | T~ abends(76) | T~ Ärger, nach(4) | T~ Essen - nach - amel.(6)
Unbehagen(44)
Ungeduld(131)
Vergeßlich(187)
Verwirrung, geistige(321) | V~ nachmittags(33) | V~ nachts - Erwachen, beim(13)
Wahnideen(191) | W~ geisteskrank - werden; er würde geisteskrank(43) | w~ Schmerzen, durch
Wahnideen - tot - Kind sei tot; ihr(2) | *W~ Verbrechen - begangen; er habe ein Verbrechen*(29) | *V~ werde ein Verbrechen begehen*(3)
Wahnideen - vergrößert(42) | W~ Zimmer - drehen; würde sich(6)
Weinen(244)
Zerstreut(166)
Zorn - Kleinigkeiten, über(58)

Träume

Alpträume, Alpdrücken(144) | A~ nachts - Mitternacht - nach - 4 h(2)
Ersticken(4)
Gefahr(40)
Kämpfe(34)
Krankheit - Ersticken(3)
Lebhaft(193) | L~ morgens(5)
Schrecklich(237)
Unangenehm(87)
Viele(260)
Wecken den Patienten(118)

– *Kalium bromatum* –

kali-br.

Gemüt

Abscheu - Leben, vor dem(84)
Alkoholismus(135)
Angesehen zu werden; erträgt es nicht(23)
Angst(362) | **A~ NACHTS - KINDERN, BEI**(15) | *A~ allein, wenn*(17) | *A~ Gesundheit; um die - eigene Gesundheit; um seine - Menopause; in der*(2)

Gemüt ...

Angst - Schreck - nach(12) | A~ verfolgt würde, als ob er(2) | A~ Zahnung, bei der | A~ Zukunft(108)

Antworten - einsilbig(15) | e~ Nein auf alle Fragen(6)

Antworten - langsam(35) | A~ wiederholt erst die Frage(7) | A~ zusammenhangslos(6)

Aphasie(53) | **A~ Amnesie, mit**(3) | *A~ Apoplexie - nach*(9)

Argwöhnisch(105)

Auffahren, Zusammenfahren(117) | *A~ Schlaf - während*(163) | S~ durch(124)

Auffahren, Zusammenfahren - Schreck oder wie durch Schreck; durch(68)

Beschäftigung - amel.(48)

Beschwerden durch - Ansehens; Verlust des(2) | *B~ Erregung - Gefühle, der*(87) | B~ Erwartungsspannung(68) | B~ geistige Anstrengung(59) | B~ geschäftlichen Mißerfolg; durch(13) | B~ Kummer(65) | *B~ Schreck*(72) | B~ sexuell - Erregung(6) | s~ Exzesse(59)

Beschwerden durch - Sorgen, Kummer(14) | *B~ Tod von geliebten Personen - Kindes, eines*(11) | B~ Verlegenheit(13) | B~ Zorn(94)

Betäubung(237)

Bewußtlosigkeit(280) | *B~ Alkohol, durch*(5) | B~ Erwachen - nach(4) | B~ Fieber, im(50) | B~ partiell, teilweise bei Bewußtsein(13) | *B~ Schwindel, bei*(46)

Blicken - alle Richtungen; in | B~ um sich; blickt(2)

Delirium(233) | D~ brummt(44) | D~ erotisch(12) | D~ Schlaflosigkeit - mit(45) | *D~ wild*(21)

Delirium tremens(84)

Erkennt - nicht; erkennt - Freunde nicht, erkennt | n~ Verwandten nicht; erkennt seine eigenen(28)

Erregung(287) | E~ nachts(40) | *E~ abwechselnd mit - Bewußtlosigkeit* | *a~ Schläfrigkeit*

Erschöpfung; geistige(217)

Gemüt ...

Erschreckt leicht(125) | E~ Erwachen, beim(41)

Faulheit(269)

Fehler; macht - Orte; in bezug auf(32) | *F~ Schreiben, beim*(83) | S~ läßt etwas aus - Buchstaben(18) | l~ Silben(7) | l~ Worte(14)

Fehler; macht - Schreiben, beim - wiederholt Worte(6) | F~ Sprechen, beim(81) | S~ Worte - dreht Worte um(9) | *W~ falsche Worte; benutzt*(53) | *f~ entgegengesetzte Worte, z.B. heiß statt kalt*(2)

Fehler; macht - Sprechen, beim - Worte - stellt Worte an die falsche Stelle(46)

Fleißig, arbeitsam, Arbeitswut(101)

Fliehen, versucht zu(61)

Froh(182)

Furcht(242) | F~ allein zu sein(54) | a~ Dunkelheit; in der(3)

Furcht - angesprochen, wenn(2) | F~ Apoplexie, vor(36) | F~ Auffahren, mit(10) | F~ Dunkelheit, vor der(40) | *F~ Ecken vorbei zu gehen; Furcht, an bestimmten*(2) | F~ Erwachen, beim(54) | *F~ Geisteskrankheit*(74) | *F~ geschehen; etwas werde*(82) | *F~ Gespenstern, vor*(32) | *F~ Klavier sitzt; wenn er am*(2) | F~ Menschen, vor(81) | F~ Menses - vor(12) | F~ Prüfungen durch das Schicksal; vor(6) | *F~ Traurigkeit, mit*(8) | *F~ Unrechtem, falschem; vor etwas* | *F~ vergiftet - werden; Furcht, vergiftet zu*(23) | *F~ Zerstörung von allem in ihrer Nähe; vor drohender*

Gedächtnis - Gedächtnisschwäche(284) | *G~ auszudrücken, sich*(41) | G~ Eigennamen; für(44) | G~ Namen; für - eigenen Namen; für den(6) | G~ Termine, für das Datum; für(12) | *G~ Worte, für*(61)

Gedanken - sexuell(21) | G~ wandernd(72)

Geisteskrankheit, Wahnsinn(153) | G~ erotisch(31) | *e~ Menses - nach*

GEMÜT ...

Geisteskrankheit, Wahnsinn - geschäftig(5) | G~ Lähmung, mit(4) | *G~ Melancholie*(17) | *G~ religiös*(19) | G~ Wochenbett, im(35)

Geistige Anstrengung - agg.(141) | *a~ unmöglich*(130)

Geistige Anstrengung - amel.(15)

Geschäft - Abneigung gegen(45)

Geschäftig(45) | G~ fruchtlos, ergebnislos(14)

Gesellschaft - Abneigung gegen(156) | A~ Furcht vor dem Alleinsein; jedoch(12)

Gesellschaft - Verlangen nach(83)

Gesten, Gebärden; macht - Finger - spielt mit den Fingern(12) | F~ zupft an den Fingern(8)

Gesten, Gebärden; macht - Hände; unwillkürliche Bewegungen der(23) | H~ ringt die Hände(14) | *H~ zupft - Bettwäsche; an der*(36)

Gesten, Gebärden; macht - heftig(9)

Gleichgültigkeit, Apathie(251) | G~ Epilepsie, bei(3)

Hilflosigkeit, Gefühl der(13) | H~ nachmittags

Hochgefühl(97)

Hypochondrie(116)

Hysterie - Schlaflosigkeit, mit(5)

Ideen, Einfälle - Mangel an(102) | I~ Reichtum an, Klarheit des Geistes(125)

Imbezillität(140)

Jammern(93)

Kindisches Benehmen(52)

Klagen - Menopause, in der

Konzentration - schwierig(261)

Kummer(76)

Langsamkeit(68)

Laszív, lüstern(77)

Lebensüberdruß(82)

Manie(149) | M~ wild(2)

Menopause agg.(18)

Moralischem Empfinden; Mangel an(48)

Murmeln - Schlaf, im(18)

Mürrisch(290)

Musik - Unterricht geben; kann keinen Musik-

GEMÜT ...

Nymphomanie(67) | N~ Menses - während(7) | N~ Wochenbett, im(6)

Phantasien - lasziv(46) | P~ lebhaft(31) | P~ übertrieben(114)

Reizbarkeit(408) | *R~ Kummer, durch*(3) | *R~ Schlaflosigkeit, mit*(9) | R~ Traurigkeit, mit(20)

Religiös - Gemütsstörungen, religiöse(63) | R~ Mangel an religiösem Empfinden(12) | *R~ Melancholie*(21)

Reue(63)

Ruhelosigkeit(420) | R~ tagsüber(9) | R~ morgens(22) | *R~ nachts*(249) | *R~ bewegen - muß sich ständig*(18) | R~ Frauen, bei(7) | *R~ Menopause, in der*

Satyriasis(26)

Schlafwandeln(56)

Schmollen(41)

Schreiben - unleserlich, schreibt(3)

Schreien(133) | *S~ Cri encéphalique*(29) | *S~ Erwachen - beim*(27) | S~ Kindern, bei(38) | *S~ Konvulsionen - vor*(32) | *S~ Schlaf, im*(80)

Schüchternheit, Zaghaftigkeit(113) | S~ schamhaft(58)

Seelenruhe, Gelassenheit(85)

Sinne - abgestumpft, stumpf(107)

Sinnlichkeit(24)

Sitzen - Neigung zu sitzen - Bett zu sitzen und möchte sich nicht hinlegen; im

Sorgen, voller(50)

Sprache - affektiert, manieriert, unnatürlich(22) | *S~ langsam*(59) | S~ unsinnig(29) | S~ unzusammenhängend(65) | S~ zögernd(22)

Stöhnen(119) | *S~ Schicksal, über sein* | *S~ Schlaf, im*(62) | *S~ Zähneknirschen, mit*

Stumpfheit(332) | **S~ Pollutionen - mit** | S~ versteht Fragen nur nachdem sie wiederholt werden(9)

Stupor(138) | *S~ betrunken; wie*(5) | S~ Fieber, im(21)

GEMÜT ...

Suizidneigung; Neigung zum Selbstmord(98) | S ~ Auto zu werfen; sich vor ein(3) | S ~ Gedanken an Selbstmord(33) | S ~ überfahren lassen; will sich(5)

Tadelt - sich selbst(36)

Tod - Gefühl von(25) | T ~ wünscht sich den Tod, möchte sterben(72)

Torpor(26)

Traurigkeit(477) | *T ~ ängstlich*(32) | **T ~ Impotenz, mit**(5) | *T ~ Menopause, in der*(25)

Traurigkeit - Pollutionen, durch(23)

Unbeständigkeit(45)

Unentschlossenheit(146)

Untröstlich(30)

Vergeßlich(187) | *V ~ morgens - Erwachen, beim*(3) | V ~ Erwachen, beim(8) | V ~ Masturbation, nach(3) | V ~ sexuellen Exzessen, nach(6) | *V ~ Worte beim Sprechen; vergißt*(52)

Verlassen zu sein; Gefühl(56)

Verwirrung, geistige(321) | V ~ Erwachen, beim(71) | V ~ Identität; in bezug auf seine(21)

Verzweiflung(137) | V ~ Genesung, in bezug auf die(44)

Wahnideen(191) | W ~ bedrückend(2) | W ~ Beine - Bürgersteig verteilt; Beine seien über den ganzen | W ~ berauscht - sei, er(59) | W ~ beschimpft worden; er sei(16) | b ~ Hotelgäste, durch

Wahnideen - betrunken - sei betrunken, er(23) | W ~ Bilder, Phantome; sieht(76) | *B ~ nachts*(40) | *B ~ schreckliche*(60)

Wahnideen - Boden - nachgeben; würde unter seinen Füßen(7) | W ~ Diebe - angeklagt; er sei des Diebstahls | W ~ eingesperrt werden; er solle(10) | W ~ erlebt - schon einmal erlebt zu haben; glaubt alles | W ~ ermorden; er würde - Ehemann und Kinder ermorden; sie werde | e ~ Familie mit einem Beil umbringen; sie werde ihre(2)

GEMÜT ...

Wahnideen - ermordet - er würde ermordet - werden; er würde ermordet werden(21) | W ~ Fallen - Bruder würde vor ihren Augen über Bord fallen; ihr | W ~ Frauen - unzüchtigen Frauen seien ins Haus seiner Mutter eingedrungen | W ~ Gefahr, Empfindung von(6) | G ~ Familie, von seiner

Wahnideen - geisteskrank - werden; er würde geisteskrank(43) | W ~ Geld - eingenäht; sei in der Kleidung | *W ~ Gespenster, Geister, Gestalten - sieht*(55) | W ~ Gewalt, von | **W ~ Gott - Rache; er sei das Objekt der göttlichen** | W ~ groß - Teile des Körpers scheinen zu groß - als würden sie wachsen, größer werden | W ~ Hören - Einbildung; etwas zu hören(44) | W ~ Leben - bedroht, in Gefahr; das Leben sei | W ~ leer - um einen herum und unter einem Leere im Stehen | **W ~ Melancholie**(6) | W ~ nachgestellt - ihm würde nachgestellt(28) | W ~ Orte, Plätze - kann nicht an einen bestimmten Ort vorbei; er(2) | *W ~ Phantasiegebilde, Illusionen*(115) | W ~ Polizist - kommen; er sieht einen Polizisten ins Haus(3) | W ~ Reichtum, von(12) | *W ~ religiös*(17) | W ~ schweben - Luft, in der(45) | *W ~ Stimmen - hört*(37) | W ~ Teufel - er sei ein Teufel(6) | W ~ tot - Kind sei tot; ihr(2) | *t ~ Personen, sieht tote*(59)

Wahnideen - Verbrechen - begangen; er habe ein Verbrechen(29) | V ~ werde ein Verbrechen begehen(3)

Wahnideen - verdammt; er sei(23) | W ~ verfolgt - Bestehlen eines Freundes; wegen | v ~ Feinden, von(30) | *v ~ Polizei, von der*(10)

Wahnideen - verfolgt; er würde(23) | W ~ vergiftet - er - würde vergiftet werden; er(6) | W ~ verkehrt - etwas sei verkehrt(2) | *W ~ verlassen ; er sei*(21) | W ~ Verletzung - worden; er sei verletzt(10)

Gemüt ...

Wahnideen - Verschwörungen - gegen ihren Vater; die Rechnungen des Hauswirtes seien Verschwörungen | W~ Verstand - verlieren, verrückt werden; er werde seinen Verstand(5) | W~ Visionen, hat(76) | *V~ schrecklich*(27)

Wahnideen - vorbeigehen - nicht ohne zu stürzen an einem bestimmten Punkt vorbei; er könne(2) | *W~ Zerstörung aller Menschen in ihrer Umgebung; von drohender*

Wandern - Verlangen zu wandern(15)

Weinen(244) | W~ grundlos(30) | *W~ leicht*(16) | **W~ plötzlich**(5) | W~ unwillkürlich(35)

Wille - Willensschwäche(58)

Zerstreut(166)

Zorn(243)

Träume

Alpträume, Alpdrücken(144)

Erotisch(196) | *E~ Pollutionen, mit*(96)

Schrecklich(237)

Verworren(122)

Viele(260)

Kalium carbonicum – *kali-c.*

Gemüt

Abneigung - Ehemann; gegen ihren(9) | A~ Familienmitglieder; gegen(19)

Abscheu - allgemeiner(42) | A~ Arbeit, vor der(21)

Albernes Benehmen(65)

Alkoholismus(135)

Anarchist(4)

Angst(362) | A~ abends(87) | a~ Bett, im(54)

Angst - nachts(119) | n~ Mitternacht - vor(36) | M~ nach - 2 h(4)

Angst - allein, wenn(17) | A~ Aufstoßen - amel.(3) | A~ Bett - im Bett(49) | *A~ Erwachen, beim*(86) | A~ Essen - nach(39) | A~ Fieber - während(91) | A~ Frost - nach(3) | A~ Frühstück - nach(2)

Gemüt ...

Angst - Furcht, mit(110) | A~ Gesundheit; um die - eigene Gesundheit; um seine(57) | A~ Haus, im(15) | *A~ hungrig, wenn*(2) | *A~ hypochondrisch*(52) | *A~ Kinder - bei Kindern*(7) | A~ Koitus - nach(2) | A~ Krampf - während - Magen, im | A~ Liegen - Seite, auf der(4) | S~ rechts; durch Flatulenz

Angst - Menses - während(33) | *A~ Schlaf - während*(42) | A~ Stuhlgang - vor(24) | *S~ nach*(17) | n~ blutig

Angst - Zukunft(108)

Auffahren, Zusammenfahren(117) | **A~ Berührung, bei**(10) | *A~ Erwachen, beim*(11) | **A~ GERÄUSCHE, DURCH**(60) | **A~ LEICHT**(52) | **A~ Schlaf - während**(163) | *S~ durch*(124) | *S~ Einschlafen, beim*(72)

Auffahren, Zusammenfahren - Schreck oder wie durch Schreck; durch(68)

Außer sich; ist(51)

Berührt zu werden; Abneigung(46) | **B~ Kitzeligkeit**(3)

Beschwerden durch - Enttäuschung(17) | B~ Erregung - Gefühle, der(87) | B~ Erwartungsspannung(68) | *B~ geistige Anstrengung*(59) | B~ Liebe; enttäuschte(31) | B~ schlechte Nachrichten(34) | B~ Schreck(72) | *B~ sexuell - Exzesse*(59)

Betäubung(237) | *B~ Kopf; durch Blutandrang zum mit Blutandrang zum*

Bewußtlosigkeit(280) | B~ morgens(45) | B~ Frost - während(15) | B~ Husten - durch Husten | B~ plötzlich(12) | *B~ Schwindel, bei*(46) | B~ vorübergehend(24)

Bitten(7)

Boshaft(99)

Chaotisch(44)

Delirium(233) | *D~ nachts*(67) | D~ Konvulsionen - nach(5) | D~ Sopor, mit(3)

Eifersucht(34)

Eigensinnig, starrköpfig, dickköpfig(107)

GEMÜT ...

Empfindlich(192) | E~ nachts | E~ Farben, gegen(2) | **E~ Geräusche, gegen**(149) | *G~ Stimmen, gegen*(15)

Entmutigt(135)

Ermahnungen - agg.(7)

Erregung(287) | E~ agg.(41) | E~ abwechselnd mit - Erschöpfung, geistige | E~ Hitze - während der Hitze; Erregung(23) | E~ hungrig, wenn | E~ schlechten Nachrichten, nach(18)

Erschöpfung; geistige(217) | E~ nachts(4)

Erschreckt leicht(125) | *E~ Berührung, durch*(2) | *E~ Erwachen, beim*(41) | **E~ Kleinigkeiten, über**(27)

Exzentrizität, Überspanntheit(54)

Faulheit(269) | *F~ Essen, nach dem*(25) | F~ neue Ideen, Gedanken; mit Abneigung gegen(5)

Fehler; macht - Schreiben, beim(83) | *F~ Sprechen, beim*(81) | S~ Worte - falsche Worte; benutzt(53) | W~ stellt Worte an die falsche Stelle(46)

Feigheit(89)

Furcht(242) | *F~ abends*(51) | *a~ Bett, im*(8)

Furcht - nachts(58) | n~ Mitternacht - 3 h(2)

Furcht - allein zu sein(54) | a~ abends(6) | *a~ aus Furcht - sterben; zu*(6)

Furcht - Arbeit; vor der(32) | F~ Armut, vor(20) | *F~ berührt zu werden*(38) | F~ Bett - vor dem(20) | F~ Einsamkeit, vor(15) | F~ engen Räumen; in(33) | F~ Erwachen, beim(54) | F~ Essen - nach dem Essen; Furcht(14) | F~ fallen, zu stürzen; zu(28) | F~ Geräusche, durch(40) | F~ geschehen; etwas werde(82) | F~ Gespenstern, vor(32) | *F~ Kleinigkeiten, vor*(10) | **F~ Krankheit, vor drohender**(66) | K~ unheilbar zu sein(42)

Furcht - Liegen im Bett(3) | *F~ Magen - aufsteigend vom*(15) | *F~ Menschen, vor*(81) | F~ Menschenmenge; in einer(58) | F~ Schwindsucht, vor(6) | F~ Stuhlgang - nach(4)

GEMÜT ...

Furcht - Tod; vor dem(143) | *T~ allein, wenn*(7) | a~ abends im Bett(4)

Furcht - Unheil; Furcht vor(115) | F~ verletzt zu werden(6) | F~ Vögel(7) | V~ eingebildeten Vögeln; fürchtet sich vor

Gedächtnis - Gedächtnisschwäche(284) | *G~ auszudrücken, sich*(41) | G~ Geschäfte, für(13) | *G~ Worte, für*(61)

Gedanken - Gedankenandrang, einstürmende Gedanken, Gedankenfluß(78) | *G~ abends - Bett, im*(17) | *G~ nachts*(31) | G~ Schlaflosigkeit, durch(23)

Gedanken - hartnäckig(83) | h~ abends(5) | h~ nachts(8) | h~ allein, wenn(3) | h~ Liegen, beim(4) | h~ unangenehmen Themen verfolgt; von(9)

Gedanken - quälend - abends(3) | q~ nachts(5)

Gedanken - Vergehen, Schwinden der Gedanken(76)

Gedanken versunken, in(90)

Geistesabwesend(71)

Geisteskrankheit, Wahnsinn(153) | G~ Angst, mit(7) | G~ Wochenbett, im(35)

Geistige Anstrengung - agg.(141) | G~ Abneigung gegen(150)

Geschäft - Abneigung gegen(45)

Gesellschaft - Abneigung gegen(156) | **G~ Verlangen nach**(83) | V~ abends(8) | *V~ allein; agg. wenn*(48) | V~ amel. in Gesellschaft(18) | *V~ behandelt diejenigen, die sich ihm nähern schrecklich*

Gespräche - agg.(45)

Gesten, Gebärden; macht - stampft mit den Füßen - Schlaf; im(4)

Getragen - Verlangen getragen zu werden(31)

Gewissenhaft, peinlich genau in bezug auf Kleinigkeiten(58)

Gleichgültigkeit, Apathie(251) | G~ Geld zu verdienen(5) | G~ Gesellschaft - in(9) | G~ Vergnügen, gegen(46)

Haß(28)

Hast, Eile(112) | *H~ Beschäftigung, bei*(15) | H~ Bewegungen im(23)

GEMÜT ...

Hast - Essen - beim(23) | *H~ geistiger Anstrengung; bei*(8)
Heftig, vehement(100)
Hoffnung, voller(13) | H~ abwechselnd mit - Entmutigung(5) | a~ Schüchternheit | a~ Traurigkeit(3) | a~ Verzweiflung(3)
Hypochondrie(116) | H~ eingebildete Krankheit(4) | H~ Weinen, mit(8)
Hysterie(194) | H~ Menses - vor(16)
Ideen, Einfälle - Reichtum an, Klarheit des Geistes(125) | R~ abends - Bett, im(14) | R~ nachts(26)
Imbezillität(140)
Indiskretion, Taktlosigkeit(30)
Kleptomanie(27)
Konzentration - schwierig(261) | s~ Kopfschmerzen, mit(3) | s~ Studieren(52)
Lästig, geht auf die Nerven(79)
Launenhaftigkeit, launisch(108)
Leidenschaftlich(49)
Lustig, fröhlich(123)
Manie(149)
Mathematik - Unfähigkeit zur(5) | U~ rechnen; kann nicht(16)
Menschenfeindlichkeit, Misanthropie(45)
Menses - vor; Gemütssymptome(18)
Milde(80)
Mürrisch(290) | M~ morgens - Bett, im(16) | M~ nachmittags(30) | M~ abends(31) | M~ abwechselnd mit - Fröhlichkeit, Frohsinn(23) | M~ Erwachen, beim(32) | M~ Essen, nach dem(21) | M~ Schläfrigkeit, bei(9)
Musik - agg.(40) | *a~ Geigenspiel*(3) | a~ Klavierspiel, durch(8)
Nachtschwärmerei, Schwelgerei(11)
Neue Ideen, Einfälle - Abneigung gegen(5)
Nymphomanie - Menses - vor(6) | M~ während(7)
Optimistisch - Schwäche; trotz der(2)
Pflicht - zu viel Pflichtgefühl(3)
Phantasien - übertrieben(114) | *ü~ abends - Bett, im*(28)

GEMÜT ...

Phantasien - übertrieben - nachts(40) | ü~ Schlaflosigkeit, mit(41)
Qualvolle Angst(121) | *Q~ Hitze - während der Hitze; qualvolle Angst*(3)
Raserei, Tobsucht, Wut(95) | R~ morgens im Bett
Reizbarkeit(408) | R~ morgens(69) | *m~ Erwachen, beim*(43)
Reizbarkeit - mittags(9) | *R~ abends*(60) | *R~ Erwachen, beim*(56) | *R~ Essen - nach*(26) | R~ Freien, im(12) | R~ Geräusche, durch(21) | *R~ Koitus - nach*(26) | R~ Kopfschmerzen, bei(61) | R~ Menses - vor(17) | M~ während(42)
Reizbarkeit - Traurigkeit, mit(20) | R~ Trost - agg.(21)
Ruhelosigkeit(420) | R~ nachts(249) | **R~ ängstlich**(111) | R~ Aufstoßen, durch ungenügendes | R~ Hunger, mit | R~ Kindern, bei(22) | K~ nachts | K~ Herumtragen der Kinder amel.(5)
Ruhelosigkeit - Menses - vor(16) | M~ während(40) | M~ unterdrückten, bei(9)
Ruhelosigkeit - Schmerzen, durch(19)
Schaukeln - amel.(13)
Schlafwandeln(56)
Schlagen(42) | *S~ eingebildete Objekte ein; schlägt um sich auf*(14)
Schließen der Augen amel.(2)
Schmollen(41)
Schreiben - Schwierigkeiten, die Gedanken im Schreiben auszudrücken(12)
Schreien(133) | S~ Berührung, bei(9) | *S~ eingebildeten Erscheinungen, wegen* | S~ Hilfe, um(6) | H~ Schlaf; im(3)
Schreien - Kleinigkeiten, über(2) | S~ muß; hat das Gefühl, als ob sie schreien(20) | *S~ plötzlich*(5) | S~ Schlaf, im(80) | S~ Wahnideen - durch(5)
Schüchternheit, Zaghaftigkeit(113) | S~ abends - Bett - im | *S~ nachts*(3)
Schweigsam(209) | S~ abends(5)
Selbstkontrolle - erhöht(4)
Selbstvertrauen - Mangel an Selbstvertrauen(86)
Singen(59)

Gemüt ...

Sinne - abgestumpft, stumpf(107) | S ~ Vergehen, Schwinden der(51)
Sitzen - Neigung zu sitzen(110)
Sorgen, voller - abends(2)
Sprache - hastig(44) | S ~ unsinnig - Auffahren im Schlaf; beim | S ~ unzusammenhängend(65)
Sprechen - anderer agg.; das Sprechen(46) | **S ~ Schlaf, im**(93) | S ~ schweift von einem Thema zum anderen(47)
Still sein, seine Ruhe haben; möchte - Fieberfrost, im(3)
Stimmung, Laune - abweisend, zurückweisend(40) | *S ~ veränderlich*(158) | v ~ Meinungen, in seinen(6)
Stimmung, Laune - wechselnd, wechselhaft(80)
Stöhnen(119) | **S ~ nachts - 3 h**
Streitsüchtig(136) | S ~ Familie, mit ihrer(4) | S ~ sich selbst, mit(2)
Stumpfheit(332) | S ~ morgens(54) | m ~ Erwachen, beim(26)
Stumpfheit - abends(29) | S ~ Herzklopfen, mit | S ~ Schließen der Augen; beim - amel. | S ~ Sprechen, beim(4)
Stupor(138) | S ~ morgens(36)
Tadelsüchtig, krittelig(80)
Tod - Gedanken an den Tod(54) | T ~ Vorahnung des Todes(62)
Traurigkeit(477) | T ~ morgens(71) | m ~ Erwachen - beim(21)
Traurigkeit - abends(76) | a ~ amel.(15) | a ~ Bett, im(8)
Traurigkeit - nachts - Bett, im(8) | T ~ allein - wenn(24) | T ~ Anstrengung, nach - Freien, im | T ~ Erwachen, beim(24) | *T ~ Freien, im*(12) | T ~ Gehen - Freien, im(14) | T ~ Kopfschmerzen, bei(30)
Trost - agg.(39)
Unaufmerksam(23)
Unbehagen(44)
Unbesonnen(82)
Unentschlossenheit(146)
Ungeduld(131) | U ~ Kinder; gegenüber seinen
Ungeschicklichkeit(41)

Gemüt ...

Ungestüm(31)
Unglücklich, bedauernswert; fühlt sich(29)
Unzufrieden(168) | U ~ allem; mit(66) | U ~ sich selbst, mit(36)
Vergeßlich(187) | V ~ Worte beim Sprechen; vergißt(52)
Verlangen, Wunsch nach - voller Verlangen - unaussprechlichem Verlangen; voll von(3)
Verlassen zu sein; Gefühl(56)
Verweilt - vergangenen unangenehmen Ereignissen; bei - nachts(13)
Verwirrung, geistige(321) | V ~ morgens(115) | m ~ Aufstehen - und nach dem Aufstehen(37)
Verwirrung, geistige - nachmittags(33) | V ~ abends(78) | V ~ Aufstehen - nach(12) | V ~ berauscht - wie(47) | b ~ wie nach einem Rausch(35)
Verwirrung, geistige - Erwachen, beim(71) | V ~ Fieberfrost, im(20) | V ~ Gehen(37) | V ~ Schlaf; nach - langem Schlaf | V ~ Sitzen, im(33)
Verzweiflung - Genesung, in bezug auf die(44)
Wahnideen(191) | W ~ Tag und Nacht(3) | W ~ nachts(36) | W ~ Abgrund - hinter ihm | W ~ berauscht - gewesen; er sei(4) | b ~ sei, er(59)
Wahnideen - Bett - sinken - Bett würde sinken; das(13) | W ~ Bilder, Phantome; sieht(76) | B ~ nachts(40) | B ~ schreckliche(60)
Wahnideen - Diebe - sieht(21) | W ~ ermordet - er würde ermordet - werden; er würde ermordet werden(21) | W ~ Gedanken - vergehen - seien vergangen; Gedanken | v ~ würden; als ob die Gedanken plötzlich vergehen(2)
Wahnideen - Gesichter, sieht(26) | *G ~ häßliche*(17)
Wahnideen - Gespenster, Geister, Gestalten - sieht(55) | W ~ Gestalten - Schlaf, im | G ~ sieht(33)

GEMÜT ...

Wahnideen - Hals sei zu groß; der äußere | *W~ hohl - Körper sei hohl; der ganze*(3) | *W~ krank - sein; krank zu*(27) | W~ lebhaft(26) | W~ leer - hinter - Herumdrehen; Leere hinter einem beim | W~ Liegen - hinlegen; als könnte sie sich hinlegen(3) | W~ Masken - sieht(3) | W~ Menschen - sieht(29) | W~ Ohnmacht fallen; er werde(19) | W~ Phantasiegebilde, Illusionen(115) | P~ Fieberfrost, im(4)

Wahnideen - ruft - jemand(9) | W~ Schwindel - beginnt - Magen aus, vom | W~ sterben - gleich sterben; glaubt, er würde(57) | g~ hinlegen und sterben; sie müsse sich

Wahnideen - Tauben würden im Zimmer umherfliegen, die er zu fangen versucht | W~ Teufel - sieht(19) | *W~ tot - Personen, sieht tote*(59) | W~ Ungeziefer - sieht Ungeziefer herumkriechen(13) | W~ Unglück(4) | W~ versinken, er würde(21) | W~ Visionen, hat(76) | W~ Vogel - sieht(3) | W~ Wasser - von(19) | W~ Würmer - kriechenden Würmern, von(10)

Weinen(244) | W~ abends(29) | W~ nachts(81) | *W~ Angst, nach*(23) | *W~ Ermahnung, durch*(11) | *W~ erzählt - Krankheit erzählt; wenn sie von ihrer*(10) | W~ Fieberfrost - im(25) | W~ grundlos(30) | g~ ohne zu wissen warum(6)

Weinen - Kindern; bei(22) | *W~ Kopfschmerzen, mit*(9) | *W~ Schlaf, im*(88) | W~ Schluchzen; Weinen mit(34) | W~ Schmerzen - während den Schmerzen(23) | W~ traurig - Gedanken, bei traurigen(7) | W~ Trost - agg.(22) | W~ Verlangen zu weinen - immer; die ganze Zeit(16) | *W~ Vorhaltungen gemacht werden; wenn ihm*(8)

Widerspenstig(66)

Widerstreit mit sich selbst(6)

Widerwillen(39)

Wille - Willensschwäche(58)

GEMÜT ...

Zerstreut(166)

Zorn(243) | *Z~ morgens*(12) | *m~ Erwachen, beim*(13)

Zorn - nachmittags(5) | *Z~ abends*(20) | Z~ abwechselnd mit - Milde(2) | a~ Seelenruhe; Gelassenheit(2)

Zorn - abwesende Personen; beim Denken an(4) | Z~ Erwachen, beim(16) | *Z~ heftig*(72) | Z~ Mittagessen, beim

Zweifelt - Genesung; an der(31)

TRÄUME

Alpträume, Alpdrücken(144) | A~ nachts - Mitternacht - vor(2)

Angenehm(136)

Ängstlich(239) | Ä~ Menses - während(9)

Aufruhr(12)

Ereignisse - zurückliegende, kurz(55) | z~ Vortag, vom(41)

Erotisch(196) | E~ Koitus, nach | *E~ Menses - vor*(2) | *E~ Pollutionen, mit*(96)

Ersticken(4)

Ertrinken(19)

Fallen, zu stürzen; zu(60) | F~ Höhe herab, von einer(29)

Feuer(65) | F~ Kirche brennt, die

Fische(3)

Gefahr(40)

Geschäft(40) | G~ Tage, vom(39)

Geschlagen zu werden(3)

Gespenster(38)

Hochgelegene Orte - Herunterfallen, Hinabstürzen von(29)

Kämpfe(54)

Kinder - geschlagen, werden(3)

Krankheit(43)

Lebhaft(193)

Leichen(42)

Masken(3)

Phantastisch(55)

Prophetisch - Tod voraus; sagt den(2)

Räuber(36)

Rufen(2) | R~ Hilfe, um(2)

Ruhelos(53)

Schlangen(21)

Schrecklich(237) | S~ allein, wenn

Stein liege auf ihm; ein

Träume ...
Streitigkeiten(69) | S~ toten Verwandten, mit
Teufel(8)
Tod(64) | T~ steht bevor(5)
Trinkgelage(11)
Unfälle(29) | U~ Ertrinken(19)
Unglück(64)
Unwichtig(46)
Vater(6)
Verstorbenen, von(84) | V~ Verwandte(8)
Viele(260) | V~ stürmen auf ihn ein, drängen sich auf(4)
Visionär(45)
Wasser(49)
Wecken den Patienten(118)
Weinen(14)

– Kalium chloricum –

kali-chl.

Gemüt
Abscheu - Leben, vor dem - abends(6)
Angst(362) | A~ hypochondrisch(52) | A~ Nasenbluten amel.
Beschwerden durch - Streit, Streitigkeiten(9)
Betäubung(237) | B~ Bier; durch
Bewußtlosigkeit(280) | B~ Wein; nach
Delirium - Konvulsionen - nach(5)
Froh(182) | *F~ abwechselnd mit - Traurigkeit*(57)
Geisteskrankheit, Wahnsinn(153)
Gleichgültigkeit, Apathie(251) | G~ abends(5) | G~ Fieberfrost, im(10)
Hypochondrie(116) | H~ Nasenbluten amel.
Lebensüberdruß(82) | L~ abends(7)
Mürrisch(290) | M~ abwechselnd mit - Fröhlichkeit, Frohsinn(23) | M~ Nasenbluten amel.
Reizbarkeit(408)
Ruhelosigkeit(420)
Schreien - Schmerzen, bei den - Abdomen
Streitsüchtig(136)
Stumpfheit(332)

Gemüt ...
Suizidneigung; Neigung zum Selbstmord - abends(7)
Tod - wünscht sich den Tod, möchte sterben - Fieberfrost, im(2)
Traurigkeit(477) | T~ abends(76) | T~ Frost - während(37)
Unbehagen(44)
Ungeschicklichkeit(41)
Verwirrung, geistige - Gehen - Freien, im(14) | V~ Wein, nach(11)
Weinen(244) | W~ abends(29)
Zorn(243) | Z~ heftig(72)

Träume
Alpträume, Alpdrücken(144)
Ängstlich(239)
Ereignisse - zurückliegende, kurz(55) | z~ Vortag, vom(41)
Erotisch(196) | E~ Pollutionen, mit(96)
Geschäft - Tage, vom(39)
Krankheit - Fieber(2)
Prophetisch - Tod voraus; sagt den(2)
Tod(64) | T~ steht bevor(5) | T~ Sterben - er stirbt(14)
Verdrießlich(122)
Wecken den Patienten(118)

– Kalium chlorosum –

kali-chls.

Gemüt
Bewußtlosigkeit(280)

– Kalium cyanatum –

kali-cy.

Gemüt
Betäubung(237)
Bewußtlosigkeit(280)
Delirium - brummt(44) | D~ geschäftig(10)
Faulheit(269)
Froh(182)
Furcht - Apoplexie, vor(36)
Gedächtnis - Gedächtnisschwäche(284)
Milde(80)
Reizbarkeit - abwesenden Personen, mit(4)

Gemüt ...
Ruhelosigkeit(420)
Seufzen(98)
Spaßen(52)
Sprache - langsam(59) | S~ undeutlich(24)
Stöhnen(119)
Tadelsüchtig, krittelig(80)
Verwirrung, geistige - nachmittags(33)
Wahnideen - Gegenstände; über - Bewegung in(7)
Zorn(243) | Z~ abwesende Personen; beim Denken an(4)

Träume
Angenehm(136)
Aufregend(14)
Lebhaft(193)
Schrecklich(237)
Verworren(122)
Viele(260)

– *Kalium ferrocyanatum* –
kali-fcy.

Gemüt
Aphasie(53)
Furcht - Fötus werde sterben; der(3) | F~ Tod; vor dem(143)
Traurigkeit(477)
Weinen(244)

Träume
Erotisch(196)

Kalium fluoratum –
kali-f.

Gemüt
Reizbarkeit(408)

– *Kalium iodatum* –
kali-i.

Gemüt
Abneigung - Kinder; gegen - geliebten Kinder werden ihm plötzlich zur Last; seine
Alkoholismus(135)

Gemüt ...
Angst(362) | A~ abends(87) | A~ Bewegung - agg.(16) | B~ amel.(12)
Angst - Erregung, durch(7) | A~ Furcht, mit(110) | *A~ Gehen - Freien, im - amel.*(7) | *A~ Gesicht - rotem Gesicht, mit*(4) | A~ Menses - während(33) | *A~ Schlaf - während*(42) | *S~ Menses - nach*(6)
Angst - Stuhlgang - nach(17)
Auffahren, Zusammenfahren(117) | A~ abends - Schlaf, im(3) | A~ nachts - Mitternacht im Schlaf; um - vor(6) | *A~ Geräusche, durch*(60) | A~ leicht(52) | A~ Schlaf - während(163) | S~ durch(124)
Auffahren, Zusammenfahren - Schläfrigkeit, bei(13) | A~ Träumen, in - aus einem Traum(35)
Berührt zu werden; Abneigung(46)
Beschimpfen, beleidigen, schmähen(67) | B~ Kinder - bei Kindern
BESCHWERDEN DURCH - GEISTIGE ANSTRENGUNG(59)
Betäubung(237) | B~ redselig(2) | B~ Ruhelosigkeit, mit(3)
Bewußtlosigkeit(280)
Boshaft(99) | **B~ Traurigkeit, bei**
Delirium(233) | *D~ rasend*(84)
Demenz(33) | *D~ Syphilitikern, von*(5)
Eigensinnig, starrköpfig, dickköpfig(107)
Empfindlich(192) | E~ Geräusche, gegen(149)
Entmutigt(135)
Erregung(287) | E~ Wein - wie durch(8)
Erschöpfung; geistige(217) | E~ Bewegung amel.
Erschreckt leicht(125) | E~ Kleinigkeiten, über(27)
Farben - grün - amel. - hellgrün - Hemd und schwarze Hosen; ein hellgrünes
Furcht(242) | F~ abends(51) | a~ Dämmerung(8)
Furcht - Ersticken, vor dem(24) | F~ Menschen, vor(81) | F~ Tagesanbruch; vor dem | *F~ Tod; vor dem*(143)

Gemüt ...

Furcht - Traurigkeit, mit(8) | F~ Unglück, vor(93) | **F~ Unheil; Furcht vor**(115)
Gedächtnis - Gedächtnisschwäche(284)
Gedanken - hartnäckig(83)
Gefühllos, hartherzig - Familie, gegen seine
Geisteskrankheit, Wahnsinn(153) | G~ anfallsweise(10)
Geistige Anstrengung - Abneigung gegen(150)
Geschäft - Abneigung gegen(45)
Geschäftig(45)
Gesellschaft - Abneigung gegen(156)
Gleichgültigkeit, Apathie - Kinder, gegen ihre(7)
Grausamkeit, Unmenschlichkeit(30)
Hartherzig, unerbittlich(20) | H~ Familie, gegenüber seiner
Haß(28)
Heftig, vehement(100)
Hochmütig, arrogant(53)
Jammern(93)
Klagen(64)
Konzentration - schwierig(261)
Kurz angebunden, barsch - schroff(13)
Langeweile(53)
Leidenschaftlich(49)
Manie(149) | M~ nachts(2)
Mürrisch(290)
Qualvolle Angst(121)
Redseligkeit; Geschwätzigkeit(136) | R~ fröhlich, ausgelassen(9) | R~ Spaßen, mit(3)
Reizbarkeit(408) | R~ abwechselnd mit - Weinen(3) | R~ Essen - nach(26) | R~ Kindern; gegenüber(2) | **R~ Traurigkeit, mit**(20)
Ruhelosigkeit(420) | R~ nachts(249) | R~ ängstlich(111) | R~ Hitze - während(66) | R~ Kopfschmerzen, bei(31) | R~ treibt umher(41)
Schreien - Cri encéphalique(29) | S~ Hydrozephalus, bei(7)
Spaßen(52)

Gemüt ...

Sprache - affektiert, manieriert, unnatürlich(22)
Stöhnen(119)
Streitsüchtig(136) | S~ Familie, mit ihrer(4)
Stumpfheit(332)
Stupor(138)
Traurigkeit(477)
Ungestüm(31)
Vergeßlich(187)
Verwirrung, geistige(321)
Verzweiflung(137)
Wahnideen - berauscht - sei, er - erregt, und | W~ erregt, wie - berauscht, und
Weinen(244) | W~ abends(29) | W~ nachts(81) | **W~ ängstlich**(5) | **W~ Angst, nach**(23) | W~ Erwachen, beim(36) | W~ Schlaf, im(88) | W~ Schluchzen; Weinen mit - Schlaf, im(3) | W~ Unheil drohen würde; als ob
Widerwillen(39) | W~ allem, vor(22)
Zorn(243) | Z~ heftig(72)

Träume

Alpträume, Alpdrücken(144)
Angenehm(136)
Ängstlich(239)
Ermordet - werden, zu(17)
Fallen, zu stürzen; zu(60)
Gefahr(40)
Mord(53)
Schrecklich(237)
Unerinnerlich, bleiben nicht im Gedächtnis(93)
Wecken den Patienten(118)

– *Kalium muriaticum* –

kali-m.

Gemüt

Abscheu - Leben, vor dem(84)
Angst(362) | A~ abends(87) | a~ Bett, im(54)
Angst - nachts(119) | A~ Kleinigkeiten, um(23) | A~ Zukunft(108)
Aphasie(53)

Gemüt ...

Bewußtlosigkeit(280) | B~ Gehirnes; bei Erkrankungen des | B~ Meningitis, bei(10)

Delirium(233) | D~ nachts(67) | *D~ Konvulsionen - vor*(3) | *K~ während*(12)

Eigensinnig, starrköpfig, dickköpfig(107)

Entmutigt(135)

Erregung(287)

Essen - weigert sich zu(26)

Furcht - Unheil; Furcht vor(115)

Geisteskrankheit, Wahnsinn(153)

Gleichgültigkeit, Apathie(251) | *G~ sexuelle Leidenschaft verringert* | G~ Vergnügen, gegen(46)

Imbezillität(140)

Langsamkeit(68)

Manie(149)

Reizbarkeit(408) | R~ abends(60)

Ruhelosigkeit(420)

Schweigsam(209)

Sitzen - Neigung zu sitzen - steif; ziemlich(7) | N~ unbeweglich, still(42)

Sprechen - Schlaf, im(93)

Stöhnen(119)

Stumpfheit(332)

Traurigkeit(477)

Unentschlossenheit(146)

Unzufrieden(168)

Wahnideen - essen - darf nicht essen; sie | W~ verhungern - er müsse

Zorn(243) | Z~ abends(20) | Z~ Kleinigkeiten, über(58)

Träume

Angenehm(136)

Ängstlich(239) | *Ä~ nachts - Mitternacht - nach - Morgen, gegen*(2)

Ereignisse - zurückliegende, kurz(55)

Erotisch(196) | *E~ Pollutionen, mit*(96)

Lebhaft(193)

Schrecklich(237)

Tod(64)

Unglück(64)

Verdrießlich(122)

– Kalium nitricum –

kali-n.

Gemüt

Angst(362) | A~ nachmittags(32) | n~ abends; bis(4)

Angst - abends(87) | a~ Bett, im(54)

Angst - nachts(119) | A~ Bett - im Bett(49) | A~ Blutandrang - Brust; Angst durch Blutandrang zur(2) | A~ Furcht, mit(110) | A~ Kopfschmerzen, mit(18)

Auffahren, Zusammenfahren - Schlaf - während(163) | *A~ Träumen, in - aus einem Traum*(35)

Außer sich; ist(51)

Beleidigt, leicht(79)

Betäubung(237)

Bewußtlosigkeit(280) | B~ morgens(45)

Delirium(233)

Denken - Abneigung gegen(46) | A~ morgens(2)

Empfindlich(192)

Entmutigt(135)

Erregung - Wein - nach - ein Glas

Faulheit(269) | F~ morgens(51)

Feigheit(89)

Furcht(242) | *F~ Tod; vor dem*(143) | T~ Schweiß, beim

Gedächtnis - Gedächtnisschwäche(284) | G~ gesagt hat; für das, was er(29)

Gedanken - Gedankenandrang, einstürmende Gedanken, Gedankenfluß(78) | G~ nachts(31) | G~ Schlaflosigkeit, durch(23)

Gedanken - überlegt(54)

Geistige Anstrengung - Abneigung gegen(150) | A~ morgens(2)

Gleichgültigkeit, Apathie(251) | *G~ Langeweile, mit*(11)

Hochgefühl(97)

Ideen, Einfälle - Reichtum an, Klarheit des Geistes(125)

Langeweile(53)

Lästig, geht auf die Nerven(79)

Liebe - Perversität(5)

Meditieren, Nachdenken(47)

Mürrisch(290)

GEMÜT ...

Phantasien - Erwachen, beim(9) | P~ übertrieben - nachts(40) | P~ übertrieben - Schlaflosigkeit, mit(41)
Reizbarkeit(408)
Ruhelosigkeit(420) | R~ nachts(249) | R~ ängstlich(111) | R~ Bett - Herumwerfen im(123)
Schmollen(41)
Schreien - Schmerzen, bei den(25)
Schüchternheit, Zaghaftigkeit(113)
Selbstvertrauen - Mangel an Selbstvertrauen(86)
Sorgen, voller(50)
Stumpfheit(332) | S~ morgens(54) | m~ Erwachen, beim(26)
Stupor(138) | S~ morgens(36)
Tod - Gefühl von(25) | T~ Vorahnung des Todes(62)
Traurigkeit(477) | T~ allein - wenn(24)
Unzufrieden(168)
Vergeßlich(187) | V~ Erwachen, beim(8)
Verwirrung, geistige(321) | V~ morgens(115) | V~ abends(78) | V~ berauscht - wie(47) | b~ wie nach einem Rausch(35)
Verwirrung, geistige - Erwachen, beim(71)
Verzweiflung(137)
Wahnideen - Fallen - hinten, nach(6) | W~ Feuer - Visionen von(34) | W~ Holz - er sei aus Holz(2) | W~ Wasser - von(19)
Waschen - Abneigung gegen Waschen und Baden(16)
Weinen(244) | W~ Musik; durch(14)
Zerstreut - vormittags - 11-16 h
Zorn(243)

TRÄUME

Alpträume, Alpdrücken(144)
Angenehm(136)
Ängstlich(239)
Anstrengung - geistige(51)
Dinge - wachsen(2)
Ekelhaft(32) | E~ schmutzige Wäsche(2)
Erfinderisch; einfallsreich(4)
Erotisch(196)

TRÄUME...

Fallen, zu stürzen; zu(60) | F~ Höhe herab, von einer(29)
Feuer(65)
Gefahr(40) | G~ Wasser, Überschwemmungen; durch(10)
Geschlagen zu werden(3)
Hochgelegene Orte - Herunterfallen, Hinabstürzen von(29)
Intellektuell(23)
Kämpfe(54)
Kinder(8) | K~ geschlagen, werden(3)
Körper - magert ab(2)
Körperteile - Gesicht - geschwollen | K~ Penis - bricht ab | K~ Wange - geschwollen | K~ Zähne - brechen ab(4)
Krankheit(43) | K~ Schwellung - Gesicht | S~ Wange
Krankheit - Vergiftung(5) | K~ Zähne - Abbrechen(4)
Lebhaft(193)
Männer - folgen ihr, um sie zu vergewaltigen(3)
Phantastisch(55)
Reisen(48)
Ruhelos(53)
Schmutzig - Wäsche(2)
Schnee(4)
Schrecklich(237)
Streitigkeiten(69)
Tod(64) | T~ Freundes, eines(9)
Unglück(64)
Unwichtig(46)
Urinieren - Harndrang(3)
Verdrießlich(122)
Verfolgt zu werden - Mann, von einem - vergewaltigen; um sie zu(3)
Vergewaltigung - verfolgt zu werden, um vergewaltigt zu werden(3)
Vergiftet zu werden - selbst; durch sich
Verstorbenen, von(84)
Viele(260)
Visionär(45)
Wasser(49)
Wecken den Patienten(118)
Zähne - brechen ab(5)
Zorn(58)

– Kalium oxalicum –
kali-ox.

Gemüt

Geisteskrankheit, Wahnsinn(153)
Weinen(244)

– Kalium permanganatum –
kali-perm.

Gemüt

Morphiumsucht(31)
Ruhelosigkeit(420)

– Kalium phosphoricum –
kali-p.

Gemüt

Abneigung - Ehemann; gegen ihren(9) | A~ Familienmitglieder; gegen(19)
Abscheu - Leben, vor dem(84)
Angesprochen zu werden - Abneigung(63)
Angst(362) | A~ abends(87) | a~ Bett, im(54)
Angst - nachts(119) | *n~ Kindern, bei*(15)
Angst - Erwachen, beim(86) | A~ Essen - nach(39) | *A~ Furcht, mit*(110) | A~ Gesundheit; um die - eigene Gesundheit; um seine(57) | A~ hypochondrisch(52) | A~ Seelenheil, um das(35) | A~ Zukunft(108)
Antworten - Abneigung zu antworten(67)
Aphasie(53)
Argwöhnisch(105)
Auffahren, Zusammenfahren(117) | *A~ Berührung, bei*(10) | *A~ Geräusche, durch*(60) | **A~ leicht**(52) | A~ Schlaf - während(163) | **A~ Schreck oder wie durch Schreck; durch**(68)
Beschwerden durch - Angst(9) | *B~ Erregung - Gefühle, der*(87) | *B~ Erwartungsspannung*(68) | B~ Furcht(27) | *B~ geistige Anstrengung*(59) | B~ Kummer(65) | B~ schlechte Nachrichten(34) | B~ Schock; seelischen(23) | B~ sexuell - Erregung(6) | s~ Exzesse(59)

Gemüt ...

Beschwerden durch - Sorgen, Kummer(14) | *B~ Zorn*(94)
Betäubung(237)
Brütet, grübelt(41)
Delirium(233) | D~ nachts(67) | D~ ruhig(23)
Delirium tremens(84) | D~ Schlaflosigkeit, mit(5)
Eigensinnig, starrköpfig, dickköpfig(107)
Empfindlich(192) | *E~ Geräusche, gegen*(149) | G~ Menses, während
Empfindlich - Kinder(13) | *E~ Licht, gegen*(15) | *E~ Pubertät, in der*(12)
Entmutigt(135)
Erkennt - nicht; erkennt - Umgebung nicht; erkennt die(4)
Erregung(287) | E~ amel.(7) | E~ agg.(41) | E~ geistige Anstrengung; durch(5) | *E~ nervös*(23) | E~ schlechten Nachrichten, nach(18)
Erschöpfung; geistige(217)
Erschreckt leicht(125)
Erwartungsspannung - Lampenfieber(14)
Essen - weigert sich zu(26)
Faulheit(269)
Fehler; macht - Orte; in bezug auf(32) | *F~ Schreiben, beim*(83) | F~ Sprechen, beim(81) | S~ Worte - stellt Worte an die falsche Stelle(46)
Feigheit(89)
Furcht(242) | F~ abends(51) | *F~ Alkoholikern; bei* | *F~ allein zu sein*(54) | F~ Arbeit; vor der(32) | *F~ Diarrhoe - durch*(6) | F~ geschehen; etwas werde(82) | F~ Kindern, bei - nachts(3) | F~ Krankheit, vor drohender(66) | F~ Lebensüberdruß, mit(5) | F~ Menschen, vor(81) | F~ Menschenmenge; in einer(58) | *F~ offenen Plätzen; Furcht vor*(17) | F~ Räubern, vor(25) | F~ Tod; vor dem(143) | F~ Unglück, vor(93) | F~ Unheil; Furcht vor(115)
Gedächtnis - gut, aktiv(91) | *g~ vergangene Ereignisse, für - verfolgt von vergangenen Ereignissen, an die er sich aber erinnern will*

GEMÜT ...

Gedächtnis - Gedächtnisschwäche(284) | G~ auszudrücken, sich(41) | *G~ Worte, für*(61)

Gedanken - lächerlich(5) | G~ Vergehen, Schwinden der Gedanken(76)

Gehalten - Verlangen, gehalten zu werden(9)

Geisteskrankheit, Wahnsinn(153) | *G~ Fieberhitze, mit*(8) | *G~ geistige Anstrengung; durch*(5) | G~ Wochenbett, im(35)

Geistige Anstrengung - agg.(141) | a~ Pubertät; agg. durch geistige Anstrengung in der(2) | *a~ unmöglich*(130) | *u~ Wahnsinn zu treiben; seine geistige Unfähigkeit scheint ihn zum*(3)

Geschäftsleute - entkräftete, ausgelaugte Geschäftsleute; geeignet für(3)

Gesellschaft - Abneigung gegen(156) | *G~ Verlangen nach*(83)

Gesten, Gebärden; macht - Finger - Mund; Kinder stecken die Finger in den(8) | *G~ Hände; unwillkürliche Bewegungen der - ringt die Hände*(14) | G~ lächerlich oder albern(19)

Gleichgültigkeit, Apathie(251) | G~ Freude, gegen(4) | G~ geliebte Personen, gegen(17) | G~ geschäftliche Angelegenheiten; gegen(18) | G~ Umgebung, gegen die(16) | G~ Vergnügen, gegen(46) | G~ Verwandte, gegen(12)

Grausamkeit, Unmenschlichkeit(30) | G~ Familie; gegen ihre

Hast, Eile(112) | H~ Beschäftigung, bei(15)

Heftig, vehement(100)

Heimweh(52)

Hypochondrie(116)

Hysterie(194)

Ideen, Einfälle - Reichtum an, Klarheit des Geistes(125)

Imbezillität(140)

Jammern(93)

Konzentration - schwierig(261) | *s~ Studieren*(52)

Kummer(76)

Lachen(102) | L~ abwechselnd mit - Weinen(43)

GEMÜT ...

Lebensüberdruß(82) | *L~ Furcht vor dem Tode; aber*(4)

Lustig, fröhlich(123)

Manie(149)

Milde(80)

Mürrisch(290)

Nymphomanie(67)

Phantasien - übertrieben(114) | P~ versunken in(9)

Reizbarkeit(408) | R~ morgens(69) | m~ Erwachen, beim(43)

Reizbarkeit - abends(60) | *R~ angesprochen, wenn*(26) | R~ Diarrhoe - nach | R~ Erwachen, beim(56) | R~ Kindern, bei(29) | R~ Koitus - nach(26) | R~ Kopfschmerzen, bei(61) | R~ Menses - während(42) | *R~ Schwäche - mit*(2)

Religiös - Gemütsstörungen, religiöse(63) | *R~ Melancholie*(21)

Ruhelosigkeit(420) | *R~ geistige Anstrengung - während*(6) | R~ Kindern, bei - Babies, bei | R~ Menses - während(40)

Schlafwandeln(56)

Schreien(133) | S~ abwechselnd mit - Lachen(6) | *S~ Erwachen - beim*(27) | *S~ Kindern, bei*(38) | *K~ nachts*(6)

Schüchternheit, Zaghaftigkeit(113) | *S~ schamhaft*(58)

Schweigsam(209)

Sentimental, schwärmerisch, rührselig(64)

Seufzen(98) | *S~ Schlaf, im*(10)

Sinne - abgestumpft, stumpf(107) | S~ scharf(52)

Sitzen - Neigung zu sitzen(110)

Sonderbar, fremd, merkwürdig - alles erscheint(16)

Sorgen, voller(50) | S~ Geschäfte, um seine(8)

Sprache - hastig(44) | S~ langsam(59) | S~ unzusammenhängend(65)

Sprechen - Schlaf, im(93) | *S~ schweift von einem Thema zum anderen*(47)

Stimmung, Laune - veränderlich(158)

Stöhnen(119) | S~ Schlaf, im(62)

Streitsüchtig(136) | S~ Familie, mit ihrer(4)

Gemüt ...

Stumpfheit(332) | S~ morgens(54)

Traurigkeit(477) | T~ tagsüber(16) | T~ Tag und Nacht(3) | T~ morgens(71) | m~ Erwachen - beim(21)

Traurigkeit - abends(76) | T~ nachts(21) | *T~ Amenorrhoe, bei*(6) | *T~ Erwachen, beim*(24) | *T~ geistiger Anstrengung, nach*(3)

Traurigkeit - Menses - verzögerte, durch(2)

Trost - agg.(39)

Unentschlossenheit(146)

Ungeduld(131) | U~ Kleinigkeiten, um(7)

Ungestüm(31)

Unzufrieden(168)

Vergeßlich(187) | V~ Worte beim Sprechen; vergißt(52)

Verweilt - vergangenen unangenehmen Ereignissen; bei(46) | v~ nachts(13)

Verwirrung, geistige(321) | V~ morgens(115) | V~ abends(78)

Verzweiflung(137) | *V~ religiöse Verzweiflung am Seelenheil*(30)

Wahnideen(191) | W~ Bilder, Phantome; sieht(76) | B~ schreckliche(60)

Wahnideen - Gestalten - sieht(33) | *W~ Phantasiegebilde, Illusionen*(115) | W~ sonderbar, merkwürdig Vertrautes scheint fremd(38) | W~ tot - Personen, sieht tote(59) | *W~ verdammt; er sei*(23) | W~ verspielt; er habe durch eigenes Verschulden seine Gnadenfrist(9)

Weigert sich - Medizin einzunehmen; die(8)

Weinen(244) | *W~ hysterisch*(9)

Widerspenstig(66)

Zerreißt - Dinge im allgemeinen(21) | *D~ Kleidung - Nachthemd und Bettzeug*(2)

Zerstreut(166)

Zorn(243)

Träume

Alpträume, Alpdrücken(144) | A~ Kindern, bei(3)

Angenehm(136)

Ängstlich(239)

Träume...

Erotisch(196)

Fallen, zu stürzen; zu(60)

Lebhaft(193)

Nacktheit(4)

Schrecklich(237)

Unglück(64)

– *Kalium silicicum* –

kali-sil.

Gemüt

Angst - abends(87) | a~ Bett, im(54)

Angst - nachts(119) | A~ Essen - beim(7) | E~ nach(39)

Angst - Furcht, mit(110) | A~ Gesundheit; um die - eigene Gesundheit; um seine(57) | A~ Kleinigkeiten, um(23) | A~ Menses - während(33)

Auffahren, Zusammenfahren(117) | A~ Berührung, bei(10) | A~ Geräusche, durch(60) | A~ leicht(52) | A~ Schlaf - Einschlafen, beim(72) | A~ Schreck oder wie durch Schreck; durch(68)

Beschwerden durch - sexuell - Exzesse(59)

Eigensinnig, starrköpfig, dickköpfig(107)

Empfindlich - Geräusche, gegen(149)

Entmutigt(135)

Erregung(287)

Erschöpfung; geistige(217)

Erschreckt leicht(125)

Faulheit(269)

Fehler; macht - Schreiben, beim(83) | F~ Sprechen, beim(81) | S~ Worte - falsche Worte; benutzt(53) | W~ stellt Worte an die falsche Stelle(46)

Feigheit(89)

Furcht - Arbeit; vor der(32)

Gedächtnis - Gedächtnisschwäche(284)

Geistige Anstrengung - agg.(141) | G~ Abneigung gegen(150)

Gleichgültigkeit, Apathie(251) | G~ geliebte Personen, gegen(17) | G~ Vergnügen, gegen(46)

Hysterie(194)

Gemüt ...

Imbezillität(140)

Konzentration - schwierig(261) | s~ Studieren(52)

Launenhaftigkeit, launisch(108)

Reizbarkeit(408) | R~ morgens(69) | R~ abends(60) | *R~ Koitus - nach*(26) | R~ Trost - agg.(21)

Ruhelosigkeit(420) | R~ nachts(249)

Schüchternheit, Zaghaftigkeit(113)

Schweigsam(209)

Selbstvertrauen - Mangel an Selbstvertrauen(86)

Sinne - Vergehen, Schwinden der(51)

Sitzen - Neigung zu sitzen(110) | N~ unbeweglich, still(42)

Sprechen - Schlaf, im(93)

Stimmung, Laune - veränderlich(158)

Stumpfheit - morgens - Erwachen, beim(26) | S~ Kindern; bei(21) | S~ Lesen(35) | S~ Schreiben, beim(10)

Traurigkeit - morgens(71)

Trost - agg.(39)

Unbesonnen(82)

Unentschlossenheit(146)

Ungeduld(131)

Unzufrieden(168)

Vergeßlich(187)

Verwirrung, geistige - morgens - Aufstehen | A~ und nach dem Aufstehen(37)

Verwirrung, geistige - abends(78) | *V~ geistige Anstrengung - durch*(50) | V~ Sitzen, im(33)

Wahnideen(191) | W~ Bilder, Phantome; sieht(76) | B~ nachts(40) | B~ schreckliche(60)

Wahnideen - Diebe - sieht(21) | W~ Gespenster, Geister, Gestalten - sieht(55) | W~ Phantasiegebilde, Illusionen(115) | W~ tot - Personen, sieht tote(59)

Weinen(244) | W~ abends(29) | W~ nachts(81) | W~ Schlaf, im(88)

Widerspenstig(66)

Wille - Willensschwäche(58)

Zerstreut(166)

Zorn - Kleinigkeiten, über(58)

Träume

Alpträume, Alpdrücken(144)

Ängstlich(239)

Ereignisse - zurückliegende, kurz(55) | z~ Vortag, vom(41)

Feuer(65)

Gespenster(38)

Lebhaft(193)

Phantastisch(55)

Schrecklich(237)

Tod(64)

Verstorbenen, von(84)

Visionär(45)

Wasser(49)

– *Kalium sulphuricum* –

kali-s.

Gemüt

Angst(362) | A~ abends(87) | a~ Bett, im(54)

Angst - nachts(119) | A~ Erwachen, beim(86) | **A~ Freien, im - amel.**(23) | A~ Furcht, mit(110) | *A~ Gehen - Freien, im - amel.*(7) | **A~ Hitze, durch**(3)

Auffahren, Zusammenfahren(117) | A~ leicht(52) | *A~ Schlaf - während*(163) | S~ Einschlafen, beim(72)

Auffahren, Zusammenfahren - Schreck oder wie durch Schreck; durch(68)

Beschwerden durch - sexuell - Exzesse(59)

Bett - bleiben; möchte im Bett - morgens(7)

Bewußtlosigkeit(280)

Eigensinnig, starrköpfig, dickköpfig(107)

Empfindlich(192) | E~ Geräusche, gegen(149)

Entmutigt(135)

Erregung(287) | E~ abends(32)

Erschreckt leicht(125) | E~ Kleinigkeiten, über(27)

Faulheit(269)

Fehler; macht - Schreiben, beim(83) | F~ Sprechen, beim - Worte - stellt Worte an die falsche Stelle(46)

GEMÜT ...
Furcht(242) | F~ nachts(58) | F~ Arbeit; vor der(32) | F~ fallen, zu stürzen; zu(28) | F~ Geisteskrankheit(74) | F~ Menschen, vor(81) | F~ Tod; vor dem(143) | T~ nachts(8)
Gedächtnis - Gedächtnisschwäche(284) | G~ sagen will; für das, was er gerade(38) | G~ tun wollte; für das, was er gerade(33)
Geistige Anstrengung - agg.(141) | G~ Verlangen nach(65) | G~ Abneigung gegen(150)
Geschäft - Abneigung gegen(45)
Gesellschaft - Abneigung gegen(156)
Gleichgültigkeit, Apathie(251)
Hast, Eile(112)
Hysterie(194) | H~ abends(3)
Ideen, Einfälle - Reichtum an, Klarheit des Geistes(125)
Konzentration - schwierig(261)
QUALVOLLE ANGST - HITZE - DURCH QUALVOLLE ANGST; HITZE
Reizbarkeit(408) | R~ morgens(69) | m~ Erwachen, beim(43)
Reizbarkeit - abends(60) | R~ Menses - während(42)
Ruhelosigkeit(420) | R~ Menses - während(40) | *R~ warm - Bett*(7) | *R~ Zimmer, im*(3)
Schlafwandeln(56)
Schreien(133) | S~ Erwachen - beim(27)
Schüchternheit, Zaghaftigkeit(113)
Schweigsam(209)
Selbstvertrauen - Mangel an Selbstvertrauen(86)
Sprechen - Schlaf, im(93)
Stimmung, Laune - veränderlich(158) | S~ wechselnd, wechselhaft(80)
Stumpfheit(332)
Traurigkeit(477) | T~ morgens(71) | T~ abends(76)
Trost - amel.(12) | T~ agg.(39) | a~ Mitleid, Mitgefühl agg.(15)
Unentschlossenheit(146)
Ungeduld(131)
Ungestüm(31)

GEMÜT ...
Unzufrieden(168) | U~ allem; mit(66)
Vergeßlich(187)
Verwirrung, geistige(321) | V~ morgens(115) | V~ abends(78) | V~ Freien, im - amel.(30) | V~ warmen Zimmer, im(11)
Weinen(244)
Zerstreut(166)
Zorn(243)

TRÄUME
Alpträume, Alpdrücken(144)
Ängstlich(239)
Erotisch - Pollutionen, mit(96)
Gespenster(38)
Krankheit(43)
Lebhaft(193)
Mord(53)
Räuber(36)
Schrecklich(237)
Tod(64)
Unfälle(29)
Unglück(64)
Viele(260)

– Kalium sulphurosum –
kali-sulo.

GEMÜT
Ruhelosigkeit(420)

– Kalium telluricum –
kali-tel.

GEMÜT
Furcht - Krankheit, vor drohender(66)

– Kalmia latifolia –
kalm.

GEMÜT
Angesprochen zu werden - Abneigung(63)
Angst(362) | A~ Zukunft(108)
Delirium(233)
Eigensinnig, starrköpfig, dickköpfig(107)
Erregung - morgens(19)

Gemüt …

Furcht - geschehen; etwas werde(82) | F~ Unheil; Furcht vor(115)
Gedächtnis - Gedächtnisschwäche(284)
Gedanken - schnell(36)
Geistige Anstrengung - agg. - unmöglich(130) | G~ Abneigung gegen(150)
Geschäftig(45)
Konzentration - schwierig(261)
Mürrisch(290) | M~ morgens(42) | M~ abends - und am nächsten Vormittag
Reizbarkeit(408) | R~ morgens(69) | R~ abends(60)
Ruhelosigkeit(420)
Schlafwandeln(56)
Sprechen - anderer agg.; das Sprechen(46) | S~ Schlaf, im(93)
Stumpfheit - Bewegung - agg.(2)
Traurigkeit(477)
Trost - agg.(39)
Vergeßlich(187)
Verwirrung, geistige(321) | V~ abends(78) | V~ Bewegung, durch(16) | V~ Sitzen, im(33)

Träume

Beschäftigt zu sein; sehr(29)
Erotisch(196)
Mord(53)
Phantastisch(55)
Schlangen(21)
Schrecklich(237)
Unangenehm(87)
Wasser(49)
Wild (Emotion)(9)

– *Kerosolenum* –

keroso.

Gemüt

Bewußtlosigkeit(280)
Ekstase(59)
Froh(182)
Lachen(102)
Lebhaft, munter(50)
Trance(6)
Verlassen zu sein; Gefühl(56)

Gemüt …

Wahnideen - schweben - Irrgarten, in einem wogenden

– *Kissingen aqua* –

kiss.

Gemüt

Angst(362)
Auffahren, Zusammenfahren - elektrisch - wie(4)
Brütet, grübelt - Unangenehmes; über
Erschreckt leicht - Kleinigkeiten, über(27)
Faulheit(269)
Fehler; macht - Sprechen, beim(81)
Froh(182)
Gedächtnis - Gedächtnisschwäche - auszudrücken, sich(41)
Gedanken - schrecklich - nachts - Erwachen, beim(3) | G~ unangenehm(21)
Gedanken versunken, in(90)
Geistige Anstrengung - agg. - unmöglich(130)
Klagen(64)
Langeweile(53)
Mürrisch(290)
Nachgiebigkeit(21)
Reizbarkeit(408)
Ruhelosigkeit - nachts(249)
Unentschlossenheit(146)
Verweilt - vergangenen unangenehmen Ereignissen; bei(46)
Weinen(244) | W~ anblickt; wenn man ihn(5)

Träume

Feuer(65)
Mord(53)
Schrecklich(237)
Verdrießlich(122)
Verworren(122)
Viele(260)

– Kola –
kola

GEMÜT
Alkoholismus(135)

– Kreosotum –
kreos.

GEMÜT
Abscheu - Leben, vor dem(84)
Angst(362) | A~ nachts(119) | *A~ Furcht, mit*(110) | A~ Koitus - während | *K~ Gedanken an; durch den - Frauen; Angst bei*
Angst - Menses - während(33)
Auffahren, Zusammenfahren - Schlaf - während(163) | S~ Einschlafen, beim(72)
Auffahren, Zusammenfahren - Schreck oder wie durch Schreck; durch(68)
Beschwerden durch - Erregung - Gefühle, der(87)
Betäubung(237) | B~ Schwindel - während(37)
Bewußtlosigkeit(280) | B~ Schwindel, bei(46)
Eigensinnig, starrköpfig, dickköpfig(107) | E~ Kinder(18)
Empfindlich(192) | *E~ Musik, gegen*(46)
Erregung(287) | *E~ Menses - vor*(11) | M~ während(14)
Erregung - Musik, durch(6)
Feigheit(89)
Fleißig, arbeitsam, Arbeitswut(101) | F~ Menses, vor den(26)
Froh - nachts(17)
Furcht(242) | F~ fasten, zu | *F~ Koitus - Gedanken an Koitus bei einer Frau; beim*(2) | F~ Krankheit, vor drohender(66)
Gedächtnis - Gedächtnisschwäche(284) | G~ Geschäfte, für(13) | G~ tun wollte; für das, was er gerade(33)
Gedanken - Vergehen, Schwinden der Gedanken(76)
Geistesabwesend(71)
Geisteskrankheit, Wahnsinn - Blutung, nach(8)

GEMÜT ...
Geistige Anstrengung - agg. - unmöglich(130)
Gesund - sagt, er sei gesund - krank ist; wenn er sehr(17)
Getragen - Verlangen getragen zu werden(31) | V~ und liebkost zu werden(3)
Herausfordernd(22)
Hypochondrie - abends(5)
Ideen, Einfälle - Mangel an(102) | I~ Reichtum an, Klarheit des Geistes(125)
Lachen(102) | L~ nachts(12) | n~ Mitternacht(2)
Lachen - Schlaf - während(15)
Langsamkeit(68)
Lästig, geht auf die Nerven(79)
Launenhaftigkeit, launisch(108) | L~ weist Dinge zurück, die er haben wollte, sobald er sie bekommt(13)
Lebensüberdruß(82)
Lustig, fröhlich(123) | L~ nachts(14) | L~ Schlaf; im(10)
Mürrisch(290) | M~ tagsüber(17) | M~ morgens(42) | M~ vormittags - 10 - 22 h | M~ Fieberfrost, im(13)
Musik - agg.(40) | M~ Ohrenschmerzen durch(5)
Reizbarkeit(408) | R~ tagsüber(32) | R~ morgens(69) | R~ Fieberfrost, im(57) | *R~ Kopfschmerzen, bei*(61) | R~ Menses - vor(17) | M~ während(42)
Reizbarkeit - Zahnung, bei der(6)
Ruhelosigkeit(420) | **R~ abends - 18 - 6 h** | **R~ nachts**(249) | *n~ Mitternacht - nach - 3 h*(8) | n~ 4 h(4)
Ruhelosigkeit - Bett - Herumwerfen im(123) | *R~ bewegen - muß sich ständig*(18) | R~ Frost - während(23) | *R~ Menses - vor*(16)
Schlagen(42)
Schreien(133) | S~ nachts(8) | *S~ Kindern, bei*(38) | K~ Stuhlgang - vor(2) | *S~ während*(3)
Schreien - Schlaf, im(80) | *S~ Zahnung, bei der*(4)

Gemüt ...

Sentimental, schwärmerisch, rührselig(64)
Sinne - Vergehen, Schwinden der(51)
Stöhnen(119) | S~ ständiges Stöhnen und Schnappen nach Luft(4)
Stumpfheit(332) | S~ Schläfrigkeit, bei(30)
Stupor(138)
Suizidneigung; Neigung zum Selbstmord(98)
Tod - wünscht sich den Tod, möchte sterben(72) | *w~ Verzweiflung, aus*
Traurigkeit(477) | T~ morgens(71) | T~ abends(76)
Traurigkeit - Musik - durch(17)
Unbesonnen(82)
Ungeduld(131)
Unglücklich, bedauernswert; fühlt sich(29)
Unzufrieden(168) | U~ allem; mit(66)
Vergeßlich(187) | *V~ Nasenbluten, nach*
Verweilt - vergangenen unangenehmen Ereignissen; bei(46)
Verwirrung, geistige(321)
Verzweiflung(137) | V~ Genesung, in bezug auf die(44)
Wahnideen - Bewegung - alle Teile seien in - Ruhe; in der | W~ Feuer - Visionen von(34) | W~ gesund, er sei(12) | W~ groß gewachsen - Dinge würden größer werden(6) | W~ klein - Körper sei kleiner; der(14) | W~ länger; Dinge scheinen(7)
Weinen(244) | W~ morgens(22) | W~ Gemütsbewegungen; nach geringen(9) | W~ Geräusch, bei(4) | W~ grundlos(30) | W~ Kopfschmerzen, mit(9) | *W~ Musik; durch*(14) | W~ Schlaf, im(88) | W~ unwillkürlich(35) | *W~ Wimmern, Winseln*(27)
Widerspenstig(66)
Wirft mit Gegenständen um sich(20)
Zerstreut(166)
Zorn(243) | Z~ Kleinigkeiten, über(58) | Z~ Menses - während(7) | Z~ wirft mit Gegenständen(12)
Zweifelt - Genesung; an der(31)

Träume

Angenehm(136)
Ängstlich(239)
Dinge - wachsen(2)
Ekelhaft(32) | E~ Schmutz(2) | *E~ schmutzige Wäsche*(2)
Ermordet - werden, zu(17)
Erotisch(196) | E~ Erektionen, mit(27)
Fallen, zu stürzen; zu(60) | *F~ Höhe herab, von einer*(29)
Feuer(65)
Gift genommen zu haben
Hochgelegene Orte - Herunterfallen, Hinabstürzen von(29)
Körper - magert ab(2)
Körperteile - Hals - Verschluß des Halses | K~ Penis - Eichel bricht ab
Krankheit(43) | K~ Abmagerung | *K~ Vergiftung*(5) | K~ Verschluß des Halses
Lachen(4)
Männer - folgen ihr, um sie zu vergewaltigen(3)
Mord(53)
Schmutz(2)
Schmutzig - Wäsche(2)
Schnee(4) | *S~ Schneestürme*
Schrecklich(237)
Unfälle(29)
Unglück(64)
Urinieren(10) | U~ Harndrang(3)
Verdrießlich(122)
Verfolgt zu werden(17) | V~ Mann, von einem - vergewaltigen; um sie zu(3)
Vergewaltigung(4) | V~ verfolgt zu werden, um vergewaltigt zu werden(3)
Vergiftet zu werden(4)
Viele(260)
Wachsende Dinge
Wecken den Patienten(118)
Weinen(14)

– Kresolum –

kres.

Gemüt

Angst(362)
Außer sich; ist - Kleinigkeiten; durch(2)

GEMÜT ...

Ekstase(59)
Erregung(287)
Euphorie(13)
Froh(182)
Furcht(242)
Gedanken - tiefschürfend(8)
Gesten, Gebärden; macht(22)
Gleichgültigkeit, Apathie(251)
Kindisches Benehmen(52)
Küßt - jeden(9)
Manie(149) | M ~ abwechselnd mit - Niedergeschlagenheit(9)
Qualvolle Angst - abends(12)
Redseligkeit; Geschwätzigkeit(136)
Reizbarkeit(408)
Ruhelosigkeit(420) | R ~ treibt umher(41)
Schizophrenie(10) | S ~ Hebephrenie(8)
Sprache - wiederholt immer dasselbe(6)
Traurigkeit(477)
Umarmt - jeden(9)
Vertrauensvoll(5)
Wahnideen - Glocken läuten, hört(5) | W ~ Käfer, Würmer etc.(6)
Zerstreut(166)
Zorn(243)

TRÄUME

Alpträume, Alpdrücken(114)
Ängstlich(239)
Käfer(2)
Wanzen(2)

– *Lac caninum* –

lac-c.

Gemüt

Abscheu - eigenen Person; vor(2) | A ~ Leben, vor dem(84) | A ~ sich selbst; vor

Alkoholismus(135)

Angst(362) | *A ~ Erfolg; Angst durch Zweifel am*(3) | A ~ Gesundheit; um die - eigene Gesundheit; um seine(57)

Auffahren, Zusammenfahren(117)

Ausdauer; hat keine(4)

Beharrlichkeit(16)

Beschimpfen, beleidigen, schmähen(67)

Beschwerden durch - Erwartungsspannung(68) | B ~ Grobheit anderer(13)

Boshaft(99)

Delirium(233) | D ~ ängstlich(24)

Denken - Beschwerden - agg.; Denken an seine Beschwerden(71)

Empfindlich(192) | E ~ äußerliche Eindrücke; gegen alle(21) | *E ~ Geräusche, gegen*(149) | E ~ Licht, gegen(15)

Erregung(287)

Faulheit(269)

Fehler; macht - Schreiben, beim(83) | *S ~ läßt etwas aus - Buchstaben*(18) | S ~ wiederholt Worte(6)

Fehler; macht - Sprechen, beim(81) | S ~ Worte - falsche Worte; benutzt(53) | f ~ Namen; nennt Dinge beim falschen(8) | *f ~ sieht, anstatt des Namens des Gewünschten; benutzt den Namen des Gegenstandes, den er*(6)

Fehler; macht - Sprechen, beim - Worte - stellt Worte an die falsche Stelle(46)

Fluchen(44)

Furcht - tagsüber, nur(5) | F ~ Abwärtsbewegung, vor(10) | *F ~ allein zu sein*(54) | *F ~ Erwachen, beim*(54) | *F ~ fallen, zu stürzen; zu*(28) | f ~ Herabsteigen einer Treppe; beim(2)

Furcht - Geisteskrankheit(74) | *F ~ geschehen; etwas werde*(82) | F ~ Herz - Herzerkrankung(23) | *F ~ Krankheit, vor drohender*(66) | K ~ unheilbar zu sein(42)

Gemüt ...

Furcht - Ohnmacht zu fallen; davor in(6) | *F ~ Pflichten zu vernachlässigen; seine - unfähig werden, ihren Pflichten nachzukommen; sie werde* | F ~ Schlangen, vor(8) | F ~ Schwindsucht, vor(6) | **F ~ Tod; vor dem**(143) | *F ~ Versagen, Mißerfolg; vor dem*(13)

Gedächtnis - Gedächtnisschwäche(284) | G ~ auszudrücken, sich(41) | G ~ gelesen hat; für das, was er(41) | G ~ getan hat; für das, was er eben(34) | *G ~ tun wollte; für das, was er gerade*(33) | G ~ Worte, für(61)

Gedanken - Gedankenandrang, einstürmende Gedanken, Gedankenfluß(78) | G ~ hartnäckig - Liegen, beim(4) | G ~ quälend(31) | G ~ schnell(36) | G ~ schrecklich(11) | s ~ abends - Bett, im

Gedanken - Vergehen, Schwinden der Gedanken(76)

Gesellschaft - Verlangen nach(83) | V ~ allein; agg. wenn(48)

Gleichgültigkeit, Apathie(251)

Grobheit(37)

Haß(28) | H ~ Rachsucht; Haß und(32)

Hysterie(194) | H ~ Koitus - agg. | H ~ Orgasmus; beim Höhepunkt des

Idiotie - schrillem Schreien, mit(3)

Konzentration - schwierig(261)

Kummer - Erwachen; beim(4)

Licht - Verlangen nach(19)

Moralischem Empfinden; Mangel an(48)

Mürrisch(290)

Phantasien - übertrieben(114) | *ü ~ schrecklich*(9)

Raserei, Tobsucht, Wut(95) | *R ~ Widerspruch, durch*(3)

Reizbarkeit(408) | R ~ Tag und Nacht(7) | R ~ nachts - abwechselnd mit - Fröhlichkeit - tagsüber(6) | R ~ Kindern, bei(29) | *R ~ Kopfschmerzen, bei*(61)

Ruhelosigkeit(420) | *R ~ nachts*(249)

Schreiben - Gemeinheiten; schreibt ihren Freunden

Gemüt ...

Schreien(133) | **S ~ Kindern, bei**(38) | *K ~ nachts*(6)

Schreien - Schlaf, im(80)

Selbstvertrauen - Mangel an Selbstvertrauen(86)

Sitzen - Neigung zu sitzen(110)

Sprechen - Schlaf, im(93)

Stimmung, Laune - veränderlich(158) | S ~ wechselnd, wechselhaft(80)

Stumpfheit(332) | S ~ Lesen(35)

Tod - wünscht sich den Tod, möchte sterben(72) | w ~ Rekonvaleszenz, während der(4)

Traurigkeit(477) | T ~ Menses - vor(34)

Traurigkeit - Menses - während(35)

Unbeständigkeit(45)

Unentschlossenheit(146)

Unternimmt - Vieles, hält aber bei nichts durch, bleibt nicht dabei(28)

Unverschämtheit(33)

Unwirklich - alles scheint(14)

Verächtlich - sich selbst gegenüber(5)

Vergeßlich(187) | *V ~ Einkauf liegen; geht weg und läßt den*(10)

Verwirrung, geistige(321)

Verzweiflung - Genesung, in bezug auf die(11)

Wahnideen(191) | *W ~ Augen - großen Augen, von*(3) | W ~ begeistert, wie(2) | W ~ beschimpft worden; er sei(16) | W ~ Bett - berühren; als würde sie im Liegen das Bett nicht(13) | B ~ bewegen; es würde sich(2)

Wahnideen - Bilder, Phantome; sieht(76) | *B ~ schreckliche*(60)

Wahnideen - fürchterlich, entsetzlich; alles erscheint(3) | W ~ geht - gestört gehen; sie würde | g ~ Luft - auf Luft; geht(15)

Wahnideen - geisteskrank - werden; er würde geisteskrank(43) | *W ~ Gesichter, sieht*(26) | **G ~ Dunkelheit, in der**(2) | G ~ häßliche(17) | G ~ verzerrte(2)

Wahnideen - herabsehen, herabblicken; man würde auf sie

Gemüt ...

Wahnideen - Herz - Herzerkrankung - werde eine Herzerkrankung bekommen und sterben; er(4) | W ~ Identität - Fehleinschätzung in bezug auf die eigene(18) | *W ~ Insekten, sieht*(14) | W ~ Körper - außerhalb des Körpers - verrückt werden, wenn sie nicht aus ihrem Körper herauskäme; sie würde | K ~ Stücke - zerfallen; der Körper würde(2)

Wahnideen - krank - sein; krank zu(27) | W ~ Krankheit - ekelhafte, schreckliche Krankheitsmasse; er sei eine | K ~ unheilbare Krankheit; er habe eine(18)

Wahnideen - leicht - sei leicht, er(26) | W ~ Lüge; alles was sie sagt ist eine | W ~ Mäuse - sieht(12) | s ~ Stuhl hervor; laufen unter einem(4)

Wahnideen - Nase - anderem; er habe die Nase von jemand | W ~ Person - andere Person; sie sei eine(8) | W ~ Phantasiegebilde, Illusionen(115) | *W ~ Schlangen - in ihr und um sie herum*(19) | S ~ liegen; sie würde auf einer großen Schlange

Wahnideen - schmutzig - er sei(6) | *W ~ schweben - Luft, in der*(45) | L ~ Geist; wie ein(4)

Wahnideen - schwimmen, er würde - Luft, in der(5) | *W ~ Spinnen, sieht* | W ~ Stimmen - hört(37) | W ~ Tiere(42) | T ~ kriechende

Wahnideen - Ungeheuern, Monstern; von - Stuhl hervorkommen; ein grauenhaftes Monster würde unter seinem | W ~ Ungeziefer - sieht Ungeziefer herumkriechen(13) | W ~ unwirklich - alles erscheint unwirklich(19) | W ~ verachtet, er würde(5) | W ~ vergiftet - er - worden; er sei(16) | W ~ verkleinert - alles sei(6) | v ~ kurz, er sei

Wahnideen - Visionen, hat - tagsüber(5) | V ~ schön(8) | V ~ schrecklich(27) | V ~ Ungeheuern, von(9)

Gemüt ...

Wahnideen - Vogel - sieht(3) | *W~ Wolken - schwarze Wolke würde sie einhüllen; eine schwere*(4)

Waschen - Verlangen zu waschen - Hände; wäscht sich ständig die(11)

Weinen(244) | W~ tagsüber(7) | W~ nachts(81) | W~ Ärger, durch(23) | *W~ Kindern; bei - nachts*(5) | W~ nervös - den ganzen Tag(5) | *W~ plötzlich*(5) | *W~ Stillen, beim*(2) | W~ Zorn - nach(19)

Widerstreit mit sich selbst(6)

Widerwillen(39) | W~ Körper; vor dem eigenen | W~ sich selbst; vor(2)

Zerstreut(166)

Zorn(243) | Z~ abwechselnd mit - Weinen(3)

Zweifelt - Genesung; an der(31)

Träume

Katzen(12)

Krankheit(43)

Lebhaft(193)

Reisen(48)

Schlangen(21)

Teufel(8)

Unangenehm(87)

Ungeziefer(14)

Urinieren(10)

– Lac felinum –

lac-f.

Gemüt

Furcht - Nadeln, vor(10)

– Lac vaccinum defloratum –

lac-d.

Gemüt

Abscheu - Leben, vor dem(84)

Bewußtlosigkeit(280) | *B~ Heben der Arme über den Kopf; beim*(2)

Erschöpfung; geistige(217)

Faulheit(269)

Gemüt ...

Furcht - engen Räumen; in(33) | F~ Erstikken, vor dem(24) | F~ Menschenmenge; in einer(58) | F~ Tür - verschlossen sein; aus Furcht, die Tür könnte

Gedächtnis - Gedächtnisschwäche(284) | G~ gelesen hat; für das, was er(41)

Geistige Anstrengung - Abneigung gegen(150)

Gesellschaft - Abneigung gegen(156) | *A~ Anblick von Menschen; vermeidet den*(15)

Gespräche - amel.(3)

Gewissenhaft, peinlich genau in bezug auf Kleinigkeiten(58)

Gleichgültigkeit, Apathie(251)

Hysterie - Ohnmacht, hysterische(22)

Lebensüberdruß(82)

Reizbarkeit(408)

Ruhelosigkeit(420) | R~ Schlaf - Mangel an Schlaf; durch | *R~ Schlaflosigkeit, durch*(2) | R~ Übelkeit - mit

Schweigsam(209)

Stimmung, Laune - veränderlich(158)

Stöhnen(119)

Suizidneigung; Neigung zum Selbstmord(98) | S~ Gedanken an Selbstmord(33) | G~ denkt über den einfachsten Weg nach, Selbstmord zu begehen

Tod - Gedanken an den Tod(54) | T~ Vorahnung des Todes(62) | *V~ sagt den Zeitpunkt des Todes voraus*(8)

Tod - wünscht sich den Tod, möchte sterben(72)

Traurigkeit(477) | *T~ Gespräch - amel.* | G~ während

Traurigkeit - Menses - vor(34)

Traurigkeit - Menses - während(35)

Unentschlossenheit(146)

Verlassen zu sein; Gefühl(56)

Wahnideen - Gegenstände; über - hochgestoßen; Gegenstände würden von unten in jede Richtung | W~ Kloster gehen müssen; sie würde ins

GEMÜT ...

Wahnideen - sterben - gleich sterben; glaubt, er würde(57) | *W ~ tot - Freunde seien tot und sie müsse in ein Kloster gehen; all ihre*

Weinen(244)

TRÄUME

Reisen(48)

– Lacerta agilis –

lacer.

GEMÜT

Delirium(233)

Fleißig, arbeitsam, Arbeitswut(101)

– Lachesis mutus –

lach.

GEMÜT

Abergläubisch(13)

Abneigung - allem, gegenüber(39) | *A ~ Frauen; gegen*(12) | *A ~ Heirat; gegen*(4)

Abscheu - allgemeiner - Erwachen, beim(3) | A ~ Arbeit, vor der(21) | *A ~ Leben, vor dem*(84) | *L ~ morgens*(3) | *L ~ Angst, mit*

Aktivität; Verlangen nach(38) | *A ~ geistige Aktivität - abends*(8) | *g ~ nachts*(5)

Albernes Benehmen(65)

Alkoholismus(135) | A ~ erblich(2) | A ~ Untätigkeit, Müßiggang; aus(3)

Angst(362) | **A ~ morgens**(42) | **m ~ Erwachen, beim**(30)

Angst - nachts(119) | *A ~ Bewegung - agg.*(16) | A ~ Druck; durch - Brust; auf der(14) | **A ~ Erwachen, beim**(86) | A ~ Essen - nach(39) | *A ~ Fahren oder Reiten, beim*(6) | A ~ Fieber - während(91) | A ~ Freien, im(13) | A ~ Furcht, mit(110) | A ~ Gesundheit; um die - eigene Gesundheit; um seine(57) | *A ~ Gewissensangst*(75) | G ~ Träumen, in(2)

Angst - hypochondrisch(52) | A ~ Menses - während - Zorn und Angst; mit(9)

GEMÜT ...

Angst - Müdigkeit, mit(16) | *A ~ Schlaf - Einschlafen, beim*(13) | **A ~ Seelenheil, um das**(35) | *A ~ Zukunft*(108)

Antworten - diktatorisch(4) | A ~ hastig, überstürzt(11)

Aphasie(53)

Argwöhnisch(105) | *A ~ nachmittags*(2) | *A ~ abends*(2)

Auffahren, Zusammenfahren(117) | A ~ abends - Einschlafen, beim(19) | *A ~ Erwachen, beim*(11) | *E ~ ersticken; als würde er*(3)

Auffahren, Zusammenfahren - Geräusche, durch(60) | *A ~ Schlaf - während*(163) | *S ~ durch*(124) | *S ~ Einschlafen, beim*(72)

Ausdauer; hat keine(4)

Begreifen, Auffassungsvermögen - leicht(38)

Beharrlichkeit(16)

Beißen(35)

Beleidigt, leicht(79)

Berührt zu werden; Abneigung(46)

Beschimpfen, beleidigen, schmähen(67) | **B ~ Ehemann - beschimpft; Ehemann - Ehefrau vor den Kindern und umgekehrt**(5)

Beschwerden durch - Alkoholismus(8) | *B ~ Eifersucht*(8) | *B ~ Enttäuschung*(17) | B ~ Erregung - Gefühle, der(87) | B ~ Erwartungsspannung(68) | *B ~ geistige Anstrengung*(59) | B ~ Ichbezogenheit, Selbstüberhebung(9) | *B ~ Kränkung, Demütigung*(39) | **B ~ Kummer**(65) | *B ~ Liebe; enttäuschte*(31) | B ~ Schicksalsschläge, durch(6) | B ~ schlechte Nachrichten(34) | *B ~ Schreck*(72) | S ~ Menses, während(10)

Beschwerden durch - Tod von geliebten Personen - Kindes, eines(11) | B ~ Uneinigkeit zwischen - Eltern, Freunden(11) | U ~ Vorgesetzten und Untergebenen(9)

Beschwerden durch - Zorn(94)

Bestimmtheit(11)

Betäubung(237) | B ~ Konvulsionen, zwischen den(11) | B ~ Schläfrigkeit, bei(11)

Gemüt ...

Betäubung - warm - Füße warm werden amel.; wenn die

Bett - Abneigung gegen das Bett, meidet es(18)

Bewußtlosigkeit(280) | *B ~ Apoplexie, bei*(15) | B ~ Bewegungen, automatische(26) | B ~ Blicken - oben, nach | *B ~ Entbindung, während der*(8) | *B ~ Fieber, im*(50) | *B ~ Frost - vor*(2) | **B ~ Gemütsbewegungen, nach**(13) | B ~ Heben der Arme über den Kopf; beim(2) | **B ~ Menses - während**(13) | *M ~ nach*(4)

Bewußtlosigkeit - Schwindel, bei(46) | B ~ Sonnenstich, bei(7) | **B ~ Trance, wie in**(3) | *B ~ warmen Zimmer, im*(6)

Boshaft(99) | B ~ gemeine, böse Streiche; spielen ihren Mitschülern oder Lehrern - Schüler, Schuljunge(2) | B ~ Träumen, in

Brütet, grübelt(41)

Chaotisch - ordentlich machen; kann nichts(2)

Delirium(233) | *D ~ mittags - 12 - 0 h* | D ~ abends(10) | **D ~ nachts**(67) | *D ~ anhaltend*(4) | *D ~ antwortet - barsch*(4) | D ~ Blutung - nach(14) | *D ~ brummt*(44) | *D ~ Coma vigile, mit*(6) | D ~ Eifersucht, durch(2) | D ~ Ermüdung, Überanstrengung, Studieren; durch | *D ~ erotisch*(12) | *D ~ Erwachen, beim*(20) | *D ~ Fieber; im*(54) | D ~ fremd - Sprache; spricht in einer fremden(3) | *D ~ geistige Anstrengung, durch* | *D ~ heftig*(26) | D ~ Lachen(20) | *D ~ manisch*(47) | D ~ rasend(84) | **D ~ redselig**(33) | D ~ religiös(5) | *D ~ Säfteverlust, durch*(2) | D ~ Schlaf - während(26) | *S ~ nach*(2)

Delirium - Schlaflosigkeit - durch | D ~ Schläfrigkeit, bei(14) | *D ~ Schließen der Augen; beim*(9) | *D ~ Sepsis, durch*(13) | D ~ veränderlich, wechselhaft(2) | D ~ Verfolgungswahn im Delirium(9) | **D ~ wechselt schnell das Thema** | D ~ wild(21)

Gemüt ...

Delirium tremens(84) | *D ~ Redseligkeit, mit*(2) | *D ~ Wahnideen, mit*(7)

Demenz(33) | D ~ senilis, Dementia(25)

Denken - Beschwerden - agg.; Denken an seine Beschwerden(71)

Destruktivität, Zerstörungswut(41)

Diktatorisch, herrschsüchtig, dogmatisch, despotisch(25)

Ehebrecherisch(9)

Ehre - Ehrgefühl, kein(5)

Ehrgeiz(15) | E ~ Ruhm, nach(6)

EIFERSUCHT(34) | E ~ Betrunkenheit; bei(5) | E ~ brutal aus Eifersucht; zärtlicher Ehemann wird(4) | E ~ Liebe; aus enttäuschter(3) | E ~ Männern, zwischen(4) | E ~ Raserei, mit(2) | E ~ Redseligkeit, mit(3) | E ~ reißt sich die Haare aus | E ~ sagt und tut; was er sonst nicht sagen und tun würde(3) | E ~ schlagen; treibt dazu, die Ehefrau zu(4) | *E ~ Streiten, Vorwürfen und Beschimpfungen; mit*(2) | E ~ Tiere oder leblose Objekte; auf(4) | *E ~ unwiderstehlich, so töricht sie auch ist* | E ~ Verbrechen, bis zum(2) | *E ~ Vorstellungen, mit schrecklichen*

Eigensinnig, starrköpfig, dickköpfig(107)

Ekstase(59) | E ~ Freude; wie nach übermäßiger

Eleganz, Anmut - keine Eleganz(12)

Empfindlich(192) | E ~ äußerliche Eindrücke; gegen alle(21) | *E ~ Berührung, gegen*(13) | E ~ Bewegungen im Zimmer | E ~ Gehen anderer Menschen im Zimmer; gegen das | *E ~ geistiger Anstrengung; nach* | *E ~ Geräusche, gegen*(149) | G ~ geringste Geräusch; gegen das(29)

Empfindlich - Gerüche, gegen(30) | E ~ Lesen, gegen(4) | E ~ Streitigkeiten; gegen(4)

Entmutigt(135) | E ~ Schmerzen, durch(4)

Entschiedenheit, Entschlossenheit(2)

GEMÜT ...

Erkennt - nicht; erkennt - Straßen nicht; erkennt bekannte(7) | *n ~ Verwandten nicht; erkennt seine eigenen*(28)

Ernst(77)

Erotisch(39) | E ~ Impotenz; mit

Erregung(287) | E ~ morgens(19) | *E ~ abends*(32) | a ~ Bett, im(31)

Erregung - nachts(40) | E ~ Frost - während(22) | E ~ Hitze - während der Hitze; Erregung(23) | *w ~ Wochenbett, Fieberhitze im*(3)

Erregung - Hören von Schrecklichem; nach(11) | E ~ Menopause, in der(10) | *E ~ Menses - vor*(11) | E ~ schlechten Nachrichten, nach(18) | *E ~ weint, bis er*(2)

Erschöpfung; geistige(217) | **E ~ morgens**(8) | E ~ Essen, nach dem(3) | E ~ Schlaflosigkeit, mit(7)

Erschreckt leicht(125) | *E ~ Erwachen, beim*(41) | *E ~ Kleinigkeiten, über*(27)

Erwachen; Gemütssymptome agg. beim(5)

Erwartungsspannung - Lampenfieber(14)

Essen - weigert sich zu(26)

Exzentrizität, Überspanntheit(54) | E ~ politisch(3)

Fanatismus(9)

Farben - blau - Verlangen nach - dunkelblau(4) | F ~ dunkle Farben - Abneigung gegen(6) | F ~ grün - Abneigung gegen(5) | F ~ helle Farben - Verlangen nach(6) | F ~ orange - Abneigung gegen(4) | *F ~ weiß - Verlangen nach*(15)

Faulheit(269) | F ~ morgens(51) | F ~ vormittags(8) | F ~ Essen, nach dem(25) | F ~ Kindern, bei(2)

Fehler; macht - Lesen, beim(9) | F ~ Orte; in bezug auf(32) | F ~ Raum; in bezug auf den(10) | R ~ Zeit; und die(10)

Fehler; macht - Rechnen, beim(14) | **F ~ Schreiben, beim**(83) | F ~ Sprechen, beim(81) | *S ~ Buchstabieren, beim*(23) | *S ~ Worte - stellt Worte an die falsche Stelle*(46)

GEMÜT ...

Fehler; macht - Zeit; in bezug auf die(34) | *Z ~ Nachmittag; glaubt immer, es sei*(2)

Feigheit(89)

Fleißig, arbeitsam, Arbeitswut(101) | *F ~ abends* | **F ~ Menses, vor den**(26)

Fliehen, versucht zu(61)

Frivol(14)

Froh(182) | F ~ morgens(21) | **F ~ abends**(42) | *a ~ Bett, im*(29)

Froh - abwechselnd mit - Traurigkeit(57)

Furcht(242) | F ~ abends(51) | *F ~ nachts*(58) | n ~ Erwachen, nach dem(8)

Furcht - Altwerden; vor dem(4) | F ~ Anfall zu bekommen; einen(13) | F ~ Ansteckung(4) | *A ~ Krankheit; vor ansteckender*(6)

Furcht - Apoplexie, vor(36) | F ~ Armut, vor(20) | F ~ berührt zu werden(38) | *F ~ Bett - vor dem*(20) | F ~ Blitz, vor(7) | **F ~ Cholera, vor**(7) | F ~ engen Räumen; in(33) | F ~ Ersticken, vor dem(24) | E ~ Herzerkrankung, bei(3)

Furcht - Erwachen, beim(54) | F ~ Essen - nach dem Essen; Furcht(14) | *F ~ Fahren im Wagen; beim*(14) | F ~ Fremden; vor(10) | F ~ Geisteskrankheit(74) | F ~ geschehen; etwas werde(82) | F ~ Gewitter, vor(25) | F ~ glänzenden Gegenständen oder sie sind unerträglich; Furcht vor(5) | F ~ Herz - aufhören zu schlagen, wenn er nicht ständig in Bewegung bleibt; das Herz werde(2) | H ~ Herzerkrankung(23)

Furcht - hinter ihm; jemand sei(6) | F ~ hochgelegenen Orten; vor(24) | F ~ Infektion, vor(6) | F ~ Krankheit, vor drohender(66) | K ~ ansteckenden, epidemischen Krankheiten; vor(5) | K ~ unheilbar zu sein(42)

Furcht - Männern, vor(30) | F ~ Menschen, vor(81) | *F ~ Räubern, vor*(25) | R ~ nachts(2)

Furcht - Schlaf - einzuschlafen; Furcht(18) | *F ~ Schlangen, vor*(8)

Gemüt ...

Furcht - Tod; vor dem(143) | T ~ drohendem Tod, vor(17) | *T ~ sterben, falls er einschläft; Furcht er werde - Alptraum; nach einem*(3)

Furcht - Trinken; vor dem - Durst; mit | F ~ Unglück, vor(93) | *F ~ Unheil; Furcht vor*(115) | F ~ unternehmen - irgendetwas zu unternehmen(9) | F ~ verdammt zu sein(2) | *F ~ vergiftet - werden; Furcht, vergiftet zu*(23) | *F ~ Wasser, vor*(33) | F ~ zittrig(36)

Geckenhaft(6)

Gedächtnis - gut, aktiv(91) | **g ~ abends**(2) | g ~ sexuelles Verlangen; durch unterdrücktes

Gedächtnis - Gedächtnisschwäche(284) | G ~ auszudrücken, sich(41) | G ~ Eigennamen; für(44) | *G ~ gehört hat; für das, was er*(15) | **G ~ gelesen hat; für das, was er**(41) | G ~ gesagt hat; für das, was er(29) | *G ~ geschehen ist; für das, was*(17) | G ~ getan hat; für das, was er eben(34) | *G ~ Rechtschreibung, für die*(8) | G ~ Straßen; für bekannte(4) | G ~ Tatsachen, Fakten; für - kurz zurückliegende Tatsachen, für - alten Menschen, bei(2) | T ~ zurückliegende Tatsachen, für lange(10)

Gedächtnis - Gedächtnisschwäche - Worte, für(61) | *G ~ Zeit, für die*(2)

Gedächtnis - Gedächtnisverlust - Sonnenstich, nach(3)

Gedanken - drängen auf ihn ein und schwirren durcheinander(16) | *d ~ Schreiben, beim*

Gedanken - Gedankenandrang, einstürmende Gedanken, Gedankenfluß(78) | *G ~ nachts*(31)

Gedanken - hartnäckig(83) | *h ~ Böses, an*(2)

Gedanken - lächerlich(5) | *G ~ quälend*(31) | *G ~ schnell*(36) | *G ~ überlegt*(54) | *G ~ Vergehen, Schwinden der Gedanken*(76) | V ~ Fieberfrost, im(4) | *V ~ Lesen, beim*(5) | *V ~ Schreiben, beim*(5) | *V ~ Sprechen, beim*(9)

Gemüt ...

Gedanken - wandernd(72) | *G ~ zwingend, überzeugend*(2)

Gedanken versunken, in(90)

Gedichte, macht(14)

Gefallsüchtig, kokett - sehr, zu(6)

Gefühllos, hartherzig(21)

Gehalten - Verlangen, gehalten zu werden(9) | *G ~ amel.; gehalten zu werden*(22)

Geisteskraft - erhöht(18)

Geisteskrankheit, Wahnsinn(153) | *G ~ Alkoholikern; bei*(22) | G ~ benimmt sich wie ein Verrückter(8) | G ~ Eifersucht; aus | *G ~ geistige Anstrengung; durch*(5) | *G ~ Größenwahn*(14) | *G ~ häuslichem Unglück, nach* | G ~ hochmütig, arrogant(5) | *G ~ Kränkung - durch*(6) | *G ~ Lähmung, mit*(4) | *G ~ Menopause, in der*(11) | G ~ Menses - während(7) | **G ~ redselig**(7) | *G ~ religiös*(19) | *G ~ sexuelle Exzesse, durch*(6) | G ~ Verfolgungswahn(6) | *G ~ Zorn, durch*(7)

Geistige Anstrengung - agg.(141) | a ~ ermüdet(20) | *a ~ unmöglich*(130)

Geistige Anstrengung - Verlangen nach(65) | *G ~ Abneigung gegen*(150)

Geiz(34)

Gemütssymptome(26) | G ~ abwechselnd mit - körperliche Symptome(18)

Geschäft - Abneigung gegen(45) | G ~ Verlangen nach(6)

Geschäftig(45)

Geschenke; Ehemann macht der Ehefrau oder dem Sohn keine

Geselligkeit(7)

Gesellschaft - Abneigung gegen(156) | A ~ Schwangerschaft, in der(3) | A ~ Schweiß, beim(6) | *A ~ Verlangen nach Einsamkeit - nachzugehen; um ihren Phantasien*

Gesellschaft - Verlangen nach(83) | V ~ allein; agg. wenn(48)

Gespräche - agg.(45)

Gesten, Gebärden; macht - Finger - spielt mit den Fingern(12) | F ~ zupft an den Fingern(8)

GEMÜT ...

Gesten, Gebärden; macht - Hände; unwillkürliche Bewegungen der - bedekken - Mund mit den Händen; den(4) | *G ~ lächerlich oder albern*(19)

Gewissenhaft, peinlich genau in bezug auf Kleinigkeiten(58)

Glänzende Gegenstände - agg.(13)

Gleichgültigkeit, Apathie(251) | G ~ Arbeit; mit Abneigung gegen(9) | G ~ Essen - nach(2) | G ~ Langeweile, mit(11) | G ~ mürrisch(4) | G ~ Pflichten, gegenüber(12) | G ~ Pubertät, in der(3) | *G ~ Schweiß, beim*(4) | G ~ Wohlergehen anderer; gegen das(11)

Grausamkeit, Unmenschlichkeit(30)

Grobheit(37)

Hämorrhoiden; Gemütssymptome nach unterdrückten(18)

Hart zu Untergebenen und freundlich zu Vorgesetzten(4)

Haß(28) | H ~ Rachsucht; Haß und(32)

Hast, Eile(112) | H ~ nachts | *H ~ Essen - beim*(23) | H ~ jeder - muß sich beeilen(6)

Hause, zu - Verlangen, nach Hause zu gehen(18) | H ~ verlassen; Verlangen das Zuhause zu(7)

Hautausschlägen; Gemütssymptome nach unterdrückten(18)

Heftig, vehement(100) | H ~ Berührung, durch | H ~ Gewalttaten führt; Raserei, die zu(34)

Heimweh(52)

Heirat - unerträglich; der Gedanke an Heirat scheint(6)

Hellsehen(28)

Hinterhältig, hinterlistig, falsch, verschlagen(32)

Hochgefühl(97) | H ~ Politik; in bezug auf(2)

Hochmütig, arrogant(53)

Homosexualität(13)

Hypochondrie(116) | H ~ nachts(5)

Hysterie(194) | *H ~ Absonderungen; nach Unterdrückung von*(2) | *H ~ Menopause, in der*(7)

GEMÜT ...

Hysterie - Ohnmacht, hysterische(22) | *H ~ Pubertät, in der*(3) | H ~ sexuell - Exzessen, nach(7)

Ichbezogenheit, Egotismus, Selbstüberschätzung(24) | I ~ sprechen in Gesellschaft immer von sich selbst(3)

Ideen, Einfälle - Mangel an(102) | **I ~ Reichtum an, Klarheit des Geistes**(125) | **R ~ abends**(17)

Idiotie(45)

Imbezillität(140)

Impertinenz, Unverschämtheit(14)

Impulse, Triebe; krankhafte(10) | I ~ Absurdes zu tun(7) | I ~ laufen; zu - Menses - vor

Intrigant(5)

Ironie - Satire, Lust an

Jammern(93) | **J ~ Krankheit, über seine**(4) | **J ~ Schmerzen, über**(6)

Katalepsie(20)

Kauzig, eigen(7)

Kindisches Benehmen(52)

Klagen(64) | *K ~ Kleinigkeiten, über* | **K ~ Krankheit, über seine**(4)

Klatschsüchtig(8)

Konzentration - schwierig(261) | s ~ Kindern, bei(8) | s ~ Studieren(52)

Kriecht, krabbelt - Boden, auf dem(5)

Kummer(76) | *K ~ Erwachen; beim*(4)

Kurz angebunden, barsch - schroff(13)

Lachen(102) | L ~ morgens(6) | *L ~ albern*(16)

Läuft umher - Menses - vor

Langeweile(53)

Langsamkeit(68)

Lästig, geht auf die Nerven(79)

Lasziv, lüstern(77) | L ~ tagsüber | *L ~ Epilepsie, gefolgt von*

Launenhaftigkeit, launisch(108)

Lebensüberdruß(82) | *L ~ morgens*(3) | L ~ Fieberhitze, in der(5) | *L ~ Zukunft; aus Sorge um die*

Lebhaftigkeit - agg.(5)

Lebhaft, munter(50)

Leidenschaftlich(49)

Lesen - Abneigung gegen Lesen(25)

GEMÜT ...

Liebevoll, voller Zuneigung, herzlich(37)

Lustig, fröhlich(123) | **L~ abends**(29)

Magnetisiert - amel.(20) | M~ leicht zu magnetisieren(4) | *M~ Verlangen magnetisiert zu werden*(5)

Manie(149) | M~ geistiger Anstrengung, nach | M~ Raserei, mit(27) | *M~ Schicksalsschläge, durch*(7) | M~ Schreien bei der(4)

Männer - Scheu vor(19)

Mathematik - Begabung zur(4)

Meditieren, Nachdenken(47)

Menopause agg.(18)

Menschenfeindlichkeit, Misanthropie(45)

Menses - vor; Gemütssymptome(18)

Mitgefühl, Mitleid(34)

Mitteilsam, gesprächig(8)

Moralischem Empfinden; Mangel an - Verbrecher zu werden, ohne Reue; Neigung zum(5)

Morphiumsucht(31)

Murmeln(55)

Mürrisch(290) | *M~ morgens*(42) | M~ Betrunkenheit; bei(4)

Müßiggang, Untätigkeit(7)

Mutwillig, boshaft(24)

Nachahmung, Imitation(8)

Nachtschwärmerei, Schwelgerei(11)

Neid(22) | N~ Eigenschaften anderer; auf(6)

Neugierig(12)

Niederträchtig(11)

Nymphomanie(67) | N~ Menopause, in der(3)

Perfide(9)

Pessimist(17)

Pfeifen(16)

Pflicht - kein Pflichtgefühl(12)

Phantasien - angenehm(7) | *P~ Erwachen, beim*(9) | *P~ lasziv*(46) | **P~ lebhaft**(31) | **P~ übertrieben**(114) | *P~ übertrieben - nachts*(40)

Philosophie - Fähigkeit zu(6)

Prahler, Aufschneider(13) | P~ reich gehalten werden; möchte für(3)

GEMÜT ...

Protestiert, erhebt Einspruch(5)

Prozesse; geht gerne vor Gericht, führt gerne(6)

Quält - andere(3)

Qualvolle Angst(121)

Raserei, Tobsucht, Wut(95) | *R~ abends*(16) | R~ Berührung, erneuert durch(4) | R~ Wasser, beim Anblick von(7)

REDSELIGKEIT; GESCHWÄTZIGKEIT(136) | **R~ abends**(10) | R~ Betrunkenheit; bei(6) | R~ Ekstase, mit | *R~ erregt*(4) | *R~ Fieber; im*(11) | R~ fröhlich, ausgelassen(9) | R~ geisteskrank(8) | R~ geistiger Anstrengung, nach | R~ geschäftig(2) | R~ gewählten Ausdrükken, in | *R~ Heiserkeit im Zaum gehalten; nur durch* | *R~ Menses, während*(3) | *R~ Reden, hält*(4) | *R~ Schlaflosigkeit mit Redseligkeit - Mitternacht, besonders vor* | R~ Spaßen, mit(3) | **R~ wechselt schnell von einem Thema zum anderen**(20) | w~ Kopfschmerzen - während(3)

Reisen - Verlangen nach(28)

Reizbarkeit(408) | *R~ morgens*(69) | R~ abends(60) | R~ Berührung, durch(5) | *R~ Epilepsie - vor*(2) | *R~ Erwachen, beim*(56) | R~ Hitze - während(31) | *R~ Konvulsionen - vor*(3) | R~ Kopfschmerzen, bei(61) | R~ Menses - vor(17)

Religiös - Gemütsstörungen, religiöse(63) | *G~ Kindern, bei*(5) | *G~ Pubertät, in der*(4)

Religiös - Mangel an religiösem Empfinden(12) | *R~ Melancholie*(21)

Reue(63)

Rollt, wälzt sich - Seite auf die andere; von einer(4)

Ruhe - Verlangen nach(21)

Ruhelosigkeit(420) | R~ abends(51) | R~ nachts(249) | R~ ängstlich(111) | *R~ Bett - Herumwerfen im*(123) | R~ Essen - nach(14) | R~ Freien, im - amel.(9) | *R~ Frost - Beginn der; zu*(2) | *R~ geschäftig*(20) | *R~ Kopfschmerzen, bei*(31)

GEMÜT ...

Ruhelosigkeit - treibt ihn von einem Ort zum anderen(6) | *R ~ treibt umher*(41) | t ~ Freien, im(3)

Ruhelosigkeit - warm - Bett(7)

Sachlich, vernünftig(9)

Schlafwandeln(56)

Schmutzig(17)

Schnell im Handeln(4)

Schreckliches und traurige Geschichten greifen sie stark an(32)

Schreiben - Schwierigkeiten, die Gedanken im Schreiben auszudrücken(12)

Schreien(133) | *S ~ Konvulsionen - vor*(32) | K ~ während(31) | *K ~ epileptisch*(21) | *K ~ Wochenbett, im*(3)

Schreien - Raserei; während der(11) | S ~ Urinieren - vor dem(7)

Schüchternheit, Zaghaftigkeit(113) | S ~ abends - Bett - Zubettgehen; beim(11) | S ~ Öffentlichkeit; beim Auftreten in der - sprechen; in der Öffentlichkeit zu(6)

Schwangerschaft; Gemütsbeschwerden während der(17)

Schweigsam(209) | S ~ Fieberhitze; in der(11)

Seelenruhe, Gelassenheit(85)

Selbstkontrolle - Verlust der Selbstkontrolle(9)

Selbstsucht, Egoismus(32)

Selbstvertrauen - Mangel an Selbstvertrauen(86)

Sentimental, schwärmerisch, rührselig(64) | *S ~ Betrunkenheit; bei*(2)

Seufzen(98) | *S ~ Verletzungsschock; bei*

Singen(59) | S ~ Schlaf, im(8)

Sinne - abgestumpft, stumpf(107) | S ~ scharf(52) | *S ~ Vergehen, Schwinden der*(51)

Sinnlichkeit(24)

Sitzen - Abneigung zu sitzen(2) | S ~ Neigung zu sitzen(110)

Sonderbar, fremd, merkwürdig - Sonderling(11)

Sorgen, voller - andere, um(14) | S ~ Verwandte, um(7)

GEMÜT ...

Sorgsamkeit, Sorgfalt(12)

Spaßen(52)

Spontan, impulsiv(33)

Spotten(18) | *S ~ Eifersucht, bei* | S ~ Lächerliche ziehen; will alles ins(6) | *S ~ Sarkasmus, beißender Spott*(14) | *S ~ Satire, Lust an*(2)

Sprache - affektiert, manieriert, unnatürlich(22) | *S ~ albern*(16) | S ~ berauscht, wie(11) | S ~ flüssig, gewandt(6) | S ~ fremder Sprache; in(4) | **S ~ hastig**(44) | **S ~ langsam**(59) | **S ~ laut**(11) | S ~ Schwatzen(17) | S ~ stammelnd(10) | S ~ übertrieben, extravagant(6) | S ~ unsinnig(29) | **S ~ unzusammenhängend**(65) | u ~ Liebe; durch enttäuschte(3)

Sprache - verworren(25) | S ~ wiederholt immer dasselbe(6) | *S ~ Wortschwall, gehaltloser*(4)

Sprechen - anderer agg.; das Sprechen(46) | S ~ beenden; kann den Satz nicht(6) | **S ~ Schlaf, im**(93) | **S ~ schweift von einem Thema zum anderen**(47) | S ~ sich selbst ; mit(31) | *s ~ allein; nur wenn*(3)

Springen - Bett, aus dem(41)

Stilles Wesen(49)

Stimmung, Laune - angenehm(9) | S ~ veränderlich(158)

Stöhnen(119) | S ~ Hitze; während der(16) | S ~ Kindern, bei(12) | S ~ Schlaf, im(62)

Streitsüchtig(136) | *S ~ abwechselnd mit - Fröhlichkeit*(4) | *a ~ Lachen*(4)

Streitsüchtig - Eifersucht; aus(5)

Studieren, Lernen - einfach, fällt leicht(5)

Stumpfheit(332) | S ~ vormittags(17) | S ~ abends(29) | S ~ Ärger; nach(2) | **S ~ Erwachen, beim**(41) | *S ~ Fieberfrost, im*(16) | S ~ geistige Anstrengung, durch(27) | S ~ Kindern; bei(21) | S ~ Kränkung, nach(3) | *S ~ Lesen*(35) | *S ~ sagt nichts*(5)

Stupor(138) | *S ~ apoplektisch*(7)

Gemüt ...

Suizidneigung; Neigung zum Selbstmord(98) | S ~ Auto zu werfen; sich vor ein(3) | *S ~ Ertränken, durch*(19) | S ~ Gedanken an Selbstmord(33) | S ~ Schmerzen, durch(6) | S ~ stürzt sich - Tiefe, in die(24) | S ~ überfahren lassen; will sich(5) | S ~ Wechselfieber, bei(6)

Tadelsüchtig, krittelig(80)

Tadelt - andere(32) | T ~ sich selbst(36)

Tanzen(33)

Theoretisieren(20)

Tiere - liebt Tiere, Tierliebe - Katzen(3)

Tod - Gedanken an den Tod(54) | *T ~ Vorahnung des Todes*(62) | *T ~ wünscht sich den Tod, möchte sterben*(72)

Tollwut, Hydrophobie(46)

Töten, Verlangen zu(32) | T ~ vergiften; Impuls jemanden zu(3)

Trance(6)

Traum; wie in einem(69) | T ~ tagsüber geschehen ist; träumte alles, was

Traurigkeit(477) | **T ~ morgens**(71) | **m ~ Erwachen - beim**(21)

Traurigkeit - nachts(21) | T ~ Atmung, mit erschwerter(6) | *T ~ Erwachen, beim*(24) | T ~ Farben - weiß - Verlangen nach weiß, was aber die Traurigkeit agg. | T ~ Frost - während(37) | *T ~ Kindern, bei*(9) | *T ~ Mädchen; bei - Pubertät; vor der*(4) | *T ~ Menopause, in der*(25)

Traurigkeit - Menses - während - amel.(6) | *T ~ Pubertät, in der*(13) | *T ~ Schicksalsschläge, durch*(16) | T ~ Schwangerschaft, in der(7) | T ~ Seufzen, mit(4) | S ~ amel.(2)

Traurigkeit - warmen Zimmer, im(6) | T ~ Wehen; bei den(9)

Unanständig, unzüchtig(21)

Unbehagen(44)

Unbesonnen(82)

Unbeständigkeit(45)

Undankbar(10)

Unehrlich(7)

Unentschlossenheit(146) | U ~ heiraten, zu(10)

Ungeduld(131)

Gemüt ...

Ungeschicklichkeit(41) | U ~ fallen, läßt Dinge(26)

Ungestüm(31)

Unternimmt - Vieles, hält aber bei nichts durch, bleibt nicht dabei(28)

Unverschämtheit(33)

Unzüchtig, obszön(34)

Unzufrieden(168) | U ~ allem; mit(66) | U ~ immer(4)

Verächtlich(35)

Vergeßlich(187) | V ~ Alkoholikern; Vergeßlichkeit bei(7) | *V ~ alles - geschehen ist; das in den letzten sechs Jahren* | V ~ alten Menschen, bei(12) | V ~ geistige Anstrengung, durch(10) | *V ~ Menopause, in der*(2) | V ~ Straßen, vergißt bekannte(7) | *V ~ Worte beim Sprechen; vergißt*(52)

Vergnügen - Verlangen nach(2)

Verlangen, Wunsch nach - voller Verlangen - unbestimmt(7)

Verlassen zu sein; Gefühl(56) | *V ~ morgens*(3) | *V ~ Erwachen, beim*(2)

Verleumden, Neigung zu(21) | V ~ denunzieren, Neigung zum(4) | V ~ petzen, Neigung zu(3)

Verschwenderisch - abwechselnd mit - Geiz(4)

Verspielt(13)

Verstecken - sich(18)

Verwegenheit(26)

Verwirrung, geistige(321) | **V ~ morgens**(115) | **m ~ Erwachen, beim**(50)

Verwirrung, geistige - berauscht - wie(47) | V ~ epileptischer Anfall - vor(3) | *V ~ Erwachen, beim*(71) | V ~ Essen - amel.(8) | E ~ nach(52)

Verwirrung, geistige - Gehen(37) | V ~ Identität; in bezug auf seine(21) | I ~ Dualität; Gefühl der(37)

Verwirrung, geistige - Schlaf; nach(14) | **V ~ Zeit; in bezug auf die**(3) | Z ~ Raum und Zeit; in bezug auf(5)

Verzweiflung(137) | V ~ Genesung, in bezug auf die(44)

Gemüt ...

Verzweiflung - religiöse Verzweiflung am Seelenheil(30) | V ~ Schmerzen; bei den(21)

Vorurteile, voreingenommen, parteiisch(2) | V ~ traditionelle Vorurteile(6)

Wahnideen(191) | W ~ Nachmittag; es sei immer(2) | W ~ abends(4) | W ~ Anstalt - Irrenanstalt geschickt; in eine | W ~ Aufstehen - Hinfallen, dann(2) | W ~ bespitzelt, beobachtet zu werden | W ~ Bett - fallen - durch das Bett zu fallen(7) | *B ~ sinken - Bett würde sinken; das*(13) | s ~ Patient würden nach unten sinken; das Bett und der | s ~ sie würde sinken - durch das Bett(5) | s ~ mit dem bett

Wahnideen - Bewegung - Auf und Ab Bewegung; Gefühl einer(3) | **W ~ Bilder, Phantome; sieht**(76) | B ~ allein, wenn(2) | *B ~ angenehm*(4) | *B ~ schreckliche*(60)

Wahnideen - Böses - geschehen; Gefühl, als sei ihm etwas Böses | *W ~ Diebe - Haus, im*(9) | D ~ sieht(21) | *D ~ springen; will deshalb aus dem Fenster*

Wahnideen - doppelt - sein, doppelt zu(30) | *W ~ Eifersucht mit*(2) | *W ~ Einfluß; er stehe unter einem mächtigen*(9) | W ~ ermorden; er würde - jemanden ermorden; er müsse(4) | W ~ Fliegen(13) | W ~ Freunde, er habe keine(3) | F ~ morgens beim Erwachen

Wahnideen - gehaßt zu werden; von anderen | W ~ Geruchssinns, des(17) | *W ~ Gespenster, Geister, Gestalten - Schließen der Augen; beim*(16) | G ~ schweben in der Luft(2) | G ~ sieht(55)

Wahnideen - gestohlen; sie habe etwas | g ~ glauben; oder jemand würde es

Wahnideen - Haus - Menschen; das Haus sei voller(10) | W ~ Hause, zu - weg von zu Hause; er sei(23) | W ~ Herz - groß, zu(2) | H ~ Herzerkrankung - werde eine Herzerkrankung bekommen und sterben; er(4)

Gemüt ...

Wahnideen - Identität - Fehleinschätzung in bezug auf die eigene(18) | *I ~ jemand anderer; sie sei*(10)

Wahnideen - jemand anderes - sie sei jemand anderer(2) | s ~ Macht; und in den Händen einer starken

Wahnideen - Körper - auseinanderfallen, würde(2) | K ~ leichter als Luft; der Körper sei(8)

Wahnideen - Krankheit - unheilbare Krankheit; er habe eine(18) | W ~ lachen und spotten; man würde über ihn(6) | *W ~ lebhaft*(26) | W ~ leicht - sei leicht, er(26) | W ~ Mäuse - sieht(12) | W ~ Menschen - hinter ihm; jemand sei(19) | M ~ unterhält sich mit abwesenden(13)

Wahnideen - Musik - glaubt Musik zu hören(13) | M ~ hört Musik - entzückende(3) | *h ~ lieblichste und erhabenste Melodie; die*(2)

Wahnideen - nachgestellt - ihm würde nachgestellt(28) | *W ~ Person - andere Person; sie sei eine*(8) | **W ~ Phantasiegebilde, Illusionen**(115) | *W ~ Raum - getragen; er würde in den Weltraum - Liegen; beim*(3) | W ~ Redseligkeit, mit(7) | W ~ Reise; er befinde sich auf einer(12) | W ~ religiös(17) | W ~ Schlangen - in ihr und um sie herum(19) | *W ~ schön*(6) | *s ~ Landschaft; von einer schönen*(2)

Wahnideen - Schreck - wie erschreckt - Erscheinung hinter ihm; durch eine | *W ~ schweben - Bett - ruhen; er würde nicht auf dem Bett*(2) | *s ~ Luft, in der*(45) | L ~ Geist; wie ein(4)

Wahnideen - Sprechen - Freunde sprechen über sie(7) | *W ~ sterben - gleich sterben; glaubt, er würde*(57) | g ~ Einschlafen sterben; sie werde beim | g ~ Erschöpfung sterben; sie werde an | g ~ heraushelfen; und wünscht sich, jemand würde ihr

Wahnideen - sterben - Zeit zum sterben sei gekommen(6)

GEMÜT ...

Wahnideen - Stimmen - hört(37) | h ~ folgen, er müsse(4) | h ~ gestehen, die sie nie getan hat; sie muß Dinge | h ~ Verbrechen zu begehen; Stimme befiehlt ihm, ein

Wahnideen - stolz(4) | W ~ Teufel - sieht(19) | W ~ Tiere - sein; ganz und gar ein Tier zu(2) | *W ~ tot - er selbst sei*(18) | e ~ Beerdigung würden getroffen; und Vorbereitungen für seine

Wahnideen - tot - Mutter sei; seine(2) | *t ~ Personen, sieht tote*(59)

Wahnideen - übermenschlich, er sei - Kontrolle; er sei unter übermenschlicher(8) | W ~ Unrecht - begangen; er habe Unrecht(26) | U ~ erlitten; er habe Unrecht(5)

Wahnideen - Verbrechen - begangen; er habe ein Verbrechen(29) | V ~ werde ein Verbrechen begehen(3)

Wahnideen - verdammt; er sei(23) | *v ~ Alkoholikern; bei*

Wahnideen - verfolgt - Feinden, von(30) | W ~ verfolgt; er würde(23) | *W ~ vergiftet - er - worden; er sei*(16) | e ~ würde vergiftet werden; er(6)

Wahnideen - vergiftet - Medikamenten vergiftet; er würde mit(4) | W ~ vergrößert(42) | W ~ verlassen ; er sei - Morgen; beim Erwachen am | W ~ Verletzung - werden; würde gleich verletzt(13) | w ~ Freunde; durch seine

Wahnideen - Verletzung - worden; er sei verletzt(10) | *w ~ Umgebung; durch seine*(3)

Wahnideen - verloren, sie sei - Seelenheil verloren; sie habe das - vorherbestimmt; es sei so | W ~ Verschwörungen - gegen ihn im Gange; es seien(3) | *W ~ versinken, er würde*(21) | *W ~ verzaubert und kann den Zauber nicht brechen* | *W ~ Visionen, hat*(76) | V ~ Farbwolken | V ~ phantastisch(8) | *V ~ Schließen der Augen; beim*(29) | V ~ schön(8) | *V ~ schrecklich - hinter ihm* | V ~ wirklich; die Visionen seien | V ~ wundervolle(5)

GEMÜT ...

Wandern - Verlangen zu wandern(15)

Weigert sich - Behandlung; gegen jede(4) | **W ~ Medizin einzunehmen; die**(8)

Weinen(244) | W ~ amel.(24) | W ~ agg.(18) | *W ~ nachts*(81) | n ~ Schlaf, im(12)

Weinen - Ärger, durch - alten Ärger, durch(4) | *W ~ Anekdoten, durch* | W ~ Beleidigung - frühere Beleidigung, über(4) | *W ~ Betrunkenheit; bei*(2) | W ~ Erwachen, beim(36) | W ~ Freude, durch(4) | W ~ Gedichten; bei sanften, zärtlichen | *W ~ Gemütsbewegungen; nach geringen*(9) | *W ~ Geräusch, bei*(4) | W ~ Konvulsionen - während(27) | *w ~ epileptisch*(4)

Weinen - krampfhaft, spasmodisch(16) | W ~ Lesen, beim(2) | W ~ Menses - während(27) | *W ~ Schlaf, im*(88) | W ~ Schluchzen; Weinen mit(34) | *W ~ Schmerzen - während den Schmerzen*(23) | W ~ Schwangerschaft, in der(8) | W ~ unwillkürlich(35) | W ~ Wimmern, Winseln - Schlaf, im(28)

Wetter - Gewitter - während einem Gewitter; Gemütssymptome(12) | W ~ Regen - Klopfen des Regens amel.

Widerspenstig(66)

Widerspruch - Neigung zu widersprechen(38) | W ~ verträgt keinen Widerspruch(73)

Wille - Willensschwäche(58) | *W ~ zwei Willen; Gefühl, er habe*(4)

Witzig, geistreich(14)

Zeit - langsam, scheint länger; vergeht zu(29) | Z ~ vergeudet seine Zeit(11)

Zerstreut(166) | Z ~ epileptischer Anfall - vor einem | Z ~ Lesen, beim(6) | *Z ~ verträumt*(17)

Ziehen - Haaren; an den(9) | H ~ Verlangen zu ziehen - jemanden an den Haaren(11)

Zorn(243) | Z ~ heftig(72) | Z ~ Kleinigkeiten, über(58) | Z ~ Liebe; aus enttäuschter(3)

Gemüt …

Zügellosigkeit, sexuelle Ausschweifung(32)

Zurückhaltend, reserviert(64)

Zweifelt(13) | Z~ Genesung; an der(31) | **Z~ Seelenheil, am**(18)

Träume

Alpträume, Alpdrücken(144)

Angenehm(136)

Ängstlich(239) | Ä~ morgens - Erwachen, beim - amel.; Angst ist(15)

Anstrengung - geistige(51)

Beeindruckend(11)

Beeinflußt das Gemüt(14)

Beerdigungen(13) | B~ eigene Beerdigung, seine

Beschäftigt zu sein; sehr(29)

Beschuldigungen(4)

Daheim(2)

Diebstahl - beschuldigt zu werden; eines Diebstahls

Ekelhaft(32)

Ereignisse - zurückliegende, kurz(55) | z~ Vortag, vom(41)

Erfinderisch; einfallsreich(4)

Ermordet - werden, zu(17)

Erotisch(196) | E~ Pollutionen, mit(96)

Erschöpfend(45)

Erstechen - andere erstechen, will

Erstochen zu werden - Furcht, erstochen zu werden

Feuer(65)

Gefahr(40)

Geschäft(40) | G~ Tage, vom(39)

Gespenster(38)

Gewissensbisse(11)

Hartnäckig(29)

Heimatland(3)

Hellsichtig - Betrunkenheit; bei

Hervorragende geistige Arbeit zu leisten(15)

Intrigen, Verschwörungen

Komisch(3)

Lächerlich(15)

Land - Vaterland(3)

Lebhaft(193)

Merkwürdig, wunderlich(10)

Träume …

Messer(4)

Mord(53)

Nachdenken, mit(15)

Phantastisch(55)

Poetisch(5)

Rache

Reisen(48)

Schlangen(21)

Schrecklich(237)

Tod(64) | T~ Freundes, eines(9) | T~ Sterben - er muß sterben(3)

Unangenehm(87)

Unerinnerlich, bleiben nicht im Gedächtnis(93)

Unwichtig(46)

Verdrießlich(122)

Viele(260)

Visionär(45)

Wecken den Patienten(118)

Zorn(58)

– *Lachnanthes tinctoria* –

lachn.

Gemüt

Betäubung - Fieberhitze, in der(10)

Delirium(233) | *D~ nachts - Mitternacht - nach - 1 -2 h* | **D~ redselig**(33)

Empfindlich - Geräusche, gegen(149)

Erregung(287) | E~ Kleinigkeiten, über(12)

Fehler; macht - Schreiben, beim - läßt etwas aus - Worte(14)

Froh - abends(42)

Lustig, fröhlich(123) | L~ abends(29)

Mürrisch(290)

Pfeifen(16)

Redseligkeit; Geschwätzigkeit(136) | *R~ nachts - 1 -2 h* | R~ stumpfsinnig und reizbar; dann

Reizbarkeit(408) | R~ Kopfschmerzen, bei(61)

Ruhelosigkeit(420) | R~ Bett - Herumwerfen im(123) | R~ Hitze - während(66) | R~ Schweiß - während(4)

Singen(59)

Stimmung, Laune - veränderlich(158)

Gemüt …
Stöhnen(119)
Traurigkeit(477) | *T ~ Kopfschmerzen, bei*(30)
Wahnideen(191) | W ~ Bilder, Phantome; sieht(76) | B ~ Schlummer am Tage; sieht Bilder beim
Wahnideen - Schlangen - in ihr und um sie herum(19)
Weinen(244)

Träume
Ängstlich(239)
Dinge - verändernde, sich(18)
Fiebrig(2)
Spinnen (Handwerk)(2)
Visionär(45)

– Lacticum acidum –

lac-ac.

Gemüt
Alkoholismus(135)
Angst - nachts(119) | n ~ Erwachen, beim(24)
Denken - Abneigung gegen(46)
Empfindlich - Geräusche, gegen(149)
Entmutigt(135)
Exzentrizität, Überspanntheit(54)
Faulheit(269)
Fehler; macht - Schreiben, beim(83) | S ~ läßt etwas aus - Worte(14)
Fehler; macht - Sprechen, beim - Buchstabieren, beim(23)
Gedächtnis - gut, aktiv(91) | *G ~ Gedächtnisschwäche*(284)
Gedanken - quälend(31)
Geschäft - Abneigung gegen(45)
Heikel, pingelig(34)
Hysterie(194)
Ideen, Einfälle - Reichtum an, Klarheit des Geistes(125)
Lesen - Abneigung gegen Lesen(25)
Ruhelosigkeit(420)
Schreien - nachts - Mitternacht
Schweigsam(209)
Spotten - Sarkasmus, beißender Spott(14)
Tadelsüchtig, krittelig(80)

Gemüt …
Verächtlich(35)
Verwirrung, geistige(321) | V ~ nachmittags(33)
Wahnideen - gegangen - sei gegangen; sie - lange Strecke, eine(2) | W ~ Meer - auf See; er sei - rauher See hin und her geworfen; er würde(2) | W ~ schlafen; er würde - nicht genug geschlafen; er habe(17) | W ~ Urin - sie würde sich in Urin verwandeln

Träume
Abgrund(2)
Erotisch(196) | E ~ Erektionen, mit(27)
Koitus(9)
Viele(260)

– Lactuca virosa –

lact. (alte Abk.)

Gemüt
Albernes Benehmen(65)
Angst(362) | A ~ abends(87) | A ~ nachts(119) | A ~ Husten - vor(4)
Betäubung(237)
Bewußtlosigkeit(280)
Delirium(233) | D ~ heiter, fröhlich(14) | D ~ Kälte, mit(2) | D ~ Lachen(20) | D ~ Schlaflosigkeit - mit(45) | D ~ Singen, mit(4) | D ~ Springen, mit(4) | D ~ Zittern, mit(23)
Delirium tremens(84) | D ~ Kälte, mit
Exzentrizität, Überspanntheit(54) | E ~ Phantasien, in(8)
Faulheit(269) | F ~ morgens(51)
Furcht(242)
Gedächtnis - Gedächtnisschwäche - auszudrücken, sich(41)
Geistige Anstrengung - agg. - unmöglich(130)
Hysterie(194)
Konzentration - schwierig(261)
Kummer(76)
Manie - Kälte, mit | M ~ Schlaflosigkeit, mit | M ~ Zittern, mit
Phantasien - lebhaft(31) | P ~ übertrieben(114)

Gemüt ...

Possen, spielt(15) | P~ Delirium, im(8)
Qualvolle Angst(121)
Reizbarkeit(408)
Ruhelosigkeit(420) | R~ ängstlich(111) | R~ innerlich(37) | R~ Schläfrigkeit, bei(12)
Seufzen(98)
Singen(59)
Sinne - abgestumpft, stumpf(107)
Springen(15)
Stimmung, Laune - abweisend, zurückweisend(40)
Stumpfheit(332) | S~ morgens(54) | S~ Schlaflosigkeit, mit(3) | S~ Schläfrigkeit, bei(30)
Traurigkeit(477) | T~ abends(76)
Verlassen zu sein; Gefühl(56)
Verwirrung, geistige(321) | V~ morgens(115) | m~ Aufstehen - und nach dem Aufstehen(37)
Wahnideen - berauscht - sei, er(59) | W~ Bilder, Phantome; sieht(76) | W~ ermordet - er würde ermordet - werden; er würde ermordet werden(21) | W~ Fliegen(13) | W~ geht - Luft - in der Luft; geht(2) | W~ leicht - sei leicht, er(26) | W~ schaukeln; er würde - Bett, im(2) | W~ schwimmen, er würde - Luft, in der(5) | W~ Soldaten - Bett, auf seinem | W~ Tintenfaß - sieht eines auf dem Bett | W~ verlieren - Kontrolle über seine Gefühle verlieren; er werde die
Weinen(244) | W~ abends(29)
Widerspenstig(66)
Zorn(243)

Träume

Alpträume, Alpdrücken(144)
Ängstlich(239)
Drehen, im Kreis
Ermordet - werden, zu(17)
Erotisch(196) | E~ Pollutionen, mit(96)
Lebhaft(193)
Merkwürdig, wunderlich(10)
Mord(53)
Phantastisch(55)

Träume ...

Schuß - verwundet zu werden; von einem Schuß(5)
Unerinnerlich, bleiben nicht im Gedächtnis(93)
Viele(260)

– *Lamium album* –

lam.

Gemüt

Angst - Frost - während(31)
Gedanken - hartnäckig(83) | h~ wieder in den Kopf; gehörte Ausdrücke und Worte kommen(2)
Gedanken - zusammenhangslos(30)
Konzentration - schwierig(261)
Ruhelosigkeit(420) | R~ Frost - während(23)
Traurigkeit(477)
Verlassen zu sein; Gefühl(56)
Verwirrung, geistige - berauscht - wie nach einem Rausch(35)
Wahnideen - geisteskrank - werden; er würde geisteskrank(43)
Weinen(244) | W~ verlassen worden; als sei sie

Träume

Ängstlich(239)
Fortsetzung - Träumen, von - Einschlafen fortgesetzt; der vorherige Traum wird beim(8)
Lebhaft(193)
Wecken den Patienten(118)

– *Lapathum acutum* –

lapa.

Gemüt

Erregung(287)
Traurigkeit(477)

– *Lapis albus* –

lap-a.

Gemüt

Abergläubisch(13)
Kretinismus(8)

– Lappa arctium –
lappa

Gemüt

Furcht - geschehen; etwas werde(82) | g ~ Grauenhaftes, Furchtbares werde geschehen; etwas(9)

Wahnideen - Fallen - er würde(29) | e ~ unangenehm fallen; sie würde nicht

Wahnideen - Ohnmacht fallen; er werde(19) | W ~ Schlaf - einschlafen, er würde(4)

– Lathyrus sativus –
lath.

Gemüt

Traurigkeit(477)

– Latrodectus hasselti –
lat-h.

Gemüt

Wahnideen(191) | W ~ leicht - sei leicht, er(26)

– Latrodectus katipo –
lat-k.

Gemüt

Delirium(233)

Wahnideen - betrunken - sei betrunken, er - Seite sei betrunken; die leidende

– Latrodectus mactans –
lat-m.

Gemüt

Angst(362)

Empfindlich(192) | *E ~ Geräusche, gegen*(149)

Erschöpfung; geistige(217)

Furcht(242) | F ~ Geisteskrankheit(74) | F ~ geraten - Atem, außer | F ~ Tod; vor dem(143)

Qualvolle Angst(121)

Ruhelosigkeit(420)

Schreien(133) | S ~ qualvoller Angst, aus | S ~ Schmerzen, bei den(25)

Gemüt ...

Sprache - zögernd(22)

Stöhnen(119)

Tod - Agonie vor dem Tod(15) | T ~ Gedanken an den Tod(54) | **T ~ Gefühl von**(25)

Traurigkeit(477)

Weinen(244)

– Laurocerasus –
laur.

Gemüt

Abscheu - allgemeiner(42) | A ~ Leben, vor dem(84)

Alkoholismus(135)

Angst(362) | A ~ tagsüber(21) | *A ~ abends*(87) | a ~ Bett, im(54) | a ~ Dämmerung, in der(13)

Angst - nachts - Mitternacht - vor(36) | A ~ Bett - im Bett(49) | A ~ Fieber - während(91) | A ~ Freien, im - amel.(23) | A ~ Frost - während(31) | A ~ Kleinigkeiten, um(23) | A ~ Kopf - Hitze des Kopfes; mit(6) | A ~ Stuhlgang - nach(17) | A ~ Untätigkeit, mit(4)

Aphasie(53) | A ~ Magen; durch Schmerzen im

Auffahren, Zusammenfahren - Schlaf - während(163) | S ~ durch(124)

Beschwerden durch - Erregung - Gefühle, der(87) | B ~ Kummer(65) | B ~ Schreck(72)

Betäubung(237) | B ~ Schwindel - während(37)

Bewußtlosigkeit(280) | *B ~ Apoplexie, bei*(15) | B ~ Bewegungen, automatische(26) | B ~ Fieber, im(50) | B ~ geistige Empfindungslosigkeit(13) | *B ~ partiell, teilweise bei Bewußtsein*(13) | *B ~ plötzlich*(12) | B ~ Schwindel, bei(46) | *B ~ Trance, wie in*(3)

Demenz - Epileptikern, von(12)

Denken - Beschwerden - agg.; Denken an seine Beschwerden(71)

Destruktivität, Zerstörungswut(41)

Ekstase - Fieberhitze, in der(5)

GEMÜT ...

Empfindlich(192)
Entmutigt(135) | E~ Weinen, mit(6)
Erregung(287) | E~ abends - Bett, im(31) | E~ nachts(40)
Erschöpfung; geistige(217)
Faulheit(269) | F~ Schläfrigkeit, bei(29) | F~ Traurigkeit, durch(8)
Feigheit(89)
Fleißig, arbeitsam, Arbeitswut(101)
Froh(182) | F~ abends - Bett, im(29)
Furcht(242) | F~ eingebildeten - Dingen, vor(15) | F~ Geisteskrankheit(74) | F~ Unglück, vor(93) | *F~ Unheil; Furcht vor*(115) | F~ Wasser, vor(33)
Gedächtnis - Gedächtnisschwäche(284) | G~ geistige Anstrengungen; für(26) | G~ getan hat; für das, was er eben(34) | G~ plötzlich und periodisch(6) | G~ Schmerz; durch(10) | G~ Schreck; durch(10)
Gedächtnis - Gedächtnisverlust - Furcht, durch(10)
Gedanken - hartnäckig(83) | G~ Vergehen, Schwinden der Gedanken(76)
Gedanken versunken, in(90)
Gefühllos, hartherzig(21)
Geistesabwesend(71)
Geistige Anstrengung - agg.(141) | G~ unmöglich(130)
Geistige Anstrengung - Verlangen nach(65) | G~ Abneigung gegen(150)
Geschäft - Abneigung gegen(45)
Gleichgültigkeit, Apathie(251) | G~ Schläfrigkeit, bei(25)
Hartherzig, unerbittlich(20)
Hast, Eile(112) | H~ geistiger Anstrengung; bei(8)
Hochgefühl(97)
Ideen, Einfälle - Mangel an(102) | I~ Reichtum an, Klarheit des Geistes(125)
Imbezillität(140)
Indiskretion, Taktlosigkeit(30)
Konzentration - schwierig(261)
Kummer(76)
Langeweile(53)

GEMÜT ...

Lebensüberdruß(82)
Leidenschaftlich(49)
Lustig, fröhlich(123) | L~ abends(29)
Manie(149)
Milde(80)
Moralischem Empfinden; Mangel an(48)
Mürrisch(290) | M~ nachmittags(30)
Neugierig(12)
Phantasien - übertrieben - Fieberhitze, in der(5)
Reizbarkeit(408) | R~ Kopfschmerzen, bei(61)
Religiös - Mangel an religiösem Empfinden(12)
Ruhelosigkeit(420) | R~ abends(51) | R~ Freien, im - amel.(9)
Schreiben - agg. Gemütssymptome(6)
Schreien(133) | *S~ Hilfe, um*(6) | S~ Konvulsionen - vor(32)
Schüchternheit, Zaghaftigkeit(113)
Seelenruhe, Gelassenheit(85)
Sentimental, schwärmerisch, rührselig(64)
Sinne - abgestumpft, stumpf(107) | S~ Vergehen, Schwinden der(51)
Sitzen - Neigung zu sitzen(110)
Sprache - langsam(59) | S~ undeutlich(24) | S~ zögernd([illegible])
Spucken(32)
Stimmung, Laune - abweisend, zurückweisend(40)
Stöhnen(119)
Stumpfheit(332) | S~ morgens(54) | S~ nachmittags(29)
Tollwut, Hydrophobie(46)
Traurigkeit(477) | T~ ängstlich(32) | T~ arbeitsscheuen Personen; bei(9) | T~ Atmung, mit erschwerter(6) | T~ Haus, im - treibt aus dem
Unbekümmert(8)
Unbesonnen(82)
Unentschlossenheit(146)
Ungestüm(31)
Unzufrieden(168)
Vergeßlich(187) | V~ nachmittags(4) | V~ abends(9) | V~ Bewegung, bei

Gemüt …
Verlassen zu sein; Gefühl(56)
Verwirrung, geistige(321) | V~ nachmittags(33) | V~ Aufstehen - nach(12) | V~ berauscht - wie(47) | b~ wie nach einem Rausch(35)
Verwirrung, geistige - Fieberhitze, in der(26) | V~ geistige Anstrengung - durch(50) | V~ Schreiben, beim(10)
Verzweiflung(137)
Wahnideen - alte Männer - sieht | W~ angeklagt; glaubt sie sei(2) | W~ betäubt, er sei | W~ Bilder, Phantome; sieht - schreckliche(60) | W~ drehen - alles dreht sich - Kreis, im(8) | a~ rund herum
Wahnideen - Feuer - Visionen von(34) | W~ Gegenstände; über - drehen sich - rund herum(4) | W~ Gesichter, sieht(26) | G~ verzerrte - Hinlegen am Tage; beim(4)
Wahnideen - kritisiert; sie würde(12) | W~ Mann - alte Männer mit langen Bärten und verzerrten Gesichtern; sieht | W~ tot - Personen, sieht tote(59) | W~ Unglück(4) | W~ vergrößert(42) | W~ versinken, er würde(21)
Weinen(244)
Widerspenstig(66)
Widerwillen(39) | *W~ allem, vor*(22)
Wille - Willensschwäche(58)
Zerstreut(166)
Zorn(243) | Z~ mißverstanden, falsch verstanden; wenn(3)
Zufrieden(31)

Träume
Alpträume, Alpdrücken(144)
Angenehm(136)
Ängstlich(239)
Anstrengung - geistige(51)
Feuer(65)
Hochgelegene Orte(8)
Lebhaft(193)
Leichen(42)
Lustig(14)
Menses erscheinen wieder
Schrecklich(237)

Träume …
Sorgen, voller(21)
Traurig(46)
Unangenehm(87)
Unerinnerlich, bleiben nicht im Gedächtnis(93)
Unglück(64)
Verstorbenen, von(84)
Verworren(122)
Viele(260)
Wecken den Patienten(118)

– *Lecithinum* –

lec.

Gemüt
Denken - Abneigung gegen(46)
Erregung(287) | *E~ Gesellschaft, in*(4)
Erschöpfung; geistige(217)
Faulheit(269)
Furcht - Krankheit, vor drohender(66)
Gedächtnis - Gedächtnisschwäche(284)
Geistige Anstrengung - agg.(141) | **G~ Abneigung gegen**(150)
Konzentration - schwierig(261)
Reizbarkeit(408)
Ruhelosigkeit(420)
Stumpfheit(332)
Traurigkeit(477)
Vergeßlich(187)
Verwirrung, geistige(321) | *V~ Traum; wie in einem*(27)

– *Ledum palustre* –

led.

Gemüt
Abneigung - Freunde, gegen(6)
Abscheu - Leben, vor dem(84)
Alkoholismus(135)
Angst(362) | A~ morgens(42) | A~ Gewissensangst - Träumen, in(2)
Antworten - weigert sich zu antworten(32)
Auffahren, Zusammenfahren(117) | A~ Erwachen, beim(11) | A~ Schlaf - während(163) | S~ durch(124) | S~ Einschlafen, beim(72)

Gemüt ...

Auffahren, Zusammenfahren - Träumen, in - aus einem Traum(35)
Betäubung(237)
Bewußtlosigkeit(280) | *B ~ morgens*(45)
Boshaft(99)
Chaotisch(44)
Delirium - manisch(47) | D ~ Schlaflosigkeit - mit(45) | D ~ Schließen der Augen; beim(9)
Delirium tremens(84)
Ernst(77)
Erschöpfung; geistige(217)
Erschreckt leicht(125) | E ~ Erwachen, beim(41)
Feigheit(89)
Fleißig, arbeitsam, Arbeitswut(101)
Furcht(242) | F ~ morgens(27) | *F ~ Männern, vor*(30) | *F ~ Menschen, vor*(81) | F ~ Menschenmenge; in einer(58) | *F ~ Schlaf - einzuschlafen; Furcht*(18) | F ~ Tod; vor dem(143) | T ~ sterben, falls er einschläft; Furcht er werde - Alptraum; nach einem(3)
Gedächtnis - Gedächtnisschwäche(284)
Gehen - Freien, im - agg. Gemütssymptome(19)
Geisteskrankheit, Wahnsinn(153)
Geistige Anstrengung - agg.(141) | G ~ Verlangen nach(65)
Gesellschaft - Abneigung gegen(156) | *A ~ Anblick von Menschen; vermeidet den*(15)
Haß(28) | H ~ Männer, auf(6) | H ~ Rachsucht; Haß und(32)
Heftig, vehement(100)
Ideen, Einfälle - Reichtum an, Klarheit des Geistes - Schließen der Augen; beim(2)
Konzentration - schwierig(261)
Langeweile(53)
Lästig, geht auf die Nerven(79)
Launenhaftigkeit, launisch(108)
Lebensüberdruß(82)
Leidenschaftlich(49)
Lustig, fröhlich(123)
Manie(149)

Gemüt ...

Männer - Scheu vor(19)
Meditieren, Nachdenken(47)
Menschenfeindlichkeit, Misanthropie(45)
Mürrisch(290)
Phantasien - übertrieben(114) | ü ~ Schlaflosigkeit, mit(41)
Phantasien - übertrieben - Schließen der Augen im Bett; beim(8)
Reizbarkeit(408)
Ruhelosigkeit(420) | R ~ nachts(249) | R ~ Bett - Herumwerfen im(123) | R ~ bewegen - muß sich ständig(18)
Schweigsam(209)
Seelenruhe, Gelassenheit(85)
Sinne - abgestumpft, stumpf(107)
Sprechen - Schlaf, im(93)
Stimmung, Laune - abweisend, zurückweisend(40)
Stöhnen - Schlaf, im(62)
Stumpfheit(332) | S ~ Essen, nach dem(7) | S ~ Fieberfrost, im(16)
Stupor(138) | *S ~ morgens*(36)
Tod - wünscht sich den Tod, möchte sterben(72)
Traurigkeit(477) | *T ~ Gesellschaft - Abneigung gegen Gesellschaft, Verlangen nach Einsamkeit*(11)
Unbeständigkeit(45)
Unentschlossenheit(146) | U ~ wankelmütig(12)
Ungestüm(31)
Unzufrieden(168) | U ~ tagsüber(2)
Vergeßlich(187)
Verwirrung, geistige(321) | V ~ berauscht - wie(47) | V ~ Essen - nach(52)
Wahnideen(191) | W ~ Bilder, Phantome; sieht(76) | B ~ nachts(40)
Wahnideen - Gespenster, Geister, Gestalten - Schließen der Augen; beim(16) | W ~ Menschen - hinter ihm; jemand sei(19) | W ~ Phantasiegebilde, Illusionen(115) | P ~ Schließen der Augen; beim(3)
Wahnideen - Visionen, hat - Schließen der Augen; beim(29)
Weinen(244)

Gemüt ...

Widerspenstig(66)
Widerwillen(39) | *W~ allem, vor*(22)
Zerstreut(166)
Zorn(243) | Z~ heftig(72)
Zufrieden - sich selbst; mit(6)

Träume

Alpträume, Alpdrücken(144)
Angenehm(136)
Ängstlich(239) | Ä~ morgens - Erwachen, beim - amel.; Angst ist(15)
Anstrengung - geistige(51)
Beschäftigt zu sein; sehr(29)
Beschämend(13)
Erniedrigung(12)
Erotisch(196) | E~ Erektionen, mit(27) | E~ Pollutionen, mit(96)
Gewalttätigkeit(8)
Gewissensbisse(11)
Lebhaft(193)
Mord(53)
Orte - öffentliche - verändern sich häufig(3)
Phantastisch(55)
Ruhelos(53)
Schrecklich(237)
Unglück(64)
Verdrießlich(122)
Verfolgt zu werden - Tieren, von(13) | T~ wilde(14)
Verworren(122)
Viele(260)
Visionär(45)
Wecken den Patienten(118)

– *Lepidium bonariense* –

lepi.

Gemüt

Angst - Erwachen, beim(86)
Bewußtlosigkeit(280)
Froh(182)
Furcht - Erwachen, beim(54)
Gedanken - Krankheit, über seine(11)
Gleichgültigkeit, Apathie(251) | G~ allem; gegenüber(71)
Ideen, Einfälle - Mangel an(102)

Gemüt ...

Lachen(102)
Ruhelosigkeit(420)
Schreien(133)
Streitsüchtig(136)
Stumpfheit(332)
Torpor(26)
Traurigkeit(477) | T~ Erwachen, beim(24)
Unzufrieden(168)
Wahnideen - allein zu sein - Friedhof; allein auf einem(2) | W~ Boden - sinken; der Boden würde | W~ Gespenster, Geister, Gestalten - sieht(55) | G~ verfolgt von, wird(3)
Wahnideen - Grab; er sei in seinem(4) | W~ verfolgt - Feinden, von(30) | v~ Gespenstern, von(3)

Träume

Traurig(46)
Verstorbenen, von(84) | V~ Freunde - sprechen; mit verstorbenen Freunden zu

– *Leptandra virginica* –

lept.

Gemüt

Delirium(233)
Empfindlich - Geräusche, gegen(149) | G~ schrille Töne, gegen(16)
Reizbarkeit(408)
Traurigkeit(477)
Verzweiflung(137)
Zweifelt - Genesung; an der(31)

– *Levomepromazinum* –

levo.

Gemüt

Angst - Erwartungsspannung, durch(7)
Anorexia nervosa(13)
Beschwerden durch - Erwartungsspannung(68)
Boshaft(99) | B~ verletzen; Verlangen, jemanden zu(3)

Gemüt ...

Furcht - Geisteskrankheit(74) | F~ Menschenmenge; in einer(58) | F~ offenen Plätzen; Furcht vor(17)
Gleichgültigkeit, Apathie(251) | G~ Umgebung, gegen die(16)
Konzentration - schwierig(261)
Qualvolle Angst(121) | Q~ Licht - Zimmer; im hell erleuchteten | Q~ überfüllten Zimmer; im (mit Menschen)
Ruhelosigkeit(420)
Schizophrenie(10)
Schreien - Hilfe, um(6)
Ungeschicklichkeit(41) | U~ fallen, läßt Dinge(26)
Wahnideen(191) | W~ Ohnmacht, von(2) | W~ vergrößert - Augen seien(3)
Weinen(244)

Träume

Ängstlich(239)
Tod - Verwandten, von(14)
Unangenehm(87)

– *Lilium superbum* –

lil-s.

Gemüt

Furcht - Geisteskrankheit(74)
Gleichgültigkeit, Apathie(251)
Konzentration - schwierig(261)
Ruhelosigkeit - nachts(249) | n~ Mitternacht - nach - 2 h(8)
Ruhelosigkeit - Kopfschmerzen, bei(31)
Traurigkeit(477) | T~ morgens(71)

Träume

Erstochen zu werden(5)
Geschnitten zu werden - Stücke, in
Räuber(36)
Rufen - Hilfe, um(2)
Schrecklich(237)

– *Lilium tigrinum* –

lil-t.

Gemüt

Aktivität; Verlangen nach(38)

Gemüt ...

Angesprochen zu werden - Abneigung(63) | A~ allein gelassen werden; möchte(10)
Angst(362) | A~ abends - Bett, im(54) | A~ nachts(119) | **A~ Seelenheil, um das**(35) | A~ Zukunft(108)
Antworten - Abneigung zu antworten(67)
Auffahren, Zusammenfahren(117)
Beschäftigung - amel.(48)
Beschimpfen, beleidigen, schmähen(67) | B~ Kinder - Eltern; Kinder beschimpfen ihre(9)
Beschwerden durch - sexuell - Exzesse(59)
Betäubung(237)
Bewußtlosigkeit(280)
Bissig, schnippisch(7)
Boshaft(99)
Brütet, grübelt(41) | B~ Probleme - eingebildete Probleme nach; über(5)
Delirium(233)
Demenz(33) | D~ senilis, Dementia(25) | D~ sexuelle Exzesse; durch | D~ Sorgen um die Geschäfte; durch
Destruktivität, Zerstörungswut(41)
Diktatorisch, herrschsüchtig, dogmatisch, despotisch(25)
Eifersucht(34)
Empfindlich(192) | E~ Geräusche, gegen - schrille Töne, gegen(16)
Erotisch(39)
Erregung(287) | E~ amel.(7) | *E~ Herzklopfen, mit heftigem*(17)
Faulheit(269) | *F~ körperlich*(23)
Fehler; macht - Schreiben, beim(83) | F~ Sprechen, beim(81)
Fleißig, arbeitsam, Arbeitswut(101)
Fliehen, versucht zu(61)
Fluchen(44) | F~ abends(2)
Furcht(242) | F~ Abwärtsbewegung, vor(10) | *F~ fallen, zu stürzen; zu*(28) | f~ Zimmer; agg. im
Furcht - Falsches zu sagen; etwas(2) | *F~ Geisteskrankheit*(74) | *F~ Geschäft; vor dem*(2) | *F~ geschehen; etwas werde*(82)

GEMÜT ...

Furcht - Herz - Herzerkrankung(23) | F~ Katastrophe ; vor einer(8) | *F~ Krankheit, vor drohender*(66) | K~ unheilbar zu sein(42)

Furcht - Leiden, vor(12) | F~ moralischer Verfehlung; vor | m~ abwechselnd mit - sexueller Erregung

Furcht - Tod; vor dem(143) | F~ Unglück, vor(93) | *F~ Unheil; Furcht vor*(115)

Gedächtnis - Gedächtnisschwäche(284) | G~ auszudrücken, sich(41) | G~ sagen will; für das, was er gerade(38) | G~ Worte, für(61)

Gedanken versunken, in(90)

Gehalten - amel.; gehalten zu werden(22)

Geisteskrankheit, Wahnsinn(153) | *G~ abwechselnd mit - körperliche Symptome*(7) | G~ erotisch(31) | *G~ geschäftlichen Mißerfolg; durch*(2) | *G~ Menopause, in der*(11) | G~ religiös(19) | G~ sexuelle Exzesse, durch(6)

Geistige Anstrengung - agg.(141) | a~ unmöglich(130)

Geistige Anstrengung - Abneigung gegen(150)

Gemütssymptome(26) | *G~ abwechselnd mit - körperliche Symptome*(18)

Geschäft - Abneigung gegen(45)

Geschäftig(45) | *G~ fruchtlos, ergebnislos*(14)

Gesellschaft - Abneigung gegen(156) | *G~ Verlangen nach*(83) | V~ allein; agg. wenn(48)

Gleichgültigkeit, Apathie(251) | **G~ getan wird; gegen alles, was für sie**

Hast, Eile(112) | **H~ Beschäftigung, bei**(15) | **B~ Verlangen mehreres gleichzeitig zu tun**(3)

Hast, Eile - geht hin und her, kann sich weder durch Denken oder Lesen ablenken | **H~ Pflichten; wie durch dringende** | H~ ziellos

Heftig, vehement(100) | H~ Gewalttaten führt; Raserei, die zu(34)

Hochmütig, arrogant(53)

Hysterie(194)

GEMÜT ...

Ideen, Einfälle - Mangel an(102)

Kleinigkeiten scheinen wichtig, bedeutend(19)

Konzentration - schwierig(261) | s~ verrücktes Gefühl auf dem Scheitel, wildes Gefühl im Kopf, mit Verwirrung der Gedanken

Kummer - sucht nach etwas, um sich Kummer zu bereiten

Lachen(102) | L~ Ernstes, über(15)

Langeweile - Unterhaltung amel.(3)

Lasziv, lüstern(77)

Launenhaftigkeit, launisch(108)

Lesen - Abneigung gegen Lesen(25)

Manie(149)

Menopause agg.(18)

Milde(80)

Mürrisch(290)

Nachgiebigkeit(21)

Näherkommen, auf ihn Zukommen von Personen - Abneigung gegen(12)

Neid(22)

Nymphomanie(67)

Phantasien - lasziv(46) | P~ übertrieben(114) | *P~ verworren*(10)

Quält - sich(8)

Redseligkeit; Geschwätzigkeit(136)

Reizbarkeit(408) | R~ morgens - Erwachen, beim(43) | R~ vormittags(25) | R~ nachmittags(37) | R~ abends(60) | *R~ angesprochen, wenn*(26) | R~ Erwachen, beim(56) | *R~ Pollutionen, nach*(10) | *R~ Samenabgang, nach*(8) | R~ Trost - agg.(21) | *R~ Uterusprolaps, bei*

Religiös - Gemütsstörungen, religiöse(63) | G~ abwechselnd mit - sexuelle Erregung(2) | G~ gequält; nachts von religiösen Gedanken(2)

Religiös - Melancholie(21)

Ruhelosigkeit(420) | R~ ängstlich - Gehen; zwingt zu schnellem(6)

Schlagen(42) | S~ Verlangen - schlagen, zu(15)

Schöne Dinge - Verlangen nach schönen Dingen(3)

GEMÜT ...

Schreien(133) | *S ~ muß; hat das Gefühl, als ob sie schreien*(20)
Schüchternheit, Zaghaftigkeit(113) | S ~ schamhaft(58)
Schweigsam(209)
Seelenruhe, Gelassenheit(85)
Selbstbetrachtung(58)
Sentimental, schwärmerisch, rührselig(64)
Seufzen(98)
Sinne - verwirrt, durcheinander(5)
Sitzen - Neigung zu sitzen(110)
Sorgen, voller - Geschäfte, um seine(8)
Sprache - hastig(44)
Sprechen - Verlangen mit jemandem zu(11)
Störungen; Abneigung gegen(13)
Stumpfheit(332) | S ~ nachmittags(29) | S ~ Worte zu finden; mit Unfähigkeit, die richtigen
Suizidneigung; Neigung zum Selbstmord(98) | S ~ Gedanken an Selbstmord(33) | S ~ Gift, durch(6)
Tadelsüchtig, krittelig(80)
Tod - wünscht sich den Tod, möchte sterben(72)
Traum; wie in einem(69)
Traurigkeit(477) | T ~ Tag und Nacht - Diarrhoe am Morgen; mit | T ~ nachts(21) | n ~ Bett, im(8)
Traurigkeit - abwechselnd mit - sexuelles Verlangen | T ~ Kopfschmerzen, bei(30) | T ~ Menopause, in der(25)
Traurigkeit - sexuelle Erregung - mit sexueller Erregung(10)
Trost - agg.(39)
Unanständig, unzüchtig - Sprache, anstößige(12)
Ungeduld(131) | U ~ angesprochen, wenn(2)
Unternimmt - Vieles, hält aber bei nichts durch, bleibt nicht dabei(28)
Unvernünftig(2)
Unverschämtheit(33)
Unwirklich - alles scheint(14)
Unzüchtig, obszön(34) | *U ~ Sprechen*(14)

GEMÜT ...

Unzufrieden(168) | U ~ allem; mit(66) | U ~ Besitz, Eigentum; mit ihrem
Vergeßlich(187) | V ~ Denken an etwas agg. und Ablenkung amel. | V ~ Worte beim Sprechen; vergißt(52)
Vergnügen - Abneigung gegen(8)
Verlassen zu sein; Gefühl(56)
Verweilt - vergangenen unangenehmen Ereignissen; bei(46)
Verwirrung, geistige(321) | V ~ nachts - Hinlegen, beim(3) | V ~ Identität; in bezug auf seine - Dualität; Gefühl der(37) | V ~ Kopfschmerzen, mit(11) | V ~ Lesen, beim(15) | V ~ Liegen; beim(10) | V ~ Schreiben, beim(10)
Verzweiflung(137) | **V ~ religiöse Verzweiflung am Seelenheil**(30) | *r ~ abwechselnd mit - sexueller Erregung*
Verzweiflung - Schmerzen; bei den(21)
Wahnideen - berauscht - sei, er(59) | W ~ doppelt - sein, doppelt zu(30) | W ~ Fliegen - könne er fliegen; als(3) | W ~ geisteskrank - werden; er würde geisteskrank(43) | w ~ festhalten würde; wenn er sich nicht
Wahnideen - geteilt - zwei Teile; in(10) | W ~ Körper - geteilt, sei(6) | *W ~ Krankheit - unheilbare Krankheit; er habe eine*(18) | W ~ sterben - gleich sterben; glaubt, er würde(57) | W ~ unwirklich - alles erscheint unwirklich(19) | *W ~ verdammt; er sei*(23) | *v ~ büßen; um ihre Sünden und die ihrer Familie zu*
Wahnideen - verlassen ; er sei(21) | v ~ Sorgen machen; keiner würde sich um sie(2)
Weinen(244) | W ~ Ärger, durch(23) | W ~ Trost - agg.(22) | W ~ Zorn - nach(19)
Wildes Gefühl im Kopf(5)
Wille - Muskeln gehorchen dem Willen nicht, wenn die Aufmerksamkeit abgelenkt wird(3)
Wirft mit Gegenständen um sich - Personen; nach(5)

Gemüt ...

Ziehen - Haaren; an den(9) | H~ Verlangen zu ziehen - ihrem eigenen Haar; an(9) | *V~ jemanden an den Haaren*(11)
Zorn(243)
Zweifelt - Genesung; an der(31) | *Z~ Seelenheil, am*(18)

Träume

Ängstlich(239)
Anstrengung - körperliche(20)
Beschäftigt zu sein; sehr(29)
Erotisch(196) | E~ morgens(8) | *E~ Pollutionen, mit*(96)
Grausamkeit(7)
Grotesk
Schrecklich(237)
Unangenehm(87)
Verdrießlich(122)
Viele(260)

– Limestone Burren –

limest-b.

Gemüt

Abneigung - Menschen; gegen - bestimmte; gegen(14)
Aktivität; Verlangen nach - abwechselnd mit - Schwäche(2)
Angst(362) | A~ Furcht, mit(110) | A~ Gewissensangst(75) | A~ Kleinigkeiten, um(23)
Auffahren, Zusammenfahren - leicht(52)
Beleidigt, leicht(79)
Beschäftigung - amel.(48)
Boshaft(99)
Dämmerung agg. Gemütssymptome(9)
Empfindlich(192) | E~ äußerliche Eindrücke; gegen alle(21) | E~ Geräusche, gegen - plötzlich(6)
Entfremdet - Familie, von seiner(18) | E~ Gesellschaft; von der(3)
Erregung(287)
Euphorie(13)
Fanatismus(9)
Faulheit(269)
Fliehen, versucht zu(61)

Gemüt ...

Froh(182)
Furcht - allein zu sein(54) | F~ bemerken; man würde ihren Zustand(6) | F~ Geisteskrankheit(74) | F~ Geräusche, durch - plötzlichen Geräuschen, vor(3) | F~ geschehen; etwas werde - Schreckliches werde geschehen; etwas(2) | F~ Unheil; Furcht vor(115) | F~ Veränderung; vor jeder plötzlichen | F~ Verwirrung bemerken würden; daß Menschen ihre(3)
Gedächtnis - fehlerhaft, falsch (siehe verwirrt) | G~ Gedächtnisschwäche(284) | G~ Familie; für die(2) | G~ Freunde; für(2) | G~ geschehen ist; für das, was(17) | G~ getan hat; für das, was er eben(34) | G~ Tatsachen, Fakten; für - zurückliegende Tatsachen, für lange(10) | G~ Termine, für das Datum; für(12) | G~ tun wollte; für das, was er gerade(33)
Gedanken versunken, in(90)
Geistesabwesend(71)
Gesellschaft - Abneigung gegen(156) | G~ Verlangen nach(83)
Gespräche - agg.(45)
Gleichgültigkeit, Apathie(251)
Hause, zu - Verlangen, nach Hause zu gehen(18)
Heimweh(52)
Hochgefühl(97)
Konzentration - schwierig(261) | s~ Gespräches, während eines(7) | s~ Sprechen, beim(4)
Kummer(76)
Lachen - hysterisch(7) | L~ Kleinigkeiten, über(13) | L~ traurig, wenn(2)
Lustig, fröhlich - abwechselnd mit - Traurigkeit(14)
Meer - liebt das Meer
Meer; Aufenthalt am - amel. Gemütssymptome | M~ liebt es, am Meer zu sein
Mitteilsam, gesprächig(8)
Monomanie(16)
Natur - liebt(3)

Gemüt …

Pflanzen - liebt

Phantasien - versunken in(9)

Redseligkeit; Geschwätzigkeit(136)

Reizbarkeit - abends(60) | R~ gestört wird; wenn er(5) | R~ grundlos(2) | R~ Kindern; gegenüber(2) | R~ Kleinigkeiten, durch(34) | R~ plötzlich

Ruhelosigkeit(420)

Schreckliches und traurige Geschichten greifen sie stark an(32)

Schreien - muß; hat das Gefühl, als ob sie schreien(20) | S~ plötzlich(5) | S~ Zorn, bei(7)

Selbstvertrauen - Mangel an Selbstvertrauen(86)

Singen - Erwachen, beim(2)

Sorgen, voller - andere, um(14)

Spaßen(52) | S~ Traurigkeit; bei

Sprache - Akzent; in einem für ihn ungewöhnlichen - amerikanischem Akzent; mit | S~ laut(11) | S~ wiederholt immer dasselbe(6)

Sprechen - anderer agg.; das Sprechen(46) | S~ einem Thema; von nichts anderem als(7) | S~ Schlaf, im(93) | S~ Verlangen mit jemandem zu(11)

Stimmung, Laune - veränderlich(158) | S~ wechselnd, wechselhaft(80)

Stumpfheit(332)

Tadelt - sich selbst(36)

Tiere - liebt Tiere, Tierliebe(9)

Traum; wie in einem(69)

Traurigkeit(477)

Untätigkeit(4)

Unwirklich - unterscheiden zwischen wirklich und unwirklich, Wirklichkeit und Einbildung; kann nicht

Verlassen zu sein; Gefühl(56)

Verstecken - sich(18)

Verwirrung, geistige(321)

Wahnideen(191) | W~ alte Männer - sein; ein alter Mann zu(3) | W~ anerkannt, geschätzt; sie würde nicht(5) | W~ Bilder, Phantome; sieht - Schließen der Augen; beim(16) | B~ schreckliche(60)

Gemüt …

Wahnideen - Boot gehören; es würde ihm ein | W~ dünn - Körper sei(2) | K~ vergrößert; aber Arme und Hände seien

Wahnideen - elend aussehen; sie würde - Blick in den Spiegel; beim(2) | W~ essen - würde essen; er | W~ Falle zu sitzen; in der | W~ getrennt - Körper - Geist seien getrennt; Körper und(3) | W~ groß gewachsen - er oder sie sei groß gewachsen(7) | W~ Hause, zu - weg von zu Hause; er sei(23) | W~ Hunde - sieht(18) | W~ Körper - leichter als Luft; der Körper sei(8) | K~ verkleinert; sei - linke Körperseite sei kleiner(2)

Wahnideen - Kopf - vergrößert - rechte Seite | K~ verkleinert - linke Seite habe sich verkleinert; die

Wahnideen - mißverstanden; er würde | W~ Schiffe - sieht Schiffe auf dem Ozean | W~ schmutzig - er sei(6) | W~ unwirklich - alles erscheint unwirklich(19) | W~ vergiftet Menschen, sie(2) | W~ vergrößert(42) | v~ Körper sei(8) | K~ Körperteile(10)

Wahnideen - vergrößert - Kopf sei(15) | W~ verlassen ; er sei(21) | W~ Verletzung - zufügen; sie würde gleich jemandem eine Verletzung | W~ versklavt; er sei | W~ Wasser - unter Wasser; er sei | W~ Zeit - länger; die Zeit erscheint(14)

Wasser - liebt

Weinen - kann nicht weinen, obwohl er traurig ist(13) | W~ Tod; durch den Gedanken an die Trauer, den Kummer der anderen bei ihrem eigenen

Zeit - langsam, scheint länger; vergeht zu(29)

Zerstreut(166)

Zufrieden(31)

– Limulus cyclops –

lim.

Gemüt

Stumpfheit(332)

– Linaria vulgaris –

lina.

Gemüt

Stumpfheit(332)

Wahnideen - Medikamente - eingenommen, er habe | W ~ schlafen; er würde - Nacht geschlafen; er habe die ganze(2) | W ~ vergiftet - er - worden; er sei(16) | v ~ Medikamenten vergiftet; er würde mit(4)

Träume

Verworren(122)

– Linum catharticum –

linu-c.

Gemüt

Beharrlichkeit - Pflichten; bei der Erfüllung beschwerlicher

Bittet - nichts; um(16)

Faulheit(269)

Gedächtnis - Gedächtnisschwäche(284)

Gleichgültigkeit, Apathie(251)

Mürrisch(290)

Reizbarkeit(408)

Stumpfheit(332)

Verlangen, Wunsch nach - nichts; nach(7)

Träume

Erotisch(196)

Gefahr(40)

Körperteile - Penis - Vorhaut fällt ab

Krankheit - Cholera

Reisen(48)

Verdrießlich(122)

– Lippia mexicana –

lip.

Gemüt

Angst(362)

Ruhelosigkeit(420)

– Lippspringe aqua –

lipp.

Gemüt

Angst(362)

Furcht(242) | F ~ Unglück, vor(93)

Gedächtnis - Gedächtnisschwäche(284)

Heimweh(52)

Mürrisch(290)

Reizbarkeit(408)

Ruhelosigkeit(420) | R ~ Sitzen, im(21)

Schreiben - Verlangen nach(3)

Traurigkeit(477)

Träume

Ängstlich(239)

Erotisch - Pollutionen, mit(96)

Kinder(8)

Lebhaft(193)

Pferde - rennende, laufende(3)

Särge(5)

Unerinnerlich, bleiben nicht im Gedächtnis(93)

Verstorbenen, von(84)

Zorn(58)

– Lithium carbonicum –

lith-c.

Gemüt

Angst(362) | A ~ nachts(119)

Entmutigt(135)

Erregung(287) | E ~ Herzklopfen, mit heftigem(17)

Gedächtnis - Gedächtnisschwäche - Eigennamen; für(44) | G ~ Namen; für - Gegenständen; von(2)

Hilflosigkeit, Gefühl der - nachts

Traurigkeit(477)

Verlassen zu sein; Gefühl(56)

Verwirrung, geistige - Stehen, im(11)

Gemüt ...
Verzweiflung(137) | V~ Nacht, die ganze
Weinen(244) | W~ verlassen zu sein; aus dem Gefühl heraus

Träume
Erotisch(196)
Ruhelos(53)

– Lobelia cardinalis –
lob-c.

Gemüt
Auffahren, Zusammenfahren - Schlaf - während(163)
Beschwerden durch - Kummer(65)
Singen(59)

Träume
Viele(260)

– Lobelia inflata –
lob.

Gemüt
Alkoholismus(135)
Angst(362)
Betäubung(237)
Delirium(233) | D~ Erwachen, beim(20) | D~ manisch(47) | D~ rasend(84)
Erregung(287)
Erschöpfung; geistige(217)
Furcht(242) | *F~ Ersticken, vor dem*(24) | F~ Herz - Herzerkrankung(23) | F~ Tod; vor dem(143)
Geisteskrankheit, Wahnsinn(153)
Heikel, pingelig(34)
Hysterie(194)
Morphiumsucht(31)
Qualvolle Angst(121)
Raserei, Tobsucht, Wut(95)
Ruhelosigkeit(420) | R~ innerlich(37)
Stumpfheit(332) | S~ angesprochen, wenn(2)
Tod - Gedanken an den Tod(54) | T~ Vorahnung des Todes(62)
Torpor(26)
Traurigkeit(477)

Gemüt ...
Verwirrung, geistige(321) | V~ Bewegung, durch(16) | V~ Essen - nach(52)
Wahnideen - rasend, tobsüchtig werden; er würde | W~ Schwindel - beginnt - Auge aus; vom linken
Weinen(244) | W~ Schluchzen; Weinen mit(34)

Träume
Alpträume, Alpdrücken(144)
Amputation - Armes, des
Ängstlich(239)
Krankheit - Verletzungen(12)
Lebhaft(193)
Schuß - verwundet zu werden; von einem Schuß(5)
Verletzungen(13)
Verwundet zu werden(4)
Viele(260)
Wecken den Patienten(118)

– Lobelia purpurascens –
lob-p.

Gemüt
Hast, Eile(112)
Ruhelosigkeit(420)

– Lobelia syphilitica –
lob-s.

Gemüt
Beschwerden durch - Kummer(65)
Fehler; macht - Schreiben, beim(83) | F~ Sprechen, beim - Buchstabieren, beim(23)
Singen(59)
Traurigkeit(477)
Weinen(244)
Wildheit(29)

– Loleum temulentum –
lol.

Gemüt
Angst(362)
Betäubung(237)

Gemüt ...
Delirium(233) | D~ rasend(84)
Delirium tremens(84)
Erregung(287)
Erschöpfung; geistige(217)
Furcht(242)
Geisteskrankheit, Wahnsinn(153)
Imbezillität(140)
Konzentration - schwierig(261)
Manie - Raserei, mit(27)
Raserei, Tobsucht, Wut(95)
Ruhelosigkeit(420) | R~ ängstlich(111)
Stumpfheit(332)
Ungeschicklichkeit(41) | U~ fallen, läßt Dinge(26)
Verwirrung, geistige(321)
Wahnideen(191)

– *Lonicera caprifolium* –

lon-c.

Gemüt
Betäubung(237)

– *Lonicera periclymenum* –

lon-p.

Gemüt
Reizbarkeit(408)

– *Lonicera xylosteum* –

lon-x.

Gemüt
Antworten - unfähig zu antworten(2)
Bewußtlosigkeit(280)

– *Luffa operculata* –

luf-op.

Gemüt
Gleichgültigkeit, Apathie(251)
Lebhaft, munter(50)
Reizbarkeit(408)
Traurigkeit(477)

– *Luna* –

luna

Gemüt
Angst(362)
Bissig, schnippisch(7)
Distanziert(6)
Empfindlich(192)
Fehler; macht - Sprechen, beim(81)
Gesellschaft - Abneigung gegen(156)
Gleichgültigkeit, Apathie(251) | G~ Ehemann; gegen den
Haß - Ehemann; auf den
High; fühlt sich(3)
Konzentration - schwierig(261)
Reizbarkeit(408) | R~ Ehemann; gegenüber dem | R~ Kindern; gegenüber - eigenen Kindern; gegenüber den(2) | R~ Menses - vor(17)
Selbstbetrachtung(58)
Stimmung, Laune - veränderlich(158) | v~ Menses - vor(2)
Traurigkeit(477)
Traurigkeit - vergangene Ereignisse; über(2)
Überprüfen - zweimal oder öfter kontrollieren; muß alles(5)
Ungeduld(131)
Untätigkeit(4)
Vergeßlich(187)
Verwirrung, geistige(321)
Wahnideen - schweben - Luft, in der(45)
Weinen(244) | W~ Zorn - nach(19)
Zerstreut(166)
Zorn(243) | Z~ Ehemann gerichtet; auf ihren | Z~ Menses - während(7) | Z~ plötzlich(7)
Zurückhaltend, reserviert(64)

– *Lupulus humulus* –

lup.

Gemüt
Alkoholismus(135)
Auffahren, Zusammenfahren - Schlaf - durch(124)
Betäubung(237)
Bewußtlosigkeit(280)

Gemüt ...
Delirium(233)
Delirium tremens(84)
Stupor(138)
Traurigkeit(477)
Weinen - nachts(81)

– Lycopersicum esculentum –
lycpr.

Gemüt
Empfindlich - Geräusche, gegen(149)
Mürrisch(290)
Reizbarkeit(408)
Zorn(243)

Träume
Wecken den Patienten(118)

– Lycopodium clavatum –
lyc.

Gemüt
Abneigung - allem, gegenüber(39) | A ~ Familienmitglieder; gegen(19) | **A ~ Frauen; gegen**(12) | A ~ Geschlecht - andere Geschlecht; gegen das - religiöse Abneigung(3) | A ~ Kinder; gegen(4) | *K ~ eigenen Kinder; gegen ihre*(8)

Abneigung - Männer; gegen(8) | M ~ Frauen; bei - religiöse Abneigung(3)

Abscheu - allgemeiner - Erwachen, beim(3) | *A ~ Leben, vor dem*(84) | **L ~ morgens**(3)

Albernes Benehmen(65)

Alkoholismus(135)

Angesehen zu werden; erträgt es nicht(23)

Angesprochen zu werden - Abneigung(63)

Angst(362) | *A ~ morgens*(42) | *m ~ Erwachen, beim*(30)

Angst - vormittags(15) | *A ~ nachmittags - 16 h*(2) | *A ~ abends*(87) | *a ~ Bett, im*(54)

Angst - nachts(119) | *n ~ Mitternacht - vor*(36) | M ~ nach(22) | n ~ Erwachen, beim(4)

Gemüt ...
Angst - nachts - Erwachen, beim(24) | A ~ Ärger - nach(6) | *A ~ Bett - im Bett*(49) | i ~ Herumdrehen im Bett; beim

Angst - Erwachen, beim(86) | A ~ Erwartungsspannung, durch - Verabredung, vor einer(12) | A ~ Fahren oder Reiten, beim - fährt; wenn er selbst(7) | A ~ Fieber - Wechselfieber, bei(4) | *A ~ Flatus - durch*(4) | *A ~ Freien, im - amel.*(23) | *A ~ Furcht, mit*(110) | *A ~ Gehen - agg.*(21) | **G ~ Freien, im**(12)

Angst - Gesellschaft, wenn in(8) | A ~ Gesundheit; um die - eigene Gesundheit; um seine(57) | **A ~ Haus, im**(15) | A ~ hypochondrisch(52) | *A ~ Konvulsionen - zwischen - epileptischen*(2) | A ~ Kränkung, Demütigung; nach | A ~ Krampf - wie durch | A ~ Menschenmenge, in einer(12) | A ~ Pulsieren im Abdomen; mit(2) | *A ~ Schlaf - während*(42) | *S ~ Einschlafen, beim*(13)

Angst - Schreck - nach(12) | *A ~ Seelenheil, um das*(35) | S ~ Bedenken, Gewissensbisse; übermäßige religiöse(7) | *B ~ Ausübung der religiösen Pflichten; in bezug auf die*(5)

Angst - Träume; beim Erwachen aus schrecklichen(17) | A ~ Tunnel - Zug in einem Tunnel ist; wenn der(3) | *A ~ Wetter, bei stürmischem*(6)

Anmaßend(5)

Antworten - diktatorisch(4) | *A ~ hastig, überstürzt*(11) | A ~ langsam(35) | *A ~ zerstreut*(2)

Aphasie(53)

ARGWÖHNISCH(105)

Arzneimittel, homöopathische - Abneigung gegen(6)

Auffahren, Zusammenfahren(117) | A ~ nachts(19) | A ~ ängstlich(8) | A ~ Erwachen, beim(11) | A ~ Füßen; als käme es von den | *A ~ Geräusche, durch*(60) | *A ~ Kleinigkeiten, über*(21) | A ~ Liegen, beim

Gemüt ...

Auffahren, Zusammenfahren - Schlaf - während(163) | S ~ durch(124) | **S ~ Einschlafen, beim**(72) | E ~ Füßen beginnen; als würde es bei den

Auffahren, Zusammenfahren - Schmerz - agg.(2) | *A ~ Schreck oder wie durch Schreck; durch*(68)

Außer sich; ist(51) | A ~ Angst; vor(14) | A ~ Schmerzen; vor(13)

Begreifen, Auffassungsvermögen - leicht(38)

Beharrlichkeit(16)

Beißen - Kissen; beißt(3) | *B ~ Nägel*(33)

Beleidigt, leicht(79)

Bellen - Knurren wie ein Hund(8) | K ~ Schlaf, im

Berührt zu werden; Abneigung(46)

Beschäftigung - amel.(48)

Beschimpfen, beleidigen, schmähen(67) | **B ~ Kinder - Eltern; Kinder beschimpfen ihre**(9) | B ~ Typhus; bei

Beschwerden durch - Angst(9) | **B ~ Enttäuschung**(17) | B ~ Erregung - Gefühle, der(87) | **B ~ Erwartungsspannung**(68) | B ~ Furcht(27) | B ~ geistige Anstrengung(59) | **B ~ Grobheit anderer**(13) | *B ~ Ichbezogenheit, Selbstüberhebung*(9) | **B ~ Kränkung, Demütigung**(39) | B ~ Kummer(65) | B ~ Mißerfolg - literarischer, wissenschaftlicher Mißerfolg(6) | **B ~ Schreck**(72) | **B ~ sexuell - Exzesse**(59) | B ~ Uneinigkeit zwischen - Vorgesetzten und Untergebenen(9) | B ~ Verachtung; verachtet zu werden(23) | *B ~ Zorn*(94) | Z ~ Angst, mit(30) | Z ~ Entrüstung; mit(11) | **Z ~ stillem Kummer; mit**(27) | **Z ~ unterdrückten Zorn; durch**(11)

Bestechlich, käuflich, korrupt(5)

Betäubung(237) | B ~ morgens(13) | B ~ nachmittags(7) | B ~ abends(6) | B ~ Lesen, beim | B ~ wacht nur schwer auf(5)

Bett - Abneigung gegen das Bett, meidet es(18) | B ~ bleiben; möchte im Bett - morgens(7)

Gemüt ...

Bewußtlosigkeit(280) | B ~ morgens(45) | B ~ abends(15) | B ~ Bewegungen, automatische(26) | *B ~ Fieber, im*(50) | *B ~ Hydrozephalus, bei*(7) | *B ~ Kiefer fällt herab*(3) | *B ~ Menses - nach*(4) | M ~ Unterdrückung von(8)

Bewußtlosigkeit - periodisch(6) | *B ~ Scharlach, bei*(8) | B ~ Schwindel, bei(46) | B ~ Sprechen, beim | B ~ Stehen, im(8) | *B ~ überfüllten Zimmer; in einem mit Menschen*(12) | *B ~ warmen Zimmer, im*(6)

Blasphemie, Gotteslästerung - Fluchen, und(12)

Boshaft(99) | *B ~ Zorn, mit*(12)

Brütet, grübelt(41)

Bulimie(16)

Charakter, Mangel an(3)

Delirium(233) | D ~ abends(10) | D ~ nachts(67) | D ~ Blutung - nach(14) | *D ~ brummt*(44) | D ~ Erschöpfung, mit(7) | *D ~ flüstert*(10) | D ~ herrschsüchtig, anmaßend | D ~ manisch(47) | D ~ Menses - vor(5) | M ~ während(10)

Delirium - Neid, mit | **D ~ rasend**(84) | *D ~ Schlaf - während*(26) | D ~ Schlaflosigkeit - mit(45) | D ~ sorgenvoll(5) | D ~ vorwurfsvoll(2)

Delirium tremens(84)

Demenz(33)

Denken - Abneigung gegen(46) | A ~ nachmittags | A ~ abends

Diktatorisch, herrschsüchtig, dogmatisch, despotisch(25) | D ~ Machtliebe(2) | *D ~ spricht in Befehlston*(4)

Dunkelheit - agg.(27)

Ehrgeiz(15) | E ~ Geld zu verdienen(5) | E ~ Mittel ein; setzt alle erdenklichen(3)

Eifersucht(34)

Eigensinnig, starrköpfig, dickköpfig(107) | E ~ Dummkopf, wie ein(3) | E ~ Kinder(18)

Eitelkeit(10)

Empfindlich(192) | E ~ Fieberhitze, in der(8) | E ~ geistige Eindrücke; gegen(20)

GEMÜT ...

Empfindlich - Geräusche, gegen(149) | *G~ geringste Geräusch; gegen das*(29) | G~ Rascheln von Papier; gegen(6) | G~ schrille Töne, gegen(16)

Empfindlich - Gerüche, gegen(30) | *E~ Mangel an Empfindlichkeit*(20) | E~ Menses - während(5) | *E~ Musik, gegen*(46) | E~ Schmerz, gegen(31) | *E~ Sinneseindrücke, gegen*(23)

Entfremdet - Familie, von seiner - Fremden, aber nicht zu seiner Familie und Umgebung; er ist freundlich zu(4) | E~ Kindern; flüchtet vor ihren eigenen

Entmutigt(135) | E~ Kindern, bei | E~ ruhig, und | *E~ Weinen, mit*(6)

Erkennt - nicht; erkennt - Verwandten nicht; erkennt seine eigenen(28)

Ernst(77)

Erotisch(39)

Erregung(287) | *E~ morgens*(19) | E~ nachmittags(8) | E~ abends(32) | a~ Bett, im(31)

Erregung - nachts(40) | n~ Schlaf, im

Erregung - Frost - während(22) | E~ Kindern, bei(4) | E~ Menses - vor(11) | *E~ Schweiß, beim*(11) | E~ Wein - wie durch(8)

Erschöpfung; geistige(217)

Erschreckt leicht(125) | *E~ nachts*(11) | E~ Erwachen, beim(41) | **E~ Traum, aus einem**(14)

Erschreckt leicht - Kleinigkeiten, über(27)

Erwachen; Gemütssymptome agg. beim(5)

Erwartungsspannung - Lampenfieber(14)

Faulheit(269) | F~ nachmittags(18) | *F~ Essen, nach dem*(25) | F~ körperlich(23) | F~ neue Ideen, Gedanken; mit Abneigung gegen(5) | F~ Schläfrigkeit, bei(29)

Fehler; macht - Lesen, beim(9) | *F~ Rechnen, beim*(14) | **F~ Schreiben, beim**(83) | *S~ falsch - Worte*(16) | *S~ fügt Buchstaben hinzu*(2) | *S~ läßt etwas aus - Buchstaben*(18) | *l~ Silben*(7) | *l~ Worte*(14)

GEMÜT ...

Fehler; macht - Schreiben, beim - stellt etwas um - Buchstaben(8) | S~ verwechselt Buchstaben

Fehler; macht - Sprechen, beim(81) | *S~ Buchstabieren, beim*(23) | **S~ Silben - falsche Silben; gebraucht**(4) | **S~ Worte - falsche Worte; benutzt**(53) | f~ Pflaumen, wenn er Birnen meint; sagt(3)

Fehler; macht - Sprechen, beim - Worte - stellt Worte an die falsche Stelle(46)

Feigheit(89)

Finanzen - Fähigkeit zum Umgang mit(3) | F~ Unfähigkeit zum Umgang mit(4)

Fleißig, arbeitsam, Arbeitswut(101)

Fliehen, versucht zu(61) | F~ Familie und den Kindern zu fliehen; versucht von ihrer(7)

Fluchen(44)

Fremde - Anwesenheit von Fremden - agg.(16)

Froh(182) | F~ abends - Bett, im(29) | F~ nachts(17) | F~ abwechselnd mit - Traurigkeit(57) | F~ donnert und blitzt; wenn es(4)

Frühreif(7)

Furcht(242) | *F~ tagsüber, nur*(5) | *F~ morgens*(27) | m~ Bett, im(2)

Furcht - abends(51) | F~ nachts(58) | n~ Erwachen, nach dem(8)

Furcht - allein zu sein(54) | *F~ allem; ständige Furcht vor*(9) | F~ Altwerden; vor dem(4) | *F~ Auftreten in der Öffentlichkeit; vor dem*(5) | F~ berührt zu werden(38) | F~ Bett - vor dem(20) | *F~ Dunkelheit, vor der*(40) | F~ eingebildeten - Dingen, vor(15) | F~ Einsamkeit, vor(15) | **F~ engen Räumen; in**(33) | *F~ Ersticken, vor dem - nachts*(14) | *F~ Erwachen, beim*(54) | *E~ Traum, aus einem*(13)

Furcht - Fremden; vor(10) | *F~ Geräusche, durch*(40) | *G~ Tür, an der*(3)

GEMÜT ...

Furcht - geschäftlichem Mißerfolg, Bankrott; vor(4) | *F ~ geschehen; etwas werde*(82) | *F ~ Gespenstern, vor*(32) | G ~ abends(4) | *G ~ nachts*(10)

Furcht - Gewitter, vor(25) | F ~ Herz - aufsteigend vom(5) | F ~ hochgelegenen Orten; vor(24) | F ~ Insekten, vor(10) | *F ~ Kindern, bei*(5) | *F ~ Kleinigkeiten, vor*(10) | *F ~ Klingeln der Türglocke; vor dem* | F ~ Koitus - während(2) | F ~ Krankheit, vor drohender(66) | F ~ lebenslang(10) | *F ~ Lebensüberdruß, mit*(5) | **F ~ Männern, vor**(30) | *F ~ Magen - aufsteigend vom*(15) | **F ~ Menschen, vor**(81) | *M ~ Kindern; bei*(2)

Furcht - Menschenmenge; in einer(58) | *F ~ Menses - unterdrückte Menses; durch Furcht*(5) | *F ~ Näherkommen, Annäherung von; vor - anderen, von*(28) | F ~ neuen Bekanntschaften, vor | F ~ Schatten - seinem eigenen Schatten; vor(4) | F ~ Schwangerschaft, in der(8) | *F ~ Stillstand der Zirkulation, als ob das Blut stocken würde; mit Gefühl von - nachts* | *F ~ Tod; vor dem*(143) | T ~ morgens(3)

Furcht - Tür - Öffnen der Tür; beim(3) | F ~ Tunnels; vor(4) | F ~ Unheil; Furcht vor(115) | *F ~ unternehmen - irgendetwas zu unternehmen*(9) | u ~ Neues, etwas(4)

Furcht - Versagen, Mißerfolg; vor dem(13) | F ~ Ziel nicht erreichen zu können; sein | F ~ Zimmer, beim Eintritt in ein(5)

Gedächtnis - gut, aktiv(91) | **G ~ Gedächtnisschwäche**(284) | *G ~ auszudrücken, sich*(41) | *G ~ Buchstaben - Bezeichnung der Buchstaben; für die* | *G ~ Eigennamen; für*(44) | G ~ Farben, für(3) | G ~ Formen, für(5) | G ~ geistige Anstrengungen; für(26) | *G ~ gelesen hat; für das, was er*(41) | G ~ getan hat; für das, was er eben(34) | G ~ Musik; für(4) | G ~ Personen, für(23) | *G ~ Rechtschreibung, für die*(8)

GEMÜT ...

Gedächtnis - Gedächtnisschwäche - Tatsachen, Fakten; für - zurückliegende Tatsachen, für lange(10) | *G ~ Worte, für*(61)

Gedanken - Gedankenandrang, einstürmende Gedanken, Gedankenfluß(78) | G ~ abends - Bett, im(17) | *G ~ Schlaflosigkeit, durch*(23)

Gedanken - ohne Gedanken; Gedankenleere(6) | *G ~ quälend*(31) | G ~ Stillstand der Gedanken(10) | G ~ überlegt(54) | G ~ unangenehm(21) | u ~ nachts - Erwachen, beim

Gedanken - Vergehen, Schwinden der Gedanken(76) | G ~ wandernd(72) | G ~ zusammenhangslos(30)

Gedichte, macht(14)

Gefahr - Mangel an Reaktion auf Gefahr, in gefährlichen Situationen(4)

Gefallsüchtig, kokett - nicht genug(5) | G ~ sehr, zu(6)

Gefühle, Gemütsbewegungen - beherrscht; vom Verstand, Intellekt(4)

Geheimnistuerisch, verschlossen(15)

Geistesabwesend(71)

Geisteskrankheit, Wahnsinn(153) | G ~ boshaft, bösartig(7) | **G ~ diktatorisch** | G ~ Größenwahn(14) | **G ~ hochmütig, arrogant**(5) | **G ~ Neid, mit** | G ~ religiös(19) | **G ~ tadelt andere** | *G ~ Wochenbett, im*(35) | G ~ Zorn, durch(7)

Geistige Anstrengung - agg.(141) | a ~ ermüdet(20) | a ~ unmöglich(130)

Geistige Anstrengung - Verlangen nach(65) | *G ~ Abneigung gegen*(150)

Geiz(34)

Gemütssymptome(26)

Geschäft - Abneigung gegen(45)

Geschmacklosigkeit bei der Wahl der Kleidung(11)

Gesellschaft - Abneigung gegen(156) | A ~ Abscheu vor Gesellschaft(6) | *A ~ allein, wenn - amel.*(33) | A ~ Fremden; Abneigung gegen die Anwesenheit von(16) | A ~ Furcht vor dem Alleinsein; jedoch(12) | A ~ Schweiß, beim(6)

GEMÜT ...

Gesellschaft - Verlangen nach(83) | *V~ allein; agg. wenn*(48) | *V~ amel. in Gesellschaft*(18)

Gesten, Gebärden; macht - automatisch(15) | G~ Finger - Mund; Kinder stecken die Finger in den(8) | *G~ Hände; unwillkürliche Bewegungen der - Greifen*(41) | *H~ zupft - Bettwäsche; an der*(36)

Gesten, Gebärden; macht - sonderbare Posen und Haltungen(20) | G~ Sprechen - beim Sprechen; gestikuliert - Kopf; mit dem(3) | G~ stampft mit den Füßen(17)

Getragen - Verlangen getragen zu werden(31)

Gewissenhaft, peinlich genau in bezug auf Kleinigkeiten(58) | *G~ nachmittags - 16 - 20 h*

Geziertheit, Affektiertheit(13) | G~ Worten, in(3)

Gier, Habsucht(19)

Gleichgültigkeit, Apathie(251) | *G~ allem; gegenüber*(71) | G~ äußere - Dinge; gegen(26) | G~ äußere - Eindrücke, gegen(4) | G~ Gesellschaft - in(9) | *G~ Kinder, gegen ihre*(7) | G~ Langeweile, mit(11) | G~ Leben; gegen das(12) | G~ Schläfrigkeit, bei(25)

Grobheit(37) | G~ Fieber, im | G~ Untergebenen gegenüber ihren Vorgesetzten; von(2)

Hämorrhoiden; Gemütssymptome nach unterdrückten(18)

Hart zu Untergebenen und freundlich zu Vorgesetzten(4)

Haß(28) | H~ Männer, auf(6) | H~ Rachsucht; Haß und(32)

Hast, Eile(112) | H~ Essen - beim(23) | H~ Trinken, beim(11)

Haus bleiben zu müssen; Abneigung im Haushalt zu führen; Frauen, die unfähig sind, einen(4)

Hautausschlägen; Gemütssymptome nach unterdrückten(18)

Heftig, vehement(100) | H~ Gewalttaten führt; Raserei, die zu(34) | H~ Schmerzen, durch(5)

Heikel, pingelig(34)

Herausfordernd(22)

Heuchelei(11)

Heulen(30)

Hilflosigkeit, Gefühl der(13)

Hinterhältig, hinterlistig, falsch, verschlagen(32)

Hochgefühl(97)

HOCHMÜTIG, ARROGANT(53) | H~ dumm und hochmütig(6) | *H~ steif und anmaßend*

Hypochondrie(116) | H~ morgens(3) | H~ Erwachen, beim(2)

Hysterie(194) | H~ Menses - während(27)

Ichbezogenheit, Egotismus, Selbstüberschätzung(24)

Ideen, Einfälle - Mangel an(102) | *I~ Reichtum an, Klarheit des Geistes*(125) | R~ abends(17) | *a~ Bett, im*(14)

Ideen, Einfälle - Reichtum an, Klarheit des Geistes - nachts(26)

Idiotie(45)

Imbezillität(140) | I~ Raserei, stampft mit den Füßen(5)

Impulse, Triebe; krankhafte(10)

Initiative, Unternehmungsgeist; Mangel an(7)

Jammern(93) | J~ Zukunft; über seine

Kinder - flieht vor den eigenen Kindern

Kindisches Benehmen(52)

Klagen(64)

Kleptomanie(27)

Konzentration - schwierig(261) | s~ Abneigung gegen(6) | s~ Gespräches, während eines(7) | s~ Rechnen, beim(7) | s~ Studieren(52)

Kummer(76) | K~ still(23)

Kurz angebunden, barsch(14) | K~ herzlich; rauh aber(4)

Lächeln - unwillkürlich(3)

Lachen(102) | L~ nachts(12) | *L~ abwechselnd mit - Weinen*(43) | L~ Ärger, bei

GEMÜT ...

Lachen - albern(16) | L~ anblickt; wenn man ihn | L~ Angst - während | L~ Ernstes, über(15) | L~ freudlos | *L~ Kleinigkeiten, über*(13) | L~ lächerlich, alles erscheint(6) | **L~ Schlaf - während**(15) | L~ spasmodisch(49) | L~ Traum, im(4) | L~ unwillkürlich(23) | L~ Weinen - gleichzeitig Lachen und Weinen(4)

Langeweile(53)

Langsamkeit(68)

Lästig, geht auf die Nerven(79)

Lasziv, lüstern(77)

Launenhaftigkeit, launisch(108)

Lebensüberdruß(82) | L~ morgens - Bett, im | m~ Erwachen, beim(3)

Lebensüberdruß - Erwachen, beim(2) | *L~ Gesellschaft, in* | *L~ Syphilis, bei*

Leidenschaftlich(49)

Lesen - unfähig zu lesen(9) | u~ geschrieben hat; was er

Liebevoll, voller Zuneigung, herzlich(37)

Lügner(22)

Lustig, fröhlich(123) | L~ nachmittags(9) | L~ nachts(14) | L~ Schlaf; im(10)

Manie(149) | **M~ Raserei, mit**(27)

Männer - Scheu vor(19)

Mathematik - Unfähigkeit zur(5) | U~ Horror vor(6) | U~ rechnen; kann nicht(16)

Menschenfeindlichkeit, Misanthropie(45)

Menses - vor; Gemütssymptome(18) | M~ während; Gemütssymptome(28) | w~ Beginn der Menses; zu(5)

Milde(80)

Mitgefühl, Mitleid(34)

Murmeln(55)

Mürrisch(290) | M~ tagsüber(17) | *M~ morgens*(42) | *m~ Bett, im*(16)

Mürrisch - abends(31) | M~ nachts(16) | **M~ Erwachen, beim**(32) | M~ Fieber - während(12) | M~ Kleinigkeiten, um(13) | *M~ Menses - vor*(3) | M~ während(10)

Musik - agg.(40) | a~ Orgelmusik(2)

Musik - Müdigkeit - durch

GEMÜT ...

Nachdenken, Überlegen - Unfähigkeit nachzudenken(6)

Nachgiebigkeit(21)

Näherkommen, auf ihn Zukommen von Personen - agg.(6) | *N~ Abneigung gegen*(12)

Neid(22) | N~ Eigenschaften anderer; auf(6) | N~ Habgier, und(12)

Neue Ideen, Einfälle - Abneigung gegen(5)

Neugierig(12)

Nymphomanie(67)

Optimistisch(17)

Perfide(9)

Pfeifen(16) | P~ unwillkürlich(2)

Phantasien - lasziv(46) | *P~ lebhaft*(31) | *P~ übertrieben*(114) | P~ übertrieben - nachmittags(3) | P~ übertrieben - abends - Bett, im(28) | *P~ übertrieben - Schlaflosigkeit, mit*(41) | P~ übertrieben - Schließen der Augen im Bett; beim(8)

Prahler, Aufschneider(13) | P~ reich gehalten werden; möchte für(3)

Qualvolle Angst(121)

Raserei, Tobsucht, Wut(95) | R~ nachts(15) | R~ boshaft, bösartig(9) | R~ heftig(12) | *R~ Kopfschmerzen, mit*(10)

Rebelliert gegen Umschläge(17)

Redseligkeit; Geschwätzigkeit(136) | R~ wechselt schnell von einem Thema zum anderen(20)

Reizbarkeit(408) | R~ tagsüber(32) | t~ nur(2)

Reizbarkeit - morgens - Erwachen, beim(43) | *R~ abends*(60) | R~ nachts(12) | n~ Erwachen, beim(2)

Reizbarkeit - abwechselnd mit - Fröhlichkeit, Frohsinn(23) | R~ abwesenden Personen, mit(4) | **R~ Erwachen, beim**(56) | **R~ Fieberfrost, im**(57) | R~ Geräusche, durch - Rascheln der Zeitung; selbst durch das(4) | R~ Kindern, bei(29) | K~ gereizt, die ganze Nacht brav; den ganzen Tag über

GEMÜT ...

Reizbarkeit - Kindern; bei - krank, wenn | K~ stößt die Krankenschwester weg

Reizbarkeit - Menses - vor(17) | M~ während(42)

Reizbarkeit - mißtrauisch(3) | R~ Traurigkeit, mit(20) | R~ Trost - agg.(21)

Religiös - Gemütsstörungen, religiöse(63) | *R~ Mangel an religiösem Empfinden*(12) | *R~ Melancholie*(21)

Resignation(15)

Ruhe - Verlangen nach(21)

Ruhelosigkeit(420) | *R~ morgens*(22) | m~ Erwachen, beim(6)

Ruhelosigkeit - nachmittags - 16 - 18 h(2) | R~ abends(51) | a~ Bett, im(11)

Ruhelosigkeit - nachts(249) | n~ Mitternacht - nach(13)

Ruhelosigkeit - ängstlich(111) | *R~ Bett - Herumwerfen im*(123) | *B~ treibt aus dem*(39)

Ruhelosigkeit - Freien, im - amel.(9) | **R~ Gehen, beim - Freien, im - amel.**(5) | *R~ Hitze - während*(66) | R~ innerlich(37) | i~ schlagen; als würde etwas mit Händen und Füßen um sich

Ruhelosigkeit - Kopfschmerzen, bei(31) | R~ Menses - vor(16) | R~ Schmerzen, durch(19) | **R~ Sitzen, im**(21) | **R~ Zimmer, im**(3)

Schamlos(29)

Schlafwandeln(56) | S~ klettert auf Dächer, auf die Geländer von Brücken und Balkonen(3)

Schlagen(42) | S~ eingebildete Objekte ein; schlägt um sich auf(14) | S~ Kindern; bei(5) | S~ Raserei; mit(3) | S~ Umstehende, schlägt(5)

Schmeicheln - Verlangen, daß man ihm schmeichelt - gibt alles, wenn man ihm schmeichelt(3)

Schmeichlerisch(10)

Schmollen(41)

Schmutzig - Haut, mit schmutziger(6)

Schreckliches und traurige Geschichten greifen sie stark an(32)

GEMÜT ...

Schreiben - Schwierigkeiten, die Gedanken im Schreiben auszudrücken(12) | S~ Unfähigkeit zu(6)

Schreien(133) | *S~ anfallsweise*(2) | *S~ Angst, aus*(9) | *S~ Cri encéphalique*(29) | *S~ Erwachen - beim*(27) | S~ Fieber, im(2) | *S~ Hydrozephalus, bei*(7) | S~ Kindern, bei(38) | *K~ Schlaf, im*(13)

Schreien - Konvulsionen - vor(32) | *K~ während*(31) | *K~ epileptisch*(21)

Schreien - Krämpfe, während der - Abdomen; im(5) | **S~ Schlaf, im**(80) | **S~ Urinieren - vor dem**(7)

Schüchternheit, Zaghaftigkeit(113) | S~ abends - Bett - Zubettgehen; beim(11) | S~ Öffentlichkeit; beim Auftreten in der - fähig, aber dazu | S~ Öffentlichkeit; beim Auftreten in der - sprechen; in der Öffentlichkeit zu(6) | S~ schamhaft(58)

Schwacher Charakter(3)

Schweigsam(209) | S~ Fieberhitze; in der(11)

Seelenruhe, Gelassenheit(85)

Selbstbetrachtung(58)

Selbstsucht, Egoismus(32)

Selbstvertrauen - Mangel an Selbstvertrauen(86)

Sentimental, schwärmerisch, rührselig(64)

Seufzen(98) | S~ Menses - vor(3)

Singen(59) | S~ Trällern(11) | S~ unwillkürlich(6)

Sinne - abgestumpft, stumpf(107)

Sinnlichkeit(24) | S~ Fehlen der Sinnlichkeit - Frauen, bei(3) | **F~ Männern, bei**(2)

Sitzen - Neigung zu sitzen(110) | N~ aufrecht(5) | N~ unbeweglich, still(42)

Sorgen, voller(50)

Sorgsamkeit, Sorgfalt(12)

Spaßen(52) | S~ Spaß; verträgt keinen(12)

Spielen - Abneigung gegen Spielen - Kindern; bei(9) | S~ Spielleidenschaft(10) | S~ Geld zu verdienen; um(10)

Spioniert alles aus(5)

GEMÜT ...

Sprache - affektiert, manieriert, unnatürlich(22) | S~ berauscht, wie(11) | S~ delirös - Menses, vor den | S~ hastig(44) | S~ kindisch(4) | S~ langsam(59) | S~ stammelnd(10) | S~ unklar, unverständlich(20) | S~ verworren(25) | S~ wild(7) | S~ Unfähigkeit zu(4)

Sprechen - einem Thema; von nichts anderem als(7) | S~ Schlaf, im(93) | **S~ schweift von einem Thema zum anderen**(47) | S~ summt vor sich hin(3)

Spucken(32)

Stilles Wesen(49)

Stimmung, Laune - abweisend, zurückweisend(40) | **S~ veränderlich**(158) | v~ Meinungen, in seinen(6)

Stimmung, Laune - wechselnd, wechselhaft(80)

Stirnrunzeln, Neigung zum(8)

Stöhnen(119) | S~ Menses - während(4) | *S~ Schlaf, im*(62)

Stößt, tritt(11) | S~ gereizt, stößt, tritt und schimpft beim Gehen; das Kind ist(2)

Streiten - Abneigung gegen(5)

Streitsüchtig(136) | *S~ morgens*(5) | S~ abwesenden Personen; führt Streitgespräche mit | S~ Erwachen, beim

Stumpfheit(332) | S~ abends(29) | S~ nachts - Erwachen, beim(9) | *S~ alten Menschen, bei*(6) | **S~ Freien, im - amel.**(6) | F~ nach Aufenthalt im Freien

Stumpfheit - Gehen - Freien, im - amel.(5) | S~ geistige Anstrengung, durch(27) | *S~ Kindern; bei*(21) | *S~ Lesen*(35) | S~ Menses, während(3) | S~ Mittagsschlaf, nach dem(5) | S~ Schläfrigkeit, bei(30) | *S~ Sprechen, beim*(4)

Stupor(138) | S~ morgens(36) | *S~ Fieber, im*(21) | *S~ Hydrozephalus, bei*(7) | *S~ Kiefer fällt herab*(3) | *S~ Scharlach, bei*(8)

Suizidneigung; Neigung zum Selbstmord(98) | S~ morgens(2) | S~ Erwachen, beim(2)

Tadelsüchtig, krittelig(80)

GEMÜT ...

Tadelt - andere(32) | a~ Delirium; voller Tadel im(2)

Tadelt - sich selbst(36)

Theoretisieren(20)

Tod - Gedanken an den Tod - morgens(2) | G~ Erwachen, beim

Tod - Vorahnung des Todes(62) | T~ wünscht sich den Tod, möchte sterben(72)

Torpor(26)

Töten, Verlangen zu(32) | **T~ Messer - mit einem Messer**(12)

Traurigkeit(477) | *T~ morgens*(71) | *m~ Erwachen - beim*(21)

Traurigkeit - abends(76) | T~ allein - wenn(24) | T~ ängstlich(32) | *T~ Atmung, mit erschwerter*(6) | *T~ Diarrhoe, bei*(7) | T~ Erwachen, beim(24) | T~ Fieberhitze, in der(55) | *T~ Frost - während*(37) | *T~ Gesellschaft - agg.*(2) | T~ Kindern, bei(9) | *T~ Menses - vor*(34)

Traurigkeit - Menses - während(35) | *M~ verzögerte, durch*(2)

Traurigkeit - Musik - durch(17) | T~ Schweiß, beim(29) | T~ Zorn - durch Zorn(7)

Trost - agg.(39)

Unbehagen(44) | U~ vormittags(3)

Unbesonnen(82)

Unbeständigkeit(45)

Undankbar(10)

Unentschlossenheit(146) | U~ Erwachen, beim | U~ Handlungen, in(8) | U~ Kleinigkeiten, um(5)

Ungeduld(131) | *U~ Erwachen, beim* | U~ Fieberhitze, mit(10) | U~ Gehen, beim

Ungehorsam(30)

Ungeschicklichkeit(41)

Unglücklich, bedauernswert; fühlt sich(29)

Unhöflich(4) | U~ Kinder

Unternimmt - Vieles, hält aber bei nichts durch, bleibt nicht dabei(28)

Unterwürfig, servil(5)

Untröstlich(30)

GEMÜT ...

Unverschämtheit(33) | U ~ Untergebenen gegenüber den Vorgesetzten; von(2)

Unzüchtig, obszön(34)

Unzufrieden(168) | *U ~ morgens*(5) | U ~ sich selbst, mit(36)

Unzuverlässig - Versprechungen, bei seinen(8)

Verächtlich(35)

Vergeßlich(187) | V ~ abends(9) | *V ~ alten Menschen, bei*(12) | *V ~ Worte beim Sprechen; vergißt*(52)

Verlassen zu sein; Gefühl - geliebt zu werden; hat das Gefühl, von den Eltern, der Ehefrau und Freunden nicht(7)

Verläßt - Kinder, seine eigenen

Verleumden, Neigung zu(21)

Verschwenderisch - Ordnungssinn; aus Mangel an(3)

Verweilt - erinnert sich - unangenehme Erinnerungen, an(10) | *V ~ vergangenen unangenehmen Ereignissen; bei*(46) | v ~ nachts(13)

Verwirrung, geistige(321) | V ~ morgens(115) | *m ~ Erwachen, beim*(50)

Verwirrung, geistige - abends(78) | V ~ nachts(19) | V ~ berauscht - wie(47) | *V ~ Erwachen, beim*(71) | *V ~ Essen - nach*(52) | V ~ Gehen - Freien, im(14) | **F ~ amel.**(11)

Verwirrung, geistige - geistige Anstrengung - durch(50) | V ~ Identität; in bezug auf seine - Dualität; Gefühl der(37) | *V ~ Lesen, beim*(15) | V ~ Menses - während(6) | V ~ tägliche Angelegenheiten, Tagesgeschäfte; in bezug auf | **V ~ warmen Zimmer, im**(11)

Verzogene, mißratene Kinder(6)

Verzweiflung(137) | *V ~ Genesung, in bezug auf die*(44) | *V ~ religiöse Verzweiflung am Seelenheil*(30) | V ~ Schweiß, beim(9)

Vorsichtig - ängstlich(7)

Vorurteile, voreingenommen, parteiisch - traditionelle Vorurteile(6)

GEMÜT ...

Wahnideen(191) | W ~ abends(4) | W ~ nachts(36) | W ~ anmaßend | W ~ Ansammlungen von Dingen, Schwärmen, Menschenmengen etc.(17) | W ~ berauscht - sei, er(59) | W ~ Bett - sinken - alles würde im Bett nach unten sinken | s ~ Bett würde sinken; das(13)

Wahnideen - Bilder, Phantome; sieht(76) | B ~ nachmittags | B ~ abends(4) | B ~ nachts(40) | B ~ Schlaf - im | i ~ abscheuliche, verhaßte - nachmittags

Wahnideen - Bilder, Phantome; sieht - Schlaf - verhindert(6) | B ~ schreckliche(60) | B ~ Wand, an der(2)

Wahnideen - doppelt - sein, doppelt zu(30) | W ~ drehen - alles dreht sich(4) | W ~ ermordet - er würde ermordet - werden; er würde ermordet werden(21) | W ~ Fliegen, sieht | W ~ Gesichter, sieht - häßliche(17) | W ~ Gespenster, Geister, Gestalten - sieht(55) | W ~ glücklos, er sei(11) | W ~ Haus - Menschen; das Haus sei voller(10) | W ~ Hunde - sieht(18) | W ~ kindliche Phantasien, hat | *W ~ krank - sein; krank zu*(27) | W ~ lebhaft(26) | W ~ Menschen - sieht(29) | s ~ tagsüber und abends Eintritt ins Zimmer; beim

Wahnideen - Musik - glaubt Musik zu hören(13) | M ~ hören; Musik zu - abends hört er die Musik, die er am Tage gehört hat

Wahnideen - Orte, Plätze - verschiedenen Orten gleichzeitig; er sei an(4) | *O ~ zwei Orten gleichzeitig; er sei an*(3)

Wahnideen - Person - anwesend; jemand sei(3) | P ~ Zimmer; eine andere Person sei im(6)

Wahnideen - Phantasiegebilde, Illusionen(115) | W ~ religiös(17) | W ~ Schimpfen, mit | W ~ Schreck - wie erschreckt - Erwachen, beim(9) | W ~ sterben - gleich sterben; glaubt, er würde(57) | g ~ Schwäche; er würde vor(3)

GEMÜT ...

Wahnideen - Stimmen - hört(37) | W ~ Tiere(42) | W ~ Unrecht - begangen; er habe Unrecht(26) | W ~ verdammt; er sei(23) | W ~ verfolgt - Feinden, von(30) | W ~ vergehen - alles werde | W ~ Verletzung - werden; würde gleich verletzt(13) | *W ~ vernachlässigt - Pflichten vernachlässigt; er habe seine*(10) | W ~ versinken, er würde(21) | W ~ Visionen, hat(76) | V ~ tagsüber(5) | V ~ Schließen der Augen; beim(29) | V ~ schrecklich(27)

Wahnideen - Weinen, mit(5) | W ~ Zimmer - Menschen, sieht - Bett, am - Eintreten, beim

Weibisch(5)

Weinen(244) | *W ~ amel.*(24) | W ~ tagsüber(7) | **W ~ nachmittags - 16 - 20 h** | W ~ abends(29) | W ~ nachts(81) | n ~ Schlaf, im(12)

Weinen - Angst, nach(23) | *W ~ Ermahnung, durch*(11) | W ~ Erwachen, beim(36) | **W ~ Fieberfrost - im**(25) | *W ~ Fieberhitze, in der*(25) | W ~ Freude, durch(4) | **W ~ gedankt wird; wenn ihm** | W ~ Gemütsbewegungen; nach geringen(9) | *W ~ grundlos*(30) | W ~ Husten - während(21) | *W ~ Kindern; bei*(22) | W ~ Kleinigkeiten, über - Kinder bei der geringsten Sorge(5) | *W ~ Konvulsionen - während*(27) | W ~ leicht(16) | *W ~ Menses - vor*(9) | M ~ während(27) | M ~ nach(5)

Weinen - nervös - den ganzen Tag(5) | W ~ Schlaf, im(88) | **W ~ Schluchzen; Weinen mit**(34) | W ~ Schmerzen - während den Schmerzen(23) | **W ~ Schweiß, beim**(25) | W ~ Trost - agg.(22) | *W ~ Undankbarkeit, bei* | *W ~ Urinieren - vor*(3) | W ~ vergangene Ereignisse; beim Denken an(2) | *W ~ Verlangen zu weinen - immer; die ganze Zeit*(16) | W ~ Wimmern, Winseln - Schlaf, im(28) | W ~ Zukunft, um die

Wichtigtuerisch, pompös(7)

GEMÜT ...

Widerspenstig(66)

Widersprüchlich - Worten; die Absichten stehen im Widerspruch zu den(9)

Widerspruch - agg.(11) | *W ~ Neigung zu widersprechen*(38) | **W ~ verträgt keinen Widerspruch**(73)

Wille - Verlust der Willenskraft(34) | *W ~ Willensschwäche*(58)

Wucherer(3)

Zeit - langsam, scheint länger; vergeht zu(29)

Zerstreut(166) | *Z ~ Alter, im*(5)

Zorn(243) | *Z ~ morgens - Erwachen, beim*(13) | **Z ~ abends**(20) | Z ~ nachts(4) | Z ~ abwesende Personen; beim Denken an(4) | Z ~ Ärger, über früheren(6) | **Z ~ Erwachen, beim**(16) | *Z ~ heftig*(72) | Z ~ Kleinigkeiten, über(58) | **Z ~ leicht**(37) | Z ~ sich selbst; auf(10) | **Z ~ Widerspruch, durch**(37)

Zudringlich, aufdringlich(6)

Zügellosigkeit, sexuelle Ausschweifung(32)

Zurückhaltend, reserviert(64)

Zweifelt - Genesung; an der(31) | Z ~ Seelenheil, am(18)

Zynisch(3)

TRÄUME

Alpträume, Alpdrücken(144)

Angenehm(136)

Ängstlich(239) | Ä ~ morgens(7) | Ä ~ Liegen auf der linken Seite; beim(5)

Aufruhr(12)

Bäume

Beschäftigt zu sein; sehr(29)

Boot sinkt(3)

Eifersucht

Ereignisse - zurückliegende, kurz - Vortag, vom(41)

Erinnerlich, bleiben im Gedächtnis(33)

Ermordet - werden, zu(17)

Erotisch(196) | E ~ Pollutionen, mit(96)

Erschöpfend(45)

Ertrinken(19) | E ~ Boot, auf einem untergehenden(3)

Fliegen(11)

Träume ...

Fortsetzung - Träumen, von - Erwachen, nach dem(22)
Furcht - gefolgt von(14)
Gefahr(40)
Geräusch(4)
Geschäft(40) | G ~ Tage, vom(39)
Hunde(20)
Intellektuell(23)
Kämpfe(54)
Koitus(9)
Körperteile - Schläfen sind schmerzhaft
Krankheit(43) | K ~ Schmerz(7) | S ~ Schläfen
Lebhaft(193)
Mord(53)
Orte - öffentliche(3) | ö ~ verändern sich häufig(3)
Phantastisch(55)
Riesen(2)
Ruhelos(53)
Schmerz(7) | S ~ Schläfen
Schrecklich(237) | **S ~ wecken ihn**(8)
Schwimmen(9)
Sorgen, voller(21)
Streitigkeiten(69)
Tiere(25) | T ~ wilde(8)
Tod(64)
Traurig(46)
Trinkgelage(11)
Unangenehm(87)
Unerinnerlich, bleiben nicht im Gedächtnis(93)
Unfälle(29) | U ~ Boot geht unter(3) | U ~ Ertrinken(19)
Unglück(64)
Untergehendes Boot(3)
Unwichtig(46)
Unzusammenhängend, zusammenhanglos(24)
Urinieren(10)
Verdrießlich(122)
Verstorbenen, von(84)
Verworren(122)
Viele(260)
Visionär(45)
Wasser(49)

Träume ...

Wecken den Patienten(118) | W ~ morgens | W ~ häufig(7)
Zusammenhängend(13)

– *Lycopus virginicus* –

lycps-v.

Gemüt

Abergläubisch(13)
Aktivität; Verlangen nach - geistige Aktivität - abends(8) | A ~ ruhelos(6)
Argwöhnisch(105)
Berühren; muß alles(6)
Betäubung - Menses, während(3)
Denken - Beschwerden - agg.; Denken an seine Beschwerden(71)
Erregung(287) | E ~ abends(32)
Gedanken - Kontrolle über die Gedanken ist verloren(4) | G ~ Vergehen, Schwinden der Gedanken(76) | G ~ wandernd(72)
Geistige Anstrengung - Verlangen nach - nachts - Mitternacht - nach - 5 h(2)
Hast, Eile(112)
Hypochondrie(116)
Ideen, Einfälle - Mangel an - Menses, während | I ~ Reichtum an, Klarheit des Geistes - abends(17)
Konzentration - schwierig(261)
Reizbarkeit(408) | *R ~ Diabetes, bei*(2)
Ruhelosigkeit - abends(51) | R ~ nachts(219)
Schweigsam(209)
Seufzen - abends - 19 h
Stumpfheit(332) | S ~ Menses, während(3)
Traurigkeit(477)
Wahnideen - schmutzig - er sei(6)

Träume

Ängstlich(239)
Unwichtig(46)
Verdrießlich(122)
Viele(260)

– Lysinum –

lys.

Gemüt

Furcht - fallen, zu stürzen; zu(28)

– Lyssinum –

lyss.

Gemüt

Abneigung - Wasser, gegen(2)

Angst(362) | A ~ Bett - im Bett(49) | B ~ treibt aus dem Bett(15)

Angst - Erwartungsspannung, durch - Verabredung, vor einer(12) | **A ~ Geräusche, durch - Wasserrauschen**(2) | *A ~ Kirchenglocken; durch Hören der* | A ~ Kopfschmerzen, mit(18)

Antworten - Abneigung zu antworten(67) | A ~ schnell(3) | A ~ beleidigend | A ~ weigert sich zu antworten(32)

Anzugreifen; Verlangen, andere(4)

Auffahren, Zusammenfahren(117) | A ~ nachmittags(4) | A ~ Geräusche, durch(60)

Begreifen, Auffassungsvermögen - leicht(38)

Beißen(35) | B ~ Delirium, im(6) | B ~ Kissen; beißt(3) | B ~ Konvulsionen; während der(4) | B ~ Löffel; beißt in den(9) | B ~ Nägel(33) | B ~ sich selbst; beißt(8)

Beleidigt, leicht(79)

Bellen - Knurren wie ein Hund(8)

Beschimpfen, beleidigen, schmähen(67) | B ~ Ehemann - beschimpft; Ehemann - Ehefrau und Kinder

Beschwerden durch - Erregung - Gefühle, der(87) | B ~ Erwartungsspannung(68) | *B ~ Kränkung, Demütigung*(39) | B ~ schlechte Nachrichten(34) | B ~ Schreck(72)

Betäubung(237) | B ~ nachts(6)

Beten(21) | B ~ andere möchten für ihn beten; fleht

Bewußtlosigkeit(280) | B ~ vorübergehend(24)

Gemüt ...

Delirium(233) | *D ~ nachts*(67) | D ~ Beißen, Verlangen zu(6) | D ~ redselig(33) | D ~ Tollwut, bei(4)

Denken - Flüssigkeiten agg.; an

Ekstase(59)

Empfindlich(192) | *E ~ Geräusche, gegen*(149) | G ~ andere Äpfel essen, sich räuspern oder die Nase schneuzen; erträgt es nicht anzuhören, wie | **G ~ Wasser; gegen das Geräusch von plätscherndem**(4)

Empfindlich - Gerüche, gegen(30) | E ~ Musik, gegen - Kirchenmusik, gegen(3) | E ~ Singen, gegen(2)

Ernst(77)

Erregung(287) | E ~ agg.(41) | *E ~ Gesprächen; beim Hören von* | *E ~ konvulsivisch*(2) | **E ~ Wasser, das ausgegossen wird; durch Hören von**(2)

Erschöpfung; geistige(217)

Exzentrizität, Überspanntheit(54)

Fehler; macht - Sprechen, beim - Worte - falsche Worte; benutzt(53)

Fluchen(44)

Froh - abends(42)

Furcht(242) | *F ~ allein zu sein*(54) | F ~ Anfall zu bekommen; einen(13) | F ~ engen Räumen; in(33) | F ~ Erwachen, beim(54) | F ~ fallen, zu stürzen; zu(28) | f ~ abends | f ~ Gehen, beim(4)

Furcht - gebissen zu werden(3) | *F ~ Geisteskrankheit*(74) | **F ~ Geräusche, durch - rauschendem Wasser, von**(3) | *F ~ geschehen; etwas werde*(82) | g ~ Grauenhaftes, Furchtbares werde geschehen; etwas(9) | *g ~ Schreckliches werde geschehen; etwas*(2) | g ~ Unangenehmes, etwas(6)

Furcht - glänzenden Gegenständen oder sie sind unerträglich; Furcht vor(5) | F ~ Hunden, vor(22) | F ~ Messern, vor(6) | F ~ Näherkommen, Annäherung von; vor - Fahrzeugen, vor(4) | F ~ Prüfungen durch das Schicksal; vor(6) | *F ~ schlechten Nachrichten; vor dem Hören von*(7) | F ~ Schurken, vor(5)

GEMÜT ...

Furcht - Schwangerschaft, in der(8) | F~ Sinne (Geruch, Geschmack, Tastsinn); mit erregtem Zustand der | *F~ Spiegeln im Zimmer; vor*(7) | F~ überfahren zu werden - Gehen ins Freie; beim(4) | F~ unerträglich | F~ Unglück, vor(93) | *F~ Unheil; Furcht vor*(115) | **F~ Wasser, vor**(33)

Gedächtnis - gut, aktiv(91) | G~ Gedächtnisschwäche(284) | G~ Familie; für die(2) | G~ Freunde; für(2) | G~ Worte, für(61)

Gedanken - geisteskrank | G~ hartnäkkig(83) | G~ schrecklich(11) | *G~ sonderbar, merkwürdig*(8) | *s~ Schwangerschaft - während der*(2)

Gedanken - zwei Gedankengänge (gleichzeitig)(4)

Geistesabwesend(71)

Geisteskrankheit, Wahnsinn - erotisch(31)

Geistige Anstrengung - agg. - unmöglich(130)

Gesten, Gebärden; macht - Hände; unwillkürliche Bewegungen der - Greifen - Falschem; nach den

Glänzende Gegenstände - agg.(13) | **G~ Wasseroberfläche agg.**(2)

Gleichgültigkeit, Apathie(251) | G~ Koitus - während

Grausamkeit, Unmenschlichkeit(30)

Grobheit(37)

Hartherzig, unerbittlich(20)

Hellhörig

Hellsehen(28)

Hochgefühl(97) | H~ tagsüber

Hypochondrie - abends(5)

Ideen, Einfälle - Reichtum an, Klarheit des Geistes(125)

Impulse, Triebe; krankhafte - erstechen, zu - sich mit dem Messer, das er hält ins Fleisch zu stechen | I~ Unbesonnenes tun; fühlt sich gedrängt

Jammern(93)

Konzentration - schwierig(261)

Kurz angebunden, barsch - schroff(13)

GEMÜT ...

Lasziv, lüstern(77) | L~ nachmittags | L~ Erektionen, mit(3) | E~ schmerzhaft

Lasziv, lüstern - Essen, mit Schwächegefühl in den Genitalien; nach dem

Manie(149)

Meditieren, Nachdenken(47)

Mitgefühl, Mitleid - Schmerz, über den sein Bruder klagt; spürt den gleichen

Mürrisch(290) | M~ morgens(42) | M~ abends(31) | M~ nachts(16) | M~ Erwachen, beim(32) | M~ Gespräch amel.

Nachdenken, Überlegen(8)

Phantasien - lasziv(46) | P~ sonderbar, merkwürdig - Schwangerschaft; während der

Raserei, Tobsucht, Wut - Reue, gefolgt von(2)

Redseligkeit; Geschwätzigkeit(136) | R~ nachts(4)

Reisen - Verlangen nach(28)

Reizbarkeit(408) | R~ abends(60) | R~ Kopfschmerzen, bei(61) | **R~ Wasser sieht oder hört; wenn er**

Ruhelosigkeit(420) | R~ vormittags(11) | R~ mittags(3) | R~ nachts(249) | R~ Kopfschmerzen, bei(31) | R~ treibt ihn von einem Ort zum anderen(6) | R~ treibt umher(41)

Satyriasis(26)

Schlafwandeln(56)

Schlagen(42)

Schneiden, verstümmeln oder aufschlitzen; möchte andere(2)

Schwangerschaft; Gemütsbeschwerden während der(17)

Seelenruhe, Gelassenheit(85)

Seufzen(98)

Singen(59) | S~ unwillkürlich(6)

Sinne - scharf(52)

Sprache - beleidigend | S~ hastig(44) | S~ pathetisch

Sprechen - anderer agg.; das Sprechen(46)

Springen - Bett; aus dem(41)

Spucken(32) | **S~ krampfhaft** | S~ Richtungen, in alle

GEMÜT ...

Streitsüchtig(136) | S~ nachmittags - 16 h

Stumpfheit(332) | S~ nachts - Erwachen, beim(9)

Suizidneigung; Neigung zum Selbstmord - stürzt sich - Tiefe, in die(24)

Tod - sterben; Gefühl als würde er(6) | T~ Vorahnung des Todes(62)

TOLLWUT, HYDROPHOBIE(46) | T~ Gedanken an Wasser verursacht Anfälle | *T~ hören, ohne vor Furcht zu erschaudern; kann das Wort "Wasser" nicht* | *T~ Prophylaxe gegen*(4)

Töten, Verlangen zu(32) | T~ Messer - mit einem Messer(12) | T~ werfen; plötzlicher Impuls, das Kind zu - Fenster, aus dem Fenster | w~ Feuer, ins(4)

Traurigkeit(477) | T~ tagsüber(16) | T~ abends(76) | T~ ängstlich(32)

Trinken, Beschwerden nach(5)

Umherstreifen, Streunen(2)

Unanständig, unzüchtig(21)

Unentschlossenheit(146) | U~ Kleinigkeiten, um(5)

Ungeduld(131) | U~ tagsüber | U~ Kopfschmerzen, bei(5)

Unverschämtheit(33)

Unzüchtig, obszön(34)

Unzufrieden(168)

Vergeßlich(187) | V~ Freunde und Verwandte; in bezug auf

Verlassen zu sein; Gefühl(56)

Verletzen, sich zu - Raserei treibt ihn dazu, sich zu verletzen(2)

Verwirrung, geistige(321)

Verzweiflung - Schreien aus Verzweiflung; anfallsweise

Wahnideen(191) | W~ Angriffe und Beschuldigungen; verteidigt sich gegen eingebildete(2) | W~ beschäftigt - Tätigkeit; mit einer(12) | W~ beschimpft werden | W~ beschimpft worden; er sei(16) | W~ Bewußtsein - verlieren; er würde das Bewußtsein - vorübergehend das Bewußtsein verloren; er habe | W~ Epilepsie - würde einen epileptischen Anfall bekommen(3)

GEMÜT ...

Wahnideen - Fallen - er würde(29) | F~ Wände(4) | W~ epileptischen Anfall nach innen zu stürzen; die Wände scheinen vor einem(2)

Wahnideen - Feuer - Visionen von(34) | W~ Gedanken - zwei verschiedene Gedankengänge beeinflussen ihn gleichzeitig | W~ Gegenstände; über - eingebildete Gegenstände(3) | W~ gequält, er würde(2) | W~ hochgestellte Persönlichkeit; er sei eine(13) | W~ Hölle - Qualen der Hölle, ohne sie erklären zu können; er erleidet die(2) | H~ sei in(6)

Wahnideen - Hunde - er sei ein Hund, er knurrt und bellt(2) | W~ Intelligenz - fröhliche Intelligenz erhalten; er habe eine | W~ kritisiert; sie würde(12) | W~ machen, tun - nichts tun; er könne | W~ Menschen - sieht(29) | W~ Mund - könne den Mund nicht öffnen, der Unterkiefer ist steif und schmerzhaft | W~ Neuigkeiten - erwartet Nachrichten - frohe Nachrichten(2) | e~ unangenehme Nachrichten(3)

Wahnideen - Neuigkeiten - gehört; er habe Nachrichten - frohe Nachrichten | g~ unangenehme Nachrichten

Wahnideen - nichts - tun; er könne nichts | *W~ Phantasiegebilde, Illusionen*(115) | W~ schlucken, kann nicht | *W~ sonderbar, merkwürdig - Begriffe scheinen* | s~ Vertrautes scheint fremd(38)

Wahnideen - sterben - gleich sterben; glaubt, er würde(57) | W~ Tiere(42) | *W~ Unrecht - erlitten; er habe Unrecht*(5) | W~ verlassen ; er sei(21) | W~ Verletzung - worden; er sei verletzt(10) | W~ versinken, er würde(21) | W~ Vogel - sei; er läuft zirpend und zwitschernd umher bis er in Ohnmacht fällt, als ob er ein Vogel | W~ Wände - einstürzen; die Wände würden(3)

Gemüt ...

Wahnideen - ziehen - Kreis herum ziehen; etwas würde sie im - Kopf nicht geradehalten; und sie könne den
Wandern - Verlangen zu wandern(15)
Weinen(244) | W ~ abends(29) | W ~ Kopfschmerzen, mit(9) | W ~ Schluchzen; Weinen mit(34)
Wildheit(29)
Wirft mit Gegenständen um sich(20) | W ~ Personen; nach(5)
Zerstreut(166)
Zorn(243) | Z ~ abwechselnd mit - Reue; mit schneller(7) | Z ~ Erwachen, beim(16) | Z ~ heftig(72) | Z ~ Kleinigkeiten, über(58)

Träume

Erotisch(196) | E ~ Pollutionen, mit(96)
Erschöpfend(45)
Gebissen zu werden - Hunden, von(5) | G ~ Tieren, von(14)
Hochgelegene Orte(8)
Hunde(20) | H ~ gebissen zu werden; von Hunden(5)
Irrenanstalt
Kämpfe(54)
Kirchen(4)
Menschen(14) | M ~ einflußreiche Personen
Schrecklich(237)
Sprechen, lateinisch zu
Unangenehm(87) | U ~ Einschlafen, beim
Unterwürfigkeit wie ein Diener
Unzusammenhängend, zusammenhanglos(24)
Verworren(122)
Wecken den Patienten(118)

– Macrotinum –

macro.

Gemüt

Argwöhnisch(105)
Auffahren, Zusammenfahren - Schreck oder wie durch Schreck; durch(68)
Furcht(242) | F~ Gefahr, vor drohender(10)
Gedächtnis - Gedächtnisschwäche(284)
Konzentration - schwierig(261)
Morphiumsucht(31)
Reizbarkeit(408)
Ruhelosigkeit(420) | R~ Bewegung - amel.(4)
Stumpfheit(332)
Traurigkeit(477)
Traurigkeit - Menses - während - amel.(6) | w~ agg.(2)
Wahnideen - Gefahr, Empfindung von(6) | W~ Wahrheit - sagen; wie würde nicht die Wahrheit
Zorn(243)

Träume

Fallen, zu stürzen; zu - Gefahr zu(3)
Gefahr(40) | G~ fallen, zu(3)
Hochgelegene Orte(8)
Verdrießlich(122)

– Magnesium carbonicum –

mag-c.

Gemüt

Abneigung - allem, gegenüber(39) | A~ Frauen; gegen(12)
Alkoholismus(135)
Angesehen zu werden; erträgt es nicht(23)
Angst(362) | A~ tagsüber(21) | A~ morgens(42) | m~ Aufstehen - beim - nach dem Aufstehen; und(4) | A~ nach(4)
Angst - morgens - Erwachen, beim(30) | A~ mittags(5) | A~ nachmittags(32) | A~ abends(87) | a~ amel.(6) | *a~ Bett, im*(54) | *B~ amel.* | B~ Unruhe und qualvoller Angst abdecken; muß sich aus(4)
Angst - nachts(119) | *n~ Mitternacht - vor*(36)

Gemüt ...

Angst - Abendessen - nach(3) | A~ Aufstehen - nach(5) | *A~ Bett - im Bett*(49) | A~ Bewegung - agg.(16) | A~ Erwachen, beim(86) | A~ Essen - beim(7) | b~ warmen Speisen; von
Angst - Fieber - während(91) | *A~ Furcht, mit*(110) | A~ Gewissensangst(75) | *A~ Kopf - Hitze des Kopfes; mit*(6) | A~ Mittagessen - nach(11) | *A~ Schlaf - vor*(7) | A~ Stuhlgang - während(20) | *A~ Suppe - nach*(2) | **A~ warmem Bett, jedoch sind die Glieder kalt, wenn sie entblößt werden; im** | A~ Zukunft(108)
Aphasie(53)
Auffahren, Zusammenfahren - mittags(10) | m~ Schlaf, im(6)
Auffahren, Zusammenfahren - nachts(19) | n~ Mitternacht im Schlaf; um - über
Auffahren, Zusammenfahren - Berührung, bei(10) | A~ Geräusche, durch(60) | A~ Jucken und Beißen; durch | A~ Liegen, beim - Rücken, auf dem(3) | L~ Seite; auf der rechten
Auffahren, Zusammenfahren - Schlaf - während(163) | S~ durch(124) | S~ Einschlafen, beim(72)
Auffahren, Zusammenfahren - Schläfrigkeit, bei(13) | A~ Schreck oder wie durch Schreck; durch(68) | *A~ Träumen, in - aus einem Traum*(35)
Außer sich; ist - Angst; vor(14)
Beißen - Nägel(33)
Berührt zu werden; Abneigung(46)
Beschimpfen, beleidigen, schmähen(67)
Beschwerden durch - Erregung - Gefühle, der(87) | B~ Freundschaft, betrogene(7) | B~ Kummer(65) | B~ Schock; seelischen(23) | B~ Schreck(72) | B~ Verletzungen, Unfälle; Gemütssymptome durch(10) | B~ Zorn(94)
Betäubung - geistiger Anstrengung; nach(4)
Bewußtlosigkeit(280) | *B~ morgens*(45) | B~ abends - Hinlegen, beim(2)

Gemüt ...

Bewußtlosigkeit - nachts - Erwachen, beim(7) | B~ Erwachen - beim(10) | B~ Gefühl von | B~ Liegen, beim(4) | B~ Schwindel, bei(46)

Delirium - Kopfschmerz - während(16)

Denken - Beschwerden - amel.(7)

Eifersucht - Redseligkeit, mit(3)

Empfindlich(192) | E~ Berührung, gegen(13) | E~ geistige Eindrücke; gegen(20) | E~ Geräusche, gegen(149) | E~ Sinneseindrücke, gegen(23)

Erregung(287) | E~ Hitze - während der Hitze; Erregung(23) | E~ Menses - vor(11)

Erschöpfung; geistige(217)

Erschreckt leicht(125)

Erwartungsspannung - Zahnarzt, Arzt; vor dem Gang zum(5)

Faulheit(269) | F~ morgens(51) | F~ vormittags(8) | F~ nachmittags(18) | F~ abends(20) | F~ Essen, nach dem(25) | F~ Mittagessen, nach dem(8) | F~ Schläfrigkeit, bei(29)

Fehler; macht - Schreiben, beim(83)

Fleißig, arbeitsam, Arbeitswut(101) | *F~ Menses, vor den*(26)

Froh - nachmittags(14) | F~ abends(42)

Furcht(242) | F~ morgens(27) | F~ nachmittags(15) | *F~ abends*(51) | a~ amel.(2) | a~ Bett, im(8) | B~ amel.

Furcht - nachts(58) | F~ Entblößen nachts im Bett; vor dem | F~ Geisteskrankheit(74) | F~ geschehen; etwas werde(82) | g~ Bettwärme amel.(2) | g~ Unangenehmes, etwas(6)

Furcht - Menses - während(9) | F~ Räubern, vor(25) | F~ Tod; vor dem - Erbrechen(2) | F~ Unfällen, vor(11) | U~ Zubettgehen; den ganzen Tag über, amel. nach dem

Furcht - Unglück, vor(93) | U~ abends - Bett, im - amel.

Furcht - Unheil; Furcht vor(115) | F~ zittrig(36)

Gedächtnis - Gedächtnisschwäche(284)

Gedanken versunken, in(90)

Gemüt ...

Gehen - Freien, im - amel. Gemütssymptome(10)

Geistesabwesend(71)

Geistige Anstrengung - agg.(141) | a~ unmöglich(130)

Gesellschaft - Abneigung gegen(156) | A~ allein, wenn - amel.(33)

Gesten, Gebärden; macht - automatisch(15)

Gier, Habsucht(19)

Gleichgültigkeit, Apathie(251) | G~ morgens(5) | G~ nachmittags(3) | G~ Schläfrigkeit, bei(25) | G~ Vergnügen, gegen(46)

Grunzen - zornig, wenn

Heimweh(52)

Hypochondrie(116)

Hysterie(194)

Kleptomanie - Schleckereien, etwas zu Naschen; stiehlt(2)

Konzentration - schwierig(261) | s~ Schreiben, beim(5)

Kunst - Unfähigkeit zur(10)

Lästig, geht auf die Nerven - abends(3)

Launenhaftigkeit, launisch(108)

Lesen - unfähig zu lesen - Kindern, bei(2)

Lustig, fröhlich(123) | L~ abends(29)

Menses - während; Gemütssymptome(28)

Mürrisch(290) | M~ morgens(42) | *M~ vormittags*(19) | M~ nachmittags - amel. | M~ abends(31) | M~ Haus agg.; im - Gehen im Freien amel.(3) | M~ Menses - während(10) | M~ Schweiß, beim

Nackt sein, möchte - morgens im Bett(3)

Qualvolle Angst(121) | Q~ tagsüber(8) | Q~ Bett - nach dem Zubettgehen amel.(2)

Redseligkeit; Geschwätzigkeit(136) | R~ Betrunkenheit; bei(6)

Reisen - Verlangen nach(28)

Reizbarkeit(408) | R~ tagsüber(32) | R~ morgens(69) | R~ vormittags(25) | R~ nachmittags(37) | R~ abends(60) | a~ amel.(10)

Gemüt ...

Reizbarkeit - Fieberfrost, im(57) | R~ Freien, im - amel.(7) | R~ Gehen, beim - Freien amel.; im(2) | **R~ Kindern, bei**(29) | R~ Kummer, durch(3) | R~ Menses - während(42) | R~ Schweiß, beim(14)

Ruhelosigkeit(420) | R~ abends(51) | R~ nachts(249) | R~ Bett - Herumwerfen im(123) | *B~ treibt aus dem*(39)

Ruhelosigkeit - Hitze - während(66) | R~ innerlich(37) | R~ Menses - vor(16) | M~ nach

Ruhelosigkeit - Schmerzen, durch(19) | S~ Zahnschmerzen(3)

Ruhelosigkeit - Sitzen, im(21)

Schlagen - sich; schlägt - schlägt seinen Kopf gegen die Wand und gegen Gegenstände(11)

Schlemmer(8)

Schmollen(41)

Schreien(133) | S~ nachts(8) | *S~ Erwachen - beim*(27) | S~ Kindern, bei(38) | *S~ Schlaf, im*(80) | S~ Schmerzen, bei den(25)

Schüchternheit, Zaghaftigkeit(113)

Schweigsam(209) | S~ Traurigkeit; bei(12)

Seufzen - Schlaf, im(10)

Singen(59) | S~ Trällern(11)

Sinne - abgestumpft, stumpf(107)

Sitzen - Neigung zu sitzen(110)

Sorgen, voller(50) | S~ andere, um(14)

Sprechen - agg. die Beschwerden(34) | S~ Schlaf, im(93) | S~ sich selbst ; mit(31)

Stimmung, Laune - abweisend, zurückweisend(40) | *S~ veränderlich*(158)

Stöhnen(119)

Streiten - Abneigung gegen(5)

Streitsüchtig(136)

Stumpfheit - vormittags(17) | S~ geistige Anstrengung, durch(27) | S~ Mittagessen - nach(4) | S~ Schreiben, beim(10)

Stupor - morgens(36)

Tadelsüchtig, krittelig(80)

Traurigkeit(477) | T~ abends(76) | a~ amel.(15)

Traurigkeit - schweigsam(12)

Gemüt ...

Unbehagen(44) | U~ morgens(3) | U~ vormittags(3)

Ungerechtigkeit; erträgt keine(8)

Ungeschicklichkeit - Schneidern, Sticken; beim(9)

Unzufrieden(168) | U~ allem; mit(66)

Vergeßlich(187) | V~ Essen, nach dem(5)

Verlassen zu sein; Gefühl(56) | *V~ geliebt zu werden; hat das Gefühl, von den Eltern, der Ehefrau und Freunden nicht*(7)

Verwirrung, geistige(321) | V~ morgens(115) | m~ Aufstehen - und nach dem Aufstehen(37)

Verwirrung, geistige - berauscht - wie(47) | V~ Freien, im(12) | V~ Frühstück - nach - amel.(2) | V~ geistige Anstrengung - durch(50) | V~ Geräusche - agg.(3) | V~ Zimmer, im(2)

Verzweiflung - Genesung, in bezug auf die(44) | V~ Schmerzen; bei den(21)

Wahnideen - ängstlich(10) | W~ Bett - Klumpen, Brocken im Bett(2) | W~ Diebe - sieht(21) | W~ drehen - alles dreht sich(4) | W~ ermordet - er würde ermordet - werden; er würde ermordet werden(21) | W~ Geld - zählt Geld, er(5) | W~ Krankheit - unheilbare Krankheit; er habe eine(18) | W~ Menschen - sieht(29) | W~ Ohnmacht fallen; er werde(19) | *W~ tot - Personen, sieht tote*(59) | W~ Wasser - von(19)

Weinen - nachts(81) | n~ Mitternacht - an(2)

Weinen - Erwachen, beim(36) | W~ Schlaf, im(88) | W~ Schluchzen; Weinen mit - Schlaf, im(3) | *W~ Schwangerschaft, in der*(8) | W~ Wimmern, Winseln - Schlaf, im - Zahnschmerzen, mit

Widerspenstig(66)

Widerspruch - Neigung zu widersprechen(38)

Widerwillen(39) | W~ allem, vor(22)

Zerstreut(166) | Z~ Schreiben, beim

Zorn(243) | Z~ heftig(72)

Zurückhaltend, reserviert(64)

Träume
Alpträume, Alpdrücken(144)
Anfall zu haben; einen(3)
Angeln, Fischen(5)
Angenehm(136)
Ängstlich(239) | Ä~ Menses - während(9)
Baden - kochendem Wasser; Kind badet in
Bälle (Tanzveranstaltungen)(2)
Beerdigungen(13)
Bettler
Blumen(2)
Durchnäßt zu werden; vom Regen
Durstig zu sein(3)
Ereignisse - zurückliegende, kurz - Vortag, vom(41)
Erfolglose Anstrengungen(20) | E~ anzuziehen; sich - Ball, für einen(2) | E~ sprechen; zu | E~ zurechtzufinden; sich im eigenen Haus
Erinnerlich, bleiben im Gedächtnis(33)
Erotisch(196)
Erschöpfend(45)
Feuer(65)
Frisieren, muß sich in Gesellschaft
Gefahr(40) | *G~ Wasser, Überschwemmungen; durch*(10)
Geld(8)
Geschäft - Tage, vom(39)
Geworfen zu werden - Grab, in ein
Gräber(6) | G~ geworfen zu werden; in ein Grab
Haar - fallen aus; Haare
Historisch(18)
Hochzeit(7)
Intellektuell - nachts - Mitternacht, nach
Kämpfe(54) | K~ Räubern, mit(5)
Kinder(8)
Kleidung nicht zurechtmachen, will ihre
Körperteile - Haarausfall | K~ Rücken - verbrannt | K~ Wange - verbrannt
Krankheit(43) | K~ Epilepsie(3) | K~ Haarausfall
Lebhaft(193) | L~ morgens(5)
Leidenschaft, Ausbruch von
Lotterie(2)
Lustig(14)

Träume ...
Masken(3)
Obst(3)
Räuber(36) | R~ kämpfen; mit Räubern zu(5)
Reisen(48)
Schmuggelware
Schrecklich(237)
Schwierigkeiten(18)
Streitigkeiten(69)
Stürme(5)
Tanzen(5)
Traurig(46)
Überschwemmung(5)
Unerinnerlich, bleiben nicht im Gedächtnis(93)
Unglück(64)
Unwichtig(46)
Verdrießlich(122)
Verhaftung(2)
Verirren, sich zu(4)
Verirrt zu haben; sich - Hause, zu | V~ Wald, in einem(6)
Verlegenheit(7)
Verstorbenen, von(84) | V~ Verwandte(8)
Verstümmelung(9)
Verworren(122)
Viele(260)
Wasser(49)
Wecken den Patienten(118)
Weinen(14)
Zorn(58)

– *Magnesium fluoratum* –

mag-f.

Gemüt
Angst(362)
Faulheit(269)
Reizbarkeit(408)
Traurigkeit(477)

– *Magnesium muriaticum* –

mag-m.

Gemüt
Abneigung - allem, gegenüber(39)
Abscheu - allgemeiner(42) | a~ morgens(2)

Gemüt ...

Angesprochen zu werden - Abneigung(63)

Angst(362) | A~ morgens(42) | m~ Erwachen, beim(30)

Angst - nachmittags(32) | n~ abends; bis(4)

Angst - abends(87) | *a~ Bett, im*(54) | *B~ Schließen der Augen; beim*

Angst - nachts(119) | n~ Mitternacht - vor(36)

Angst - Abdomens; mit Auftreibung des | A~ Aufstoßen - amel.(3) | A~ Bett - im Bett(49) | A~ Bewegung - amel.(12) | A~ Essen - nach(39) | A~ Fieber - während(91) | *A~ Freien, im - amel.*(23) | A~ Gesundheit; um die - eigene Gesundheit; um seine(57) | *A~ Haus, im*(15) | *A~ Lesen, beim - beim*(2) | A~ Menses - vor(22) | M~ während(33)

Angst - Mittagessen - während | M~ nach(11)

Angst - Schließen der Augen; beim(5) | A~ Stuhlgang - vor(24)

Antworten - Abneigung zu antworten(67) | A~ morgens

Auffahren, Zusammenfahren - nachts(19) | n~ Mitternacht im Schlaf; um - vor(6)

Auffahren, Zusammenfahren - elektrisch - Schläge durch den Körper, während er hellwach ist(3) | A~ Schlaf - während(163) | S~ durch(124) | S~ Einschlafen, beim(72)

Bellen - Knurren wie ein Hund(8)

Beschäftigung - amel.(48)

Beschwerden durch - Freundschaft, betrogene(7) | B~ Grobheit anderer(13) | B~ Heimweh(8) | B~ sexuell - Exzesse(59) | B~ Uneinigkeit zwischen - Eltern, Freunden(11) | U~ Vorgesetzten und Untergebenen(9)

Beschwerden durch - Zorn(94)

Betäubung(237)

Bewußtlosigkeit(280) | B~ abends - Hinlegen, beim(2) | *B~ Essen, nach dem*(4) | *B~ Liegen, beim*(4)

Chaotisch(44) | C~ Ruhelosigkeit; mit

Eigensinnig, starrköpfig, dickköpfig(107)

Gemüt ...

Empfindlich(192) | *E~ Geräusche, gegen*(149) | *G~ Stimmen, gegen*(15)

Empfindlich - Lesen, gegen(4)

Entmutigt(135)

Entsprechen; fühlt sich verpflichtet, den Wünschen anderer zu

Erregung(287) | E~ Menses - vor(11) | *M~ während*(14)

Erschreckt leicht(125) | E~ Erwachen, beim - Traum, aus einem(14)

Faulheit(269) | F~ abends(20) | F~ Schläfrigkeit, bei(29)

Fleißig, arbeitsam, Arbeitswut - Menses, vor den(26)

Froh(182) | F~ tagsüber(7)

Furcht(242) | F~ morgens(27) | F~ abends(51) | F~ Erwachen, beim - Traum, aus einem(13) | F~ Essen - nach dem Essen; Furcht(14) | F~ Fahren im Wagen; beim(14) | F~ Geräusche, durch(40) | F~ Krebs(13) | F~ Lebererkrankung, bei(2) | F~ Mäuse | F~ Mittagessen, nach dem(2) | F~ Räubern, vor(25) | F~ Schließen der Augen; beim(5) | F~ Spinnen, vor(7)

Gedanken - überlegt(54) | G~ wiederholen sich(2)

Gedanken versunken, in(90)

Geduld(3)

Geistige Anstrengung - agg.(141) | a~ unmöglich(130)

Geistige Anstrengung - Abneigung gegen(150)

Geschäftig(45) | G~ sich selbst beschäftigt; geschäftig mit(2)

Gesellschaft - Abneigung gegen(156)

Gespräche - agg.(45)

Getragen - Verlangen getragen zu werden(31)

Gleichgültigkeit, Apathie(251) | G~ morgens - Erwachen, beim(8) | G~ Schläfrigkeit, bei(25) | G~ Vergnügen, gegen(46)

Hast, Eile(112)

Heimweh(52) | H~ stiller schlechter Laune; mit(3)

GEMÜT ...

Hypochondrie(116)

Hysterie(194) | H~ Menses - während(27) | *M~ nach - reichlich*(4)

Knabbern, Verlangen zu(3)

Konzentration - schwierig(261) | s~ morgens(7)

Kummer(76) | K~ still(23)

Langeweile(53) | L~ abends

Launenhaftigkeit, launisch(108)

Lesen - agg. Gemütssymptome(14)

Lustig, fröhlich - morgens(5)

Menschenfeindlichkeit, Misanthropie(45)

Menses - vor; Gemütssymptome(18) | M~ während; Gemütssymptome(28)

Milde(80)

Mürrisch(290) | M~ morgens(42) | M~ abends(31) | M~ abwechselnd mit - Fröhlichkeit, Frohsinn(23)

Phantasien - Lesen, beim(3) | P~ übertrieben(114)

Qualvolle Angst(121)

Reizbarkeit(408) | R~ morgens(69) | m~ Aufstehen, nach dem(13) | m~ Erwachen, beim(43)

Reizbarkeit - vormittags(25) | R~ abends(60) | R~ Erwachen, beim(56) | R~ Koitus - nach(26) | R~ Kopfschmerzen, bei(61) | R~ Menses - vor(17) | M~ während(42)

Ruhelosigkeit(420) | R~ abends(51) | **a~ Bett, im**(11)

Ruhelosigkeit - nachts(249) | n~ Mitternacht - vor(12) | M~ nach - 2 h(8)

Ruhelosigkeit - nachts - Schließen der Augen agg.; beim(2) | R~ ängstlich(111) | R~ Bett - Herumwerfen im(123) | B~ treibt aus dem(39)

Ruhelosigkeit - Erwachen, beim(30) | R~ Hitze - während(66) | R~ innerlich(37) | R~ Liegen, beim(8) | R~ Menses - während(40) | **R~ Schließen der Augen in der Nacht agg.**(2)

Schlafwandeln - Tagesarbeit zu machen; um die(5)

Schmollen(41)

GEMÜT ...

Schreien - Schlaf, im(80) | S~ Schmerzen, bei den(25)

Schweigsam(209) | S~ morgens(6)

Selbstbetrachtung(58)

Selbstvertrauen - Mangel an Selbstvertrauen - Unterstützung; möchte - Familie und die Freunde; durch die

Sinne - abgestumpft, stumpf(107)

Sitzen - Neigung zu sitzen(110)

Sorgen, voller - andere, um(14)

Spielen - Spielleidenschaft - Geld zu verdienen; um(10)

Sprechen - anderer agg.; das Sprechen(46) | *S~ Schlaf, im*(93) | *S~ ängstlich*(3)

Spucken(32)

Stimmung, Laune - abweisend, zurückweisend(40) | S~ veränderlich(158)

Streiten - Abneigung gegen(5)

Stumpfheit(332) | S~ morgens(54) | m~ Aufstehen, beim(6)

Stumpfheit - vormittags(17) | S~ abends(29) | S~ Freien, im - amel.(6) | S~ Mittagessen - während(2)

Torpor(26)

Traurigkeit(477) | T~ morgens(71) | T~ allein - wenn(24) | T~ Essen - vor | E~ nach - amel.(6)

Traurigkeit - Menses - während(35)

Unentschlossenheit(146)

Unfreundliche Stimmung(5)

Ungerechtigkeit; ertragt keine(8)

Unzufrieden(168)

Verlassen zu sein; Gefühl(56)

Verwirrung, geistige(321) | V~ morgens(115) | m~ Aufstehen - und nach dem Aufstehen(37) | m~ Erwachen, beim(50)

Verwirrung, geistige - berauscht - wie(47) | V~ Einhüllen des Kopfes - amel. | V~ Essen - nach(52) | V~ Freien, im - amel.(30) | V~ geistige Anstrengung - durch(50) | V~ Liegen; beim(10) | V~ Mittagessen - beim | M~ nach(9)

Gemüt ...

Wahnideen(191) | W~ Bewußtsein - verlieren; er würde das Bewußtsein(9) | W~ Bilder, Phantome; sieht(76) | W~ Brummen wie von einem Bären; hört | W~ Diebe - sieht(21) | W~ Fallen - er würde(29) | W~ Feuer - Visionen von(34) | W~ Freunde, er habe keine(3) | W~ geht - hinter ihm gehen; jemand würde(7) | W~ Geräusche - hören; Geräusche zu(13) | W~ Hochzeit, von einer(4) | W~ Hören - Einbildung; etwas zu hören(44) | W~ Leistung zu erbringen - gedrängt, Leistung zu erbringen; von anderen | W~ Lesen, beim - hinter ihr her lesen, weshalb sie schneller liest; jemand würde | W~ Menschen - hinter ihm; jemand sei(19) | W~ Pferde - sieht(3) | *W~ Phantasiegebilde, Illusionen*(115) | P~ Fieberhitze, in der(7)

Wahnideen - Reise; er befinde sich auf einer(12) | W~ schaukelt in der Luft | W~ Schwindel - werden; es werde ihm schwindelig - Bewußtsein verlieren; und er werde das | W~ sonderbar, merkwürdig - Vertrautes scheint fremd(38) | W~ Tiere(42) | W~ tot - Leiche - verstümmelte Leiche(7) | t~ Personen, sieht tote(59)

Wahnideen - vernachlässigt - er würde vernachlässigt(6) | W~ verstümmelte Körper; sieht(8) | W~ Wasser - von(19) | W~ Wolken - Felsen hinwegblicken; er würde über Wolken und | W~ sieht(3)

Weinen(244) | W~ amel.(24) | W~ nachts(81) | W~ Essen - nach(5) | W~ Mittagessen, nach dem | W~ Schlaf, im(88)

Widerspenstig(66)

Widerwillen(39) | W~ allem, vor(22)

Zeit - langsam, scheint länger; vergeht zu(29)

Zorn(243)

Träume

Alpträume, Alpdrücken(144)

Angenehm(136)

Träume ...

Ängstlich(239)

Beschämend(13)

Ekelhaft(32)

Erfolglose Anstrengungen - Geschäften, in(3) | E~ schreien; zu(6)

Ermordet - werden, zu(17)

Erniedrigung(12)

Erotisch(196)

Fallen, zu stürzen; zu(60) | F~ Wasser, ins(11)

Fenster - springen; aus dem Fenster zu

Feuer(65)

Gefahr - Todesgefahr(7) | G~ Wasser, Überschwemmungen; durch(10)

Geld(8)

Geschäft - erfolglos, ist(3) | G~ Tage, vom(39)

Hochzeit(7)

Körperteile - Gesicht - abgeschnitten; eine Gesichtshälfte würde ihm | K~ Hände - brennen durch Waschen

Krankheit - brennen - Hände brennen durch Waschen

Lebhaft(193)

Leichen(42)

Lustig(14)

Mord(53)

Pferde(18)

Räuber(36)

Reisen(48)

Schneiden(7)

Schrecklich(237)

Schreien; unfähig zu(6)

Schwierigkeiten(18)

Tanzen(5)

Tod(64)

Unerinnerlich, bleiben nicht im Gedächtnis(93)

Unfälle(29)

Unglück(64)

Unrat fällt auf sie herab

Verdrießlich(122)

Verfolgt zu werden - Räubern, von

Verirren, sich zu(4)

Verirrt zu haben; sich - Wald, in einem(6)

Träume ...

Verstorbenen, von(84)
Verstümmelung(9)
Viele(260)
Wald(4) | W~ verirren; sich im Wald zu(2)
Wasser(49)
Zorn(58)

– Magnesium phosphoricum –

mag-p.

Gemüt

Beschwerden durch - geistige Anstrengung(59)
Empfindlich - allem, gegenüber(2) | E~ Erregung | E~ Geräusche, gegen(149)
Erregung(287)
Furcht - berührt zu werden(38) | F~ Bewegung, vor(5)
Geistige Anstrengung - agg.(141) | a~ unmöglich(130)
Geistige Anstrengung - Abneigung gegen(150)
Geschäftig - fruchtlos, ergebnislos(14)
Jammern(93) | *J~ Schmerzen, über*(6)
Launenhaftigkeit, launisch(108)
Necken(6)
Reizbarkeit - Kopfschmerzen, bei(61)
Ruhelosigkeit(420)
Schreien(133) | *S~ Krämpfe, während der - Abdomen; im*(5) | S~ Schmerzen, bei den(25)
Sitzen - Neigung zu sitzen - unbeweglich, still(42)
Sprechen - agg. die Beschwerden(34) | *S~ Beschwerden; von ihren*(5) | S~ sich selbst ; mit(31)
Studieren, Lernen - schwierig, fällt schwer(18)
Stumpfheit(332)
Traurigkeit(477) | T~ morgens(71)
Traurigkeit - Schläfrigkeit, bei(8)
Unzufrieden(168)
Vergeßlich - Hitze - nach(2)

Gemüt ...

Wahnideen(191) | W~ berauscht - sei, er(59) | W~ bewegen - er bewegt sich - nicht bewegen; sie kann sich(2) | W~ Fallen - er würde(29) | W~ Schreck - wie erschreckt - Erwachen, beim(9) | W~ sterben - gleich sterben; glaubt, er würde(57) | *W~ Tetanus sterben, mit Schmerzen im rechten Bein; er müsse an*
Weinen(244) | *W~ Konvulsionen - während*(27) | W~ krampfhaft, spasmodisch(16) | *W~ Schluchzen; Weinen mit*(34)

– Magnesium sulphuricum –

mag-s.

Gemüt

Angst(362) | A~ morgens(42) | m~ Erwachen, beim(30)
Angst - Gewissensangst(75)
Auffahren, Zusammenfahren - Schlaf - während(163) | A~ Schreck oder wie durch Schreck; durch(68) | *A~ Träumen, in - aus einem Traum*(35)
Außer sich; ist(51) | A~ Angst; vor(14)
Beleidigt, leicht(79)
Denken - Beschwerden - agg.; Denken an seine Beschwerden(71)
Empfindlich(192) | E~ Schmerz, gegen(31)
Erregung(287)
Faulheit(269) | F~ nachmittags(18)
Froh(182)
Furcht(242) | F~ morgens(27) | F~ Erwachen, beim(54) | F~ geschehen; etwas werde - Unangenehmes, etwas(6) | F~ Tod; vor dem(143) | F~ Unfällen, vor(11) | F~ Unglück, vor(93) | U~ morgens(2)
Furcht - Unheil; Furcht vor(115) | U~ morgens beim Erwachen
Geschäft - Abneigung gegen(45)
Gesellschaft - Abneigung gegen - allein, wenn - amel.(33)
Heftig, vehement(100)
Lustig, fröhlich(123)

Gemüt ...

Mürrisch(290) | M~ nachmittags(30)
Qualvolle Angst(121)
Reizbarkeit(408) | R~ Menses - während(42)
Ruhelosigkeit(420) | R~ innerlich(37)
Schweigsam(209) | S~ nachmittags(7)
Seelenruhe, Gelassenheit(85)
Sorgen, voller - andere, um(14)
Streitsüchtig(136)
Stumpfheit - Schläfrigkeit, bei(30)
Traurigkeit(477) | T~ morgens(71) | T~ abends(76)
Unzufrieden(168)
Verwirrung, geistige(321) | V~ morgens(115) | m~ Aufstehen - nach, amel.(5) | A~ und nach dem Aufstehen(37)
Verwirrung, geistige - morgens - Erwachen, beim(50) | V~ abends(78) | V~ Erwachen, beim(71) | V~ Freien, im - amel.(30) | V~ Stuhlgang amel.(3)
Wahnideen - Fremde - sieht, er(8) | F~ Stricken; sie sieht Fremde beim
Wahnideen - Mäuse - sieht(12) | W~ Menschen - sieht(29) | W~ Phantasiegebilde, Illusionen(115) | W~ Visionen, hat(76)
Weinen(244)
Zorn(243) | Z~ nachts(4) | Z~ Erwachen, beim(16) | Z~ heftig(72)
Zufrieden(31) | Z~ sich selbst; mit(6)

Träume

Alpträume, Alpdrücken(144)
Angenehm(136)
Ängstlich(239)
Aufregend(14)
Bälle (Tanzveranstaltungen)(2)
Bankett(3)
Besuche - jemanden zu besuchen
Ekelhaft(32)
Erfolglose Anstrengungen(20) | E~ anzuziehen; sich - Ball, für einen(2) | a~ Theater zu gehen; um ins
Erinnerlich, bleiben im Gedächtnis(33)
Erotisch(196)
Ertrinken(19) | E~ Leute ertrinken(2)
Fallen, zu stürzen; zu - Wasser, ins(11)
Feuer(65)

Träume ...

Furcht - gefolgt von(14)
Gefahr(40)
Gespenster(38)
Hochzeit(7)
Kämpfe(54)
Krankheit - Verletzungen(12) | *K~ Wunden*(3)
Landwirtschaft(2)
Lebhaft(193)
Leichen(42)
Mäuse(3) | M~ gelbe
Musik(2)
Pferde(18) | *P~ schlagen aus, treten*
Räuber(36) | R~ Vaters; im Haus seines
Reisen(48) | R~ Schwierigkeiten, unter(6)
Schießen, vom(6)
Schrecklich(237)
Schuß - verwundet zu werden; von einem Schuß(5)
Schwelgerei, Festmahl(9)
Schwierigkeiten - Reisen, auf(6)
Soldat - verfolgt ihn
Springen - Wasser - Männer springen ins
Streitigkeiten(69)
Tanzen(5)
Theater gehen zu sollen, aber nicht mit dem Anziehen fertig zu werden; ins
Tod(64) | T~ Vaters, seines(2) | T~ Verwandten, von(14)
Unfälle - Ertrinken(19) | E~ Menschen ertrinken(2)
Ungeziefer(14)
Vater(6)
Verdrießlich(122)
Verfolgt zu werden(17) | V~ Soldaten, von
Verirrt zu haben; sich - Wald, in einem(6)
Verlassen zu sein - Vater nicht auf einer Reise begleiten; er kann seinen
Verletzungen(13)
Verstorbenen, von(84) | V~ Verwandte(8)
Verworren(122)
Verwundet zu werden(4)
Viele(260)
Wasser(49)
Wecken den Patienten(118)

Träume ...

Zorn(58)

– Magnetis polus arcticus –

m-arct.

Gemüt

Angst(362) | A~ abends(87) | A~ nachts(119) | n~ Mitternacht - nach(22)
Angst - Fieber - während(91) | A~ Furcht, mit(110) | *A~ Gewissensangst*(75) | A~ hypochondrisch(52) | A~ Menses - vor(22) | A~ Zukunft(108)
Auffahren, Zusammenfahren - Schlaf - während(163) | A~ Träumen, in - aus einem Traum(35)
Betäubung - Schläfrigkeit, bei(11)
Empfindlich(192)
Entmutigt(135) | *E~ Angst, mit*(7) | *E~ tadelt sich selbst; macht sich Vorwürfe*
Ernst(77)
Fehler; macht - Schreiben, beim(83)
Fleißig, arbeitsam, Arbeitswut(101)
Froh(182) | F~ abwechselnd mit - Schüchternheit | a~ Traurigkeit(57)
Furcht(242) | F~ Krankheit, vor drohender(66) | F~ Unheil; Furcht vor(115)
Gedächtnis - Gedächtnisschwäche(284)
Gedanken - Gedankenandrang, einstürmende Gedanken, Gedankenfluß(78) | *G~ nachts*(31) | *G~ Erwachen, beim*(6)
Gedanken - Stillstand der Gedanken(10)
Geistige Anstrengung - agg. - unmöglich(130)
Hast, Eile(112)
Hellsehen(28)
Hypochondrie - nachts(5) | H~ mürrisch(9)
Ideen, Einfälle - Mangel an(102)
Jammern - Schlaf, im(12)
Langsamkeit(68) | L~ Arbeit, bei der(3)
Launenhaftigkeit, launisch(108)
Milde(80)
Mürrisch(290) | M~ nachts(16)
Phantasien - übertrieben - nachts(40)
Redseligkeit; Geschwätzigkeit - Fieber; im(11)

Gemüt ...

Reizbarkeit(408) | R~ Hitze - während(31)
Ruhelosigkeit - ängstlich(111) | R~ geschäftig(20) | *R~ Hitze - während*(66)
Schlafwandeln(56)
Schüchternheit, Zaghaftigkeit(113)
Schweigsam(209)
Singen(59) | *S~ nachts*(5) | *S~ Schlaf, im*(8)
Sinne - abgestumpft, stumpf(107)
Sprechen - sich selbst ; mit(31)
Stimmung, Laune - veränderlich(158)
Stumpfheit(332)
Tadelsüchtig, krittelig(80)
Tadelt - sich selbst(36)
Traurigkeit(477) | T~ abends(76) | *T~ ängstlich*(32)
Unbesonnen(82)
Unentschlossenheit(146) | U~ abends(4)
Untröstlich(30)
Verwegenheit(26)
Vorsichtig(17)
Weinen(244) | W~ abends(29) | W~ nachts(81) | n~ Mitternacht - an(2)
Weinen - Schlaf, im(88)
Zorn(243)

Träume

Ereignisse - zukünftige(11)
Erotisch(196)
Fallen, zu stürzen; zu(60)
Fehlgeburt
Hellsichtig(12)
Historisch(18)
Krankheit - Fehlgeburt
Lebhaft(193)
Mord(53)
Prophetisch(11)
Unerinnerlich, bleiben nicht im Gedächtnis(93)
Verdrießlich(122)
Verstümmelung(9)
Viele(260)
Wahr - werden wahr(4)
Wecken den Patienten(118)
Wissenschaftlich(5)

– *Magnetis polus australis* –
m-aust.

Gemüt
Auffahren, Zusammenfahren - Schlaf - während(163) | A ~ Träumen, in - aus einem Traum(35)
Beschimpfen, beleidigen, schmähen(67)
Betäubung(237)
Erregung - abends - Bett, im(31)
Erschreckt leicht(125)
Faulheit(269)
Froh - abends - Bett, im(29)
Gesellschaft - Abneigung gegen(156)
Hast, Eile(112)
Heftig, vehement(100)
Launenhaftigkeit, launisch(108)
Mürrisch(290) | M ~ abends(31) | M ~ Erwachen, beim(32) | M ~ Fieber - während(12) | M ~ Fieberfrost, im(13)
Reizbarkeit(408) | R ~ Erwachen, beim(56) | R ~ Fieberfrost, im(57)
Ruhelosigkeit(420) | R ~ ängstlich(111) | R ~ Menses - vor(16)
Schüchternheit, Zaghaftigkeit(113)
Sinne - abgestumpft, stumpf(107)
Sprechen - Schlaf, im(93)
Stimmung, Laune - veränderlich(158)
Streitsüchtig(136)
Stumpfheit(332)
Traurigkeit(477) | T ~ allein - wenn(24)
Unbeständigkeit(45)
Unentschlossenheit(146) | U ~ Gedanken, in(4) | U ~ wankelmütig(12)
Unzufrieden(168) | U ~ sich selbst, mit(36)
Verlassen zu sein; Gefühl(56)
Wahnideen - berauscht - sei, er(59) | W ~ bewegen - er bewegt sich - nicht bewegen; sie kann sich(2) | W ~ Schreck - wie erschreckt - Erwachen, beim(9)
Weinen(244) | W ~ Zorn - nach(19)
Widerwillen - Hochgefühl anderer; gegen das
Wildheit(29)
Zorn(243) | Z ~ Arbeit - Abneigung gegen(2) | *Z ~ heftig*(72)

Träume
Anstrengung - geistige(51)
Feuer(65)
Gebissen zu werden - Arme, in die(3) | G ~ Tieren, von(14)
Kämpfe(54)
Lebhaft(193)
Pferde(18)
Streitigkeiten(69)
Verdrießlich(122)
Verworren(122)
Wecken den Patienten(118)

– *Magnolia glauca* –
magn-gl.

Gemüt
Wahnideen - Schreck - wie erschreckt - Erwachen, beim(9)

– *Magnolia grandiflora* –
magn-gr.

Gemüt
Traurigkeit - Menopause, in der(25)
Wahnideen - Entfernungen; in bezug auf(4) | W ~ schlafen; er würde - nicht genug geschlafen; er habe(17) | W ~ Schwindel - habe; er - Seekrankheit, durch | W ~ seekrank, er sei(3) | W ~ sterben - gleich sterben; glaubt, er würde(57)

– *Malandrinum* –
maland.

Gemüt
Stumpfheit(332)

– *Malaria officinalis* –
malar.

Gemüt
Wahnideen - Schwindel - werden; es werde ihm schwindelig(2)

– *Mancinella* –

manc.

Gemüt

Abergläubisch(13)
Aktivität; Verlangen nach - Geschäften, bei seinen(2)
Angst(362) | A~ andere, um(24) | A~ Furcht, mit(110) | A~ Gehen - agg.(21) | A~ kalt - Kaltwerden, durch(4)
Antworten - Abneigung zu antworten(67)
Beschwerden durch - Freude, übermäßige(13) | B~ Zorn(94)
Bewußtlosigkeit(280) | B~ Fieber, im(50) | B~ Schwindel, bei(46)
Delirium(233)
Empfindlich - Geräusche, gegen(149) | G~ schrille Töne, gegen(16)
Faulheit(269)
Fleißig, arbeitsam, Arbeitswut(101)
Froh(182)
Furcht(242) | F~ nachts(58) | n~ Mitternacht(2)
Furcht - Dunkelheit, vor der(40) | **F~ GEISTESKRANKHEIT**(74) | *F~ Gespenstern, vor*(32) | F~ Teufel geholt zu werden; vom(2) | F~ Unheil; Furcht vor(115) | U~ verfolgt; sie würden vom Unheil
Gedächtnis - gut, aktiv(91) | G~ Gedächtnisschwäche(284) | G~ tun wollte; für das, was er gerade(33)
Gedanken - überlegt(54) | *G~ Vergehen, Schwinden der Gedanken*(76) | G~ wandernd(72)
Geisteskrankheit, Wahnsinn(153) | G~ erotisch(31)
Geistige Anstrengung - Verlangen nach(65)
Gesellschaft - Verlangen nach(83)
Gleichgültigkeit, Apathie(251) | G~ morgens(5) | m~ Erwachen, beim(8)
Heimweh(52)
Langeweile(53)
Lebensüberdruß(82)
Manie(149)

Gemüt ...

Meditieren, Nachdenken(47)
Milde(80)
Mitgefühl, Mitleid(34)
Mürrisch(290)
Nymphomanie(67) | N~ Menopause, in der(3)
Pubertät; Gemütsbeschwerden in der(4)
Reizbarkeit(408)
Ruhelosigkeit(420) | R~ Bett - Herumwerfen im(123)
Schüchternheit, Zaghaftigkeit(113) | S~ schamhaft(58)
Schweigsam(209)
Seelenruhe, Gelassenheit(85) | S~ morgens beim Erwachen(3)
Selbstvertrauen - Mangel an Selbstvertrauen(86)
Sentimental, schwärmerisch, rührselig(64)
Singen(59)
Stumpfheit(332) | S~ morgens(54)
Traurigkeit(477) | T~ morgens(71) | T~ nachts - Mitternacht - nach(4) | T~ Menopause, in der(25) | T~ Menses - vor(34)
Traurigkeit - Pubertät, in der(13) | T~ sexuelle Erregung - mit sexueller Erregung(10)
Ungeduld(131) | U~ Kopfschmerzen, bei(5)
Unzufrieden(168)
Vergeßlich(187) | V~ Einkauf liegen; geht weg und läßt den(10)
Verlangen, Wunsch nach - voller Verlangen - fröhlich sein; möchte - vergeblich
Wahnideen - besessen, er sei(14) | W~ Fliegen(13) | *W~ geisteskrank - werden; er würde geisteskrank*(43) | W~ Geruchssinns, des(17) | W~ Hören - Einbildung; etwas zu hören(44) | W~ leicht - schweben; er sei so leicht, er könne(3) | l~ sei leicht, er(26)
Wahnideen - schweben - Luft, in der(45) | W~ schwimmen, er würde - Luft, in der(5) | W~ Stimmen - hört(37)

Gemüt ...

Wahnideen - Teufel - geholt werden; er werde vom Teufel(3) | T~ hinter ihm her; der Teufel sei(3) | T~ sieht(19)
Zerstreut(166)
Zorn(243)

Träume

Angenehm(136)
Gespenster(38)
Schrecklich(237)
Traurig(46)
Verfolgt zu werden - Ochsen, von einem(3)

– *Mandragora officinarum* –

mand.

Gemüt

Angst(362)
Delirium(233)
Empfindlich(192) | *E~ Geräusche, gegen*(149) | E~ Geruche, gegen(30)
Entmutigt(135)
Erregung(287)
Erschöpfung; geistige(217)
Euphorie - abwechselnd mit - Traurigkeit(7)
Fleißig, arbeitsam, Arbeitswut(101)
Gedächtnis - Gedächtnisschwäche(284)
Geisteskrankheit, Wahnsinn(153)
Gemütssymptome - akute Gemütssymptome - Schwäche; mit körperlicher(2)
Gleichgültigkeit, Apathie(251)
Hochgefühl(97)
Hysterie(194)
Konzentration - schwierig(261)
Küßt - jeden(9)
Manie(149)
Reizbarkeit(408)
Ruhelosigkeit(420) | R~ Schwäche - bei(2)
Stimmung, Laune - wechselnd, wechselhaft(80)
Traurigkeit(477)

Gemüt ...

Traurigkeit - Urinieren - gefolgt von häufigem Urinieren; Traurigkeit
Umarmt - jeden(9)
Unentschlossenheit(146)
Unzufrieden(168)
Verwirrung, geistige(321)
Wahnideen - besessen, er sei(14)

Träume

Ängstlich(239)
Autounfall
Mord(53)
Schrecklich(237)
Unangenehm(87)
Unfälle(29) | U~ Flugzeugabsturz

– *Manganum oxydatum* –

mang-o.

Gemüt

Sprache - monoton(2)

– *Manganum-act. & -c.* –

mang. (alte Abk.)

Gemüt

Angst(362) | A~ tagsüber(21) | A~ nachts(119) | n~ Mitternacht - nach(22)
Angst - Bewegung - agg.(16) | A~ Erregung, durch(7) | A~ Furcht, mit(110) | A~ Gehen - agg.(21) | A~ geistige Anstrengung; durch(20) | A~ Kleinigkeiten, um(23) | A~ Liegen - amel. | A~ Menses - vor(22) | A~ Zukunft(108)
Beschwerden durch - Erregung - Gefühle, der(87)
Betäubung - nachmittags(7)
Boshaft(99)
Empfindlich(192) | E~ Geräusche, gegen(149) | G~ Musik amel.(15)
Empfindlich - Schmerz, gegen(31)
Entmutigt(135)
Ernst(77)
Erregung(287) | E~ morgens(19)
Erschöpfung; geistige(217)
Fehler; macht - Sprechen, beim(81) | S~ Worte - falsche Worte; benutzt(53)

Gemüt ...

Furcht(242) | F~ nachts - Mitternacht - nach(3) | F~ geschehen; etwas werde(82) | F~ Menses - vor(12) | F~ Unglück, vor(93)
Gedächtnis - Gedächtnisschwäche(284)
Gedanken - überlegt(54) | ü~ nachmittags(2)
Gedanken versunken, in(90) | G~ nachmittags
Geistesabwesend(71)
Geistige Anstrengung - agg.(141) | a~ unmöglich(130)
Gesellschaft - Abneigung gegen(156)
Gespräche - agg.(45)
Haß(28) | H~ Menschen, auf - beleidigt haben; die ihn(11) | H~ Rachsucht; Haß und(32)
Hast, Eile(112)
Heftig, vehement(100) | H~ Gespräch anderer; durch das(2)
Hysterie(194)
Imbezillität(140)
Konzentration - schwierig(261)
Kummer - Zukunft; in bezug auf die(5)
Lachen - unwillkürlich(23)
Lästig, geht auf die Nerven(79)
Meditieren, Nachdenken(47)
Menses - vor; Gemütssymptome(18)
Milde(80)
Mürrisch(290) | M~ morgens(42) | *M~ vormittags*(19) | M~ nachmittags(30) | *M~ Musik, bei trauriger* | M~ amel.
Musik - amel.(15) | M~ Abneigung gegen - fröhliche Musik amel., durch die traurigste jedoch sofort angegriffen
Reizbarkeit(408) | *R~ morgens*(69) | *R~ vormittags*(25) | R~ nachmittags(37) | R~ Kopfschmerzen, bei(61) | *R~ Musik - während*(10) | R~ Sitzen, im(4) | R~ Sprechen, beim(10)
Ruhelosigkeit(420) | R~ nachts(249) | n~ Mitternacht - nach - 1 h(5)
Ruhelosigkeit - ängstlich(111) | R~ Bett - Herumwerfen im(123) | R~ innerlich(37)

Gemüt ...

Ruhelosigkeit - Liegen, beim - amel. | R~ Menses - vor(16) | R~ Schmerzen, durch - Zahnschmerzen(3)
Schmollen(41)
Schüchternheit, Zaghaftigkeit - schamhaft(58)
Schweigsam(209)
Sinne - abgestumpft, stumpf(107) | S~ verwirrt, durcheinander(5)
Sorgen, voller(50)
Sprache - monoton(2)
Sprechen - agg. die Beschwerden(34) | S~ anderer agg.; das Sprechen(46)
Stilles Wesen(49)
Stirnrunzeln, Neigung zum(8)
Stöhnen(119) | S~ ständiges Stöhnen und Schnappen nach Luft(4)
Stumpfheit(332)
Traurigkeit(477) | T~ nachmittags(37) | T~ Liegen - amel.
Traurigkeit - Musik - traurige Musik amel.
Unbehagen - nachmittags(2)
Unentschlossenheit(146)
Ungeduld(131)
Untröstlich(30)
Unzufrieden(168) | U~ sich selbst, mit(36)
Verbittert, verärgert(9)
Verwirrung, geistige(321) | V~ Freien, im amel.(30) | V~ Sitzen, im(33)
Wahnideen - Bilder, Phantome; sieht - schreckliche(60) | W~ erwacht - eben erwacht; er sei(2) | W~ vergrößert(42) | v~ Körper sei - Körperteile(10) | v~ Kopf sei(15)
Weinen(244) | W~ unwillkürlich(35)
Zerstreut(166)
Zorn(243) | Z~ morgens(12) | Z~ Kleinigkeiten, über(58) | Z~ Sprechen - andere Personen sprechen hört; wenn er(6)
Zurückhaltend, reserviert(64) | Z~ nachmittags(2)

Träume

Alpträume, Alpdrücken(144)
Angenehm(136)
Ängstlich(239)

Träume ...

Arzt(2)

Dinge - verändernde, sich(18) | *D ~ verändern sich schnell*

Ereignisse - zukünftige(11)

Erinnerlich, bleiben im Gedächtnis(33)

Erschöpfend(45)

Gefahr(40) | G ~ Todesgefahr(7)

Hellsichtig(12)

Lebhaft(193)

Prophetisch(11)

Schrecklich(237)

Schuß - verwundet zu werden; von einem Schuß(5)

Unerinnerlich, bleiben nicht im Gedächtnis(93)

Unglück(64)

Verdrießlich(122)

Versöhnung

Verworren(122)

Viele(260)

Wahr - werden wahr(4)

Wecken den Patienten(118)

Zorn(58)

– Mangifera indica –

mangi.

Gemüt

Farben - blau - amel. - hellblau(2) | F ~ helle Farben - Verlangen nach(6) | F ~ weiß - Verlangen nach(15)

– Mate –

mate

Gemüt

Empfindlich(192)

Erregung(287)

Faulheit(269)

Froh(182)

Vergnügen(7)

Zufrieden(31)

– Medorrhinum –

med.

Gemüt

Abergläubisch(13)

Alkoholismus - Schüchternheit, aus(2)

Angst(362) | **A ~ Erwartungsspannung, durch - Verabredung, vor einer**(12) | *A ~ Gewissensangst*(75) | *A ~ Seelenheil, um das*(35) | A ~ Zeit festgesetzt ist; wenn eine(5)

Antworten - langsam(35) | A ~ Schlaf, im | A ~ wiederholt erst die Frage(7) | w ~ nachdem die Frage wiederholt wurde

Argwöhnisch(105)

Auffahren, Zusammenfahren(117) | *A ~ Geräusche, durch*(60) | A ~ Schlaf - während(163) | *S ~ durch*(124)

Ausdauer; hat keine(4)

Beißen - Nägel(33)

Berührt zu werden; Abneigung(46)

Beschwerden durch - Erregung - Gefühle, der(87) | **B ~ Erwartungsspannung**(68) | B ~ Furcht(27) | B ~ geistige Anstrengung(59) | B ~ Grobheit anderer(13) | B ~ Ichbezogenheit, Selbstüberhebung(9) | *B ~ schlechte Nachrichten*(34) | B ~ Tadel(13)

Betäubung(237)

Beten - Erbrechen; betet ständig, selbst beim

Bewußtlosigkeit - vorübergehend(24)

Blicken - hinten, als würde er verfolgt; blickt nach(2)

Boshaft(99)

Denken - Beschwerden - agg.; Denken an seine Beschwerden(71)

Diktatorisch, herrschsüchtig, dogmatisch, despotisch(25)

Eifersucht(34)

Empfindlich(192) | *E ~ Geräusche, gegen*(149) | E ~ Grobheiten, gegen(9) | E ~ Musik, gegen - heikel, pingelig(3) | *E ~ Vorwürfe, gegen*(6)

Erregung - Erwartung von Ereignissen; in(4) | E ~ geistige Anstrengung; durch(5) | E ~ Kleinigkeiten, über(12)

Gemüt ...

Erregung - Lesen, beim(3) | E~ Schreiben, beim

Erschreckt leicht - Erwachen, beim(41)

Erwartungsspannung - Lampenfieber(14)

Farben - schwarz - Abneigung(11) | F~ weiß - Verlangen nach(15)

Fehler; macht - Schreiben, beim(83) | *F~ Sprechen, beim - Buchstabieren, beim*(23) | S~ Worte - falsche Worte; benutzt(53) | W~ stellt Worte an die falsche Stelle(46)

Fehler; macht - Zeit; in bezug auf die(34) | Z~ verwechselt - Gegenwart mit der Vergangenheit(6)

Fluchen - zurückhalten, um nicht zu fluchen; muß sich(4)

Froh - abends(42) | F~ abwechselnd mit - Traurigkeit(57)

Furcht(242) | F~ allein zu sein - nachts(6) | F~ Aufsehen zu erregen | *F~ Dunkelheit, vor der*(40) | F~ engen Räumen; in(33) | F~ Ersticken, vor dem - nachts(14) | *F~ Erwachen, beim*(54) | F~ fallen, zu stürzen; zu(28) | F~ Falsches zu sagen; etwas(2) | F~ Geisteskrankheit(74) | F~ Geräusche, durch(40) | *F~ geschehen; etwas werde*(82) | g~ Grauenhaftes, Furchtbares werde geschehen; etwas(9)

Furcht - Gespenstern, vor(32) | F~ hinter ihm; jemand sei(6) | F~ hochgelegenen Orten; vor(24) | F~ Katzen, vor(6) | F~ Krankheit, vor drohender - ansteckenden, epidemischen Krankheiten; vor(5) | K~ unheilbar zu sein(42)

Furcht - kriecht; vor etwas, das aus jeder Ecke(2) | F~ Schlaf - einzuschlafen; Furcht(18) | F~ Tod; vor dem(143) | **F~ UNGLÜCK, VOR**(93)

Gedächtnis - Gedächtnisschwäche(284) | *G~ Eigennamen; für*(44) | *G~ gedacht hat; für das, was er gerade*(18) | *G~ gehört hat; für das, was er*(15) | *G~ gelesen hat; für das, was er*(41) | *G~ gesagt hat; für das, was er*(29) | *G~ Namen; für - eigenen Namen; für den*(6)

Gemüt ...

Gedächtnis - Gedächtnisverlust - sagen will; für das, was er gerade(38) | G~ schreiben will; für das, was er gerade(11) | G~ Tatsachen, Fakten; für(4) | G~ Termine, für das Datum; für(12) | G~ Worte, für(61)

Gedanken - hartnäckig(83) | G~ schnell(36) | G~ sexuell - Frau die er sieht; sexuelle Gedanken bei jeder | G~ Vergehen, Schwinden der Gedanken(76) | V~ Sprechen, beim(9)

Geisteskrankheit, Wahnsinn(153)

Geistige Anstrengung - agg.(141) | *a~ unmöglich*(130) | u~ Wahnsinn zu treiben; seine geistige Unfähigkeit scheint ihn zum(3)

Geistige Anstrengung - Abneigung gegen(150)

Geiz(34)

Gewissenhaft, peinlich genau in bezug auf Kleinigkeiten(58)

Grausamkeit, Unmenschlichkeit(30)

Hast, Eile(112) | H~ jeder - bewegt sich zu langsam(2) | H~ Kleinigkeiten; bei(3)

Heikel, pingelig(34)

Heirat - unerträglich; der Gedanke an Heirat scheint(6)

Hellsehen(28)

Hochgefühl(97) | H~ abends(7) | *H~ nachts*

Homosexualität(13)

Ichbezogenheit, Egotismus, Selbstüberschätzung(24)

Ideen, Einfälle - Reichtum an, Klarheit des Geistes(125) | R~ unsicher bei ihrer Ausführung, Verwirklichung; aber

Idiotie - Masturbation, mit(3)

Imbezillität(140)

Konzentration - schwierig(261)

Kurz angebunden, barsch(14) | K~ schroff(13)

Launenhaftigkeit, launisch(108)

Lesen - agg. Gemütssymptome(14)

Manie(149)

Mürrisch(290) | *M~ tagsüber*(17)

Musik - agg.(40)

GEMÜT ...

Prahler, Aufschneider(13)
Prophezeit - unangenehme Ereignisse
Raserei, Tobsucht, Wut - Lesen und Schreiben; durch
Reisen - Verlangen nach(28)
Reizbarkeit(408) | R~ tagsüber - nur(2) | *R~ Kleinigkeiten, durch*(34) | R~ Lesen, beim(2)
Religiös - Gemütsstörungen, religiöse(63)
Reue(63)
Ruhelosigkeit(420) | *R~ nachts*(249) | R~ Umklammern der Hände amel.
Schizophrenie - paranoid(2)
Schlagen - sich; schlägt - schlägt seinen Kopf gegen die Wand und gegen Gegenstände(11)
Schreiben - agg. Gemütssymptome(6)
Schüchternheit, Zaghaftigkeit(113) | S~ Öffentlichkeit; beim Auftreten in der(7)
Selbstsucht, Egoismus(32)
Selbstvertrauen - Mangel an Selbstvertrauen(86)
Sonderbar, fremd, merkwürdig - alles erscheint(16)
Sorgen, voller(50)
Spielen - Verlangen zu spielen - nachts(2)
Spontan, impulsiv(33)
Sprache - verworren(25)
Sprechen - beenden; kann den Satz nicht(6) | S~ einem Thema; von nichts anderem als(7) | S~ Krankheit; nur über die eigene | S~ langsam; lernt(15)
Stimmung, Laune - veränderlich(158) | S~ wechselnd, wechselhaft(80)
Stumpfheit(332) | *S~ Erwachen, beim*(41) | S~ Kindern; bei(21) | S~ versteht Fragen nur nachdem sie wiederholt werden(9)
Suizidneigung; Neigung zum Selbstmord(98) | S~ Erschießen, durch(17) | S~ Gedanken an Selbstmord(33) | S~ Traurigkeit, durch(23)
Tadelt - sich selbst(36)
Tiere - liebt Tiere, Tierliebe(9)

GEMÜT ...

Tod - Vorahnung des Todes(62) | V~ Erbrechen, mit
Tollkühnheit, Verwegenheit - Anstoß, einen "Kick" zu bekommen; verwegen, nur um einen(2)
Traum; wie in einem(69)
Traurigkeit(477) | T~ abends(76)
Traurigkeit - Pollutionen, durch(23) | T~ schroffes Wort; durch ein | T~ Suizidneigung, mit(25) | T~ Weinen - amel.(4)
Ungeduld(131) | *U~ Kleinigkeiten, um*(7)
Ungestüm(31)
Unternimmt - Vieles, hält aber bei nichts durch, bleibt nicht dabei(28)
Unverschämtheit(33)
Unwirklich - alles scheint(14)
Verantwortung - Abneigung gegen(2)
Vergeßlich - Einkauf liegen; geht weg und läßt den(10) | *V~ Worte beim Sprechen; vergißt*(52)
Verschiebt alles auf den nächsten Tag(7)
Verstümmelt seinen Körper(6)
Verwirrung, geistige(321) | V~ Identität; in bezug auf seine(21)
Verzweiflung(137) | V~ Genesung, in bezug auf die(44) | G~ Rekonvaleszenz, während der(2)
Verzweiflung - Kritik; durch die geringste | V~ religiöse Verzweiflung am Seelenheil(30)
Wahnideen(191) | W~ Beine - abgeschnitten, seien(6) | W~ berauscht - sei, er(59) | W~ berührt; er würde - Kopf berühren; jemand würde ihren | W~ Fallen - er würde(29) | W~ Folter - befreien; sie müsse etwas tun, um ihren Geist von der Folter zu | W~ Gegenstände; über - eingebildete Gegenstände(3) | W~ geht - hinter ihm gehen; jemand würde(7) | g~ Knien, er geht auf den(3)
Wahnideen - geisteskrank - werden; er würde geisteskrank(43) | W~ Geschäft - abgeschlossen werden; das Geschäft könne niemals

GEMÜT ...

Wahnideen - geschehen; etwas sei - Schreckliches sei geschehen; etwas | W ~ Geschehenes - Dinge, die heute geschehen sind, würden eine Woche zurückliegen | W ~ Gesichter, sieht(26) | G ~ blicken hinter dem Bett und den Möbeln hervor | G ~ wohin er auch die Augen wendet, oder blicken aus den Ecken(3)

Wahnideen - gestreichelt; er würde von jemandem am Kopf | W ~ Hand - streichelt; spürt eine Hand, die sie | s ~ Kopf streichelt; den

Wahnideen - Hölle - kommen, da er eine unverzeihliche Sünde begangen hat; er müsse in die Hölle | W ~ Hören - Einbildung; etwas zu hören(44) | W ~ Knien, er geht auf den(3) | W ~ Menschen - hinter ihm; jemand sei(19) | M ~ sagen "komm" | M ~ sieht(29) | s ~ blicken ihn an - nachts

Wahnideen - Ohnmacht fallen; er werde(19) | W ~ Ratten, sieht(10) | R ~ große Ratten nachts im Zimmer | R ~ laufen - Zimmer; quer durch das(5)

Wahnideen - religiös(17) | W ~ Schritte, hört - hinter ihm(2) | W ~ sonderbar, merkwürdig - Vertrautes scheint fremd(38) | W ~ Sorgen - keine Sorgen, ob er in den Himmel oder die Hölle kommt, es kümmert ihn nicht; macht sich | W ~ Sprechen - hinter ihm würde sprechen; jemand | S ~ Toten, mit(8)

Wahnideen - sterben - gleich sterben; glaubt, er würde(57) | s ~ Zeit zum sterben sei gekommen(6)

Wahnideen - Stimmen - hört(37) | W ~ streichelt; spürt eine Hand, die sie | W ~ Sünde begangen; er habe eine unverzeihliche(2) | W ~ Tiere(42) | *T ~ Personen seien Tiere - Ratten, Mäuse, Insekten etc.*(6)

Wahnideen - unwirklich - alles erscheint unwirklich(19) | u ~ Leben sei unwirklich; das

GEMÜT ...

Wahnideen - Verbrechen - begangen; er habe ein Verbrechen(29) | W ~ verdammt; er sei(23) | W ~ verfolgt; er würde(23) | W ~ weit weg; wie | W ~ Zeit - länger; die Zeit erscheint(14) | W ~ zittern - er würde zittern - ohne zu zittern; aber(4) | W ~ zuflüstern; jemand würde ihm etwas

Waschen - Verlangen zu waschen - Hände; wäscht sich ständig die(11)

Weinen(244) | *W ~ amel.*(24) | *W ~ angesprochen; wenn*(9) | *W ~ erzählt - Krankheit erzählt; wenn sie von ihrer*(10) | *W ~ Sprechen, beim*

Widerspruch - verträgt keinen Widerspruch(73)

Wildes Gefühl im Kopf(5)

Wildheit(29)

Zeit - langsam, scheint länger; vergeht zu(29) | Z ~ schnell, scheint kürzer; vergeht zu - heute Getanes scheint eine Woche zurück zu liegen

Zerstreut - steht herum und vollendet nie, was er unternimmt(2)

Ziehen - Haaren; an den - Verlangen zu ziehen - ihrem eigenen Haar; an(9) | V ~ jemanden an den Haaren(11)

Zurückhaltend, reserviert(64)

TRÄUME

Alpträume, Alpdrücken(144)

Anstrengung - körperliche(20)

Erschöpfend(45)

Gehen(10)

Gespenster(38)

Krankheit - Schmerz(7)

Schmerz(7)

Schrecklich(237)

Trinken(5)

Verstorbenen, von(84)

– *Medusa* –

medus.

GEMÜT

Angst(362)

– Melilotus officinalis –

meli.

Gemüt

Argwöhnisch(105)
Betäubung(237)
Bewußtlosigkeit(280) | B ~ Fieber, im(50)
Delirium(233) | *D ~ Kopfschmerz - während*(16) | D ~ redselig(33)
Droht - töten; droht zu(3)
Erkennt - nicht; erkennt - Haus nicht; erkennt das eigene(4) | n ~ Verwandten nicht; erkennt seine eigenen(28)
Erschöpfung; geistige(217)
Faulheit(269)
Fehler; macht - Arbeit, bei der(9) | F ~ Schreiben, beim - läßt etwas aus - Buchstaben(18) | l ~ Worte(14)
Fliehen, versucht zu(61)
Furcht(242) | F ~ Armut, vor(20) | F ~ lautes Sprechen sie umbringen würde; als ob | F ~ Menschen, vor(81)
Gedächtnis - Gedächtnisschwäche(284)
Gedanken - hartnäckig(83)
Geisteskrankheit, Wahnsinn(153) | G ~ ißt - Schmutz(2)
Geistige Anstrengung - agg. - unmöglich(130)
Geiz(34)
Gleichgültigkeit, Apathie(251)
Heimweh(52)
Imbezillität(140)
Raserei, Tobsucht, Wut(95)
Reizbarkeit(408)
Religiös - Gemütsstörungen, religiöse(63) | *R ~ Melancholie*(21)
Schüchternheit, Zaghaftigkeit(113) | S ~ schamhaft(58)
Sprache - einsilbig(7)
Stumpfheit(332)
Stupor(138)
Suizidneigung; Neigung zum Selbstmord(98)
Töten, Verlangen zu - sich selbst zu töten; plötzlicher Impuls(8)
Traurigkeit(477)
Ungeduld(131)

Gemüt ...

Vergeßlich(187)
Verstecken - sich(18) | s ~ läuft davon; versteckt sich und
Verwirrung, geistige(321)
Wahnideen - Blicken - alle sehen sie an(2) | W ~ eingesperrt werden; er solle(10) | W ~ Hause, zu - weg von zu Hause; er sei(23) | W ~ hypnotisiert worden; sie sei durch ihren abwesenden Pastor | W ~ Teufel - besessen, vom Teufel - jeder sei | W ~ verdammt; er sei(23) | W ~ verfolgt - Feinden, von(30) | v ~ Polizei, von der(10)
Weinen(244)
Zorn(243) | *Z ~ heftig*(72)

– Menispermum canadense –

menis.

Gemüt

Auffahren, Zusammenfahren - Schlaf - durch(124)
Eigensinnig, starrköpfig, dickköpfig(107)
Erschöpfung; geistige(217)
Faulheit - körperlich(23)
Mürrisch(290)
Reizbarkeit(408)
Ruhelosigkeit(420) | *R ~ nachts*(249)
Schmollen(41)
Traurigkeit(477)
Zerstreut(166)

Träume

Angenehm(136)
Kanonenschüsse
Ratten - kriechen unter die Kleider
Verworren(122)
Viele(260)

– Mentha piperita –

menth.

Gemüt

Bewußtlosigkeit(280)
Fleißig, arbeitsam, Arbeitswut(101)

Gemüt ...

Ideen, Einfälle - Reichtum an, Klarheit des Geistes(125)

– Mentha pulegium –

menth-pu.

Gemüt

Ruhelosigkeit(420) | R~ nachts(249)

Träume

Verdrießlich(122)

– Menyanthes trifoliata –

meny.

Gemüt

Angst(362) | A~ Furcht, mit(110)

Argwöhnisch(105)

Chaotisch(44)

Delirium(233)

Empfindlich(192) | E~ Berührung, gegen(13)

Erschöpfung; geistige(217)

Faulheit(269)

Furcht(242) | F~ allein zu sein - Kopfschmerzen, mit | F~ Herz - aufsteigend vom(5) | F~ treibt - Ort zum anderen; treibt ihn von einem | F~ Unglück, vor(93) | F~ Unheil; Furcht vor(115)

Gedanken - unangenehm(21) | G~ Vergangenheit, an die(4)

Geistige Anstrengung - agg.(141)

Gesellschaft - Abneigung gegen(156) | G~ Verlangen nach - Kopfschmerzen, bei

Gleichgültigkeit, Apathie(251) | G~ abwechselnd mit - Fröhlichkeit, Frohsinn(4) | G~ freudlos(11)

Hast, Eile(112) | H~ Bewegungen im(23)

Ideen, Einfälle - Mangel an(102)

Indiskretion, Taktlosigkeit(30)

Kummer(76)

Lustig, fröhlich(123)

Meditieren, Nachdenken(47)

Mürrisch(290)

Nachdenken, Überlegen(8)

Gemüt ...

Ruhelosigkeit(420) | R~ ängstlich(111) | R~ Bett - Herumwerfen im(123) | R~ Harnbeschwerden; bei - Frauen; bei | R~ treibt umher(41)

Schreien - Erwachen - beim(27)

Schweigsam(209)

Seelenruhe, Gelassenheit(85)

Selbstbetrachtung(58)

Sinne - abgestumpft, stumpf(107)

Spaßen(52) | S~ abwechselnd mit - Gleichgültigkeit | S~ Gleichgültigkeit, Spaßen nach

Stimmung, Laune - angenehm(9) | S~ veränderlich(158)

Stumpfheit(332) | S~ Essen, nach dem(7) | S~ Freien, im - amel.(6) | S~ schmerzhaft(4) | S~ Zimmer, in einem

Traurigkeit(477)

Übereilt, vorschnell, unüberlegt(6)

Ungeduld(131)

Unzufrieden(168) | U~ allem; mit(66) | U~ sich selbst, mit(36) | U~ Umgebung, mit der(8)

Vergnügen - Abneigung gegen(8)

Verlassen zu sein; Gefühl(56) | V~ Kopfschmerzen, bei

Verspielt(13)

Verweilt - vergangenen unangenehmen Ereignissen; bei(46)

Verwirrung, geistige(321) | V~ Essen - nach(52) | V~ Freien, im - amel.(30)

Wahnideen(191) | W~ nachts(36)

Weinen(244)

Zufrieden(31) | Z~ sich selbst; mit(6)

Zurückhaltend, reserviert(64)

Träume

Angenehm(136)

Erotisch(196)

Lebhaft(193)

Unerinnerlich, bleiben nicht im Gedächtnis(93)

Viele(260)

– Mephitis putorius –

meph.

Gemüt

Alkoholismus(135)
Begreifen, Auffassungsvermögen - leicht(38)
Betäubung(237) | B~ redselig(2)
Empfindlich(192)
Erregung(287) | E~ Hitze - Kopfes; mit Hitze des
Erschreckt leicht - Erwachen, beim - Traum, aus einem(14)
Euphorie - abwechselnd mit - Traurigkeit(7)
Faulheit(269)
Froh - gefolgt von - Melancholie(6)
Gedächtnis - gut, aktiv(91)
Gedanken - Gedankenandrang, einstürmende Gedanken, Gedankenfluß(78)
Geistige Anstrengung - agg.(141) | G~ Abneigung gegen(150)
Gesellschaft - Abneigung gegen(156)
Gesten, Gebärden; macht - zornig, wütend - Schlafwandeln; beim
Gleichgültigkeit, Apathie(251) | G~ Vergnügen, gegen(46)
Ideen, Einfälle - Reichtum an, Klarheit des Geistes(125)
Konzentration - schwierig(261)
Langsamkeit(68)
Mondschein; Gemütssymptome vom(4)
Mürrisch(290) | M~ Kleinigkeiten, um(13)
Phantasien - lebhaft(31) | P~ übertrieben(114)
Qualvolle Angst - morgens(6)
Redseligkeit; Geschwätzigkeit(136) | R~ betrunken, wie(2)
Reizbarkeit(408) | R~ eingebildete Ereignisse; über | R~ Kleinigkeiten, durch(34) | R~ Kopfschmerzen, bei(61)
Ruhelosigkeit(420) | R~ morgens(22) | R~ abends(51) | R~ innerlich(37)
Schlafwandeln(56)
Sprache - berauscht, wie(11)
Streitsüchtig(136)

Gemüt ...

Stumpfheit(332)
Traurigkeit(477)
Verwirrung, geistige(321)
Wahnideen(191) | W~ betrunken - sei betrunken, er(23) | W~ Kopf - groß - zu groß; scheint(3) | W~ unfähig, ungeeignet - Arbeit, zur | W~ Wasser - von(19)
Zorn(243) | Z~ Kleinigkeiten, über(58) | Z~ leicht(37)

Träume

Alpträume, Alpdrücken(144)
Feuer(65)
Krankheit(43) | K~ Blutspucken(3)
Lebhaft(193)
Schrecklich - wecken ihn(8)
Verlust, entmutigender
Viele(260)
Wasser(49)
Wecken den Patienten(118)

– Mercurialis perennis –

merl.

Gemüt

Betäubung(237) | B~ abends(6) | B~ warm - Zimmer, im(2)
Bewußtlosigkeit(280) | B~ abends(15)
Delirium(233)
Erkennt - nicht; erkennt - Umgebung nicht; erkennt die(4)
Erregung(287)
Faulheit(269)
Furcht - Geisteskrankheit(74)
Geistige Anstrengung - Abneigung gegen(150)
Gleichgültigkeit, Apathie - allem; gegenüber(71) | G~ äußere - Dinge; gegen(26)
Hast, Eile(112) | H~ Bewegungen im(23)
Heftig, vehement(100)
Konzentration - schwierig(261)
Lachen(102)
Lustig, fröhlich(123)
Mürrisch(290)
Reizbarkeit(408)
Ruhelosigkeit(420)

Gemüt ...

Seelenruhe, Gelassenheit(85)

Singen(59)

Spaßen(52)

Sprache - albern(16)

Streitsüchtig(136)

Stumpfheit(332)

Traurigkeit(477) | T~ Kopfschmerzen, bei(30)

Verwirrung, geistige - morgens - Aufstehen - und nach dem Aufstehen(37)

Wahnideen(191) | W~ berauscht - sei, er(59) | W~ Fallen - Seite hin; auf eine - links, nach(6) | W~ Kopf - aufgedunsen; der Kopf sei | W~ Nase - doppelt; sei | N~ zwei Nasen; er habe

Wahnideen - schläfrig; er sei(3) | W~ Schlaf - beraubt, des Schlafes(4)

Weinen(244)

Zorn(243)

Träume

Schlangen(21)

Viele(260)

– Mercurius aceticus –

merc-act.

Gemüt

Weinen - nachts(81)

Träume

Alpträume, Alpdrücken - nachts - Mitternacht(2)

Ermordet - werden, zu(17)

Ertrinken(19)

Feuer - Feuergefahr(4)

Gefahr - Feuer, Feuersbrunst; durch(4) | G~ Wasser, Überschwemmungen; durch(10)

Räuber(36)

Unfälle - Ertrinken(19)

– Mercurius auratus –

merc-aur.

Gemüt

Suizidneigung; Neigung zum Selbstmord(98) | *S~ Traurigkeit, durch*(23)

Tod - wünscht sich den Tod, möchte sterben(72)

Traurigkeit(477)

Traurigkeit - Suizidneigung, mit(25)

– Mercurius bromatus –

merc-br.

Gemüt

Furcht - Leiden, vor(12) | F~ Schmerz - bei Schmerzen

– Mercurius corrosivus –

merc-c.

Gemüt

Angst(362) | A~ nachts(119) | A~ Husten - durch(4) | *A~ Schlaf - während*(42) | *S~ Menses - nach*(6)

Angst - Stuhlgang - während(20)

Auffahren, Zusammenfahren - abends - Einschlafen, beim(19) | A~ nachts(19) | A~ Schlaf - während(163) | *S~ durch*(124) | *S~ Einschlafen, beim*(72)

Auffahren, Zusammenfahren - Schreck oder wie durch Schreck; durch(68)

Betäubung(237)

Bewußtlosigkeit(280)

Delirium(233) | D~ nachts(67) | D~ Bett - flieht und springt plötzlich aus dem Bett auf(36) | D~ manisch(47)

Empfindlich(192)

Entmutigt(135)

Erregung(287) | E~ fiebrig(11) | f~ abends

Erschöpfung; geistige(217) | E~ abends(8)

Fliehen, versucht zu(61)

Furcht(242) | F~ Herz - aufsteigend vom(5) | F~ Unglück, vor(93)

Gedächtnis - Gedächtnisschwäche(284)

Gedanken - wandernd(72) | w~ Sprechen, beim

Gemüt ...
Gedanken - zusammenhangslos - Sprechen, beim
Geisteskrankheit, Wahnsinn(153)
Heftig, vehement(100)
Ideen, Einfälle - Mangel an(102)
Imbezillität(140)
Klagen(64)
Konzentration - schwierig(261) | s ~ Sprechen, beim(4)
Lustig, fröhlich(123)
Manie(149)
Mürrisch(290) | *M ~ tagsüber*(17) | M ~ nachmittags(30) | M ~ abwechselnd mit - Fröhlichkeit, Frohsinn(23)
Nackt sein, möchte(13)
Phantasien - übertrieben(114)
Reizbarkeit(408) | *R ~ tagsüber*(32) | R ~ nachmittags(37) | R ~ abwechselnd mit - Fröhlichkeit, Frohsinn(23)
Ruhelosigkeit(420) | *R ~ nachts*(249) | R ~ Bett - Herumwerfen im(123) | R ~ Hitze - während(66)
Schamlos(29)
Schaukeln - amel.(13)
Schreien - Cri encéphalique(29)
Seufzen(98)
Sprache - affektiert, manieriert, unnatürlich(22) | S ~ unzusammenhängend(65)
Springen - Bett; aus dem(41)
Spucken(32)
Starren, gedankenloses(14)
Stimmung, Laune - veränderlich(158)
Stöhnen(119)
Stumpfheit(332)
Stupor(138)
Torpor(26)
Traurigkeit(477)
Unzufrieden(168) | U ~ allem; mit(66)
Verdrießlich(10)
Verwirrung, geistige(321)
Weinen - Schmerzen - während den Schmerzen(23) | W ~ Verlangen zu weinen - immer; die ganze Zeit(16)

Träume
Alpträume, Alpdrücken(144)
Ängstlich(239)

Träume ...
Brunnen(2)
Eile(2)
Ermordet - werden, zu(17)
Erotisch(196)
Fallen, zu stürzen; zu - Höhe herab, von einer(29)
Feuer(65)
Gestalten - schreckliche Gestalt reicht ihm eine Flasche
Hochgelegene Orte - Herunterfallen, Hinabstürzen von(29)
Lächerlich(15)
Lebhaft(193)
Mord(53)
Reisen(48)
Schrecklich(237)
Tod(64)
Unangenehm(87)

– *Mercurius cyanatus* –

merc-cy.

Gemüt
Bewußtlosigkeit - häufige Anfälle von Bewußtlosigkeit, Absencen(7)
Delirium(233) | D ~ nachts(67) | D ~ rasend(84) | D ~ redselig(33)
Hochgefühl(97)
Mürrisch - Essen, nach dem(21)
Raserei, Tobsucht, Wut(95)
Redseligkeit; Geschwätzigkeit(136)
Ruhelosigkeit(420) | R ~ nachts(249)
Zorn(243)

– *Mercurius dulcis* –

merc-d.

Gemüt
Erregung(287)
Hypochondrie(116)
Ruhelosigkeit(420)

Träume
Unangenehm(87)

– Mercurius iodatus flavus –

merc-i-f.

Gemüt

Beschäftigung - amel.(48)
Destruktivität, Zerstörungswut(41)
Empfindlich - Gerüche, gegen(30)
Erregung - amel.(7)
Froh - abends(42) | F~ Freien, im(7)
Furcht - Ersticken, vor dem - Kropf, bei
Gleichgültigkeit, Apathie(251)
Launenhaftigkeit, launisch(108)
Lustig, fröhlich(123) | L~ nachmittags(9)
Pfeifen(16)
Redseligkeit; Geschwätzigkeit(136)
Singen(59) | S~ Traurigkeit, nach
Sorgen, voller - Symptome verschwinden während der Sorgen
Traurigkeit(477)
Verwirrung, geistige - morgens - Erwachen, beim(50) | V~ nachts - Erwachen, beim(13) | V~ Erwachen, beim(71) | V~ Gehen - Freien, im - amel.(11) | V~ warmen Zimmer, im(11)
Wahnideen - geht - Luft - auf Luft; geht(15) | W~ Mann - durchbohren will; ein Mann sei im Zimmer, der seinen Hals mit einem Bohrer

Träume

Alpträume, Alpdrücken(144)
Erotisch(196) | E~ Pollutionen, mit(96)
Ertrinken(19)
Särge(5)
Schrecklich(237)
Unfälle - Ertrinken(19)
Urinieren(10) | U~ Harndrang(3)

– Mercurius iodatus ruber –

merc-i-r.

Gemüt

Delirium(233) | D~ Fieber; im(54)
Froh(182) | F~ nachmittags - 16 - 18 h | F~ abends(42)
Furcht(242)
Lustig, fröhlich(123)

Gemüt …

Mürrisch(290) | M~ morgens(42) | m~ Erwachen, beim(10)
Mürrisch - Kleinigkeiten, um(13)
Reizbarkeit(408) | *R~ morgens*(69) | *m~ Erwachen, beim*(43)
Reizbarkeit - Erwachen, beim(56)
Ruhelosigkeit(420) | R~ nachts - Mitternacht - nach(13)
Stumpfheit(332)
Traurigkeit(477)
Verwirrung, geistige - Gehen - Freien, im - amel.(11)
Wahnideen - Gegenstände; über - schwanken(4)
Weinen(244)

Träume

Ängstlich(239)
Erotisch(196) | E~ morgens - 5 h
Jagd(5)
Lächerlich(15)
Landwirtschaft(2)
Orte - öffentliche(3)
Räuber - entdecken, Räuber zu
Reisen(48)
Schießen, vom(6)
Schrecklich(237)
Schutzdach, Unterschlupf zu sein; unter einem
Schwimmen(9)
Verdrießlich(122)
Verwandte(2)
Viele(260)
Wasser(49)
Waten - Wasser, in(2)
Zorn(58)

– Mercurius methylenus –

merc-meth.

Gemüt

Auffahren, Zusammenfahren - Bett, im(4)
Delirium - Bett - flieht und springt plötzlich aus dem Bett auf(36)
Lachen - idiotisch(2)
Ruhelosigkeit(420) | R~ nachts(249)

Gemüt ...
Schreien(133)
Sprache - unzusammenhängend(65)
Springen - Bett; aus dem(41)
Weinen - idiotisch

– *Mercurius nitrosus* –

merc-ns.

Gemüt
Angst(362)
Bewußtlosigkeit(280)
Delirium(233)
Stupor(138)

– *Mercurius praecipitatus ruber* –

merc-pr-r.

Gemüt
Bewußtlosigkeit(280)
Stupor(138)

– *Mercurius solubilis* –

merc.

Gemüt
Abneigung - allem, gegenüber(39) | *A ~ Familienmitglieder; gegen*(19) | *A ~ Menschen; gegen - alle, gegen*(8)
Abscheu - allgemeiner(42) | A ~ Arbeit, vor der(21) | **A ~ Leben, vor dem**(84)
Albernes Benehmen(65)
Alkoholismus(135) | A ~ Schüchternheit, aus(2)
Anarchist(4) | **A ~ Revolutionär**
Angesehen zu werden; erträgt es nicht(23)
Angst(362) | A ~ tagsüber(21) | *A ~ abends*(87) | *A ~ nachts*(119) | n ~ Mitternacht - vor(36)
Angst - Essen - nach(39) | A ~ Fieber - während(91) | *A ~ Furcht, mit*(110) | A ~ Gesicht - Hitze des Gesichtes, mit(7) | A ~ Gesundheit; um die - Verwandten; von(6) | *A ~ Gewissensangst*(75) | A ~ Menses - vor(22) | M ~ während(33)

Gemüt ...
Angst - Müdigkeit, mit(16) | A ~ Schlaf - während(42) | S ~ Einschlafen, beim(13)
Angst - Schreck - nach(12) | A ~ Schweiß - während(2) | A ~ Seelenheil, um das - Glaubens; um den Verlust seines(5) | *A ~ Stuhlgang - vor*(24) | S ~ während(20) | S ~ nach(17)
Angst - Suizidneigung, mit(10) | A ~ treibt von einer Stelle zur anderen(6) | A ~ Untätigkeit, mit(4) | A ~ Zukunft(108)
Antworten - Abneigung zu antworten(67) | A ~ denkt lange nach(10) | A ~ einsilbig(15) | A ~ falsch, unrichtig(13) | **A ~ langsam**(35)
Anziehen - unfähig sich anzuziehen
Aphasie(53)
Argwöhnisch(105) | *A ~ tagsüber* | A ~ beleidigend | A ~ Feind; hält jeden für seinen(2)
Auffahren, Zusammenfahren(117) | *A ~ Geräusche, durch*(60) | A ~ leicht(52) | *A ~ Schlaf - während*(163) | *S ~ durch*(124) | S ~ Einschlafen, beim(72)
Auffahren, Zusammenfahren - Schläfrigkeit, bei(13) | *A ~ Schreck oder wie durch Schreck; durch*(68) | A ~ Umherwerfen der Arme; durch
Außer sich; ist(51) | A ~ Angst; vor(14)
Beleidigt, leicht(79)
Berühren; muß alles(6)
Berührt zu werden; Abneigung(46)
Beschimpfen, beleidigen, schmähen(67)
Beschwerden durch - Ehrgeiz - enttäuscht(6) | *B ~ Enttäuschung*(17) | B ~ Erwartungsspannung(68) | B ~ Ichbezogenheit, Selbstüberhebung(9) | B ~ Kränkung, Demütigung(39) | B ~ Schreck(72) | *B ~ sexuell - Exzesse*(59) | B ~ Überraschungen - angenehme(5) | B ~ Uneinigkeit zwischen - Eltern, Freunden(11) | U ~ Vorgesetzten und Untergebenen(9)
Beschwerden durch - Zorn(94) | Z ~ Entrüstung; mit(11)
Bestimmtheit(11)

Gemüt …

Betäubung(237) | B ~ Freien, im - amel.(4) | B ~ weiß nicht, wo er ist(3)

Bett - Abneigung gegen das Bett, meidet es(18) | B ~ bleiben; möchte im Bett(12)

Bewußtlosigkeit(280) | B ~ morgens(45) | *B ~ Meningitis, bei*(10) | B ~ Schwindel, bei(46) | B ~ Traum, wie ein einem - weiß nicht, wo er ist(9)

Boshaft(99) | B ~ beleidigend(2)

Bulimie(16)

Chaotisch(44)

Delirium(233) | D ~ morgens(8) | *D ~ nachts*(67) | D ~ albern, töricht(11) | *D ~ brummt*(44) | D ~ erkennt niemanden(11) | D ~ Erwachen, beim(20) | D ~ flüstert - sich selbst, zu(3) | D ~ manisch(47) | D ~ Mund; steckt Steine in den | D ~ nackt sein; möchte im Delirium(7) | *D ~ rasend*(84) | D ~ Schimpfen(5) | D ~ Schlaf - während(26) | S ~ Einschlafen, beim(17)

Delirium - Schlaflosigkeit - mit(45) | D ~ Schreien, mit(18) | D ~ Springen, mit(4) | D ~ Verfolgungswahn im Delirium(9)

Delirium tremens(84)

Demenz(33) | D ~ paralytica, Dementia(18) | D ~ Syphilitikern, von(5)

Denken - Beschwerden - agg.; Denken an seine Beschwerden(71)

Diktatorisch, herrschsüchtig, dogmatisch, despotisch(25)

Eifersucht(34)

Eigensinnig, starrköpfig, dickköpfig(107)

Eitelkeit(10)

Empfindlich(192) | E ~ abends(6) | *E ~ Geräusche, gegen*(149) | G ~ Musik amel.(15)

Empfindlich - Gerüche, gegen(30) | E ~ Lesen, gegen(4) | E ~ Musik, gegen(46)

Entfremdet - Freunde und Verwandte - ignoriert seine(4)

Entmutigt(135) | E ~ Zukunft, in bezug auf die(2)

Erkennt - nicht; erkennt - Haus nicht; erkennt das eigene(4) | *n ~ Verwandten nicht; erkennt seine eigenen*(28)

Gemüt …

Ernst(77)

Erotisch(39)

Erregung(287) | *E ~ abends - Bett, im*(31) | E ~ Ausscheidungen; durch Unterdrükkung von(3) | *E ~ Erwachen, beim - erschreckt, wie* | E ~ fiebrig(11) | *E ~ lasziv, mit schmerzhaften nächtlichen Erektionen* | E ~ Sprechen, beim(7) | E ~ Stammelt, wenn er zu Fremden spricht(2)

Erschöpfung; geistige(217)

Erschreckt leicht(125) | E ~ abends(5) | E ~ Kleinigkeiten, über(27)

Fäzes - leckt Kuhmist, Schlamm und Speichel auf(2) | F ~ schluckt seinen(5)

Farben - blau - amel. - himmelblau | F ~ grün - amel. - hellgrün

Faulheit(269) | F ~ morgens(51)

Fehler; macht - Lesen, beim(9) | F ~ Orte; in bezug auf(32) | F ~ Rechnen, beim(14) | *F ~ Sprechen, beim*(81) | S ~ Worte - falsche Worte; benutzt(53) | W ~ stellt Worte an die falsche Stelle(46)

Feigheit(89)

Feind; betrachtet jeden als

Fliehen, versucht zu(61) | F ~ nachts | *F ~ Angst in der Nacht; mit* | *F ~ Verbrechen begangen zu haben; aus Furcht, ein* | *F ~ wegzulaufen, um*(16)

Frivol(14)

Froh(182) | *F ~ abends - Bett, im*(29) | F ~ abwechselnd mit - Mitleid, Mitgefühl; Mangel an

Frühreif(7)

Furcht(242) | F ~ abends(51) | a ~ Bett, im(8)

Furcht - nachts(58) | F ~ allein zu sein(54) | a ~ aus Furcht - verletzen; sich zu(3)

Furcht - Anfall zu bekommen; einen(13) | F ~ Bett - vor dem(20) | F ~ eingebildeten - Dingen, vor(15) | F ~ Epilepsie, vor(3) | F ~ Ersticken, vor dem(24) | F ~ fliehen; mit Verlangen zu(9) | *F ~ Geisteskrankheit*(74) | *G ~ nachts*(3)

Furcht - geschehen; etwas werde(82) | F ~ Gesundheit - geliebter Menschen; in bezug auf die Gesundheit(3)

Gemüt ...

Furcht - Gewitter, vor(25) | F~ Glauben zu verlieren; davor seinen religiösen(5) | *F~ Herzklopfen, mit*(11) | F~ Hunden, vor(22) | F~ Krankheit, vor drohender(66) | F~ Männern, vor(30) | F~ Menschen, vor(81) | F~ Nadeln, vor(10) | *F~ Räubern, vor*(25) | R~ Erwachen, beim(3)

Furcht - Ruhelosigkeit aus Furcht(8) | F~ Schlaf - einzuschlafen; Furcht(18) | *F~ Selbstmord, vor*(10) | F~ Syphilis; vor(3) | *F~ Tod; vor dem*(143) | **T~ drohendem Tod, vor**(17)

Furcht - töten, davor zu(12) | *F~ Unglück, vor*(93) | F~ Unheil; Furcht vor(115)

Gedächtnis - gut, aktiv(91) | **G~ Gedächtnisschwäche**(284) | G~ Eigennamen; für(44) | *G~ gelesen hat; für das, was er*(41) | G~ gesagt hat; für das, was er(29) | G~ Orte, für(11) | G~ Personen, für(23) | G~ sagen will; für das, was er gerade(38) | G~ Termine, für das Datum; für(12) | G~ Zeit, für die(2)

Gedächtnis - Gedächtnisverlust - Geisteskrankheit, bei(3) | G~ Verletzungen, nach - Kopfes, des(7)

Gedanken - drängen auf ihn ein und schwirren durcheinander(16) | G~ Gedankenandrang, einstürmende Gedanken, Gedankenfluß(78) | G~ hartnäckig(83) | G~ Krankheit, über seine - unheilbare, an eine | *G~ Vergehen, Schwinden der Gedanken*(76) | G~ wandernd(72)

Gedanken versunken, in(90)

Gefahr - kein Gefühl für Gefahr; hat(4)

Geistesabwesend(71)

Geisteskrankheit, Wahnsinn(153) | G~ albern, lächerlich(6) | G~ Alkoholikern; bei(22) | G~ Gesicht - blassem, mit(5) | G~ ißt - Mist | G~ Mutwilligkeit, Ausgelassenheit; mit(7) | G~ religiös(19) | G~ Ruhelosigkeit, mit(14) | G~ Weinen, mit(3)

Geistige Anstrengung - agg. - unmöglich(130)

Gemüt ...

Geiz(34)

Gelingt nichts, es(9)

Geräusche - Neigung Krach, Lärm zu machen(7)

Geschäftig(45)

Gesellschaft - Abneigung gegen - ertragen, kann niemanden(4) | A~ Land; möchte von Menschen weg aufs(5)

Gesellschaft - Verlangen nach(83) | *V~ allein; agg. wenn*(48)

Gesten, Gebärden; macht - Hände; unwillkürliche Bewegungen der(23) | H~ Greifen - Mund - alles in den Mund; steckt(3)

Gesten, Gebärden; macht - konvulsivisch(24) | G~ lächerlich oder albern(19) | G~ sonderbare Posen und Haltungen(20)

Gesund - sagt, er sei gesund - krank ist; wenn er sehr(17)

Getragen - Verlangen getragen zu werden(31)

Gewissenhaft, peinlich genau in bezug auf Kleinigkeiten(58)

Gier, Habsucht(19)

Gleichgültigkeit, Apathie(251) | G~ tagsüber(6) | *G~ allem; gegenüber*(71) | G~ Angenehmes, gegen(10) | G~ Essen - gegenüber dem Essen(5) | G~ Geld zu verdienen(5) | G~ geliebte Personen, gegen(17) | *G~ Leben; gegen das*(12) | G~ Pflichten, gegenüber(12) | G~ Umgebung, gegen die(16) | *G~ Vorwürfe, gegen alle*

Grimassen - sonderbare Gesichter; schneidet(6)

Haß - Menschen, auf - beleidigt haben; die ihn(11)

Hast, Eile(112) | H~ Bewegungen im(23)

Hause, zu - verlassen; Verlangen das Zuhause zu(7)

Heftig, vehement(100)

Heimweh(52)

Heuchelei(11)

Heulen(30)

Gemüt …

Hinterhältig, hinterlistig, falsch, verschlagen(32) | H~ betrügerisch(3)
Hochmütig, arrogant(53)
Hoffnung, voller - abwechselnd mit - Entmutigung(5)
Hypochondrie(116)
Hysterie(194) | H~ Menses - während(27)
Ichbezogenheit, Egotismus, Selbstüberschätzung(24)
Ideen, Einfälle - Mangel an(102) | I~ Reichtum an, Klarheit des Geistes(125)
Idiotie(45)
Imbezillität(140)
Impulse, Triebe; krankhafte(10) | I~ gewalttätig zu werden
Indiskretion, Taktlosigkeit(30)
Jammern(93) | J~ andere, um | J~ Erwachen, beim(5)
Kämpfen, möchte(10)
Katalepsie(20)
Klagen(64) | *K~ Verwandten und seine Umgebung; über seine*
Konzentration - schwierig(261) | *s~ Rechnen, beim*(7) | s~ Schreiben, beim(5) | s~ Studieren(52)
Kummer(76) | *K~ Furcht in der Nacht; mit*
Lächeln - albern(4)
Lachen - abwechselnd mit - Weinen(43) | L~ albern(16)
Lakonisch(3)
Langeweile(53)
Langsamkeit(68)
Lästig, geht auf die Nerven(79)
Laszív, lüstern(77)
Launenhaftigkeit, launisch(108)
Lebensüberdruß(82) | *L~ Schweiß, beim*(6)
Lesen - unfähig zu lesen(9)
Lügner(22)
Lustig, fröhlich(123) | L~ albern(8)
Manie(149) | *M~ Raserei, mit*(27)
Mathematik - Unfähigkeit zur - rechnen; kann nicht(16)
Menschenfeindlichkeit, Misanthropie(45)
Menses - während; Gemütssymptome(28)

Gemüt …

Moralischem Empfinden; Mangel an - Verbrecher zu werden, ohne Reue; Neigung zum(5)
Morphiumsucht(31)
Murmeln(55) | M~ Schlaf, im(18)
Mürrisch(290) | M~ tagsüber(17) | M~ Essen, nach dem(21)
Musik - agg.(40) | M~ Abneigung gegen(13)
Mutig(26) | M~ abwechselnd mit - Entmutigung(3)
Mutwillig, boshaft(24) | *M~ Imbezillität, bei*
Nackt sein, möchte(13) | N~ Delirium, im(7) | N~ Schlaf, im(4)
Nymphomanie(67)
Pelz; hüllt sich im Sommer in(4)
Pflicht - kein Pflichtgefühl(12)
Phantasien - übertrieben(114) | ü~ abends - Bett, im(28)
Phantasien - übertrieben - Schlaflosigkeit, mit(41) | ü~ schrecklich(9)
Possen, spielt(15)
Prahler, Aufschneider(13)
Protestiert, erhebt Einspruch(5)
Qualvolle Angst - tagsüber(8) | Q~ Menses - während(10) | Q~ Stuhlgang - vor(4) | S~ während(7)
Raserei, Tobsucht, Wut(95) | R~ abends(16) | R~ nachts(15) | R~ Wasser, beim Anblick von(7)
Rebelliert gegen Umschläge(17)
Reisen - Verlangen nach(28)
Reizbarkeit(408) | R~ tagsüber(32) | R~ abwechselnd mit - Fröhlichkeit, Frohsinn(23) | R~ Essen - nach(26) | E~ Sättigung, bis zur
Reizbarkeit - Fieberfrost, im(57) | R~ Kopfschmerzen, bei(61) | R~ mißtrauisch(3) | R~ Schweiß, beim(14) | R~ Stuhlgang - vor(5) | R~ Trost - agg.(21)
Religiös - Gemütsstörungen, religiöse(63) | R~ Mangel an religiösem Empfinden(12)
Reue(63)
Ruhelosigkeit(420) | R~ nachmittags(25) | *R~ abends*(51) | **a~ 20 h**(2)

Gemüt ...

Ruhelosigkeit - nachts(249) | n~ Mitternacht - nach(13)

Ruhelosigkeit - ängstlich(111) | *R~ Anstrengung, nach*(2) | R~ Bett - aus einem Bett zum anderen gehen; will(15) | *B~ Herumwerfen im*(123) | B~ treibt aus dem(39)

Ruhelosigkeit - Erwachen, beim(30) | R~ Gehen, beim(7) | R~ Gewissens, des(4) | **R~ Kindern, bei**(22) | R~ Liegen, beim(8) | R~ Menses - während(40) | *R~ Schläfrigkeit, bei*(12) | R~ Schmerzen, durch(19) | R~ Sitzen, im(21) | R~ treibt umher(41)

Sachlich, vernünftig(9)

Satyriasis(26)

Schlemmer(8)

Schmollen(41)

Schmutzig(17)

Schreiben - unleserlich, schreibt(3)

Schreien(133) | *S~ Berührung, bei*(9) | *S~ Cri encéphalique*(29) | S~ Hydrozephalus, bei(7) | *S~ Konvulsionen - während*(31)

Schüchternheit, Zaghaftigkeit(113) | S~ schamhaft(58)

Schwangerschaft; Gemütsbeschwerden während der(17)

Schweigsam(209) | S~ Schweiß; beim(7)

Selbstsucht, Egoismus(32)

Selbstvertrauen - Mangel an Selbstvertrauen(86)

Sinne - abgestumpft, stumpf(107) | S~ Vergehen, Schwinden der(51)

Sinnlichkeit(24)

Sitzen - Neigung zu sitzen(110)

Spaßen(52) | *S~ Abneigung gegen*(22) | S~ Spaß; verträgt keinen(12)

Spielen - Abneigung gegen Spielen - Kindern; bei(9) | S~ Spielleidenschaft(10) | *S~ Geld zu verdienen; um*(10)

Spielen - Unfähigkeit zu spielen(2)

Spontan, impulsiv(33)

Sprache - affektiert, manieriert, unnatürlich(22) | S~ einsilbig(7) | **S~ hastig**(44)

Gemüt ...

Sprache - langsam(59) | *S~ unklar, unverständlich*(20) | S~ unsinnig(29) | S~ unzusammenhängend(65) | S~ verlegen(8) | S~ zögernd(22)

Sprechen - Schlaf, im(93) | S~ schweift von einem Thema zum anderen(47) | S~ sich selbst ; mit(31)

Springen - Bett; aus dem(41)

Spucken(32) | S~ Boden und leckt es auf; spuckt auf den | S~ Gesicht; Menschen ins(14)

Stimmung, Laune - abweisend, zurückweisend(40) | *S~ veränderlich*(158) | S~ wechselnd, wechselhaft(80)

Stöhnen(119) | S~ Schlaf, im(62) | *S~ Schweiß, beim*(10) | S~ ständiges Stöhnen und Schnappen nach Luft(4)

Streitsüchtig(136) | S~ Schlaf, im(9) | S~ sich selbst, mit(2)

Stumpfheit(332) | S~ tagsüber(4) | S~ morgens(54) | m~ Erwachen, beim(26)

Stumpfheit - feuchte Luft - durch(10) | S~ Hitze - während(14) | S~ kaltem Wetter, bei | S~ Kindern; bei(21) | S~ Kopfverletzungen, nach(5) | *S~ Schläfrigkeit, bei*(30) | S~ Schwindel; während(22)

Stupor(138) | S~ morgens(36) | *S~ Meningitis, bei*(7)

Suizidneigung; Neigung zum Selbstmord(98) | *S~ Anblick von; beim - Schneidewerkzeug, scharfen Instrumenten; von* | *S~ Furcht - Fenster oder einem Messer; mit Furcht vor einem offenen*(4) | *S~ Gedanken an Selbstmord*(33) | *S~ Menses - während*(2) | *S~ Messer - mit einem Messer*(8) | *S~ Schweiß, beim*(9) | S~ Verhungern, durch | S~ Weinen amel.(2)

Tadelsüchtig, krittelig(80)

Tadelt - andere(32) | T~ sich selbst(36)

Tanzen(33)

Tod - Gedanken an den Tod(54) | G~ Furcht, ohne(4)

GEMÜT ...

Tod - Vorahnung des Todes(62) | *T~ wünscht sich den Tod, möchte sterben*(72)

Tollwut, Hydrophobie(46)

Töten, Verlangen zu(32) | *T~ Beleidigung zu töten; plötzlicher Impuls wegen einer geringen*(3) | *T~ Ehemann zu töten; Impuls den geliebten*(3) | *E~ Menses agg.; bei den* | *E~ Rasiermesser zu verstekken; deshalb fleht sie ihn an, das*

Töten, Verlangen zu - geliebte Menschen(6) | T~ Kind, das eigene(4) | *T~ Menses - während*(2) | *T~ Messer - Anblick eines Messers; beim*(4) | *M~ mit einem Messer*(12)

Töten, Verlangen zu - plötzlicher Impuls zu töten(10) | T~ sich selbst zu töten; plötzlicher Impuls(8) | *T~ widerspricht; den der ihr*

Traum; wie in einem(69)

Traurigkeit(477) | T~ ängstlich(32) | *T~ Diarrhoe, bei*(7) | T~ Frost - während(37)

Traurigkeit - Menses - während(35) | T~ Sonnenschein, bei(3)

Trost - agg.(39)

Unaufmerksam(23)

Unbesonnen(82)

Unbeständigkeit - Gedanken, der(6)

Unduldsamkeit(7)

Unentschlossenheit(146)

Ungeduld(131) | U~ immer(2) | U~ Kleinigkeiten, um(7)

Ungehorsam(30)

Unglücklich, bedauernswert; fühlt sich(29)

Unhöflich(4)

Unordentlich(7)

Unzüchtig, obszön(34)

Unzufrieden(168) | **U~ allem; mit**(66) | **U~ immer**(4) | U~ sich selbst, mit(36) | U~ Umgebung, mit der(8)

Unzuverlässig - Versprechungen, bei seinen(8)

Verächtlich(35)

GEMÜT ...

Vergeßlich(187) | V~ Alkoholikern; Vergeßlichkeit bei(7) | *V~ geht; vergißt, wohin sie*(2)

Verlassen zu sein; Gefühl(56)

Verletzen, sich zu - fürchtet sich davor alleingelassen zu werden, aus Furcht, sich zu verletzen(7)

Verleumden, Neigung zu(21)

Verschwenderisch(13) | V~ abwechselnd mit - Geiz(4)

Verwegenheit(26)

Verwirrung, geistige(321) | V~ morgens(115) | m~ Aufstehen - und nach dem Aufstehen(37) | m~ Erwachen, beim(50)

Verwirrung, geistige - Arbeit, bei der | V~ Aufstehen - nach(12) | V~ Bett, im - herausspringen, läßt ihn(4) | V~ Erwachen, beim(71) | *V~ Essen - nach*(52) | V~ Freien, im - amel.(30) | V~ Liegen; beim(10) | V~ Sitzen, im(33) | *V~ verläuft sich in bekannten Straßen*(12) | V~ weiß nicht, wo er ist(7)

Verzweiflung(137) | V~ Fieberfrost, im(20) | *V~ Genesung, in bezug auf die*(44)

Wahnideen(191) | W~ abends - Bett, im(16) | *W~ nachts*(36) | W~ Ansammlungen von Dingen, Schwärmen, Menschenmengen etc.(17) | *W~ Bilder, Phantome; sieht*(76) | *B~ nachts*(40) | B~ Schlaf - vor(4) | *B~ schreckliche*(60) | B~ überall(3)

Wahnideen - Diebe - Haus, im(9) | D~ sieht(21)

Wahnideen - drehen - sie - würde sich drehen - Kreis, im(10) | W~ ermordet - er würde ermordet - werden; er würde ermordet werden(21) | W~ Erwachen, beim(8) | W~ fehlschlagen, versagen; alles werde(6) | *W~ Feind - jeder sei ein*(3) | *F~ umgeben von Feinden*(5)

Wahnideen - geisteskrank - werden; er würde geisteskrank(43) | W~ Gesichter, sieht(26) | G~ häßliche(17)

Wahnideen - Gespenster, Geister, Gestalten - sieht(55) | s~ nachts(2)

Gemüt ...

Wahnideen - gesund, er sei(12) | W~ gezogen - er würde - hinten; nach | W~ Haus - Menschen; das Haus sei voller(10) | W~ Hause, zu - weg von zu Hause; er sei(23) | *W~ Hölle - Qualen der Hölle, ohne sie erklären zu können; er erleidet die*(2) | H~ sei in(6)

Wahnideen - Hören - Einbildung; etwas zu hören(44) | W~ Hunde - sieht(18) | W~ Insekten, sieht(14) | W~ Körper - Süßigkeiten; sei aus | W~ Mann - Männer sind nachts auf dem Bett | W~ Menschen - sieht(29) | W~ Mund - Lebendiges würde in den Mund hineinkriechen - nachts | W~ Musik - glaubt Musik zu hören(13) | W~ nachgestellt - ihm würde nachgestellt(28) | W~ Nadeln, sieht(2) | W~ närrisch(4) | W~ Nase - faßt Personen an der Nase | W~ Ofen - heizt in der Sommerhitze den Ofen an | *W~ Phantasiegebilde, Illusionen*(115) | P~ Fieberhitze, in der(7)

Wahnideen - religiös(17) | W~ schaukeln; er würde(3) | W~ schießen; er versucht, mit einem Stock zu(2) | W~ Schlaf - Einschlafen; Wahnideen beim(12) | W~ Schreck - nach(5) | W~ sonderbar, merkwürdig - Vertrautes scheint fremd(38) | W~ sterben - gleich sterben; glaubt, er würde(57) | W~ Tiere(42) | *T~ springen - an; springen sie*

Wahnideen - tot - Leiche - verstümmelte Leiche(7) | W~ Unglück(4) | W~ Unrecht - begangen; er habe Unrecht(26) | W~ Vagina - Lebendiges würde nachts in die Vagina hineinkriechen | W~ Verbrechen - begangen; er habe ein Verbrechen(29) | *W~ Verbrecher; er sei ein*(11) | W~ Verbrechern, von(24) | W~ verfolgt - Feinden, von(30) | W~ verfolgt; er würde(23) | W~ vergehen - Sinne; scheint als würden seine(2) | W~ Verletzung - werden; würde gleich verletzt(13)

Gemüt ...

Wahnideen - verstümmelte Körper; sieht(8) | W~ Visionen, hat(76) | V~ schrecklich(27)

Wahnideen - wanken - er würde der Länge nach wanken - Liegen, beim | *W~ Wasser - fließen; sieht* | W~ Weinen, mit(5)

Wandern - Verlangen zu wandern(15)

Waschen - Verlangen zu waschen - Hände; wäscht sich ständig die(11)

Weinen(244) | W~ amel.(24) | W~ nachts(81) | n~ Mitternacht - vor(3)

Weinen - Erwachen, beim(36) | W~ Fieberfrost - im(25) | *W~ Konvulsionen - während*(27) | *W~ Schlaf, im*(88) | W~ Schluchzen; Weinen mit(34) | *W~ Schmerzen - während den Schmerzen*(23) | W~ Trost - agg.(22) | *W~ unwillkürlich*(35) | W~ Verlangen zu weinen - immer; die ganze Zeit(16) | *W~ Wimmern, Winseln*(27) | W~ Schlaf, im(28)

Widerspenstig(66)

Widerspruch - Neigung zu widersprechen(38) | W~ verträgt keinen Widerspruch(73)

Widerwillen(39) | *W~ allem, vor*(22) | *W~ sich selbst; vor - Lebensmut, möchte nicht mit sich leben; hat keinen*(2)

Wille - Verlust der Willenskraft(34) | W~ Willensschwäche(58)

Zeit - langsam, scheint länger; vergeht zu(29)

Zerreißt - Dinge im allgemeinen(21)

Zerstreut(166)

Ziehen - Haaren; an den - Verlangen zu ziehen - jemanden an den Haaren(11) | Z~ Nase; an der - jemanden in der Straße an der Nase

Zorn(243) | Z~ erstechen könnte; so wütend, daß er jeden(8) | Z~ plötzlich(7) | Z~ Weinen vor Schmerzen; mit(3) | Z~ Widerspruch, durch(37)

Zügellosigkeit, sexuelle Ausschweifung(32)

Zurückhaltend, reserviert(64)

Gemüt …
Zweifelt - Genesung; an der(31)

Träume
Alpträume, Alpdrücken(144)
Angenehm(136)
Ängstlich(239) | Ä~ nachts - Mitternacht - nach(2)
Aufruhr(12)
Ekelhaft(32)
Ereignisse - zurückliegende, kurz - Vortag, vom(41)
Ermordet - werden, zu(17)
Erotisch(196) | E~ Erektionen, mit(27)
Ertrinken(19)
Fallen, zu stürzen; zu(60) | F~ Höhe herab, von einer(29) | F~ Wasser, ins(11)
Fortsetzung - Träumen, von - Erwachen, nach dem(22)
Gebissen zu werden - Hunden, von(5) | G~ Tieren, von(14)
Gefahr - Wasser, Überschwemmungen; durch(10)
Geschäft(40) | G~ Tage, vom(39)
Hartnäckig(29)
Historisch(18)
Hochgelegene Orte - Herunterfallen, Hinabstürzen von(29)
Hunde(20) | H~ gebissen zu werden; von Hunden(5)
Kinder(8)
Lebhaft(193)
Leichen(42)
Menschen(14)
Mord(53)
Nadeln, verschluckt
Pferde(18) | P~ häßliche(2)
Phantastisch(55)
Prüfen eines Arzneimittels(2)
Räuber(36)
Reisen(48) | R~ Schwierigkeiten, unter(6)
Revolution(2)
Rufen - jemand ruft(3)
Schießen, vom(6)
Schrecklich(237)
Schwierigkeiten - Reisen, auf(6)
Streitigkeiten(69)
Tiere(25)

Träume …
Überschwemmung(5)
Unangenehm(87)
Unerinnerlich, bleiben nicht im Gedächtnis(93)
Unfälle - Ertrinken(19)
Unglück(64)
Unwichtig(46)
Verschlucken; Stecknadeln zu
Verstümmelung(9)
Viele(260)
Visionär(45)
Wasser(49)
Wecken den Patienten(118)
Wildschweine

– *Mercurius sulphocyanatus* –

merc-s-cy.

Gemüt
Angst(362)

– *Mercurius sulphuricus* –

merc-sul.

Gemüt
Delirium(233) | D~ nachts(67) | D~ ruhelos(12)
Mürrisch - Essen, nach dem(21)
Reizbarkeit - Essen - nach(26)
Ruhelosigkeit(420) | R~ nachmittags(25) | R~ nachts(249)
Traurigkeit - Frost - während(37)

Träume
Erotisch(196) | E~ Pollutionen, mit(96)
Feuer(65)
Gehenkt zu werden - Gehenkten, von
Lebhaft(193)
Schneiden - Mensch wird zerschnitten
Schrecklich(237)
Viele(260)

– *Methylium aethyloaethereum* –

meth-ae-ae.

Gemüt

Bewußtlosigkeit(280)
Erregung(287)
Ruhelosigkeit(420)
Schreien(133)

– *Methysergidum* –

methys.

Gemüt

Gedächtnis - Gedächtnisschwäche(284)
Traurigkeit(477)
Wahnideen - Visionen, hat(76)
Weinen(244)

Träume

Ereignisse - zurückliegende, kurz - Vortag, vom(41)

– *Mezereum* –

mez.

Gemüt

Abneigung - allem, gegenüber(39)
Abscheu - allgemeiner(42) | A ~ Leben, vor dem(84)
Aktivität; Verlangen nach(38)
Alkoholismus(135)
Angst(362) | A ~ morgens(42) | A ~ mittags(5) | A ~ abends(87) | a ~ Bett, im(54)
Angst - allein, wenn(17) | A ~ Aufstoßen - amel.(3) | A ~ Essen - amel.(4) | E ~ vor(2) | E ~ beim(7)
Angst - Frost - während(31) | A ~ Furcht, mit(110) | A ~ Schmerzen, durch die - Abdomen(4) | *A ~ Seelenheil, um das*(35) | A ~ Stuhlgang - vor(24)
Aphasie(53)
Argwöhnisch(105)
Auffahren, Zusammenfahren - fallen würde; als ob er(5) | A ~ leicht(52) | A ~ Schlaf - während(163) | S ~ durch(124)
Auffahren, Zusammenfahren - Träumen, in - aus einem Traum(35)

Gemüt ...

Berührt zu werden; Abneigung(46)
Beschäftigung - amel.(48)
Beschwerden durch - schlechte Nachrichten(34) | B ~ Zorn(94)
Betäubung(237)
Bewußtlosigkeit(280) | B ~ Erwachen - beim(10) | B ~ Schwindel, bei(46)
Bittet - nichts; um(16)
Blicken - Fenster; blickt stundenlang aus dem
Brütet, grübelt(41)
Chaotisch(44)
Delirium(233)
Empfindlich(192)
Erregung(287) | E ~ abends(32) | a ~ Bett, im(31)
Erregung - nachts(40)
Erschöpfung; geistige(217)
Erschreckt leicht(125) | E ~ Kleinigkeiten, über(27)
Essen - nach - amel. der Gemütssymptome(9)
Faulheit(269) | F ~ Schlaf, nach(4) | F ~ Traurigkeit, durch(8)
Fleißig, arbeitsam, Arbeitswut(101) | F ~ Menses, vor den(26)
Fliehen, versucht zu(61) | F ~ wegzulaufen, um(16)
Froh - abends - Bett, im(29) | F ~ Essen - nach(2)
Furcht(242) | F ~ allein zu sein(54) | F ~ Anstrengung - vor Anstrengung; Furcht(10) | F ~ geschehen; etwas werde(82) | F ~ Herz - aufsteigend vom(5) | H ~ Herzerkrankung(23)
Furcht - Magen - aufsteigend vom(15) | F ~ Unglück, vor(93)
Gedächtnis - Gedächtnisschwäche(284) | G ~ gehört hat; für das, was er(15) | G ~ gesagt hat; für das, was er(29) | *G ~ sagen will; für das, was er gerade*(38)
Gedanken - hartnäckig(83) | G ~ quälend(31) | G ~ überlegt(54) | G ~ unangenehm(21) | *G ~ Vergehen, Schwinden der Gedanken*(76) | V ~ geistige Anstrengung; durch(13) | *V ~ Sprechen, beim*(9)

GEMÜT ...

Gedanken versunken, in(90)

Geistesabwesend(71)

Geisteskrankheit, Wahnsinn(153) | G~ froh, lustig(8) | G~ Mutwilligkeit, Ausgelassenheit; mit(7)

Geistige Anstrengung - agg. - unmöglich(130) | G~ Abneigung gegen(150)

Gesellschaft - Verlangen nach(83) | *V~ allein; agg. wenn*(48) | V~ amel. in Gesellschaft(18)

Gespräche - agg.(45)

Gewissenhaft, peinlich genau in bezug auf Kleinigkeiten(58)

Geziertheit, Affektiertheit - Gesten und Handlungen; in(3)

Gleichgültigkeit, Apathie(251) | G~ allem; gegenüber(71) | G~ Fenster; blickt stundenlang aus dem(2) | G~ Lesen, beim | **G~ tot, leblos; alles erscheint ihm**(2) | G~ Vergnügen, gegen(46)

Hast, Eile(112)

Heftig, vehement(100)

Hochgefühl(97)

Hypochondrie(116) | H~ Weinen, mit(8)

Hysterie(194)

Ideen, Einfälle - Mangel an(102) | *M~ Überanstrengung, durch*(2)

Ideen, Einfälle - Reichtum an, Klarheit des Geistes(125)

Imbezillität(140)

Impulse, Triebe; krankhafte - laufen; zu(12)

Konzentration - schwierig(261) | s~ unterbrochen wird, wenn er(2) | s~ Versuch sich zu konzentrieren; beim - Leere; hat ein Gefühl der(11)

Kummer(76)

Langeweile(53)

Lästig, geht auf die Nerven(79)

Lebensüberdruß(82)

Lustig, fröhlich(123)

Meditieren, Nachdenken(47)

Mürrisch(290) | M~ morgens - Bett, im(16) | M~ Erwachen, beim(32) | M~ Fieberfrost, im(13)

Mutig(26)

GEMÜT ...

Nachdenken, Überlegen - Unfähigkeit nachzudenken(6)

Qualvolle Angst - Liegen - muß sich hinlegen(3)

Reizbarkeit(408) | R~ morgens - Erwachen, beim(43) | R~ nachmittags - 14 h | R~ abwechselnd mit - Reue | R~ Erwachen, beim(56) | R~ Fieberfrost, im(57) | *R~ Kopfschmerzen, bei*(61)

Religiös - Gemütsstörungen, religiöse(63) | R~ Melancholie(21)

Ruhe - Verlangen nach - nachmittags

Ruhelosigkeit(420) | R~ ängstlich(111) | R~ allein, wenn(3) | R~ Bett - aus einem Bett zum anderen gehen; will(15) | R~ Frost - während(23) | R~ Gesellschaft, in(4) | R~ Koitus - nach(7) | R~ Schmerzen, durch - Zahnschmerzen(3) | R~ warm

Schüchternheit, Zaghaftigkeit - schamhaft(58)

Schweigsam(209) | S~ Essen; nach dem(5)

Seelenruhe, Gelassenheit(85)

Selbstbetrachtung(58)

Singen(59)

Sinne - abgestumpft, stumpf(107) | S~ Vergehen, Schwinden der(51)

Sitzen - Neigung zu sitzen(110)

Sprache - ärgern; möchte andere mit Worten | S~ langsam(59) | S~ unüberlegt, unbedacht(3)

Sprechen - anderer agg.; das Sprechen(46)

Spucken(32)

Stimmung, Laune - veränderlich(158)

Stöhnen(119)

Streitsüchtig(136)

Stumpfheit(332) | S~ morgens(54) | S~ abends(29) | S~ blickt stundenlang aus dem Fenster | *S~ Essen, nach dem - amel.*(7) | S~ Lesen(35) | S~ Schlaf - tiefem, nach(3) | S~ Schwindel; während(22) | S~ Sprechen, beim(4)

Suizidneigung; Neigung zum Selbstmord(98)

Tadelsüchtig, krittelig(80)

GEMÜT ...

Tadelt - andere(32)

Tod - wünscht sich den Tod, möchte sterben(72)

Traurigkeit(477) | *T~ allein - wenn*(24) | T~ arbeitsscheuen Personen; bei(9) | T~ Geld - Geldprobleme, finanzielle Probleme; über(2) | T~ Geschäft; beim Denken an das(3) | T~ Kleinigkeiten, um(8)

Unbehagen - mittags

Unbesonnen(82)

Unbeständigkeit - Gedanken, der(6)

Unentschlossenheit(146)

Ungeduld - Schweiß, beim(4)

Unzufrieden(168) | U~ allem; mit(66) | U~ sich selbst, mit(36) | U~ Umgebung, mit der(8)

Vergeßlich(187)

Verlangen, Wunsch nach - nichts; nach(7) | V~ voller Verlangen - ärgern; andere mit Worten zu

Verwegenheit(26)

Verweilt - vergangenen unangenehmen Ereignissen; bei(46)

Verwirrung, geistige(321) | V~ abends(78) | V~ nachts - Erwachen, beim(13) | V~ berauscht - wie(47) | V~ Erwachen, beim(71) | V~ Essen - amel.(8) | *E~ nach*(52)

Verwirrung, geistige - Gehen(37) | V~ geistige Anstrengung - durch(50) | V~ Koitus - nach(10) | V~ konzentrieren; beim Versuch sich zu(13) | V~ Nachtschwärmerei; wie durch(3) | V~ Traum; wie in einem(27) | *V~ Unterbrechung, durch*(2) | *V~ weiß nicht, wo er ist - Gegenstände um sie herum nicht auseinanderhalten; kann die*(3)

Verzweiflung(137) | *V~ religiöse Verzweiflung am Seelenheil*(30)

Wahnideen(191) | W~ arm, er sei(10) | W~ berauscht - sei, er(59) | W~ betrunken - sei betrunken, er(23) | W~ erwartet unangenehmen Nachrichten; er | W~ Feuer - Visionen von(34) | W~ Gehirn - hart; das Gehirn sei

GEMÜT ...

Wahnideen - Körper - leichter als Luft; der Körper sei(8) | W~ leicht - sei leicht, er(26) | W~ Neuigkeiten - erwartet Nachrichten - unangenehme Nachrichten(3) | W~ tot - alles sei | W~ Warzen; er habe

Waschen - Abneigung gegen Waschen und Baden(16)

Weinen(244) | W~ tagsüber(7) | W~ abends(29) | W~ Schmerzen - während den Schmerzen(23)

Widerspruch - verträgt keinen Widerspruch(73)

Widerwillen(39)

Wille - Willensschwäche(58)

Zerstreut(166)

Ziehen - Haaren; an den - Verlangen zu ziehen - jemanden an den Haaren(11)

Zorn(243) | Z~ abwechselnd mit - Reue; mit schneller(7) | Z~ ärgern, schikanieren; möchte andere(2) | *Z~ grundlos*(5) | Z~ heftig(72) | *Z~ Kleinigkeiten, über*(58)

Zufrieden(31)

TRÄUME

Alpträume, Alpdrücken(144) | A~ nachmittags | A~ nachts - Mitternacht(2) | *M~ nach*(2)

Angenehm(136) | A~ nachmittags

Ängstlich(239) | Ä~ nachts - Mitternacht - vor(2) | Ä~ Einschlafen, beim(11)

Dinge - verändernde, sich(18)

Erinnerlich, bleiben im Gedächtnis(33)

Erotisch(196)

Fallen, zu stürzen; zu(60) | *F~ Höhe herab, von einer*(29)

Hochgelegene Orte - Herunterfallen, Hinabstürzen von(29)

Katzen(12)

Körperteile - Rücken - Warzen; bedeckt mit

Krankheit - Warzen | W~ Rücken

Krankheit - Wucherungen

Lächerlich(15)

Träume ...

Lebhaft(193) | L~ morgens - gegen Morgen zu(2) | L~ nachts - Mitternacht - vor | M~ nach(5)

Reisen(48) | R~ Schwierigkeiten, unter(6)

Ruhelos(53)

Schrecklich(237)

Schwierigkeiten - Reisen, auf(6)

Unerinnerlich, bleiben nicht im Gedächtnis(93)

Verworren(122)

Viele(260)

Warzen

Wecken den Patienten(118) | W~ nachts - Mitternacht - nach

– Millefolium –

mill.

Gemüt

Angst(362) | A~ Aufstehen - Sitzen, vom - amel.(2)

Betäubung(237) | B~ Schwindel - während(37)

Bewußtlosigkeit - Schwindel, bei(46)

Bittet - nichts; um(16)

Delirium(233)

Erregung(287)

Faulheit(269)

Gedächtnis - Gedächtnisschwäche(284)

Heftig, vehement - abends | a~ Abendessen, nach dem

Hypochondrie(116)

Hysterie(194)

Reizbarkeit(408) | R~ abends(60) | R~ Mittagessen - nach(8)

Ruhelosigkeit(420)

Schlagen - sich; schlägt - schlägt seinen Kopf gegen die Wand und gegen Gegenstände(11)

Seufzen(98)

Stöhnen(119) | S~ Kindern, bei(12)

Stumpfheit - abends(29) | S~ Wein, nach(5)

Traurigkeit(477)

Vergessen - etwas vergessen; hat ständig das Gefühl, als habe er(5)

Vergeßlich(187)

Gemüt ...

Verlangen, Wunsch nach - nichts; nach(7)

Verwirrung, geistige - morgens(115) | V~ abends(78) | V~ Essen - nach(52) | V~ Kaffee - nach(4) | V~ Wein, nach(11)

Wahnideen - berauscht - sei, er(59)

– Mimosa pudica –

mim-p.

Gemüt

Reizbarkeit(408) | R~ Medikament einzunehmen; beim Gedanken das

Wahnideen - groß - Teile des Körpers scheinen zu groß(10) | W~ vergrößert - Körper sei(8)

– Mitchella repens –

mit.

Gemüt

Erschreckt leicht - Erwachen, beim(41)

Froh(182)

Gedächtnis - Gedächtnisschwäche(284)

Gedanken - wandernd - morgens

Geschäft - unfähig zu(8)

Seufzen(98)

Stumpfheit(332)

Traurigkeit(477)

Träume

Schrecklich(237)

Verdrießlich(122)

– Molybdenium metallicum –

moly-met.

Gemüt

Gesellschaft - Abneigung gegen(156)

Gleichgültigkeit, Apathie(251)

Schweigsam(209)

Traurigkeit(477)

Unzufrieden(168)

Verwirrung, geistige(321)

– *Morbillinum* –

morb.

Gemüt

Furcht - Meer, vor dem

– *Morphinum & Salze* –

morph. (alte Abk.)

Gemüt

Angst(362) | A~ Kaffee - amel.
Argwöhnisch(105)
Auffahren, Zusammenfahren - nachts(19) | *A~ Schlaf - während*(163)
Beschwerden durch - Schreck(72)
Betäubung(237) | B~ Essen, nach dem - agg.(3)
Bewußtlosigkeit(280) | B~ unvollständig(15)
Delirium(233) | D~ Bett - flieht und springt plötzlich aus dem Bett auf(36) | D~ Fieber; im(54) | D~ rasend(84)
Empfindlich(192)
Erregung(287) | E~ Kleinigkeiten, über(12)
Erschöpfung; geistige(217)
Erschreckt leicht(125)
Fehler; macht - Schreiben, beim(83)
Gedächtnis - Gedächtnisschwäche(284) | G~ auszudrücken, sich(41)
Gedanken - Gedankenandrang, einstürmende Gedanken, Gedankenfluß(78) | G~ Kontrolle über die Gedanken ist verloren - Entkleiden, beim | G~ schnell(36)
Geistige Anstrengung - agg. - unmöglich(130) | G~ Verlangen nach(65)
Gesten, Gebärden; macht - konvulsivisch(24)
Gleichgültigkeit, Apathie(251)
Hast, Eile(112)
Heikel, pingelig(34)
Hysterie(194)
Ideen, Einfälle - Reichtum an, Klarheit des Geistes(125)
Jammern(93)
Katalepsie(20)
Konzentration - schwierig(261)
Läuft umher - Zimmer, im(5)

Gemüt ...

LÜGNER(22) | *L~ lügt, sagt nie die Wahrheit, weiß nicht, was sie sagt*(8)
Moralischem Empfinden; Mangel an(48)
Murmeln(55) | M~ Schlaf, im(18)
Mürrisch(290)
Phantasien - lebhaft(31)
Reizbarkeit(408)
Ruhe - Verlangen nach(21)
Ruhelosigkeit(420) | R~ nachts(249) | R~ Kopfschmerzen, bei(31)
Seelenruhe, Gelassenheit - unbegreiflich, unverständlich(3)
Seufzen(98)
Sinne - abgestumpft, stumpf(107) | S~ scharf(52)
Sprache - erregt(3) | S~ hastig(44) | S~ langsam(59) | *S~ unzusammenhängend*(65) | S~ verlegen(8) | S~ zögernd(22)
Springen - Bett; aus dem - Fieber, im(3)
Stimmung, Laune - veränderlich(158)
Stumpfheit(332)
Stupor(138)
Suizidneigung; Neigung zum Selbstmord(98)
Tadelsüchtig, krittelig(80)
Tod - Gefühl von(25)
Traurigkeit(477)
Unaufrichtig(6)
Unbehagen(44)
Vergeßlich(187)
Verwirrung, geistige(321)
Verzweiflung(137)
Wahnideen(191) | W~ Sitzen - Nassen sitzen, im | W~ stirbt - er(15) | *W~ Visionen, hat*(76)
Weinen - unwillkürlich(35)
Widerspruch - verträgt keinen Widerspruch(73)
Wille - Willensschwäche(58)

Träume

Angenehm(136)
Phantastisch(55)
Schrecklich(237)

– Moschus –

mosch.

Gemüt

Aktivität; Verlangen nach(38)

Albernes Benehmen(65)

Alkoholismus(135)

Angst(362) | A~ Arbeit - verhindert Arbeit; Angst | A~ Erwartungsspannung, durch(7) | A~ Furcht, mit(110) | *A~ Husten - Keuchhusten - während*(2) | A~ hypochondrisch(52)

Antworten - Abneigung zu antworten(67) | A~ verworren, als würde er an etwas anderes denken(3)

Auffahren, Zusammenfahren(117) | A~ Geräusche, durch(60) | A~ Schlaf - während(163) | A~ Schreck oder wie durch Schreck; durch(68) | A~ Tür - geöffnet wird; wenn eine Tür(3)

Beschimpfen, beleidigen, schmähen(67) | *B~ schimpft bis die Lippen blau sind und die Augen werden starr und sie fällt ohnmächtig nieder*

Beschwerden durch - Erregung - Gefühle, der(87) | B~ Erwartungsspannung(68)

Betäubung(237) | B~ Freien, im - amel.(1) | B~ Schwindel - während(37)

Bewußtlosigkeit(280) | B~ Freien, im(3) | B~ Gemütsbewegungen, nach(13) | B~ Schwindel, bei(46) | B~ Sitzen, im(9) | *B~ vorübergehend*(24)

Boshaft(99)

Chaotisch(44)

Delirium(233) | *D~ Konvulsionen - während*(12) | D~ Kopfschmerz - während(16) | D~ rasend(84)

Denken - Beschwerden - agg.; Denken an seine Beschwerden(71)

Destruktivität, Zerstörungswut(41)

Eigensinnig, starrköpfig, dickköpfig(107)

Empfindlich(192) | E~ Geräusche, gegen(149)

Gemüt …

Erregung(287) | E~ nachts(40) | E~ Hitze - während der Hitze; Erregung(23) | E~ Wein - wie durch(8)

Erschöpfung; geistige(217)

Erschreckt leicht(125)

Fleißig, arbeitsam, Arbeitswut(101) | F~ Menses, vor den(26)

Froh(182) | F~ Fieberhitze, in der(4)

Furcht(242) | F~ Ersticken, vor dem - Liegen, beim(2) | F~ Geisteskrankheit(74) | F~ Geräusche, durch(40) | F~ geschehen; etwas werde(82) | F~ Liegen im Bett - aus Furcht, sie werde sterben | *F~ Tod; vor dem*(143) | T~ Fieberhitze, in der(6) | T~ Hinlegen, beim

Furcht - Unheil; Furcht vor(115) | F~ zittrig(36)

Gedächtnis - Gedächtnisschwäche(284)

Gedanken versunken, in(90)

Geisteskrankheit, Wahnsinn(153)

Gerissen, schlau(2)

Geschäftig(45) | G~ schwach; geschäftig und

Gesten, Gebärden; macht(22) | G~ Hände; unwillkürliche Bewegungen der(23) | H~ Greifen(41) | H~ Knöpfen an seiner Kleidung; spielt mit den(2) | H~ übereinander; legt die Hände | H~ wirft die Hände umher(10) | w~ Kopf; über den(5)

Gesten, Gebärden; macht - lächerlich oder albern(19)

Hast, Eile(112) | H~ Gehen, beim(15) | *H~ ungeschickt aus Hast*(7)

Heftig, vehement(100) | H~ Gewalttaten führt; Raserei, die zu(34)

Hypochondrie(116) | H~ sexuell | s~ Enthaltsamkeit, durch(2)

Hysterie(194) | H~ lasziv(4) | H~ Mann; bei einem(2) | *H~ Menses - vor*(16) | M~ während(27)

Hysterie - Ohnmacht, hysterische(22) | H~ Schlaflosigkeit, mit(5)

Idiotie(45)

Imbezillität(140)

Jammern(93)

Gemüt ...

Katalepsie(20)

Klagen(64) | *K~ Schmerzen, über*(3) | *K~ Schwangerschaft, in der*

Konzentration - schwierig(261)

Lachen(102) | **L~ abwechselnd mit - Weinen**(43) | L~ nervös(2) | L~ spasmodisch(49) | L~ unkontrollierbar | *L~ unmäßig*(28)

Lasziv, lüstern(77)

Milde(80)

Mürrisch(290) | M~ Fieber - während(12) | *M~ Hypochondrie, bei*(3)

Nymphomanie(67) | N~ Metrorrhagie, bei(5)

Phantasien - übertrieben(114)

Qualvolle Angst(121) | *Q~ Herzklopfen, mit*(6)

Raserei, Tobsucht, Wut(95) | R~ anfallsweise(11) | R~ boshaft, bösartig(9)

Redseligkeit; Geschwätzigkeit(136) | *R~ betrunken, wie*(2)

Reizbarkeit(408) | R~ Hitze - während(31) | R~ Schlaflosigkeit, mit(9)

Ruhelosigkeit(420) | R~ nachts(249) | R~ Bett - Herumwerfen im(123) | *R~ geschäftig*(20) | R~ Hitze - während(66)

Schamlos(29)

Schlafwandeln(56)

Schlagen(42) | S~ eingebildete Objekte ein; schlägt um sich auf(14)

Schreien(133) | S~ abwechselnd mit - Lachen(6) | S~ Angst, aus(9)

Schüchternheit, Zaghaftigkeit(113)

Schweigsam(209)

Seelenruhe, Gelassenheit(85)

Selbstkontrolle - erhöht(4)

Selbstsucht, Egoismus(32)

Sinne - abgestumpft, stumpf(107) | S~ Vergehen, Schwinden der(51)

Spielen - Verlangen zu spielen - Knöpfen an ihrer Kleidung; mit den

Sprache - erregt(3) | *S~ hastig*(44) | S~ verworren(25)

Sprechen - sich selbst ; mit(31) | s~ gestikuliert; und

Stimmung, Laune - veränderlich(158)

Gemüt ...

Streitsüchtig(136) | S~ Gesicht - blassem, mit | G~ Hitze des; mit

Streitsüchtig - starren Augen, Hitze des Gesichtes, blauen Lippen und trockenem Mund; mit

Stumpfheit(332) | S~ Schwindel; während(22)

Tadelsüchtig, krittelig(80)

Tod - spricht vom | T~ Vorahnung des Todes(62)

Traurigkeit(477) | T~ Essen - nach(25)

Unbehagen(44)

Ungeduld(131) | *U~ Konvulsionen - vor*

Ungeschicklichkeit(41) | U~ fallen, läßt Dinge(26) | *U~ Hast, aus*(6)

Vergeßlich(187)

Verwirrung, geistige(321) | V~ morgens(115) | V~ berauscht - wie nach einem Rausch(35) | V~ Bewegung, durch(16)

Verzogene, mißratene Kinder(6)

Wahnideen(191) | W~ behindert zu werden - allen; von(2) | W~ blind, er sei(3) | W~ doppelt - sein, doppelt zu(30) | W~ drehen - sie - würde sich drehen - schnell drehen, daß sie einen Luftzug wahrnimmt, der durch die Bewegung verursacht wird; so | W~ erhoben, hochgehoben - Luft erhoben; in die - herabfallen; und würde | W~ Fallen - erhaben und werde fallen; er sei | F~ er würde(29) | F~ Höhe herab, von einer(2)

Wahnideen - Finger, abgeschnittene | W~ Gegenstände; über - Bewegung in(7) | W~ Gestalten - große schwarze Gestalten würden ihn gleich anfallen | W~ hören; er könne nicht(3) | W~ Hunde - sieht(18) | W~ Identität - Fehleinschätzung in bezug auf die eigene(18) | I~ jemand anderer; sie sei(10)

Wahnideen - Katzen - sieht(11) | W~ Kopf - zwei Köpfe; er habe(3) | W~ krank - sein; krank zu(27) | W~ Ohnmacht, von(2) | W~ Phantasiegebilde, Illusionen(115) | W~ schweben - Luft, in der(45)

Gemüt ...

Wahnideen - sonderbar, merkwürdig - Vertrautes scheint fremd(38) | W~ Tiere(42) | W~ tot - er selbst sei(18) | W~ Verletzung - Finger und Zehen seien abgeschnitten; seine | W~ Zehen seien abgeschnitten
Weinen(244) | W~ Ärger, durch(23) | W~ Konvulsionen - während(27) | W~ krampfhaft, spasmodisch(16) | W~ Schmerzen - während den Schmerzen(23) | W~ unwillkürlich(35) | *W~ Zorn - nach*(19)
Wildheit(29)
Zerstreut(166) | Z~ mittags
Zorn(243) | Z~ erstechen könnte; so wütend, daß er jeden(8) | Z~ heftig(72)

Träume

Anhaltend(7)
Anstrengung - geistige(51)
Beschäftigt zu sein; sehr(29)
Beschämend(13)
Erfolglose Anstrengungen(20)
Erniedrigung(12)
Hartnäckig(29)
Kämpfe(54)
Kranken, von(10)
Kränkung, Kummer etc.(5)
Lebhaft(193)
Ruhelos(53)
Schrecklich(237)
Streitigkeiten(69)
Traurig(46)
Verdrießlich(122)
Verleumdung
Versagen, Fehlschlägen; von(5)
Verschwörungen(2)
Viele(260)
Zorn(58)

– *Murex purpurea* –

murx.

Gemüt

Angst(362) | A~ Furcht, mit(110)
Auffahren, Zusammenfahren - Schlaf - durch(124) | A~ Träumen, in - aus einem Traum(35)
Bewußtlosigkeit - Menses - vor(2)
Empfindlich(192)
Erotisch(39)
Fehler; macht - Sprechen, beim(81)
Fleißig, arbeitsam, Arbeitswut(101)
Furcht(242)
Gedächtnis - Gedächtnisschwäche(284) | G~ auszudrücken, sich(41) | G~ Worte, für(61)
Gedanken - Krankheit, über seine(11)
Gehalten - amel.; gehalten zu werden(22)
Geisteskrankheit, Wahnsinn(153) | *G~ erotisch*(31)
Gemütssymptome - abwechselnd mit - Fluor | *a~ körperliche Symptome*(18)
Gesellschaft - Abneigung gegen(156)
Gespräche - Abneigung gegen(21)
Lasziv, lüstern(77) | *L~ Berührung lüstern; Frauen werden bei jeder*
Manie(149)
Milde(80)
Nachgiebigkeit(21)
Nymphomanie(67) | N~ Menopause, in der(3) | *N~ Menses - unterdrückten, nach*(13) | N~ Metrorrhagie, bei(5)
Qualvolle Angst(121) | Q~ tagsüber(8) | *Q~ Menses - vor*(2)
Reizbarkeit(408)
Schamlos(29)
Schweigsam(209)
Sinnlichkeit(24)
Traurigkeit(477) | T~ abends(76) | *T~ Fluor amel.* | T~ Gesellschaft - Abneigung gegen Gesellschaft, Verlangen nach Einsamkeit(11) | *T~ Menses - vor*(34)
Traurigkeit - Menses - während(35) | T~ Schläfrigkeit, bei(8)
Ungeduld(131) | U~ Schmerzen, durch(3)
Verwirrung, geistige(321) | V~ morgens(115) | V~ abends(78)
Wahnideen(191) | W~ krank - sein; krank zu(27) | W~ Melancholie(6)

Gemüt ...

Weinen - Verlangen zu weinen - immer; die ganze Zeit(16)

Träume

Alpträume, Alpdrücken(144)

Ängstlich(239)

Meer(4)

Verdrießlich(122)

Wasser(49)

Wecken den Patienten(118)

– *Muriaticum acidum* –

mur-ac.

Gemüt

Aktivität; Verlangen nach(38)

Angst(362) | A~ abends(87) | a~ 20 h(3) | a~ Bett, im(54)

Angst - nachts - Mitternacht - vor(36) | *A~ Fieber - während*(91) | A~ Gesicht - Schwitzen des Gesichtes, mit(4) | S~ kalt(3)

Angst - Träume; beim Erwachen aus schrecklichen(17) | *A~ Zukunft*(108)

Antworten - einsilbig(15) | A~ kurz angebunden(19)

Argwöhnisch(105)

Auffahren, Zusammenfahren(117) | A~ Schlaf - durch(124) | A~ Schreck oder wie durch Schreck; durch(68) | A~ Unbehaglichkeit, durch

Beschäftigung - amel.(48)

Beschwerden durch - Zorn - Entrüstung; mit(11)

Betäubung(237) | B~ Schwindel - während(37)

Bewußtlosigkeit(280) | B~ Coma vigile(5) | **B~ Fieber, im**(50) | *B~ Gesicht; mit rotem*(3) | *B~ Scharlach, bei*(8)

Brütet, grübelt(41)

Delirium(233) | *D~ brummt*(44) | D~ Coma vigile, mit(6) | D~ Fieber; im(54) | D~ rasend(84) | D~ Schlaf - während(26) | D~ Sepsis, durch(13)

Eigensinnig, starrköpfig, dickköpfig(107) | E~ abends(2)

Gemüt ...

Empfindlich(192) | *E~ Geräusche, gegen*(149) | G~ schrille Töne, gegen(16) | G~ Stimmen, gegen(15)

Entmutigt(135)

Ernst(77)

Erregung(287) | E~ Arbeit, bei der(2)

Erschöpfung; geistige(217)

Erschreckt leicht(125)

Faulheit(269)

Feigheit(89)

Fleißig, arbeitsam, Arbeitswut(101) | F~ Menses, vor den(26)

Froh - tagsüber(7) | F~ Träumen, nach

Furcht(242) | F~ tagsüber, nur(5) | F~ morgens(27) | F~ Bewegung, vor(5) | F~ Selbstkontrolle zu verlieren; die(5) | F~ Unglück, vor(93) | F~ Unheil; Furcht vor(115)

Gedächtnis - Gedächtnisschwäche - gesagt hat; für das, was er(29)

Gedanken - drängen auf ihn ein und schwirren durcheinander(16) | d~ Arbeit, bei der(2)

Gedanken - Gedankenandrang, einstürmende Gedanken, Gedankenfluß - Arbeit, bei der(3) | G~ hartnäckig(83) | G~ tiefschürfend(8)

Gedanken versunken, in(90) | G~ Menses, während

Gehen - Freien, im - agg. Gemütssymptome(19)

Geistige Anstrengung - Abneigung gegen(150)

Gelingt nichts, es(9)

Gesten, Gebärden; macht - Hände; unwillkürliche Bewegungen der - Greifen(41) | *H~ zupft - Bettwäsche; an der*(36)

Gewissenhaft, peinlich genau in bezug auf Kleinigkeiten(58)

Glänzende Gegenstände - agg.(13)

Gleichgültigkeit, Apathie(251) | G~ Freien, im(3) | G~ Vergnügen, gegen(46)

Ideen, Einfälle - Reichtum an, Klarheit des Geistes(125) | R~ Schwäche; mit

Imbezillität(140)

GEMÜT ...

Konzentration - schwierig - Studieren(52)
Kummer(76) | *K ~ still*(23)
Lakonisch(3)
Lästig, geht auf die Nerven(79)
Lebensüberdruß(82) | L ~ nachmittags(2) | L ~ Freien, im(2)
Meditieren, Nachdenken(47)
Menses - während; Gemütssymptome(28)
Milde(80)
Morphiumsucht(31)
Murmeln(55)
Mürrisch(290) | M ~ nachmittags(30) | M ~ abends(31) | M ~ Freien, im(8)
Phantasien - übertrieben(114) | ü ~ Arbeit, bei der(3)
Qualvolle Angst(121) | *Q ~ abends*(12)
Rebelliert gegen Umschläge(17)
Redseligkeit; Geschwätzigkeit(136)
Reizbarkeit(408) | R ~ nachmittags(37) | R ~ abends(60) | R ~ Freien, im(12) | R ~ Schwäche - durch
Ruhelosigkeit(420) | R ~ abends(51) | *R ~ nachts*(249) | n ~ Mitternacht - vor(12)
Ruhelosigkeit - Bett - Herumwerfen im(123) | R ~ Erwachen, beim(30) | *R ~ Hitze - während*(66)
Schmollen(41)
Schüchternheit, Zaghaftigkeit(113)
Schweigsam(209) | S ~ Menses; während(5) | S ~ Schweiß; beim(7) | *S ~ sterben; als würde er*
Seelenruhe, Gelassenheit(85)
Selbstbetrachtung(58)
Selbstvertrauen - Mangel an Selbstvertrauen(86)
Sentimental, schwärmerisch, rührselig(64)
Seufzen(98)
Sinne - scharf(52)
Sitzen - Neigung zu sitzen(110)
Sorgen, voller(50)
Sprache - barsch(6) | S ~ fröhlich(3) | f ~ Schlaf, im
Sprache - unklar, unverständlich - Schlaf, im(5)

GEMÜT ...

Sprechen - Schlaf, im(93) | S ~ sich selbst ; mit(31)
Still sein, seine Ruhe haben; möchte(21)
Stilles Wesen(49) | S ~ Menses, während(2)
Stöhnen(119) | *S ~ Hitze; während der*(16) | S ~ laut(3) | *S ~ Schlaf, im*(62)
Stumpfheit(332) | S ~ vormittags(17) | S ~ abends(29)
Stupor(138) | *S ~ Scharlach, bei*(8)
Traurigkeit(477) | T ~ morgens(71) | T ~ nachmittags(37) | T ~ Freien, im(12)
Traurigkeit - Menses - während(35)
Unentschlossenheit(146)
Unzufrieden(168) | U ~ nachmittags(5) | U ~ allem; mit(66) | U ~ Freien, im | U ~ sich selbst, mit(36)
Vergeßlich(187)
Vertrauensvoll(5)
Verwirrung, geistige(321) | V ~ nachts(19)
Wahnideen(191) | W ~ Bilder, Phantome; sieht - schreckliche(60) | B ~ wechseln dauernd - Vergangenheit in die Gegenwart; aus der
Wahnideen - Schlaf - einschlafen, er würde(4) | W ~ sterben - gleich sterben; glaubt, er würde(57) | W ~ Ungeziefer - sieht Ungeziefer herumkriechen(13) | W ~ Würmer - kriechenden Würmern, von(10)
Weinen - Schlaf, im(88)
Widerspruch - verträgt keinen Widerspruch(73)
Zorn(243) | Z ~ nachmittags - Freien, im | Z ~ Schwäche; Zorn gefolgt von | Z ~ Träume - nach
Zurückhaltend, reserviert(64) | Z ~ Menses, während(2)

TRÄUME

Angenehm(136)
Ängstlich(239)
Beschämend(13)
Daheim(2)
Ekelhaft(32)
Erfolglose Anstrengungen(20)
Erniedrigung(12)
Erotisch(196) | E ~ Erektionen, mit(27)

Träume ...
Furcht - gefolgt von(14)
Heimatland(3)
Klettern(4)
Land - Vaterland(3)
Läuse(7)
Lebhaft(193)
Phantastisch(55)
Ruhelos(53)
Schrecklich(237)
Schwierigkeiten(18)
Sorgen, voller(21)
Steigen, zu(4)
Tod - Verwandten, von(14)
Traurig(46)
Unerinnerlich, bleiben nicht im Gedächtnis(93)
Ungeziefer(14)
Unglück(64)
Verdrießlich(122)
Verstorbenen, von(84)
Viele(260)
Visionär(45)
Wecken den Patienten(118)
Würmer - kriechende(5)

– Murure leite –

muru.

Gemüt
Exzentrizität, Überspanntheit(54)

– Murvey granite –

granit-m.

Gemüt
Abergläubisch(13)
Angesprochen zu werden - Abneigung(63) | A~ allein gelassen werden; möchte(10)
Angst - Erwartungsspannung, durch(7) | E~ Verabredung, vor einer(12)
Angst - Furcht, mit(110) | A~ Gewissensangst(75) | A~ Kleinigkeiten, um(23) | A~ plötzlich(11) | A~ Zukunft(108)
Argwöhnisch(105)

Gemüt ...
Auffahren, Zusammenfahren - Fahren, Autofahren; beim | A~ Geräusche, durch(60) | A~ leicht(52)
Bedauert sich(8)
Beleidigt, leicht(79)
Berührt zu werden; Abneigung(46)
Beschäftigung - amel.(48)
Beschimpfen, beleidigen, schmähen(67)
Bissig, schnippisch(7)
Boshaft(99)
Diktatorisch, herrschsüchtig, dogmatisch, despotisch(25) | D~ Machtliebe(2)
Distanziert(6)
Entfremdet - Freunde und Verwandte(3)
Entrüstung(22)
Erschöpfung; geistige - geistige Anstrengung; geringe(2) | E~ Gespräche - während | G~ nach
Erschöpfung; geistige - Schreiben, nach(3)
Furcht - Gefahr, vor drohender(10) | F~ grundlos(6) | F~ Menschen, vor(81) | F~ Schaudern vor Furcht(3) | F~ zittrig(36)
Gedächtnis - Gedächtnisschwäche(284) | G~ getan hat; für das, was er eben(34) | *G~ sagen will; für das, was er gerade*(38)
Gedanken - Vergangenheit, an die(4)
Gefühllos, hartherzig(21)
Geiz - Angst um die Zukunft; Geiz aus(6)
Gesellschaft - Abneigung gegen(156) | A~ Fremden; Abneigung gegen die Anwesenheit von(16) | A~ Freunden, von engsten(10)
Gesellschaft - Verlangen nach(83) | V~ Freundes, eines(2)
Gespräche - agg.(45) | G~ Abneigung gegen(21)
Gleichgültigkeit, Apathie(251) | G~ allem; gegenüber(71) | G~ andere Personen, gegen(5) | G~ Wohlergehen anderer; gegen das(11)
Grobheit(37)
Haß - Menschen, auf - beleidigt haben; die ihn(11)

Gemüt ...

Hause, zu - Verlangen, nach Hause zu gehen(18)
High; fühlt sich(3)
Hochmütig, arrogant(53)
Lachen - unmäßig(28) | L~ Weinen - gleichzeitig Lachen und Weinen(4)
Moralischem Empfinden; Mangel an(48)
Näherkommen, auf ihn Zukommen von Personen - Abneigung gegen(12)
Reizbarkeit(408) | R~ Kleinigkeiten, durch(34) | R~ nimmt alles übel, sieht alles von der schlechten Seite(7)
Ruhelosigkeit - ängstlich(111) | R~ Bewegung - amel.(4)
Schweigsam(209)
Selbstbetrachtung(58)
Selbstsucht, Egoismus(32)
Sorgen, voller - Kleinigkeiten, um(4)
Streitsüchtig - grundlos(2)
Tadelsüchtig, krittelig(80)
Tadelt - andere(32)
Unbarmherzig(14)
Unduldsamkeit - angesprochen zu werden(2) | U~ Hindernissen, gegenüber(2) | U~ Unterbrechung, gegenüber(3)
Unentschlossenheit(146)
Unsicherheit; geistige(10)
Unverschämtheit(33)
Verächtlich(35)
Verlassen zu sein; Gefühl(56)
Verweilt - vergangenen unangenehmen Ereignissen; bei(46)
Verwirrung, geistige - Erwachen, beim(71) | V~ Gespräche - agg.(2)
Wahnideen - Angriffe und Beschuldigungen; verteidigt sich gegen eingebildete(2) | W~ beschimpft worden; er sei(16) | W~ enteignet; er würde | W~ Feind - jeder sei ein(3) | W~ minderwertig; Menschen erscheinen geistig und körperlich | W~ Unrecht - begangen; er habe Unrecht(26) | W~ verkleinert - andere seien

Gemüt ...

Weinen - amel.(24) | W~ kann nicht weinen, obwohl er traurig ist(13)
Zorn(243) | Z~ leicht(37) | Z~ plötzlich(7) | Z~ Unterbrechung, durch(9) | Z~ Widerspruch, durch(37)

– *Mygale lasiodora* –

mygal.

Gemüt

Angst(362)
Delirium(233) | D~ abends - 20 h
Empfindlich(192)
Erregung(287)
Furcht - Tod; vor dem(143)
Gesten, Gebärden; macht - einem Arm, einem Bein oder dem Kopf; mit(7)
Haß - Rachsucht; Haß und(32)
Hysterie(194)
Ruhelosigkeit(420) | R~ morgens - Erwachen, beim(6) | R~ nachts(249)
Sprache - langsam(59) | S~ Rucke, durch(5) | S~ undeutlich(24)
Sprechen - Geschäft, vom(13)
Traurigkeit(477)

Träume

Absurd(13)
Lächerlich(15)

– *Myrica cerifera* –

myric.

Gemüt

Abscheu - allgemeiner(42)
Angesprochen zu werden - Abneigung(63)
Angst - Gewissensangst(75)
Bewußtlosigkeit(280)
Entmutigt(135)
Erregung(287)
Hochgefühl(97)
Konzentration - schwierig(261)
Mürrisch(290)
Reizbarkeit(408) | R~ morgens(69)

Gemüt ...

Ruhelosigkeit(420) | R~ morgens(22) | R~ nachts(249) | n~ Mitternacht - nach - 2 h(8)
Schweigsam(209)
Stumpfheit(332) | S~ vormittags(17) | S~ abends(29)
Stupor(138)
Tadelsüchtig, krittelig(80)
Traurigkeit(477) | T~ morgens(71) | T~ nachmittags(37) | T~ Hochgefühl; nach(3)
Verwirrung, geistige(321)
Wahnideen - besser als die anderen; er sei | W~ essen - kann nicht essen
Zorn(243)

Träume

Erotisch(196) | E~ Pollutionen, mit(96)
Schrecklich(237)
Unangenehm(87)
Unerinnerlich, bleiben nicht im Gedächtnis(93)
Viele(260)
Wanzen(2)

– *Myristica sebifera* –

myris.

Gemüt

Auffahren, Zusammenfahren - Schlaf - während(163)
Betäubung(237)
Gedanken - hartnäckig - Musik - Lied; seit 16 h an ein
Gleichgültigkeit, Apathie - geschäftliche Angelegenheiten; gegen(18)
Konzentration - schwierig(261) | s~ nachmittags(5)
Unbesonnen - Geschäfte, über

Träume

Gebäude(3)
Geschäft - vernachlässigte(4)
Unzusammenhängend, zusammenhanglos(24)
Zorn(58)

– *Myrtus communis* –

myrt-c.

Gemüt

Entmutigt(135)

– Nabalus serpentarius –

nabal.

Gemüt

Erwartungsspannung - morgens
Froh(182)
Hellsehen(28)
Klagen(64)
Reizbarkeit(408) | R~ abends(60)
Traurigkeit(477) | T~ abends(76)
Verwirrung, geistige(321)

– Naja tripudians –

naja

Gemüt

Abscheu - Leben, vor dem(84)
Angst(362) | A~ andere, um(24) | A~ Bewegung - amel.(12)
Aphasie(53)
Auffahren, Zusammenfahren - Schlaf - durch(124)
Beschäftigung - Verlangen nach(5)
Beschwerden durch - Erwartungsspannung(68) | B~ Kummer(65)
Bewußtlosigkeit(280)
Brütet, grübelt(41) | B~ Krankheit; über seine - eingebildete Krankheit; über | *B~ Probleme - eingebildete Probleme nach; über*(5) | B~ Suizidneigung; mit
Delirium(233) | D~ anfallsweise(6) | D~ Meningitis cerebrospinalis(8) | D~ redselig(33)
Ernst(77)
Erregung(287) | E~ Wein - wie durch(8)
Erschöpfung; geistige(217)
Feuer - nahe dem Feuer sein; Verlangen
Furcht - geschehen; etwas werde(82) | F~ Krankheit, vor drohender - unheilbar zu sein(42) | F~ Regen, vor(3) | F~ Tod; vor dem(143) | *T~ Herzsymptomen, bei*(12)
Furcht - Unglück, vor(93) | F~ Versagen, Mißerfolg; vor dem(13)
Gedächtnis - Gedächtnisschwäche(284) | G~ geistige Anstrengungen; für(26)
Gedächtnis - verwirrt, Gedächtnisverwirrung(8)

Gemüt …

Gedanken - wandernd(72)
Geisteskrankheit, Wahnsinn(153) | *G~ spalten; möchte sich plötzlich mit einer Axt den Kopf* | G~ Suizidneigung, mit(4)
Geistige Anstrengung - agg.(141) | a~ unmöglich(130)
Geistige Anstrengung - Verlangen nach(65)
Gesellschaft - Verlangen nach(83)
Gleichgültigkeit, Apathie(251)
Kummer(76)
Lachen(102)
Lebensüberdruß(82)
Lustig, fröhlich(123) | L~ nachts(14)
Meditieren, Nachdenken(47)
Mürrisch(290)
Phantasien - lebhaft(31) | P~ übertrieben(114) | P~ übertrieben - abends(9)
Qualvolle Angst(121)
Reizbarkeit(408)
Ruhelosigkeit(420) | R~ nachmittags(25) | R~ Kopfschmerzen, bei(31)
Schüchternheit, Zaghaftigkeit(113)
Schweigsam(209)
Seelenruhe, Gelassenheit(85)
Selbstbetrug, Selbsttäuschung(2)
Selbstvertrauen - Mangel an Selbstvertrauen(86) | M~ Selbstherabsetzung; Selbstherabwürdigung(3) | M~ Versager; hält sich für einen(2)
Sentimental, schwärmerisch, rührselig(64)
Sprache - langsam(59) | S~ undeutlich(24) | S~ unklar, unverständlich(20)
Stimmung, Laune - wechselnd, wechselhaft(80)
Stöhnen(119)
Stumpfheit(332) | S~ abends(29)
Suizidneigung; Neigung zum Selbstmord(98) | S~ Axt, mit einer | S~ Gedanken an Selbstmord(33) | S~ Traurigkeit, durch(23)
Tadelsüchtig, krittelig(80)

Gemüt ...
Traurigkeit(477) | T~ morgens(71) | T~ abends(76) | *T~ falsch gemacht, falsch angepackt; als habe er alles auf die* | T~ Kopfschmerzen, bei(30)
Traurigkeit - Suizidneigung, mit(25) | *T~ überflüssig, fühlt sich*
Unentschlossenheit(146)
Vergeßlich(187) | V~ abends(9)
Verkehrt, alles erscheint(6)
Verspielt(13)
Verwirrung, geistige(321) | *V~ morgens - Erwachen, beim*(50) | V~ Erwachen, beim(71) | V~ Identität; in bezug auf seine - Dualität; Gefühl der(37)
Verzweiflung(137)
Wahnideen - Einfluß; er stehe unter einem mächtigen(9) | W~ Hören - Einbildung; etwas zu hören(44) | *W~ übermenschlich, er sei - Kontrolle; er sei unter übermenschlicher*(8) | W~ Unrecht - erlitten; er habe Unrecht(5) | W~ vergiftet - er - worden; er sei(16) | W~ verhungern - sei verhungert; er | W~ Verletzung - worden; er sei verletzt - Kopf, am | *w~ Umgebung; durch seine*(3)
Wahnideen - vernachlässigt - er würde vernachlässigt(6) | v~ Pflichten vernachlässigt; er habe seine(10)
Wahnideen - Visionen, hat(76)
Weinen(244) | W~ Gemütsbewegungen; nach geringen(9)
Wille - Verlust der Willenskraft(34) | W~ widersprüchlich(6) | W~ zwei Willen; Gefühl, er habe(4)
Zerstreut(166)

Träume
Alpträume, Alpdrücken(144)
Feuer(65)
Lange Zeit(13)
Lebhaft(193)
Mord(53)
Schrecklich(237)
Selbstmord
Unerinnerlich, bleiben nicht im Gedächtnis(93)

Träume ...
Viele(260)

– Naphtha –

napht.

Gemüt
Auffahren, Zusammenfahren - Schreck oder wie durch Schreck; durch(68)
Bewußtlosigkeit(280)

– Narceinum –

narcin.

Gemüt
Betäubung(237)

– Narcotinum –

narcot.

Gemüt
Gespräche - Verlangen nach(3)
Konzentration - schwierig(261)
Lesen - unfähig zu lesen(9)
Verwirrung, geistige(321)

Träume
Gestalten - groteske Gestalten tanzen vor ihr

– Narzan aqua –

narz.

Gemüt
Gleichgültigkeit, Apathie(251)

– Natrium aceticum –

nat-act.

Gemüt
Angst - Zukunft(108)
Stumpfheit(332)

– Natrium arsenicosum –

nat-ar.

Gemüt
Abscheu - Leben, vor dem(84)
Aktivität; Verlangen nach(38)

Gemüt ...

Angst(362) | A~ abends(87) | a~ Bett, im(54)
Angst - nachts(119) | A~ Bett - im Bett(49) | A~ Erwachen, beim(86) | A~ Fieber - während(91) | A~ Furcht, mit(110) | A~ Zukunft(108)
Argwöhnisch(105)
Auffahren, Zusammenfahren(117) | *A~ Geräusche, durch*(60) | A~ leicht(52) | A~ Schlaf - durch(124) | *S~ Einschlafen, beim*(72)
Auffahren, Zusammenfahren - Schreck oder wie durch Schreck; durch(68)
Beschwerden durch - Zorn(94)
Denken - Abneigung gegen(46)
Empfindlich(192) | E~ Geräusche, gegen(149)
Entmutigt(135)
Erregung(287)
Erschöpfung; geistige(217)
Erschreckt leicht(125) | E~ geweckt wird; wenn er(2)
Faulheit(269)
Furcht(242) | F~ abends(51) | a~ Bett, im(8)
Furcht - geschehen; etwas werde(82) | F~ Krankheit, vor drohender(66) | *F~ Menschen, vor*(81) | F~ Menschenmenge; in einer(58) | F~ Unheil; Furcht vor(115)
Gedächtnis - Gedächtnisschwäche(284) | G~ Eigennamen; für(44)
Geistige Anstrengung - agg.(141) | a~ unmöglich(130) | u~ Freien; im
Geistige Anstrengung - Verlangen nach(65) | G~ Abneigung gegen(150) | A~ nachmittags(2)
Geschäft - Abneigung gegen(45)
Gewissenhaft, peinlich genau in bezug auf Kleinigkeiten(58)
Gleichgültigkeit, Apathie(251) | G~ Freien, im - amel. | G~ Freude, gegen(4) | G~ geschäftliche Angelegenheiten; gegen(18) | G~ Vergnügen, gegen(46)
Hast, Eile(112)
Hysterie(194)
Ideen, Einfälle - Reichtum an, Klarheit des Geistes(125)
Imbezillität(140)

Gemüt ...

Jammern(93)
Konzentration - schwierig(261) | s~ Freien, im - amel.(2) | s~ Studieren(52)
Lachen(102)
Lesen - Abneigung gegen Lesen(25)
Lustig, fröhlich(123)
Milde(80)
Mürrisch(290)
Qualvolle Angst(121)
Redseligkeit; Geschwätzigkeit(136)
Reizbarkeit(408)
Ruhelosigkeit(420) | *R~ nachts*(249) | n~ Mitternacht - nach - 1 h(5) | n~ 3 h(8)
Ruhelosigkeit - ängstlich(111) | R~ Bett - Herumwerfen im(123)
Schüchternheit, Zaghaftigkeit(113)
Schweigsam(209) | S~ nachmittags(7) | S~ Kopfschmerzen; bei(6)
Sitzen - Neigung zu sitzen(110) | N~ unbeweglich, still(42)
Sprechen - anderer agg.; das Sprechen(46)
Störungen; Abneigung gegen(13)
Streitsüchtig(136)
Stumpfheit(332) | S~ tagsüber(4) | S~ morgens(54) | S~ vormittags(17) | S~ Freien, im(3) | F~ amel.(6)
Stumpfheit - Gehen - Freien, im - amel.(5)
Tadelt - andere(32) | T~ sich selbst(36)
Traurigkeit(477) | T~ abends(76) | T~ Fieberhitze, in der(55)
Ungeduld(131)
Unzufrieden(168)
Verdrießlich(10)
Vergeßlich(187)
Verwirrung, geistige(321) | V~ abends(78)
Verzweiflung(137)
Wahnideen - leicht - sei leicht, er(26) | W~ Schreck - wie erschreckt(10) | W~ Unrecht - begangen; er habe Unrecht(26) | W~ vernachlässigt - Pflichten vernachlässigt; er habe seine(10)
Weinen(244)
Zerstreut(166)

Gemüt ...

Zorn(243) | Z~ agg.(5) | Z~ Kleinigkeiten, über(58) | Z~ Widerspruch, durch(37)

Träume

Alpträume, Alpdrücken(144)

Angenehm(136)

Ängstlich(239)

Dinge - schwarze

Erotisch(196)

Kämpfe(54)

Lebhaft(193)

Mord(53)

Schrecklich(237)

Verdrießlich(122)

Verworren(122)

Viele(260)

Zorn(58)

– Natrium bromatum –

nat-br.

Gemüt

Bewußtlosigkeit - Erwachen - beim(10)

Stupor - Erwachen, beim(2)

Traurigkeit(477)

Wille - Verlust der Willenskraft(34)

– Natrium carbonicum –

nat-c.

Gemüt

Abneigung - Ehemann; gegen ihren(9) | *A ~ Familienmitglieder; gegen*(19) | **A ~ Menschen; gegen - bestimmte; gegen**(14)

Abscheu - allgemeiner - Erwachen, beim(3) | A ~ Leben, vor dem(84) | L ~ morgens(3)

Albernes Benehmen(65)

Alkoholismus(135)

Angst(362) | A ~ tagsüber(21) | A ~ nachmittags(32) | n ~ abends; bis(4)

Angst - abends(87) | a ~ Bett, im(54)

Angst - nachts(119) | n ~ Mitternacht - vor(36) | n ~ Erwachen, beim(24)

Gemüt ...

Angst - anfallsweise(13) | A ~ Bett - im Bett(49) | A ~ Bewegung - agg.(16) | A ~ Erwachen, beim(86) | *A ~ Essen - nach*(39) | A ~ Fieber - während(91) | A ~ Furcht, mit(110) | A ~ Fußbad, nach einem | A ~ geistige Anstrengung; durch(20) | A ~ Geräusche, durch(13) | A ~ Gesicht - Schwitzen des Gesichtes, mit(4) | A ~ Gesundheit; um die - eigene Gesundheit; um seine(57) | A ~ Hitzewallungen, bei(14) | A ~ hypochondrisch(52) | *A ~ Klavierspielen, beim* | A ~ Menses - während(33) | A ~ Mittagessen - nach(11) | *A ~ Musik, durch*(3) | A ~ periodisch(12) | p ~ Tag; jeden(2)

Angst - Schaudern, mit(11) | A ~ Schlaf - vor(7) | *S ~ während*(42)

Angst - Schmerzen, durch die(10) | A ~ Sprechen, beim(7) | A ~ Stuhlgang - nach(17) | A ~ Waschen der Füße; nach | A ~ Wetter, bei stürmischem(6) | *A ~ Zukunft*(108)

Anstrengung - körperliche Anstrengung - amel.(3)

Argwöhnisch(105) | *A ~ Furcht vor Gesellschaft*(3)

Auffahren, Zusammenfahren(117) | A ~ mittags(10) | m ~ Schlaf, im(6)

Auffahren, Zusammenfahren - abends - Einschlafen, beim(19) | **A ~ Geräusche, durch**(60) | *A ~ Kleinigkeiten, über*(21) | **A ~ leicht**(52) | A ~ Schlaf - während(163) | *S ~ durch*(124) | *S ~ Einschlafen, beim*(72)

Auffahren, Zusammenfahren - Schreck oder wie durch Schreck; durch(68) | A ~ Träumen, in - aus einem Traum(35)

Außer sich; ist(51)

Beharrlichkeit(16)

Beleidigt, leicht(79)

Beschäftigung - amel.(48)

Beschimpfen, beleidigen, schmähen(67)

Gemüt ...

Beschwerden durch - Erregung - Gefühle, der(87) | *B ~ Erwartungsspannung*(68) | B ~ Freude, übermäßige(13) | **B ~ geistige Anstrengung**(59) | B ~ Schreck(72) | *B ~ sexuell - Exzesse*(59) | B ~ Zorn(94) | Z ~ Angst, mit(30) | Z ~ Schreck; mit(22) | Z ~ stillem Kummer; mit(27)

Betäubung(237) | B ~ morgens(13) | m ~ Erwachen, beim(5)

Betäubung - Erwachen, beim(9) | **B ~ geistiger Anstrengung; nach**(4) | B ~ Sonne; agg. in der(2)

Bett - Abneigung gegen das Bett, meidet es(18)

Bewußtlosigkeit(280) | B ~ morgens(45) | m ~ Erwachen, beim(2)

Bewußtlosigkeit - Erwachen - beim(10) | B ~ Schwindel, bei(46) | B ~ Sonnenstich, bei(7) | B ~ überfüllten Zimmer; in einem mit Menschen(12) | B ~ unvollständig(15)

Blasphemie, Gotteslästerung(7) | B ~ Fluchen, und(12)

Boshaft(99)

Bulimie(16)

Chaotisch(44)

Delirium - morgens(8) | D ~ Erwachen, beim(20) | D ~ Schlaflosigkeit - mit(45)

Delirium tremens(84)

Denken - Abneigung gegen(46)

Eleganz, Anmut - keine Eleganz(12)

Empfindlich(192) | E ~ vormittags | **E ~ bestimmte Personen, gegen**(7) | E ~ Fieberfrost, im(9) | E ~ geistige Eindrücke; gegen(20) | *E ~ Geräusche, gegen*(149) | G ~ geringste Geräusch; gegen das(29) | G ~ plötzlich(6) | G ~ Rascheln von Papier; gegen(6)

Empfindlich - Musik, gegen(46) | M ~ Klaviermusik, gegen(4)

Empfindlich - Sinneseindrücke, gegen(23)

Entfremdet - Ehefrau, von seiner(4) | *E ~ Familie, von seiner*(18) | E ~ Freunde und Verwandte(3)

Entmutigt(135)

Gemüt ...

Entrüstung(22)

Ernst(77)

Erregung(287) | E ~ morgens(19) | E ~ Hören von Schrecklichem; nach(11) | *E ~ Menses - während*(14) | E ~ nervös(23) | E ~ schlechten Nachrichten, nach(18)

Erschöpfung; geistige(217)

Erschreckt leicht(125) | E ~ mittags - Schlummer, nach einem(4)

Faulheit(269) | F ~ morgens - Aufstehen, beim(4) | F ~ Koitus, nach | F ~ körperlich(23) | F ~ Pollutionen, nach(3) | F ~ Schläfrigkeit, bei(29) | F ~ Sitzen, im(3)

Fehler; macht - Arbeit, bei der(9) | F ~ Schreiben, beim(83) | F ~ Sprechen, beim(81) | S ~ Worte - stellt Worte an die falsche Stelle(46)

Fleißig, arbeitsam, Arbeitswut(101) | F ~ Menses, vor den(26)

Fluchen(44)

Froh - abends(42) | F ~ abwechselnd mit - Traurigkeit(57) | F ~ furchtsam, ängstlich; aber | F ~ Stuhlgang - nach(5)

Furcht(242) | F ~ nachmittags(15) | F ~ abends(51) | F ~ nachts(58) | F ~ allein zu sein(54) | F ~ allem; ständige Furcht vor(9) | F ~ Apoplexie, vor(36) | F ~ Bett - vor dem(20) | F ~ erkälten, sich zu(2) | F ~ Erwachen, beim(54) | F ~ Geräusche, durch(40) | *F ~ Gewitter, vor*(25) | *G ~ vor*(4)

Furcht - Kleinigkeiten, vor(10) | F ~ Krankheit, vor drohender(66) | **F ~ Männern, vor**(30) | **F ~ Menschen, vor**(81) | F ~ Menschenmenge; in einer(58) | *F ~ Musik, durch*(10) | F ~ Räubern, vor(25) | F ~ Schlaf - vor(10) | F ~ Tod; vor dem(143) | *F ~ Unglück, vor*(93) | *F ~ Unheil; Furcht vor*(115) | F ~ wiederkehrend(11) | *F ~ zittrig*(36)

Gedächtnis - Gedächtnisschwäche(284) | **G ~ geistige Anstrengungen; für**(26) | g ~ Ermüdung, durch(11)

Gedächtnis - Gedächtnisschwäche - gelesen hat; für das, was er(41)

GEMÜT ...

Gedächtnis - Gedächtnisverlust - geistige Anstrengung, durch

Gedanken - sexuell(21) | G~ überlegt(54) | G~ wandernd(72) | *G~ zusammenhangslos*(30) | *z~ lesen, kann nicht*(3)

Gedanken versunken, in(90) | *G~ morgens*(2)

Gedichte, macht(14)

Geistesabwesend(71)

Geisteskrankheit, Wahnsinn(153) | G~ Alkoholikern; bei(22) | G~ Angst, mit(7) | G~ religiös(19)

Geistige Anstrengung - agg.(141) | **a~ ermüdet**(20) | **a~ unmöglich**(130)

Geistige Anstrengung - amel.(15) | G~ Abneigung gegen(150)

Geiz(34)

Gelingt nichts, es(9)

Gemütssymptome(26)

Geschäft - Abneigung gegen(45)

Geselligkeit(7)

Gesellschaft - Abneigung gegen(156) | *A~ allein, wenn - amel.*(33) | *A~ Anblick von Menschen; vermeidet den*(15) | A~ Fremden; Abneigung gegen die Anwesenheit von(16) | *A~ Freunden, von engsten*(10) | **A~ Furcht vor dem Alleinsein; jedoch**(12)

Gesellschaft - Verlangen nach(83) | V~ allein; agg. wenn(48)

Gesten, Gebärden; macht - Hände; unwillkürliche Bewegungen der - wirft die Hände umher(10) | G~ ungeschickt in bezug auf(7)

Gewissenhaft, peinlich genau in bezug auf Kleinigkeiten(58)

Gier, Habsucht(19)

Gleichgültigkeit, Apathie(251) | G~ allem; gegenüber(71) | G~ Essen - gegenüber dem Essen(5) | G~ Geld zu verdienen(5) | G~ Gesellschaft - in(9) | G~ Kinder, gegen ihre(7) | *G~ Langeweile, mit*(11) | G~ Schläfrigkeit, bei(25) | G~ Vergnügen, gegen(46) | G~ Verwandte, gegen(12)

Harmonie - Verlangen nach(2)

GEMÜT ...

Hast, Eile(112)

Heftig, vehement(100) | **H~ Erschöpfung, bis zur** | H~ Gewalttaten führt; Raserei, die zu(34) | *H~ Kleinigkeiten, über*(4)

Hypochondrie(116) | *H~ Essen, nach dem*(5)

Hysterie(194)

Ideen, Einfälle - Mangel an(102) | I~ Reichtum an, Klarheit des Geistes(125)

Imbezillität(140)

Jammern(93)

Kindisches Benehmen(52)

Kleptomanie - Schleckereien, etwas zu Naschen; stiehlt(2)

Knabbern, Verlangen zu(3)

Konzentration - schwierig(261) | s~ morgens(7) | s~ abends(3) | *s~ Studieren*(52)

Kummer(76) | K~ Zukunft; in bezug auf die(5)

Lachen(102) | L~ abwechselnd mit - Traurigkeit(8) | L~ spasmodisch(49)

Langeweile(53)

Lästig, geht auf die Nerven(79)

Launenhaftigkeit, launisch(108)

Lebensüberdruß(82) | L~ morgens(3) | m~ Erwachen, beim(3)

Lebensüberdruß - Erwachen, beim(2)

Lebhaft, munter(50)

Leidenschaftlich(49)

Lesen - Abneigung gegen Lesen(25)

Lustig, fröhlich(123) | L~ abwechselnd mit - Traurigkeit(14)

Magnetisiert - amel.(20) | M~ Verlangen magnetisiert zu werden(5)

Männer - Scheu vor(19)

Mathematik - Unfähigkeit zur - rechnen; kann nicht(16)

Meditieren, Nachdenken(47)

Menschenfeindlichkeit, Misanthropie(45)

Milde(80)

Mitgefühl, Mitleid(34)

GEMÜT ...

Mürrisch(290) | M~ nachmittags(30) | M~ abends(31) | M~ abwechselnd mit - Fröhlichkeit, Frohsinn(23) | M~ Essen, nach dem(21) | M~ Koitus, nach(7) | M~ Pollutionen, nach(3)

Musik - agg.(40) | *a ~ Klavierspiel, durch*(8)

Mutig(26)

Nachdenken, Überlegen - Unfähigkeit nachzudenken(6) | *U~ Studieren, durch*

Nachtschwärmerei, Schwelgerei(11)

Neid(22) | N~ Haß, und(7)

Nymphomanie(67)

Perfide(9)

Phantasien - lasziv(46) | P~ übertrieben - abends - Bett, im(28) | P~ übertrieben - Schlaflosigkeit, mit(41)

Qualvolle Angst(121) | Q~ tagsüber(8)

Raserei, Tobsucht, Wut - nachts(15)

Redseligkeit; Geschwätzigkeit(136) | R~ Erschöpfung, bis zur | R~ fröhlich, ausgelassen(9) | R~ lebhaft(3)

Reizbarkeit(408) | R~ tagsüber(32) | R~ morgens(69) | R~ mittags(9) | *R~ abends*(60) | R~ abwechselnd mit - Fröhlichkeit, Frohsinn(23) | R~ Abendessen, nach dem(2) | *R~ Essen - nach*(26) | R~ Fieberfrost, im(57) | R~ Geräusche, durch(21) | G~ Rascheln der Zeitung; selbst durch das(4)

Reizbarkeit - Gewitter - vor | **R~ Hitze - während**(31) | *R~ Koitus - nach*(26) | R~ Lesen, beim(2) | R~ Menses - während(42) | *R~ Mittagessen - nach*(8) | R~ Musik - während(10) | R~ Pollutionen, nach(10) | R~ Samenabgang, nach(8) | R~ Stuhlgang - nach(4)

Religiös - Gemütsstörungen, religiöse(63)

Reue(63)

Ruhelosigkeit(420) | R~ tagsüber(9) | R~ vormittags(11) | *R~ abends*(51) | R~ nachts(249) | **R~ ängstlich**(111) | R~ Bett - Herumwerfen im(123) | B~ treibt aus dem(39)

GEMÜT ...

Ruhelosigkeit - Frost - während(23) | *R~ geistige Anstrengung - amel.* | g~ während(6)

Ruhelosigkeit - geschäftig(20) | R~ innerlich(37) | *R~ Lesen, beim*(3) | R~ Menses - während(40) | R~ Mittagessen - nach(4) | R~ Musik, durch(2) | R~ Sturm - während(5) | R~ treibt umher(41)

Schlagen(42) | S~ eingebildete Objekte ein; schlägt um sich auf(14) | S~ Verlangen - schlagen, zu(15) | *S~ Zorn, aus*(2)

Schlemmer(8)

Schreckliches und traurige Geschichten greifen sie stark an(32)

Schreien - Kindern, bei - schrecklich, fürchterlich(2) | *S~ Schlaf, im*(80)

Schüchternheit, Zaghaftigkeit(113) | S~ abends | a~ Bett - Zubettgehen; beim(11)

Schüchternheit, Zaghaftigkeit - schamhaft(58) | s~ ungeschickt, und(9)

Schweigsam(209)

Seelenruhe, Gelassenheit(85)

Selbstbetrachtung - morgens

Selbstkontrolle - erhöht(4)

Selbstvertrauen - Mangel an Selbstvertrauen(86)

Sentimental, schwärmerisch, rührselig(64)

Seufzen(98)

Singen(59) | *S~ Abendessen, nach dem* | S~ Trällern(11)

Sinne - abgestumpft, stumpf(107)

Sitzen - Neigung zu sitzen(110)

Sorgen, voller(50)

Spielen - Spielleidenschaft - Geld zu verdienen; um(10)

Sprache - affektiert, manieriert, unnatürlich(22) | S~ erregt(3) | *S~ heftig*(3) | S~ langsam(59) | *S~ ungeschickt*

Sprechen - agg. die Beschwerden(34) | *S~ anderer agg.; das Sprechen*(46) | S~ Schlaf, im(93)

Springen - Kindern, bei(2)

Gemüt ...

Stimmung, Laune - veränderlich(158) | S ~ wechselnd, wechselhaft(80)

Stöhnen(119)

Stößt, tritt - Schlaf, im(6)

Streitsüchtig(136) | S ~ Raufereien aufgelegt, zu(3)

Stumpfheit(332) | S ~ morgens(54) | S ~ Erwachen, beim(41) | *S ~ Essen, nach dem - amel.*(7) | **S ~ geistige Anstrengung, durch**(27) | *S ~ Hitze - während*(14) | *S ~ Lesen*(35) | S ~ Pollutionen - nach(7) | S ~ schmerzhaft(4)

Suizidneigung; Neigung zum Selbstmord - morgens(2) | S ~ Erwachen, beim(2) | S ~ Musik, durch

Theoretisieren(20)

Tod - wünscht sich den Tod, möchte sterben(72) | w ~ morgens - Erwachen; beim(3)

Traum; wie in einem - nachts

Traurigkeit(477) | T ~ abends(76) | T ~ nachts(21) | **T ~ Diätfehler, durch** | *T ~ Essen - nach*(25) | *T ~ Fieberhitze, in der*(55) | T ~ Geräusche, durch(3) | T ~ Gesellschaft - Abneigung gegen Gesellschaft, Verlangen nach Einsamkeit(11) | T ~ Hitzewallungen, bei | T ~ Kopfschmerzen, bei(30)

Traurigkeit - Menses - während(35) | *T ~ Mittagessen, nach dem*(6) | *T ~ Musik - durch*(17) | T ~ Schicksalsschläge, durch(16)

Unaufmerksam(23)

Unbehagen(44)

Unbesonnen(82)

Unbeständigkeit(45)

Unentschlossenheit(146) | U ~ morgens(3) | U ~ Handlungen, in(8)

Ungeduld(131) | U ~ Lesen, beim

Ungeschicklichkeit(41) | U ~ Gesten, in(6) | U ~ Verlegenheit, aus(7)

Ungestüm(31)

Untröstlich(30) | U ~ Weinen bei Trost; anhaltendes

Unzufrieden(168) | U ~ allem; mit(66)

Gemüt ...

Vergeßlich(187) | V ~ geistige Anstrengung, durch(10)

Verlassen zu sein; Gefühl(56)

Verleumden, Neigung zu - denunzieren, Neigung zum(4) | V ~ petzen, Neigung zu(3)

Verwegenheit(26)

Verwirrung, geistige(321) | *V ~ morgens*(115) | V ~ abends(78) | V ~ Bett, im - amel. | V ~ Bewegung, durch(16) | V ~ Erwachen, beim(71) | V ~ Essen - nach(52) | V ~ Fieberfrost, im(20) | V ~ Fieberhitze, in der(26) | V ~ Freien, im - amel.(30) | V ~ Gehen(37) | G ~ Freien, im - amel.(11)

Verwirrung, geistige - geistige Anstrengung - durch(50) | V ~ konzentrieren; beim Versuch sich zu(13) | V ~ Schreiben, beim(10) | V ~ Sitzen, im(33) | *V ~ Sonne; in der*(2)

Verzweiflung(137)

Wahnideen(191) | W ~ morgens - Bett, im(5) | W ~ abends - Bett, im(16) | W ~ Ansammlungen von Dingen, Schwärmen, Menschenmengen etc.(17) | W ~ Bilder, Phantome; sieht(76) | B ~ schreckliche(60)

Wahnideen - Diebe - sieht(21) | W ~ Erwachen, beim(8) | W ~ gelingt ihm nichts, er macht alles falsch; es(6) | *W ~ Gespenster, Geister, Gestalten - sieht*(55) | W ~ Gestalten - marschieren in der Luft - abends im Halbschlaf | G ~ sieht(33)

Wahnideen - Herz - Herzerkrankung - habe eine; er(5) | W ~ Hochzeit, von einer(4) | W ~ klein - Dinge - erscheinen klein; Dinge(10) | W ~ Körper - dick, sei | K ~ schwer und dick geworden; der Körper sei

Wahnideen - krank - sein; krank zu(27) | W ~ Musik - glaubt Musik zu hören(13) | W ~ Phantasiegebilde, Illusionen(115) | W ~ Reise; er befinde sich auf einer(12) | W ~ richtig - machen; er würde nichts richtig(4)

GEMÜT ...

Wahnideen - schwer, er sei(2) | W~ Soldaten - marschieren - Luft; marschieren vor ihren Augen in der - abends im Halbschlaf | S~ sieht(5) | S~ umringt von

Wahnideen - Teufel - sieht(19) | W~ tot - Personen, sieht tote(59) | W~ Trennung, Kluft zwischen sich und anderen(2) | W~ Verbrechern, von(24) | W~ verfolgt - Feinden, von(30) | v~ Soldaten, von(5)

Wahnideen - vergrößert(42) | W~ verlassen ; er sei(21) | W~ Wasser - von(19)

Weinen(244) | *W~ nachts*(81) | *W~ Musik; durch*(14) | *M~ Klaviermusik*(3)

Weinen - Schlaf, im(88) | W~ Schluchzen; Weinen mit(34) | W~ Trost - agg.(22)

Wetter - bewölktes Wetter agg.(6) | *W~ Gewitter - vor einem Gewitter; Gemütssymptome*(7) | G~ während einem Gewitter; Gemütssymptome(12)

Widerspruch - Neigung zu widersprechen(38) | *W~ verträgt keinen Widerspruch*(73) | v~ vormittags

Wille - Verlust der Willenskraft(34) | W~ Willensschwäche(58)

Zeit - langsam, scheint länger; vergeht zu(29) | *Z~ vergeudet seine Zeit*(11)

Zerstreut(166) | Z~ morgens(5)

Zorn(243) | Z~ vormittags(3) | Z~ abends(20) | Z~ Kleinigkeiten, über(58) | Z~ Widerspruch, durch(37)

Zufrieden(31)

TRÄUME

Alpträume, Alpdrücken(144) | A~ Vollmond, bei

Angenehm(136)

Ängstlich(239) | *Ä~ Einschlafen, beim*(11) | Ä~ Menses - während(9)

Aufruhr(12)

Beerdigungen(13)

Dinge - verändernde, sich(18)

Ereignisse - gelesene - früher gehört, gelesen, gesprochen oder nachgedacht hat; über die man(15)

TRÄUME ...

Ereignisse - vergangene, längst(16) | v~ setzt den gleichen Traum fort; nach dem Erwachen schläft er wieder ein und(2)

Ereignisse - vergessene; längst(15) | E~ zurückliegende, kurz(55) | z~ Vortag, vom(41)

Erfolglose Anstrengungen(20)

Erotisch(196) | *E~ Erektionen, mit*(27) | *E~ Pollutionen, mit*(96)

Erstechen - Gegner, seinen

Erstochen zu werden(5)

Fahren(3)

Feuer(65)

Fortsetzung - Träumen, von - Einschlafen fortgesetzt; der vorherige Traum wird beim(8) | T~ Erwachen, nach dem(22)

Freunde - toten Freunden, von(6)

Furcht - gefolgt von(14)

Gefahr(40) | G~ Wasser, Überschwemmungen; durch(10)

Gehen(10)

Gespenster(38)

Gespräche - Vortages, des

Gewissensbisse(11)

Gewitter(6)

Hartnäckig(29)

Hochzeit(7) | H~ zwei Frauen; mit

Kämpfe(54) | K~ Räubern, mit(5)

Körperteile - Nase gezogen zu werden; an der | K~ Ohren abgeschnitten zu bekommen; die

Lange Zeit(13)

Lebhaft(193)

Leichen(42)

Menschen - Parties(5)

Messer(4)

Mord(53)

Parties(5)

Pferde - Reiten(3)

Phantastisch(55)

Räuber(36) | R~ kämpfen; mit Räubern zu(5)

Reisen(48) | R~ Pferd, zu(2) | R~ Schwierigkeiten, unter(6)

Träume ...
Ruhelos(53)
Schneiden(7)
Schrecklich(237)
Schwierigkeiten - Reisen, auf(6)
Soldat(3)
Sorgen, voller(21)
Streitigkeiten(69)
Teufel(8)
Traurig(46)
Trinkgelage(11)
Überschwemmung(5)
Unerinnerlich, bleiben nicht im Gedächtnis(93)
Unterhaltung
Verdrießlich(122)
Verirren, sich zu(4)
Verstorbenen, von(84) | V~ Freunde - längst verstorbene(6)
Verworren(122) | V~ Einschlafen, beim
Viele(260)
Visionär(45)
Wahr - erscheinen beim Erwachen wahr(9)
Wasser(49)
Wecken den Patienten(118)

– Natrium fluoratum –
nat-f.

Gemüt
Aphasie(53)
Bewußtlosigkeit(280)
Ruhelosigkeit(420)
Stupor(138)
Traurigkeit(477)

– Natrium hypochlorosum –
nat-hchls.

Gemüt
Albernes Benehmen(65)
Betäubung(237)
Bewußtlosigkeit(280)
Faulheit(269)
Hysterie(194)
Lachen - Schlaf - während(15)
Traurigkeit(477)

Gemüt ...
Wahnideen - Fallen - vorne, nach - müsse nach vorne fallen; sie | W~ Kopf - schweben - davonschweben - Schädeldach werde davonschweben | W~ sterben - gleich sterben; glaubt, er würde - Stuhlgang, vor

– Natrium iodatum –
nat-i.

Gemüt
Demenz - senilis, Dementia(25)
Imbezillität(140)

– Natrium muriaticum –
nat-m.

Gemüt
Abneigung - Ehemann; gegen ihren(9) | A~ Familienmitglieder; gegen(19) | A~ Frauen; gegen(12) | F~ Männern; bei(5)
Abneigung - Kinder; gegen - bekommen; Kinder zu - Welt so schlecht ist; weil(4) | A~ Männer; gegen - Frauen; bei(6) | A~ Menschen; gegen - bestimmte; gegen(14) | A~ Umstände, Aufhebens, Theater; gegen
Abscheu - Arbeit, vor der(21) | **A~ Leben, vor dem**(84)
Alkoholismus(135)
Angesehen zu werden; erträgt es nicht(23)
Angesprochen zu werden - Abneigung(63)
Angst(362) | A~ morgens(42) | m~ Erwachen, beim(30)
Angst - vormittags(15) | *A~ abends*(87) | a~ Bett, im(54) | B~ Unruhe und qualvoller Angst abdecken; muß sich aus(4)
Angst - nachts(119) | *n~ Mitternacht - vor*(36) | M~ nach - 2 h(4) | n~ 5 h
Angst - nachts - Erwachen, beim(24) | A~ abwechselnd mit - Gleichgültigkeit(2) | A~ Bett - im Bett(49) | B~ treibt aus dem Bett(15)
Angst - Dunkelheit; in der(12) | **A~ Eile, mit**(2) | A~ Erwachen, beim(86)

GEMÜT ...

Angst - Erwartungsspannung, durch - Verabredung, vor einer(12) | *A ~ Essen - nach*(39) | A ~ Fahren oder Reiten, beim - fährt; wenn er selbst(7) | A ~ Fieber - während(91) | A ~ Frost - während(31) | *A ~ Furcht, mit*(110) | *A ~ Gewissensangst*(75) | **A ~ hypochondrisch**(52) | *A ~ Menses - vor*(22) | *M ~ während*(33)

Angst - Mittagessen - nach(11) | A ~ periodisch(12) | A ~ plötzlich(11) | *A ~ Schlaf - während*(42) | S ~ Einschlafen, beim(13)

Angst - Schreck - nach(12) | A ~ Seelenheil, um das(35) | *A ~ Träume; beim Erwachen aus schrecklichen*(17) | A ~ Wetter, bei stürmischem(6) | *A ~ Zukunft*(108)

Antworten - Abneigung zu antworten(67)

Auffahren, Zusammenfahren(117) | *A ~ elektrisch - Schläge durch den Körper, während er hellwach ist - Schlaf, im*(4) | *S ~ wecken sie auf*(4)

Auffahren, Zusammenfahren - Fieberhitze, in der(6) | **A ~ Geräusche, durch**(60) | *A ~ Kleinigkeiten, über*(21) | **A ~ leicht**(52) | *A ~ Schlaf - während*(163) | *S ~ durch*(124) | *S ~ Einschlafen, beim*(72)

Auffahren, Zusammenfahren - Schreck oder wie durch Schreck; durch(68)

Außer sich; ist - Schmerzen; vor(13)

Beißen - Nägel(33)

Beleidigt, leicht(79)

Beschimpfen, beleidigen, schmähen - Kinder - Eltern; Kinder beschimpfen ihre(9)

Beschwerden durch - Ehre, verletzte(9) | B ~ Entrüstung(8) | **B ~ Enttäuschung**(17) | **E ~ ALTE**

Beschwerden durch - Erregung - Gefühle, der(87) | B ~ Erwartungsspannung(68) | B ~ Furcht(27) | B ~ geistige Anstrengung(59) | B ~ geschäftlichen Mißerfolg; durch(13) | B ~ Grobheit anderer(13) | **B ~ Kränkung, Demütigung**(39) | **B ~ Kummer**(65)

GEMÜT ...

Beschwerden durch - Liebe; enttäuschte(31) | B ~ Scham(5) | *B ~ schlechte Nachrichten*(34) | **B ~ Schreck**(72) | B ~ sexuell - Erregung(6) | s ~ Exzesse(59)

Beschwerden durch - Sorgen, Kummer(14) | B ~ Tod von geliebten Personen - Eltern oder Freunde, der(7) | B ~ Uneinigkeit zwischen - Eltern, Freunden(11) | U ~ Vorgesetzten und Untergebenen(9)

Beschwerden durch - Verachtung; verachtet zu werden(23) | *B ~ Zorn*(94) | Z ~ Angst, mit(30) | Z ~ Entrüstung; mit(11) | *Z ~ stillem Kummer; mit*(27) | *Z ~ unterdrückten Zorn; durch*(11)

Betäubung(237) | B ~ Fieberhitze, in der(10) | B ~ Mittagessen, nach dem(5)

Bewußtlosigkeit(280) | B ~ morgens(45) | B ~ nachts(5) | *B ~ Bewegungen, automatische*(26) | *B ~ Diphtherie, bei*(3) | **B ~ Fieber, im**(50) | **B ~ Frost - während**(15) | *B ~ häufige Anfälle von Bewußtlosigkeit, Absencen*(7) | *B ~ Hydrozephalus, bei*(7) | B ~ Kopf - Bewegung, bei(4) | B ~ Schwindel, bei(46) | B ~ Sitzen, im(9) | B ~ überfüllten Zimmer; in einem mit Menschen(12) | *B ~ vorübergehend*(24)

Blasphemie, Gotteslästerung(7) | *B ~ Fluchen, und*(12)

Boshaft(99) | *B ~ Zorn, mit*(12)

Delirium(233) | D ~ morgens - Erwachen, beim(5) | D ~ brummt(44) | *D ~ Fieber; im*(54) | **D ~ Fieberfrost, im**(14) | D ~ manisch(47) | D ~ rasend(84) | D ~ schrecklich(26) | *D ~ Umherstreifen*(9) | D ~ Verfolgungswahn im Delirium(9) | D ~ Zittern, mit(23)

Delirium tremens(84)

Demenz - senilis, Dementia(25)

Denken - Abneigung gegen(46) | D ~ Beschwerden - agg.; Denken an seine Beschwerden(71)

Dunkelheit - agg.(27)

Gemüt ...

Eifersucht(34) | E~ Frauen - zwischen(4) | E~ Kindern, zwischen(6) | E~ Liebe; aus enttäuschter(3)

Eleganz, Anmut - keine Eleganz(12) | k~ Frauen; bei(5)

Empfindlich(192) | E~ abends(6) | E~ Eisenspitzen; gegen auf sie gerichtete(4) | E~ Fieberhitze, in der(8) | *E~ Geräusche, gegen*(149) | G~ Musik amel.(15) | G~ plötzlich(6)

Empfindlich - Grobheiten, gegen(9) | *E~ Musik, gegen*(46)

Entfremdet - Familie, von seiner(18)

Entmutigt(135)

Entrüstung - Schwangerschaft, in der

Erregung(287) | E~ agg.(41) | E~ morgens(19) | *E~ abends - Bett, im*(31) | E~ nachts(40) | E~ Erwachen, beim(5) | *E~ Frost - während*(22) | E~ Gehen - nach(3) | E~ Menses - vor(11) | M~ während(14)

Erregung - Schlaf, vor dem(2) | E~ schlechten Nachrichten, nach(18)

Erschöpfung; geistige(217) | E~ nachmittags(4) | E~ abends(8) | E~ Essen, nach dem(3) | **E~ Sprechen - durch**(3)

Erschreckt leicht(125) | *E~ nachts*(11) | *E~ Erwachen, beim*(41)

Erwartungsspannung - Lampenfieber(14)

Erzählen der Symptome - agg.(6)

Extravaganz(16)

Farben - rosa - Verlangen nach(10) | F~ schwarz - Abneigung(11)

Faulheit(269) | *F~ morgens*(51) | F~ vormittags(8) | F~ nachmittags(18) | F~ abends(20) | *F~ Essen, nach dem*(25) | F~ körperlich(23) | *F~ verschiebt die Arbeit*(2)

Fehler; macht - Orte; in bezug auf(32) | *F~ Schreiben, beim*(83) | **F~ Sprechen, beim**(81) | *S~ beabsichtigt hat; sagt, was er nicht*(3) | S~ Antworten; beim - falsche Antworten; gibt(4) | S~ Worte - falsche Worte; benutzt(53) | *W~ stellt Worte an die falsche Stelle*(46)

Feigheit(89)

Fleißig, arbeitsam, Arbeitswut(101)

Gemüt ...

Fluchen(44) | F~ Kopfschmerzen, bei

Fremde - Anwesenheit von Fremden - agg.(16) | F~ Gefühl, man sei ein Fremder(2)

Froh(182) | F~ vormittags(12) | *F~ abends*(42) | *a~ Bett, im*(29)

Froh - abwechselnd mit - Traurigkeit(57) | F~ Koitus, nach | *F~ Tanzen, Lachen, Singen; mit*(6)

Furcht(242) | F~ abends(51) | *F~ nachts*(58) | F~ Arbeit; vor der(32) | F~ Ärzten, vor(9) | F~ bemitleidet, bedauert zu werden(2) | F~ Bett - vor dem(20) | F~ Dunkelheit, vor der(40) | F~ engen Räumen; in(33) | *F~ Erwachen, beim*(54) | F~ Fahren im Wagen; beim(14) | F~ fallen, zu stürzen; zu - Gehen, beim(4) | F~ Gehen - vor dem Gehen | *F~ Geisteskrankheit*(74) | G~ abends im Bett

Furcht - geschehen; etwas werde(82) | F~ Gespenstern, vor - unterhalten; glaubt, er würde sich mit Geistern(2) | *F~ Gewitter, vor*(25) | F~ Halses; durch Gefühl von Schwellung des(2) | F~ Herz - Herzerkrankung(23) | F~ Herzklopfen, mit(11) | F~ hochgelegenen Orten; vor(24) | F~ Hunden, vor(22) | F~ Insekten, vor(10) | *F~ Kleinigkeiten, vor*(10) | F~ Krankheit, vor drohender(66) | K~ unheilbar zu sein(42)

Furcht - Männern, vor(30) | *F~ Menschen, vor*(81) | *F~ Menschenmenge; in einer*(58) | *F~ Menses - während*(9) | F~ Nadeln, vor(10) | *F~ Räubern, vor*(25) | R~ Erwachen, beim(3)

Furcht - Schlaf - einzuschlafen; Furcht(18) | *F~ Tod; vor dem*(143) | T~ abends - Bett, im

Furcht - Traurigkeit, mit(8) | F~ Unglück, vor(93) | U~ abends(2)

Furcht - Unheil; Furcht vor(115) | F~ vergiftet - werden; Furcht, vergiftet zu(23) | F~ Versagen, Mißerfolg; vor dem(13) | F~ wiederkehrend(11)

Gemüt ...

Gedächtnis - gut, aktiv(91) | *G~ Gedächtnisschwäche*(284) | *G~ auszudrücken, sich*(41) | G~ Eigennamen; für(44) | G~ Ereignisse des Tages; für die(8) | G~ gedacht hat; für das, was er gerade(18) | G~ gehört hat; für das, was er(15) | **G~ geistige Anstrengungen; für**(26) | g~ Ermüdung, durch(11)

Gedächtnis - Gedächtnisschwäche - gelesen hat; für das, was er(41) | *G~ geschehen ist; für das, was*(17) | G~ getan hat; für das, was er eben(34) | G~ periodisch(4) | *G~ sagen will; für das, was er gerade*(38) | *G~ schreiben will; für das, was er gerade*(11) | G~ sexuelle Exzesse, durch(9) | G~ Tatsachen, Fakten; für - kurz zurückliegende Tatsachen, für(15) | G~ tun wollte; für das, was er gerade(33) | *G~ Worte, für*(61)

Gedanken - Gedankenandrang, einstürmende Gedanken, Gedankenfluß(78) | G~ nachts(31)

Gedanken - hartnäckig(83) | *h~ abends*(5) | **h~ unangenehmen Themen verfolgt; von**(9)

Gedanken - Kontrolle über die Gedanken ist verloren - abends | G~ Krankheit, über seine(11) | **G~ quälend**(31) | *G~ unangenehm*(21) | G~ Vergangenheit, an die(4) | *G~ Vergehen, Schwinden der Gedanken*(76) | V~ geistige Anstrengung; durch(13)

Gedanken - wandernd(72)

Gedanken versunken, in(90) | G~ werden soll; was aus ihm

Gedichte, macht(14) | G~ Einschlafen; beim

Geheimnistuerisch, verschlossen(15)

Geistesabwesend(71)

Geisteskrankheit, Wahnsinn(153) | *G~ anfallsweise*(10) | *G~ Neuralgie; mit Verschwinden der*(2) | G~ Unglück, nach(4) | G~ Wochenbett, im(35)

Geistige Anstrengung - agg.(141) | *a~ unmöglich*(130) | u~ Anstrengung; nach

Gemüt ...

Geistige Anstrengung - amel.(15) | G~ Verlangen nach(65) | *G~ Abneigung gegen*(150)

Geiz(34) | G~ Großzügigkeit gegenüber Fremden, Geiz in bezug auf seine Familie(4)

Gemütssymptome(26)

Geschmacklosigkeit bei der Wahl der Kleidung(11)

GESELLSCHAFT - ABNEIGUNG GEGEN(156) | *A~ allein, wenn - amel.*(33) | **A~ FREMDEN; ABNEIGUNG GEGEN DIE ANWESENHEIT VON - URINIEREN, BEIM** | *A~ Schwangerschaft, in der*(3) | A~ Verlangen nach Einsamkeit(2)

Gesellschaft - Verlangen nach - allein; agg. wenn(48)

Gespräche - agg.(45)

Gesten, Gebärden; macht - Finger - Mund; Kinder stecken die Finger in den(8) | G~ Hände; unwillkürliche Bewegungen der(23) | *H~ zupft - Bettwäsche; an der*(36)

Gesten, Gebärden; macht - ungeschickt in bezug auf(7)

Gewissenhaft, peinlich genau in bezug auf Kleinigkeiten(58)

Geziertheit, Affektiertheit(13)

Gleichgültigkeit, Apathie(251) | *G~ allem; gegenüber*(71) | G~ Anstrengung, nach | G~ Essen - gegenüber dem Essen(5) | G~ Frauen, gegen | *G~ freudlos*(11) | G~ geistiger Anstrengung, nach | G~ Gesellschaft - in(9) | G~ Pflichten, gegenüber(12) | **G~ Vergnügen, gegen**(46) | G~ Wohlergehen anderer; gegen das(11)

Grobheit(37) | G~ Untergebenen gegenüber ihren Vorgesetzten; von(2)

Großzügig, zu - Fremden gegenüber(4)

Hartherzig, unerbittlich(20)

HASS(28) | *H~ Menschen, auf - beleidigt haben; die ihn*(11) | **H~ Rachsucht; Haß und**(32)

GEMÜT ...

Hast, Eile(112) | H~ ungeschickt aus Hast(7)

Heftig, vehement(100) | *H~ abends - Kleinigkeiten, über*(2)

Heikel, pingelig(34)

Heimweh(52)

Heulen(30)

Hinterhältig, hinterlistig, falsch, verschlagen(32) | H~ meineidig(3)

Hochmütig, arrogant(53)

Hoffnung, voller(13)

Homosexualität(13)

Hypochondrie(116) | H~ nachts(5) | *H~ Selbstmord; treibt zum*(12)

Hysterie(194) | H~ Menses - vor(16) | M~ während(27)

Hysterie - Ohnmacht, hysterische(22)

Ideen, Einfälle - Mangel an(102)

Imbezillität(140)

Impertinenz, Unverschämtheit(14)

Indiskretion, Taktlosigkeit(30)

Jammern(93)

Kleinigkeiten scheinen wichtig, bedeutend(19)

Kleptomanie(27)

Konzentration - gut, aktiv(26) | *K~ schwierig*(261) | *s~ Sprechen, beim*(4) | s~ Versuch sich zu konzentrieren; beim - Leere; hat ein Gefühl der(11)

Kummer(76) | K~ chronisch(3) | K~ lautstark, stürmisch | **K~ still**(23) | **s~ Liebe; aus enttäuschter**(4)

Kummer - Zukunft; in bezug auf die(5)

Kurz angebunden, barsch(14) | K~ schroff(13)

Lachen(102) | L~ abends(6) | L~ abwechselnd mit - Weinen(43) | *L~ Ernstes, über*(15) | L~ spasmodisch(49) | *L~ unmäßig*(28) | *L~ unwillkürlich*(23)

Lächerlich, Dinge erscheinen(6)

Langsamkeit(68)

Lästig, geht auf die Nerven(79)

Laszіv, lüstern(77) | L~ abends - Bett, im

Lebensüberdruß(82)

Leidenschaftlich(49) | L~ Kleinigkeit, bei jeder(4)

GEMÜT ...

Lesen - unfähig zu lesen(9)

Licht - Verlangen nach(19)

Liebe - falschen Person, zur | *L~ verheiratetem Mann; zu einem*

Liebevoll, voller Zuneigung, herzlich(37)

Lügner(22)

Lustig, fröhlich(123) | L~ vormittags(3) | *L~ abends*(29)

Manie(149)

Männer - Scheu vor(19)

Maskulin - Mädchen; maskulin aussehende(5)

Mathematik - Unfähigkeit zur - Horror vor(6) | U~ rechnen; kann nicht(16)

Menschenfeindlichkeit, Misanthropie(45)

Menses - vor; Gemütssymptome(18) | *M~ während; Gemütssymptome*(28) | *w~ Beginn der Menses; zu*(5)

Menses - nach; Gemütssymptome(4)

Milde(80)

Mitgefühl, Mitleid(34)

Moralischem Empfinden; Mangel an(48)

Murmeln(55)

Mürrisch(290) | M~ tagsüber(17) | *M~ morgens*(42) | m~ Erwachen, beim(10)

Mürrisch - vormittags(19) | M~ nachmittags(30) | M~ abends(31) | M~ abwechselnd mit - Fröhlichkeit, Frohsinn(23) | M~ Fieberfrost, im(13) | M~ Frauen, bei(5) | M~ gefragt wird; wenn er | *M~ grundlos*(5) | *M~ Kindern, bei - angesprochen, wenn* | *M~ Koitus, nach*(7)

Musik - amel.(15)

Müßiggang, Untätigkeit(7)

Nachgiebigkeit(21)

Neid - Haß, und(7)

Niederträchtig(11)

Nymphomanie(67)

Pflicht - kein Pflichtgefühl(12)

Phantasien - lasziv(46) | P~ lebhaft(31) | l~ Einschlafen, beim

Prahler, Aufschneider(13)

Pubertät; Gemütsbeschwerden in der(4)

Quält - sich(8)

Gemüt …

Raserei, Tobsucht, Wut(95) | R~ nachts(15) | R~ Kopfschmerzen, mit(10) | *R~ Trost, durch*

Redseligkeit; Geschwätzigkeit(136) | R~ abwechselnd mit - Schweigsamkeit(5)

Reizbarkeit(408) | R~ tagsüber(32) | *R~ morgens*(69) | m~ Erwachen, beim(43)

Reizbarkeit - vormittags(25) | R~ mittags(9) | R~ nachmittags(37) | R~ abends(60) | a~ amel.(10)

Reizbarkeit - abwechselnd mit - Fröhlichkeit, Frohsinn(23) | a~ Lustigkeit(6)

Reizbarkeit - angesprochen, wenn(26) | R~ Erwachen, beim(56) | *R~ Essen - nach*(26) | *R~ Fieberfrost, im*(57) | R~ gefragt wird; wenn er(12) | R~ Geräusche, durch(21) | R~ Geschäft - in bezug auf das(3) | *R~ Hitze - während*(31) | R~ Koitus - nach(26) | R~ Kopfschmerzen, bei(61) | *R~ Menses - vor*(17) | M~ während(42) | M~ nach(5)

Reizbarkeit - Musik - während(10) | R~ nimmt alles übel, sieht alles von der schlechten Seite(7) | *R~ Schlaflosigkeit, mit*(9) | R~ Schweiß, beim(14) | R~ Sitzen, im(4) | *R~ Traurigkeit, mit*(20) | **R~ Trost - agg.**(21)

Religiös - Gemütsstörungen, religiöse(63)

Resignation(15)

Respekt, Ehrfurcht vor seiner Umgebung(9)

Reue(63)

Ruhelosigkeit(420) | R~ tagsüber(9) | R~ morgens(22) | R~ nachts(249) | n~ Mitternacht - vor(12) | M~ nach - 3 h(8) | M~ an

Ruhelosigkeit - abwechselnd mit - Gleichgültigkeit(2) | *R~ ängstlich*(111) | R~ Bett - Herumwerfen im(123) | B~ treibt aus dem(39)

Ruhelosigkeit - Erwachen, beim(30) | R~ Frost - während(23) | R~ Gehen, beim - amel.(6) | R~ innerlich(37) | R~ Sitzen, im(21) | *R~ Sturm - während*(5) | R~ warm - Bett(7)

Gemüt …

Sachlich, vernünftig(9)

Satyriasis(26)

Schamlos(29) | S~ Bett, im

Scharlatan(5)

Schlafwandeln(56) | **S~ schlagen; um aus Rache andere Schlafende zu**(2) | S~ Tagesarbeit zu machen; um die(5)

Schmutzig - beschmutzt alles; macht alles schmutzig(3)

Schreiben - Schwierigkeiten, die Gedanken im Schreiben auszudrücken(12)

Schreien - Schlaf, im(80)

Schüchternheit, Zaghaftigkeit(113) | S~ tagsüber(4) | S~ schamhaft(58) | s~ ungeschickt, und(9)

Schule - Abneigung gegen die(2)

Schwangerschaft; Gemütsbeschwerden während der(17)

Schweigsam(209) | S~ vormittags(3) | S~ nachmittags(7)

Seelenruhe, Gelassenheit(85)

Selbstvertrauen - Mangel an Selbstvertrauen(86)

Sentimental, schwärmerisch, rührselig(64)

Seufzen(98)

Singen(59) | S~ abends | *S~ heiter, freudig*(5)

Sinne - abgestumpft, stumpf(107)

Sinnlichkeit(24)

Sitzen - Neigung zu sitzen(110)

Sonderbar, fremd, merkwürdig - Sonderling(11)

Sorgen, voller(50) | S~ Gesellschaft; mit Abneigung gegen(2) | S~ täglichen Sorgen angegriffen; von den(4)

Spaßen(52) | S~ Abneigung gegen(22) | S~ Spaß; verträgt keinen(12)

Spontan, impulsiv(33)

Sprache - affektiert, manieriert, unnatürlich(22) | S~ berauscht, wie(11) | S~ langsam(59) | S~ unzusammenhängend - Liebe; durch enttäuschte(3) | S~ verlegen(8) | *S~ verworren*(25)

GEMÜT ...

Sprechen - amel. die Beschwerden - langes, fortgesetztes Sprechen amel. | *S ~ agg. die Beschwerden*(34) | a ~ langes, fortgesetztes Sprechen agg.

Sprechen - anderer agg.; das Sprechen(46) | **S ~ langsam; lernt**(15) | *S ~ Schlaf, im*(93) | S ~ Toten, mit(7) | S ~ Vergnügen; sein Sprechen bereitet ihm(3)

Spucken - nachts

Stilles Wesen(49)

Stimmung, Laune - veränderlich(158) | *S ~ wechselnd, wechselhaft*(80)

Stöhnen - Fieberfrost, im(6) | S ~ Schlaf, im(62)

Streitsüchtig(136) | S ~ abends(8)

Studieren, Lernen - schwierig, fällt schwer(18)

Stumpfheit(332) | S ~ vormittags(17) | S ~ nachmittags(29) | S ~ abends(29) | S ~ Gehen - nach schnellem Gehen(2) | S ~ geistige Anstrengung, durch(27) | S ~ Schläfrigkeit, bei(30) | S ~ Schwindel; während(22)

Stupor(138) | S ~ morgens(36) | *S ~ Diphtherie, bei*(3) | *S ~ Fieber, im*(21) | *S ~ Hydrozephalus, bei*(7)

Sucht etwas - Dieben; nachts nach - nachdem er von ihnen geträumt hat

Suizidneigung; Neigung zum Selbstmord(98) | S ~ Erschießen, durch(17) | *S ~ Hypochondrie, aus*(12) | *S ~ Traurigkeit, durch*(23)

Tadelsüchtig, krittelig(80)

Tadelt - andere(32) | *T ~ sich selbst*(36)

Tanzen(33) | T ~ amel. die Gemütssymptome(8) | T ~ abends

Testament aufzusetzen; weigert sich, ein(3)

Tiere - liebt Tiere, Tierliebe - Haustier; ihr

Tod - Vorahnung des Todes(62) | *T ~ wünscht sich den Tod, möchte sterben*(72)

Torpor(26)

Traum; wie in einem(69)

GEMÜT ...

Traurigkeit(477) | T ~ tagsüber(16) | T ~ abends(76) | *T ~ nachts*(21) | *n ~ Bett, im*(8)

Traurigkeit - Alkoholikern; bei(6) | *T ~ allein - wenn*(24) | T ~ Farben - purpur - agg. - helles purpur | p ~ Abneigung gegen - helles purpur

Traurigkeit - Fieberhitze, in der(55) | T ~ Freien, im - amel.(10) | **T ~ Frost - während**(37) | T ~ Gesellschaft - Abneigung gegen Gesellschaft, Verlangen nach Einsamkeit(11) | *T ~ Heißhunger, mit* | *T ~ Koitus, nach*(8) | T ~ Kopfschmerzen, bei(30) | *T ~ Kummer, nach*(6) | *T ~ Liebe; durch enttäuschte*(7) | *T ~ Masturbation, durch*(16) | T ~ Menopause, in der(25) | **T ~ Menses - vor**(34)

Traurigkeit - Menses - während(35) | M ~ unterdrückt(20)

Traurigkeit - Musik - durch(17) | *T ~ Pollutionen, durch*(23) | *T ~ Pubertät, in der*(13) | T ~ Schicksalsschläge, durch(16) | *T ~ Schwangerschaft, in der*(7) | *T ~ Schweiß, beim*(29) | T ~ Stuhlgang - nach - amel.(2) | *T ~ Suizidneigung, mit*(25) | T ~ Wehen; bei den(9) | T ~ Wochenbett; im(10)

TROST - AGG.(39) | a ~ Mitleid, Mitgefühl agg.(15)

Unbarmherzig(14)

Unbekümmert(8)

Unbesonnen(82)

Undankbar(10)

Unentschlossenheit(146) | U ~ Gedanken, in(4) | U ~ heiraten, zu(10)

Ungeduld(131) | *U ~ Fieberhitze, mit*(10) | U ~ Kleinigkeiten, um(7)

Ungeschicklichkeit(41) | *U ~ fallen, läßt Dinge*(26) | U ~ Gesten, in(6) | U ~ Hast, aus(6) | U ~ Schneidern, Sticken; beim(9) | U ~ stößt gegen Sachen(6) | U ~ Verlegenheit, aus(7)

Ungestüm(31) | U ~ Schweiß, mit(12)

Unglücklich, bedauernswert; fühlt sich(29)

Untröstlich(30)

Gemüt ...

Unverschämtheit(33) | U~ Untergebenen gegenüber den Vorgesetzten; von(2)

Unvorsichtig(3)

Unzüchtig, obszön(34)

Unzufrieden(168) | U~ nachmittags(5) | **U~ allem; mit**(66) | U~ zurückhaltende Unmut, Mißvergnügen(5)

Verächtlich(35)

Verantwortung - ernst; nimmt seine Verantwortung zu(3)

Vergeßlich(187) | V~ abends(9) | V~ Einkauf liegen; geht weg und läßt den(10) | V~ Essen, nach dem(5) | V~ geistige Anstrengung, durch(10) | V~ periodisch(3) | *V~ Worte beim Sprechen; vergißt*(52)

Verlangen, Wunsch nach - voller Verlangen - allem, nach - Anderer gerade benutzt; was ein(3)

Verleumden, Neigung zu - denunzieren, Neigung zum(4)

Verschlossen, zu(3)

Verweilt - Enttäuschungen, bei(2) | V~ erinnert sich - unangenehme Erinnerungen, an(10) | **V~ vergangenen unangenehmen Ereignissen; bei**(46) | v~ nachts(13) | n~ Mitternacht, nach(2)

Verweilt - vergangenen unangenehmen Ereignissen; bei - grämen; um sich darüber zu

Verwirrung, geistige(321) | V~ morgens(115) | m~ Aufstehen - und nach dem Aufstehen(37) | m~ Erwachen, beim(50)

Verwirrung, geistige - nachmittags(33) | V~ abends(78) | V~ nachts - Erwachen, beim(13) | V~ Aufstehen - nach(12) | V~ berauscht - wie nach einem Rausch(35) | V~ Bücken, beim(13) | *V~ Essen - nach*(52) | V~ Gehen(37) | G~ nach

Verwirrung, geistige - geistige Anstrengung - durch(50) | V~ Identität; in bezug auf seine(21) | I~ Dualität; Gefühl der(37)

Verwirrung, geistige - konzentrieren; beim Versuch sich zu(13) | V~ Kopfschmerzen, mit(11)

Gemüt ...

Verwirrung, geistige - Lesen, beim(15) | V~ Liegen; beim - amel. | V~ Menses - nach(2) | V~ Rechnen, beim(4) | V~ Sitzen, im(33) | *V~ Sprechen, beim*(7) | V~ warmen Zimmer, im(11)

Verzweiflung(137) | V~ religiöse Verzweiflung am Seelenheil(30) | V~ Schwangerschaft, in der | *V~ Zukunft, in bezug auf die*

Vorausplanend - alles im Voraus; plant

Wahnideen(191) | W~ Abmagerung, von(4) | *W~ bemitleidet, bedauert und weint; er würde aufgrund seines Unglücks* | W~ Bett - berühren; als würde sie im Liegen das Bett nicht(13) | *W~ Bilder, Phantome; sieht*(76) | B~ nachts(40) | B~ Schlaf - Einschlafen, beim(5) | B~ Schließen der Augen; beim(16)

Wahnideen - Diebe - Angst beim Erwachen und hält den Traum für wahr; träumt von Einbrechern und hat - Suche durchgeführt wurde; und wird das Gegenteil erst glauben, wenn eine | *D~ Haus, im*(9) | *D~ sieht*(21)

Wahnideen - doppelt - sein, doppelt zu(30) | W~ drehen - alles dreht sich - Kreis, im(8) | K~ Gehen, beim

Wahnideen - elend aussehen; sie würde - Blick in den Spiegel; beim(2) | W~ Fallen - Seite hin; auf eine - links, nach(6) | F~ vorne, nach - würde nach vorne fallen; sie(15)

Wahnideen - Feuer - Visionen von(34) | W~ Gegenstände; über - verändert, erscheinen | W~ geht - Luft - auf Luft; geht(15) | W~ geisteskrank - werden; er würde geisteskrank(43) | W~ geschaukelt; er würde(3) | g~ Hinlegen und Schließen der Augen; beim(2)

Wahnideen - Gesichter, sieht - Bücken, beim | W~ Gespenster, Geister, Gestalten - Schließen der Augen; beim(16) | *G~ sieht*(55) | G~ unterhält sich mit; er(2)

Wahnideen - Gespräch führen; als würde er ein(3)

GEMÜT ...

Wahnideen - Haus - Menschen; das Haus sei voller(10) | W~ Identität - Fehleinschätzung in bezug auf die eigene(18) | W~ Kopf - gehören; würde einem anderen(5) | W~ krank - sein; krank zu(27) | W~ Menschen - sieht(29) | s~ Schließen der Augen; beim(5)

Wahnideen - nachgestellt - ihm würde nachgestellt(28) | W~ Netz; wie in einem | W~ Ohnmacht fallen; er werde(19) | W~ schläfrig; er sei(3) | W~ schreiten - Luft; auf(2) | W~ schweben - Luft, in der(45) | W~ Sprechen - Geistern; mit(5) | S~ Toten, mit(8)

Wahnideen - Stimmen - hört(37) | h~ entfernte Stimmen(5) | h~ Toten, von(6)

Wahnideen - tot - Mutter sei; seine(2) | t~ Personen, sieht tote(59)

Wahnideen - verdammt; er sei(23) | W~ versinken, er würde(21) | v~ Steinbrücke unter seinen Füßen einsinken; die Steine würden beim Überqueren einer

Wahnideen - Visionen, hat(76) | V~ tagsüber(5) | V~ Schließen der Augen; beim(29)

Waschen - Verlangen zu waschen - Hände; wäscht sich ständig die(11)

Weinen(244) | *W~ agg.*(18) | W~ abends(29) | *W~ nachts*(81) | n~ Schlaf, im(12)

Weinen - ängstlich(5) | *W~ allein, wenn*(3) | *W~ anblickt; wenn man ihn*(5) | *W~ angesprochen; wenn*(9) | W~ Angst, nach(23) | *W~ bemitleidet; wenn er glaubt, er würde* | W~ bitterlich, bitter(2) | W~ Ermahnung, durch(11) | W~ erzählt - Krankheit erzählt; wenn sie von ihrer(10) | W~ Fieberfrost - im(25) | *W~ grundlos*(30) | W~ heftig(3) | *W~ hysterisch*(9) | **W~ KANN NICHT WEINEN, OBWOHL ER TRAURIG IST**(13) | W~ Kleinigkeiten, über(23) | K~ Kinder bei der geringsten Sorge(5)

Weinen - krampfhaft, spasmodisch(16) | *W~ leicht*(16) | *W~ Menses - während*(27)

GEMÜT ...

Weinen - Musik; durch(14) | *W~ Schlaf, im*(88) | W~ Schluchzen; Weinen mit(34) | W~ Schwangerschaft, in der(8) | W~ Träumen, beim(6) | **W~ Trost - agg.**(22) | T~ will nicht getröstet werden(10)

Weinen - unwillkürlich(35) | *W~ vergangene Ereignisse; beim Denken an*(2) | W~ Wimmern, Winseln - Schlaf, im(28) | W~ Zorn - nach(19)

Wetter - Gewitter - vor einem Gewitter; Gemütssymptome(7) | G~ während einem Gewitter; Gemütssymptome(12)

Widerspruch - verträgt keinen Widerspruch(73)

Wille - Verlust der Willenskraft(34) | W~ Willensschwäche(58)

Zeit - vergeudet seine Zeit(11)

Zerstreut(166)

Zorn(243) | Z~ abends(20) | Z~ abwechselnd mit - Fröhlichkeit, Frohsinn(15) | a~ Lebhaftigkeit(2)

Zorn - antworten muß; wenn er(7) | Z~ Arbeit - über | **Z~ GESICHT - BLASSEM, LIVIDEM GESICHT; MIT**(8) | *Z~ getröstet, wenn*(10) | *Z~ heftig*(72) | *Z~ Kleinigkeiten, über*(58) | **Z~ Lähmung durch Zorn**(2) | Z~ Liebe; aus enttäuschter(3) | Z~ Schweigsamkeit; mit(8)

Zügellosigkeit, sexuelle Ausschweifung(32)

Zufrieden(31)

Zurückhaltend, reserviert(64)

TRÄUME

Alpträume, Alpdrücken(144)

Angenehm(136)

Ängstlich(239) | Ä~ morgens - Erwachen, beim - amel.; Angst ist(15) | *Ä~ nachts - Mitternacht - nach - 3.30 h* | Ä~ aufschreit, so daß er | Ä~ Einschlafen, beim(11) | Ä~ Menses - während(9) | Ä~ Mittagsschlaf, beim | *Ä~ Weinen im Schlaf; mit*

Anstrengung - geistige(51) | A~ körperliche(20)

TRÄUME ...

Aufregend(14)
Aufruhr(12)
Beeinflußt das Gemüt(14)
Beschuldigungen(4)
Dinge - verändernde, sich(18)
Durstig zu sein(3)
Ekelhaft(32)
Erinnerlich, bleiben im Gedächtnis(33) | E~ morgens (sehr ungewöhnlich für ihn)
Erotisch(196) | E~ Erektionen, mit(27) | E~ Pollutionen, mit(96)
Erschöpfend(45)
Farbig(4)
Feuer(65) | F~ Feuersbrünste
Fortsetzung - Träumen, von - Einschlafen fortgesetzt; der vorherige Traum wird beim(8) | *T~ Erwachen, nach dem*(22)
Gefangener - gefangengenommen zu werden(2)
Gereizt, mürrisch
Geschlagen zu werden(3)
Gespenster(38)
Gewissensbisse(11)
Grausamkeit(7)
Hartnäckig(29)
Kämpfe(54)
Kinder - geschlagen, werden(3)
Körperteile - Abdomen - zusammengeschnürt; als sei das Abdomen | K~ Zähne - gezogen, werden(2)
Krankheit(43) | K~ Vergiftung(5)
Lebhaft(193) | L~ nachts - Mitternacht - nach(5)
Menschen(14) | M~ geliebten Personen, von (lebhafte Träume, zwei Nächte nacheinander)
Mord(53)
Phantastisch(55)
Poetisch(5)
Räuber(36) | *R~ Menses, während* | **R~ schläft nicht wieder ein, bevor nicht das Haus durchsucht ist; und**(2)
Reime, er dichtet
Reisen(48) | R~ lange

TRÄUME ...

Ruhelos(53)
Schlachten(13)
Schrecklich(237) | S~ wahr - Erwachen wahr; erscheinen nach dem(2)
Schwer
Sorgen, voller(21)
Städte
Streitigkeiten(69)
Tadelt sich selbst; macht sich Vorwürfe
Tod(64)
Traurig(46)
Trinken(5)
Trinkgelage(11)
Unangenehm(87)
Unerinnerlich, bleiben nicht im Gedächtnis(93)
Unwichtig(46)
Verbrechen(8)
Verdrießlich(122)
Vergiftet zu werden(4)
Verworren(122)
Viele(260)
Visionär(45)
Wahr - erscheinen beim Erwachen wahr(9)
Wasser(49) | W~ mittags
Wecken den Patienten(118) | W~ häufig(7)
Weinen(14)
Wiederholende, sich(6)
Zähne - gezogen, werden(2)
Zorn(58)
Zusammengeschnürt; als sei das Abdomen
Zusammenhängend(13)

– Natrium nitricum –

nat-n.

GEMÜT

Alkoholismus(135)
Faulheit(269)
Geistige Anstrengung - Abneigung gegen(150)
Launenhaftigkeit, launisch(108)
Traurigkeit(477)

Gemüt …

Wahnideen - Benommen - Studieren benommen; Kopf sei durch zu viel | W~ Bewußtsein - verlieren; er würde das Bewußtsein - Schwindel, bei

– *Natrium phosphoricum* –

nat-p.

Gemüt

Aktivität; Verlangen nach - geistige Aktivität - abends(8)

Angst(362) | A~ abends(87) | A~ nachts(119) | n~ Mitternacht - vor(36)

Angst - Bett - im Bett(49) | A~ Erwachen, beim(86) | A~ Essen - nach(39) | A~ Fieber - während(91) | A~ Furcht, mit(110) | A~ Gesundheit; um die - eigene Gesundheit; um seine(57) | A~ Zuhause, um das | A~ Zukunft(108)

Argwöhnisch(105)

Auffahren, Zusammenfahren(117) | A~ elektrisch - Schläge durch den Körper, während er hellwach ist(3) | **A~ Geräusche, durch**(60) | **A~ leicht**(52) | A~ Schlaf - während(163) | S~ durch(124) | S~ Einschlafen, beim(72)

Auffahren, Zusammenfahren - Schreck oder wie durch Schreck; durch(68)

Beschwerden durch - geistige Anstrengung(59) | B~ schlechte Nachrichten(34) | B~ sexuell - Exzesse(59) | B~ Zorn(94)

Betäubung(237)

Bewußtlosigkeit(280)

Ehrgeiz - Verlust von(15)

Empfindlich(192) | E~ Geräusche, gegen(149) | E~ Musik, gegen(46) | E~ Umgebung(4)

Entmutigt(135)

Ernst(77)

Erregung(287)

Erschöpfung; geistige(217)

Erschreckt leicht(125)

Faulheit(269)

Froh(182)

Gemüt …

Furcht(242) | *F~ nachts*(58) | F~ Arbeit; vor der(32) | F~ Erwachen, beim(54) | F~ geistige Anstrengung - vor geistiger Anstrengung(6) | *F~ geschehen; etwas werde*(82) | g~ nachts(2)

Furcht - Hunden, vor(22) | F~ Krankheit, vor drohender(66) | F~ schlechten Nachrichten; vor dem Hören von(7) | F~ Unglück, vor(93)

Gedächtnis - gut, aktiv(91) | *G~ Gedächtnisschwäche*(284)

Gedanken - Krankheit, über seine(11) | G~ wandernd(72)

Gedanken versunken, in(90)

Geistige Anstrengung - agg.(141) | a~ unmöglich(130)

Geistige Anstrengung - Verlangen nach(65) | G~ Abneigung gegen(150)

Geselligkeit(7)

Gesellschaft - Abneigung gegen(156)

Gespräche - agg.(45)

Gleichgültigkeit, Apathie(251) | G~ allem; gegenüber(71) | G~ geliebte Personen, gegen(17) | G~ Verwandte, gegen(12)

Hast, Eile(112) | H~ jeder - muß sich beeilen(6)

Hysterie(194)

Ideen, Einfälle - Mangel an(102) | I~ Reichtum an, Klarheit des Geistes(125) | R~ abends(17)

Imbezillität(140)

Konzentration - schwierig(261) | s~ Studieren(52)

Lustig, fröhlich(123)

Morphiumsucht(31)

Mürrisch - vormittags(19)

Musik - agg.(40)

Reizbarkeit(408) | R~ morgens(69) | R~ vormittags(25) | R~ Frühstück - vor | R~ Kleinigkeiten, durch(34) | R~ Menses - während(42)

Ruhelosigkeit(420) | R~ abends(51) | R~ nachts(249) | R~ ängstlich(111)

Schüchternheit, Zaghaftigkeit(113) | S~ schamhaft(58)

GEMÜT ...
Schweigsam(209)
Seelenruhe, Gelassenheit(85)
Seufzen(98) | S~ Menses - vor(3) | M~ während - amel. | M~ nach(2)
Sitzen - Neigung zu sitzen(110) | N~ steif; ziemlich(7) | N~ unbeweglich, still(42)
Stumpfheit(332) | S~ Lesen(35) | S~ Masturbation, nach(4)
Traurigkeit(477) | T~ abends(76) | T~ Fieberhitze, in der(55) | T~ Masturbation, durch(16)
Traurigkeit - Musik - durch(17) | T~ Pollutionen, durch(23)
Unbesonnen(82)
Ungeduld(131)
Unzufrieden(168)
Vergeßlich(187) | *V~ sexuellen Exzessen, nach*(6)
Verwirrung, geistige(321) | V~ morgens(115) | V~ abends(78) | V~ Erwachen, beim(71) | V~ Essen - nach(52) | *V~ geistige Anstrengung - durch*(50)
Wahnideen(191) | W~ Bilder, Phantome; sieht(76) | B~ schreckliche(60)
Wahnideen - Hören - Einbildung; etwas zu hören(44) | W~ Keller - eingeschlossen; er sei in einem dunklen Keller | W~ krank würde krank werden; er(3) | W~ leblose Gegenstände seien Personen(4) | W~ Möbel seien Menschen; bildet sich ein - nachts beim Erwachen | W~ Schritte, hört(4) | S~ Nebenzimmer, im
Wahnideen - tot - Personen, sieht tote(59) | W~ Typhus bekommen; er würde
Weinen(244) | W~ unwillkürlich(35)
Zerstreut(166)
Zorn(243) | Z~ Kleinigkeiten, über(58)

TRÄUME
Alpträume, Alpdrücken(144)
Angenehm(136)
Ängstlich(239)
Ereignisse - zurückliegende, kurz(55)
Erotisch(196) | E~ Pollutionen, mit(96)
Feuer(65)

TRÄUME ...
Intellektuell(23)
Lebhaft(193)
Leichen(42)
Schrecklich(237)
Verdrießlich(122)
Verstorbenen, von(84)
Verworren(122)
Viele(260)

– *Natrium salicylicum* –

nat-sal.

GEMÜT
Bewußtlosigkeit(280)
Delirium - wild(21)
Demenz(33)
Gedächtnis - Gedächtnisschwäche(284)
Traurigkeit(477)
Wahnideen(191) | W~ Gegenstände; über - Bewegung in - rechts, nach | W~ Visionen, hat(76)

– *Natrium silicicum* –

nat-sil.

GEMÜT
Abscheu - Leben, vor dem(84)
Angst - abends(87) | A~ nachts(119) | n~ Mitternacht - vor(36)
Angst - Bett - im Bett(49) | A~ Erwachen, beim(86) | A~ Essen - nach(39)
Auffahren, Zusammenfahren - Geräusche, durch(60) | A~ Schlaf - durch(124) | A~ Schreck oder wie durch Schreck, durch(68)
Empfindlich - Geräusche, gegen(149)
Entmutigt(135)
Erregung(287)
Erschöpfung; geistige(217)
Erschreckt leicht(125)
Faulheit(269)
Furcht - Erwachen, beim(54)
Gedächtnis - Gedächtnisschwäche(284)
Geistige Anstrengung - agg.(141)
Gewissenhaft, peinlich genau in bezug auf Kleinigkeiten(58)

Gemüt …

Gleichgültigkeit, Apathie - geliebte Personen, gegen(17) | G~ Umgebung, gegen die(16)
Hysterie(194)
Imbezillität(140)
Konzentration - schwierig(261)
Lesen - agg. Gemütssymptome(14)
Reizbarkeit - abends(60) | R~ Erwachen, beim(56) | R~ Koitus - nach(26)
Ruhelosigkeit - nachts(249) | R~ ängstlich(111) | R~ Bett - treibt aus dem(39)
Schweigsam(209)
Selbstvertrauen - Mangel an Selbstvertrauen(86)
Stumpfheit - Erwachen, beim(41) | *S~ geistige Anstrengung, durch*(27) | S~ Lesen(35)
Traurigkeit - Menses - während(35)
Unentschlossenheit(146)
Vergeßlich(187)
Verwirrung, geistige - morgens(115) | V~ abends(78) | V~ Erwachen, beim(71) | V~ Essen - nach(52) | **V~ geistige Anstrengung - durch**(50)
Verzweiflung(137)
Weinen(244)
Zorn - Widerspruch, durch(37)

Träume

Alpträume, Alpdrücken(144)
Angenehm(136)
Ängstlich(239)
Ereignisse - zurückliegende, kurz(55)
Gespenster(38)
Lebhaft(193)
Mord(53)
Schrecklich(237)

– *Natrium sulphuricum* –

nat-s.

Gemüt

Abneigung - Ehefrau; gegen seine(6)
Abscheu - Leben, vor dem(84) | **L~ anzutun; muß sich zurückhalten, um sich nichts**
Alkoholismus(135)

Gemüt …

Angesprochen zu werden - Abneigung(63) | A~ morgens(2)
Angst(362) | A~ morgens(42) | A~ abends - Bett, im(54) | A~ nachts - Mitternacht - vor(36) | *A~ Erwachen, beim*(86) | A~ Fieber - während(91) | A~ Frühstück - amel. | **A~ Stuhlgang - nach**(17) | A~ Zukunft(108)
Argwöhnisch(105)
Auffahren, Zusammenfahren - nachts(19) | **A~ Geräusche, durch**(60) | *A~ Schlaf - während*(163) | *S~ Einschlafen, beim*(72)
Auffahren, Zusammenfahren - Schreck oder wie durch Schreck; durch(68) | A~ Träumen, in - aus einem Traum(35)
Beschwerden durch - Ehre, verletzte(9) | **B~ Verletzungen, Unfälle; Gemütssymptome durch**(10) | B~ Zorn(94)
Betäubung(237)
Beten(21) | B~ Knien, im(4)
Bewußtlosigkeit - Gehirnerschütterung, durch(3)
Delirium(233) | *D~ Meningitis cerebrospinalis*(8)
Denken - Beschwerden - agg.; Denken an seine Beschwerden(71)
Empfindlich(192) | E~ morgens(5) | *E~ Geräusche, gegen*(149) | G~ geringste Geräusch; gegen das(29)
Empfindlich - Musik, gegen(46) | E~ Schmerz, gegen(31)
Entfremdet - Familie, von seiner(18)
Entmutigt(135)
Erregung(287) | E~ morgens(19)
Erschöpfung; geistige(217)
Erschreckt leicht(125)
Faulheit(269) | F~ morgens(51) | F~ Frühstück, nach dem
Fleißig, arbeitsam, Arbeitswut(101)
Froh(182) | F~ morgens(21) | F~ vormittags(12) | F~ nachmittags(14) | F~ gefolgt von - Reizbarkeit(7) | **F~ Stuhlgang - nach**(5)

Gemüt ...

Furcht(242) | F~ allein zu sein - aus Furcht - verletzen; sich zu(3) | F~ engen Räumen; in - Gewölben, Kirchen und Kellern; Furcht vor(10) | *F~ Geräusche, durch*(40) | *G~ nachts*(3)

Furcht - Menschen, vor(81) | F~ Menschenmenge; in einer(58) | F~ Musik, durch(10) | *F~ Selbstmord, vor*(10) | F~ Unglück, vor(93) | F~ Unheil; Furcht vor(115)

Gedächtnis - Gedächtnisverlust - Verletzungen, nach - Kopfes, des(7)

Gehalten - amel.; gehalten zu werden(22)

Geisteskrankheit, Wahnsinn(153) | G~ anfallsweise(10) | G~ Kopfverletzungen, durch(2) | G~ periodisch(5)

Geistige Anstrengung - agg.(141) | a~ unmöglich(130)

Geistige Anstrengung - Verlangen nach(65)

Gelingt nichts, es(9)

Gesellschaft - Abneigung gegen(156)

Gleichgültigkeit, Apathie(251)

Heftig, vehement(100) | H~ morgens(9)

Heikel, pingelig(34)

Hysterie(194)

Lästig, geht auf die Nerven(79)

Lebensüberdruß(82)

Leidenschaftlich(49) | L~ morgens

Lustig, fröhlich - Stuhlgang; nach(2)

Manie - abwechselnd mit - Niedergeschlagenheit(9) | *M~ periodisch*(4)

Mürrisch(290) | M~ morgens(42)

Musik - agg.(40)

Qualvolle Angst - nachts(9) | Q~ Erwachen, beim(4)

Reizbarkeit(408) | *R~ morgens*(69) | m~ Aufstehen, nach dem(13) | m~ Erwachen, beim(43)

Reizbarkeit - angesprochen, wenn(26) | R~ Erwachen, beim(56) | R~ Essen - nach - amel.(5)

Reue(63)

Ruhelosigkeit(420) | R~ nachts(249)

Schweigsam(209) | S~ morgens(6)

Gemüt ...

Selbstkontrolle - erhöht(4)

Sentimental, schwärmerisch, rührselig(64)

Sprechen - anderer agg.; das Sprechen(46)

Streitsüchtig(136)

Stumpfheit(332) | S~ morgens(54) | S~ feuchte Luft - durch(10) | S~ Mittagsschlaf, nach dem(5)

Suizidneigung; Neigung zum Selbstmord(98) | S~ Erhängen, durch(7) | S~ Erschießen, durch(17) | **S~ Gedanken an Selbstmord**(33) | *S~ Traurigkeit, durch*(23)

Tod - wünscht sich den Tod, möchte sterben(72)

Töten, Verlangen zu - sich selbst zu töten; plötzlicher Impuls(8)

Traurigkeit(477) | *T~ morgens*(71) | T~ Fieberhitze, in der(55) | T~ Frühstück, nach dem(2) | T~ Licht - sanftes oder farbiges Licht; durch

Traurigkeit - Musik - durch(17) | *T~ Suizidneigung, mit*(25) | *T~ Verletzungen - Kopfes, des*(7)

Ungeschicklichkeit(41)

Vergeßlich(187)

Verletzen, sich zu - erschießen; muß Selbstkontrolle ausüben, sich beherrschen, um sich nicht aus Lebensüberdruß zu | *V~ fürchtet sich davor alleingelassen zu werden, aus Furcht, sich zu verletzen*(7)

Verwirrung, geistige(321) | V~ morgens(115) | V~ Aufstehen - nach(12) | **V~ Kopfverletzung - nach** | *V~ Stuhlgang amel.*(3)

Verzweiflung(137) | V~ Genesung, in bezug auf die(44)

Wahnideen - geisteskrank - werden; er würde geisteskrank(43)

Weinen(244) | W~ Delirium - nach | *W~ Freien, im - amel.*(4) | W~ Musik; durch(14) | *M~ Klaviermusik*(3)

Wildheit(29)

Zorn(243) | Z~ morgens(12) | Z~ abends - amel.(2) | Z~ heftig(72)

Gemüt …
Zurückhaltend, reserviert(64)
Zweifelt - Genesung; an der(31)

Träume
Alpträume, Alpdrücken(144)
Angenehm(136)
Ängstlich(239)
Anhaltend(7)
Beleidigungen(3)
Blumen(2)
Fahren - Wagen, im(3)
Fallen, zu stürzen; zu(60) | F~ Höhe herab, von einer(29)
Feuer(65)
Fliegen(11)
Gärten(3)
Gefahr(40)
Gehen(10)
Geschnitten zu werden(3)
Geworfen zu werden - Wagen, vom
Hartnäckig(29)
Hochgelegene Orte - Herunterfallen, Hinabstürzen von(29)
Hochzeit(7)
Kämpfe(54)
Körperteile - Zehe abgeschnitten
Kranken, von(10)
Krankheit(43) | K~ apoplektischen Anfall; die Tochter hat einen | K~ Verletzungen(12)
Lotterie(2)
Menschen - Picknicks
Phantastisch(55)
Picknicks
Reisen - Schiff, mit dem(5)
Schiff fahren, mit dem(8)
Schrecklich(237)
Streitigkeiten(69)
Tod(64)
Unangenehm(87)
Unerinnerlich, bleiben nicht im Gedächtnis(93)
Unfälle(29)
Unglück(64)
Verbrechen(8) | V~ begangen zu haben; ein Verbrechen(4)
Verdrießlich(122)

Träume …
Verletzungen(13)
Verstorbenen, von(84)
Viele(260)
Wasser(49) | W~ Tochter ist im Wasser und schreit um Hilfe
Wecken den Patienten(118)

– *Nepenthes distillatoria* –

nep.

Gemüt
Aktivität; Verlangen nach(38)
Erregung(287)
Geisteskraft - erhöht(18)
Gleichgültigkeit, Apathie(251)
Hypochondrie(116)
Lebensüberdruß(82)
Optimistisch(17)
Qualvolle Angst(121)
Reizbarkeit(408)
Ruhelosigkeit(420)
Traurigkeit(477)
Ungeduld(131)
Wahnideen - Käfer, Würmer etc.(6)

– *Niccolum-met. &-c.* –

nicc. (alte Abk.)

Gemüt
Angst(362) | A~ Bewegung - agg.(16) | A~ Erwachen, beim(86) | A~ Fieber - während(91) | A~ Furcht, mit(110) | A~ Träume; beim Erwachen aus schrecklichen(17)
Auffahren, Zusammenfahren - nachmittags(4) | A~ Schlaf - während(163) | A~ Träumen, in - aus einem Traum(35)
Betäubung(237) | B~ Bücken, beim(3)
Bittet - nichts; um(16)
Boshaft(99) | B~ Zorn, mit(12)
Froh(182)
Furcht(242) | F~ morgens(27) | F~ vormittags(3) | F~ nachmittags(15) | F~ geschehen; etwas werde(82) | F~ Unglück, vor(93) | F~ Unheil; Furcht vor(115) | F~ zittrig(36)
Gesellschaft - Abneigung gegen(156)

Gemüt ...

Grausamkeit, Unmenschlichkeit(30)
Heftig, vehement - Gewalttaten führt; Raserei, die zu(34)
Mürrisch(290) | M~ vormittags(19)
Qualvolle Angst - vormittags(2)
Redseligkeit; Geschwätzigkeit(136)
Reizbarkeit(408) | R~ morgens(69) | R~ vormittags(25) | R~ abends(60) | a~ amel.(10)
Reizbarkeit - Kopfschmerzen, bei(61) | R~ Sprechen, beim(10)
Ruhelosigkeit(420) | R~ nachmittags(25) | n~ 15 h(2)
Ruhelosigkeit - abends(51) | R~ nachts(249) | n~ Mitternacht - nach - 3 h - ganzen Körper wie zerschlagen, muß umhergehen; am
Ruhelosigkeit - Bett - treibt aus dem(39) | R~ Gehen, beim - amel.(6) | R~ Menses - unterdrückten, bei(9)
Schweigsam(209)
Streitsüchtig(136) | S~ abends(8) | S~ Raufereien aufgelegt, zu(3)
Stumpfheit(332)
Traurigkeit(477) | T~ morgens(71) | T~ nachmittags(37) | T~ abends - amel.(15)
Unbehagen(44) | U~ nachts(3)
Ungeduld(131)
Verlangen, Wunsch nach - nichts; nach(7)
Verwirrung, geistige(321) | V~ morgens(115)
Wahnideen - Benommen - Schlafmangel benommen; der Kopf sei durch | W~ berauscht - sei, er(59) | W~ Füße - wegrutschen; Füße würden unter ihr | W~ krank - würde krank werden; er(3) | w~ schwere Krankheit würde drohen
Weinen(244) | W~ nachts(81) | W~ Erwachen, beim(36) | W~ Schlaf, im(88)
Widerspenstig - abends
Widerspruch - Neigung zu widersprechen(38) | N~ abends | a~ amel.
Widerspruch - verträgt keinen Widerspruch(73) | v~ abends - amel.
Zorn(243) | *Z~ abends*(20) | *Z~ Widerspruch, durch*(37)

Träume

Angenehm(136)
Ängstlich(239)
Beerdigungen(13)
Besuche - Bruders; des
Erotisch(196)
Ertrinken(19) | E~ Mutter ertrinkt(2)
Fallen, zu stürzen; zu(60) | F~ Dachboden, vom | F~ Höhe herab, von einer(29) | F~ Wasser, ins(11) | W~ Mutter fällt
Gebissen zu werden - Arme, in die(3) | G~ Tieren, von(14)
Gräber - leben; in Gräbern zu
Hochgelegene Orte - Herunterfallen, Hinabstürzen von(29)
Kämpfe(54)
Körperteile - Arm - gelähmt | A~ schmerzhaft
Körperteile - Kopf - abgeschnitten(2) | K~ Zähne - fallen aus(6)
Krankheit - Schmerz - Arm | K~ Verletzungen(12) | V~ selbst zugefügten; von sich
Krankheit - Zähne - Ausfallen(6)
Männer(3)
Mord(53)
Phantastisch(55)
Prellung zuzuziehen; sich eine
Schmerz - Arm
Schneiden(7)
Schrecklich(237)
Streitigkeiten(69)
Teufel(8)
Tod(64) | T~ Freundes, eines(9) | T~ Verwandten, von(14)
Unerinnerlich, bleiben nicht im Gedächtnis(93)
Unfälle - Ertrinken(19) | E~ Mutter ertrinkt, seine(2)
Unglück(64)
Verletzungen(13) | V~ selbst zugefügte; sich
Verstorbenen, von(84)
Verworren(122)
Viele(260)
Visionär(45)

Träume ...

Wasser(49)

Wecken den Patienten(118)

Zähne - fallen aus(5)

Zorn(58)

– Nicotinum –

nicot.

Gemüt

Betäubung(237)

Delirium(233)

Gedanken - wandernd(72)

Konzentration - schwierig(261)

Ruhelosigkeit(420) | R~ nachts(249)

Wahnideen - Visionen, hat - schrecklich(27)

– Nidus edulis –

nid.

Gemüt

Erschöpfung; geistige(217)

Euphorie - abwechselnd mit - Traurigkeit(7)

Faulheit(269)

Froh - abwechselnd mit - Traurigkeit(57)

Gedächtnis - Gedächtnisschwäche(284)

Gleichgültigkeit, Apathie(251)

Lachen - abwechselnd mit - Traurigkeit(8)

Reizbarkeit(408) | R~ abwechselnd mit - Geduld

Stimmung, Laune - veränderlich(158) | S~ wechselnd, wechselhaft(80)

Ungeduld(131)

Weinen(244)

Wille - Verlust der Willenskraft(34)

Zorn - abwechselnd mit - Gleichgültigkeit(4)

Träume

Ruhelos(53)

– Nitri spiritus dulcis –

nit-s-d.

Gemüt

Angst(362)

Bewußtlosigkeit(280) | *B ~ Fieber, im*(50)

Delirium(233) | *D ~ Schlaf - während*(26)

Erregung - agg.(41)

Erschöpfung; geistige - Fieber - während(4)

Gewissenhaft, peinlich genau in bezug auf Kleinigkeiten(58)

Gleichgültigkeit, Apathie(251) | *G ~ allem; gegenüber*(71) | *G ~ Fieber, im*(16) | *G ~ Schlaflosigkeit, mit* | *G ~ schweigsam*(5) | *G ~ Typhus, bei*(9)

Murmeln - Schlaf, im(18)

Mürrisch(290)

Reizbarkeit(408)

Streitsüchtig(136)

Stupor(138) | *S ~ Fieber, im*(21)

Verwirrung, geistige(321)

Zorn(243)

Träume

Feuer(65)

– Nitricum acidum –

nit-ac.

Gemüt

Abneigung - Menschen; gegen - bestimmte; gegen(14)

Abscheu - Leben, vor dem(84)

Angesprochen zu werden - Abneigung(63)

Angst(362) | A ~ tagsüber(21) | A ~ morgens(42) | m ~ Erwachen, beim(30)

Angst - nachmittags(32) | *A ~ abends*(87) | a ~ Bett, im(54)

Angst - nachts(119) | n ~ Erwachen, beim(24)

Angst - allein, wenn(17) | A ~ anfallsweise(13) | A ~ Bett - im Bett(49) | B ~ treibt aus dem Bett(15)

Angst - Blutandrang - Herzen, zum | *A ~ Denken daran; durch*(9) | A ~ Erwachen, beim(86) | *A ~ Essen - nach*(39) | A ~ Farben - dunkle Farben - agg. | F ~ schwarz - agg.

GEMÜT ...

Angst - Fieber - während(91) | *A ~ Furcht, mit*(110) | A ~ Gehen - schnell - agg.(3) | *A ~ geistige Anstrengung; durch*(20) | **A ~ Gesundheit; um die - eigene Gesundheit; um seine**(57) | A ~ Gewissensangst(75) | A ~ Herzgegend, Zusammenziehung der | A ~ Husten - durch(4) | *A ~ hypochondrisch*(52) | A ~ Kopfschmerzen, mit(18) | *A ~ Menses - vor*(22) | M ~ während(33)

Angst - Nachtwachen, durch(6) | *A ~ Schlaf - während*(42) | *S ~ Schlafmangel*(3)

Angst - Schmerzen, durch die(10) | A ~ Sitzen(15) | *A ~ Stuhlgang - nach*(17) | *A ~ Treppensteigen, beim*(2) | A ~ Wetter, bei stürmischem(6) | *A ~ Zukunft*(108) | A ~ Zusammenschnürung, durch - Herzgegend, in der

Aphasie(53) | A ~ Uterus; mit Verlagerung des

Argwöhnisch(105)

Arzneimittel, homöopathische - Abneigung gegen(6)

Auffahren, Zusammenfahren(117) | A ~ mittags(10) | m ~ Schlaf, im(6)

Auffahren, Zusammenfahren - nachts(19) | A ~ Erwachen, beim(11) | A ~ Geräusche, durch(60) | *A ~ leicht*(52) | A ~ Liegen, beim - Rücken, auf dem(3) | *A ~ Schlaf - während*(163) | *S ~ durch*(124) | *S ~ Einschlafen, beim*(72)

Auffahren, Zusammenfahren - Schreck oder wie durch Schreck; durch(68) | A ~ Träumen, in - aus einem Traum(35)

Außer sich; ist(51) | A ~ Schmerzen; vor(13)

Bedauert sich(8)

Beharrlichkeit(16)

Beißen(35) | B ~ Nägel(33)

Beleidigt, leicht(79)

Bellen(11)

Berührt zu werden; Abneigung - liebkost zu werden; Abneigung(2)

Beschimpfen, beleidigen, schmähen(67)

GEMÜT ...

Beschwerden durch - Erregung - Gefühle, der(87) | *B ~ Hast, Eile*(10) | B ~ Kummer(65) | B ~ Schock; seelischen(23) | B ~ Schreck(72) | B ~ sexuell - Exzesse(59) | B ~ Uneinigkeit zwischen - Eltern, Freunden(11) | U ~ Vorgesetzten und Untergebenen(9)

Betäubung(237) | B ~ tagsüber

Bewußtlosigkeit(280)

Blasphemie, Gotteslästerung(7) | B ~ Fluchen, und(12)

Boshaft(99)

Delirium(233) | D ~ nachts(67) | **D ~ Bett - flieht und springt plötzlich aus dem Bett auf**(36) | D ~ fremd - Sprache; spricht in einer fremden(3) | D ~ manisch(47) | **D ~ rasend**(84) | D ~ streitsüchtig

Demenz - Syphilitikern, von(5)

Denken - Beschwerden - agg.; Denken an seine Beschwerden(71)

Eigensinnig, starrköpfig, dickköpfig(107)

Ekstase - Schweiß, beim(4)

Empfindlich(192) | *E ~ äußerliche Eindrücke; gegen alle*(21) | E ~ Fieberhitze, in der(8) | E ~ geistige Eindrücke; gegen(20) | **E ~ Geräusche, gegen**(149) | *G ~ schrille Töne, gegen*(16) | *G ~ Schritten; gegen das Geräusch von*(6) | *G ~ Stimmen, gegen*(15) | *S ~ Männerstimmen*(2)

Empfindlich - Geräusche, gegen - Wagen; gegen in der Straße vorüberfahrende(2) | **G ~ Wasser; gegen das Geräusch von plätscherndem**(4)

Empfindlich - Menses - vor(3) | E ~ Schmerz, gegen(31) | *E ~ Sinneseindrücke, gegen*(23)

Entfremdet - Familie, von seiner(18)

Entmutigt(135) | E ~ Fluchen, mit | E ~ Raserei, mit(2) | E ~ Weinen, mit - amel.

Ermahnungen - agg.(7)

Erotisch(39)

GEMÜT ...

Erregung(287) | E~ agg.(41) | *E~ abends - Bett, im*(31) | E~ nachts(40) | *E~ Debatte; während einer*(2) | *E~ Herzklopfen, mit heftigem*(17) | E~ Kleinigkeiten, über(12)

Erschöpfung; geistige(217) | *E~ Stillen, nach dem*(2)

Erschreckt leicht(125) | E~ mittags - Schlummer, nach einem(4) | *E~ Einschlafen, beim*(4) | E~ Erwachen, beim(41) | *E~ Kleinigkeiten, über*(27)

Fahren amel. Gemütssymptome

Farben - helle Farben - amel.(4) | F~ rosa - Verlangen nach(10)

Faulheit(269) | F~ Brennen in der rechten Lendengegend; mit | F~ Gehen - beim(6) | F~ neue Ideen, Gedanken; mit Abneigung gegen(5) | F~ Sitzen, im(3)

Feigheit(89)

Fluchen(44) | F~ abends - daheim, wenn(2) | *F~ Raserei - in*(3)

Froh(182) | *F~ abends - Bett, im*(29) | F~ abwechselnd mit - Traurigkeit(57) | F~ niemals(2)

Furcht(242) | F~ morgens(27) | F~ abends(51) | F~ nachts(58) | F~ allein zu sein(54) | F~ Auffahren, mit(10) | F~ berührt zu werden(38) | **F~ Cholera, vor**(7) | F~ Erwachen, beim(54) | F~ Essen - nach dem Essen; Furcht(14) | F~ Geräusche, durch(40) | *F~ Gewitter, vor*(25) | F~ Herzklopfen, mit(11) | *F~ Krankheit, vor drohender*(66) | K~ unheilbar zu sein(42)

Furcht - Krebs(13) | *F~ Lebensüberdruß, mit*(5) | *F~ Prozeß, vor einem* | *F~ Schlaf - Mangel an Schlaf; aus*(2) | *F~ Steigen, vor dem* | F~ Stuhlgang - nach(4) | **F~ Tod; vor dem**(143) | T~ drohendem Tod, vor(17) | *T~ Fieberhitze, in der*(6)

Furcht - Unheil; Furcht vor(115)

Gedächtnis - Gedächtnisschwäche(284)

GEMÜT ...

Gedanken - hartnäckig(83) | *G~ quälend*(31) | G~ überlegt(54) | G~ unangenehm(21) | *G~ Vergehen, Schwinden der Gedanken*(76) | V~ Anstrengung, bei | *V~ geistige Anstrengung; durch*(13)

Gedanken - wandernd(72) | G~ zwingend, überzeugend(2)

Gedanken versunken, in(90)

Gefühle, Gemütsbewegungen - beherrscht; vom Verstand, Intellekt(4)

Geheimnistuerisch, verschlossen(15)

Geistige Anstrengung - agg.(141) | a~ unmöglich(130) | u~ Brennen in der rechten Lendengegend; durch

Geistige Anstrengung - Abneigung gegen(150)

Geiz(34)

Gesellschaft - Verlangen nach(83)

Gier, Habsucht(19)

Gleichgültigkeit, Apathie(251) | G~ allem; gegenüber(71) | G~ Familie; gegen seine(4) | G~ freudlos(11) | G~ Menses - vor | *G~ Vergnügen, gegen*(46)

Grausamkeit, Unmenschlichkeit(30)

Grobheit(37)

Hartherzig, unerbittlich(20)

Haß(28) | H~ Menschen, auf - beleidigt haben; die ihn(11) | **M~ ungerührt; Entschuldigungen lassen ihn**

Haß - Rachsucht; Haß und(32)

Hast, Eile(112)

Heftig, vehement(100) | H~ Gewalttaten führt; Raserei, die zu(34)

Heimweh(52) | H~ stiller schlechter Laune; mit(3)

Hinterhältig, hinterlistig, falsch, verschlagen - meineidig(3)

Hypochondrie(116)

Hysterie(194)

Ideen, Einfälle - Mangel an(102) | I~ Reichtum an, Klarheit des Geistes(125)

Imbezillität(140)

Impertinenz, Unverschämtheit(14)

Jammern(93)

Klagen(64)

GEMÜT ...

Kleinigkeiten scheinen wichtig, bedeutend(19)

Konzentration - schwierig(261) | *s ~ Versuch sich zu konzentrieren; beim - Leere; hat ein Gefühl der*(11)

Kummer(76)

Kunst - Talent zur - gestaltende Künste(3)

Kurz angebunden, barsch(14)

Lachen - unwillkürlich(23)

Langeweile(53)

Lästig, geht auf die Nerven(79)

Laszіv, lüstern(77)

Launenhaftigkeit, launisch(108) | *L ~ morgens*(3)

Lebensüberdruß(82) | *L ~ Furcht vor dem Tode; aber*(4)

Lebhaft, munter(50)

Liebevoll, voller Zuneigung, herzlich(37)

Liebkost - Abneigung liebkost zu werden(2)

Lustig, fröhlich(123) | L ~ abwechselnd mit - Traurigkeit(14)

Manie(149)

Menschenfeindlichkeit, Misanthropie(45)

Menses - vor; Gemütssymptome(18)

Milde(80)

Mitgefühl, Mitleid(34)

Moralischem Empfinden; Mangel an(48)

Mürrisch(290) | M ~ morgens(42) | m ~ Bett, im(16) | m ~ Erwachen, beim(10)

Mürrisch - nachmittags(30) | M ~ Erwachen, beim(32) | M ~ Weinen amel.(2)

Musik - Abneigung gegen(13)

Neid - Habgier, und(12) | N ~ Haß, und(7)

Neue Ideen, Einfälle - Abneigung gegen(5)

Perfide(9)

Phantasien - Schweiß, beim(4) | P ~ übertrieben(114) | *P ~ übertrieben - nachts*(40)

Philosophie - Fähigkeit zu(6)

GEMÜT ...

Qualvolle Angst(121) | Q ~ Menses - während(10) | **Q ~ Verlust seines Freundes; durch**

Raserei, Tobsucht, Wut(95) | R ~ abends(16) | R ~ nachts(15) | *R ~ Fluchen, mit*(3)

Rebelliert gegen Umschläge(17)

Reizbarkeit(408) | R ~ morgens(69) | m ~ Erwachen, beim(43)

Reizbarkeit - nachmittags(37) | *R ~ angesprochen, wenn*(26) | R ~ Brennen in der rechten Lendengegend; durch | R ~ Erwachen, beim(56) | *R ~ Fieberfrost, im*(57) | R ~ Koitus - nach(26) | *R ~ Stuhlgang - nach*(4) | R ~ Traurigkeit, mit(20) | *R ~ Trost - agg.*(21)

Resignation(15)

Reue(63)

Ruhelosigkeit(420) | R ~ morgens - Erwachen, beim(6) | R ~ abends(51) | R ~ nachts(249) | *n ~ Mitternacht - nach*(13) | n ~ 4 h - bis

Ruhelosigkeit - ängstlich(111) | R ~ Bett - Herumwerfen im(123) | B ~ im(15) | B ~ treibt aus dem(39)

Ruhelosigkeit - innerlich(37) | R ~ Menses - während(40)

Sachlich, vernünftig(9)

Schlafwandeln(56) | S ~ schlagen; um aus Rache andere Schlafende zu(2)

Schreckliches und traurige Geschichten greifen sie stark an(32)

Schreien(133) | S ~ Konvulsionen - vor(32) | K ~ während(31) | K ~ epileptisch(21)

Schreien - Schlaf, im(80)

Schüchternheit, Zaghaftigkeit(113) | S ~ schamhaft(58)

Schweigsam(209) | S ~ Traurigkeit; bei(12)

Selbstvertrauen - Mangel an Selbstvertrauen(86)

Sentimental, schwärmerisch, rührselig(64)

Seufzen(98)

Sinne - abgestumpft, stumpf(107) | S ~ scharf(52) | S ~ Vergehen, Schwinden der(51)

Sitzen - Neigung zu sitzen(110)

Gemüt ...

Sprache - fremder Sprache; in(4)

Sprechen - anderer agg.; das Sprechen(46) | S~ Schlaf, im(93) | S~ unangenehmen Dingen agg.; von(5)

Spucken(32)

Stimmung, Laune - abweisend, zurückweisend(40) | S~ veränderlich(158)

Stöhnen(119) | *S~ Schlaf, im*(62)

Streitsüchtig(136)

Stumpfheit(332) | S~ Fahren im Wagen - amel.

Stupor(138)

Suizidneigung; Neigung zum Selbstmord(98) | **S~ Furcht - Todesfurcht, mit**(7) | S~ Mut; aber es fehlt ihm der(9)

Tod - Vorahnung des Todes(62) | *T~ wünscht sich den Tod, möchte sterben*(72)

Traurigkeit(477) | *T~ morgens*(71) | m~ Erwachen - beim(21) | E~ nach(9)

Traurigkeit - abends(76) | T~ ängstlich(32) | T~ Brennen in der rechten Lendengegend; durch | T~ Erwachen, beim(24) | T~ Frost - während(37) | *T~ Menses - vor*(34)

Traurigkeit - Menses - während(35) | *T~ Quecksilbermißbrauch, nach*(5) | T~ schweigsam(12) | T~ Schweiß, beim(29) | T~ Zorn - durch Zorn(7)

Trost - agg.(39)

Unbarmherzig(14)

Unbesonnen(82)

Unentschlossenheit(146)

Ungeduld(131) | U~ nachmittags(2) | U~ Abendessen, nach dem

Ungehorsam(30)

Ungestüm(31) | U~ tagsüber

Unverschämtheit(33)

Unzufrieden(168) | U~ allem; mit(66) | U~ immer(4) | *U~ sich selbst, mit*(36) | *U~ Weinen - amel.*(2) | W~ mit

Verächtlich(35)

Verbittert, verärgert(9)

Vergeßlich(187)

Verleumden, Neigung zu(21)

Gemüt ...

Verweilt - erinnert sich - unangenehme Erinnerungen, an(10) | V~ vergangenen unangenehmen Ereignissen; bei(46)

Verwirrung, geistige(321) | V~ Bücken, beim(13) | V~ Essen - nach(52) | V~ Freien, im(12) | V~ Gehen(37) | *V~ geistige Anstrengung - durch*(50) | V~ konzentrieren; beim Versuch sich zu(13) | V~ Sitzen, im(33)

Verzweiflung(137) | V~ Genesung, in bezug auf die(44) | **V~ Raserei, grenzt an - Fluchen und Verwünschungen, mit**

Wahnideen(191) | W~ abends - Bett, im(16) | W~ nachts(36) | W~ beleidigt; er habe Menschen(3) | W~ Bilder, Phantome; sieht(76) | B~ abends(4) | a~ Bett, im

Wahnideen - Bilder, Phantome; sieht - nachts(40) | B~ größer und kleiner werden; sieht Bilder | B~ Schlaf - vor(4) | B~ schnell bewegen; sieht Bilder, die sich | B~ schreckliche(60) | B~ verschwinden und wiedererscheinen

Wahnideen - delirös - sei delirös, er(2) | W~ Fluchen, mit(3) | W~ Fremde - sieht, er(8) | F~ umgeben von(4)

Wahnideen - Gespenster, Geister, Gestalten - Fieberfrost, im | G~ sieht(55)

Wahnideen - Gestalten - sieht(33) | W~ getrennt - Körper - Seele getrennt; der Körper sei von der(7) | W~ groß gewachsen - Dinge würden größer werden(6) | W~ klein - Dinge - werden kleiner; Dinge(8) | W~ krank - sein; krank zu(27) | W~ Krankheit - unheilbare Krankheit; er habe eine(18) | W~ länger; Dinge scheinen(7) | *W~ Phantasiegebilde, Illusionen*(115) | P~ Fieberfrost, im(4)

Wahnideen - Prozeß beteiligt; er sei an einem | W~ Reichtum, von(12) | W~ Sprechen - Geistern; mit(5) | S~ geisteskrank | S~ irrational

Wahnideen - sterben - gleich sterben; glaubt, er würde(57)

Gemüt ...

Wahnideen - Stimmen - hört(37) | W ~ tot - Personen, sieht tote(59) | W ~ Verbrechern, von(24) | W ~ Visionen, hat(76) | V ~ phantastisch(8) | V ~ schrecklich - nachts(4)

Wahnideen - Willenskraft verloren; als habe er seine(4)

Waschen - Abneigung gegen Waschen und Baden(16)

Weinen(244) | W ~ amel.(24) | W ~ agg.(18) | W ~ nachts(81) | n ~ Schlaf, im(12)

Weinen - Ermahnung, durch(11) | W ~ grundlos(30) | W ~ Kindern; bei(22) | W ~ Kleinigkeiten, über - Kinder bei der geringsten Sorge(5) | *W ~ Schlaf, im*(88) | W ~ Trost - agg.(22) | W ~ Vorhaltungen gemacht werden; wenn ihm(8) | W ~ Wimmern, Winseln(27) | *W ~ Schlaf, im*(28)

Wetter - Gewitter - während einem Gewitter; Gemütssymptome(12)

Widerspenstig(66)

Widerspruch - Neigung zu widersprechen(38) | W ~ verträgt keinen Widerspruch(73)

Zerstreut(166)

Zorn(243) | Z ~ morgens - Erwachen, beim(13) | *Z ~ Fehler, über seine*(7) | **Z ~ heftig**(72) | *Z ~ Kleinigkeiten, über*(58) | Z ~ Widerspruch, durch(37)

Zurückhaltend, reserviert(64)

Zweifelt - Genesung; an der(31)

Zynisch(3)

Träume

Alpträume, Alpdrücken(144) | A ~ Einschlafen, beim(8) | A ~ erotischen Träumen, bei

Angenehm(136)

Ängstlich(239) | Ä ~ morgens(7) | m ~ Erwachen, beim - amel.; Angst ist(15)

Ängstlich - Einschlafen, beim(11)

Bankett(3)

Ereignisse - zurückliegende, kurz(55) | z ~ Vortag, vom(41)

Erotisch(196)

Träume ...

Fortsetzung - Träumen, von - Einschlafen fortgesetzt; der vorherige Traum wird beim(8) | T ~ Erwachen, nach dem(22)

Geschäft - Tage, vom(39) | T ~ morgens

Lebhaft(193)

Leichen(42)

Liegen - unter ihm; jemand liegt

Merkwürdig, wunderlich(10)

Phantastisch(55)

Schrecklich(237)

Schwelgerei, Festmahl(9)

Streitigkeiten(69)

Tod(64) | T ~ Sterben - er muß sterben(3)

Traurig(46)

Trinkgelage(11)

Verbrechen(8) | V ~ begangen zu haben; ein Verbrechen(4)

Verdrießlich(122)

Verstorbenen, von(84)

Verworren(122)

Viele(260)

Visionär(45)

Wecken den Patienten(118)

– *Nitrogenium oxygenatum* –

nitro-o.

Gemüt

Aktivität; Verlangen nach - geistige Aktivität - nachts(5)

Angst(362)

Bewußtlosigkeit(280) | B ~ unvollständig(15)

Delirium(233)

Ekstase(59)

Erregung - nervös(23) | E ~ Zittern, mit(10)

Exzentrizität, Überspanntheit(54)

Faulheit(269)

Froh(182) | F ~ nachts(17)

Gedächtnis - Gedächtnisschwäche(284)

Gedanken - Gedankenandrang, einstürmende Gedanken, Gedankenfluß(78) | G ~ quälend(31) | G ~ Unbestimmtheit der(4)

Gemüt ...
Geistige Anstrengung - Verlangen nach(65)
Gesten, Gebärden; macht - enthusiastisch | G~ erhaben(2) | G~ stampft mit den Füßen(17)
Heftig, vehement(100)
Hochmütig, arrogant(53)
Hysterie(194)
Lachen(102) | L~ unmäßig(28) | L~ Verlangen zu lachen(3)
Reizbarkeit(408)
Ruhelosigkeit(420)
Schreien(133)
Selbstvertrauen - Mangel an Selbstvertrauen(86)
Stumpfheit(332)
Tanzen(33)
Traurigkeit - Schock, durch
Unterscheidungsvermögen; Mangel an(4)
Verwirrung, geistige(321)
Verzweiflung(137)
Wahnideen - erhoben, hochgehoben - Luft erhoben; in die(4)
Weinen(244)

Träume
Alpträume, Alpdrücken(144)
Angenehm(136)

– Nitromuriaticum acidum –

nit-m-ac.

Gemüt
Ruhelosigkeit(420)

– Nuphar luteum –

nuph.

Gemüt
Empfindlich - moralische Eindrücke, gegen(10)
Laszív, lüstern(77)
Mitgefühl, Mitleid(34) | M~ Tieren, mit(3)
Phantasien - lasziv(46)
Ruhelosigkeit(420)

Gemüt ...
Ungeduld(131) | U~ Widerspruch, beim geringsten(2)
Widerspruch - verträgt keinen Widerspruch(73)
Zorn(243)

Träume
Erinnerlich, bleiben im Gedächtnis(33)

– Nux moschata –

nux-m.

Gemüt
Albernes Benehmen(65) | A~ Freien, im
Alkoholismus(135)
Angst(362) | A~ abends(87) | A~ Furcht, mit(110) | A~ Gehen - kalter Luft; in | A~ Gesundheit; um die - eigene Gesundheit; um seine(57)
Antworten - denkt lange nach(10) | A~ falsch, unrichtig(13) | *A~ irrelevant, nicht zur Sache Gehörendes(12)* | *A~ langsam(35)* | A~ weigert sich zu antworten(32)
Aphasie(53)
Argumentieren - Gewandheit, Geschick beim
Auffahren, Zusammenfahren(117) | *A~ Bewußtsein wiedererlangt; wenn er das(2)* | *A~ elektrisch - Schläge durch den Körper, während er hellwach ist - Schlaf, im(4)* | S~ wecken sie auf(4)
Auffahren, Zusammenfahren - Kleinigkeiten, über(21) | A~ leicht(52) | *A~ Schlaf - während(163)*
Bellen(11) | *B~ brüllend(4)*
Berührt zu werden; Abneigung(46)
Beschwerden durch - Erregung - Gefühle, der(87) | B~ geistige Anstrengung(59) | B~ Kummer(65) | B~ Liebe; enttäuschte(31) | B~ Schock; seelischen(23) | B~ Schreck(72) | B~ Zorn(94)
Betäubung(237) | B~ bleibt starr an einer Stelle | *B~ Fieberfrost, im(5)* | *B~ Menses, während(3)* | B~ Schläfrigkeit, bei(11)

GEMÜT ...

Bewußtlosigkeit(280) | B ~ nachmittags - 14 h | B ~ abends(15) | *B ~ Bewegungen, automatische*(26) | B ~ bleibt starr an einer Stelle | B ~ Blut; beim Anblick von | B ~ Erregung, nach(3) | *B ~ Fieber, im*(50) | *B ~ geistige Empfindungslosigkeit*(13) | B ~ Gemütsbewegungen, nach(13) | *B ~ Menses - vor*(2) | *M ~ während*(13) | **M ~ Unterdrückung von**(8)

Bewußtlosigkeit - Schmerzen, durch(9) | *B ~ Schwangerschaft, in der*(4) | B ~ Schwindel, bei(46) | B ~ Stehen, im(8) | S ~ Anpassen des Kleides; beim

Bewußtlosigkeit - Traum, wie ein einem(11) | *T ~ weiß nicht, wo er ist*(9)

Bewußtlosigkeit - überfüllten Zimmer; in einem mit Menschen(12)

Delirium(233) | D ~ manisch(47) | D ~ Menses - während(10) | D ~ rasend(84) | D ~ Schlaflosigkeit - mit(45) | D ~ Schwindel, heftig mit

Delirium tremens(84)

Denken - Abneigung gegen(46) | *D ~ Beschwerden - agg.; Denken an seine Beschwerden*(71)

Eifersucht(34)

Ekstase(59)

Empfindlich - Geräusche, gegen(149)

Entfernungen - falsche Einschätzung von(10) | E ~ vergrößert; scheinen(8)

Erkennt - nicht; erkennt - Straßen nicht; erkennt bekannte(7) | n ~ Verwandten nicht; erkennt seine eigenen(28)

Ernst(77)

Erregung(287) | *E ~ Schwangerschaft, in der*(7) | E ~ Verwirrung, wie durch(2)

Erschöpfung; geistige(217) | E ~ Kummer; durch(3)

Faulheit - Essen, nach dem(25)

Fehler; macht - Orte; in bezug auf(32) | F ~ Raum; in bezug auf den(10) | R ~ Zeit; und die(10)

Fehler; macht - Schreiben, beim(83) | S ~ falsch - Worte - Kopfschmerzen, bei | *S ~ läßt etwas aus - Buchstaben*(18)

GEMÜT ...

Fehler; macht - Sprechen, beim(81) | S ~ Buchstabieren, beim(23) | **S ~ Worte - falsche Worte; benutzt**(53) | f ~ anhalten, um den Satz völlig zu verändern; muß oft mitten im Satz | f ~ entgegengesetzte Worte, z.B. heiß statt kalt(2)

Fehler; macht - Sprechen, beim - Worte - stellt Worte an die falsche Stelle(46) | F ~ Zeit; in bezug auf die(34) | Z ~ verwechselt - Gegenwart mit der Vergangenheit(6)

Feigheit(89)

Froh(182) | F ~ morgens - Erwachen, beim(6) | F ~ abends(42) | *F ~ abwechselnd mit - Traurigkeit*(57) | F ~ Fieberfrost, im(6) | F ~ Freien, im(7)

Furcht(242) | F ~ Anfall zu bekommen; einen(13) | F ~ berührt zu werden(38) | F ~ Dunkelheit, vor der(40) | F ~ Herz - Herzerkrankung(23) | F ~ Hitze - während(5) | F ~ Lähmung, vor(7) | *F ~ Menses - unterdrückte Menses; durch Furcht*(5) | *F ~ Schlaf - einzuschlafen; Furcht*(18) | e ~ sterben; aus Furcht zu

Furcht - Schwangerschaft, in der(8) | F ~ Tod; vor dem(143) | T ~ nachmittags - 17.30 h

Gedächtnis - gut, aktiv(91) | **G ~ Gedächtnisschwäche**(284) | *G ~ gehört hat; für das, was er*(15) | *G ~ gelesen hat; für das, was er*(41) | G ~ gesagt hat; für das, was er(29) | *G ~ geschehen ist; für das, was*(17) | G ~ geschrieben hat; für das, was er(3) | *G ~ getan hat; für das, was er eben*(34) | G ~ Orte, für(11) | G ~ sagen will; für das, was er gerade(38) | G ~ Schmerz; durch(10) | G ~ Schreck; durch(10) | *G ~ schreiben will; für das, was er gerade*(11) | G ~ Straßen; für bekannte(4) | G ~ Tatsachen, Fakten; für - zurückliegende Tatsachen, für lange(10) | *G ~ tun wollte; für das, was er gerade*(33) | G ~ vorübergehende aber vollständige Bewußtlosigkeit für das, was er gesagt oder getan hat | *G ~ Worte, für*(61)

Gemüt ...

Gedächtnis - Gedächtnisverlust - Furcht, durch(10) | G~ Leben, die Lebensgeschichte; für das vergangene

Gedanken - Gedankenandrang, einstürmende Gedanken, Gedankenfluß(78) | G~ hartnäckig(83) | h~ humorvoll

Gedanken - Kontrolle über die Gedanken ist verloren - 14 h | **G~ Vergehen, Schwinden der Gedanken**(76) | **V~ Lesen, beim**(5) | *V~ Menses, vor den* | **V~ Schreiben, beim**(5) | **V~ Sprechen, beim**(9)

Gedanken - wandernd - Schreiben, beim(2)

Gedanken versunken, in(90)

Gehalten - Verlangen, gehalten zu werden(9) | G~ amel.; gehalten zu werden(22)

Gehen - Freien, im - agg. Gemütssymptome(19)

Geistesabwesend(71)

Geisteskrankheit, Wahnsinn(153) | G~ albern, lächerlich(6) | G~ benimmt sich wie ein Verrückter(8) | G~ Schlaflosigkeit, mit(7)

Geistige Anstrengung - agg.(141) | *a~ unmöglich*(130)

Geschäftig(45)

Gesellschaft - Abneigung gegen - Schwangerschaft, in der(3)

Gespräche - agg.(45)

Gesten, Gebärden; macht(22) | *G~ automatisch*(15) | G~ Hände; unwillkürliche Bewegungen der(23) | *G~ lächerlich oder albern*(19) | l~ Freien; im | *l~ Stehen auf der Straße; beim*

Gesten, Gebärden; macht - sonderbare Posen und Haltungen(20) | G~ ungeschickt in bezug auf(7)

Gleichgültigkeit, Apathie(251) | G~ allem; gegenüber(71)

Grimassen(15)

Grobheit(37)

Hast, Eile - jeder - muß sich beeilen(6)

Hellsehen(28)

Gemüt ...

Hypochondrie(116) | H~ vormittags | H~ Fieber, im

Hysterie(194) | H~ Menses - vor(16) | **M~ während**(27) | **M~ nach - spärlich**

Hysterie - Ohnmacht, hysterische(22)

Ideen, Einfälle - Mangel an(102) | *I~ Reichtum an, Klarheit des Geistes*(125)

Idiotie(45)

Imbezillität(140)

Jammern(93)

Katalepsie(20)

Kindisches Benehmen(52)

Konzentration - schwierig(261)

Lachen(102) | L~ vormittags(2) | L~ abwechselnd mit - Ernst(2) | a~ still zu sein; Verlangen(2) | **a~ Weinen**(43)

Lachen - albern(16) | L~ Ernstes, über(15) | *L~ Freien, im*(2) | L~ hysterisch(7) | *L~ lächerlich, alles erscheint*(6) | *L~ Menses - vor*(2) | M~ während - hysterisch

Lachen - sardonisch(26) | L~ spasmodisch(49) | *L~ stumpfsinnigem Gesichtsausdruck; mit*(4) | *L~ unmäßig*(28)

Lächerlich, Dinge erscheinen(6)

Langsamkeit(68)

Launenhaftigkeit, launisch(108)

Lustig, fröhlich(123) | L~ Frost; beim

Manie(149) | *M~ Singen, mit*(6)

Menses - unterdrückten Menses; Gemütssymptome nach(2)

Monomanie(16)

Mürrisch(290)

Nachahmung, Imitation(8)

Nachdenken, Überlegen - Unfähigkeit nachzudenken(6)

Nachgiebigkeit(21)

Phantasien - übertrieben(114)

Prophezeit(7)

Raserei, Tobsucht, Wut(95)

Redseligkeit; Geschwätzigkeit(136)

Reizbarkeit(408) | R~ aufgeweckt, wenn(5)

Ruhelosigkeit(420) | R~ nachts(249) | R~ Essen - nach(14) | R~ Kopfschmerzen, bei(31) | *R~ Schwangerschaft, in der*(5)

Schamlos(29)

Schreiben - agg. Gemütssymptome(6)

Gemüt ...

Schreien - abwechselnd mit - Lachen(6) | S ~ Lokomotive, wie eine | S ~ Schlaf, im(80)

Schwangerschaft; Gemütsbeschwerden während der(17)

Schweigsam(209) | *S ~ Fieberhitze; in der*(11)

Seufzen(98)

Singen(59)

Sinne - abgestumpft, stumpf(107) | *S ~ Vergehen, Schwinden der*(51)

Sonderbar, fremd, merkwürdig - alles erscheint(16)

Spaßen(52) | S ~ alles Späße; macht über

Spotten(18)

Sprache - affektiert, manieriert, unnatürlich(22) | *S ~ albern*(16) | S ~ langsam(59) | S ~ laut(11) | *S ~ übertrieben, extravagant*(6) | S ~ unsinnig(29) | *S ~ unzusammenhängend*(65) | S ~ verworren(25) | *S ~ zögernd*(22)

Sprechen - langsam; lernt(15) | S ~ Schlaf, im - laut(7) | **S ~ schweift von einem Thema zum anderen**(47) | S ~ sich selbst ; mit(31) | S ~ Verlangen mit jemandem zu(11)

Stimmung, Laune - veränderlich(158) | *v ~ Fieberhitze, in der*

Stimmung, Laune - wechselnd, wechselhaft(80)

Stumpfheit(332) | S ~ Erwachen, beim(41) | S ~ Fieberfrost, im(16) | S ~ Lesen(35) | S ~ Schläfrigkeit, bei(30) | S ~ Schreiben, beim(10)

Stupor(138) | S ~ Menses - während

Tanzen(33)

Tod - Vorahnung des Todes(62)

Torpor(26)

Traum; wie in einem(69) | T ~ Mittagessen, nach dem

Traurigkeit(477) | T ~ morgens - Erwachen - nach(9) | T ~ vormittags(12) | *T ~ Fieberhitze, in der*(55)

Traurigkeit - Menses - unterdrückt(20) | T ~ Schwangerschaft, in der(7)

Unbesonnen(82)

Gemüt ...

Unentschlossenheit(146) | U ~ Handlungen, in(8) | *U ~ Projekten, bei*(8)

Ungeduld(131)

Unternimmt - Vieles, hält aber bei nichts durch, bleibt nicht dabei(28)

Verdrießlich(10)

Vergeßlich(187) | *V ~ Haus befindet; auf welcher Straßenseite sich sein*(4) | *V ~ Straßen, vergißt bekannte*(7)

Verwirrung, geistige(321) | *V ~ abends*(78) | *V ~ berauscht - wie*(47) | V ~ Erwachen, beim(71) | V ~ Fieberfrost, im(20) | *V ~ Gehen*(37) | **G ~ Freien, im**(14)

Verwirrung, geistige - geistige Anstrengung - durch(50) | V ~ Identität; in bezug auf seine - Dualität; Gefühl der(37) | V ~ Lesen, beim(15) | *V ~ Schwangerschaft, in der* | V ~ Traum; wie in einem(27) | *V ~ verläuft sich in bekannten Straßen*(12) | *V ~ weiß nicht, wo er ist*(7)

Wahnideen(191) | W ~ berauscht - sei, er(59) | W ~ betrunken - sei betrunken, er(23) | W ~ Bilder, Phantome; sieht(76) | B ~ verweilt bei, denkt dauernd an(3)

Wahnideen - doppelt - sein, doppelt zu(30) | s ~ beobachten, wie das andere Selbst spielt; sein wirkliches, bewußtes Selbst schien zu

Wahnideen - drei Personen; er sei(6) | W ~ Entfernungen; in bezug auf(4) | W ~ Existenz - Umgebung würde nicht existieren(3) | W ~ Gehirn - gespalten; das Gehirn sei | W ~ Gestalten - sieht(33) | W ~ groß - Teile des Körpers scheinen zu groß(10) | W ~ Hören - Einbildung; etwas zu hören(44) | W ~ Kopf - zwei Köpfe; er habe(3) | *W ~ lächerlich*(5) | W ~ Liegen - hinlegen; als könnte sie sich hinlegen(3) | W ~ Person - drei Personen; glaubt, er sei | *W ~ Phantasiegebilde, Illusionen*(115) | W ~ Raum - Ausdehnung des(2) | W ~ schläfrig; er sei(3) | *W ~ schweben - Luft, in der*(45) | *W ~ sonderbar, merkwürdig - alles sei*(16) | *s ~ Vertrautes scheint fremd*(38) | V ~ lächerlich, sind(3)

Gemüt ...

Wahnideen - Unrecht - begangen; er habe Unrecht(26) | *W~ verändert, alles sei*(6) | W~ vergrößert(42) | v~ Entfernungen seien(17) | v~ Kopf sei(15)

Wahnideen - verkleinert - geschrumpft, Körperteile seien(2) | W~ Visionen, hat(76) | W~ Zeit - länger; die Zeit erscheint(14)

Weinen(244)

Widersprüchlich - Worten; die Absichten stehen im Widerspruch zu den(9)

Widerspruch - verträgt keinen Widerspruch(73)

Zeit - langsam, scheint länger; vergeht zu(29)

Zerstreut(166) | *Z~ Erwachen, weiß nicht wo er ist oder was er antworten soll; beim* | *Z~ Lesen, beim*(6) | *Z~ periodisch - kurz dauernden Anfällen; in*(2) | *Z~ steht herum und vollendet nie, was er unternimmt*(2) | *Z~ verträumt*(17)

Zorn(243) | *Z~ Schwangerschaft, in der*

Träume

Angenehm(136)

Erotisch(196)

Fallen, zu stürzen; zu(60) | F~ Höhe herab, von einer(29)

Friedlich(2)

Hochgelegene Orte - Herunterfallen, Hinabstürzen von(29)

Lebhaft(193)

Schrecklich(237)

Unangenehm(87)

Unerinnerlich, bleiben nicht im Gedächtnis(93)

Verfolgt zu werden(17)

Viele(260)

– *Nux vomica* –

nux-v.

Gemüt

Abneigung - Heirat; gegen(4) | A~ Kinder; gegen - eigenen Kinder; gegen ihre(8) | *A~ Menschen; gegen - alle, gegen*(8)

Gemüt ...

Abscheu - Leben, vor dem(84)

Aktivität; Verlangen nach(38) | A~ ruhelos(6)

Albernes Benehmen(65)

Alkoholismus(135) | A~ aufstehen, um zu trinken; muß nachts(3) | **A~ Hypochondrie mit** | *A~ Reizbarkeit, mit* | A~ Schwangerschaft; während oder nach der | A~ Untätigkeit, Müßiggang; aus(3)

Angelt gern

Angesehen zu werden; erträgt es nicht(23)

Angesprochen zu werden - Abneigung(63)

Angst(362) | *A~ morgens*(42) | m~ Aufstehen - nach - amel.(6) | *m~ Erwachen, beim*(30)

Angst - nachmittags(32) | *A~ abends*(87) | *a~ Bett, im*(54) | a~ Dämmerung, in der(13)

Angst - nachts(119) | n~ Mitternacht - vor(36) | **M~ nach**(22)

Angst - Abendessen - nach(3) | *A~ andere, um*(24) | A~ Bett - im Bett(49) | *A~ Erwachen, beim*(86) | **A~ Essen - nach**(39) | A~ Fieber - während(91) | *A~ Flatus - durch*(4) | A~ Frost - während(31) | A~ Furcht, mit(110) | A~ Gehen - agg.(21) | G~ Freien, im(12)

Angst - geistige Anstrengung; durch(20) | **A~ Geschäfte, über**(10) | A~ Gesundheit; um die - eigene Gesundheit; um seine(57) | *A~ Gewissensangst*(75) | *A~ hypochondrisch*(52) | *h~ lesen; Manie medizinische Bücher zu*(5)

Angst - Kaffee - nach(5) | A~ kalt - Kaltwerden, durch(4) | A~ Kleidung - lokkern und die Fenster öffnen; muß die Kleidung(3) | A~ Kleinigkeiten, um(23) | *A~ Kopf - Schweiß auf der Stirn; mit*(5) | *S~ kalt*(2)

Angst - Liegen(11) | *A~ Menses - vor*(22) | M~ während(33) | w~ Zorn und Angst; mit(9)

GEMÜT ...

Angst - Müdigkeit, mit(16) | A ~ Nachtwachen, durch(6) | A ~ Ohnmacht - mit Ohnmacht; Angst(9) | A ~ Schlaf - während(42) | *A ~ Schweiß - kaltem, mit*(12) | A ~ Seelenheil, um das(35) | S ~ Bedenken, Gewissensbisse; übermäßige religiöse(7) | S ~ Glaubens; um den Verlust seines(5)

Angst - Stuhlgang - nach(17) | A ~ Suizidneigung, mit(10) | *A ~ Zukunft*(108)

Antworten - Abneigung zu antworten(67) | *A ~ falsch, unrichtig*(13) | A ~ kurz angebunden(19) | *A ~ Stupor kehrt schnell nach dem Antworten wieder*(17) | A ~ weigert sich zu antworten(32)

Aphasie(53) | **A ~ Apoplexie - nach**(9)

Argwöhnisch(105) | A ~ nachmittags(2)

Arzneimittel, homöopathische - Abneigung gegen(6)

Auffahren, Zusammenfahren(117) | A ~ tagsüber | A ~ mittags(10) | **A ~ Geräusche, durch**(60) | *A ~ Kleinigkeiten, über*(21) | *A ~ leicht*(52) | *A ~ Schlaf - während*(163) | *S ~ durch*(124) | *S ~ Einschlafen, beim*(72)

Außer sich; ist(51) | A ~ Angst; vor(14) | *A ~ Schmerzen; vor*(13)

Beharrlichkeit(16)

Beleidigt, leicht(79)

Berührt zu werden; Abneigung(46)

Beschäftigung - amel.(48)

Beschimpfen, beleidigen, schmähen(67) | B ~ Betrunkenheit; bei(3) | B ~ Ehemann - beschimpft; Ehemann - Ehefrau vor den Kindern und umgekehrt(5) | B ~ Kinder - Eltern; Kinder beschimpfen ihre(9)

Beschwerden durch - Alkoholismus(8) | B ~ Ausschweifungen(10) | B ~ Ehre, verletzte(9) | *B ~ Ehrgeiz - enttäuscht*(6) | **B ~ Eifersucht**(8) | B ~ Entrüstung(8) | *B ~ Enttäuschung*(17) | *B ~ Erregung - Gefühle, der*(87) | B ~ Erwartungsspannung(68) | B ~ Freundschaft, betrogene(7) | **B ~ GEISTIGE ANSTRENGUNG**(59)

GEMÜT ...

Beschwerden durch - Geldverlust; durch(9) | B ~ geschäftlichen Mißerfolg; durch(13) | B ~ Grobheit anderer(13) | B ~ Hast, Eile(10) | *B ~ Kränkung, Demütigung*(39) | *B ~ Kummer*(65) | B ~ Liebe; enttäuschte(31) | B ~ Mißerfolg - literarischer, wissenschaftlicher Mißerfolg(6) | *B ~ Schreck*(72) | S ~ Menses, während(10)

Beschwerden durch - sexuell - Exzesse(59) | B ~ Sorgen, Kummer(14) | B ~ Tod von geliebten Personen - Eltern oder Freunde, der(7) | T ~ Kindes, eines(11)

Beschwerden durch - Uneinigkeit zwischen - Eltern, Freunden(11) | U ~ Vorgesetzten und Untergebenen(9)

Beschwerden durch - Verachtung; verachtet zu werden(23) | **B ~ Zorn**(94) | **Z ~ Angst, mit**(30) | *Z ~ Entrüstung; mit*(11) | *Z ~ Schreck; mit*(22) | Z ~ stillem Kummer; mit(27)

Bestimmtheit(11)

Betäubung(237) | *B ~ Freien, im*(2) | B ~ Mittagessen, nach dem(5) | B ~ Schläfrigkeit, bei(11) | *B ~ Sonne; agg. in der*(2)

Bewußtlosigkeit(280) | **B ~ morgens**(45) | **B ~ Delirium tremens, bei** | **B ~ Entbindung, während der**(8) | *B ~ Essen, nach dem*(4) | B ~ Fieber, im(50) | B ~ Freien, im(3) | B ~ Frost - während(15) | **B ~ Gerüche, durch**(2) | B ~ Menses - während(13) | M ~ Unterdrückung von(8)

Bewußtlosigkeit - Schwangerschaft, in der(4) | B ~ Schwindel, bei(46)

Blasphemie, Gotteslästerung - Fluchen, und(12)

Blut sehen; kann kein - Wunden sehen; kann keine(2)

Boshaft(99)

Brütet, grübelt(41)

Brutalität(7) | B ~ Betrunkenheit; bei(2)

Chaotisch(44)

Delirium(233) | D ~ abends - Schlummers, während des | D ~ nachts(67)

Gemüt ...

Delirium - ängstlich(24) | D~ Bett - flieht und springt plötzlich aus dem Bett auf(36) | D~ brummt(44) | D~ erkennt niemanden(11) | D~ Fieberfrost, im(14) | *D~ Kopfschmerz - während*(16) | D~ rasend(84) | D~ Schlaflosigkeit - mit(45) | D~ schrecklich(26)

Delirium tremens(84) | *D~ Schlaflosigkeit, mit*(5) | **D~ Überempfindlichkeit, mit**

Demenz(33) | D~ Masturbation, mit(11) | D~ senilis, Dementia(25)

Denken - Beschwerden - agg.; Denken an seine Beschwerden(71)

Destruktivität, Zerstörungswut(41) | D~ Gemütsbewegungen; Zerstörungswut durch unterdrückte(5) | D~ Kleidern, von(10)

Ehrgeiz(15) | E~ Geld zu verdienen(5) | E~ Ruhm, nach(6) | E~ Verlust von - Enttäuschung, durch

Eifersucht(34) | *E~ Beschimpfen, treibt zum* | E~ Betrunkenheit; bei(5) | E~ brutal aus Eifersucht; zärtlicher Ehemann wird(4) | E~ Frauen - zwischen(4) | E~ Impotenz, mit(2) | E~ Kindern, zwischen(6) | E~ schlagen; treibt dazu, die Ehefrau zu(4) | E~ sexueller Erregung, mit(6) | *E~ Streiten, Vorwürfen und Beschimpfungen; mit*(2) | E~ Tiere oder leblose Objekte; auf(4) | E~ Weinen, mit(3)

Eigensinnig, starrköpfig, dickköpfig(107) | *E~ Menorrhagie, bei* | **E~ widersetzt sich den Wünschen anderer**(2)

Eitelkeit(10)

Eleganz, Anmut - keine Eleganz(12) | k~ Frauen; bei(5)

Empfindlich(192) | *E~ äußerliche Eindrücke; gegen alle*(21) | E~ Beschwerden; gegen die geringsten | **E~ Essen - nach**(3) | **E~ Geräusche, gegen**(149) | **G~ geringste Geräusch; gegen das**(29) | *G~ schmerzhafte Empfindlichkeit gegen*(10)

Gemüt ...

Empfindlich - Geräusche, gegen - Schritten; gegen das Geräusch von(6) | **G~ Stimmen, gegen**(15)

Empfindlich - Gerüche, gegen(30) | E~ Grobheiten, gegen(9) | **E~ Licht, gegen**(15) | *E~ Menses - vor*(3) | *M~ während*(5)

Empfindlich - moralische Eindrücke, gegen(10) | **E~ Musik, gegen**(46) | M~ heikel, pingelig(3)

Empfindlich - Schmerz, gegen(31) | E~ Singen, gegen(2) | E~ Sinneseindrücke, gegen(23) | E~ Umgebung(4)

Entfernungen - vergrößert; scheinen - Zeit; und auch die - Schläfrigkeit, bei

Entfremdet - Familie, von seiner(18) | F~ Fremden, aber nicht zu seiner Familie und Umgebung; er ist freundlich zu(4)

Entmutigt(135) | E~ Schmerzen, durch(4) | E~ Stöhnen, mit(3) | E~ Weinen, mit(6)

Entrüstung(22)

Ermahnungen - agg.(7) | a~ freundliche; selbst(6)

Ernst(77)

Erotisch(39)

Erregung(287) | *E~ agg.*(41) | *E~ morgens*(19) | *E~ abends*(32) | **a~ Bett, im**(31)

Erregung - nachts(40) | *E~ Frost - während*(22) | E~ Hören von Schrecklichem; nach(11) | *E~ Menses - vor*(11) | E~ Schweiß, beim(11) | **E~ Zittern, mit**(10)

Erschöpfung; geistige(217) | E~ nachts(4)

Erschreckt leicht(125) | E~ Einschlafen, beim(4) | E~ Erwachen, beim(41) | E~ erwacht - Geräusch erschreckt; durch das geringste | E~ Kleinigkeiten, über(27)

Erwartungsspannung - Prüfungen, vor(10)

Exzentrizität, Überspanntheit(54)

Farben - blau - Verlangen nach - dunkelblau(4) | *V~ hellblau*(9) | h~ Männern; bei(3)

Gemüt ...

Farben - blau - Verlangen nach - türkis(2) | F~ braun - Verlangen nach - hellbraun(2) | *F~ dunkle Farben - Abneigung gegen*(6) | *F~ gelb - Abneigung gegen*(3) | *F~ grün - Abneigung gegen*(5) | A~ dunkelgrün

Farben - grün - Verlangen nach(3) | V~ hellgrün(5) | V~ Männern; bei

Farben - helle Farben - amel.(4) | *h~ Verlangen nach*(6)

Farben - keine bestimmte Farbe - Verlangen nach | F~ orange - Abneigung gegen(4) | F~ purpur - Abneigung gegen(2) | p~ Verlangen nach(2)

Farben - rosa - Verlangen nach(10) | V~ Frauen; bei(3)

Farben - rot - Abneigung gegen(6) | *F~ schwarz - Abneigung*(11) | F~ violett - Abneigung gegen(2) | v~ Verlangen nach(2)

Farben - weiß - amel.(4) | w~ Abneigung gegen(2) | *w~ Verlangen nach*(15) | V~ Männern; bei(2)

Faulheit(269) | F~ morgens(51) | F~ Essen, nach dem(25) | F~ Geschäft - Durchführung der Geschäfte; bei der(2) | F~ körperlich(23) | *F~ Zorn, nach*

Fehler; macht - Gewichten; beim Abschätzen von | F~ Maßen, Größen; beim Abschätzen von | F~ Orte; in bezug auf(32) | *F~ Rechnen, beim*(14) | F~ Schreiben, beim(83) | S~ läßt etwas aus - Buchstaben(18) | l~ Silben(7) | l~ Worte(14)

Fehler; macht - Sprechen, beim(81) | S~ Buchstabieren, beim(23) | S~ Antworten; beim - falsche Antworten; gibt(4) | *S~ Worte - falsche Worte; benutzt*(53) | W~ läßt Worte aus(4) | *W~ stellt Worte an die falsche Stelle*(46)

Fehler; macht - Unterscheiden von Gegenständen; beim(5) | F~ Zeit; in bezug auf die(34)

Feigheit(89)

Fleißig, arbeitsam, Arbeitswut(101)

Gemüt ...

Fliehen, versucht zu(61) | F~ Familie und den Kindern zu fliehen; versucht von ihrer(7) | F~ springt plötzlich aus dem Bett(17) | F~ wegzulaufen, um(16)

Fluchen(44)

Froh(182) | F~ abends(42) | *a~ Bett, im*(29) | a~ abwechselnd mit - Traurigkeit - morgens

Froh - abwechselnd mit - Traurigkeit(57) | a~ Weinen(19)

Furcht(242) | *F~ morgens*(27) | m~ Bett, im(2)

Furcht - nachmittags(15) | n~ 17 h

Furcht - abends(51) | *a~ Gehen, beim*

Furcht - allein zu sein(54) | *F~ Arbeit; vor der*(32) | F~ Arbeit; Scheu vor der - täglichen Arbeit; vor der(2) | F~ Armut, vor(20) | *A~ auszugeben, um nicht in der Zukunft zu wenig zu haben; Furcht davor, Geld*(2)

Furcht - Ärzten, vor(9) | *F~ berührt zu werden*(38) | F~ engen Räumen; in(33) | *F~ erblinden, zu*(3) | F~ Ersticken, vor dem(24) | *F~ Erwachen, beim*(54) | F~ Essen - nach dem Essen; Furcht(14) | F~ fallen, zu stürzen; zu(28) | f~ nachmittags

Furcht - Geisteskrankheit(74) | *F~ geistige Anstrengung - vor geistiger Anstrengung - literarischer Arbeit; vor*(3) | F~ Geräusche, durch(40) | F~ Gerede der Leute zu kommen; ins(2) | **F~ geschehen; etwas werde**(82) | F~ Glauben zu verlieren; davor seinen religiösen(5) | *F~ Krankheit, vor drohender*(66) | K~ unheilbar zu sein(42)

Furcht - Luft - Freien im(4) | *F~ Menschenmenge; in einer*(58) | F~ Messern, vor(6) | F~ Musik, durch(10) | F~ Näherkommen, Annäherung von; vor - anderen, von(28) | F~ offenen Plätzen; Furcht vor(17) | F~ Schlaf - einzuschlafen; Furcht(18) | *F~ Selbstmord, vor*(10) | *F~ Tod; vor dem*(143) | T~ drohendem Tod, vor(17)

GEMÜT ...

Furcht - töten, davor zu(12) | *t~ Messer, mit einem*(3)

Furcht - Träumen, vor schrecklichen(2) | F~ überwältigend(19) | **F~ Unglück, vor**(93) | F~ Unheil; Furcht vor(115) | F~ Wasser, vor(33) | *F~ zornig zu werden, in Wut zu geraten*(4)

Geckenhaft(6)

Gedächtnis - gut, aktiv(91) | *G~ Gedächtnisschwäche*(284) | *G~ auszudrücken, sich*(41) | G~ Eigennamen; für(44) | G~ geistige Anstrengungen; für - Ermüdung, durch(11) | G~ Personen, für(23) | G~ plötzlich und periodisch(6) | G~ sexuelle Exzesse, durch(9) | G~ Tatsachen, Fakten; für - kurz zurückliegende Tatsachen, für(15) | G~ Termine, für das Datum; für(12) | G~ Verse zu lernen(3) | *G~ Worte, für*(61)

Gedanken - Gedankenandrang, einstürmende Gedanken, Gedankenfluß(78) | G~ morgens(3) | m~ Aufstehen, nach dem

Gedanken - Gedankenandrang, einstürmende Gedanken, Gedankenfluß - abends(5) | *a~ Bett, im*(17)

Gedanken - Gedankenandrang, einstürmende Gedanken, Gedankenfluß - nachts(31) | *G~ Schlaflosigkeit, durch*(23)

Gedanken - hartnäckig(83) | G~ sexuell(21) | G~ überlegt(54) | G~ Vergehen, Schwinden der Gedanken(76) | *G~ zusammenhangslos*(30) | **z~ lesen, kann nicht**(3)

Gedanken versunken, in(90) | G~ morgens(2)

Gefallsüchtig, kokett - sehr, zu(6)

Gehalten - Verlangen, gehalten zu werden(9) | G~ amel.; gehalten zu werden(22)

Geistesabwesend(71)

Geisteskrankheit, Wahnsinn(153) | G~ albern, lächerlich(6) | **G~ Alkoholikern; bei**(22) | *G~ eigensinnig bei; ist*(2) | *G~ Einkäufe, macht nutzlose*(2) | *G~ erotisch*(31)

GEMÜT ...

Geisteskrankheit, Wahnsinn - fliehen, Verlangen zu(8) | **G~ geistige Anstrengung; durch**(5) | **G~ Kränkung - durch**(6) | G~ Melancholie(17) | G~ reisen; mit Verlangen zu(9) | G~ religiös(19) | G~ Ruhelosigkeit, mit(14) | *G~ Wochenbett, im*(35)

Geistige Anstrengung - agg.(141) | *a~ ermüdet*(20) | *a~ unmöglich*(130)

Geistige Anstrengung - Abneigung gegen(150) | *A~ literarische Arbeit*(3)

Geiz(34) | *G~ Angst um die Zukunft; Geiz aus*(6) | G~ Großzügigkeit gegenüber Fremden, Geiz in bezug auf seine Familie(4) | G~ verschwenderisch; jedoch für sich selbst(5)

Gelingt nichts, es(9)

Gemütssymptome(26)

Geschäft - Abneigung gegen(45)

Geschäftsleute - entkräftete, ausgelaugte Geschäftsleute; geeignet für(3)

Geschmacklosigkeit bei der Wahl der Kleidung(11)

Gesellschaft - Abneigung gegen(156) | A~ Abscheu vor Gesellschaft(6) | A~ ertragen, kann niemanden(4) | A~ Menses, während - Verlangen alleingelassen zu werden(2)

Gesellschaft - Verlangen nach(83)

Gespräche - agg.(45)

Gesten, Gebärden; macht(22) | G~ Hände; unwillkürliche Bewegungen der - Greifen - Seiten des Bettes; nach den | H~ Mund; zum | M~ rechte Hand

Gesten, Gebärden; macht - Hände; unwillkürliche Bewegungen der - zählen; als würde er Geld(4) | G~ konvulsivisch(24) | G~ lächerlich oder albern(19) | G~ sonderbare Posen und Haltungen(20) | s~ Gangart, in der(2)

Gesten, Gebärden; macht - Sprechen - beim Sprechen; gestikuliert(2) | G~ stampft mit den Füßen(17)

Gemüt ...

Gewissenhaft, peinlich genau in bezug auf Kleinigkeiten(58)
Gier, Habsucht(19)
Gleichgültigkeit, Apathie(251) | *G~ allem; gegenüber*(71) | *G~ Langeweile, mit*(11) | *G~ Wohlergehen anderer; gegen das*(11)
Grausamkeit, Unmenschlichkeit(30)
Grobheit(37)
Großzügig, zu(3) | G~ Fremden gegenüber(4)
Hämorrhoiden; Gemütssymptome nach unterdrückten(18)
Hartherzig, unerbittlich(20)
Haß(28) | H~ Menschen, auf - beleidigt haben; die ihn(11) | *H~ Rachsucht; Haß und*(32)
Hast, Eile(112) | H~ immer in Eile(6)
Haushalt zu führen; Frauen, die unfähig sind, einen(4)
Hautausschlägen; Gemütssymptome nach unterdrückten(18)
Heftig, vehement(100) | *H~ Gewalttaten führt; Raserei, die zu*(34)
Heikel, pingelig(34)
Heirat - unerträglich; der Gedanke an Heirat scheint(6)
Herausfordernd(22)
Heuchelei(11)
Heulen(30)
Hinterhältig, hinterlistig, falsch, verschlagen(32)
Hochgefühl(97)
Hochmütig, arrogant(53)
Hypochondrie(116) | H~ abends(5) | *H~ Alkoholikern; bei* | *H~ Essen, nach dem*(5)
Hysterie(194) | H~ Menses - während(27) | *M~ nach - reichlich*(4)
Hysterie - Ohnmacht, hysterische(22)
Ichbezogenheit, Egotismus, Selbstüberschätzung(24)
Ideen, Einfälle - Mangel an(102) | *I~ Reichtum an, Klarheit des Geistes*(125) | *R~ abends*(17) | **a~ Bett, im**(14)
Ideen, Einfälle - Reichtum an, Klarheit des Geistes - nachts(26)

Gemüt ...

Imbezillität(140) | I~ Raserei, stampft mit den Füßen(5)
Impertinenz, Unverschämtheit(14)
Impulse, Triebe; krankhafte - Exanthem; flüchtiges(6)
Indiskretion, Taktlosigkeit(30)
Jammern(93) | J~ Krankheit, über seine(4) | *J~ Schmerzen, über*(6)
Kämpfen, möchte(10)
Kauzig, eigen - gehen; in der Art zu(2)
Kindisches Benehmen(52)
Klagen(64) | K~ nachts im Schlaf | *K~ Krankheit, über seine*(4) | K~ Schlaf, im(6) | *K~ Schmerzen, über*(3)
Kleinigkeiten scheinen wichtig, bedeutend(19)
Kleptomanie(27)
Konzentration - gut, aktiv(26) | **K~ SCHWIERIG**(261) | s~ Abneigung gegen(6) | s~ Gespräches, während eines(7) | **s~ Rechnen, beim**(7) | **S~ STUDIEREN**(52)
Kummer(76) | K~ morgens(4) | K~ abends - amel.(2)
Kunst - Unfähigkeit zur - gestaltende Künste(2)
Kurz angebunden, barsch(14) | K~ herzlich; rauh aber(4) | K~ schroff(13)
Lachen(102) | L~ abwechselnd mit - Weinen(43) | L~ Schmerzanfall erregt nervöses Lachen; jeder(2) | *L~ unmäßig*(28)
Läuft umher(24)
Langeweile(53)
Langsamkeit(68)
Lästig, geht auf die Nerven(79)
Launenhaftigkeit, launisch(108)
Lebensüberdruß(82) | L~ nachts(2)
Lebhaft, munter(50)
Leidenschaftlich(49)
Lesen - Abneigung gegen Lesen(25) | *L~ Verlangen - medizinische Bücher zu lesen*(5)
Liebe - Analkoitus mit einer Frau(3) | L~ Perversität(5)
Liebevoll, voller Zuneigung, herzlich(37)

GEMÜT …

Lügner(22) | L~ lügt, sagt nie die Wahrheit, weiß nicht, was sie sagt(8)

Magnetisiert - amel.(20)

Manie(149) | M~ Raserei, mit(27) | M~ zerreißt - Kleidung(3)

Mathematik - Begabung zur(4) | M~ Unfähigkeit zur - rechnen; kann nicht(16)

Milde(80)

Mitgefühl, Mitleid(34)

Moralischem Empfinden; Mangel an(48)

Morphiumsucht(31)

Murmeln(55) | *M~ unklar*(6)

Mürrisch(290) | *M~ morgens*(42) | m~ Bett, im(16)

Mürrisch - nachts(16) | M~ Betrunkenheit; bei(4) | M~ Erwachen, beim(32) | M~ Essen, nach dem(21) | M~ Frauen, bei(5) | *M~ Menses - vor*(3) | M~ Schlaf, im(3)

Musik - agg.(40) | M~ Abneigung gegen(13) | M~ Kopfschmerzen, durch(9)

Müßiggang, Untätigkeit(7)

Mutwillig, boshaft(24)

Nachgiebigkeit(21)

Nachtschwärmerei, Schwelgerei(11)

Necken(6)

Neid(22) | N~ Habgier, und(12)

Niederträchtig(11)

Nymphomanie(67)

Optimistisch(17)

Perfide(9)

Pessimist(17)

Phantasien - lasziv(46) | P~ lebhaft(31) | P~ übertrieben(114) | *P~ übertrieben - morgens*(3) | *P~ übertrieben - abends - Bett, im*(28) | *P~ übertrieben - nachts*(40) | *P~ übertrieben - Schlaflosigkeit, mit*(41)

Pläne - macht, schmiedet viele Pläne(15)

Prahler, Aufschneider(13) | P~ verschwenderisch aus Prahlerei(4)

Prozesse; geht gerne vor Gericht, führt gerne(6)

Qualvolle Angst(121) | Q~ morgens(6) | Q~ nachmittags(7) | Q~ nachts(9) | *n~ Mitternacht - nach - 4 h*(2)

GEMÜT …

Qualvolle Angst - Erwachen, beim(4) | Q~ Ohnmacht nach qualvoller Angst(2)

Raserei, Tobsucht, Wut(95) | R~ Epilepsie - mit Epilepsie; Raserei(6)

Rebelliert gegen Umschläge(17)

Redseligkeit; Geschwätzigkeit(136) | *R~ nachmittags* | R~ abends(10) | **R~ Gesundheit, über seine**

Reizbarkeit(408) | R~ morgens(69) | m~ Erwachen, beim(43)

Reizbarkeit - nachts - abwechselnd mit - Fröhlichkeit - tagsüber(6) | *R~ angeblickt, wenn - angesprochen oder berührt; wenn - Kindern; bei*(9) | R~ angesprochen, wenn(26) | **R~ Angst, mit** | R~ Erwachen, beim(56) | *R~ Essen - nach*(26) | *R~ Fieberfrost, im*(57) | R~ Freien, im(12) | **R~ gefragt wird; wenn er**(12) | **R~ Hämorrhoiden, mit**(2) | *R~ Hitze - während*(31) | R~ Koitus - nach(26) | *R~ Kopfschmerzen, bei*(61) | **R~ Leberstörungen, bei**(4) | *R~ Menses - vor*(17) | *M~ während*(42)

Reizbarkeit - Musik - während(10) | *R~ Nachwehen, bei* | *R~ Pollutionen, nach*(10) | *R~ Samenabgang, nach*(8) | R~ schreit und weint(2) | *R~ sexuelle Erregung; durch - Frauen; bei* | *R~ Stuhlgang - vor*(5) | R~ Trost - agg.(21)

Religiös - Gemütsstörungen, religiöse(63)

Respekt, Ehrfurcht vor seiner Umgebung(9)

Reue(63)

Ruhe - Verlangen nach(21)

Ruhelosigkeit(420) | R~ abends(51) | a~ Bett, im(11)

Ruhelosigkeit - nachts(249) | R~ ängstlich(111) | *R~ Bett - Herumwerfen im*(123) | B~ treibt aus dem(39)

Ruhelosigkeit - Brust - Hitze, die von der Brust in den Mund aufsteigt; durch | R~ Essen - nach(14) | R~ geschäftig(20) | R~ Kindern, bei - rastlos, wandernd(3) | R~ Liegen, beim(8)

Gemüt ...

Ruhelosigkeit - Menses - vor(16) | *M ~ während*(40) | M ~ unterdrückten, bei(9)

Ruhelosigkeit - treibt umher(41) | t ~ Freien, im(3)

Satyriasis(26)

Schamlos(29)

Schlagen(42) | S ~ Betrunkenheit; bei(4) | S ~ eingebildete Objekte ein; schlägt um sich auf(14) | **S ~ Verlangen - schlagen, zu**(15)

Schmeichlerisch(10)

Schmollen(41)

Schmutzig(17) | S ~ Haut, mit schmutziger(6)

Schreckliches und traurige Geschichten greifen sie stark an(32)

Schreiben - Unfähigkeit zu(6)

Schreien(133) | *S ~ Kindern, bei*(38) | *K ~ Kolik mit*(2) | K ~ Weinen und(2)

Schreien - Konvulsionen - vor(32) | *K ~ während*(31) | *K ~ epileptisch*(21)

Schreien - muß; hat das Gefühl, als ob sie schreien(20) | S ~ Trinken, beim | S ~ Urinieren - vor dem(7) | S ~ Zorn, bei(7)

Schüchternheit, Zaghaftigkeit(113) | S ~ schamhaft(58) | s ~ ungeschickt, und(9)

Schweigsam(209) | S ~ Fieberhitze; in der(11)

Selbstbetrachtung(58)

Selbstsucht, Egoismus(32)

Selbstvertrauen - Mangel an Selbstvertrauen(86)

Sentimental, schwärmerisch, rührselig(64)

Seufzen(98) | *S ~ Ehrgefühl, durch verletzte* | S ~ Fieberhitze, in der(17) | S ~ grundlos | S ~ Schweiß, beim(16)

Singen - Trällern(11)

Sinne - abgestumpft, stumpf(107) | **S ~ scharf**(52) | *S ~ Vergehen, Schwinden der*(51)

Sitzen - Neigung zu sitzen(110) | *N ~ unbeweglich, still*(42)

Sorgen, voller(50) | S ~ Geschäfte, um seine(8) | S ~ täglichen Sorgen angegriffen; von den(4)

Sorgsamkeit, Sorgfalt(12)

Spannkraft - abwechselnd mit - Traurigkeit

Gemüt ...

Spaßen - Abneigung gegen(22) | S ~ erotisch(4) | S ~ Spaß; verträgt keinen(12)

Spielen - Spielleidenschaft(10)

Spontan, impulsiv(33) | S ~ Einkaufen; geht spontan

Spotten(18) | S ~ andere würden ihn verspotten; glaubt(4) | S ~ Lächerliche ziehen; will alles ins(6) | S ~ Sarkasmus, beißender Spott(14)

Sprache - affektiert, manieriert, unnatürlich(22) | S ~ ängstlich im Schlaf(4) | *S ~ berauscht, wie*(11) | *S ~ einsilbig*(7) | S ~ hastig(44) | S ~ leise, sanfte Stimme(8) | *S ~ Phrasen, in hochtrabenden* | S ~ Schwatzen(17) | *S ~ Schlaf, im*

Sprache - unklar, unverständlich(20) | u ~ nachts - Mitternacht, vor

Sprache - unpassend | *S ~ verworren*(25) | S ~ Wortschwall, gehaltloser(4)

Sprechen - agg. die Beschwerden(34) | **S ~ anderer agg.; das Sprechen**(46) | *S ~ Beschwerden; von ihren*(5) | *S ~ Schlaf, im*(93) | S ~ erregt(5) | S ~ komatösem Schlaf, in(3)

Sprechen - schweift von einem Thema zum anderen(47) | *s ~ nachmittags und besonders abends*

Sprechen - sich selbst ; mit(31) | *s ~ allein; nur wenn*(3)

Sprechen - summt vor sich hin(3) | **S ~ Zustand; ängstlich über seinen**

Springen(15) | *S ~ wilde Sprünge bei Puerperalmanie*

Spucken(32)

Still sein, seine Ruhe haben; möchte(21) | S ~ Ruhe und Stille; verlangt nach(4)

Stilles Wesen(49)

Stimmung, Laune - abweisend, zurückweisend(40) | S ~ veränderlich(158)

Stirnrunzeln, Neigung zum(8)

Stöhnen(119) | *S ~ Ehrgefühl, durch verletzte* | S ~ Hitze; während der(16) | *S ~ Schlaf, im*(62) | *S ~ Schmerzen, durch*(8)

Störungen; Abneigung gegen(13)

Gemüt ...

Streitsüchtig(136) | S ~ Eifersucht; aus(5) | **S ~ gestört wird; wenn er** | S ~ Schmerzen - während

Stumpfheit(332) | S ~ morgens(54) | *S ~ geistige Anstrengung, durch*(27) | *S ~ Lesen*(35) | *S ~ Säfteverlust, nach*(3) | S ~ Studieren und Lernen; beim(3)

Stupor(138) | **S ~ morgens**(36)

Suizidneigung; Neigung zum Selbstmord(98) | S ~ nachts(5) | n ~ Mitternacht, nach(2)

Suizidneigung; Neigung zum Selbstmord - Angst, aus(3) | S ~ Betrunkenheit; bei(3) | S ~ Erschießen, durch(17) | S ~ Erstechen, durch(4) | S ~ Ertränken, durch(19) | S ~ Fieberhitze, in der(6) | S ~ Gas vergiften; will sich mit(2) | S ~ Messer - mit einem Messer(8) | **S ~ Mut; aber es fehlt ihm der**(9) | *S ~ Schmerzen, durch*(6) | **S ~ SPRICHT IMMER VON SELBSTMORD, BEGEHT IHN ABER NICHT** | S ~ stürzt sich - Fenster, aus dem(21) | *s ~ Tiefe, in die*(24)

Tadelsüchtig, krittelig(80)

Tadelt - andere(32) | a ~ Schmerzen, bei den

Tadelt - sich selbst(36)

Tod - Gefühl von(25) | G ~ Krämpfen, bei

Tod - Vorahnung des Todes(62) | T ~ wünscht sich den Tod, möchte sterben(72)

Töten, Verlangen zu(32) | *T ~ Beleidigung zu töten; plötzlicher Impuls wegen einer geringen*(3) | T ~ Betrunkenheit; bei(5) | *T ~ Ehemann zu töten; Impuls den geliebten*(3) | *T ~ geliebte Menschen*(6) | T ~ Messer - Anblick eines Messers; beim(4) | *M ~ mit einem Messer*(12)

Töten, Verlangen zu - plötzlicher Impuls zu töten(10) | *T ~ sich selbst zu töten; plötzlicher Impuls*(8) | T ~ vergiften; Impuls jemanden zu(3) | *T ~ werfen; plötzlicher Impuls, das Kind zu - Feuer, ins*(4)

Traum; wie in einem(69)

Gemüt ...

Traurigkeit(477) | *T ~ morgens*(71) | T ~ Abendessen, nach dem | T ~ Alkoholikern; bei(6) | T ~ Betrunkenheit; bei(3) | **T ~ Essen - nach**(25) | T ~ Frost - während(37) | T ~ Gehen - Freien, im(14) | T ~ Masturbation, durch(16)

Traurigkeit - Menses - unterdrückt(20) | *T ~ Mittagessen, nach dem*(6) | T ~ Musik - durch(17) | **T ~ Pollutionen, durch**(23) | T ~ Schweiß, beim(29) | T ~ Seufzen, mit(4) | T ~ sexuelle Erregung - mit sexueller Erregung(10) | *T ~ Stellung; nach Verlust der* | T ~ still(7) | T ~ Stuhlgang - nach - amel.(2) | T ~ Zorn - nach(10)

Trost - agg.(39)

Umherstreifen, Streunen(2) | *U ~ besinnungslos, geisteskrank*(11)

Unabhängig(3)

Unanständig, unzüchtig(21) | *U ~ Sprache, anstößige*(12)

Unbehagen - Farben - dunkle Farben - agg.(2) | F ~ leuchtende, glänzende Farben - agg.

Unbesonnen(82)

Unbeständigkeit(45)

Undankbar(10)

Unduldsamkeit - Beschwerden; gegenüber seinen

Unentschlossenheit(146) | U ~ heiraten, zu(10) | U ~ wankelmütig(12)

Ungeduld(131) | *U ~ angesprochen, wenn*(2) | *U ~ Arbeit; bei der*(3) | *U ~ Fieberhitze, mit*(10) | **U ~ Schnupfen, mit**

Ungehorsam(30)

Ungerechtigkeit; erträgt keine(8)

Ungeschicklichkeit(41) | U ~ Arbeit, bei der(4) | U ~ fallen, läßt Dinge(26) | U ~ Gesten, in(6) | U ~ Schneidern, Sticken; beim(9) | U ~ stößt gegen Sachen(6) | U ~ Verlegenheit, aus(7)

Ungestüm(31)

Unternimmt - nichts, auf Furcht, es könne fehlschlagen(3) | U ~ Vieles, hält aber bei nichts durch, bleibt nicht dabei(28)

Gemüt ...

Untröstlich(30)

Unverschämtheit(33)

Unzüchtig, obszön(34) | *U~ Sprechen*(14)

Unzufrieden(168) | *U~ morgens*(5) | U~ allem; mit(66) | U~ sich selbst, mit(36)

Verächtlich(35)

Vergeßlich(187) | **V~ Alkoholikern; Vergeßlichkeit bei**(7) | *V~ geistige Anstrengung, durch*(10) | V~ Haus befindet; auf welcher Straßenseite sich sein(4) | **V~ Säfteverlust, durch**(3) | *V~ Worte beim Sprechen; vergißt*(52)

Verkehrt, alles erscheint(6)

Verlangen; großes - Ruhe und Frieden, nach(2)

Verleumden, Neigung zu(21)

Verschiebt alles auf den nächsten Tag(7)

Verschwenderisch(13) | V~ Prahlerei, aus(4)

Verwechseln - Gedanken und Dinge(7)

Verwirrung, geistige(321) | V~ morgens(115) | V~ nachmittags(33) | V~ abends(78) | **V~ alkoholische Getränke, durch**(8) | V~ Ärger - nach | V~ berauscht - wie(47) | *b~ wie nach einem Rausch*(35)

Verwirrung, geistige - Bewegung, durch(16) | V~ durcheinander, vermischt beides; bringt Subjektives und Objektives(5) | *V~ Essen - nach*(52) | V~ Freien, im(12) | *V~ geistige Anstrengung - durch*(50) | V~ Mittagessen - nach(9) | **V~ Nachtschwärmerei; wie durch**(3) | *V~ Rechnen, beim*(4) | V~ Sonne; in der(2) | V~ verläuft sich in bekannten Straßen(12)

Verzweiflung(137) | V~ Fieberfrost, im(20) | V~ Genesung, in bezug auf die(44) | V~ Schmerzen; bei den(21)

Vorsichtig(17)

Wahnideen(191) | W~ abends - Bett, im(16) | W~ nachts(36) | W~ arm, er sei(10) | W~ Ausschweifung, Schwelgerei, wie nach einer(3) | W~ berauscht - sei, er(59) | s~ Nachtschwärmerei; durch | s~ Kopf gerade gehalten wird; wenn der

Gemüt ...

Wahnideen - beschimpft worden; er sei(16) | W~ Bett - berühren; als würde sie im Liegen das Bett nicht(13) | B~ drehen, würde sich - herumdrehen(4) | B~ herumwirbeln; würde mit ihr | B~ jemand - im Bett; als sei jemand - mit ihm(13) | j~ kommt in sein Bett und es ist kein Platz mehr

Wahnideen - Bett - verkauft; jemand habe sein Bett | W~ Bilder, Phantome; sieht(76) | B~ nachts(40) | B~ schreckliche(60)

Wahnideen - drehen; er würde sich - Achse, um seine | W~ ermordet - Mutter sei ermordet worden; ihre | W~ Fallen - hinten, nach - Seite fallen; er werde nach hinten oder auf eine(2) | W~ fehlschlagen, versagen; alles werde(6) | W~ Fremde - sieht, er(8) | W~ gären - alles würde gären | W~ Gegenstände; über - Bewegung in(7) | W~ Gehirn - schwanken; das Gehirn würde - drehen; und sich im Kreis | W~ geht - Luft - auf Luft; geht(15) | W~ geisteskrank - werden; er würde geisteskrank(43) | W~ geschehen; etwas sei(4) | *W~ Gesichter, sieht*(26) | G~ häßliche(17)

Wahnideen - Haus - Menschen; das Haus sei voller(10) | *W~ Hause, zu - weg von zu Hause; er sei*(23) | W~ Interesse an etwas; spürt kein | W~ Körper - Fäden gesponnen; der Körper sei innen aus | W~ Kopf - kein Kopf vorhanden; es sei(2) | K~ verstorbenen Bekannten ohne Körper; Kopf von

Wahnideen - krank - sein; krank zu - arbeitet darum nicht; und(4) | W~ Kränkung, Demütigung - nach(4) | W~ lachen und spotten; man würde über ihn(6) | W~ Melancholie(6) | M~ nachts wenn halbwach

Wahnideen - Menschen - Fragen an ihn und er muß antworten; Menschen richten

GEMÜT ...

Wahnideen - Menschen - neben ihm, seien(13) | **M~ Streiche mit ihm spielen; die alle möglichen(2)**

Wahnideen - mißlingen, fehlschlagen - alles würde schiefgehen(2) | W~ nachgestellt - ihm würde nachgestellt(28) | W~ närrisch(4) | W~ Phantasiegebilde, Illusionen(115) | W~ religiös(17) | W~ schlafen; er würde - nicht genug geschlafen; er habe(17) | W~ schlagen - möchte schlagen - jeden, der zu ihm spricht ins Gesicht | W~ schwanger, sie sei(14) | W~ sterben - gleich sterben; glaubt, er würde(57) | s~ müsse sterben; sie

Wahnideen - Stimulans eingenommen; er habe ein(2) | W~ stirbt - er(15) | W~ Studieren, nach(2) | W~ Tiere(42) | W~ tot - Leiche - verstümmelte Leiche(7) | t~ Personen, sieht tote(59)

Wahnideen - Ungeziefer - sieht Ungeziefer herumkriechen(13) | W~ Verbrechen - begangen; er habe ein Verbrechen(29) | W~ Verbrechern, von(24) | W~ verfolgt - Feinden, von(30) | W~ verfolgt; er würde - Tieren; von | W~ vergrößert(42) | W~ verkauft - Bett verkauft; jemand habe sein | W~ Verletzung - werden; würde gleich verletzt(13) | *W~ verstümmelte Körper; sieht*(8) | *W~ Visionen, hat*(76) | *V~ schrecklich*(27)

Wahnideen - Würmer - kriechenden Würmern, von(10) | W~ Zeit - länger; die Zeit erscheint(14) | W~ Zimmer - drehen; das Zimmer würde sich im Kreis | Z~ wirbeln; das Zimmer würde

Wandern - Verlangen zu wandern - ruhelos umher; wandert(6)

Weigert sich - Behandlung, gegen jede - krank ist; obwohl er sehr(3)

Weinen(244) | *W~ nachts*(81) | n~ Mitternacht - vor(3) | *n~ Schlaf, im*(12)

Weinen - Ärger, durch(23) | W~ Erwachen, beim(36) | W~ grundlos(30)

GEMÜT ...

Weinen - kann nicht weinen, obwohl er traurig ist(13) | W~ Kleinigkeiten, über(23) | *W~ Konvulsionen - während*(27) | *W~ Musik; durch*(14) | *W~ Schlaf, im*(88) | W~ Schluchzen; Weinen mit(34) | *W~ Schmerzen - während den Schmerzen*(23) | W~ Schweiß, beim(25) | W~ Trinken, nach dem(3) | W~ Trost - agg.(22) | *W~ Widerspruch, durch*(4) | W~ Widerstand, beim geringsten | W~ Wimmern, Winseln(27) | *W~ Schlaf, im*(28)

Weinen - Zorn - nach(19)

Widerspenstig(66)

Widerspruch - agg.(11) | W~ Neigung zu widersprechen(38) | *W~ verträgt keinen Widerspruch*(73)

Widerwillen(39) | W~ allem, vor(22)

Wille - Willensschwäche(58)

Wohlwollen, Güte(7)

Zeit - langsam, scheint länger; vergeht zu(29) | l~ nachts

Zeit - vergeudet seine Zeit(11)

Zerbricht Dinge(13)

Zerreißt - Dinge im allgemeinen(21)

Zerstreut(166) | Z~ angesprochen, wenn(5) | Z~ Unachtsamkeit(6)

Zorn(243) | *Z~ morgens*(12) | m~ Erwachen, beim(13)

Zorn - antworten muß; wenn er(7) | Z~ erstechen könnte; so wütend, daß er jeden(8) | Z~ Fehler, über seine(7) | **Z~ Gesicht - rot - Gesicht; mit rotem**(10) | Z~ getröstet, wenn(10) | **Z~ heftig**(72) | *Z~ Kleinigkeiten, über*(58) | *Z~ Lähmung durch Zorn*(2) | **Z~ leicht**(37) | Z~ sich selbst; auf(10) | *Z~ Unterbrechung, durch*(9) | *Z~ Wahnideen während der Menopause; mit*(3) | *Z~ Widerspruch, durch*(37)

Zügellosigkeit, sexuelle Ausschweifung(32)

Zurückhaltend, reserviert(64)

Zweifelt - Genesung; an der(31) | Z~ Seelenheil, am(18)

Träume

Alpträume, Alpdrücken(144)
Angenehm(136)
Ängstlich(239)
Anstrengung - geistige(51) | A~ körperliche(20)
Aufregend(14)
Beeindruckend(11)
Beeinflußt das Gemüt(14)
Ekelhaft(32)
Ereignisse - gelesene - früher gehört, gelesen, gesprochen oder nachgedacht hat; über die man(15) | E~ zurückliegende, kurz(55) | *z~ Vortag, vom*(41)
Erinnerlich, bleiben im Gedächtnis(33)
Erotisch(196) | **E~ Pollutionen, mit**(96)
Fallen, zu stürzen; zu(60)
Gefahr(40)
Geschäft(40) | G~ Tage, vom(39)
Grausamkeit(7)
Hervorragende geistige Arbeit zu leisten(15)
Hunde(20) | *H~ verfolgt zu werden; von Hunden*(3)
Katzen(12) | *K~ verfolgen ihn*(3)
Körperteile - Zähne - fallen aus(6) | Z~ Füllung fällt heraus
Krankheit(43) | K~ Zähne - Ausfallen(6)
Läuse(7)
Lebhaft(193)
Mühevoll, müht sich ab(6)
Nachdenken, mit(15)
Phantastisch(55)
Ruhelos(53)
Schrecklich(237)
Sorgen, voller(21)
Streitigkeiten(69)
Tiere(25) | T~ wilde(8)
Traurig(46)
Trinkgelage(11)
Unangenehm(87)
Unfälle(29)
Ungeziefer(14)
Unglück(64)
Unwichtig(46)
Verdrießlich(122)

Träume ...

Verfolgt zu werden(17) | *V~ Katzen und Hunden; von*(3) | V~ Tieren, von(13) | T~ wilde(14)
Verstorbenen, von(84)
Verstümmelung(9)
Verworren(122)
Viele(260)
Visionär(45)
Waggons(2)
Wecken den Patienten(118)
Weinen(14)
Würmer - kriechende(5)
Zähne - fallen aus(5)
Zorn(58)

– Nymphaea odorata –

nymph.

Gemüt

Ruhelosigkeit - nachts(249)

– Ocimum canum –

oci.

Gemüt

Aphasie(53)
Reizbarkeit(408)

Träume

Freunde(4)
Kinder(8)
Krankheit - Vergiftung(5)
Vergiftet zu werden(4)
Verwandte(2)

– Ocimum sanctum –

oci-s.

Gemüt

Angst(362)
Konzentration - schwierig(261)
Verwirrung, geistige(321)

– Oenanthe crocata –

oena.

Gemüt

Angst(362)
Aphasie(53) | *A ~ Apoplexie - nach*(9)
Beschimpfen, beleidigen, schmähen(67)
Betäubung - Konvulsionen, zwischen den(11)
Bewußtlosigkeit(280) | B ~ abends(15) | *B ~ Apoplexie, bei*(15) | B ~ Bewegungen, automatische(26) | B ~ geistige Empfindungslosigkeit(13) | *B ~ Konvulsionen - nach*(12) | B ~ plötzlich(12)
Delirium(233) | *D ~ bewegt - ständig von einer Stelle zur anderen; bewegt sich* | *D ~ manisch*(47) | *D ~ rasend*(84) | D ~ redselig(33)
Delirium tremens(84)
Demenz - Epileptikern, von(12)
Destruktivität, Zerstörungswut(41)
Erkennt - nicht; erkennt - Verwandten nicht; erkennt seine eigenen(28)
Erregung(287)
Fliehen, versucht zu(61)
Fluchen(44)

Gemüt ...

Furcht - Menses - während(9)
Gedächtnis - Gedächtnisschwäche(284)
Gedanken - Kontrolle über die Gedanken ist verloren(4) | G ~ ohne Gedanken; Gedankenleere(6)
Geistesabwesend(71)
Geisteskrankheit, Wahnsinn(153) | G ~ betrunken, wie
Gesten, Gebärden; macht - Hände; unwillkürliche Bewegungen der - Greifen(41)
Heftig, vehement - verärgert, wenn - agg. während den Menses
Lachen - sardonisch(26) | L ~ spasmodisch(49)
Magnetisiert - Gefühl wie
Manie(149)
Mürrisch - abwechselnd mit - Fröhlichkeit, Frohsinn(23)
Qualvolle Angst(121)
Raserei, Tobsucht, Wut(95) | R ~ anfallsweise(11)
Redseligkeit; Geschwätzigkeit(136)
Reizbarkeit(408)
Ruhelosigkeit(420) | R ~ Anfälle - nach | R ~ Konvulsionen - nach
Schreien - Konvulsionen - vor(32) | K ~ während(31) | *K ~ epileptisch*(21)
Sprechen - sich selbst ; mit(31)
Stöhnen(119)
Stupor(138) | S ~ abends(3)
Traum; wie in einem(69)
Traurigkeit(477)
Verwirrung, geistige(321)
Wahnideen(191) | W ~ betrunken - sei betrunken, er(23) | W ~ erhoben, hochgehoben - getragen; er würde auf eine Anhöhe | W ~ Fliegen(13) | W ~ Gegenstände; über - fassen; versucht, Gegenstände zu(5) | W ~ tot - er selbst sei(18)
Zerreißt - Dinge im allgemeinen(21)

– Oenothera biennis –

oeno.

Gemüt

Bewußtlosigkeit(280)

– Okoubaka aubrevillei –

okou.

Gemüt

Gedächtnis - Gedächtnisschwäche(284)
Studieren, Lernen - schwierig, fällt schwer(18)

– Oleander –

olnd.

Gemüt

Angst(362)
Antworten - Stupor kehrt schnell nach dem Antworten wieder(17)
Aphasie(53)
Beschwerden durch - Verachtung; verachtet zu werden(23) | B ~ Zorn(94)
Betäubung(237)
Bewußtlosigkeit(280)
Brütet, grübelt(41)
Denken - Abneigung gegen(46) | D ~ Beschwerden - agg.; Denken an seine Beschwerden(71)
Ekstase(59)
Empfindlich(192)
Entmutigt(135)
Ernst(77)
Erregung - Arbeit, bei der(2)
Erschöpfung; geistige(217)
Faulheit(269)
Feigheit(89)
Gedächtnis - Gedächtnisschwäche(284) | G ~ Eigennamen; für(44) | G ~ gelesen hat; für das, was er(41)
Gedanken - Gedankenandrang, einstürmende Gedanken, Gedankenfluß(78) | G ~ Arbeit, bei der(3) | G ~ Lesen, beim(3)

Gemüt ...

Gedanken - hartnäckig(83) | G ~ Vergehen, Schwinden der Gedanken - geistige Anstrengung; durch(13) | G ~ wandernd(72)
Geistesabwesend(71)
Geisteskraft - Verlust der(3)
Geisteskrankheit, Wahnsinn(153)
Geistige Anstrengung - agg.(141) | a ~ unmöglich(130)
Geistige Anstrengung - Abneigung gegen(150)
Gleichgültigkeit, Apathie(251)
Grimassen(15)
Hast, Eile - Essen - beim(23)
Heftig, vehement(100)
Ideen, Einfälle - Mangel an(102) | M ~ Überanstrengung, durch(2)
Ideen, Einfälle - Reichtum an, Klarheit des Geistes(125)
Idiotie(45)
Imbezillität(140)
Konzentration - gut, aktiv(26) | K ~ schwierig(261) | s ~ Studieren(52) | s ~ Versuch sich zu konzentrieren; beim - Leere; hat ein Gefühl der(11)
Langsamkeit(68)
Lästig, geht auf die Nerven(79)
Leidenschaftlich(49)
Lesen - agg. Gemütssymptome(14)
Mürrisch(290)
Phantasien - übertrieben(114) | ü ~ Arbeit, bei der(3)
Pläne - macht, schmiedet viele Pläne(15)
Raserei, Tobsucht, Wut - Widerspruch, durch(3)
Reizbarkeit(408)
Reue(63) | R ~ schnell; bereut(3)
Ruhelosigkeit(420)
Schöne Dinge - Verlangen nach schönen Dingen(3)
Schreien(133)
Schüchternheit, Zaghaftigkeit - schamhaft(58)
Selbstbetrachtung(58)
Selbstvertrauen - Mangel an Selbstvertrauen(86)

Gemüt ...

Sinne - abgestumpft, stumpf(107)
Sitzen - Neigung zu sitzen(110)
Sprache - langsam(59) | S~ undeutlich(24) | S~ Unfähigkeit zu(4)
Streitsüchtig(136)
Studieren, Lernen - schwierig, fällt schwer(18)
Stumpfheit(332) | *S~ geistige Anstrengung, durch*(27) | S~ Lesen(35) | S~ Schwindel; während(22)
Traum; wie in einem(69) | T~ Zukunft, von der - poetischen Zukunft, von einer
Traurigkeit(477)
Unaufmerksam(23)
Unbehagen - Essen, nach dem(6)
Unbesonnen(82)
Ungestüm(31)
Unzufrieden(168)
Vergeßlich(187)
Vergnügen - Abneigung gegen(8)
Verwirrung, geistige(321) | V~ Denken an, beim - agg.(3) | V~ Essen - nach(52) | V~ geistige Anstrengung - durch(50) | V~ konzentrieren; beim Versuch sich zu(13) | *V~ Lesen, beim - begreifen versucht; wenn er zu*
Wahnideen - berauscht - sei, er(59) | W~ Bilder, Phantome; sieht(76) | W~ schön - Dinge sehen schön aus(5) | W~ taumeln; als würde er - Schwäche, aus | W~ Visionen, hat - schön(8)
Weinen - unwillkürlich - Schwäche, aus(3)
Widerspruch - agg.(11) | *W~ Neigung zu widersprechen*(38) | W~ verträgt keinen Widerspruch(73)
Zerstreut(166) | Z~ verträumt(17)
Zorn(243) | Z~ abwechselnd mit - Reue; mit schneller(7) | Z~ heftig(72) | Z~ Widerspruch, durch(37)
Zurückhaltend, reserviert(64)

Träume

Angenehm(136)
Anstrengung - geistige(51)
Beeinflußt das Gemüt(14)

Träume ...

Erotisch(196) | *E~ Pollutionen, mit*(96)
Ruhelos(53)
Viele(260)
Wecken den Patienten(118)

– *Oleum animale aethereum* –

ol-an.

Gemüt

Angst(362) | A~ Fieber - während(91) | A~ Suppe - nach(2)
Auffahren, Zusammenfahren - Schlaf - durch(124)
Beschwerden durch - sexuell - Exzesse(59) | B~ Zorn(94)
Betäubung(237)
Bewußtlosigkeit(280) | B~ nachmittags - 13 h | B~ abends(15) | B~ vorübergehend(24)
Erschöpfung; geistige(217)
Erschreckt leicht - abends(5)
Faulheit(269) | F~ Essen, nach dem(25)
Feigheit(89)
Froh(182) | F~ nachmittags - 17 h | F~ abends(42) | F~ gefolgt von - Reizbarkeit(7)
Gedanken - Vergehen, Schwinden der Gedanken(76)
Gedanken versunken, in(90)
Geistesabwesend(71)
Hypochondrie(116)
Hysterie(194)
Konzentration - schwierig(261)
Meditieren, Nachdenken(47)
Menses - während; Gemütssymptome(28)
Mürrisch(290) | M~ abwechselnd mit - Fröhlichkeit, Frohsinn(23) | M~ Essen, nach dem(21) | M~ Schläfrigkeit, bei(9)
Nachdenken, Überlegen(8)
Reizbarkeit(408) | R~ sexuelle Exzesse; durch
Ruhelosigkeit(420)
Schweigsam(209)
Selbstbetrachtung(58)

Gemüt ...

Sinne - abgestumpft, stumpf(107) | S~ Vergehen, Schwinden der(51)

Stumpfheit(332)

Traum; wie in einem(69)

Traurigkeit(477) | T~ morgens(71) | T~ nachmittags(37) | T~ Essen - nach(25) | T~ Frost - während(37) | T~ Kopfschmerzen, bei(30)

Unbehagen - Essen, nach dem - Mittagessen, nach dem(4)

Unzufrieden(168)

Zerstreut(166)

Zorn(243)

Träume

Angenehm(136)

Ängstlich(239)

Gegenden, schöne(2)

Land - schönes

Mord(53)

Unerinnerlich, bleiben nicht im Gedächtnis(93)

Verstorbenen, von(84)

– Oleum jecoris aselli –

ol-j.

Gemüt

Angst(362)

Erregung(287)

Furcht - Geisteskrankheit(74)

Wahnideen - Verstand - verlieren, verrückt werden; er werde seinen Verstand(5)

Träume

Gespenster(38)

Lebhaft(193)

– Onopordon acanthium –

onop.

Gemüt

Empfindlich(192)

Euphorie - abwechselnd mit - Traurigkeit(7)

Gemüt ...

Fehler; macht - Sprechen, beim - Silben - falsche Silben; gebraucht(4) | S~ Worte - dreht Worte um(9)

Konzentration - schwierig(261)

Langsamkeit(68)

Qualvolle Angst(121)

Reizbarkeit(408)

Ruhelosigkeit(420)

Seelenruhe, Gelassenheit(85)

Stimmung, Laune - veränderlich(158)

Traurigkeit(477)

– Onosmodium virginianum –

onos.

Gemüt

Angst - Furcht, mit(110)

Aphasie(53)

Beschwerden durch - sexuell - Exzesse(59)

Empfindlich - Geräusche, gegen(149)

Erschöpfung; geistige(217)

Fehler; macht - Schreiben, beim(83) | S~ läßt etwas aus - Buchstaben(18)

Fehler; macht - Sprechen, beim(81)

Furcht(242) | F~ fallen, zu stürzen; zu(28) | f~ Herabsteigen einer Treppe; beim(2) | f~ Hochsteigen der Treppe; beim

Furcht - geschehen; etwas werde(82) | g~ Grauenhaftes, Furchtbares werde geschehen; etwas(9)

Furcht - Unheil; Furcht vor(115)

Gedächtnis - Gedächtnisschwäche(284) | *G~ gelesen hat; für das, was er*(41) | *G~ getan hat; für das, was er eben*(34) | *G~ sagen will; für das, was er gerade*(38) | *G~ tun wollte; für das, was er gerade*(33)

Gedanken - schnell(36)

Gedanken versunken, in(90)

Geistesabwesend(71)

Gesten, Gebärden; macht - müde; handelt, als sei er immer

Gleichgültigkeit, Apathie(251)

Langsamkeit(68)

Gemüt ...

Redseligkeit; Geschwätzigkeit(136) | R~ wechselt schnell von einem Thema zum anderen(20)

Ruhelosigkeit(420)

Schweigsam(209)

Übertreiben(5)

Unentschlossenheit(146) | **U~ Handlungen, in**(8)

Ungeduld(131)

Vergeßlich - Worte beim Sprechen; vergißt(52)

Verwirrung, geistige(321)

Wahnideen - betrunken - gewesen; er sei betrunken - Woche lang, eine | W~ denken - kann nicht denken; sie(2) | W~ Fallen - blickt - unten blickt; fällt, wenn er nach - Herabsteigen der Treppe; beim | F~ Feuer fallen; er würde, wenn er daran vorbeigeht, in ein

Wahnideen - geht - Baumwolle gehen; er würde auf | W~ Zeit - länger; die Zeit erscheint(14)

Zeit - langsam, scheint länger; vergeht zu(29)

Zerstreut(166)

– Operculina turpenthum –

oper.

Gemüt

Delirium(233) | D~ Bett - flieht und springt plötzlich aus dem Bett auf(36) | D~ redselig(33)

Fliehen, versucht zu(61) | F~ springt plötzlich aus dem Bett(17)

Redseligkeit; Geschwätzigkeit(136)

– Opium –

op.

Gemüt

Abergläubisch(13)

Abscheu - Leben, vor dem(84)

Aktivität; Verlangen nach(38) | A~ Schweiß, beim

Albernes Benehmen(65)

Gemüt ...

Alkoholismus(135)

Angesprochen zu werden - Abneigung(63)

Angst(362) | A~ Fieber - während(91) | A~ Furcht, mit(110) | A~ Hitzewallungen, bei(14) | A~ Menses - während - Zorn und Angst; mit(9) | A~ Schlaf - während(42) | A~ Schreck - nach(12) | *S~ zurückbleibt; wenn die Angst vor dem Schreck*

Antworten - Abneigung zu antworten(67) | *A~ falsch, unrichtig*(13) | A~ langsam(35) | *A~ Stupor kehrt schnell nach dem Antworten wieder*(17)

Aphasie - Fieber; mit typhusartigem(4)

Argwöhnisch(105)

Auffahren, Zusammenfahren(117) | *A~ Erwachen, beim - ersticken; als würde er*(3) | A~ Fieberhitze, in der(6) | *A~ Geräusche, durch*(60) | A~ leicht(52) | *A~ Schlaf - während*(163) | S~ durch(124) | S~ Einschlafen, beim(72)

Auffahren, Zusammenfahren - Schreck oder wie durch Schreck; durch(68)

Begreifen, Auffassungsvermögen - leicht(38)

Behendigkeit, Beweglichkeit; geistige(3)

Beißen(35) | B~ Arme; beißt sich in die | B~ Finger; beißt(6) | B~ Hände; beißt(2) | B~ sich selbst; beißt(8)

Beleidigt, leicht - Beleidigungen, durch frühere(5)

Beschwerden durch - Alkoholismus(8) | *B~ Enttäuschung*(17) | B~ Erregung - Gefühle, der(87) | *B~ Freude, übermäßige*(13) | *B~ Furcht*(27) | *B~ Kränkung, Demütigung*(39) | *B~ Kummer*(65) | **B~ Scham**(5) | *B~ Schock; seelischen*(23) | **B~ Schreck**(72) | S~ Menses, während(10) | **S~ UNFALLS; DURCH ANBLICK EINES**(3)

BESCHWERDEN DURCH - TADEL(13) | *B~ Überraschungen - angenehme*(5) | *B~ Verlegenheit*(13) | B~ Verletzungen, Unfälle; Gemütssymptome durch(10)

GEMÜT ...

Beschwerden durch - Vorwürfe(4) | **B~ Zorn**(94) | *Z ~ Angst, mit*(30) | *Z ~ Schreck; mit*(22)

Betäubung(237) | *B ~ Erwachen, beim*(9) | **B ~ Konvulsionen, zwischen den**(11) | B ~ Schwindel - während(37) | **B ~ wacht nur schwer auf**(5)

Beten(21) | B ~ morgens

Bewußtlosigkeit(280) | **B ~ Apoplexie, bei**(15) | *B ~ Aufstehen, beim*(6) | B ~ Coma vigile(5) | **B ~ epileptischem Anfall, nach**(5) | **B ~ Fieber, im**(50) | B ~ Frost - während(15) | B ~ geistige Empfindungslosigkeit(13) | *B ~ Gemütsbewegungen, nach*(13) | **B ~ Kiefer fällt herab**(3) | *B ~ Menses - Unterdrückung von - Schreck, durch* | *B ~ Schnarchen, unwillkürlichem Abgang von Urin und Stuhl; mit*(2) | B ~ Schwindel, bei(46) | **B ~ Sonnenstich, bei**(7) | B ~ unvollständig(15) | *B ~ urämisches Koma*(4)

Bittet - nichts; um(16)

Blasphemie, Gotteslästerung - Fluchen, und(12)

Boshaft(99)

Brütet, grübelt(41)

Bulimie(16)

Delirium(233) | *D ~ Tag und Nacht*(2) | D ~ nachts(67) | *D ~ albern, töricht*(11) | *D ~ ängstlich*(24) | D ~ besinnungslos, mit offenen Augen(13) | D ~ Bett - flieht und springt plötzlich aus dem Bett auf(36) | *D ~ brummt*(44) | D ~ Coma vigile, mit(6) | D ~ Epilepsie - während | D ~ erkennt niemanden(11) | D ~ Fieber; im(54) | D ~ Geister, sieht | D ~ Geschäften, spricht von(7) | D ~ Gesicht - rot(7) | D ~ gesund; erklärt, sie sei(4) | *D ~ heftig*(26) | D ~ heiter, fröhlich(14) | *D ~ kalt - Erkältung, nach* | D ~ Konvulsionen - vor(3) | D ~ Kopfverletzungen, nach(5) | D ~ Lachen(20) | *D ~ manisch*(47) | D ~ phantastisch(13) | **D ~ rasend**(84) | *D ~ redselig*(33) | *r ~ undeutlich*(4)

GEMÜT ...

Delirium - rollt auf dem Boden herum(2) | D ~ ruhig(23) | *D ~ Schlaf - während*(26) | D ~ Schlaflosigkeit - mit(45) | *D ~ Schläfrigkeit, bei*(14) | *D ~ schrecklich*(26) | D ~ Schuld für seine Narrheit; gibt sich selbst die | *D ~ Sopor, mit*(3) | D ~ Teufel, sieht | D ~ Wahnideen, mit(18) | D ~ wild(21) | D ~ Zittern, mit(23)

Delirium tremens(84) | **D ~ alten, abgemagerten Personen; bei** | **D ~ kleine Mengen alkoholischer Getränke; durch** | **D ~ Sopor mit Schnarchen** | *D ~ Wahnideen, mit*(7)

Demenz(33) | D ~ Masturbation, mit(11) | D ~ senilis, Dementia - Gerede, mit albernem(4)

Denken - Abneigung gegen(46)

Destruktivität, Zerstörungswut(41)

Eifersucht(34) | E ~ Personen in der Umgegend; auf

Ekstase(59) | E ~ erotisch(3)

Empfindlich(192) | E ~ Berührung, gegen(13) | **E ~ Geräusche, gegen**(149) | **G ~ geringste Geräusch; gegen das**(29)

Empfindlich - Schmerz, gegen(31)

Entfernungen - falsche Einschätzung von(10)

Entmutigt(135) | E ~ mürrisch, und

Entrüstung - Unbehagen, durch allgemeines

Erkennt - nicht; erkennt - Verwandten nicht; erkennt seine eigenen(28)

Ernst(77)

Erregung(287) | E ~ Hitze - während der Hitze; Erregung(23)

Erschöpfung; geistige(217) | E ~ Erwachen, beim(2)

Erschreckt leicht(125) | E ~ Erwachen, beim(41) | E ~ Schließen der Augen; beim

Essen - weigert sich zu(26)

Exzentrizität, Überspanntheit(54) | E ~ nachts

Faulheit(269) | F ~ morgens - Aufstehen, beim(4) | F ~ nachmittags(18)

GEMÜT ...

Fehler; macht - Schreiben, beim - läßt etwas aus - Buchstaben(18) | F~ Zeit; in bezug auf die(34)

Feigheit(89)

Fleißig, arbeitsam, Arbeitswut(101) | F~ Fieberhitze, in der(4)

Fliehen, versucht zu(61) | *F~ Fieber, im*(4) | F~ springt plötzlich aus dem Bett(17) | F~ wegzulaufen, um(16)

Fluchen(44)

Freude(5)

Froh(182) | F~ nachts(17) | *F~ abwechselnd mit - Kummer*(3) | a~ Traurigkeit(57)

Froh - Betrunkenheit; bei(3) | *F~ Fieberhitze, in der*(4) | F~ gefolgt von - Reizbarkeit(7)

Furcht(242) | F~ nachts(58) | *F~ Abort durch Furcht; drohender*(3) | *F~ Amenorrhoe aus Furcht* | *F~ Auffahren, mit*(10) | F~ chronisch(4) | **F~ Diarrhoe - durch**(6) | F~ ermordet zu werden(10) | F~ Essen - vor dem(6) | F~ Extravaganz, vor | F~ Gespenstern, vor(32) | *F~ Herzklopfen, mit*(11) | F~ Näherkommen, Annäherung von; vor - anderen, von(28) | F~ Schreck, vor(2) | S~ früherem Schreck; aufgrund von

Furcht - Tod; vor dem(143) | T~ drohendem Tod, vor(17)

Furcht - Urin - Harnverhaltung durch Furcht | *F~ Wehen - während*(5) | **F~ zittrig**(36)

Gedächtnis - gut, aktiv(91) | g~ Fieber, im

Gedächtnis - Gedächtnisschwäche(284) | *G~ gelesen hat; für das, was er*(41) | G~ Personen, für(23) | *G~ Worte, für*(61)

Gedächtnis - verwirrt, Gedächtnisverwirrung(8)

Gedanken - Gedankenandrang, einstürmende Gedanken, Gedankenfluß(78) | *G~ nachts*(31) | *G~ Schlaflosigkeit, durch*(23)

Gedanken - hartnäckig(83) | h~ Mord, an(5)

GEMÜT ...

Gedanken - schnell(36) | G~ überlegt - Nacht; die ganze | G~ Vergehen, Schwinden der Gedanken(76) | G~ wandernd(72)

Gedanken versunken, in(90)

Gefahr - kein Gefühl für Gefahr; hat(4)

Gefühllos, hartherzig(21)

Gehobene Stimmung(4)

Geistesabwesend(71)

Geisteskraft - erhöht(18)

Geisteskrankheit, Wahnsinn(153) | G~ abwechselnd mit - Stupor(2) | *G~ Alkoholikern; bei*(22) | *G~ fliehen, Verlangen zu*(8) | G~ Gesicht - rotem, mit(4) | G~ Lachen, mit(6) | G~ Masturbation, durch(8) | G~ Schlaflosigkeit, mit(7) | G~ Zorn, durch(7)

Geistige Anstrengung - agg.(141) | a~ unmöglich(130)

Geistige Anstrengung - Verlangen nach(65) | G~ Abneigung gegen(150)

Gemütssymptome(26) | *G~ akute Gemütssymptome*(2)

Geräusche - Neigung Krach, Lärm zu machen(7)

Geschäft - vernachlässigt sein(2)

Geschäftig(45)

Gesellschaft - Abneigung gegen(156)

Gesten, Gebärden; macht - Hände; unwillkürliche Bewegungen der - fährt mit den Händen durch die Luft(3) | H~ Greifen(41) | H~ Schlaf, im(2) | *H~ zupft - Bettwäsche; an der*(36)

Gesten, Gebärden; macht - konvulsivisch(24) | G~ lächerlich oder albern(19) | G~ sonderbare Posen und Haltungen(20) | G~ stampft mit den Füßen(17) | G~ wunderlich

Gesund - sagt, er sei gesund - krank ist; wenn er sehr(17)

Gleichgültigkeit, Apathie(251) | *G~ allem; gegenüber*(71) | G~ Angenehmes, gegen(10) | G~ äußere - Dinge; gegen(26) | *G~ Epilepsie, bei*(3) | G~ feinere Empfindungen; gegen

GEMÜT ...

Gleichgültigkeit, Apathie - Fieberfrost, im(10) | **G~ Fieber, im**(16) | *G~ Freude, gegen*(4) | *F~ und Leid*(7)

Gleichgültigkeit, Apathie - freudlos(11) | G~ KLAGT NICHT(3) | **G~ Leiden, gegen**(4) | G~ Reizendes, Unangenehmes; gegen(8) | G~ Schmerz - gegenüber Schmerz(5) | **G~ Vergnügen, gegen**(46)

Glückseliges Gefühl(3)

Grausamkeit, Unmenschlichkeit(30)

Grobheit(37)

Großzügig, zu(3)

Hartherzig, unerbittlich(20)

Haß - Rachsucht; Haß und(32)

Hast, Eile(112) | H~ Arbeit, bei der(6) | H~ Beschäftigung, bei(15) | H~ geistiger Anstrengung; bei(8)

Hause, zu - Verlangen, nach Hause zu gehen(18)

Heftig, vehement - Schlaf - vor

Heimweh(52)

Hellsehen(28)

Heulen(30)

Hinterhältig, hinterlistig, falsch, verschlagen(32)

Hochgefühl(97) | H~ abwechselnd mit - Kummer | a~ Sorgen

Hochgefühl - glückselig | H~ Schweiß, beim

Hoffnung, voller - abwechselnd mit - Entmutigung(5)

Hypochondrie(116)

Hysterie(194)

Ideen, Einfälle - Mangel an(102) | **I~ Reichtum an, Klarheit des Geistes**(125) | *R~ nachts*(26) | R~ Fieberhitze, in der(3)

Idiotie(45)

Imbezillität(140) | I~ Raserei, stampft mit den Füßen(5)

Indiskretion, Taktlosigkeit(30)

Jammern(93) | J~ Schlaf, im(12)

Katalepsie(20)

Kindisches Benehmen(52)

Klagen(64) | K~ Schlaf, im - komatös(2)

GEMÜT ...

Klammert sich an - hält sich nach anderen fest(4)

Konzentration - gut, aktiv(26) | K~ schwierig(261)

Kriecht, krabbelt - rollt auf dem Boden herum(6)

Kühn(7)

Kummer(76) | *K~ Beleidigungen; durch lange vergangene*(5)

Lachen(102) | L~ nachts(12) | L~ laut(8) | L~ spasmodisch(49) | L~ unwillkürlich(23)

Langsamkeit(68)

Lasziv, lüstern(77) | L~ Erektionen, mit(3) | *L~ Impotenz, mit*(4)

Launenhaftigkeit, launisch(108)

Lebensüberdruß(82)

Lügner(22) | **L~ lügt, sagt nie die Wahrheit, weiß nicht, was sie sagt**(8)

Lustig, fröhlich(123) | *L~ abwechselnd mit - Zorn*

Manie(149) | M~ Besessenheitswahn(10) | *M~ Raserei, mit*(27)

Meditieren, Nachdenken - nachts

Milde(80)

Moralischem Empfinden; Mangel an(48)

Morphiumsucht(31)

Murmeln(55)

Mürrisch(290) | M~ nachmittags(30) | M~ Träume, durch

Mutig(26) | M~ abwechselnd mit - Entmutigung(3)

Nymphomanie(67)

Phantasien - angenehm(7) | *P~ lasziv*(46) | *l~ Impotenz, mit*(5)

Phantasien - lebhaft(31) | *P~ Schlaf - verhindert*(5) | *P~ übertrieben*(114) | *P~ übertrieben - nachts*(40) | *P~ übertrieben - Schlaflosigkeit, mit*(41) | *P~ übertrieben - schrecklich*(9) | P~ unangenehm(2)

Pläne - macht, schmiedet viele Pläne(15) | m~ gigantische Pläne

Possen, spielt(15) | *P~ abwechselnd mit - Traurigkeit* | P~ Delirium, im(8)

Qualvolle Angst(121) | *Q~ Beklemmung, mit*(3) | *Q~ Verletzungsschock, bei*

GEMÜT …

Raserei, Tobsucht, Wut(95) | R~ abends(16) | *R~ Berührung, erneuert durch*(4) | R~ Epilepsie - mit Epilepsie; Raserei(6) | E~ nach Epilepsie; Raserei(2)

Redegewandt

Redseligkeit; Geschwätzigkeit(136) | R~ Schlaf, im(4)

Reizbarkeit(408) | R~ Tag und Nacht(7) | R~ nachmittags(37) | R~ abwechselnd mit - Freude(5) | R~ aufgeweckt, wenn(5) | R~ gestört wird; wenn er(5) | R~ Kopfschmerzen, bei(61) | *R~ Schmerzen; bei den*(10)

Rollt, wälzt sich - Boden herum; auf dem(9)

Ruhe - Verlangen nach(21)

Ruhelosigkeit(420) | R~ nachts(249) | R~ ängstlich(111) | R~ Bett - Bettwärme, durch | B~ Herumwerfen im(123)

Ruhelosigkeit - Hitze - während(66) | R~ innerlich(37) | R~ Menses - während(40)

Schamlos(29)

SCHLAFWANDELN(56)

Schlagen - eingebildete Objekte ein; schlägt um sich auf(14)

Schmollen(41)

Schreiben - Talent zum flüssigen Schreiben

Schreien(133) | *S~ Konvulsionen - vor*(32) | **K~ während**(31) | K~ epileptisch(21)

Schreien - Schlaf, im(80) | S~ Schmerzen, bei den(25)

Schüchternheit, Zaghaftigkeit(113) | S~ Geschäften; bei der Durchführung von | S~ schamhaft(58)

Schweigsam(209) | *S~ Schweiß; beim*(7)

Seelenruhe, Gelassenheit(85)

Selbstbetrachtung(58)

Selbstvertrauen - Mangel an Selbstvertrauen(86)

Seufzen(98) | S~ Schlaf, im(10)

Singen(59) | *S~ Fieber, im*(4) | S~ heiter, freudig(5) | *S~ monoton*

Sinne - abgestumpft, stumpf(107) | S~ pervertiert(2) | **S~ scharf**(52)

GEMÜT …

Sitzen - Neigung zu sitzen(110)

Sorgen, voller(50)

Spaßen(52)

Sprache - delirös(12) | S~ hastig(44) | S~ kurz und bündig | *S~ langsam*(59) | S~ Schwatzen(17) | S~ überzeugend | S~ unsinnig(29) | S~ unzusammenhängend(65) | u~ Erwachen, beim(3) | u~ Schlummer, nach

Sprache - verworren(25)

Sprechen - Geschäft, vom(13) | *S~ Schlaf, im*(93) | S~ komatösem Schlaf, in(3)

Sprechen - schweift von einem Thema zum anderen(47) | s~ nachts(9)

Sprechen - sich selbst ; mit(31)

Springen - Bett; aus dem(41)

Stilles Wesen(49)

Stimmung, Laune - veränderlich(158) | S~ wechselnd, wechselhaft(80)

Stöhnen(119) | *S~ Schlaf, im*(62)

Streitsüchtig(136) | S~ abends(8)

Stumpfheit(332) | *S~ betrunken, wie*(2) | S~ Betrunkenheit; bei(2) | *S~ Diabetes, bei*(3) | S~ Erwachen, beim(41) | S~ Gemütsbewegungen, durch(4) | **S~ Lesen**(35) | S~ Schwindel; während(22)

Stupor(138) | **S~ apoplektisch**(7) | **S~ Kiefer fällt herab**(3) | *S~ Menses - unterdrückten Menses; bei durch Schreck*

Suizidneigung; Neigung zum Selbstmord(98) | S~ Erschießen, durch(17) | S~ Gift, durch(6) | S~ Traurigkeit, durch(23)

Tadelt - sich selbst(36)

Tastet wie im Dunkeln umher(4)

Theoretisieren(20)

Tod - Gedanken an den Tod(54) | T~ Gefühl von(25) | *T~ verachtet den Tod; Todesverachtung* | T~ wünscht sich den Tod, möchte sterben(72)

Tollkühnheit, Verwegenheit(4)

Torpor(26)

Töten, Verlangen zu(32)

Trance(6)

Traum; wie in einem(69)

Gemüt …

Traurigkeit(477) | T ~ morgens(71) | T ~ nachmittags(37) | T ~ Erwachen, beim(24) | T ~ Fieberhitze, in der(55)
Traurigkeit - Suizidneigung, mit(25)
Überaktiv(6)
Unanständig, unzüchtig(21) | U ~ Lieder(5)
Unaufrichtig(6)
Unbarmherzig(14)
Unbehagen(44)
Unbekümmert(8)
Unbesonnen(82)
Unbeständigkeit(45)
Unentschlossenheit(146) | U ~ wankelmütig(12)
Ungeduld(131)
Unzüchtig, obszön(34) | U ~ Lieder(7)
Unzufrieden(168) | U ~ nachmittags(5)
Unzuverlässig - Versprechungen, bei seinen(8)
Vergeßlich(187) | *V ~ Alkoholikern; Vergeßlichkeit bei*(7) | V ~ Gemütsbewegungen, durch(4) | *V ~ Zusammenhang aufeinanderfolgender Gedanken; vergißt den - Apoplexie; nach*
Verlangen, Wunsch nach - voller Verlangen - Unerreichbarem, nach(2)
Vernachlässigt - Geschäft(3)
Vertrauensvoll(5)
Verwegenheit(26)
Verweilt - vergangenen unangenehmen Ereignissen; bei(46)
Verwirrung, geistige(321) | V ~ morgens(115) | V ~ nachmittags(33) | V ~ berauscht - wie nach einem Rausch(35) | V ~ Erwachen, beim(71) | V ~ Essen - nach(52) | V ~ Fieberhitze, in der(26) | V ~ Identität; in bezug auf seine - Dualität; Gefühl der(37) | V ~ Schlaf; nach(14) | V ~ Sitzen, im(33)
Verzogene, mißratene Kinder(6)
Verzweiflung(137) | *V ~ Masturbation, bei*
Vorsichtig(17)
Wachsam(3)
Wahnideen(191) | W ~ nachts(36) | W ~ absurd, lächerlich - Gestalten seien anwesend(8)

Gemüt …

Wahnideen - angenehme Wahnideen(6) | W ~ Ansammlungen von Dingen, Schwärmen, Menschenmengen etc.(17) | W ~ Augen - großen Augen, von(3) | W ~ Ausschweifung, Schwelgerei, wie nach einer(3) | W ~ Beine - gehören ihr nicht(4) | W ~ berauscht - sei, er(59) | *W ~ berührt; er würde*(6) | W ~ beschäftigt mit Geschäften(2) | W ~ besessen, er sei(14) | W ~ betrunken - sei betrunken, er(23) | s ~ Rauch im Gehirn; durch
Wahnideen - Bett - berühren; als würde sie im Liegen das Bett nicht(13) | B ~ jemand - im Bett; als sei jemand - mit ihm(13) | B ~ warm; wie
Wahnideen - Bilder, Phantome; sieht(76) | B ~ nachts(40) | B ~ Schlaf - verhindert(6) | *B ~ schreckliche*(60) | B ~ schwarz(9)
Wahnideen - doppelt - sein, doppelt zu(30) | s ~ besiegen wird; da sei ein anderes Selbst und er ist sich nicht sicher, welches von beiden das andere
Wahnideen - Drachen, von | W ~ Drogen; wie unter(2) | *W ~ ermordet - er würde ermordet - werden; er würde ermordet werden*(21) | W ~ erstochen - jemand drohen, ihn zu erstechen; als würde | W ~ Feuer - Visionen von(34) | W ~ Fliegen(13) | *W ~ Fratzen, sieht*(6) | W ~ Gehirn - Rauch auf dem Gehirn | W ~ geht - Luft - auf Luft; geht(15) | *W ~ Geruchssinns, des*(17) | W ~ Geschäft - machen; er würde Geschäfte(7) | W ~ geschwollen, er sei(11) | **W ~ Gesichter, sieht**(26) | **G ~ häßliche**(17) | G ~ maskenhafte(2) | *G ~ Schließen der Augen; beim*(15)
Wahnideen - Gespenster, Geister, Gestalten - sieht(55) | *W ~ Gestalten - sieht*(33) | W ~ gesund, er sei(12) | W ~ Gewicht, er habe kein(3) | W ~ groß - er selbst scheint zu groß(4) | g ~ Teile des Körpers scheinen zu groß(10)

GEMÜT ...

Wahnideen - groß gewachsen - er oder sie sei groß gewachsen(7) | *W~ Hause, zu - weg von zu Hause; er sei*(23) | *w~ müsse dahin gelangen; er*(5)

Wahnideen - Himmel, er sei im(5) | *W~ hinrichten wollen; Menschen würden ihn* | W~ kämpfen, daß Menschen(2) | W~ Katzen - sieht(11) | *W~ Körper - leichter als Luft; der Körper sei*(8) | W~ Lachen, mit(4) | W~ lebhaft(26) | W~ leicht - sei leicht, er(26) | *W~ Masken - sieht*(3) | W~ Mäuse - sieht(12) | W~ Menschen - sieht(29) | M~ unterhält sich mit abwesenden(13)

Wahnideen - Nachtwachen; wie nach langen(2) | *W~ Phantasiegebilde, Illusionen*(115) | W~ Ratten, sieht(10) | W~ Redseligkeit, mit(7) | W~ Reise; er befinde sich auf einer(12) | W~ rutschen - genötigt durch eine unsichtbare Kraft am Boden entlang rutschen; er würde | W~ Schlangen - in ihr und um sie herum(19) | *W~ schwanger, sie sei*(14) | W~ schweben - Luft, in der(45) | W~ Skelette, sieht(2) | W~ Skorpione, sieht | W~ Soldaten - sieht(5) | W~ sonderbar, merkwürdig - Vertrautes scheint fremd(38) | W~ Sprechen - sie spricht - sich selbst; sie spricht mit | W~ stirbt - er(15) | W~ Teufel - anwesend, sei(5) | *T~ sieht*(19) | s~ Bett; sieht Teufel an seinem

Wahnideen - Tiere(42) | *T~ schreckliche*(6)

Wahnideen - tot - er selbst sei(18) | t~ Personen, sieht tote(59)

Wahnideen - übermenschlich, er sei - Kontrolle; er sei unter übermenschlicher(8) | W~ unangenehm - getrennt von umgebenden Gegenständen(2) | W~ Unordnung; Gegenstände scheinen in(2) | W~ Verbrecher; er sei ein(11) | **V~ hingerichtet werden soll; der**

Wahnideen - verdammt; er sei(23) | W~ vergangenen Ereignisse; von lange(3) | *W~ vergrößert*(42) | v~ Augen seien(3) | v~ Entfernungen seien(17)

GEMÜT ...

Wahnideen - vergrößert - Gegenstände seien(12) | v~ groß, großgewachsen; er sei sehr(5) | v~ Körper sei - Körperteile(10)

Wahnideen - Verletzung - werden; würde gleich verletzt(13) | *W~ Visionen, hat*(76) | V~ Freude; Visionen von - Nacht; füllen sein Gehirn die ganze | V~ phantastisch(8) | **V~ schön**(8) | V~ schrecklich(27) | V~ Ungeheuern, von(9)

Wahnideen - wirbeln - allem, was ihn umgibt herumwirbeln er würde mit

Weinen(244) | W~ nachts(81) | *W~ Erkältung, nach* | W~ Erwachen, beim(36) | W~ Husten - nach(6) | W~ Konvulsionen - während(27) | *W~ leicht*(16) | *W~ Schlaf, im*(88) | *W~ Schluchzen; Weinen mit*(34) | W~ Schmerzen - während den Schmerzen(23) | **W~ Schweiß, beim**(25) | W~ Verlangen zu weinen - immer; die ganze Zeit(16) | W~ Wimmern, Winseln - Schlaf, im(28) | S~ komatös(2)

Widerspruch - verträgt keinen Widerspruch(73)

Wildheit(29)

Will - nichts

Wille - Verlust der Willenskraft(34) | W~ Willensschwäche(58)

Witzig, geistreich(14)

Wohlwollen, Güte(7)

Zeit - schnell, scheint kürzer; vergeht zu(14)

Zerreißt - Dinge im allgemeinen(21)

Zerstreut(166) | **Z~ verträumt**(17)

Zorn(243) | *Z~ abends*(20) | Z~ abwechselnd mit - Fröhlichkeit, Frohsinn(15) | *a~ Hochgefühl*(5) | a~ Possenreißen, Possenspiel

Zorn - ergreift die Hände der Umstehenden | Z~ Schmerzen - über(6) | Z~ Weinen vor Schmerzen; mit(3) | Z~ Widerspruch, durch(37)

Gemüt ...

Zufrieden(31) | Z~ nachts | Z~ still; und | Z~ vergißt alle Beschwerden und Schmerzen
Zurückhaltend, reserviert(64)

Träume

Alpträume, Alpdrücken(144)
Angenehm(136)
Ängstlich(239)
Anstrengung - geistige(51)
Bürgerkrieg
Dinge - verändernde, sich(18)
Drachen
Erfolglose Anstrengungen(20)
Erotisch(196) | E~ Pollutionen, mit(96)
Erschöpfend(45)
Erstochen zu werden(5)
Fallen, zu stürzen; zu(60) | F~ Höhe herab, von einer(29)
Fratzen, schreckliche
Gespenster(38)
Hochgelegene Orte - Herunterfallen, Hinabstürzen von(29)
Hunde(20)
Katzen(12)
Krankheit - Lethargie(2)
Krieg - Bürgerkrieg
Lebhaft(193)
Lustig(14)
Phantastisch(55)
Reisen(48)
Ruhelos(53)
Schläfrigkeit(2)
Schneiden(7)
Schrecklich(237)
Skelette
Sorgen, voller(21)
Streitigkeiten(69)
Teufel(8)
Traurig(46)
Unangenehm(87)
Unglück(64)
Verdrießlich(122)
Versagen, Fehlschlägen; von(5)
Viele(260)
Visionär(45)
Wecken den Patienten(118)

Träume ...

Wild (Emotion)(9)
Wundervolle(4)

– Opuntia spina alba –

opun-s.

Gemüt

Beschäftigung - Verlangen nach(5)
Beten(21)
Faulheit(269)
Fehler; macht - Schreiben, beim - läßt etwas aus - Buchstaben(18) | S~ stellt etwas um - Buchstaben(8)
Fluchen(44) | F~ nachmittags | F~ abends(2) | a~ daheim, wenn(2)
Fluchen - unwillkürlich | F~ Widerspruch; bei
Gedanken - sonderbar, merkwürdig(8)
Geschäftig(45)
Haß - nachts
Impulse, Triebe; krankhafte(10)
Raserei, Tobsucht, Wut - Widerspruch, durch(3)
Reizbarkeit(408) | R~ Kleinigkeiten, durch(34)
Verdrießlich(10)
Vernachlässigt - Geschäft(3)
Verweilt - vergangenen unangenehmen Ereignissen; bei(46)

– Opuntia vulgaris –

opun-v.

Gemüt

Beten(21)
Faulheit - Geschäft - Durchführung der Geschäfte; bei der(2)
Fehler; macht - Schreiben, beim(83) | S~ stellt etwas um - Buchstaben(8)
Geisteskrankheit, Wahnsinn(153)
Geschäft - Abneigung gegen(45)
Ideen, Einfälle - Reichtum an, Klarheit des Geistes(125)
Mürrisch(290)
Verwirrung, geistige(321)
Zorn - nachmittags - 12 - 14 h(2)

– Origanum majorana –
orig.

Gemüt
Angst(362)
Anstrengung - körperliche Anstrengung - Verlangen nach(9)
Beschäftigung - amel.(48)
Bewußtlosigkeit - sexueller Erregung, mit(2)
Ernst(77)
Erotisch(39)
Erschreckt leicht(125)
Froh(182)
Furcht(242)
Gedanken - drängen auf ihn ein und schwirren durcheinander - sexuell(10) | G~ Gedankenandrang, einstürmende Gedanken, Gedankenfluß(78) | G~ sexuell(21)
Geisteskrankheit, Wahnsinn - erotisch(31) | *G~ Frauen; bei*(9) | G~ Masturbation, durch(8)
Hysterie(194)
Idiotie - Masturbation, mit(3)
Impulse, Triebe; krankhafte - laufen; zu(12)
Konzentration - schwierig(261)
Läuft umher(24)
Lasziv, lüstern(77)
Manie(149)
Mürrisch(290)
Nymphomanie(67) | *N~ jungen Mädchen; bei einem*
Phantasien - lasziv(46)
Reizbarkeit(408)
Religiös - Gemütsstörungen, religiöse(63)
Ruhelosigkeit(420)
Schweigsam(209)
Stupor - sexueller Erregung, mit(3)
Suizidneigung; Neigung zum Selbstmord(98) | S~ sexuellen Verlangen; mit heftigem | S~ stürzt sich - Tiefe, in die(24)
Traurigkeit(477)
Unzüchtig, obszön(34)

Gemüt ...
Unzufrieden(168)
Verzweiflung(137)
Zügellosigkeit, sexuelle Ausschweifung(32)

Träume
Ängstlich(239)
Aufregend(14)
Erotisch(196)
Lebhaft(193)

– Origanum vulgare –
orig-v.

Gemüt
Wahnideen(191) | *W~ Hölle - Ketten der; in* | *H~ sei in*(6)
Wahnideen - verachtet, er würde(5)

Träume
Erotisch(196)

– Osmium metallicum –
osm.

Gemüt
Angst(362)
Boshaft - verletzen; Verlangen, jemanden zu(3)
Erschöpfung; geistige - abends(8)
Faulheit(269)
Fehler; macht - Sprechen, beim(81) | S~ Worte - dreht Worte um(9) | W~ falsche Worte; benutzt(53) | W~ stellt Worte an die falsche Stelle(46)
Furcht - Atmen, vor dem
Gedanken - hartnäckig(83) | h~ verletzen, andere zu
Mürrisch(290)
Reizbarkeit(408)
Ruhelosigkeit(420) | R~ nachts(249)
Ungeduld(131) | U~ Jucken, durch(2)
Verwirrung, geistige(321)
Weinen - Husten - während(21)
Zorn(243)

Träume
Alpträume, Alpdrücken(144)

TRÄUME …

Beschäftigt zu sein; sehr(29)

Ereignisse - schmerzhafte | E~ wichtige | E~ zurückliegende, kurz(55)

Feuer(65)

– *Osmium oxydatum* –

osm-o.

GEMÜT

Furcht - Verletzung - andere zu verletzen(2)

Gedanken - Unfälle; an - anderer; an Unfälle

– *Ostrya virginica* –

ost.

GEMÜT

Ruhelosigkeit - nachts(249)

– *Ovi gallinae pellicula* –

ovi-p.

GEMÜT

Wahnideen - Kopf - Wirbeln im Kopf(5) | W~ schwer, er sei - Bett; er sei zu schwer fürs - zerbrechen; und das Bett würde

– *Oxalicum acidum* –

ox-ac.

GEMÜT

Angst(362) | A~ abends - Bett, im - Körperübungen; durch heftige | A~ hypochondrisch(52) | A~ Treppensteigen, beim(2)

Antworten - langsam(35)

Auffahren, Zusammenfahren - Geräusche, durch(60) | A~ Schlaf - während(163) | A~ Tür - zuschlägt; wenn eine Tür(2)

Begreifen, Auffassungsvermögen - leicht(38)

Beschäftigung - amel.(48)

Beschwerden durch - Erwartungsspannung(68)

GEMÜT …

Betäubung(237)

Bewußtlosigkeit(280) | B~ Stuhlgang - während(3)

Delirium(233) | *D~ Fieber; im*(54)

Denken - Beschwerden - agg.; Denken an seine Beschwerden(71)

Empfindlich - Geräusche, gegen(149)

Entfernungen - vergrößert; scheinen(8)

Erregung(287) | E~ abends(32) | E~ abwechselnd mit - Traurigkeit(13) | E~ Herzklopfen, mit heftigem(17)

Faulheit(269) | F~ morgens(51)

Froh(182) | F~ nachmittags(14) | F~ Stuhlgang - nach(5)

Furcht(242) | F~ Bett - aufrichtet; wenn er sich im Bett | F~ Tod; vor dem(143)

Gedächtnis - gut, aktiv(91) | G~ Gedächtnisschwäche(284)

Gedanken - schnell(36)

Geisteskrankheit, Wahnsinn(153)

Geistige Anstrengung - Abneigung gegen(150)

Gespräche - Abneigung gegen(21)

Hast, Eile(112)

Heftig, vehement(100)

Hochgefühl(97) | H~ abwechselnd mit - Traurigkeit(8) | H~ Diarrhoe, bei

Ideen, Einfälle - Reichtum an, Klarheit des Geistes - vormittags

Kinder - zeugen und zu haben; Verlangen, Kinder zu

Konzentration - gut, aktiv(26) | K~ schwierig(261) | s~ Studieren(52)

Lebhaft, munter - nachmittags(2)

Lesen - Abneigung gegen Lesen(25) | A~ Gehen im Freien amel.

Liebevoll, voller Zuneigung, herzlich(37)

Lustig, fröhlich(123)

Manie(149)

Morphiumsucht(31)

Mürrisch - nachmittags(30) | M~ abends(31)

Phantasien - übertrieben(114)

Reizbarkeit(408) | R~ nachmittags(37) | R~ abends(60)

Gemüt ...
Ruhelosigkeit(420) | R~ nachts(249)
Schlagen - Kinder; schlägt die eigenen(2)
Schweigsam(209) | S~ Kopfschmerzen; bei(6)
Stöhnen(119)
Stumpfheit(332) | S~ morgens(54) | S~ Aufstehen vom Bett; beim
Traurigkeit(477)
Verspielt(13)
Verwirrung, geistige - morgens(115) | V~ Denken an, beim - agg.(3) | V~ geistige Anstrengung - durch(50) | V~ Wein, nach(11)
Wahnideen(191) | W~ schwimmen, er würde - Hinlegen, beim | W~ vergrößert(42)

Träume
Angenehm(136)
Erotisch(196)
Lebhaft(193)
Schrecklich(237)
Unangenehm(87)
Unerinnerlich, bleiben nicht im Gedächtnis(93)
Viele(260)
Wasser(49) | W~ gegossen; wird auf ihn

– Oxygenium –

oxyg.

Träume
Streitigkeiten(69)

– Oxytropis Lamberti –

oxyt.

Gemüt
Denken - Beschwerden - agg.; Denken an seine Beschwerden(71)
Gesellschaft - Abneigung gegen(156)
Imbezillität(140)
Kleptomanie(27)
Schweigsam(209)
Traurigkeit(477)

Gemüt ...
Wahnideen(191) | W~ berauscht - sei, er - angenehm; er sei | W~ Bewußtsein - verlieren; er würde das Bewußtsein(9) | W~ Fallen - stehen würde; er werde fallen, wenn er(2) | W~ hohl - Organe seien ausgehöhlt(2)

Träume
Ängstlich(239)

– *Paeonia officinalis* –

paeon.

Gemüt

Angst(362) | A~ vormittags(15) | A~ abends(87)
Auffahren, Zusammenfahren - Schlaf - Einschlafen, beim(72)
Beschwerden durch - schlechte Nachrichten(34)
Bewußtlosigkeit - warmen Zimmer, im(6)
Delirium(233)
Empfindlich(192)
Erregung(287)
Furcht - vormittags(3) | F~ abends(51)
Gesten, Gebärden; macht - Hände; unwillkürliche Bewegungen der - Greifen(41)
Mürrisch(290)
Reizbarkeit(408) | R~ nachmittags - 17 h
Rollt, wälzt sich - Boden herum; auf dem(9)
Ruhelosigkeit - Gehen, beim(7)
Schlafwandeln(56)
Sinne - abgestumpft, stumpf(107)
Wahnideen - Schreck - wie erschreckt(10)

Träume

Alpträume, Alpdrücken(144)
Ängstlich(239)
Erotisch(196) | E~ nachts - Mitternacht - nach(3) | E~ Pollutionen, mit(96)
Gespenster(38)
Gestalten - sitzen auf der Brust
Lebhaft(193)
Schrecklich(237)
Streitigkeiten(69)
Tod(64) | T~ Verwandten, von(14)
Traurig(46)
Unerinnerlich, bleiben nicht im Gedächtnis(93)
Viele(260)
Wundervolle(4)
Zorn(58)

– *Palladium metallicum* –

pall.

Gemüt

Angst(362) | *A~ Menses - nach*(4)
Argwöhnisch - reden; Menschen würden über sie(5)
Auffahren, Zusammenfahren - nachmittags(4) | A~ nachts(19) | A~ Erwachen, beim(11) | A~ Schlaf - während(163)
Beleidigt, leicht(79)
Beschäftigung - amel.(48)
Beschimpfen, beleidigen, schmähen(67)
Beschwerden durch - Ehre, verletzte(9) | *B~ Erregung - Gefühle, der*(87) | *B~ Ichbezogenheit, Selbstüberhebung*(9) | **B~ Kränkung, Demütigung**(39) | *B~ schlechte Nachrichten*(34)
Denken - Beschwerden - amel.(7)
Diktatorisch, herrschsüchtig, dogmatisch, despotisch(25)
Ehrgeiz(15)
Eigensinnig, starrköpfig, dickköpfig(107) | *E~ liebenswert zu erscheinen; versucht*
Empfindlich - Musik, gegen(46)
Ermahnungen - agg.(7)
Erregung(287) | E~ amel.(7) | *E~ Gesellschaft, in*(4) | E~ Musik, durch(6)
Erschöpfung; geistige(217)
Exzentrizität, Überspanntheit(54) | E~ Phantasien, in(8)
Faulheit(269) | F~ morgens(51) | F~ abends(20)
Fehler; macht - Zeit; in bezug auf die(34)
Fluchen(44)
Furcht - geschehen; etwas werde(82) | g~ Grauenhaftes, Furchtbares werde geschehen; etwas(9)
Furcht - Menses - nach(2) | *F~ Unheil; Furcht vor*(115)
Gedächtnis - Gedächtnisschwäche(284) | G~ Schmerz; durch(10) | G~ Schreck; durch(10)
Gedächtnis - Gedächtnisverlust - Furcht, durch(10)

Gemüt ...

Geistige Anstrengung - Abneigung gegen(150)

Gesellschaft - Abneigung gegen(156) | *G~ Verlangen nach*(83) | *V~ allein; agg. wenn*(48)

Gesellschaftliche Ereignisse - agg.(2)

Grimassen(15) | G~ sonderbare Gesichter; schneidet(6)

Grobheit(37)

Hochmütig, arrogant(53) | **H~ verletzter Eitelkeit; möchte, daß man ihm schmeichelt**(2)

Hysterie(194)

Ichbezogenheit, Egotismus, Selbstüberschätzung(24)

Impertinenz, Unverschämtheit(14)

Keck, keß(2)

Menschenfeindlichkeit, Misanthropie(45)

Mürrisch(290) | M~ abends(31)

Musik - agg.(40)

Reizbarkeit(408) | R~ abends(60) | R~ Erwachen, beim(56) | R~ Kopfschmerzen, bei(61) | *R~ nimmt alles übel, sieht alles von der schlechten Seite*(7)

Schmeicheln - Verlangen, daß man ihm schmeichelt(3)

Selbstsucht, Egoismus(32)

Selbstvertrauen - Mangel an Selbstvertrauen(86)

Spotten - Sarkasmus, beißender Spott(14)

Sprache - gezwungen, gepreßt | S~ verlegen(8)

Streitsüchtig(136)

Unentschlossenheit(146) | U~ morgens(3)

Ungeduld(131) | U~ Kopfschmerzen, bei(5)

Unverschämtheit(33)

Unzufrieden(168) | *U~ allem; mit*(66)

Verächtlich(35)

Verlangen; großes - guten Meinung anderer; nach der

Verlassen zu sein; Gefühl(56)

Wahnideen - anerkannt, geschätzt; sie würde nicht(5) | W~ berühren - nichts berühren; sie könne

Gemüt ...

Wahnideen - beschimpft worden; er sei(16) | W~ geisteskrank - er sei geisteskrank(4) | g~ werden; er würde geisteskrank(43)

Wahnideen - groß gewachsen - er oder sie sei groß gewachsen(7) | e~ Gehen größer geworden; sei beim

Wahnideen - hohl - Körper sei hohl; der ganze(3) | W~ Kopf - schwingen; der Kopf würde - vorne; von hinten nach | W~ kritisiert; sie würde(12) | W~ Sprechen - Freunde sprechen über sie(7) | W~ vergrößert - groß, großgewachsen; er sei sehr(5) | W~ verlassen ; er sei(21) | **W~ vernachlässigt - er würde vernachlässigt**(6) | W~ Zeit - länger; die Zeit erscheint(14)

Weinen(244) | W~ Kränkung, nach(4)

Widerspruch - verträgt keinen Widerspruch(73)

Zeit - langsam, scheint länger; vergeht zu(29)

Zorn(243) | Z~ heftig(72)

Träume

Erinnerlich, bleiben im Gedächtnis(33)

Gebäude(3)

Gehen(10) | G~ Treppenhäusern, in | G~ Wohnungen, durch

Häuser

– *Paloondo* –

palo.

Gemüt

Empfindlich - Geräusche, gegen(149)

Erregung(287)

Euphorie(13)

Mürrisch(290)

Reizbarkeit(408)

Traurigkeit(477)

Träume

Ängstlich(239)

Lustig(14)

– Panacea arvensis –

pana.

GEMÜT

Gesellschaft - Abneigung gegen(156)
Unzufrieden(168) | U~ sich selbst, mit(36)

– Paraffinum –

paraf.

GEMÜT

Wahnideen - schwanken; er würde hin und her - Sitzen, im

– Parathyreoidinum –

parathyr.

GEMÜT

Traurigkeit(477)
Verwirrung, geistige(321)

– Parietaria officinalis –

pariet.

TRÄUME

Alpträume, Alpdrücken(144)

– Paris quadrifolia –

par.

GEMÜT

Albernes Benehmen(65)
Angst(362) | A~ Fieber - während(91)
Beschwerden durch - Verachtung; verachtet zu werden(23)
Betäubung(237)
Bewußtlosigkeit(280)
Boshaft(99)
Delirium(233) | D~ Erwachen, beim(20) | D~ rasend(84) | D~ redselig(33)
Erregung(287)
Erschöpfung; geistige(217)
Faulheit(269)
Fehler; macht - Orte; in bezug auf(32)
Frivol(14)
Gehen - Freien, im - agg. Gemütssymptome(19) | F~ amel. Gemütssymptome(10)

GEMÜT ...

Geisteskrankheit, Wahnsinn(153) | G~ redselig(7)
Geistige Anstrengung - agg.(141) | G~ Abneigung gegen(150)
Grobheit(37)
Hochmütig, arrogant(53)
Hysterie(194)
Ichbezogenheit, Egotismus, Selbstüberschätzung(24) | I~ sprechen in Gesellschaft immer von sich selbst(3)
Imbezillität(140)
Kindisches Benehmen(52)
Klatschsüchtig(8)
Lachen - albern(16)
Launenhaftigkeit, launisch(108)
Lebhaft, munter(50)
Liebevoll, voller Zuneigung, herzlich(37)
Lustig, fröhlich(123) | L~ albern(8)
Manie(149)
Mürrisch(290)
Raserei, Tobsucht, Wut(95)
Redseligkeit; Geschwätzigkeit(136) | R~ albern | *R~ fröhlich, ausgelassen*(9) | *R~ geisteskrank*(8) | *R~ lebhaft*(3) | R~ selbstzufrieden | R~ wechselt schnell von einem Thema zum anderen(20)
Reizbarkeit(408)
Ruhelosigkeit - nachts(249) | R~ Bett - Herumwerfen im(123) | R~ innerlich(37) | i~ nachts beim Erwachen, mit Kopfschmerzen
Spotten(18)
Sprache - albern(16) | S~ unzusammenhängend(65)
Sprechen - schweift von einem Thema zum anderen(47) | S~ Vergnügen; sein Sprechen bereitet ihm(3)
Stumpfheit(332)
Tadelsüchtig, krittelig(80)
Tadelt - andere(32)
Unbehagen(44)
Unverschämtheit(33)
Unzufrieden(168) | U~ Umgebung, mit der(8)
Verächtlich(35)

Gemüt ...

Verleumden, Neigung zu(21)

Verwirrung, geistige(321) | V~ Freien, im - amel.(30) | V~ Gehen - Freien, im - amel.(11)

Wahnideen(191) | W~ Erwachen, beim(8) | W~ Geruchssinns, des(17) | W~ Hause, zu - weg von zu Hause; er sei(23) | W~ Körper - zerbrechlich; er sei(7) | W~ Orte, Plätze - fremden, fremdartigen Ort; als sei er an einem - einsamen Orten wieder; findet sich an fremden und - nachts beim Erwachen | W~ Phantasiegebilde, Illusionen(115) | W~ sonderbar, merkwürdig - Land; als sei er in einem fremden(4) | *W~ vergrößert*(42) | v~ Entfernungen seien(17) | v~ Gegenstände seien(12) | v~ Körper sei(8) | *v~ Kopf sei*(15)

Zorn(243)

Träume

Angenehm(136)

Ängstlich(239)

Anstrengung - geistige(51)

Erotisch(196) | E~ nachmittags | E~ Erektionen, mit(27) | E~ Pollutionen, mit(96)

Ruhelos(53)

Schrecklich(237)

Viele(260)

Wecken den Patienten(118)

– *Paronychia illecebrum* –

paro-i.

Gemüt

Gedanken - zwei Gedankengänge (gleichzeitig)(4)

Seelenruhe, Gelassenheit(85)

Verwirrung, geistige - Identität; in bezug auf seine - Dualität; Gefühl der(37)

Wahnideen - Person - zwei - Persönlichkeiten in ihm; es seien zwei sich widerstreitende - diskutieren; die ihre Krankheit

– *Parthenium hysterophorus* –

parth.

Gemüt

Redseligkeit; Geschwätzigkeit(136)

– *Passiflora incarnata* –

passi.

Gemüt

Alkoholismus(135)

Delirium - Schlaflosigkeit - mit(45)

Delirium tremens(84)

Geisteskrankheit, Wahnsinn(153)

Manie(149)

Morphiumsucht(31)

Ruhelosigkeit - Arbeit, bei der - langweiliger Arbeit, bei

Wahnideen(191)

– *Pastinaca sativa* –

past.

Gemüt

Bewußtlosigkeit(280)

Delirium - Bett - flieht und springt plötzlich aus dem Bett auf(36) | D~ ruhig(23)

Delirium tremens(84)

Redseligkeit; Geschwätzigkeit(136)

Ruhelosigkeit(420)

Sprache - delirös(12) | S~ unzusammenhängend(65)

Springen - Bett; aus dem(41)

Wahnideen(191) | W~ Visionen, hat(76)

Weist zurück - alles ihm Angebotene

– *Paullinia pinnata* –

paull.

Gemüt

Abscheu - allgemeiner(42)

Faulheit(269)

Furcht - Krankheit, vor drohender(66) | F~ Schwindsucht, vor(6)

Hochgefühl(97)

Langeweile(53)

Gemüt ...
Traurigkeit(477) | T~ tagsüber(16)
Wahnideen - tot - Personen, sieht tote(59)
Weinen - Erwachen, beim(36)
Zurückgezogenheit; Verlangen nach(3)

Träume
Aussätziger zu sein; ein
Hunde(20)
Körperteile - Brust - öffnen und hineinschauen; möchte die Brust
Krankheit - aussätzig zu sein
Traurig(46)
Verstorbenen, von(84)

– *Pediculus capitis* –

ped.

Gemüt
Auffahren, Zusammenfahren - abends(3)
Beschwerden durch - Freude, übermäßige(13)
Boshaft(99)
Fleißig, arbeitsam, Arbeitswut(101)
Froh(182) | F~ nachmittags - 15 h
Gedanken - schnell(36)
Geistige Anstrengung - Verlangen nach(65)
Gesten, Gebärden; macht - lebhaft(2)
Hast, Eile - Schreiben, beim(5)
Lachen(102)
Moralischem Empfinden; Mangel an(48)
Reizbarkeit(408)
Ruhelosigkeit - nachts(249)
Spotten(18)
Sprache - flüssig, gewandt(6)
Stumpfheit(332)
Suizidneigung; Neigung zum Selbstmord - Ertränken, durch(19)
Traurigkeit - grundlos(11)
Unbesonnen(82)
Zorn(243) | Z~ grundlos(5)

Träume
Angenehm(136)
Aufstände

Träume ...
Autopsien - Sezieren von Leichen(5)
Bekannte - gehen auf dem Wasser
Erotisch(196)
Freundlich zu sein
Gestalten - schwarze - verdunkelt die Sonne; eine schwarze Gestalt
Hungertod überlassen zu sein, entkommt durch Herauskriechen; im Kerker dem
Krankheit - Absonderung aus der Nase; wäßrige
Läuse(7)
Leichen - Sezieren von Leichen(5)
Schlittschuhlaufen; sieht Menschen im Sommer im Wasser
Sezieren - Leichen, von(5)
Verfolgt zu werden(17)
Verschwörungen(2)
Wasser - Gehen auf dem Wasser - Bekannte, die auf dem Wasser gehen; sieht

– *Penicillinum* –

penic.

Gemüt
Geisteskrankheit, Wahnsinn(153)
Geistige Anstrengung - Verlangen nach(65)
Stumpfheit(332)
Traurigkeit(477) | T~ Menopause, in der(25)

– *Penthorum sedoides* –

pen.

Gemüt
Entmutigt(135)
Stumpfheit(332)
Traurigkeit(477)
Wahnideen - schweben - Luft, in der(45) | s~ Schließen der Augen; beim

Träume
Erotisch(196)
Phantastisch(55)

– Perhexilinum –
perh.

Gemüt

Angst - andere, um(24)
Anorexia nervosa(13)
Furcht - Unfällen, vor(11) | F~ Wasser, vor(33)
Gedächtnis - Gedächtnisschwäche - Eigennamen; für(44) | G~ Ereignisse des Tages; für die(8) | G~ gelesen hat; für das, was er(41)
Langsamkeit(68)
Qualvolle Angst(121)
Ruhelosigkeit(420)
Traurigkeit(477)

– Persea americana –
pers.

Gemüt

Beschwerden durch - Stellung, des Jobs; Verlust der(4)
Pessimist(17)
Reizbarkeit(408)

– Petiveria tetandra –
peti.

Gemüt

Auffahren, Zusammenfahren - Träumen, in - aus einem Traum(35)
Froh(182)
Gedächtnis - Gedächtnisschwäche(284)
Gedanken - wandernd(72)
Lachen(102) | L~ tagsüber
Lebhaft, munter(50)
Singen(59)
Spaßen(52)
Traurigkeit(477)
Verwirrung, geistige(321)
Wahnideen - Boden - berühren; sie würde kaum den Boden - Gehen, beim(5) | W~ Füße - berühren; kaum den Boden - Gehen, beim
Weinen(244) | W~ morgens(22) | W~ unwillkürlich(35)
Zurückgezogenheit; Verlangen nach(3)

Träume

Kranken, von(10)
Krankheit(43)
Leichen(42)
Schikanieren, Drangsalieren
Traurig(46)
Unangenehm(87)
Unerinnerlich, bleiben nicht im Gedächtnis(93)
Unwichtig(46)
Viele(260)
Zorn(58)

– Petroleum –
petr.

Gemüt

Abscheu - Arbeit, vor der(21)
Albernes Benehmen - Gerede, albernes - Betrunkenheit; bei
Alkoholismus(135) | A~ Charakterschwäche; aus(3)
Angst(362) | A~ abends(87) | a~ 19 h(4)
Angst - nachts(119) | A~ Familie, um seine(10) | *A~ Fieber - während*(91) | A~ Geräusche, durch(13) | *A~ Gesellschaft, wenn in*(8) | *A~ Menschenmenge, in einer*(12) | A~ Pollutionen, nach(3) | A~ Schlaf - während(42) | A~ Tabakrauchen, durch(2) | A~ Träume; beim Erwachen aus schrecklichen(17) | A~ Zukunft(108)
Antworten - Abneigung zu antworten(67) | A~ weigert sich zu antworten(32)
Auffahren, Zusammenfahren(117) | A~ abends - Schlaf, im(3) | *A~ Kleinigkeiten, über*(21) | A~ Schlaf - während(163) | S~ Einschlafen, beim(72)
Auffahren, Zusammenfahren - Träumen, in(4) | T~ aus einem Traum(35)
Beleidigt, leicht(79)
Beschimpfen, beleidigen, schmähen(67) | B~ Betrunkenheit; bei(3)
Beschwerden durch - Erregung - Gefühle, der(87) | B~ Erwartungsspannung(68)

Gemüt ...

Beschwerden durch - Kränkung, Demütigung(39) | *B ~ Schreck*(72) | B ~ sexuell - Exzesse(59) | B ~ Zorn(94) | Z ~ Angst, mit(30) | *Z ~ Schreck; mit*(22)

Betäubung(237) | B ~ geistiger Anstrengung; nach(4)

Bewußtlosigkeit(280) | *B ~ Traum, wie ein einem - weiß nicht, wo er ist*(9)

Boshaft(99) | B ~ Zorn, mit(12)

Delirium(233) | D ~ dasselbe Thema; spricht die ganze Zeit über | D ~ redselig(33) | D ~ Schlaf - nach(2) | D ~ Schlaflosigkeit - mit(45) | D ~ Wahnideen, mit(18)

Denken - Abneigung gegen(46)

Ehrgeiz - Verlust von(15)

Eifersucht - Redseligkeit, mit(3) | E ~ Weinen, mit(3)

Eigensinnig, starrköpfig, dickköpfig(107)

Empfindlich(192) | E ~ Fieberfrost, im(9) | E ~ Geräusche, gegen - sprechen, zu(9)

Entmutigt(135)

Erkennt - nicht; erkennt - Straßen nicht; erkennt bekannte(7)

Erregung(287) | E ~ agg.(41) | *E ~ Hitze - während der Hitze; Erregung*(23) | E ~ Zittern, mit(10) | Z ~ innen, nach

Erschöpfung; geistige(217)

Erschreckt leicht(125)

Essen - nach - amel. der Gemütssymptome(9)

Extravaganz(16)

Exzentrizität, Überspanntheit(54) | E ~ abwechselnd mit - Traurigkeit(2)

Faulheit(269) | F ~ nachmittags(18)

Fehler; macht - Orte; in bezug auf(32) | F ~ Zeit; in bezug auf die(34)

Feigheit - Meinung zu sagen; es fehlt der Mut, die(3)

Fluchen(44)

Fremde - Anwesenheit von Fremden - agg.(16)

Froh(182) | F ~ abwechselnd mit - Traurigkeit(57) | F ~ gefolgt von - Melancholie(6)

Gemüt ...

Furcht(242) | F ~ abends(51) | F ~ Arbeit; vor der(32) | F ~ chronisch(4) | F ~ lebenslang(10) | F ~ Menschenmenge; in einer(58) | F ~ Näherkommen, Annäherung von; vor - anderen, von(28) | F ~ Pollutionen, nach(3) | F ~ Tod; vor dem(143) | F ~ Unheil; Furcht vor(115)

Gedächtnis - Gedächtnisschwäche(284) | G ~ verwirrt, Gedächtnisverwirrung(8)

Gedanken - hartnäckig(83) | h ~ nachts(8) | h ~ unangenehmen Themen verfolgt; von(9)

Gedanken versunken, in(90)

Geisteskrankheit, Wahnsinn - Melancholie(17) | *G ~ Wochenbett, im*(35)

Geistige Anstrengung - agg.(141) | *a ~ unmöglich*(130)

Geistige Anstrengung - Abneigung gegen(150)

Geiz(34)

Gesellschaft - Abneigung gegen(156) | A ~ allein, wenn - amel.(33) | A ~ Fremden; Abneigung gegen die Anwesenheit von(16)

Gesten, Gebärden; macht - konvulsivisch(24)

Geziertheit, Affektiertheit(13)

Gleichgültigkeit, Apathie(251) | G ~ morgens - Erwachen, beim(8) | G ~ Gewissens; gegen die Stimme des(5) | G ~ Langeweile, mit(11) | G ~ Vergnügen, gegen(46)

Heftig, vehement(100) | H ~ morgens(9)

Heimweh(52)

Hilflosigkeit, Gefühl der(13)

Hochgefühl(97) | H ~ abwechselnd mit - Entmutigung(2) | a ~ Schüchternheit(2) | a ~ Traurigkeit(8)

Hypochondrie(116) | H ~ Freien, im(2) | H ~ mürrisch(9)

Ideen, Einfälle - Mangel an(102)

Imbezillität(140)

Intelligent - faul; aber(5)

Jammern(93)

Klagen(64)

Gemüt ...

Kleinigkeiten scheinen wichtig, bedeutend(19)

Konzentration - schwierig(261)

Kummer(76)

Kunst - Unfähigkeit zur(10)

Langeweile(53)

Lästig, geht auf die Nerven(79)

Lebhaft, munter(50)

Leidenschaftlich(49)

Lustig, fröhlich(123) | L~ abwechselnd mit - Traurigkeit(14)

Manie(149)

Maskulin - Mädchen; maskulin aussehende(5)

Mürrisch(290) | M~ morgens - Bett, im(16) | M~ Erwachen, beim(32) | M~ Fieber - während(12) | M~ Koitus, nach(7)

Nachgiebigkeit(21)

Phantasien - übertrieben(114) | ü~ nachts(40)

Phantasien - übertrieben - Schlaflosigkeit, mit(41)

Raserei, Tobsucht, Wut(95) | R~ boshaft, bösartig(9)

Redseligkeit; Geschwätzigkeit(136) | R~ Betrunkenheit; bei(6)

Reizbarkeit(408) | R~ tagsüber(32) | *R~ morgens*(69) | m~ Erwachen, beim(43)

Reizbarkeit - Erwachen, beim(56) | *R~ Fieberfrost, im*(57) | R~ Hitze - während(31) | R~ Kleinigkeiten, durch(34) | *R~ Koitus - nach*(26) | R~ Menses - während(42)

Ruhelosigkeit(420) | R~ nachts(249) | R~ Bett - Herumwerfen im(123) | R~ Essen(2) | E~ nach(14)

Ruhelosigkeit - Frost - während(23) | R~ Koitus - nach(7) | *R~ Schläfrigkeit, bei*(12)

Schlafwandeln(56)

Schmeichlerisch(10)

Schmollen(41)

Schmutzig(17)

Schüchternheit, Zaghaftigkeit(113) | S~ Öffentlichkeit; beim Auftreten in der - sprechen; in der Öffentlichkeit zu(6) | *S~ schamhaft*(58)

Gemüt ...

Schweigsam(209)

Seelenruhe, Gelassenheit(85)

Selbstvertrauen - Mangel an Selbstvertrauen(86)

Sinne - abgestumpft, stumpf(107)

Sitzen - Neigung zu sitzen(110)

Sonderbar, fremd, merkwürdig - alles erscheint(16)

Sorgen, voller - grundlos

Sprache - langsam(59)

Sprechen - anderer agg.; das Sprechen(46) | S~ einem Thema; von nichts anderem als(7) | S~ Verlangen mit jemandem zu(11)

Spucken(32)

Stilles Wesen(49)

Stimmung, Laune - abweisend, zurückweisend(40) | *S~ veränderlich*(158) | v~ Meinungen, in seinen(6)

Stöhnen(119)

Streitsüchtig(136) | S~ morgens(5) | *S~ betrunken; wenn* | *S~ Betrunkenheit; bei*

Stumpfheit(332) | S~ Nebel gehüllt; wie in einen | S~ Wein, nach(5)

Stupor(138)

Tadelsüchtig, krittelig(80)

Tod - Vorahnung des Todes(62) | V~ Vorkehrungen für seinen Tod, erledigt seine Angelegenheiten; trifft

Töten, Verlangen zu(32)

Traurigkeit(477) | *T~ morgens*(71) | *T~ Fieberhitze, in der*(55) | T~ Freien, im(12) | T~ Gehen - Freien, im(14)

Traurigkeit - Menses - während(35) | T~ Zorn - nach(10)

Unaufmerksam(23)

Unbehagen(44) | U~ nachts(3) | U~ Essen, nach dem - Abendessen, nach dem(3)

Unbeständigkeit(45)

Unentschlossenheit(146)

Ungehorsam(30)

Ungeschicklichkeit - Schneidern, Sticken; beim(9)

Unternimmt - Vieles, hält aber bei nichts durch, bleibt nicht dabei(28)

Gemüt …

Untröstlich(30) | *U~ Angst um seine Familie bei einer kurzen Reise; aus*

Unverschämtheit(33)

Unzufrieden(168) | U~ allem; mit(66)

Vergeßlich(187) | *V~ Haus befindet; auf welcher Straßenseite sich sein*(4) | *V~ Straßen, vergißt bekannte*(7)

Verleumden, Neigung zu(21)

Verwirrung, geistige(321) | V~ morgens(115) | m~ Erwachen, beim(50)

Verwirrung, geistige - nachmittags(33) | V~ alkoholische Getränke, durch(8) | *V~ Erwachen, beim*(71) | V~ Essen - nach(52) | *V~ Gehen*(37) | **G~ Freien, im**(14)

Verwirrung, geistige - geistige Anstrengung - durch(50) | V~ Identität; in bezug auf seine(21) | **I~ Dualität; Gefühl der**(37)

Verwirrung, geistige - Kopfschmerzen, mit(11) | V~ Rauchen (von Tabak) - nach(6) | *V~ verläuft sich in bekannten Straßen*(12) | V~ Wein, nach(11) | *V~ weiß nicht, wo er ist*(7)

Verzweiflung(137) | V~ Fieberhitze, in der(21)

Wahnideen(191) | W~ Arme - drei, sie glaubt, sie habe | W~ Beine - drei, er habe(2) | W~ berauscht - sei, er(59) | W~ Bett - jemand - im Bett; als sei jemand | i~ mit ihm(13)

Wahnideen - Bett - zwei Personen seien mit ihr im Bett(2) | W~ Bilder, Phantome; sieht - Dunkelheit, in der(6) | B~ schreckliche(60)

Wahnideen - Diebe - sieht(21) | *W~ doppelt - sein, doppelt zu*(30) | *W~ drei Personen; er sei*(6) | W~ Fallen - vorne, nach - würde nach vorne fallen; sie(15) | W~ geht - neben ihm gehen; jemand würde(4) | W~ geteilt - zwei Teile; in(10) | W~ Glieder - doppelt; ein Glied sei | W~ Holz - er sei aus Holz(2) | W~ Identität - Fehleinschätzung in bezug auf die eigene(18)

Gemüt …

Wahnideen - Körper - dreifachen; er habe einen(2) | *K~ geteilt, sei*(6) | *K~ verstreut; der Körper sei*(5) | v~ wirft sich umher, um die Teile zusammenzubekommen; er(6)

Wahnideen - Kopf - kalte Brise würde ihn anwehen | W~ krank - sein; krank zu(27) | W~ Liegen - jemand würde liegen - Nähe, in seiner | W~ Menschen - neben ihm, seien(13) | n~ liegt; eine andere Person

Wahnideen - Menschen - sieht(29) | W~ Phantasiegebilde, Illusionen(115) | W~ Säuglinge seien im Bett; zwei | W~ sonderbar, merkwürdig - alles sei(16) | s~ Vertrautes scheint fremd(38)

Wahnideen - sterben - gleich sterben; glaubt, er würde(57) | W~ Stimmen - hört(37) | h~ verworren - Schlucken oder Gehen im Freien agg.(3)

Wahnideen - Visionen, hat - schrecklich - Dunkelheit, in der(6)

Weinen(244) | W~ Ärger, durch(23) | *W~ Fieberfrost - im*(25) | *W~ Fieberhitze, in der*(25) | W~ Kleinigkeiten, über(23) | *W~ Menses - während*(27) | *W~ Schweiß, beim*(25) | W~ Trinken, nach dem(3)

Wetter - Gewitter - vor einem Gewitter; Gemütssymptome(7) | G~ während einem Gewitter; Gemütssymptome(12)

Widerspenstig(66)

Widerspruch - agg.(11) | W~ verträgt keinen Widerspruch(73)

Widerwillen(39) | W~ allem, vor(22)

Wildheit(29) | W~ Kindern, bei

Wille - Verlust der Willenskraft(34) | *W~ Willensschwäche*(58)

Zeit - langsam, scheint länger; vergeht zu(29)

Zerstreut(166)

Zorn(243) | *Z~ morgens*(12) | m~ Erwachen, beim(13)

Zorn - abends(20) | Z~ Erwachen, beim(16) | Z~ Gesicht - blassem, lividem Gesicht; mit(8) | *Z~ heftig*(72)

Gemüt ...

Zorn - Kleinigkeiten, über(58) | Z~ Schweigsamkeit; mit(8) | Z~ Widerspruch, durch(37)

Zurückhaltend, reserviert(64) | Z~ morgens(3)

Zweifelt(13)

Träume

Angenehm(136)

Ängstlich(239)

Dinge - fixiert, Träume sind auf denselben Inhalt(6)

Erotisch(196) | *E~ Fluor, bei*

Erschöpfend(45)

Fortsetzung - Träumen, von - Einschlafen fortgesetzt; der vorherige Traum wird beim(8)

Lange Zeit - Gegenstand; vom selben(2)

Lebhaft(193)

Liegen - Bett; liegt mit einer anderen Person im

Menschen - Bett; eine andere Person liegt mit ihm im

Mord(53)

Phantastisch(55)

Räuber(36)

Schrecklich(237)

Trinkgelage(11)

Unangenehm(87)

Unerinnerlich, bleiben nicht im Gedächtnis(93)

Unglück(64)

Verbrechen(8) | V~ begangen zu haben; ein Verbrechen(4)

Verdrießlich(122)

Vergewaltigung(4)

Verworren(122)

Viele(260)

Visionär(45)

Wecken den Patienten(118)

Wiederholende, sich(6)

Zusammenhängend(13)

– *Petroselinum sativum* –

petros.

Träume

Ängstlich(239)

– *Phaseolus nanus* –

phase.

Gemüt

Furcht - Krankheit, vor drohender - unheilbar zu sein(42) | F~ Tod; vor dem(143)

– *Phellandrium aquaticum* –

phel.

Gemüt

Abscheu - allgemeiner(42)

Angst(362) | A~ nachmittags(32) | A~ nachts(119) | *A~ Erwachen, beim*(86) | A~ Essen - nach(39) | A~ Furcht, mit(110) | A~ Gesundheit; um die - eigene Gesundheit; um seine(57)

Betäubung(237)

Eigensinnig, starrköpfig, dickköpfig(107)

Empfindlich - Geräusche, gegen(149)

Erregung - abends(32)

Extravaganz(16)

Farben - helle Farben - amel.(4)

Froh - abends(42)

Furcht - Essen - nach dem Essen; Furcht(14) | F~ hinter ihm; jemand sei(6) | F~ Mittagessen, nach dem(2) | F~ Unglück, vor(93) | U~ tagsüber

Furcht - Wasser, vor(33)

Gedanken versunken, in(90)

Gesten, Gebärden; macht - Licht(5)

Hochgefühl(97) | H~ Freien, im

Lustig, fröhlich(123) | L~ abends(29) | L~ Freien; im(3)

Meditieren, Nachdenken(47)

Mürrisch(290) | M~ tagsüber(17)

Qualvolle Angst - Liegen - muß sich hinlegen(3)

Gemüt ...
Reizbarkeit(408) | R~ tagsüber(32)
Selbstbetrachtung(58)
Spucken - schaumig
Stimmung, Laune - veränderlich(158)
Tollwut, Hydrophobie(46)
Traurigkeit(477) | T~ tagsüber(16) | T~ morgens - Erwachen - nach(9) | T~ vormittags(12)
Traurigkeit - Unglück; wie durch ein(10)
Verwirrung, geistige(321) | V~ nachmittags(33) | V~ berauscht - wie(47)
Wahnideen - sehen - könne nicht sehen; er - ragen, so daß er nicht darüberblicken kann; etwas würde aus dem Kopf
Weinen(244) | W~ traurig - Gedanken, bei traurigen(7)
Zorn(243)

Träume
Angenehm(136)
Blitz(4)
Gärten(3)
Gewitter(6)
Kämpfe(54)
Menschen Firmen(2) | M~ Parties(5)
Menschenmengen(2)
Parties(5)
Räuber(36)
Schrecklich(237)
Unerinnerlich, bleiben nicht im Gedächtnis(93)
Verdrießlich(122)

– *Phenobarbitalum* –

phenob.

Gemüt
Empfindlich(192)
Erregung - abwechselnd mit - Gleichgültigkeit(4) | a~ Traurigkeit(13)
Gedächtnis - Gedächtnisschwäche(284)
Traurigkeit(477)
Verbittert, verärgert(9)

– *Phosphoricum acidum* –

ph-ac.

Gemüt
Abscheu - Leben, vor dem(84)
Albernes Benehmen(65)
Alkoholismus(135)
Angesprochen zu werden - Abneigung(63)
Angst(362) | A~ nachmittags(32) | A~ nachts - Mitternacht - nach - Erwachen, beim(4) | A~ andere, um(24) | A~ Bewegung - amel.(12) | A~ Druck; durch - Brust; auf der(14) | A~ Erwachen, beim(86) | A~ Erwartungsspannung, durch - Verabredung, vor einer(12) | A~ Essen - nach(39) | A~ Fieber - während(91) | *A~ Gesundheit; um die - eigene Gesundheit; um seine*(57) | *A~ Gewissensangst*(75) | *G~ Masturbation, nach*
Angst - hypochondrisch(52) | A~ Kinder - um seine(3) | A~ Menses - während - Zorn und Angst; mit(9) | A~ Seelenheil, um das(35) | S~ Bedenken, Gewissensbisse; übermäßige religiöse - Ausübung der religiösen Pflichten; in bezug auf die(5)
Angst - Sitzen(15) | A~ Stehen, im(7) | A~ Träume; beim Erwachen aus schreck lichen(17) | A~ Urinieren - vor(4) | *A~ Zukunft*(108)
Anorexia nervosa(13)
Antworten - Abneigung zu antworten(67) | *A~ denkt lange nach*(10) | **A~ einsilbig**(15) | A~ falsch, unrichtig(13) | A~ irrelevant, nicht zur Sache Gehörendes(12) | *A~ kurz angebunden*(19) | **A~ langsam**(35) | A~ schwierig, Antworten ist(11) | *A~ Stupor kehrt schnell nach dem Antworten wieder*(17) | **A~ undeutlich**(6) | *A~ unzusammenhängend*(13) | A~ weigert sich zu antworten(32)
Argwöhnisch(105)
Auffahren, Zusammenfahren - fallen würde; als ob er(5) | A~ Schlaf - während(163) | *S~ durch*(124)

Gemüt ...

Außer sich; ist(51)

Beschwerden durch - Alkoholismus(8) | B~ Angst(9) | **B~ Enttäuschung**(17) | **B~ Erregung - Gefühle, der**(87) | *B~ Erwartungsspannung*(68) | B~ Freundschaft, betrogene(7) | B~ Furcht(27) | *B~ geistige Anstrengung*(59) | B~ geschäftlichen Mißerfolg; durch(13) | B~ Grobheit anderer(13) | **B~ Heimweh**(8) | **B~ Kränkung, Demütigung**(39) | **B~ Kummer**(65) | **B~ Liebe; enttäuschte**(31) | B~ moralische Erregung(6) | B~ schlechte Nachrichten(34) | B~ Schock; seelischen(23) | **B~ Schreck**(72) | S~ Menses, während(10)

Beschwerden durch - sexuell - Exzesse(59) | *B~ Sorgen, Kummer*(14) | B~ Tadel(13) | B~ Tod von geliebten Personen - Kindes, eines(11) | B~ Verlegenheit(13) | *B~ Zorn*(94) | *Z~ stillem Kummer; mit*(27)

Betäubung(237)

Bewußtlosigkeit(280) | B~ morgens(45) | *m~ allein, wenn*

Bewußtlosigkeit - allein, wenn | *B~ Essen, nach dem*(4) | *B~ Fieber, im*(50) | B~ geistige Empfindungslosigkeit(13) | *B~ Gemütsbewegungen, nach*(13) | B~ Schlafsucht, ohne Schnarchen, mit geschlossenen Augen; mit

Boshaft(99)

Brütet, grübelt(41) | B~ Ecke; sitzt stumpfsinnig oder brütend in einer(11) | *B~ Enttäuschung; über eine* | B~ Krankheit; über seine | *B~ Zustand; über seinen*

Chaotisch(44)

Delirium(233) | *D~ antwortet - langsam*(8) | D~ apathisch(2) | D~ Blutung - nach(14) | D~ brummt(44) | b~ langsam

Delirium - flüstert(10) | f~ langsam

Delirium - mild(10) | *D~ ruhig*(23) | D~ Schlaf - Einschlafen, beim(17) | D~ Schlaflosigkeit - mit(45)

Demenz(33) | *D~ Masturbation, mit*(11)

Denken - Abneigung gegen(46)

Gemüt ...

Eifersucht(34)

Eigensinnig, starrköpfig, dickköpfig(107)

Ekstase(59)

Empfindlich(192) | E~ nachmittags(3) | E~ abends(6) | E~ äußerliche Eindrücke; gegen alle(21) | E~ Geräusche, gegen(149) | E~ Grobheiten, gegen(9) | *E~ Mangel an Empfindlichkeit*(20) | *E~ Musik, gegen*(46)

Entmutigt(135) | *E~ Freien, im* | E~ Gehen, beim(2)

Ernst(77)

Erotisch(39)

Erregung(287) | E~ agg.(41) | E~ Lesen, beim(3) | E~ Schweiß, beim(11)

Erschöpfung; geistige(217) | E~ morgens(8) | E~ Diarrhoe - Unterdrükkung von; geistige Erschöpfung durch | E~ Pollutionen, nach(7) | E~ Schlaflosigkeit, mit(7) | E~ Sorgen, durch(2) | E~ Studieren, langes

Erschreckt leicht(125)

Erwartungsspannung - Lampenfieber(14)

Essen - weigert sich zu(26)

Extravaganz(16)

Faulheit(269) | *F~ Essen, nach dem*(25)

Fehler; macht - Sprechen, beim(81) | S~ Worte - falsche Worte; benutzt(53)

Feigheit(89)

Froh(182) | F~ nachts(17)

Furcht(242) | F~ nachts(58) | F~ Anstrengung - vor Anstrengung; Furcht(10) | F~ berührt zu werden(38) | F~ Cholera, vor(7) | F~ Erwachen, beim(54) | E~ Traum, aus einem(13)

Furcht - geistige Anstrengung - vor geistiger Anstrengung(6) | *F~ geschehen; etwas werde*(82) | *F~ Krankheit, vor drohender*(66) | *F~ Tod; vor dem*(143) | T~ Druck im Hypogastrium; mit

Furcht - vergiftet - werden; Furcht, vergiftet zu(23) | F~ Vögel(7)

Gedächtnis - gut, aktiv(91) | **G~ Gedächtnisschwäche**(284) | *G~ auszudrücken, sich*(41) | G~ Eigennamen; für(44) | *G~ Ereignisse des Tages; für die*(8)

Gemüt ...

Gedächtnis - Gedächtnisschwäche - geistige Anstrengungen; für(26) | g ~ Ermüdung, durch(11)

Gedächtnis - Gedächtnisschwäche - gelesen hat; für das, was er(41) | g ~ eben gelesen hat(3)

Gedächtnis - Gedächtnisschwäche - Namen; für - Familienmitgliedern; von | G ~ Personen, für(23) | G ~ sagen will; für das, was er gerade(38) | G ~ sexuelle Exzesse, durch(9) | *G ~ Worte, für*(61)

Gedanken - drängen auf ihn ein und schwirren durcheinander(16) | d ~ Lesen, beim

Gedanken - Gedankenandrang, einstürmende Gedanken, Gedankenfluß(78) | G ~ nachts(31) | G ~ Erwachen, beim(6) | G ~ Lesen, beim(3)

Gedanken - hartnäckig(83) | G ~ Krankheit, über seine(11) | G ~ Stillstand der Gedanken(10) | G ~ Vergehen, Schwinden der Gedanken(76) | *V ~ morgens* | *V ~ Lesen, beim*(5)

Gedanken - wandernd(72) | G ~ zusammenhangslos(30)

Geistesabwesend(71)

Geisteskrankheit, Wahnsinn(153) | G ~ Blutung, nach(8) | G ~ Melancholie(17) | G ~ Tanzen, mit(4)

Geistige Anstrengung - agg.(141) | *a ~ unmöglich*(130) | *u ~ morgens*(2) | u ~ sexuellen Exzessen; nach(3)

Geistige Anstrengung - Abneigung gegen(150)

Geiz(34) | *G ~ Angst um die Zukunft; Geiz aus*(6)

Gemütssymptome(26)

Geschäft - Abneigung gegen(45)

Gesellschaft - Abneigung gegen(156) | A ~ allein, wenn - amel.(33)

Gesellschaft - Verlangen nach(83) | V ~ allein; agg. wenn(48) | V ~ amel. in Gesellschaft(18)

Gespräche - agg.(45)

Gesten, Gebärden; macht - Hände; unwillkürliche Bewegungen der - Greifen(41) | *H ~ zupft - Bettwäsche; an der*(36)

Gewissenhaft, peinlich genau in bezug auf Kleinigkeiten(58)

Gier, Habsucht(19)

Gleichgültigkeit, Apathie(251) | **G ~ morgens**(5) | *m ~ Erwachen, beim*(8)

Gleichgültigkeit, Apathie - allem; gegenüber(71) | **G ~ Fieberfrost, im**(10) | **G ~ Fieber, im**(16) | *G ~ geschäftliche Angelegenheiten; gegen*(18) | G ~ Pubertät, in der(3) | *G ~ Typhus, bei*(9) | G ~ widrige Umstände; gegen

Haß(28) | *H ~ Rachsucht; Haß und*(32)

Hast, Eile(112)

Heftig, vehement(100)

Heimweh(52) | *H ~ stiller schlechter Laune; mit*(3)

Herausfordernd(22)

Hochgefühl(97)

Hypochondrie(116) | *H ~ Pollutionen, nach*(4) | *H ~ sexuell - Exzesse, durch*(3)

Hysterie(194) | *H ~ Menopause, in der*(7) | H ~ Menses - vor(16) | *H ~ sexuell - Exzessen, nach*(7)

Ideen, Einfälle - Mangel an(102) | *M ~ geistiger Erschöpfung, bei*

Ideen, Einfälle - Reichtum an, Klarheit des Geistes(125)

Idiotie(45)

Imbezillität(140)

Jammern(93) | J ~ Krankheit, über seine(4) | J ~ Schlaf, im(12)

Kindisches Benehmen(52)

Klagen(64) | K ~ Krankheit, über seine(4)

Konzentration - schwierig(261) | s ~ Abneigung gegen(6) | s ~ Kindern, bei(8)

Kummer(76) | K ~ nachts - Bett, im(2) | K ~ chronisch(3) | K ~ Erwachen; beim(4) | *K ~ still*(23) | **s ~ Liebe; aus enttäuschter**(4)

Lächeln - Schlaf, im(4)

Lachen - Schlaf - während(15)

Langsamkeit(68)

GEMÜT ...
Lästig, geht auf die Nerven(79)
Laszív, lüstern(77)
Launenhaftigkeit, launisch(108)
Lebensüberdruß(82)
Lebhaft, munter(50)
Leidenschaftlich(49) | L~ Kleinigkeit, bei jeder(4)
Lesen - agg. Gemütssymptome(14)
Liebevoll, voller Zuneigung, herzlich(37)
Lustig, fröhlich(123) | L~ nachts(14) | L~ Schlaf; im(10)
Manie(149) | M~ Raserei, mit(27) | M~ wild(2)
Mathematik - Unfähigkeit zur - rechnen; kann nicht(16)
Milde(80)
Moralischem Empfinden; Mangel an(48)
Murmeln(55)
Mürrisch(290) | M~ morgens(42) | m~ Bett, im(16)
Mürrisch - Erwachen, beim(32) | M~ Pubertät, in der(2) | M~ Schläfrigkeit, bei(9)
Musik - agg.(40) | *M~ Kopfschmerzen, durch*(9) | *M~ Ohrenschmerzen durch*(5)
Nachgiebigkeit(21)
Neid - Habgier, und(12)
Nymphomanie(67)
Phantasien - Lesen, beim(3) | P~ übertrieben(114) | P~ übertrieben - abends - Bett, im(28) | P~ übertrieben - nachts(40) | P~ übertrieben - Schlaflosigkeit, mit(41)
Qualvolle Angst - nachmittags(7) | Q~ Liegen - muß sich hinlegen(3)
Raserei, Tobsucht, Wut(95)
Redseligkeit; Geschwätzigkeit - Fieber; im(11)
Reizbarkeit(408) | R~ morgens - Erwachen, beim(43) | *R~ Erwachen, beim*(56) | *R~ gefragt wird; wenn er*(12) | R~ Hitze - während(31) | R~ Koitus - nach(26) | R~ Menses - während(42)

GEMÜT ...
Religiös - Gemütsstörungen, religiöse(63)
Resignation(15)
Reue(63)
Ruhe - Verlangen nach(21)
Ruhelosigkeit(420) | R~ morgens(22) | m~ Bett, im(2)
Ruhelosigkeit - abends(51) | R~ nachts(249) | R~ ängstlich(111) | R~ Erwachen, beim(30) | R~ Essen - nach(14) | R~ Gehen, beim - Freien, im - amel.(5) | R~ Hitze - nach(3) | R~ innerlich(37) | R~ Urinieren, vor dem(2)
Schmollen(41)
Schüchternheit, Zaghaftigkeit - Gesellschaft, in(6) | S~ schamhaft(58)
Schweigsam(209) | *S~ abends*(5) | *S~ Fieberhitze; in der*(11) | S~ Freien; im(2) | S~ Traurigkeit; bei(12)
Seelenruhe, Gelassenheit(85)
Sentimental, schwärmerisch, rührselig(64)
Seufzen(98)
Singen(59) | S~ nachts(5) | S~ Schlaf, im(8)
Sinne - abgestumpft, stumpf(107) | S~ Vergehen, Schwinden der(51)
Sinnlichkeit(24)
Sitzen - Neigung zu sitzen(110)
Sorgen, voller(50)
Spotten - andere würden ihn verspotten; glaubt(4)
Sprache - einsilbig(7) | *S~ hastig*(44) | *S~ langsam*(59) | *S~ unklar, unverständlich*(20) | *S~ unzusammenhängend*(65) | S~ zögernd(22)
Sprechen - agg. die Beschwerden(34) | *S~ anderer agg.; das Sprechen*(46) | S~ langsam; lernt(15) | S~ Schlaf, im(93) | S~ sich selbst ; mit(31)
Still sein, seine Ruhe haben; möchte - Ruhe und Stille; verlangt nach - Gehen im Freien, beim(5)
Stilles Wesen(49)
Stöhnen - Schlaf, im(62)
Streitsüchtig(136)
Studieren, Lernen - schwierig, fällt schwer(18)

GEMÜT ...

Stumpfheit(332) | *S~ morgens*(54) | S~ allein, wenn | *S~ denkt - lange zu denken; unfähig*(12) | S~ Gehen(4) | S~ geistige Anstrengung, durch(27) | S~ Gemütsbewegungen, durch(4) | S~ Impotenz, mit | *S~ Lesen*(35) | S~ Masturbation, nach(4) | S~ Pollutionen - nach(7) | S~ Schwindel; während(22) | S~ Sorgen, durch geschäftliche

Stupor(138) | S~ morgens(36) | **S~ Fieber, im**(21)

Tadelt - andere - morgens | T~ sich selbst(36)

Tanzen(33) | T~ besinnungslos

Traum; wie in einem(69)

Traurigkeit(477) | T~ morgens - Erwachen - beim(21) | T~ nachts - Mitternacht - nach(4) | *T~ Erwachen, beim*(24) | T~ Fieberhitze, in der(55) | *T~ Freien, im*(12) | *T~ Gehen - Freien, im*(14) | *G~ nur beim Gehen - länger er geht, desto schlechter geht es ihm; je*

Traurigkeit - Kummer, nach(6) | T~ Liebe; durch enttäuschte(7) | **T~ Masturbation, durch**(16)

Traurigkeit - Menses - unterdrückt(20) | T~ Pollutionen, durch(23) | *T~ Schicksalsschläge, durch*(16) | T~ schweigsam(12) | T~ still(7) | T~ Unglück; wie durch ein(10)

Unaufmerksam(23)

Unbehagen - Essen, nach dem(6)

Unbesonnen(82)

Ungeduld(131)

Ungerechtigkeit; erträgt keine(8)

Ungeschicklichkeit(41)

Unzufrieden(168) | U~ sich selbst, mit(36)

Vergeßlich(187) | V~ morgens(9) | *V~ alten Menschen, bei*(12) | V~ Gemütsbewegungen, durch(4) | *V~ sexuellen Exzessen, nach*(6) | **V~ Worte beim Sprechen; vergißt**(52)

Verweilt - Enttäuschungen, bei(2)

Verwirrung, geistige(321) | V~ morgens(115) | m~ Aufstehen - und nach dem Aufstehen(37)

GEMÜT ...

Verwirrung, geistige - abends(78) | V~ berauscht - wie(47) | *b~ wie nach einem Rausch*(35)

Verwirrung, geistige - Erwachen, beim(71) | *V~ Essen - nach*(52) | *V~ geistige Anstrengung - durch*(50) | *V~ Koitus - nach*(10) | *V~ Lesen, beim*(15) | V~ warmen Zimmer, im(11) | V~ sexuelle Exzesse; wie durch

Verzweiflung(137)

Wahnideen(191) | W~ abends - Bett, im(16) | W~ berauscht - sei, er(59) | W~ Bett - berühren; als würde sie im Liegen das Bett nicht(13) | W~ bewegen - hört Dinge, die sich außer Sicht in der Höhe in seiner Nähe bewegen(4) | W~ Bilder, Phantome; sieht(76) | B~ schreckliche(60)

Wahnideen - Erwachen, beim(8) | W~ geht - Luft - auf Luft; geht(15) | W~ Geräusche - hören; Geräusche zu(13) | W~ Gestalten - sieht(33) | W~ Glokken läuten, hört(5) | W~ Hören - Einbildung; etwas zu hören(44) | W~ hört; wie sich Gegenstände bewegen | W~ lachen und spotten; man würde über ihn(6) | *W~ Phantasiegebilde, Illusionen*(115) | W~ Regen - hört Regen; er(6) | W~ Schlaf - Einschlafen; Wahnideen beim(12) | *W~ schweben - Luft, in der*(45) | W~ Stehen - Kopf stehen; auf dem | K~ Bett umgekippt und sie würde auf dem Kopf stehen würde; als sei das

Wahnideen - Stirn hervorschauen; sie müsse unter ihrer | *W~ tot - Personen, sieht tote*(59) | W~ Uhr schlagen; er hört die | *W~ Visionen, hat*(76) | *W~ Ziffern, Zeichen; sieht*(3)

Weinen(244) | W~ nachts(81) | W~ Husten - während(21) | *W~ Schlaf, im*(88) | W~ traurig - Nachrichten, bei traurigen | W~ Wimmern, Winseln - Schlaf, im(28)

Wildheit(29) | W~ Ärger, durch

Gemüt ...

Zerstreut(166) | Z~ morgens(5) | Z~ Lesen, beim(6)

Zorn(243) | *Z~ antworten muß; wenn er*(7) | Z~ heftig(72)

Zügellosigkeit, sexuelle Ausschweifung(32)

Zurückhaltend, reserviert(64) | Z~ Gehen - Freien, im(3)

Zweifelt - Genesung; an der(31)

Träume

Alpträume, Alpdrücken(144)

Angenehm(136) | A~ nachts - Mitternacht - vor Mitternacht angenehm, nach Mitternacht schrecklich

Ängstlich(239)

Anstrengung - geistige(51)

Bankett(3)

Beeinflußt das Gemüt(14)

Ereignisse - zukünftige(11) | E~ zurückliegende, kurz(55) | z~ Vorabend, vom(2) | z~ Vortag, vom(41)

Erfolglose Anstrengungen(20)

Erotisch(196) | E~ Erektionen, mit(27) | *E~ Pollutionen, mit*(96)

Erschöpfend(45)

Erschütternd(3)

Fallen, zu stürzen; zu(60) | F~ Höhe herab, von einer(29) | F~ Wasser, ins(11)

Furcht - gefolgt von(14)

Geschäft - Tage, vom(39)

Hellsichtig(12)

Hochgelegene Orte - Herunterfallen, Hinabstürzen von(29)

Lebhaft(193)

Leichen(42)

Lustig(14)

Merkwürdig, wunderlich(10)

Prophetisch(11)

Ruhelos(53)

Schrecklich(237) | S~ nachts - Mitternacht - nach(4)

Schwelgerei, Festmahl(9)

Streitigkeiten(69)

Unerinnerlich, bleiben nicht im Gedächtnis(93)

Unglück(64)

Träume ...

Unwichtig(46)

Verdrießlich(122)

Verfolgt zu werden(17)

Verstorbenen, von(84)

Viele(260)

Wecken den Patienten(118)

Wundervolle(4)

Zorn(58)

– *Phosphorus* –

phos.

Gemüt

Abneigung - allem, gegenüber(39) | A~ Familienmitglieder; gegen(19) | A~ Frauen; gegen - Männern; bei - Homosexualität, mit(4) | A~ Kinder; gegen - eigenen Kinder; gegen ihre(8) | A~ Menschen; gegen - alle, gegen(8)

Abscheu - Leben, vor dem(84)

Albernes Benehmen(65)

Alkoholismus(135)

Angst(362) | **A~ morgens**(42) | *m~ Erwachen, beim*(30)

Angst - nachmittags(32) | *A~ abends*(87) | a~ Bett, im(54) | *a~ Dämmerung, in der*(13)

Angst - nachts(119) | n~ Mitternacht - vor(36) | *n~ Erwachen, beim*(24)

Angst - allein, wenn(17) | *A~ andere, um*(24) | A~ anfallsweise(13) | A~ Ärger - nach(6) | A~ Bett - im Bett(49) | A~ Dunkelheit; in der(12) | *A~ Erregung, durch*(7) | *A~ Erwachen, beim*(86) | *A~ Essen - nach*(39) | A~ Fahren oder Reiten, beim - fährt; wenn er selbst(7) | A~ Familie, um seine(10) | *A~ Fieber - während*(91) | A~ folternd(4) | *A~ Freunde zu Hause; um*(4) | A~ Frost - während(31) | *A~ Furcht, mit*(110) | A~ Gedanken, durch - unangenehm(2) | A~ gefolgt von - Gleichgültigkeit | A~ geistige Anstrengung; durch(20) | *A~ Gesundheit; um die - eigene Gesundheit; um seine*(57) | G~ Verwandten; von(6)

GEMÜT ...

Angst - Gewissensangst(75) | *G ~ keine Ruhe, verhindert das Hinlegen; läßt ihm Tag und Nacht*

Angst - grundlos(7) | *A ~ Hitze, durch - amel.*(2) | A ~ Hitzewallungen, bei(14) | **A ~ hypochondrisch**(52) | *A ~ Kopf - Hitze des Kopfes; mit*(6) | *K ~ Schweiß auf der Stirn; mit*(5)

Angst - Liegen - Seite, auf der(4) | **S ~ links**(3)

Angst - Menses - während(33) | M ~ nach(4)

Angst - Mittagessen - nach(11) | *A ~ periodisch*(12) | *A ~ Pollutionen, nach*(3) | *A ~ Schlaf - während*(42) | A ~ Schmerzen, durch die(10) | S ~ Anus

Angst - Sitzen(15) | A ~ Stehen, im - amel.(3) | A ~ Therapie gegen die Angst; möchte eine(2) | A ~ Weinen amel.(5) | A ~ Wetter, bei stürmischem(6) | **A ~ Zukunft**(108)

Anstrengung - körperliche Anstrengung - Verlangen nach(9)

Antworten - Abneigung zu antworten(67) | **A ~ denkt lange nach**(10) | A ~ eingebildete Fragen(6) | *A ~ falsch, unrichtig*(13) | *A ~ irrelevant, nicht zur Sache Gehörendes*(12) | A ~ kurz angebunden(19) | **A ~ langsam**(35) | *A ~ schwierig, Antworten ist*(11) | A ~ Stupor kehrt schnell nach dem Antworten wieder(17) | A ~ unbefriedigend(3) | *A ~ undeutlich*(6) | A ~ unzusammenhängend(13) | **A ~ weigert sich zu antworten**(32) | A ~ zusammenhangslos(6)

Aphasie(53)

Argwöhnisch(105)

Auffahren, Zusammenfahren(117) | A ~ morgens, aus dem Schlaf(6) | A ~ Geräusche, durch(60) | **A ~ leicht**(52) | *A ~ Schlaf - während*(163) | *S ~ durch*(124) | *S ~ Einschlafen, beim*(72)

Auffahren, Zusammenfahren - Schreck oder wie durch Schreck; durch(68) | A ~ Tür - geöffnet wird; wenn eine Tür(3)

Außer sich; ist(51)

GEMÜT ...

Beeindrucken, empfänglich für Eindrücke; leicht zu(5)

Begreifen, Auffassungsvermögen - leicht(38)

Beharrlichkeit(16)

Beißen(35) | B ~ anfallsweise | B ~ Kissen; beißt(3) | B ~ Nägel(33) | B ~ um sich, beißt

Beleidigt, leicht(79)

Bellen - Knurren wie ein Hund(8)

Beschwerden durch - Eifersucht(8) | *B ~ Erregung - Gefühle, der*(87) | **B ~ Erwartungsspannung**(68) | B ~ Furcht(27) | B ~ geistige Anstrengung(59) | **B ~ Kummer**(65) | B ~ Liebe; enttäuschte(31) | B ~ moralische Erregung(6) | B ~ Musik(2) | B ~ schlechte Nachrichten(34) | **B ~ Schreck**(72) | S ~ Menses, während(10)

Beschwerden durch - sexuell - Exzesse(59) | *B ~ Sorgen, Kummer*(14) | *B ~ Verachtung; verachtet zu werden*(23) | *B ~ Zorn*(94) | Z ~ Angst, mit(30) | *Z ~ Schreck; mit*(22) | Z ~ stillem Kummer; mit(27)

Betäubung(237) | B ~ morgens(13) | m ~ Erwachen, beim(5)

Betäubung - Aufstehen - nach, amel. | B ~ Erwachen, beim(9) | B ~ Schwindel - während(37) | B ~ warm - Zimmer, im(2)

Bewußtlosigkeit(280) | B ~ tagsüber(2) | B ~ morgens(45) | B ~ nachts - Erwachen, beim(7) | *B ~ Alkoholikern; von* | *B ~ Apoplexie, bei*(15) | *B ~ Bewegungen, automatische*(26) | B ~ Coma vigile(5) | B ~ Delirium, nach(4) | B ~ Erwachen - beim(10) | *B ~ Fieber, im*(50) | B ~ geistige Empfindungslosigkeit(13) | *B ~ Gerüche, durch*(2) | *B ~ häufige Anfälle von Bewußtlosigkeit, Absencen*(7) | *B ~ Murmeln*(4) | *B ~ Pneumonie, bei*(2) | *B ~ Stuhlgang - nach*(5) | B ~ Traum, wie ein einem(11) | *B ~ überfüllten Zimmer; in einem mit Menschen*(12)

Borgt, leiht sich von jedem(3)

Boshaft(99)

Gemüt ...

Brüderlichkeit; Gefühl von

Chaotisch(44)

Dämmerung agg. Gemütssymptome(9)

Delirium(233) | D~ abends(10) | a~ 18 h

Delirium - abwechselnd mit - Bewußtsein(2) | D~ anfallsweise(6) | D~ ängstlich(24) | D~ antwortet - langsam(8) | D~ aufgeweckt wird; wenn er(4) | D~ Bett - flieht und springt plötzlich aus dem Bett auf(36) | D~ Blutung - nach(14) | **D~ brummt**(44) | D~ Coma vigile, mit(6) | *D~ erotisch*(12) | *D~ flüstert*(10) | D~ Geschäften, spricht von(7) | D~ heftig(26) | *D~ manisch - Liebe, durch enttäuschte* | *D~ nackt sein; möchte im Delirium*(7) | D~ rasend(84) | *D~ redselig*(33) | D~ ruhelos(12) | D~ ruhig(23) | *D~ Schlaf - Einschlafen, beim*(17) | D~ Schlaflosigkeit - mit(45) | D~ schrecklich(26) | D~ Schreien, mit(18)

Delirium tremens(84)

Demenz(33) | D~ Masturbation, mit(11) | *D~ paralytica, Dementia*(18) | D~ senilis, Dementia(25)

Denken - Abneigung gegen(46) | D~ Beschwerden - agg.; Denken an seine Beschwerden(71) | D~ Unangenehmes agg., an

Destruktivität, Zerstörungswut(41)

Diktatorisch, herrschsüchtig, dogmatisch, despotisch(25) | *D~ spricht in Befehlston*(4)

Diskutieren - Symptome mit jedem; diskutiert ihre(3)

Dissoziation von der Umwelt(3)

Dunkelheit - amel.(5) | *D~ agg.*(27)

Ehebrecherisch(9)

Eifersucht - sexueller Erregung, mit(6)

Eigensinnig, starrköpfig, dickköpfig(107)

Ekstase(59) | E~ erotisch - Schlaf, im

Empfindlich(192) | *E~ äußerliche Eindrücke; gegen alle*(21) | E~ Berührung, gegen(13) | E~ Fieberfrost, im(9) | E~ geistige Eindrücke; gegen(20)

Gemüt ...

Empfindlich - Geräusche, gegen(149) | *G~ geringste Geräusch; gegen das*(29)

Empfindlich - Gerüche, gegen(30) | E~ Grausamkeiten; beim Hören von(3) | *E~ Kinder*(13) | **E~ Licht, gegen**(15) | E~ Mangel an Empfindlichkeit(20) | E~ Menses - während(5) | E~ Musik, gegen(46) | *E~ Pubertät, in der*(12) | *E~ Sinneseindrücke, gegen*(23) | E~ Weinen von Kindern; gegen das(2)

Entfremdet - Familie, von seiner(18)

Entmutigt(135)

Entwicklungsstillstand bei Kindern(9)

Erkennt - nicht; erkennt - Verwandten nicht; erkennt seine eigenen(28)

Erotisch(39)

Erregung(287) | **E~ agg.**(41) | E~ nachmittags(8) | E~ abends(32) | *a~ Bett, im*(31)

Erregung - fiebrig(11) | E~ Frost - während(22) | E~ Kleinigkeiten, über(12) | E~ nervös(23) | E~ schlechten Nachrichten, nach(18) | *E~ Schwäche, mit*(5)

Erschöpfung; geistige(217) | *E~ morgens*(8) | E~ mittags(2) | E~ Augen; durch Überanstrengung der | E~ geistige Anstrengung; geringe(2) | *E~ Kleinigkeiten, durch* | *E~ Pollutionen, nach*(7)

Erschreckt leicht(125) | E~ Einschlafen, beim(4) | *E~ Kleinigkeiten, über*(27) | E~ Weinen amel.(2)

Erwartungsspannung - Zahnarzt, Arzt; vor dem Gang zum(5)

Essen - beim - amel. der Gemütssymptome(6) | E~ nach - amel. der Gemütssymptome(9)

Farben - blau - Verlangen nach - hellblau(9) | F~ creme - amel. | F~ rosa - amel.(4) | *r~ Verlangen nach*(10)

Farben - rot - Verlangen nach(4) | *F~ schwarz - Abneigung*(11) | *F~ weiß - Verlangen nach*(15)

Faulheit(269) | F~ tagsüber(4) | *F~ Essen, nach dem*(25)

Fehler; macht - Arbeit, bei der(9) | F~ Orte; in bezug auf(32) | F~ Schreiben, beim(83)

GEMÜT ...

Fehler - Sprechen, beim - Antworten; beim - falsche Antworten; gibt(4)

Feigheit(89)

Feuer - anzünden; möchte Dinge(8)

Fleißig, arbeitsam, Arbeitswut(101) | *F~ Menses, vor den*(26)

Fliehen, versucht zu(61) | F~ Familie und den Kindern zu fliehen; versucht von ihrer(7)

Fluchen(44)

Fremde - Anwesenheit von Fremden - agg.(16) | a~ hustet beim Anblick von Fremden; Kind(4)

Froh(182) | F~ vormittags(12) | F~ nachmittags(14) | F~ abends - Bett, im(29) | *F~ abwechselnd mit - Traurigkeit*(57) | a~ Weinen(19)

Froh - Fieberfrost, im(6)

Frühreif(7)

Furcht(242) | F~ morgens(27) | *F~ abends*(51) | *a~ Dämmerung*(8)

Furcht - nachts(58) | n~ Erwachen, nach dem(8)

Furcht - allein zu sein(54) | *a~ aus Furcht - sterben; zu*(6)

Furcht - Anfall zu bekommen; einen(13) | F~ Anstrengung - vor Anstrengung; Furcht(10) | F~ Apoplexie, vor(36) | F~ Arbeit; vor der(32) | F~ Ärzten, vor(9) | F~ Auffahren, mit(10) | F~ berührt zu werden(38) | F~ Blitz, vor(7) | F~ Denken - Unangenehmes; beim Gedanken an | *F~ Dunkelheit, vor der*(40) | *F~ eingebildeten - Dingen, vor*(15) | F~ ermordet zu werden(10) | *F~ Ersticken, vor dem*(24) | F~ Erwachen, beim - Traum, aus einem(13) | F~ Fliegen, vor dem - Flugzeug, in einem(3) | F~ Fötus werde sterben; der(3) | *F~ Geisteskrankheit*(74) | *F~ Geräusche, durch*(40) | **F~ geschehen; etwas werde**(82) | F~ Gesichter ihn anblikken; daß | *F~ Gespenstern, vor*(32) | G~ nachts(10) | G~ Erwachen, beim(3)

FURCHT - GEWITTER, VOR(25) | *G~ vor*(4)

GEMÜT ...

Furcht - Herz - Herzerkrankung(23) | F~ Hunden, vor(22) | F~ Insekten, vor(10) | *F~ Klavier sitzt; wenn er am*(2) | **F~ Krankheit, vor drohender**(66) | K~ unheilbar zu sein(42)

Furcht - Krebs(13) | *F~ kriecht; vor etwas, das aus jeder Ecke*(2) | F~ Küchenschaben | F~ Kummer, wie durch(2) | F~ Männern, vor(30) | *F~ Magen - aufsteigend vom*(15) | F~ Menschen, vor(81) | F~ Menschenmenge; in einer(58) | F~ Menses - während(9) | *M~ nach*(2)

Furcht - Näherkommen, Annäherung von; vor - anderen, von(28) | N~ Fahrzeugen, vor(4)

Furcht - Räubern, vor(25) | F~ Spinnen, vor(7) | **F~ Tod; vor dem**(143) | *T~ abends*(2) | *T~ nachts*(8) | *T~ allein, wenn*(7) | *a~ abends im Bett*(4)

Furcht - überfahren zu werden - Gehen ins Freie; beim(4) | F~ überwältigend(19) | F~ Unglück, vor(93) | *F~ Unheil; Furcht vor*(115) | F~ vergiftet - werden; Furcht, vergiftet zu(23) | F~ Versagen, Mißerfolg; vor dem(13) | F~ voller Furcht(12) | *F~ Wasser, vor*(33) | F~ Weinen amel.(5) | F~ wiederkehrend(11) | F~ zittrig(36)

Geckenhaft(6)

Gedächtnis - gut, aktiv(91) | **G~ Gedächtnisschwäche**(284) | G~ gelesen hat; für das, was er(41) | G~ Geschäfte, für(13) | G~ tun wollte; für das, was er gerade(33)

Gedanken - drängen auf ihn ein und schwirren durcheinander(16) | *d~ sexuell*(10)

Gedanken - Gedankenandrang, einstürmende Gedanken, Gedankenfluß(78) | G~ abends(5)

Gedanken - hartnäckig(83) | h~ Mord, an(5)

Gedanken - Krankheit, über seine(11) | G~ ohne Gedanken; Gedankenleere(6) | G~ quälend(31) | G~ schnell(36) | G~ schrecklich(11) | s~ nachts

GEMÜT ...

Gedanken - überlegt(54) | G~ wandernd(72) | G~ wild

Gedanken versunken, in(90)

Geduld(3)

Geheimnistuerisch, verschlossen(15)

Gehen - Freien, im - agg. Gemütssymptome(19)

Geistesabwesend(71)

Geisteskrankheit, Wahnsinn(153) | G~ anfallsweise(10) | *G~ erotisch*(31) | *G~ geistige Anstrengung; durch*(5) | *G~ Größenwahn*(14) | *G~ Lähmung, mit*(4) | *G~ sexuelle Exzesse, durch*(6) | G~ Wochenbett, im(35)

Geistige Anstrengung - agg.(141) | *a~ unmöglich*(130)

Geistige Anstrengung - Verlangen nach(65) | **G~ Abneigung gegen**(150)

Gemütssymptome(26)

Geschäftig(45)

Gesellschaft - Abneigung gegen(156) | A~ allein, wenn - amel.(33)

GESELLSCHAFT - VERLANGEN NACH(83) | **V~ allein; agg. wenn**(48) | V~ amel. in Gesellschaft(18)

Gesten, Gebärden; macht - automatisch(15) | a~ Schlaf, im

Gesten, Gebärden; macht - Hände; unwillkürliche Bewegungen der(23) | H~ Greifen(41) | G~ Umstehenden; nach(2)

Gesten, Gebärden; macht - Hände; unwillkürliche Bewegungen der - ringt die Hände(14) | H~ Schlaf, im(2) | H~ wirft die Hände umher(10) | *H~ zupft - Bettwäsche; an der*(36)

Gesten, Gebärden; macht - Koitus; Bewegungen wie beim(2) | **G~ langsam**(5) | *G~ unsicher*(4)

Glänzende Gegenstände - agg.(13)

Gleichgültigkeit, Apathie(251) | G~ abends(5) | *G~ allem; gegenüber*(71) | G~ Angst, nach(2) | *G~ Entblößung ihres Körpers; gegen die*(6) | **G~ Fieberfrost, im**(10) | G~ Fieber, im(16) | **G~ geliebte Personen, gegen**(17)

GEMÜT ...

GLEICHGÜLTIGKEIT, APATHIE - KINDER, GEGEN IHRE(7) | G~ Leben; gegen das(12) | *G~ liebsten Freunde; selbst gegen die - Alkoholismus; bei chronischem* | G~ Umgebung, gegen die(16) | **G~ VERWANDTE, GEGEN**(12)

Grobheit(37)

Hämorrhoiden; Gemütssymptome nach unterdrückten(18)

Haß(28) | H~ Männer, auf(6) | H~ Rachsucht; Haß und(32)

Hast, Eile(112)

Hautausschlägen; Gemütssymptome nach unterdrückten(18)

Heftig, vehement(100) | H~ Gewalttaten führt; Raserei, die zu(34)

Heikel, pingelig(34)

Heimweh(52)

Hellsehen(28)

Heuchelei(11)

Heulen(30)

Hilflosigkeit, Gefühl der(13)

Hochgefühl(97) | H~ abends(7)

Hochmütig, arrogant(53)

Homosexualität(13)

Hypochondrie(116) | H~ abends(5) | H~ mürrisch(9)

Hysterie(194) | H~ Menses - vor(16)

Ideen, Einfälle - Mangel an(102) | **I~ Reichtum an, Klarheit des Geistes**(125) | R~ abends(17)

Idiotie(45)

Imbezillität(140) | *I~ sexueller Erregung, mit*(6)

Impertinenz, Unverschämtheit(14)

Jammern(93) | J~ Schlaf, im(12)

Kinder - wachsame, aufmerksame Kinder, die auf jede Geste achten

Klagen(64)

Klammert sich an - hält sich nach anderen fest(4)

Konzentration - gut, aktiv(26) | **K~ schwierig**(261) | s~ morgens(7)

Küßt - jeden(9)

GEMÜT ...

Kummer(76) | K~ morgens(4) | K~ still - Liebe; aus enttäuschter(4) | *K~ untergräbt die Konstitution*

Kunst - Talent zur(8)

Lachen(102) | L~ morgens(6) | *L~ abwechselnd mit - Traurigkeit*(8) | *a~ Weinen*(43)

Lachen - Ernstes, über(15) | *L~ spasmodisch*(49) | L~ traurig, wenn(2) | L~ unwillkürlich(23)

Langeweile(53)

Langsamkeit(68) | *L~ alten Menschen, bei*(6) | **L~ Bewegung, bei der**(9)

Lästig, geht auf die Nerven(79)

Lasziv, lüstern(77)

Launenhaftigkeit, launisch(108)

Lebensüberdruß(82)

Leidenschaftlich(49) | L~ Kleinigkeit, bei jeder(4)

Licht - Verlangen nach(19)

Liebevoll, voller Zuneigung, herzlich(37) | *L~ erwidert Zuneigung*

Lustig, fröhlich(123) | L~ nachmittags(9) | *L~ abwechselnd mit - Traurigkeit*(14)

Magnetisiert - amel.(20) | M~ leicht zu magnetisieren(4) | **M~ Verlangen magnetisiert zu werden**(5)

Manie(149) | M~ lasziv(5) | M~ Raserei, mit(27) | *M~ Schicksalsschläge, durch*(7) | M~ Schlaf - während | **M~ sexuelle Manie - Frauen, bei**(4) | **s~ Männern, bei**(4)

Männer - Scheu vor(19)

Meditieren, Nachdenken(47)

Menschenfeindlichkeit, Misanthropie(45)

Menses - vor; Gemütssymptome(18) | M~ während; Gemütssymptome(28)

Milde(80)

Mitgefühl, Mitleid(34) | **M~ VERLANGEN NACH**(2)

Morphiumsucht(31)

Murmeln(55) | *M~ abends*(4)

Mürrisch(290) | M~ tagsüber(17) | M~ morgens(42) | M~ vormittags(19) | *M~ nachmittags - Dämmerung, in der*(2) | M~ abends(31) | M~ nachts(16)

GEMÜT ...

Mürrisch - Erwachen, beim(32) | M~ Essen, nach dem(21)

Musik - agg.(40) | a~ Klavierspiel, durch(8)

Musik - Kopfschmerzen, durch(9)

Mutig(26)

Nachdenken, Überlegen(8)

Nackt sein, möchte(13) | N~ morgens im Bett(3) | *N~ Delirium, im*(7)

Näherkommen, auf ihn Zukommen von Personen - agg.(6)

Neugierig - Ausbildung des Arztes wissen; möchte die

Nymphomanie(67) | *N~ Menses - vor*(6) | M~ unterdrückten, nach(13)

Nymphomanie - Schwangerschaft, in der(2)

Perfide(9)

Phantasien - lebhaft(31) | l~ Hitze, gefolgt von

Phantasien - Schlaf - verhindert(5) | *P~ übertrieben*(114) | *P~ übertrieben - abends*(9) | P~ übertrieben - abends - Bett, im(28) | P~ übertrieben - nachts(40) | P~ übertrieben - Schlaflosigkeit, mit(41) | *P~ übertrieben - Zubettgehen, nach dem*(4) | P~ unangenehm - Zubettgehen, nach dem | P~ verworren(10)

Possen, spielt(15) | P~ Delirium, im(8)

Qualvolle Angst(121) | *Q~ abends*(12) | *Q~ allein, wenn* | Q~ Menses - während(10) | *Q~ Wetter; bei stürmischem*

Raserei, Tobsucht, Wut(95) | R~ abends(16) | R~ aufgeweckt, wenn | R~ Schlaf - im

Rebelliert gegen Umschläge(17)

Redseligkeit; Geschwätzigkeit(136) | R~ wechselt schnell von einem Thema zum anderen(20)

Reizbarkeit(408) | R~ tagsüber(32) | R~ morgens(69) | m~ Aufstehen, nach dem(13) | m~ Erwachen, beim(43)

Reizbarkeit - vormittags(25) | R~ abends(60) | R~ nachts(12) | R~ allein - wenn(2) | R~ Essen - nach - amel.(5) | R~ Farben - grün - agg. - olivgrün(2)

GEMÜT …

Reizbarkeit - Fieberfrost, im(57) | R~ Geräusche, durch(21) | R~ Hitze - während(31) | *R~ Koitus - nach(26)* | *R~ Kopfschmerzen, bei(61)* | R~ Mittagessen - vor | *R~ Pubertät, in der*

Reue(63)

Ruhelosigkeit(420) | R~ vormittags(11) | R~ abends(51) | a~ Bett, im(11)

Ruhelosigkeit - nachts(249) | n~ Mitternacht - nach - 1 h(5)

Ruhelosigkeit - ängstlich(111) | *R~ allein, wenn(3)* | R~ Bett - Herumwerfen im(123) | B~ im(15) | B~ treibt aus dem(39)

Ruhelosigkeit - Erwachen, beim(30) | R~ Essen - nach(14) | R~ fiebrig(5) | R~ Frost - Beginn der; zu(2) | R~ Gewitter - während | R~ Hitze - während(66) | R~ innerlich(37) | R~ Menses - während(40) | R~ Schlaf - vor(3) | R~ Sitzen, im(21) | *R~ Sturm - während(5)* | R~ Übelkeit - durch(2)

Satyriasis(26)

Schamlos(29) | *S~ entblößt den Körper(6)*

Schlafwandeln(56) | S~ geistige Arbeiten aus; führt(2) | S~ klettert auf Dächer, auf die Geländer von Brücken und Balkonen(3)

Schlagen(42) | S~ eingebildete Objekte ein; schlägt um sich auf(14) | e~ Träumen, beim

Schmutzig(17)

Schreckliches und traurige Geschichten greifen sie stark an(32)

Schreien(133) | S~ Cri encéphalique(29) | S~ Erwachen - beim(27) | S~ Konvulsionen - vor(32) | S~ Schlaf, im(80)

Schüchternheit, Zaghaftigkeit(113) | S~ abends - Dämmerung, in der | S~ schamhaft(58)

Schweigsam(209)

Seelenruhe, Gelassenheit(85)

Selbstbetrachtung - vormittags

Selbstvertrauen - Mangel an Selbstvertrauen(86)

Sentimental, schwärmerisch, rührselig(64)

GEMÜT …

Seufzen - Schweiß, beim(16)

Singen(59) | S~ Trällern(11)

Sinne - abgestumpft, stumpf(107) | **S~ scharf(52)**

Sinnlichkeit(24)

Sitzen - Neigung zu sitzen(110)

Sprache - affektiert, manieriert, unnatürlich(22) | S~ albern(16) | S~ delirös - Schlaf - Einschlafen, beim | *S~ langsam(59)* | **S~ unzusammenhängend(65)** | u~ Schlaf - im(5)

Sprechen - agg. die Beschwerden(34) | S~ Geschäft, vom(13) | S~ langsam; lernt(15) | S~ Schlaf, im(93) | *S~ schweift von einem Thema zum anderen(47)* | S~ Verlangen mit jemandem zu(11)

Springen - Bett; aus dem(41)

Spucken - Gesicht; Menschen ins(14)

Stimmung, Laune - abweisend, zurückweisend(40) | *S~ veränderlich(158)* | *S~ wechselnd, wechselhaft(80)*

Stöhnen(119) | S~ Schlaf, im(62) | S~ Schmerzen, durch(8) | S~ Schweiß, beim(10)

Stößt, tritt - Schlaf, im(6)

Streitsüchtig(136)

Studieren, Lernen - einfach, fällt leicht(5) | *S~ schwierig, fällt schwer(18)*

Stumpfheit(332) | S~ morgens(54) | m~ Aufstehen, beim(6)

Stumpfheit - nachts - Erwachen, beim(9) | **S~ denkt - lange zu denken; unfähig(12)** | **S~ Erwachen, beim(41)** | *S~ Essen, nach dem - amel.(7)* | S~ Fieberfrost, im(16) | *S~ Schläfrigkeit, bei(30)* | S~ schmerzhaft(4) | S~ Schwindel; während(22) | *S~ versteht Fragen nur nachdem sie wiederholt werden(9)*

Stupor(138) | S~ tagsüber(2) | *S~ morgens(36)* | *S~ murmelt, flüstert(4)* | *S~ Pneumonie, bei(2)* | *S~ sprechen; Unfähigkeit zu(2)*

Suizidneigung; Neigung zum Selbstmord(98) | S~ nachts(5) | S~ Mut; aber es fehlt ihm der(9) | S~ Weinen amel.(2)

Tadelsüchtig, kritteligu(80)

Gemüt ...

Tiere - liebt Tiere, Tierliebe(9)

Tod - Gedanken an den Tod(54) | *T~ Gefühl von*(25) | *T~ Vorahnung des Todes*(62) | T~ wünscht sich den Tod, möchte sterben(72)

Tollwut, Hydrophobie(46)

Töten, Verlangen zu(32)

Traum; wie in einem(69)

Traurigkeit(477) | *T~ morgens*(71) | m~ Erwachen - beim(21)

Traurigkeit - nachmittags(37) | *T~ abends*(76) | a~ 21 h(2) | *a~ Dämmerung, in der*(5)

Traurigkeit - nachts(21) | n~ Mitternacht - nach(4)

Traurigkeit - Abkühlung, Kaltwerden; durch(3) | T~ allein - wenn(24) | *T~ Dunkelheit, in der*(9) | *T~ Fieberhitze, in der*(55) | T~ Frost - während(37) | T~ Geräusche, durch(3) | T~ grundlos(11) | T~ Kopfschmerzen, bei(30) | *T~ Lachen - unwillkürlichem, mit* | T~ Menses - vor(34)

Traurigkeit - Menses - unterdrückt(20) | T~ Musik - durch(17) | T~ Schicksalsschläge, durch(16) | T~ Traum, aus einem(2) | T~ Unglück; wie durch ein(10) | T~ Weinen - amel.(4) | T~ Zorn - nach(10)

Trost - amel.(12)

Umarmt - jeden(9)

Unanständig, unzüchtig(21) | U~ Sprache, anstößige(12)

Unbekümmert(8)

Unbesonnen(82)

Unentschlossenheit(146) | U~ heiraten, zu(10)

Ungehorsam(30)

Ungestüm(31) | U~ Schweiß, mit(12)

Unternimmt - Dinge entgegen seinen Absichten(2) | U~ fehlt die Willenskraft, etwas zu unternehmen; es(4)

Untröstlich(30)

Unverschämtheit(33)

Unzüchtig, obszön(34) | U~ Mann sucht nach kleinen Mädchen(4) | U~ Sprechen(14)

Gemüt ...

Unzufrieden(168) | U~ Gesundheit, in bezug auf die

Verdrießlich(10)

Vergeßlich(187) | V~ morgens(9)

Verlangen, Wunsch nach - voller Verlangen - allem, nach - Anderer gerade benutzt; was ein(3) | v~ vielerlei Verschiedenem; nach(2)

Verleumden, Neigung zu - heuchlerisch, und(2)

Verweilt - erinnert sich - unangenehme Erinnerungen, an(10) | V~ vergangenen unangenehmen Ereignissen; bei(46)

Verwirrung, geistige(321) | V~ morgens(115) | m~ Aufstehen - nach, amel.(5) | A~ und nach dem Aufstehen(37)

Verwirrung, geistige - morgens - Erwachen, beim(50) | V~ abends(78) | V~ nachts(19) | n~ Erwachen, beim(13)

Verwirrung, geistige - Aufstehen - nach(12) | V~ Bett, im(4) | V~ Bewegung, durch(16) | V~ Bücken, beim(13) | **V~ Erwachen, beim**(71) | V~ Essen - amel.(8) | *E~ nach*(52)

Verwirrung, geistige - Fieberfrost, im(20) | V~ Fieberhitze, in der(26) | V~ Freien, im - amel.(30) | *V~ geistige Anstrengung - durch*(50) | V~ Identität; in bezug auf seine(21) | I~ Dualität; Gefühl der(37)

Verwirrung, geistige - kaltes Bad - amel.(4) | V~ Koitus - nach(10) | V~ Kopfschmerzen, mit(11) | V~ Menses - während(6) | V~ Mittagessen - nach(9) | V~ Schlaf; nach - Mittagsschlaf; nach dem(5) | V~ Sitzen, im(33) | *V~ Traum; wie in einem*(27) | V~ warmen Zimmer, im(11) | *V~ Waschen des Gesichtes - amel.*(8)

Verzweiflung(137)

Wahnideen(191) | W~ abends - Einschlafen, beim(4) | W~ adlig; er sei(3) | W~ angenehme Wahnideen(6) | *W~ ängstlich*(10)

Gemüt ...

Wahnideen - Ansammlungen von Dingen, Schwärmen, Menschenmengen etc.(17) | W ~ Arbeit - hart; arbeitet(6) | W ~ berauscht - sei, er(59) | W ~ bewegen - Dinge sich bewegen; sieht | b ~ hört Dinge, die sich außer Sicht in der Höhe in seiner Nähe bewegen(4)

Wahnideen - Bilder, Phantome; sieht(76) | B ~ nachts(40) | *B ~ schreckliche(60)*

Wahnideen - Blicken - unten; er sieht nach | **W ~ Daumen; die Finger seien** | W ~ Diebe - sieht(21) | W ~ doppelt - sein, doppelt zu(30) | W ~ drehen - alles dreht sich - mit ihr | *W ~ Ecken - etwas aus der Ecke kommen; sieht* | E ~ Gesichter, die aus jeder Ecke blikken; schreckliche

Wahnideen - erhoben, hochgehoben - Luft erhoben; in die(4) | W ~ ermordet - er würde ermordet - werden; er würde ermordet werden(21) | e ~ jemanden ermordet; er habe(2)

Wahnideen - erstickt zu werden - er würde gleich erstickt - nachts beim Erwachen(3) | e ~ Gestalten erstickt zu werden; von

Wahnideen - Fallen - vorne, nach - würde nach vorne fallen; sie(15) | W ~ Feuer - Flamme scheint durch ihn hindurchzugehen; eine | F ~ Visionen von(34)

Wahnideen - Gedanken - fassen; er kann keinen Gedanken | W ~ Gegenstände; über - Bewegung in(7) | B ~ herauf und herab

Wahnideen - Gehirn - schwanken; das Gehirn würde(2) | W ~ gehoben; sie würde(3) | W ~ geht - Luft - auf Luft; geht(15) | W ~ gepackt, wie(3) | *W ~ Geschäft - machen; er würde Geschäfte(7)* | W ~ Gesichter, sieht(26) | G ~ häßliche(17) | *G ~ wohin er auch die Augen wendet, oder blicken aus den Ecken(3)*

Wahnideen - Gespenster, Geister, Gestalten - sieht(55)

Gemüt ...

Wahnideen - hängen - stehen; scheint, als würde er hängen oder hoch oben | W ~ hochgestellte Persönlichkeit; er sei eine(13) | W ~ Hören - Einbildung; etwas zu hören(44) | W ~ Hydrothorax; er habe einen(2) | W ~ Identität - Fehleinschätzung in bezug auf die eigene(18) | I ~ jemand anderer; sie sei(10)

Wahnideen - Insekten, sieht(14) | W ~ Insel glücklich; er sei auf einer entfernten | W ~ Körper - Stücke - bestehen; er würde aus einigen Teilen - zusammenbekommen; und könnte sie nicht | K ~ verstreut; der Körper sei(5) | *v ~ wirft sich umher, um die Teile zusammenzubekommen; er(6)*

Wahnideen - krank - sein; krank zu(27) | W ~ kriechender Dinge, voller - Ecke; aus jeder | W ~ lebhaft(26) | W ~ leicht - sei leicht, er(26) | W ~ Lokomotive - überfahren, überrollt; er würde von einer Lokomotive | *W ~ obszön - Handlung, der sie nicht schuldig war; bezichtigt sich selbst einer obszönen* | W ~ Person - andere Person; sie sei eine(8) | W ~ Phantasiegebilde, Illusionen(115) | P ~ Fieberfrost, im(4) | P ~ Fieberhitze, in der(7)

Wahnideen - Rang; er sei eine Person von(3) | W ~ Reichtum, von(12) | W ~ Schlaf - Einschlafen; Wahnideen beim(12) | W ~ schlafen; er würde - nicht genug geschlafen; er habe(17) | W ~ schweben - Luft, in der(45) | W ~ Sinnestäuschungen | W ~ sonderbar, merkwürdig - Vertrautes scheint fremd(38) | W ~ sterben - gleich sterben; glaubt, er würde(57) | *W ~ Stimmen - hört(37)* | h ~ verworren - Schlucken oder Gehen im Freien agg.(3)

Wahnideen - Stuhl - heben; der Stuhl würde sich | W ~ Teufel - anwesend, sei(5) | W ~ Tiere(42) | W ~ tot - er selbst sei(18) | *t ~ Personen, sieht tote(59)*

GEMÜT ...

Wahnideen - Unfälle - sieht Unfälle - Verwandten, von | W~ Ungeziefer - sieht Ungeziefer herumkriechen(13) | W~ Verbrecher; er sei ein(11) | W~ verfolgt - Polizei, von der(10) | W~ vergrößert(42) | W~ Verletzung - worden; er sei verletzt(10) | *W~ versinken, er würde*(21) | v~ Boden, durch den(3)

Wahnideen - Visionen, hat(76) | V~ abends(9) | V~ schrecklich(27) | s~ nachts(4)

Wahnideen - vornehm; er sei(4) | W~ Würmer - kriechenden Würmern, von(10) | W~ Ziffern, Zeichen; sieht(3)

Weinen(244) | W~ amel.(24) | W~ morgens(22) | W~ nachmittags(9) | W~ nachts(81) | *W~ Angst, nach*(23) | W~ Erwachen, beim(36) | W~ grundlos(30) | W~ Herzklopfen, beim(2) | W~ Kopfschmerzen, mit(9) | *W~ krampfhaft, spasmodisch*(16) | *W~ Menses - vor*(9) | M~ während(27) | M~ nach(5)

Weinen - plötzlich(5) | W~ Schlaf, im(88) | W~ Schluchzen; Weinen mit(34) | W~ Schweiß, beim(25) | W~ Stuhlgang - vor(3) | S~ während(8)

Weinen - unwillkürlich(35) | W~ Wimmern, Winseln(27) | W~ nachts(2) | W~ Schlaf, im(28)

Wetter - bewölktes Wetter agg.(6) | *W~ Gewitter - während einem Gewitter; Gemütssymptome*(12)

Wichtigtuerisch, pompös(7)

Widerspenstig(66)

Widersprüchlich - Handlungen stehen im Widerspruch zu den Absichten(5)

Widerspruch - verträgt keinen Widerspruch(73)

Widerwillen(39) | W~ allem, vor(22)

Wildheit(29)

Wille - Verlust der Willenskraft(34)

Zerreißt - Dinge im allgemeinen(21) | D~ Kissen mit den Zähnen; das(2)

Zerstreut(166) | Z~ morgens(5) | Z~ fährt auf, wenn angesprochen(5) | **Z~ verträumt**(17)

GEMÜT ...

Zorn(243) | Z~ morgens - Erwachen, beim(13) | Z~ vormittags(3) | Z~ Erwachen, beim(16) | Z~ heftig(72) | Z~ Kaffee - agg.(3) | *Z~ Kindern, bei*(5) | Z~ Kleinigkeiten, über(58) | *Z~ leicht*(37)

Zügellosigkeit, sexuelle Ausschweifung(32)

Zufrieden(31)

Zurückhaltend, reserviert(64)

Zuwendung, Zuneigung; liebt(2)

Zweifelt - Genesung; an der(31)

TRÄUME

Alpträume, Alpdrücken(144) | A~ morgens

Angenehm(136)

Ängstlich(239) | Ä~ morgens(7) | *m~ Erwachen, beim - amel.; Angst ist*(15)

Ängstlich - Einschlafen, beim(11) | Ä~ Liegen auf der linken Seite; beim(5)

Anhaltend(7)

Anstrengung - geistige(51) | A~ körperliche(20)

Aufregend(14)

Aufruhr(12)

Beeinflußt das Gemüt(14)

Beschäftigt zu sein; sehr(29)

Blut(3)

Ekelhaft(32)

Ereignisse - zukünftige(11) | E~ zurückliegende, kurz(55) | z~ Vortag, vom(41)

Erfolglose Anstrengungen - Geschäften, in(3)

Erinnerlich, bleiben im Gedächtnis(33)

Ermordet - werden, zu(17)

Erotisch(196) | *E~ Pollutionen, mit*(96)

Erschöpfend(45)

Erwürgt zu werden(3)

Fallen, zu stürzen; zu(60) | F~ Höhe herab, von einer(29)

Feuer(65)

Gebissen zu werden - Tieren, von(14)

Gefahr(40)

Gekitzelt zu werden, an der Fußsohle

Geld(8)

Geschäft(40) | *G~ erfolglos, ist*(3) | G~ Tage, vom(39)

Träume ...
Gestochen werden, von einem Insekt
Gezwickt zu werden; in Rücken und Brust
Hartnäckig(29)
Hellsichtig(12)
Historisch(18)
Hochgelegene Orte - Herunterfallen, Hinabstürzen von(29)
Insekten - stechen ihn
Intellektuell(23)
Kämpfe(54)
Körperteile - Fußsohlen werden gekitzelt | K~ Rücken - gezwickt zu werden; in Rücken und Brust
Krankheit(43) | K~ Blutspucken(3) | K~ Blutung(2) | K~ Verletzungen(12)
Lächerlich(15)
Läuse(7)
Lebhaft(193)
Leichen(42)
Lustig(14)
Pferde(18) | P~ häßliche(2)
Prophetisch(11)
Räuber(36)
Ruhelos(53)
Schrecklich(237)
Schwierigkeiten(18)
Sorgen, voller(21)
Streitigkeiten(69)
Tiere(25)
Traurig(46)
Trinken(5)
Unerinnerlich, bleiben nicht im Gedächtnis(93)
Ungeziefer(14)
Unglück(64)
Unwichtig(46)
Unzusammenhängend, zusammenhanglos(24)
Verdrießlich(122)
Verlegenheit(7)
Verletzungen(13)
Verstorbenen, von(84)
Verworren(122)
Viele(260)
Wecken den Patienten(118)

Träume ...
Würmer - kriechende(5)
Zorn(58)

– *Phosphorus hydrogenatus* –

phos-h.

Gemüt
Empfindlich(192)

– *Physalis alkekengi* –

physal.

Gemüt
Redseligkeit; Geschwätzigkeit(136)

– *Physostigma venenosum* –

phys.

Gemüt
Albernes Benehmen(65)
Angst - Freunde zu Hause; um(4) | A~ Schlaf - während(42)
Auffahren, Zusammenfahren(117) | A~ Bewußtsein wiedererlangt; wenn er das(2) | A~ leicht(52) | *A~ Schlaf - Einschlafen, beim*(72)
Beschwerden durch - Erregung - Gefühle, der(87) | B~ Kummer(65)
Betäubung(237) | B~ nachmittags(7)
Delirium - Zittern, mit(23)
Erregung - Menopause, in der(10)
Erschöpfung; geistige(217) | E~ Kummer; durch(3)
Faulheit(269)
Froh(182)
Furcht - Blitz, vor(7) | F~ Geisteskrankheit(74) | G~ nachts(3)
Furcht - Schaden anrichten; er könne - nachts beim Erwachen
Gedächtnis - gut, aktiv(91) | G~ Gedächtnisschwäche(284) | G~ auszudrücken, sich(41)
Gedanken - hartnäckig(83) | *G~ schnell*(36) | G~ schrecklich(11) | s~ nachts - Erwachen, beim(3)

Gemüt ...

Gedanken - wandernd(72) | w ~ Studieren, Lernen; beim(3)

Geisteskrankheit, Wahnsinn(153)

Geistige Anstrengung - Verlangen nach(65)

Gesten, Gebärden; macht - nervös(3)

Größen, Ausmaße - Rahmens scheint verringert; die Größe des

Hochgefühl(97) | H ~ morgens(3)

Hysterie(194)

Ideen, Einfälle - Reichtum an, Klarheit des Geistes(125) | R ~ Fieberfrost, im(2)

Impulse, Triebe; krankhafte - laufen; zu(12)

Konzentration - schwierig(261)

Lesen - Abneigung gegen Lesen(25)

Musik - agg.(40)

Redseligkeit; Geschwätzigkeit(136) | *R ~ Menopause, in der*

Reizbarkeit(408)

Ruhelosigkeit(420) | R ~ morgens(22) | R ~ abends(51) | R ~ nachts(249) | n ~ Mitternacht - vor - 22 h | n ~ Herzen; durch Unbehagen, Unruhe am

Schweigsam(209)

Seufzen(98) | S ~ Fluor; mit

Sprache - langsam(59)

Stöhnen(119)

Stumpfheit(332) | S ~ morgens(54) | m ~ 8 h

Stumpfheit - vormittags(17) | S ~ Gehen(4)

Traum; wie in einem(69)

Traurigkeit - mittags(3)

Unbehagen - Baden; nach

Vergeßlich - Menopause, in der(2)

Verwirrung, geistige(321) | V ~ vormittags(3)

Wahnideen - allein zu sein - Ausgestoßener zu sein; ein | W ~ betrunken - sei betrunken, er(23) | W ~ Gegenstände; über - zahlreiche Gegenstände im Zimmer; zu | W ~ Gehirn - schwanken; das Gehirn würde - Gehen, beim | W ~ geisteskrank - er sei geisteskrank(4) | g ~ werden; er würde geisteskrank(43)

Gemüt ...

Wahnideen - Gespenster, Geister, Gestalten - sieht(55) | W ~ klein - Dinge - erscheinen klein; Dinge(10) | W ~ mißlingen, fehlschlagen - alles würde schiefgehen(2) | W ~ Schlangen - in ihr und um sie herum(19) | W ~ Schreck - wie erschreckt - Erwachen, beim(9) | W ~ schweben - Luft, in der(45) | W ~ Zecherei; wie nach

Wille - große Willenskraft, Anstrengung des Willens - amel.

Zählt ständig(4)

Träume

Angenehm(136)

Erotisch(196)

Krankheit - blind zu sein

Lebhaft(193)

Löwe zu sein; ein

Schrecklich(237)

Tiere(25)

Viele(260)

– *Phytolacca decandra* –

phyt.

Gemüt

Abscheu - allgemeiner(42) | a ~ morgens(2) | m ~ Erwachen, beim

Abscheu - allgemeiner - Schmerz - durch(2)

Angst - tagsüber(21)

Beißen(35)

Betäubung - Schwindel - während(37)

Bewußtlosigkeit(280) | B ~ Schmerzen, durch(9)

Delirium(233) | D ~ nackt sein; möchte im Delirium(7)

Empfindlich - Schmerz, gegen(31)

Essen - weigert sich zu(26)

Faulheit - morgens(51)

Furcht(242) | F ~ Anstrengung - vor Anstrengung; Furcht(10) | F ~ Tod; vor dem(143)

Geisteskrankheit, Wahnsinn - Frösteln, mit(2)

GEMÜT ...

Geistige Anstrengung - Abneigung gegen(150)

Geschäft - Abneigung gegen(45)

Getötet zu werden; Verlangen(5)

Gleichgültigkeit, Apathie(251) | G~ morgens - Erwachen, beim(8) | *G~ Entblößung ihres Körpers; gegen die*(6) | G~ geschäftliche Angelegenheiten; gegen(18) | *G~ Leben; gegen das*(12) | G~ Umgebung, gegen die(16)

Lachen - sardonisch(26)

Lebensüberdruß(82) | L~ morgens - Erwachen, beim(3) | L~ Schmerzen, durch die

Nackt sein, möchte(13) | N~ Delirium, im(7)

Reizbarkeit(408)

Ruhelosigkeit(420) | R~ nachts(249) | n~ Mitternacht - an - Erwachen, beim(3)

Schamlos(29) | S~ entblößt den Körper(6)

Stöhnen(119) | S~ nachts(10) | S~ Kindern, bei(12) | S~ ständiges Stöhnen und Schnappen nach Luft(4) | S~ Zahnung, bei der(3)

Stupor(138) | S~ Schmerzen, nach

Tod - Gewißheit des (eigenen) Todes(11) | T~ wünscht sich den Tod, möchte sterben(72) | w~ morgens - Erwachen; beim(3)

Traurigkeit(477)

Verwirrung, geistige - Freien, im - amel.(30) | V~ Sitzen, im(33)

Wahnideen - Körper - Fetzen gerissen; der Körper sei | W~ Schlangen - in ihr und um sie herum(19)

Weinen - nachts(81) | *W~ Kindern; bei - Zahnung, durch schwierige* | *W~ Menses - während*(27)

– *Picricum acidum* –

pic-ac.

GEMÜT

Abneigung - Heirat; gegen(4)

Abscheu - allgemeiner - mittags

GEMÜT ...

Begreifen, Auffassungsvermögen - leicht(38)

Beschwerden durch - Angst - langanhaltende, durch(2) | B~ Ausschweifungen(10) | *B~ geistige Anstrengung*(59) | B~ Kummer(65) | *B~ Schock; seelischen*(23) | B~ Sorgen, Kummer(14)

Betäubung(237)

Demenz(33) | D~ Masturbation, mit(11)

Denken - Abneigung gegen(46)

Ekstase - erotisch(3)

Erotisch(39)

Erregung(287)

ERSCHÖPFUNG; GEISTIGE(217) | E~ Schlafmangel, durch | E~ Schreiben, nach(3) | E~ Sorgen, durch(2)

Erwartungsspannung - Prüfungen, vor(10)

Faulheit(269)

Fleißig, arbeitsam, Arbeitswut(101)

Furcht - geistige Anstrengung - vor geistiger Anstrengung(6) | F~ Versagen, Mißerfolg; vor dem - Prüfungen, bei(7)

Gedächtnis - Gedächtnisschwäche(284) | *G~ geistige Anstrengungen; für*(26)

Gedanken - drängen auf ihn ein und schwirren durcheinander - sexuell(10) | G~ schnell(36) | G~ Vergehen, Schwinden der Gedanken(76) | G~ wandernd(72)

Geisteskrankheit, Wahnsinn - erotisch(31)

Geistige Anstrengung - agg.(141) | *a~ ermüdet*(20) | a~ unmöglich(130) | u~ sexuellen Exzessen; nach(3)

Geistige Anstrengung - Abneigung gegen(150)

Gesellschaft - Abneigung gegen(156)

Gleichgültigkeit, Apathie(251) | G~ allem; gegenüber(71)

Heirat - unerträglich; der Gedanke an Heirat scheint(6)

Ideen, Einfälle - Reichtum an, Klarheit des Geistes(125) | R~ nachts(26)

Imbezillität(140)

Kindisches Benehmen(52)

Gemüt ...

Konzentration - schwierig(261) | s~ Studieren(52)
Lasziv, lüstern(77)
Lebensüberdruß(82)
Lesen - Abneigung gegen Lesen(25)
Manie(149)
Moralischem Empfinden; Mangel an(48)
Mürrisch(290)
Phantasien - lebhaft(31) | P~ übertrieben(114)
Reizbarkeit(408) | R~ nachts(12) | R~ geistige Anstrengung; durch(3) | *R~ Impotenz, mit* | *R~ sexueller Schwäche; mit*
Resignation(15)
Ruhelosigkeit - nachts - Mitternacht - vor(12)
Satyriasis(26)
Schweigsam(209)
Selbstvertrauen - Mangel an Selbstvertrauen(86)
Sitzen - Neigung zu sitzen(110) | *N~ unbeweglich, still*(42)
Sorgen, voller(50)
Stimmung, Laune - veränderlich(158)
Stumpfheit(332) | *S~ denkt - lange zu denken; unfähig*(17) | S~ Erwachen, beim(41) | S~ geistige Anstrengung, durch(27)
Traurigkeit(477)
Traurigkeit - sexuelle Erregung - mit sexueller Erregung(10)
Unanständig, unzüchtig(21)
Unentschlossenheit(146)
Unternimmt - fehlt die Willenskraft, etwas zu unternehmen; es(4)
Unzüchtig, obszön(34)
Vergeßlich(187)
Verwirrung, geistige - geistige Anstrengung - durch(50)
Verzweiflung(137)
Wahnideen - Arme - reichen bis zu den Wolken - Einschlafen; beim | W~ Boden - hochkommen würde, um sich mit ihm zu treffen; daß der Boden(4)

Gemüt ...

Wahnideen - erdrückt - Bettwäsche, von der | W~ Fallen - vorne, nach - würde nach vorne fallen; sie(15) | W~ Gesichter, sieht - reichen; die bis zu den Wolken - Einschlafen; beim | W~ groß - Teile des Körpers scheinen zu groß(10) | W~ Treppe würde auf ihn zukommen; die | W~ vergrößert(42) | v~ Körper sei - Körperteile(10)
Wahnideen - Wolken - erreichen; er scheint die Wolken zu - Arme, Gesicht, Zunge und der Vorderteil des Gehirnes scheinen bis zu den Wolken zu reichen | W~ Zunge - scheint bis zu den Wolken reichen - Einschlafen; beim
Wille - Verlust der Willenskraft(34) | *W~ Willensschwäche*(58) | *W~ geistige Anstrengung, durch*
Zügellosigkeit, sexuelle Ausschweifung(32)

Träume

Alpträume, Alpdrücken(144)
Erotisch(196) | E~ Erektionen, mit(27) | *E~ Priapismus, mit*(2)
Erotisch - Pollutionen, mit(96)
Schwanger zu sein
Viele(260)

– *Picrotoxinum* –

picro.

Gemüt

Traurigkeit(477)

– *Pilocarpinum* –

pilo.

Gemüt

Bewußtlosigkeit(280)

– *Pimpinella saxifraga* –

pimp.

Träume

Viele(260)

– *Pinus silvestris* –

pin-s.

Gemüt

Angst(362)
Erregung(287)
Stumpfheit(332)
Traurigkeit(477)
Unternimmt - Vieles, hält aber bei nichts durch, bleibt nicht dabei(28)

Träume

Lebhaft(193)

– *Piper methysticum* –

pip-m.

Gemüt

Begreifen, Auffassungsvermögen - leicht(38)
Beschäftigung - amel.(48)
Beschwerden durch - geistige Anstrengung(59)
Denken - Beschwerden - agg.; Denken an seine Beschwerden(71)
Empfindlich - Schmerz, gegen(31)
Erregung(287) | *E~ amel.*(7) | E~ angenehm
Erschöpfung; geistige(217)
Faulheit(269) | F~ Erwachen, beim(2) | F~ Schlaf, nach(4)
Fleißig, arbeitsam, Arbeitswut(101)
Froh(182) | F~ vormittags(12)
Furcht(242) | F~ tagsüber, nur(5) | F~ Leiden, vor(12) | F~ Schmerz - vor dem Schmerz(4)
Gedächtnis - gut, aktiv(91) | G~ Gedächtnisschwäche(284)
Geisteskraft - erhöht(18)
Geistige Anstrengung - agg.(141) | G~ Verlangen nach(65)
Gesten, Gebärden; macht - vorsichtig
Hast, Eile - Essen - beim(23)
Hochgefühl(97)
Ideen, Einfälle - Reichtum an, Klarheit des Geistes(125)
Langeweile(53) | *L~ Unterhaltung amel.*(3)
Lustig, fröhlich - abends(29) | L~ Samenabgang; nach einem
Phantasien - übertrieben(114)

Gemüt …

Reizbarkeit - Geräusche, durch(21)
Ruhelosigkeit(420) | R~ tagsüber(9) | R~ nachts(249)
Schüchternheit, Zaghaftigkeit(113) | S~ tagsüber(4)
Schweigsam(209)
Springen(15)
Stumpfheit(332) | S~ nachmittags(29) | S~ abends(29)
Tanzen(33)
Vergnügen - Verlangen nach(2)
Verwirrung, geistige(321) | V~ Schläfrigkeit; bei(2)
Wahnideen - berauscht - sei, er(59) | W~ betrunken - sei betrunken, er(23) | W~ Likör - getrunken; sie habe(3) | W~ Müdigkeit - arbeiten ohne zu ermüden; er könne | W~ Nerv sei aufs höchste gespannt; jeder | W~ schweben - Luft, in der(45) | W~ vergrößert(42) | v~ Kopf sei(15)

Träume

Absurd(13)
Aufregend(14)
Beschäftigt zu sein; sehr(29)
Beten(2)
Dinge - verändernde, sich(18)
Erotisch(196) | E~ nachts - Mitternacht - nach - 3 h
Feuer(65)
Kämpfe(54)
Körperteile - Hals - Halsentzündung(3)
Krankheit - Halsentzündung(3) | K~ Kopfschmerz(2)
Menschen - Parties(5)
Parties(5)
Prüfen eines Arzneimittels(2)
Reisen(48)
Unerinnerlich, bleiben nicht im Gedächtnis(93)
Viele(260)
Wild (Emotion)(9)

– *Piper nigrum* –

pip-n.

Gemüt

Beschäftigung - amel.(48)
Denken - Beschwerden - agg.; Denken an seine Beschwerden(71)

– *Piscidia erythrina* –

pisc.

Gemüt

Fleißig, arbeitsam, Arbeitswut(101)
Hochgefühl(97)
Manie(149)

– *Pituitaria posterior* –

pitu. (alte Abk.)

Gemüt

Angst(362) | A~ nachts(119)
Furcht - Impotenz, vor | F~ Urin - unwillkürlichem Abgang von Urin; Furcht vor
Stumpfheit - Schwindel; während(22)

– *Pituitrinum* –

pituin.

Gemüt

Konzentration - schwierig(261)

– *Plantago major* –

plan.

Gemüt

Angesprochen zu werden - Abneigung(63)
Angst(362) | A~ nachts(119) | A~ Fieber - während(91) | A~ geistige Anstrengung; durch(20)
Ausdauer; hat keine(4)
Betäubung(237) | B~ Mittagessen, nach dem(5)
Denken - Abneigung gegen(46) | D~ Beschwerden - agg.; Denken an seine Beschwerden(71)
Empfindlich - Geräusche, gegen(149)
Erregung(287)

Gemüt …

Erschöpfung; geistige(217)
Faulheit(269) | F~ tagsüber(4)
Fleißig, arbeitsam, Arbeitswut(101)
Gedächtnis - Gedächtnisschwäche(284)
Gedanken - überlegt(54) | G~ Vergehen, Schwinden der Gedanken(76)
Geistige Anstrengung - agg.(141) | G~ Abneigung gegen(150)
Hast, Eile - Beschäftigung, bei - Verlangen mehreres gleichzeitig zu tun(3)
Hause, zu - Verlangen, nach Hause zu gehen(18)
Heimweh(52)
Mürrisch(290)
Phantasien - übertrieben(114)
Qualvolle Angst(121) | Q~ nachts(9)
Reizbarkeit(408) | R~ abends(60) | R~ Arbeit, bei der | R~ Fieberfrost, im(57) | R~ Hitze - während(31)
Ruhelosigkeit(420) | R~ tagsüber(9) | R~ nachts(249) | R~ Bett - Herumwerfen im(123) | R~ Frost - während(23) | R~ hin und her; geht | R~ Hitze - während(66) | R~ Sitzen, im(21)
Stimmung, Laune - veränderlich(158)
Stumpfheit(332) | S~ nachmittags(29) | S~ Gehen - Freien, im - amel.(5)
Traurigkeit(477)
Unbeständigkeit(45)
Ungeduld(131)
Unternimmt - Vieles, hält aber bei nichts durch, bleibt nicht dabei(28)
Vergeßlich(187)
Verwirrung, geistige(321) | V~ Essen - nach(52) | V~ Mittagessen - nach(9)
Weinen - Erwachen, beim(36) | W~ Schlaf, im(88) | W~ Träumen, beim(6)
Widerspruch - verträgt keinen Widerspruch(73)

Träume

Absurd(13)
Ängstlich(239)
Dinge - verändernde, sich(18)
Düster
Ekelhaft(32)
Ereignisse(3) | E~ zurückliegende, kurz(55)

Träume ...
Erotisch(196)
Lebhaft(193)
Phantastisch(55)
Schrecklich(237) | S ~ nachts - Mitternacht - nach(4)
Tod(64) | T ~ Verwandten, von(14)
Traurig(46)
Unangenehm(87)
Unerinnerlich, bleiben nicht im Gedächtnis(93)
Unzusammenhängend, zusammenhanglos(24)
Verdrießlich(122)
Viele(260)
Visionär(45)
Wecken den Patienten(118)
Weinen(14)
Zusammenhängend(13)

– *Platinum metallicum* –

plat.

Gemüt

Abneigung - allem, gegenüber(39) | A ~ Ehefrau; gegen seine(6) | A ~ Familienmitglieder; gegen(19) | *A ~ Frauen; gegen - Männern; bei - Homosexualität, mit*(4) | A ~ Kinder; gegen(4) | K ~ bekommen; Kinder zu - Welt so schlecht ist; weil(4) | K ~ eigenen Kinder; gegen ihre(8)
Abscheu - allgemeiner(42) | *A ~ Leben, vor dem*(84)
Alkoholismus(135)
Angesprochen zu werden - agg.(2) | A ~ Abneigung(63)
Angst(362) | A ~ tagsüber(21) | A ~ morgens(42) | m ~ Erwachen, beim(30)
Angst - vormittags(15) | A ~ abends(87) | A ~ nachts(119) | n ~ Erwachen, beim(24)
Angst - abwechselnd mit - Hitzewallungen(3) | *A ~ Druck; durch - Brust; auf der*(14) | *A ~ erfreulichsten Dinge; vor den* | *A ~ Erregung, durch*(7) | A ~ Erwachen, beim(86) | A ~ Fieber - während(91) | *F ~ Kindbettfieber, im*

Gemüt ...

Angst - Freien, im(13) | A ~ Frost - während(31) | *A ~ Furcht, mit*(110) | A ~ Gehen - agg.(21) | G ~ Freien, im(12)
Angst - Gesellschaft, wenn in(8) | A ~ Gespräche, durch(5) | *A ~ Gewissensangst*(75) | A ~ Haus, im(15) | A ~ Hitzewallungen, bei(14) | A ~ hypochondrisch(52) | A ~ Kopfschmerzen, mit(18) | A ~ Menschenmenge, in einer(12) | *A ~ Menses - während*(33) | A ~ Müdigkeit, mit(16) | A ~ periodisch(12) | A ~ plötzlich(11) | A ~ Schaudern, mit(11) | A ~ Seelenheil, um das(35) | *S ~ Hölle, vor der*
Angst - Sprechen, beim(7) | S ~ Gesellschaft, in
Angst - Stuhlgang - während(20) | A ~ Suizidneigung, mit(10) | A ~ Zukunft(108)
Anmaßend(5)
Antworten - diktatorisch(4) | A ~ unbewußt, wie
Argwöhnisch(105)
Auffahren, Zusammenfahren(117) | A ~ abends(3) | a ~ Einschlafen, beim(19)
Auffahren, Zusammenfahren - Schlaf - während(163) | S ~ durch(124)
Auffahren, Zusammenfahren - Schläfrigkeit, bei(13)
Begreifen, Auffassungsvermögen - leicht(38)
Beleidigt, leicht(79)
Beschimpfen, beleidigen, schmähen(67) | **B ~ Kinder - Eltern; Kinder beschimpfen ihre**(9)
Beschwerden durch - Ehre, verletzte(9) | B ~ Ehrgeiz - enttäuscht(6) | B ~ Entrüstung(8) | B ~ Enttäuschung(17) | B ~ Erregung - Gefühle, der(87) | B ~ Ichbezogenheit, Selbstüberhebung(9) | B ~ Kränkung, Demütigung(39) | *B ~ Kummer*(65) | **B ~ Liebe; enttäuschte - lesbisch**(2) | B ~ Schock; seelischen(23) | *B ~ Schreck*(72) | *B ~ sexuell - Erregung*(6) | s ~ Exzesse(59)

Gemüt ...

Beschwerden durch - Stellung, des Jobs; Verlust der(4) | B ~ Tod von geliebten Personen(2) | T ~ Eltern oder Freunde, der(7) | T ~ Kindes, eines(11)

Beschwerden durch - Verachtung; verachtet zu werden(23) | B ~ Verlegenheit(13) | **B ~ Zorn**(94) | *Z ~ Angst, mit*(30) | Z ~ Entrüstung; mit(11) | *Z ~ Schreck; mit*(22) | Z ~ stillem Kummer; mit(27)

Betäubung(237) | B ~ Kopfschmerz - vor Beten(21) | *B ~ laut bei Traurigkeit*

Bewußtlosigkeit(280) | B ~ Schmerzen, durch(9) | B ~ Traum, wie ein einem - weiß nicht, wo er ist(9)

Bitten(7)

Borgt, leiht sich von jedem(3)

Boshaft(99)

Brütet, grübelt(41)

Dämmerung agg. Gemütssymptome(9)

Delirium(233) | D ~ erotisch(12) | *D ~ Furcht vor Menschen; mit*(2) | *D ~ redselig*(33) | D ~ Schlaflosigkeit - mit(45) | D ~ Schreien, mit - Hilfe, um(5) | D ~ Zittern, mit(23)

Destruktivität, Zerstörungswut(41)

Diktatorisch, herrschsüchtig, dogmatisch, despotisch(25)

Droht(8)

Dunkelheit - agg.(27)

Ehebrecherisch(9)

Ehrgeiz(15) | E ~ Mittel ein; setzt alle erdenklichen(3)

Eigensinnig, starrköpfig, dickköpfig(107) | E ~ Dummkopf, wie ein(3)

Eitelkeit(10)

Ekstase(59)

Eleganz, Anmut - keine Eleganz - Frauen; bei(5)

Empfindlich(192) | E ~ nachmittags(3) | E ~ abends(6) | *E ~ Geräusche, gegen*(149) | E ~ Menses - während(5)

Entbindung - nach der Entbindung; Gemütssymptome(9)

Entfremdet - Ehefrau, von seiner(4) | E ~ Familie, von seiner(18)

Entmutigt(135) | E ~ morgens(4)

Gemüt ...

Erkennt - nicht; erkennt - Straßen nicht; erkennt bekannte(7)

Ermahnungen - agg.(7) | *a ~ freundliche; selbst*(6)

Ernst(77)

Erotisch(39)

Erregung(287) | *E ~ Herzklopfen, mit heftigem*(17)

Erschöpfung; geistige(217)

Erschreckt leicht(125)

Essen - weigert sich zu(26)

Extravaganz(16)

Exzentrizität, Überspanntheit(54) | E ~ Phantasien, in(8)

Faulheit(269) | F ~ morgens(51) | F ~ Essen, nach dem(25)

Fehler; macht - Orte; in bezug auf(32) | F ~ Unterscheiden von Gegenständen; beim(5)

Feierlich, getragen(2)

Feigheit(89)

Froh(182) | *F ~ morgens*(21) | m ~ Freien, im

Froh - abends(42) | F ~ abwechselnd mit - Ernst(4) | a ~ körperlichen Symptomen; mit | a ~ Schmerz | a ~ Traurigkeit(57) | a ~ Weinen(19)

Froh - Freien, im(7) | F ~ gefolgt von - Melancholie(6) | F ~ Tanzen, Lachen, Singen; mit(6)

Furcht(242) | F ~ abends(51) | F ~ Apoplexie, vor(36) | *F ~ ermordet zu werden*(10) | F ~ ernsten Gedanken, vor(2) | **F ~ gehängt zu werden** | F ~ Geisteskrankheit(74) | *F ~ geschehen; etwas werde*(82) | *g ~ Ehemann niemals wiederkommen werde; daß der*

Furcht - Gespenstern, vor(32) | G ~ unterhalten; glaubt, er würde sich mit Geistern(2)

Furcht - Krankheit, vor drohender(66) | K ~ unheilbar zu sein(42)

Furcht - Lebensüberdruß, mit(5) | F ~ Luft - Freien im - amel.(4) | *F ~ Männern, vor*(30) | *F ~ Menschen, vor*(81) | F ~ Menschenmenge; in einer(58) | F ~ Menses - vor(12) | M ~ während(9)

Gemüt ...

Furcht - Nadeln, vor(10) | *F~ Ohnmacht zu fallen; davor in*(6) | F~ Selbstmord, vor(10) | **F~ stranguliert, erwürgt zu werden** | **F~ Tod; vor dem**(143) | *T~ Lachen und Weinen; mit abwechselndem* | T~ Amenorrhoe, bei | T~ Entbindung, bei der(3) | *T~ Herzsymptomen, bei*(12) | T~ Menses - vor(6) | M~ während(3)

Furcht - Tod; vor dem - Traurigkeit, mit(2) | *T~ Zorn, durch*

Furcht - Traurigkeit, mit(8) | F~ Überqueren - Straße(3) | F~ überwältigend(19) | F~ Wehen - während(5) | F~ wiederkehrend(11) | F~ Zimmer, beim Eintritt in ein(5) | *F~ zittrig*(36)

Geckenhaft(6)

Gedächtnis - gut, aktiv(91) | **G~ Gedächtnisschwäche**(284) | G~ gehört hat; für das, was er(15) | G~ geistige Anstrengungen; für - Ermüdung, durch(11)

Gedanken - drängen auf ihn ein und schwirren durcheinander - sexuell(10) | G~ Gedankenandrang, einstürmende Gedanken, Gedankenfluß(78) | G~ nachts(31) | G~ Erwachen, beim(6) | G~ Schlaflosigkeit, durch(23)

Gedanken - hartnäckig(83) | h~ nachts - Mitternacht - an | h~ Erwachen, beim(6)

Gedanken - schrecklich(11) | G~ sexuell(21)

Gedanken versunken, in(90)

Gefahr - kein Gefühl für Gefahr; hat(4)

Gefühllos, hartherzig(21)

Gehen - Freien, im - agg. Gemütssymptome(19)

Geistesabwesend(71)

Geisteskrankheit, Wahnsinn(153) | *G~ abwechselnd mit - körperliche Symptome*(7) | **G~ erotisch**(31) | G~ Frauen; bei(9) | *G~ Größenwahn*(14) | G~ Kränkung - durch(6) | *G~ Kummer, durch*(4) | G~ Masturbation, durch(8) | G~ Menses - während(7) | *G~ periodisch*(5) | *G~ religiös*(19) | G~ Schreck, durch(4) | *G~ Wochenbett, im*(35) | *G~ Zorn, durch*(7)

Gemüt ...

Geistige Anstrengung - agg.(141) | G~ Abneigung gegen(150)

Geiz(34)

Gemütssymptome(26) | **G~ abwechselnd mit - körperliche Symptome**(18)

Gesellschaft - Abneigung gegen(156) | A~ Menses, während(4)

Gespräche - agg.(45)

Gesten, Gebärden; macht(22) | G~ Hände; unwillkürliche Bewegungen der - Greifen(41) | H~ ringt die Hände(14)

Gewissenhaft, peinlich genau in bezug auf Kleinigkeiten(58)

Geziertheit, Affektiertheit(13) | G~ Worten, in(3)

Gleichgültigkeit, Apathie(251) | *G~ allem; gegenüber*(71) | G~ andere Personen, gegen(5) | G~ äußere - Dinge; gegen(26) | G~ Freien, im(3) | G~ geliebte Personen, gegen(17) | *G~ Gesellschaft - in*(9) | G~ schweigsam(5) | G~ Verwandte, gegen(12) | *G~ Weinen, mit*(3) | G~ Wohlergehen anderer; gegen das(11)

Grausamkeit, Unmenschlichkeit(30)

Grimassen(15)

Hartherzig, unerbittlich(20)

Hart zu Untergebenen und freundlich zu Vorgesetzten(4)

Hast, Eile(112) | *H~ Essen - beim*(23)

Heftig, vehement(100) | *H~ Aktivität, mit körperlicher* | H~ Gewalttaten führt; Raserei, die zu(34)

Heikel, pingelig(34)

Heirat - besessen vom Gedanken an die Heirat; Mädchen sind sexuell erregt und(4)

Hinterhältig, hinterlistig, falsch, verschlagen(32)

Hochgefühl(97) | H~ abwechselnd mit - Traurigkeit(8)

HOCHMÜTIG, ARROGANT(53) | H~ dumm und hochmütig(6) | *H~ religiöser Hochmut*

Homosexualität(13)

Gemüt ...

Hypochondrie(116) | H~ Weinen, mit(8)

Hysterie(194) | *H~ lasziv*(4) | *H~ Menses - vor*(16)

Ichbezogenheit, Egotismus, Selbstüberschätzung(24)

Ideen, Einfälle - Mangel an(102) | I~ Reichtum an, Klarheit des Geistes(125)

Imbezillität(140)

Impulse, Triebe; krankhafte - erstechen, zu - andere zu erstechen

Indiskretion, Taktlosigkeit(30)

Jammern(93)

Klagen(64)

Kleptomanie(27)

Konzentration - schwierig(261)

Küßt - jeden(9)

Kummer - vergangene Ereignisse, über

Kunst - Unfähigkeit zur(10)

Kurz angebunden, barsch(14)

Lachen(102) | L~ morgens(6) | L~ abwechselnd mit - Ernst(2) | *a~ Furcht vor dem Tod, Todesangst* | a~ Schweigsamkeit | *a~ Weinen*(43) | *W~ Zorn; nach*

Lachen - Ernstes, über(15) | *E~ Freien, im*

Lachen - Freien, im(2) | *L~ Konvulsionen - vor, während oder nach*(11) | K~ zwischen den Konvulsionen(2)

Lachen - Menses - während - konvulsivisch | L~ spasmodisch(49) | *L~ unmäßig*(28)

Lächerlich, Dinge erscheinen(6)

Läuft umher - Zimmer, im(5)

Langeweile(53)

Lästig, geht auf die Nerven(79)

Lasziv, lüstern(77)

Launenhaftigkeit, launisch(108)

Lebensüberdruß(82) | *L~ Furcht vor dem Tode; aber*(4)

Leidenschaftlich(49)

Liebe - Analkoitus mit einer Frau(3) | L~ Perversität(5)

Liebevoll, voller Zuneigung, herzlich(37) | L~ abwechselnd mit - Traurigkeit

Gemüt ...

Lustig, fröhlich(123) | L~ abwechselnd mit - Ernsthaftigkeit, Ernst | a~ Traurigkeit(14)

Manie(149) | M~ Besessenheitswahn(10) | *M~ gewalttätig*(6) | M~ Lochien, durch unterdrückte(3) | *M~ Singen, mit - Puerperalmanie; bei* | M~ Wochenbett ; im(9)

Männer - Scheu vor(19)

Maskulin - Mädchen; maskulin aussehende(5)

Menschenfeindlichkeit, Misanthropie(45)

Menses - während; Gemütssymptome(28)

Moralischem Empfinden; Mangel an(48)

Morphiumsucht(31)

Mürrisch(290) | M~ tagsüber(17) | M~ morgens(42) | m~ Bett, im(16)

Mürrisch - abwechselnd mit - Fröhlichkeit, Frohsinn(23) | a~ liebevollem Wesen; mit

Mürrisch - Erwachen, beim(32) | M~ Fieberfrost, im(13) | M~ Frauen, bei(5) | M~ Freien, im(8) | M~ Menses - während(10) | *M~ Weinen amel.*(2)

Musik - Verlangen Klavier zu spielen(2)

Nachdenken, Überlegen - Traurigkeit, bei(2)

Neid(22)

Nymphomanie(67) | *N~ Menses - während*(7) | *M~ unterdrückten, nach*(13)

Nymphomanie - Metrorrhagie, bei(5) | *N~ Wochenbett, im*(6)

Pedant(3)

Pfeifen(16)

Phantasien - Erwachen, beim(9) | P~ lasziv(46) | *P~ übertrieben*(114) | P~ übertrieben - nachts(40) | P~ übertrieben - Schlaflosigkeit, mit(41)

Prahler, Aufschneider(13) | P~ verschwenderisch aus Prahlerei(4)

Prozesse; geht gerne vor Gericht, führt gerne(6)

GEMÜT ...

Qualvolle Angst(121) | *Q~ Amenorrhoe; während*(2) | Q~ Gehen im Freien(7) | *Q~ Menses - während*(10) | *Q~ Zorn, durch*

Raserei, Tobsucht, Wut - abends(16)

Redseligkeit; Geschwätzigkeit(136)

Reisen - Verlangen nach(28)

Reizbarkeit(408) | R~ tagsüber(32) | R~ morgens(69) | m~ Erwachen, beim(43)

Reizbarkeit - abwechselnd mit - Fröhlichkeit, Frohsinn(23) | a~ liebevollem Wesen; mit

Reizbarkeit - Erwachen, beim(56) | R~ Essen - nach(26) | **R~ Fieberfrost, im**(57) | R~ Freien, im(12) | *R~ Kleinigkeiten, durch*(34) | R~ Kopfschmerzen, bei(61) | R~ Menses - während(42) | R~ Schlaflosigkeit, mit(9) | R~ schreit und weint(2) | R~ Traurigkeit, mit(20) | *R~ Trost - agg.*(21)

Religiös - Buße zu tun; Verlangen | *R~ Gemütsstörungen, religiöse*(63) | *G~ abwechselnd mit - sexuelle Erregung*(2)

Religiös - Mangel an religiösem Empfinden(12) | *R~ Melancholie*(21) | *R~ Schweigsamkeit, Hochmut, Wollust und Grausamkeit; religiöse Gemütsstörungen mit*

Respekt, Ehrfurcht vor seiner Umgebung(9)

Reue(63)

Ruhelosigkeit(420) | R~ nachts - Mitternacht - vor(12) | M~ an - Erwachen, beim(3)

Ruhelosigkeit - ängstlich(111) | R~ Frost - während(23) | R~ Menses - während(40) | *R~ Traurigkeit, mit* | R~ treibt umher(41) | *R~ zittrig*(5)

Sachlich, vernünftig(9)

Satyriasis(26)

Schamlos(29)

Scharlatan(5)

Schlafwandeln(56)

GEMÜT ...

Schlagen(42) | S~ eingebildete Objekte ein; schlägt um sich auf(14) | S~ sich; schlägt(8) | S~ Zorn, aus - seine Freunde(2)

Schmeichlerisch(10)

Schmollen(41)

Schmutzig(17)

Schreien(133) | S~ Angst, aus(9) | S~ Hilfe, um(6) | S~ muß; hat das Gefühl, als ob sie schreien(20) | S~ Schlaf, im(80) | *S~ Schmerzen, bei den*(25) | S~ Wahnideen - durch(5)

Schüchternheit, Zaghaftigkeit(113)

Schwangerschaft; Gemütsbeschwerden während der(17)

Schweigsam(209) | *S~ abends*(5) | S~ Freien; im(2)

Seelenruhe, Gelassenheit(85)

Selbstsucht, Egoismus(32)

Sentimental, schwärmerisch, rührselig(64)

Seufzen(98) | *S~ Hysterie, bei*(3) | S~ Menses - während(6)

Singen(59)

Sinne - Vergehen, Schwinden der(51)

Sinnlichkeit(24)

Sitzen - Neigung zu sitzen(110) | *N~ unbeweglich, still*(42) | N~ versunken und nichts wahrnehmend; wie in tiefen, traurigen Gedanken(11)

Sonderbar, fremd, merkwürdig - alles erscheint(16)

Spaßen(52) | S~ abwechselnd mit - Ernst | a~ Schweigsamkeit

Spaßen - Ernst, Spaßen nach

Spät - zu spät; ist immer(4)

Spielen - Spielleidenschaft - Geld zu verdienen; um(10)

Spotten(18)

Sprache - wiederholt immer dasselbe(6)

Sprechen - schweift von einem Thema zum anderen(47)

Stilles Wesen(49)

Stimmung, Laune - angenehm(9) | *S~ veränderlich*(158) | v~ Meinungen, in seinen(6)

GEMÜT ...

Stimmung, Laune - wechselnd, wechselhaft(80)

Stöhnen - nachts(10) | S~ Menses - während(4)

Streitsüchtig(136)

Studieren, Lernen - einfach, fällt leicht(5)

Stumpfheit(332) | S~ morgens(54) | m~ Erwachen, beim(26)

Stumpfheit - nachts - Erwachen, beim(9) | S~ Erwachen, beim(41) | S~ Freien, im(3) | S~ Gesellschaft, in

Stupor(138)

Suizidneigung; Neigung zum Selbstmord(98) | *S~ Furcht - Todesfurcht, mit*(7) | S~ Mut; aber es fehlt ihm der(9)

Tadelsüchtig, krittelig(80)

Tanzen(33)

Tod - Agonie vor dem Tod(15) | T~ Gedanken an den Tod(54) | *T~ Gefühl von*(25) | *T~ Vorahnung des Todes*(62) | T~ wünscht sich den Tod, möchte sterben(72)

Tollkühnheit, Verwegenheit - Anstoß, einen "Kick" zu bekommen; verwegen, nur um einen(2)

Töten, Verlangen zu(32) | T~ Betrunkenheit; bei(5) | *T~ Ehemann zu töten; Impuls den geliebten*(3) | *T~ geliebte Menschen*(6) | *T~ Kind, das eigene*(4) | T~ Messer - Anblick eines Messers; beim(4) | M~ mit einem Messer(12)

Töten, Verlangen zu - plötzlicher Impuls zu töten(10)

Traurigkeit(477) | *T~ morgens*(71) | m~ Erwachen - beim(21)

Traurigkeit - nachmittags(37) | *T~ abends*(76) | T~ nachts(21) | n~ Mitternacht

Traurigkeit - ängstlich(32) | *T~ Ärger, nach*(4) | T~ Dunkelheit, in der(9) | T~ Erwachen, beim(24) | T~ Fieberhitze, in der(55) | **T~ Freien, im - amel.**(10) | T~ Frost - während(37) | T~ Gehen - Freien, im - amel.(4) | *T~ Haus, im*(2) | H~ Eintreten, beim(2)

GEMÜT ...

Traurigkeit - Hochgefühl; nach(3) | T~ Lachen - nach | *T~ Masturbation, durch*(16)

Traurigkeit - Menses - während(35) | T~ periodisch(10) | *T~ Schwangerschaft, in der*(7) | T~ sexuelle Erregung - mit sexueller Erregung(10) | T~ Sonnenschein, bei - amel. | T~ Traum, aus einem(2) | *T~ warmen Zimmer, im*(6) | T~ Wochenbett; im(10) | T~ Zorn - nach(10)

Trost - agg.(39) | *a~ Mitleid, Mitgefühl agg.*(15)

Übertreiben(5)

Umarmt - alles am Morgen, agg. im Freien | U~ Gefährten, seine(2) | U~ jeden(9)

Unanständig, unzüchtig(21) | U~ Sprache, anstößige(12)

Unaufmerksam(23)

Unbarmherzig(14)

Unbesonnen(82)

Unbeständigkeit(45)

Undankbar(10)

Unentschlossenheit(146) | U~ heiraten, zu(10) | U~ wankelmütig(12)

Unfreundliche Stimmung(5)

Ungeduld(131) | *U~ Zimmer; in einem warmen, mit Menschen überfüllten*

Ungeschicklichkeit - fallen, läßt Dinge(26)

Unhöflich(4)

Untröstlich(30)

Unverschämtheit(33)

Unzüchtig, obszön(34) | U~ Mann sucht nach kleinen Mädchen(4) | U~ Sprechen(14)

Unzufrieden(168) | *U~ allem; mit*(66) | U~ Umgebung, mit der(8)

Verächtlich(35) | **V~ allem; gegenüber**(4) | *V~ Anfällen gegen ihren Willen; in* | V~ Freien oder wenn die Sonne ins Zimmer scheint; im | *V~ Heißhunger und gieriges, hastiges Essen; verächtlich mit plötzlichem*

Vergeßlich(187)

GEMÜT ...

Verlassen zu sein; Gefühl(56) | V ~ Isolation, Gefühl der(16)

Verschiebt alles auf den nächsten Tag(7)

Verschlossen, zu(3)

Verschwenderisch - Ordnungssinn; aus Mangel an(3) | V ~ Prahlerei, aus(4)

Verstößt Menschen gegen ihren Willen

Verwechseln - Gedanken und Dinge(7)

Verwegenheit(26)

Verweilt - vergangenen unangenehmen Ereignissen; bei(46) | *v ~ nachts*(13)

Verwirrung, geistige(321) | V ~ nachts - Erwachen, beim(13) | V ~ durcheinander, vermischt beides; bringt Subjektives und Objektives(5) | *V ~ Erwachen, beim*(71)

Verzweiflung(137) | V ~ religiöse Verzweiflung am Seelenheil(30)

Vorurteile, voreingenommen, parteiisch - traditionelle Vorurteile(6)

Wahnideen(191) | W ~ adlig; er sei(3) | *W ~ allein zu sein - Welt; allein auf der*(7) | W ~ anerkannt, geschätzt; sie würde nicht(5) | *W ~ Ärger - nach*(2) | W ~ begeistert, wie(2) | W ~ besessen, er sei(14) | W ~ Bewußtsein - verlieren; er würde das Bewußtsein(9) | W ~ Bilder, Phantome; sieht(76) | B ~ schwarz(9)

Wahnideen - eng; alles scheint zu(2) | *W ~ erstickt zu werden - er würde gleich erstickt - nachts beim Erwachen*(3) | W ~ Familie gehören; sie würde nicht zu ihrer | W ~ Feind - jeder sei ein(3) | W ~ Feuer - Visionen von(34) | *W ~ fürchterlich, entsetzlich; alles erscheint*(3) | *W ~ gehören; sie würden nicht zu ihrer Familie* | W ~ geisteskrank - werden; er würde geisteskrank(43) | W ~ gering und niedrig, während er groß ist; hält andere für(2) | W ~ geschwollen, er sei(11) | W ~ Gespenster, Geister, Gestalten - sieht(55) | G ~ unterhält sich mit; er(2) | G ~ verfolgt von, wird(3)

GEMÜT ...

Wahnideen - geteilt - zwei Teile; in - zerschnitten; oder in zwei Teile(3) | W ~ gezogen - er würde - Streifen zerrissen; und in | W ~ groß - er selbst scheint zu groß - Eintritt ins Haus nach Gehen; beim | W ~ groß gewachsen - er oder sie sei groß gewachsen(7) | W ~ Hilfe, ruft um | *W ~ hochgestellte Persönlichkeit; er sei eine*(13) | **W ~ klein - Dinge - erscheinen klein; Dinge**(10) | D ~ werden kleiner; Dinge(8)

Wahnideen - Körper - durchgeschnitten; er sei - zwei Teile; in(3) | *K ~ Größe des Körpers; in bezug auf die*(5)

Wahnideen - Krieg zu befinden; sich im(7) | W ~ Melancholie(6) | W ~ minderwertig; Menschen erscheinen geistig und körperlich - Eintritt in das Haus nach einem Spaziergang; beim | *W ~ Orte, Plätze - keinen Platz in der Welt; sie habe* | *W ~ Phantasiegebilde, Illusionen*(115) | *P ~ Freien, amel. im*

Wahnideen - Reichtum, von(12) | W ~ religiös(17) | W ~ Schande; sie sei in(3) | W ~ Schlaf - einschlafen, er würde(4) | W ~ Schreck - nach(5) | W ~ schrecklich; alles erscheint(2) | W ~ schwarz - Gegenstände und Menschen; sieht(4) | W ~ Sinne - vergehen - würden vergehen; die Sinne(2) | *W ~ sonderbar, merkwürdig - alles sei*(16) | a ~ schrecklich, und

Wahnideen - sonderbar, merkwürdig - Land; als sei er in einem fremden(4) | s ~ Umgebung erscheint fremd(5) | *s ~ Vertrautes scheint fremd*(38) | V ~ schrecklich, sind

Wahnideen - Sprechen - Geistern; mit(5) | *W ~ sterben - gleich sterben; glaubt, er würde*(57) | W ~ stolz(4) | **W ~ Teufel - alle Menschen seien Teufel**(2) | **T ~ anwesend, sei**(5) | T ~ besessen, vom Teufel - er sei(5) | *T ~ sieht*(19)

Wahnideen - tot - er selbst sei(18) | *t ~ Personen, sieht tote*(59)

Gemüt …

Wahnideen - Überlegenheit, von | W ~ übermenschlich, er sei - Kontrolle; er sei unter übermenschlicher(8) | W ~ unfähig, ungeeignet - Welt; er sei ungeeignet für die(2) | *W ~ verändert, alles sei*(6) | *W ~ verdammt; er sei*(23) | W ~ verfolgt - Gespenstern, von(3) | *W ~ vergrößert*(42) | v ~ groß, großgewachsen; er sei sehr(5) | v ~ Kopf sei(15)

Wahnideen - verkleinert - alles im Zimmer sei verkleinert, während sie groß und erhaben ist | *W ~ verlassen ; er sei*(21) | W ~ Verletzung - worden; er sei verletzt - Schlaf, im | W ~ Visionen, hat(76) | W ~ wachsen - größer und länger werden; er würde(3)

Waschen - Verlangen zu waschen - Hände; wäscht sich ständig die(11)

Weibisch(5)

Weigert sich - Behandlung; gegen jede(4)

Weinen(244) | *W ~ amel.*(24) | W ~ morgens(22) | *W ~ abends*(29) | W ~ nachts(81) | W ~ Ärger, durch(23) | *W ~ angesprochen; wenn*(9) | W ~ Ermahnung, durch(11) | W ~ Fieberfrost - im(25) | W ~ Fieberhitze, in der(25) | *W ~ Freien, im amel.*(4) | *W ~ Freude, durch*(4) | *W ~ Herzklopfen, beim*(2) | W ~ Kleinigkeiten, über(23) | W ~ Kopfschmerzen, mit(9) | *W ~ Menses - während*(27) | *W ~ Schlaf, im*(88) | W ~ Schluchzen; Weinen mit(34) | *W ~ Schmerzen - während den Schmerzen*(23) | *W ~ Tadel, durch*(2) | W ~ traurig - Gedanken, bei traurigen(7) | *W ~ Trost - agg.*(22) | T ~ will nicht getröstet werden(10)

Weinen - unwillkürlich(35) | W ~ Vorhaltungen gemacht werden; wenn ihm(8) | *W ~ Zimmer, im* | *W ~ Zorn - nach*(19)

Wichtigtuerisch, pompös(7)

Widerspruch - verträgt keinen Widerspruch(73)

Zerstreut(166) | Z ~ Freien, im

Gemüt …

Zorn(243) | *Z ~ Aktivität; mit großer körperlicher* | Z ~ Farben - braun - agg. - dunkelbraun(2) | b ~ Abneigung - dunkelbraun(2)

Zorn - Farben - grau - agg. | g ~ Abneigung

Zorn - Gesicht - blassem, lividem Gesicht; mit(8) | *Z ~ heftig*(72) | *Z ~ Kleinigkeiten, über*(58) | *Z ~ Lachen; Zorn mit - abwechselnd mit - Weinen* | *Z ~ leicht*(37)

Zügellosigkeit, sexuelle Ausschweifung(32)

Zurückhaltend, reserviert(64) | Z ~ Freien, im(2)

Träume

Angenehm(136)

Ängstlich(239)

Anhaltend(7)

Ausland(3)

Bekannte - entfernte(4)

Blutvergießen

Erfolglose Anstrengungen(20) | E ~ erreichen; einen entfernten Ort zu(2)

Erinnerlich, bleiben im Gedächtnis(33)

Erotisch(196) | E ~ Erektionen, mit(27) | E ~ Pollutionen, mit(96)

Feuer(65)

Geschäft - Tage, vom(39)

Hartnäckig(29)

Kämpfe(54)

Krieg(6)

Land - fremdes(3)

Lebhaft(193) | L ~ Liegen mit tief gelagertem Kopf

Schlachten(13)

Schrecklich(237)

Schwierigkeiten(18)

Streitigkeiten(69)

Tod(64) | T ~ Verwandten, von(14)

Unerinnerlich, bleiben nicht im Gedächtnis(93)

Unwichtig(46)

Unzusammenhängend, zusammenhanglos(24)

Verdrießlich(122)

Verstorbenen, von(84)

TRÄUME ...
Verworren(122) | V~ nachmittags - Mittagsschlaf, beim
Viele(260)
Wecken den Patienten(118)

– *Platinum muriaticum* –
plat-m.

GEMÜT
Wahnideen - vergiftet - er - worden; er sei(16)

– *Plectranthus fruticosus* –
plect.

GEMÜT
Abscheu - allgemeiner - Aufstehen, beim
Antworten - zerstreut(2)
Erregung(287) | E~ nachts(40)
Faulheit(269)
Gedanken - wandernd(72)
Hast, Eile - Essen - beim(23)
Konzentration - schwierig(261) | s~ Arbeit, bei der(2)
Mürrisch(290)
Reizbarkeit(408) | R~ vormittags(25) | R~ Geräusche, durch(21) | R~ Gespräche, durch(2)
Stöhnen - Schlaf, im(62)
Stumpfheit(332)
Traurigkeit(477)
Unbehagen(44) | U~ morgens - Gehen, beim(2)
Weinen - Schluchzen; Weinen mit(34)

TRÄUME
Unerinnerlich, bleiben nicht im Gedächtnis(93)

– *Plumbago littoralis* –
plumbg.

GEMÜT
Abneigung - allem, gegenüber(39)
Schweigsam(209)
Traurigkeit(477)

TRÄUME
Verstorbenen, von(84)

– *Plumbum aceticum* –
plb-act.

GEMÜT
Erotisch(39)
Kunst - Talent zur(8)
Traurigkeit(477)

– *Plumbum chromicum* –
plb-chr.

GEMÜT
Ruhelosigkeit(420)
Schreien(133)
Verwirrung, geistige(321)

– *Plumbum metallicum* –
plb.

GEMÜT
Abneigung - allem, gegenüber(39) | A~ Familienmitglieder; gegen(19)
Abscheu - allgemeiner(42) | *A~ Leben, vor dem*(84)
Albernes Benehmen(65)
Alkoholismus(135)
Angesprochen zu werden - Abneigung(63)
Angst(362) | A~ nachts(119) | A~ Fieber - während(91) | *A~ Ohnmacht - mit Ohnmacht; Angst*(9) | *A~ Schweiß - kaltem, mit*(12) | A~ Seelenheil, um das(35)
Antworten - eingebildete Fragen(6) | A~ einsilbig(15) | A~ kurz angebunden(19) | A~ langsam(35) | A~ Stupor kehrt schnell nach dem Antworten wieder(17)
Aphasie(53) | A~ Amnesie, mit(3) | *A~ Apoplexie - nach*(9)
Argwöhnisch(105)
Auffahren, Zusammenfahren - Schlaf - während(163) | S~ durch(124) | S~ Einschlafen, beim(72)
Auffahren, Zusammenfahren - Schreck oder wie durch Schreck; durch(68)

GEMÜT ...

Außer sich; ist(51)

Beißen(35) | B~ Finger; beißt(6) | B~ Kleidung; beißt in die | B~ Nägel(33) | B~ sich selbst; beißt(8)

Berührt zu werden; Abneigung(46)

Beschimpfen, beleidigen, schmähen(67)

Beschwerden durch - Erwartungsspannung(68) | B~ sexuell - Exzesse(59)

Betäubung(237) | *B~ Konvulsionen, zwischen den*(11) | *B~ Schläfrigkeit, bei*(11)

Bewußtlosigkeit(280) | *B~ Apoplexie, bei*(15) | B~ epileptischem Anfall, nach(5) | B~ Konvulsionen - nach(12) | B~ Menses - während(13) | B~ plötzlich(12) | B~ Urin - Unterdrückung des Urins; mit

Brütet, grübelt - Verbotenes; über

Delirium(233) | D~ abends(10) | *D~ nachts*(67) | D~ abwechselnd mit - Abdomen; Kolik im | a~ Bewußtlosigkeit(3) | a~ Gliedern; Schmerzen in den | a~ Schlaf - komatösem Schlaf; mit | S~ tiefem Schlaf; mit(5)

Delirium - anfallsweise(6) | D~ ängstlich(24) | D~ Bett - flieht und springt plötzlich aus dem Bett auf(36) | D~ Epilepsie - nach(7) | *D~ Gesicht - verzerrtem, mit* | D~ heftig(26) | D~ Konvulsionen - während(12) | D~ Lachen(20) | D~ manisch(47) | D~ Musik; durch Hören von | *D~ rasend*(84) | D~ redselig(33) | D~ ruhelos(12) | D~ ruhig(23) | *D~ Schlaflosigkeit - mit*(45) | *D~ schrecklich*(26) | D~ tastet wie im Dunkeln | D~ Umherstreifen(9) | D~ Urinieren - Boden zu urinieren; versucht auf den | D~ Wahnideen, mit(18) | **D~ wild**(21) | w~ nachts(2)

Delirium tremens(84)

Demenz - paralytica, Dementia(18) | D~ senilis, Dementia - Gerede, mit albernem(4)

Denken - Beschwerden - agg.; Denken an seine Beschwerden(71)

Destruktivität, Zerstörungswut(41) | D~ Kleidern, von(10)

GEMÜT ...

Eigensinnig, starrköpfig, dickköpfig(107)

Ekstase(59)

Empfindlich(192)

Entmutigt(135)

Erkennt - nicht; erkennt - Verwandten nicht; erkennt seine eigenen(28)

Ernst(77)

Erotisch(39)

Erregung - abwechselnd mit - Traurigkeit(13)

Erschöpfung; geistige(217)

Erschreckt leicht(125)

Faulheit(269) | F~ abends(20) | F~ Essen, nach dem(25)

Fehler; macht - Lesen, beim(9) | F~ Zeit; in bezug auf die(34)

Feigheit(89)

Fleißig, arbeitsam, Arbeitswut(101)

Fliehen, versucht zu(61)

Fluchen(44)

Froh(182) | F~ vormittags(12) | F~ nachmittags(14) | F~ abwechselnd mit - Weinen(19) | F~ Freien, im(7) | F~ Gehen im Freien und danach; beim(7)

Furcht(242) | F~ allein zu sein(54) | F~ Arbeit; vor der(32) | *F~ berührt zu werden*(38) | F~ Einsamkeit, vor(15) | F~ engen Räumen; in(33) | F~ ermordet zu werden(10) | F~ geschehen; etwas werde(82) | F~ grundlos(6) | F~ Hunden, vor(22) | F~ Katzen, vor(6) | F~ Menschenmenge; in einer(58) | F~ Näherkommen, Annäherung von; vor - anderen, von(28) | F~ Tieren, vor(11) | *F~ Traurigkeit, mit*(8) | F~ vergiftet - werden; Furcht, vergiftet zu(23) | F~ Wasser, vor(33)

Gedächtnis - gut, aktiv(91) | **G~ Gedächtnisschwäche**(284) | **G~ auszudrükken, sich**(41) | G~ Ereignisse des Tages; für die(8) | **G~ Worte, für**(61)

Gedächtnis - Gedächtnisverlust - Apoplexie, nach(2)

Gedanken - überlegt(54) | G~ wandernd(72)

Gedanken versunken, in(90)

Geheimnistuerisch, verschlossen(15)

Gemüt ...

Geistesabwesend(71)
Geisteskrankheit, Wahnsinn(153) | G~ Kraft, mit vermehrter körperlicher(8) | *G~ Masturbation, durch*(8) | G~ uriniert auf den Boden
Geistige Anstrengung - agg.(141) | G~ Verlangen nach(65) | G~ Abneigung gegen(150)
Gesellschaft - Abneigung gegen(156) | *A~ allein, wenn - amel.*(33)
Gesellschaft - Verlangen nach(83) | V~ abends(8) | V~ allein; agg. wenn(48) | V~ Freundes, eines(2)
Gespräche - Abneigung gegen(21)
Gesten, Gebärden; macht(22) | G~ gewöhnlichen Beschäftigung; seiner(4) | G~ Hände; unwillkürliche Bewegungen der - Falten der Hände - Auseinanderfalten der Bettdecke; und | H~ Kopf, zum(3)
Gesten, Gebärden; macht - heftig(9) | G~ konvulsivisch(24) | G~ langsam(5) | *G~ sonderbare Posen und Haltungen*(20) | G~ stampft mit den Füßen(17)
Gleichgültigkeit, Apathie(251) | *G~ Langeweile, mit*(11)
Hast, Eile(112)
Heftig, vehement(100)
Heimweh(52)
Hinterhältig, hinterlistig, falsch, verschlagen(32)
Hypochondrie(116)
Hysterie(194) | H~ angesehen wird; wenn er
Ideen, Einfälle - Mangel an(102)
Idiotie(45)
Imbezillität(140)
Jammern(93) | J~ ängstlich(2)
Kindisches Benehmen(52)
Konzentration - schwierig - Abneigung gegen(6)
Lachen(102) | L~ sardonisch(26) | L~ unwillkürlich(23)
Läuft umher(24)
Langeweile(53) | L~ nachmittags | *L~ still*
Langsamkeit(68)

Gemüt ...

Lasziv, lüstern(77)
Launenhaftigkeit, launisch(108)
Lebensüberdruß(82)
Licht - Verlangen nach(19)
Lustig, fröhlich(123) | L~ abwechselnd mit - Weinen(8) | L~ Freien; im(3)
Manie(149) | M~ Raserei, mit(27)
Meditieren, Nachdenken(47)
Milde(80)
Murmeln(55) | M~ abends(4)
Mürrisch(290) | M~ morgens - Bett, im(16) | M~ Erwachen, beim(32)
Nymphomanie(67)
Phantasien - übertrieben(114) | ü~ nachts(40)
Possen, spielt(15) | P~ Delirium, im(8)
Quält - sich(8)
Qualvolle Angst(121)
Raserei, Tobsucht, Wut(95) | R~ nachts(15) | R~ Epilepsie - mit Epilepsie; Raserei(6)
Redseligkeit; Geschwätzigkeit(136) | R~ nachts(4)
Reizbarkeit(408) | R~ morgens - Erwachen, beim(43) | R~ nachmittags(37) | R~ Erwachen, beim(56)
Religiös - Manie, religiöse(2) | R~ Melancholie(21)
Ruhelosigkeit(420) | R~ nachts(249) | R~ ängstlich(111) | R~ Anfälle - während | *R~ Bett - aus einem Bett zum anderen gehen; will*(15) | R~ innerlich(37) | R~ Schmerzen, durch(19)
Schaukeln - amel.(13)
Schlagen(42)
Schreien(133) | S~ Konvulsionen - vor(32) | K~ nach(2)
Schreien - Krämpfe, während der - Abdomen; im(5) | S~ plötzlich(5) | S~ Raserei; während der(11) | S~ Schmerzen, bei den(25)
Schüchternheit, Zaghaftigkeit(113) | **S~ Öffentlichkeit; beim Auftreten in der**(7)
Schweigsam(209) | S~ Essen; nach dem(5)
Seelenruhe, Gelassenheit(85)
Selbstbetrachtung(58)

Gemüt ...

Selbstvertrauen - Mangel an Selbstvertrauen(86)

Sentimental, schwärmerisch, rührselig(64)

Seufzen(98) | *S~ epileptischem Anfall; vor*(3)

Simuliert - krank zu sein(8)

Sinne - abgestumpft, stumpf(107) | S~ scharf(52) | *S~ Vergehen, Schwinden der*(51) | V~ Schmerz; vor

Sitzen - Neigung zu sitzen(110)

Sonderbar, fremd, merkwürdig - alles erscheint(16)

Sprache - barsch(6) | S~ delirös(12) | S~ faselt nachts | S~ hastig(44) | *S~ langsam*(59) | S~ Schwatzen(17) | S~ stammelnd(10) | S~ übertrieben, extravagant(6) | S~ unklar, unverständlich(20) | S~ unsinnig(29) | S~ unzusammenhängend(65) | u~ nachts(3) | u~ epileptischem Anfall; nach(2)

Sprache - wild(7)

Sprechen - Geschäft, vom(13) | S~ Schlaf, im(93) | S~ schweift von einem Thema zum anderen(47) | S~ sich selbst ; mit(31)

Springen - Bett; aus dem(41)

Spucken - Gesicht; Menschen ins(14)

Stilles Wesen(49)

Stimmung, Laune - abweisend, zurückweisend(40) | S~ veränderlich(158)

Stirnrunzeln, Neigung zum(8)

Stöhnen(119) | S~ ängstlich(4)

Streitsüchtig(136)

Stumpfheit(332) | S~ Fieberfrost, im(16) | S~ Schläfrigkeit, bei(30)

Stupor(138) | *S~ apoplektisch*(7) | *S~ Konvulsionen, nach den - epileptisch*(2)

Sucht etwas - Boden, auf dem(3)

Suizidneigung; Neigung zum Selbstmord(98)

Tadelsüchtig, krittelig(80)

Tastet wie im Dunkeln umher(4)

Tod - wünscht sich den Tod, möchte sterben(72)

Gemüt ...

Torpor(26)

Traurigkeit(477) | T~ morgens(71) | T~ Erwachen, beim(24) | *T~ Kopfschmerzen, bei*(30)

Traurigkeit - Menses - während(35)

Übertreiben - Symptome; übertreibt ihre(3)

Unentschlossenheit(146)

Ungeschicklichkeit(41)

Unzufrieden(168) | U~ morgens(5)

Vergeßlich(187) | *V~ Worte beim Sprechen; vergißt*(52)

Verwirrung, geistige(321) | V~ morgens - Aufstehen - und nach dem Aufstehen(37) | V~ epileptischer Anfall - vor(3) | e~ nach(2)

Verwirrung, geistige - Fieberfrost, im(20) | V~ Identität; in bezug auf seine(21) | I~ Dualität; Gefühl der(37)

Verwirrung, geistige - Stehen, im(11) | V~ verläuft sich in bekannten Straßen(12)

Verzweiflung(137) | V~ religiöse Verzweiflung am Seelenheil(30)

Wahnideen(191) | *W~ nachts*(36) | W~ Ameisen - Bett sei voller Ameisen; das | W~ Ansammlungen von Dingen, Schwärmen, Menschenmengen etc.(17) | W~ beschäftigt - Tätigkeit; mit einer(12) | T~ normalen Tätigkeit (seinem Beruf)(5)

Wahnideen - Bett - drehen, würde sich - herumdrehen(4) | W~ Bewegung - Auf und Ab Bewegung; Gefühl einer(3) | W~ Couch bewegen; als würde sich die | W~ doppelt - sein, doppelt zu(30) | W~ drehen - alles dreht sich - Kreis, im - zittert, und | W~ eingesperrt werden; er solle(10) | W~ ermordet - er würde ermordet - verschwören sich, um ihn zu ermorden; andere(3) | e~ werden; er würde ermordet werden(21)

Wahnideen - Gefahr, Empfindung von - Leben, für sein | W~ Geschäft - normalen Geschäften nachgehen; sie würden(5) | W~ Gestalten - sieht(33)

GEMÜT ...

Wahnideen - grotesk(3) | W ~ Hause, zu - weg von zu Hause; er sei(23) | W ~ Identität - Fehleinschätzung in bezug auf die eigene(18) | I ~ jemand anderer; sie sei(10)

Wahnideen - Insekten, sieht(14) | W ~ Krankheit - unheilbare Krankheit; er habe eine(18) | W ~ kritisiert; sie würde(12) | W ~ lebhaft(26) | W ~ Maschine bedienen; er würde eine | W ~ Menschen - sieht(29) | *W ~ Mörder; jeder um ihn herum sei ein* | W ~ Musik - glaubt Musik zu hören(13) | M ~ hört Musik - entzückende(3)

Wahnideen - nachgestellt - ihm würde nachgestellt(28) | W ~ Orte, Plätze - verschiedenen Orten gleichzeitig; er sei an(4) | W ~ Person - andere Person; sie sei eine(8) | W ~ Phantasiegebilde, Illusionen(115) | W ~ Puppen; Menschen scheinen wie | *W ~ ruft - jemand*(9) | W ~ Schlösser und Paläste; sieht | W ~ sonderbar, merkwürdig - alles sei(16) | W ~ Stimmen - hört(37) | *W ~ Teufel - alle Menschen seien Teufel*(2) | *W ~ Tiere - Bett - auf dem*(5) | W ~ tot - Leiche - Bruders und des Kindes; Leiche des(3) | L ~ Ehemannes, Leiche des(2)

Wahnideen - tot - Personen, sieht tote(59) | W ~ Verbrechen - begangen; er habe ein Verbrechen(29) | W ~ verfolgt - Feinden, von(30) | v ~ Freunden, von | v ~ Polizei, von der(10) | v ~ Soldaten, von(5)

Wahnideen - verfolgt; er würde(23) | W ~ vergiftet - er - würde vergiftet werden; er(6) | W ~ verloren, sie sei - Seelenheil verloren; sie habe das(5) | W ~ Verschwörungen - gegen ihn im Gange; es seien(3) | W ~ verspielt; er habe durch eigenes Verschulden seine Gnadenfrist(9) | W ~ Visionen, hat - Schließen der Augen; beim(29) | W ~ zittern - alles würde zittern - Kreis drehen; und sich im

GEMÜT ...

Weinen(244) | W ~ Gemütsbewegungen; nach geringen(9) | W ~ Konvulsionen - während(27) | W ~ krampfhaft, spasmodisch(16) | W ~ Schluchzen; Weinen mit(34) | W ~ unwillkürlich(35)

Widerspenstig(66)

Widerwillen(39)

Zeit - langsam, scheint länger; vergeht zu(29)

Zerstreut(166)

Zorn(243)

Zudringlich, aufdringlich(6)

Zurückhaltend, reserviert(64) | Z ~ Essen, nach dem

TRÄUME

Alpträume, Alpdrücken(144)

Angenehm(136)

Ängstlich(239)

Anstrengung - geistige(51)

Bekannte - entfernte(4)

Diebstahl - begangen zu haben; einen Diebstahl(2)

Erotisch(196) | E ~ morgens(8) | E ~ Erektionen, mit(27) | E ~ Pollutionen, mit(96)

Fallen, zu stürzen; zu(60)

Räuber(36)

Schrecklich(237)

Sprechen; mit jemandem zu

Stehlen - Obst

Verdrießlich(122)

Verworren(122)

Viele(260)

– *Pneumococcinum* –

pneu.

GEMÜT

Abscheu - Leben, vor dem(84)

Furcht - auszugehen(2) | F ~ Krankheit, vor drohender(66) | F ~ Tod; vor dem(143)

Gedächtnis - Gedächtnisschwäche(284)

Qualvolle Angst(121)

Traurigkeit(477)

Wahnideen - geht - kann nicht gehen; er(3)

– Podophyllum peltatum –

podo.

Gemüt

Abscheu - Leben, vor dem(84)

Angst(362) | A ~ abends(87) | a ~ Dämmerung, in der(13)

Angst - Gesundheit; um die - eigene Gesundheit; um seine(57) | A ~ Seelenheil, um das(35)

Aphasie(53)

Beißen(35)

Betäubung(237)

Delirium(233)

Entmutigt(135)

Erregung(287)

Erschöpfung; geistige(217) | E ~ Geschäfte, durch

Furcht(242) | F ~ Herz - Herzerkrankung(23) | F ~ Krankheit, vor drohender(66) | K ~ unheilbar zu sein(42)

Furcht - Lebererkrankung, bei(2) | F ~ Tod; vor dem(143)

Gedächtnis - Gedächtnisschwäche - sagen will; für das, was er gerade(38) | G ~ Worte, für(61)

Getragen - Verlangen getragen zu werden(31) | V ~ Schulter, über der(3)

Hypochondrie(116)

Musik - Kopfschmerzen, durch(9)

Redseligkeit; Geschwätzigkeit(136) | *R ~ Fieber; im*(11) | *R ~ Fieberfrost; im*(3) | R ~ wechselt schnell von einem Thema zum anderen(20)

Reizbarkeit(408) | *R ~ Leberstörungen, bei*(4)

Ruhelosigkeit(420) | *R ~ nachts*(249) | R ~ Bett - Herumwerfen im(123)

Schreien(133) | S ~ Schmerzen, bei den(25)

Seufzen(98)

Sorgen, voller - Geschäfte, um seine(8)

Sprechen - Schlaf, im(93)

Stöhnen(119) | S ~ nachts(10) | S ~ Hitze; während der(16) | S ~ Husten, beim(3) | *S ~ Kindern, bei*(12) | *S ~ Schlaf, im*(62) | *S ~ Rollen des Kopfes und halb geschlossenen Augen; mit*(2)

Stöhnen - Zahnung, bei der(3)

Gemüt ...

Stumpfheit(332)

Tod - Vorahnung des Todes(62)

Traurigkeit(477) | T ~ Essen - nach(25)

Vergeßlich - Fieberfrost, im(5) | V ~ Hitze - nach(2) | V ~ Worte beim Sprechen; vergißt(52)

Verwirrung, geistige - morgens(115)

Verzweiflung(137) | V ~ religiöse Verzweiflung am Seelenheil(30)

Wahnideen - Herz - Herzerkrankung - habe eine; er(5) | H ~ werde eine Herzerkrankung bekommen und sterben; er(4)

Wahnideen - krank - sein; krank zu(27) | k ~ würde krank werden; er(3)

Wahnideen - Krankheit - unheilbare Krankheit; er habe eine(18) | W ~ Leberleiden bekommen; er werde ein | *W ~ sterben - gleich sterben; glaubt, er würde*(57) | W ~ stirbt - er(15) | W ~ verspielt; er habe durch eigenes Verschulden seine Gnadenfrist(9)

Weinen - Schlaf, im(88)

– Polygonum hydropiperoides –

polyg-h.

Gemüt

Hysterie(194)

Reizbarkeit - Traurigkeit, mit(20)

Torpor(26)

Traurigkeit(477)

Träume

Alpträume, Alpdrücken(144)

Beschäftigt zu sein; sehr(29)

Erschöpfend(15)

Krankheit - Kopfschmerz(2)

Unangenehm(87)

Viele(260)

– Polyporus pinicola –

polyp-p.

GEMÜT

Ruhelosigkeit - nachts(249) | n~ Mitternacht - nach - 3 h(8)
Traurigkeit(477)
Zurückgezogenheit; Verlangen nach(3)

– Populus candicans –

pop-c.

GEMÜT

Diskutieren - Symptome mit jedem; diskutiert ihre(3)

– Populus tremuloides –

pop.

GEMÜT

Wahnideen - handeln und kann nicht; glaubt, er müsse | W~ machen, tun - unfähig irgendetwas zu machen, aber etwas müsse getan werden | W~ sterben - gleich sterben; glaubt, er würde - Herzbeschwerden, bei | W~ Willenskraft verloren; als habe er seine(4)

– Primula veris –

prim-v.

GEMÜT

Furcht - Apoplexie, vor(36)
Wahnideen - Fallen - hinten, nach(6)

– Prunus spinosa –

prun.

GEMÜT

Denken - Beschwerden - amel.(7)
Erregung(287) | *E~ abends - Bett, im*(31)
Faulheit - Traurigkeit, durch(8)
Froh(182) | *F~ abends - Bett, im*(29)
Gedächtnis - Gedächtnisschwäche - Schmerz; durch(10) | G~ Schreck; durch(10)

GEMÜT ...

Gedächtnis - Gedächtnisverlust - Furcht, durch(10)
Gleichgültigkeit, Apathie(251) | G~ Vergnügen, gegen(46)
Hast, Eile - Gehen, beim(15)
Klagen - morgens im Bett | K~ Schmerzen, über - Erwachen, beim(2)
Mürrisch(290)
Reizbarkeit(408)
Ruhelosigkeit(420) | R~ treibt umher(41)
Traurigkeit(477) | T~ arbeitsscheuen Personen; bei(9)
Unzufrieden(168)
Weinen - morgens(22)

TRÄUME

Ekelhaft - Schmutz(2)
Krankheit(43) | K~ Furunkel
Phantastisch(55)
Schmutz(2)
Schmutzig - Tisch
Schreiben - schmutzigem Tisch; auf
Viele(260)
Visionär(45)

– Psilocybe caerulescens –

psil.

GEMÜT

Angst - Schmerzen, durch die(10)
Empfindlich(192) | E~ Musik, gegen(46)
Fehler; macht - Schreiben, beim(83) | S~ stellt etwas um - Buchstaben(8)
Froh(182)
Gedächtnis - Gedächtnisschwäche(284) | G~ geistige Anstrengungen; für(26) | G~ getan hat; für das, was er eben(34) | G~ tun wollte; für das, was er gerade(33)
Geistesabwesend - Augen; mit starren
Gespräche - agg.(45)
Gleichgültigkeit, Apathie(251) | G~ allem; gegenüber(71) | G~ geschäftliche Angelegenheiten; gegen(18)
Lustig, fröhlich(123)
Moralischem Empfinden; Mangel an(48)

Gemüt ...

Nymphomanie(67)

Qualvolle Angst(121)

Schizophrenie(10)

Schweigsam(209)

Seelenruhe, Gelassenheit(85) | S~ unbegreiflich, unverständlich(3)

Singen(59)

Spaßen(52)

Stilles Wesen(49)

Stumpfheit(332)

Traurigkeit(477) | T~ Fieberhitze, in der(55)

Traurigkeit - vergangene Ereignisse; über(2)

Vergeßlich(187)

Verwirrung, geistige(321) | V~ verläuft sich in bekannten Straßen(12)

Verzweiflung - Schmerzen; bei den(21)

Wahnideen(191) | W~ Ameisen | W~ angenehme Wahnideen(6) | W~ bequem, während er auf etwas Hartem sitzt; er habe es | W~ doppelt - sein, doppelt zu(30) | W~ drei Personen; er sei(6) | W~ Einfluß; er stehe unter einem mächtigen(9) | W~ Gegenstände; über - gefärbt, leuchtend(5) | W~ gesund, er sei(12) | W~ Gott - Verbindung mit Gott; er stehe in(3) | W~ Körper - leichter als Luft; der Körper sei(8) | W~ lebhaft(26) | W~ Menschen - hinter ihm; jemand sei(19) | W~ Musik - hört Musik - lieblichste und erhabenste Melodie; die - primitiver Musik; beim Hören von | W~ Person - Leichentuch gehüllt; die Person im Mantel sei in ein | W~ Phantasiegebilde, Illusionen(115) | W~ schön - alte zerlumpte Frau erscheint schön | W~ schöpferische Kräfte; er habe(2) | W~ Teufel - besessen, vom Teufel - er sei - Gott und vom Teufel besessen; abwechselnd von | W~ übermenschlich, er sei - Kontrolle; er sei unter übermenschlicher(8) | W~ unwirklich - alles erscheint unwirklich - Gesellschaft; wenn in | W~ Visionen, hat(76) | V~ erzählt wird; über das, was ihm

Gemüt ...

Wahnideen - Visionen, hat - Macht, von eingebildeter(2) | V~ phantastisch(8) | V~ schön(8) | V~ wundervolle(5)

Wahnideen - wechseln plötzlich(2) | W~ Wissen; er habe grenzenloses, unendliches(2)

Weinen(244)

Zeit - schnell, scheint kürzer; vergeht zu(14)

Zerstreut(166) | Z~ Gespräch teilnimmt; wenn er an einem(2)

Zweifelt(13)

Träume

Unangenehm(87)

– *Psorinum* –

psor.

Gemüt

Alkoholismus(135)

Angst(362) | A~ tagsüber(21) | t~ 5 h - 5 - 17 h

Angst - Druck; durch - Brust; auf der(14) | A~ Essen - nach(39) | A~ Fahren oder Reiten, beim(6) | *F~ abwärts*(2)

Angst - Furcht, mit(110) | *A~ Geschäfte, über*(10) | A~ Gesundheit; um die - eigene Gesundheit; um seine(57) | **A~ Gewissensangst**(75) | A~ hypochondrisch(52) | A~ kalt - Kaltwerden, durch(4) | *A~ Schließen der Augen; beim*(5) | A~ Schwangerschaft, in der(6) | *A~ Seelenheil, um das*(35) | S~ morgens

Angst - Zukunft(108)

Auffahren, Zusammenfahren(117) | *A~ Kleinigkeiten, über*(21) | *A~ leicht*(52) | A~ Schlaf - durch(124) | A~ Schreck oder wie durch Schreck; durch(68)

Außer sich; ist - Angst; vor(14)

Beschwerden durch - Erregung - Gefühle, der(87) | **B~ Erwartungsspannung**(68) | B~ geistige Anstrengung(59) | B~ sexuell - Erregung(6)

Gemüt ...

Betäubung(237) | B~ nachts - Erwachen aufstehen; muß beim | B~ Ausschweifung, wie nach | *B~ Erwachen, beim*(9) | B~ Schwindel - während(37)

Bett - bleiben; möchte im Bett(12)

Bewußtlosigkeit(280) | B~ morgens(45)

Delirium(233) | D~ Fieber; im(54)

Eigensinnig, starrköpfig, dickköpfig(107) | E~ Hautausschlag, bei | *E~ Kinder - reizen, ärgern ihre Umgebung*

Empfindlich(192) | E~ moralische Eindrücke, gegen(10) | E~ Schmerz, gegen(31)

Entfremdet - Familie, von seiner(18)

Entmutigt(135)

Erkennt - nicht; erkennt - Haus nicht; erkennt das eigene(4)

Erregung(287) | E~ Schlaf, vor dem(2) | *E~ Zittern, mit*(10)

Erschöpfung; geistige(217)

Erschreckt leicht(125)

Fahren im Wagen - Abneigung gegen | F~ Neigung zum

Faulheit(269)

Fehler; macht - Orte; in bezug auf(32) | F~ Zeit; in bezug auf die(34)

Froh(182) | F~ morgens(21) | F~ abwechselnd mit - Traurigkeit(57) | a~ Weinen(19)

Froh - Verstopfung, bei(2)

Furcht(242) | F~ allein zu sein(54) | F~ Apoplexie, vor(36) | *F~ Armut, vor*(20) | F~ Erwachen, beim(54) | *F~ Fahren im Wagen; beim*(14) | F~ Gehen - vor dem Gehen - Straße; über eine belebte(3) | *F~ geschäftlichem Mißerfolg, Bankrott; vor*(4) | **F~ geschehen; etwas werde**(82) | F~ Gewitter, vor(25) | G~ vor(4)

Furcht - Katastrophe ; vor einer(8) | F~ Krankheit, vor drohender(66) | K~ unheilbar zu sein(42)

Furcht - Krebs(13) | F~ Leichen, Furcht vor | F~ Schwimmen; Furcht vor dem - tiefem Wasser, in | *F~ Tod; vor dem*(143) | *T~ Herzsymptomen, bei*(12)

Gemüt ...

Furcht - Unglück, vor(93) | **F~ Unheil; Furcht vor**(115) | U~ Vorahnungen; vor schlimmen

Furcht - vernachlässigt zu werden(2) | F~ voller Furcht(12)

Gedächtnis - Gedächtnisschwäche(284) | G~ gehört hat; für das, was er(15) | G~ gelesen hat; für das, was er(41) | *G~ gesagt hat; für das, was er*(29) | G~ Orte, für(11)

Gedanken - hartnäckig(83) | *h~ Erwachen, beim*(6) | *h~ Traum erschienen sind; denkt an Gedanken, die ihm zuerst im*

Gedanken - unangenehm(21) | *G~ Vergehen, Schwinden der Gedanken*(76) | *V~ Überheben, nach*

Gedanken versunken, in - schreckliche Gedanken; hat

Geisteskrankheit, Wahnsinn(153)

Geistige Anstrengung - agg.(141) | G~ Abneigung gegen(150)

Geiz(34) | G~ Angst um die Zukunft; Geiz aus(6)

Gesellschaft - Abneigung gegen(156)

Gesten, Gebärden; macht - Hände; unwillkürliche Bewegungen der - Greifen(41) | *H~ ringt die Hände*(14) | *H~ zupft - Bettwäsche; an der*(36)

Gleichgültigkeit, Apathie(251) | G~ Traurigkeit; mit(3)

Hause, zu - Verlangen, nach Hause zu gehen(18)

Heftig, vehement - morgens(9)

Konzentration - schwierig(261) | *s~ Rechnen, beim*(7)

Lachen - morgens(6)

Lebensüberdruß(82)

Lebhaft, munter - abwechselnd mit - Traurigkeit(3)

Leidenschaftlich(49)

Lustig, fröhlich(123) | L~ abwechselnd mit - Weinen(8)

Manie(149) | M~ abwechselnd mit - Niedergeschlagenheit(9)

Mürrisch(290) | *M~ nachts*(16) | *M~ Kindern, bei*(14) | *M~ Menopause, in der*

GEMÜT ...

Pelz; hüllt sich im Sommer in(4)

Pessimist(17)

Phantasien - lasziv(46) | P~ übertrieben(114)

Quält - andere - Beschwerden; jeden mit seinen(3)

Qualvolle Angst(121) | Q~ tagsüber(8) | t~ 5 - 17 h

Redseligkeit; Geschwätzigkeit(136)

Reizbarkeit(408) | *R~ Tag und Nacht*(7) | R~ morgens(69) | R~ abends(60) | R~ nachts - abwechselnd mit - Fröhlichkeit - tagsüber(6) | *n~ Babies; bei kranken* | *n~ Erwachen, beim*(2)

Reizbarkeit - Erwachen, beim(56) | *R~ Hitze - während*(31) | R~ Kindern, bei - schlaflos Tag und Nacht | *R~ leicht* | *R~ Menopause, in der*(2) | R~ Schlaflosigkeit, mit(9) | S~ Kindern, bei

Reizbarkeit - Sprechen, beim(10)

Religiös - Gemütsstörungen, religiöse(63) | R~ Melancholie(21)

Reue(63)

Ruhelosigkeit(420) | R~ nachts(249) | R~ ängstlich(111) | R~ Gewitter - vor | R~ Hautausschläge - Kindern; bei Hautausschlägen bei | *R~ Kindern, bei - nachts - morgens frisch und munter; aber* | *K~ Hautausschlag, mit*

Ruhelosigkeit - Sturm - vor(2) | S~ während(5)

Schmutzig(17) | S~ Haut, mit schmutziger(6)

Schreien(133) | S~ Kindern, bei - nachts(6) | *K~ Schlaf, im*(13)

Schreien - Schlaf, im(80)

Selbstvertrauen - Mangel an Selbstvertrauen(86)

Sentimental, schwärmerisch, rührselig(64)

Sorgen, voller(50) | *S~ nachts* | S~ Geschäfte, um seine - florieren; obwohl sie

Spaßen(52)

Sprechen - Schlaf, im(93) | S~ Kindern; bei(2)

GEMÜT ...

Stimmung, Laune - abweisend, zurückweisend(40) | *S~ veränderlich*(158) | S~ wechselnd, wechselhaft(80)

Stöhnen(119)

Streitsüchtig(136) | S~ morgens(5) | S~ abends(8)

Stumpfheit(332) | S~ vormittags(17) | S~ Erwachen, beim(41)

Suizidneigung; Neigung zum Selbstmord(98) | **S~ Gedanken an Selbstmord**(33) | *S~ Traurigkeit, durch*(23)

Tod - Gedanken an den Tod(54) | *T~ Gewißheit des (eigenen) Todes*(11) | *G~ nach Fieber, Nasenbluten amel.*

Tod - wünscht sich den Tod, möchte sterben(72)

Traurigkeit(477) | T~ Geld - Geldprobleme, finanzielle Probleme; über(2) | *T~ Hautausschlag, mit unterdrücktem*(2) | **T~ Jucken, durch** | *T~ Menopause, in der*(25) | T~ Menses - vor(34)

Traurigkeit - Suizidneigung, mit(25)

Unduldsamkeit(7)

Unentschlossenheit(146)

Unfreundliche Stimmung(5)

Ungeduld(131)

Unordentlich(7)

Unverschämtheit(33)

Unzufrieden(168)

Vergeßlich(187)

Verlassen zu sein; Gefühl(56)

Verspielt - abwechselnd mit - Traurigkeit

Verweilt - vergangenen unangenehmen Ereignissen; bei(46)

Verwirrung, geistige(321) | V~ abends(78) | V~ nachts(19) | n~ Erwachen, beim(13)

Verwirrung, geistige - berauscht - wie nach einem Rausch(35) | V~ Erwachen, beim(71) | *V~ Freien, im - amel.*(30) | V~ Identität; in bezug auf seine - Dualität; Gefühl der(37) | *V~ Rechnen, beim*(4)

Verzweiflung(137) | V~ morgens | **V~ Flecktyphus, bei - Nasenbluten, amel. nach**

GEMÜT ...

Verzweiflun - Genesung, in bezug auf die(44) | *G~ Rekonvaleszenz, während der*(2)

Verzweiflung - Jucken der Haut, durch | *V~ religiöse Verzweiflung am Seelenheil*(30)

Wahnideen(191) | W~ arm, er sei(10) | W~ berauscht - sei, er(59) | s~ Ausschweifung, nach

Wahnideen - doppelt - sein, doppelt zu(30) | W~ Gegenstände; über - drehen sich - rund herum(4) | W~ geisteskrank - werden; er würde geisteskrank(43) | *W~ Gespenster, Geister, Gestalten - bedrängen ihn*(2) | G~ sieht(55)

Wahnideen - Körper - keinen Körper; er habe | W~ Kopf - abgetrennt; der Kopf sei vom Rumpf(6) | K~ betäubt; der Kopf sei - linke Hälfte des Kopfes

Wahnideen - krank - sein; krank zu(27) | W~ Schreck - wie erschreckt(10) | W~ Sonne - niederdrücken und sie muß im Schatten ruhen, um weitergehen zu können; die Sonne würde sie | W~ sterben - gleich sterben; glaubt, er würde(57) | W~ verdammt; er sei(23) | W~ Vermögen zu verlieren; er werde sein(2) | W~ verspielt; er habe durch eigenes Verschulden seine Gnadenfrist(9)

Waschen - Abneigung gegen Waschen und Baden(16) | W~ Verlangen zu waschen - Hände; wäscht sich ständig die(11)

Weinen(244) | *W~ nachts*(81) | *W~ Kindern; bei - nachts*(5) | n~ werfen sich die ganze Nacht umher(2)

Weinen - Schlaf, im(88)

Zerstreut(166)

Zorn(243) | *Z~ leicht*(37)

Zweifelt - Genesung; an der(31)

TRÄUME

Ängstlich(239)

Erotisch(196)

Exkremente(6) | E~ Stuhl(5) | E~ Toiletten

TRÄUME ...

Fortsetzung - Träumen, von - Erwachen, nach dem(22)

Gefahr(40)

Geschäft(40)

Lebhaft(193)

Räuber(36)

Reisen(48)

Ruhelos(53)

Schrecklich(237)

Stuhl(5)

Toilette zu sein; auf der

Viele(260)

– *Ptelea trifoliata* –

ptel.

GEMÜT

Angst(362)

Auffahren, Zusammenfahren(117) | A~ angesprochen, wenn(4) | A~ Geräusche, durch(60)

Betäubung(237)

Denken - Abneigung gegen(46)

Empfindlich - Geräusche, gegen(149)

Erschöpfung; geistige(217)

Fehler; macht - Schreiben, beim(83)

Froh - Essen - nach - gefolgt von Niedergeschlagenheit; eine Stunde später | F~ Traurigkeit - mit

Gedächtnis - Gedächtnisschwäche(284) | G~ Eigennamen; für(44)

Gedanken - Gedankenandrang, einstürmende Gedanken, Gedankenfluß(78)

Geistige Anstrengung - agg.(141) | a~ unmöglich(130)

Geistige Anstrengung - Abneigung gegen(150)

Gesellschaft - Abneigung gegen(156)

Gespräche - Abneigung gegen(21)

Gleichgültigkeit, Apathie(251) | *G~ Pflichten, gegenüber*(12)

Hast, Eile(112) | H~ Kopfschmerzen, bei - heißem Gesicht, mit | H~ Schreiben, beim(5)

Hellsehen(28)

Gemüt ...

Konzentration - schwierig(261) | s~ morgens(7) | s~ vormittags(3)

Mürrisch - Kleinigkeiten, um(13)

Reizbarkeit(408) | R~ Geräusche, durch(21) | *R~ Kleinigkeiten, durch*(34) | R~ Traurigkeit, mit(20)

Ruhelosigkeit(420) | R~ nachts(249) | R~ Aufstehen, beim(3)

Schweigsam(209)

Sprechen - agg. die Beschwerden(34)

Stumpfheit(332) | S~ Schwindel; während(22)

Traurigkeit(477) | T~ morgens - Erwachen - nach(9) | T~ Essen - nach(25) | T~ Kopfschmerzen, bei(30)

Unduldsamkeit - Geräuschen, gegenüber(5)

Vergeßlich(187) | V~ Erwachen, beim(8)

Verwirrung, geistige(321) | V~ abends(78) | V~ nachts(19) | V~ Steigen - agg.(2)

Wahnideen - berauscht - sei, er(59) | W~ vernachlässigt - Pflichten vernachlässigt; er habe seine(10)

Wille - Verlust der Willenskraft(34)

Zerstreut - fährt auf, wenn angesprochen(5)

Zorn(243)

Träume

Alpträume, Alpdrücken(144) | A~ Erwachen, beim

Feinde(3)

Gepeitscht zu werden

Gräber(6) | G~ steigen aus ihren Gräbern auf; Heere

Heere, die aus ihren Gräbern steigen

Kämpfe(54)

Lebhaft(193)

Phantastisch(55)

Räuber(36)

Ruhelos(53)

Schlangen(21)

Schrecklich(237)

Speisen

Tiere - tote

Unangenehm(87)

Verdrießlich(122)

Träume ...

Viele(260)

– *Pulex irritans* –

pulx.

Gemüt

Reizbarkeit(408)

Stimmung, Laune - veränderlich(158)

Ungeduld(131)

– *Pulsatilla nuttalliana* –

puls-n.

Gemüt

Angesprochen zu werden - Abneigung(63)

Angst(362)

Heimweh(52)

Reizbarkeit(408) | R~ Geräusche, durch(21)

Ruhelosigkeit(420) | R~ nachts(249)

Stumpfheit(332) | S~ morgens(54)

Traurigkeit(477) | T~ nachmittags(37)

Unbehagen - nachts(3)

Weinen - Kleinigkeiten, über(23)

Zorn(243)

Träume

Verworren(122)

Viele(260)

– *Pulsatilla pratensis* –

puls.

Gemüt

Abneigung - allem, gegenüber(39) | A~ Ehefrau; gegen seine(6) | *A~ Frauen; gegen*(12) | F~ Männern; bei(5) | M~ Homosexualität, mit(4)

Abneigung - Geschlecht - andere Geschlecht; gegen das - religiöse Abneigung(3) | A~ Heirat; gegen(4) | A~ Männer; gegen(8) | M~ Frauen; bei(6) | *F~ religiöse Abneigung*(3)

Abscheu - allgemeiner(42) | *A~ Arbeit, vor der*(21) | *A~ Leben, vor dem*(84)

Aktivität; Verlangen nach - geistige Aktivität - abends(8)

GEMÜT ...

Alkoholismus(135) | A~ Charakterschwäche; aus(3)

Angesehen zu werden; erträgt es nicht(23)

Angst(362) | A~ tagsüber(21) | A~ morgens(42) | m~ Erwachen, beim(30)

Angst - nachmittags(32) | *A ~ abends*(87) | *a~ Bett, im*(54) | *B ~ Unruhe und qualvoller Angst abdecken; muß sich aus*(4)

Angst - nachts(119) | *n ~ Mitternacht - vor*(36) | *n ~ Erwachen, beim*(24)

Angst - Bett - im Bett(49) | *B ~ treibt aus dem Bett*(15)

Angst - Bewegung - amel.(12) | *A ~ Dunkelheit; in der*(12) | A~ Erwachen, beim(86) | A~ Familie, um seine(10) | *A ~ Fieber - während*(91) | *A ~ Freien, im - amel.*(23) | **A~ Frost - während**(31) | *A ~ Furcht, mit*(110) | A~ Gehen - amel.(6) | *G ~ Freien, im - amel.*(7)

Angst - geistige Anstrengung; durch(20) | A~ Geräusche, durch(13) | A~ Geschäfte, über(10) | A~ Gesicht - blassem Gesicht, mit(3) | G~ Hitze des Gesichtes, mit(7)

Angst - Gesundheit; um die - eigene Gesundheit; um seine(57) | *A ~ Gewissensangst*(75) | **A~ Haus, im**(15) | A~ häusliche Angelegenheiten, um - morgens | **A~ heißer Luft, wie in** | *A ~ Hitze, durch*(3) | A~ Hitzewallungen, bei(14) | *A ~ hypochondrisch*(52) | *h ~ lesen; Manie medizinische Bücher zu*(5)

Angst - Kleidung - lockern und die Fenster öffnen; muß die Kleidung(3) | A~ Kopf - Blutandrang zum; mit(7) | A~ Liegen(11) | L~ Seite, auf der(4) | S~ links(3)

Angst - Menopause, in der(8) | A~ Menschenmenge, in einer(12) | A~ Menses - vor(22) | *A ~ Müdigkeit, mit*(16) | A~ Schaudern, mit(11) | A~ Schlaf - während(42) | *S ~ Einschlafen, beim*(13)

Angst - Seelenheil, um das(35) | S~ Bedenken, Gewissensbisse; übermäßige religiöse(7)

GEMÜT ...

Angst - Sitzen(15) | *A ~ Suizidneigung, mit*(10) | A~ Träume; beim Erwachen aus schrecklichen(17) | *A ~ Trinken - nach*(2) | *A ~ Zukunft*(108)

Anorexia nervosa(13)

Antworten - Abneigung zu antworten(67) | *A ~ einsilbig*(15) | A~ Nicken mit dem Kopf; antwortet durch

Aphasie(53)

Argwöhnisch(105) | *A ~ Feind; hält jeden für seinen*(2)

Auffahren, Zusammenfahren(117) | *A ~ abends*(3) | *A ~ Schlaf - während*(163) | *S ~ durch*(124)

Auffahren, Zusammenfahren - Schläfrigkeit, bei(13) | *A ~ Träumen, in*(4) | T~ aus einem Traum(35)

Ausdrücken; sich - kann sich nicht ausdrücken

Außer sich; ist(51) | A~ Angst; vor(14) | A~ Zorn; vor

Begreifen, Auffassungsvermögen - leicht(38)

Beißen - Löffel; beißt in den(9)

Beleidigt, leicht(79)

Beschäftigung - amel.(48)

Beschwerden durch - Ehrgeiz - enttäuscht(6) | **B~ Eifersucht**(8) | **B~ Enttäuschung**(17) | **B~ Erregung - Gefühle, der**(87) | **B~ Erwartungsspannung**(68) | *B ~ Freude, übermäßige*(13) | B~ Furcht(27) | B~ Geldverlust; durch(9) | B~ geschäftlichen Mißerfolg; durch(13) | *B ~ Hast, Eile*(10) | *B ~ Kränkung, Demütigung*(39) | *B ~ Kummer*(65) | B~ Mißerfolg - literarischer, wissenschaftlicher Mißerfolg(6) | B~ schlechte Nachrichten(34) | **B~ Schreck**(72) | *B ~ sexuell - Exzesse*(59) | *B ~ Zorn*(94) | *Z ~ Angst, mit*(30) | *Z ~ Schreck; mit*(22) | Z~ stillem Kummer; mit(27)

Bestechlich, käuflich, korrupt(5)

Betäubung(237) | *B ~ nachmittags*(7) | B~ Kopfverletzung, nach(6)

Beten(21)

GEMÜT ...

Bett - bleiben; möchte im Bett(12) | b~ morgens(7)

Bewußtlosigkeit(280) | B~ morgens(45) | B~ abends(15) | *B~ Apoplexie, bei*(15) | *B~ Entbindung, während der*(8) | *B~ Fieber, im*(50) | B~ Frost - während(15) | B~ Menses - während(13) | B~ Traum, wie ein einem - weiß nicht, wo er ist - Erwachen, beim(3) | **B~ überfüllten Zimmer; in einem mit Menschen**(12) | **B~ vorübergehend**(24) | **v~ nachmittags im warmen Zimmer**

Bewußtlosigkeit - warmen Zimmer, im(6)

Bitten(7)

Bittet - nichts; um(16)

Boshaft(99)

Chaotisch(44)

Dämmerung agg. Gemütssymptome(9)

Delirium(233) | *D~ nachts*(67) | D~ ängstlich(24) | D~ Bett - flieht und springt plötzlich aus dem Bett auf(36) | *D~ Enzephalitis, mit*(3) | D~ Fieberfrost, im(14) | D~ heftig(26) | D~ Menses - während(10) | *D~ mild*(10) | *D~ rasend*(84) | D~ Schlaf - während - komatös(8) | D~ Schlaflosigkeit - mit(45) | **D~ Schläfrigkeit, bei**(14) | *D~ schrecklich*(26) | D~ sorgenvoll(5) | D~ traurig(3) | *D~ Zittern, mit*(23)

Delirium tremens(84)

Demenz - senilis, Dementia - Gerede, mit albernem - nachts

Dunkelheit - agg.(27)

Ehebrecherisch(9)

Ehrgeiz(15)

Eifersucht(34) | E~ Betrunkenheit; bei(5) | E~ Männern, zwischen(4)

Eigensinnig, starrköpfig, dickköpfig(107)

Eitelkeit(10)

Ekstase - Fieberhitze, in der(5)

Empfindlich(192) | **E~ Fieberhitze, in der**(8) | *E~ Geräusche, gegen*(149)

GEMÜT ...

Empfindlich - Kinder(13) | *E~ moralische Eindrücke, gegen*(10) | E~ Musik, gegen(46) | *E~ Pubertät, in der*(12)

Entbindung - nach der Entbindung; Gemütssymptome(9)

Entfremdet - Familie, von seiner - Fremden, aber nicht zu seiner Familie und Umgebung; er ist freundlich zu(4)

Entmutigt(135) | E~ morgens - Bett, im | *E~ abends*(6) | E~ Angst, mit(7) | E~ Beten, mit | *E~ Erwachen, beim*(2) | E~ Geschäft; Abneigung gegen das(2) | E~ Unentschlossenheit, mit

Ernst(77)

Erotisch(39)

Erregung(287) | *E~ abends*(32) | *a~ Bett, im*(31)

Erregung - nachts(40) | E~ Freude, durch(3) | E~ Frost - während(22) | E~ Menses - während(14) | E~ schlechten Nachrichten, nach(18) | E~ Schwäche, mit(5)

Erschöpfung; geistige(217)

Erschreckt leicht(125) | E~ Weinen amel.(2)

Erzählen der Symptome - agg.(6)

Essen - weigert sich zu(26)

Exzentrizität, Überspanntheit - religiös(3)

Fanatismus(9)

Farben - orange - Abneigung gegen(4) | F~ rosa - Verlangen nach(10) | F~ wechselnde - Verlangen nach

Faulheit(269) | F~ abends(20) | F~ körperlich(23)

Fehler; macht - Orte; in bezug auf(32) | F~ Schreiben, beim(83) | S~ läßt etwas aus - Buchstaben(18)

Fehler; macht - Sprechen, beim(81) | S~ Worte - stellt Worte an die falsche Stelle(46)

Feigheit(89)

Feilschen(4)

Finanzen - Fähigkeit zum Umgang mit(3) | F~ Unfähigkeit zum Umgang mit(4)

Fliehen, versucht zu(61)

Fluchen(44)

Gemüt ...

Frivol(14)

Froh - abends - Bett, im(29) | *F~ Fieberfrost, im*(6)

Furcht(242) | F~ morgens(27) | m~ Erwachen, beim(3)

Furcht - abends(51) | **a~ Dämmerung**(8)

Furcht - nachts(58) | *F~ allein zu sein*(54) | a~ abends(6)

Furcht - allem; ständige Furcht vor(9) | F~ Anfall zu bekommen; einen(13) | *F~ Apoplexie, vor*(36) | *A~ abends*

Furcht - Arbeit; vor der(32) | F~ Armut, vor(20) | F~ beleidigt zu werden | F~ Beruf zu verlieren; seinen lukrativen(8) | *F~ Diarrhoe - Furcht, mit*(4) | *F~ Dunkelheit, vor der*(40) | F~ Eisenbahn zu fahren; mit der(3) | **F~ engen Räumen; in**(33) | *e~ Gewölben, Kirchen und Kellern; Furcht vor*(10)

Furcht - Ersticken, vor dem - nachts(14) | *F~ Erwachen, beim*(54) | F~ Essen - vor dem(6) | F~ fliehen; mit Verlangen zu(9) | F~ Frauen; vor(2) | F~ gedemütigt zu werden(2) | **F~ Geisteskrankheit**(74) | F~ Gerede der Leute zu kommen; ins(2) | *F~ Gespenstern, vor*(32) | *G~ abends*(4) | *G~ nachts*(10)

Furcht - Herzklopfen, mit(11) | F~ hochgelegenen Orten; vor(24) | *F~ Hunden, vor*(22) | F~ Insekten, vor(10) | *F~ Katastrophe; vor einer*(8) | *F~ Krankheit, vor drohender*(66) | K~ unheilbar zu sein(42)

Furcht - lebenslang(10) | *F~ Männern, vor*(30) | F~ Meinung anderer; vor der(2) | *F~ Menschen, vor*(81) | *F~ Menschenmenge; in einer*(58) | F~ offenen Plätzen; Furcht vor(17) | *F~ Tod; vor dem*(143) | F~ Überqueren - Brücke oder eines Platzes; einer(5) | F~ überwältigend(19) | *F~ Unglück, vor*(93) | F~ Unheil; Furcht vor(115) | F~ unternehmen - irgendetwas zu unternehmen(9) | F~ vernachlässigt zu werden(2) | F~ voller Furcht(12) | F~ zittrig(36)

Gemüt ...

Gedächtnis - gut, aktiv(91) | *G~ Gedächtnisschwäche*(284) | G~ auszudrücken, sich(41) | G~ Eigennamen; für(44) | G~ geistige Anstrengungen; für - Ermüdung, durch(11) | G~ Schmerz; durch(10) | G~ Schreck; durch(10) | G~ Verse zu lernen(3) | **G~ Worte, für**(61)

Gedächtnis - Gedächtnisverlust - Furcht, durch(10)

Gedanken - Gedankenandrang, einstürmende Gedanken, Gedankenfluß(78) | *G~ abends*(5) | *a~ Bett, im*(17)

Gedanken - Gedankenandrang, einstürmende Gedanken, Gedankenfluß - nachts(31) | *G~ Schlaflosigkeit, durch*(23)

Gedanken - hartnäckig(83) | **h~ nachts**(8) | **h~ Musik - nachts** | h~ Wünsche, an(3)

Gedanken - Kontrolle über die Gedanken ist verloren(4) | *G~ überlegt*(54) | *G~ Vergehen, Schwinden der Gedanken*(76) | *G~ wandernd*(72)

Gedanken versunken, in(90)

Gefallsüchtig, kokett - nicht genug(5) | G~ sehr, zu(6)

Gehen - Freien, im - amel. Gemütssymptome(10)

Geisteskrankheit, Wahnsinn(153) | G~ Alkoholikern; bei(22) | G~ düstere Geisteskrankheit mit Verzweiflung und Lebensüberdruß - Furcht vor Kränkung oder Verlust der Stellung; durch(7) | *G~ erotisch*(31) | *G~ Frauen; bei*(9) | *G~ Kränkung - durch*(6) | K~ Furcht vor Kränkung; aus(7)

Geisteskrankheit, Wahnsinn - Lebensüberdruß; mit(7) | *G~ Melancholie*(17) | *G~ Menopause, in der*(11) | G~ Menses - während(7) | *M~ unterdrückten, mit*(3)

Geisteskrankheit, Wahnsinn - reisen; mit Verlangen zu(9) | *G~ religiös*(19) | G~ Ruhelosigkeit, mit(14) | G~ Stellung zu verlieren; aus Furcht die(7) | G~ Vermögen - Gewinn eines Vermögens; nach(5) | G~ Verzweiflung; mit(7) | *G~ Wochenbett, im*(35)

GEMÜT ...

Geistige Anstrengung - agg.(141) | *G~ Abneigung gegen*(150)

Geiz(34)

Gemütssymptome(26)

Geschäft - Abneigung gegen(45)

Gesellschaft - Abneigung gegen(156) | *A~ Fieberhitze, in der*(3) | A~ Schweiß, beim(6)

Gesellschaft - Verlangen nach(83) | V~ abends(8)

Gespräche - agg.(45)

Gesten, Gebärden; macht(22) | G~ Hände; unwillkürliche Bewegungen der(23) | H~ Falten der Hände | H~ ringt die Hände(14)

Gesten, Gebärden; macht - Sprechen - beim Sprechen; gestikuliert - Kopf; mit dem(3) | G~ stampft mit den Füßen(17)

Gesund - sagt, er sei gesund - krank ist; wenn er sehr(17)

Getragen - Verlangen getragen zu werden(31) | *V~ langsam* | V~ und liebkost zu werden(3)

Gewissenhaft, peinlich genau in bezug auf Kleinigkeiten(58)

Gier, Habsucht(19)

Gleichgültigkeit, Apathie(251) | *G~ allem; gegenüber*(71) | G~ Fieberfrost, im(10) | *G~ Fieber, im*(16) | G~ Freude, gegen - und Leid(7) | *G~ freudlos*(11) | *G~ geschäftliche Angelegenheiten; gegen*(18) | G~ Geschlecht; gegen das andere(3) | G~ Traurigkeit; mit(3) | *G~ Vergnügen, gegen*(46)

Grunzen(5)

Haß(28) | *H~ Frauen, auf*(2)

Hast, Eile(112) | H~ Beschäftigung, bei(15)

Heikel, pingelig(34)

Heimweh(52)

Heirat - unerträglich; der Gedanke an Heirat scheint(6)

Heuchelei(11)

Hinterhältig, hinterlistig, falsch, verschlagen(32)

Hochgelegene Orte - agg.(7)

GEMÜT ...

Hochmütig, arrogant(53) | H~ verletzter Eitelkeit; möchte, daß man ihm schmeichelt(2)

Homosexualität(13)

Hypochondrie(116) | H~ abends(5) | **H~ mürrisch**(9) | *H~ Weinen, mit*(8)

Hysterie(194) | H~ Menses - vor(16) | M~ während(27) | M~ nach(3)

Hysterie - Ohnmacht, hysterische(22) | **H~ wechselnden Symptomen, mit**

Ideen, Einfälle - Reichtum an, Klarheit des Geistes(125) | *R~ abends*(17) | *a~ Bett, im*(14)

Ideen, Einfälle - Reichtum an, Klarheit des Geistes - nachts(26)

Imbezillität(140)

Indiskretion, Taktlosigkeit(30)

Jammern(93) | J~ ängstlich(2) | J~ Fieber, im(2) | **J~ Hitze des ganzen Körpers außer den Händen; mit** | *J~ Traurigkeit, bei*

Kauzig, eigen(7)

Kindisches Benehmen(52)

Klagen(64)

Kleptomanie(27)

Konzentration - schwierig(261)

Küßt - Kinder; liebkost und küßt

Kummer(76) | K~ morgens(4) | *K~ Geschäfte denkt; wenn er am Morgen an seine* | *K~ still*(23) | **s~ Demut, mit**

Kurz angebunden, barsch(14) | **K~ herzlich; rauh aber**(4)

Lachen(102) | *L~ abwechselnd mit - Weinen*(43) | L~ Essen - nach | *L~ leicht*(4) | L~ unwillkürlich(23) | **L~ Weinen - jeder Gelegenheit; Lachen oder Weinen bei**(5)

Läuft umher - Straßen; nachts in den

Langsamkeit(68)

Lästig, geht auf die Nerven(79) | L~ abends(3)

Lasziv, lüstern(77)

Launenhaftigkeit, launisch(108) | *L~ weist Dinge zurück, die er haben wollte, sobald er sie bekommt*(13)

Lebensüberdruß(82) | *L~ Kränkung, nach*

GEMÜT ...

Leichtgläubig(4)

Lesen - Abneigung gegen Lesen(25) | *L ~ Verlangen - medizinische Bücher zu lesen*(5)

Liebevoll, voller Zuneigung, herzlich(37) | *L ~ küßt und liebkost die Kinder*

Lügner(22)

Lustig, fröhlich(123)

Manie(149) | *M ~ Menses - unterdrückten, nach*

Männer - Scheu vor(19)

Menopause agg.(18)

Menschenfeindlichkeit, Misanthropie(45)

Milde(80)

Mitgefühl, Mitleid(34)

Monomanie(16)

Morphiumsucht(31)

Mürrisch(290) | M ~ morgens - Bett, im(16) | M ~ nachmittags(30) | M ~ abends(31) | a ~ amel.(2)

Mürrisch - Essen, nach dem(21) | M ~ Fieberfrost, im(13) | M ~ Gehen im Freien, nach | **M ~ Hypochondrie, bei**(3) | *M ~ Kindern, bei*(14)

Musik - agg.(40)

Mutig(26)

Mutwillig, boshaft(24)

Nachgiebigkeit(21)

Nackt sein, möchte - Schlaf, im(4)

Neid(22) | N ~ Eigenschaften anderer; auf(6) | *N ~ Habgier, und*(12) | N ~ Haß, und(7)

Neugierig(12)

Nymphomanie(67)

Optimistisch(17)

Pedant(3)

Phantasien - Erwachen, beim(9) | P ~ lebhaft(31) | l ~ Mitternacht, nach

Phantasien - übertrieben(114) | *ü ~ abends - Bett, im*(28)

Phantasien - übertrieben - nachts(40) | ü ~ Fieberhitze, in der(5)

Phantasien - übertrieben - Schlaflosigkeit, mit(41)

Prahler, Aufschneider - verschwenderisch aus Prahlerei(4)

GEMÜT ...

Qualvolle Angst(121) | Q ~ tagsüber(8) | Q ~ morgens(6) | Q ~ nachts(9) | *Q ~ Freien, im - amel.*(2) | *Q ~ Herzklopfen, mit*(6) | *Q ~ zittrige qualvolle Angst, durch Ruhe agg., durch Bewegung amel.*

Raserei, Tobsucht, Wut(95) | R ~ abends(16) | R ~ nachts(15) | *R ~ anfallsweise*(11) | R ~ Kopfschmerzen, mit(10)

Rebelliert gegen Umschläge(17)

Redseligkeit; Geschwätzigkeit - nachts(4)

Reizbarkeit(408) | R ~ tagsüber(32) | *R ~ morgens - Erwachen, beim*(43) | *R ~ abends*(60) | R ~ Erwachen, beim(56) | *R ~ Essen - nach*(26) | *R ~ Fieberfrost, im*(57) | R ~ Freien, im(12) | R ~ gefragt wird; wenn er(12) | R ~ Hitze - während(31) | R ~ Kindern, bei(29) | R ~ Menses - vor(17) | M ~ während(42)

Reizbarkeit - nimmt alles übel, sieht alles von der schlechten Seite(7) | R ~ schweigsam(5) | R ~ Traurigkeit, mit(20) | *R ~ warmen Zimmer, im*(4)

Religiös - engstirnig, borniert; in religiösen Fragen(3) | R ~ Fanatismus, religiöser(6) | *R ~ Gemütsstörungen, religiöse*(63) | R ~ Melancholie(21)

Respekt, Ehrfurcht vor seiner Umgebung(9)

Reue(63) | *R ~ abends* | R ~ nachts | R ~ Erwachen, beim

Ruhelosigkeit(420) | R ~ morgens - Aufstehen, nach dem | **R ~ nachts**(249) | *R ~ ängstlich*(111) | *R ~ Bett - Herumwerfen im*(123) | **B ~ im**(15) | B ~ treibt aus dem(39)

Ruhelosigkeit - Bewegung - amel.(4) | **R ~ Gehen, beim - Freien, im - amel.**(5) | *R ~ Gewissens, des*(4) | **R ~ Hitze - während**(66) | H ~ nach(3)

Ruhelosigkeit - Menses - vor(16) | *M ~ während*(40)

Ruhelosigkeit - Schmerzen, durch(19) | R ~ treibt umher(41) | *R ~ warm - Bett*(7)

Scharlatan(5)

Schaukeln - amel.(13)

GEMÜT ...

Schlafwandeln(56)

Schmeicheln - Verlangen, daß man ihm schmeichelt - gibt alles, wenn man ihm schmeichelt(3)

Schmeichlerisch(10)

Schreckliches und traurige Geschichten greifen sie stark an(32)

Schreien(133) | S~ Kindern, bei(38) | **K~ Schlaf, im**(13)

Schreien - Schlaf, im(80) | S~ Schmerzen, bei den(25) | S~ Wahnideen - durch(5) | S~ Zorn, bei(7)

SCHÜCHTERNHEIT, ZAGHAFTIGKEIT(113) | **S~ schamhaft**(58) | s~ ungeschickt, und(9)

Schwangerschaft; Gemütsbeschwerden während der(17)

Schweigsam(209) | *S~ Fieberhitze; in der*(11) | *S~ Traurigkeit; bei*(12)

Selbstbetrachtung(58)

Selbstlosigkeit(4)

Selbstsucht, Egoismus(32)

Selbstvertrauen - Mangel an Selbstvertrauen(86)

Sentimental, schwärmerisch, rührselig(64)

Seufzen(98) | S~ Erwachen, beim | S~ Fieberhitze, in der(17) | S~ Schlaf, im(10)

Sinne - abgestumpft, stumpf(107) | *S~ Vergehen, Schwinden der*(51)

Sinnlichkeit(24)

Sitzen - Neigung zu sitzen(110) | N~ aufrecht(5) | N~ steif; ziemlich(7) | **N~ unbeweglich, still**(42) | *N~ versunken und nichts wahrnehmend; wie in tiefen, traurigen Gedanken*(11)

Sonderbar, fremd, merkwürdig - Sonderling(11)

Sorgen, voller(50) | *S~ morgens*(2) | S~ andere, um(14) | *S~ Geschäfte, um seine*(8) | *S~ häusliche Angelegenheiten, um*(3)

Sorgsamkeit, Sorgfalt(12)

Spaßen - Abneigung gegen(22) | S~ schalkhaft | S~ Spaß; verträgt keinen(12)

Spät - zu spät; ist immer(4)

GEMÜT ...

Spielen - Spielleidenschaft - Geld zu verdienen; um(10)

Spioniert alles aus(5)

Spontan, impulsiv(33)

Sprache - zögernd(22)

Sprechen - Schlaf, im(93) | *S~ schweift von einem Thema zum anderen*(47)

Springen - Bett; aus dem(41) | *B~ Manie, bei*(2)

Starren, gedankenloses(14)

Stilles Wesen(49) | S~ gefalteten Händen, mit | S~ Hypochondrie, bei(2)

Stimmung, Laune - abweisend, zurückweisend(40) | **S~ veränderlich**(158) | *S~ wechselnd, wechselhaft*(80)

Stöhnen(119) | **S~ Hitze; während der**(16) | S~ Kindern, bei - getragen, wenn | *S~ Schlaf, im*(62) | S~ Stuhlgang, vor

Streitsüchtig(136)

Stumpfheit(332) | S~ morgens(54) | m~ Erwachen, beim(26)

Stumpfheit - nachmittags(29) | S~ abends(29) | a~ amel.(6)

Stumpfheit - Erwachen, beim(41) | S~ feuchte Luft - durch(10) | S~ geistige Anstrengung, durch(27) | *S~ Hitze - während*(14) | *S~ warmes Zimmer; beim Eintritt in ein*(2)

Stupor(138) | S~ morgens(36)

Suizidneigung; Neigung zum Selbstmord(98) | S~ Angst, aus(3) | S~ Erschießen, durch(17) | *S~ Ertränken, durch*(19) | S~ Fieberhitze, in der(6) | *S~ Gedanken an Selbstmord*(33) | S~ Gift, durch(6)

Tadelsüchtig, krittelig(80)

Tadelt - sich selbst(36)

Theoretisieren(20)

Tiere - liebt Tiere, Tierliebe(9)

Tod - Agonie vor dem Tod(15) | *T~ Gedanken an den Tod*(54) | T~ Vorahnung des Todes(62) | T~ wünscht sich den Tod, möchte sterben(72)

Torpor(26)

Traum; wie in einem(69)

GEMÜT ...

Traurigkeit(477) | *T~ morgens*(71) | **T~ abends**(76) | T~ Alkoholikern; bei(6) | *T~ Ärger, nach*(4) | T~ Betrunkenheit; bei(3) | *T~ Essen - nach*(25) | T~ Fieberhitze, in der(55) | **T~ Freien, im - amel.**(10) | *T~ Frost - während*(37) | *T~ Gehen - Freien, im - amel.*(4) | *T~ Geschäft; beim Denken an das*(3) | *T~ Kränkung, nach*(2) | T~ Menopause, in der(25) | **T~ Menses - vor**(34)

Traurigkeit - Menses - während(35) | M~ unterdrückt(20)

Traurigkeit - Nasenbluten, nach | T~ periodisch(10) | *T~ Pollutionen, durch*(23) | *T~ Schicksalsschläge, durch*(16) | T~ schlechten Nachrichten, nach(2) | *T~ schweigsam*(12) | T~ Schweiß, beim(29) | T~ still(7) | T~ Unglück; wie durch ein(10) | T~ Verletzungen - Kopfes, des(7) | **T~ warmen Zimmer, im**(6) | T~ Wehen; bei den(9) | *T~ Wochenbett; im*(10) | T~ Zorn - nach(10) | *Z~ durch Zorn*(7)

TROST - AMEL.(12)

Übereilt, vorschnell, unüberlegt(6)

Umherstreifen, Streunen - besinnungslos, geisteskrank(11)

Unbarmherzig(14)

Unbesonnen(82)

Undankbar - Geiz, aus(4)

Unehrlich(7)

Unentschlossenheit(146) | *U~ abends*(4) | U~ Faulheit; mit(2)

Ungeduld(131) | *U~ Fieberhitze, mit*(10)

Ungeschicklichkeit - Arbeit, bei der(4)

Unterwürfig, servil(5)

Untröstlich(30)

Unzüchtig, obszön(34)

Unzufrieden(168) | U~ morgens(5) | *U~ abends*(8) | a~ amel.(2)

Unzufrieden - allem; mit(66) | *U~ sich selbst, mit*(36)

Verächtlich(35)

Verbittert, verärgert(9)

Vergessen - etwas vergessen; hat ständig das Gefühl, als habe er(5)

GEMÜT ...

Vergeßlich(187) | V~ Alkoholikern; Vergeßlichkeit bei(7) | V~ geistige Anstrengung, durch(10) | V~ Worte beim Sprechen; vergißt(52)

Verlangen, Wunsch nach - voller Verlangen(11) | *v~ unbestimmt*(7) | v~ Vorhandenem; nach nicht(4)

Verlassen zu sein; Gefühl(56) | *V~ abends*(3)

Verschwenderisch - Prahlerei, aus(4)

Verstecken - sich(18)

Verwegenheit(26)

Verweilt - vergangenen unangenehmen Ereignissen; bei(46)

Verwirrung, geistige(321) | V~ morgens - Erwachen, beim(50) | V~ abends(78) | V~ nachts - Erwachen, beim(13) | V~ berauscht - wie nach einem Rausch(35) | V~ beschreibt die Beschwerden nicht richtig | *V~ Bewegung, durch*(16) | *V~ Erwachen, beim*(71) | **V~ Essen - nach**(52) | V~ Fieberhitze, in der(26) | **V~ Gehen - Freien, im - amel.**(11) | *V~ geistige Anstrengung - durch*(50) | V~ Identität; in bezug auf seine - Dualität; Gefühl der(37) | V~ Sitzen, im(33) | V~ verläuft sich in bekannten Straßen(12) | **V~ warmen Zimmer, im**(11) | V~ weiß nicht, wo er ist - Erwachen, beim(3)

Verzweiflung(137) | V~ Fieberhitze, in der(21) | V~ gesellschaftliche Stellung; in bezug auf die(8) | **V~ religiöse Verzweiflung am Seelenheil**(30)

Vorsichtig(17) | V~ ängstlich(7)

Wahnideen(191) | *W~ nachts*(36) | W~ allein zu sein - gehören; sie würde zu niemandem | a~ immer allein; sie sei(2) | *a~ Welt; allein auf der*(7)

Wahnideen - anerkannt, geschätzt; sie würde nicht(5) | *W~ ängstlich*(10) | W~ Atmosphäre, Luft - heißer Atmosphäre befinden; er würde sich in | A~ warme Atmosphäre eintreten; er würde beim Essen in eine

Gemüt ...

Wahnideen - Aufstehen - könne nicht aufstehen; er - bücken würde; er könne sich nicht wieder aufrichten, wenn er sich(3) | *W ~ Augen - großen Augen, von*(3) | W ~ ausreißen wollen; ein kleiner grauer Mann würde ihr das Bein | W ~ berauscht - sei, er(59) | W ~ beschimpft worden; er sei(16) | W ~ Bett - drehen, würde sich - herumdrehen(4) | *B ~ jemand - im Bett; als sei jemand - mit ihm*(13) | *B ~ nackter Mann sei zusammen mit Ihr in die Bettdecken gewickelt*

Wahnideen - Bienen, sieht | W ~ Bilder, Phantome; sieht(76) | B ~ nachts(40) | B ~ Dunkelheit, in der(6) | B ~ Schließen der Augen; beim(16) | B ~ schreckliche(60) | B ~ schwarz(9)

Wahnideen - doppelt - sein, doppelt zu(30) | W ~ drehen - sie - sei gedreht worden - Kreis, im(2) | W ~ Existenz - Umgebung würde nicht existieren(3) | W ~ Fallen - blickt - oben blickt; fällt, wenn er nach | F ~ er würde(29) | F ~ Tanzen fallen; er werde beim | F ~ vorne, nach - Bücken, beim(2)

Wahnideen - Feuer - Visionen von(34) | F ~ Welt steht in Flammen; die(3) | W ~ nachts

Wahnideen - Frauen - böse und wollen seiner Seele Schaden zufügen; Frauen seien | *W ~ Fremde - sieht, er*(8) | *F ~ umgeben von*(4)

Wahnideen - Gedächtnis versagen; als würde das | W ~ Geruchssinns, des(17) | W ~ Gespenster, Geister, Gestalten - schwarze Gestalten wenn er träumt(3) | G ~ sieht(55)

Wahnideen - gesund, er sei(12) | W ~ geteilt - zwei Teile; in(10) | W ~ Hause, zu - weg von zu Hause; er sei(23) | W ~ Hören - Einbildung; etwas zu hören(44) | W ~ Hunde - schwarze(2) | H ~ sieht(18)

Wahnideen - Insekten, sieht(14) | W ~ Katzen - sieht(11) | s ~ schwarze(2)

Gemüt ...

Wahnideen - klein - Dinge - erscheinen klein; Dinge(10) | W ~ Kopf - schwer; sein Kopf scheint zu(3) | *W ~ Kränkung, Demütigung - nach*(4) | W ~ lebhaft(26) | W ~ Mann - kleiner grauer Mann, der ihr das Bein ausreißen will | *M ~ nackter Mann im Bett*

Wahnideen - Menschen - Geräusche, machen | *M ~ sieht*(29)

Wahnideen - Musik - glaubt Musik zu hören(13) | M ~ hört Musik - entzückende(3)

Wahnideen - Phantasiegebilde, Illusionen(115) | P ~ Einschlafen; beim

Wahnideen - religiös(17) | W ~ ruiniert - werde ruiniert werden; er | *W ~ Säugling sieht abscheulich aus* | W ~ schreiten - Stufen so leicht wie eine einzige nehmen; sie könne zehn | W ~ Schwangerschaft, in der | *W ~ schwanger, sie sei*(14) | W ~ schwarz - Gegenstände und Menschen; sieht(4) | W ~ selbst; sie sei nicht sie | W ~ sonderbar, merkwürdig - Vertrautes scheint fremd(38) | W ~ sterben - gleich sterben; glaubt, er würde(57) | W ~ Tanzen - er würde tanzen(2) | *W ~ Teufel - geholt werden; er werde vom Teufel*(3) | *T ~ sieht*(19)

Wahnideen - Tiere(42) | W ~ Unrecht - begangen; er habe Unrecht(26) | W ~ Verbrechen - begangen; er habe ein Verbrechen(29) | W ~ Verbrechern, von(24) | W ~ verdammt; er sei(23) | *W ~ verfolgt - Feinden, von*(30) | W ~ vergrößert(42) | W ~ verlassen ; er sei(21) | W ~ vernachlässigt - er würde vernachlässigt(6) | v ~ Pflichten vernachlässigt; er habe seine(10)

Wahnideen - verspielt; er habe durch eigenes Verschulden seine Gnadenfrist(9) | *W ~ Visionen, hat*(76) | V ~ abends(9) | *V ~ schlägt nach ihnen und hält das Kruzifix hoch* | *V ~ Schließen der Augen; beim*(29) | *V ~ schrecklich*(27) | s ~ Dunkelheit, in der(6)

GEMÜT ...

Wahnideen - wach - Nacht wach gewesen; er sei die ganze | W ~ Weinbrand, Brandy getrunken; er habe | W ~ Wolken - schwarze Wolke würde sie einhüllen; eine schwere(4)

Weibisch(5)

Weinen(244) | *W ~ amel.*(24) | W ~ agg.(18) | W ~ morgens(22) | W ~ nachmittags - 16 h | *W ~ nachts*(81) | W ~ Ärger, durch(23) | W ~ anblickt; wenn man ihn(5) | W ~ Angst, nach(23) | **W ~ Beantworten einer Frage, beim** | W ~ Erwachen, beim(36) | **W ~ erzählt - Krankheit erzählt; wenn sie von ihrer**(10) | W ~ Essen - nach(5) | **W ~ Fieberfrost - im**(25) | **W ~ Fieberhitze, in der**(25) | **W ~ Freien, im - amel.**(4) | **W ~ Freudigem oder Traurigem; bei** | *W ~ Gehen im Freien, beim - amel.*(2) | *W ~ gestört wird; wenn er bei der Arbeit* | **W ~ grundlos**(30) | *W ~ Kindern; bei*(22) | W ~ Kleinigkeiten, über(23) | **K ~ lacht oder weint bei jeder Gelegenheit**(4)

Weinen - Kränkung, nach(4) | **W ~ leicht**(16) | *W ~ Menses - vor*(9) | *M ~ während*(27)

Weinen - Schlaf, im(88) | W ~ Schluchzen; Weinen mit(34) | W ~ Schmerzen - während den Schmerzen(23) | **W ~ Schnupfen, beim**(2) | W ~ Schwangerschaft, in der(8) | *W ~ Schweiß, beim*(25) | **W ~ Stillen, beim**(2) | W ~ Stuhlgang - vor(3) | *W ~ Trost - amel.* | *W ~ unterbrochen wird; wenn er* | **W ~ unwillkürlich**(35) | *W ~ Verlangen zu weinen - immer; die ganze Zeit*(16) | W ~ Zorn - nach(19)

Widerspenstig(66)

Widersprüchlich - Handlungen stehen im Widerspruch zu den Absichten(5)

Widerspruch - verträgt keinen Widerspruch(73)

Widerwillen(39) | *W ~ allem, vor*(22)

Wille - Willensschwäche(58)

Wucherer(3)

GEMÜT ...

Zerstreut(166)

Zorn(243) | Z ~ antworten muß; wenn er(7) | Z ~ Gesicht - rot - Gesicht; mit rotem(10) | Z ~ Gespräche, durch(2) | Z ~ Schweigsamkeit; mit(8)

Zügellosigkeit, sexuelle Ausschweifung(32)

Zurückhaltend, reserviert(64)

Zweifelt - Genesung; an der(31) | **Z ~ Seelenheil, am**(18)

TRÄUME

Alpträume, Alpdrücken(144)

Angenehm(136)

Ängstlich(239) | Ä ~ morgens(7) | *Ä ~ Kränkung, nach* | *Ä ~ Liegen auf der linken Seite; beim*(5)

Anstrengung - geistige(51) | A ~ körperliche(20)

Aufruhr(12)

Beeindruckend(11)

Bienen

Dinge - fixiert, Träume sind auf denselben Inhalt(6)

Ekelhaft(32)

Ereignisse - zurückliegende, kurz - Vortag, vom(41)

Erotisch(196) | E ~ abends(3) | *E ~ Pollutionen, mit*(96)

Erschöpfend(45)

Fallen, zu stürzen; zu(60)

Fortsetzung - Gedanken, vorheriger(5) | F ~ Träumen, von - Erwachen, nach dem(22)

Gebissen zu werden - Tieren, von(14)

Gefahr(40)

Geld(8) | G ~ Gold, aus(2)

Geschäft(40) | *G ~ Tage, vom*(39)

Gespenster(38)

Gestalten - schwarze(3)

Hartnäckig(29)

Hervorragende geistige Arbeit zu leisten(15)

Hunde(20) | H ~ erschreckt von einem schwarzen Hund | H ~ schwarze(2)

Kämpfe(54)

Katzen(12)

Träume ...
Lange Zeit(13)
Lebhaft(193) | *L ~ nachts - Mitternacht - nach*(5)
Männer(3) | *M ~ nackte*(3)
Menschen(14)
Mord(53)
Nachdenken, mit(15)
Phantastisch(55)
Schrecklich(237)
Streitigkeiten(69)
Tiere(25) | *T ~ schwarze*(2)
Traurig(46)
Unfälle(29)
Unglück(64)
Unwichtig(46)
Unzusammenhängend, zusammenhanglos(24)
Verdrießlich(122)
Verworren(122)
Viele(260)
Wecken den Patienten(118)
Zorn(58)

– Pyrarara –
pyrar.

Gemüt
Gesund - sagt, er sei gesund - krank ist, wenn er sehr(17)

– Pyrethrum parthenium –
pyre-p.

Gemüt
Betäubung(237)
Delirium(233)
Erregung(287)
Redseligkeit; Geschwätzigkeit(136)
Ruhelosigkeit(420)

– Pyrogenium –
pyrog.

Gemüt
Angst(362)
Beschwerden durch - geistige Anstrengung(59)

Gemüt ...
Delirium(233) | D ~ Schließen der Augen; beim(9) | *D ~ Sepsis, durch*(13)
Denken - schneller als je zuvor - Fieber, im
Empfindlich(192)
Erregung(287)
Erschöpfung; geistige(217)
Furcht(242)
Gedanken - schnell - Fieber, im(2)
Gesten, Gebärden; macht - einem Arm, einem Bein oder dem Kopf; mit(7)
Phantasien - übertrieben(114)
Redseligkeit; Geschwätzigkeit(136) | R ~ Fieber; im(11)
Reizbarkeit(408)
Ruhelosigkeit(420) | R ~ ängstlich(111) | R ~ Bett - Herumwerfen im(123)
Schaukeln - amel.(13)
Sinne - abgestumpft, stumpf(107) | S ~ scharf(52)
Sprache - flüsternd - Schlaf; im | f ~ selbst; flüstert zu
Sprache - hastig - Fieber; im
Sprechen - sich selbst ; mit(31)
Traurigkeit(477)
Verwirrung, geistige(321) | *V ~ Identität; in bezug auf seine - Dualität; Gefühl der*(37)
Wahnideen(191) | W ~ Arme - viele Arme; sie glaubt, sie habe zu - Beine, und | W ~ Beine - viele, zu - Arme; und zu viele | W ~ Bett - bedecken; sie würde das ganze Bett | B ~ Körper würde das ganze Bett anfüllen, besetzen; der
Wahnideen - doppelt - sein, doppelt zu - Fieber würde in beiden gleichermaßen auftreten; und | s ~ Liegen auf einer Seite; beim - eine Person; sei sie - andere Person, wenn sie auf der anderen Seite liegt; und
Wahnideen - groß - er selbst scheint zu groß(4) | W ~ Identität - Fehleinschätzung in bezug auf die eigene(18) | I ~ jemand anderer; sie sei(10)

Gemüt ...

Wahnideen - Körper - bedeckt - Bett bedecken; würde das ganze | K~ verstreut; der Körper sei - wirft sich umher, um die Teile zusammenzubekommen; er(6) | K~ Zustand seines Körpers; in bezug auf den(3)

Wahnideen - Kopf - Kissen, weiß aber nicht, wo der übrige Körper ist; der Kopf war auf dem | W~ Person - andere Person; sie sei eine - existieren; sie würde in einer anderen | W~ Phantasiegebilde, Illusionen(115) | *W~ Reichtum, von*(12) | *W~ umringt von Armen und Beinen*(2) | W~ zerbrechen - sie würde zerbrechen - liegen würde; falls sie lange in einer Position

Weinen - grundlos(30) | g~ ohne zu wissen warum(6)

Widerwillen - Körper; vor dem eigenen - Geruch des eigenen Körpers; vor dem

Träume

Ängstlich(239)

Geschäft(40)

Lebhaft(193)

Schrecklich(237)

– *Pyrus americana* –

pyrus

Gemüt

Albernes Benehmen(65)

Bewußtlosigkeit(280)

Entmutigt(135)

Entschlossenheit, düstere

Furcht - geschehen; etwas werde(82) | g~ Grauenhaftes, Furchtbares werde geschehen; etwas(9)

Gesten, Gebärden; macht - konvulsivisch(24)

Hellsehen(28)

Hysterie(194)

Lesen - Abneigung gegen Lesen(25)

Ruhelosigkeit(420)

Selbstsucht, Egoismus(32)

Stöhnen(119)

Gemüt ...

Stupor(138)

Traurigkeit(477)

Verwirrung, geistige - Identität; in bezug auf seine(21)

Wahnideen - Identität - Fehleinschätzung in bezug auf die eigene(18) | W~ Körper - außerhalb des Körpers - herumgehen und auf ihn herabblicken; er könne den Körper verlassen und | a~ hineinblicken; und er könne in sich

Wahnideen - Konvulsionen bekommen; als würde er gleich(2) | W~ sterben - gleich sterben; glaubt, er würde(57) | W~ umringt von Armen und Beinen(2)

Weinen(244)

– *Quassia amara* –

quas.

Gemüt

Alkoholismus(135)

Angst - nachts - amel. | n ~ Mitternacht - nach(22)

Angst - Lesen, beim - verhindert | A ~ Schlaf - Einschlafen, beim(13)

Unbehagen(44)

Zerstreut(166)

– *Quercus e glandibus* –

querc.

Gemüt

Alkoholismus(135)

Wahnideen - betrunken - sei betrunken, er(23)

– Radium bromatum –

rad-br.

GEMÜT

Furcht - allein zu sein - Dunkelheit; in der(3)
Gleichgültigkeit, Apathie(251)
Wahnideen - Körper - zerbrechlich; er sei(7)

TRÄUME

Beschäftigt zu sein; sehr(29)

– Radium metallicum –

rad-met.

GEMÜT

Furcht - Gespenstern, vor(32)
Gesellschaft - Verlangen nach(83)
Mürrisch(290)
Reizbarkeit(408)
Ruhelosigkeit(420)
Spaßen - abwechselnd mit - Gesellschaft; Abneigung gegen(2)
Spotten - Sarkasmus, beißender Spott - Gesellschaft; mit Abneigung gegen(2)
Traurigkeit(477)

TRÄUME

Ereignisse - zukünftige(11)
Hellsichtig(12)
Lebhaft(193)
Prophetisch(11)
Wahr - werden wahr(4)

– Rajania subsamarata –

raja-s.

GEMÜT

Antworten - unzusammenhängend(13)
Beschimpfen, beleidigen, schmähen(67)
Delirium - brummt(44)
Exzentrizität, Überspanntheit(54)
Gesten, Gebärden; macht - Hände; unwillkürliche Bewegungen der - Greifen(41)

GEMÜT ...

Gleichgültigkeit, Apathie - Umgebung, gegen die(16)
Lasziv, lüstern(77)
Raserei, Tobsucht, Wut(95)
Religiös - Lieder
Seufzen(98)
Sprache - unzusammenhängend(65)
Stumpfheit(332)
Unzüchtig, obszön - Lieder(7)
Verwirrung, geistige - Fieberhitze, in der(26)
Weinen(244)

– Ranunculus acris –

ran-a.

GEMÜT

Angst(362)
Ruhelosigkeit(420)

– Ranunculus bulbosus –

ran-b.

GEMÜT

Abscheu - Arbeit, vor der(21)
Alkoholismus(135)
Angst(362) | A~ vormittags(15) | A~ abends(87) | A~ nachts(119) | A~ Essen - vor(2) | E~ beim(7) | E~ nach(39)
Angst - Zukunft(108)
Beleidigt, leicht(79)
Beschimpfen, beleidigen, schmähen(67) | B~ vormittags
Beschwerden durch - Schreck(72) | B~ Zorn(94)
Betäubung(237) | B~ Schwindel - während(37) | B~ weiß nicht, wo er ist(3)
Bewußtlosigkeit(280) | B~ morgens(45) | B~ Traum, wie ein einem - weiß nicht, wo er ist(9)
Boshaft(99)
Delirium(233) | D~ Blick auf einen Punkt fixiert(10)
Delirium tremens(84) | *D~ Redseligkeit, mit*(2)
Denken - Beschwerden - agg.; Denken an seine Beschwerden(71)

Gemüt ...

Empfindlich(192) | E~ abends(6) | E~ Mangel an Empfindlichkeit(20)
Entmutigt(135)
Erregung(287) | E~ abends - Bett, im(31)
Erschöpfung; geistige(217)
Faulheit(269) | F~ tagsüber(4) | F~ morgens(51)
Feigheit(89)
Fliehen, versucht zu(61)
Froh - abends - Bett, im(29)
Furcht(242) | F~ abends(51) | F~ allein zu sein(54) | a~ abends(6)
Furcht - Arbeit; vor der(32) | F~ Einsamkeit, vor(15) | F~ Gespenstern, vor(32) | G~ abends(4) | G~ nachts(10)
Furcht - zittrig(36)
Gedanken - überlegt(54) | G~ Vergehen, Schwinden der Gedanken(76) | V~ geistige Anstrengung; durch(13)
Gedanken versunken, in(90)
Geistesabwesend(71)
Geistige Anstrengung - agg.(141)
Gesellschaft - Verlangen nach(83) | V~ abends(8) | V~ allein; agg. wenn(48) | V~ amel. in Gesellschaft(18)
Gleichgültigkeit, Apathie(251)
Heftig, vehement(100)
Ideen, Einfälle - Mangel an(102)
Imbezillität(140)
Jammern(93)
Konzentration - schwierig(261) | s~ Versuch sich zu konzentrieren; beim - Leere; hat ein Gefühl der(11)
Lachen - sardonisch(26)
Lästig, geht auf die Nerven(79)
Launenhaftigkeit, launisch - tagsüber(2) | L~ abends(9)
Meditieren, Nachdenken(47)
Mürrisch(290)
Qualvolle Angst - vormittags(2)
Reizbarkeit(408) | R~ morgens(69) | R~ vormittags(25) | R~ abends(60) | R~ abwechselnd mit - Feigheit | a~ Schüchternheit(2) | a~ Sorgen

Gemüt ...

Ruhelosigkeit(420) | *R~ nachts*(249) | R~ fiebrig(5) | R~ Gehen, beim(7) | R~ innerlich(37) | R~ Kopfschmerzen, bei(31)
Schüchternheit, Zaghaftigkeit(113) | S~ nachmittags(4)
Selbstvertrauen - Mangel an Selbstvertrauen(86)
Sinne - abgestumpft, stumpf(107) | S~ Vergehen, Schwinden der(51)
Sitzen - Neigung zu sitzen(110)
Sorgsamkeit, Sorgfalt(12)
Spaßen - Spaß; verträgt keinen(12)
Sprechen - sich selbst ; mit(31)
Starren, gedankenloses(14)
Stimmung, Laune - veränderlich(158)
Streitsüchtig(136) | S~ morgens(5) | S~ vormittags | S~ abwechselnd mit - Entmutigung (siehe 2Entmutigt - abwechselnd - Streiten) | a~ Schüchternheit | a~ Sorgen | a~ Unzufriedenheit
Stumpfheit(332) | S~ geistige Anstrengung, durch(27) | S~ Pollutionen - nach(7)
Stupor(138) | S~ morgens(36)
Suizidneigung; Neigung zum Selbstmord - Traurigkeit, durch(23)
Tadelsüchtig, krittelig(80)
Tod - wünscht sich den Tod, möchte sterben(72)
Traurigkeit(477) | T~ abends(76)
Traurigkeit - Suizidneigung, mit(25)
Unbehagen - Fieberhitze, in der
Unzufrieden(168) | U~ abends(8)
Vergeßlich(187)
Verwirrung, geistige(321) | V~ morgens(115) | V~ berauscht - wie(47) | V~ geistige Anstrengung - durch(50) | V~ konzentrieren; beim Versuch sich zu(13) | V~ verläuft sich in bekannten Straßen(12) | V~ weiß nicht, wo er ist(7)
Wahnideen(191) | W~ berauscht - sei, er(59) | W~ Gespenster, Geister, Gestalten - sieht(55) | W~ Krieg zu befinden; sich im(7) | W~ schlafen; er würde - nicht genug geschlafen; er habe(17)

Gemüt …

Wahnideen - Sinne - vergehen - würden vergehen; die Sinne(2) | W~ sonderbar, merkwürdig - Vertrautes scheint fremd(38) | W~ Wasser - von(19)
Weinen(244) | *W~ abends*(29) | W~ Kopfschmerzen, mit(9)
Zerstreut(166)
Zorn(243) | Z~ abwechselnd mit - Entmutigung(2) | a~ Schüchternheit(2) | a~ Sorgen | a~ Unzufriedenheit
Zorn - leicht(37)

Träume

Angenehm(136)
Ängstlich(239)
Erotisch(196) | E~ Erektionen, mit(27) | E~ Pollutionen, mit(96)
Ertrinken(19)
Gefahr(40) | G~ Todesgefahr(7)
Lebhaft(193)
Schlangen(21)
Schrecklich(237)
Schwimmen(9)
Unfälle - Ertrinken(19)
Unglück(64)
Verstorbenen, von(84)
Viele(260)
Wasser(49)

– *Ranunculus repens* –

ran-r.

Träume

Masken(3)

– *Ranunculus sceleratus* –

ran-s.

Gemüt

Angst(362) | A~ nachts(119) | A~ Erwachen, beim(86)
Bewußtlosigkeit - Schwindel, bei(46)
Delirium(233)
Entmutigt - abends(6)
Erregung - abends - Bett, im(31)
Erschöpfung; geistige - morgens(8) | E~ nachts(4)

Gemüt …

Faulheit(269) | F~ morgens(51) | F~ abends(20)
Froh - abends - Bett, im(29)
Furcht(242)
Gedächtnis - Gedächtnisschwäche(284) | G~ gedacht hat; für das, was er gerade(18)
Gedanken - Vergehen, Schwinden der Gedanken(76)
Geistige Anstrengung - Abneigung gegen(150)
Ideen, Einfälle - Mangel an(102)
Konzentration - schwierig(261)
Kummer(76)
Lachen(102) | L~ heftig(2) | L~ sardonisch(26) | L~ unmäßig(28)
Mürrisch(290)
Reizbarkeit(408)
Ruhelosigkeit - nachts(249) | *R~ Bett - Herumwerfen im*(123)
Schreien(133) | S~ Angst, aus(9)
Seufzen(98)
Sinne - abgestumpft, stumpf(107)
Sitzen - Neigung zu sitzen(110)
Stumpfheit(332) | S~ abends(29) | S~ Schlaflosigkeit, mit(3)
Tollwut, Hydrophobie(46)
Traurigkeit(477) | T~ abends(76)
Verwirrung, geistige(321) | V~ morgens(115)
Wahnideen - tot - Personen, sieht tote(59) | W~ Ungeziefer - sieht Ungeziefer herumkriechen(13) | W~ Würmer - kriechenden Würmern, von(10)
Zerstreut(166)

Träume

Ängstlich(239)
Kämpfe(54)
Lebhaft(193)
Leichen(42)
Schlachten(13)
Schlangen(21)
Schrecklich(237)
Tiere(25)
Verstorbenen, von(84)
Viele(260)

– Raphanus sativus –

raph.

Gemüt

Abneigung - Frauen; gegen(12) | F~ Frauen; bei
Abneigung - Kinder; gegen(4) | K~ kleine Mädchen; gegen - Frauen; bei
Abneigung - Männer; gegen(8) | M~ Frauen; bei(6)
Abscheu - allgemeiner(42) | a~ abends(5)
Alkoholismus(135)
Angst(362) | A~ Flatus - eingeklemmten Blähungen, mit(2) | *A~ hypochondrisch*(52) | A~ Stuhlgang - während(20)
Betäubung(237) | B~ geistiger Anstrengung; nach(4)
Eifersucht(34)
Empfindlich - Geräusche, gegen - Abneigung gegen(3)
Erregung(287)
Erschöpfung; geistige(217)
Furcht(242) | F~ Frauen; vor(2) | F~ Last zu werden; zu einer | F~ Männern, vor(30) | F~ Tod; vor dem(143)
Gedächtnis - gut, aktiv(91) | G~ Gedächtnisschwäche(284)
Geisteskrankheit, Wahnsinn(153) | G~ launisch
Geistige Anstrengung - Verlangen nach(65) | G~ Abneigung gegen(150)
Gleichgültigkeit, Apathie(251)
Haß - Frauen, auf(2)
Hoffnung, voller(13) | H~ abwechselnd mit - Traurigkeit(3) | a~ Weinen
Hysterie(194) | H~ Menses - ersten Tag, am
Konzentration - schwierig(261)
Lasziv, lüstern(77)
Launenhaftigkeit, launisch(108)
Manie(149) | *M~ sexuelle Manie - Frauen, bei*(4) | *s~ Männern, bei*(4)
Männer - Scheu vor(19)
Murmeln - Schlaf, im(18)
Nymphomanie(67)
Raserei, Tobsucht, Wut(95)
Sprechen - Schlaf, im(93) | S~ komatösem Schlaf, in(3)

Gemüt ...

Streitsüchtig - Schlaf, im(9)
Stumpfheit(332)
Tod - Vorahnung des Todes(62) | V~ abwechselnd mit - qualvolle Angst
Traurigkeit(477) | T~ Erwachen, beim(24)
Unanständig, unzüchtig(21)
Vergeßlich(187) | V~ Menses, während
Verwirrung, geistige(321) | V~ morgens - Aufstehen - und nach dem Aufstehen(37) | V~ nachts(19)
Wahnideen - berauscht - sei, er(59) | W~ Gespräch führen; als würde er ein - getragen werden; und irgendwohin | W~ getragen worden und würde mit einer anderen Person sprechen; sie sei irgendwohin | W~ Konvulsionen bekommen; als würde er gleich(2) | W~ Krankheit - unerkannte Krankheit, er habe eine | W~ Orte, Plätze - verschiedenen Orten gleichzeitig; er sei an(4) | W~ Sprechen - sie spricht | W~ sterben - gleich sterben; glaubt, er würde(57) | W~ tot - er selbst sei(18)
Weinen - Erwachen, beim(36)
Zügellosigkeit, sexuelle Ausschweifung(32)

Träume

Ängstlich(239)
Erotisch(196)
Lebhaft(193)
Streitigkeiten(69)
Tod(64)

– Ratanhia peruviana –

rat.

Gemüt

Abscheu - allgemeiner(42)
Angst(362) | A~ nachts(119) | n~ Mitternacht - nach(22) | n~ Erwachen, beim(24)
Angst - allein, wenn(17) | A~ Erwachen, beim(86) | A~ Furcht, mit(110)
Auffahren, Zusammenfahren - Schlaf - während(163) | *S~ durch*(124) | S~ Einschlafen, beim(72)

Gemüt ...

Betäubung(237)
Faulheit - Schläfrigkeit, bei(29)
Furcht(242) | F~ nachts(58) | n~ Mitternacht - nach(3)
Furcht - allein zu sein(54) | F~ Erwachen, beim(54) | F~ geschehen; etwas werde - allein, amel. durch Gespräche; wenn | F~ zittrig(36)
Gesellschaft - Verlangen nach(83) | V~ allein; agg. wenn(48)
Gleichgültigkeit, Apathie - Schläfrigkeit, bei(25)
Lästig, geht auf die Nerven(79)
Mürrisch(290)
Reizbarkeit(408)
Ruhelosigkeit(420)
Stimmung, Laune - veränderlich(158)
Streitsüchtig(136)
Tod - wünscht sich den Tod, möchte sterben(72) | w~ Schmerzen, bei den
Verwirrung, geistige - Freien, im - amel.(30)
Wahnideen - berauscht - sei, er(59)
Zorn(243)

Träume

Ängstlich(239)
Beerdigungen(13)
Erdbeben(2)
Kämpfe(54)
Kranken, von(10)
Krankheit(43)
Schlangen(21)
Schrecklich(237)
Streitigkeiten(69)
Tod(64)
Traurig(46)
Verdrießlich(122)
Verstorbenen, von(84)
Wecken den Patienten(118)
Zorn(58)

– *Rauwolfia serpentina* –

rauw.

Gemüt

Angst(362)

Gemüt ...

Erregung(287) | E~ abwechselnd mit - Traurigkeit(13)
Erschöpfung; geistige(217)
Fehler; macht - Schreiben, beim(83) | F~ Sprechen, beim - Buchstabieren, beim(23)
Furcht(242) | F~ Unheil; Furcht vor(115)
Gedächtnis - Gedächtnisschwäche(284) | G~ getan hat; für das, was er eben(34)
Gedanken - wandernd(72)
Geistige Anstrengung - agg.(141) | G~ amel.(15)
Gesellschaft - Abneigung gegen - allein, wenn - amel.(33)
Gleichgültigkeit, Apathie(251)
Grobheit(37)
Katatonie(3)
Konzentration - schwierig(261)
Kurz angebunden, barsch(14)
Mürrisch(290)
Qualvolle Angst(121)
Reizbarkeit(408)
Ruhelosigkeit(420) | R~ nachts(249) | R~ Bett - im(15)
Schizophrenie - katatonisch(9) | S~ paranoid(2)
Suizidneigung; Neigung zum Selbstmord(98)
Tod - Gedanken an den Tod(54)
Töten, Verlangen zu - sich selbst zu töten; plötzlicher Impuls(8)
Traurigkeit(477)
Unentschlossenheit(146)
Unfreundliche Stimmung(5)
Unwirklich - alles scheint(14)
Verwirrung, geistige(321)
Wahnideen - unwirklich - alles erscheint unwirklich(19)

Träume

Ängstlich(239)
Erotisch(196)
Ertrinken(19) | E~ Mutter ertrinkt(2)
Körperteile - Kieferbruch | K~ Zähne - brechen ab(4)
Krankheit - Fraktur - Kiefers; des | K~ Zähne - Abbrechen(4)

Träume ...
Reisen(48)
Tod(64) | T~ Sterben - er stirbt(14)
Unfälle - Ertrinken(19) | E~ Mutter ertrinkt, seine(2)
Verstorbenen, von(84)
Wespen
Zähne - brechen ab(5)

– *Reserpinum* –

reser.

Gemüt
Abscheu - Arbeit, vor der - abends
Angst(362)
Erregung(287)
Geistige Anstrengung - Verlangen nach(65)
Schizophrenie - Hebephrenie(8) | S~ katatonisch(9)
Streitsüchtig(136)
Suizidneigung; Neigung zum Selbstmord(98)
Traurigkeit(477)

– *Rhamnus frangula* –

rham-f.

Gemüt
Traurigkeit(477)

– *Rheum palmatum* –

rheum

Gemüt
Abneigung - allem, gegenüber(39)
Angst(362) | A~ Bewegung - agg.(16) | A~ Bücken(2) | A~ Fieber - während(91) | A~ Gewissensangst(75)
Auffahren, Zusammenfahren - Schlaf - während(163)
Betäubung(237)
Bewußtlosigkeit(280) | *B~ Schreien, unterbrochen durch*(4) | B~ Traum, wie ein einem(11)
Bittet - nichts; um(16)
Brütet, grübelt(41)

Gemüt ...
Delirium(233) | D~ nachts(67) | D~ rasend(84) | D~ Schlaf - während(26)
Empfindlich - Mangel an Empfindlichkeit(20)
Erregung(287)
Faulheit(269) | F~ morgens(51)
Furcht(242) | F~ Tod; vor dem(143)
Gedanken versunken, in(90)
Gehen - Bett umher; das Kind läuft im
Geiz(34)
Gesten, Gebärden; macht - sonderbare Posen und Haltungen(20)
Gleichgültigkeit, Apathie(251) | *G~ allem; gegenüber*(71)
Grobheit - Kinder; ungezogene(7)
Hast, Eile(112)
Ideen, Einfälle - Mangel an(102)
Imbezillität(140)
Jammern(93) | **J~ Stuhlgang - vor dem Stuhlgang, bei Kindern**
Lästig, geht auf die Nerven(79)
Launenhaftigkeit, launisch(108) | **L~ weist Dinge zurück, die er haben wollte, sobald er sie bekommt**(13)
Mürrisch(290) | M~ nachts(16) | M~ Kindern, bei(14)
Reizbarkeit(408) | R~ nachts - abwechselnd mit - Fröhlichkeit - tagsüber(6) | **R~ Fieberfrost, im**(57) | *R~ Hitze - während*(31) | R~ Kindern, bei(29) | **R~ Schweiß, beim**(14) | R~ Stuhlgang - nach(4) | **R~ ZAHNUNG, BEI DER**(6)
Reue(63)
Ruhelosigkeit(420) | R~ Bett - Herumwerfen im(123) | R~ Hitze - während(66) | R~ innerlich(37) | R~ Kindern, bei(22) | **K~ Zahnung, bei der**
Schlafwandeln(56)
Schreien(133) | *S~ Kindern, bei*(38) | K~ Tag und Nacht(2) | K~ nachts(6) | **K~ Stuhlgang - während**(3) | **S~ Stuhldrang, beim**
Schreien - Schlaf, im(80) | *S~ Zahnung, bei der*(4)
Schweigsam(209)
Selbstbetrachtung(58)

Gemüt ...
Sitzen - Neigung zu sitzen(110)
Spielen - Abneigung gegen Spielen - Kindern; bei(9)
Spontan, impulsiv(33)
Sprache - delirös(12) | d~ nachts(3) | d~ Schlaf - Mitternacht, vor(2)
Sprechen - Schlaf, im(93) | S~ schweift von einem Thema zum anderen(47) | s~ nachts(9)
Stilles Wesen(49)
Stimmung, Laune - veränderlich(158)
Stirnrunzeln, Neigung zum(8)
Stöhnen(119) | S~ Schlaf, im(62)
Streitsüchtig(136) | S~ Schlaf, im(9)
Stumpfheit(332) | S~ Erwachen, beim(41) | *S~ sagt nichts*(5)
Stupor - Schreien, unterbrochen durch(4)
Traum; wie in einem(69)
Traurigkeit(477)
Unbehagen(44)
Unentschlossenheit(146)
Ungeduld(131)
Ungeschicklichkeit(41)
Ungestüm(31)
Unzufrieden(168) | U~ allem; mit(66)
Verdrießlich(10)
Vergeßlich(187)
Verlangen, Wunsch nach - voller Verlangen(11) | v~ Vorhandenem; nach nicht(4)
Verwirrung, geistige(321) | V~ berauscht - wie nach einem Rausch(35) | V~ Erwachen, beim(71)
Wahnideen(191) | *W~ nachts*(36) | W~ berauscht - gewesen; er sei(4) | W~ Fallen - Seite hin; auf eine(3) | W~ Kopf - betäubt; der Kopf sei | W~ Menschen - sieht(29) | W~ Phantasiegebilde, Illusionen(115) | W~ Schlaf - beraubt, des Schlafes(4) | W~ schlafen; er würde - Halbschlaf; er befinde sich im(2) | W~ Verbrechen - begangen; er habe ein Verbrechen(29) | W~ weckt - sich - Schlaf; aus einem schweren

Gemüt ...
Weinen(244) | W~ nachts(81) | **W~ Kindern; bei**(22) | *K~ nachts*(5) | n~ werfen sich die ganze Nacht umher(2)
Weinen - Schlaf, im(88) | W~ Schweiß, beim(25) | W~ Wimmern, Winseln(27) | W~ Schlaf, im(28)
Wille - Willensschwäche(58)
Zorn(243)
Zurückhaltend, reserviert(64)

Träume
Ängstlich(239)
Ekelhaft(32)
Kranken, von(10)
Kränkung, Kummer etc.(5)
Lebhaft(193)
Schrecklich(237)
Sorgen, voller(21)
Streitigkeiten(69)
Tod(64)
Traurig(46)
Verdrießlich(122)
Verstorbenen, von(84) | V~ Verwandte(8)
Viele(260)
Wecken den Patienten(118)
Zorn(58)

– Rhodium metallicum –

rhodi.

Gemüt
Froh(182)

– Rhodium oxydatum nitricum –

rhodi-o-n.

Gemüt
Wahnideen - Hören - Einbildung; etwas zu hören(44)

– *Rhododendron chrysanthum* –

rhod.

Gemüt

Abneigung - allem, gegenüber(39)
Alkoholismus(135)
Angst(362) | A~ Fieber - während(91) | A~ Haus, im - Eintreten, beim(2)
Antworten - langsam(35)
Auffahren, Zusammenfahren - Schlaf - während(163)
Betäubung(237) | B~ morgens - Aufstehen, nach dem(5)
Bewußtlosigkeit(280) | B~ vorübergehend - morgens beim Aufstehen Benommenheit im Kopf
Chaotisch(44)
Delirium(233) | D~ manisch(47) | D~ schrecklich(26)
Delirium tremens(84)
Empfindlich - Mangel an Empfindlichkeit(20)
Erregung - fiebrig - Menses, während | E~ Menses - während(14)
Erschöpfung; geistige - Fieber - während(4)
Faulheit(269) | F~ morgens(51)
Fehler; macht - Schreiben, beim(83) | *S~ läßt etwas aus - Worte*(14)
Fehler; macht - Sprechen, beim(81) | S~ Worte - stellt Worte an die falsche Stelle(46)
Froh(182)
Furcht(242) | F~ Geisteskrankheit(74) | *F~ Gewitter, vor*(25) | G~ vor(4)
Furcht - Näherkommen, Annäherung von; vor - anderen, von(28) | a~ berührt zu werden; aus Furcht(3)
Gedächtnis - Gedächtnisschwäche(284) | G~ gesagt hat; für das, was er(29) | G~ sagen will; für das, was er gerade(38) | G~ schreiben will; für das, was er gerade(11)
Gedanken - Vergehen, Schwinden der Gedanken(76)
Geisteskrankheit, Wahnsinn(153)

Gemüt ...

Geistige Anstrengung - Abneigung gegen(150)
Geschäft - Abneigung gegen(45)
Gleichgültigkeit, Apathie(251) | G~ Angenehmes, gegen(10) | G~ Arbeit; mit Abneigung gegen(9) | G~ Gesellschaft - gegenüber | G~ Reizendes, Unangenehmes; gegen(8)
Ideen, Einfälle - Mangel an(102)
Konzentration - schwierig(261)
Launenhaftigkeit, launisch(108)
Manie(149)
Mürrisch(290)
Reizbarkeit(408)
Ruhelosigkeit(420) | R~ Bett - treibt aus dem(39) | R~ Essen - nach(14) | R~ Schmerzen, durch(19)
Sinne - abgestumpft, stumpf(107) | S~ Vergehen, Schwinden der(51)
Sitzen - Neigung zu sitzen(110)
Stimmung, Laune - veränderlich(158)
Stumpfheit(332) | S~ morgens(54)
Traurigkeit(477)
Unbesonnen(82)
Unzufrieden(168)
Vergeßlich(187) | V~ Worte beim Sprechen; vergißt(52)
Verwirrung, geistige(321) | *V~ morgens*(115) | m~ Aufstehen - und nach dem Aufstehen(37) | m~ Erwachen, beim(50)
Verwirrung, geistige - Aufstehen - nach(12) | V~ Bett, im(4) | V~ Erwachen, beim(71) | V~ Freien, im(12) | V~ Gehen - Freien, im - amel.(11) | V~ Koitus - nach(10)
Wahnideen(191) | W~ berauscht - sei, er(59) | W~ Bilder, Phantome; sieht(76) | B~ schreckliche(60)
Wahnideen - Feuer - Visionen von(34) | W~ Nachtschwärmerei teilgenommen; er habe an einer - Nacht, die ganze | W~ Phantasiegebilde, Illusionen(115) | W~ ruft - ihn, jemand(4) | W~ Tabak - Schwindel würde von Tabak herrühren | W~ Visionen, hat(76) | V~ schrecklich(27)

GEMÜT ...

Weinen - Kindern; bei - Säuglingen; bei(9)

Wetter - Gewitter - vor einem Gewitter; Gemütssymptome(7) | *G ~ während einem Gewitter; Gemütssymptome*(12)

Zerstreut(166)

TRÄUME

Alpträume, Alpdrücken(144)

Angenehm(136)

Ängstlich(239)

Erotisch(196) | E ~ Erektionen, mit(27) | E ~ Pollutionen, mit(96)

Erschöpfend(45)

Feuer(65)

Lebhaft(193)

Schrecklich(237)

Unwichtig(46)

Viele(260)

– *Rhus glabra* –

rhus-g.

GEMÜT

Faulheit(269)

Furcht - Menschen, vor(81)

Gedächtnis - Gedächtnisschwäche(284)

Gleichgültigkeit, Apathie(251)

Menschenfeindlichkeit, Misanthropie(45)

Ruhelosigkeit(420)

Stumpfheit(332)

Wahnideen(191) | W ~ leicht - sei leicht, er(26)

TRÄUME

Fliegen(11)

Verdrießlich(122)

Viele(260)

– *Rhus radicans* –

rhus-r.

GEMÜT

Bewußtlosigkeit - Stehen, im(8) | B ~ vorübergehend(24)

Fehler; macht - Sprechen, beim(81)

GEMÜT ...

Konzentration - schwierig(261)

Spaßen(52) | S ~ abwechselnd mit - Gesellschaft; Abneigung gegen(2)

Spotten - Sarkasmus, beißender Spott - Gesellschaft; mit Abneigung gegen(2)

Stumpfheit - nachmittags(29)

Traurigkeit - nachmittags(37)

Unentschlossenheit(146) | U ~ Projekten, bei(8)

Verwirrung, geistige - nachts - Hinlegen, beim(3) | V ~ Liegen; beim(10)

Wahnideen - kritisiert; sie würde(12) | W ~ sonderbar, merkwürdig - Umgebung erscheint fremd(5)

– *Rhus toxicodendron* –

rhus-t.

GEMÜT

Abergläubisch(13)

Abscheu - Leben, vor dem(84) | L ~ abends(6)

Aktivität; Verlangen nach - geistige Aktivität - abends(8) | A ~ Schlaflosigkeit, mit(4)

Alkoholismus(135)

Angesehen zu werden; erträgt es nicht(23)

Angesprochen zu werden - Abneigung(63)

Angst(362) | A ~ morgens(42) | m ~ Aufstehen - beim - nach dem Aufstehen; und(4) | A ~ nach(4) | n ~ amel.(6)

Angst - morgens - Erwachen, beim(30) | A ~ nachmittags(32) | *A ~ abends*(87) | *a ~ Dämmerung, in der*(13)

Angst - nachts(119) | *n ~ Mitternacht - nach*(22) | n ~ 3 h - nach(3)

Angst - allein, wenn(17) | A ~ Atmen, tiefes - amel.(3) | A ~ Aufstehen - nach(5) | **A ~ Bett - im Bett**(49) | *B ~ treibt aus dem Bett*(15)

Angst - Dunkelheit; in der(12) | A ~ Erwachen, beim(86) | A ~ Familie, um seine(10) | *A ~ Fieber - während*(91) | *A ~ Freien, im - amel.*(23)

GEMÜT ...

Angst - Frost - während(31) | *A ~ Furcht, mit*(110) | A ~ Gedanken, durch - traurig | *A ~ Gehen - Freien, im - amel.*(7) | A ~ geistige Anstrengung; durch(20) | A ~ Geschäfte, über(10) | *A ~ Gewissensangst*(75) | **A ~ Haus, im**(15) | *A ~ hypochondrisch*(52) | A ~ Kinder - bei Kindern(7) | K ~ um seine(3)

Angst - Müdigkeit, mit(16) | A ~ Schlaf - während(42) | S ~ Einschlafen, beim(13)

Angst - Sitzen - gebeugt | A ~ Stuhlgang - vor(24) | S ~ nach(17)

Angst - Suizidneigung, mit(10) | *A ~ Zukunft*(108)

Anorexia nervosa(13)

Antworten - Abneigung zu antworten(67) | A ~ hastig, überstürzt(11) | A ~ kurz angebunden(19) | *A ~ langsam*(35)

Aphasie(53)

Argwöhnisch(105)

Auffahren, Zusammenfahren(117) | A ~ anfallsweise(2) | A ~ Geräusche, durch(60) | *A ~ Schlaf - während*(163) | S ~ Einschlafen, beim(72)

Begreifen, Auffassungsvermögen - leicht(38)

Beschäftigung - Verlangen nach(5)

Beschwerden durch - Erwartungsspannung(68) | B ~ geistige Anstrengung(59) | *B ~ Geldverlust; durch*(9) | B ~ geschäftlichen Mißerfolg; durch(13) | B ~ Hast, Eile(10) | B ~ Kränkung, Demütigung(39) | *B ~ Schreck*(72) | B ~ Zorn(94) | Z ~ Angst, mit(30)

Betäubung(237) | B ~ morgens(13) | B ~ Kopfverletzung, nach(6) | B ~ Ruhelosigkeit, mit(3)

Beten(21)

Bett - bleiben; möchte im Bett - morgens(7)

Bewußtlosigkeit(280) | B ~ Kopf - Bewegung, bei(4) | *K ~ Drehen, beim*

Bewußtlosigkeit - Meningitis, bei(10) | B ~ Murmeln(4)

Chaotisch(44)

Dämmerung agg. Gemütssymptome(9)

GEMÜT ...

Delirium(233) | D ~ nachts(67) | D ~ Bett - flieht und springt plötzlich aus dem Bett auf(36) | *D ~ brummt*(44) | b ~ sich selbst, zu(5)

Delirium - flüstert(10) | *D ~ Geschäften, spricht von*(7) | D ~ geschäftig(10) | D ~ mild(10) | *D ~ redselig*(33) | D ~ ruhig(23) | D ~ Schlaf - Einschlafen, beim(17) | D ~ Schlaflosigkeit - mit(45) | *D ~ Sepsis, durch*(13) | D ~ Verfolgungswahn im Delirium(9) | D ~ Zittern, mit(23)

Delirium tremens(84)

Denken - Trauriges agg., an

Dunkelheit - agg.(27)

Empfindlich(192) | E ~ Geräusche, gegen(149)

Entmutigt(135) | *E ~ abends*(6)

Ernst(77)

Erregung(287) | E ~ abends - Bett, im(31) | *E ~ Hitze - während der Hitze; Erregung*(23)

Erschöpfung; geistige(217)

Erschreckt leicht(125) | E ~ Kleinigkeiten, über(27)

Faulheit(269) | F ~ morgens(51)

Fehler; macht - Rechnen, beim(14) | F ~ Schreiben, beim(83)

Feigheit(89)

Fleißig, arbeitsam, Arbeitswut(101) | F ~ Menses, vor den(26)

Fliehen, versucht zu(61) | F ~ springt plötzlich aus dem Bett(17) | F ~ wegzulaufen, um(16)

Froh - abends - Bett, im(29) | F ~ Fieberfrost, im(6)

Furcht(242) | F ~ morgens(27) | *F ~ abends*(51) | a ~ Dämmerung(8)

Furcht - nachts(58) | F ~ liegen; kann nicht im Bett | F ~ abergläubisch | *F ~ Atem, nimmt den*(2) | F ~ Beruf zu verlieren; seinen lukrativen(8) | F ~ Denken - Trauriges; an | F ~ Dunkelheit, vor der(40) | F ~ ermordet zu werden(10) | F ~ Gespenstern, vor(32) | F ~ Katastrophe ; vor einer(8) | F ~ Krankheit, vor drohender - unheilbar zu sein(42)

Gemüt ...

Furcht - Lebensüberdruß, mit(5) | F~ Männern, vor(30) | **F~ Menschen, vor**(81) | F~ Menschenmenge; in einer(58) | *F~ Schlaf - vor*(10) | *S~ einzuschlafen; Furcht*(18)

Furcht - Selbstmord, vor(10) | *F~ Seufzen, mit*(2) | *F~ Tod; vor dem*(143) | *F~ töten, davor zu*(12) | F~ Traurigkeit, mit(8) | F~ überwältigend(19) | F~ Unglück, vor(93) | F~ Unheil; Furcht vor(115) | *F~ vergiftet - werden; Furcht, vergiftet zu*(23) | F~ zittrig(36)

Gedächtnis - gut, aktiv(91) | g~ abwechselnd mit - Stumpfheit

Gedächtnis - Gedächtnisschwäche(284) | *G~ Eigennamen; für*(44) | *G~ Ereignisse des Tages; für die*(8) | G~ geschehen ist; für das, was(17) | G~ getan hat; für das, was er eben(34) | G~ sagen will; für das, was er gerade(38) | G~ schreiben will; für das, was er gerade(11) | G~ Worte, für(61)

Gedächtnis - Gedächtnisverlust - Verletzungen, nach - Kopfes, des(7)

Gedanken - Gedankenandrang, einstürmende Gedanken, Gedankenfluß(78) | G~ abends - Bett, im(17)

Gedanken - hartnäckig(83) | h~ unangenehmen Themen verfolgt; von(9)

Gedanken - quälend(31) | *G~ schrecklich*(11) | G~ überlegt(54) | G~ unangenehm(21) | **u~ nachts - Mitternacht, nach**

Gedanken - Vergehen, Schwinden der Gedanken(76) | V~ Fieberfrost, im(4) | V~ Schreiben, beim(5) | V~ Stehen, im

Gedanken versunken, in(90)

Gehalten - amel.; gehalten zu werden(22)

Gehen - Freien, im - amel. Gemütssymptome(10)

Geisteskrankheit, Wahnsinn(153) | G~ düstere Geisteskrankheit mit Verzweiflung und Lebensüberdruß - Furcht vor Kränkung oder Verlust der Stellung; durch(7)

Gemüt ...

Geisteskrankheit, Wahnsinn - Kränkung - Furcht vor Kränkung; aus(7) | G~ Lebensüberdruß; mit(7) | G~ Melancholie(17) | G~ Ruhelosigkeit, mit(14) | G~ Stellung zu verlieren; aus Furcht die(7) | G~ Unglück, nach(4) | G~ Vermögen - Verlieren eines Vermögens; nach(4) | G~ Verzweiflung; mit(7)

Geistige Anstrengung - agg.(141) | *a~ unmöglich*(130)

Geistige Anstrengung - Verlangen nach(65) | *G~ Abneigung gegen*(150) | *A~ literarische Arbeit*(3)

Geschäft - Abneigung gegen(45)

Geschäftig(45)

Gesellschaft - Abneigung gegen(156) | *A~ Weinen - mit Weinen*

Gespräche - agg.(45)

Gesten, Gebärden; macht - Finger - spielt mit den Fingern(12) | G~ Hände; unwillkürliche Bewegungen der - Greifen(41) | *H~ zupft - Bettwäsche; an der*(36)

Getragen - Verlangen getragen zu werden(31) | V~ schnell(6)

Gewissenhaft, peinlich genau in bezug auf Kleinigkeiten(58)

Gier, Habsucht(19)

Gleichgültigkeit, Apathie(251) | G~ Gesellschaft - in(9)

Grimassen - sonderbare Gesichter; schneidet(6)

Haß(28)

Hast, Eile(112) | H~ Essen - beim(23)

Hause, zu - Verlangen, nach Hause zu gehen(18)

Hypochondrie(116)

Hysterie(194)

Ideen, Einfälle - Mangel an(102) | I~ Reichtum an, Klarheit des Geistes(125) | R~ abends - Bett, im(14)

Imbezillität(140)

Initiative, Unternehmungsgeist; Mangel an(7)

Jammern(93)

Kindisches Benehmen(52)

Gemüt …

Klagen(64)
Konzentration - gut, aktiv(26) | K~ schwierig(261)
Langeweile(53)
Langsamkeit(68)
Lästig, geht auf die Nerven(79)
Lebensüberdruß(82) | L~ abends(7) | *L~ Furcht vor dem Tode; aber*(4)
Lustig, fröhlich(123)
Manie(149)
Mathematik - Unfähigkeit zur - rechnen; kann nicht(16)
Meditieren, Nachdenken(47)
Menschenfeindlichkeit, Misanthropie(45)
Milde(80)
Murmeln(55) | *M~ Schlaf, im*(18)
Mürrisch(290) | M~ morgens - Bett, im(16) | M~ abends - Bett, im(3) | **M~ nachts**(16) | M~ Erwachen, beim(32) | M~ Freien, im(8) | **M~ Haus agg.; im - Gehen im Freien amel.**(3) | M~ Schlaf, im(3)
Neid - Habgier, und(12)
Phantasien - übertrieben(114) | ü~ abends - Bett, im(28)
Phantasien - übertrieben - Schlaflosigkeit, mit(41)
Qualvolle Angst(121) | Q~ nachmittags(7) | *Q~ treibt von einer Stelle zur anderen*(2)
Rebelliert gegen Umschläge(17)
Redseligkeit; Geschwätzigkeit(136) | R~ wechselt schnell von einem Thema zum anderen(20)
Reizbarkeit(408) | R~ morgens - Erwachen, beim(43) | **R~ nachts**(12) | R~ angesprochen, wenn(26) | R~ Erwachen, beim(56) | *R~ Fieberfrost, im*(57) | R~ Freien, im(12) | *F~ amel.*(7)
Reizbarkeit - Gehen, beim - Freien amel.; im(2)
Religiös - Gemütsstörungen, religiöse(63)
Ruhelosigkeit(420) | *R~ tagsüber*(9) | **R~ nachts**(249) | **n~ Mitternacht - nach**(13)

Gemüt …

Ruhelosigkeit - ängstlich(111) | *R~ Bett - aus einem Bett zum anderen gehen; will*(15) | **B~ Herumwerfen im**(123) | **B~ treibt aus dem**(39)
Ruhelosigkeit - bewegen - muß sich ständig(18) | R~ Essen - nach(14) | R~ Frost - während(23) | **R~ Hitze - während**(66) | **R~ innerlich**(37) | **R~ KINDERN, BEI**(22) | R~ Liegen, beim(8) | *R~ Menses - während*(40) | M~ unterdrückten, bei(9)
Ruhelosigkeit - Schläfrigkeit, bei(12) | R~ Sitzen, im(21)
Schaukeln - amel.(13)
Schlagen - sich; schlägt - schlägt seinen Kopf gegen die Wand und gegen Gegenstände(11)
Schreiben - agg. Gemütssymptome(6)
Schreien - Cri encéphalique(29) | S~ Hilfe, um - Schlaf; im(3) | H~ springt vom Bett auf(2)
Schreien - Schlaf, im - springt aus dem Bett und schreit um Hilfe(2)
Schüchternheit, Zaghaftigkeit(113) | **S~ nachts**(3)
Schweigsam(209)
Selbstlosigkeit(4)
Selbstvertrauen - Mangel an Selbstvertrauen(86)
Sentimental, schwärmerisch, rührselig(64)
Seufzen(98) | S~ Fieberhitze, in der(17) | *S~ Schweiß, beim*(16)
Sinne - abgestumpft, stumpf(107) | S~ Vergehen, Schwinden der(51)
Sitzen - Neigung zu sitzen(110)
Sorgen, voller - Geschäfte, um seine(8) | S~ Verwandte, um(7)
Spontan, impulsiv(33)
Sprache - langsam(59) | **S~ unzusammenhängend**(65) | S~ Unfähigkeit zu(4)
Sprechen - agg. die Beschwerden(34) | S~ anderer agg.; das Sprechen(46) | *S~ Schlaf, im*(93) | S~ Geschäft, vom(3)
Sprechen - schweift von einem Thema zum anderen(47) | S~ sich selbst ; mit(31)

GEMÜT ...

Spucken(32)

Stöhnen(119) | S~ Schlaf, im(62)

Streitsüchtig(136)

Stumpfheit(332) | S~ abends(29) | S~ Bewegung - amel. | *S~ Essen, nach dem*(7) | *S~ feuchte Luft - durch*(10) | S~ Fieberfrost, im(16) | S~ Gehen(4) | S~ Kopfverletzungen, nach(5) | S~ Schreiben, beim(10)

Stupor - murmelt, flüstert(4)

Suizidneigung; Neigung zum Selbstmord(98) | S~ abends(7) | a~ Dämmerung, in der

Suizidneigung; Neigung zum Selbstmord - Ertränken, durch(19) | S~ Fieberhitze, in der(6) | S~ Furcht - Todesfurcht, mit(7) | *S~ Gedanken an Selbstmord*(33) | S~ Mut; aber es fehlt ihm der(9)

Tadelsüchtig, krittelig(80) | T~ abends

Tadelt - andere(32)

Tod - Agonie vor dem Tod(15) | T~ Gedanken an den Tod(54) | T~ Vorahnung des Todes(62) | *T~ wünscht sich den Tod, möchte sterben*(72)

Traurigkeit(477) | T~ morgens(71) | T~ abends(76) | a~ Dämmerung, in der(5)

Traurigkeit - nachts(21) | n~ Mitternacht - nach(4) | n~ Bett, im(8)

Traurigkeit - ängstlich(32) | T~ Dunkelheit, in der(9) | *T~ Fieberhitze, in der*(55) | T~ Freien, im - amel.(10) | T~ Frost - während(37) | T~ Gehen - Freien, im(14) | *F~ amel.*(4)

Traurigkeit - Gesellschaft - Abneigung gegen Gesellschaft, Verlangen nach Einsamkeit(11) | T~ grundlos(11) | **T~ Haus, im**(2) | T~ Kindern, bei(9)

Traurigkeit - Menses - unterdrückt(20) | T~ Pubertät, in der(13) | *T~ Schicksalsschläge, durch*(16) | T~ Schläfrigkeit, bei(8) | *T~ Schweiß, beim*(29) | T~ Unglück; wie durch ein(10) | T~ Verletzungen - Kopfes, des(7) | T~ warmen Zimmer, im(6) | T~ Wetter - nassem Wetter, bei(3) | T~ Wehen; bei den(9)

Unbesonnen(82)

GEMÜT ...

Ungeduld(131)

Unglücklich, bedauernswert; fühlt sich(29)

Untröstlich(30)

Unzufrieden(168) | *U~ abends*(8)

Vergeßlich(187) | V~ abends(9) | V~ Alkoholikern; Vergeßlichkeit bei(7) | V~ alten Menschen, bei(12) | V~ Essen, nach dem(5) | V~ Fieberfrost, im(5) | V~ Gehen nach dem Essen; beim | V~ Hitze - während(5)

Verlangen, Wunsch nach - voller Verlangen(11)

Verlassen zu sein; Gefühl(56) | V~ Freien, amel. im

Verweilt - vergangenen unangenehmen Ereignissen; bei(46) | *v~ nachts*(13) | **n~ Mitternacht, nach**(2)

Verwirrung, geistige(321) | *V~ morgens*(115) | m~ Aufstehen - nach, amel.(5) | A~ und nach dem Aufstehen(37)

Verwirrung, geistige - abends(78) | V~ berauscht - wie(47) | V~ Erwachen, beim(71) | V~ Fieberfrost, im(20) | V~ Gehen(37) | *V~ Sitzen, im*(33) | V~ Traum; wie in einem(27)

Verzweiflung(137) | V~ Fieberfrost, im(20) | V~ Fieberhitze, in der(21) | V~ gesellschaftliche Stellung; in bezug auf die(8)

Wahnideen(191) | W~ abends - Bett, im(16) | W~ allein zu sein - totenstill; und alles um sie herum sei | W~ Arbeit - hart; arbeitet(6) | W~ Aufstehen - könne nicht aufstehen; er - bücken würde; er könne sich nicht wieder aufrichten, wenn er sich(3) | W~ beobachtet, sie würde(7) | W~ berauscht - sei, er(59) | *W~ berührt; er würde*(6) | W~ beschäftigt - Tätigkeit; mit einer(12) | W~ Bett - berühren; als würde sie im Liegen das Bett nicht(13) | B~ drängen; als würde ihn etwas aus dem Bett | B~ fallen - durch das Bett zu fallen(7)

Gemüt ...

Wahnideen - Bett - jemand - im Bett; als sei jemand - mit ihm(13) | B ~ sinken - Bett würde sinken; das(13) | s ~ sie würde sinken - durch das Bett(5)

Wahnideen - Bilder, Phantome; sieht(76) | B ~ schreckliche(60)

Wahnideen - Blicken - alle sehen sie an(2) | W ~ erhoben, hochgehoben - Luft erhoben; in die(4) | *W ~ ermordet - er würde ermordet - werden; er würde ermordet werden*(21) | W ~ Fallen - er würde(29) | F ~ hinten, nach - Bett; beim Steigen aus dem | F ~ vorne, nach - hinten, und nach

Wahnideen - Feuer - Visionen von(34) | W ~ gehalten - Sitzen; er würde hochgehalten im | W ~ geht - Luft - auf Luft; geht(15) | *W ~ Geschäft - machen; er würde Geschäfte*(7) | W ~ Gestalten - sieht(33) | W ~ Glas - Holz, Glas etc; er sei aus(3) | *W ~ Hause, zu - weg von zu Hause; er sei*(23) | W ~ herumwirbeln - Umgebung - mit ihr(2) | W ~ Lebewohl gesagt; sie habe - Freund, einem engen | W ~ lebhaft(26) | W ~ Menschen - sieht - blicken ihn an(2) | W ~ nachgestellt - ihm würde nachgestellt(28) | *W ~ Phantasiegebilde, Illusionen*(115) | W ~ Redseligkeit, mit(7) | W ~ ruft - Erwachen; jemand ruft beim(5) | W ~ Schlaf - beraubt, des Schlafes(1) | W ~ schlafen; er würde(2) | s ~ nicht genug geschlafen; er habe(17)

Wahnideen - schmutzig - er sei(6) | W ~ schwimmen, er würde(2) | W ~ Selbstmord genötigt; zum(5) | W ~ sonderbar, merkwürdig - Vertrautes scheint fremd(38) | W ~ sterben - gleich sterben; glaubt, er würde(57) | W ~ stirbt - er(15) | W ~ tot - alles sei - allein; alles sei totenstill und sie sei | W ~ Umherstreifen in den Feldern | W ~ Verbrechen - begangen; er habe ein Verbrechen(29) | W ~ verfolgt - Feinden, von(30) | W ~ verfolgt; er würde(23)

Gemüt ...

Wahnideen - vergiftet - er - worden; er sei(16) | *e ~ würde vergiftet werden; er*(6)

Wahnideen - vergrößert(42) | W ~ verlassen ; er sei - Freund verlassen worden; sie sei von einem engen | W ~ Verletzung - worden; er sei verletzt(10) | W ~ versinken, er würde(21) | W ~ Visionen, hat(76) | W ~ Wolken - sieht(3)

Waschen - Abneigung gegen Waschen und Baden(16)

Weinen(244) | W ~ morgens(22) | *W ~ abends*(29) | W ~ nachts(81) | *W ~ Gehen im Freien, beim - amel.*(2) | W ~ grundlos(30) | **g ~ ohne zu wissen warum**(6)

Weinen - leicht(16) | W ~ Schlaf, im(88) | W ~ Schweiß, beim(25) | W ~ Stuhlgang - vor(3) | S ~ während(8)

Weinen - unwillkürlich(35) | W ~ Wimmern, Winseln(27)

Widersprüchlich - Worten; die Absichten stehen im Widerspruch zu den(9)

Zerstreut(166)

Zorn(243) | Z ~ nachts(4) | Z ~ Erwachen, beim(16) | Z ~ Kleinigkeiten, über(58) | Z ~ Sprechen - andere Personen sprechen hört; wenn er(6)

Träume

Alpträume, Alpdrücken(144)

Ängstlich(239)

Anstrengung - geistige(51) | A ~ körperliche(20)

Arbeit(4)

Blut(3)

Ereignisse - gelesene - früher gehört, gelesen, gesprochen oder nachgedacht hat; über die man(15) | *E ~ zurückliegende, kurz*(55) | z ~ Vortag, vom(41)

Erschöpfend(45)

Feuer(65) | *F ~ Welt steht in Flammen; die*

Fortsetzung - Gedanken, vorheriger(5)

Gehen(10)

Geschäft(40) | G ~ Einschlafen, beim(2) | G ~ Tage, vom(39)

Hervorragende geistige Arbeit zu leisten(15)

Klettern(4)

Träume ...
Lebhaft(193)
Mord(53)
Mühevoll, müht sich ab(6)
Nachdenken, mit(15)
Projekte; Pläne(4) | P~ wahr; werden (in den Träumen)
Reisen(48)
Rudern
Schrecklich(237) | *S~ Sturz von einer Treppe; nach*
Schwierigkeiten(18)
Schwimmen(9)
Sorgen, voller(21)
Steigen, zu(4)
Stimme, eine
Traurig(46)
Umherzustreifen, querfeldein
Unangenehm(87)
Unerinnerlich, bleiben nicht im Gedächtnis(93)
Unglück(64)
Unwichtig(46)
Verdrießlich(122)
Viele(260)
Wasser(49)
Wecken den Patienten(118) | W~ morgens - 6 h
Wegwerfen, will alles
Welt steht in Flammen; die

– Rhus venenata –

rhus-v.

Gemüt
Abscheu - Leben, vor dem(84)
Betäubung(237)
Froh(182)
Furcht(242)
Gedanken - zusammenhangslos(30)
Konzentration - schwierig(261)
Lebensüberdruß(82)
Mürrisch(290)
Reizbarkeit(408)
Ruhelosigkeit(420) | R~ nachts(249) | n~ Mitternacht - nach(13)
Ruhelosigkeit - Hitze - während(66)

Gemüt ...
Stumpfheit(332)
Traurigkeit(477)
Vergeßlich(187)
Zerstreut(166)

Träume
Erotisch(196)
Lebhaft(193)
Tod(64)
Unglück(64)
Viele(260)

– Rhus vernix –

rhus-ver.

Träume
Mord(53)
Unglück(64)

– Ribonucleicum acidum –

rib-ac.

Gemüt
Fliehen, versucht zu(61)
Gleichgültigkeit, Apathie - allem; gegenüber(71)
Konzentration - schwierig(261)
Lebensüberdruß(82)
Optimistisch(17)
Schreien - Kleinigkeiten, über(2)
Streitsüchtig(136)
Studieren, Lernen - schwierig, fällt schwer(18)
Traurigkeit(477)
Unbesonnen(82)
Weinen(244)

– Robinia pseudacacia –

rob.

Gemüt
Angst - Schreck - nach(12)
Bett - bleiben; möchte im Bett(12)
Düstere; alles - Abneigung(3)
Ehrgeiz - Verlust von(15)
Erregung - Menses - vor(11)
Fanatismus(9)

Gemüt ...
Farben - schwarz - Abneigung(11)
Faulheit(269)
Furcht - nachts(58) | F~ Ersticken, vor dem(24) | F~ Schwarzem; vor allem(2) | F~ Tod; vor dem(143)
Gedächtnis - Gedächtnisschwäche - gedacht hat; für das, was er gerade(18)
Gedanken - Vergehen, Schwinden der Gedanken(76)
Geisteskrankheit, Wahnsinn - erotisch(31)
Hochmütig, arrogant(53)
Jammern(93)
Lachen(102)
Nymphomanie(67)
Religiös - Fanatismus, religiöser(6) | R~ Gemütsstörungen, religiöse(63)
Tanzen(33)
Tod - Gedanken an den Tod(54) | *T~ wünscht sich den Tod, möchte sterben*(72)
Traurigkeit(477)
Unanständig, unzüchtig(21)
Unzüchtig, obszön(34)
Unzufrieden(168)
Wahnideen - Schande; sie sei in(3)
Weinen - Schlaf, im(88)

– *Rosmarinus officinalis* –

rosm.

Gemüt
Angst(362)

– *Rumex acetosa* –

rumx-a.

Gemüt
Bewußtlosigkeit(280)
Stöhnen(119)

– *Rumex crispus* –

rumx.

Gemüt
Alkoholismus(135)
Denken - Abneigung gegen(46)

Gemüt ...
Erregung(287)
Faulheit(269) | F~ morgens(51)
Furcht - Unglück, vor(93) | F~ Unheil; Furcht vor(115)
Gedanken - Stillstand der Gedanken - abends
Geistige Anstrengung - Abneigung gegen(150)
Gesten, Gebärden; macht - Hände; unwillkürliche Bewegungen der - bedecken - Mund mit den Händen; den(4)
Gleichgültigkeit, Apathie(251) | G~ äußere - Dinge; gegen(26) | G~ Umgebung, gegen die(16)
Phantasien - unangenehm(2)
Reizbarkeit(408) | R~ mittags(9)
Ruhelosigkeit(420) | *R~ abends*(51) | R~ nachts(249)
Schlafwandeln(56)
Springen - Bett; aus dem(41)
Suizidneigung; Neigung zum Selbstmord(98) | S~ Traurigkeit, durch(23)
Traurigkeit(477)
Traurigkeit - Suizidneigung, mit(25)

Träume
Absurd(13)
Ängstlich(239)
Autopsien
Enttäuschungen(4)
Ermordet - Männer, ermordete
Ertrinken(19)
Fallen, zu stürzen; zu(60)
Freunde(4) | F~ alten Freunden, von(3) | F~ Besuchen von Freunden
Gefahr(40)
Gegenden, schöne(2)
Hunde(20) | H~ tollwütiger Hund(2) | t~ töten; einen tollwütigen Hund zu
Lebhaft(193)
Leichen(42) | L~ lebendig; werden wieder
Mord(53)
Nacktheit(4)
Pferde - Diebstahl von Pferden(2)
Räuber(36)
Stehlen - Pferd, ein
Töten - tollwütigen Hund, einen

Träume ...
Überschwemmung(5)
Unangenehm(87)
Unfälle(29) | U~ Ertrinken(19)
Verbrechen(8)
Verdrießlich(122)
Verworren(122)
Zorn(58)

– *Russula foetens* –

russ.

Gemüt
Bewußtlosigkeit(280)
Wahnideen(191)

– *Ruta graveolens* –

ruta

Gemüt
Abneigung - allem, gegenüber(39)
Abscheu - Leben, vor dem(84)
Alkoholismus(135)
Angst(362) | A~ tagsüber(21) | A~ nachmittags(32) | A~ abends(87) | A~ nachts - Mitternacht - vor - 23 h(2) | A~ Brust; durch Stechen in der | A~ Erfolg; Angst durch Zweifel am(3) | *A~ Fieber - während*(91) | A~ Furcht, mit(110) | A~ Gewissensangst(75) | A~ Kopfschmerzen, mit(18) | A~ plötzlich(11) | A~ Stechen im Rückgrat; durch
Argwöhnisch(105) | A~ Freunden gegenüber; seinen besten(2)
Auffahren, Zusammenfahren - Berührung, bei(10) | A~ Schlaf - während(163) | S~ durch(124) | *d~ Berührung, durch die geringste*
Auffahren, Zusammenfahren - Schreck oder wie durch Schreck; durch(68)
Betäubung(237)
Bewußtlosigkeit(280) | B~ Bewegungen, automatische(26)
Delirium - Abort - nach
Delirium tremens(84)
Erschöpfung; geistige(217)
Erschreckt leicht - Berührung, durch(2)
Faulheit(269) | F~ Sitzen, im(3)

Gemüt ...
Feigheit(89)
Froh(182)
Furcht(242) | **F~ Tod; vor dem - Fieberhitze, in der**(6) | F~ Unheil; Furcht vor(115) | F~ verletzt zu werden(6) | F~ Wasser, vor(33)
Gedächtnis - Gedächtnisschwäche(284)
Gleichgültigkeit, Apathie(251)
Ideen, Einfälle - Mangel an(102)
Imbezillität(140)
Langsamkeit(68)
Lebensüberdruß(82) | L~ nachmittags(2) | L~ abends(7)
Licht - Verlangen nach(19)
Manie(149)
Mürrisch(290) | M~ nachmittags(30)
Raserei, Tobsucht, Wut(95)
Reizbarkeit(408) | R~ nachmittags(37)
Religiös - Gemütsstörungen, religiöse(63)
Reue(63)
Ruhelosigkeit(420) | R~ nachmittags(25) | R~ abends(51) | R~ nachts(249) | R~ ängstlich(111) | R~ Druck in der Leber; durch | R~ fiebrig(5) | R~ Hitze - während(66) | R~ Kopfschmerzen, bei(31) | R~ Mittagessen - nach(4)
Schreien - Berührung, bei(9) | S~ Erwachen - beim(27)
Schüchternheit, Zaghaftigkeit(113)
Selbstvertrauen - Mangel an Selbstvertrauen(86)
Sitzen - Neigung zu sitzen(110)
Stimmung, Laune - veränderlich(158)
Streitsüchtig(136)
Stumpfheit(332) | S~ morgens - Erwachen, beim(26) | S~ abends(29)
Tod - wünscht sich den Tod, möchte sterben - nachmittags | w~ abends(2)
Traurigkeit(477) | T~ nachmittags(37) | *T~ abends*(76) | T~ ängstlich(32)
Unbesonnen(82)
Unentschlossenheit(146)
Unzufrieden(168) | U~ anderen; mit(2) | U~ sich selbst, mit(36) | s~ alles was er tut; in bezug auf

Gemüt ...

Vergeßlich(187)
Verwirrung, geistige(321) | V ~ morgens(115) | m ~ Erwachen, beim(50)
Verwirrung, geistige - abends(78) | V ~ nachts(19) | V ~ Abort, nach | V ~ Erwachen, beim(71) | V ~ Fieberfrost, im(20)
Verzweiflung(137)
Wahnideen(191) | W ~ betrogen, getäuscht worden; er sei(2) | W ~ Bilder, Phantome; sieht(76) | W ~ drehen - sie - würde sich drehen - Kreis, im(10) | W ~ eingesperrt werden; er solle(10) | W ~ Fallen - Seite hin; auf eine - rechts, nach - Gehen, beim | F ~ vorne, nach - würde nach vorne fallen; sie(15)
Wahnideen - Menschen - hinter ihm; jemand sei(19) | W ~ ruft - jemand(9) | W ~ schlafen; er würde - nicht genug geschlafen; er habe(17) | W ~ sterben - gleich sterben; glaubt, er würde(57) | W ~ Unrecht - begangen; er habe Unrecht(26) | W ~ Verbrechen - begangen; er habe ein Verbrechen(29) | W ~ Verbrechern, von(24)
Weinen(244) | W ~ nachts(81) | W ~ Erwachen, beim(36)
Widerspenstig(66)
Widersprüchlich - Handlungen stehen im Widerspruch zu den Absichten(5)
Widerspruch - Neigung zu widersprechen(38)
Zerstreut(166)
Zorn(243)

Träume

Alpträume, Alpdrücken(144)
Eingeengt zu sein
Erschöpfend(45)
Lebhaft(193)
Traurig(46)
Verdrießlich(122)
Verworren(122)
Viele(260)
Wecken den Patienten(118)

– *Sabadilla* –

sabad.

Gemüt

Alkoholismus(135)

Angst(362) | A~ nachts(119) | A~ Druck; durch - Brust; auf der(14) | A~ Essen - beim(7) | A~ Fieber - während(91) | A~ Gewissensangst(75) | A~ grundlos(7)

Antworten - Abneigung zu antworten(67) | A~ weigert sich zu antworten(32)

Auffahren, Zusammenfahren(117) | A~ morgens, aus dem Schlaf(6) | A~ Geräusche, durch(60) | A~ Kleinigkeiten, über(21) | A~ Schlaf - während(163) | S~ durch(124)

Auffahren, Zusammenfahren - Schreck oder wie durch Schreck; durch(68) | A~ Schweiß, beim(5)

Begreifen, Auffassungsvermögen - leicht(38)

Beschwerden durch - geistige Anstrengung(59) | B~ Schreck(72)

Betäubung(237) | B~ morgens - Aufstehen, nach dem(5)

Bett - springt aus dem Bett, möchte sich umbringen, aber es fehlt ihm der Mut dazu - läuft aufgeregt herum; und

Bewußtlosigkeit(280) | B~ geistige Empfindungslosigkeit(13)

Chaotisch(44)

Delirium(233) | *D~ Fieber; im*(54) | D~ Schlaflosigkeit - mit(45) | D~ Zittern, mit(23)

Denken - Beschwerden - agg.; Denken an seine Beschwerden(71)

Eifersucht(34)

Ekstase - Fieberhitze, in der(5)

Empfindlich(192) | E~ Geräusche, gegen(149) | E~ Umgebung(4)

Erregung(287) | E~ abwechselnd mit - Gleichgültigkeit(4)

Erschöpfung; geistige(217)

Erschreckt leicht(125) | E~ Fieber, im(2)

Faulheit(269)

Froh(182) | F~ Fieberhitze, in der(4)

Gemüt ...

Furcht(242) | F~ Geräusche, durch(40) | F~ grundlos(6) | F~ Krankheit, vor drohender(66) | K~ unheilbar zu sein(42)

Furcht - Magen - Geschwür im; vor(2) | F~ Tod; vor dem(143) | F~ Unheil; Furcht vor(115) | F~ Wasser, vor(33)

Gedächtnis - Gedächtnisschwäche(284)

Gedanken - fehlerhaft, falsch(3) | *G~ Gedankenandrang, einstürmende Gedanken, Gedankenfluß*(78) | G~ abends - Bett, im(17) | G~ Schlaflosigkeit, durch(23)

Gedanken - hartnäckig(83) | h~ getrennt - Geist und Körper seien(3)

Gedanken - schnell(36) | G~ überlegt(54)

Gedanken versunken, in(90)

Gefühllos, hartherzig(21)

Geistesabwesend(71)

Geisteskrankheit, Wahnsinn(153) | G~ abwechselnd mit - Gemütssymptomen; mit anderen(2) | *a~ körperliche Symptome*(7)

Geisteskrankheit, Wahnsinn - Waschen des Kopfes mit kaltem Wasser - amel.

Geistige Anstrengung - agg.(141) | a~ unmöglich(130)

Geistige Anstrengung - Abneigung gegen(150)

Gemütssymptome - abwechselnd mit - körperliche Symptome(18)

Gleichgültigkeit, Apathie(251) | G~ andere Personen, gegen(5) | G~ Spaßen, gegen

Hartherzig, unerbittlich(20)

Heftig, vehement(100)

Hochgefühl(97)

Hochmütig, arrogant(53)

Hypochondrie(116) | H~ eingebildete Krankheit(4)

Hysterie(194) | H~ Schreck - nach

Ideen, Einfälle - Reichtum an, Klarheit des Geistes(125) | R~ abends(17) | R~ nachts(26)

Imbezillität(140)

Katalepsie(20)

Konzentration - schwierig(261)

GEMÜT ...

Lachen(102) | L~ lächerlich, alles erscheint(6)
Läuft umher - Zimmer, im(5)
Lebhaftigkeit - agg.(5)
Lebhaft, munter(50)
Leidenschaftlich(49)
Lustig, fröhlich(123)
Manie(149)
Meditieren, Nachdenken(47)
Mitgefühl, Mitleid(34)
Moralischem Empfinden; Mangel an(48)
Mürrisch(290) | M~ nachts(16) | M~ Erwachen, beim(32) | M~ Schläfrigkeit, bei(9)
Nymphomanie(67) | N~ Würmer, durch
Phantasien - übertrieben(114) | ü~ abends - Bett, im(28)
Phantasien - übertrieben - Fieberhitze, in der(5) | ü~ Schlaflosigkeit, mit(41)
Raserei, Tobsucht, Wut(95) | R~ kalte Anwendungen am Kopf amel.
Reizbarkeit(408) | R~ morgens(69) | R~ nachts(12) | R~ Fieberfrost, im(57)
Religiös - Gemütsstörungen, religiöse(63)
Reue(63)
Ruhe - Verlangen nach(21)
Ruhelosigkeit(420) | R~ nachts(249) | *R~ ängstlich*(111)
Schweigsam(209)
Selbstbetrachtung(58)
Sentimental, schwärmerisch, rührselig(64)
Simuliert - krank zu sein(8)
Sinne - abgestumpft, stumpf(107)
Sorgen, voller - andere, um(14)
Sprechen - Zustand; ängstlich über seinen - weckt die Ehefrau und das Kind - Hypochondrie; bei(2)
Springen - Bett; aus dem(41) | S~ Laufen in leichtsinniger, rücksichtsloser Weise; und
Spucken(32)
Stilles Wesen(49)
Stimmung, Laune - veränderlich(158)

GEMÜT ...

Stumpfheit(332) | S~ Pollutionen - nach(7) | S~ Schweiß, beim(8) | S~ Schwindel; während(22)
Tollwut, Hydrophobie(46)
Traum; wie in einem(69)
Traurigkeit(477)
Traurigkeit - Verbrecher; als sei er der größte
Trost - agg.(39)
Umherstreifen, Streunen - besinnungslos, geisteskrank(11)
Unbehagen(44) | U~ abends(4)
Unglücklich, bedauernswert; fühlt sich(29)
Verwirrung, geistige(321) | V~ morgens - Aufstehen - und nach dem Aufstehen(37) | V~ berauscht - wie(47) | V~ Essen - nach(52) | *V~ Gehen*(37) | V~ Sitzen, im(33)
Wahnideen(191) | **W~ Abdomen - eingefallen; das Abdomen sei** | W~ Abmagerung, von(4) | W~ Benommen - alkoholische Getränke, durch | W~ berauscht - sei, er(59) | W~ Bewegung - alles sei in Bewegung | W~ drehen - Dinge - umeinander drehen; Dinge würden sich | W~ Fallen - festhalten würde; sie würde fallen, wenn sie sich nicht an etwas | W~ Gedanken - außerhalb des Körpers; Gedanken seien | W~ Gegenstände; über - drehen sich - rund herum(4) | W~ Gehirn - herumwirbeln; das Gehirn würde | G~ rund herumdrehen; das Gehirn scheint sich
Wahnideen - getrennt - er sei von sich selbst abgetrennt - abends | g~ Gedanken seien von ihm abgetrennt; fremde(2) | g~ Körper - Seele getrennt; der Körper sei von der(7) | g~ Welt, von der - Gedanken seien abgetrennt; die
Wahnideen - Glieder - krumm, seien | W~ Haus - herabfallen; das Haus würde auf sie | H~ stürzen; als würden Häuser auf sie

Gemüt ...

Wahnideen - herumwirbeln - Dinge - entgegengesetzte Richtung; in die - schließt; wenn er die Augen | **W ~ Hodensack sei geschwollen; sein** | W ~ klein - Körper sei kleiner; der(14) | *W ~ Körper - geschrumpft wie eine Leiche; der Körper sei* | K ~ verunstaltet; irgendein Teil sei(2) | K ~ verwelken, verdorren; würde | **K ~ Zustand seines Körpers; in bezug auf den**(3)

Wahnideen - krank - sein; krank zu(27) | *W ~ Krankheit - unheilbare Krankheit; er habe eine*(18) | W ~ Liegen - hinlegen; als könnte sie sich hinlegen(3) | W ~ Likör - getrunken; sie habe(3) | W ~ Luft - zittriger Bewegung; die Luft sei in | **W ~ Magen - aufgefressen; sein Magen würde** | M ~ Geschwür angefressen; der Magen sei durch ein(3)

Wahnideen - Ohnmacht fallen; er werde(19) | *W ~ Phantasiegebilde, Illusionen*(115) | *W ~ schwanger, sie sei*(14) | W ~ sterben - Zeit zum sterben sei gekommen(6) | W ~ Stimulans eingenommen; er habe ein(2) | W ~ Verbrechen - begangen; er habe ein Verbrechen(29) | W ~ Verbrecher; er sei ein(11) | W ~ vergrößert(42) | v ~ Hodensack sei geschwollen | v ~ Kinn sei; das(2)

Wahnideen - verkleinert - alles sei(6) | *v ~ geschrumpft, Körperteile seien*(2)

Wahnideen - verwelken, verdorren; der Körper würde | W ~ Wein getrunken; er habe

Weinen - Erwachen, beim(36)

Zorn(243) | Z ~ Kleinigkeiten, über(58)

Zurückhaltend, reserviert(64)

Träume

Angenehm(136)

Ängstlich(239)

Anstrengung - geistige(51)

Beeinflußt das Gemüt(14)

Beschäftigt zu sein; sehr(29)

Erotisch(196) | E ~ morgens(8) | E ~ Pollutionen, mit(96)

Träume ...

Fallen, zu stürzen; zu(60)

Geschäft - erfolglos, ist(3)

Helfen, Menschen zu

Hervorragende geistige Arbeit zu leisten(15)

Lebhaft(193)

Nachdenken, mit(15)

Ruhelos(53)

Schrecklich(237)

Unerinnerlich, bleiben nicht im Gedächtnis(93)

Verdrießlich(122)

Verworren(122)

Viele(260)

Wecken den Patienten(118)

– Sabal serrulata –

sabal

Gemüt

Denken - Beschwerden - agg.; Denken an seine Beschwerden(71)

Erregung(287)

Furcht - Schlaf - einzuschlafen; Furcht(18)

Reizbarkeit - sexuellen Verlangens; durch Verlust des | R ~ Trost - agg.(21)

Trost - agg.(39) | a ~ Mitleid, Mitgefühl agg.(15)

Zorn - getröstet, wenn(10)

– Sabina –

sabin.

Gemüt

Angst(362) | A ~ abends(87) | a ~ Bett, im(54)

Angst - nachts(119) | n ~ Mitternacht - vor(36)

Angst - Bett - im Bett(49) | A ~ Fieber - während(91) | A ~ Furcht, mit(110) | A ~ Stuhlgang - vor(24) | *A ~ Zukunft*(108)

Auffahren, Zusammenfahren - Geräusche, durch(60) | A ~ Schlaf - durch(124)

Betäubung(237) | B ~ Kopfschmerz - während | B ~ Schwindel - während(37)

Bewußtlosigkeit(280)

Delirium(233)

Gemüt ...

Empfindlich(192) | *E ~ Geräusche, gegen - geringste Geräusch; gegen das*(29) | G ~ schrille Töne, gegen(16)

Empfindlich - Mangel an Empfindlichkeit(20) | *E ~ Musik, gegen*(46)

Entmutigt(135)

Faulheit(269) | F ~ morgens(51) | F ~ Gehen - beim(6)

Feigheit(89)

Furcht(242) | *F ~ Abort durch Furcht; drohender*(3) | *F ~ Musik, durch*(10) | F ~ Unglück, vor(93) | F ~ Unheil; Furcht vor(115)

Gedächtnis - Gedächtnisschwäche(284) | G ~ Geschäfte, für(13) | G ~ getan hat; für das, was er eben(34)

Gehen - Freien, im - agg. Gemütssymptome(19)

Gleichgültigkeit, Apathie(251) | G ~ freudlos(11)

Hypochondrie(116) | H ~ mürrisch(9)

Hysterie(194)

Imbezillität(140)

Lästig, geht auf die Nerven(79) | L ~ Freien, im(2)

Lasziv, lüstern(77)

Magnetisiert - amel.(20)

Mürrisch(290)

Musik - agg.(40) | M ~ Abneigung gegen(13)

Nymphomanie(67) | N ~ Metrorrhagie, bei(5)

Reizbarkeit(408)

Ruhelosigkeit(470) | R ~ abends(51) | a ~ Bett, im(11)

Ruhelosigkeit - Hitze - während(66)

Schamlos(29)

Schweigsam(209) | S ~ morgens(6) | m ~ Gehen; beim(2)

Sentimental, schwärmerisch, rührselig(64)

Spaßen - Abneigung gegen(22)

Sprechen - Schlaf, im(93) | S ~ schweift von einem Thema zum anderen(47)

Still sein, seine Ruhe haben; möchte - Ruhe und Stille; verlangt nach - Gehen im Freien, beim(5)

Gemüt ...

Stimmung, Laune - veränderlich(158)

Stumpfheit(332)

Traurigkeit(477) | T ~ Freien, im(12)

Traurigkeit - Musik - durch(17)

Trost - agg.(39)

Vergeßlich(187)

Verlassen zu sein; Gefühl(56)

Verwirrung, geistige(321) | V ~ nachmittags(33) | V ~ berauscht - wie nach einem Rausch(35) | V ~ Essen - nach(52) | V ~ Identität; in bezug auf seine - Dualität; Gefühl der(37)

Wahnideen - Fallen - er würde(29) | W ~ Tanzen - Nacht getanzt; er habe die ganze(2)

Weinen(244) | W ~ Ärger, durch(23) | W ~ Erwachen, beim(36) | W ~ Musik; durch(14) | W ~ Schlaf, im(88) | W ~ Schluchzen; Weinen mit(34) | W ~ Zorn - nach(19)

Zorn(243)

Zurückhaltend, reserviert(64) | Z ~ Gehen - Freien, im(3)

Träume

Ängstlich(239)

Anhaltend(7)

Anstrengung - geistige(51) | A ~ körperliche(20)

Beeindruckend(11)

Beeinflußt das Gemüt(14)

Beschäftigt zu sein; sehr(29)

Erfinderisch; einfallsreich(4)

Erfolglose Anstrengungen - Geschäften, in(3)

Erschöpfend(45)

Fallen, zu stürzen; zu(60) | F ~ Höhe herab, von einer - getötet; Männer werden durch Sturz aus der Höhe

Geschäft - Tage, vom(39)

Hartnäckig(29)

Hervorragende geistige Arbeit zu leisten(15)

Intellektuell(23)

Mühevoll, müht sich ab(6)

Nachdenken, mit(15)

Schrecklich(237)

Träume ...
Streitigkeiten(69)
Unwichtig(46)
Verdrießlich(122)
Verworren(122)
Viele(260)
Wecken den Patienten(118)
Zorn(58)

– Saccharum lactis –
sacch-l.

Gemüt
Heimweh(52)
Hysterie(194)
Seufzen(98)
Wahnideen(191) | W ~ ermordet - er würde ermordet - Mutter würde sie ermorden wollen; die | W ~ Fallen - Seite hin; auf eine - rechts, nach(3) | W ~ gelähmt, er sei(5) | W ~ Meer - auf See; er sei - rauher See hin und her geworfen; er würde(2) | W ~ Menschen - hinter ihm; jemand sei(19) | W ~ Schreck - wie erschreckt(10) | W ~ Stücke - zerfallen, in - Erleichterung, in Stücke zu zerfallen; es wäre eine große - zusammenhalten; nur durch große Anstrengung würde sie sich | W ~ zusammenreißen; sie kann sich nur unter großer Anstrengung

– Saccharum officinale –
sacch.

Gemüt
Angst(362)
Auffahren, Zusammenfahren - Schlaf - während(163)
Bescheidenheit, erhöhte
Beschwerden durch - Erregung - Gefühle, der(87) | B ~ Zorn(94)
Fehler; macht - Schreiben, beim(83) | S ~ läßt etwas aus - Worte(14)
Gleichgültigkeit, Apathie(251)
Heftig, vehement(100)
Heimweh(52)
Launenhaftigkeit, launisch(108)

Gemüt ...
Mürrisch(290) | M ~ Kindern, bei(14)
Reizbarkeit(408)
Schaukeln - amel.(13)
Schweigsam(209)
Stöhnen - Kindern, bei(12)
Streitsüchtig(136)
Stumpfheit(332)
Traurigkeit(477) | T ~ abends - 21 h(2) | T ~ Frost - während(37)
Unverschämtheit - Kindern, bei
Wahnideen - Bett - fallen - durch das Bett zu fallen(7) | B ~ sinken - Bett würde sinken; das(13)
Wahnideen - Schwindel - habe; er(8)

– Salamandra maculata –
salam.

Gemüt
Bewußtlosigkeit - Blicken - unten, nach

– Salicylicum acidum –
sal-ac.

Gemüt
Angst(362)
Betäubung(237)
Bewußtlosigkeit(280)
Delirium(233) | D ~ Fieber; im(54)
Erregung(287)
Kummer - still(23)
Redseligkeit; Geschwätzigkeit(136)
Reizbarkeit - Traurigkeit, mit(20)
Sorgen, voller(50)
Sprache - unzusammenhängend(65)
Still sein, seine Ruhe haben; möchte(21)
Stumpfheit(332)
Stupor(138)
Traurigkeit(477)
Vergeßlich(187)
Verwirrung, geistige(321)
Wahnideen(191) | W ~ Musik - glaubt Musik zu hören(13)
Zerstreut(166)

– Salix nigra –
sal-n.

Gemüt
Geisteskrankheit, Wahnsinn - erotisch(31)
Nymphomanie(67)
Satyriasis(26)
Stumpfheit(332)

– Salix purpurea –
sal-p.

Gemüt
Reizbarkeit(408)
Stumpfheit(332)
Wahnideen - Schwindel - beginnt - Ohren beginnen und zum Scheitel drükken; würde vor den

– Sambucus canadensis –
samb-c.

Gemüt
Ruhelosigkeit(420)

– Sambucus nigra –
samb.

Gemüt
Alkoholismus(135)
Angst(362) | *A ~ nachts*(119) | *A ~ Erwachen, beim*(86) | A ~ Furcht, mit(110) | A ~ Schlaf - während(42) | S ~ Auffahren aus dem; beim(4)
Auffahren, Zusammenfahren(117) | A ~ ängstlich(8) | *A ~ Schlaf - während*(163) | *S ~ durch*(124)
Auffahren, Zusammenfahren - Schweiß, beim(5)
Beschwerden durch - Angst(9) | B ~ Erregung - Gefühle, der(87) | *B ~ Kummer*(65) | B ~ Schreck(72) | B ~ Zorn(94) | Z ~ Angst, mit(30) | Z ~ Schreck; mit(22)
Betäubung(237)
Bewußtlosigkeit - Fieber, im(50) | B ~ Schweiß - während(2)

Gemüt ...
Delirium(233) | D ~ periodisch(2) | D ~ Schlaflosigkeit - mit(45) | D ~ Zittern, mit(23)
Empfindlich(192)
Erregung(287)
Erschreckt leicht(125) | E ~ nachts(11)
Fliehen, versucht zu(61)
Furcht(242) | F ~ nachts - Erwachen, nach dem(8) | F ~ Ersticken, vor dem(24) | F ~ unerklärlich, unbestimmt(3)
Heikel, pingelig(34)
Hysterie - Ohnmacht, hysterische(22)
Lachen - abwechselnd mit - Weinen(43)
Lästig, geht auf die Nerven(79)
Mürrisch(290)
Phantasien - übertrieben(114)
Reizbarkeit(408)
Ruhelosigkeit(420) | R ~ Schweiß - während(4)
Schreien(133)
Stimmung, Laune - abweisend, zurückweisend(40)
Stöhnen - Fieberfrost, im(6) | *S ~ Schlaf, im*(62) | *S ~ Rollen des Kopfes und halb geschlossenen Augen; mit*(2)
Stumpfheit(332)
Stupor - Fieber, im(21)
Traurigkeit - Fieberhitze, in der(55)
Unzufrieden(168) | U ~ allem; mit(66)
Verwirrung, geistige(321) | V ~ morgens(115) | m ~ Aufstehen - und nach dem Aufstehen(37)
Verwirrung, geistige - Schweiß, beim(3)
Wahnideen(191) | *W ~ Bilder, Phantome; sieht*(76) | B ~ Schließen der Augen; beim(16) | S ~ Bett, im(5)
Wahnideen - Bilder, Phantome; sieht - schreckliche(60) | B ~ Wand, an der(2)
Wahnideen - Gesichter, sieht(26) | G ~ Schließen der Augen; beim(15)
Wahnideen - Gespenster, Geister, Gestalten - Schließen der Augen; beim(16) | W ~ Phantasiegebilde, Illusionen(115) | P ~ Fieberhitze, in der(7)

Gemüt ...

Wahnideen - Schreck - wie erschreckt - Erwachen, beim(9) | W ~ Visionen, hat - Schließen der Augen; beim(29) | V ~ schrecklich(27) | V ~ Ungeheuern, von(9)

Wahnideen - Wände - Schreckliches an den Wänden; sieht(4)

Weinen(244) | W ~ Husten - während(21) | *W ~ Schlaf, im*(88) | W ~ Verlangen zu weinen - immer; die ganze Zeit(16)

Widerspenstig(66)

Widerwillen(39) | W ~ allem, vor(22)

Zorn(243)

Träume

Angenehm(136)

Erotisch(196) | E ~ Pollutionen, mit(96)

Ertrinken(19)

Lebhaft(193)

Unerinnerlich, bleiben nicht im Gedächtnis(93)

Unfälle - Ertrinken(19)

Viele(260)

– *Sanguinaria canadensis* –

sang.

Gemüt

Alkoholismus(135)

Angst(362) | A ~ Furcht, mit(110)

Auffahren, Zusammenfahren - Schlaf - durch(124)

Bewußtlosigkeit(280)

Delirium(233)

Dunkelheit - amel.(5)

Empfindlich(192) | E ~ Geräusche, gegen(149) | *G ~ schmerzhafte Empfindlichkeit gegen*(10) | G ~ Schritten; gegen das Geräusch von(6)

Empfindlich - Gerüche, gegen(30) | E ~ Licht, gegen(15)

Erkennt - alles - bewegen; kann sich aber nicht - Katalepsie; bei(2)

Erregung(287)

Erschreckt leicht - nachts(11)

Exzentrizität, Überspanntheit(54)

Faulheit(269) | F ~ Wetter, bei feuchtem

Gemüt ...

Furcht(242)

Gedanken - abscheuliche, widerliche Gedanken mit Übelkeit

Gehalten - Verlangen, gehalten zu werden(9) | G ~ amel.; gehalten zu werden(22)

Gesten, Gebärden; macht - Hände; unwillkürliche Bewegungen der(23)

Gleichgültigkeit, Apathie(251) | G ~ Wetter - stürmisches Wetter(2)

Hoffnung, voller(13) | H ~ Genesung, in bezug auf die

Hysterie(194)

Konzentration - schwierig(261) | s ~ nachmittags(5)

Murmeln(55)

Mürrisch(290) | M ~ nachmittags(30)

Phantasien - lasziv(46)

Raserei, Tobsucht, Wut - Beleidigungen, nach(2)

Reizbarkeit(408) | R ~ morgens(69) | R ~ nachmittags(37) | *R ~ Kopfschmerzen, bei*(61) | R ~ Pollutionen, nach(10)

Ruhelosigkeit - nachts(249)

Singen(59)

Sinne - scharf(52)

Spucken(32) | S ~ Galle; von

Stimmung, Laune - veränderlich(158)

Stumpfheit(332)

Stupor(138)

Torpor(26)

Traum; wie in einem(69)

Traurigkeit(477)

Traurigkeit - Pollutionen, durch(23)

Ungeduld(131) | U ~ nachmittags(2)

Verlangen, Wunsch nach - voller Verlangen - unbestimmt(7)

Verwirrung, geistige(321) | V ~ Aufstoßen amel.(3)

Wahnideen - bewegen - alles bewegt sich - schnell und verworren um sie herum | W ~ Eisenbahn - sie sei in einem Eisenbahnwaggon | *s ~ bittet andere, sie festzuhalten; und* | s ~ schüttelt; der sich bewegt und sie

Gemüt ...

Wahnideen - Fahrzeug - rüttelt, erschüttert; sie sei in einem Fahrzeug, das sich bewegt und sie | W~ gelähmt, er sei(5) | W~ Reise; er befinde sich auf einer(12) | *W~ Sprechen - schnell sprechen; alle um sie herum würden*

Wetter - bewölktes Wetter agg.(6)

Zorn(243)

Träume

Ängstlich(239)

Autopsien - Sezieren von Leichen(5)

Beschäftigt zu sein; sehr(29)

Ereignisse - zurückliegende, kurz(55)

Fallen, zu stürzen; zu(60)

Geschäft(40)

Lange Zeit - Wochen und Monate; Ereignisse in ihren Träumen dauern nicht Stunden, sondern

Leichen - Sezieren von Leichen(5)

Reisen(48) | R~ Schiff, mit dem(5)

Schaukeln

Schiff fahren, mit dem(8)

Schrecklich(237)

Sezieren - Leichen, von(5)

Unangenehm(87)

Verdrießlich(122)

Wasser(49)

– *Sanicula aqua* –

sanic.

Gemüt

Angst - Bewegung - agg. - Abwärtsbewegung, nach unten(4)

Argwöhnisch(105)

Auffahren, Zusammenfahren - Schlaf - durch(124)

Beißen - Nägel(33)

Berührt zu werden; Abneigung(46)

Beschäftigung - wechselt ständig die

Dunkelheit - agg.(27) | D~ Abneigung gegen

Eigensinnig, starrköpfig, dickköpfig(107)

Empfindlich(192)

Gemüt ...

Fluchen(44) | F~ zurückhalten, um nicht zu fluchen; muß sich(4)

Furcht - Abwärtsbewegung, vor(10) | F~ Arbeit; vor der(32) | F~ berührt zu werden(38) | F~ Dunkelheit, vor der(40) | F~ Fahren im Wagen; beim(14) | F~ fallen, zu stürzen; zu(28) | F~ Geisteskrankheit(74) | F~ getragen zu werden; Furcht davor(3) | F~ hochgehoben zu werden(3) | F~ Räubern, vor(25) | R~ nachts(2)

Furcht - Unglück, vor(93)

Gedächtnis - Gedächtnisschwäche(284)

Gedanken - wandernd(72)

Geistige Anstrengung - Abneigung gegen(150)

Gesten, Gebärden; macht - Hände; unwillkürliche Bewegungen der - kneten; als würde er Brot

Getragen - Verlangen getragen zu werden(31)

Konzentration - schwierig - Gespräches, während eines(7)

Licht - Verlangen nach(19)

Mürrisch(290)

Reisen - Verlangen nach(28)

Reizbarkeit(408) | R~ abwechselnd mit - Fröhlichkeit, Frohsinn(23) | a~ Lachen(3)

Reizbarkeit - angeblickt, wenn - angesprochen oder berührt; wenn - Kindern; bei(9) | R~ Kindern, bei(29)

Ruhelosigkeit(420) | R~ nachts(249) | R~ ängstlich(111) | R~ Bewegung - amel.(4) | R~ treibt umher(41)

Schreien(133) | S~ abends - 21 h - 21 - 0 h | S~ nachts(8) | S~ hartnäckig(2) | S~ Kindern, bei(38) | K~ Erwachen, beim(2)

Schreien - Urinieren - vor dem(7)

Sprechen - langsam; lernt(15)

Stimmung, Laune - veränderlich(158)

Stößt, tritt(11) | S~ gereizt, stößt, tritt und schimpft beim Gehen; das Kind ist(2)

Traurigkeit(477) | T~ Druck im Bereich der Brust; durch(3)

Gemüt ...

Traurigkeit - Schwangerschaft, in der(7)
Unentschlossenheit(146)
Unternimmt - Vieles, hält aber bei nichts durch, bleibt nicht dabei(28)
Vergeßlich(187)
Wahnideen - geht - hinter ihm gehen; jemand würde(7) | W~ geisteskrank - er sei geisteskrank(4) | W~ Menschen - hinter ihm; jemand sei(19) | h~ Gehen, beim - Dunkelheit, in der(2) | h~ schleichen sich von hinten heran
Wahnideen - nachgeben - alles unter ihm würde nachgeben | W~ seekrank, er sei - Reiten im Dunklen; nach
Wandern - Verlangen zu wandern(15)
Weinen - Schwangerschaft, in der(8)
Zorn - Berührung, bei(5) | Z~ Erwachen, beim(16) | Z~ Kleinigkeiten, über(58)

Träume

Erotisch(196)
Gewissensbisse(11)
Mord(53)
Räuber(36) | R~ schläft nicht wieder ein, bevor nicht das Haus durchsucht ist; und(2)

– *Santoninum* –

santin.

Gemüt

Bewußtlosigkeit(280)
Delirium(233) | D~ Schlaf - während(26)
Erregung(287)
Konzentration - schwierig(261)
Lachen(102) | L~ hysterisch(7)
Reizbarkeit(408)
Ruhelosigkeit(420)
Selbstvertrauen - Mangel an Selbstvertrauen(86)
Stumpfheit(332)
Tanzen(33)
Traurigkeit(477)
Unentschlossenheit(146)
Verlangen, Wunsch nach - voller Verlangen - allem, nach

Gemüt ...

Wahnideen(191) | W~ Gestalten - sieht(33) | W~ Kirschen, sieht | W~ Tiere(42) | W~ Visionen, hat(76)
Zerstreut(166)

– *Saponinum* –

sapin.

Gemüt

Abscheu - allgemeiner(42)
Bewußtlosigkeit(280)
Delirium(233)
Gedächtnis - Gedächtnisschwäche(284)
Geistige Anstrengung - Abneigung gegen(150)
Gesellschaft - Abneigung gegen(156) | A~ Menses, während(4)
Mürrisch(290)
Reizbarkeit(408) | R~ geistige Anstrengung; durch(3)
Ruhelosigkeit - nachmittags(25) | R~ nachts(249)
Still sein, seine Ruhe haben; möchte - nachmittags
Stimmung, Laune - veränderlich(158)
Stumpfheit(332)
Tadelsüchtig, krittelig(80) | T~ Beschäftigung amel.
Traurigkeit(477)
Traurigkeit - Menses - nach(7)

Träume

Erotisch(196)

– *Sarcolacticum acidum* –

sarcol-ac.

Gemüt

Angst - Körperübungen, durch - durch
Entmutigt(135)
Faulheit(269)
Reizbarkeit(408)
Traurigkeit(477)
Zorn - Kleinigkeiten, über(58)

– *Sarothamnus scoparius* –

saroth.

Gemüt

Erregung(287) | E~ nachts(40)
Faulheit(269)
Gedanken - Vergehen, Schwinden der Gedanken(76)
Gleichgültigkeit, Apathie(251)
Initiative, Unternehmungsgeist; Mangel an(7)
Konzentration - schwierig(261)
Qualvolle Angst(121)
Reizbarkeit(408) | R~ Kleinigkeiten, durch(34)
Ruhelosigkeit(420)
Satyriasis(26)
Stumpfheit(332)
Traurigkeit(477) | T~ Kleinigkeiten, um(8)
Zerstreut(166)
Zorn(243)

Träume

Angenehm(136)
Aufregend(14) | A~ Auffahren, mit
Farbig(4)
Mord(53)
Selbstverherrlichung
Tief
Tod(64)
Verstorbenen, von(84)

– *Sarracenia purpurea* –

sarr.

Gemüt

Aktivität; Verlangen nach - abwechselnd mit - Gleichgültigkeit | A~ geistige Aktivität - abwechselnd mit - Gleichgültigkeit(3)
Angst - allem, vor | A~ Gewissensangst(75)
Argwöhnisch(105)
Beschimpfen, beleidigen, schmähen(67)
Boshaft(99)
Delirium(233)
Erschreckt leicht(125)
Faulheit(269)

Gemüt ...

Froh(182)
Gedächtnis - Gedächtnisschwäche(284)
Gewissenhaft, peinlich genau in bezug auf Kleinigkeiten(58)
Gleichgültigkeit, Apathie(251)
Idiotie(45)
Konzentration - schwierig(261)
Lachen(102)
Launenhaftigkeit, launisch(108)
Neid(22)
Niederträchtig(11)
Ruhelosigkeit(420)
Spannkraft(3)
Stumpfheit(332) | S~ morgens(54)
Suizidneigung; Neigung zum Selbstmord(98)
Tadelt - sich selbst(36)
Traurigkeit(477) | T~ morgens(71) | T~ mittags(5) | T~ Kopfschmerzen, bei(30)
Vergeßlich(187)
Wahnideen - Kopf - leicht; der Kopf sei(2) | W~ Musik - glaubt Musik zu hören(13) | W~ Schande zu bringen; über jemanden - Familie oder Freunde gebracht; er habe Schande über | W~ Verbrecher; er sei ein(11)
Weinen - Schlaf, im(88) | W~ unwillkürlich(35)

Träume

Merkwürdig, wunderlich(10)
Musik(2)
Schrecklich(237)

– *Sarsaparilla officinalis* –

sars.

Gemüt

Abneigung - allem, gegenüber(39) | a~ vormittags
Alkoholismus(135)
Angst(362) | A~ vormittags(15)
Auffahren, Zusammenfahren - abends - Einschlafen, beim(19) | A~ Schlaf - während(163) | *S~ durch*(124) | S~ Einschlafen, beim(72)

Gemüt ...

Auffahren, Zusammenfahren - Schläfrigkeit, bei(13) | A~ Schreck oder wie durch Schreck; durch(68) | A~ Träumen, in - aus einem Traum(35)

Beleidigt, leicht(79)

Betäubung(237) | B~ morgens(13)

Bewußtlosigkeit(280) | *B~ Menses - während*(13) | B~ Schwindel, bei(46) | B~ Stehen, im(8)

Denken - Beschwerden - agg.; Denken an seine Beschwerden(71)

Empfindlich(192) | E~ Schmerz, gegen(31)

Erregung - Hitze - während der Hitze; Erregung(23)

Erschöpfung; geistige(217)

Faulheit(269) | F~ Schläfrigkeit, bei(29)

Fehler; macht - Schreiben, beim - falsch - Worte(16)

Fleißig, arbeitsam, Arbeitswut(101) | F~ nachmittags | F~ Fieberhitze, in der(4)

Froh(182) | F~ tagsüber(7) | F~ nachmittags(14)

Furcht(242) | F~ genesen; er werde nicht - Menopause, in der | F~ Schlaf - vor(10) | F~ zittrig(36)

Gedanken versunken, in(90)

Geistesabwesend(71)

Geistige Anstrengung - agg.(141) | a~ unmöglich(130)

Gespräche - agg.(45)

Gesten, Gebärden; macht - Hände; unwillkürliche Bewegungen der - kratzt sich die Oberschenkel | H~ Spinnen und Weben(3)

Gleichgültigkeit, Apathie(251) | G~ vormittags(3) | G~ Schläfrigkeit, bei(25) | G~ Vergnügen, gegen(46)

Imbezillität(140)

Konzentration - schwierig(261)

Lästig, geht auf die Nerven(79)

Launenhaftigkeit, launisch(108) | L~ nachmittags(2)

Lustig, fröhlich(123) | L~ abends(29)

Gemüt ...

Mürrisch(290) | M~ morgens(42) | M~ vormittags(19) | M~ nachmittags(30) | M~ Arbeit; mit Neigung zur | M~ Fliege an der Wand; durch eine

Nachahmung, Imitation(8)

Qualvolle Angst(121)

Reizbarkeit(408) | R~ tagsüber(32) | R~ morgens(69) | R~ nachmittags(37) | R~ Menses - während(42)

Ruhelosigkeit - nachts(249) | n~ Mitternacht - vor(12)

Schmollen(41)

Schreien(133) | *S~ Urinieren - vor dem*(7)

Schweigsam(209)

Selbstbetrachtung(58)

Singen(59)

Spaßen(52)

Stilles Wesen(49)

Stimmung, Laune - abweisend, zurückweisend(40) | **S~ veränderlich**(158) | **S~ wechselnd, wechselhaft**(80)

Stöhnen(119)

Stumpfheit(332) | S~ vormittags(17)

Stupor(138)

Traum; wie in einem(69)

Traurigkeit(477) | T~ morgens(71) | T~ vormittags(12) | v~ amel.(2)

Traurigkeit - Masturbation, durch(16)

Traurigkeit - Pollutionen, durch(23) | *T~ Schmerzen, durch*

Ungeduld(131) | U~ Jucken, durch(2)

Ungeschicklichkeit(41)

Unglücklich, bedauernswert; fühlt sich(29)

Unzufrieden(168) | U~ allem; mit(66)

Verlassen zu sein; Gefühl(56)

Verweilt - erinnert sich - alten Kummer, an(3)

Verwirrung, geistige(321) | V~ morgens(115) | V~ abends(78) | a~ amel.

Verwirrung, geistige - Sitzen, im(33)

Wahnideen - Bett - gefesselt; durch einen Sog ans | W~ Bilder, Phantome; sieht - schreckliche(60) | W~ Freunde, er habe keine(3) | W~ Gespenster, Geister, Gestalten - sieht(55)

Gemüt ...
Wahnideen - Körper - zerbrechlich; er sei(7) | W~ Schreck - wie erschreckt - Erwachen, beim(9) | W~ tot - Personen, sieht tote(59)
Weinen(244) | W~ morgens(22) | W~ vormittags(2) | *W~ Urinieren - vor*(3) | *U~ während*(2)
Widerspenstig(66)
Widerspruch - verträgt keinen Widerspruch(73)
Widerwillen(39) | W~ allem, vor(22)
Zerstreut(166)
Zorn(243) | Z~ Ärger, über früheren(6) | Z~ vergangene Ereignisse; über(5)
Zweifelt - Genesung; an der - Menopause, in der

Träume
Alpträume, Alpdrücken(144)
Angenehm(136)
Ängstlich(239)
Anstrengung - geistige(51)
Ereignisse - gelesene - früher gehört, gelesen, gesprochen oder nachgedacht hat; über die man(15) | E~ zurückliegende, kurz(55) | z~ Vortag, vom(41)
Erotisch(196) | *E~ Erektionen, mit*(27) | E~ Liegen, beim - Seite, auf der rechten | *E~ Pollutionen, mit*(96)
Exkremente(6) | E~ Stuhl(5)
Fallen, zu stürzen; zu(60)
Geschäft(40) | G~ Tage, vom(39)
Gespenster(38) | G~ kämpfen; mit Gespenstern zu(3) | G~ weiße
Kämpfe(54) | K~ Gespenstern, mit(3)
Schlittenfahrten(2)
Schrecklich(237)
Spinnen (Handwerk)(2)
Spinnen (Tiere)(4)
Stuhl(5)
Unerinnerlich, bleiben nicht im Gedächtnis(93)
Unfälle(29)
Unglück(64)
Unheil
Unwichtig(46)
Verdrießlich(122)

Träume ...
Verstorbenen, von(84) | V~ Verwandte(8)
Viele(260)
Wecken den Patienten(118)
Zorn(58)

– *Scopolaminum bromatum* –

scopin.

Gemüt
Wahnideen - lebhaft(26)

– *Scrophularia nodosa* –

scroph-n.

Gemüt
Angst - Zukunft(108)
Beschwerden durch - Zorn(94)
Bewußtlosigkeit(280)
Stupor(138)
Wahnideen - Gegenstände; über - erscheinen bei geschlossenen Augen
Zorn(243)

Träume
Schrecklich(237)

– *Scutellaria laterifolia* –

scut.

Gemüt
Auffahren, Zusammenfahren(117) | A~ Schlaf - durch(124)
Beschwerden durch - Erregung - Gefühle, der(87) | B~ geistige Anstrengung(59)
Delirium tremens(84)
Empfindlich - Schmerz, gegen(31)
Erregung(287)
Erschreckt leicht(125)
Froh(182)
Furcht - geschehen; etwas werde(82)
Geistige Anstrengung - Abneigung gegen(150)
Hysterie(194)
Konzentration - schwierig(261) | s~ Studieren(52)

Gemüt ...
Ruhelosigkeit(420) | R~ abends(51)
Stumpfheit - morgens - Aufstehen, beim(6)
Tollwut, Hydrophobie(46)
Traurigkeit(477)
Verwirrung, geistige - geistige Anstrengung - durch(50)

Träume
Alpträume, Alpdrücken(144)
Schrecklich(237)
Verdrießlich(122)

– *Secale cornutum* –

sec.

Gemüt
Abscheu - allgemeiner(42) | A~ Leben, vor dem(84)
Albernes Benehmen(65) | A~ Krämpfen; bei den
Alkoholismus(135)
Angst(362) | *A~ Fieber - während*(91) | A~ Frost - während(31) | **A~ Furcht, mit**(110) | A~ geistige Anstrengung; durch(20) | A~ Menses - während(33) | M~ nach(4)
Angst - Stuhlgang - während(20)
Antworten - Abneigung zu antworten(67) | A~ kurz angebunden(19) | A~ weigert sich zu antworten(32) | A~ zögernd(2)
Argwöhnisch(105)
Auffahren, Zusammenfahren - Schlaf - während(163) | S~ durch - komatösem Schlaf, aus(3)
Außer sich; ist(51)
Beißen(35)
Beschwerden durch - Schreck(72) | B~ sexuell - Exzesse(59) | B~ Zorn(94)
Betäubung(237) | *B~ Konvulsionen, zwischen den*(11) | B~ Schwindel - während(37)
Bewußtlosigkeit(280) | B~ Bewegungen, automatische(26) | **B~ Entbindung, während der**(8) | B~ geistige Empfindungslosigkeit(13) | B~ Konvulsionen - nach(12) | *B~ Schwangerschaft, in der*(4)

Gemüt ...
Bewußtlosigkeit - Schwindel, bei(46) | B~ unvollständig(15) | B~ vorübergehend(24)
Boshaft(99)
Chaotisch(44)
Delirium(233) | D~ nachts(67) | D~ Absurdes, tut | D~ aufgeweckt wird; wenn er(4) | *D~ brummt*(44) | *D~ erotisch*(12) | *D~ Fieber; im*(54) | *D~ heftig*(26) | D~ Konvulsionen - nach(5) | D~ Kopfschmerz - während(16) | D~ Lachen(20) | *D~ manisch*(47) | D~ mild(10) | *D~ nackt sein; möchte im Delirium*(7) | **D~ rasend**(84) | D~ ruhig(23) | D~ Schlaf - während - komatös(8) | D~ Schläfrigkeit, bei(14) | D~ schrecklich(26) | D~ Sepsis, durch(13) | D~ Steigerung der Kräfte; mit(6) | D~ still(2) | D~ Umherstreifen(9) | D~ verläßt ihre Verwandten | D~ Wasser, springt ins(2)
Demenz - senilis, Dementia(25)
Destruktivität, Zerstörungswut(41)
Eigensinnig, starrköpfig, dickköpfig(107) | E~ Kinder(18)
Empfindlich - Geräusche, gegen(149)
Entbindung - nach der Entbindung; Gemütssymptome(9)
Entmutigt(135)
Erregung(287) | E~ fiebrig(11)
Erschöpfung; geistige(217) | E~ Konvulsionen, durch(2)
Faulheit(269) | F~ körperlich(23)
Fehler; macht - Sprechen, beim(81)
Feigheit(89)
Froh(182)
Furcht(242) | F~ Krankheit, vor drohender - unheilbar zu sein(42) | F~ Manie; bei | F~ Menses - vor(12) | M~ während(9)
Furcht - Tod; vor dem(143) | T~ drohendem Tod, vor(17) | T~ Menses - vor(6)
Furcht - Unheil; Furcht vor(115)
Gedächtnis - Gedächtnisschwäche(284) | G~ Eigennamen; für(44)
Gedanken - hartnäckig(83) | G~ unangenehm(21)
Geistesabwesend(71)

GEMÜT ...

Geisteskrankheit, Wahnsinn(153) | G~ benimmt sich wie ein Verrückter(8) | G~ Lachen, mit(6) | *G~ Wochenbett, im*(35)
Geschmacklosigkeit bei der Wahl der Kleidung(11)
Gesellschaft - Abneigung gegen(156)
Gesten, Gebärden; macht - Hände; unwillkürliche Bewegungen der - klatscht - über dem Kopf zusammen; die Hände | G~ konvulsivisch(24)
Gewissenhaft, peinlich genau in bezug auf Kleinigkeiten(58)
Gleichgültigkeit, Apathie(251) | G~ allem; gegenüber(71) | *G~ Entblößung ihres Körpers; gegen die*(6)
Herausfordernd(22)
Hochgefühl(97)
Hochmütig, arrogant(53)
Hysterie(194) | H~ Menses - während(27)
Idiotie(45)
Imbezillität(140)
Jammern(93)
Kämpfen, möchte(10)
Konzentration - schwierig(261)
Lachen(102) | *L~ außer sich, schlägt die Hände über dem Kopf zusammen; sie ist Abort; nach* | *L~ sardonisch*(26) | L~ spasmodisch(49)
Launenhaftigkeit, launisch(108)
Lebensüberdruß(82)
Manie(149) | M~ gewalttätig(6) | *M~ Raserei, mit*(27) | M~ Wochenbett ; im(9)
Murmeln(55)
Nackt sein, möchte(13) | *N~ Delirium, im*(7)
Nymphomanie - Menses - während(7) | N~ Metrorrhagie, bei(5)
Phantasien - übertrieben(114)
Qualvolle Angst(121)
Raserei, Tobsucht, Wut(95) | R~ Beißen, mit(8) | R~ boshaft, bösartig(9) | R~ gefesselt werden, muß(6) | R~ Schlaf - gefolgt von anhaltendem tiefem | R~ Suizidneigung, mit(3) | R~ töten; versucht Menschen zu(4)
Redseligkeit; Geschwätzigkeit(136)
Reißt - sich - Genitalien; an den

GEMÜT ...

Reizbarkeit(408)
Reue(63)
Ruhelosigkeit(420) | R~ Frauen, bei(7) | R~ Hitze - während(66) | R~ Menses - während(40)
Schamlos(29) | *S~ entblößt den Körper*(6)
Schaukeln - amel.(13)
Schreien(133) | S~ Raserei; während der(11)
Schüchternheit, Zaghaftigkeit(113)
Schweigsam(209)
Sentimental, schwärmerisch, rührselig(64)
Seufzen(98)
Sinne - abgestumpft, stumpf(107) | S~ Vergehen, Schwinden der(51)
Sitzen - Neigung zu sitzen(110)
Spaßen(52)
Spotten - Sarkasmus, beißender Spott(14) | S~ Verwandten, über seine
Sprache - langsam(59) | *S~ leise, sanfte Stimme*(8) | *S~ unklar, unverständlich*(20) | S~ verworren(25) | S~ zögernd(22)
Sprechen - schweift von einem Thema zum anderen(47)
Spucken(32)
Stöhnen(119) | S~ nachts(10)
Stumpfheit(332)
Stupor(138)
Suizidneigung; Neigung zum Selbstmord(98) | S~ Ertränken, durch(19) | S~ stürzt sich - Fluß, in einen(3) | s~ Tiefe, in die(24)
Tod - wünscht sich den Tod, möchte sterben(72)
Töten, Verlangen zu(32)
Traurigkeit(477)
Unbehagen(44)
Verächtlich(35) | V~ Verwandten; gegenüber seinen
Vergeßlich(187) | *V~ Koitus, nach* | *V~ sexuellen Exzessen, nach*(6)
Vergnügen - Schlaflosigkeit, bei
Verlassen zu sein; Gefühl(56)
Verläßt - Verwandte

Gemüt ...

Verwirrung, geistige(321) | V~ nachts(19) | V~ Identität; in bezug auf seine - Dualität; Gefühl der(37)

Verzweiflung(137)

Wahnideen(191) | W~ nachts(36) | W~ berauscht - sei, er(59) | s~ Entkleiden, beim

Wahnideen - Bett - fallen - durch das Bett zu fallen(7) | B~ jemand - im Bett; als sei jemand - mit ihm(13) | B~ sinken - Bett würde sinken; das(13) | B~ Schließen der Augen; beim

Wahnideen - Bilder, Phantome; sieht - schreckliche(60) | W~ doppelt - sein, doppelt zu(30) | W~ Fallen - er würde - Erwachen; beim(2) | W~ Gestalten - sieht(33) | W~ heftig(4) | W~ Kopf - Wirbeln im Kopf(5) | W~ krank - zwei kranke Personen seien im Bett, einer von ihnen wird gesund, der andere nicht | W~ Phantasiegebilde, Illusionen(115) | W~ Tiere(42) | W~ Visionen, hat(76) | V~ Schließen der Augen; beim(29)

Wahnideen - weit weg; wie - Kopf, im | W~ Zimmer - Meeres; das Zimmer sei wie die Gischt eines aufgewühlten

Weinen(244) | W~ Menses - während(27)

Zerreißt - Dinge im allgemeinen(21)

Träume

Alpträume, Alpdrücken(144)

Ängstlich(239)

Anstrengung - geistige(51)

Schrecklich(237)

Viele(260)

– Sedinha –

sedi.

Träume

Krokodile

Lächerlich(15)

Mord(53)

Verfolgt zu werden - Krokodilen, von

– Selenium metallicum –

sel.

Gemüt

Abneigung - Menschen; gegen - bestimmte; gegen(14)

Alkoholismus(135) | **A~ Menses, vor den**

Angst(362) | A~ Gesundheit; um die - eigene Gesundheit; um seine(57) | A~ Studieren, Lernen; beim

Argwöhnisch(105)

Auffahren, Zusammenfahren - abends - Einschlafen, beim(19) | *A~ Schlaf - Einschlafen, beim*(72)

Begreifen, Auffassungsvermögen - leicht(38)

Beschwerden durch - Ausschweifungen(10) | B~ geistige Anstrengung(59) | B~ sexuell - Exzesse(59) | B~ Zorn(94)

Betäubung(237) | B~ wacht nur schwer auf(5)

Bewußtlosigkeit(280) | B~ Erwachen - nach(4)

Delirium(233) | D~ Schlaflosigkeit - mit(45)

Delirium tremens(84)

Ekstase(59)

Empfindlich - bestimmte Personen, gegen(7)

Erotisch(39)

Erregung(287) | E~ agg.(41)

Erschöpfung; geistige(217) | E~ Fieber - nach Fieber; lange anhaltend | *E~ Pollutionen, nach*(7) | E~ sexuellen Exzessen; nach

Fanatismus(9)

Fehler; macht - Sprechen, beim(81) | S~ Silben - falsche Silben; gebraucht(4)

Furcht - Apoplexie, vor(36) | F~ Arbeit; vor der(32) | F~ Beschäftigung, vor | F~ Gesellschaft, vor(5) | *F~ Krankheit, vor drohender*(66) | F~ Männern, vor(30) | F~ Menschen, vor(81) | F~ Menschenmenge; in einer(58)

Gedächtnis - Gedächtnisschwäche(284) | G~ geistige Anstrengungen; für(26) | G~ Geschäfte, für(13)

Gemüt ...

Gedächtnis - verwirrt, Gedächtnisverwirrung(8)

Gedanken - drängen auf ihn ein und schwirren durcheinander - sexuell(10) | *G~ sexuell*(21) | *s~ Impotenz, mit*

Gedanken versunken, in(90)

Geistesabwesend(71)

Geistige Anstrengung - agg.(141) | *a~ ermüdet*(20) | a~ unmöglich(130) | *u~ sexuellen Exzessen; nach*(3)

Geistige Anstrengung - Abneigung gegen(150)

Geschäft - unfähig zu(8)

Gesellschaft - Abneigung gegen(156) | *A~ Freunden, von engsten*(10)

Gleichgültigkeit, Apathie(251) | G~ allem; gegenüber(71) | G~ Umgebung, gegen die(16)

Grausamkeit, Unmenschlichkeit(30)

Heikel, pingelig(34)

Hypochondrie(116)

Ideen, Einfälle - Mangel an(102)

Imbezillität(140)

Konzentration - schwierig(261)

Lachen - spasmodisch(49)

Lasziv, lüstern(77) | *L~ Impotenz, mit*(4)

Mürrisch(290) | *M~ Koitus, nach*(7)

Nachtschwärmerei, Schwelgerei(11)

Phantasien - abstoßend, wenn allein(3) | *P~ lasziv*(46) | *l~ Impotenz, mit*(5)

Redseligkeit; Geschwätzigkeit(136) | R~ abends(10) | R~ erregt(4) | *R~ Schweiß, beim*(8) | R~ wechselt schnell von einem Thema zum anderen(20)

Reizbarkeit(408) | *R~ Koitus - nach*(26) | R~ Menopause, in der(2) | R~ Pollutionen, nach(10) | R~ Samenabgang, nach(8)

Religiös - Fanatismus, religiöser(6) | R~ Gemütsstörungen, religiöse(63) | R~ Melancholie(21)

Reue(63)

Schüchternheit, Zaghaftigkeit - schamhaft(58)

Sentimental, schwärmerisch, rührselig(64)

Seufzen(98)

Gemüt ...

Singen - agg. Beschwerden(4)

Sinne - abgestumpft, stumpf(107)

Sprache - stammelnd(10)

Sprechen - agg. die Beschwerden(34) | S~ Schlaf, im(93) | S~ rechnet

Stöhnen(119)

Stumpfheit(332) | S~ gehört hat; in bezug auf das, was er | S~ geistige Anstrengung, durch(27) | S~ Lesen(35) | L~ hört oder liest; in bezug auf das, was er

Stumpfheit - sexuellen Exzessen, nach(3)

Theoretisieren(20)

Traurigkeit(477) | T~ vormittags(12) | T~ abends(76) | T~ Frost - während(37) | T~ Koitus, nach(8) | T~ Kopfschmerzen, bei(30)

Traurigkeit - periodisch(10) | T~ Schweiß, beim(29)

Unzufrieden(168) | U~ Koitus, nach(2)

Vergessen - Schlaf wieder an Vergessenes; erinnert sich im(2)

Vergeßlich(187) | V~ Geschäfte; in bezug auf | V~ Schlaf erinnert er sich an alles Vergessene; im(2)

Verwirrung, geistige(321) | V~ Koitus - nach(10) | *V~ Pollutionen, durch*(2)

Verzweiflung(137)

Wahnideen(191)

Weinen - Fieberfrost - im(25)

Zerstreut(166)

Zorn(243) | Z~ Kleinigkeiten, über(58)

Zügellosigkeit, sexuelle Ausschweifung(32)

Zweifelt - Seelenheil, am(18)

Träume

Ängstlich(239)

Anstrengung - körperliche(20)

Arbeit(4)

Bekannte - entfernte(4)

Ereignisse - vergessene; längst(15) | E~ zurückliegende, kurz(55) | z~ Vortag, vom(41)

Erotisch(196) | E~ Pollutionen, mit(96)

Feuer(65)

Geschäft(40) | G~ Tage, vom(39) | G~ vergessen hat; Geschäfte, die er am Tage

Träume ...

Grausamkeit(7)
Historisch(18)
Mord(53)
Räuber(36)
Reisen(48)
Schrecklich(237)
Streitigkeiten(69)
Unerinnerlich, bleiben nicht im Gedächtnis(93)
Unglück(64)
Unwichtig(46)
Verworren(122)
Viele(260)
Zorn(58)

– Senecio aureus –

senec.

Gemüt

Abneigung - Familienmitglieder; gegen(19)
Beißen - Nägel(33)
Beschwerden durch - Heimweh(8)
Bewußtlosigkeit - Anstrengung, nach(9)
Ekstase - abwechselnd mit - Traurigkeit
Ernst(77)
Erotisch(39)
Erregung(287) | E~ Menses - während(14)
Froh - abwechselnd mit - Traurigkeit(57)
Gedächtnis - gut, aktiv(91)
Gedanken - überlegt - abends | G~ Vergangenheit, an die - abends | G~ Zukunft, vor der(6)
Gehobene Stimmung - abwechselnd mit - Traurigkeit
Geisteskrankheit, Wahnsinn - Wochenbett, im(35)
Heimweh(52)
Hochgefühl(97)
Hysterie(194) | *H~ nachts* | *H~ Schlaflosigkeit, mit*(5)
Ichbezogenheit, Egotismus, Selbstüberschätzung(24)
Konzentration - schwierig(261)
Manie(149) | M~ Wochenbett ; im(9)
Reizbarkeit(408)

Gemüt ...

Ruhelosigkeit - nachts(249) | n~ Mitternacht - vor(12)
Ruhelosigkeit - Frauen, bei(7)
Schweigsam - Menses; während(5)
Selbstsucht, Egoismus(32)
Stimmung, Laune - veränderlich(158)
Traurigkeit(477) | T~ abends(76)
Traurigkeit - Menses - während(35)
Verwirrung, geistige(321)
Wahnideen - Fallen - vorne, nach - würde nach vorne fallen; sie(15)
Weinen(244)
Zorn(243)

Träume

Angenehm(136)
Ereignisse - vergangene, längst(16) | E~ vergessene; längst(15) | E~ zurückliegende, kurz(55) | z~ Vortag, vom(41)
Erotisch(196) | E~ Pollutionen, mit(96)
Intellektuell(23)
Kämpfe(54)
Lebhaft(193)
Pferde(18)
Schiff fahren, mit dem(8)
Schreiben
Unangenehm(87)
Unternehmungslustig(3)
Verworren(122)
Viele(260)
Waggons(2)

– Senecio jacobaea –

senec-j.

Gemüt

Traurigkeit(477)

– Senega –

seneg.

Gemüt

Abscheu - allgemeiner(42)
Albernes Benehmen(65)
Angst(362) | A~ Bewegung - amel.(12) | A~ Ruhe, in der(4)

Gemüt ...

Auffahren, Zusammenfahren - Schlaf - während(163) | A~ Schläfrigkeit, bei(13)
Beschimpfen, beleidigen, schmähen(67)
Beschwerden durch - Kränkung, Demütigung(39)
Betäubung(237)
Bewußtlosigkeit(280) | B~ Augen - Druck in den Augen und Sehstörung
Chaotisch(44)
Empfindlich(192) | E~ Geräusche, gegen(149) | G~ schmerzhafte Empfindlichkeit gegen(10)
Ernst(77) | E~ abends(2)
Erregung(287) | E~ fiebrig(11)
Erschöpfung; geistige(217)
Faulheit(269) | F~ morgens(51)
Fleißig, arbeitsam, Arbeitswut(101)
Froh(182) | F~ gefolgt von - Reizbarkeit(7)
Furcht(242) | F~ Ersticken, vor dem(24)
Gedächtnis - gut, aktiv(91) | g~ vergangene Ereignisse, für(5)
Gedächtnis - Gedächtnisschwäche(284)
Gedanken - Stillstand der Gedanken(10)
Geisteskrankheit, Wahnsinn(153)
Geistige Anstrengung - Verlangen nach(65)
Gleichgültigkeit, Apathie(251)
Heftig, vehement(100)
Hoffnung, voller(13)
Hypochondrie(116)
Imbezillität(140)
Kindisches Benehmen(52)
Konzentration - schwierig(261)
Lebhaft, munter(50)
Leidenschaftlich(49)
Liebevoll, voller Zuneigung, herzlich(37)
Lustig, fröhlich(123) | L~ albern(8)
Manie(149)
Mürrisch - vormittags(19)
Phantasien - übertrieben(114)
Raserei, Tobsucht, Wut(95) | R~ abwechselnd mit - Fröhlichkeit, Frohsinn(6)
Reizbarkeit(408) | R~ morgens(69) | R~ vormittags(25)
Ruhelosigkeit(420)

Gemüt ...

Schreien(133)
Seelenruhe, Gelassenheit(85)
Stimmung, Laune - veränderlich(158) | S~ wechselnd, wechselhaft(80)
Streitsüchtig(136)
Stumpfheit(332)
Stupor(138)
Traurigkeit(477) | T~ abends(76)
Unbehagen - Essen, nach dem - Abendessen, nach dem(3)
Unentschlossenheit(146)
Verspielt(13)
Verwirrung, geistige(321) | V~ morgens(115)
Wahnideen - Blut - hört zu fließen auf, stockt - Schwindel; bei
Weinen - Kindern; bei(22)
Zorn(243) | Z~ abwechselnd mit - Fröhlichkeit, Frohsinn(15) | a~ Hochgefühl(5)
Zorn - heftig(72) | Z~ Kleinigkeiten, über(58) | Z~ plötzlich - abwechselnd mit - Fröhlichkeit(9)

Träume

Unerinnerlich, bleiben nicht im Gedächtnis(93)
Urinieren(10)
Viele(260)

– *Senna* –

senn.

Gemüt

Ruhelosigkeit(420) | R~ nachts(249) | R~ Bett - Herumwerfen im(123)
Schreien(133) | *S~ Kindern, bei*(38)
Weinen - Kindern; bei - Säuglingen; bei(9)

– *Sepia officinalis* –

sep.

Gemüt

Abneigung - allem, gegenüber(39) | **A~ Ehemann; gegen ihren**(9) | **A~ Familienmitglieder; gegen**(19) | A~ Frauen; gegen - Männern; bei(5)

GEMÜT ...

Abneigung - Gefühl für irgendjemand - Schwangerschaft keinerlei; hat während der(2) | A~ Kinder; gegen(4) | K~ eigenen Kinder; gegen ihre(8)

Abneigung - Männer; gegen - Frauen; bei(6) | A~ Menschen; gegen - bestimmte; gegen(14)

Abscheu - allgemeiner - Rauchen, beim | *A~ Leben, vor dem*(84)

Aktivität; Verlangen nach(38)

Albernes Benehmen(65)

Alkoholismus(135)

Angesprochen zu werden - Abneigung(63)

Angst(362) | A~ morgens(42) | m~ Aufstehen - nach - amel.(6) | m~ Erwachen, beim(30) | *m~ Schweiß, beim*(2)

Angst - abends(87) | a~ Bett, im(54) | a~ Dämmerung, in der(13)

Angst - nachts(119) | n~ Erwachen, beim(24)

Angst - allein, wenn(17) | A~ anfallsweise(13) | *A~ Anstrengung der Augen; durch* | A~ Ärger - nach(6) | A~ Bett - im Bett(49) | *A~ Blicken, bei fixem* | A~ Blutandrang - Brust; Angst durch Blutandrang zur(2) | A~ Erwachen, beim(86) | *A~ Essen - beim*(7) | E~ nach(39)

Angst - Fahren oder Reiten, beim(6) | **A~ Fieber - während**(91) | A~ Frost - während(31) | *A~ Furcht, mit*(110) | A~ Gedanken, durch - unangenehm(2) | A~ Gehen - amel.(6) | G~ Freien, im - amel.(7) | G~ schnell - wodurch er schneller geht(3)

Angst - Gesicht - rotem Gesicht, mit(4) | *A~ Gesundheit; um die - eigene Gesundheit; um seine*(57) | *A~ Hitzewallungen, bei*(14) | *A~ hypochondrisch*(52) | A~ Koitus - nach(2) | A~ Kopf - Schweiß auf der Stirn; mit(5) | *S~ kalt*(2)

Angst - Kopfschmerzen, mit(18) | *A~ Lesen, beim - beim*(2) | A~ Menopause, in der(8) | A~ Nähen | A~ periodisch(12)

GEMÜT ...

Angst - Schweiß - kaltem, mit(12) | A~ Stöhnen, mit | A~ Stuhlgang - während(20) | S~ als würde Stuhlgang eintreten(2)

Angst - Tabakrauchen, durch(2) | A~ Urinieren - vor(4) | U~ nachgibt; wenn er dem Harndrang nicht

Angst - Zorn, bei(3) | *A~ Zukunft*(108)

Anorexia nervosa(13)

Antworten - einsilbig(15) | A~ langsam(35) | *A~ schnell*(3)

Argwöhnisch(105)

Arzneimittel, homöopathische - Abneigung gegen(6)

Auffahren, Zusammenfahren(117) | A~ mittags(10) | m~ Schlaf, im(6)

Auffahren, Zusammenfahren - Koitus, nach | *A~ leicht*(52) | A~ Schlaf - während(163) | *S~ durch*(124) | d~ Menses - vor

Auffahren, Zusammenfahren - Schlaf - Einschlafen, beim(72) | *A~ Schreck oder wie durch Schreck; durch*(68)

Außer sich; ist(51)

Auszugehen, Abneigung(7)

Beleidigt, leicht(79)

Beschäftigung - amel.(48)

Beschimpfen, beleidigen, schmähen(67)

Beschwerden durch - Ausschweifungen(10) | B~ Enttäuschung(17) | *B~ Erregung - Gefühle, der*(87) | B~ Erwartungsspannung(68) | B~ geistige Anstrengung(59) | B~ geschäftlichen Mißerfolg; durch(13) | B~ Kränkung, Demütigung(39) | B~ Liebe; enttäuschte(31) | *B~ Schreck*(72) | **B~ sexuell - Exzesse**(59) | B~ Tadel(13) | B~ Verachtung; verachtet zu werden(23) | B~ Verlegenheit(13) | *B~ Zorn*(94) | Z~ Angst, mit(30) | Z~ Schreck; mit(22) | Z~ unterdrückten Zorn; durch(11)

Bestimmtheit(11)

Betäubung(237) | *B~ Fieberhitze, in der*(10) | *B~ Schwindel - während*(37)

Beten(21) | **B~ inbrünstig**(2)

Bett - bleiben; möchte im Bett - morgens(7)

Gemüt ...

Bewußtlosigkeit(280) | *B ~ Fahren oder Reiten, beim*(4) | *B ~ Kleinigkeiten, über* | **B ~ Knien in der Kirche, beim** | B ~ Menses - während(13) | B ~ Schwindel, bei(46)

Bittet - nichts; um(16)

Boshaft(99) | B ~ geliebte Personen, gegen

Delirium - Arme - streckt(2) | D ~ Blutung - nach(14) | D ~ Erwachen, beim(20) | *D ~ Fieberfrost, im*(14) | D ~ Lachen(20) | D ~ phantastisch(13) | D ~ Wahnideen, mit(18)

Delirium tremens(84)

Demenz - senilis, Dementia(25)

Denken - Abneigung gegen(46) | D ~ Beschwerden - agg.; Denken an seine Beschwerden(71)

Ehrgeiz - Verlust von(15)

Eifersucht - Frauen - zwischen(4) | E ~ Kindern, zwischen(6)

Eigensinnig, starrköpfig, dickköpfig(107)

Eleganz, Anmut - keine Eleganz(12)

Empfindlich(192) | E ~ geistige Eindrücke; gegen(20) | **E ~ Geräusche, gegen**(149) | *G ~ geringste Geräusch; gegen das*(29)

Empfindlich - Gerüche, gegen(30) | *E ~ Menses - vor*(3) | **E ~ Musik, gegen**(46) | M ~ Klaviermusik, gegen(4)

Empfindlich - Sinneseindrücke, gegen(23)

Entfremdet - Familie, von seiner(18)

Entmutigt(135) | E ~ morgens(4) | E ~ Koitus, nach(2)

Ernst(77)

Erotisch(39)

Erregung(287) | E ~ amel.(7) | E ~ agg.(41) | E ~ morgens(19) | *E ~ abends - Bett, im*(31) | E ~ nachts(40) | E ~ Erwachen, beim(5) | E ~ Farben - schwarz - agg. | E ~ fiebrig - Mittagessen, nach dem | *E ~ Gesellschaft, in*(4) | *E ~ Schweiß, beim*(11)

Erschöpfung; geistige(217) | E ~ nachmittags(4) | E ~ Koitus, nach(3)

Erschreckt leicht(125) | E ~ nachts(11) | *n ~ Erwachen, beim*(2)

Gemüt ...

Erschreckt leicht - Kleinigkeiten, über(27)

Essen - beim - amel. der Gemütssymptome(6) | E ~ weigert sich zu(26)

Exzentrizität, Überspanntheit(54) | *E ~ Metrorrhagie, nach*

Fäzes - urinieren und defäkieren überall; Kinder(4)

Farben - blau - Abneigung gegen - dunkelblau | *b ~ Verlangen nach - hellblau*(9) | h ~ Männern; bei(3)

Farben - blau - Verlangen nach - türkis(2) | F ~ braun - Verlangen nach - hellbraun(2) | *F ~ dunkle Farben - Abneigung gegen*(6) | *F ~ gelb - Abneigung gegen*(3) | g ~ Verlangen nach - zitronengelb(3)

Farben - grün - Abneigung gegen(5) | *g ~ Verlangen nach - hellgrün*(5)

Farben - helle Farben - amel.(4) | *h ~ Verlangen nach*(6)

Farben - purpur - Abneigung gegen(2) | p ~ Verlangen nach(2)

Farben - rosa - Abneigung gegen | *r ~ Verlangen nach*(10) | V ~ Frauen; bei(3)

Farben - rot - Abneigung gegen(6) | *F ~ schwarz - Abneigung*(11) | F ~ violett - Abneigung gegen(2) | v ~ Verlangen nach(2)

Farben - weiß - amel.(4) | *w ~ Verlangen nach*(15) | V ~ Männern; bei(2)

Faulheit(269) | F ~ nachmittags(18) | F ~ körperlich(23) | F ~ Pollutionen, nach(3)

Fehler; macht - Arbeit, bei der(9) | F ~ Schreiben, beim(83) | S ~ falsch - Worte(16)

Fehler; macht - Sprechen, beim(81) | S ~ Worte - falsche Worte; benutzt(53) | f ~ Namen; nennt Dinge beim falschen(8) | f ~ sieht, anstatt des Namens des Gewünschten; benutzt den Namen des Gegenstandes, den er(6)

Fehler; macht - Sprechen, beim - Worte - stellt Worte an die falsche Stelle(46)

Feigheit(89)

Fleißig, arbeitsam, Arbeitswut(101) | **F ~ Menses, vor den**(26)

Gemüt ...

Fliehen, versucht zu - Familie und den Kindern zu fliehen; versucht von ihrer(7)

Fremde - Anwesenheit von Fremden - agg.(16)

Froh(182) | *F~ abends - Bett, im*(29) | F~ nachts(17) | F~ abwechselnd mit - Traurigkeit(57) | a~ Weinen(19)

Froh - donnert und blitzt; wenn es(4)

Furcht(242) | F~ morgens(27) | *F~ allein zu sein*(54) | F~ Altwerden; vor dem(4) | F~ angesprochen, wenn(2) | *F~ Apoplexie, vor*(36) | *F~ Armut, vor*(20) | F~ auszugehen(2) | F~ Beruf zu verlieren; seinen lukrativen(8) | F~ berührt zu werden(38) | F~ Einsamkeit, vor(15) | F~ engen Räumen; in(33) | e~ Gewölben, Kirchen und Kellern; Furcht vor(10)

Furcht - Fahren im Wagen; beim(14) | F~ Fieber - während des Fiebers(6) | *F~ gedemütigt zu werden*(2) | *F~ Geisteskrankheit*(74) | F~ Gelenke schwach seien; daß seine | F~ geschehen; etwas werde(82) | F~ gesellschaftliche Stellung; um seine(3) | F~ Gespenstern, vor(32) | *F~ Gewitter, vor*(25) | F~ Kleinigkeiten, vor(10) | *F~ Krankheit, vor drohender*(66) | K~ unheilbar zu sein(42)

Furcht - Männern, vor(30) | F~ Menschen, vor(81) | F~ Näherkommen, Annäherung von; vor - anderen, von(28) | F~ offenen Plätzen; Furcht vor(17) | F~ Schlangen, vor(8) | F~ Schwindsucht, vor(6) | F~ Selbstmord, vor(10) | F~ Spinnen, vor(7) | F~ sprechen, zu(2) | F~ Stuhlgang - unwillkürlichem Stuhl; vor | F~ Tod; vor dem(143) | *T~ bald sterben werde; daß er*(3) | T~ drohendem Tod, vor(17)

Furcht - Unheil; Furcht vor(115) | *F~ Verhungern; vor dem*(5) | F~ wiederkehrend(11) | F~ zittrig(36)

Gedächtnis - Gedächtnisschwäche(284) | G~ auszudrücken, sich(41)

Gemüt ...

Gedächtnis - Gedächtnisschwäche - geistige Anstrengungen; für(26) | g~ Ermüdung, durch(11)

Gedanken - Gedankenandrang, einstürmende Gedanken, Gedankenfluß(78) | G~ nachts(31) | *G~ Schlaflosigkeit, durch*(23)

Gedanken - hartnäckig(83) | G~ Krankheit, über seine(11) | G~ quälend(31) | G~ sexuell(21) | *G~ überlegt*(54) | G~ unangenehm(21) | G~ Vergehen, Schwinden der Gedanken - angesprochen, wenn | G~ Zukunft, vor der(6)

Gedanken versunken, in(90)

Gefühle, Gemütsbewegungen - unterdrückt(4)

Gehalten - Verlangen, gehalten zu werden(9) | *G~ amel.; gehalten zu werden*(22)

Geheimnistuerisch, verschlossen(15)

Geisteskrankheit, Wahnsinn(153) | *G~ Blutung, nach*(8) | *G~ Menopause, in der*(11) | G~ Menses - reichlichen; mit(2)

Geistige Anstrengung - agg.(141) | a~ unmöglich(130) | u~ Kopfschmerzen; bei

Geistige Anstrengung - Abneigung gegen(150)

Geiz(34) | G~ verschwenderisch; jedoch für sich selbst(5)

Gemütssymptome(26)

Geschäft - Abneigung gegen(45)

Geschäftig(45)

Gesellschaft - Abneigung gegen(156) | A~ Abscheu vor Gesellschaft(6) | **A~ allein, wenn - amel.**(33) | *A~ Anblick von Menschen; vermeidet den*(15) | A~ liegt mit geschlossenen Augen; und

Gesellschaft - Abneigung gegen - Fremden; Abneigung gegen die Anwesenheit von(16) | *A~ Furcht vor dem Alleinsein; jedoch*(12) | A~ Land; möchte von Menschen weg aufs(5) | A~ Menses, während(4) | A~ Schweiß, beim(6)

Gesellschaft - Verlangen nach(83) | V~ allein; agg. wenn(48) | V~ amel. in Gesellschaft(18)

GEMÜT ...

Gespräche - agg.(45)

Gesten, Gebärden; macht(22) | *G ~ lächerlich oder albern*(19) | G ~ sonderbare Posen und Haltungen(20) | s ~ Arme, der(3) | s ~ Gangart, in der(2)

Gesten, Gebärden; macht - Sprechen - beim Sprechen; gestikuliert(2) | G ~ stampft mit den Füßen - Schlaf; im(4) | G ~ zornig, wütend(3)

Gewissenhaft, peinlich genau in bezug auf Kleinigkeiten(58)

Gier, Habsucht(19)

Gleichgültigkeit, Apathie(251) | G ~ vormittags(3) | *G ~ allem; gegenüber*(71) | *G ~ Familie; gegen seine*(4) | *G ~ Fieber, im*(16) | G ~ Geld zu verdienen(5) | **G ~ geliebte Personen, gegen**(17) | *G ~ geschäftliche Angelegenheiten; gegen*(18) | G ~ Geschlecht; gegen das andere(3) | **G ~ KINDER, GEGEN IHRE**(7) | *G ~ Leben; gegen das*(12) | *G ~ liegt mit geschlossenen Augen*(3) | G ~ Ruhm; gegenüber(3) | *G ~ Vergnügen, gegen*(46) | **G ~ VERWANDTE, GEGEN**(12) | G ~ Wohlergehen anderer; gegen das(11)

Grunzen - Schlaf, im(2)

Hämorrhoiden; Gemütssymptome nach unterdrückten(18)

Haß - Frauen, auf - Männern; bei | H ~ Männer, auf - Frauen; bei | H ~ Menschen, auf - beleidigt haben; die ihn(11)

Hast, Eile(112) | H ~ Arbeit, bei der(6) | H ~ Beschäftigung, bei(15) | H ~ Gehen, beim(15)

Hautausschlägen; Gemütssymptome nach unterdrückten(18)

Heftig, vehement(100)

Heikel, pingelig(34)

Heimweh(52)

Herausfordernd(22)

Heuchelei(11)

Hinterhältig, hinterlistig, falsch, verschlagen(32)

GEMÜT ...

Hypochondrie(116) | H ~ eingebildete Krankheit(4) | H ~ Selbstmord; treibt zum(12)

Hysterie(194) | H ~ Menses - vor(16) | H ~ sexuell - Exzessen, nach(7)

Ideen, Einfälle - Mangel an(102) | I ~ Reichtum an, Klarheit des Geistes(125) | R ~ nachts(26)

Imbezillität(140)

Jammern(93)

Kauzig, eigen - gehen; in der Art zu(2) | K ~ Gesten, in - Arme, der(3)

Kindisches Benehmen(52)

Klagen(64) | K ~ andere; über

Kleptomanie(27)

Konzentration - schwierig(261)

Kummer(76) | K ~ still(23)

Kurz angebunden, barsch - schroff(13)

Lachen(102) | L ~ nachts(12) | L ~ abwechselnd mit - Weinen(43) | L ~ Erwachen, beim | L ~ Schlaf - während(15) | L ~ unwillkürlich(23) | L ~ Weinen - jeder Gelegenheit; Lachen oder Weinen bei(5)

Langsamkeit(68) | L ~ Bewegung, bei der(9)

Lästig, geht auf die Nerven(79)

Lasziv, lüstern(77)

Launenhaftigkeit, launisch(108)

Lebensüberdruß(82)

Lebhaft, munter(50)

Leidenschaftlich(49)

Lesen - unfähig zu lesen(9)

Lügner(22)

Lustig, fröhlich(123) | L ~ nachts(14) | L ~ abwechselnd mit - Traurigkeit(14) | a ~ Weinen(8)

Magnetisiert - amel.(20) | M ~ leicht zu magnetisieren(4)

Manie(149) | M ~ Menses - vor

Männer - Scheu vor(19)

Meditieren, Nachdenken(47)

Menopause agg.(18)

Menschenfeindlichkeit, Misanthropie(45)

Menses - vor; Gemütssymptome(18) | *M ~ während; Gemütssymptome*(28)

Milde(80)

Gemüt ...

Moralischem Empfinden; Mangel an(48)
Morphiumsucht(31)
Mürrisch(290) | M~ morgens(42) | M~ Erwachen, beim(32) | M~ Schläfrigkeit, bei(9)
Musik - agg.(40) | a~ Klavierspiel, durch(8)
Musik - Abneigung gegen(13)
Nachgiebigkeit(21)
Neid(22) | N~ Habgier, und(12)
Neugierig(12)
Perfide(9)
Pessimist(17)
Phantasien - ängstlich - nachts, bei Fieber | P~ Erwachen, beim(9) | P~ lasziv(46) | P~ übertrieben(114) | P~ übertrieben - nachts(40) | *P~ übertrieben - Schlaflosigkeit, mit*(41) | P~ übertrieben - Schließen der Augen im Bett; beim(8)
Pläne - macht, schmiedet viele Pläne(15)
Protestiert, erhebt Einspruch(5)
Qualvolle Angst(121) | Q~ Essen - beim | *E~ nach*(3)
Raserei, Tobsucht, Wut(95)
Rebelliert gegen Umschläge(17)
Reisen - Verlangen nach(28)
Reizbarkeit(408) | R~ tagsüber(32) | R~ morgens(69) | m~ 7 h(2)
Reizbarkeit - abwechselnd mit - Gleichgültigkeit(8) | *R~ angesprochen, wenn*(26) | *R~ Anstrengung, durch*(2) | R~ Erwachen, beim(56) | R~ Fieberfrost, im(57) | R~ Kindern, bei(29) | **R~ Koitus - nach**(26) | *R~ Menses - vor*(17) | M~ während(42)
Reizbarkeit - Musik - während(10) | *M~ Klaviermusik*(3)
Reizbarkeit - Schweiß, beim(14) | R~ Traurigkeit, mit(20) | **R~ Trost - agg.**(21)
Religiös - Gemütsstörungen, religiöse(63)
Ruhelosigkeit(420) | R~ abends(51) | a~ Bett, im(11)
Ruhelosigkeit - nachts(249) | n~ Schließen der Augen agg.; beim(2)

Gemüt ...

Ruhelosigkeit - ängstlich(111) | R~ Bett - aus einem Bett zum anderen gehen; will(15) | *B~ Herumwerfen im*(123) | B~ treibt aus dem(39)
Ruhelosigkeit - Brust - Kongestion in der Brust; durch | R~ Erwachen, beim(30) | R~ Farben - schwarz - agg. | R~ Fremde - Anwesenheit von Fremden agg. | R~ Hitze - während(66) | H~ nach(3)
Ruhelosigkeit - innerlich(37) | i~ morgens beim Erwachen
Ruhelosigkeit - Koitus - nach(7) | *R~ Menses - während*(40) | M~ unterdrückten, bei(9)
Ruhelosigkeit - Schläfrigkeit, bei(12) | R~ Schließen der Augen in der Nacht agg.(2) | *R~ Sitzen, im*(21) | R~ treibt umher(41)
Schlafwandeln(56) | S~ geistige Arbeiten aus; führt(2)
Schmutzig(17) | *S~ urinieren und defäkieren überall; Kinder*(4)
Schreckliches und traurige Geschichten greifen sie stark an(32)
Schreiben - Schwierigkeiten, die Gedanken im Schreiben auszudrücken(12)
Schreien(133) | S~ Erwachen - beim(27) | **S~ festhält; schreit, sofern er sich nicht an etwas** | *S~ Menses - vor* | *S~ muß; hat das Gefühl, als ob sie schreien*(20) | S~ Schlaf, im(80) | S~ Menses - vor(5)
Schreien - Schmerzen, bei den(25)
Schüchternheit, Zaghaftigkeit(113)
Schweigsam(209) | S~ nachmittags(7)
Seelenruhe, Gelassenheit(85)
Selbstbetrachtung(58)
Selbstsucht, Egoismus(32)
Sentimental, schwärmerisch, rührselig(64)
Seufzen(98) | S~ Fieberhitze, in der(17) | *S~ Schweiß, beim*(16)
Singen(59)
Sitzen - Neigung zu sitzen(110) | *N~ steif; ziemlich*(7) | s~ Delirium; im

GEMÜT …

Sitzen - Neigung zu sitzen - unbeweglich, still(42)

Sonderbar, fremd, merkwürdig - alles erscheint(16) | S ~ Dinge zu tun; Impuls sonderbare(3)

Sorgen, voller(50) | S ~ häusliche Angelegenheiten, um(3)

Spioniert alles aus(5)

Spontan, impulsiv(33)

Spotten - andere würden ihn verspotten; glaubt(4) | S ~ Sarkasmus, beißender Spott(14)

Sprache - hastig(44) | *S ~ langsam*(59) | S ~ verworren(25)

Sprechen - agg. die Beschwerden(34) | *S ~ anderer agg.; das Sprechen*(46) | *S ~ Schlaf, im*(93) | *S ~ laut*(7)

Sprechen - schweift von einem Thema zum anderen - nachts(9)

Stilles Wesen(49)

Stimmung, Laune - abweisend, zurückweisend(40) | *S ~ veränderlich*(158) | S ~ wechselnd, wechselhaft(80)

Stöhnen(119) | S ~ Schlaf, im(62)

Störungen; Abneigung gegen(13)

Streitsüchtig(136)

Stumpfheit(332) | S ~ morgens(54) | S ~ vormittags(17) | *S ~ nachmittags*(29) | S ~ abends(29) | S ~ anfallsweise(2) | S ~ Essen, nach dem - amel.(7) | S ~ Hitze - nach | *S ~ Koitus, nach* | S ~ Pollutionen - nach(7) | S ~ Schläfrigkeit, bei(30)

Suizidneigung; Neigung zum Selbstmord(98) | S ~ Erschießen, durch(17) | S ~ Hypochondrie, aus(12) | S ~ Schmerzen, durch(6) | S ~ Traurigkeit, durch(23) | *S ~ Verzweiflung, aus - elende Existenz; über seine*

Tadelsüchtig, krittelig(80)

Tadelt - andere(32)

Tanzen(33) | **T ~ amel. die Gemütssymptome**(8)

Theoretisieren(20)

GEMÜT …

Tod - sterben; Gefühl als würde er(6) | T ~ Vorahnung des Todes(62) | T ~ wünscht sich den Tod, möchte sterben(72) | w ~ Rekonvaleszenz, während der(4)

Traum; wie in einem(69)

Traurigkeit(477) | T ~ morgens(71) | m ~ Aufstehen, nach dem - amel. | *m ~ Erwachen - beim*(21)

Traurigkeit - abends(76) | T ~ ängstlich(32) | T ~ Atmung, mit erschwerter(6) | *T ~ Erwachen, beim*(24) | T ~ Essen - beim | T ~ Fieberhitze, in der(55) | T ~ Freien, im(12) | T ~ Frost - während(37) | *T ~ Gehen - Freien, im*(14) | *T ~ Gesundheit, über seine*(3) | T ~ Gewitter amel. | T ~ grundlos(11) | T ~ Husten, nach dem(2) | *T ~ Koitus, nach*(8) | *T ~ Kopfschmerzen, bei*(30) | **T ~ Menopause, in der**(25) | *T ~ Menses - vor*(34)

Traurigkeit - Menses - während(35) | M ~ unterdrückt(20)

Traurigkeit - Musik - durch(17) | *T ~ Pollutionen, durch*(23) | *T ~ Schicksalsschläge, durch*(16) | *T ~ Schweiß, beim*(29) | T ~ Suizidneigung, mit(25) | T ~ Wetter - schwülem Wetter, bei | T ~ Zorn - nach(10)

TROST - AGG.(39) | a ~ Mitleid, Mitgefühl agg.(15)

Unaufmerksam(23)

Unbarmherzig(14)

Unbehagen - Farben - dunkle Farben - agg.(2) | F ~ schwarz - agg.

Unbekümmert(8)

Unbesonnen(82)

Unentschlossenheit(146)

Ungeduld(131) | U ~ Arbeit; bei der(3) | *U ~ Sitzen, im*

Ungeschicklichkeit - stößt gegen Sachen(6)

Ungestüm(31) | U ~ Fieberhitze, mit

Unglücklich, bedauernswert; fühlt sich(29)

Unternimmt - Dinge entgegen seinen Absichten(2)

Untröstlich(30)

Gemüt ...

Unzufrieden(168) | *U ~ allem; mit*(66)

Veränderungen - Verlangen nach(5)

Vergeßlich(187) | V ~ nachmittags(4) | V ~ abends(9)

Verlassen zu sein; Gefühl(56) | V ~ geliebt zu werden; hat das Gefühl, von den Eltern, der Ehefrau und Freunden nicht(7)

Verletzen, sich zu - fürchtet sich davor alleingelassen zu werden, aus Furcht, sich zu verletzen(7) | V ~ leicht verletzen; Gefühl, als könnte sie sich

Verleumden, Neigung zu(21) | V ~ heuchlerisch, und(2)

Verweilt - erinnert sich - unangenehme Erinnerungen, an(10) | *V ~ vergangenen unangenehmen Ereignissen; bei*(46)

Verwirrung, geistige(321) | V ~ morgens(115) | m ~ Aufstehen - und nach dem Aufstehen(37)

Verwirrung, geistige - vormittags(3) | V ~ nachmittags(33) | V ~ abends(78) | V ~ nachts(19) | *V ~ angesprochen, wenn*(3) | *V ~ Erwachen, beim*(71) | *V ~ Essen - nach*(52) | V ~ Fieberhitze, in der(26) | V ~ Gehen(37) | G ~ Freien, im(14)

Verwirrung, geistige - geistige Anstrengung - durch(50) | V ~ Koitus - nach(10) | V ~ Liegen; beim(10) | *V ~ Menses - vor*(2) | V ~ Sitzen, im(33) | V ~ Sprechen, beim(7) | V ~ Stechen in der Brust; durch | V ~ Traum; wie in einem(27) | *V ~ Weinen - amel.*

Verzweiflung(137) | *V ~ Existenz, über seine elende* | *V ~ Fieberfrost, im*(20) | V ~ Fieberhitze, in der(21) | *V ~ Genesung, in bezug auf die*(44) | V ~ gesellschaftliche Stellung; in bezug auf die(8) | *V ~ Schweiß, beim*(9)

Wahnideen(191) | W ~ nachts(36) | W ~ allein zu sein - Friedhof; allein auf einem(2) | W ~ ängstlich(10) | *W ~ arm, er sei*(10) | W ~ Ärzte würden kommen; drei | W ~ Aufstehen - muß aufstehen - sitzt, wenn er | W ~ beraubt werden; er würde(4) | W ~ berauscht - sei, er(59)

Gemüt ...

Wahnideen - Bilder, Phantome; sieht(76) | *B ~ nachts*(40) | B ~ Schlaf - vor(4) | B ~ Schließen der Augen; beim(16)

Wahnideen - etwas anderes - Brust; etwas anderes kommt von oben und drückt die | W ~ Fallen - er würde(29) | W ~ Gegenstände; über - Bewegung in(7) | W ~ Gespenster, Geister, Gestalten - Schließen der Augen; beim(16) | G ~ sieht(55)

Wahnideen - glücklos, er sei(11) | W ~ hängen - er würde in der Luft | W ~ Körper - Faser ihrer rechten Seite; spürt jede | W ~ Kopf - herumrollen; etwas würde im Kopf | *W ~ krank - sein; krank zu*(27) | s ~ arbeitet darum nicht; und(4)

Wahnideen - Lachen, mit(4) | W ~ lachen und spotten; man würde über ihn(6) | W ~ laufen - rückwärts laufen; sie würde gejagt und müsse | W ~ lernen - neu erlernen, was sie auch tun will; sie müsse | W ~ Luft - schwebend; in der Luft | W ~ Menschen - sieht(29) | W ~ Ohnmacht fallen; er werde(19) | W ~ Phantasiegebilde, Illusionen(115) | P ~ Schließen der Augen; beim(3)

Wahnideen - ruft - ihn, jemand(4) | i ~ Schlaf, im

Wahnideen - schweben - Luft, in der(45) | W ~ Seite - rechten Seite spüren; sie kann jeden Muskel und jede Faser ihrer | W ~ Sprechen - Personen, als seien sie in der Nähe; spricht von - Mitternacht; gegen | W ~ Straße - heben; würde sich beim Gehen | W ~ tot - Leiche - verstümmelte Leiche(7) | W ~ überanstrengen, überheben; sie könne sich leicht | W ~ unfähig, ungeeignet - Leben, lebensunfähig; für das | *W ~ verhungern - Familie werde, die*(4) | W ~ verstehen - nichts verstehen; sie könne | W ~ verstümmelte Körper; sieht(8) | W ~ Visionen, hat(76) | V ~ Schließen der Augen; beim(29)

Gemüt ...

Wahnideen - Wasser - Sprechen von, mit | W~ von(19)

Waschen - Abneigung gegen Waschen und Baden(16)

Weinen(244) | W~ amel.(24) | *W~ agg.*(18) | *W~ nachts*(81) | W~ Erwachen, beim(36) | **W~ erzählt - Krankheit erzählt; wenn sie von ihrer**(10) | e~ Sexualleben erzählt; wenn er über das

Weinen - festhalten könnte; sie würde schreien, wenn sie sich nicht an etwas | *W~ Gehen im Freien, beim*(4) | *W~ grundlos*(30) | g~ ohne zu wissen warum(6)

Weinen - Husten - während(21) | W~ kann nicht weinen, obwohl er traurig ist(13) | W~ Kleinigkeiten, über - lacht oder weint bei jeder Gelegenheit(4) | W~ Kopfschmerzen, mit(9) | W~ Menses - vor(9) | M~ während(27)

Weinen - nervös - festhält; fühlt sich so nervös, daß sie schreien könnte, wenn sie sich nicht an etwas | W~ plötzlich(5) | W~ reizbar(3) | *W~ Schlaf, im*(88) | *W~ Schluchzen; Weinen mit*(34) | W~ Schmerzen - während den Schmerzen - Zähnen; in den(2) | W~ Schweiß, beim(25) | **W~ Trost - agg.**(22) | **W~ unwillkürlich**(35)

Wetter - Gewitter - während einem Gewitter; Gemütssymptome(12) | w~ amel.(2)

Widerspenstig(66)

Widersprüchlich - Handlungen stehen im Widerspruch zu den Absichten(5) | W~ Worten; die Absichten stehen im Widerspruch zu den(9)

Widerspruch - agg.(11) | W~ Neigung zu widersprechen(38) | **W~ verträgt keinen Widerspruch**(73)

Widerstreit mit sich selbst(6)

Wille - widersprüchlich(6)

Zerstreut(166) | Z~ verträumt(17)

Zorn(243) | *Z~ morgens*(12) | Z~ Ärger, über früheren(6) | Z~ Farben - rot - agg. | Z~ getröstet, wenn(10) | *Z~ heftig*(72)

Gemüt ...

Zorn - Kleinigkeiten, über(58) | *Z~ Menses - vor*(2) | Z~ vergangene Ereignisse; über(5) | **Z~ Widerspruch, durch**(37)

Zügellosigkeit, sexuelle Ausschweifung(32)

Zweifelt(13) | Z~ Genesung; an der(31)

Träume

Angenehm(136)

Ängstlich(239) | Ä~ Liegen auf der linken Seite; beim(5)

Beschäftigt zu sein; sehr(29)

Drohungen, Androhungen(3) | D~ Vergewaltigung, von

Ereignisse - zurückliegende, kurz(55) | z~ Vortag, vom(41)

Erotisch(196) | E~ Erektionen, mit(27) | *E~ Pollutionen, mit*(96)

Erschöpfend(45)

Fallen, zu stürzen; zu(60) | F~ Höhe herab, von einer(29)

Fortsetzung - Träumen, von - Erwachen, nach dem(22)

Geschäft - Tage, vom(39)

Gespenster(38) | G~ kämpfen; mit Gespenstern zu(3)

Hartnäckig(29)

Hochgelegene Orte - Herunterfallen, Hinabstürzen von(29)

Kämpfe - Gespenstern, mit(3)

Körper - entstellt

Lächerlich - Liegen, im - linken Seite, auf der

Lebhaft(193)

Mäuse(3)

Phantastisch(55)

Ratten(2)

Rechnen

Rufen - jemand ruft(3)

Schlangen(21)

Schrecklich(237)

Schwierigkeiten(18)

Streitigkeiten(69)

Unangenehm(87)

Ungeziefer(14)

Unwichtig(46)

Urinieren(10)

Träume ...
Verdrießlich(122)
Verfolgt zu werden(17) | V~ laufen, muß rückwärts
Vergewaltigung(4) | V~ Androhung von Vergewaltigung(2)
Verirren, sich zu(4)
Verirrt zu haben; sich - Wald, in einem(6)
Verworren(122)
Viele(260) | V~ stürmen auf ihn ein, drängen sich auf(4)
Visionär(45)
Wald(4) | W~ verirren; sich im Wald zu(2)
Wecken den Patienten(118)
Zorn(58)

– *Serpentaria aristolochia* –

serp.

Gemüt
Gedächtnis - Gedächtnisschwäche(284)
Mürrisch(290)
Ruhelosigkeit - Bett - Herumwerfen im(123)
Stumpfheit(332)

Träume
Erotisch(196)
Schrecklich(237)

– *Siegesbeckia orientalis* –

sieg.

Gemüt
Faulheit(269)
Furcht - berührt zu werden(38)
Gedanken - zusammenhangslos(30)
Geistige Anstrengung - agg. - unmöglich(130)
Gesellschaft - Abneigung gegen(156)
Gleichgültigkeit, Apathie(251)
Grobheit(37)
Schlagen(42)
Traurigkeit(477)
Unzufrieden - allem; mit(66)
Zeit - schnell, scheint kürzer; vergeht zu(14)

Gemüt ...
Zorn(243)

– *Silicea terra* –

sil.

Gemüt
Abscheu - Arbeit, vor der(21) | *A~ Leben, vor dem*(84)
Alkoholismus(135)
Angesehen zu werden; erträgt es nicht(23)
Angesprochen zu werden - Abneigung(63)
Angst(362) | A~ abends(87) | a~ Bett, im(54)
Angst - nachts(119) | n~ Mitternacht - vor(36) | v~ Aufstehen amel.; beim
Angst - nachts - Mitternacht - nach - 3 h(2) | n~ Erwachen, beim(24)
Angst - Bett - im Bett(49) | A~ Bewegung - amel.(12) | A~ Erwachen, beim(86) | A~ Erwartungsspannung, durch - Verabredung, vor einer(12) | A~ Essen - nach(39) | A~ Furcht, mit(110) | A~ Gehen - amel.(6) | **A~ Geräusche, durch**(13) | G~ Ohr, im
Angst - Gesundheit; um die - eigene Gesundheit; um seine(57) | e~ Menopause; in der(2)
Angst - Gewissensangst(75) | *A~ Kleinigkeiten, um*(23) | *A~ Liegen*(11) | **A~ Menses - während**(33) | A~ Mittagessen - nach(11) | A~ Müdigkeit, mit(16) | A~ Schlaf - vor(7) | S~ während(42)
Angst - Schreck - nach(12) | *A~ sich selbst, um* | A~ Sitzen(15) | A~ Stehen, im(7) | A~ Träume; beim Erwachen aus schrecklichen(17) | *A~ Zukunft*(108)
Antworten - einsilbig - Ja oder Nein(3) | e~ Nein auf alle Fragen(6)
Argwöhnisch(105)
Auffahren, Zusammenfahren(117) | *A~ mittags*(10) | m~ Schlaf, im(6)
Auffahren, Zusammenfahren - nachts(19) | *A~ Berührung, bei*(10) | **A~ Geräusche, durch**(60) | *A~ Kleinigkeiten, über*(21) | *A~ leicht*(52)

GEMÜT ...

Auffahren, Zusammenfahren - Schlaf - während(163) | *S ~ durch*(124) | *S ~ Einschlafen, beim*(72)

Auffahren, Zusammenfahren - Schläfrigkeit, bei - nachmittags | *A ~ Schreck oder wie durch Schreck; durch*(68) | *A ~ Träumen, in - aus einem Traum*(35) | *A ~ zittrig*(3)

Außer sich; ist(51)

Beharrlichkeit(16)

Beißen - Gegenstände; beißt(5) | *B ~ Nägel*(33)

Beleidigt, leicht(79)

Berührt zu werden; Abneigung(46)

Beschäftigung - amel.(48)

Beschimpfen, beleidigen, schmähen(67)

Beschwerden durch - Erregung - Gefühle, der(87) | **B ~ Erwartungsspannung**(68) | B ~ Freundschaft, betrogene(7) | B ~ Furcht(27) | *B ~ geistige Anstrengung*(59) | B ~ Ichbezogenheit, Selbstüberhebung(9) | B ~ Schock; seelischen(23) | **B ~ Schreck**(72) | *B ~ sexuell - Exzesse*(59) | B ~ Widerspruch(7) | B ~ Zorn(94)

Betäubung(237) | B ~ Aufstehen - beim | B ~ Schwindel - während(37)

Bett - bleiben; möchte im Bett(12)

Bewußtlosigkeit(280) | *B ~ Bewegungen, automatische*(26) | B ~ Fahren oder Reiten, beim(4) | *B ~ kalt - Erkältung, nach* | B ~ Schwindel, bei(46) | B ~ Sitzen, im(9) | B ~ vorübergehend(24)

Charakter, Mangel an(3)

Delirium(233) | D ~ nachts(67) | D ~ ängstlich(24) | D ~ phantastisch(13) | *D ~ Schlaflosigkeit - mit*(45) | D ~ schrecklich(26) | D ~ Wahnideen, mit(18) | D ~ wirft sich aus dem Fenster(2)

Delirium tremens(84)

Demenz - Epileptikern, von(12)

Denken - Abneigung gegen(46)

Dunkelheit - agg.(27)

GEMÜT ...

Eigensinnig, starrköpfig, dickköpfig(107) | E ~ Kinder(18) | K ~ weinen jedoch, wenn man freundlich zu ihnen spricht

Ekstase(59)

Eleganz, Anmut - keine Eleganz(12) | k ~ Frauen; bei(5)

Empfindlich(192) | **E ~ EISENSPITZEN; GEGEN AUF SIE GERICHTETE**(4) | E ~ geistige Eindrücke; gegen(20) | **E ~ Geräusche, gegen**(149) | **G ~ geringste Geräusch; gegen das**(29) | *G ~ schmerzhafte Empfindlichkeit gegen*(10) | *G ~ Schritten; gegen das Geräusch von*(6) | *G ~ Stimmen, gegen*(15)

Empfindlich - Sinneseindrücke, gegen(23)

Entmutigt(135)

Erkennt - nicht; erkennt - Verwandten nicht; erkennt seine eigenen(28)

Erotisch(39)

Erregung(287) | E ~ agg.(41) | E ~ abends - Bett, im(31)

Erschöpfung; geistige(217) | E ~ nachmittags(4) | *E ~ Lesen, durch*(2) | *E ~ Schreiben, nach*(3)

Erschreckt leicht(125) | E ~ Erwachen, beim(41)

Erwartungsspannung - Prüfungen, vor(10)

Fäzes - urinieren und defäkieren überall; Kinder(4)

Farben - blau - Verlangen nach - hellblau(9) | F ~ braun - Verlangen nach - dunkelbraun | F ~ grün - Verlangen nach(3) | V ~ hellgrün(5)

Farben - rosa - Verlangen nach(10) | *F ~ weiß - Verlangen nach*(15)

Faulheit(269) | F ~ nachmittags(18) | F ~ neue Ideen, Gedanken; mit Abneigung gegen(5)

Fehler; macht - Lesen, beim(9) | F ~ Orte; in bezug auf(32) | F ~ Schreiben, beim(83)

GEMÜT ...

Fehler; macht - Sprechen, beim(81) | S ~ Worte - falsche Worte; benutzt(53) | W ~ stellt Worte an die falsche Stelle(46)

Feigheit(89)

Feilschen(4)

Finanzen - Unfähigkeit zum Umgang mit(4)

Fleißig, arbeitsam, Arbeitswut(101)

Frivol(14)

Froh(182) | F ~ abends - Bett, im(29) | F ~ nachts(17)

Furcht(242) | F ~ nachts(58) | F ~ Abwärtsbewegung, vor(10) | *F ~ Arbeit; vor der*(32) | *F ~ Auftreten in der Öffentlichkeit; vor dem*(5) | F ~ Blitz, vor(7) | F ~ Dunkelheit, vor der(40) | F ~ Ersticken, vor dem - nachts(14) | *F ~ Erwachen, beim*(54) | E ~ Traum, aus einem(13)

Furcht - fallen, zu stürzen; zu(28) | *F ~ geistige Anstrengung - vor geistiger Anstrengung - literarischer Arbeit; vor*(3) | F ~ Geräusche, durch(40) | F ~ geschäftlichem Mißerfolg, Bankrott; vor(4) | F ~ geschehen; etwas werde(82) | F ~ Gewitter, vor(25) | F ~ Katzen, vor(6) | F ~ lebenslang(10) | F ~ Liegen im Bett(3) | F ~ Menschen, vor(81) | *F ~ Nadeln, vor*(10) | F ~ Räubern, vor(25) | R ~ Erwachen, beim(3)

Furcht - Unheil; Furcht vor(115) | F ~ unternehmen - irgendetwas zu unternehmen(9) | *u ~ Neues, etwas*(4)

Furcht - Versagen, Mißerfolg; vor dem(13) | V ~ Prüfungen, bei(7)

Gedächtnis - gut, aktiv(91) | g ~ kurz, aber(4)

Gedächtnis - Gedächtnisschwäche(284) | G ~ Farben, für(3) | *G ~ geistige Anstrengungen; für*(26) | g ~ Ermüdung, durch(11)

Gedächtnis - Gedächtnisschwäche - Orte, für(11) | G ~ Rechtschreibung, für die(8) | G ~ Worte, für(61)

Gedanken - Gedankenandrang, einstürmende Gedanken, Gedankenfluß(78) | *G ~ abends - Bett, im*(17) | *G ~ nachts*(31)

GEMÜT ...

Gedanken - Gedankenandrang, einstürmende Gedanken, Gedankenfluß - Erwachen, beim(6) | *G ~ Schlaflosigkeit, durch*(23)

Gedanken - hartnäckig(83) | h ~ Erwachen, beim(6)

Gedanken - sexuell(21) | *G ~ zwei Gedankengänge (gleichzeitig)*(4)

Gehalten - amel.; gehalten zu werden(22)

Geistesabwesend(71)

Geisteskrankheit, Wahnsinn(153)

Geistige Anstrengung - agg.(141) | a ~ ermüdet(20) | *a ~ unmöglich*(130) | u ~ nachmittags(3)

Geistige Anstrengung - Verlangen nach(65) | *G ~ Abneigung gegen*(150)

Geiz(34)

Gemütssymptome - akute Gemütssymptome - Schwäche; mit körperlicher(2)

Gesellschaft - Verlangen nach(83) | V ~ allein; agg. wenn(48) | V ~ amel. in Gesellschaft(18)

Gespräche - agg.(45)

Gesten, Gebärden; macht - abends - Einschlafen; beim | G ~ automatisch(15) | G ~ Finger - Mund; Kinder stecken die Finger in den(8) | G ~ Hände; unwillkürliche Bewegungen der(23) | H ~ Greifen - abends beim Einschlafen | H ~ wirft die Hände umher(10)

Gesten, Gebärden; macht - ungeschickt in bezug auf(7) | G ~ unsicher(4) | G ~ verworren(2)

Gewissenhaft, peinlich genau in bezug auf Kleinigkeiten(58)

Gleichgültigkeit, Apathie(251) | G ~ äußere - Dinge; gegen(26) | G ~ Fieberfrost, im(10) | G ~ Gespräche; durch | G ~ Pflichten, gegenüber(12)

Hast, Eile(112) | H ~ immer in Eile(6)

Haushalt zu führen; Frauen, die unfähig sind, einen(4)

Heftig, vehement(100) | *H ~ verärgert, wenn*

Heimweh(52)

GEMÜT ...

Hellsehen(28)

Herausfordernd(22)

Heuchelei(11)

Hinterhältig, hinterlistig, falsch, verschlagen(32)

Hochmütig, arrogant(53)

Hypochondrie - Pollutionen, nach(4)

Hysterie(194) | H~ Pollutionen, nach(3)

Ichbezogenheit, Egotismus, Selbstüberschätzung(24)

Ideen, Einfälle - Mangel an(102) | I~ Reichtum an, Klarheit des Geistes(125) | R~ abends(17) | a~ Bett, im(14)

Ideen, Einfälle - Reichtum an, Klarheit des Geistes - nachts(26)

Imbezillität(140)

Jammern(93) | J~ nachts - Erwachen, beim | J~ Erwachen, beim(5)

Kauzig, eigen - Kleidung, in der(2)

Kindisches Benehmen(52)

Klagen(64)

Kleinigkeiten scheinen wichtig, bedeutend(19)

Kleptomanie(27)

Konzentration - schwierig(261) | s~ vormittags(3) | s~ Unmöglichkeit, sich zu konzentrieren(8)

Kriecht, krabbelt - Kindern; bei - nervöses Herumkrabbeln

Kummer(76)

Kurz angebunden, barsch(14)

Lachen(102) | L~ nachts(12) | n~ Mitternacht(2)

Lachen - Schlaf - während(15) | L~ spasmodisch(49)

Lasziv, lüstern(77) | L~ morgens - Bett, im | L~ Träumen, nach

Launenhaftigkeit, launisch(108)

Lebensüberdruß(82) | L~ Schweiß, beim(6)

Lesen - Abneigung gegen Lesen(25)

Liebevoll, voller Zuneigung, herzlich(37)

Lügner(22)

Lustig, fröhlich - nachts(14) | L~ Schlaf; im(10)

GEMÜT ...

Magnetisiert - amel.(20) | **M~ Verlangen magnetisiert zu werden**(5)

Manie(149) | M~ Besessenheitswahn(10)

Mathematik - Begabung zur(4) | M~ Unfähigkeit zur - Horror vor(6)

Menses - während; Gemütssymptome(28)

Milde(80)

Monomanie(16)

Murmeln(55) | M~ abends - Bett, im | M~ nachts - Erwachen, beim(2)

Mürrisch(290) | M~ vormittags(19) | M~ Farben - rostbraun - agg. | M~ Frauen, bei(5) | M~ Kindern, bei(14) | M~ Kleinigkeiten, um(13) | M~ Koitus, nach(7)

Nachgiebigkeit(21)

Neue Ideen, Einfälle - Abneigung gegen(5)

Nymphomanie(67) | N~ Menses - unterdrückten, nach(13)

Optimistisch(17)

Pedant(3)

Pflicht - kein Pflichtgefühl(12)

Phantasien - Erwachen, beim(9) | *P~ lasziv*(46) | *P~ übertrieben*(114) | *P~ übertrieben - abends - Bett, im*(28) | P~ übertrieben - nachts(40) | *P~ übertrieben - Schlaflosigkeit, mit*(11) | *P~ übertrieben - schrecklich*(9) | P~ versunken in(9)

Reizbarkeit(408) | R~ morgens(69) | R~ vormittags(25) | R~ abends(60) | *R~ angeblickt, wenn - angesprochen oder berührt; wenn - Kindern; bei*(9) | R~ angesprochen, wenn(26) | R~ aufgeweckt, wenn(5) | R~ Fieberfrost, im(57) | *R~ Kindern, bei*(29) | R~ Kleinigkeiten, durch(34) | **R~ Koitus - nach**(26) | R~ Kopfschmerzen, bei(61) | **R~ Trost - agg.**(21)

Religiös - Gemütsstörungen, religiöse(63) | R~ Mangel an religiösem Empfinden(12) | R~ Melancholie(21)

Respekt, Ehrfurcht vor seiner Umgebung(9)

Reue(63) | *R~ Kleinigkeiten, um*

<u>**Gemüt**</u> ...

Ruhelosigkeit(420) | R~ vormittags(11) | R~ nachts(249) | n~ Mitternacht - nach(13)

Ruhelosigkeit - ängstlich(111) | R~ Bett - Herumwerfen im(123) | B~ treibt aus dem(39)

Ruhelosigkeit - Erwachen, beim(30) | **R~ innerlich**(37) | R~ Kopfschmerzen, bei(31) | R~ Schmerzen, durch(19) | *R~ Sitzen, im*(21)

Sachlich, vernünftig(9)

Schlafwandeln(56) | *S~ Mond; bei Neumond oder Vollmond* | S~ Tagesarbeit zu machen; um die(5)

Schmeichlerisch(10)

Schmutzig(17) | S~ urinieren und defäkieren überall; Kinder(4)

Schreckliches und traurige Geschichten greifen sie stark an(32)

Schreiben - ermüdet | S~ Schwierigkeiten, die Gedanken im Schreiben auszudrücken(12) | S~ Unfähigkeit zu(6) | U~ lernen; Kinder können nicht Schreiben(2)

Schreien(133) | S~ Erwachen - beim(27) | S~ Kindern, bei(38) | K~ angesprochen, wenn

Schreien - Konvulsionen - vor(32) | K~ nach(2) | *K~ epileptisch*(21)

Schreien - muß; hat das Gefühl, als ob sie schreien(20) | S~ Schlaf, im(80)

SCHÜCHTERNHEIT, ZAGHAFTIGKEIT(113) | S~ allein, wenn | **S~ Öffentlichkeit; beim Auftreten in der**(7) | S~ Öffentlichkeit; beim Auftreten in der - sprechen; in der Öffentlichkeit zu(6) | S~ schamhaft(58) | s~ ungeschickt, und(9)

Schwacher Charakter(3)

Schweigsam(209) | S~ lautes Sprechen; Abneigung gegen

Seelenruhe, Gelassenheit(85)

Selbstkontrolle - Verlust der Selbstkontrolle(9)

Selbstsucht, Egoismus(32)

<u>**Gemüt**</u> ...

Selbstvertrauen - Mangel an Selbstvertrauen(86)

Seufzen(98)

Simuliert - krank zu sein(8)

Sinne - abgestumpft, stumpf(107) | S~ scharf(52)

Sitzen - Neigung zu sitzen(110)

Sonderbar, fremd, merkwürdig - Sonderling - Kleidung, in der(3)

Sorgen, voller(50)

Sorgsamkeit, Sorgfalt(12)

Spaßen - Abneigung gegen(22)

Spät - zu spät; ist immer(4)

Sprache - delirös - nachts(3) | S~ flüssig, gewandt(6) | *S~ laut - Schlaf, im*(5) | S~ unklar, unverständlich(20)

Sprechen - agg. die Beschwerden(34) | S~ anderer agg.; das Sprechen(46) | S~ langsam; lernt(15) | *S~ Schlaf, im*(93) | *S~ laut*(7)

Stilles Wesen(49)

Stimmung, Laune - abweisend, zurückweisend(40) | S~ veränderlich(158)

Stöhnen - Konvulsionen, in(3) | S~ Schlaf, im(62) | S~ Schmerzen, durch(8)

Streitsüchtig(136) | S~ abends(8)

Stumpfheit(332) | S~ morgens(54) | m~ Erwachen, beim(26)

Stumpfheit - vormittags(17) | *S~ nachmittags*(29) | S~ abends - amel.(6) | S~ Erwachen, beim(41) | S~ Essen, nach dem - amel.(7) | S~ feuchte Luft - durch(10) | *S~ geistige Anstrengung, durch*(27) | S~ Gespräche, durch(2) | S~ Hitze - während(14) | *S~ Kindern; bei*(21) | S~ Lesen(35) | *S~ Schreiben, beim*(10) | S~ Träumen, nach(6)

Suizidneigung; Neigung zum Selbstmord(98) | *S~ Ertränken, durch*(19) | S~ Menses - während(2) | S~ Schweiß, beim(9) | S~ stürzt sich - Fluß, in einen(3) | s~ Tiefe, in die(24)

Tadelsüchtig, krittelig(80)

Tadelt - sich selbst(36)

Tanzen(33) | T~ amel. die Gemütssymptome(8)

GEMÜT ...

Theoretisieren(20)

Tod - Gefühl von(25) | *T~ sterben; Gefühl als würde er*(6) | *T~ wünscht sich den Tod, möchte sterben*(72)

Töten, Verlangen zu(32)

Traum; wie in einem(69)

Traurigkeit(477) | T~ morgens(71) | T~ allein - wenn(24) | *T~ Fieberhitze, in der*(55) | T~ Masturbation, durch(16)

Traurigkeit - Menses - während(35) | M~ nach(7) | M~ unterdrückt(20)

Traurigkeit - Schläfrigkeit, bei(8)

Trost - amel.(12) | **T~ agg.**(39) | *a~ Mitleid, Mitgefühl agg.*(15)

Unbehagen - nachmittags(2) | U~ Essen, nach dem - Abendessen, nach dem(3)

Unbesonnen(82)

Unbeständigkeit(45)

Undankbar - Geiz, aus(4)

Unehrlich(7)

Unentschlossenheit(146) | U~ heiraten, zu(10) | U~ wankelmütig(12)

Ungeduld(131) | U~ immer(2)

Ungeschicklichkeit(41) | U~ Gesten, in(6) | U~ Verlegenheit, aus(7)

Unternimmt - nichts, auf Furcht, es könne fehlschlagen(3) | *U~ Vieles, hält aber bei nichts durch, bleibt nicht dabei*(28)

Unterwürfig, servil(5)

Untröstlich(30)

Unzufrieden(168)

Unzuverlässig - Versprechungen, bei seinen(8)

Verächtlich(35)

Vergeßlich(187) | V~ morgens(9) | V~ nachts(3) | V~ Erwachen, beim(8) | V~ Essen, nach dem - amel. | V~ geistige Anstrengung, durch(10) | V~ Worte beim Sprechen; vergißt(52)

Verlangen, Wunsch nach - voller Verlangen - unbestimmt(7)

Verlassen zu sein; Gefühl - geliebt zu werden; hat das Gefühl, von den Eltern, der Ehefrau und Freunden nicht(7)

GEMÜT ...

Verschiebt alles auf den nächsten Tag(7)

Verschwenderisch - Ordnungssinn; aus Mangel an(3)

Verwegenheit(26)

Verwirrung, geistige(321) | V~ morgens(115) | m~ Aufstehen - und nach dem Aufstehen(37) | *m~ Erwachen, beim*(50)

Verwirrung, geistige - abends(78) | V~ nachts - Erwachen, beim(13) | *V~ berauscht - wie*(47) | V~ epileptischer Anfall - vor(3) | e~ nach(2)

Verwirrung, geistige - Erwachen, beim(71) | *V~ Essen - nach*(52) | V~ Fahren oder Reiten, beim(2) | *V~ geistige Anstrengung - durch*(50) | *V~ Gespräche - agg.*(2) | V~ Identität; in bezug auf seine - Dualität; Gefühl der(37) | V~ Kopfschmerzen, mit(11) | V~ Schwindel, mit(5) | V~ Sitzen, im(33) | *V~ Sprechen, beim*(7)

Verzweiflung(137) | V~ Genesung, in bezug auf die(44)

Vorsichtig - ängstlich(7)

Wahnideen(191) | W~ besessen, er sei(14) | W~ betrunken - sei betrunken, er(23) | W~ Bilder, Phantome; sieht(76) | B~ nachts(40) | *B~ Schließen der Augen; beim*(16) | B~ schreckliche(60) | *B~ überall*(3) | B~ verweilt bei, denkt dauernd an(3)

Wahnideen - Boden - hochkommen würde, um sich mit ihm zu treffen; daß der Boden(4) | W~ Diebe - Haus, im(9) | D~ sieht(21)

Wahnideen - doppelt - sein, doppelt zu(30) | W~ erhoben, hochgehoben - Luft erhoben; in die(4) | W~ Fallen - vorne, nach - würde nach vorne fallen; sie(15) | W~ fehlschlagen, versagen; alles werde(6) | W~ geht - hinter ihm gehen; jemand würde(7) | g~ neben ihm gehen; jemand würde(4) | g~ rückwärts gehen; sie würde - vorwärts geht; wenn sie

Gemüt ...

Wahnideen - geisteskrank - werden; er würde geisteskrank(43) | W~ Gespenster, Geister, Gestalten - sieht(55) | W~ geteilt - zwei Teile; in(10) | z~ linke Seite würde nicht zu ihr gehören; und die

Wahnideen - Haus - Menschen; das Haus sei voller(10) | W~ hochgehoben; sie würde | W~ Hunde - sieht(18) | W~ Körper - geteilt, sei(6) | K~ Hälfte - linke Hälfte würde nicht zu ihr gehören

Wahnideen - Kopf - groß - zu groß; scheint(3) | K~ wimmeln; es würde im Kopf - herumwirbelt; von Lebendigem, das im Kopf

Wahnideen - lasziv(6) | W~ Menschen - hinter ihm; jemand sei(19) | *W~ Nadeln, sieht*(2) | W~ Ohnmacht fallen; er werde(19) | *W~ Orte, Plätze - zwei Orten gleichzeitig; er sei an*(3) | W~ Phantasiegebilde, Illusionen(115) | W~ Reise; er befinde sich auf einer(12) | W~ Seite - linke Seite würde ihr nicht gehören; die | *W~ Stecknadeln, von*(2) | W~ sterben - gleich sterben; glaubt, er würde(57) | W~ Tiere(42) | W~ tot - er selbst sei(18) | t~ Personen, sieht tote(59)

Wahnideen - Ungeziefer - sieht Ungeziefer herumkriechen(13) | W~ Unrecht - begangen; er habe Unrecht(26) | W~ Verbrechern, von(24) | W~ verfolgt - Feinden, von(30) | W~ verfolgt; er würde(23) | W~ Verletzung - werden; würde gleich verletzt(13) | *W~ Visionen, hat*(76) | V~ schrecklich(27)

Wahnideen - Wasser - von(19) | W~ Würmer - kriechenden Würmern, von(10) | W~ ziehen - rechts ziehen; etwas würde sie beim Gehen nach

Waschen - Verlangen zu waschen - Hände; wäscht sich ständig die(11) | *V~ Monomanie*(2) | V~ Sauberkeitswahn, Reinlichkeitswahn(3)

Weibisch(5)

Gemüt ...

Weinen(244) | W~ morgens(22) | *W~ nachmittags*(9) | W~ abends(29) | W~ nachts(81) | n~ Erwachen, beim(2)

Weinen - angesprochen; wenn(9) | *a~ freundlich - Kindern; bei*(2)

Weinen - Erwachen, beim(36) | W~ erzählt - Krankheit erzählt; wenn sie von ihrer(10) | W~ Fieberfrost - im(25) | W~ getragen, wenn - mitleiderregend wenn es gehalten oder getragen wird; das Kind weint(2) | W~ Husten - während(21) | W~ Kindern; bei(22) | W~ Kleinigkeiten, über(23) | W~ Konvulsionen - während(27) | *W~ Schlaf, im*(88) | W~ Stuhlgang - während(8) | **W~ Trost - agg.**(22) | W~ Verzweiflung, aus(5) | W~ Wimmern, Winseln - Schlaf, im(28)

Wetter - Gewitter - während einem Gewitter; Gemütssymptome(12)

Widerspenstig(66)

Widerspruch - verträgt keinen Widerspruch(73) | v~ zurückhalten, um nicht gewalttätig zu werden; muß sich(2)

Widerwillen(39)

Wille - Verlust der Willenskraft(34) | W~ Willensschwäche(58)

Zählt ständig(4)

Zerstreut(166)

Zorn(243) | Z~ abends(20) | Z~ aufgeweckt, wenn(2) | Z~ getröstet, wenn(10) | Z~ heftig(72) | *Z~ Widerspruch, durch*(37)

Zurückhaltend, reserviert(64)

Träume

Alpträume, Alpdrücken(144)

Anfall zu haben; einen(3)

Angenehm(136)

Ängstlich(239) | *Ä~ morgens - Erwachen, beim - amel.; Angst ist*(15)

Ausland(3)

Boot sinkt(3)

Dinge - gewünschte, nach denen er sich sehnt

Ekelhaft(32)

Erdbeben(2)

TRÄUME …
Ereignisse - vergangene, längst(16) | E~ **vergessene; längst**(15) | E~ **zurückliegende, kurz**(55) | z~ Vortag, vom(41)
Erfolglose Anstrengungen - schreien; zu(6)
Ermordet - werden, zu(17)
Erniedrigung(12)
Erotisch(196) | E~ morgens(8) | E~ abends(3) | E~ Erektionen, mit(27) | *E~ Pollutionen, mit*(96)
Ertrinken(19) | E~ Boot, auf einem untergehenden(3)
Erwürgt zu werden(3)
Feuer(65)
Fortsetzung - Träumen, von - Erwachen, nach dem(22)
Furcht - gefolgt von(14)
Gehalten - Finger gehalten, am
Geschäft(40) | G~ Tage, vom(39) | G~ vernachlässigte(4)
Gespenster(38) | G~ kämpfen; mit Gespenstern zu(3) | G~ verfolgt zu werden; von Gespenstern
Grausamkeit(7)
Hartnäckig(29)
Historisch(18)
Hunde(20) | H~ verfolgt zu werden; von Hunden(3)
Intellektuell(23)
Jugend, von der
Kämpfe(54) | K~ Gespenstern, mit(3) | K~ Räubern, mit(5)
Katzen - verfolgen ihn(3)
Koitus(9)
Krankheit(43) | K~ Epilepsie(3) | *K~ Schwindel*
Land - fremdes(3)
Lebhaft(193)
Mord(53)
Phantastisch(55)
Räuber(36) | R~ kämpfen; mit Räubern zu(5)
Reisen(48)
Ruhelos(53)
Schlachten(13)
Schlafwandlerisch

TRÄUME …
Schlangen(21)
Schrecklich(237)
Schreien; unfähig zu(6)
Schwindel
Streitigkeiten(69)
Stürme(5) | S~ See, auf(2)
Tiere(25) | T~ wilde(8)
Tod(64) | T~ steht bevor(5) | T~ Sterben - er muß sterben(3)
Trinkgelage(11)
Überschwemmung(5)
Unangenehm(87)
Unfälle - Boot geht unter(3) | U~ Ertrinken(19)
Ungeziefer(14)
Untergehendes Boot(3)
Unwichtig(46)
Unzusammenhängend, zusammenhanglos(24)
Verbrechen - angeklagt zu werden; fälschlich eines Verbrechens(2)
Verdrießlich(122)
Verfolgt zu werden(17) | V~ Gespenstern, von | V~ Katzen und Hunden; von(3) | V~ Tieren, von(13) | T~ wilde(14)
Verraten worden zu sein
Verstorbenen, von(84)
Verworren(122)
Viele(260) | *V~ stürmen auf ihn ein, drängen sich auf*(4)
Visionär(45)
Wasser(49)
Wecken den Patienten(118)
Weinen(14)
Wüste (Landschaft)
Zorn(58)

– *Sinapis alba* –

sin-a.

GEMÜT
Konzentration - schwierig(261) | s~ Studieren(52) | s~ Unmöglichkeit, sich zu konzentrieren(8)

TRÄUME
Ängstlich(239)

Träume ...
Erinnerlich, bleiben im Gedächtnis(33)
Fallen, zu stürzen; zu - Höhe herab, von einer(29)
Gefahr(40)
Hochgelegene Orte - Herunterfallen, Hinabstürzen von(29)
Lebhaft - nachmittags(2)
Reisen(48)
Unerinnerlich, bleiben nicht im Gedächtnis(93)
Verworren(122)

– Sinapis nigra –

sin-n.

Gemüt
Aktivität; Verlangen nach - geistige Aktivität - nachts(5)
Angesprochen zu werden - Abneigung(63)
Angst(362)
Antworten - bissig, schnippisch(3) | A~ kurz angebunden(19)
Delirium(233) | *D~ Fieber; im*(54)
Furcht - Herz - Herzerkrankung(23) | F~ Koitus - während(2) | *w~ Impotenz aus Furcht; mit*
Hypochondrie(116)
Lasziv, lüstern - Erektionen, mit(3)
Mürrisch(290)
Phantasien - lasziv(46)
Reizbarkeit(408)
Stumpfheit(332)
Traurigkeit - Krankheit; über seine(5)
Unzufrieden(168)
Wahnideen - Bett - drehen, würde sich - herumdrehen(4)

Träume
Erotisch(196) | E~ Erektionen, mit(27) | E~ Pollutionen, mit(96)
Lebhaft(193)
Räuber(36)
Schrecklich(237)
Teufel(8)
Verstorbenen, von(84)
Viele(260)

– Sium latifolium –

sium

Gemüt
Erschöpfung; geistige(217)
Furcht - Tod; vor dem(143)

– Solaninum pur. & -act. –

solin. (alte Abk.)

Gemüt
Berührt zu werden; Abneigung - Kitzeligkeit(3)

Träume
Viele(260)

– Solanum arrebenta –

sol-a.

Gemüt
Auffahren, Zusammenfahren - Schlaf - durch(124)
Ungeduld - Kleinigkeiten, um(7)

Träume
Mord(53)
Zorn(58)

– Solanum carolinense –

sol-c.

Gemüt
Demenz - Epileptikern, von(12)
Traurigkeit(477)

– Solanum mammosum –

sol-m.

Gemüt
Boshaft(99)
Delirium - Bett - flieht und springt plötzlich aus dem Bett auf(36)
Gedanken - wandernd(72)
Geistige Anstrengung - agg. - unmöglich(130)
Reizbarkeit(408)
Ruhelosigkeit(420) | R~ treibt umher(41)
Springen - Bett; aus dem(41)

Gemüt ...
Stumpfheit - Erwachen, beim(41)
Zorn(243) | Z ~ geschehen könnte; Zorn über das, was

Träume
Weinen(14)

– *Solanum nigrum* –
sol-n.

Gemüt
Auffahren, Zusammenfahren(117)
Außer sich; ist(51)
Betäubung(237)
Bewußtlosigkeit(280) | B ~ Apoplexie, bei(15) | B ~ Fieber, im(50)
Delirium(233) | *D ~ rasend*(84)
Erschreckt leicht - Erwachen, beim(41)
Fliehen, versucht zu(61)
Gedächtnis - Gedächtnisschwäche - geistige Anstrengungen; für(26)
Geisteskrankheit, Wahnsinn(153)
Geistige Anstrengung - Abneigung gegen(150)
Gesten, Gebärden; macht - Hände; unwillkürliche Bewegungen der - Greifen(41) | G ~ nachts(2) | *G ~ Kauen und Schlucken; beim*(2)
Gesten, Gebärden; macht - Hände; unwillkürliche Bewegungen der - zupft - Bettwäsche; an der(36) | G ~ konvulsivisch(24)
Imbezillität(140)
Lachen - sardonisch(26)
Manie(149) | M ~ Raserei, mit(27)
Raserei, Tobsucht, Wut(95)
Ruhelosigkeit(420)
Schreien(133) | S ~ Cri encéphalique(29) | S ~ Raserei; während der(11)
Stöhnen - nachts(10)
Stupor - apoplektisch(7) | S ~ Fieber, im(21)
Wahnideen nachts(36) | W ~ berauscht - sei, er(59) | W ~ Bett - drehen, würde sich - Kreis herumdrehen, im(2) | W ~ bewegen - alles bewegt sich - Kreis, im - Bücken, beim

Gemüt ...
Wahnideen - Gehirn - schwimmen; das Gehirn würde | W ~ Stimmen - hört(37)
Weinen(244)

Träume
Alpträume, Alpdrücken(144)
Schlangen(21)
Schrecklich(237)
Viele(260)

– *Solanum oleraceum* –
sol-o.

Gemüt
Beschwerden durch - Kummer(65)
Traurigkeit(477)

– *Solanum tuberosum* –
sol-t.

Gemüt
Bewußtlosigkeit - unvollständig(15)
Ruhelosigkeit(420) | R ~ Bett - Herumwerfen im(123)
Stupor(138)

– *Solanum tuberosum aegrotans* –
sol-t-ae.

Gemüt
Angst - Erwachen, beim(86) | A ~ Zukunft(108)
Auffahren, Zusammenfahren - Schlaf - während(163)
Destruktivität, Zerstörungswut(41)
Furcht - Räubern, vor(25)
Gedanken - Gedankenandrang, einstürmende Gedanken, Gedankenfluß - nachmittags - 17 h | G ~ Vergangenheit, an die - Reisen | G ~ wandernd - Arbeit, bei der | w ~ Zuhören, beim
Mürrisch(290)
Redseligkeit; Geschwätzigkeit - abends(10)

Gemüt ...
Reizbarkeit(408) | R~ Ausdrucksweise anderer; durch unverständliche
Ruhelosigkeit - nachts(249)
Tadelsüchtig, krittelig(80)
Traurigkeit(477)
Wahnideen - Diebe - Haus, im(9) | D~ sieht(21)
Zerbricht Dinge(13)

Träume
Blut(3) | B~ Blutlachen
Ereignisse - zurückliegende, kurz(55) | z~ Vortag, vom(41)
Erotisch(196)
Ertrinken - Mann ertrinkt
Essen - Menschenfleisch
Fallen, zu stürzen; zu(60) | F~ Höhe herab, von einer(29)
Feuer(65) | F~ Stadt, zerstört eine
Frauen - verwandelt in Tiere
Hexen
Hochgelegene Orte - Herunterfallen, Hinabstürzen von(29)
Kämpfe(54)
Körperteile - Hände - zerschnitten; werden in Stücke
Krankheit - Blutung(2)
Lächerlich(15)
Leichen(42)
Männer - grüne
Religiös
Schwimmen(9)
Unfälle - Ertrinken - Mann ertrinkt
Unzusammenhängend, zusammenhanglos(24)
Verdrießlich(122)
Verworren(122)
Wasser(49)
Zauber, Magie; von

– *Sphingurus martini* –

sphing.

Gemüt
Bewußtlosigkeit(280)
Faulheit - abends(20)
Launenhaftigkeit, launisch(108)

Gemüt ...
Schreiben - Verlangen nach(3)
Unbeständigkeit(45)

Träume
Glücklich
Insekten(4)
Schlangen(21)
Ungeziefer(14)

– *Spigelia anthelmia* –

spig.

Gemüt
Abscheu - Leben, vor dem(84) | L~ abends(6)
Alkoholismus(135)
Angst(362) | A~ abends(87) | A~ abwechselnd mit - Fröhlichkeit(4) | a~ Hochgefühl(2)
Angst - Atmen, tiefes(2) | A~ Fieber - während(91) | A~ Freien, im(13) | *A~ Furcht, mit*(110) | *A~ Gewissensangst*(75) | A~ Schmerzen, durch die - Abdomen(4) | S~ Augen
Angst - Zukunft(108)
Argwöhnisch(105)
Auffahren, Zusammenfahren - Schlaf - während(163)
Außer sich; ist(51)
Beleidigt, leicht(79)
Beschäftigung - amel.(48)
Beschwerden durch - Erwartungsspannung(68) | B~ sexuell - Exzesse(59) | B~ Streit, Streitigkeiten(9)
Betäubung(237)
Bewußtlosigkeit(280) | B~ morgens(45)
Blasphemie, Gotteslästerung(7) | B~ Fluchen, und(12)
Chaotisch(44)
Delirium(233)
Delirium tremens(84)
Denken - Beschwerden - agg.; Denken an seine Beschwerden(71)
Empfindlich(192) | **E~ EISENSPITZEN; GEGEN AUF SIE GERICHTETE**(4) | *E~ Geräusche, gegen*(149) | *G~ schmerzhafte Empfindlichkeit gegen*(10)

Gemüt ...

Entmutigt(135)

Entrüstung(22)

Ernst(77)

Erregung(287) | E~ abends - Bett, im(31) | E~ Frost - während(22) | E~ Traurigkeit, nach(2) | E~ Zittern, mit(10)

Erschöpfung; geistige(217)

Exzentrizität, Überspanntheit(54)

Faulheit(269)

Feigheit(89)

Fleißig, arbeitsam, Arbeitswut(101)

Fluchen(44)

Froh(182) | F~ morgens(21) | *F~ abends - Bett, im*(29) | F~ abwechselnd mit - Herzklopfen | a~ Traurigkeit(57)

Froh - Schmerzen - während der

Furcht(242) | *F~ berührt zu werden*(38) | *F~ Ersticken, vor dem*(24) | F~ geschehen; etwas werde(82) | F~ Leiden, vor(12) | *F~ Nadeln, vor*(10) | F~ Unheil; Furcht vor(115) | F~ verletzt zu werden(6)

Gedächtnis - gut, aktiv(91) | *G~ Gedächtnisschwäche*(284) | G~ Eigennamen; für(44) | G~ geistige Anstrengungen; für(26)

Gedanken - Gedankenandrang, einstürmende Gedanken, Gedankenfluß(78) | G~ tiefschürfend - Zukunft, über seine(2) | G~ überlegt(54) | G~ Zukunft, vor der(6)

Gedanken versunken, in(90) | G~ Zukunft, in bezug auf die

Gehen - Freien, im - agg. Gemütssymptome(19)

Geistige Anstrengung - agg.(141) | *a~ unmöglich*(130)

Geistige Anstrengung - Verlangen nach(65) | G~ Abneigung gegen(150)

Gespräche - agg.(45)

Gewissenhaft, peinlich genau in bezug auf Kleinigkeiten(58)

Gleichgültigkeit, Apathie - Vergnügen, gegen(46)

Heftig, vehement(100)

Gemüt ...

Ideen, Einfälle - Mangel an(102) | I~ Reichtum an, Klarheit des Geistes(125) | R~ Fieberfrost, im(2)

Imbezillität(140)

Konzentration - schwierig(261) | s~ Studieren(52)

Kühn(7)

Langeweile(53)

Lasziv, lüstern(77)

Launenhaftigkeit, launisch(108)

Lebensüberdruß(82) | L~ abends(7)

Lebhaft, munter(50)

Lustig, fröhlich(123) | L~ abwechselnd mit - Herzklopfen

Meditieren, Nachdenken(47)

Mürrisch(290) | M~ abends(31)

Neid(22)

Rebelliert gegen Umschläge(17)

Reizbarkeit(408) | R~ abends(60) | R~ abwechselnd mit - Fröhlichkeit, Frohsinn(23) | *R~ Fieberfrost, im*(57)

Ruhelosigkeit(420) | R~ nachts(249) | R~ ängstlich(111) | R~ Frost - während(23) | R~ treibt umher(41)

Schlafwandeln(56)

Schreien - Schmerzen, bei den - Füße

Schuchternheit, Zaghaftigkeit(113)

Schweigsam(209)

Seelenruhe, Gelassenheit(85)

Sorgen, voller(50) | *S~ Verwandte, um*(7)

Spaßen - Abneigung gegen(22) | *S~ Spaß; verträgt keinen*(12)

Sprache - unzusammenhängend(65)

Sprechen - Schlaf, im(93)

Stimmung, Laune - veränderlich(158)

Stumpfheit(332)

Stupor(138) | S~ morgens(36)

Suizidneigung; Neigung zum Selbstmord(98) | S~ abends(7) | *S~ Traurigkeit, durch*(23)

Tod - wünscht sich den Tod, möchte sterben - Fieberfrost, im(2)

Traurigkeit(477) | T~ abends(76) | T~ ängstlich(32) | T~ Frost - während(37)

Gemüt ...

Traurigkeit - Schweiß, beim(29) | *T~ Suizidneigung, mit*(25) | T~ Zorn - durch Zorn(7)
Überaktiv(6)
Unaufmerksam(23)
Unbesonnen(82)
Unentschlossenheit(146)
Ungeduld(131)
Ungehorsam(30)
Vergeßlich(187)
Verlangen, Wunsch nach - voller Verlangen(11)
Verlassen zu sein; Gefühl(56)
Verleumden, Neigung zu(21)
Vertrauensvoll(5)
Verwirrung, geistige(321) | V~ abends(78) | V~ Bücken, beim(13) | V~ Freien, im(12) | V~ Gehen - Freien, im(14) | V~ Sitzen, im(33) | V~ Traum; wie in einem(27)
Verzweiflung(137)
Wahnideen - berauscht - sei, er(59) | s~ Tabakrauchen, wie nach
Wahnideen - Bett - berühren; als würde sie im Liegen das Bett nicht(13) | W~ Fallen - blickt - unten blickt; fällt, wenn er nach - Stehen oder im Gehen; im | F~ dreht, wenn er sich - Kopf dreht; er würde fallen, wenn er den | F~ er würde(29) | F~ vorne, nach - würde nach vorne fallen; sie(15)
Wahnideen - Feuer - Visionen von(34) | W~ Gehirn - schwappen; das Gehirn würde - Gehen, beim | W~ Gehsteig - heben; der Gehsteig würde sich direkt vor ihm | W~ geht - Luft - auf Luft; geht(15) | W~ Gespenster, Geister, Gestalten - sieht(55) | W~ leicht - sei leicht, er - Gehen, beim(3) | W~ schwanken - sie würde schwanken | W~ schweben - Luft, in der(45) | W~ Stecknadeln, von(2) | W~ Stuhlgang - müsse den Darm entleeren; er | W~ vergrößert(42)
Waschen - Abneigung gegen Waschen und Baden(16)

Gemüt ...

Weinen(244) | *W~ Fieberhitze, in der*(25) | W~ Husten - während(21) | *W~ Schnupfen, beim*(2)
Zerstreut(166)
Zorn(243) | Z~ Gesicht - rot - Gesicht; mit rotem(10)
Zufrieden(31)

Träume

Angenehm(136)
Ängstlich(239)
Blitz(4)
Dinge - fixiert, Träume sind auf denselben Inhalt(6)
Ereignisse - vergangene, längst(16) | E~ vergessene; längst(15) | E~ zurückliegende, kurz(55)
Erotisch(196) | *E~ Erektionen, mit*(27) | *E~ Pollutionen, mit*(96)
Erschöpfend(45)
Feuer(65)
Friedlich(2)
Gespenster(38)
Gewitter(6)
Hartnäckig(29)
Insekten(4)
Lange Zeit(13) | L~ Gegenstand; vom selben(2)
Lebhaft(193)
Schrecklich(237)
Streitigkeiten(69)
Unerinnerlich, bleiben nicht im Gedächtnis(93)
Verworren(122)
Viele(260)
Wecken den Patienten(118)

– *Spigelia marylandica* –

spig-m.

Gemüt

Lachen - abwechselnd mit - Weinen(43)
Läuft umher(24)
Manie(149)
Sprache - unzusammenhängend(65) | S~ wild(7)

– *Spiraea ulmaria* –

spirae.

Gemüt

Abscheu - eigenen Person; vor(2)
Faulheit(269)
Furcht - Wasser, vor(33)
Langeweile(53)
Mürrisch(290)
Reue - Indiskretion, Taktlosigkeit; über frühere
Ruhelosigkeit - nachts(249)
Tollwut, Hydrophobie(46)
Verwirrung, geistige(321)

Träume

Erotisch(196)
Lebhaft(193)
Unerinnerlich, bleiben nicht im Gedächtnis(93)
Verworren(122)

– *Spiranthes autumnalis* –

spira.

Gemüt

Angst - Gewissensangst(75)
Hysterie(194)
Klagen(64)
Langeweile(53)
Ruhelosigkeit - nachts(249)
Traurigkeit(477)
Unbehagen(44)
Verwirrung, geistige(321)
Wahnideen - Gehirn - wabbeln; das Gehirn scheint zu - hin und her(2) | W~ Sinne - vergehen - seien vergangen; die Sinne

Träume

Erotisch(196) | E~ Pollutionen, mit(96)

– *Spongia tosta* –

spong.

Gemüt

Abneigung - allem, gegenüber(39)
Abscheu - Leben, vor dem(84)

Gemüt …

Alkoholismus(135)
Angst(362) | A~ nachts(119) | **n~ Mitternacht - nach**(22)
Angst - abwechselnd mit - Hochgefühl(2) | A~ anfallsweise(13) | A~ Bett - im Bett - aufsetzen; muß sich(2) | *A~ Erwachen, beim*(86) | *A~ Fieber - während*(91) | A~ Freien, im - amel.(23) | A~ Furcht, mit(110) | A~ Gehen - agg.(21) | G~ Freien, im(12)
Angst - Haus, im(15) | A~ Hitzewallungen, bei(14) | A~ Liegen(11) | A~ Müdigkeit, mit(16) | **A~ Ohnmacht - mit Ohnmacht; Angst**(9) | A~ periodisch(12) | *A~ Schlaf - während*(42) | A~ Sitzen - Aufsitzen im Bett amel. | **A~ Träume; beim Erwachen aus schrecklichen**(17) | **A~ Zukunft**(108)
Antworten - Abneigung zu antworten(67)
Auffahren, Zusammenfahren(117) | A~ morgens, aus dem Schlaf(6) | A~ nachts(19) | A~ Geräusche, durch(60) | *A~ Kleinigkeiten, über*(21) | A~ leicht(52) | A~ Schlaf - während(163) | **S~ durch**(124)
Auffahren, Zusammenfahren - Schreck oder wie durch Schreck; durch(68) | A~ Schweiß, beim(5)
Bellen(11)
Beschimpfen, beleidigen, schmähen(67)
Betäubung(237)
Bewußtlosigkeit - Frost - während(15)
Delirium - Fieber; im(54) | D~ phantastisch(13) | D~ Schlaf - während(26) | *S~ Einschlafen, beim*(17)
Delirium - Schlaflosigkeit - mit(45) | D~ Wahnideen, mit(18)
Denken - Beschwerden - agg.; Denken an seine Beschwerden(71)
Eigensinnig, starrköpfig, dickköpfig(107)
Erregung(287) | E~ agg.(41) | E~ morgens(19)
Erschöpfung; geistige(217)
Erschreckt leicht(125) | *E~ nachts*(11) | E~ Erwachen, beim(41)
Faulheit(269)

Gemüt ...

Frivol(14)

Froh(182) | F~ abwechselnd mit - Ernst(4) | a~ Faulheit | a~ Verwirrung | a~ Weinen(19) | a~ Zerstreutheit(2)

Froh - gefolgt von - Entkräftung(2) | F~ Zerstörungswut, mit

Furcht(242) | F~ nachts(58) | n~ Erwachen, nach dem(8)

Furcht - Ersticken, vor dem(24) | *E~ nachts*(14) | *E~ Herzerkrankung, bei*(3)

Furcht - Erwachen, beim(54) | F~ Geisteskrankheit(74) | F~ geschehen; etwas werde(82) | F~ Gespenstern, vor(32) | *F~ Herz - Herzerkrankung*(23) | F~ Herzklopfen, mit(11) | F~ Hitze - während(5) | *F~ Krankheit, vor drohender*(66) | F~ Panik, panische Angst(4) | *F~ Schweiß, mit* | *F~ Tod; vor dem*(143) | F~ Unglück, vor(93) | F~ Unheil; Furcht vor(115) | F~ wiederkehrend(11)

Gedächtnis - Gedächtnisschwäche(284) | G~ geistige Anstrengungen; für(26)

Gedanken - drängen auf ihn ein und schwirren durcheinander - Schließen der Augen; beim | G~ Gedankenandrang, einstürmende Gedanken, Gedankenfluß(78) | G~ nachts(31)

Gedanken - quälend - vergangene unangenehme Ereignisse; über(3)

Geistesabwesend(71)

Geistige Anstrengung - agg.(141) | a~ unmöglich(130)

Geistige Anstrengung - Abneigung gegen(150)

Gleichgültigkeit, Apathie(251)

Grobheit(37)

Herausfordernd(22)

Hypochondrie(116)

Ideen, Einfälle - Reichtum an, Klarheit des Geistes(125) | R~ Schließen der Augen; beim(2)

Imbezillität(140)

Impertinenz, Unverschämtheit(14)

Indiskretion, Taktlosigkeit(30)

Keck, keß(2)

Konzentration - schwierig(261)

Gemüt ...

Kühn(7)

Lachen(102)

Lästig, geht auf die Nerven(79)

Launenhaftigkeit, launisch(108)

Lebensüberdruß(82)

Lustig, fröhlich(123) | L~ abwechselnd mit - Stumpfheit(2) | a~ Weinen(8)

Manie(149)

Milde(80)

Mürrisch(290)

Mutwillig, boshaft(24)

Phantasien - Schlaf - Einschlafen, beim(8) | P~ übertrieben(114) | P~ übertrieben - nachts(40) | P~ übertrieben - Schlaflosigkeit, mit(41)

Qualvolle Angst - Herzerkrankung, bei(8)

Reizbarkeit(408) | R~ morgens(69) | R~ abwechselnd mit - Fröhlichkeit, Frohsinn(23) | a~ Lustigkeit(6)

Reizbarkeit - Kopfschmerzen, bei(61)

Ruhelosigkeit(420) | R~ nachts(249) | R~ ängstlich(111) | R~ Hitze - während(66)

Schlafwandeln(56)

Schmollen(41)

Schreien - Schlaf, im(80)

Schüchternheit, Zaghaftigkeit(113)

Schweigsam(209)

Seufzen(98)

Singen(59) | S~ abwechselnd mit - Abscheu für die Arbeit | a~ Stumpfheit | a~ Verwirrung

Singen - unwillkürlich(6)

Sinne - abgestumpft, stumpf(107)

Sitzen - Neigung zu sitzen(110)

Spaßen(52)

Sprache - laut - Schlaf, im(5)

Sprechen - agg. die Beschwerden(34) | S~ Schlaf, im(93) | S~ laut(7)

Sprechen - schweift von einem Thema zum anderen(47)

Stimmung, Laune - abweisend, zurückweisend(40) | S~ veränderlich(158)

Streitsüchtig(136) | S~ abwechselnd mit - Fröhlichkeit(4) | a~ Lachen(4)

Gemüt …

Stumpfheit(332) | S~ sagt nichts(5) | S~ Schwindel; während(22)

Suizidneigung; Neigung zum Selbstmord - Schweiß, beim(9) | *S~ Wechselfieber, bei*(6)

Tod - Gedanken an den Tod(54) | T~ wünscht sich den Tod, möchte sterben(72)

Traurigkeit(477) | T~ ängstlich(32) | *T~ Fieberhitze, in der*(55) | *T~ Impotenz, mit*(5)

Überaktiv(6)

Ungeduld(131)

Ungeschicklichkeit - Arbeit, bei der(4)

Untröstlich(30)

Unverschämtheit(33)

Unzufrieden(160) | U~ allem; mit(66)

Verächtlich(35)

Verweilt - vergangenen unangenehmen Ereignissen; bei(46) | V~ schrecklichen Szene eines traurigen Ereignisses aus der Vergangenheit gequält; von einer

Verwirrung, geistige(321) | V~ berauscht - wie(47) | V~ Erwachen, beim(71) | V~ Gehen(37)

Verzweiflung - Fieberhitze, in der(21)

Wahnideen(191) | *W~ Bewegung - Auf und Ab Bewegung; Gefühl einer*(3) | W~ Bilder, Phantome; sieht(76) | B~ nachts(40) | B~ schreckliche(60)

Wahnideen - Fallen - hinten, nach(6) | W~ Feuer - Visionen von(34) | W~ Gespenster, Geister, Gestalten Schließen der Augen; beim(16) | W~ Gestalten - sieht(33) | W~ Kopf - fallen; der Kopf würde - Seite, nach einer | W~ lebhaft(26) | W~ nachgestellt - ihm würde nachgestellt(28) | W~ Ohnmacht fallen; er werde(19) | W~ Phantasiegebilde, Illusionen(115) | W~ Schlaf - Einschlafen; Wahnideen beim(12) | W~ verfolgt - Szene von einem traurigen Ereignis aus der Vergangenheit verfolgt und quält ihn | W~ Visionen, hat(76) | V~ nachts(6) | V~ Schließen der Augen; beim(29)

Gemüt …

Wahnideen - Visionen, hat - schrecklich - Ereignissen, von vergangenen

Weinen(244) | W~ morgens(22) | W~ nachts(81) | W~ Ärger, durch(23) | *W~ Angst, nach*(23) | **W~ Fieberhitze, in der**(25) | W~ Husten - während(21) | *W~ Schlaf, im*(88) | *W~ Schweiß, beim*(25) | W~ Träumen, beim(6) | W~ Zorn - nach(19)

Widerspenstig(66)

Widerwillen(39) | W~ allem, vor(22)

Witzig, geistreich(14)

Zerstreut(166)

Zorn(243) | Z~ abwechselnd mit - Fröhlichkeit, Frohsinn(15)

Zurückhaltend, reserviert(64)

Träume

Angenehm(136)

Ängstlich(239)

Anstrengung - geistige(51) | A~ körperliche(20)

Erschöpfend(45)

Feuer(65)

Mord(53)

Phantastisch(55)

Schießen, vom(6)

Schrecklich(237)

Sorgen, voller(21)

Tod(64)

Traurig(46)

Unglück(64)

Verdrießlich(122)

Verstorbenen, von(84)

Viele(260)

Visionär(45)

Wecken den Patienten(118)

Weinen(14)

Wissenschaftlich(5)

Zorn(58)

– Squilla maritima –

squil.

Gemüt

Angst(362) | A ~ morgens - Erwachen, beim(30) | A ~ nachts(119) | n ~ Mitternacht - nach(22)
Angst - Erwachen, beim(86) | *A ~ Fieber - während*(91) | A ~ hypochondrisch(52)
Betäubung(237) | B ~ morgens(13)
Bett - Abneigung gegen das Bett, meidet es(18)
Bewußtlosigkeit(280)
Boshaft(99)
Chaotisch(44)
Delirium - Blutung - nach(14)
Denken - Abneigung gegen(46)
Entschiedenheit, Entschlossenheit(2)
Erotisch(39)
Erschöpfung; geistige(217)
Faulheit(269) | F ~ morgens(51)
Froh(182)
Furcht(242) | F ~ Bett - vor dem(20) | F ~ Tod; vor dem(143) | F ~ Unheil; Furcht vor(115)
Gefühllos, hartherzig(21)
Geisteskrankheit, Wahnsinn(153)
Geistige Anstrengung - Abneigung gegen(150)
Gleichgültigkeit, Apathie(251) | G ~ Arbeit; mit Abneigung gegen(9)
Hartherzig, unerbittlich(20)
Hochmütig, arrogant(53)
Konzentration - schwierig(261)
Lästig, geht auf die Nerven(79)
Lustig, fröhlich(123)
Moralischem Empfinden; Mangel an(48)
Mürrisch(290)
Mutig(26)
Reizbarkeit(408)
Ruhelosigkeit - Bett - Herumwerfen im(123) | R ~ Erwachen, beim(30)
Schreiben - Abneigung gegen(3)
Schüchternheit, Zaghaftigkeit - abends - Bett - Zubettgehen; beim(11)
Schweigsam(209)

Gemüt ...

Sitzen - Neigung zu sitzen(110)
Stöhnen(119)
Stumpfheit(332) | S ~ morgens(54)
Traum; wie in einem(69)
Traurigkeit(477)
Verwegenheit(26)
Verwirrung, geistige(321) | V ~ morgens(115) | V ~ berauscht - wie nach einem Rausch(35) | V ~ Erwachen, beim(71) | V ~ Schlaf; nach(14) | V ~ Traum; wie in einem(27)
Wahnideen - Benommen - Rausch; wie nach einem | W ~ berauscht - gewesen; er sei(4) | W ~ Fallen - Seite hin; auf eine - Aufstehen auf eine Seite fallen; er würde beim
Weinen(244) | W ~ Wimmern, Winseln(27)
Zorn(243) | Z ~ leicht(37)

Träume

Angenehm(136)
Ängstlich(239)
Erotisch(196)
Körper - geschwollen
Krankheit(43)
Lebhaft(193)
Lustig(14)
Schrecklich(237)
Viele(260)

– Stachys betonica –

stach.

Gemüt

Stumpfheit - Schwindel; während(22)

– Stannum iodatum –

stann-i.

Gemüt

Traurigkeit(477)

– Stannum metallicum –

stann.

Gemüt

Abneigung - Männer; gegen(8) | A~ Menschen; gegen - bestimmte; gegen(14)

Abscheu - Arbeit, vor der(21)

Angst(362) | *A~ abends*(87) | A~ Bewegung - agg.(16) | A~ Fieber - während(91) | *A~ häusliche Angelegenheiten, um - Schwangerschaft, in der*(2) | A~ Liegen(11) | *A~ Menses - vor*(22) | M~ während(33) | w~ amel.(2)

Angst - Schlaf - während(42) | A~ Schwangerschaft, in der(6) | *A~ Zukunft*(108) | A~ Zusammenschnürung, durch - Brust, in der

Antworten - Abneigung zu antworten(67) | *A~ kurz angebunden*(19)

Argwöhnisch(105)

Auffahren, Zusammenfahren - Schlaf - während(163) | A~ Schreck oder wie durch Schreck; durch(68)

Außer sich; ist(51)

Beleidigt, leicht(79)

Bellen(11)

Beschwerden durch - Erregung - Gefühle, der(87) | B~ Schicksalsschläge, durch(6) | B~ Schreck(72) | B~ Zorn(94) | Z~ Angst, mit(30)

Betäubung(237) | B~ Schwindel - während(37)

Beten - schüchtern

Bewußtlosigkeit(280) | B~ Schmerzen, durch(9) | B~ Schwindel, bei(46)

Bitten - Schlaf, im

Boshaft(99)

Denken - Beschwerden - agg.; Denken an seine Beschwerden(71)

Ekstase(59)

Empfindlich(192) | E~ bestimmte Personen, gegen(7) | E~ Geräusche, gegen(149) | E~ Gerüche, gegen(30) | E~ Meinung anderer; in bezug auf die(2) | E~ Musik, gegen(46) | E~ Schmerz, gegen(31)

Gemüt ...

Entfernungen - falsche Einschätzung von(10)

Entmutigt(135)

Ermahnungen - agg. - freundliche; selbst(6)

Erotisch(39)

Erregung(287) | E~ agg.(41) | E~ Herzklopfen, mit heftigem(17)

Erschöpfung; geistige(217) | E~ Zittern, mit(4)

Essen - weigert sich zu - Schwäche; aus(2)

Faulheit(269)

Fehler; macht - Lesen, beim(9) | F~ Zeit; in bezug auf die - Nachmittag; glaubt immer, es sei(2)

Feigheit(89)

Fleißig, arbeitsam, Arbeitswut(101) | F~ Menses, vor den(26)

Froh(182)

Furcht(242) | F~ nachts(58) | F~ Armut, vor - auszugeben, um nicht in der Zukunft zu wenig zu haben; Furcht davor, Geld(2) | F~ engen Räumen; in(33) | F~ Krankheit, vor drohender(66) | K~ unheilbar zu sein(42)

Furcht - lebenslang(10) | F~ Männern, vor(30) | F~ Menschen, vor(81) | F~ Menschenmenge; in einer(58) | F~ Schwangerschaft, in der(8) | F~ springt - aus dem Bett; springt(3) | F~ Tod; vor dem(143) | *F~ Unheil; Furcht vor*(115)

Gedächtnis - Gedachtnisschwäche(284)

Gedanken - hartnäckig(83) | G~ Vergehen, Schwinden der Gedanken(76)

Gedanken versunken, in(90)

Gehen - Freien, im - amel. Gemütssymptome(10)

Geistesabwesend(71)

Geisteskrankheit, Wahnsinn(153) | G~ erotisch - Menses - vor(2)

Geistige Anstrengung - agg.(141) | a~ unmöglich(130)

Geistige Anstrengung - Abneigung gegen(150)

GEMÜT ...

Geiz - Angst um die Zukunft; Geiz aus(6)
Geschäft - Abneigung gegen(45)
Geschäftig - fruchtlos, ergebnislos(14)
Geselligkeit(7)
Gesellschaft - Abneigung gegen(156) | A~ allein, wenn - amel.(33)
Gesellschaft - Verlangen nach(83) | V~ allein; agg. wenn(48)
Gespräche - agg.(45)
Getragen - Verlangen getragen zu werden - Schulter, über der(3)
Gier, Habsucht(19)
Gleichgültigkeit, Apathie(251) | G~ allem; gegenüber(71) | G~ äußere - Dinge; gegen(26) | G~ Vergnügen, gegen(46)
Haß(28) | H~ Männer, auf(6) | H~ Rachsucht; Haß und(32)
Heftig, vehement(100)
Hellsehen(28)
Heulen(30)
Hochgefühl(97)
Hypochondrie(116)
Hysterie(194)
Ideen, Einfälle - Mangel an(102)
Imbezillität(140)
Jammern(93) | J~ Schlaf, im(12)
Klagen - Schlaf, im(6)
Konzentration - schwierig(261)
Kummer - Zukunft; in bezug auf die(5)
Leidenschaftlich(49)
Lesen - agg. Gemütssymptome(14)
Lustig, fröhlich(123)
Männer - Scheu vor(19)
Menschenfeindlichkeit, Misanthropie(45)
Menses - vor; Gemütssymptome(18) | M~ während; Gemütssymptome(28)
Milde(80)
Murmeln(55)
Mürrisch(290) | M~ Freien, im(8) | F~ amel.(4)
Mürrisch - schweigsam(3)
Musik - agg.(40)
Müßiggang, Untätigkeit(7)
Mutwillig, boshaft(24)
Neid - Habgier, und(12)
Nymphomanie(67)

GEMÜT ...

Pessimist(17)
Phantasien - übertrieben(114)
Qualvolle Angst(121) | Q~ tagsüber(8) | Q~ Menses - während(10)
Redseligkeit; Geschwätzigkeit(136)
Reizbarkeit(408) | R~ tagsüber(32) | R~ Freien, im - amel.(7) | R~ Kopfschmerzen, bei(61)
Religiös - Gemütsstörungen, religiöse(63)
Ruhe - Verlangen nach(21)
Ruhelosigkeit(420) | R~ nachts(249) | n~ Mitternacht - nach - 1 h(5)
Ruhelosigkeit - Erwachen, beim(30) | R~ geschäftig(20) | R~ treibt umher(41)
Schlafwandeln(56)
Schmollen(41)
Schreiben - agg. Gemütssymptome(6)
Schreien - Angst, aus(9) | S~ Konvulsionen - während(31) | K~ epileptisch(21)
Schreien - muß; hat das Gefühl, als ob sie schreien(20)
Schüchternheit, Zaghaftigkeit - schamhaft(58)
Schweigsam(209) | S~ Traurigkeit; bei(12)
Seelenruhe, Gelassenheit(85)
Selbstbetrachtung(58)
Sentimental, schwärmerisch, rührselig(64)
Seufzen(98)
Sinne - abgestumpft, stumpf(107) | S~ Vergehen, Schwinden der(51)
Sitzen - Neigung zu sitzen(110)
Sorgen, voller(50)
Spaßen(52)
Spotten(18)
Sprache - affektiert, manieriert, unnatürlich(22) | S~ hastig(44) | *S~ unsinnig*(29)
Sprechen - agg. die Beschwerden(34) | *S~ Schlaf, im*(93) | S~ fleht zaghaft
Stilles Wesen(49) | S~ Freien, im - amel.
Stimmung, Laune - veränderlich(158) | S~ wechselnd, wechselhaft(80)
Stöhnen - Schlaf, im(62)
Streitsüchtig(136)

Gemüt …

Stumpfheit(332) | S~ morgens - Erwachen, beim(26) | S~ abends(29) | S~ Erwachen, beim(41) | S~ Fieberfrost, im(16)

Stupor(138)

Tanzen - amel. die Gemütssymptome(8)

Traurigkeit(477) | T~ tagsüber(16) | T~ ängstlich(32) | T~ Fieberhitze, in der(55) | T~ Kopfschmerzen, bei(30) | **T~ Menses - vor**(34)

Traurigkeit - Menses - während(35) | *w~ amel.*(6)

Traurigkeit - schweigsam(12)

Unbeständigkeit(45)

Unentschlossenheit(146)

Ungeduld(131)

Ungeschicklichkeit(41) | U~ fallen, läßt Dinge(26)

Unglücklich, bedauernswert; fühlt sich(29)

Unternimmt - Vieles, hält aber bei nichts durch, bleibt nicht dabei(28)

Untröstlich(30)

Unzufrieden(168) | U~ allem; mit(66)

Vergeßlich(187) | V~ morgens(9) | m~ Erwachen, beim(3)

Vergeßlich - Erwachen, beim(8)

Verwirrung, geistige(321) | V~ morgens(115) | V~ abends(78) | V~ Erwachen, beim(71) | V~ Schwindel, mit(5)

Verzweiflung(137) | V~ Fieberhitze, in der(21) | V~ Schweiß, beim(9)

Wahnideen(191) | W~ Nachmittag; es sei immer(2) | W~ Feuer - Visionen von(34) | W~ Gedanken - Gedankenandrang hindert ihn daran, seine Arbeit zu vollenden | W~ Gegenstände; über - weit weg, zu(2) | *W~ Krankheit - unheilbare Krankheit; er habe eine*(18) | W~ Ohnmacht fallen; er werde(19) | W~ Phantasiegebilde, Illusionen(115) | W~ Sprechen - Freunde sprechen über sie(7) | W~ vergrößert - Entfernungen seien(17)

Weinen(244) | W~ agg.(18) | W~ nachts(81)

Gemüt …

Weinen - nervös - schlechter; ihr ist die ganze Zeit zum Weinen zumute, aber es geht ihr dadurch | W~ Schlaf, im(88) | W~ Schwangerschaft, in der(8) | W~ Trost - will nicht getröstet werden(10) | W~ unwillkürlich(35) | W~ Wimmern, Winseln - Schlaf, im(28)

Zeit - vergeudet seine Zeit(11)

Zerstreut(166)

Zorn(243) | *Z~ heftig*(72) | Z~ Schweigsamkeit; mit(8)

Zurückhaltend, reserviert(64)

Zweifelt - Genesung; an der(31)

Träume

Angenehm(136)

Ängstlich(239)

Aufruhr(12)

Dinge - fixiert, Träume sind auf denselben Inhalt(6)

Ereignisse - zurückliegende, kurz - Vortag, vom(41)

Erfolglose Anstrengungen(20)

Erotisch(196) | E~ Erektionen, mit(27) | E~ Pollutionen, mit(96)

Explosion

Feuer(65)

Geräusch(4)

Geschäft - Tage, vom(39) | G~ vernachlässigte(4)

Grausamkeit(7)

Kämpfe(54)

Krieg(6)

Lebhaft(193)

Pracht

Ruhelos(53)

Schlachten(13)

Schrecklich(237)

Streitigkeiten(69)

Unerinnerlich, bleiben nicht im Gedächtnis(93)

Unfälle - Explosion

Unglück(64)

Unwichtig(46)

Verworren(122)

Viele(260)

Wecken den Patienten(118)

Träume ...
Zorn(58)

– *Staphysagria* –
staph.

Gemüt

Abneigung - Ehefrau; gegen seine(6) | A~ Frauen; gegen - Männern; bei(5) | M~ Homosexualität, mit(4)

Abneigung - Kinder; gegen - bekommen; Kinder zu - Welt so schlecht ist; weil(4) | A~ Männer; gegen - Frauen; bei(6) | *A~ Menschen; gegen - alle, gegen*(8)

Abscheu - Leben, vor dem(84)

Alkoholismus(135)

Angesprochen zu werden - Abneigung(63)

Angst(362) | *A~ morgens*(42) | A~ nachmittags - Mittagsschlaf, nach dem | A~ abwechselnd mit - Fröhlichkeit(4) | *A~ andere, um*(24) | A~ Ärger - nach(6) | A~ Denken daran; durch(9) | A~ Furcht, mit(110) | A~ Gehen - agg.(21) | G~ amel.(6) | *G~ schnell - agg.*(3)

Angst - Gesundheit; um die - eigene Gesundheit; um seine(57) | A~ Gewissensangst(75) | A~ hypochondrisch(52) | h~ lesen; Manie medizinische Bücher zu(5)

Angst - Masturbation, durch(2) | A~ Menses - während - Zorn und Angst; mit(9) | A~ Müdigkeit, mit(16) | **A~ Seelenheil, um das**(35) | S~ Bedenken, Gewissensbisse; übermäßige religiöse(7) | **B~ Ausübung der religiösen Pflichten; in bezug auf die**(5)

Angst - Seelenheil, um das - Glaubens; um den Verlust seines(5) | A~ sexuelles Verlangen; durch unterdrücktes | A~ Sitzen(15) | A~ Suizidneigung, mit(10) | A~ Träume; beim Erwachen aus schrecklichen(17) | *A~ Zukunft*(108)

Anmaßend(5)

Argwöhnisch(105) | A~ reden; Menschen würden über sie(5)

Gemüt ...

Auffahren, Zusammenfahren - nachts(19) | A~ Schlaf - während(163) | A~ Schreck oder wie durch Schreck; durch(68) | A~ Träumen, in - aus einem Traum(35)

Außer sich; ist - Angst; vor(14)

Bedauert sich(8)

Beleidigt, leicht(79) | *B~ Beleidigungen, durch frühere*(5)

Beschimpfen, beleidigen, schmähen(67)

Beschwerden durch - Ehre, verletzte(9) | B~ Eifersucht(8) | **B~ ENTRÜSTUNG**(8) | **B~ ENTTÄUSCHUNG**(17) | **B~ Erregung - Gefühle, der**(87) | B~ Erwartungsspannung(68) | **B~ geistige Anstrengung**(59) | **B~ Grobheit anderer**(13) | **B~ KRÄNKUNG, DEMÜTIGUNG**(39) | **K~ ENTRÜSTUNG, MIT**

Beschwerden durch - Kummer(65) | **B~ Liebe; enttäuschte**(31) | B~ moralische Erregung(6) | *B~ Scham*(5) | B~ Schicksalsschläge, durch(6) | B~ Schreck - Menses, während(10) | B~ sexuell - Erregung(6) | **s~ Exzesse**(59)

Beschwerden durch - Sorgen, Kummer(14) | B~ Stellung, des Jobs; Verlust der(4) | *B~ Tadel*(13) | B~ Tod von geliebten Personen - Eltern oder Freunde, der(7) | T~ Kindes, eines(11)

Beschwerden durch - Verachtung; verachtet zu werden(23) | B~ Verlegenheit(13) | B~ Vorwürfe(4) | **B~ ZORN**(94) | **Z~ ENTRÜSTUNG; MIT**(11) | **Z~ stillem Kummer; mit**(27) | **Z~ unterdrückten Zorn; durch**(11)

Betäubung(237) | *B~ Bewegung, durch*(2) | B~ Schwindel - während(37)

Bewußtlosigkeit(280)

Bissig, schnippisch(7)

Blasphemie, Gotteslästerung(7) | B~ Fluchen, und(12)

Blicken - hinten, als würde er verfolgt; blickt nach(2)

Blut sehen; kann kein - Wunden sehen; kann keine(2)

Boshaft(99)

Gemüt ...

Chaotisch(44)

Demenz - Masturbation, mit(11)

Denken - Beschwerden - agg.; Denken an seine Beschwerden(71)

Destruktivität, Zerstörungswut(41)

Ehebrecherisch(9)

Ehrgeiz(15) | E~ Ruhm, nach(6)

Eifersucht(34) | E~ Betrunkenheit; bei(5)

Eigensinnig, starrköpfig, dickköpfig(107)

Ekstase(59)

Empfindlich(192) | *E~ äußerliche Eindrücke; gegen alle*(21) | E~ Berührung, gegen(13) | E~ Geräusche, gegen(149) | E~ Gerüche, gegen(30) | **E~ Grobheiten, gegen**(9) | *E~ Kinder*(13) | E~ Mangel an Empfindlichkeit(20) | E~ Meinung anderer; in bezug auf die(2) | E~ moralische Eindrücke, gegen(10) | *E~ Pubertät, in der*(12) | E~ Vorwürfe, gegen(6)

Entfremdet - Ehefrau, von seiner(4) | E~ Familie, von seiner(18)

Entmutigt - Koitus, nach(2)

Entrüstung(22) | *E~ Missetaten, Vergehen anderer; über die*(2)

Ernst(77)

Erotisch(39)

Erregung(287) | *E~ agg.*(41) | E~ abends - Bett, im(31) | E~ Herzklopfen, mit heftigem(17) | E~ nervös(23) | *E~ schluckt ständig beim Sprechen*

Erschöpfung; geistige(217) | *E~ Ärger, durch* | E~ Koitus, nach(3) | *E~ Konvulsionen, durch*(2)

Erschreckt leicht(125) | E~ Erwachen, beim - Traum, aus einem(14)

Farben - blau - Verlangen nach - dunkelblau(4) | V~ hellblau(9)

Farben - rosa - amel.(4) | *F~ weiß - Verlangen nach*(15)

Faulheit(269)

Fehler; macht - Schreiben, beim(83) | F~ Sprechen, beim(81) | S~ Worte - falsche Worte; benutzt(53)

Gemüt ...

Fehler; macht - Zeit; in bezug auf die - verwechselt - Gegenwart mit der Vergangenheit(6) | v~ Zukunft mit der Vergangenheit; die(4)

Feigheit(89)

Feuer - anzünden; möchte Dinge(8) | F~ wirft Dinge ins

Fleißig, arbeitsam, Arbeitswut(101)

Fliehen, versucht zu - Erwachen, beim - Kinder | F~ Familie und den Kindern zu fliehen; versucht von ihrer(7)

Fluchen(44)

Froh(182) | F~ abends - Bett, im(29) | F~ abwechselnd mit - Traurigkeit(57) | F~ Betrunkenheit; bei(3) | *F~ streitsüchtig, und*(2)

Furcht(242) | F~ Apoplexie, vor(36) | F~ Armut, vor(20) | F~ Aufzügen, vor(2) | F~ Beruf zu verlieren; seinen lukrativen(8) | F~ engen Räumen; in(33) | F~ ermordet zu werden(10) | *F~ Ersticken, vor dem*(24) | F~ Familie - großzuziehen; seine Familie zu | *F~ Geisteskrankheit*(74) | F~ gesellschaftliche Stellung; um seine(3) | F~ Glauben zu verlieren; davor seinen religiösen(5) | F~ hochgelegenen Orten; vor(24) | F~ Krankheit, vor drohender(66) | F~ Menschen, vor(81) | F~ Menschenmenge; in einer(58) | F~ Schatten - seinem eigenen Schatten; vor(4) | *F~ Selbstkontrolle zu verlieren; die*(5) | F~ Tod; vor dem(143) | T~ drohendem Tod, vor(17)

Furcht - Unheil; Furcht vor(115) | F~ zornig zu werden, in Wut zu geraten(4)

Gedächtnis - gut, aktiv(91) | g~ kurz, aber(4)

Gedächtnis - Gedächtnisschwäche(284) | G~ Eigennamen; für(44) | G~ Farben, für(3) | G~ Formen, für(5) | G~ gedacht hat; für das, was er gerade(18) | G~ geistige Anstrengungen; für(26) | **G~ gelesen hat; für das, was er**(41) | G~ Musik; für(4) | **G~ Orte, für**(11)

GEMÜT ...

Gedächtnis - Gedächtnisschwäche - Personen, für(23) | *G~ sagen will; für das, was er gerade*(38) | G~ sexuelle Exzesse, durch(9) | G~ Termine, für das Datum; für(12) | G~ Worte, für(61)

Gedanken - drängen auf ihn ein und schwirren durcheinander - sexuell(10) | G~ Gedankenandrang, einstürmende Gedanken, Gedankenfluß(78) | G~ abends - Bett, im(17) | G~ Schlaflosigkeit, durch(23)

Gedanken - hartnäckig(83) | *G~ quälend - sexuell*(5) | G~ sexuell(21) | *G~ überlegt*(54) | G~ Vergehen, Schwinden der Gedanken(76) | V~ geistige Anstrengung; durch(13) | V~ Sprechen, beim(9) | *V~ unterbrochen wird; wenn er*(2)

Gedanken - wandernd(72)

Gedanken versunken, in(90)

Gedichte, macht(14)

Gefallsüchtig, kokett - nicht genug(5)

Gefühle, Gemütsbewegungen - unterdrückt(4)

Geisteskrankheit, Wahnsinn - Blutung, nach(8) | G~ düstere Geisteskrankheit mit Verzweiflung und Lebensüberdruß - Furcht vor Kränkung oder Verlust der Stellung; durch(7) | *G~ Kränkung - durch*(6) | K~ Furcht vor Kränkung; aus(7)

Geisteskrankheit, Wahnsinn - Lebensüberdruß; mit(7) | G~ Melancholie(17) | G~ periodisch(5) | G~ Ruhelosigkeit, mit(14) | G~ sexuelle Exzesse, durch(6) | G~ Stellung zu verlieren; aus Furcht die(7) | G~ Verzweiflung; mit(7) | G~ Zorn, durch(7)

Geistige Anstrengung - agg.(141) | a~ ermüdet(20) | *a~ unmöglich*(130)

Geistige Anstrengung - Abneigung gegen(150)

Geiz(34)

Geschäftig - sich selbst beschäftigt; geschäftig mit(2)

Geschmacklosigkeit bei der Wahl der Kleidung(11)

GEMÜT ...

Gesellschaft - Abneigung gegen(156) | A~ Abscheu vor Gesellschaft(6) | A~ allein, wenn - amel.(33) | A~ ertragen, kann niemanden(4)

Gespräche - agg.(45)

Gesten, Gebärden; macht - Hände; unwillkürliche Bewegungen der - zählen; als würde er Geld(4)

Getragen - Verlangen getragen zu werden(31)

Gewalttätigkeit - Abneigung gegen

Gewissenhaft, peinlich genau in bezug auf Kleinigkeiten(58)

Gier, Habsucht(19)

Gleichgültigkeit, Apathie(251) | G~ morgens - Erwachen, beim(8) | **G~ allem; gegenüber**(71) | G~ Angenehmes, gegen(10) | G~ Arbeit; mit Abneigung gegen(9) | G~ äußere - Dinge; gegen(26) | *G~ Essen - gegenüber dem Essen*(5) | **G~ Masturbation, nach** | G~ schweigsam(5) | G~ Vergnügen, gegen(46)

Grausamkeit, Unmenschlichkeit(30)

Grobheit - Kinder; ungezogene(7)

Großzügig, zu(3)

Haß - Menschen, auf - beleidigt haben; die ihn(11) | *H~ Rachsucht; Haß und*(32)

Hast, Eile(112) | H~ immer in Eile(6)

Heftig, vehement(100)

Heikel, pingelig(34)

Heimweh(52)

Heirat - unerträglich; der Gedanke an Heirat scheint(6)

Hochgelegene Orte - agg.(7)

Hochmütig, arrogant(53)

Hoffnung, voller - abwechselnd mit - Entmutigung(5)

Hypochondrie(116) | H~ Pollutionen, nach(4) | **H~ Selbstmord; treibt zum**(12) | **H~ sexuell - Exzesse, durch**(3)

Hysterie(194) | H~ Pollutionen, nach(3) | H~ sexuell - Exzessen, nach(7)

Ichbezogenheit, Egotismus, Selbstüberschätzung(24) | I~ sprechen in Gesellschaft immer von sich selbst(3)

Gemüt ...

Ideen, Einfälle - Mangel an(102) | I~ Reichtum an, Klarheit des Geistes(125) | *R~ abends*(17) | *R~ nachts*(26)

Imbezillität(140) | *I~ sexueller Erregung, mit*(6)

Impertinenz, Unverschämtheit(14)

Impulse, Triebe; krankhafte - Exanthem; flüchtiges(6)

Indiskretion, Taktlosigkeit(30)

Jammern(93)

Kleptomanie(27)

Konzentration - gut, aktiv(26) | K~ schwierig(261) | s~ Abneigung gegen(6) | *s~ Studieren*(52) | s~ Versuch sich zu konzentrieren; beim - Leere; hat ein Gefühl der(11)

Kummer(76) | K~ tagsüber | K~ abends - amel.(2) | *K~ Beleidigungen; durch lange vergangene*(5) | K~ still - Entrüstung, mit(2) | K~ Zustand; in bezug auf seinen

Kunst - Unfähigkeit zur(10)

Kurz angebunden, barsch - schroff(13)

Lachen - Weinen - jeder Gelegenheit; Lachen oder Weinen bei(5)

Lästig, geht auf die Nerven(79)

Lasziv, lüstern(77)

Launenhaftigkeit, launisch(108) | L~ morgens(3) | **L~ weist Dinge zurück, die er haben wollte, sobald er sie bekommt**(13)

Lebensüberdruß(82)

Leichtgläubig(4)

Lesen - Verlangen - medizinische Bücher zu lesen(5)

Liebevoll, voller Zuneigung, herzlich(37)

Lügner(22)

Lustig, fröhlich(123) | *L~ nachmittags*(9)

Manie(149) | *M~ nachts - Mitternacht agg.; gegen* | *M~ abwechselnd mit - Niedergeschlagenheit*(9)

Manipulierend(3)

Maskulin - Mädchen; maskulin aussehende(5)

Gemüt ...

Mathematik - Unfähigkeit zur - Algebra(4) | U~ Horror vor(6) | U~ rechnen; kann nicht(16)

Meditieren, Nachdenken(47)

Menschenfeindlichkeit, Misanthropie(45)

Mürrisch(290) | M~ tagsüber(17) | **M~ morgens**(42) | **M~ Kindern, bei - frühmorgens**

Musik - agg.(40) | *M~ Herzklopfen beim Hören von*(4)

Mutig - abwechselnd mit - Entmutigung(3)

Nachgiebigkeit(21)

Neid(22) | N~ Habgier, und(12)

Nymphomanie(67)

Phantasien - lasziv(46) | *P~ Schlaf - verhindert*(5) | P~ übertrieben(114) | P~ übertrieben - abends - Bett, im(28) | *P~ übertrieben - geschehen; glaubt sie seien wirklich* | P~ übertrieben - Schlaflosigkeit, mit(41)

Prozesse; geht gerne vor Gericht, führt gerne(6)

Qualvolle Angst - nachmittags(7) | n~ Mittagsschlaf, nach dem

Raserei, Tobsucht, Wut(95)

Rebelliert gegen Umschläge(17)

Redseligkeit; Geschwätzigkeit(136) | *R~ geisteskrank*(8)

Reizbarkeit(408) | R~ tagsüber(32) | **R~ morgens**(69) | R~ angesprochen, wenn(26) | R~ Farben - grün - agg. - olivgrün(2) | R~ Fieberfrost, im(57) | R~ Hitze - während(31) | R~ Kindern, bei(29) | R~ Koitus - nach(26) | **R~ Pollutionen, nach**(10) | **R~ Samenabgang, nach**(8) | R~ Sprechen, beim(10) | R~ Trost - agg.(21)

Religiös - Gemütsstörungen, religiöse(63)

Reue(63)

Ruhelosigkeit(420) | R~ tagsüber(9) | R~ nachmittags(25) | R~ ängstlich(111) | *R~ Bett - Herumwerfen im*(123) | *R~ Freien, im - amel.*(9) | R~ Gesellschaft, in(4)

GEMÜT ...

Ruhelosigkeit - Hitze - während(66) | R~ Koitus - nach(7) | R~ sexueller Erregung, bei | R~ Sitzen, im(21) | R~ treibt umher(41)

Schamlos(29)

Schlagen(42) | *S~ Verlangen - schlagen, zu*(15)

Schmeichlerisch(10)

Schmutzig(17)

Schreckliches und traurige Geschichten greifen sie stark an(32)

Schüchternheit, Zaghaftigkeit(113) | S~ Gesellschaft, in(6) | S~ schamhaft(58)

Schweigsam(209) | **S~ sexuellen Exzessen; nach**

Seelenruhe, Gelassenheit(85)

Selbstbetrachtung(58)

Selbstkontrolle - Verlust der Selbstkontrolle(9)

Selbstverleugnung(2)

Selbstvertrauen - Mangel an Selbstvertrauen(86)

Sentimental, schwärmerisch, rührselig(64)

Singen - Trällern(11)

Sinne - abgestumpft, stumpf(107) | S~ Vergehen, Schwinden der(51)

Sinnlichkeit(24)

Sorgen, voller(50) | S~ morgens(2) | S~ andere, um(14)

Spaßen(52) | S~ Abneigung gegen(22)

Spielen - Spielleidenschaft - Geld zu verdienen; um(10)

Spontan, impulsiv(33)

Sprache - leise, sanfte Stimme(8) | S~ Wortschwall, gehaltloser(4)

Sprechen - summt vor sich hin(3)

Stimmung, Laune - veränderlich(158) | S~ wechselnd, wechselhaft(80)

Streitsüchtig(136) | S~ morgens(5) | *S~ abwechselnd mit - Fröhlichkeit*(4) | *a~ Lachen*(4)

Streitsüchtig - Zorn, ohne(4)

Stumpfheit(332) | S~ morgens(54) | m~ Erwachen, beim(26)

GEMÜT ...

Stumpfheit - Erwachen, beim(41) | S~ Gemütsbewegungen, durch(4) | S~ Gespräche, durch(2) | *S~ Kränkung, nach*(3) | **S~ Masturbation, nach**(4) | S~ Mittagsschlaf, nach dem(5) | S~ Schläfrigkeit, bei(30) | S~ sexuellen Exzessen, nach(3)

Suizidneigung; Neigung zum Selbstmord(98) | S~ enttäuschte Liebe; durch(3) | **S~ Erschießen, durch**(17) | S~ Ertränken, durch(19) | *S~ Furcht - Todesfurcht, mit*(7) | **S~ Hypochondrie, aus**(12) | S~ stürzt sich - Tiefe, in die(24) | **S~ Traurigkeit, durch**(23)

Tadelsüchtig, krittelig(80)

Tadelt - andere(32) | T~ sich selbst(36)

Tod - Vorahnung des Todes(62) | T~ wünscht sich den Tod, möchte sterben(72)

Tollkühnheit, Verwegenheit(4)

Töten, Verlangen zu(32)

Traum; wie in einem - Zukunft, von der

Traurigkeit(477) | T~ tagsüber(16) | T~ Alkoholikern; bei(6) | T~ Betrunkenheit; bei(3) | T~ Fieberhitze, in der(55) | T~ Frost - während(37) | T~ Gesundheit, über seine(3) | T~ Koitus, nach(8) | T~ Masturbation, durch(16)

Traurigkeit - Menses - unterdrückt(20) | T~ Quecksilbermißbrauch, nach(5) | *T~ Schicksalsschläge, durch*(16) | **T~ Suizidneigung, mit**(25) | T~ Unglück; wie durch ein(10)

Trost - amel.(12) | T~ agg.(39)

Unbesonnen(82)

Undankbar(10)

Unentschlossenheit(146) | U~ heiraten, zu(10)

Ungeduld(131)

Ungehorsam(30)

Ungerechtigkeit; erträgt keine(8)

Ungeschicklichkeit - fallen, läßt Dinge(26)

Ungestüm(31) | U~ morgens

Unglücklich, bedauernswert; fühlt sich(29)

Gemüt ...

Unterbrechung - agg. Gemütssymptome(4)

Unverschämtheit(33)

Unwirklich - alles scheint(14)

Unzüchtig, obszön(34)

Unzufrieden(168) | U~ allem; mit(66) | U~ sich selbst, mit(36) | *U~ zurückhaltende Unmut, Mißvergnügen*(5)

Vergeßlich(187) | *V~ Gemütsbewegungen, durch*(4) | V~ Masturbation, nach(3) | V~ Pollutionen, nach | *V~ sexuellen Exzessen, nach*(6) | V~ Worte beim Sprechen; vergißt(52)

Verstecken - sich(18)

Verwegenheit(26)

Verweilt - Kummer durch vergangene Beleidigungen(2) | V~ vergangenen unangenehmen Ereignissen; bei(46)

Verwirrung, geistige(321) | V~ morgens(115) | V~ Erwachen, beim(71) | *V~ geistige Anstrengung - durch*(50) | V~ Koitus - nach(10) | V~ konzentrieren; beim Versuch sich zu(13) | V~ periodisch | V~ Sprechen, beim(7) | V~ Stehen, im(11)

Verzweiflung(137) | V~ gesellschaftliche Stellung; in bezug auf die(8) | V~ Gesundheit, in bezug auf die(2)

Wahnideen(191) | W~ Beine - nachgeben, einknicken; würden unter ihm | W~ berauscht - sei, er(59) | W~ beschimpft worden; er sei(16) | W~ drehen - alles dreht sich - Halbkreis, im | W~ Ehefrau - weglaufen; die Ehefrau werde ihm | W~ ermordet - er würde ermordet - werden; er würde ermordet werden(21) | W~ etwas anderes - Gegenstände erscheinen als etwas anderes | W~ Fallen - hinten, nach(6) | *W~ geht - hinter ihm gehen; jemand würde*(7) | W~ gering und niedrig, während er groß ist; hält andere für(2) | *W~ geschehen; etwas sei*(4) | W~ Geschmackssinn; in bezug auf den(2) | W~ glücklos, er sei(11) | W~ groß - er selbst scheint zu groß(4)

Gemüt ...

Wahnideen - Holz - Gehirnes sei aus Holz und er könne nicht denken; die Rückseite des | W~ klein - Dinge - erscheinen klein; Dinge(10) | W~ Körper - Größe des Körpers; in bezug auf die(5) | W~ kritisiert; sie würde(12) | W~ Menschen - hinter ihm; jemand sei(19) | *h~ Gehen, beim*(2) | h~ kommen von hinten heran

Wahnideen - nachgestellt - ihm würde nachgestellt(28) | *W~ Phantasiegebilde, Illusionen*(115) | W~ Regen - hört Regen; er(6) | W~ sonderbar, merkwürdig - alles sei(16) | s~ Vertrautes scheint fremd(38)

Wahnideen - Sprechen - Freunde sprechen über sie(7) | W~ tief unten; alles unter ihm scheint zu | W~ unwirklich - alles erscheint unwirklich(19) | W~ Verbrechen - begangen; er habe ein Verbrechen(29) | W~ verfolgt; er würde(23)

Wahnideen - vergangenen Ereignisse; von lange - ängstliche Gedanken und Dinge sind gegenwärtig; vergangene | W~ verhungern - Familie werde, die(4) | W~ Vermögen zu verlieren; er werde sein(2)

Weinen(244) | W~ Ärger, durch(23) | W~ Ärger, durch - alten Ärger, durch(4) | **W~ angesprochen; wenn**(9) | W~ Beleidigung - frühere Beleidigung, über(4) | W~ Ermahnung, durch(11) | W~ erzählt - Krankheit erzählt; wenn sie von ihrer(10) | W~ Essen - beim - Kindern, bei(2) | W~ grundlos(30) | W~ kann nicht weinen, obwohl er traurig ist(13)

Wahnideen - Kleinigkeiten, über - lacht oder weint bei jeder Gelegenheit(4) | W~ leicht(16) | W~ Schluchzen; Weinen mit(34) | *W~ Schmerzen - während den Schmerzen*(23) | W~ Trost - agg.(22) | W~ Vorhaltungen gemacht werden; wenn ihm(8) | W~ Zorn - nach(19)

Gemüt ...

Widerspruch - Neigung zu widersprechen(38) | *W~ verträgt keinen Widerspruch*(73)

Wille - Willensschwäche(58)

Wirft mit Gegenständen um sich(20) | **W~ morgens**(2) | **W~ PERSONEN; NACH - BELEIDIGEN; DIE IHN**

Zeit - vergeudet seine Zeit(11)

Zerbricht Dinge(13)

Zerstreut(166) | Z~ Unachtsamkeit(6) | Z~ verträumt(17)

Zorn(243) | Z~ morgens(12) | *Z~ Fehler, über seine*(7) | **Z~ GESICHT - BLASSEM, LIVIDEM GESICHT; MIT**(8) | G~ rot - Gesicht; mit rotem(10)

Zorn - heftig(72) | **Z~ Husten - Zorn, durch**(10) | *Z~ Kleinigkeiten, über*(58) | Z~ Lähmung durch Zorn - Seite; auf einer | *Z~ Menses - Unterdrückung der Menses durch Zorn*(3) | Z~ niemals | Z~ sich selbst; auf(10) | Z~ Weinen vor Schmerzen; mit(3) | **Z~ wirft mit Gegenständen**(12)

Zügellosigkeit, sexuelle Ausschweifung(32)

Zufrieden(31)

Zurückhaltend, reserviert(64)

Zweifelt(13)

Träume

Alpträume, Alpdrücken(144)

Angenehm(136)

Ängstlich(239) | Ä~ Einschlafen, beim(11)

Anstrengung - geistige(51) | A~ körperliche(20)

Beschämend(13)

Erbitterung

Erniedrigung(12)

Erotisch(196) | E~ Pollutionen, mit(96)

Geschäft(40) | G~ Einschlafen, beim(2) | G~ Tage, vom(39)

Hartnäckig(29)

Kämpfe(54)

Kranken, von(10)

Kränkung, Kummer etc.(5)

Lebhaft(193) | L~ morgens - gegen Morgen zu(2)

Träume ...

Mord(53)

Ruhelos(53)

Schrecklich(237)

Streitigkeiten(69)

Unangenehm(87)

Unerinnerlich, bleiben nicht im Gedächtnis(93)

Unglück(64)

Unwichtig(46)

Verdrießlich(122)

Viele(260)

Wecken den Patienten(118)

Zorn(58)

Zusammenhängend(13)

– *Sticta pulmonaria* –

stict.

Gemüt

Erregung(287)

Hysterie(194) | H~ Blutung - nach | *H~ hinlegen, muß sich*(2) | *H~ Licht und Geräusche agg.* | H~ Ohnmacht, hysterische(22) | *H~ Schlaflosigkeit, mit*(5) | *H~ Verlust von - Blutverlust, nach*

Konzentration - schwierig(261)

Redseligkeit; Geschwätzigkeit(136)

Ruhelosigkeit(420) | R~ Schlaflosigkeit, durch(2)

Sprechen - Verlangen mit jemandem zu(11) | *S~ zuhört; es ist ihm egal, ob jemand*

Springen(15)

Tanzen(33)

Verwirrung, geistige(321)

Wahnideen - Bett - berühren; als würde sie im Liegen das Bett nicht(13) | b~ schweben; und Körper und Glieder würden

Wahnideen - geht - Luft - auf Luft; geht(15) | W~ Kopfhaut zu klein | *W~ leicht - sei leicht, er*(26) | W~ Schädel würde hochgehoben und wieder gesenkt

Gemüt ...

Wahnideen - schweben - Bett - ruhen; er würde nicht auf dem Bett(2) | *s ~ Luft, in der*(45) | L ~ Beine würden schweben

Zerstreut(166)

Träume

Fliegen(11)

– *Stigmata maydis* –

stigm.

Gemüt

Delirium(233)

– *Stillingia silvatica* –

still.

Gemüt

Angst(362)

Argwöhnisch(105)

Beschwerden durch - Erwartungsspannung(68)

Furcht - Krankheit, vor drohender - unheilbar zu sein(42) | F ~ Tod; vor dem(143)

Stumpfheit(332)

Traurigkeit(477)

– *Stramonium* –

stram.

Gemüt

Abergläubisch(13)

Abscheu - allgemeiner(42) | A ~ Leben, vor dem(84)

Aktivität; Verlangen nach(38)

Albernes Benehmen(65)

Alkoholismus(135) | A ~ Erregung durch Alkoholismus(2)

Angesehen zu werden; erträgt es nicht(23) | *A ~ weicht dem Blick anderer aus*

Angesprochen zu werden - Abneigung(63)

Angst(362) | *A ~ nachts - Kindern, bei*(15) | A ~ Bewegung - agg.(16)

Gemüt ...

ANGST - DUNKELHEIT; IN DER(12) | *A ~ Erwachen, beim*(86) | A ~ Fahren oder Reiten, beim - fährt; wenn er selbst(7) | A ~ Fieber - während(91) | A ~ Fremden; in Gegenwart von(4) | **A ~ Geräusche, durch - Wasserrauschen**(2) | A ~ Gesellschaft, wenn in(8) | A ~ Gespräche, durch(5) | *A ~ Gewissensangst*(75) | A ~ Husten - durch(4) | *H ~ Keuchhusten - während*(2)

Angst - Kaffee - nach(5) | A ~ Menschenmenge, in einer(12) | A ~ Schlaf - während(42) | *A ~ Seelenheil, um das*(35) | A ~ Sprechen, beim(7) | A ~ Stuhlgang - während(20) | A ~ Tunnel | **T ~ Zug in einem Tunnel ist; wenn der**(3)

Angst - Zukunft(108)

Antworten - Abneigung zu antworten(67) | A ~ eingebildete Fragen(6) | A ~ falsch, unrichtig(13) | A ~ irrelevant, nicht zur Sache Gehörendes(12) | *A ~ weigert sich zu antworten*(32) | A ~ zusammenhangslos(6)

Anziehen - unanständig; kleidet sich(3)

Anzugreifen; Verlangen, andere(4)

Aphasie(53) | **A ~ Apoplexie - nach**(9) | *A ~ Fieber; mit typhusartigem*(4) | **A ~ strengt sich lange an, bevor ein Wort hervorgebracht wird**

Argwöhnisch(105)

Auffahren, Zusammenfahren(117) | A ~ nachts(19) | A ~ Schlaf - während(163) | *S ~ durch*(124)

Auffahren, Zusammenfahren - Schreck oder wie durch Schreck; durch(68)

Außer sich; ist(51) | A ~ Schmerzen; vor(13)

Beißen(35) | **B ~ Delirium, im**(6) | B ~ Gegenstände; beißt(5) | B ~ Menschen; beißt(2) | *B ~ Nägel*(33)

Beleidigt, leicht(79)

Bellen(11)

Berührt zu werden; Abneigung(46)

Beschäftigung - amel.(48)

Beschimpfen, beleidigen, schmähen(67)

Gemüt ...

Beschwerden durch - Erregung - Gefühle, der(87) | E~ religiöse(3)

Beschwerden durch - Erwartungsspannung(68) | B~ Furcht(27) | B~ Kränkung, Demütigung(39) | B~ Liebe; enttäuschte(31) | B~ schlechte Nachrichten(34) | B~ Schreck(72) | *B~ Tadel*(13) | B~ Verletzungen, Unfälle; Gemütssymptome durch(10) | B~ Zorn(94) | Z~ Angst, mit(30) | **Z~ Schreck; mit**(22)

Betäubung(237) | B~ Fieberfrost, im(5) | B~ Fieberhitze, in der(10) | B~ Schweiß, beim | B~ sitzt bewegungslos wie eine Statue(2)

Beten(21) | B~ nachts(2) | B~ Frömmigkeit, nächtliche | *B~ Knien, im*(4) | *B~ Menses, während*

Bewußtlosigkeit(280) | B~ morgens(45) | *B~ Alkohol, durch*(5) | *B~ Apoplexie, bei*(15) | B~ Augen - starren, stieren; mit(8) | B~ bleibt starr an einer Stelle - bewegungslos wie eine Statue(2) | B~ Erwachen - nach(4) | *B~ fährt wie wild auf, kann aber die Augen nicht offenhalten* | *B~ Fieber, im*(50) | B~ Frost - während(15) | B~ geistige Empfindungslosigkeit(13) | **B~ Gliederzucken, mit**(6) | *B~ partiell, teilweise bei Bewußtsein*(13) | B~ Schwindel, bei(46) | *B~ sexueller Erregung, mit*(2) | B~ Sitzen, im - aufrecht(2) | B~ Traum, wie ein einem(11) | B~ unvollständig(15)

Bitten(7)

Boshaft(99)

Brütet, grübelt(41)

Brutalität(7)

Bulimie - abwechselnd mit - weigert sich zu essen - Geisteskrankheit; bei(4)

Chaotisch - ordentlich machen; kann nichts(2)

Delirium(233) | *D~ Tag und Nacht*(2) | *D~ nachmittags - 16 - 0 h* | *D~ nachts*(67) | D~ abwechselnd mit - Bewußtlosigkeit(3) | a~ Konvulsionen; tetanischen

Gemüt ...

Delirium - albern, töricht(11) | *D~ ängstlich*(24) | D~ antwortet - barsch(4) | D~ Arme - streckt(2) | **D~ Beißen, Verlangen zu**(6) | *D~ besinnungslos, mit offenen Augen*(13) | *D~ Bett - flieht und springt plötzlich aus dem Bett auf*(36) | B~ kriecht herum im(2)

Delirium - bewegt - seltsam | D~ Blick auf einen Punkt fixiert(10) | B~ gerunzeltem Gesicht; mit

Delirium - brummt(44) | *D~ Dunkelheit, in der*(4) | D~ erkennt niemanden(11) | *D~ erotisch*(12) | D~ Erwachen, beim(20) | D~ Fieber; im(54) | D~ Fieberfrost, im(14) | *D~ flüstert*(10) | *D~ fremd - Sprache; spricht in einer fremden*(3) | *D~ geschäftig*(10) | *D~ Gesicht - Muskelspiel, mit ständigem* | **D~ heftig**(26) | *D~ heftig, grimmig*(5) | *D~ heiter, fröhlich*(14) | h~ abwechselnd mit - Lachen | a~ Pfeifen | a~ Singen | a~ Weinen

Delirium - Hitze - agg.(3) | **D~ intermittierend**(2) | *D~ komisch*(4) | D~ Kopfschmerz - während(16) | D~ Kopfverletzungen, nach(5) | *D~ Lachen*(20) | **D~ lärmend**(6) | *D~ lebhaft*(2) | **D~ manisch**(47) | D~ Menses - während(10) | **D~ mild**(10) | D~ nackt sein; möchte im Delirium(7) | *D~ Pferden, spricht von* | *D~ phantastisch*(13) | **D~ rasend**(84) | **D~ redselig**(33) | *D~ ruhelos*(12) | **D~ scheu, versteckt sich** | D~ Schimpfen(5) | D~ Schlaf - während(26) | *D~ Schlaflosigkeit - mit*(45) | **D~ schrecklich**(26) | D~ Schreien, mit(18) | S~ Hilfe, um(5)

Delirium - Singen, mit(4) | D~ spricht Gegenstände an | D~ Steigerung der Kräfte; mit(6) | *D~ stumpfsinnig* | *D~ Tollwut, bei*(4) | D~ veränderlich, wechselhaft(2) | D~ Verfolgungswahn im Delirium(9) | *D~ Wahnideen, mit*(18) | **D~ wild**(21) | D~ Zittern, mit(23)

Delirium tremens(84) | **D~ Beten, mit**(2) | D~ fliehen, versucht zu(2)

Gemüt ...

Delirium tremens - Gesicht; mit rotem, gedunsenem(3) | *D ~ Wahnideen, mit*(7) | *D ~ Zittern, mit*(3)

Demenz - Epileptikern, von(12) | D ~ paralytica, Dementia(18)

Denken - Abneigung gegen(46)

DESTRUKTIVITÄT, ZERSTÖRUNGSWUT(41) | *D ~ Kleidern, von*(10)

Droht(8)

Düstere; alles - Abneigung(3)

Dunkelheit - agg.(27)

Eifersucht(34) | *E ~ beschuldigt seine Ehefrau untreu zu sein* | *E ~ Vernachlässigung; beschuldigt den Ehemann der*

Eigensinnig, starrköpfig, dickköpfig(107)

Ekstase(59)

Empfindlich(192) | E ~ Geräusche, gegen(149) | G ~ Wasser; gegen das Geräusch von plätscherndem(4)

Empfindlich - Licht, gegen(15) | E ~ Mangel an Empfindlichkeit(20) | E ~ Schmerz, gegen(31)

Entbindung - nach der Entbindung; Gemütssymptome(9)

Entfernungen - falsche Einschätzung von(10) | E ~ vergrößert; scheinen(8) | v ~ läuft gegen Gegenstände, die ihm entfernt erscheinen

Entmutigt(135)

Erkennt - nicht; erkennt - spricht; erkennt denjenigen nicht, zu dem er | *n ~ Verwandten nicht; erkennt seine eigenen*(28)

Erotisch(39) | E ~ Menses - vor

Erregung(287) | **E ~ abwechselnd mit - Konvulsionen** | E ~ Hitze - während der Hitze; Erregung(23) | E ~ schlechten Nachrichten, nach(18) | **E ~ Wasser, das ausgegossen wird; durch Hören von**(2)

Erschöpfung; geistige(217)

Erschreckt leicht(125) | E ~ Erwachen, beim(41)

Gemüt ...

Erschreckt leicht - erwacht - entsetzt, erkennt niemanden, schreit, klammert sich an die Umstehenden | **E ~ Wahnideen, durch**

Erwachen; Gemütssymptome agg. beim(5)

Extravaganz(16)

Exzentrizität, Überspanntheit(54) | *E ~ abwechselnd mit - Traurigkeit*(2) | E ~ religiös(3)

Farben - schwarz - Abneigung(11)

Faulheit(269)

Fehler; macht - Namen, bei(2) | F ~ Orte; in bezug auf(32) | F ~ Schreiben, beim(83) | S ~ läßt etwas aus - Buchstaben(18) | S ~ stellt etwas um - Buchstaben(8)

Fehler; macht - Sprechen, beim(81) | S ~ Buchstabieren, beim(23) | S ~ Worte - dreht Worte um(9) | *W ~ falsche Worte; benutzt*(53) | *f ~ Namen; nennt Dinge beim falschen*(8) | *f ~ Pflaumen, wenn er Birnen meint; sagt*(3)

Fehler; macht - Sprechen, beim - Worte - stellt Worte an die falsche Stelle(46)

Feigheit(89)

Feuer - anzünden; möchte Dinge(8)

Fleißig, arbeitsam, Arbeitswut(101)

Fliehen, versucht zu(61) | *F ~ Puerperalmanie, bei* | F ~ Schreien, mit | *F ~ springt plötzlich aus dem Bett*(17) | *F ~ zurückgehalten; wird nur schwer*(2)

Fluchen(44)

Fremde - Anwesenheit von Fremden - agg.(16)

Froh(182) | F ~ nachts(17) | F ~ abwechselnd mit - Stöhnen(3) | *a ~ Traurigkeit*(57) | *a ~ Weinen*(19)

Froh - Menses - während(2) | *F ~ Tanzen, Lachen, Singen; mit*(6)

Frömmigkeit, nächtliche

Füllt sich die Taschen mit allem möglichen

Furcht(242) | F ~ nachts(58) | *F ~ allein zu sein*(54) | **A ~ NACHTS**(6)

Furcht - angegriffen zu werden | *F ~ Ärzten, vor*(9) | F ~ Auffahren, mit(10) | F ~ berührt zu werden(38)

Gemüt …

Furcht - Blicken - Dinges, das er sieht; Furcht beim Anblick des ersten | F~ **DUNKELHEIT, VOR DER**(40) | **F~ eingebildeten - Dingen, vor**(15) | F~ engen Räumen; in(33) | e~ Gewölben, Kirchen und Kellern; Furcht vor(10)

Furcht - ermordet zu werden(10) | *F~ Ersticken, vor dem*(24) | *F~ Erwachen, beim*(54) | *F~ fallen, zu stürzen; zu*(28) | f~ alles auf sie fällt; daß

Furcht - Feuer | F~ Dinge würden Feuer fangen(3)

Furcht - fliehen; mit Verlangen zu(9) | F~ Fremden; vor(10) | F~ gebraten zu werden | F~ gefressen zu werden; von Tieren | *F~ Geisteskrankheit*(74) | **F~ Geräusche, durch - rauschendem Wasser, von**(3) | *F~ geschehen; etwas werde*(82) | F~ Gespenstern, vor(32) | F~ glänzenden Gegenständen oder sie sind unerträglich; Furcht vor(5) | *F~ Hunden, vor*(22) | F~ Imbezillität, vor | *F~ Näherkommen, Annäherung von; vor - anderen, von*(28) | a~ Delirium, im(3)

Furcht - Panik, panische Angst(4) | F~ Prozessionen, Umzügen; bei | **F~ Schwarzem; vor allem**(2) | *F~ Spiegeln im Zimmer; vor*(7) | *F~ Tieren, vor*(11) | F~ Tod; vor dem(143) | **F~ TUNNELS; VOR**(4) | F~ Unglück, vor(93) | F~ Unheil; Furcht vor(115) | F~ vergiftet - werden; Furcht, vergiftet zu(23) | **F~ Verletzung - selbst verletzt zu werden**(9) | **F~ Wahnideen; Furcht durch** | **F~ Wasser, vor**(33)

Gedächtnis - Gedächtnisschwäche(284) | *G~ auszudrücken, sich*(41) | G~ Eigennamen; für(44) | G~ gedacht hat; für das, was er gerade(18) | G~ gesagt hat; für das, was er(29) | G~ Personen, für(23) | G~ sagen will; für das, was er gerade(38)

Gedächtnis - Gedächtnisverlust - Geisteskrankheit, bei(3) | *G~ verwirrt, Gedächtnisverwirrung*(8)

Gemüt …

Gedanken - hartnäckig(83) | h~ Mord, an(5)

Gedanken - lächerlich(5) | *G~ sexuell*(21) | *G~ sonderbar, merkwürdig*(8) | *s~ Schwangerschaft - während der*(2)

Gedanken - Vergehen, Schwinden der Gedanken(76) | G~ wiederholen sich(2)

Gedanken versunken, in(90)

Gedichte, macht(14)

Gehalten - Verlangen, gehalten zu werden(9) | G~ amel.; gehalten zu werden(22)

Gehen - Kreis, geht im(3)

Geistesabwesend(71)

Geisteskrankheit, Wahnsinn(153) | *G~ Alkoholikern; bei*(22) | G~ anfallsweise(10) | *G~ Angst, mit*(7) | G~ benimmt sich wie ein Verrückter(8) | G~ boshaft, bösartig(7) | *G~ erotisch*(31) | G~ Fieberhitze, mit(8) | G~ fliehen, Verlangen zu(8) | G~ Frauen; bei(9) | G~ froh, lustig(8) | G~ Gefühllosigkeit, Schmerzlosigkeit; mit allgemeiner(3) | **G~ Gesellschaft; mit Verlangen nach - Licht; und** | **G~ Gesicht - blassem, mit**(5) | *G~ Größenwahn*(14) | G~ Hautausschlägen; nach unterdrückten(6) | *G~ hochmütig, arrogant*(5) | G~ Jammern, Stöhnen; nur(3) | *G~ Konvulsionen, mit*(5) | *G~ Kraft, mit vermehrter körperlicher*(8) | *G~ Lachen, mit*(6) | G~ Menses - während(7) | G~ Mutwilligkeit, Ausgelassenheit; mit(7) | *G~ redselig*(7) | G~ reisen; mit Verlangen zu(9) | **G~ religiös**(19) | G~ Ruhelosigkeit, mit(14) | *G~ Schlaflosigkeit, mit*(7) | *G~ Schwangerschaft, in der*(4) | G~ Schweiß - kaltem Schweiß; mit | G~ stampft mit den Füßen(3) | G~ starrende Augen(4) | G~ Vermögen - Gewinn eines Vermögens; nach(5) | G~ Weinen, mit(3) | *G~ Wochenbett, im*(35) | G~ wühlt wie ein Schwein mit dem Mund in der Erde

Geistige Anstrengung - agg.(141)

Gemütssymptome(26)

GEMÜT ...

Geschäftig(45)

Geschmacklosigkeit bei der Wahl der Kleidung(11)

Gesellschaft - Abneigung gegen(156) | A~ allein, wenn - amel.(33) | *A~ Fremden; Abneigung gegen die Anwesenheit von*(16) | A~ Furcht vor dem Alleinsein; jedoch(12)

Gesellschaft - Verlangen nach(83) | **V~ nachts**(3) | *V~ allein; agg. wenn*(48) | *V~ amel. in Gesellschaft*(18) | V~ Menses, während

Gesten, Gebärden; macht(22) | *G~ automatisch*(15) | G~ Erwachen; beim | G~ gewöhnlichen Beschäftigung; seiner(4) | G~ Hände; unwillkürliche Bewegungen der(23) | H~ aufwickeln; als würde er ein Wollknäuel(2) | H~ fährt mit den Händen durch die Luft(3) | **H~ Greifen**(41) | *G~ schnell*

Gesten, Gebärden; macht - Hände; unwillkürliche Bewegungen der - klatscht(4) | *H~ Kopf, zum*(3) | H~ öffnet und schließt die Hände | *H~ ringt die Hände*(14) | *H~ Spinnen und Weben*(3) | H~ Verschränken, Zusammenlegen der Hände - Konvulsionen; während tetanischer | H~ wirft die Hände umher(10) | w~ Kopf; über den(5)

Gesten, Gebärden; macht - Hände; unwillkürliche Bewegungen der - zupft - Bettwäsche; an der(36) | *G~ heftig*(9) | *G~ lächerlich oder albern*(19) | G~ sonderbare Posen und Haltungen(20) | s~ Arme, der(3)

Gesten, Gebärden; macht - Spinnen; imitiert die Bewegungen beim(2) | *G~ stampft mit den Füßen*(17) | G~ übertrieben, extravagant(2) | *G~ zeigt seine Wünsche durch Gesten an*

Getötet zu werden; Verlangen(5)

Gewissenhaft, peinlich genau in bezug auf Kleinigkeiten(58)

Geziertheit, Affektiertheit(13)

GEMÜT ...

Glänzende Gegenstände - amel.(2) | *G~ agg.*(13) | G~ Wasseroberfläche agg.(2)

Gleichgültigkeit, Apathie(251) | G~ Angenehmes, gegen(10) | G~ Entblößung ihres Körpers; gegen die(6) | G~ Fieber, im(16) | *G~ geschäftliche Angelegenheiten; gegen*(18) | **G~ klagt nicht**(3) | **G~ Leiden, gegen**(4) | G~ Vergnügen, gegen(46)

Grausamkeit, Unmenschlichkeit(30)

Grimassen(15)

Grobheit(37)

Größen, Ausmaße - falsche Einschätzung von(2)

Hartnäckigkeit, Beharrlichkeit(3)

Hast, Eile(112) | **H~ Bewegungen im**(23) | H~ Gehen, beim(15) | *H~ Trinken, beim*(11)

Heftig, vehement(100) | H~ abwechselnd mit - Fröhlichkeit(3) | a~ Lachen(2)

Heftig, vehement - Gewalttaten führt; Raserei, die zu(34)

Hellsehen(28)

Heulen(30)

Hilflosigkeit, Gefühl der(13)

Hochgefühl(97) | *H~ abwechselnd mit - Traurigkeit*(8)

Hochmütig, arrogant(53) | H~ dumm und hochmütig(6)

Hypochondrie(116) | H~ Weinen, mit(8)

Hysterie(194) | H~ Menses - während(27)

Ichbezogenheit, Egotismus, Selbstüberschätzung(21)

Ideen, Einfälle - Mangel an(102) | I~ Reichtum an, Klarheit des Geistes(125) | R~ Fieberhitze, in der(3)

Idiotie(45) | **I~ beißen; Verlangen zu**(2)

Imbezillität(140) | I~ lacht ohne Grund(2) | *I~ sexueller Erregung, mit*(6)

Impertinenz, Unverschämtheit(14) | I~ Handlungen, in seinen(2)

Impulse, Triebe; krankhafte - Absurdes zu tun(7) | *I~ Exanthem; flüchtiges*(6)

Indiskretion, Taktlosigkeit(30)

Jagt - Gegenstände; eingebildete

Gemüt ...

Jammern(93) | J~ nachts(2) | *J~ Erwachen, beim*(5) | J~ Schlaf, im(12)

Katalepsie(20)

Kauzig, eigen(7) | *K~ Gesten, in - Arme, der*(3)

Kindisches Benehmen(52)

Klammert sich an - Kind - erwacht mit Entsetzen, erkennt niemanden, brüllt und klammert sich an die Umstehenden(2) | K~ Personen oder Möbel; an(6)

Klatschsüchtig(8)

Kleptomanie(27)

Klettern, Verlangen zu(3)

Konzentration - schwierig(261)

Kratzt mit den Händen(5)

Kriecht, krabbelt - Bett herum, im

Küßt - jeden(9)

Kummer(76)

Kunst - Unfähigkeit zur(10)

Lachen(102) | L~ nachts(12) | L~ abwechselnd mit - Fröhlichkeit | a~ Singen | a~ Stöhnen(6) | a~ Traurigkeit(8) | *a~ Weinen*(43)

Lachen - albern(16) | L~ anfallsweise(2) | L~ delirös | L~ Handlungen; über seine eigenen(2) | L~ heftig(2) | L~ Imbezillität, bei(2) | L~ Kleinigkeiten, über(13) | L~ Konvulsionen - vor, während oder nach(11) | *L~ laut*(8) | *L~ Raserei, mit* | *L~ sardonisch*(26) | *L~ Schlaf - während*(15) | L~ schlechter Laune, bei | L~ sexueller Erregung; mit | *L~ spasmodisch*(49) | L~ Sprachlosigkeit, mit | L~ unmäßig(28)

Lächerlich, Dinge erscheinen(6)

Läuft umher(24)

Lasziv, lüstern(77)

Launenhaftigkeit, launisch(108)

Lebensüberdruß(82) | L~ Fieberhitze, in der(5)

Leidenschaftlich(49)

Licht - Abneigung gegen(3) | A~ meidet(8)

Licht - Verlangen nach(19)

Liebevoll, voller Zuneigung, herzlich(37)

Lustig, fröhlich(123) | L~ nachts(14)

Gemüt ...

Manie(149) | M~ anfallsweise(3) | M~ gewalttätig(6) | *M~ Hände - klatscht* | M~ kaltem Schweiß, mit(2) | M~ lasziv(5) | *M~ Raserei, mit*(27) | M~ reißt - Haaren; an den eigenen(5) | *M~ Schicksalsschläge, durch*(7) | M~ Schreien bei der(4) | M~ zerreißt - sich mit den Fingernägeln; zerfleischt(3)

Menschenfeindlichkeit, Misanthropie(45)

Menses - vor; Gemütssymptome(18) | *M~ während; Gemütssymptome*(28) | M~ nach; Gemütssymptome(4)

Milde(80)

Monomanie(16)

Moralischem Empfinden; Mangel an(48)

Morphiumsucht(31)

Murmeln(55)

Mürrisch(290) | M~ Lachen; gefolgt von lautem

Mutwillig, boshaft(24)

Nachahmung, Imitation(8) | *N~ Stimmen und Bewegungen von Tieren; von*

Nackt sein, möchte(13) | *N~ anhaltend* | *N~ Delirium, im*(7)

Naiv(4) | *N~ intelligent, aber sehr*(5)

Nymphomanie(67) | N~ Menses - vor(6) | M~ unterdrückten, nach(13)

Pathetisch

Pfeifen(16)

Phantasien - angenehm(7) | P~ lasziv(46) | **P~ lebhaft**(31) | **P~ sonderbar, merkwürdig** | **P~ übertrieben**(114) | **P~ übertrieben - schrecklich**(9) | P~ versunken in(9) | **P~ verworren**(10)

Possen, spielt(15) | P~ Betrunkenheit; bei(2) | P~ Delirium, im(8)

Prahler, Aufschneider(13)

Prophezeit(7)

Qualvolle Angst(121)

Raserei, Tobsucht, Wut(95) | R~ abwechselnd mit - Bewußtsein, Rückkehr des Bewußtseins; klarem(2) | **a~ Konvulsionen** | a~ Lachen(2)

Gemüt ...

Raserei, Tobsucht, Wut - abwechselnd mit - Redseligkeit | a~ Tod - Vorahnung des Todes

Raserei, Tobsucht, Wut - anfallsweise(11) | *R~ Beißen, mit*(8) | R~ Beleidigungen, nach(2) | *R~ Berührung, erneuert durch*(4) | R~ gefesselt werden, muß(6) | *R~ glänzende Gegenstände, durch*(4) | *R~ Halluzinationen, durch* | **R~ heftig**(12) | *R~ Hochnehmen; des Kindes beim* | *R~ Konvulsionen; Raserei mit*(5) | **R~ Kopfschmerzen, mit**(10) | *R~ Lachen, mit* | *R~ stehen, unfähig zu* | R~ Suizidneigung, mit(3) | *R~ töten; versucht Menschen zu*(4) | *R~ Trinken, beim*(2) | *R~ Wahnideen versetzen ihn in Raserei* | *R~ Wasser, beim Anblick von*(7) | R~ wirft sich im Bett umher, macht unverständliche Zeichen

Redseligkeit; Geschwätzigkeit(136) | R~ Fieber; im(11) | *R~ geisteskrank*(8) | *R~ Menses, während*(3) | R~ wechselt schnell von einem Thema zum anderen(20) | w~ Kopfschmerzen - während(3)

Reizbarkeit(408) | *R~ Tag und Nacht*(7) | R~ morgens(69) | *R~ abwechselnd mit - Fröhlichkeit, Frohsinn*(23) | a~ Lachen(3)

Reizbarkeit - angesprochen, wenn(26) | R~ Menses - während(42)

Religiös - engstirnig, borniert; in religiösen Fragen(3) | **R~ GEMÜTSSTÖRUNGEN, RELIGIÖSE**(63) | G~ Bibel lesen; möchte den ganzen Tag in der(2) | *G~ Kindern, bei*(5)

Religiös - Melancholie(21)

Reue(63)

Ruhelosigkeit(420) | R~ nachts(249) | R~ Bett - aus einem Bett zum anderen gehen; will(15) | *B~ Herumwerfen im*(123)

Ruhelosigkeit - Hitze - während(66) | R~ innerlich(37) | *R~ Menses - während*(40) | R~ Metrorrhagie, bei(5) | *R~ Schläfrigkeit, bei*(12)

Satyriasis(26)

Gemüt ...

Schamlos(29)

Schlafwandeln(56)

Schlagen(42) | *S~ eingebildete Objekte ein; schlägt um sich auf*(14) | **S~ Knabe zerkratzt das Gesicht des Vaters** | S~ sich; schlägt(8) | s~ Kopf - seinen Kopf(3)

Schreiben - unleserlich, schreibt(3)

Schreien(133) | S~ Tag und Nacht | S~ Berührung, bei(9) | S~ Betrunkenheit; bei(4) | *S~ Chorea, bei*(5) | S~ Cri encéphalique(29) | S~ Erwachen - beim(27) | S~ Fieber, im(2) | S~ heiser(2) | *S~ kann nicht; will schreien, aber* | S~ Kindern, bei(38) | *S~ Konvulsionen - vor*(32) | *K~ während*(31) | K~ epileptisch(21)

Schreien - muß; hat das Gefühl, als ob sie schreien(20) | S~ plötzlich(5) | S~ Raserei; während der(11) | S~ Schlaf, im(80) | S~ Wahnideen - durch(5) | *W~ mit*(4)

Schüchternheit, Zaghaftigkeit(113) | S~ abwechselnd mit - Gleichgültigkeit | *S~ schamhaft*(58)

Schwangerschaft; Gemütsbeschwerden während der(17)

Schweigsam(209) | S~ sitzt unbeweglich da(2)

Selbstbetrachtung(58)

Selbstvertrauen - Mangel an Selbstvertrauen(86)

Seufzen(98) | **S~ Hals; mit Fassen an den** | S~ Menses - nach(2) | S~ Schweiß, beim(16)

Singen(59) | S~ abwechselnd mit - Weinen(4) | W~ und Lachen

Singen - Fieber, im(4) | S~ Menses - während | S~ Schlaf, im(8) | *S~ Vaterunser, das lateinische*

Sinne - abgestumpft, stumpf(107) | S~ Vergehen, Schwinden der(51)

Sinnlichkeit(24)

Sitzen - Neigung zu sitzen - aufrecht(5) | N~ Blick auf den Boden; mit | *N~ steif; ziemlich*(7) | N~ unbeweglich, still(42)

Gemüt ...

Sitzen - Neigung zu sitzen - versunken und nichts wahrnehmend; wie in tiefen, traurigen Gedanken(11)

Sonderbar, fremd, merkwürdig - Sonderling(11)

Spaßen(52) | *S ~ lächerlich oder albern*(8)

Sprache - affektiert, manieriert, unnatürlich(22) | *S ~ albern*(16) | *S ~ fremder Sprache; in*(4) | *S ~ hastig*(44) | S ~ heftig(3) | S ~ laut(11) | S ~ Rucke, durch(5) | S ~ schrille Stimme(3) | *S ~ Schwatzen*(17) | *S ~ stammelnd*(10) | S ~ übertrieben, extravagant(6) | **S ~ unklar, unverständlich**(20) | *S ~ unsinnig*(29) | **S ~ unzusammenhängend**(65) | *u ~ Schlaf - im*(5)

Sprache - verworren(25)

Sprechen - abwesenden Personen; mit(3) | *S ~ anderer agg.; das Sprechen*(46) | S ~ einem Thema; von nichts anderem als(7) | S ~ Geschäft, vom(13) | *S ~ Schlaf, im*(93) | S ~ beichtet laut(3)

Sprechen - schweift von einem Thema zum anderen(47) | S ~ sich selbst ; mit(31) | **s ~ allein; nur wenn**(3)

Sprechen - Toten, mit(7) | S ~ Vergnügen; sein Sprechen bereitet ihm(3)

Springen(15) | **S ~ Bett; aus dem**(41)

Spucken(32) | *S ~ Gesicht; Menschen ins*(14)

Starren, gedankenloses(14)

Staunen versetzt, in(2)

Stimmung, Laune - veränderlich(158) | v ~ Schweiß, beim(5)

Stimmung, Laune - wechselnd, wechselhaft(80)

Stirnrunzeln, Neigung zum(8)

Stöhnen(119) | S ~ laut(3) | *S ~ Menses - nach* | *S ~ Ruhelosigkeit, mit*(2) | S ~ Schweiß, beim(10)

Stößt, tritt(11)

Streitsüchtig(136) | S ~ grundlos(2)

Stumpfheit(332) | S ~ morgens - Aufstehen, beim(6) | S ~ Betrunkenheit; bei(2) | S ~ denkt - lange zu denken; unfähig(12) | S ~ Erwachen, beim(41)

Gemüt ...

Stupor(138) | S ~ morgens(36) | *S ~ betrunken; wie*(5) | *S ~ apoplektisch*(7) | *S ~ fährt wie wild auf, kann aber die Augen nicht offenhalten* | **S ~ Gliederzucken, mit**(5) | *S ~ sexueller Erregung, mit*(3)

Sucht etwas - Boden, auf dem(3)

Suizidneigung; Neigung zum Selbstmord(98) | S ~ Fieberhitze, in der(6) | S ~ Messer - mit einem Messer(8) | *S ~ Rasiermesser, mit einem*(3) | S ~ stürzt sich - Tiefe, in die(24) | S ~ Wechselfieber, bei(6)

Tadelt - sich selbst(36)

Tanzen(33)

Tod - Gedanken an den Tod(54) | T ~ Vorahnung des Todes(62) | T ~ wünscht sich den Tod, möchte sterben(72)

Tollwut, Hydrophobie(46) | T ~ Prophylaxe gegen(4) | *T ~ schreit oder heult mit hoher Stimme*

Torpor(26)

Töten, Verlangen zu(32) | *T ~ Messer - mit einem Messer*(12)

Trance - abwechselnd mit - Krämpfen | *T ~ periodisch - Sommer; jeden*

Traum; wie in einem(69)

Traurigkeit(477) | T ~ abends(76) | *a ~ Bett, im*(8)

Traurigkeit - nachts - Bett, im(8) | *T ~ allein - wenn*(24) | T ~ Dunkelheit, in der(9) | T ~ Enthaltsamkeit, durch(4) | T ~ Fieberhitze, in der(55) | T ~ Gesellschaft - Verlangen nach Gesellschaft | T ~ Menses - vor(34)

Traurigkeit - Sonnenschein, bei(3) | *T ~ Wetter - klar*

Trinken, Beschwerden nach(5)

Übertreiben(5)

Umarmt - jeden(9)

Umherstreifen, Streunen - besinnungslos, geisteskrank(11)

Unanständig, unzüchtig(21) | *U ~ Lieder*(5) | *U ~ Sprache, anstößige*(12)

Unbesonnen(82)

Unbeständigkeit(45)

Ungestüm - Schweiß, mit(12)

GEMÜT ...

Untröstlich(30) | U~ allein; agg. wenn | U~ Dunkelheit; agg. bei

Unverschämtheit(33)

Unzüchtig, obszön(34) | U~ Lieder(7) | *U~ Sprechen*(14)

Unzufrieden(168)

Verächtlich(35)

Vergeßlich(187) | V~ morgens(9)

Verlangen; großes - Sonne, Licht und Gesellschaft; nach(2)

Verlassen zu sein; Gefühl(56) | V~ Isolation, Gefühl der(16)

Verleumden, Neigung zu(21)

Verschwenderisch(13)

Verstecken - sich(18)

Verstümmelt seinen Körper(6)

Verwirrung, geistige(321) | V~ morgens(115) | *V~ nachts - Herumgehen nach Mitternacht; beim* | V~ Bett, im - herausspringen, läßt ihn(4) | *V~ Erwachen, beim*(71) | V~ Fieberfrost, im(20) | *V~ Gehen - nachts - Mitternacht, nach* | V~ Identität; in bezug auf seine(21) | *I~ Dualität; Gefühl der*(37)

Verwirrung, geistige - Schweiß, beim(3) | *V~ Schwindel, mit*(5)

Verzweiflung(137) | V~ Fieberhitze, in der(21) | *V~ religiöse Verzweiflung am Seelenheil*(30) | V~ Schmerzen; bei den(21) | V~ Tod - Gedanken an; mit

Vorsichtig(17)

Wahnideen(191) | *W~ Aktivität, mit*(3) | W~ allein zu sein - immer allein; sie sei(2) | a~ Wildnis; allein in der

Wahnideen - angenehme Wahnideen(6) | **W~ Ansammlungen von Dingen, Schwärmen, Menschenmengen etc.**(17) | W~ arm, er sei(10) | W~ Beine - abgeschnitten, seien(6) | B~ drei, er habe(2)

Wahnideen - berührt; er würde(6) | W~ beschäftigt - Tätigkeit; mit einer(12) | T~ normalen Tätigkeit (seinem Beruf)(5)

Wahnideen - besessen, er sei(14) | W~ betrunken - sei betrunken, er(23)

GEMÜT ...

Wahnideen - Bett - berühren; als würde sie im Liegen das Bett nicht(13) | B~ fallen - auf sie; das Bett würde | *B~ Falten; das Bett sei voller* | B~ jemand - im Bett; als sei jemand - mit ihm(13) | B~ weggezogen; würde unter ihr

Wahnideen - Bilder, Phantome; sieht(76) | B~ aufsteigen; aus der Erde | B~ Dunkelheit, in der(6) | B~ neben sich | *B~ schreckliche*(60) | **B~ schwarz**(9)

Wahnideen - doppelt - sein, doppelt zu(30) | *W~ Ecken - Menschen aus den Ecken kommen; sieht* | E~ Tiere und Gestalten aus Ecken kommen; sieht

Wahnideen - Ehefrau - untreu; die Ehefrau sei(2) | *W~ ehrlich - nicht ehrlich; er sei* | *W~ Eifersucht - Liebhaber hinter dem Ofen versteckt; die Ehefrau habe* | E~ mit(2)

Wahnideen - Einfluß; er stehe unter einem mächtigen(9) | W~ Engel, sieht(3) | W~ ermordet - er würde ermordet - geröstet und gegessen; er würde | *e~ werden; er würde ermordet werden*(21)

Wahnideen - fahren; als würde er - reiten(2) | W~ Fallen - Dinge werden(2) | F~ er würde(29) | F~ Stuhl fallen; er werde vom(2)

Wahnideen - Feuer - Feuerkugeln würden über die Bettdecken rollen | F~ Haus brennt(3) | F~ Visionen von(34) | F~ Zimmer brennt

Wahnideen - Fische, Fliegen etc.; sieht(2) | W~ Fratzen, sieht(6) | W~ Fremde - Freunde erscheinen als(2) | F~ sieht, er(8)

Wahnideen - Freude - nichts könne ihr irgendwelche Freude bereiten | W~ Freund - nie gesehen; er habe seine Freunde - Erwachen; nach dem | W~ Füße - getrennt; seien vom Körper | W~ gebissen werden; er werde(2) | *W~ Gefahr, Empfindung von*(6) | W~ Geflügel, sieht

Gemüt ...

Wahnideen - Gegenstände; über - Flucht vor Gegenständen | **G~ helle Gegenstände; Wahnideen durch**(2)

Wahnideen - geht - kann nicht gehen; er(3) | g~ Luft - auf Luft; geht(15)

Wahnideen - Geschäft - normalen Geschäften nachgehen; sie würden(5) | W~ Gesichter, sieht - verlängerte | W~ Gespenster, Geister, Gestalten - Schließen der Augen; beim(16) | *G~ sieht*(55) | G~ verfolgt von, wird(3)

Wahnideen - Gespräch führen; als würde er ein(3) | *W~ Gestalten - sieht*(33) | W~ geteilt - zwei Teile; in(10) | z~ zerschnitten; oder in zwei Teile(3)

Wahnideen - Glieder - abgetrennt; seien(2) | G~ keine Gliedmaßen; sie habe

Wahnideen - Gott - er sei Gott, dann wieder der Teufel | G~ Verbindung mit Gott; er stehe in(3)

Wahnideen - göttlich; er sei(3) | W~ Grab; er sei in seinem(4) | **W~ greift - eingebildeten Erscheinungen; nach**(2) | g~ Personen, nach

Wahnideen - groß - er selbst scheint zu groß(4) | g~ Teile des Körpers scheinen zu groß(10)

Wahnideen - groß gewachsen - er oder sie sei groß gewachsen(7) | W~ Hand - getrennt; sei vom Körper | W~ Haus - Menschen; das Haus sei voller(10) | H~ umzingelt; das Haus sei

Wahnideen - heftig(4) | W~ Henker; Visionen von einem | W~ Hören - Einbildung; etwas zu hören(44) | **W~ Hunde - angreifen; würden ihn** | H~ beißen; würden ihm in die Brust | *H~ bellt sie an, um sich verständlich zu machen; andere Menschen seien Hunde, er* | *H~ sieht*(18) | H~ umschwärmen; würden ihn(3)

Wahnideen - Hut sei eine Hose, die er anzuziehen versucht

Gemüt ...

Wahnideen - Identität - Fehleinschätzung in bezug auf die eigene(18) | *W~ Insekten, sieht*(14) | *W~ Käfer, Würmer etc.*(6) | W~ kämpfen, daß Menschen(2) | W~ Kaninchen, sieht | *W~ Katzen - sieht*(11) | W~ keusch, sie sei | W~ Kirchhof - besucht einen(4) | K~ tanzt im, er(2)

Wahnideen - klein - Dinge - erscheinen klein; Dinge(10) | e~ er sei sehr groß; und

Wahnideen - klein - Dinge - werden kleiner; Dinge(8) | *W~ Körper - durchgeschnitten; er sei* | d~ zwei Teile; in(3)

Wahnideen - Körper - geteilt, sei(6) | K~ lebendig - Seite lebendig, auf der anderen begraben; der Körper sei nur auf einer | K~ verstreut; der Körper sei(5) | v~ wirft sich umher, um die Teile zusammenzubekommen; er(6)

Wahnideen - Körper - Zustand seines Körpers; in bezug auf den(3) | W~ Kopf - Krankheit werde am Kopf ausbrechen; die | W~ krank - sein; krank zu(27) | W~ Krankheit - jede Krankheit; er habe(2) | W~ kriechender Dinge, voller | *W~ Lachen, mit*(4) | *W~ lasziv*(6) | *W~ lebhaft*(26) | W~ leblose Gegenstände seien Personen(4) | W~ leicht - sei leicht, er(26) | W~ Liegen - kreuzweise | *W~ Macht - Krankheiten; er habe Macht über alle* | W~ Maria; die Jungfrau - sie sei die(2) | W~ Mäuse - sieht(12) | *W~ Menschen - sieht*(29) | s~ packen; eine Anzahl Fremder und versucht sie zu

Wahnideen - Menschen - unterhält sich mit abwesenden(13) | *W~ Musik - glaubt Musik zu hören*(13) | W~ nachgestellt - ihm würde nachgestellt(28) | W~ nackt, er sei(2) | W~ neu; alles sei(2) | W~ obszön | W~ Pfeifen, mit(2) | W~ Pferde - reiten | **W~ Phantasiegebilde, Illusionen**(115) | P~ Fieberhitze, in der(7)

Gemüt ...

Wahnideen - Ratten, sieht(10) | *W~ Redseligkeit, mit*(7) | *W~ religiös*(17) | W~ Schlangen - in ihr und um sie herum(19) | W~ schön - sie sei schön und wünscht es sich | W~ Schreck - wie erschreckt(10) | *W~ schreien - mit Schreien*(4) | W~ schwarz - Gegenstände und Menschen; sieht(4) | W~ schweben - Bett - schwimmen; im Bett zu(2) | B~ schwimmen, zu schweben; im Bett zu(2)

Wahnideen - schweben - Luft, in der(45) | W~ Schwindel - habe; er(8) | W~ sehen - könne nicht sehen; er(2) | s~ sich selbst; sie sieht

Wahnideen - Seite - lebendig auf der einen und begraben auf der anderen Seite; er sei | W~ sonderbar, merkwürdig - alles sei(16) | s~ Vertrautes scheint fremd(38)

Wahnideen - spinnt (Handwerk); sie(2) | W~ Sprechen - Geistern; mit(5) | S~ leblose Gegenstände mit Namen an, bemerkt jedoch die Umstehenden nicht; er spricht | S~ Toten, mit(8)

Wahnideen - Statue - bewundert zu werden, nimmt die Haltung einer Statue ein, um | W~ Stellung nicht geeignet; sie sei für ihre | W~ sterben - gleich sterben; glaubt, er würde(57) | W~ Stimmen - hört(37) | h~ entfernte Stimmen(5) | h~ Toten, von(6)

Wahnideen - stirbt - er(15) | W~ stolz(4) | W~ sucht - etwas; er sucht | W~ Teufel - besessen, vom Teufel - er sei(5) | T~ er sei ein Teufel(6) | T~ sieht(19)

Wahnideen - Tiere(42) | T~ Bett - auf dem(5) | *T~ gefressen; von Tieren - werden, zu* | T~ kriechende - in ihr(2) | T~ Personen seien Tiere(3) | P~ Ratten, Mäuse, Insekten etc.(6)

Wahnideen - Tiere - schreckliche(6) | T~ schwarze Tiere an den Wänden und auf den Möbeln; sieht(2) | T~ springen - aus dem Boden heraus

Gemüt ...

Wahnideen - tot - er selbst sei(18) | t~ Personen, sieht tote(59)

Wahnideen - untröstlich zu sein; nicht getröstet werden zu können | W~ verändert, alles sei(6) | W~ verdammt; er sei(23) | W~ verfolgt - Feinden, von(30) | v~ Gespenstern, von(3)

Wahnideen - verfolgt; er würde(23) | W~ vergiftet - er - worden; er sei(16) | W~ vergrößert(42) | v~ groß, großgewachsen; er sei sehr(5) | v~ Körper sei - Körperteile(10)

Wahnideen - verlassen ; er sei(21) | W~ Verletzung - werden; würde gleich verletzt(13) | V~ worden; er sei verletzt(10)

Wahnideen - verspielt; er habe durch eigenes Verschulden seine Gnadenfrist(9) | *W~ Visionen, hat*(76) | V~ tagsüber(5) | *V~ nachts*(6) | V~ Schließen der Augen; beim(29) | *V~ schrecklich*(27) | s~ Dunkelheit, in der(6) | *s~ neben ihm*

Wahnideen - Visionen, hat - Ungeheuern, von(9) | W~ vornehm; er sei(4) | W~ wachsen - größer und länger werden; er würde(3) | W~ Wanzen und Küchenschaben, von | W~ Weinen, mit(5) | W~ Wölfen, von(2)

Wandern - Verlangen zu wandern - ruhelos umher; wandert(6)

Weigert sich - Medizin einzunehmen; die(8)

Weinen(244) | W~ tagsüber(7) | W~ morgens(22) | *W~ abends*(29) | *W~ nachts*(81) | n~ weint die ganze Nacht, lacht den ganzen Tag

Weinen - Beleidigung - durch | W~ Berührung, bei(5) | W~ Delirium | W~ Dunkelheit, in der | *W~ Erwachen, beim*(36) | W~ Fieberfrost - im(25) | *W~ Fieberhitze, in der*(25) | W~ heftig(3) | W~ Kleinigkeiten, über(23) | W~ krampfhaft, spasmodisch(16) | *W~ Menses - während*(27) | M~ nach(5)

Gemüt ...

Weinen - mitleiderregend(2) | W ~ nervös - den ganzen Tag(5) | W ~ Schlaf, im(88) | *W ~ Schluchzen; Weinen mit*(34) | W ~ Schmerzen - während den Schmerzen(23) | *W ~ Schweiß, beim*(25) | W ~ sexueller Erregung; mit(2) | W ~ Träumen, beim(6) | W ~ traurig - Gedanken, bei traurigen(7) | W ~ unwillkürlich(35) | u ~ Essig amel.

Weinen - Verlangen zu weinen - immer; die ganze Zeit(16) | W ~ Widerspruch, durch(4) | W ~ Wimmern, Winseln(27)

Widerspruch - verträgt keinen Widerspruch(73)

Widerwillen(39)

Wildheit(29)

Wirft mit Gegenständen um sich(20)

Zerbricht Dinge(13)

ZERREIßT - DINGE IM ALLGEMEINEN(21) | **D ~ Kissen mit den Zähnen; das**(2)

Zerstreut(166)

Ziehen - Haaren; an den(9)

Zorn(243) | Z ~ abwechselnd mit - Fröhlichkeit, Frohsinn(15) | a ~ Lachen(2)

Zorn - Gesicht - rot - Gesicht; mit rotem(10) | Z ~ heftig(72) | Z ~ Kleinigkeiten, über(58) | Z ~ plötzlich - abwechselnd mit - Fröhlichkeit(9) | Z ~ Widerspruch, durch(37)

Zügellosigkeit, sexuelle Ausschweifung(32)

Zurückhaltend, reserviert - Freien, im(2)

Zweifelt - Seelenheil, am(18)

Träume

Alpträume, Alpdrücken(144)

Angenehm(136)

Ängstlich(239)

Dinge - verändernde, sich(18)

Erotisch(196) | E ~ Pollutionen, mit(96)

Historisch(18)

Hört Sprechen

Kämpfe(54)

Lebhaft(193)

Merkwürdig, wunderlich(10)

Schrecklich(237)

Träume ...

Streitigkeiten(69)

Unerinnerlich, bleiben nicht im Gedächtnis(93)

Verworren(122)

Viele(260)

Wandernd(3)

Weinen(14)

– *Strontium carbonicum* –

stront-c.

Gemüt

Alkoholismus(135)

Angst(362) | A ~ nachmittags(32) | A ~ abends(87) | a ~ Bett, im(54)

Angst - nachts(119) | n ~ Mitternacht - vor(36)

Angst - Bett - im Bett(49) | *A ~ Erwachen, beim*(86) | *A ~ Furcht, mit*(110) | A ~ Gewissensangst(75)

Auffahren, Zusammenfahren(117) | A ~ abends - Einschlafen, beim(19) | A ~ nachts - Mitternacht im Schlaf; um - vor(6) | A ~ ängstlich(8) | A ~ heftig | A ~ Schlaf - während(163) | S ~ Einschlafen, beim(72)

Auffahren, Zusammenfahren - Schreck oder wie durch Schreck; durch(68)

Beschwerden durch - Erwartungsspannung(68) | B ~ Verachtung; verachtet zu werden(23) | B ~ Zorn(94)

Boshaft(99)

Destruktivität, Zerstörungswut(41)

Dunkelheit - agg.(27)

Erregung - Herzklopfen, mit heftigem(17)

Erschreckt leicht(125)

Faulheit(269)

Furcht(242) | F ~ nachmittags(15) | F ~ abends(51) | *F ~ Dunkelheit, vor der*(40) | F ~ Unheil; Furcht vor(115)

Gedächtnis - Gedächtnisschwäche(284)

Gedanken - überlegt(54)

Gedanken versunken, in(90)

Geschäftig(45)

Gemüt …

Heftig, vehement(100) | H~ Gewalttaten führt; Raserei, die zu(34)
Hochmütig, arrogant(53)
Kummer(76)
Lästig, geht auf die Nerven(79)
Licht - Verlangen nach(19)
Mürrisch(290)
Reizbarkeit(408)
Reue(63)
Ruhelosigkeit(420)
Schlagen(42) | S~ eingebildete Objekte ein; schlägt um sich auf(14)
Schmollen(41)
Schreien - Schlaf, im(80)
Schweigsam(209)
Sitzen - Neigung zu sitzen(110)
Streitsüchtig(136)
Stumpfheit(332)
Traurigkeit(477) | T~ abends - Bett, im(8) | T~ Erwachen, beim(24)
Ungestüm(31)
Unzufrieden(168)
Vergeßlich(187)
Verwirrung, geistige(321) | V~ alkoholische Getränke, durch(8)
Wahnideen - gehoben; sie würde(3) | W~ Verbrechern, von(24)
Waschen - Abneigung gegen Waschen und Baden(16)
Zorn(243) | Z~ erstechen könnte; so wütend, daß er jeden(8) | Z~ heftig(72) | Z~ plötzlich(7)

Träume

Angenehm(136)
Ängstlich(239)
Feuer(65)
Lebhaft(193)
Schrecklich(237) | S~ nachts - Mitternacht - nach(4)
Sorgen, voller(21)
Traurig(46)
Unwichtig(46)
Verdrießlich(122)
Viele(260)
Wecken den Patienten(118) | W~ häufig(7)

– *Strophanthus hispidus* –

stroph-h.

Gemüt

Alkoholismus(135)
Furcht - Prüfungen durch das Schicksal; vor(6)
Redseligkeit; Geschwätzigkeit - Kindern; bei - altkluges Gerede
Wahnideen - gehoben; sie würde - Schlaf; im | W~ hochgehoben; sie würde - Couch, von einer | W~ Kopf - Schwingen im Kopf - Körpers; und des ganzen

– *Strophanthus sarmentosus* –

stroph-s.

Gemüt

Angst(362)
Furcht(242) | F~ berührt zu werden - Brustwänden, an den

– *Strychninum nitricum* –

stry-n.

Gemüt

Alkoholismus(135)
Delirium tremens(84)

– *Strychninum phosphoricum* –

stry-p.

Gemüt

Erschöpfung; geistige(217)
Hysterie(194)
Lachen(102) | *L~ unmäßig*(28)
Moralischem Empfinden; Mangel an(48)
Wille - Willensschwäche(58)

– *Strychninum purum* –

stry.

Gemüt

Angst(362)

Antworten - Abneigung zu antworten(67) | A~ hastig, überstürzt(11) | A~ schnell(3) | A~ zusammenhangslos(6)

Auffahren, Zusammenfahren(117) | A~ Berührung, bei(10) | A~ konvulsivisch(4) | A~ Schlaf - Einschlafen, beim(72)

Betäubung(237)

Bewußtlosigkeit(280) | B~ morgens(45) | B~ vormittags - 10 h | B~ abends(15) | a~ 20 h

Delirium(233)

Delirium tremens(84)

Empfindlich(192) | E~ Geräusche, gegen(149)

Erregung(287) | E~ nervös(23)

Erschreckt leicht(125)

Furcht(242) | F~ geschehen; etwas werde(82) | F~ Näherkommen, Annäherung von; vor - anderen, von(28) | *F~ Verletzung - selbst verletzt zu werden*(9)

Gedächtnis - gut, aktiv(91) | G~ Gedächtnisschwäche(284)

Geistige Anstrengung - Verlangen nach(65)

Gesellschaft - Verlangen nach(83)

Gesten, Gebärden; macht - Hände; unwillkürliche Bewegungen der - Gesicht, zum

Ideen, Einfälle - Reichtum an, Klarheit des Geistes(125)

Idiotie - kichernd

Imbezillität(140)

Jammern(93)

Lachen(102) | L~ albern(16) | L~ sardonisch(26) | L~ spasmodisch(49) | *L~ unmäßig*(28)

Mürrisch(290)

Näherkommen, auf ihn Zukommen von Personen - agg.(6)

Raserei, Tobsucht, Wut(95)

Reizbarkeit(408)

Gemüt ...

Ruhelosigkeit - nachts(249) | *R~ Bett - Herumwerfen im*(123)

Schlagen(42)

Schreien(133) | S~ Konvulsionen - vor(32) | S~ Schlaf, im(80)

Sinne - scharf(52)

Sprache - hastig(44) | S~ unzusammenhängend(65)

Stöhnen(119) | S~ laut(3)

Stößt, tritt(11)

Stumpfheit(332)

Stupor(138) | S~ vormittags - 10 h | S~ abends - 20 h

Traurigkeit(477)

Verwirrung, geistige(321) | V~ morgens(115)

Wahnideen - Gesichter, sieht(26) | G~ häßliche(17)

Wahnideen - tot - Personen, sieht tote(59) | W~ verfolgt - Feinden, von(30)

Weinen(244) | W~ plötzlich(5)

Träume

Unangenehm(87)

– *Strychnos gaultheriana* –

strych-g.

Gemüt

Tollwut, Hydrophobie(46)

– *Succinum* –

succ.

Gemüt

Furcht(242) | F~ engen Räumen; in(33) | e~ Zügen und geschlossenen Orten; Furcht vor

Furcht - Fahren im Wagen; beim(14)

Hysterie(194)

– *Sulfanilamidum* –

sulfa.

Gemüt

Betäubung(237)

Delirium(233)

Gemüt …
Faulheit(269)
Froh - abwechselnd mit - Traurigkeit(57)
Gedächtnis - Gedächtnisschwäche(284) | G~ Formen, für(5) | G~ Musik; für(4) | G~ Worte, für(61)
Gedanken - zusammenhangslos(30)
Gleichgültigkeit, Apathie(251)
Hochgefühl(97)
Kindisches Benehmen(52)
Manie - abwechselnd mit - Niedergeschlagenheit(9)
Reizbarkeit(408)
Ruhelosigkeit(420)
Schizophrenie(10)
Stumpfheit(332)
Traurigkeit(477)
Verwirrung, geistige(321)

– *Sulfonalum* –

sulfon.

Gemüt
Aphasie(53)
Mürrisch(290)
Reizbarkeit(408)
Sprache - langsam(59) | S~ undeutlich(24)
Wahnideen - Arme - vier; sie glaubt, sie habe | W~ Beine - vier, er habe | W~ Kopf - und Gliederpaare - doppelt; seien | K~ zwei Köpfe; er habe(3)

– *Sulfonamidum* –

sulfonam.

Gemüt
Empfindlich - Geräusche, gegen(149)
Faulheit - abends(20)
Geisteskrankheit, Wahnsinn - Verfolgungswahn(6)
Geistige Anstrengung - agg.(141) | G~ Abneigung gegen(150)
Gesellschaft - Abneigung gegen(156)
Qualvolle Angst(121)
Reizbarkeit(408) | R~ Liegen amel.; beim
Streitsüchtig(136) | S~ abwechselnd mit - Traurigkeit(2)
Traurigkeit(477)

Gemüt …
Ungehorsam(30)
Wahnideen(191)
Widerspruch - Neigung zu widersprechen(38)

– *Sulphur* –

sulph.

Gemüt
Abneigung - allem, gegenüber(39) | A~ Erziehung; gegen | A~ Frauen; gegen(12) | A~ Geschlecht - andere Geschlecht; gegen das - religiöse Abneigung(3) | A~ Männer; gegen - Frauen; bei - religiöse Abneigung(3) | *A~ Menschen; gegen - alle, gegen*(8) | M~ literarische Gestalten
Abscheu - allgemeiner - abends(5) | A~ Arbeit, vor der(21) | *A~ Leben, vor dem*(84)
Aktivität; Verlangen nach(38)
Albernes Benehmen - Glück und Stolz; zeigt
Alkoholismus(135) | *A~ heimlicher Trinker, Alkoholiker* | A~ Untätigkeit, Müßiggang; aus(3)
Angesehen zu werden; erträgt es nicht(23)
Angesprochen zu werden - agg. - gerufen zu werden | *A~ Abneigung*(63) | *A~ allein gelassen werden; möchte*(10)
Angst(362) | *A~ morgens*(42) | m~ Schweiß, beim(2)
Angst - vormittags(15) | **A~ abends**(87) | *a~ Bett, im*(54)
Angst - nachts(119) | *n~ Mitternacht - vor*(36) | **n~ Erwachen, beim**(24)
Angst - andere, um(24) | *A~ anfallsweise*(13) | A~ Beklemmung, mit | *A~ Bett - im Bett*(49) | **A~ Druck; durch - Brust; auf der**(14) | *A~ Erwachen, beim*(86) | A~ Essen - amel.(4) | A~ Fieber - während(91) | A~ Flatus - eingeklemmten Blähungen, mit(2) | *A~ Freien, im - amel.*(23) | *A~ Freunde zu Hause; um*(4)

Gemüt ...

Angst - Furcht, mit(110) | A~ Geschäfte, über(10) | A~ Gesundheit; um die - eigene Gesundheit; um seine(57) | **A~ Gewissensangst**(75) | A~ hypochondrisch(52) | h~ lesen; Manie medizinische Bücher zu(5)

Angst - kalt - Getränke amel.(3) | A~ Kleidung - lockern und die Fenster öffnen; muß die Kleidung(3) | A~ Kopf - Hitze des Kopfes; mit(6) | *H~ kalten Füßen, und*

Angst - Menses - vor(22) | M~ während(33)

Angst - Mittagessen - nach - amel. | *A~ periodisch*(12) | A~ Schmerzen, durch die - Magen(2) | **A~ Seelenheil, um das**(35) | **S~ Bedenken, Gewissensbisse; übermäßige religiöse**(7) | B~ Ausübung der religiösen Pflichten; in bezug auf die(5)

Angst - Seelenheil, um das - Glaubens; um den Verlust seines(5) | A~ Stuhlgang - während(20) | A~ Trinken - kaltes Wasser amel.(2) | *A~ Zukunft*(108)

Anorexia nervosa(13)

Antworten - Abneigung zu antworten(67) | A~ diktatorisch(4) | *A~ irrelevant, nicht zur Sache Gehörendes*(12) | *A~ kurz angebunden*(19) | *A~ langsam*(35) | A~ schwierig, Antworten ist(11) | A~ Stupor kehrt schnell nach dem Antworten wieder(17) | **A~ weigert sich zu antworten**(32) | A~ wiederholt erst die Frage(7)

Anziehen - Abneigung gegen - Traurigkeit; bei(2)

Argwöhnisch(105)

Auffahren, Zusammenfahren(117) | *A~ mittags*(10) | *m~ Schlaf, im*(6)

Auffahren, Zusammenfahren - nachmittags(4) | *A~ abends - Einschlafen, beim*(19) | A~ nachts(19) | A~ angesprochen, wenn(4) | *A~ ängstlich*(8) | A~ Geräusche, durch(60) | A~ gerufen wird; wenn er beim Namen | *A~ Kleinigkeiten, über*(21) | *A~ leicht*(52)

Gemüt ...

Auffahren, Zusammenfahren - Schlaf - während(163) | *S~ durch*(124) | **S~ Einschlafen, beim**(72)

Auffahren, Zusammenfahren - Schmerz - durch | *A~ Schreck oder wie durch Schreck; durch*(68) | A~ Träumen, in(4) | T~ aus einem Traum(35)

Außer sich; ist(51) | A~ Angst; vor(14)

Begreifen, Auffassungsvermögen - leicht(38) | l~ Betrunkenheit; bei(2)

Beharrlichkeit(16)

Beißen - Nägel(33)

Beleidigt, leicht(79)

Berühren; muß alles(6) | B~ wirklich sind, bis sie sie berührt hat; weiß nicht, ob Gegenstände

Beschimpfen, beleidigen, schmähen(67)

Beschwerden durch - Alkoholismus(8) | B~ Ansehens; Verlust des(2) | B~ Erregung - religiöse(3) | B~ Erwartungsspannung(68) | B~ Freundschaft, betrogene(7) | B~ geschäftlichen Mißerfolg; durch(13) | B~ Hast, Eile(10) | *B~ Ichbezogenheit, Selbstüberhebung*(9) | *B~ Kränkung, Demütigung*(39) | B~ Liebe; enttäuschte(31) | B~ Mißerfolg - literarischer, wissenschaftlicher Mißerfolg(6) | *B~ schlechte Nachrichten*(34) | B~ Schreck(72) | B~ sexuell - Exzesse(59) | B~ Tod von geliebten Personen - Kindes, eines(11) | B~ Uneinigkeit zwischen - Eltern, Freunden(11) | U~ Vorgesetzten und Untergebenen(9)

Beschwerden durch - Verachtung; verachtet zu werden(23) | **B~ Verlegenheit**(13) | B~ Zorn(94) | Z~ Angst, mit(30) | Z~ Schreck; mit(22)

Bestechlich, käuflich, korrupt(5)

Betäubung(237) | B~ vormittags - 11 h | *B~ abends*(6) | B~ Gehen, beim - Freien, im(3) | B~ Schwindel - während(37)

Beten(21)

Bewußtlosigkeit(280) | B~ morgens(45) | B~ Fieber, im(50) | B~ Gehen, beim - Freien, im(4) | *B~ Kiefer fällt herab*(3)

Gemüt ...

Bewußtlosigkeit - Meningitis, bei(10) | B ~ Menses - während(13) | *B ~ Scharlach, bei*(8) | B ~ Schweiß - kaltem Schweiß, mit | *B ~ Stuhlgang - während*(3) | B ~ überfüllten Zimmer; in einem mit Menschen(12)

Boshaft(99) | *B ~ nachts*(2)

Brütet, grübelt(41)

Brutalität - Betrunkenheit; bei(2)

Bulimie(16)

Delirium(233) | D ~ abends(10) | D ~ nachts(67) | D ~ albern, töricht(11) | D ~ ängstlich(24) | D ~ antwortet - langsam(8) | D ~ Blutung - nach(14) | *D ~ brummt*(44) | b ~ Schlaf, im(5)

Delirium - Fieber; im(54) | D ~ Fieberfrost, im(14) | D ~ geschäftig(10) | D ~ heiter, fröhlich(14) | D ~ Lachen(20) | *D ~ Meningitis cerebrospinalis*(8) | *D ~ phantastisch*(13) | D ~ rasend(84) | *D ~ redselig*(33) | D ~ ruhelos(12) | *D ~ Schlaf - Einschlafen, beim*(17) | D ~ Schlaflosigkeit - mit(45) | D ~ Schließen der Augen; beim(9) | *D ~ Umherstreifen*(9) | *D ~ Wahnideen, mit*(18) | D ~ Zittern, mit(23)

Delirium tremens(84)

Demenz(33) | D ~ senilis, Dementia(25) | D ~ Syphilitikern, von(5)

Destruktivität, Zerstörungswut(41) | *D ~ Kleidern, von*(10)

Diktatorisch, herrschsüchtig, dogmatisch, despotisch(25)

Ehrgeiz - Geld zu verdienen(5) | E ~ Verlust von(15)

Eifersucht - brutal aus Eifersucht; zärtlicher Ehemann wird(4) | E ~ sagt und tut; was er sonst nicht sagen und tun würde(3) | E ~ schlagen; treibt dazu, die Ehefrau zu(4)

Eigensinnig, starrköpfig, dickköpfig(107) | E ~ Stuhlgang, beim

Eitelkeit(10)

Ekstase(59) | E ~ Schweiß, beim(4)

Eleganz, Anmut - keine Eleganz(12)

Gemüt ...

Empfindlich(192) | E ~ nachmittags(3) | E ~ Geräusche, gegen(149) | E ~ Gerüche, gegen(30) | E ~ Musik, gegen(46)

Entbindung - nach der Entbindung; Gemütssymptome(9)

Entfernungen - vergrößert; scheinen(8)

Entmutigt(135) | E ~ morgens(4)

Ernst(77)

Erotisch(39)

Erregung(287) | E ~ mittags(3) | *E ~ abends - Bett, im*(31) | *E ~ nachts*(40) | E ~ Anstrengung, nach | E ~ fiebrig - nachts | E ~ Frost - während(22) | E ~ Gehen - Freien, im(4) | E ~ Hitze - während der Hitze; Erregung(23) | E ~ Kaffee, wie nach(4) | *E ~ schlechten Nachrichten, nach*(18) | E ~ Tee, nach

Erschöpfung; geistige(217)

Erschreckt leicht(125) | E ~ abends(5) | E ~ Erwachen, beim(41) | *E ~ Traum, aus einem*(14)

Erschreckt leicht - Schmerzen, durch

Exzentrizität, Überspanntheit(54)

Fäzes - setzt Fäzes auf den Boden ab(3) | F ~ urinieren und defäkieren überall; Kinder(4)

Fanatismus(9)

Farben - weiß - Verlangen nach(15)

Faulheit(269) | F ~ morgens(51) | **F ~ abends**(20) | a ~ amel.(4)

Faulheit - körperlich(23)

Fehler; macht - Orte; in bezug auf(32) | F ~ Schreiben, beim(83) | S ~ wiederholt Worte(6)

Fehler; macht - Sprechen, beim(81) | S ~ Buchstabieren, beim(23) | S ~ Worte - dreht Worte um(9) | W ~ falsche Worte; benutzt - Namen; nennt Dinge beim falschen(8) | f ~ sieht, anstatt des Namens des Gewünschten; benutzt den Namen des Gegenstandes, den er(6)

Fehler; macht - Sprechen, beim - Worte - stellt Worte an die falsche Stelle(46) | F ~ Unterscheiden von Gegenständen; beim(5) | F ~ Zeit; in bezug auf die(34)

Gemüt ...

Feigheit(89) | *F~ Traurigkeit, mit*

Feilschen(4)

Fleißig, arbeitsam, Arbeitswut(101)

Fliehen, versucht zu(61)

Frivol(14)

Froh(182) | F~ morgens(21) | *F~ abends*(42) | *a~ abwechselnd mit - Hypochondrie - tagsüber*(2) | *a~ Bett, im*(29)

Froh - nachts(17) | **F~ albern, und**(5) | *F~ Erwachen, beim*(3) | F~ Konvulsionen, nach den

Furcht(242) | *F~ nachmittags*(15) | *F~ nachts*(58) | F~ Ansteckung - Krankheit; vor ansteckender(6) | *F~ Arbeit; vor der*(32) | F~ Armut, vor(20) | F~ Beruf zu verlieren; seinen lukrativen(8) | F~ berührt zu werden(38) | F~ Blicken - vor sich hinblickt; wenn sie | F~ Cholera, vor(7) | F~ engen Räumen; in(33) | *F~ erblinden, zu*(3) | F~ erkälten, sich zu(2) | e~ Fieberhitze, in der

Furcht - Ersticken, vor dem(24) | *E~ nachts*(14)

Furcht - Erwachen, beim(54) | F~ Fieber - vor dem Fieber - friert; während er(2) | F~ Geisteskrankheit(74) | F~ geistige Anstrengung - vor geistiger Anstrengung - literarischer Arbeit; vor(3) | F~ Geräusche, durch(40) | *F~ Gespenstern, vor*(32) | *G~ nachts*(10) | G~ Erwachen, beim(3)

Furcht - gewaschen zu werden | F~ Gewitter, vor(25) | F~ Glauben zu verlieren; davor seinen religiösen(5) | F~ hochgelegenen Orten; vor(24) | F~ Hunden, vor(22) | F~ Krankheit, vor drohender(66) | K~ ansteckenden, epidemischen Krankheiten; vor(5)

Furcht - lebenslang(10) | F~ Männern, vor(30) | F~ Menschen, vor(81) | F~ Menschenmenge; in einer(58) | F~ Menses - vor(12) | F~ Räubern, vor(25) | R~ nachts - Mitternacht beim Erwachen; um(2)

Furcht - Schlangen, vor(8) | F~ Tod; vor dem(143) | T~ Menses - vor(6)

Gemüt ...

Furcht - töten, davor zu(12) | *F~ Träumen, vor schrecklichen*(2) | F~ überwältigend(19) | F~ Unglück, vor(93) | F~ Unheil; Furcht vor(115) | U~ abends(3)

Furcht - Urinieren, nach | F~ Verhungern; vor dem(5) | F~ Versagen, Mißerfolg; vor dem(13) | F~ Wasser, vor(33) | F~ wiederkehrend(11)

Gedächtnis - gut, aktiv(91) | g~ kurz, aber(4)

Gedächtnis - Gedächtnisschwäche(284) | *G~ Eigennamen; für*(44) | G~ Formen, für(5) | G~ gedacht hat; für das, was er gerade(18) | G~ gehört hat; für das, was er(15) | G~ gesagt hat; für das, was er(29) | G~ Geschäfte, für(13) | G~ geschehen ist; für das, was(17) | G~ Namen; für - eigenen Namen; für den(6) | G~ Orte, für(11) | G~ Personen, für(23) | G~ Rechtschreibung, für die(8) | *G~ sagen will; für das, was er gerade*(38) | G~ Tatsachen, Fakten; für - kurz zurückliegende Tatsachen, für(15) | k~ alten Menschen, bei(2)

Gedächtnis - Gedächtnisschwäche - Tatsachen, Fakten; für - zurückliegende Tatsachen, für lange(10) | *G~ tun wollte; für das, was er gerade*(33) | G~ Verse zu lernen(3) | *G~ Worte, für*(61)

Gedanken - drängen auf ihn ein und schwirren durcheinander(16) | *d~ Arbeit, bei der*(2)

Gedanken - Gedankenandrang, einstürmende Gedanken, Gedankenfluß(78) | *G~ abends - Bett, im*(17) | *G~ nachts*(31) | G~ Gehen im Freien, beim(2) | G~ Geschäften; abends von abgeschlossenen | G~ Schlaflosigkeit, durch(23)

Gedanken - Geschäft; nachts im Bett an das(3) | *G~ hartnäckig*(83) | *h~ wieder in den Kopf; gehörte Ausdrücke und Worte kommen*(2)

Gedanken - Kontrolle über die Gedanken ist verloren(4) | G~ Krankheit, über seine(11) | *G~ quälend*(31) | G~ sexuell(21) | G~ sonderbar, merkwürdig(8)

GEMÜT …

Gedanken - Stillstand der Gedanken(10) | *G~ überlegt*(54) | G~ unangenehm(21) | G~ Unbestimmtheit der(4) | G~ Vergehen, Schwinden der Gedanken(76) | G~ zusammenhangslos(30)

Gedanken versunken, in(90) | *G~ abends*(2)

Gefallsüchtig, kokett - nicht genug(5) | G~ sehr, zu(6)

Gefühllos, hartherzig(21)

Gehalten - amel.; gehalten zu werden(22)

Gehen - Freien, im - agg. Gemütssymptome(19)

Geistesabwesend(71)

Geisteskrankheit, Wahnsinn(153) | G~ Alkoholikern; bei(22) | G~ düstere Geisteskrankheit mit Verzweiflung und Lebensüberdruß - Furcht vor Kränkung oder Verlust der Stellung; durch(7) | *G~ erotisch*(31) | G~ Größenwahn(14) | *G~ Hautausschlägen; nach unterdrückten*(6) | G~ ißt - Schmutz(2) | G~ Kränkung - Furcht vor Kränkung; aus(7) | G~ Lebensüberdruß; mit(7) | G~ Melancholie(17) | *G~ Menopause, in der*(11) | *G~ religiös*(19) | G~ Stellung zu verlieren; aus Furcht die(7) | G~ Verzweiflung; mit(7) | *G~ Wochenbett, im*(35)

Geistige Anstrengung - agg.(141) | a~ ermüdet(20)

Geistige Anstrengung - Verlangen nach(65) | V~ literarischer Arbeit

Geistige Anstrengung - Abneigung gegen(150)

Geiz(34)

Gemütssymptome(26)

Geschäft - Abneigung gegen(45) | *G~ vernachlässigt sein*(2)

Geschäftig(45) | G~ fruchtlos, ergebnislos(14)

Geschmacklosigkeit bei der Wahl der Kleidung(11)

GEMÜT …

Gesellschaft - Abneigung gegen(156) | A~ allein, wenn - amel.(33) | *A~ ertragen, kann niemanden*(4)

Gesellschaft - Verlangen nach(83)

Gespräche - agg.(45)

Gesten, Gebärden; macht - Hände; unwillkürliche Bewegungen der(23) | H~ Greifen(41) | *G~ Mund - alles in den Mund; steckt*(3)

Gesten, Gebärden; macht - Hände; unwillkürliche Bewegungen der - ringt die Hände(14) | H~ zupft - Bettwäsche; an der(36)

Gesten, Gebärden; macht - sonderbare Posen und Haltungen(20) | s~ Kopfes, des(2)

Gesten, Gebärden; macht - Sprechen - beim Sprechen; gestikuliert - Kopf; mit dem(3) | G~ ungeschickt in bezug auf(7)

Getragen - Verlangen getragen zu werden(31)

Gewissenhaft, peinlich genau in bezug auf Kleinigkeiten(58)

Gier, Habsucht(19)

Gleichgültigkeit, Apathie(251) | G~ allem; gegenüber(71) | G~ andere Personen, gegen(5) | **G~ äußere - Dinge; gegen**(26) | **G~ Erscheinung, sein Äußeres; gegen die persönliche**(2) | *G~ geschäftliche Angelegenheiten; gegen*(18) | G~ Leben; gegen das(12) | G~ Pflichten, gegenüber(12) | **G~ Vergnügen, gegen**(46) | **G~ Wohlergehen anderer; gegen das**(11)

Hämorrhoiden; Gemütssymptome nach unterdrückten(18)

Hartherzig, unerbittlich(20)

Haß(28) | H~ Menschen, auf - beleidigt haben; die ihn(11) | *H~ Rachsucht; Haß und*(32)

Hast, Eile(112) | *H~ Bewegungen im*(23) | **B~ unwillkürliche Hast in den Bewegungen**

Gemüt ...

Hast, Eile - Essen - beim(23) | *H~ Gehen, beim*(15) | H~ Kleinigkeiten; bei(3) | H~ ungeschickt aus Hast(7)

Haushalt zu führen; Frauen, die unfähig sind, einen(4)

Hautausschlägen; Gemütssymptome nach unterdrückten(18)

Heftig, vehement(100)

Heikel, pingelig(34)

Herausfordernd(22)

Heuchelei(11)

Hinterhältig, hinterlistig, falsch, verschlagen(32)

Hochgelegene Orte - agg.(7)

Hochmütig, arrogant(53)

Hoffnung, voller(13)

Homosexualität(13)

Hypochondrie(116) | **H~ Hautausschlag; nach Unterdrückung von** | H~ mürrisch(9) | H~ Selbstmord; treibt zum(12)

Hysterie(194) | H~ Menses - vor(16) | M~ während(27)

Hysterie - Mond - zunehmender Mond agg.

Ichbezogenheit, Egotismus, Selbstüberschätzung(24)

Ideen, Einfälle - Mangel an(102) | *I~ Reichtum an, Klarheit des Geistes*(125) | R~ abends - Bett, im(14) | R~ nachts(26)

Idiotie(45)

Imbezillität(140) | **I~ Lumpen scheinen so schön wie Seide; alte**

Initiative, Unternehmungsgeist; Mangel an(7)

Intelligent - Betrunkenheit; intelligenter bei(2)

Jammern(93) | J~ Schlaf, im(12)

Kauzig, eigen - Gesten, in - Kopfes, des(2) | K~ Handlungen, Gedanken, Meinungen; in seinen(3) | *K~ Kleidung, in der*(2)

Kindisches Benehmen(52) | K~ alten Menschen; bei(2)

Klagen(64) | K~ Schlaf, im(6)

Gemüt ...

Kleptomanie(27)

Konzentration - gut, aktiv(26) | *K~ schwierig*(261) | s~ Studieren(52)

Kriecht, krabbelt - rollt auf dem Boden herum(6)

Kummer(76) | K~ still(23)

Kunst - Talent zur(8) | T~ gestaltende Künste(3)

Kurz angebunden, barsch(14)

Lachen(102) | L~ abends(6) | L~ nachts(12) | L~ abwechselnd mit - Weinen(43) | L~ Ernstes, über(15) | **L~ Schlaf - während**(15) | S~ Einschlafen, beim

Lachen - spasmodisch(49) | *L~ Traum, im - heiterem Traum, lacht nach dem Erwachen weiter; in einem*

Läuft umher(24)

Langsamkeit(68)

Lästig, geht auf die Nerven(79)

Lasziv, lüstern(77)

Launenhaftigkeit, launisch(108)

Lebensüberdruß(82)

Leidenschaftlich(49)

Lesen - Verlangen - medizinische Bücher zu lesen(5)

Lügner(22)

Lustig, fröhlich(123) | L~ morgens(5) | *L~ abends*(29) | L~ nachts(14) | L~ Schlaf; im(10)

Magnetisiert - amel.(20)

Manie(149) | M~ Besessenheitswahn(10)

Männer - Scheu vor(19)

Mathematik - Unfähigkeit zur - Horror vor(6)

Meditieren, Nachdenken(47)

Menschenfeindlichkeit, Misanthropie(45)

Milde(80)

Monomanie(16)

Murmeln - Schlaf, im(18)

Mürrisch(290) | M~ tagsüber(17) | M~ morgens(42) | **M~ abends**(31) | *M~ Fieber - während*(12)

Musik - agg.(40) | M~ Herzklopfen beim Hören von(4)

Müßiggang, Untätigkeit(7)

GEMÜT ...

Mutig(26)

Nachtschwärmerei, Schwelgerei(11)

Nackt sein, möchte - Schlaf, im(4)

Näherkommen, auf ihn Zukommen von Personen - Abneigung gegen(12)

Naiv - intelligent, aber sehr(5)

Neid(22) | N~ Eigenschaften anderer; auf(6) | N~ Habgier, und(12)

Neugierig(12)

Nymphomanie(67) | N~ Menses - unterdrückten, nach(13)

Optimistisch(17)

Perfide(9)

Pfeifen(16)

Pflicht - kein Pflichtgefühl(12)

Phantasien - Erwachen, beim(9) | P~ lächerlich - vor dem Einschlafen | P~ Schlaf - Einschlafen, beim(8) | P~ Schweiß, beim(4) | *P~ übertrieben*(114) | P~ übertrieben - abends(9) | *P~ übertrieben - abends - Bett, im*(28) | *P~ übertrieben - nachts*(40) | P~ übertrieben - Gehen im Freien(2) | P~ übertrieben - Schlaflosigkeit, mit(41) | *P~ übertrieben - Schließen der Augen im Bett; beim*(8)

Philosophie - Fähigkeit zu(6) | F~ Träumereien; große Neigung zu philosophischen(2)

Pläne - macht, schmiedet viele Pläne(15)

Qualvolle Angst(121)

Raserei, Tobsucht, Wut(95)

Rebelliert gegen Umschläge(17)

Redseligkeit; Geschwätzigkeit(136) | R~ abends(10) | R~ Betrunkenheit; bei(6)

Reizbarkeit(408) | R~ tagsüber(32) | t~ abwechselnd mit - Fröhlichkeit - abends(2) | a~ Lustigkeit - abends(2)

Reizbarkeit - morgens(69) | m~ Aufstehen, nach dem(13) | *m~ Erwachen, beim*(43)

Reizbarkeit - abends(60) | R~ abwechselnd mit - Fröhlichkeit, Frohsinn - abends(2) | a~ Hypochondrie - tagsüber(2)

GEMÜT ...

Reizbarkeit - angesprochen, wenn(26) | R~ Anstrengung, durch(2) | R~ Erwachen, beim(56) | *R~ Fieberfrost, im*(57) | *R~ Hitze - während*(31) | R~ Kleinigkeiten, durch(34) | *R~ Menses - während*(42) | *R~ Reue; mit schneller* | R~ schweigsam(5) | *R~ Schweiß, beim*(14) | *R~ Traurigkeit, mit*(20)

Religiös - Fanatismus, religiöser(6) | **R~ Gemütsstörungen, religiöse**(63) | *G~ Kindern, bei*(5) | *G~ Pubertät, in der*(4)

Religiös - Mangel an religiösem Empfinden(12) | R~ Manie, religiöse(2) | *R~ Melancholie*(21) | **R~ Spekulationen, Betrachtungen; verweilt bei religiösen** | S~ fragt "wer hat Gott gemacht"; er

Resignation(15)

Respekt, Ehrfurcht vor seiner Umgebung(9)

Reue(63) | R~ schnell; bereut(3)

Rollt, wälzt sich - Boden herum; auf dem(9)

Ruhelosigkeit(420) | R~ tagsüber(9) | R~ Tag und Nacht(4) | R~ morgens(22) | R~ mittags(3) | R~ abends(51) | **R~ nachts**(249) | n~ Mitternacht - nach(13)

Ruhelosigkeit - ängstlich(111) | *R~ Bett - Herumwerfen im*(123) | R~ Essen - nach(14) | *R~ Hitze - während*(66) | R~ Husten, mit(2) | R~ innerlich(37) | R~ Kindern, bei(22) | R~ Kopfschmerzen, bei(31) | **R~ Menses - vor**(16) | M~ während(40)

Ruhelosigkeit - Schweiß - amel. | R~ Sitzen, im(21)

Sammelt vieles

Satyriasis(26)

Scharlatan(5)

Schlafwandeln(56) | S~ klettert auf Dächer, auf die Geländer von Brücken und Balkonen(3) | S~ Tagesarbeit zu machen; um die(5)

Schmeicheln - Verlangen, daß man ihm schmeichelt - gibt alles, wenn man ihm schmeichelt(3)

Gemüt ...
Schmeichlerisch(10)
Schmollen(41)
Schmutzig(17) | S~ Haut, mit schmutziger(6) | S~ urinieren und defäkieren überall; Kinder(4)
Schöne Dinge - Verlangen nach schönen Dingen(3)
Schreckliches und traurige Geschichten greifen sie stark an(32)
Schreien(133) | S~ Cri encéphalique(29) | S~ Erwachen - beim(27) | **S~ Kindern, bei - Schlaf, im**(13) | K~ schrecklich, fürchterlich(2)
Schreien - Konvulsionen - vor(32) | K~ während(31) | K~ epileptisch(21)
Schreien - Schlaf, im(80)
Schüchternheit, Zaghaftigkeit(113) | *S~ schamhaft*(58) | s~ ungeschickt, und(9)
Schweigsam(209)
Seelenruhe, Gelassenheit(85)
Selbstbetrachtung(58)
Selbstsucht, Egoismus(32)
Selbstvertrauen - Mangel an Selbstvertrauen(86) | M~ Selbstherabsetzung; Selbstherabwürdigung(3) | M~ Versager; hält sich für einen(2)
Sentimental, schwärmerisch, rührselig(64)
Seufzen(98) | *S~ Schlaf, im*(10)
Singen(59) | *S~ Erwachen, beim*(2) | S~ Schlaf, im(8)
Sinne - abgestumpft, stumpf(107) | S~ scharf(52)
Sinnlichkeit(24) | S~ Fehlen der Sinnlichkeit - Frauen, bei(3)
Sitzen - Neigung zu sitzen(110)
Sonderbar, fremd, merkwürdig - Sonderling - Kleidung, in der(3) | S~ Meinungen und Handlungen, in seinen(3)
Sorgen, voller(50) | S~ andere, um(14)
Sorgsamkeit, Sorgfalt(12)
Spaßen - Abneigung gegen(22) | S~ Spaß; verträgt keinen(12)
Spielen - Abneigung gegen Spielen - Kindern; bei(9) | S~ Spielleidenschaft(10) | S~ Geld zu verdienen; um(10)
Spielen - Unfähigkeit zu spielen(2)

Gemüt ...
Sprache - ängstlich im Schlaf(4) | *S~ munter - deliriös - Schlaf - Mitternacht, vor*(2) | *S~ laut - Schlaf, im*(5) | *S~ lebhaft*(3) | *S~ unsinnig*(29) | *S~ unzusammenhängend*(65) | S~ Unfähigkeit zu(4)
Sprechen - agg. die Beschwerden(34) | S~ Geschäft, vom(13) | S~ langsam; lernt(15) | *S~ Schlaf, im*(93) | S~ erregt(5) | S~ Geschäft, vom(3) | *S~ laut*(7)
Sprechen - schweift von einem Thema zum anderen(47) | s~ nachts(9)
Springen - Kindern, bei(2)
Spucken(32)
Still sein, seine Ruhe haben; möchte - Ruhe und Stille; verlangt nach(4)
Stimmung, Laune - abweisend, zurückweisend(40) | S~ veränderlich(158) | *S~ wechselnd, wechselhaft*(80)
Stöhnen(119) | *S~ Schlaf, im*(62)
Stößt, tritt - Schlaf, im(6)
Streitsüchtig(136)
Stumpfheit(332) | S~ morgens(54) | m~ Erwachen, beim(26)
Stumpfheit - vormittags(17) | S~ nachmittags(29) | *S~ abends*(29) | a~ amel.(6)
Stumpfheit - Bücken, beim | S~ Gehen - nach schnellem Gehen(2) | *S~ geistige Anstrengung, durch*(27) | S~ Hitze - während(14) | **S~ Kindern; bei**(21) | *S~ Lesen*(35) | S~ Mittagessen - während(2) | S~ Säfteverlust, nach(3) | S~ Schweiß, beim(8) | S~ Schwindel; während(22) | *S~ versteht Fragen nur nachdem sie wiederholt werden*(9)
Stupor(138) | *S~ Kiefer fällt herab*(3) | *S~ Meningitis, bei*(7) | *S~ Scharlach, bei*(8)
Suizidneigung; Neigung zum Selbstmord(98) | S~ Erschießen, durch(17) | S~ Ertränken, durch(19) | S~ Hypochondrie, aus(12) | *S~ Mut; aber es fehlt ihm der*(9) | *S~ stürzt sich - Fenster, aus dem*(21) | s~ Tiefe, in die(24)
Suizidneigung; Neigung zum Selbstmord - Traurigkeit, durch(23)
Tadelsüchtig, krittelig(80)
Tadelt - andere(32) | T~ sich selbst(36)

Gemüt ...

Theoretisieren(20)
Tiere - liebt Tiere, Tierliebe(9) | l~ Katzen(3)
Tod - Vorahnung des Todes(62) | *T~ wünscht sich den Tod, möchte sterben*(72)
Tollwut, Hydrophobie(46)
Traum; wie in einem(69)
Traurigkeit(477) | T~ tagsüber(16) | T~ Tag und Nacht(3) | T~ morgens(71) | T~ nachmittags(37) | *T~ abends*(76) | a~ amel.(15) | *a~ Bett, im*(8)
Traurigkeit - nachts - Bett, im(8) | T~ Essen - hastiges Essen aus Traurigkeit | T~ Fieberhitze, in der(55) | T~ Freien, im(12) | T~ Gehen - Freien, im(14) | T~ grundlos(11) | **T~ Hautausschlag, mit unterdrücktem**(2) | T~ Kindern, bei(9) | *T~ Krankheit; über seine*(5) | T~ Masturbation, durch(16) | **T~ Menopause, in der**(25)
Traurigkeit - Menses - unterdrückt(20) | T~ periodisch(10) | T~ Pollutionen, durch(23) | T~ Pubertät, in der(13) | T~ ringt die Hände(3) | *T~ Schicksalsschläge, durch*(16) | *T~ Schweiß, beim*(29) | T~ Suizidneigung, mit(25) | T~ Unglück; wie durch ein(10) | T~ Verletzungen - Kopfes, des(7) | *T~ verweilt in Gedanken ständig bei ihrem Zustand* | T~ Wehen; bei den(9)
Trost - agg.(39) | a~ Mitleid, Mitgefühl agg.(15)
Unabhängig(3)
Unaufmerksam(23)
Unbehagen(44) | U~ abends(4)
Unbesonnen(82)
Unbeständigkeit(45)
Undankbar(10) | U~ Geiz, aus(4)
Unehrlich(7)
Unentschlossenheit(146) | U~ Gedanken, in(4)
Ungeduld(131) | U~ morgens(2) | U~ vormittags, 11 h | *U~ Kleinigkeiten, um*(7) | *U~ Kopfschmerzen, bei*(5)

Gemüt ...

Ungeduld - Mittagessen, beim | U~ Urinieren, vor dem
Ungehorsam(30)
Ungeschicklichkeit(41) | U~ Arbeit, bei der(4) | U~ Gesten, in(6) | U~ Hast, aus(6) | U~ Verlegenheit, aus(7)
Ungestüm(31) | U~ Schweiß, mit(12) | U~ Urinieren, vor dem
Unglücklich, bedauernswert; fühlt sich(29)
Unordentlich(7)
Unternimmt - Vieles, hält aber bei nichts durch, bleibt nicht dabei(28)
Unterwürfig, servil(5)
Untröstlich(30)
Unverschämtheit(33)
Unzüchtig, obszön(34)
Unzufrieden(168) | *U~ allem; mit*(66) | *U~ sich selbst, mit*(36)
Unzuverlässig - Versprechungen, bei seinen(8)
Verbittert, verärgert(9)
Vergeßlich(187) | V~ nachts(3) | V~ alten Menschen, bei(12) | V~ geistige Anstrengung, durch(10) | *V~ Säfteverlust, durch*(3) | V~ Worte beim Sprechen; vergißt(52)
Vergnügen - Abneigung gegen(8)
Verlangen, Wunsch nach - voller Verlangen - Vornehmheit, Größe; nach(3)
Verlangen; großes - Ruhe und Frieden, nach(2)
Verlassen zu sein; Gefühl - geliebt zu werden; hat das Gefühl, von den Eltern, der Ehefrau und Freunden nicht(7)
Vernachlässigt - Geschäft(3)
Verschwenderisch(13) | V~ abwechselnd mit - Geiz(4)
Verwechseln - Gedanken und Dinge(7)
Verwegenheit(26)
Verweilt - erinnert sich - alten Kummer, an(3) | e~ unangenehme Erinnerungen, an(10)
Verweilt - vergangenen unangenehmen Ereignissen; bei(46) | *v~ nachts*(13)

GEMÜT ...

Verwirrung, geistige(321) | **V~ morgens**(115) | m~ Aufstehen - und nach dem Aufstehen(37) | m~ Erwachen, beim(50)

Verwirrung, geistige - vormittags(3) | V~ nachmittags(33) | V~ abends(78) | *V~ nachts*(19) | n~ Erwachen, beim(13)

Verwirrung, geistige - aufrütteln; muß sich(4) | V~ Bewegung, durch - Kopfes, des(2) | V~ durcheinander, vermischt beides; bringt Subjektives und Objektives(5) | *V~ Erwachen, beim*(71) | *V~ Essen - nach*(52) | V~ Freien, im(12) | F~ amel.(30)

Verwirrung, geistige - Gehen(37) | G~ amel.(3) | G~ Freien, im(14) | F~ amel.(11)

Verwirrung, geistige - geistige Anstrengung - durch(50) | V~ Identität; in bezug auf seine(21) | *V~ Schlaf; nach*(14) | V~ Stehen, im(11) | *V~ Steigen - agg.*(2) | V~ Traum; wie in einem(27) | *V~ warmen Zimmer, im*(11)

Verzogene, mißratene Kinder(6)

Verzweiflung(137) | V~ Fieberhitze, in der(21) | V~ gesellschaftliche Stellung; in bezug auf die(8) | *V~ religiöse Verzweiflung am Seelenheil*(30)

Vorsichtig - ängstlich(7)

Wahnideen(191) | W~ abends(4) | a~ Bett, im(16)

Wahnideen - nachts(36) | W~ Abgrund - hinunter zu fallen; Furcht, einen Abgrund - andere würden einen Abgrund hinunterfallen, da sie so nahe am Rand stehen(2) | W~ Abmagerung, von(4) | W~ Ansammlungen von Dingen, Schwärmen, Menschenmengen etc.(17) | W~ berauscht - sei, er(59) | W~ beschimpft worden; er sei(16) | *W~ besessen, er sei*(14) | W~ betrunken - sei betrunken, er(23) | W~ Bett - klein; das Bett sei zu | W~ Bilder, Phantome; sieht(76) | B~ Schließen der Augen; beim(16) | S~ Bett, im(5)

Wahnideen - Bilder, Phantome; sieht - schreckliche(60) | W~ Boden - nachgeben; würde unter seinen Füßen(7)

GEMÜT ...

Wahnideen - Boden - schwanken; der Boden würde | s~ steht schwanken würde; daß der Boden, auf dem er

Wahnideen - dünn - er würde | W~ ermordet - er würde ermordet | W~ Falsches - geben, wodurch sie sterben; sie würde Menschen etwas Falsches | W~ Feuer - Visionen von(34) | W~ Fratzen, sieht(6) | F~ Einschlafen, beim

Wahnideen - Gehirn - Nebel im Gehirn; es sei | W~ geisteskrank - er sei geisteskrank(4) | g~ werden; er würde geisteskrank(43)

Wahnideen - Geräusche - hören; Geräusche zu(13) | W~ Geruchssinns, des(17) | W~ geschehen; etwas sei(4) | *W~ Gesichter, sieht*(26) | G~ häßliche(17) | G~ Schließen der Augen; beim(15)

Wahnideen - Gespenster, Geister, Gestalten - Schließen der Augen; beim(16) | *G~ sieht*(55)

Wahnideen - Gestalten - sieht(33) | W~ groß gewachsen - Dinge würden größer werden(6) | W~ grotesk(3) | W~ hochgestellte Persönlichkeit; er sei eine(13) | W~ Hunde - sieht(18) | *W~ Kleidung - wunderschön; die Kleider seien*(2) | W~ klein - Dinge - erscheinen klein - groß; manchmal sehr klein, manchmal sehr | W~ Körper - schwarz, er sei | W~ lächerlich(5) | W~ länger; Dinge scheinen(7) | W~ lebhaft(26) | **W~ Lumpen scheinen so schön und fein wie Seide; alte** | W~ Melodien kommen ihr ins Gedächtnis, hauptsächlich aus der Vergangenheit | W~ Menschen - sieht(29) | s~ morgens beim Erwachen

Wahnideen - nachgestellt - ihm würde nachgestellt(28) | W~ nackt, er sei(2) | W~ Not - geraten; er werde in(3) | W~ Ohnmacht fallen; er werde - Hinlegen, beim | **W~ Phantasiegebilde, Illusionen**(115) | P~ Fieberfrost, im(4)

Gemüt ...

Wahnideen - Regen - hört Regen; er(6) | *W~ Reichtum, von*(12) | *W~ religiös*(17) | W~ ruft - ihn, jemand(4) | W~ Schande; sie sei in(3) | W~ schaukeln; er würde(3) | W~ Schlaf - Einschlafen; Wahnideen beim(12) | W~ schlafen; er würde - nicht genug geschlafen; er habe(17) | *W~ schön*(6) | s~ Dinge sehen schön aus(5) | *s~ Lumpen erscheinen; selbst*

Wahnideen - schwanger, sie sei(14) | W~ schwarz - sie sei | W~ sonderbar, merkwürdig - Vertrautes scheint fremd(38) | W~ sterben - gleich sterben; glaubt, er würde(57) | W~ Stimmen - hört - rufen - ihn - nachts | W~ Teufel - sieht(19) | W~ Tiere(42) | W~ tot - Personen, sieht tote(59) | W~ Überfluß; sie habe alles im | W~ Ungeziefer - sieht Ungeziefer herumkriechen(13)

Wahnideen - Unrecht - begangen; er habe Unrecht(26) | W~ Verbrechern, von(24) | W~ verdammt; er sei(23) | W~ vergiftet Menschen, sie(2) | W~ vergrößert - Körper sei - abwechselnd mit - klein; Wahnidee, der Körper sei sehr | W~ verkleinert - alles sei(6) | W~ verspielt; er habe durch eigenes Verschulden seine Gnadenfrist(9) | W~ verwirrt, wie - Schlaf, durch zuwenig | *W~ Visionen, hat*(76) | *V~ Schließen der Augen; beim*(29) | V~ schrecklich(27)

Wahnideen - Zeit - früher; es scheint(3) | W~ Ziffern; in bezug auf - 23 cm lang; schien - nachts beim Erwachen - Liegen auf der anderen Seite amel. | W~ Ziffern, Zeichen; sieht(3) | W~ zittern - alles würde zittern - an ihm würde zittern; alles

Waschen - Abneigung gegen Waschen und Baden(16) | **A~ Kindern, bei**

Waschen - Verlangen zu waschen - Hände; wäscht sich ständig die(11) | *V~ Monomanie*(2) | V~ Sauberkeitswahn, Reinlichkeitswahn(3)

Gemüt ...

Weinen(244) | W~ morgens(22) | **W~ vormittags - 11 h** | W~ abends(29) | W~ nachts(81) | W~ Ärger, durch(23) | W~ Angst, nach(23) | W~ Baden, vor dem | W~ Erwachen, beim(36) | W~ Fieberfrost - im(25) | W~ Fieberhitze, in der(25) | **W~ grundlos**(30) | W~ Husten - während(21) | W~ Kleinigkeiten, über(23) | W~ Konvulsionen - während(27) | **W~ Menopause, in der** | W~ Schlaf, im(88) | W~ Schluchzen; Weinen mit(34) | W~ Schweiß, beim(25) | W~ Stuhlgang - während(8) | W~ Trost - agg.(22) | T~ will nicht getröstet werden(10)

Weinen - Wimmern, Winseln(27) | W~ Schlaf, im(28)

Weinen - Zorn - bei(4)

Widerspenstig(66)

Widerwillen(39) | W~ allem, vor(22) | **W~ Körper; vor dem eigenen - Ausdünstungen; bis zur Übelkeit durch die eigenen**

Wille - Verlust der Willenskraft(34) | W~ Willensschwäche(58)

Wucherer(3)

Zeit - schnell, scheint kürzer; vergeht zu(14) | *Z~ vergeudet seine Zeit*(11)

Zerbricht Dinge(13)

Zerreißt - Dinge im allgemeinen(21)

Zerstreut(166) | Z~ fährt auf, wenn angesprochen(5) | Z~ verträumt(17)

Zorn(243) | *Z~ morgens*(12) | Z~ vormittags - 11 h(2) | *Z~ abwechselnd mit - Reue; mit schneller*(7) | Z~ Ärger, über früheren(6) | *Z~ Fehler, über seine*(7) | Z~ heftig(72) | Z~ reißen; könnte sich selbst in Stücke | *Z~ sich selbst; auf*(10) | Z~ vergangene Ereignisse; über(5)

Zügellosigkeit, sexuelle Ausschweifung(32)

Zweifelt - Genesung; an der(31) | *Z~ Seelenheil, am*(18)

Träume

Absurd(13)

Träume ...

Alpträume, Alpdrücken(144) | **A~ Liegen auf dem Rücken, beim**(4)

Angenehm(136)

Ängstlich(239) | *Ä~ morgens - Erwachen, beim - amel.; Angst ist*(15) | Ä~ nachts - Mitternacht - vor(2) | *M~ nach*(2)

Anstrengung - geistige(51)

Beeinflußt das Gemüt(14)

Ekelhaft(32)

Ereignisse - unheilvolle(2) | E~ vergangene, längst(16) | E~ vergessene; längst(15) | *E~ zukünftige*(11) | E~ zurückliegende, kurz(55)

Erinnerlich, bleiben im Gedächtnis(33)

Erotisch(196) | E~ Pollutionen, mit(96)

Fallen, zu stürzen; zu(60) | *F~ Höhe herab, von einer*(29)

Farbig(4)

Feuer(65) | *F~ Himmel herab; kommt vom*

Furcht - gefolgt von(14)

Gebissen zu werden - Hunden, von(5) | G~ Tieren, von(14)

Gefahr(40) | G~ Todesgefahr(7) | G~ Wasser, Überschwemmungen; durch(10)

Geschäft - Tage, vom(39)

Gespenster(38)

Hellsichtig(12)

Hochgelegene Orte - Herunterfallen, Hinabstürzen von(29)

Hunde(20) | *H~ gebissen zu werden; von Hunden*(5)

Komisch(3)

Krankheit(43) | K~ Fieber(2)

Lächerlich(15)

Lebhaft(193) | L~ morgens(5) | L~ Erektionen, mit

Leichen(42)

Mord(53)

Phantastisch(55)

Prophetisch(11)

Ruhelos(53)

Schrecklich(237) | *S~ wecken ihn*(8)

Tiere(25) | T~ wilde(8)

Tod(64) | *T~ steht bevor*(5) | T~ Sterben - er stirbt(14)

Trinkgelage(11)

Träume ...

Unangenehm(87)

Unerinnerlich, bleiben nicht im Gedächtnis(93)

Unfälle(29)

Unglück(64)

Unternehmungslustig(3)

Unwichtig(46)

Unzusammenhängend, zusammenhanglos(24)

Urinieren(10)

Verdrießlich(122)

Verfolgt zu werden(17) | *V~ Tieren, von*(13) | *T~ wilde*(14)

Verstorbenen, von(84)

Verworren(122) | V~ nachmittags - 14 h

Viele(260)

Visionär(45)

Wahr - werden wahr(4)

Wasser(49)

Wecken den Patienten(118) | W~ abends

Zerquetscht, zermalmt zu werden

– *Sulphur hydrogenisatum* –

sul-h.

Gemüt

Bewußtlosigkeit(280)

Delirium(233) | D~ Konvulsionen - vor(3)

Manie(149)

– *Sulphur iodatum* –

sul-i.

Gemüt

Angst(362) | A~ treibt von einer Stelle zur anderen(6)

Argwöhnisch(105)

Auffahren, Zusammenfahren - Erwachen, beim(11) | A~ Schlaf - während(163)

Betäubung(237)

Delirium - nachts(67)

Empfindlich(192) | E~ allem, gegenüber(2)

Entmutigt(135)

Erregung(287) | E~ fiebrig(11)

Erschöpfung; geistige(217)

Erschreckt leicht - Erwachen, beim(41)

GEMÜT ...

Faulheit(269) | F~ Hausarbeit; Abneigung gegen ihre gewohnte(3)
Feigheit(89)
Froh(182)
Furcht - Anstrengung - vor Anstrengung; Furcht(10) | v~ leichter Anstrengung; vor
Furcht - Geisteskrankheit(74) | F~ geschehen; etwas werde(82) | F~ Menschen, vor(81) | F~ Unglück, vor(93)
Gedanken - hartnäckig(83) | G~ quälend(31) | G~ wandernd(72)
Geistige Anstrengung - agg.(141)
Geschäft - unfähig zu(8)
Gesellschaft - Abneigung gegen(156)
Gewissenhaft, peinlich genau in bezug auf Kleinigkeiten(58)
Gleichgültigkeit, Apathie(251) | G~ Pflichten, gegenüber(12) | P~ häusliche Pflichten(6)
Gleichgültigkeit, Apathie - Umgebung, gegen die(16)
Hast, Eile(112) | H~ Arbeit, bei der(6) | H~ Gehen, beim(15)
Hysterie(194)
Konzentration - schwierig(261) | s~ Studieren(52)
Pflicht - Abneigung gegen Pflichten - häusliche Pflichten(3)
Reizbarkeit(408) | R~ abwechselnd mit - Fröhlichkeit, Frohsinn(23) | a~ Lustigkeit(6)
Ruhelosigkeit(420) | R~ nachts(249) | R~ ängstlich(111) | R~ bewegen - muß sich ständig(18)
Schüchternheit, Zaghaftigkeit(113)
Selbstvertrauen - Mangel an Selbstvertrauen(86)
Sinne - abgestumpft, stumpf(107)
Sitzen - Neigung zu sitzen(110)
Stimmung, Laune - veränderlich(158)
Stumpfheit(332)
Traurigkeit(477)
Ungeduld(131)
Unzufrieden(168)
Vernachlässigt - Haushalt, den(2)

GEMÜT ...

Verwirrung, geistige - morgens(115) | V~ abends(78) | V~ geistige Anstrengung - durch(50)
Verzweiflung(137)
Wahnideen - Phantasiegebilde, Illusionen(115) | W~ tot - Personen, sieht tote(59)
Weinen - abends(29)
Zerstreut - Lesen, beim(6)
Zweifelt(13)

TRÄUME

Alpträume, Alpdrücken(144)
Ängstlich(239)
Erotisch(196)
Lebhaft(193)
Verstorbenen, von(84)
Verworren(122)

– *Sulphuricum acidum* –

sul-ac.

GEMÜT

Abscheu - Leben, vor dem(84)
Alkoholismus(135)
Angst(362) | A~ tagsüber(21) | A~ morgens(42) | A~ abends - amel.(6) | A~ Zukunft(108)
Antworten - Abneigung zu antworten(67) | A~ irrelevant, nicht zur Sache Gehörendes(12) | A~ langsam(35) | *A~ schwierig, Antworten ist*(11) | *A~ weigert sich zu antworten*(32)
Argwöhnisch(105)
Auffahren, Zusammenfahren(117) | A~ Kleinigkeiten, über(21) | A~ Schlaf - während(163) | S~ durch(124)
Beleidigt, leicht(79)
Betäubung(237) | B~ Pollutionen, nach(2) | B~ wacht nur schwer auf(5)
Beten(21)
Bewußtlosigkeit(280) | *B~ Diphtherie, bei*(3) | B~ unvollständig(15)
Delirium(233) | D~ nachts(67) | D~ Bett - flieht und springt plötzlich aus dem Bett auf(36) | D~ Fieber; im(54) | D~ rasend(84)

GEMÜT ...
Delirium tremens(84)
Empfindlich - Geräusche, gegen - Musik amel.(15)
Entmutigt(135)
Erkennt - nicht; erkennt - Verwandten nicht; erkennt seine eigenen(28)
Ernst(77)
Erregung(287) | E~ abends - Bett, im(31) | E~ abwechselnd mit - Traurigkeit(13) | E~ Kleinigkeiten, über(12) | E~ nervös(23)
Erschöpfung; geistige(217) | *E~ Verletzungen, durch*(5)
Erschreckt leicht(125)
Exzentrizität, Überspanntheit(54) | E~ abwechselnd mit - Schüchternheit
Fehler; macht - Sprechen, beim(81)
Feigheit(89)
Fleißig, arbeitsam, Arbeitswut(101) | F~ Menses, vor den(26)
Fliehen, versucht zu(61)
Froh(182) | F~ abends - Bett, im(29)
Furcht(242) | F~ tagsüber, nur(5) | F~ morgens(27) | m~ bis abends
Furcht - Unheil; Furcht vor(115)
Gedächtnis - gut, aktiv(91) | G~ Gedächtnisschwäche(284)
Gehalten - amel.; gehalten zu werden(22)
Geistesabwesend(71)
Gesellschaft - Abneigung gegen(156)
Gleichgültigkeit, Apathie(251)
Hast, Eile(112) | H~ Arbeit, bei der(6) | **H~ Beschäftigung, bei**(15) | **H~ Bewegungen im**(23) | **B~ schnell genug tun; kann nichts**(2)
Hast, Eile - Essen - beim(23) | **H~ Gehen, beim**(15) | *H~ geistiger Anstrengung; bei*(8) | H~ immer in Eile(6) | H~ Kleinigkeiten; bei(3) | **H~ Schreiben, beim**(5) | H~ Zeit anzukommen; hastet, um zur verabredeten(2)
Hochgefühl(97) | H~ abwechselnd mit - Entmutigung(2) | a~ Schüchternheit(2)
Hypochondrie(116)
Hysterie(194)

GEMÜT ...
Imbezillität(140)
Konzentration - schwierig(261)
Kummer(76)
Lästig, geht auf die Nerven(79)
Launenhaftigkeit, launisch(108)
Lebensüberdruß(82)
Lebhaft, munter(50)
Lustig, fröhlich(123)
Murmeln(55) | M~ Schlaf, im(18)
Mürrisch(290) | M~ tagsüber(17) | M~ morgens(42) | m~ Erwachen, beim(10)
Musik - amel.(15)
Nymphomanie - Menses - nach
Raserei, Tobsucht, Wut(95)
Reizbarkeit(408) | R~ tagsüber(32) | R~ morgens(69) | m~ Erwachen, beim(43)
Reizbarkeit - Erwachen, beim(56) | R~ Kleinigkeiten, durch(34) | R~ Sprechen, beim(10) | R~ Traurigkeit, mit(20)
Ruhelosigkeit(420) | R~ nachts(249) | R~ ängstlich - Gehen; zwingt zu schnellem(6) | R~ Bett - Herumwerfen im(123) | R~ geschäftig(20)
Schmollen(41)
Schreien(133) | S~ Schlaf, im(80) | S~ Menses - vor(5)
Schüchternheit, Zaghaftigkeit(113) | *S~ schamhaft*(58)
Schweigsam(209)
Seelenruhe, Gelassenheit(85)
Selbstvertrauen - Mangel an Selbstvertrauen(86)
Singen(59)
Spaßen(52)
Sprache - barsch(6) | *S~ einsilbig*(7) | S~ unklar, unverständlich(20)
Springen - Bett; aus dem(41)
Stimmung, Laune - angenehm(9) | *S~ veränderlich*(158) | **v~ Schweiß, beim**(5)
Stimmung, Laune - wechselnd, wechselhaft(80)
Stöhnen(119) | S~ hochgehoben, wenn
Streitsüchtig(136)
Stumpfheit(332) | S~ morgens(54) | S~ Diabetes, bei(3)
Stupor(138) | *S~ Diphtherie, bei*(3)

GEMÜT ...
Tod - Vorahnung des Todes(62) | T~ wünscht sich den Tod, möchte sterben(72)
Traurigkeit(477) | T~ tagsüber(16) | T~ morgens(71) | T~ Freien, im(12)
Unentschlossenheit(146)
Ungeduld(131) | *U~ Kleinigkeiten, um*(7) | U~ Schweiß, beim(4)
Unternimmt - Vieles, hält aber bei nichts durch, bleibt nicht dabei(28)
Unzufrieden - allem; mit(66)
Verwirrung, geistige(321) | V~ morgens(115) | V~ abends(78) | V~ Kratzen - Kopfes; die rechte Seite des | V~ Sitzen, im(33)
Verzweiflung(137)
Wahnideen - berauscht - sei, er(59) | W~ betrunken - sei betrunken, er(23) | W~ Gehirn - schwanken; das Gehirn würde(2) | W~ Tiere(42) | W~ tot - Personen, sieht tote(59) | W~ verwirrt, wie - Rauch im Kopf hätte die Verwirrung verursacht | W~ zittern - er würde zittern - ohne zu zittern; aber(4)
Weinen(244) | W~ nachts(81) | W~ Angst, nach(23) | W~ Schlaf, im(88)
Zerstreut(166)
Zorn(213) | Z~ morgens - Erwachen, beim(13) | Z~ Erwachen, beim(16) | Z~ Kleinigkeiten, über(58) | Z~ Schweigsamkeit; mit(8)
Zügellosigkeit, sexuelle Ausschweifung(32)

TRÄUME
Alpträume, Alpdrücken(144) | A~ Menses - vor | M~ nach(2) | M~ Ende der Menses; am
Ängstlich(239)
Erotisch(196)
Feuer(65)
Gefahr(40) | G~ Todesgefahr(7)
Pferde(18)
Schrecklich(237)
Tiere(25)
Unerinnerlich, bleiben nicht im Gedächtnis(93)

TRÄUME ...
Unfälle(29)
Unglück(64)
Verdrießlich(122)
Verstorbenen, von(84)
Viele(260)
Zähne - brechen ab(5) | Z~ fallen aus(5)
Zorn(58)

– *Sulphurosum acidum* –

sulo-ac.

GEMÜT
Angst(362)
Raserei, Tobsucht, Wut(95)
Singen(59)

– *Sumbulus moschatus* –

sumb.

GEMÜT
Abscheu - allgemeiner(42)
Angst(362)
Auffahren, Zusammenfahren(117) | A~ leicht(52)
Beschäftigung - Verlangen nach(5)
Beschwerden durch - Erregung - Gefühle, der(87)
Bewußtlosigkeit - Musik, durch(2)
Delirium tremens(84)
Denken - Beschwerden - agg.; Denken an seine Beschwerden(71)
Ekstase(59)
Empfindlich - Geräusche, gegen - Musik amel.(15)
Erregung(287) | E~ abends(32) | E~ Kleinigkeiten, über(12) | E~ Musik, durch(6)
Erschöpfung; geistige(217)
Erschreckt leicht(125) | E~ Kleinigkeiten, über(27)
Exzentrizität, Überspanntheit(54) | E~ Chorea mit(3)
Faulheit(269)
Fehler; macht - Rechnen, beim(14) | *F~ Schreiben, beim*(83)
Froh - abends(42) | F~ abwechselnd mit - Weinen(19)

Gemüt …

Furcht - Geisteskrankheit(74) | F~ Schwindel, vor
Gedächtnis - Gedächtnisschwäche - Worte, für(61)
Gefühllos, hartherzig(21)
Geistige Anstrengung - agg. - unmöglich(130) | G~ Verlangen nach(65)
Hast, Eile(112)
Hochgefühl(97)
Hypochondrie(116)
Hysterie(194) | *H~ Ohnmacht, hysterische*(22)
Ideen, Einfälle - Reichtum an, Klarheit des Geistes(125) | *R~ abends*(17)
Konzentration - schwierig(261)
Lächeln(8)
Lachen(102) | L~ abwechselnd mit - Weinen(43) | L~ hysterisch(7) | L~ spasmodisch(49)
Lebhaft, munter(50)
Leidenschaftlich(49) | L~ Kleinigkeit, bei jeder(4)
Lustig, fröhlich(123) | L~ abwechselnd mit - Weinen(8)
Mathematik - Unfähigkeit zur - Addieren fällt schwer(2)
Milde(80)
Mitgefühl, Mitleid(34)
Mürrisch(290)
Musik - amel.(15) | M~ Ohnmacht beim Hören von(2)
Nymphomanie(67)
Reizbarkeit(408) | R~ nachmittags(37) | R~ abends(60) | R~ Gehen, beim(7) | R~ Musik - schrille, durch
Ruhelosigkeit(420) | R~ Lesen, beim(3)
Selbstvertrauen - Mangel an Selbstvertrauen(86)
Spaßen(52)
Stumpfheit(332) | *S~ morgens*(54)
Traurigkeit(477)
Unsicherheit; geistige(10)
Verwirrung, geistige - morgens(115) | V~ Pollutionen, durch(2)
Verzweiflung(137)

Gemüt …

Wahnideen - Beine - gehören ihr nicht(4) | W~ Raserei, Tobsucht versetzen; der geringste Anlaß werde ihn in - Lustigkeit; mit | W~ schlecht behandelt; er würde von allen | W~ zerschmelzen, agg. durch Wechseln der Lage, amel. im Liegen; er würde
Weinen - hysterisch(9)
Witzig, geistreich(14)
Zorn(243) | Z~ abwechselnd mit - Traurigkeit(4)

Träume

Angenehm(136)
Aufgestanden und angezogen zu sein
Ereignisse - vergangene, längst(16) | E~ vergessene; längst(15) | E~ Zimmer; im benachbarten | E~ zurückliegende, kurz(55)
Erotisch(196) | E~ morgens(8)
Fallen, zu stürzen; zu(60) | F~ Höhe herab, von einer(29)
Hochgelegene Orte - Herunterfallen, Hinabstürzen von(29)
Krankheit(43) | K~ Verletzungen(12)
Lebhaft(193) | L~ morgens(5)
Verletzungen(13)
Viele(260)

– *Symphytum officinale* –

symph.

Gemüt

Beschwerden durch - sexuell - Exzesse(59)
Verweilt - vergangenen unangenehmen Ereignissen; bei(46)

– *Syphilinum* –

syph.

Gemüt

Alkoholismus(135) | A~ erblich(2)
Aphasie(53)
Argwöhnisch(105)
Beleidigt, leicht(79)
Beschimpfen, beleidigen, schmähen(67)

GEMÜT ...

Boshaft(99)
Delirium(233) | D ~ nachts(67)
Distanziert(6)
Eigensinnig, starrköpfig, dickköpfig(107) | E ~ Kinder(18)
Empfindlich - Geräusche, gegen(149)
Erschöpfung; geistige(217) | *E ~ Erwachen, beim*(2)
Faulheit(269) | F ~ morgens(51)
Fehler; macht - Rechnen, beim(14)
Furcht - Ansteckung(4) | A ~ Krankheit; vor ansteckender(6)
Furcht - Erwachen, beim - Verschlimmerung beim Erwachen; vor der | F ~ Geisteskrankheit(74) | F ~ Krankheit, vor drohender - ansteckenden, epidemischen Krankheiten; vor(5) | K ~ unheilbar zu sein(42)
Furcht - Lähmung, vor(7) | F ~ Schlangen, vor(8) | F ~ Syphilis; vor(3) | F ~ Tod; vor dem(143)
Gedächtnis - gut, aktiv - vergangene Ereignisse, für(5) | *G ~ Gedächtnisschwäche*(284) | G ~ Eigennamen; für(44) | G ~ gelesen hat; für das, was er(41) | G ~ geschehen ist; für das, was(17) | G ~ Gesichter; für | G ~ Orte, für(11) | G ~ Personen, für(23) | G ~ plötzlich und periodisch(6) | G ~ Termine, für das Datum; für(12)
Gedanken - zusammenhangslos(30)
Geheimnistuerisch, verschlossen(15)
Geisteskrankheit, Wahnsinn(133) | *G Größenwahn*(14) | G ~ Syphilis, bei(2)
Geschäft - Abneigung gegen(45)
Gesellschaft - Abneigung gegen(156) | G ~ Verlangen nach(83)
Gleichgültigkeit, Apathie(251) | G ~ allem; gegenüber(71) | *G ~ geliebte Personen, gegen*(17) | *G ~ Verwandte, gegen*(12) | G ~ Zukunft; gegen die
Hast, Eile(112)
Hypochondrie(116)
Imbezillität(140)
Jammern(93)

GEMÜT ...

Konzentration - gut, aktiv(26) | K ~ schwierig(261) | s ~ Rechnen, beim(7) | s ~ Studieren(52)
Lachen(102) | L ~ grundlos(5)
Lügner(22) | *L ~ lügt, sagt nie die Wahrheit, weiß nicht, was sie sagt*(8)
Mathematik - Unfähigkeit zur(5) | U ~ rechnen; kann nicht(16)
Mürrisch(290)
Reizbarkeit(408) | R ~ Kindern, bei(29) | **R ~ Kopfschmerzen, bei**(61)
Ruhelosigkeit(420) | R ~ nachts(249) | R ~ Kopfschmerzen, bei(31) | R ~ Sitzen, im(21)
Schlagen - Fäusten, mit den
Schreien(133) | S ~ Kindern, bei(38)
Selbstvertrauen - Mangel an Selbstvertrauen(86)
Sprache - langsam(59)
Springen - Bett; aus dem(41)
Stumpfheit(332) | *S ~ Kindern; bei*(21)
Töten, Verlangen zu(32)
Traurigkeit(477) | T ~ Geschäft; beim Denken an das(3) | T ~ Krankheit; über seine(5)
Trost - amel.(12) | **T ~ agg.**(39) | a ~ Mitleid, Mitgefühl agg.(15)
Überprüfen - zweimal oder öfter kontrollieren; muß alles(5)
Unbeständigkeit(45)
Ungehorsam(30)
Ungesellig(2)
Unzufrieden(168)
Vergeßlich(187) | V ~ Worte beim Sprechen; vergißt(52)
Verschwenderisch(13)
Verweilt - vergangenen unangenehmen Ereignissen; bei(46)
Verwirrung, geistige(321) | *V ~ Rechnen, beim*(4)
Verzweiflung(137) | **V ~ Genesung, in bezug auf die**(44)
Wahnideen(191) | W ~ Bewußtsein - verlieren; er würde das Bewußtsein - Verwirrung, nach

Wahnideen - geisteskrank - werden; er würde geisteskrank(43) | W ~ gelähmt, er sei - würde gelähmt werden | W ~ Person - andere Person; sie sei eine(8) | *W ~ schmutzig - er sei*(6) | W ~ Waschen, von(2)
Waschen - Verlangen zu waschen - Hände; wäscht sich ständig die(11)
Weinen(244) | W ~ grundlos(30) | W ~ Kindern; bei - Neugeborenen; bei(2) | K ~ Säuglingen; bei - Geburt - unmittelbar nach
Widerspruch - verträgt keinen Widerspruch(73)
Widerwillen(39) | W ~ allem, vor(22)
Zerstreut(166)
Zorn(243)
Zweifelt - Genesung; an der(31)

Träume

Krankheit(43) | *K ~ eigene Krankheit, seine*

– *Tabacum* –

tab.

Gemüt

Abscheu - Arbeit, vor der(21) | A~ Leben, vor dem(84)
Albernes Benehmen - Epilepsie - nach *Angst*(362) | A~ nachmittags(32) | n~ 16 h(2)
Angst - abends(87) | A~ nachts(119) | A~ allein, wenn(17) | A~ Denken daran; durch(9) | *A ~ Druck; durch - Brust; auf der*(14) | A~ Erwachen, beim(86) | A~ Freien, im(13) | A~ Furcht, mit(110) | A~ Gehen - agg.(21) | G~ Freien, im(12)
Angst - grundlos(7) | A~ Menschenmenge, in einer(12) | *A ~ plötzlich*(11) | A~ Schaudern, mit(11) | *A ~ Schweiß - kaltem, mit*(12) | A~ Stuhlgang - während(20) | *A ~ Weinen amel.*(5)
Antworten - Abneigung zu antworten(67) | A~ weigert sich zu antworten(32)
Aphasie(53)
Auffahren, Zusammenfahren(117) | A~ Bett, im(4) | A~ Geräusche, durch(60) | A~ leicht(52) | *A ~ Schlaf - während*(163) | *S ~ Einschlafen, beim*(72)
Begreifen, Auffassungsvermögen - leicht(38)
Betäubung(237)
Bewußtlosigkeit(280) | B~ Erbrechen - amel.(3) | B~ kalt - Wasser - Gießen von kaltem Wasser über den Kopf amel. | B~ Schwindel, bei(46) | B~ Trance, wie in(3) | *B ~ urämisches Koma*(4) | B~ warmen Zimmer, im(6)
Delirium(233) | *D ~ brummt*(44) | b~ sich selbst, zu(5)
Delirium - erkennt niemanden(11) | D~ flüstert(10) | f~ sich selbst, zu(3)
Delirium - rasend(84) | D~ ruhig(23)
Elend; fühlt sich
Empfindlich(192) | *E ~ Musik, gegen*(46)
Entmutigt(135)
Erkennt - nicht; erkennt - Verwandten nicht; erkennt seine eigenen(28)
Erregung(287)

Gemüt ...

Erschöpfung; geistige(217)
Faulheit(269)
Fehler; macht - Schreiben, beim(83)
Feigheit(89)
Froh(182) | F~ Tanzen, Lachen, Singen; mit(6)
Furcht(242) | *F ~ nachmittags*(15) | n~ 16 h
Furcht - abends(51) | F~ nachts(58) | F~ allein zu sein(54) | a~ abends(6)
Furcht - Anstrengung - vor Anstrengung; Furcht(10) | F~ Arbeit; vor der(32) | F~ Einsamkeit, vor(15) | F~ engen Räumen; in(33) | F~ ermordet zu werden(10) | F~ Essen - nach dem Essen; Furcht(14) | F~ fallen, zu stürzen; zu(28) | F~ Geräusche, durch(40) | F~ geschehen; etwas werde(82) | F~ Katastrophe ; vor einer(8) | K~ herannahenden Katastrophe; vor einer schnell
Furcht - Krankheit, vor drohender(66) | F~ Menschen, vor(81) | F~ Menschenmenge; in einer(58) | F~ Tod; vor dem(143) | F~ Übelkeit, nach(2) | F~ Unglück, vor(93) | U~ nachmittags(3)
Furcht - Weinen amel.(5)
Gedächtnis - Gedächtnisschwäche(284) | G~ auszudrücken, sich(41) | G~ Eigennamen; für(44) | G~ Rechtschreibung, für die(8)
Gedanken - Gedankenandrang, einstürmende Gedanken, Gedankenfluß(78) | G~ nachts(31)
Gedanken - hartnäckig(83) | *G ~ Vergehen, Schwinden der Gedanken*(76) | G~ wandernd(72)
Geistige Anstrengung - agg. - unmöglich(130)
Geschäft - unfähig zu(8)
Gesellschaft - Verlangen nach(83) | V~ abends(8) | V~ nachts(3) | V~ allein; agg. wenn(48)
Gesten, Gebärden; macht - automatisch(15) | G~ Hände; unwillkürliche Bewegungen der(23)
Gleichgültigkeit, Apathie(251) | *G ~ Leben; gegen das*(12) | G~ Vergnügen, gegen(46)

Gemüt ...
Hypochondrie(116)
Ideen, Einfälle - Reichtum an, Klarheit des Geistes(125) | R~ nachts(26)
Idiotie(45)
Konzentration - schwierig(261) | s~ Studieren(52)
Lachen(102) | L~ grundlos(5)
Lustig, fröhlich(123)
Menopause agg.(18)
Menschenfeindlichkeit, Misanthropie(45)
Murmeln(55)
Mürrisch(290)
Musik - Ohrenschmerzen durch(5)
Mutig(26)
Pläne - macht, schmiedet viele Pläne(15)
Qualvolle Angst - Gehen im Freien(7)
Raserei, Tobsucht, Wut(95)
Redseligkeit; Geschwätzigkeit(136) | R~ fröhlich, ausgelassen(9)
Reizbarkeit(408)
Resignation(15)
Ruhelosigkeit(420) | R~ nachmittags(25) | R~ nachts(249) | *R ~ ängstlich*(111) | *R ~ ängstlich - treibt von einer Stelle zur anderen* | R~ Bett - Herumwerfen im(123) | *R ~ Kopfschmerzen, bei*(31) | *R ~ treibt umher*(41)
Schüchternheit, Zaghaftigkeit(113) | S~ schamhaft(58)
Schweigsam(209)
Selbstvertrauen - Mangel an Selbstvertrauen(86)
Seufzen(98)
Singen(59)
Sinne - abgestumpft, stumpf(107)
Spaßen(52)
Sprache - albern(16) | S~ delirös(12) | S~ leise, sanfte Stimme(8) | S~ unklar, unverständlich(20) | S~ verlegen(8)
Sprechen - sich selbst ; mit(31)
Spucken - Beschwerden; bei anderen
Stimmung, Laune - veränderlich(158)
Stöhnen(119)
Stumpfheit(332) | S~ Essen, nach dem(7) | S~ Stramonium; durch

Gemüt ...
Stupor(138)
Suizidneigung; Neigung zum Selbstmord(98) | S~ Furcht - Todesfurcht, mit(7) | S~ Mut; aber es fehlt ihm der(9)
Tanzen(33)
Tod - Vorahnung des Todes(62)
Traurigkeit(477) | T~ ängstlich(32) | T~ Atmung, mit erschwerter(6) | T~ Gehen - während und danach(5) | G~ Freien, im(14)
Traurigkeit - Klagen amel. | *T~ Menopause, in der*(25)
Traurigkeit - Menses - während(35)
Unentschlossenheit(146)
Unglücklich, bedauernswert; fühlt sich(29)
Untröstlich - Träumen, in seinen
Unzufrieden(168)
Vergeßlich(187)
Verwirrung, geistige(321) | V~ Bewegung, durch(16) | V~ Erbrechen amel. | V~ Essen - nach(52) | V~ Fieberhitze, in der(26) | V~ Mittagessen - nach(9)
Verzweiflung(137)
Wahnideen - Ansammlungen von Dingen, Schwärmen, Menschenmengen etc.(17) | W~ aufrecht halten - sich nicht aufrecht halten; er könne | W~ berauscht - sei, er(59) | W~ bewegen - alles bewegt sich - Richtungen, in alle(2) | W~ Bilder, Phantome; sieht(76) | B~ nachts(40) | B~ Schlaf - verhindert(6) | B~ schreckliche(60)
Wahnideen - doppelt - sein, doppelt zu - außerhalb des Patienten; es gäbe ein zweites Selbst | W~ eingesperrt werden; er solle(10) | W~ ermordet - er würde ermordet - kommen, um ihn zu ermorden; jemand würde | W~ hoch - Stufen seien zu hoch | W~ klein - Dinge - werden kleiner; Dinge(8) | k~ Körper sei kleiner; der(14)
Wahnideen - schön - Dinge sehen schön aus(5) | W~ seekrank, er sei(3) | W~ sterben - gleich sterben; glaubt, er würde(57)

GEMÜT ...

Wahnideen - versinken, er würde(21) | W~ Visionen, hat - schrecklich - nachts(4) | W~ Welt - lasten; die Welt würde auf ihm

Weinen(244) | W~ amel.(24) | W~ nachmittags(9) | W~ nachts(81) | W~ Schlaf, im(88)

Zeit - vergeudet seine Zeit(11)

TRÄUME

Alpträume, Alpdrücken(144)

Ängstlich(239)

Erfolglose Anstrengungen(20) | E~ schreien; zu(6)

Fallen, zu stürzen; zu(60)

Körperteile - Zähne - fallen aus(6) | K~ Zunge zu groß

Krankheit - Zähne - Ausfallen(6)

Lebhaft(193)

Ruhelos(53)

Schlangen(21)

Schrecklich(237)

Schreien; unfähig zu(6)

Tod - steht bevor(5)

Viele(260)

Wecken den Patienten(118) | W~ häufig(7)

Wild (Emotion)(9)

Zähne - fallen aus(5)

– *Tanacetum vulgare* –

tanac.

GEMÜT

Albernes Benehmen(65)

Angst(362)

Bewußtlosigkeit(280) | B~ Erbrechen - amel.(3)

Empfindlich - Geräusche, gegen(149)

Erschöpfung; geistige(217)

Furcht - Geräusche, durch(40) | F~ Wasser, vor(33)

Gleichgültigkeit, Apathie - Fragen, Ausfragen; gegen

Hochgefühl(97)

Konzentration - schwierig(261)

Schreien(133)

Spaßen - lächerlich oder albern(8)

GEMÜT ...

Sprache - unzusammenhängend(65)

Stöhnen(119)

Stupor(138)

Tollwut, Hydrophobie(46)

Verwirrung, geistige(321)

Wahnideen - geisteskrank - werden; er würde geisteskrank(43)

– *Tanghinia venenifera* –

tang.

GEMÜT

Delirium(233)

– *Tannicum acidum* –

tann-ac.

GEMÜT

Tollwut, Hydrophobie(46)

– *Taraxacum officinale* –

tarax.

GEMÜT

Abscheu - Arbeit, vor der(21)

Alkoholismus(135)

Angst(362) | A~ Bewegung - amel.(12) | A~ Sitzen(15) | A~ Stehen, im - amel.(3)

Außer sich; ist(51)

Betäubung(237)

Bewußtlosigkeit(280) | B~ Freien, im - amel. | B~ Lesen, durch(4) | B~ partiell, teilweise bei Bewußtsein(13) | B~ Sitzen, im(9)

Delirium(233) | *D~ brummt*(44) | b~ sich selbst, zu(5)

Empfindlich - Geräusche, gegen - Rascheln von Papier; gegen(6)

Erschöpfung; geistige(217)

Faulheit(269) | F~ morgens(51) | F~ angefangen hat; arbeitet jedoch gut, nachdem er

Froh(182) | F~ gefolgt von - Reizbarkeit(7)

Furcht - Arbeit; vor der(32) | F~ Tod; vor dem(143)

Gedächtnis - Gedächtnisschwäche(284)

Gemüt ...

Gehen - Freien, im - agg. Gemütssymptome(19)
Geistige Anstrengung - agg.(141)
Gleichgültigkeit, Apathie(251)
Konzentration - schwierig(261)
Lachen(102)
Lesen - agg. Gemütssymptome(14)
Lustig, fröhlich(123)
Murmeln(55) | M~ sich selbst; zu
Mürrisch(290) | M~ morgens(42)
Mutig(26)
Redseligkeit; Geschwätzigkeit(136) | R~ Schweiß, beim(8)
Reizbarkeit(408) | R~ morgens(69)
Religiös - Gemütsstörungen, religiöse(63)
Ruhelosigkeit(420) | R~ nachts(249) | R~ ängstlich(111) | R~ Bett - Herumwerfen im(123) | R~ Erwachen, beim(30) | R~ treibt umher(41)
Schweigsam(209) | S~ morgens(6)
Seelenruhe, Gelassenheit(85)
Sitzen - Neigung zu sitzen(110)
Sprache - Schwatzen(17)
Sprechen - sich selbst ; mit(31) | S~ Verlangen mit jemandem zu(11)
Stimmung, Laune - veränderlich(158)
Stumpfheit(332)
Traurigkeit(477) | T~ morgens(71) | m~ Erwachen - beim(21)
Traurigkeit - unbeschäftigt, wenn
Unbekümmert(8)
Unbesonnen(82)
Unentschlossenheit(146) | U~ Faulheit; mit(2)
Ungeduld(131)
Vergeßlich(187)
Verwegenheit(26)
Verwirrung, geistige(321) | V~ Gehen(37) | V~ Kopfschmerzen, mit(11)
Wahnideen - berauscht - sei, er(59) | W~ Fallen - vorne, nach - würde nach vorne fallen; sie(15) | W~ krank - sein; krank zu(27)
Zufrieden(31)

Träume

Angenehm(136)
Ängstlich(239)
Erotisch(196)
Lebhaft(193)
Schrecklich(237)
Streitigkeiten(69)
Unerinnerlich, bleiben nicht im Gedächtnis(93)
Viele(260)
Zorn(58)

– Tarentula cubensis –

tarent-c.

Gemüt

Delirium(233) | D~ Schmerzen - während den(8) | D~ Sepsis, durch(13)
Mitgefühl, Mitleid(34)
Tod - Agonie vor dem Tod(15)

– Tarentula hispanica –

tarent.

Gemüt

Abscheu - allgemeiner(42)
Aktivität; Verlangen nach(38)
Albernes Benehmen(65)
Angesehen zu werden; erträgt es nicht(23)
Angesprochen zu werden - Abneigung(63)
Angst(362) | A~ Bett - im Bett - Herumwerfen, mit(7) | A~ Gehen - schnell - agg.(3) | s~ amel.
Angst - grundlos(7) | A~ Körperübungen, durch - amel.(2) | A~ Zukunft(108)
Anorexia nervosa(13)
Antworten - Abneigung zu antworten(67) | A~ eingebildete Fragen(6) | A~ gefragt wird; antwortet nicht, wenn er(2) | *A~ kurz angebunden*(19) | A~ weigert sich zu antworten(32)
Anzugreifen; Verlangen, andere(4)
Auffahren, Zusammenfahren(117) | *A~ Schlaf - während*(163) | *S~ durch*(124)
Auffahren, Zusammenfahren - Schläfrigkeit, bei(13)

GEMÜT ...

Bedauert sich - krank ist; Verlangen zu zeigen, daß er

Beeindrucken, empfänglich für Eindrücke; leicht zu(5)

Beißen - Konvulsionen; während der(4) | B ~ sich selbst; beißt(8)

Berührt zu werden; Abneigung(46)

Beschäftigung - amel.(48)

Beschimpfen, beleidigen, schmähen(67) | *B ~ Kinder - Eltern; Kinder beschimpfen ihre*(9)

Beschwerden durch - Bestrafung(2) | *B ~ Erregung - Gefühle, der*(87) | B ~ Kummer(65) | B ~ Liebe; enttäuschte(31) | B ~ schlechte Nachrichten(34) | B ~ Tadel(13) | *B ~ Zorn*(94)

Betäubung(237) | B ~ Erwachen, beim(9) | B ~ Konvulsionen, zwischen den(11)

Bewußtlosigkeit(280)

Blicken - um sich; blickt - Hysterie; um die Wirkung ihrer Handlungen auf andere zu beobachten, bei

Boshaft(99)

Brutalität(7)

Delirium(233) | D ~ besinnungslos, mit offenen Augen(13) | D ~ erotisch(12) | D ~ hysterisch, fast(5) | D ~ Kopfschmerz - während(16) | D ~ manisch(47) | D ~ rasend(84) | D ~ Steigerung der Kräfte; mit(6)

Demenz(33) | D ~ Traurigkeit, mit

Destruktivität, Zerstörungswut(41) | *D ~ gerissen* | **D ~ Kleidern, von**(10)

Droht(8) | *D ~ töten; droht zu*(3) | D ~ zerstören; droht etwas zu

Düstere; alles - Abneigung(3)

Dunkelheit - hinlegen und nicht angesprochen werden; möchte sich im Dunklen(4)

Eigensinnig, starrköpfig, dickköpfig(107)

Empfindlich(192) | E ~ geistige Eindrücke; gegen(20) | E ~ Geräusche, gegen(149) | **G ~ Musik amel.**(15)

Empfindlich - Musik, gegen(46)

Entmutigt(135) | E ~ abends - Essen amel.

GEMÜT ...

Erregung(287) | *E ~ nachts*(40) | E ~ Hitze - während der Hitze; Erregung(23) | *E ~ Menses - während*(14) | *E ~ Musik, durch*(6) | E ~ nervös(23) | E ~ Tanzen, Singen und Weinen; mit

Erschreckt leicht - Erwachen, beim - Traum, aus einem(14)

Essen - nach - amel. der Gemütssymptome(9) | a ~ abends

Essen - weigert sich zu(26)

Exzentrizität, Überspanntheit(54)

Farben - Abneigung gegen | F ~ blau - Abneigung gegen(2) | b ~ Verlangen nach

Farben - gelb - Abneigung gegen(3) | *F ~ grün - Abneigung gegen*(5) | g ~ Verlangen nach(3)

Farben - rot - Abneigung gegen(6) | r ~ Verlangen nach(4)

Farben - schwarz - Abneigung(11)

Faulheit(269)

Fleißig, arbeitsam, Arbeitswut(101)

Fluchen(44)

Fremde - Anwesenheit von Fremden - agg.(16)

Froh(182) | F ~ morgens - Erwachen, beim(6) | F ~ abwechselnd mit - Traurigkeit(57) | F ~ Erwachen, beim(3) | *F ~ Freien, im*(7) | F ~ Gehen im Freien und danach; beim(7) | F ~ Zimmer amel.; im

Furcht(242) | F ~ allein zu sein(54) | F ~ Anstrengung - amel. | F ~ Apoplexie, vor(36) | *F ~ berührt zu werden*(38) | F ~ Erwachen, beim - Traum, aus einem(13) | F ~ Essen - vor dem(6) | F ~ Fieber - vor dem Fieber - Flecktyphus; vor | F ~ Geisteskrankheit(74) | F ~ Geräusche, durch(40) | F ~ geschehen; etwas werde(82) | F ~ grundlos(6) | F ~ Krankheit, vor drohender(66) | F ~ Musik, durch(10) | F ~ Näherkommen, Annäherung von; vor - anderen, von(28) | F ~ Panik, panische Angst(4) | F ~ Schwindsucht, vor(6)

Gemüt ...

Furcht - Tod; vor dem(143) | F~ Unglück, vor(93) | F~ Unheil; Furcht vor(115) | F~ Wasser, vor(33)

Gallige, mürrische Stimmung - Schwierigkeiten mit jemandem; nach

Gedächtnis - Gedächtnisschwäche(284)

Gedanken - hartnäckig(83)

Geisteskrankheit, Wahnsinn(153) | *G~ anfallsweise*(10) | **G~ droht mit Tod und Zerstörung** | G~ erotisch(31) | **G~ Kraft, mit vermehrter körperlicher**(8) | *G~ Lachen, mit*(6) | G~ Liebe, durch enttäuschte | *G~ periodisch*(5) | G~ Ruhelosigkeit, mit(14) | **R~ Beine, der**

Geisteskrankheit, Wahnsinn - Schlaflosigkeit, mit(7)

Geistige Anstrengung - Verlangen nach(65)

Gerissen, schlau(2)

Geschäft - Verlangen nach(6)

Geschäftig(45) | G~ fruchtlos, ergebnislos(14)

Gesellschaft - Abneigung gegen(156) | A~ Furcht vor dem Alleinsein; jedoch(12)

Gesellschaft - Verlangen nach(83) | V~ allein; agg. wenn - Furcht vor Menschen, Menschenscheu; jedoch(5)

Gesten, Gebärden; macht(22) | G~ Finger - Mund; Kinder stecken die Finger in den(8) | F~ spielt mit den Fingern(12) | F~ zupft an den Fingern(8)

Gesten, Gebärden; macht - Hände; unwillkürliche Bewegungen der - Greifen(41) | *H~ ringt die Hände*(14) | H~ stricken; als würde sie

Gesten, Gebärden; macht - lächerlich oder albern(19) | G~ nervös(3)

Glänzende Gegenstände - amel.(2)

Gleichgültigkeit, Apathie(251) | G~ morgens - bis 15 h | G~ abends(5) | G~ abwechselnd mit - Fröhlichkeit, Frohsinn(4) | G~ äußere - Dinge; gegen(26)

Grausamkeit, Unmenschlichkeit(30)

Gemüt ...

Haß(28) | H~ Rachsucht; Haß und(32)

Hast, Eile(112) | **H~ Bewegungen im**(23) | **H~ Gehen, beim**(15) | H~ jeder - bewegt sich zu langsam(2) | **j~ muß sich beeilen**(6)

Heftig, vehement(100) | H~ Gewalttaten führt; Raserei, die zu(34)

Heikel, pingelig(34)

Hellsehen(28)

Hinterhältig, hinterlistig, falsch, verschlagen(32)

Hochgefühl(97)

Hypochondrie(116) | *H~ Masturbation, nach*

Hysterie(194) | H~ morgens | *H~ Berührung und Druck sind unerträglich* | *H~ lächerlich* | *H~ lasziv*(4) | **H~ Musik amel.** | H~ Seufzen - amel. | H~ Stöhnen agg. und Seufzen amel.

Ideen, Einfälle - Mangel an(102)

Impulse, Triebe; krankhafte - Absurdes zu tun(7) | I~ laufen; zu(12)

Jammern(93)

Kämpfen, möchte(10)

Klagen(64) | K~ droht; klagt und

Kleptomanie(27)

Konzentration - schwierig - Gespräches, während eines(7)

Kratzt mit den Händen(5)

Kummer(76) | *K~ nachmittags*

Kurz angebunden, barsch(14) | K~ schroff(13)

Lachen(102) | L~ abwechselnd mit - Weinen(43) | L~ Gesellschaft, in | L~ nervös(2) | L~ sardonisch(26) | L~ spöttisch | *L~ stumpfsinnigem Gesichtsausdruck; mit*(4) | L~ unmäßig(28) | *L~ unwillkürlich*(23) | *L~ Verlangen zu lachen*(3)

Lächerlich, Dinge erscheinen(6)

Läuft umher(24)

Langeweile(53)

Lasziv, lüstern(77)

Lebhaft, munter(50) | L~ abwechselnd mit - Kummer | a~ Traurigkeit(3)

Leidenschaftlich(49)

Gemüt ...

Licht - Abneigung gegen(3) | A~ meidet(8)

Lustig, fröhlich(123) | L~ abwechselnd mit - Traurigkeit(14)

Manie(149) | *M~ anfallsweise*(3) | *M~ beschimpft jeden*(2) | *M~ periodisch*(4) | M~ reißt - Haaren; an den eigenen(5) | *M~ sexuelle Manie - Frauen, bei*(4) | *s~ Männern, bei*(4)

Manie - Singen, mit(6) | *M~ zerreißt - Kleidung*(3) | M~ Zerstörungswut, gefolgt von Lachen und Entschuldigungen

Mitgefühl, Mitleid(34) | M~ Tieren, mit(3)

Moralischem Empfinden; Mangel an(48)

Mürrisch(290) | M~ Erwachen, beim(32) | M~ Menses - während(10) | M~ Widerspruch, durch(3)

MUSIK - AMEL.(15) | **a~ Ruhelosigkeit der Extremitäten amel. durch Musik**

Musik - agg.(40) | M~ angenehm, ist(3)

Mutwillig, boshaft(24)

Nackt sein, möchte(13)

Nymphomanie(67) | N~ Chorea mit | *N~ Koitus agg.*

Phantasien - abstoßend, wenn allein(3) | P~ lasziv(46)

Quält - sich(8)

Qualvolle Angst(121) | Q~ Jammern und Stöhnen; mit

Raserei, Tobsucht, Wut(95) | R~ gefesselt werden, muß(6)

Redseligkeit; Geschwatzigkeit(136)

Reizbarkeit(408) | R~ Berührung, durch(5) | R~ Koitus - amel. | R~ Kummer, durch(3) | R~ Menses - während(42)

Rollt, wälzt sich - Boden herum; auf dem(9) | R~ Seite auf die andere; von einer(4)

Ruhelosigkeit(420) | R~ nachts - Mitternacht - nach - 5 h | **R~ ängstlich**(111) | **R~ ängstlich - Gehen; zwingt zu schnellem**(6) | *R~ Bett - aus einem Bett zum anderen gehen; will*(15) | **B~ Herumwerfen im**(123)

Gemüt ...

Ruhelosigkeit - Menses - während(40) | R~ Musik, durch(2) | R~ treibt umher(41)

Schamlos(29) | *S~ entblößt den Körper*(6)

Schlafwandeln(56)

Schlagen(42) | *S~ sich; schlägt*(8) | *s~ Kopf - Händen an den Kopf, gegen den Körper und andere Personen; schlägt sich mit den* | K~ seinen Kopf(3)

Schlagen - sich; schlägt - schlägt seinen Kopf gegen die Wand und gegen Gegenstände(11) | S~ Zorn, aus - seine Freunde(2)

Schreckliches und traurige Geschichten greifen sie stark an(32)

Schreien(133) | S~ Lachen - nach

Schüchternheit, Zaghaftigkeit - schamhaft(58)

Schweigsam(209) | *S~ Fieberhitze; in der*(11)

Selbstkontrolle - Verlust der Selbstkontrolle(9)

Selbstsucht, Egoismus(32)

Simuliert - Ohnmacht - Anfällen; in | *S~ krank zu sein*(8) | S~ Ohnmacht

Singen(59) | *S~ heiser ist; bis er sehr* | h~ erschöpft, und

Singen - Tanzen und Weinen; mit | S~ unwillkürlich(6)

Sinne - scharf(52)

Spaßen(52) | S~ Erwachen, beim

Spielen - Verlangen zu spielen(2)

Spontan, impulsiv(33)

Spotten(18) | *S~ Alter, im*

Sprache - barsch(6) | S~ drohend

Springen(15)

Stimmung, Laune - veränderlich(158) | S~ wechselnd, wechselhaft(80)

Stöhnen(119) | S~ nachts(10) | S~ Widerspruch, bei

Stößt, tritt(11)

STREITSÜCHTIG(136)

Stumpfheit(332)

Stupor(138)

Suizidneigung; Neigung zum Selbstmord(98)

Tadelsüchtig, krittelig(80)

Tanzen(33) | T~ wild(4)

Gemüt ...

Tod - Agonie vor dem Tod(15) | T~ Gedanken an den Tod(54) | G~ nachmittags(2)

Traurigkeit(477) | T~ morgens - Erwachen - beim(21) | T~ nachmittags(37) | T~ abends - Essen, beim | T~ nachts - amel.(2) | T~ Abendessen, nach dem - amel.(3) | T~ Erwachen, beim(24) | T~ Essen - nach - amel.(6) | T~ Fieberhitze, in der(55) | T~ Freien, im - amel.(10) | T~ grundlos(11) | T~ Haus, im - Eintreten, beim(2)

Traurigkeit - Musik - durch(17) | T~ schuldig; als sei er | T~ warmen Zimmer, im(6)

Trost - agg.(39)

Unanständig, unzüchtig(21)

Unentschlossenheit(146) | U~ Gedanken, in(4) | U~ Handlungen, in(8)

Ungeduld(131)

Ungehorsam(30)

Ungeschicklichkeit(41) | U~ fallen, läßt Dinge(26)

Unverschämtheit(33)

Unzüchtig, obszön(34)

Unzufrieden(168) | U~ Menses, während(2) | U~ sich selbst, mit(36)

Verderbtheit(3)

Vergeßlich - Beruf, vergißt ihren

Verspielt(13)

Verstecken - Gegenstände(2) | V~ sich(18) | s~ Furcht, aufgrund von - angegriffen zu werden

Verstehen - nicht; versteht - Fragen; an sie gerichtete

Verzweiflung - Fieberfrost, im(20) | V~ Zorn; mit

Wahnideen(191) | W~ absurd, lächerlich - Gestalten seien anwesend(8) | W~ angegriffen werden; er werde(3) | W~ Beine - abgeschnitten, seien(6) | W~ beschimpft worden; er sei(16) | *W~ Bilder, Phantome; sieht*(76) | *B~ Schließen der Augen; beim*(16) | B~ schreckliche(60)

Gemüt ...

Wahnideen - fallen, etwas würde - ihn, auf | *W~ Fremde - Zimmer zu sein; scheinen im*(3) | W~ geisteskrank - werden; er würde geisteskrank(43) | *W~ Gesichter, sieht*(26) | *G~ häßliche*(17) | *G~ Schließen der Augen; beim*(15) | G~ teuflische Gesichter bedrängen ihn(4)

Wahnideen - Gespenster, Geister, Gestalten - sieht(55) | W~ Gestalten - sieht(33) | W~ Insekten, sieht(14) | W~ klein - Körper sei kleiner; der(14) | *W~ krank - sein; krank zu*(27) | W~ Luft - kalte Luft; er käme in | *W~ Phantasiegebilde, Illusionen*(115) | W~ Tiere(42) | T~ schreckliche(6)

Wahnideen - unsichtbaren Dingen; Wahnideen von | W~ Visionen, hat(76) | V~ Schließen der Augen; beim(29) | V~ schrecklich(27) | V~ Ungeheuern, von(9)

Weinen(244) | W~ morgens(22) | W~ nachmittags(9) | W~ nachts(81) | W~ Ärger, durch(23) | *W~ anblickt; wenn man ihn*(5) | W~ grundlos(30) | *W~ hysterisch*(9) | W~ Schlaf, im(88) | W~ Träumen, beim(6) | *W~ Trost - agg.*(22) | *T~ durch Trost*

Weinen - verweigert wird; wenn etwas(5) | W~ Widerspruch, durch(4)

Widerspenstig(66)

Widerspruch - verträgt keinen Widerspruch(73)

Widerwillen(39) | W~ bewußt; ist sich ihres krankhaften Geisteszustandes

Wille - Willensschwäche(58)

Wirft mit Gegenständen um sich(20)

Zerreißt - Dinge im allgemeinen(21) | D~ Kleidung(2)

Zerstreut(166)

Ziehen - Haaren; an den(9) | H~ preßt den Kopf; und | H~ Verlangen zu ziehen - ihrem eigenen Haar; an(9) | V~ jemanden an den Haaren(11)

Zorn(243) | **Z~ Berührung, bei**(5) | Z~ Gespräche, durch(2) | **Z~ heftig**(72)

Gemüt ...

Zorn - Widerspruch, durch(37) | Z~ wirft mit Gegenständen(12)
Zynisch(3)

Träume

Angenehm(136) | A~ nachts - Mitternacht - nach - 2 h, nach
Beleidigungen(3)
Erinnerlich, bleiben im Gedächtnis(33)
Fallen, zu stürzen; zu - Pferd, vom
Gefahr(40)
Geschäft(40)
Lange Zeit(13)
Leichen(42)
Pferde(18) | P~ fallen; vom Pferd zu
Springen - Wasser - er springt ins
Stiere verfolgen ihn(2)
Tiere(25) | T~ wilde(8)
Tod(64)
Traurig(46)
Unangenehm(87)
Unerinnerlich, bleiben nicht im Gedächtnis(93)
Unglück(64)
Verachtung
Verdrießlich(122)
Verfolgt zu werden - Stieren, von(2) | V~ Tieren, von(13) | T~ wilde(14)
Viele(260)
Wasser(49)

– *Taxus baccata* –

tax.

Gemüt

Angst(362)
Bewußtlosigkeit(280)
Delirium(233)
Hilflosigkeit, Gefühl der(13)
Imbezillität(140)
Ruhelosigkeit(420) | R~ Bett - im(15)
Seufzen(98)
Stupor(138)
Ungeduld(131)
Verwirrung, geistige(321)
Wahnideen - schwanken - sie würde schwanken - Ruhe, in der

– *Tellurium metallicum* –

tell.

Gemüt

Empfindlich(192) | E~ Berührung, gegen(13)
Erregung(287)
Furcht(242) | *F~ berührt zu werden*(38) | b~ wund schmerzenden Körperteile; der
Gedächtnis - Gedächtnisschwäche(284) | G~ Geschäfte, für(13)
Geistige Anstrengung - agg. - unmöglich(130)
Gleichgültigkeit, Apathie(251)
Reizbarkeit(408) | R~ abwechselnd mit - Fröhlichkeit, Frohsinn(23)
Ruhelosigkeit(420) | R~ Bett - im(15)
Seelenruhe, Gelassenheit(85)
Stumpfheit - morgens(54)
Traurigkeit(477)
Ungeduld - abwechselnd mit - Fröhlichkeit
Vergeßlich(187)
Vernachlässigt - alles(4)
Wahnideen - schweben - Luft, in der - Geist; wie ein(4) | G~ Einschlafen; beim
Wahnideen - ziehen - Beine getragen; er würde nach vorne gezogen und schnell in Richtung auf seine
Zerstreut(166)
Zorn(243) | Z~ heftig(72)

Träume

Alpträume, Alpdrücken(144)
Rauchen (von Tabak)
Unangenehm(87)

– *Teplitz aqua* –

tep.

Gemüt

Angesprochen zu werden - Abneigung(63)
Angst(362)

Gemüt …

Gedächtnis - Gedächtnisschwäche(284) | G ~ gelesen hat; für das, was er(41) | G ~ gesagt hat; für das, was er(29) | G ~ Geschäfte, für(13)
Gesellschaft - Abneigung gegen(156)
Mürrisch(290)
Reizbarkeit(408) | R ~ angesprochen, wenn(26)
Ruhelosigkeit - Bett - Herumwerfen im(123)
Wahnideen - Boden - berühren; sie würde kaum den Boden - Gehen, beim(5) | B ~ nachgeben; würde unter seinen Füßen(7) | B ~ rutschen würde; der Boden unter ihr vor und zurück | B ~ unsicher; der Boden sei
Wahnideen - Haus - bewegen wenn sie geht; Häuser scheinen sich zu | W ~ leicht - schweben; er sei so leicht, er könne(3) | l ~ sei leicht, er(26) | s ~ Gehen, beim(3)
Wahnideen - schweben - Luft, in der(45)
Weinen(244)

Träume

Angenehm(136)
Unangenehm(87)

– Terebinthina chios –

tere-ch.

Gemüt

Bewußtlosigkeit(280)
Erregung(287)
Furcht(242)
Laszív, lüstern(77)
Stupor(138)
Traurigkeit(477)
Wahnideen(191)

– Terebinthiniae oleum –

ter.

Gemüt

Abscheu - Leben, vor dem(84)
Angst(362) | A ~ abends - Bett, im(54) | A ~ Bett - im Bett(49)

Gemüt …

Antworten - Stupor kehrt schnell nach dem Antworten wieder(17)
Auffahren, Zusammenfahren - Schlaf - durch(124)
Betäubung(237) | B ~ Schläfrigkeit, bei(11)
Bewußtlosigkeit(280) | *B ~ Fieber, im*(50) | B ~ Ruhelosigkeit, mit | *B ~ Stuhlgang - nach*(5) | B ~ urämisches Koma(4)
Delirium(233) | *D ~ brummt*(44) | D ~ manisch(47) | D ~ Sepsis, durch(13)
Empfindlich(192)
Erregung(287)
Furcht - Apoplexie, vor(36) | F ~ Erwachen, beim(54)
Gedanken - Gedankenandrang, einstürmende Gedanken, Gedankenfluß(78)
Geisteskrankheit, Wahnsinn(153)
Geistige Anstrengung - agg. - unmöglich(130)
Hypochondrie(116)
Hysterie - bewegen; kann kein Körperteil | H ~ Ohnmacht, hysterische(22)
Ideen, Einfälle - Reichtum an, Klarheit des Geistes(125)
Konzentration - schwierig(261)
Lebensüberdruß(82)
Manie(149)
Mutig(26)
Ruhelosigkeit - Bett - Herumwerfen im(123)
Schreien - Zahnung, bei der(4)
Stumpfheit(332) | *S ~ Urin amel.; reichlicher Ausfluß von*(2)
Stupor(138) | *S ~ Fieber, im*(21) | S ~ Ruhelosigkeit, mit | S ~ Urämie, bei
Suizidneigung; Neigung zum Selbstmord(98) | S ~ Erhängen, durch(7)
Tollwut, Hydrophobie(46)
Trance(6)
Traurigkeit(477) | *T ~ Kopfschmerzen, bei*(30)
Verwirrung, geistige(321) | V ~ Urinieren amel.
Wahnideen(191) | W ~ Fallen - vorne, nach - würde nach vorne fallen; sie - Gehen, beim | W ~ schlafen; er würde(2)

GEMÜT ...
Wahnideen - Schreck - wie erschreckt(10) | W~ schweben - Luft, in der(45)

TRÄUME
Alpträume, Alpdrücken(144) | A~ Einschlafen, beim(8)
Ängstlich(239)
Viele(260)

– Tetradymitum –
tet.

GEMÜT
Wahnideen - Feuer - Visionen von(34)

TRÄUME
Ochsen - verfolgen ihn(3)
Verfolgt zu werden - Ochsen, von einem(3) | V~ Tieren, von(13) | T~ wilde(14)

– Teucrium marum verum –
teucr.

GEMÜT
Angesprochen zu werden - Abneigung(63)
Anstrengung - körperliche Anstrengung - Verlangen nach - Freien, im
Auffahren, Zusammenfahren - nachts - Mitternacht im Schlaf; um - nach(2) | A~ Schlaf - während(163) | A~ Träumen, in - aus einem Traum(35)
Delirium tremens(84)
Empfindlich(192) | E~ Essen - während | E~ nach(3)
Empfindlich - Fieberhitze, in der(8) | *E~ Geräusche, gegen - Schritten; gegen das Geräusch von*(6) | *G~ Stimmen, gegen*(15)
Empfindlich - Kinder(13) | *E~ Pubertät, in der*(12)
Erregung(287) | E~ abends(32) | *E~ Hören von Schrecklichem; nach*(11) | E~ nervös(23) | **E~ Schweiß, beim**(11) | *E~ Zittern, mit*(10)
Erschöpfung; geistige(217)
Erzählen der Symptome - agg.(6)

GEMÜT ...
Exzentrizität, Überspanntheit(54) | E~ abends(2)
Faulheit(269)
Froh(182) | F~ abends(42) | F~ Freien, im(7) | F~ Gehen im Freien und danach; beim(7)
Gedanken - Gedankenandrang, einstürmende Gedanken, Gedankenfluß(78)
Gehen - Freien, im - amel. Gemütssymptome(10)
Geistige Anstrengung - Abneigung gegen(150)
Heftig, vehement(100)
Hochgefühl(97) | H~ abends(7)
Lästig, geht auf die Nerven(79)
Lustig, fröhlich - Freien; im(3)
Magnetisiert - amel.(20)
Mürrisch(290)
Redseligkeit; Geschwätzigkeit(136) | R~ abends(10) | **R~ Fieber; im**(11) | R~ Fieberfrost; im(3) | R~ wechselt schnell von einem Thema zum anderen(20)
Reizbarkeit(408) | R~ mittags(9) | R~ Essen - während(2) | E~ nach(26)
Reizbarkeit - Fieberfrost, im(57) | R~ Kopfschmerzen, bei(61) | R~ Mittagessen - während | M~ nach(8)
Reizbarkeit - Sprechen, beim(10)
Ruhelosigkeit(420) | *R~ nachts*(249)
Schlafwandeln(56)
Schreckliches und traurige Geschichten greifen sie stark an(32)
Singen(59) | S~ unwillkürlich(6)
Sitzen - Neigung zu sitzen(110)
Sprechen - anderer agg.; das Sprechen(46) | *S~ unangenehmen Dingen agg.; von*(5)
Stumpfheit(332)
Traurigkeit - Abkühlung, Kaltwerden; durch(3)
Unzufrieden(168)
Verwirrung, geistige(321)
Weinen - agg.(18)

Gemüt ...
Zorn(243) | Z~ leicht(37) | Z~ Sprechen - andere Personen sprechen hört; wenn er(6)

Träume
Angenehm(136)
Ängstlich(239)
Anstrengung - geistige(51)
Lebhaft(193)
Ruhelos(53)
Schrecklich(237)
Viele(260)
Wecken den Patienten(118)

– *Teucrium scorodonia* –
teucr-s.

Träume
Schlangen(21)

– *Thalamus* –
thala.

Gemüt
Angst - grundlos(7)
Empfindlich(192)
Gesellschaft - Abneigung gegen(156)
Gleichgültigkeit, Apathie - Anosognosie, Uneinsichtigkeit in bezug auf seine Krankheit
Lachen - spasmodisch(49)
Qualvolle Angst(121)
Schizophrenie - Hebephrenie(8) | S~ katatonisch(9)
Sitzen - Neigung zu sitzen - unbeweglich, still(42)
Stumpfheit(332)
Weinen - krampfhaft, spasmodisch(16)

– *Thallium met. & -act.* –
thal. (alte Abk.)

Gemüt
Erregung(287)
Geistige Anstrengung - agg. - unmöglich(130)
Gleichgültigkeit, Apathie(251)

Gemüt ...
Hysterie(194)
Jammern(93)
Reizbarkeit(408)
Ruhelosigkeit(420)
Schreien(133)
Traurigkeit(477)
Ungeduld(131)
Weinen(244)

– *Thea chinensis* –
thea

Gemüt
Abneigung - allem, gegenüber(39)
Abscheu - allgemeiner(42)
Aktivität; Verlangen nach - Schlaflosigkeit, mit(4)
Angst(362)
Auffahren, Zusammenfahren - Schlaf - durch(124)
Bewußtlosigkeit - abends(15)
Delirium(233) | D~ Lachen(20) | D~ redselig - Versen; spricht in
Delirium tremens(84)
Denken - Abneigung gegen(46)
Ekstase(59) | E~ erotisch(3)
Empfindlich(192)
Erregung(287) | E~ nachts - Erwachen, beim(4) | E~ nervös(23)
Erschreckt leicht(125) | E~ nachts(11)
Exzentrizität, Überspanntheit(54)
Faulheit(269)
Froh(182)
Furcht - nachts(58) | F~ Anstrengung - vor Anstrengung; Furcht(10) | F~ geschehen; etwas werde(82) | g~ Grauenhaftes, Furchtbares werde geschehen; etwas(9)
Furcht - Kontrolle zu verlieren; die(2) | F~ Tod; vor dem - plötzlichem Tod; vor(4) | F~ töten, davor zu(12)
Gedanken - Gedankenandrang, einstürmende Gedanken, Gedankenfluß(78) | G~ hartnäckig(83) | G~ quälend(31) | G~ schrecklich(11) | G~ überlegt(54)

GEMÜT ...

Gedichte, macht(14)
Geisteskraft - erhöht(18)
Geistige Anstrengung - Abneigung gegen(150)
Gespräche - Abneigung gegen(21)
Hochgefühl(97)
Ideen, Einfälle - Reichtum an, Klarheit des Geistes(125)
Klagen(64)
Konzentration - gut, aktiv(26)
Lebhaft, munter(50)
Liebevoll, voller Zuneigung, herzlich(37)
Manie(149)
Mürrisch(290)
Prophezeit - Zeitpunkt des Todes voraus; sagt den(4)
Qualvolle Angst(121)
Redseligkeit; Geschwätzigkeit(136)
Reisen - Verlangen nach(28)
Reizbarkeit(408) | R~ nachts - Mitternacht - vor - 22 - 2 h
Ruhelosigkeit - nachts(249) | R~ Bett - Herumwerfen im(123) | R~ Erwachen, beim(30)
Schreiben - Abneigung gegen(3)
Schweigsam(209)
Selbstvertrauen - Mangel an Selbstvertrauen(86) | M~ Bier amel.
Sinne - scharf(52)
Spontan, impulsiv(33)
Sprache - fesselnd, interessant | S~ flüssig, gewandt(6)
Streitsüchtig(136)
Suizidneigung; Neigung zum Selbstmord(98) | S~ stürzt sich - Fenster, aus dem(21)
Tod - Vorahnung des Todes(62) | V~ sagt den Zeitpunkt des Todes voraus(8)
Töten, Verlangen zu(32) | T~ Kind, das eigene(4) | T~ Messer - mit einem Messer(12) | T~ plötzlicher Impuls zu töten(10) | T~ sich selbst zu töten; plötzlicher Impuls(8) | T~ werfen; plötzlicher Impuls, das Kind zu - Feuer, ins(4)

GEMÜT ...

Traurigkeit(477)
Unzufrieden - allem; mit(66)
Vergnügen - Erwachen aus einem Traum von Mord; beim
Verwirrung, geistige - Gehen(37)
Wahnideen(191) | W~ Bewußtsein - verlieren; er würde das Bewußtsein(9) | W~ gezerrt; er würde aus dem tiefsten Abgrund der Finsternis nach oben | W~ Glocken läuten, hört(5) | G~ Türglocke
Wahnideen - Hören - Einbildung; etwas zu hören(44) | W~ Ohnmacht fallen; er werde(19) | W~ Selbstmord genötigt; zum(5) | W~ springen - müsse aus dem Fenster springen; er | W~ sterben - gleich sterben, glaubt, er würde(57) | g~ plötzlich
Wahnideen - Verbrechen - müsse ein Verbrechen begehen; er
Weinen(244)
Widerwillen(39) | W~ allem, vor(22)
Wirft mit Gegenständen um sich(20)
Witzig, geistreich(14)
Wohlbehagen(2)
Zorn(243) | Z~ wirft mit Gegenständen(12)

TRÄUME

Alpträume, Alpdrücken(144)
Ermorden - Knaben und Mädchen; von
Kinder - ermordet, werden
Schrecklich(237)

– *Theridion curassavicum* –

ther.

GEMÜT

Angst(362) | A~ Geräusche, durch(13) | **A~ hysterisch**(3)
Auffahren, Zusammenfahren(117) | A~ Geräusche, durch(60) | A~ Kleinigkeiten, über(21) | *A~ leicht*(52)
Außer sich; ist(51)
Beschäftigung - Verlangen nach(5)
Bewußtlosigkeit - Anstrengung, nach(9)

GEMÜT ...

Empfindlich(192) | E~ **Geräusche, gegen**(149) | G~ agg. die Schmerzen(2) | G~ **GERINGSTE GERÄUSCH; GEGEN DAS**(29) | G~ **UHR, DAS KLINGELN VON GLOCKEN; GEGEN DAS SCHLAGEN DER**(5) | G~ schmerzhafte Empfindlichkeit gegen(10) | *G~ schrille Töne, gegen*(16)

Empfindlich - Gerüche, gegen(30) | E~ Schmerz, gegen(31)

Entfernungen - vergrößert; scheinen(8)

Entmutigt(135)

Erregung(287) | E~ abends(32) | E~ nachts(40) | n~ Rauschen in den Ohren, mit

Erregung - Menopause, in der(10)

Erschreckt leicht(125)

Faulheit(269) | F~ morgens(51) | F~ Schläfrigkeit, bei(29)

Fehler; macht - Zeit; in bezug auf die(34)

Feigheit(89)

Fleißig, arbeitsam, Arbeitswut(101)

Freude - Kopfschmerzen - während

Froh(182) | F~ hysterisch | F~ Kopfschmerzen, mit

Furcht(242) | *F~ Geräusche, durch*(40) | F~ zittrig(36)

Gedächtnis - gut, aktiv(91) | G~ Gedächtnisschwäche - geistige Anstrengungen; für(26)

Gedanken - Vergehen, Schwinden der Gedanken - Schließen der Augen; beim

Geisteskrankheit, Wahnsinn - Menopause, in der(11)

Geistige Anstrengung - Verlangen nach(65)

Geschäft - Abneigung gegen(45)

Geschäftig(45) | G~ fruchtlos, ergebnislos(14) | G~ muß in geschäftiger Tätigkeit sein - Ruhelosigkeit, durch

Gesten, Gebärden; macht - Finger - spielt mit den Fingern(12) | G~ Hände; unwillkürliche Bewegungen der - ringt die Hände(14)

GEMÜT ...

Gleichgültigkeit, Apathie(251) | G~ Vergnügen, gegen(46)

Hysterie(194) | H~ hinlegen, muß sich(2) | H~ Menopause, in der(7) | *H~ Pubertät, in der*(3)

Imbezillität(140)

Lustig, fröhlich(123)

Menopause agg.(18)

Redseligkeit; Geschwätzigkeit(136) | *R~ erregt*(4) | R~ geschäftig(2) | R~ Heiterkeit; mit

Ruhelosigkeit(420) | R~ Bett - treibt aus dem(39) | R~ geschäftig(20)

Selbstvertrauen - Mangel an Selbstvertrauen(86)

Seufzen(98)

Singen(59) | S~ Kopfschmerzen, mit | S~ Trällern(11)

Sinne - abgestumpft, stumpf(107)

Stumpfheit(332)

Tod - sterben; Gefühl als würde er(6)

Traurigkeit(477) | T~ abends(76) | T~ Gehen - während und danach(5) | T~ Kopfschmerzen, bei(30)

Unzufrieden(168) | U~ sich selbst, mit(36)

Verlangen, Wunsch nach - voller Verlangen - unbestimmmt(7)

Verwirrung, geistige(321) | V~ Geräusche - agg.(3) | V~ Identität; in bezug auf seine - Dualität; Gefühl der(37) | V~ Lachen - agg.

Verzweiflung(137) | V~ Genesung, in bezug auf die(44)

Wahnideen(191) | W~ doppelt - sein, doppelt zu(30) | W~ Kopf - abgetrennt; der Kopf sei vom Rumpf(6) | K~ abheben können; würde ihn | K~ fremder Kopf; sein Kopf sei ein anderer | K~ gehören; würde einem anderen(5)

Wahnideen - springen - Dinge springen vor ihr vom Boden auf; alle möglichen(2) | W~ stirbt - er(15) | W~ Zeit - früher; es scheint(3)

Weinen - Schmerzen - während den Schmerzen - Zähnen; in den(2)

Gemüt ...

Zeit - schnell, scheint kürzer; vergeht zu(14)

Träume

Fahren(3)

Körperteile - Zähne - brechen ab(4)

Krankheit - Zähne - Abbrechen(4)

Pferde(18) | P~ Reiten(3)

Reisen(48) | R~ Pferd, zu(2)

Viele(260)

Zähne - brechen ab(5)

– *Thioproperazinum* –

thiop.

Gemüt

Angst(362)

Begreifen, Auffassungsvermögen - leicht(38)

Erregung - nachmittags(8) | E~ abends(32) | E~ abwechselnd mit - Schweigsamkeit - nachmittags

Gedächtnis - Gedächtnisschwäche - Worte, für(61)

Geistige Anstrengung - Verlangen nach - abends - Mitternacht - nach - 2 h; bis

Gesellschaft - Abneigung gegen(156) | G~ Verlangen nach - abends(8)

Gleichgültigkeit, Apathie(251)

Homosexualität(13)

Qualvolle Angst - abends(12)

Ruhelosigkeit(420)

Schizophrenie(10) | S~ Hebephrenie(8) | S~ katatonisch(9)

Traurigkeit(477)

Ungeduld(131)

Verwirrung, geistige(321)

Wahnideen - getrennt - Welt, von der - er sei getrennt(8)

Zerstreut(166)

Träume

Alpträume, Alpdrücken(144)

– *Thlaspi bursa pastoris* –

thlas.

Gemüt

Suizidneigung; Neigung zum Selbstmord(98)

– *Thuja lobii* –

thuj-l.

Gemüt

Gleichgültigkeit, Apathie(251) | G~ sich selbst, gegenüber | G~ Umgebung, gegen die(16)

Qualvolle Angst(121)

Schizophrenie - Hebephrenie(8)

Suizidneigung; Neigung zum Selbstmord(98) | *S~ Gedanken an Selbstmord*(33)

Traurigkeit - ängstlich(32)

Weinen(244)

Wille - Verlust der Willenskraft(34)

– *Thuja occidentalis* –

thuj.

Gemüt

Abneigung - allem, gegenüber(39) | A~ Ehemann; gegen ihren(9) | A~ Mutter, gegen die

Abscheu - Leben, vor dem(84)

Alkoholismus(135)

Angst(362) | A~ nachmittags - 16 - 17 h | A~ nachts(119) | A~ Erwachen, beim(86) | A~ Erwartungsspannung, durch - Verabredung, vor einer(12) | A~ Essen - nach(39) | A~ Furcht, mit(110) | *A~ Gewissensangst*(75) | G~ Vergeßlichkeit; mit

Angst - Impfung, nach | A~ Kälte - während - Füße in der Nacht; der | A~ plötzlich(11) | *A~ Seelenheil, um das*(35) | A~ Zukunft(108)

Antworten - irrelevant, nicht zur Sache Gehörendes - Entbindung, nach der | *A~ langsam*(35)

Argwöhnisch(105)

Gemüt ...

Auffahren, Zusammenfahren - Schlaf - während(163) | S ~ durch(124)

Außer sich; ist(51) | A ~ Kleinigkeiten; durch(2)

Beleidigt, leicht(79)

Berühren; muß alles(6)

Berührt zu werden; Abneigung(46)

Beschäftigung - amel.(48)

Beschimpfen, beleidigen, schmähen - Ehemann - gegenüber ihrem Ehemann | B ~ Mutter; beschimpfen die

Beschwerden durch - Erwartungsspannung(68) | B ~ sexuell - Exzesse(59) | B ~ Streit, Streitigkeiten(9)

Betäubung(237) | *B ~ morgens*(13) | *m ~ Aufstehen, nach dem*(5)

Betäubung - Bewegung, durch(2) | B ~ weiß nicht, wo er ist(3)

Chaotisch(44)

Delirium tremens(84)

Denken - analytisches Denken - Fähigkeit zum analytischen Denken | D ~ Beschwerden - agg.; Denken an seine Beschwerden(71)

Eifersucht(34)

Eigensinnig, starrköpfig, dickköpfig(107) | E ~ Kinder(18)

Empfindlich(192) | *E ~ morgens*(5) | E ~ Geräusche, gegen - Musik amel.(15) | E ~ Musik, gegen(46) | M ~ Kirchenmusik, gegen(3)

Empfindlich - Sinneseindrücke, gegen(23)

Entmutigt(135)

Ernst(77) | E ~ abends(2)

Erregung(287) | E ~ nachts(40) | n ~ Erwachen, beim(4)

Erregung - Erwachen, beim(5) | E ~ Menses - vor(11)

Erschöpfung; geistige(217) | E ~ Prostataleiden; bei

Fanatismus(9)

Farben - weiß - Verlangen nach(15)

Faulheit(269) | F ~ Essen, nach dem(25)

Gemüt ...

Fehler; macht - Rechnen, beim - kann nicht rechnen - Entbindung, nach der | **F ~ Schreiben, beim**(83) | S ~ falsch - Worte(16) | *S ~ läßt etwas aus - Buchstaben*(18) | *l ~ Silben*(7) | *l ~ Worte*(14)

Fehler; macht - Sprechen, beim(81) | *S ~ Worte - falsche Worte; benutzt*(53) | W ~ stellt Worte an die falsche Stelle(46)

Feigheit(89)

Fleißig, arbeitsam, Arbeitswut - Fieberhitze, in der(4)

Fremde - Anwesenheit von Fremden - amel. | *A ~ agg.*(16)

Freude bereiten, zufriedenstellen - Verlangen, anderen eine Freude zu bereiten, sie zufriedenzustellen

Froh(182) | F ~ nachmittags(14)

Furcht(242) | F ~ Apoplexie, vor(36) | F ~ Ärzten, vor(9) | F ~ berührt zu werden(38) | F ~ Essen - nach dem Essen; Furcht(14) | *F ~ Fremden; vor*(10) | F ~ Geisteskrankheit(74) | F ~ grünen Streifen; beim Anblick von | F ~ Kleinigkeiten, vor(10) | F ~ Krankheit, vor drohender(66) | F ~ Magen - aufsteigend vom(15) | F ~ Musik, durch(10) | *F ~ Näherkommen, Annäherung von; vor - anderen, von*(28) | *a ~ Delirium, im*(3)

Furcht - Unheil; Furcht vor(115) | F ~ Wind, vor(2)

Gedächtnis - gut, aktiv(91) | *G ~ Gedächtnisschwäche*(284) | G ~ auszudrücken, sich(41) | G ~ geistige Anstrengungen; für(26) | G ~ getan hat; für das, was er eben(34) | G ~ Personen, für(23) | G ~ sagen will; für das, was er gerade(38) | G ~ Worte, für(61)

Gedanken - Abdomen; als kämen die Gedanken aus dem | *G ~ hartnäckig*(83) | h ~ getrennt - Geist und Körper seien(3)

Gedanken - Stillstand der Gedanken(10) | G ~ überlegt(54) | G ~ unangenehm(21) | *G ~ Vergehen, Schwinden der Gedanken - Sprechen, beim*(9) | G ~ wandernd(72)

Gemüt ...

Gedanken versunken, in(90)

Gehen - Freien, im - agg. Gemütssymptome(19) | *G ~ Kreis, geht im*(3)

Geistesabwesend(71)

Geisteskraft - erhöht(18)

Geisteskrankheit, Wahnsinn(153) | *G ~ berührt werden; möchte nicht*

Geistige Anstrengung - agg. - unmöglich(130) | *G ~ Abneigung gegen*(150)

Gesellschaft - Abneigung gegen(156) | *A ~ Anblick von Menschen; vermeidet den*(15) | *A ~ Entbindung, nach der* | *A ~ Fremden; Abneigung gegen die Anwesenheit von*(16)

Gespräche - agg.(45)

Gesten, Gebärden; macht - Finger - zupft an den Fingern(8)

Gewissenhaft, peinlich genau in bezug auf Kleinigkeiten(58)

Gleichgültigkeit, Apathie(251) | G ~ äußere - Dinge; gegen(26) | G ~ Geschlecht; gegen das andere(3)

Hast, Eile(112) | *H ~ Beschäftigung, bei*(15) | *H ~ Bewegungen im*(23) | *H ~ Gehen, beim*(15) | *H ~ geistiger Anstrengung; bei*(8)

Heikel, pingelig(34)

Hinterhältig, hinterlistig, falsch, verschlagen(32)

Hochgefühl(97)

Hochmütig, arrogant(53)

Hypochondrie(116)

Hysterie(194)

Ideen, Einfälle - Mangel an(102) | I ~ Reichtum an, Klarheit des Geistes(125) | R ~ Fieberhitze, in der(3)

Idiotie(45)

Imbezillität(140)

Kleinigkeiten scheinen wichtig, bedeutend(19)

Kleptomanie(27)

Konzentration - schwierig(261)

Kretinismus(8)

Lachen - spasmodisch(49)

Langsamkeit(68)

Lästig, geht auf die Nerven(79)

Gemüt ...

Launenhaftigkeit, launisch(108)

Lebensüberdruß(82)

Leidenschaftlich(49)

Lustig, fröhlich(123) | L ~ Hitze; während der(2)

Manipulierend(3)

Meditieren, Nachdenken(47)

Milde(80)

Mondschein; Gemütssymptome vom(4)

Monomanie(16)

Mürrisch(290) | M ~ morgens - Bett, im(16) | m ~ Erwachen, beim(10)

Mürrisch - Eile, mit | M ~ Erwachen, beim(32) | M ~ Essen, nach dem(21) | *M ~ Pollutionen, nach*(3)

Musik - amel.(15) | M ~ agg.(40) | a ~ Orgelmusik(2)

Phantasien - lasziv(46) | l ~ Liegen, im

Phantasien - übertrieben(114) | ü ~ Schlaflosigkeit, mit(41)

Redseligkeit; Geschwätzigkeit(136)

Reizbarkeit(408) | R ~ morgens(69) | m ~ Erwachen, beim(43)

Reizbarkeit - nachmittags(37) | R ~ angeblickt, wenn - angesprochen oder berührt; wenn - Kindern; bei(9) | R ~ Erwachen, beim(56) | R ~ Essen - nach(26) | R ~ Familie; gegen ihre | R ~ Fieberfrost, im(57) | R ~ Gehen, beim(7) | R ~ geliebte Personen, gegen | R ~ Koitus - nach(26) | R ~ Kopfschmerzen, bei(61) | *R ~ Schlaf durch Geräusche geweckt wird; wenn er im*(2) | R ~ Schweiß, beim(14)

Religiös - Fanatismus, religiöser(6) | R ~ Gemütsstörungen, religiöse(63)

Ruhelosigkeit(420) | R ~ morgens(22) | R ~ vormittags(11) | R ~ nachmittags(25) | n ~ 17 h(2)

Ruhelosigkeit - abends(51) | a ~ Bett, im(11)

Ruhelosigkeit - nachts(249) | *R ~ ängstlich*(111) | R ~ Bett - Herumwerfen im(123) | R ~ Gehen, beim(7) | R ~ Hitze - während(66) | R ~ Menses - während(40) | R ~ Mittagessen - nach(4) | n ~ amel.

Gemüt ...

Ruhelosigkeit - Schlaf - vor(3)
Schaukeln - agg.(5)
Schreien(133) | S ~ Schlaf, im(80)
Schüchternheit, Zaghaftigkeit(113)
Schweigsam(209) | S ~ morgens - Erwachen; beim(2) | m ~ Gehen; beim(2)
Selbstsucht, Egoismus(32)
Selbstvertrauen - Mangel an Selbstvertrauen(86)
Sentimental, schwärmerisch, rührselig(64)
Seufzen - Fieberhitze, in der(17) | S ~ Schweiß, beim(16)
Sorgen, voller(50)
Spaßen - Abneigung gegen(22)
Sprache - einsilbig(7) | *S ~ hastig*(44) | *S ~ langsam*(59) | S ~ verworren(25) | S ~ zögernd(22)
Sprechen - beenden; kann den Satz nicht(6) | S ~ Schlaf, im(93)
Stilles Wesen(49) | *S ~ Entbindung, nach der*
Stimmung, Laune - abweisend, zurückweisend(40) | S ~ veränderlich(158)
Stöhnen - Hitze; während der(16) | *S ~ Schlaf, im*(62)
Streitsüchtig(136)
Stumpfheit(332) | *S ~ morgens*(54) | m ~ Erwachen, beim(26)
Stumpfheit - Erwachen, beim(41) | S ~ Schweiß, beim(8)
Suizidneigung; Neigung zum Selbstmord(98) | S ~ Gedanken an Selbstmord(33) | S ~ Schmerzen, durch(6) | S ~ stürzt sich - Fenster, aus dem(21)
Tadelt - sich selbst(36)
Tod - Gewißheit des (eigenen) Todes(11) | T ~ wünscht sich den Tod, möchte sterben(72)
Töten, Verlangen zu - sich selbst zu töten; plötzlicher Impuls(8)
Traum; wie in einem(69)
Traurigkeit(477) | T ~ morgens - Erwachen - nach(9) | T ~ vormittags(12) | T ~ nachmittags(37) | T ~ abends - Bett, im(8) | T ~ Gehen - während und danach(5)

Gemüt ...

Traurigkeit - Menses - während(35) | T ~ Musik - durch(17) | *T ~ Schlaflosigkeit - mit*(6) | T ~ Schweiß, beim(29) | T ~ Wein amel.
Trost - agg.(39)
Unaufmerksam(23)
Unbehagen(44)
Unbesonnen(82)
Unbeständigkeit(45) | U ~ Gedanken, der(6)
Unentschlossenheit(146) | U ~ wankelmütig(12)
Ungeduld(131)
Ungeschicklichkeit(41)
Ungestüm - Schweiß, mit(12)
Unzufrieden(168)
Verächtlich - sich selbst gegenüber(5)
Vergeßlich(187) | *V ~ morgens*(9) | *m ~ Erwachen, beim*(3)
Vergeßlich - Erwachen, beim(8) | *V ~ Worte beim Sprechen; vergißt*(52)
Verweilt - vergangenen unangenehmen Ereignissen; bei(46)
Verwirrung, geistige(321) | *V ~ morgens*(115) | *m ~ Erwachen, beim*(50)
Verwirrung, geistige - abends(78) | V ~ berauscht - wie(47) | V ~ Essen - nach(52) | V ~ Fieberhitze, in der(26) | V ~ Gehen(37) | V ~ geistige Anstrengung - durch(50) | V ~ Identität; in bezug auf seine(21) | I ~ Dualität; Gefühl der(37)
Verwirrung, geistige - Mittagessen - nach(9) | V ~ Rauchen (von Tabak) - nach(6) | V ~ Sitzen, im(33) | *V ~ Sprechen, beim*(7) | V ~ Stehen, im(11) | V ~ Traum; wie in einem(27) | V ~ verläuft sich in bekannten Straßen(12)
Verzweiflung(137) | *V ~ religiöse Verzweiflung am Seelenheil*(30)
Wahnideen(191) | W ~ Abmagerung, von(4) | W ~ Bausteinen, Erscheinen von | W ~ berauscht - sei, er(59) | s ~ morgens
Wahnideen - berührt; er würde(6) | W ~ Bett - berühren; als würde sie im Liegen das Bett nicht(13)

GEMÜT ...

Wahnideen - bewegen - er bewegt sich - hin und her; er bewegt sich - Sitzen und Liegen; im | *W~ Bilder, Phantome; sieht*(76) | *B ~ nachts*(40) | *B ~ Schließen der Augen; beim*(16)

Wahnideen - Boden - berühren; sie würde kaum den Boden - Gehen, beim(5) | W ~ doppelt - sein, doppelt zu(30) | W ~ drehen - sie - sei gedreht worden - Kreis, im(2) | W ~ dünn - Körper sei(2) | W ~ Einfluß; er stehe unter einem mächtigen(9) | W ~ Existenz - länger existieren; sie könne nicht | W ~ Flügel - getragen; er würde beim Gehen auf Flügeln | *W~ Fremde - sieht, er*(8) | *F ~ Zimmer zu sein; scheinen im*(3)

Wahnideen - Gegenstände; über - Bewegung in(7) | W ~ geht - Luft - auf Luft; geht(15) | g ~ neben ihm gehen; jemand würde(4)

Wahnideen - Gespenster, Geister, Gestalten - Schließen der Augen; beim(16) | G ~ sieht(55)

Wahnideen - geteilt - zwei Teile; in(10) | z ~ zerschnitten; oder in zwei Teile - welchen Teil er beim Erwachen Macht habe; und kann nicht sagen, über

Wahnideen - getrennt - Körper - Geist seien getrennt; Körper und(3) | K ~ Seele getrennt; der Körper sei von der(7)

Wahnideen - Glas - Holz, Glas etc; er sei aus(3) | G ~ sie sei aus

Wahnideen - Identität - Fehleinschätzung in bezug auf die eigene(18) | W ~ klein - Dinge - erscheinen klein; Dinge(10) | W ~ Körper - dünn, sei | *K ~ empfindlich, sei* | K ~ Fortbestand des Körpers würde sich auflösen | K ~ leichter als Luft; der Körper sei(8) | K ~ Stücke - fallen; der Körper würde Gefahr laufen, in Stücke zu | *K ~ zerbrechlich; er sei*(7)

GEMÜT ...

Wahnideen - Kopf - gehören; würde einem anderen(5) | W ~ Krieg zu befinden; sich im(7) | W ~ leicht - sei leicht, er(26) | s ~ Gehen, beim(3)

Wahnideen - Menschen - neben ihm, seien(13) | n ~ sonderbare Person; eine

Wahnideen - Menschen - sieht(29) | M ~ unterhält sich mit abwesenden(13)

Wahnideen - Musik - glaubt Musik zu hören(13) | W ~ Person - anwesend; jemand sei(3) | W ~ Phantasiegebilde, Illusionen(115) | W ~ ruft - jemand(9) | W ~ schlafen; er würde - nicht genug geschlafen; er habe(17) | W ~ schwanger, sie sei(14) | W ~ schweben - Luft, in der(45) | W ~ schwer, er sei(2) | W ~ sonderbar, merkwürdig - Vertrautes scheint fremd(38) | *W ~ sterben - gleich sterben; glaubt, er würde*(57) | s ~ Zeit zum sterben sei gekommen(6)

Wahnideen - Stimmen - hört - Abdomen; seien in seinem | h ~ folgen, er müsse(4)

Wahnideen - Stuhl - bewegen würde; als ob sich der Stuhl - hin und her | S ~ stehen; der Stuhl würde in der Mitte des Bettes

Wahnideen - Tiere(42) | *T ~ Abdomen, sind im*(2) | T ~ gehen vorbei - vor ihr

Wahnideen - tot - Personen, sieht tote(59) | *W ~ übermenschlich, er sei - Kontrolle; er sei unter übermenschlicher*(8) | W ~ Unrecht - begangen; er habe Unrecht(26) | W ~ Verbrecher; er sei ein(11) | W ~ verfolgt; er würde(23) | W ~ verkehrt - etwas sei verkehrt(2) | W ~ verkleinert - dünn, er sei zu | W ~ Visionen, hat - nachts(6) | V ~ Schließen der Augen; beim(29)

Weinen(244) | W ~ nachts(81) | n ~ Schlaf, im(12)

Weinen - angesprochen; wenn(9) | W ~ Kindern; bei - Neugeborenen; bei(2) | W ~ Menses - während(27) | *W ~ Musik; durch*(14) | W ~ Schlaf, im(88)

Gemüt ...

Weinen - Trost - agg.(22) | T~ will nicht getröstet werden(10)
Weinen - Verlangen zu weinen - immer; die ganze Zeit(16)
Widerspenstig(66)
Widersprüchlich - Handlungen stehen im Widerspruch zu den Absichten(5)
Widerspruch - verträgt keinen Widerspruch(73)
Widerwillen(39) | *W~ allem, vor*(22)
Wirft mit Gegenständen um sich(20)
Zeit - schnell, scheint kürzer; vergeht zu(14)
Zerstreut(166)
Zorn(243) | Z~ heftig - Sachen nicht nach seinem Willen, seinen Wünschen verlaufen; wenn | Z~ Kleinigkeiten, über(58) | *Z~ leicht*(37) | *Z~ Widerspruch, durch*(37)

Träume

Absurd(13)
Alpträume, Alpdrücken(144) | A~ Menses - nach(2)
Angenehm(136)
Ängstlich(239) | Ä~ Einschlafen, beim(11) | *Ä~ Liegen auf der linken Seite; beim*(5) | Ä~ Menses - während(9)
Anstrengung - geistige(51)
Beeindruckend(11)
Beeinflußt das Gemüt(14)
Beschuldigungen(4)
Ereignisse - gelesene - früher gehört, gelesen, gesprochen oder nachgedacht hat; über die man(15) | E~ zurückliegende, kurz(55) | z~ Vorabend, vom(2)
Erotisch(196) | E~ Erektionen, mit(27) | E~ Pollutionen, mit(96)
Fallen, zu stürzen; zu(60) | **F~ Höhe herab, von einer**(29)
Gefahr(40) | G~ Liegen auf der linken Seite; beim | G~ Todesgefahr(7)
Hervorragende geistige Arbeit zu leisten(15)
Hochgelegene Orte - Herunterfallen, Hinabstürzen von(29)
Intellektuell(23)

Träume ...

Katzen(12)
Koitus(9)
Körperteile - Zähne - brechen ab(4)
Krankheit - Zähne - Abbrechen(4)
Krieg(6)
Lange Zeit(13)
Lebhaft(193)
Leichen(42)
Mord(53)
Nachdenken, mit(15)
Pollution, die nicht stattgefunden hat
Rufen(2)
Ruhelos(53)
Schlachten(13)
Schrecklich(237)
Tod(64) | T~ Liegen auf der linken Seite; beim | *T~ Sterben - er stirbt*(14)
Unfälle(29)
Unglück(64)
Verbrechen - spricht ihn vom Verbrechen frei; sein Gewissen
Verdrießlich(122)
Verstorbenen, von(84) | *V~ Schlafen auf dem Rücken, beim - linken Seite, auf der*
Verworren(122)
Viele(260) | V~ stürmen auf ihn ein, drängen sich auf(4)
Wecken den Patienten(118)
Zähne - brechen ab(5)

– *Thymolum* –

thymol.

Gemüt

Faulheit(269)
Geistige Anstrengung - agg.(141)
Gesellschaft - Verlangen nach(83)
Mürrisch(290)
Redseligkeit; Geschwätzigkeit(136)
Reizbarkeit(408)
Ruhelosigkeit(420)
Satyriasis(26)
Traurigkeit(477) | T~ Kopfschmerzen, bei(30)
Verwirrung, geistige(321)

Gemüt ...
Verzweiflung(137)

Träume
Erotisch(196) | E~ Pollutionen, mit(96)

– *Thyreoidinum* –

thyr.

Gemüt
Argwöhnisch(105)
Denken - Beschwerden - agg.; Denken an seine Beschwerden(71)
Entkleiden, sich Ausziehen - weint; entkleidet sich und
Erregung(287)
Euphorie(13)
Gedächtnis - Gedächtnisschwäche(284)
Geisteskrankheit, Wahnsinn - Wochenbett, im(35)
Geistige Anstrengung - Abneigung gegen(150)
Gleichgültigkeit, Apathie(251) | G~ allem; gegenüber(71)
Hysterie(194)
Idiotie(45)
Imbezillität(140)
Kindisches Benehmen(52)
Kretinismus(8)
Lachen - eigenartig vorkommt; in einer Art, die ihr selbst
Launenhaftigkeit, launisch(108)
Manie(149)
Raserei, Tobsucht, Wut - abends(16)
Reizbarkeit(408) | R~ Menses - vor(17)
Ruhelosigkeit(420)
Seelenruhe, Gelassenheit(85)
Streitsüchtig - abwechselnd mit - Euphorie | S~ Familie, mit ihrer(4)
Stumpfheit(332)
Traurigkeit - Erwachen, beim(24)
Verzweiflung - Genesung, in bezug auf die(44)
Wahnideen - nachgestellt - ihm würde nachgestellt(28) | W~ stirbt - er(15)
Widerspruch - verträgt keinen Widerspruch(73)
Zorn(243)

– *Thyreotropinum* –

thyreotr.

Gemüt
Angst(362)
Erregung(287) | E~ abwechselnd mit - Traurigkeit(13)
Qualvolle Angst(121)
Traurigkeit(477)
Weinen(244)

Träume
Ängstlich(239)

– *Tilia europaea* –

til.

Gemüt
Angst - Freien, im - amel.(23) | A~ Furcht, mit(110) | *A ~ Haus, im*(15)
Beschwerden durch - Liebe; enttäuschte(31)
Bewußtlosigkeit - Mittagessen, nach dem(2)
Ernst(77)
Furcht(242) | F~ engen Räumen; in(33) | F~ Gesellschaft, vor(5) | F~ Menschen, vor(81) | F~ Menschenmenge; in einer(58) | F~ Zimmer, beim Eintritt in ein(5)
Gedanken - überlegt(54)
Gesellschaft - Abneigung gegen(156)
Jammern(93) | J~ Fieber, im(2)
Konzentration - schwierig(261) | s~ vormittags(3)
Liebe - liebeskrank(3)
Mürrisch(290)
Reizbarkeit(408) | *R ~ morgens*(69) | R~ Mittagessen - nach(8)
Seufzen(98)
Sprache - delirös - Fieber, im(2)
Streitsüchtig(136) | S~ abends(8)
Stumpfheit(332)
Tadelsüchtig, krittelig(80)
Traurigkeit(477) | T~ Essen - nach(25)
Traurigkeit - Mittagessen, nach dem(6)
Unzufrieden(168)
Vergnügen(7) | V~ morgens

Gemüt ...

Verwirrung, geistige - morgens(115) | m ~ Erwachen, beim(50)
Verwirrung, geistige - nachts(19) | V ~ Erwachen, beim(71)
Wahnideen - wanken - Gegenstände wanken(3)
Weinen(244) | W ~ Fieberhitze, in der(25)
Widerspruch - verträgt keinen Widerspruch(73)
Zorn - Widerspruch, durch(37)

Träume

Ängstlich(239)
Lebhaft(193)
Poetisch(5)
Schrecklich(237)
Unangenehm(87)
Unerinnerlich, bleiben nicht im Gedächtnis(93)
Verworren(122)

– *Tongo odorata* –

tong.

Gemüt

Abscheu - allgemeiner - vormittags
Angst(362)
Faulheit(269) | F ~ Mittagessen, nach dem(8) | F ~ Schläfrigkeit, bei(29)
Froh(182)
Furcht - Arbeit; vor der(32)
Gleichgültigkeit, Apathie - Schläfrigkeit, bei(25)
Ruhelosigkeit(420)
Schweigsam(209)
Traurigkeit(477)
Verwirrung, geistige - berauscht - wie(47)

– *Trachinus draco*

trach.

Gemüt

Angst(362)
Delirium - rasend(84)
Furcht - Tod; vor dem(143)
Tollwut, Hydrophobie(46)

– *Tradescantia diuretica* –

trad.

Gemüt

Seufzen(98)

– *Trifolium pratense* –

trif-p.

Gemüt

Stumpfheit(332)
Verwirrung, geistige - morgens(115)

– *Trifolium repens* –

trif-r.

Gemüt

Wahnideen - schlafen; er würde - nicht geschlafen; er habe - morgens beim Erwachen

– *Trillium pendulum* –

tril-p.

Gemüt

Angst - Menopause, in der(8)
Erregung(287)
Furcht - Krankheit, vor drohender(66) | F ~ Tod; vor dem(143)
Qualvolle Angst(121)
Reizbarkeit(408)
Ruhelosigkeit - Bett - Herumwerfen im(123) | R ~ bewegen - muß sich ständig(18) | R ~ Blutungen, nach
Schweigsam(209)
Traurigkeit(477)
Verwirrung, geistige - Identität; in bezug auf seine - Dualität; Gefühl der(37)
Wahnideen - doppelt - sein, doppelt zu(30)
Zorn(243)

Träume

Schlittenfahrten(2)
Schwelgerei, Festmahl(9)
Viele(260)

– *Triosteum perfoliatum* –

trios.

GEMÜT

Diskutieren - Verlangen zu
Erschöpfung; geistige(217)
Froh(182)
Gesellschaft - Abneigung gegen - allein, wenn - amel.(33)
Konzentration - schwierig(261)
Raserei, Tobsucht, Wut - abends(16)
Reizbarkeit(408) | R~ abends(60) | R~ Geräusche, durch(21)
Traurigkeit(477)

– *Trombidium muscae domesticae* –

trom.

GEMÜT

Gedanken - zusammenhangslos(30)
Ideen, Einfälle - Mangel an(102)
Redseligkeit; Geschwätzigkeit(136)
Ruhelosigkeit(420) | R~ nachts - Mitternacht - nach - 4 h(4) | R~ bewegen - muß sich ständig(18)
Vergeßlich(187)
Verwirrung, geistige(321)
Widerspenstig(66)
Widerspruch - Neigung zu widersprechen(38)

TRÄUME

Erotisch(196)

– *Tuberculinum Koch* –

tub-k.

GEMÜT

Empfindlich - Musik, gegen(46)
Manie(149)

– *Tuberculinum Marmoreck* –

tub-m.

GEMÜT

Angst(362)

GEMÜT ...

Empfindlich(192)
Geistige Anstrengung - agg.(141)
Ruhelosigkeit - Kindern, bei(22)

– *Tuberculinum avis* –

tub-a.

GEMÜT

Ruhelosigkeit - Kindern, bei(22)

– *Tuberculinum bovinum Kent* –

tub.

GEMÜT

Abscheu - Arbeit, vor der(21)
Alkoholismus(135)
Angesehen zu werden; erträgt es nicht(23)
Angst - abends(87) | a~ Mitternacht, bis
Angst - nachts - Mitternacht - vor(36) | **N~ KINDERN, BEI**(15)
Angst - Erwachen, beim(86) | *A~ Fieber - während*(91) | A~ Kopfschmerzen, mit(18)
Antworten - einsilbig - Ja oder Nein(3) | e~ Nein auf alle Fragen(6)
Auffahren, Zusammenfahren(117) | A~ Schlaf - Einschlafen, beim(72)
Außer sich; ist - Angst; vor(14)
BELEIDIGT, LEICHT(79)
Berührt zu werden; Abneigung(46)
Beschimpfen, beleidigen, schmähen(67)
Beschwerden durch - Erregung - Gefühle, der(87) | B~ Erwartungsspannung(68) | **B~ GEISTIGE ANSTRENGUNG**(59) | B~ Liebe; enttäuschte(31)
Betäubung - Gefühl wie
Bewußtlosigkeit(280) | *B~ Schreien, mit*
Boshaft(99)
Delirium(233) | D~ nachts(67) | *D~ abwechselnd mit - Schlaflosigkeit* | a~ Traurigkeit
Delirium - Schlaflosigkeit - mit(45)
Denken - Beschwerden - agg.; Denken an seine Beschwerden(71)

GEMÜT ...

Destruktivität, Zerstörungswut(41) | D~ Gemütsbewegungen; Zerstörungswut durch unterdrückte(5)
Droht(8)
Eigensinnig, starrköpfig, dickköpfig(107) | **E~ Kinder**(18)
Empfindlich(192) | **E~ Geräusche, gegen**(149) | G~ geringste Geräusch; gegen das(29) | G~ Musik amel.(15)
Empfindlich - Licht, gegen(15) | E~ Musik, gegen(46)
Entmutigt(135)
Erregung(287) | E~ abwechselnd mit - Stumpfheit(3) | E~ geistige Anstrengung; durch(5)
Erschreckt leicht(125) | E~ Erwachen, beim(41)
Erwartungsspannung - Lampenfieber(14) | *E~ Zahnarzt, Arzt; vor dem Gang zum*(5)
Farben - blau - Verlangen nach - hellblau(9) | *F~ grün - Verlangen nach - hellgrün*(5) | F~ helle Farben - Verlangen nach(6) | F~ rosa - Verlangen nach(10) | F~ weiß - amel.(4) | *w~ Verlangen nach*(15)
Faulheit(269) | F~ morgens(51)
Fehler; macht - Schreiben, beim(83) | F~ Sprechen, beim(81) | S~ Worte - falsche Worte; benutzt(53) | f~ sieht, anstatt des Namens des Gewünschten; benutzt den Namen des Gegenstandes, den er(6)
Fleißig, arbeitsam, Arbeitswut(101)
Fliehen, versucht zu(61)
Fluchen(44) | F~ zurückhalten, um nicht zu fluchen; muß sich(4)
Froh(182) | F~ abwechselnd mit - Traurigkeit(57)
Frühreif(7)
Furcht(242) | F~ allem; ständige Furcht vor(9) | **F~ Erwachen, beim**(54) | F~ fallen, zu stürzen; zu(28) | **F~ geschehen; etwas werde**(82) | F~ Gewitter, vor(25) | *F~ Hunden, vor*(22) | F~ Katzen, vor(6) | F~ Selbstmord, vor(10)

GEMÜT ...

Furcht - Tieren, vor(11) | F~ Tod; vor dem(143) | F~ Unheil; Furcht vor - Familie drohen; würde der
Gedächtnis - Gedächtnisschwäche(284)
Gedanken - drängen auf ihn ein und schwirren durcheinander(16) | d~ nachts
Gedanken - hartnäckig(83) | h~ nachts(8)
Gedanken - quälend(31) | q~ nachts(5)
Geistesabwesend(71)
Geisteskrankheit, Wahnsinn(153) | G~ abwechselnd mit - Fieber, Entzündungsfieber; mit hitzigem | a~ körperliche Symptome(7) | a~ Traurigkeit
Geisteskrankheit, Wahnsinn - reisen; mit Verlangen zu(9)
Geistige Anstrengung - agg.(141) | G~ Abneigung gegen(150)
Gemütssymptome - abwechselnd mit - körperliche Symptome(18)
Gleichgültigkeit, Apathie(251) | *G~ Wetter - stürmisches Wetter*(2)
Hoffnung, voller(13)
Hysterie(194)
Ideen, Einfälle - Reichtum an, Klarheit des Geistes(125)
Idiotie(45) | *I~ schrillem Schreien, mit*(3)
IMPULSE, TRIEBE; KRANKHAFTE - LAUFEN; ZU(12)
Jammern(93)
Kämpfen, möchte(10)
Klagen(64)
Kleinigkeiten scheinen wichtig, bedeutend(19)
Kunst - Talent zur(8)
Langeweile(53)
Lasziv, lüstern(77)
Launenhaftigkeit, launisch(108)
Lebensüberdruß(82)
Manie(149) | M~ abwechselnd mit - Niedergeschlagenheit(9) | M~ anfallsweise(3) | M~ periodisch(4)
Milde(80)
Mürrisch(290)
Musik - amel.(15)

GEMÜT ...

Mutig(26)
Mutwillig, boshaft(24)
Quält - sich(8)
Redseligkeit; Geschwätzigkeit - Fieber; im(11) | R~ wechselt schnell von einem Thema zum anderen(20)
Reisen - Verlangen nach(28)
Reizbarkeit(408) | **R~ morgens - Erwachen, beim**(43) | **R~ Erwachen, beim**(56) | *R~ Kindern, bei*(29)
Ruhelosigkeit(420) | R~ nachts(249) | *R~ Kindern, bei*(22)
Scham bei Kindern; große
Schamlos(29) | *S~ Kindern, bei*
Schlagen(42) | S~ Kindern; bei - Tadel, bei | **S~ sich; schlägt - schlägt seinen Kopf gegen die Wand und gegen Gegenstände**(11)
Schmollen(41)
Schreien(133) | **S~ KINDERN, BEI**(38) | *K~ Schlaf, im*(13)
Schreien - Schlaf, im(80) | S~ Menses - vor(5)
Schweigsam(209)
Selbstsucht, Egoismus(32)
Sonderbar, fremd, merkwürdig - alles erscheint(16)
Sprache - unsinnig(29)
Sprechen - Schlaf, im(93)
Stimmung, Laune - veränderlich(158) | *S~ wechselnd, wechselhaft*(80)
Stöhnen(119) | *S~ Konvulsionen, in*(3)
Störungen; Abneigung gegen(13)
Streitsüchtig(136)
Stumpfheit(332) | *S~ Kindern; bei*(21)
Suizidneigung; Neigung zum Selbstmord(98)
Tadelsüchtig, krittelig(80)
Tadelt - andere(32)
Tiere - liebt Tiere, Tierliebe - Katzen(3)
Traurigkeit(477) | T~ Menses - vor(34)
Traurigkeit - Wetter - nassem Wetter, bei(3)
Übereilt, vorschnell, unüberlegt(6)
Unbesonnen(82)
Unzufrieden(168)

GEMÜT ...

Veränderungen - Verlangen nach(5)
Vergeßlich(187)
Verwirrung, geistige(321) | V~ Gehen - Freien, im(14)
Verzweiflung(137)
Wahnideen(191) | W~ nachts(36) | W~ Bett - schaukeln; das Bett würde - Seite zur anderen; von einer - Hängematte; wie eine | W~ drehen - sie - würde sich drehen - Kreis, im(10) | W~ erdrückt - Menge; erdrückt von der eilenden | W~ Fallen - er würde(29) | F~ hinten, nach - Schaukeln in einem Stuhl nach hinten fallen; er werde beim
Wahnideen - Fliegen - könne er fliegen; als(3) | W~ groß - Menschen scheinen zu groß - Schwindel; beim(3) | W~ Körper - häßlich aussehen; der Körper würde(2) | W~ Kopf - Kreis herum drehen; der Kopf würde sich im(2) | W~ Menschen - hinter ihm; jemand sei(19) | W~ Schlangen - in ihr und um sie herum(19) | W~ sonderbar, merkwürdig - alles sei(16) | a~ Zimmer, im
Wahnideen - sonderbar, merkwürdig - Umgebung erscheint fremd(5) | s~ Vertrautes scheint fremd(38)
Wahnideen - verwirrt, wie(2) | W~ Zimmer - groß; das Zimmer sei zu
Wandern - Verlangen zu wandern(15)
Weinen - angesprochen; wenn(9) | W~ grundlos(30) | g~ ohne zu wissen warum(6)
Weinen - Kleinigkeiten, über - Kinder bei der geringsten Sorge(5)
Widerspenstig - Eltern; gegenüber den
Wirft mit Gegenständen um sich(20) | W~ Personen; nach(5)
Zerbricht Dinge(13)
Ziehen - Haaren; an den(9) | H~ Verlangen zu ziehen - ihrem eigenen Haar; an(9) | V~ jemanden an den Haaren(11)
Zorn(243) | Z~ Erwachen, beim(16) | Z~ heftig(72) | Z~ Kleinigkeiten, über(58) | Z~ plötzlich(7) | Z~ wirft mit Gegenständen(12)

TRÄUME
Beschämend(13)
Lebhaft(193)
Prüde zu sein
Reisen(48)
Schrecklich(237)
Viele(260)

– Tuberculinum residuum Koch –
tub-r.

GEMÜT
Entmutigt(135)
Lebensüberdruß(82)
Traurigkeit(477)

– Tussilago fragrans –
tus-fr.

GEMÜT
Boshaft(99)
Klagen(64)
Seelenruhe, Gelassenheit(85)
Sprache - gütig
Tadelsüchtig, krittelig(80)
Verwirrung, geistige(321)
Zufrieden - vormittags - 10 - 23 h

– Tussilago petasites –
tus-p.

GEMÜT
Delirium tremens(84)

TRÄUME
Viele(260)

– Upas tieuté –

upa.

Gemüt

Beschwerden durch - sexuell - Exzesse(59)
Empfindlich(192)
Gedächtnis - Gedächtnisschwäche(284)
Konzentration - schwierig(261)
Mürrisch(290) | M~ abends - Bett, im(3)
Reizbarkeit(408) | R~ abends - Bett, im
Ruhelosigkeit(420) | R~ morgens(22) | R~ nachmittags(25) | R~ Koitus - während
Stumpfheit(332)
Traurigkeit(477)
Wahnideen - Fallen - er würde(29) | W~ Ohnmacht fallen; er werde(19) | O~ Übelkeit, mit
Zorn(243)

Träume

Körperteile - Augenlider, Jucken der
Krankheit(43) | K~ Jucken der Augenlider
Krönung

– Uranium metallicum –

uran-met.

Gemüt

Reizbarkeit(408)
Traurigkeit(477)

– Uranium nitricum –

uran-n.

Gemüt

Betäubung(237)
Bewußtlosigkeit(280)
Faulheit(269)
Mürrisch(290)
Ruhelosigkeit(420) | R~ nachts(249)
Stumpfheit(332)
Traurigkeit(477)
Verwirrung, geistige - Schlaf; nach(14)

– Urtica urens –

urt-u.

Gemüt

Ruhelosigkeit(420)

– Ustilago maydis –

ust.

Gemüt

Gedanken - sexuell(21) | s~ Masturbation, mit
Gesellschaft - Abneigung gegen(156) | A~ Verlangen nach Einsamkeit - masturbieren, um zu(2)
Hysterie(194)
Lasziv, lüstern(77)
Manie(149)
Mürrisch(290)
Phantasien - lasziv(46)
Reizbarkeit(408) | R~ angesprochen, wenn(26) | R~ gefragt wird; wenn er(12) | R~ Hitze - während(31) | R~ Pollutionen, nach(10) | R~ Samenabgang, nach(8)
Ruhelosigkeit(420) | R~ nachts(249) | R~ Bett - Herumwerfen im(123)
Satyriasis(26)
Schweigsam(209)
Sinnlichkeit(24)
Stumpfheit(332)
Suizidneigung; Neigung zum Selbstmord(98)
Traurigkeit(477)
Traurigkeit - Menses - nach(7) | T~ Pollutionen, durch(23)
Verwirrung, geistige - morgens(115)
Weinen(244) | *W~ Pollutionen, nach*(2)

Träume

Ängstlich(239)
Enttäuschungen(4)
Erotisch(196) | E~ Pollutionen, mit(96)
Intellektuell(23)
Schrecklich(237)
Traurig(46)
Unangenehm(87)
Verdrießlich(122)

– *Uva ursi* –

uva

GEMÜT

Empfindlich - Geräusche, gegen - geringste Geräusch; gegen das(29)

Mürrisch(290)

– Vaccin atténué bilié –

v-a-b.

Gemüt

Angst(362)
Empfindlich - Geräusche, gegen(149)
Erregung(287) | E ~ Lesen, beim - fremder Sprache, in
Furcht - Tod; vor dem - drohendem Tod, vor(17)
Gedächtnis - Gedächtnisschwäche - Worte, für(61)
Geistige Anstrengung - agg.(141) | a ~ ermüdet(20)
Hypochondrie(116)
Ideen, Einfälle - Reichtum an, Klarheit des Geistes(125)
Qualvolle Angst(121)
Reizbarkeit(408)
Sorgen, voller(50)
Stumpfheit(332)
Tod - Gefühl von(25)
Traurigkeit(477)
Unbeständigkeit(45)
Vergeßlich - Worte beim Sprechen; vergißt(52)
Wahnideen - sterben - gleich sterben; glaubt, er würde(57)
Zorn(243)

Träume

Erotisch(196)

– Vaccininum –

vac.

Gemüt

Furcht - Pocken, vor(2)
Getragen - Verlangen getragen zu werden(31)
Mürrisch(290)
Reizbarkeit(408)
Ruhelosigkeit(420)
Schreien(133)
Sorgen, voller(50)
Ungeduld(131)
Weinen(244) | W ~ Fieberhitze, in der(25)

– Valeriana officinalis –

valer.

Gemüt

Abscheu - Leben, vor dem(84)
Aktivität; Verlangen nach(38)
Alkoholismus(135)
Angst(362) | A ~ Fieber - während(91) | A ~ Freien, im - amel.(23) | A ~ Furcht, mit(110) | A ~ Haus, im(15) | A ~ hypochondrisch(52)
Antworten - irrelevant, nicht zur Sache Gehörendes(12) | A ~ unzusammenhängend(13)
Außer sich; ist(51)
Begreifen, Auffassungsvermögen - leicht(38)
Betäubung(237) | B ~ Bücken, beim(3)
Bewußtlosigkeit(280) | B ~ Frost - während(15) | *B ~ Schmerzen, durch*(9) | B ~ Traum, wie ein einem(11)
Dämmerung agg. Gemütssymptome(9)
Delirium(233) | *D ~ mild*(10) | D ~ ruhig(23) | *D ~ wild*(21) | D ~ Zittern, mit(23)
Droht(8)
Dunkelheit - agg.(27)
Ekstase(59)
Empfindlich(192) | E ~ Fieberhitze, in der(8)
Entmutigt(135)
Erkennt - nicht; erkennt - Verwandten nicht; erkennt seine eigenen(28)
Ernst(77)
Erregung(287) | E ~ abends(32) | E ~ Hitze - während der Hitze; Erregung(23) | E ~ Kaffee, wie nach(4) | E ~ Menopause, in der(10) | E ~ nervös(23) | E ~ Wein - wie durch(8) | *E ~ Zittern, mit*(10)
Erschöpfung; geistige(217)
Exzentrizität, Überspanntheit(54)
Faulheit(269)
Fehler; macht - Orte; in bezug auf(32)
Fleißig, arbeitsam, Arbeitswut(101)
Fliehen, versucht zu(61) | F ~ Fenster, aus dem(6)
Fremde - Gefühl, man sei ein Fremder(2)

GEMÜT ...

Froh(182) | *F ~ abends*(42)

Furcht(242) | F ~ abends(51) | F ~ allein zu sein - Dunkelheit; in der(3) | F ~ Dunkelheit, vor der(40) | F ~ engen Räumen; in(33) | *F ~ Luft - Freien im - amel.*(4) | F ~ Unglück, vor(93) | F ~ warmes Zimmer - vor dem | *F ~ Zimmer, beim Eintritt in ein*(5)

Gedächtnis - gut, aktiv(91) | G ~ Gedächtnisschwäche(284) | G ~ Namen; für - eigenen Namen; für den(6)

Gedanken - fehlerhaft, falsch(3) | **G ~ Gedankenandrang, einstürmende Gedanken, Gedankenfluß**(78) | G ~ Betrunkenheit, wie bei

Gedanken - schnell(36) | G ~ wandernd(72)

Gefühle, Gemütsbewegungen - beherrscht; vom Verstand, Intellekt(4)

Geistige Anstrengung - Abneigung gegen(150)

Gemütssymptome(26)

Geschäftig(45)

Gesten, Gebärden; macht - windend, schlängelnd

Heimweh(52)

Hellsehen(28)

Hochgefühl(97)

Hypochondrie(116)

Hysterie(194) | H ~ Menopause, in der(7)

Ideen, Einfälle - Mangel an(102) | I ~ Reichtum an, Klarheit des Geistes(125) | *R ~ abends*(17) | R ~ Schweiß, beim(2)

Lachen(102) | L ~ abends(6) | *L ~ abwechselnd mit - Weinen*(43) | L ~ spasmodisch(49)

Launenhaftigkeit, launisch(108)

Lebensüberdruß(82) | L ~ Fieberhitze, in der(5)

Lebhaftigkeit - agg.(5)

Lebhaft, munter(50)

Licht - Verlangen nach(19)

Lustig, fröhlich(123) | L ~ abends(29)

Menopause agg.(18)

Mürrisch(290)

Mutig(26)

GEMÜT ...

Phantasien - lebhaft(31) | P ~ übertrieben(114)

Redseligkeit; Geschwätzigkeit(136) | R ~ wechselt schnell von einem Thema zum anderen(20)

Reizbarkeit(408)

Ruhelosigkeit(420) | *R ~ nachts*(249) | R ~ ängstlich(111) | R ~ Bett - Herumwerfen im(123) | R ~ Freien, im - amel.(9) | R ~ Hitze - während(66) | R ~ hypochondrisch(4) | R ~ treibt umher - Freien, im(3) | R ~ zittrig(5)

Schreien(133) | S ~ Kindern, bei - Stuhlgang - während(3)

Selbstsucht, Egoismus(32)

Sinne - scharf(52)

Sonderbar, fremd, merkwürdig - alles erscheint(16)

Stilles Wesen(49) | S ~ Hypochondrie, bei(2)

Stimmung, Laune - veränderlich(158) | S ~ wechselnd, wechselhaft(80)

Stumpfheit(332)

Stupor(138)

Suizidneigung; Neigung zum Selbstmord - Wechselfieber, bei(6)

Traum; wie in einem(69)

Traurigkeit(477) | T ~ allein - wenn(24)

Trostlos, das Zimmer erscheint

Unbehagen(44)

Unbesonnen(82)

Unbeständigkeit(45)

Verbittert, verärgert(9)

Verlassen zu sein; Gefühl(56)

Verwirrung, geistige(321) | V ~ abends(78) | V ~ berauscht - wie nach einem Rausch(35) | V ~ Bücken, beim(13) | V ~ Fieberhitze, in der(26) | V ~ Identität; in bezug auf seine(21) | V ~ Sitzen, im(33) | V ~ Stehen, im(11)

Verzweiflung(137)

Wahnideen(191) | W ~ arm, er sei(10) | W ~ berauscht - sei, er(59) | W ~ Bett - jemand - im Bett; als sei jemand - mit ihm(13) | W ~ Bilder, Phantome; sieht(76) | B ~ nachts(40)

Gemüt ...

Wahnideen - doppelt - sein, doppelt zu(30) | W ~ drehen - alles dreht sich(4) | W ~ erstickt zu werden - Einschlafen; beim | W ~ Fliegen(13) | W ~ Gefahr, Empfindung von(6) | W ~ Geruchssinns, des(17) | W ~ Gestalten - sieht(33) | W ~ Hause, zu - weg von zu Hause; er sei(23) | W ~ Identität - Fehleinschätzung in bezug auf die eigene(18) | *I ~ jemand anderer; sie sei*(10)

Wahnideen - leicht - sei leicht, er(26) | W ~ Menschen - neben ihm, seien(13) | M ~ sieht(29)

Wahnideen - nahe - Dinge ihm nahe sind, selbst wenn er sie nicht anblickt; spürt, daß | W ~ Neuigkeiten - erwartet Nachrichten - frohe Nachrichten(2) | W ~ Person - andere Person; sie sei eine(8) | W ~ Phantasiegebilde, Illusionen(115) | *W ~ schweben - Luft, in der*(45) | W ~ schwimmen, er würde - Luft, in der(5) | W ~ sonderbar, merkwürdig - Gegenstände scheinen(2) | s ~ Vertrautes scheint fremd(38)

Wahnideen - Tiere(42) | T ~ Bett - auf dem(5)

Wahnideen - unangenehm; alles sei | W ~ Visionen, hat(76) | W ~ weggenommen worden; Gegenstände um ihn herum seien

Wandern - Verlangen zu wandern - Haus herumwandern; möchte im

Zerstreut(166)

Zorn(243) | Z ~ leicht(37)

Träume

Alpträume, Alpdrücken(144)

Angenehm(136)

Ängstlich(239)

Erotisch(196)

Erschöpfend(45)

Lebhaft(193)

Reisen - Schiff, mit dem(5)

Schiff fahren, mit dem(8)

Schrecklich(237)

Verworren(122)

Viele(260) | V ~ Kindern, bei

Träume ...

Wasser(49)

– *Variolinum* –

vario.

Gemüt

Delirium(233) | D ~ Fieber; im(54) | *D ~ mild*(10) | *D ~ wild*(21)

Empfindlich - Gerüche, gegen(30)

Furcht - Pocken, vor(2) | F ~ Tod; vor dem(143) | T ~ Schlaf; gefolgt von tiefem

Ruhelosigkeit - Bett - Herumwerfen im(123)

– *Venus mercenaria* –

ven-m.

Gemüt

Gedanken - zusammenhangslos(30)

Gleichgültigkeit, Apathie(251)

Konzentration - schwierig(261)

Langeweile(53)

Reizbarkeit - Geräusche, durch(21)

Schizophrenie(10)

Traurigkeit(477)

Wahnideen - getrennt - Welt, von der - er sei getrennt(8)

Weinen - Kleinigkeiten, über(23)

Träume

Gewalttätigkeit(8)

Krankheit(43)

Mord(53)

Spinnen (Tiere)(4)

Tod(64)

– *Veratrinum* –

verin.

Gemüt

Angst(362)

Bewußtlosigkeit(280)

Delirium(233)

Wahnideen(191)

– *Veratrum album* –

verat.

GEMÜT

Abneigung - Ehemann; gegen ihren(9) | *E ~ Kinder, und*(2)

Abneigung - Kinder; gegen - eigenen Kinder; gegen ihre(8)

Abscheu - Leben, vor dem(84)

Aktivität; Verlangen nach(38) | A ~ ruhelos(6)

Albernes Benehmen(65)

Alkoholismus(135)

Angesprochen zu werden - Abneigung(63)

Angst(362) | A ~ morgens(42) | A ~ abends(87) | a ~ Bett, im(54)

Angst - nachts(119) | n ~ Mitternacht - vor(36) | M ~ nach - 3 h - nach(3)

Angst - Ärger - nach(6) | A ~ Aufstehen - Liegen, vom | A ~ Sitzen, vom(2)

Angst - Aufstoßen - endet mit | A ~ Bett - im Bett(49) | A ~ Erwachen, beim(86) | A ~ Essen - nach(39) | A ~ Fieber - während(91) | A ~ Freien, im - amel.(23) | *A ~ Frost - während*(31) | *A ~ Furcht, mit*(110) | A ~ geistige Anstrengung; durch(20) | *A ~ Gewissensangst*(75) | A ~ Menses - während(33) | w ~ Zorn und Angst; mit(9)

Angst - Mittagessen - nach(11) | A ~ Schaudern, mit(11) | A ~ Schlaf - während(42) | *A ~ Schreck - nach*(12) | A ~ Schweiß - kaltem, mit(12) | **A ~ Seelenheil, um das**(35) | *A ~ Stehen, im*(7) | A ~ Stuhlgang - vor(24) | *S ~ während*(20)

Angst - Zorn, bei(3) | A ~ Zukunft(108)

Anorexia nervosa(13)

Antworten - Abneigung zu antworten(67) | **A ~ einsilbig**(15) | *A ~ falsch, unrichtig*(13) | A ~ schwierig, Antworten ist(11) | *A ~ weigert sich zu antworten*(32)

Argwöhnisch(105)

Auffahren, Zusammenfahren(117) | A ~ leicht(52) | *A ~ Schlaf - während*(163) | S ~ durch(124) | S ~ Einschlafen, beim(72)

GEMÜT ...

Auffahren, Zusammenfahren - Schläfrigkeit, bei(13) | A ~ Schreck oder wie durch Schreck; durch(68)

Außer sich; ist(51) | A ~ Schmerzen; vor(13)

Begreifen, Auffassungsvermögen - leicht(38)

Beißen(35) | B ~ Löffel; beißt in den(9) | B ~ Nägel(33) | B ~ Schuh und schluckt die Teile; beißt in seinen

Beleidigt, leicht(79)

Berührt zu werden; Abneigung(46)

Beschäftigung - amel.(48)

Beschimpfen, beleidigen, schmähen(67) | B ~ Ehemann - beschimpft; Ehemann - Ehefrau vor den Kindern und umgekehrt(5)

Beschwerden durch - Ehre, verletzte(9) | B ~ Ehrgeiz - enttäuscht(6) | B ~ Enttäuschung(17) | *B ~ Erregung - Gefühle, der*(87) | E ~ religiöse(3)

Beschwerden durch - Erwartungsspannung(68) | B ~ Freude, übermäßige(13) | B ~ Furcht(27) | *B ~ Geldverlust; durch*(9) | B ~ geschäftlichen Mißerfolg; durch(13) | B ~ Kränkung, Demütigung(39) | B ~ Kummer(65) | B ~ Liebe; enttäuschte(31) | B ~ Schock; seelischen(23) | B ~ Schreck(72) | S ~ Menses, während(10)

Beschwerden durch - Überraschungen - angenehme(5) | B ~ Verachtung; verachtet zu werden(23) | B ~ Verletzungen, Unfälle; Gemütssymptome durch(10) | B ~ Zorn(94) | Z ~ Angst, mit(30) | Z ~ stillem Kummer; mit(27)

Betäubung(237)

Beten(21) | B ~ Knien, im(4)

Bett - bleiben; möchte im Bett - sexuelle Erregung, durch

Bewußtlosigkeit(280) | B ~ morgens(45) | *B ~ Anstrengung, nach*(9) | *B ~ Aufstehen, beim*(6) | *B ~ Bewegung; bei der geringsten*(2) | *B ~ Fieber, im*(50) | B ~ Gemütsbewegungen, nach(13) | *B ~ Meningitis, bei*(10) | B ~ Menses - während(13) | M ~ Unterdrückung von(8)

GEMÜT ...

Bewußtlosigkeit - partiell, teilweise bei Bewußtsein(13) | B ~ Schmerzen, durch(9) | *B ~ Stuhlgang - nach*(5) | *B ~ Traum, wie ein einem*(11)

Blindheit, vorgetäuschte

Boshaft(99)

Brütet, grübelt(41) | **B ~ abends** | **B ~ Ecke; sitzt stumpfsinnig oder brütend in einer**(11)

Bulimie - abwechselnd mit - weigert sich zu essen - Geisteskrankheit; bei(4)

Delirium(233) | D ~ nachts(67) | *D ~ ängstlich*(24) | D ~ antwortet - barsch(4) | D ~ apathisch(2) | **D ~ besinnungslos, mit offenen Augen**(13) | *D ~ Bett - flieht und springt plötzlich aus dem Bett auf*(36) | D ~ Blutung - nach(14) | *D ~ brummt*(44) | *D ~ Durst, mit*(2) | D ~ erkennt niemanden(11) | D ~ erotisch(12) | D ~ Fieber; im(54) | *D ~ Fieberfrost, im*(14) | D ~ heftig(26) | D ~ heiter, fröhlich(14) | D ~ hysterisch, fast(5) | *D ~ Kälte, mit*(2) | D ~ komisch(4) | D ~ Kopfschmerz - während(16) | D ~ Kopfverletzungen, nach(5) | D ~ Lachen(20) | D ~ lärmend(6) | D ~ Lochien, bei den | *D ~ manisch*(47) | *D ~ Meningitis cerebrospinalis*(8) | D ~ Menses vor(5) | M ~ während(10)

Delirium - mild(10) | D ~ rasend(3) | **D ~ rasend**(84) | *D ~ redselig*(33) | *D ~ religiös*(5) | *D ~ ruhelos*(12) | D ~ ruhig(23) | D ~ Schlaf - während(26) | D ~ Schlaflosigkeit mit(43) | **D ~ Schmerzen - durch**(2) | *S ~ während den*(8)

Delirium - schrecklich(26) | *D ~ Schweiß - kaltem Schweiß, mit* | *D ~ Sepsis, durch*(13) | *D ~ Sopor, mit*(3) | D ~ Verfolgungswahn im Delirium(9) | *D ~ wild*(21) | D ~ Zittern, mit(23)

Delirium tremens(84)

Demenz(33) | D ~ paralytica, Dementia(18)

Denken - Abneigung gegen(46)

Destruktivität, Zerstörungswut(41) | D ~ Betrunkenheit; bei(2) | *D ~ Kleidern, von*(10) | *K ~ zerschneidet sie*

GEMÜT ...

Diktatorisch, herrschsüchtig, dogmatisch, despotisch(25)

Dissoziation von der Umwelt(3)

Ehebrecherisch(9)

Ehre - Ehrgefühl, kein(5)

Ehrgeiz(15) | *E ~ Mittel ein; setzt alle erdenklichen*(3)

Eifersucht(34) | E ~ Kindern, zwischen(6) | E ~ Männern, zwischen(4)

Eigensinnig, starrköpfig, dickköpfig(107) | E ~ Dummkopf, wie ein(3)

Ekstase(59)

Empfindlich(192) | E ~ Fieberfrost, im(9)

Entbindung - nach der Entbindung; Gemütssymptome(9)

Entfremdet - Familie, von seiner - Fremden, aber nicht zu seiner Familie und Umgebung; er ist freundlich zu(4) | E ~ Freunde und Verwandte - ignoriert seine(4)

Entmutigt(135) | E ~ Stöhnen, mit(3)

Entrüstung(22)

Erkennt - nicht; erkennt - niemanden; erkennt(4) | *n ~ Verwandten nicht; erkennt seine eigenen*(28)

Ernst(77)

Erotisch(39)

Erregung(287) | E ~ Frost - während(22) | E ~ Hitze - während der Hitze; Erregung(23) | E ~ Menses - während(14) | *E ~ religiös*(2)

Erschöpfung; geistige(217) | E ~ Verletzungen, durch(5)

Erschreckt leicht(125) | E ~ Erwachen, beim(41) | E ~ Fieberfrost, im | E ~ Fieber, im(2)

Essen - weigert sich zu(26)

Extravaganz(16)

Exzentrizität, Überspanntheit(54) | E ~ religiös(3)

Fäzes - schluckt seinen(5)

Faulheit(269) | F ~ morgens(51)

Fehler; macht - Orte; in bezug auf(32)

Feigheit(89)

Fleißig, arbeitsam, Arbeitswut(101) | **F ~ Menses, vor den**(26)

GEMÜT ...

Fliehen, versucht zu(61) | *F~ Meningitis cerebrospinalis, bei* | *F~ springt plötzlich aus dem Bett*(17) | *F~ wegzulaufen, um*(16)

Fluchen(44) | *F~ nachts* | n~ dummes Gefühl; und klagt über ein

Fluchen - Raserei - in(3)

Froh(182) | F~ nachts(17) | F~ Fieberfrost, im(6) | F~ klatscht in die Hände(2)

Frühreif(7)

Furcht(242) | *F~ morgens*(27) | F~ abends(51) | F~ allein zu sein(54) | F~ Apoplexie, vor(36) | A~ Stuhlgang, beim

Furcht - Atem, nimmt den(2) | *F~ Auffahren, mit*(10) | F~ Beruf zu verlieren; seinen lukrativen(8) | F~ Cholera, vor(7) | *F~ Diarrhoe - durch*(6) | F~ eingebildeten - Dingen, vor(15) | F~ fliehen; mit Verlangen zu(9) | F~ Geisteskrankheit(74) | F~ geschehen; etwas werde(82) | F~ gesellschaftliche Stellung; um seine(3) | F~ Krankheit, vor drohender - unheilbar zu sein(42) | F~ Räubern, vor(25) | *F~ Tod; vor dem*(143) | T~ Menses - während(3)

Furcht - überwältigend(19) | F~ Unglück, vor(93) | F~ Unheil; Furcht vor(115) | F~ verdammt zu sein(2) | *F~ vergiftet - werden; Furcht, vergiftet zu*(23) | F~ voller Furcht(12) | F~ Wasser, vor(33) | F~ zittrig(36)

Geckenhaft(6)

Gedächtnis - gut, aktiv(91) | **G~ Gedächtnisschwäche**(284) | G~ gesagt hat; für das, was er(29) | G~ Personen, für(23) | G~ sagen will; für das, was er gerade(38) | G~ Tatsachen, Fakten; für(4) | T~ kurz zurückliegende Tatsachen, für(15)

Gedächtnis - Gedächtnisverlust(4)

Gedanken - fehlerhaft, falsch(3) | G~ Gedankenandrang, einstürmende Gedanken, Gedankenfluß(78) | *G~ hartnäckig*(83) | G~ schnell(36) | G~ sonderbar, merkwürdig(8) | G~ unangenehm(21)

GEMÜT ...

Gedanken - Vergehen, Schwinden der Gedanken(76) | G~ zusammenhangslos(30)

Gedanken versunken, in(90)

Geisteskraft - erhöht(18)

Geisteskrankheit, Wahnsinn(153) | G~ Angst, mit(7) | G~ benimmt sich wie ein Verrückter(8) | G~ Blutung, nach(8) | **G~ Bulimie; mit**(2) | G~ düstere Geisteskrankheit mit Verzweiflung und Lebensüberdruß - Furcht vor Kränkung oder Verlust der Stellung; durch(7) | **G~ erotisch**(31) | G~ essen - weigert sich zu essen(2) | G~ Fieberhitze, mit(8) | G~ fliehen, Verlangen zu(8) | G~ Frauen; bei(9) | G~ froh, lustig(8) | G~ Gesicht - blassem, mit(5) | G~ rotem, mit(4)

Geisteskrankheit, Wahnsinn - Größenwahn(14) | **G~ hochmütig, arrogant**(5) | G~ Kränkung - Furcht vor Kränkung; aus(7) | *G~ Lachen, mit*(6) | G~ lärmend(2) | G~ Lebensüberdruß; mit(7) | G~ Melancholie(17) | *G~ Menopause, in der*(11) | G~ Menses - während(7) | G~ mild(2) | G~ Mutwilligkeit, Ausgelassenheit; mit(7) | G~ reisen; mit Verlangen zu(9) | *G~ religiös*(19) | G~ Ruhelosigkeit, mit(14) | **G~ Schmerz, durch unerträglichen**(4) | G~ stampft mit den Füßen(3) | G~ Stellung zu verlieren; aus Furcht die(7) | G~ still(2) | G~ Suizidneigung, mit(4) | G~ Verfolgungswahn(6) | G~ Vermögen - Gewinn eines Vermögens; nach(5) | V~ Verlieren eines Vermögens; nach(4)

Geisteskrankheit, Wahnsinn - Verzweiflung; mit(7) | *G~ Wochenbett, im*(35)

Geistige Anstrengung - agg.(141) | a~ unmöglich(130)

Geistige Anstrengung - amel.(15) | G~ Verlangen nach(65)

Gemütssymptome(26)

Geräusche - Neigung Krach, Lärm zu machen(7)

Gemüt ...

Geschäftig(45)
Gesellschaft - Abneigung gegen(156) | G~ Verlangen nach(83)
Gesten, Gebärden; macht(22) | G~ Hände; unwillkürliche Bewegungen der(23) | H~ Greifen(41) | H~ klatscht(4) | H~ Kopf, zum(3)
Gesten, Gebärden; macht - kindisch(2) | G~ lächerlich oder albern(19) | G~ langsam(5) | G~ nervös(3) | **G~ stampft mit den Füßen**(17) | G~ übertrieben, extravagant(2) | G~ ungeschickt in bezug auf(7) | G~ unsicher(4)
Getragen - Verlangen getragen zu werden(31) | V~ schnell(6)
Gewissenhaft, peinlich genau in bezug auf Kleinigkeiten(58)
Geziertheit, Affektiertheit(13) | G~ Gesten und Handlungen; in(3) | G~ Worten, in(3)
Gier, Habsucht(19)
Gleichgültigkeit, Apathie(251) | G~ tagsüber(6) | G~ allem; gegenüber(71) | G~ äußere - Dinge; gegen(26) | *G~ bemerkt nichts* | G~ Entblößung ihres Körpers; gegen die(6) | G~ Fieberfrost, im(10) | G~ Fieber, im(16) | *G~ Typhus, bei*(9) | *G~ Wünsche noch irgendwelchen Willen; hat weder*(2)
Grausamkeit, Unmenschlichkeit(30)
Grobheit(37)
Hämorrhoiden; Gemütssymptome nach unterdrückten(18)
Hart zu Untergebenen und freundlich zu Vorgesetzten(4)
Hast, Eile(112)
Hause, zu - Verlangen, nach Hause zu gehen(18) | H~ verlassen; Verlangen das Zuhause zu(7)
Hautausschlägen; Gemütssymptome nach unterdrückten(18)
Heftig, vehement(100) | *H~ Gewalttaten führt; Raserei, die zu*(34) | *H~ jagt die Familie aus dem Haus*
Heikel, pingelig(34)
Heimweh(52)

Gemüt ...

Heirat - besessen vom Gedanken an die Heirat; Mädchen sind sexuell erregt und(4)
Heulen(30) | *H~ nachts*
Hinterhältig, hinterlistig, falsch, verschlagen(32)
Hochgefühl(97)
Hochmütig, arrogant(53) | H~ dumm und hochmütig(6) | *H~ Schwangerschaft, in der*
Hoffnung, voller(13)
Hypochondrie(116)
Hysterie(194) | H~ Menses - während(27)
Ichbezogenheit, Egotismus, Selbstüberschätzung(24)
Ideen, Einfälle - Mangel an(102) | I~ Reichtum an, Klarheit des Geistes(125)
Idiotie(45)
Imbezillität(140) | I~ Raserei, stampft mit den Füßen(5)
Impertinenz, Unverschämtheit(14) | I~ Handlungen, in seinen(2)
Impulse, Triebe; krankhafte - Exanthem; flüchtiges(6) | I~ laufen; zu(12)
Indiskretion, Taktlosigkeit(30)
Intrigant(5)
Jammern(93) | **J~ abends** | J~ nachts(2)
Kauzig, eigen(7) | *K~ Handlungen, Gedanken, Meinungen; in seinen*(3)
Kindisches Benehmen(52)
Klagen(64) | K~ Schmerzen, über - Erwachen, beim(2)
Klatschsüchtig(8)
Konzentration - schwierig(261)
Kühn(7)
Küßt - jeden(9) | *K~ Menses - vor*(2)
Kummer(76)
Kunst - Unfähigkeit zur(10)
Lächeln(8) | L~ albern(4) | L~ niemals(4)
Lachen(102) | L~ nachts(12) | L~ abwechselnd mit - Stöhnen(6) | a~ Weinen(43)
Lachen - anhaltend(5) | L~ sardonisch(26) | L~ spasmodisch(49)
Läuft umher(24) | **L~ anfallsweise, agg. abends; läuft**

Gemüt ...
Langsamkeit(68)
Lasziv, lüstern(77)
Launenhaftigkeit, launisch(108)
Lebensüberdruß(82)
Lebhaft, munter(50)
Liebevoll, voller Zuneigung, herzlich(37)
Lügner(22) | *L ~ lügt, sagt nie die Wahrheit, weiß nicht, was sie sagt*(8)
Lustig, fröhlich(123) | L ~ nachts(14)
Manie(149) | M ~ Besessenheitswahn(10) | M ~ lasziv(5) | M ~ Lochien, durch unterdrückte(3) | *M ~ Raserei, mit*(27) | M ~ reißt - Haaren; an den eigenen(5) | *M ~ Schicksalsschläge, durch*(7) | *M ~ Singen, mit*(6) | M ~ Wochenbett ; im(9) | *M ~ zerreißt - Kleidung*(3) | z ~ sich mit den Fingernägeln; zerfleischt(3)
Menopause agg.(18)
Menses - während; Gemütssymptome(28)
Milde(80)
Moralischem Empfinden; Mangel an(48)
Murmeln(55)
Mürrisch(290) | M ~ vormittags(19) | *M ~ Widerspruch, durch*(3)
Mutig(26)
Mutwillig, boshaft(24)
Nachahmung, Imitation(8)
Nackt sein, möchte(13)
Naiv - intelligent, aber sehr(5)
Neugierig(12)
Nymphomanie(67) | *N ~ Menses - vor*(6) | *M ~ während*(7) | M ~ unterdrückten, nach(13)
Nymphomanie - Redseligkeit, mit | N ~ Wochenbett, im(6)
Phantasien - übertrieben(114)
Possen, spielt(15)
Prahler, Aufschneider - reich gehalten werden; möchte für(3)
Qualvolle Angst(121) | Q~ morgens(6) | Q~ Beklemmung, mit(3) | *B ~ Verlangen sich aufzusetzen oder aus dem Bett zu springen*

Gemüt ...
Qualvolle Angst - Herzklopfen, mit(6) | Q~ Ohnmacht nach qualvoller Angst(2) | **Q~ Schweiß - kaltem Schweiß auf der Stirn; mit** | Q~ Stuhlgang - vor(4) | S ~ während(2)
Raserei, Tobsucht, Wut(95) | *R ~ nachts*(15) | *R ~ anfallsweise*(11) | *R ~ anhaltend*(2) | *R ~ Beißen, mit*(8) | R~ Fluchen, mit(3) | *R ~ heftig*(12) | *R ~ Hitze des Körpers, mit* | *R ~ Kopfschmerzen, mit*(10)
Redseligkeit; Geschwätzigkeit(136) | R~ fröhlich, ausgelassen(9) | *R ~ religiöse Themen, über*
Reizbarkeit(408) | R~ morgens(69) | R~ vormittags(25) | R~ angesprochen, wenn(26) | R~ Fieberfrost, im(57) | R~ Kleinigkeiten, durch(34)
Religiös - Gemütsstörungen, religiöse(63) | *R ~ Melancholie*(21)
Respekt, Ehrfurcht vor seiner Umgebung - Mangel an(3)
Reue(63)
Ruhelosigkeit(420) | R~ abends(51) | R~ nachts(249) | *R ~ ängstlich*(111) | R~ Bett - aus einem Bett zum anderen gehen; will(15) | B ~ Herumwerfen im(123)
Ruhelosigkeit - Essen - nach(14) | R~ geschäftig(20) | R~ Kindern, bei(22) | R~ Schwangerschaft, in der(5) | R~ treibt umher(41)
Satyriasis(26)
Schamlos(29) | S ~ Entbindung, während der | S ~ entblößt den Körper(6)
Schlafwandeln(56)
Schlagen(42) | S ~ Betrunkenheit; bei(4)
Schlemmer(8)
Schmutzig(17)
Schneiden, verstümmeln oder aufschlitzen; möchte andere(2)
Schreien(133) | S ~ abends | *S ~ Raserei; während der*(11) | *S ~ Schlaf, im*(80) | S ~ Wahnideen - mit(4)
Schüchternheit, Zaghaftigkeit(113)
Schwangerschaft; Gemütsbeschwerden während der(17)

GEMÜT ...

Schweigsam(209) | *S ~ Schwangerschaft; in der* | S ~ Traurigkeit; bei(12)
Seelenruhe, Gelassenheit(85)
Selbstbetrachtung(58)
Selbstsucht, Egoismus(32)
Selbstvertrauen - Mangel an Selbstvertrauen(86)
Seufzen - Schweiß, beim(16)
Simuliert - krank zu sein(8) | S ~ Schwangerschaft
Singen(59) | S ~ nachts(5) | S ~ Fieber, im(4) | S ~ heiter, freudig - nachts | S ~ Trällern(11)
Sinne - abgestumpft, stumpf(107) | S ~ scharf(52) | S ~ Vergehen, Schwinden der(51)
Sinnlichkeit(24)
Sitzen - Neigung zu sitzen(110) | **N ~ unbeweglich, still**(42) | *N ~ versunken und nichts wahrnehmend; wie in tiefen, traurigen Gedanken*(11)
Sonderbar, fremd, merkwürdig - Sonderling(11) | S ~ Meinungen und Handlungen, in seinen(3)
Spaßen - lächerlich oder albern(8)
Spielen - Spielleidenschaft(10)
Spioniert alles aus(5)
Spotten(18) | S ~ Lächerliche ziehen; will alles ins(6)
Sprache - hastig(44) | *S ~ unsinnig*(29)
Sprechen - anderer agg.; das Sprechen(46) | S ~ Fehler anderer; über die | S ~ schweift von einem Thema zum anderen(47)
Spucken(32) | *S ~ Gesicht; Menschen ins*(14)
Stimmung, Laune - veränderlich(158) | *S ~ wechselnd, wechselhaft*(80)
Stöhnen(119) | S ~ Hitze; während der(16) | S ~ Schweiß, beim(10)
Streitsüchtig(136) | S ~ nachts
Stumpfheit(332) | S ~ nachts - Erwachen, beim(9) | S ~ Erwachen, beim(41) | S ~ feuchte Luft - durch(10)
Stupor(138) | S ~ morgens(36) | *S ~ Meningitis, bei*(7)

GEMÜT ...

Suizidneigung; Neigung zum Selbstmord(98) | S ~ Ertränken, durch(19) | S ~ stürzt sich - Fenster, aus dem(21) | S ~ Verzweiflung, aus - religiös | S ~ Wahnideen durch(3)
Tadelsüchtig, krittelig(80) | *T ~ still zu sein; Neigung zu kritisieren oder*(2)
Tadelt - andere(32) | T ~ sich selbst(36)
Taubheit, vorgetäuschte
Theoretisieren(20)
Tod - Agonie vor dem Tod(15) | T ~ Gedanken an den Tod(54) | T ~ Gefühl von(25) | T ~ Vorahnung des Todes(62)
Tollwut, Hydrophobie(46)
Traum; wie in einem(69)
Traurigkeit(477) | T ~ morgens - Erwachen - beim(21) | *T ~ abends*(76) | T ~ Frost - während(37) | *T ~ Menopause, in der*(25) | *T ~ Menses - vor*(34)
Traurigkeit - schweigsam(12) | *T ~ Wehen; bei den*(9) | *T ~ Wochenbett; im*(10)
Überaktiv(6)
Umarmt - jeden(9) | *U ~ leblose Gegenstände, selbst* | *U ~ Menses, vor den*(2)
Umherstreifen, Streunen - besinnungslos, geisteskrank(11) | U ~ ziellos(2)
Unanständig, unzüchtig(21) | U ~ Lieder(5) | U ~ Sprache, anstößige(12)
Unaufrichtig(6)
Unbesonnen(82)
Unbeständigkeit(45)
Unentschlossenheit - heiraten, zu(10)
Unglücklich, bedauernswert; fühlt sich(29)
Unordentlich(7)
Unterbrechnung - agg. Gemütssymptome(4)
Unternimmt - Vieles, hält aber bei nichts durch, bleibt nicht dabei(28)
Untröstlich(30) | **U ~ Unglück, über eingebildetes**
UNVERSCHÄMTHEIT(33)
Unzüchtig, obszön(34) | U ~ Lieder(7) | U ~ Mann sucht nach kleinen Mädchen(4) | U ~ Sprechen(14)
Verächtlich(35)

Gemüt ...

Vergeßlich(187) | V~ Worte beim Sprechen; vergißt(52)

Verlangen, Wunsch nach - voller Verlangen - allem, nach - Anderer gerade benutzt; was ein(3)

Verlassen zu sein; Gefühl(56)

Verleumden, Neigung zu(21)

Verschwenderisch(13) | V~ Geld

Verwegenheit(26)

Verweilt - vergangenen unangenehmen Ereignissen; bei(46)

Verwirrung, geistige(321) | V~ morgens(115) | V~ Bücken, beim - amel. | V~ Fieberfrost, im(20) | V~ Fieberhitze, in der(26) | V~ Identität; in bezug auf seine - Dualität; Gefühl der(37) | V~ Schmerzanfällen, bei(6) | V~ Sitzen, im(33) | V~ Stehen, im(11)

Verzweiflung(137) | *V~ Fieberfrost, im*(20) | V~ Fieberhitze, in der(21) | V~ Genesung, in bezug auf die(44) | **V~ gesellschaftliche Stellung; in bezug auf die**(8) | V~ Menses - vor | **V~ religiöse Verzweiflung am Seelenheil**(30) | **r~ Menses; religiöse Verzweiflung am Seelenheil, bei unterdrückter**

Verzweiflung - Schmerzen; bei den(21) | V~ Schweiß, beim(9)

Vorsichtig(17)

Vorurteile, voreingenommen, parteiisch - traditionelle Vorurteile(6)

Wahnideen(191) | W~ ängstlich(10) | W~ Arbeit - hart; arbeitet(6) | W~ Ausland zu sein; im | W~ berauscht - sei, er(59) | W~ beschäftigt - Tätigkeit; mit einer(12) | W~ besessen, er sei(14) | W~ Bilder, Phantome; sieht(76) | W~ blind, er sei(3) | W~ Christus; er sei(2) | W~ Diebe - Angst beim Erwachen und hält den Traum für wahr; träumt von Einbrechern und hat | D~ sieht(21)

Wahnideen - drehen - alles dreht sich - Kreis, im(8) | W~ Einfluß; er stehe unter einem mächtigen(9)

Gemüt ...

Wahnideen - ermordet - er würde ermordet - werden; er würde ermordet werden(21) | W~ Feuer - Welt steht in Flammen; die(3) | W~ Fliegen - müsse er fliegen; als(3) | W~ Fluchen, mit(3) | W~ gegangen - sei gegangen; sie - zu weit | W~ Gelübde - halten, muß es | W~ Geräusche - hören; Geräusche zu(13) | G~ macht Geräusche bei den Wahnideen

Wahnideen - glücklos, er sei(11) | W~ Gott - Verbindung mit Gott; er stehe in(3) | W~ Hause, zu - weg von zu Hause; er sei(23) | W~ herumwirbeln - Dinge - Kreis, im | *W~ Himmel, er sei im*(5) | *H~ sprechen; würde mit Gott*

Wahnideen - hochgestellte Persönlichkeit; er sei eine(13) | W~ hören; er könne nicht(3) | W~ Hunde - sieht(18) | W~ Jäger; er sei ein(2) | W~ Kopf - Bewegung - innerlich sei der ganze Kopf in Bewegung | W~ krank - sein; krank zu(27) | W~ Krankheit - taubstumm und habe Krebs; er sei | W~ Krebs, er habe | *W~ Lachen, mit*(4) | W~ lebhaft(26) | W~ Menschen - sieht(29) | *M~ unterhält sich mit abwesenden*(13)

Wahnideen - nachgestellt - ihm würde nachgestellt(28) | *W~ Nase - länger, scheint*(3) | W~ Phantasiegebilde, Illusionen(115) | W~ Prinz; er sei ein | W~ Rang; er sei eine Person von(3) | *W~ Redseligkeit, mit*(7) | W~ Regen - hört Regen; er(6) | W~ Reichtum, von(12) | *W~ religiös*(17) | W~ ruiniert - sei ruiniert, er(3) | W~ Schmutz, ißt | W~ schreien - mit Schreien(4) | *W~ schwanger, sie sei*(14) | W~ Selbstmord genötigt; zum(5) | W~ sonderbar, merkwürdig - Land; als sei er in einem fremden(4) | s~ Vertrautes scheint fremd(38)

Wahnideen - sterben - gleich sterben; glaubt, er würde(57) | W~ Stimmen - hört(37) | W~ stolz(4) | W~ taub, er sei | W~ taubstumm | W~ Tiere(42)

GEMÜT ...

Wahnideen - Unglück - untröstlich über eingebildetes Unglück | W ~ Unrecht - begangen; er habe Unrecht(26) | *W ~ Verbrechen - begangen; er habe ein Verbrechen*(29) | W ~ Verbrechern, von(24) | *W ~ verdammt; er sei*(23) | *W ~ verschwendet Geld* | W ~ versinken, er würde(21) | W ~ Visionen, hat(76) | W ~ vornehm; er sei(4) | W ~ Wehen zu haben, oder glaubt, sie habe Schmerzen; sie gibt vor | W ~ Worte - erinnern; kann sich nicht an Worte

Wahrheit; sagt (vorbehaltlos, rücksichtslos) die reine(5)

Wandern - Verlangen zu wandern(15) | V ~ ruhelos umher; wandert(6) | *V ~ Schwangerschaft; in der*

Weinen(244) | *W ~ agg.*(18) | *W ~ abends*(29) | W ~ nachts(81) | W ~ Fieberfrost - im(25) | W ~ Fieberhitze, in der(25) | W ~ Husten - während(21) | W ~ Menses - während(27) | W ~ Schlaf, im(88) | W ~ Schmerzen - während den Schmerzen(23) | W ~ Schweiß, beim(25) | W ~ Trost - will nicht getröstet werden(10) | W ~ unwillkürlich(35) | W ~ Wimmern, Winseln(27) | W ~ Schlaf, im(28)

Wichtigtuerisch, pompos(7)

Widerspruch - verträgt keinen Widerspruch(73)

Wildheit(29)

Zählt ständig(4)

Zerbricht Dinge(13)

Zerreißt - Dinge im allgemeinen(21) | D ~ Kleidung(2)

Zerstreut(166) | Z ~ verträumt(17)

Ziehen - Haaren; an den(9)

Zorn(243) | Z ~ Gesicht - blassem, lividem Gesicht; mit(8) | Z ~ heftig(72) | Z ~ Husten - Zorn, durch(10) | *Z ~ Widerspruch, durch*(37)

Zügellosigkeit, sexuelle Ausschweifung(32)

Zurückhaltend, reserviert(64)

Zweifelt - Seelenheil, am(18)

TRÄUME

Angenehm(136)

Ängstlich(239)

Erotisch(196)

Erschöpfend(45)

Ertrinken(19) | E ~ Leute ertrinken(2)

Gebissen zu werden - Hunden, von(5) | G ~ Tieren, von(14)

Hunde(20) | H ~ gebissen zu werden; von Hunden(5) | H ~ verfolgt zu werden; von Hunden(3)

Jagd(5)

Katzen - verfolgen ihn(3)

Lebhaft(193)

Räuber(36)

Schrecklich(237)

Springen

Streitigkeiten(69)

Unerinnerlich, bleiben nicht im Gedächtnis(93)

Unfälle - Ertrinken(19) | E ~ Menschen ertrinken(2)

Unglück(64)

Verfolgt zu werden(17) | V ~ Katzen und Hunden; von(3) | V ~ Tieren, von(13) | T ~ wilde(14)

Verworren(122)

Viele(260)

Wahr - erscheinen beim Erwachen wahr(9)

Wasser(49)

Wecken den Patienten(118)

Zorn(58)

– *Veratrum viride* –

verat-v.

GEMÜT

Angst(362)

Antworten - weigert sich zu antworten(32)

Argwöhnisch(105)

Betäubung(237)

Bett - bleiben; möchte im Bett(12)

Bewußtlosigkeit(280) | B ~ partiell, teilweise bei Bewußtsein(13)

Gemüt ...

Delirium(233) | D~ Fieber; im(54) | D~ heftig(26) | D~ Meningitis cerebrospinalis(8) | D~ rasend(84) | D~ Schimpfen(5) | *D~ Sepsis, durch*(13) | D~ Zittern, mit(23)

Demenz - Epileptikern, von(12)

Destruktivität, Zerstörungswut(41)

Erregung(287)

Erschöpfung; geistige(217)

Exzentrizität, Überspanntheit(54) | *E~ Phantasien, in*(8)

Fehler; macht - Sprechen, beim - Worte - läßt Worte aus(4)

Furcht - Ärzten, vor(9) | F~ Tod; vor dem(143) | F~ vergiftet - werden; Furcht, vergiftet zu(23)

Gedächtnis - Gedächtnisschwäche(284)

Geisteskrankheit, Wahnsinn(153) | *G~ Größenwahn*(14) | *G~ Konvulsionen, mit*(5) | *G~ Lachen, mit*(6) | *G~ still*(2) | G~ Wochenbett, im(35)

Gesten, Gebärden; macht - Hände; unwillkürliche Bewegungen der - zupft - Bettwäsche; an der(36)

Grimassen(15)

Heftig, vehement(100)

Hellsehen(28)

Heulen(30)

Jammern(93)

Klagen(64)

Lachen - anhaltend(5)

Launenhaftigkeit, launisch(108)

Manie(149) | M~ Raserei, mit(27) | M~ Wochenbett ; im(9)

Mürrisch(290)

Redseligkeit; Geschwätzigkeit(136) | R~ abends(10) | *R~ geisteskrank*(8)

Reizbarkeit(408)

Ruhelosigkeit(420) | R~ nachts(249)

Schlagen - sich; schlägt(8) | s~ Brust, seine(2)

Schreien(133) | S~ Konvulsionen - vor(32) | K~ während(31) | K~ epileptisch(21)

Seufzen(98)

Sprache - unklar, unverständlich(20) | *S~ wild*(7)

Gemüt ...

Springen - Bett; aus dem(41)

Spucken(32)

Stößt, tritt(11)

Streitsüchtig(136)

Stupor(138)

Tod - Gedanken an den Tod(54) | G~ Furcht, ohne(4)

Tod - wünscht sich den Tod, möchte sterben(72)

Traurigkeit(477)

Traurigkeit - Wochenbett; im(10)

Vergeßlich(187)

Verwirrung, geistige - nachmittags(33)

Wahnideen(191) | W~ verfolgt; er würde(23) | W~ vergiftet - er - worden; er sei(16) | e~ würde vergiftet werden; er(6)

Wahnideen - verwirrt, wie(2)

Wandern - Verlangen zu wandern(15)

Weigert sich - Medizin einzunehmen; die(8)

Weinen - hysterisch(9)

Träume

Angeln, Fischen(5)

Ängstlich(239)

Erotisch(196)

Ertrinken(19)

Genarrt zu werden

Herausgefordert zu werden

Lebhaft(193)

Schiff fahren, mit dem(8)

Schrecklich(237)

Unfälle - Ertrinken(19)

Viele(260)

Wasser(49)

– *Verbascum thapsus* –

verb.

Gemüt

Albernes Benehmen(65)

Angst(362) | A~ abends - amel.(6) | A~ periodisch - Tag; jeden(2)

Außer sich; ist(51)

Betäubung(237)

Bewußtlosigkeit(280)

Chaotisch(44)

Gemüt ...
Entmutigt(135)
Erregung(287)
Erschöpfung; geistige(217)
Exzentrizität, Überspanntheit(54)
Faulheit(269) | F~ morgens(51) | m~ Aufstehen, beim(4)
Faulheit - Schläfrigkeit, bei(29)
Feigheit(89)
Fleißig, arbeitsam, Arbeitswut(101) | F~ Fieberhitze, in der(4)
Freude - Ausbrüche von Freude mit Gelächter(2)
Froh(182) | F~ abends(42)
Gedächtnis - gut, aktiv(91) | G~ Gedächtnisschwäche(284) | G~ gedacht hat; für das, was er gerade(18)
Gedanken - drängen auf ihn ein und schwirren durcheinander(16) | G~ Gedankenandrang, einstürmende Gedanken, Gedankenfluß(78) | G~ hartnäckig(83)
Geistesabwesend(71)
Geistige Anstrengung - agg.(141)
Gesellschaft - Verlangen nach(83)
Gleichgültigkeit, Apathie(251) | G~ Schläfrigkeit, bei(25)
Heulen(30)
Ideen, Einfälle - Reichtum an, Klarheit des Geistes(125)
Imbezillität(140)
Konzentration - schwierig(261)
Kühn(7)
Lachen(102) | L~ Freude, bei übermäßiger(2) | L~ unmäßig(28)
Lästig, geht auf die Nerven(79)
Lustig, fröhlich(123) | L~ nachmittags(9)
Mürrisch(290)
Phantasien - lasziv(46) | P~ übertrieben(114)
Reizbarkeit(408) | R~ tagsüber(32) | R~ abends - amel.(10)
Ruhelosigkeit - nachts(249)
Schüchternheit, Zaghaftigkeit(113) | S~ tagsüber(4)
Selbstvertrauen - Mangel an Selbstvertrauen(86)
Sitzen - Neigung zu sitzen(110)

Gemüt ...
Stimmung, Laune - veränderlich(158) | S~ wechselnd, wechselhaft(80)
Stumpfheit(332)
Traurigkeit(477)
Überaktiv(6)
Vergeßlich(187)
Verwirrung, geistige(321)
Verzweiflung(137)
Wahnideen(191) | W~ Bilder, Phantome; sieht(76) | W~ Gespenster, Geister, Gestalten - bedrängen ihn(2) | G~ sieht(55)
Wahnideen - Krieg zu befinden; sich im(7) | W~ lasziv(6) | W~ Phantasiegebilde, Illusionen(115) | W~ tot - Personen, sieht tote(59)
Zerstreut(166)
Zorn(243) | Z~ abends - amel.(2)

Träume
Ängstlich(239)
Kämpfe(54)
Krieg(6)
Leichen(42)
Schlachten(13)
Schrecklich(237)
Unglück(64)
Verstorbenen, von(84)
Viele(260)
Wecken den Patienten(118)

– Vespa crabro –

vesp.

Gemüt
Angst(362) | A~ Furcht, mit(110)
Beben
Beschwerden durch - Erregung - Gefühle, der(87) | B~ Zorn(94)
Bewußtlosigkeit(280) | *B~ Bewegungen, automatische*(26) | B~ Gehen, beim(4) | B~ periodisch(6)
Delirium(233)
Geistesabwesend(71)
Murmeln(55)
Ruhe - Verlangen nach(21)
Ruhelosigkeit - nachts(249)
Tod - sterben; Gefühl als würde er(6)

Gemüt ...
Traurigkeit(477) | T~ Menses - vor(34)
Wahnideen - stirbt - er(15)

– *Viburnum opulus* –
vib.

Gemüt
Antworten - Abneigung zu antworten(67)
Erkennt - nicht; erkennt - Umgebung nicht; erkennt die - Erwachen; beim - weiß sie weder wo sie ist, noch was sie tun soll; beim Erwachen
Erregung(287)
Furcht(242) | F~ Fötus werde sterben; der(3)
Geistige Anstrengung - agg. - unmöglich(130)
Hysterie(194)
Reizbarkeit(408)
Ruhelosigkeit(420) | R~ Menses - während(40)
Traurigkeit(477)
Wahnideen - Fallen - er würde - eingeschlafen; wenn | F~ vorne, nach - Aufstehen vom Sitzen, beim
Wahnideen - Leben - nicht leben; sie könne | W~ Nachtwachen; wie nach langen(2)

– *Viburnum tinus* –
vib-t.

Gemüt
Hypochondrie(116)

– *Vichy aqua Grande Grille* –
vichy-g.

Gemüt
Angst - Zukunft(108)
Furcht - Unglück, vor(93)
Traurigkeit - morgens(71)
Wahnideen - Fieber - beginnen; Fieber würde

Träume
Erschöpfend(45)

– *Vinca minor* –
vinc.

Gemüt
Auffahren, Zusammenfahren(117)
Beschwerden durch - geistige Anstrengung(59) | B~ Zorn(94)
Furcht - Tod; vor dem(143) | T~ Traurigkeit, mit(2)
Furcht - Traurigkeit, mit(8) | F~ Unglück, vor(93)
Geistige Anstrengung - agg.(141)
Mürrisch(290) | M~ Reue, gefolgt von Reizbarkeit(408)
Ruhelosigkeit(420)
Streitsüchtig - abwechselnd mit - Reue
Tod - Gedanken an den Tod(54)
Traurigkeit(477)
Verwirrung, geistige - Bücken, beim(13) | V~ Schreiben, beim(10)
Wahnideen - sterben - gleich sterben; glaubt, er würde - Schwäche; er würde vor(3)
Weinen(244) | *W~ unwillkürlich - Schwäche, aus*(3)
Zorn(243) | Z~ abwechselnd mit - Reue; mit schneller(7) | Z~ Gesicht - rot - Nasenspitze; mit roter

Träume
Erotisch(196)

– *Viola odorata* –
viol-o.

Gemüt
Aktivität; Verlangen nach - Gefühle; Aktivität, intensive Tätigkeit der
Angst(362)
Beeindrucken, empfänglich für Eindrücke; leicht zu(5)
Begreifen, Auffassungsvermögen - leicht(38)
Beleidigt, leicht(79)
Bewußtlosigkeit(280)

Gemüt ...

Chaotisch(44)
Eigensinnig, starrköpfig, dickköpfig(107)
Empfindlich - Musik, gegen(46) | M~ Geigenspiel
Erregung(287)
Erschöpfung; geistige(217)
Essen - weigert sich zu(26)
Fleißig, arbeitsam, Arbeitswut(101)
Froh(182)
Gedächtnis - gut, aktiv(91) | *G~ Gedächtnisschwäche*(284) | G~ gelesen hat; für das, was er(41) | g~ eben gelesen hat(3)
Gedanken - Gedankenandrang, einstürmende Gedanken, Gedankenfluß(78) | G~ hartnäckig(83) | G~ schnell(36) | G~ überlegt(54) | G~ Vergehen, Schwinden der Gedanken(76) | V~ Sprechen, beim(9)
Gedanken - wandernd(72) | G~ zusammenhangslos(30)
Gedanken versunken, in(90)
Gefühle, Gemütsbewegungen - beherrscht; vom Verstand, Intellekt(4)
Geistige Anstrengung - Verlangen nach(65) | G~ Abneigung gegen(150)
Hypochondrie(116) | H~ Weinen, mit(8)
Hysterie(194)
Ideen, Einfälle - Reichtum an, Klarheit des Geistes(125) | R~ Schweiß, beim(2)
Imbezillität(140)
Kindisches Benehmen(52)
Konzentration - schwierig(261)
Magnetisiert - amel.(20)
Milde(80)
Mürrisch(290)
Musik - agg.(40) | *a~ Geigenspiel*(3)
Musik - Abneigung gegen(13) | A~ Geigenspiel
Musik - Kopfschmerzen, durch(9)
Phantasien - übertrieben(114) | ü~ launisch(2)
Redseligkeit; Geschwätzigkeit(136)
Reizbarkeit(408) | R~ Musik - während(10) | M~ Geigenspiel
Ruhelosigkeit(420) | R~ geschäftig(20)

Gemüt ...

Schweigsam(209)
Selbstbetrachtung(58)
Sprache - leise, sanfte Stimme(8)
Stimmung, Laune - veränderlich(158)
Streitsüchtig(136)
Stumpfheit(332)
Traurigkeit(477)
Ungehorsam(30)
Vergeßlich(187)
Verwirrung, geistige(321)
Wahnideen(191) | W~ Kopf - Wirbeln im Kopf(5) | W~ Phantasiegebilde, Illusionen(115) | W~ Schlangen - in ihr und um sie herum(19)
Weinen(244) | **W~ Fieberfrost - im**(25) | W~ grundlos(30) | W~ unwillkürlich(35) | W~ verweigert wird; wenn etwas(5)
Zerstreut(166)

Träume

Erotisch(196)
Lebhaft(193)

– Viola tricolor –

viol-t.

Gemüt

Angst(362) | A~ Essen - nach(39) | *A~ Fieber - während*(91) | A~ Zukunft(108)
Argwöhnisch(105)
Beschimpfen, beleidigen, schmähen(67)
Betäubung(237)
Chaotisch(44)
Eigensinnig, starrköpfig, dickköpfig(107)
Empfindlich(192)
Entmutigt(135)
Erschöpfung; geistige - Pollutionen, nach(7)
Faulheit(269) | F~ nachmittags(18) | F~ abends(20)
Feigheit(89)
Froh(182) | F~ abends(42) | a~ abwechselnd mit - Hypochondrie - tagsüber(2)
Furcht(242) | F~ Essen - nach dem Essen; Furcht(14)

GEMÜT ...
Gedächtnis - Gedächtnisschwäche(284)
Gedanken - Gedankenandrang, einstürmende Gedanken, Gedankenfluß(78) | G~ abends - Bett, im(17) | G~ Schlaflosigkeit, durch(23)
Gedanken - Vergehen, Schwinden der Gedanken(76)
Geistige Anstrengung - Abneigung gegen(150)
Gleichgültigkeit, Apathie(251) | G~ Fieber, im(16)
Hast, Eile(112) | H~ Beschäftigung, bei(15) | H~ Bewegungen im(23)
Heulen(30)
Ideen, Einfälle - Reichtum an, Klarheit des Geistes(125) | R~ abends(17) | R~ nachts(26)
Jammern(93)
Lästig, geht auf die Nerven(79)
Launenhaftigkeit, launisch(108)
Lustig, fröhlich - abends(29)
Mürrisch(290) | M~ tagsüber(17) | M~ schweigsam(3)
Phantasien - Schlaf - verhindert(5) | P~ übertrieben - abends - Bett, im(28) | P~ übertrieben - Schlaflosigkeit, mit(41)
Redseligkeit; Geschwätzigkeit(136) | R~ abends(10)
Reizbarkeit(408) | R~ tagsüber(32) | t~ abwechselnd mit - Fröhlichkeit - abends(2) | a~ Lustigkeit - abends(2)
Reizbarkeit - abends - amel.(10) | R~ abwechselnd mit - Fröhlichkeit, Frohsinn - abends(2) | a~ Hypochondrie - tagsüber(2)
Ruhelosigkeit(420) | R~ innerlich(37)
Schreien(133)
Schweigsam(209)
Seelenruhe, Gelassenheit(85)
Selbstbetrachtung(58)
Selbstvertrauen - Mangel an Selbstvertrauen(86)
Sitzen - Neigung zu sitzen(110)
Stilles Wesen(49)
Streitsüchtig(136)
Stumpfheit(332)

GEMÜT ...
Traurigkeit(477) | T~ abends - amel.(15)
Ungeduld(131) | U~ Fieberhitze, mit(10)
Ungehorsam(30)
Unzufrieden(168) | U~ sich selbst, mit(36)
Verwirrung, geistige(321) | V~ Fieberfrost, im(20) | V~ Gehen(37)
Weinen(244)
Zerstreut(166)

TRÄUME
Angenehm(136)
Anstrengung - geistige(51)
Beeinflußt das Gemüt(14)
Erotisch(196) | *E~ Pollutionen, mit*(96)
Lebhaft(193)
Ruhelos(53)
Unwichtig(46)
Viele(260)

– Vipera aspis –

vip-a.

GEMÜT
Bewußtlosigkeit(280)
Delirium(233)
Pessimist(17)
Qualvolle Angst(121)
Reizbarkeit(408)
Ruhelosigkeit(420)
Traurigkeit(477) | T~ Menses - vor(34)
Ungeduld(131)
Widerspruch - Neigung zu widersprechen(38)

TRÄUME
Verstorbenen, von(84)

– Vipera berus –

vip.

GEMÜT
Angst(362)
Betäubung(237)
Bewußtlosigkeit(280)

Gemüt ...
Delirium(233) | D ~ abwechselnd mit - Schlaf - tiefem Schlaf; mit(5) | D ~ berauscht, wie(6) | D ~ rasend(84) | *D ~ Sepsis, durch*(13)
Entmutigt(135)
Entwicklungsstillstand bei Kindern(9)
Erregung(287)
Gedanken versunken, in(90)
Geisteskrankheit, Wahnsinn(153)
Geistige Anstrengung - agg.(141)
Gleichgültigkeit, Apathie(251) | G ~ äußere - Dinge; gegen(26)
Hause, zu - Verlangen, nach Hause zu gehen(18)
Manie(149)
Murmeln(55)
Mürrisch(290)
Qualvolle Angst(121)
Raserei, Tobsucht, Wut(95)
Reizbarkeit(408) | R ~ Kopfschmerzen, bei(61)
Ruhelosigkeit(420) | R ~ nachts(249) | R ~ ängstlich(111) | R ~ Kopfschmerzen, bei(31)
Schreien(133) | S ~ Konvulsionen - während(31)
Seufzen(98)
Sinne - abgestumpft, stumpf(107)
Sprache - berauscht, wie(11) | S ~ delirös(12) | S ~ langsam(59) | S ~ undeutlich(24) | S ~ unzusammenhängend(65) | S ~ zögernd(22)
Sprechen - sich selbst ; mit(31)
Stumpfheit(332)
Stupor(138)
Tod - Vorahnung des Todes(62) | T ~ wünscht sich den Tod, möchte sterben(72)
Torpor(26)
Traurigkeit(477) | T ~ Fieberhitze, in der(55)
Verwirrung, geistige(321)
Verzweiflung(137) | V ~ Schmerzen; bei den(21)
Wahnideen - nachts(36) | W ~ Hause, zu - weg von zu Hause; er sei(23) | W ~ vergiftet - er - worden; er sei(16)

Gemüt ...
Weinen - Konvulsionen - während(27)

– *Viscum album* –

visc.

Gemüt
Aktivität; Verlangen nach(38)
Angst(362)
Beschwerden durch - Schreck(72)
Betäubung(237)
Bewußtlosigkeit(280) | *B ~ Bewegungen, automatische*(26)
Empfindlich(192) | E ~ Geräusche, gegen(149)
Entmutigt(135)
Erregung(287)
Erschöpfung; geistige(217)
Fäzes - schluckt seinen(5)
Faulheit(269)
Fehler; macht - Schreiben, beim(83) | F ~ Sprechen, beim(81)
Feigheit(89)
Froh(182)
Furcht(242) | F ~ offenen Plätzen; Furcht vor(17) | F ~ Telefon, vor dem | F ~ Tod; vor dem(143)
Gedächtnis - Gedächtnisschwäche(284)
Gedanken - hartnäckig(83) | *G ~ schrecklich*(11) | *s ~ nachts - Erwachen, beim*(3)
Geistesabwesend(71)
Geisteskraft - erhöht(18)
Geistige Anstrengung - agg. - unmöglich(130)
Gesellschaft - Abneigung gegen - allein, wenn - amel.(33)
Gleichgültigkeit, Apathie(251)
Heftig, vehement(100)
Hochgefühl(97)
Hysterie(194)
Mürrisch(290)
Optimistisch(17)
Pläne - macht, schmiedet viele Pläne(15)
Reizbarkeit(408)
Ruhelosigkeit(420) | R ~ nachts(249)
Sprache - unzusammenhängend(65)
Traum; wie in einem(69)

Gemüt ...

Traurigkeit(477)

Trost - agg.(39)

Vergeßlich(187)

Verweilt - vergangenen unangenehmen Ereignissen; bei(46)

Verwirrung, geistige - berauscht - wie(47)

Wahnideen(191) | W~ Boden - nachgeben; würde unter seinen Füßen(7) | W~ Fallen - er würde(29) | W~ Gespenster, Geister, Gestalten - sieht(55) | W~ Körper - leichter als Luft; der Körper sei(8) | W~ machen, tun - Schreckliches tun, wobei er zittert; er werde etwas | W~ Phantasiegebilde, Illusionen(115) | W~ schlafen; er würde - Tiefschlaf; er befinde sich im | W~ schweben - Luft, in der(45)

Weigert sich - Medizin einzunehmen; die(8)

Weinen(244) | W~ Kleinigkeiten, über(23)

Widerwillen - Arzneiflasche; beim Anblick der

Zeit - schnell, scheint kürzer; vergeht zu(14)

Träume

Fahrradfahren fällt schwer

Krieg(6)

Lebhaft(193)

Luftangriffe

Ruhelos(53)

Schwierigkeiten - Radfahren, beim

– *Voeslau aqua* –

voes.

Gemüt

Empfindlich(192)

Erregung(287)

Mürrisch(290)

Reizbarkeit(408)

Ruhelosigkeit(420) | R~ Arbeit, bei der(4)

Unbeständigkeit(45)

– *White marble* –

marb-w.

Gemüt

Abhängig von anderen - Verlangen, von anderen abhängig zu sein
Angst - abends - 20 h(3) | A~ Erwartungsspannung, durch(7) | A~ Fernsehen agg. | A~ Furcht, mit(110) | A~ Kälte - während | A~ kalt - Kaltwerden, durch - Gedanken, sich abzukühlen; durch den
Argwöhnisch(105)
Baden - Abneigung zu baden
Beleidigt, leicht(79)
Bewußtheit; erhöhte - Körpers; des - Augen; der
Bewußtsein erhöht - Körper; für den eigenen(2)
Boshaft(99) | B~ Lachen(2)
Eitelkeit(10)
Empfindlich - Elektrizität; gegen
Entkleiden, sich Ausziehen - Abneigung, sich zu entkleiden
Erschöpfung; geistige(217)
Euphorie(13)
Faulheit(269)
Feigheit(89)
Fleißig, arbeitsam, Arbeitswut(101)
Fragt - dasselbe; fragt ständig - Uhrzeit; nach der
Froh(182)
Furcht - Altwerden; vor dem(4) | F~ bemerken; man würde ihren Zustand(6) | F~ elektrischem Strom, elektrischer Energie; wie | F~ geschehen; etwas werde(82) | F~ zittrig(36)
Gedanken - sexuell - ehebrecherisch
Gefühllos, hartherzig(21)
Geheimnistuerisch, verschlossen(15)
Geiz - verschwenderisch; jedoch für sich selbst(5)
Gesellschaft - Abneigung gegen(156)
Gleichgültigkeit, Apathie - andere Personen, gegen(5) | G~ Wohlergehen anderer; gegen das(11)
Grausamkeit, Unmenschlichkeit(30)

Gemüt ...

Heuchelei(11)
Hinterhältig, hinterlistig, falsch, verschlagen(32)
Hochmütig, arrogant(53)
Ichbezogenheit, Egotismus, Selbstüberschätzung(24)
Klagen(64)
Kratzt mit den Händen(5) | K~ Raserei; bei
Lachen - Kleinigkeiten, über(13)
Launenhaftigkeit, launisch(108)
Liebkost - möchte liebkost werden, verlangt nach Zärtlichkeiten(3)
Magnetisieren; andere zu - Verlangen
Maßlosigkeit
Mitteilsam, gesprächig(8)
Neid(22)
Optimistisch(17)
Phantasien - absurd(3) | P~ versunken in(9)
Reizbarkeit - Kleinigkeiten, durch(34)
Ruhelosigkeit(420)
Schlagen - Raserei; mit(3) | S~ Verlangen - schlagen, zu(15) | S~ Zorn, aus(2)
Schmeicheln - Verlangen, daß man ihm schmeichelt(3)
Selbstsucht, Egoismus(32)
Singen(59)
Sinne - scharf(52)
Sinnlich
Spaßen - boshaft, bösartig(3)
Spontan, impulsiv(33)
Starren, gedankenloses(14)
Still sein, seine Ruhe haben; möchte(21)
Streitsüchtig(136)
Suizidneigung; Neigung zum Selbstmord - Gedanken an Selbstmord(33) | S~ stürzt sich - Tiefe, in die(24)
Tadelt - andere(32)
Traurigkeit - grundlos(11)
Unbarmherzig(14)
Unzufrieden - allem; mit(66)
Verantwortung - Abneigung gegen(2)
Verlassen zu sein; Gefühl - Isolation, Gefühl der(16)
Verstecken - sich(18)
Verwirrung, geistige - Sprechen, beim(7)

Gemüt ...

Wahnideen - adlig; er sei(3) | W~ Bilder, Phantome; sieht - schreckliche(60) | W~ Drogen; wie unter(2) | W~ ehrlich - sei ehrlich; sie | W~ Feen; sucht nach | W~ Feind - umgeben von Feinden(5) | W~ hochgestellte Persönlichkeit; er sei eine(13) | W~ Katzen - er sei eine Katze | e~ Kätzchen; ein neugeborenes

Wahnideen - Körper - auseinanderfallen, würde(2) | W~ kritisiert; sie würde(12) | W~ Penis; sieht einen abgeschnittenen | W~ springen - sicher landen; sie könne aus der Höhe springen und | W~ vergiftet - er - worden; er sei(16) | W~ verlassen ; er sei(21) | W~ vernachlässigt - er würde vernachlässigt(6) | W~ verstümmelte Körper; sieht(8) | W~ vornehm; er sei(4)

Waschen - Abneigung gegen Waschen und Baden(16)

Weinen - kann nicht weinen, obwohl er traurig ist(13)

Zorn - mißverstanden, falsch verstanden; wenn(3) | Z~ Unterbrechung, durch(9)

– *Wiesbaden aqua* –

wies.

Gemüt

Aktivität; Verlangen nach(38)

Angst(362) | A~ Zukunft(108)

Bewußtlosigkeit(280)

Denken - Abneigung gegen(46)

Froh(182)

Gesten, Gebärden; macht - Licht(5)

Mürrisch(290)

Ruhelosigkeit(420) | R~ ängstlich(111)

Ungeduld(131)

Verzweiflung(137)

Wahnideen - Fallen - er würde(29)

Weinen(244)

Träume

Viele(260)

– *Wildbad aqua* –

wildb.

Gemüt

Angst(362)

Faulheit(269)

Gedächtnis - Gedächtnisschwäche(284)

Ruhelosigkeit - nachts - Mitternacht - nach - 4 h(4)

Traurigkeit(477)

Weinen - Schlaf, im(88)

Träume

Ängstlich(239)

Schrecklich(237)

Unangenehm(87)

Verworren(122)

Viele(260)

– *Wyethia helenoides* –

wye.

Gemüt

Furcht(242)

Ruhelosigkeit(420)

Traurigkeit(477)

– X-ray –

x-ray

Gemüt

Gesellschaft - Abneigung gegen(156)

Reizbarkeit(408)

Töten, Verlangen zu(32) | T ~ Menses - vor | M ~ während(2)

Traurigkeit(477) | T ~ Erwachen, beim(24)

Träume

Erotisch(196)

– Xanthium spinosum –

xanth.

Gemüt

Furcht - Wasser, vor(33)

– Xantoxylum fraxineum –

xan.

Gemüt

Angst(362) | A ~ Zukunft(108)

Auffahren, Zusammenfahren - leicht(52) | A ~ Schlaf - durch - Schmerz im Herzen

Delirium(233)

Empfindlich - Geräusche, gegen - geringste Geräusch; gegen das(29)

Erschöpfung; geistige(217)

Erschreckt leicht(125)

Furcht(242) | F ~ Erwachen, beim(54) | F ~ geschehen; etwas werde(82) | F ~ Menses - vor(12) | F ~ Tod; vor dem(143) | T ~ Menses - vor(6)

Gleichgültigkeit, Apathie(251) | G ~ tagsüber(6) | *G ~ Leben; gegen das*(12)

Hysterie(194) | *H ~ Amenorrhoe, bei*

Ideen, Einfälle - Mangel an(102)

Qualvolle Angst - Menses - während(10)

Ruhelosigkeit(420) | R ~ Frauen, bei(7)

Seufzen - Menopause, in der

Tollwut, Hydrophobie(46)

Traurigkeit(477) | T ~ morgens - Erwachen - beim(21) | T ~ Menses - vor(34)

Gemüt ...

Verwirrung, geistige(321) | V ~ Identität; in bezug auf seine - Dualität; Gefühl der(37) | V ~ Kopfschmerzen, mit(11)

Wahnideen(191) | W ~ Bett - sinken - sie würde sinken - tief nach unten im Bett(2) | W ~ doppelt - sein, doppelt zu(30) | W ~ Fallen - vorne, nach - würde nach vorne fallen; sie(15) | W ~ geht - Wolle; der Boden sei beim Gehen weich wie | W ~ Körper - Stücke - zerfallen; der Körper würde(2) | W ~ schweben - Luft, in der(45) | L ~ Sitzen, im

Wahnideen - sterben - gleich sterben; glaubt, er würde(57) | s ~ lieber sterben als leben; möchte

Wahnideen - stirbt - er(15) | W ~ vergrößert - Körper sei(8) | W ~ versinken, er würde(21) | W ~ verwirrt; er sei

Ziehen - Haaren; an den - Verlangen zu ziehen - ihrem eigenen Haar; an(9)

Träume

Fliegen(11)

– Xerophyllum –

xero.

Gemüt

Bewußtlosigkeit(280)

Gedächtnis - Gedächtnisschwäche - Eigennamen; für(44) | G ~ Worte, für(61)

Konzentration - schwierig(261)

Stumpfheit(332)

– *Yucca filamentosa* –

yuc.

Gemüt

Empfindlich - Geräusche, gegen(149)
Fehler; macht - Schreiben, beim(83) | S~ falsch - Worte(16)
Fehler; macht - Sprechen, beim - Worte - falsche Worte; benutzt(53)
Gedächtnis - Gedächtnisschwäche(284)
Gedanken - wandernd(72)
Geistige Anstrengung - Abneigung gegen(150)
Phantasien - lasziv(46)
Reizbarkeit(408)
Ruhelosigkeit(420) | R~ nachts(249)
Stimmung, Laune - veränderlich(158)
Traurigkeit(477)

Träume

Erotisch(196)

– *Zea italica* –

zea-i.

Gemüt

Baden - Verlangen zu baden

– *Zincum aceticum* –

zinc-act.

Gemüt

Angst(362)
Delirium(233) | D~ manisch(47)
Delirium tremens(84)
Ruhelosigkeit(420)

– *Zincum chloricum* –

zinc-chl.

Gemüt

Geistige Anstrengung - Abneigung gegen(150)

– *Zincum chromicum* –

zinc-chr.

Gemüt

Essen - weigert sich zu(26)

– *Zincum cyanatum* –

zinc-cy.

Gemüt

Empfindlich(192)
Hysterie(194)

– *Zincum iodatum* –

zinc-i.

Gemüt

Wahnideen - schweben - Luft, in der(45) | L~ Liegen auf der linken Seite

– *Zincum metallicum* –

zinc.

Gemüt

Abergläubisch(13)
Abscheu - Leben, vor dem(84)

Gemüt …

Aktivität; Verlangen nach - Schlaflosigkeit, mit(4)

Alkoholismus(135) | A~ Erregung durch Alkoholismus(2)

Angesprochen zu werden - Abneigung(63)

Angst(362) | A~ tagsüber(21) | A~ morgens(42) | A~ nachmittags(32) | A~ abends - amel.(6) | A~ nachts(119) | n~ Erwachen, beim(24)

Angst - abwechselnd mit - Zufriedenheit | A~ allein, wenn(17) | A~ Dunkelheit; in der(12) | A~ Erscheinung wenn wach; qualvolle Angst durch eine schreckliche(2) | A~ Erwachen, beim(86) | *A~ Fieber - während*(91) | A~ Freien, im - amel.(23) | A~ Furcht, mit(110) | *A~ Gewissensangst*(75) | A~ Menses - vor(22) | M~ während(33) | w~ amel.(2)

Angst - Schlaf - während(42) | S~ Menses - nach(6)

Angst - Träume; beim Erwachen aus schrecklichen(17)

Antworten - denkt lange nach(10) | A~ einsilbig - Ja oder Nein(3) | e~ Nein auf alle Fragen(6)

Antworten - langsam(35) | *A~ wiederholt erst die Frage*(7)

Aphasie(53)

Auffahren, Zusammenfahren(117) | A~ mittags(10) | A~ nachts - Menses, während | A~ Kleinigkeiten, über(21) | A~ leicht(52) | *A~ Menses - während*(3) | *A~ Schlaf - während*(163) | S~ durch(124) | *d~ Menses - während*

Auffahren, Zusammenfahren - Schlaf - Einschlafen, beim(72)

Beleidigt, leicht(79)

Berührt zu werden; Abneigung - Kitzeligkeit(3)

Beschwerden durch - Erregung - Gefühle, der(87) | B~ Kränkung, Demütigung(39) | *B~ Kummer*(65) | B~ Schreck(72) | B~ sexuell - Exzesse(59)

Gemüt ...

Beschwerden durch - Zorn(94) | Z~ Schreck; mit(22) | Z~ stillem Kummer; mit(27)

Betäubung(237) | B~ mittags | *B~ nachmittags*(7) | B~ abends(6) | B~ anfallsweise | B~ Menses, während(3) | B~ Nasenbluten, nach | B~ Scharlach, durch | B~ Schwindel - während(37)

Bewußtlosigkeit(280) | B~ morgens(45) | B~ nachmittags(2) | B~ abends(15) | B~ Geräusch weckt; jedes | **B~ Hautausschläge - langsam erscheinen; wenn Hautausschläge** | *H~ Unterdrückung von Hautausschlägen; nach*

Bewußtlosigkeit - partiell, teilweise bei Bewußtsein(13) | B~ Schreien, unterbrochen durch(4) | B~ Schwindel, bei(46) | B~ vorübergehend(24)

Boshaft(99) | B~ gemeine, böse Streiche; spielen ihren Mitschülern oder Lehrern - Schüler, Schuljunge(2) | B~ Zorn, mit(12)

Bulimie(16)

Chaotisch(44)

Delirium(233) | *D~ Bett - flieht und springt plötzlich aus dem Bett auf*(36) | D~ Erwachen, beim(20) | *D~ flüstert*(10) | D~ heftig(26) | h~ zurückgehalten und beruhigt werden; kann nur schwer

Delirium - Lachen(20) | D~ manisch(47) | D~ rasend(84) | D~ schrecklich(26)

Delirium tremens(84) | *D~ Erregung, mit*(2)

Demenz - paralytica, Dementia(18)

Denken - Abneigung gegen(46) | D~ Beschwerden - agg.; Denken an seine Beschwerden(71)

Dunkelheit - agg.(27)

Eigensinnig, starrköpfig, dickköpfig(107)

Empfindlich(192) | E~ mittags | E~ geistige Eindrücke; gegen(20) | **E~ Geräusche, gegen**(149) | G~ Abneigung gegen(3) | G~ Rascheln von Papier; gegen(6) | **G~ sprechen, zu**(9) | **G~ Stimmen, gegen**(15)

Gemüt ...

Empfindlich - Musik, gegen(46) | M~ Klaviermusik, gegen(4)

Empfindlich - Sinneseindrücke, gegen(23)

Entbindung - nach der Entbindung; Gemütssymptome(9)

Entmutigt(135)

Erkennt - nicht; erkennt - Verwandten nicht; erkennt seine eigenen(28)

Erregung(287) | E~ abends(32) | a~ Bett, im(31)

Erregung - nachts(40) | *E~ Hören von Schrecklichem; nach*(11) | E~ Kleinigkeiten, über(12) | E~ Menopause, in der(10)

Erschöpfung; geistige(217) | *E~ Stillen, nach dem*(2)

Erschreckt leicht(125) | E~ mittags | E~ Erwachen, beim(41)

Erwachen; Gemütssymptome agg. beim(5)

Farben - rosa - Verlangen nach(10) | F~ weiß - Verlangen nach(15)

Faulheit(269) | F~ Essen, nach dem(25) | F~ Mittagessen, nach dem(8) | *F~ Schläfrigkeit, bei*(29) | F~ Traurigkeit, durch(8)

Fehler; macht - Schreiben, beim - läßt etwas aus - Buchstaben(18) | F~ Sprechen, beim(81) | S~ Worte - falsche Worte; benutzt(53)

Fleißig, arbeitsam, Arbeitswut(101)

Fliehen, versucht zu(61) | F~ zurückgehalten; wird nur schwer(2)

Froh(182) | F~ morgens(21) | F~ vormittags(12) | F~ mittags - abwechselnd mit - Traurigkeit - abends | *F~ abends*(42) | *a~ abwechselnd mit - Traurigkeit - mittags* | *a~ Bett, im*(29)

Froh - abwechselnd mit - Traurigkeit(57)

Furcht(242) | F~ mittags | *F~ abends*(51) | a~ amel.(2)

Furcht - nachts(58) | F~ abwechselnd mit - Traurigkeit | F~ Abwärtsbewegung, vor(10) | F~ allein zu sein(54) | *F~ Apoplexie, vor*(36) | F~ Arbeit; vor der(32) | F~ Dunkelheit, vor der(40) | F~ eingebildeten - Dingen, vor(15) | F~ Erwachen, beim(54)

Gemüt ...

Furcht - fallen, zu stürzen; zu(28) | F~ Geräusche, durch(40) | F~ Gespenstern, vor(32) | *F~ Hydrozephalus, bei* | F~ Katastrophe ; vor einer(8) | F~ lebenslang(10) | *F~ Räubern, vor*(25) | F~ Teufeln, vor | F~ Tod; vor dem(143) | F~ Unglück, vor(93)

Gedächtnis - gut, aktiv(91) | *G~ Gedächtnisschwäche*(284) | G~ getan hat; für das, was er eben(34)

Gedächtnis - Gedächtnisverlust - epileptischen Anfällen, nach(4)

Gedanken - Gedankenandrang, einstürmende Gedanken, Gedankenfluß(78) | G~ nachts(31)

Gedanken - hartnäckig - allein, wenn(3) | G~ Vergehen, Schwinden der Gedanken(76) | *G~ wandernd*(72) | *G~ zusammenhangslos*(30)

Geheimnistuerisch, verschlossen(15)

Gehen - Abneigung gegen

Geisteskrankheit, Wahnsinn(153) | G~ erotisch(31) | *G~ Hautausschlägen; nach unterdrückten*(6) | *G~ Konvulsionen, mit*(5) | G~ Wochenbett, im(35)

Geistige Anstrengung - agg.(141) | *a~ unmöglich*(130)

Geistige Anstrengung - amel.(15) | G~ Abneigung gegen(150)

Geschäftig(45)

Gesellschaft - Verlangen nach(83) | V~ allein; agg. wenn(48) | V~ amel. in Gesellschaft(18)

Gesten, Gebärden; macht - automatisch(15) | G~ einem Arm, einem Bein oder dem Kopf; mit(7) | *G~ Hände; unwillkürliche Bewegungen der - Greifen*(41) | *H~ zupft - Bettwäsche; an der*(36)

Gesten, Gebärden; macht - sonderbare Posen und Haltungen(20)

Gleichgültigkeit, Apathie(251) | G~ Langeweile, mit(11) | *G~ Schläfrigkeit, bei*(25)

Grimassen - sonderbare Gesichter; schneidet(6)

Gemüt ...

Hämorrhoiden; Gemütssymptome nach unterdrückten(18)

Hast, Eile - Essen - beim(23) | *H~ Trinken, beim*(11)

Hautausschlägen; Gemütssymptome nach unterdrückten(18)

Heftig, vehement(100) | H~ Gewalttaten führt; Raserei, die zu(34)

Heikel, pingelig(34)

Hochgefühl(97)

Hypochondrie(116) | H~ nachmittags(3) | H~ Essen, nach dem(5)

Hysterie(194) | *H~ Menses - während - amel.*

Ideen, Einfälle - Mangel an(102) | I~ Reichtum an, Klarheit des Geistes(125)

Imbezillität(140)

Jammern(93)

Klagen(64)

Konzentration - schwierig(261) | s~ Kindern, bei(8)

Küßt - Menses - vor(2)

Kummer(76) | *K~ Wahnideen durch*

Kunst - Unfähigkeit zur(10)

Lachen(102) | L~ abends(6) | L~ abwechselnd mit - Traurigkeit(8) | *L~ anhaltend*(5) | L~ Kleinigkeiten, über(13) | L~ Konvulsionen - vor, während oder nach(11) | L~ sardonisch(26) | L~ spasmodisch(49) | L~ unmäßig(28)

Läuft umher - erschreckt, wie

Langeweile(53)

Langsamkeit(68) | L~ alten Menschen, bei(6)

Lästig, geht auf die Nerven(79) | *L~ abends*(3)

LaszIv, lüstern(77)

Launenhaftigkeit, launisch(108) | L~ mittags | L~ abends(9)

Lebensüberdruß(82)

Lebhaft, munter(50)

Licht - Abneigung gegen - meidet(8)

Lustig, fröhlich(123) | L~ vormittags(3) | *L~ abends*(29) | L~ abwechselnd mit - Traurigkeit(14)

GEMÜT …

Manie(149) | *M ~ Hautausschlägen; nach unterdrückten*(3) | M ~ Raserei, mit(27)

Menopause agg.(18)

Menses - während; Gemütssymptome(28)

Milde(80)

Morphiumsucht(31)

Mürrisch(290) | M ~ morgens(42) | M ~ mittags | M ~ nachmittags(30) | M ~ abends(31) | M ~ Konvulsionen - vor(2) | M ~ Sprechen anderer; beim

Musik - agg.(40) | a ~ Blasmusik | a ~ Klavierspiel, durch(8)

Neid(22)

Nymphomanie(67) | N ~ Menses - unterdrückten, nach(13) | N ~ Schwangerschaft, in der(2) | N ~ Wochenbett, im(6)

Phantasien - lasziv(46) | P ~ lebhaft(31) | *P ~ übertrieben*(114) | *P ~ übertrieben - nachts*(40)

Quält - andere - Beschwerden; jeden mit seinen(3)

Raserei, Tobsucht, Wut(95) | R ~ abends(16)

Redseligkeit; Geschwätzigkeit(136) | R ~ Fieber; im(11) | R ~ Fieberfrost; im(3)

Reizbarkeit(408) | R ~ tagsüber(32) | R ~ morgens(69) | R ~ mittags(9) | R ~ nachmittags(37) | **R ~ abends**(60) | a ~ amel.(10)

Reizbarkeit - abwechselnd mit - Entmutigung | a ~ Fröhlichkeit, Frohsinn(23) | a ~ Schüchternheit(2) | a ~ Traurigkeit(4)

Reizbarkeit - Kindern, bei(29) | R ~ Kopfschmerzen, bei(61) | R ~ Menses - während(42) | R ~ Musik - während(10) | M ~ Klaviermusik(3)

Reizbarkeit - Sprechen, beim(10)

Religiös - Gemütsstörungen, religiöse(63)

Reue(63)

Ruhelosigkeit(420) | R ~ morgens(22) | R ~ abends(51) | R ~ nachts(249) | n ~ Mitternacht - nach(13)

GEMÜT …

Ruhelosigkeit - ängstlich(111) | R ~ Bett - Herumwerfen im(123) | R ~ Erwachen, beim(30) | R ~ Menses - unterdrückten, bei(9)

Schlafwandeln(56) | *S ~ Gemütsbewegungen, nach unterdrückten* | *S ~ Hautausschläge; nach dem Verschwinden alter*

Schließen der Augen amel.(2)

Schmollen(41)

Schreckliches und traurige Geschichten greifen sie stark an(32)

Schreiben - Schwierigkeiten, die Gedanken im Schreiben auszudrücken(12)

Schreien(133) | *S ~ Chorea, bei*(5) | *S ~ Cri encéphalique*(29) | **S ~ Erwachen - beim**(27) | *S ~ Hydrozephalus, bei*(7) | S ~ Kindern, bei - abends(3) | K ~ bewegt werden; wenn sie

Schreien - Konvulsionen - vor(32) | *K ~ während*(31)

Schreien - Schlaf, im(80) | *S ~ Menses - vor*(5)

Schreien - Schmerzen, bei den(25) | S ~ Zorn, bei(7)

Schüchternheit, Zaghaftigkeit(113) | S ~ schamhaft(58)

Schweigsam(209) | **S ~ abends**(5)

Seelenruhe, Gelassenheit(85)

Selbstvertrauen - Mangel an Selbstvertrauen(86)

Sentimental, schwärmerisch, rührselig(64)

Sinne - abgestumpft, stumpf(107) | S ~ scharf(52)

Sitzen - Neigung zu sitzen(110)

Sorgen, voller - andere, um(14) | S ~ Verwandte, um(7)

Sprache - langsam(59) | S ~ unklar, unverständlich - abends - nach dem Hinlegen | S ~ unzusammenhängend(65) | S ~ wiederholt immer dasselbe(6) | S ~ zornig

Sprechen - anderer agg.; das Sprechen(46) | S ~ Beschwerden; von ihren(5) | S ~ Schlaf, im(93)

Stilles Wesen(49)

Gemüt ...

Stimmung, Laune - veränderlich(158) | v~ Schweiß, beim(5)

Stimmung, Laune - wechselnd, wechselhaft(80)

Stöhnen(119) | S~ tagsüber | S~ nachts(10)

Streitsüchtig(136)

Stumpfheit(332) | S~ mittags(4) | S~ nachmittags(29) | S~ anfallsweise(2) | S~ Kindern; bei(21) | S~ Kopfschmerzen, mit(5) | S~ Liegen, beim - amel. | S~ Mittagessen - nach(4) | S~ Schläfrigkeit, bei(30) | S~ Schließen der Augen; beim | *S~ versteht Fragen nur nachdem sie wiederholt werden*(9) | S~ Wein, nach(5)

Stupor(138) | S~ morgens(36) | S~ Schreien, unterbrochen durch(4)

Suizidneigung; Neigung zum Selbstmord(98)

Tod - Gedanken an den Tod(54) | G~ nachmittags(2) | *G~ abends*

Tod - Gefühl von(25) | T~ Vorahnung des Todes(62) | V~ gelassen an den Tod; denkt

Tod - wünscht sich den Tod, möchte sterben(72)

Traum; wie in einem(69)

Traurigkeit(477) | T~ tagsüber(16) | T~ morgens(71) | *T~ mittags*(5) | *T~ nachmittags*(37) | T~ abends(76) | *a~ amel.*(15)

Traurigkeit - abwechselnd mit - Schüchternheit | T~ allein - wenn(24) | T~ arbeitsscheuen Personen; bei(9) | T~ epileptischem Anfall; vor(2) | T~ Essen - nach(25) | T~ Menopause, in der(25)

Traurigkeit - Menses - während(35) | *w~ amel.*(6)

Traurigkeit - Mittagessen, nach dem(6) | T~ Pollutionen, durch(23) | T~ Wehen; bei den(9)

Umarmt - Menses, vor den(2)

Unbehagen(44) | U~ Essen, nach dem(6) | E~ Mittagessen, nach dem(4)

Unbekümmert(8)

Unbesonnen(82)

Gemüt ...

Unbeständigkeit(45)

Unentschlossenheit(146)

Ungeduld(131) | U~ Kopfschmerzen, bei(5) | U~ Schweiß, beim(4) | U~ Sprechen anderer, beim

Ungeschicklichkeit - Schneidern, Sticken; beim(9)

Ungestüm(31)

Unglücklich, bedauernswert; fühlt sich(29)

Unzufrieden(168) | U~ nachmittags(5)

Vergeßlich(187) | V~ Kopfschmerzen, bei(7)

Verwirrung, geistige(321) | V~ morgens(115) | m~ Erwachen, beim(50)

Verwirrung, geistige - nachmittags(33) | V~ abends(78) | *V~ Erwachen, beim*(71) | V~ Essen - nach(52) | V~ Kopfschmerzen, mit(11) | V~ Traum; wie in einem(27) | *V~ Wein, nach*(11)

Verzweiflung - Genesung, in bezug auf die(44)

Wahnideen(191) | W~ nachts(36) | W~ angeklagt; glaubt sie sei(2) | W~ berauscht - sei, er - Gasvergiftung, durch | W~ Bett - schaukeln; das Bett würde - vor und zurück | *W~ Bilder, Phantome; sieht*(76) | B~ nachts(40) | B~ bewegen; sieht Bilder, die sich auf und ab

Wahnideen - Böses - getan; er habe etwas Böses(2) | W~ Diebe - sieht(21) | W~ doppelt - Gegenstände seien(2) | W~ drehen - alles dreht sich - Kreis, im(8) | *W~ eingesperrt werden; er solle*(10) | W~ ermordet - er würde ermordet - werden; er würde ermordet werden(21) | W~ Fallen - er würde(29) | F~ Seite hin; auf eine - rechts, nach - Höhe; wenn in der | F~ stürzen; er werde(2)

Wahnideen - Feuer - Visionen von(34) | W~ Geld - zählt Geld, er(5) | W~ Gespenster, Geister, Gestalten - morgens - Erwachen, beim(2) | G~ sieht(55)

Wahnideen - herumwirbeln - Umgebung(2) | W~ Hunde - sieht(18)

Gemüt ...

Wahnideen - Kopf - Bewegung - herauf und herab - ähnlichem Schweben der Phantasiebilder; mit einem | K~ schwanken - Kopf würde schwanken; der - vor und zurück(2) | K~ schweben - herauf und herab - Phantasiebilder; der Kopf schwebt auf und ab mit ähnlichem Schweben der

Wahnideen - Kropf - haben; einen Kropf zu - blicken kann, wenn er sich setzt; über den er nicht | *W~ Kummer - Zorn; Wahnideen durch Kummer und*(2) | W~ länger; Dinge scheinen(7) | W~ leicht - sei leicht, er(26) | *W~ nachgestellt - ihm würde nachgestellt*(28) | W~ Pferde - sieht(3) | W~ Phantasiegebilde, Illusionen(115) | W~ Schlaf - beraubt, des Schlafes(4) | W~ schlechter Laune; er ist in | W~ Schreck - wie erschreckt(10) | W~ sterben - gleich sterben; glaubt, er würde(57)

Wahnideen - Stimmen - hört - schimpfender und unflätiger Sprache; Stimmen in ihm sprechen in | W~ Stuhl - schwanken würde; als ob der Stuhl - morgens beim Aufsetzen im Bett | *W~ Teufel - hinter ihm her; der Teufel sei*(3) | *T~ sieht*(19) | T~ verfolgt; er würde vom Teufel - Verbrechen, die er nie begangen hat; wegen

Wahnideen - Tiere(42) | W~ tot - Personen, sieht tote(59) | W~ Verbrechen - begangen; er habe ein Verbrechen(29) | W~ verfolgt - Feinden, von(30) | v~ Polizei, von der(10)

Wahnideen - vergrößert(42) | v~ Kopf sei(15)

Wahnideen - Visionen, hat - schrecklich - Erwachen, beim | W~ zittern - er würde zittern - ohne zu zittern; aber(4)

Weinen(244) | W~ abends - amel.(3) | *W~ nachts*(81) | *W~ Ärger, durch*(23) | W~ Angst, nach(23) | *W~ grundlos*(30) | *W~ Menses - vor*(9) | M~ während(27)

Gemüt ...

Weinen - Schlaf, im(88) | W~ Wimmern, Winseln(27) | W~ Zorn, mit

Weinen - Zorn - bei(4)

Wetter - Gewitter - vor einem Gewitter; Gemütssymptome(7)

Zerstreut(166)

Zorn(243) | Z~ mittags(2) | Z~ abends(20) | Z~ abwechselnd mit - Entmutigung(2) | a~ Fröhlichkeit, Frohsinn(15) | a~ Schüchternheit(2) | a~ Traurigkeit(4)

Zorn - aufgeweckt, wenn(2) | Z~ erstechen könnte; so wütend, daß er jeden(8) | Z~ heftig(72) | *Z~ leicht*(37) | Z~ Sprechen - andere Personen sprechen hört; wenn er(6) | *Z~ Wahnideen während der Menopause; mit*(3)

Zufrieden(31) | Z~ abwechselnd mit - Traurigkeit

Träume

Alpträume, Alpdrücken(144)

Angenehm(136)

Ängstlich(239) | Ä~ morgens(7) | m~ Erwachen, beim - hält an; die Angst

Ängstlich - nachts - Mitternacht - nach - Morgen, gegen(2)

Anstrengung - geistige(51)

Beschmiert sich(4)

Beschmiert zu sein; mit Exkrementen

Ekelhaft(32) | E~ beschmiert, mit Exkrementen | E~ beschmiert sich selbst mit Exkrementen(4)

Ermordet - werden, zu(17)

Erotisch(196)

Erschöpfend(45)

Ertrinken(19)

Erwürgt zu werden(3)

Exkremente(6) | E~ beschmiert sich selbst mit Exkrementen(4) | E~ beschmiert zu sein; mit Exkrementen | E~ Stuhl(5)

Fallen, zu stürzen; zu(60) | F~ Höhe herab, von einer(29)

Feuer(65)

Fliehen

Fortsetzung - Träumen, von - Erwachen, nach dem(22)

Träume ...

Furcht - gefolgt von(14)
Gänse
Gebissen zu werden - Tieren, von(14)
Geld(8)
Hartnäckig(29)
Hochgelegene Orte - Herunterfallen, Hinabstürzen von(29)
Hunde(20)
Körperteile - Knie - schmerzhaft
Krankheit(43) | K~ Schmerz - Knie
Lebhaft(193) | L~ nachts - Mitternacht | M~ nach(5)
Leichen(42)
Mord(53)
Pferde(18) | P~ verwandeln sich in Hunde
Phantastisch(55)
Räuber(36)
Schmerz - Knie
Schrecklich(237)
Schwelgerei, Festmahl(9)
Streitigkeiten(69)
Stuhl(5)
Traurig(46)
Trinkgelage(11)
Unfälle - Ertrinken(19)
Unglück(61)
Verdrießlich(122)
Verfolgt zu werden(17)
Verstorbenen, von(84)
Viele(260)
Visionär(45)
Wasser(49)
Wecken den Patienten(118) | W~ nachts - Mitternacht(2)
Zorn(58)

– Zincum muriaticum –

zinc-m.

Gemüt

Angst(362)
Auffahren, Zusammenfahren - Kleinigkeiten, über(21)
Furcht(242)
Gedächtnis - Gedächtnisschwäche(284)

Gemüt ...

Gesten, Gebärden; macht - Hände; unwillkürliche Bewegungen der - Greifen(41) | H~ zupft - Bettwäsche; an der(36)
Reizbarkeit(408)
Wahnideen(191) | W~ Geruchssinns, des(17)

– Zincum oxydatum –

zinc-o.

Gemüt

Angst - Gewissensangst(75)
Hypochondrie(116)
Lachen - sardonisch(26) | L~ spasmodisch(49) | L~ unmäßig(28) | L~ unwillkürlich(23)
Mürrisch(290)
Ruhelosigkeit(420) | R~ Gewissens, des(4)
Wahnideen - Verbrechen - begangen; er habe ein Verbrechen(29)

Träume

Fallen, zu stürzen; zu(60)
Feuer(65)
Geld(8) | G~ Falschgeld
Phantastisch(55)
Visionär(45)

– Zincum phosphoricum –

zinc-p.

Gemüt

Abscheu - Leben, vor dem(84)
Angst(362) | A~ morgens(42) | A~ nachmittags(32) | A~ nachts(119) | A~ Erwachen, beim(86) | A~ Fieber - während(91) | A~ Menses - während(33)
Auffahren, Zusammenfahren - leicht(52) | A~ Schlaf - während(163)
Beleidigt, leicht(79)
Beschwerden durch - Schreck(72) | B~ sexuell - Exzesse(59) | B~ Zorn(94)
Betäubung(237) | B~ Schwindel - während(37)
Bewußtlosigkeit(280) | B~ Menses - während(13)

GEMÜT ...

Boshaft(99)
Delirium(233) | D~ heftig(26) | D~ rasend(84) | D~ schrecklich(26)
Eigensinnig, starrköpfig, dickköpfig(107)
Empfindlich - Geräusche, gegen(149) | E~ Musik, gegen(46)
Erregung(287)
Erschöpfung; geistige(217)
Faulheit(269)
Fliehen, versucht zu(61)
Froh - abends(42)
Furcht(242) | F~ abends(51) | F~ nachts(58) | F~ Erwachen, beim(54) | F~ Gespenstern, vor(32) | F~ Räubern, vor(25) | F~ Tod; vor dem(143)
Gedächtnis - Gedächtnisschwäche(284)
Gedanken - Vergehen, Schwinden der Gedanken(76) | G~ wandernd(72)
Geisteskrankheit, Wahnsinn(153)
Geistige Anstrengung - agg.(141) | G~ Abneigung gegen(150)
Gesellschaft - Verlangen nach(83) | V~ allein; agg. wenn(48)
Gesten, Gebärden; macht - Finger - spielt mit den Fingern(12) | G~ Hände; unwillkürliche Bewegungen der - Greifen(41) | H~ zupft - Bettwäsche; an der(36)
Gleichgültigkeit, Apathie(251) | G~ tagsüber(6)
Imbezillität(140)
Konzentration - schwierig(261) | s~ Studieren(52)
Lachen - albern(16) | L~ sardonisch(26) | L~ spasmodisch(49)
Launenhaftigkeit, launisch(108)
Mürrisch(290)
Phantasien - übertrieben(114)
Redseligkeit; Geschwätzigkeit(136)
Reizbarkeit(408) | R~ morgens(69) | **R~ abends**(60) | R~ Kopfschmerzen, bei(61) | R~ Menses - während(42)
Ruhelosigkeit(420) | R~ morgens(22) | R~ abends(51) | R~ nachts(249) | R~ ängstlich(111) | R~ Gehen, beim - amel.(6)

GEMÜT ...

Schreien - Schlaf, im(80)
Schüchternheit, Zaghaftigkeit(113)
Schweigsam(209)
Sinne - abgestumpft, stumpf(107)
Sitzen - Neigung zu sitzen - unbeweglich, still(42)
Sprache - unzusammenhängend(65)
Sprechen - Schlaf, im(93)
Stimmung, Laune - veränderlich(158)
Stumpfheit(332)
Suizidneigung; Neigung zum Selbstmord(98) | S~ Gedanken an Selbstmord(33)
Tod - Vorahnung des Todes(62)
Traurigkeit(477) | T~ morgens(71) | T~ nachmittags(37) | T~ abends(76)
Unbesonnen(82)
Unentschlossenheit(146)
Ungeduld(131)
Ungestüm(31)
Vergeßlich(187)
Verlangen, Wunsch nach - voller Verlangen - mehr als sie braucht(5)
Verwirrung, geistige(321) | V~ morgens(115) | m~ Erwachen, beim(50)
Verwirrung, geistige - abends(78) | V~ Erwachen, beim(71) | V~ Essen - nach(52)
Wahnideen - Bilder, Phantome; sieht - nachts(40) | W~ Feuer - Visionen von(34) | W~ Flatus bemerken; jeder werde seinen | W~ Musik - Einfluß der Musik; er steht unter dem - angenehmer und schneller Musik; von | W~ Phantasiegebilde, Illusionen(115) | W~ tot - Personen, sieht tote(59)
Weinen(244) | W~ Menses - während(27)
Zorn - agg.(5) | Z~ heftig(72) | Z~ Kleinigkeiten, über(58)

TRÄUME

Ängstlich(239)
Anstrengung - geistige(51)
Fallen, zu stürzen; zu(60)
Lebhaft(193)
Schrecklich(237)
Unglück(64)

– Zincum picricum –
zinc-pic.

Gemüt

Erschöpfung; geistige(217)
Gedächtnis - Gedächtnisschwäche(284)
Nymphomanie(67)
Satyriasis(26)

Träume

Erotisch(196)
Koitus(9)

– Zincum sulphuricum –
zinc-s.

Gemüt

Angst(362)
Delirium(233)
Lachen(102) | L~ unwillkürlich(23)
Sprechen - Schlaf, im(93)

– Zincum valerianicum –
zinc-val.

Gemüt

Erregung(287)
Furcht - grundlos(6)
Geschäftig(15)
Hast, Eile(112)
Hypochondrie(116)
Hysterie(194) | H~ Menopause, in der(7)
Mürrisch - Konvulsionen - vor(2)
Qualvolle Angst(121)
Reizbarkeit(108)
Ruhelosigkeit(420)
Traurigkeit - epileptischem Anfall; vor(2)

– Zingiber officinale –
zing.

Gemüt

Bewußtlosigkeit(280) | B~ Fieber, im(50)
Faulheit(269)
Froh(182)
Gedächtnis - gut, aktiv(91) | G~ Gedächtnisschwäche(284)

Gemüt ...

Geistige Anstrengung - Verlangen nach(65)
Hypochondrie(116)
Ideen, Einfälle - Reichtum an, Klarheit des Geistes(125)
Reizbarkeit - abends(60) | R~ Menses - während(42)
Ruhelosigkeit(420) | R~ abends(51) | R~ nachts - Mitternacht - nach - 2 h(8)
Stimmung, Laune - angenehm(9)
Traum; wie in einem(69)
Traurigkeit(477)
Vergeßlich(187)
Wahnideen - Ohnmacht fallen; er werde(19)

Träume

Angenehm(136) | A~ abends
Ängstlich(239)
Dinge - verändernde, sich(18)
Ehrgeiz
Feuer(65)
Kirchen(4)
Lebhaft(193)
Purzelbäume
Schrecklich(237)
Tanzen(5)
Viele(260)
Wandernd(3)

– Zizia aurea –
ziz.

Gemüt

Abscheu - Leben, vor dem(84)
Anstrengung - körperliche Anstrengung - Verlangen nach(9)
Erregung(287)
Faulheit(269) | F~ Zufriedenheit, mit
Froh - abwechselnd mit - Traurigkeit(57) | F~ gefolgt von - Melancholie(6)
Gedächtnis - gut, aktiv(91)
Gespräche - Abneigung gegen(21)
Gleichgültigkeit, Apathie(251) | G~ allem; gegenüber(71) | G~ Reizbarkeit, mit
Hochgefühl(97) | H~ Traurigkeit, nach
Hypochondrie(116)

Gemüt ...

Hysterie(194)
Lachen - abwechselnd mit - Weinen(43)
Lebensüberdruß(82)
Phantasien - übertrieben(114)
Reizbarkeit(408) | R~ abwechselnd mit - Gleichgültigkeit(8) | R~ Traurigkeit, mit(20)
Suizidneigung; Neigung zum Selbstmord(98)
Traum; wie in einem(69)
Traurigkeit(477) | T~ Hochgefühl; nach(3)
Traurigkeit - still(7)
Unzufrieden - sich selbst, mit(36) | U~ Weinen - amel.(2)
Weinen(244)

Träume

Unangenehm(87)

Liste der Arzneimittelnamen und Synonyma

In dieser Liste finden Sie alle Arzneimittel, die in diesem Buch aufgeführt sind. Sie stimmen mit dem Namen aus dem Abkürzungsverzeichnis aus dem Repertorium *Synthesis* überein. Arzneimittel, bei denen nur der Name selbst angegeben wird, finden Sie dessen Symptome unter diesem Namen in diesem Buch.

Wenn Sie beispielsweise nach *Actea racemosa* suchen, sehen Sie folgenden Eintrag:

actea racemosa
siehe cimicifuga

Schlagen Sie entsprechend unter *cimicifuga* nach, da dies der offizielle Name des Arzneimittels ist. *Actea racemosa* ist ein Synonym.

Manchmal finden Sie hinter einer Arzneimittelabkürzung die Kennzeichen „(alte Abk.). Ein solches Arzneimittel enthält Symptome mehrerer Arzneimittel, oftmals Salze desselben Alkaloids oder derselben Säure. Im Moment sind diese Symptome in den meisten homöopathischen Werken vermischt. Verschiedene Hersteller liefern eventuell verschiedene Substanzen, wenn Sie eines dieser Arzneimittel verschreiben.

Mit dieser Kennzeichnung möchten wir Ihre Aufmerksamkeit auf diese Ungenauigkeit lenken, was, wenn es korrigiert wurde, dabei helfen kann, zumindest in einigen Fällen ein effizienteres Arzneimittel zu verschreiben.

Die Kennzeichen „alte Abk." zeigt an, daß Symptome verschiedener Substanzen unter einer Überschrift aufgeführt werden. In den meisten Fällen liefert *Synthesis* neue Arzneimittelabkürzungen, bei denen es keine Mehrdeutigkeit mehr gibt. Hier die Liste der Arzneimittel:

atro.(k)[1] atro.(b)[2] atro.(s)[3]
Atropinum purum und sulph.

Kent benutzt „atro" und „atro-a.", jedoch sind die Symptome beider Substanzen im Repertorium manchmal vermischt und werden von anderen Autoren als identisch betrachtet. Barthel hat sie unter einer Abkürzung zusammengefaßt. Diese etwas unklare Situation besteht in *Synthesis* immer noch, es stehen jedoch auch Abkürzungen für die Einzelsubstanzen zur Verfügung: „atro-pur." und „atro-s."

bism. (k). bism.(n). bism.(s)
Bismutum oxidum

Bismuthum, wie es von Hahnemann präpariert wurde, enthält besonders Bismuthum subnitricum und nicht so viel Bismuthum oxidum, wie er dachte. Das ist die Substanz, die Kent in seinem Repertorium beschreibt. Es stehen jedoch für jeden, der präziser sein möchte, Abkürzungen für die Einzelsubstanzen zur Verfügung: „bis-met." „bism-o." (oxydatum); „bism-n." (nitricum) und „bism-sn." (subnitricum).

helo.(k) helo.(b) helo.(s).
Heloderma-Arten

Heloderma suspectum und horridum wurden oft verwechselt. In *Synthesis* stehen für jeden, der präziser sein möchte, neue Abkürzungen „helo-h." und „helo-s." zur Verfügung.

-(k) hyoscin.(b) hyoscin.(s)
Hyosciaminum Salze

Die Symptome von Hyosciaminumhydrobromat und Hyosciaminumsulfat

1.KENT
2.BARTHEL
3.SYNTHESIS

wurden nicht von allen Autoren getrennt. Diese unklare Situation ist in dieser Version von *Synthesis* noch vorhanden. Es wurden jedoch für jeden, der präziser sein möchte, die Abkürzungen „hyosin-hbr." und „hyosin-s." hinzugefügt.

mang.(k) mang.(b) mang.(s)
Mangan aceticum und carbonicum

Die Symptome von Manganum aceticum und carbonicum wurden bislang nicht getrennt. Diese unklare Situation ist in dieser Version von *Synthesis* noch vorhanden. Es wurden jedoch für jeden, der präziser sein möchte, die Abkürzungen „mang-act." und „mang-c." hinzugefügt.

morph.(k) morph.(b) morph.(s)
Morphium und dessen Salze

Es wurde bislang nicht klar zwischen Morphium und dessen Salzen unterschieden. Diese unklare Situation ist in dieser Version von *Synthesis* noch vorhanden. Es wurden jedoch für jeden, der präziser sein möchte, die Abkürzungen „morph-pur.", „morph-act.", „morph-m." und „morph-s". hinzugefügt.

nicc.(k) nicc.(b) nicc.(s)
Niccolum metallicum und carbonicum

Die Symptome des Metalls und des Karbonates wurden nicht immer getrennt. Diese unklare Situation ist in dieser Version von *Synthesis* noch vorhanden. Es wurden jedoch für jeden, der präziser sein möchte, die Abkürzungen „nicc-met." und „nicc-c." hinzugefügt.

- (k) solin.(b) solin.(s)
Solaninum und sein Azetat

Es wurde bislang nicht zwischen Solaninum und seinem Azetat unterschieden. Diese unklare Situation ist in dieser Version von *Synthesis* noch vorhanden. Es wurden jedoch für jeden, der präziser sein möchte, die Abkürzungen „solin-pur." und „solin-act." hinzugefügt.

thal.(k) thal.(b) thal.(s)
Thallium metallicum und aceticum

Thallium metallicum und aceticum wurden nicht von allen Autoren getrennt. Es wurden jedoch für jeden, der präziser sein möchte, die Abkürzungen „thal-met." und „thal-act." hinzugefügt.
